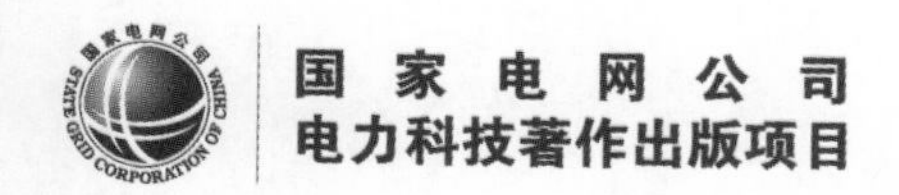

1000MW
超超临界二次再热机组调试与运行技术

江苏方天电力技术有限公司 编

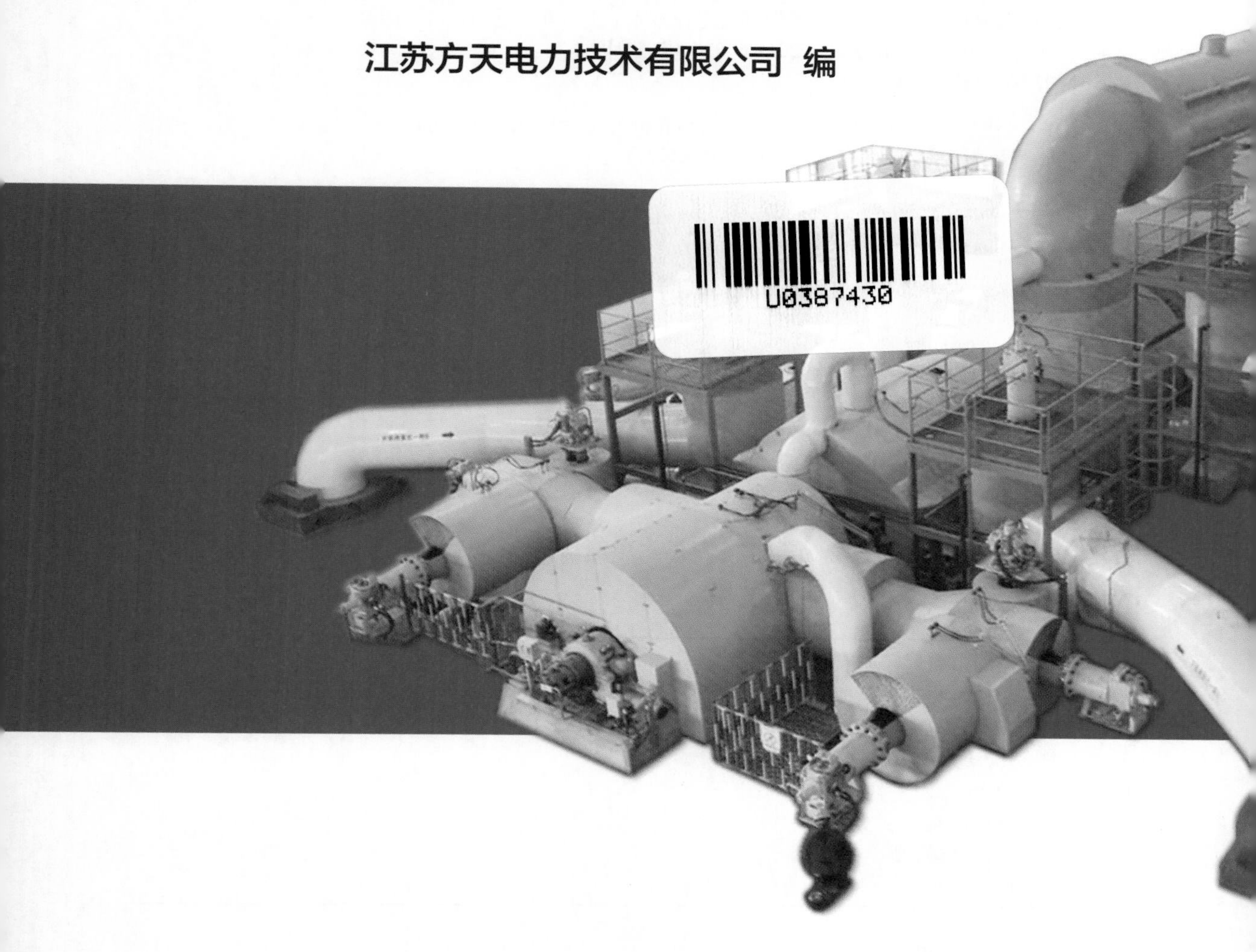

中国电力出版社
CHINA ELECTRIC POWER PRESS

内容提要

本书系统论述了超超临界二次再热机组的基本特点及调试与运行方法，列举了世界首台 1000MW 超超临界二次再热机组锅炉及汽轮机主要设备组成、工作原理，阐述了超超临界二次再热机组调试关键技术，给出了调试过程中遇到的各种问题的处理方法，重点介绍了二次再热机组汽水品质控制、自动控制、机组启动调试与运行特性分析、振动分析、烟气污染物控制、电气调试、制粉系统优化及燃烧调整技术等内容。

本书可供从事超超临界二次再热机组调试、运行、检修及试验的工程技术人员阅读，也可供本领域的研究生、科研人员、管理人员借鉴和参考。

图书在版编目（CIP）数据

1000MW 超超临界二次再热机组调试与运行技术 / 江苏方天电力技术有限公司编. —北京：中国电力出版社，2019.6（2020.7 重印）

ISBN 978-7-5198-2664-2

Ⅰ. ①1… Ⅱ. ①江… Ⅲ. ①火电厂–超临界机组–发电机组–调试方法②火电厂–超临界机组–发电机组–运行 Ⅳ. ①TM621.3

中国版本图书馆 CIP 数据核字（2018）第 273270 号

出版发行：中国电力出版社
地　　址：北京市东城区北京站西街 19 号（邮政编码 100005）
网　　址：http://www.cepp.sgcc.com.cn
责任编辑：孙　芳
责任校对：黄　蓓　李　楠　郝军燕
装帧设计：赵姗姗
责任印制：吴　迪

印　　刷：三河市航远印刷有限公司
版　　次：2019 年 6 月第一版
印　　次：2020 年 7 月北京第二次印刷
开　　本：787 毫米×1092 毫米　16 开本
印　　张：37.75
字　　数：841 千字
印　　数：501—1500 册
定　　价：195.00 元

编　委　会

序言

我国一次能源分布呈现“富煤、贫油、少气”的特点，虽然国家正在进行能源结构的调整，但考虑到国家能源安全和现实条件等因素，在可预见的一段时间内，煤炭仍将在我国能源结构中处于主导地位，燃煤发电依然是我国电力生产的主要方式。

按照《电力发展“十三五”规划》要求，我国需要适应能源结构调整和电力市场发展，加快燃煤发电结构优化和转型升级，提高清洁化程度，减少污染物排放，同时要求积极主动地对燃煤发电进行灵活性改造。作为提高机组热效率、降低污染物排放的关键技术，超超临界二次再热发电技术是目前燃煤发电行业的研究热点。2015 年 6 月，我国首台 660MW 超超临界二次再热燃煤机组在华能安源电厂投运，实现了二次再热发电技术在国内煤电领域的成功应用。2015 年 9 月，世界首台 1000MW 二次再热燃煤机组在国电泰州电厂顺利投产，标志着我国超超临界二次再热发电技术达到了世界领先水平。

新机组从设计到运行投产，需经过安装和调试。调试是检验主机及其配套设备设计制造和安装质量的重要环节。通过调试，发现潜在的问题缺陷，初步掌握机组的运行特性，确保机组投产后安全、可靠、经济运行。近年来，超（超）临界发电技术的广泛推广和应用，使得一次再热机组无论是在设计安装上，还是在调试运行上，都具备了相对成熟完备的技术体系，而二次再热机组在结构和原理上与一次再热机组存在一定差异，其调试方法也相应有所不同，尤其在锅炉蒸汽吹管、机组启动方式、运行参数调节等方面，区别较大。目前，国内二次再热机组工程应用案例较少，江苏方天电力技术有限公司在总结超（超）临界机组调试运行经验及案例的基础上，秉承着开拓进取的工作精神，针对二次再热机组特点，分析疑难问题，研发调试新工艺、新技术，相继完成了 6 台超超临界二次再热机组的调试工作，涵盖了国内三大主机制造厂生产的机型，形成了二次再热机组调试可靠的技术体系，积累了丰富的调试经验。

为使电力技术人员全面细致地了解二次再热机组调试流程、方法，使调试技术得到传承，江苏方天电力技术有限公司组织二次再热机组调试和技术服务的专家和技术人员编写了《1000MW 超超临界二次再热机组调试与运行技术》一书，系统总结了超超临界二次再热机组的基本特点及调试与运行方法，列举了国内首台 1000MW 超超临界二次再热机组锅炉及汽轮机主要设备组成、工作原理，阐述了超超临界二次再热机组调试关键技术，给出了调试运行过程中遇到的各种问题的处理方法。

《1000MW 超超临界二次再热机组调试与运行技术》的作者均为从事二次再热技术研究、二次再热机组调试和运行的工程技术人员，他们全过程参与了国家科技部相关科技支撑项目及其依托工程的调试与运行工作，在认真总结近几年来二次再热技术研究、二次再热机组调试运行等方面经验的基础上，对超超临界二次再热发电技术进行了全面阐述，是国内首部理论联系实践、详细论述超超临界二次再热技术的著作。

本书是一部介绍电力新设备、新工艺、新技术的专业书籍，火力发电机组调试、运行技术人员，乃至设计、安装人员学习新技术的理想学习参考用书，本书的出版必将对二次再热发电技术的发展起到积极作用。

2019 年 4 月

前言

我国以煤为主的资源禀赋，决定了燃煤发电在未来的一段时间内我国能源结构中占比依然会很大。当前，节能降耗已经成为燃煤发电行业技术攻关的重点。在大容量、高参数的百万千瓦级燃煤机组技术日臻成熟之时，二次再热技术的应用受到业界的广泛关注。“积累二次再热发电技术方面的经验”是《能源技术创新“十三五”规划》在清洁燃煤发电领域提到的重要内容，二次再热发电技术代表当前世界燃煤发电技术的领先水平，是提高火电机组热效率和实现火电机组节能减排的有效途径。2015 年 9 月，世界首台 1000MW 超超临界二次再热燃煤发电机组在国电泰州电厂顺利投产，与此同时，国内还有多台在建和待建的二次再热机组。未来，随着该类型机组在电网中所占的比例越来越大，其对电网安全性的影响也必将日益明显。

本书作者均为从事二次再热技术研究、二次再热机组调试和运行的工程技术人员，全过程参与了国家科技部相关科技支撑项目及其依托工程的调试与运行工作。使从事电力技术调试、运行、设计、研究的相关人员能够科学认识二次再热发电技术，并学以致用，为二次再热发电技术的发展和突破贡献智慧，是本书全体编写人员共同的目标。在编写过程中，作者根据调试过程中收集与记录的第一手资料，以机组大量实际运行数据为支撑，结合调试过程中出现的典型问题及处理对策，由浅至深、由点至面展开论述，形成一本完整介绍二次再热机组调试与运行技术的著作。

本书由十一章组成，涵盖了二次再热发电技术发展现状、国内二次再热机组特点、机组分系统和整套启动调试、水汽品质控制、自动控制、振动监测及故障处理、烟气污染物控制、机组优化调整试验等内容。

本书第一章由管诗骈和邹磊编写；第二章由陈有福、孔俊俊和杨振编写；第三章由张耀华、吴建标、丁超编写；第四章由陈有福、王亚欧、张耀华、丁超、于海全、高远编写；第五章由陶谦、陈有福、王亚欧、薛江涛、吴建标编写；第六章由丁卫华、于海全、刘红兴、徐仕先编写；第七章由于国强、胡尊民、张天海、史毅越编写；第八章由刘晓锋、马运翔、卢修连编写；第九章由陈建明、黄治军、张磊、王卫群、王明编写；第十章由喻建、徐妍、杨春、单华、叶渊灵编写；第十一章由岳峻峰编写。全书由管诗骈统稿。

本书在编写过程中，得到相关单位的大力支持和帮助，参阅了相关电厂、制造厂、电力设计院的技术资料、说明书和图纸等，中国电力出版社编辑同志不辞辛劳，多次指导编审工作，在此一并表示衷心感谢！

由于时间仓促，编者水平所限，谬误欠妥之处敬请读者批评指正。

编　者

2019 年 12 月

目 录

第一章

二次再热机组发展状况

第一节 概 述

电力是人类生活及社会经济发展最主要，也是最清洁、最方便使用的能源之一。自21世纪以来，虽然核能、太阳能、风力、水力、再生生物等低污染排放发电技术产生的电量迅速增长，但其总量远不能满足人类生产和生活的需要，因此电力生产所需的主要一次能源仍然以石化燃料为主。相对石油和天然气资源的日益紧缺，而煤炭资源却相当丰富，且价格低廉、稳定，便于储存，在今后很长一段时期，高效清洁的燃煤发电仍然是电力供应最主要的方式之一。

高效洁净燃煤发电的原则就是在整个电厂燃煤能量转换的全过程中，采取一切可行的先进技术提高效率。从整个电厂范围来看，可归纳为6个方面：

（1）采用更高的蒸汽参数，涉及高温材料、冷却技术、结构优化。

（2）独特的结构优化设计，使结构简化。大幅度减少过程损失，提高效率；大幅度降低应力，提高参数和运行灵活性。

（3）冷端优化，降低背压，增加低压排汽通流能力的技术。

（4）热力循环优化，包括采用二次再热，以及实现最佳循环参数必须的结构优化技术。

（5）余热利用、热电联供。

（6）降低辅助系统功耗。

近年来，大容量、高参数燃煤发电技术日益得到世界各国的重视。从20 世纪90年代起，日本、欧洲各国和我国投运了一批1000MW等级的火电机组。截至2017年7月30日，我国已投产超超临界1000MW机组101台，这些机组均为超超临界参数，主蒸汽压力为24.6～27MPa，温度为566～600℃，再热蒸汽温度为593～610℃，其中以主蒸汽、再热蒸汽温度均为600℃的机组为主流机型。

2014年国务院发布《能源发展战略行动计划（2014—2020年）》，明确将“高参数节能环保燃煤发电”作为20个能源重点创新方向之一。2016年是“十三五”规划的开局之年，国家能源局发布了《2016年能源工作指导意见》，在“推进能源科技创新”中明确了“超超临界机组二次再热、大容量超超临界循环流化床锅炉”的示范应用。2016年发布的《“十三五”规划纲要》中，在“能源关键技术装备”里提出“700℃超超临界燃煤发电”等技术的研发应用。因此，在今后一段时间内发展超超临界发电技术将是我国燃煤发电的主旋律。

高参数、大容量超超临界燃煤发电技术作为一项先进、高效、洁净的发电技术，在我国得到广泛推广与应用。2006年11月，华能玉环发电厂1000MW超超临界燃煤发电机组的投产，标志着我国发展超超临界火力发电机组正式扬帆起航。

随着超超临界机组的发展，参数将进一步提高仍是必然的，当温度达到650～720℃、压力超过30MPa、采用二次再热时，电厂效率将进一步提高，可以获得较好的经济效益。采用二次再热的汽轮机热耗可在目前超超临界机组的基础上降低3%。因此，随着一次能源价格的不断上升，节能减排的动力将促使更多的国家投入二次再热机组的开发和建设。

2012年5月31日，国家能源局批复同意国电泰州电厂二期1000MW超超临界二次再热燃煤发电示范项目（2×1000MW）开展前期工作。该项目是国内首批采用二次再热技术的示范项目，主蒸汽压力为31MPa，主蒸汽温度为600℃，一/二次再热蒸汽温度为610℃/610℃。通过采用烟气余热利用、高压变频、热力系统优化、低氮燃烧、高效脱硫等国内外成熟新技术，该项目比常规超超临界一次再热机组效率提高2.12%，煤耗降低14g/（kW·h），主要技术指标达世界领先水平。2015年9月25日，国电泰州电厂二期1000MW超超临界二次再热燃煤3号机组的顺利投产，标志着我国超超临界火力发电技术的发展进入了一个崭新的阶段。至此，我国完全拥有了1000MW超超临界二次再热高效燃煤发电关键技术的自主知识产权，彻底摆脱了国外知识产权束缚，实现了我国火力发电制造技术的突破，为加快700℃超超临界机组的开发和实施奠定了良好基础；同时对于促进我国节能减排，提升能源利用效率，满足“十三五”中后期电力供需平衡和经济社会可持续发展具有重要意义。

发电机组的调试是全面检验主机（锅炉、汽轮机和发电机）及其配套系统的设备制造、设计、施工、调试和生产准备的重要环节，是保证机组能安全、可靠、经济、文明地投入生产，形成生产能力，发挥投资效益的关键性程序。在我国电力技术发展的长河中，培养了一批专业门类齐全、技术精湛、科技研发能力强、乐于奉献的调试专业人才。他们努力钻研国内外电力工程调试前沿新技术，在长期调试工作中积累了丰富的调试经验，为我国电力技术发展做出了巨大贡献。

作为国内乃至世界首台1000MW超超临界二次再热燃煤机组的参建方之一，调试单位在工程建设过程中的作用尤为重要。二次再热机组国内投产较少，在系统控制、运行方式、调试技术等方面的经验较少，因此，对该类型机组进行调研、探讨、研究、总结非常必要。同时，二次再热机组的技术积累也为下一步超超临界双轴机组、更高参数（35MPa、650/650/650℃）机组的技术研究做准备。

第二节 二次再热概念及特点

一、二次再热概念

蒸汽中间再过热，就是将汽轮机（高压部分）内膨胀至某一中间压力的蒸汽全部引出，进入锅炉的再热器中再次加热，然后回到汽轮机（低压部分）内继续做功。经过再热以后，蒸汽膨胀终了的干度有明显提高，做功能力明显增强。虽然最初只是将再热作为解决乏汽干度问题的一种办法，而发展到今天，它的意义已远不如此。现代大型机组几乎毫无例外地都采用再热循环，因此它已成为大型机组提高循环热效率的必要措施之一。现有的发电机组按再热方式可分为一次再热机组和二次再热机组两种。

二次再热技术代表当前世界领先发电技术，是目前提高火电机组热效率的有效途径之一。常规机组一般采用蒸汽一次中间再热，其是指将汽轮机高压缸排汽送入锅炉再热器中再次加热，然后送回汽轮机中压缸和低压缸继续做功。再热技术是通过提高蒸汽膨胀过程干度、焓值来提高蒸汽的做功能力。采用二次再热的系统，蒸汽在超高压缸、高压缸做功后分别返回锅炉的一次再热器、二次再热器中再次加热。相比一次再热系统，二次再热系统锅炉因多了一级再热而增加了能量分配和调温的技术难度。另外，汽轮机也增加了一个超高压缸，多了一套主汽门与调节汽门的协调控制。在两种技术流派中，火电机组仍以一次再热为主流，因二次再热存在造价与收益问题，未能广泛应用。但是，随着二次再热技术不断成熟及其造价下降，以及节能优势的突显，已越来越受到关注。

二、二次再热技术特点

（一）循环热效率

典型一次再热与二次再热热力系统及其温－熵（$T-S$）图如图 1－1 所示，一次再热系统中蒸汽在高压缸做功后进入锅炉进行一次再加热；而二次再热系统中蒸汽在超高压缸和高压缸中做功后分别在锅炉的一次再热器和二次再热器中再次加热。相比一次再热系统，二次再热系统锅炉是增加一级再热系统，汽轮机则是增加一级循环做功。

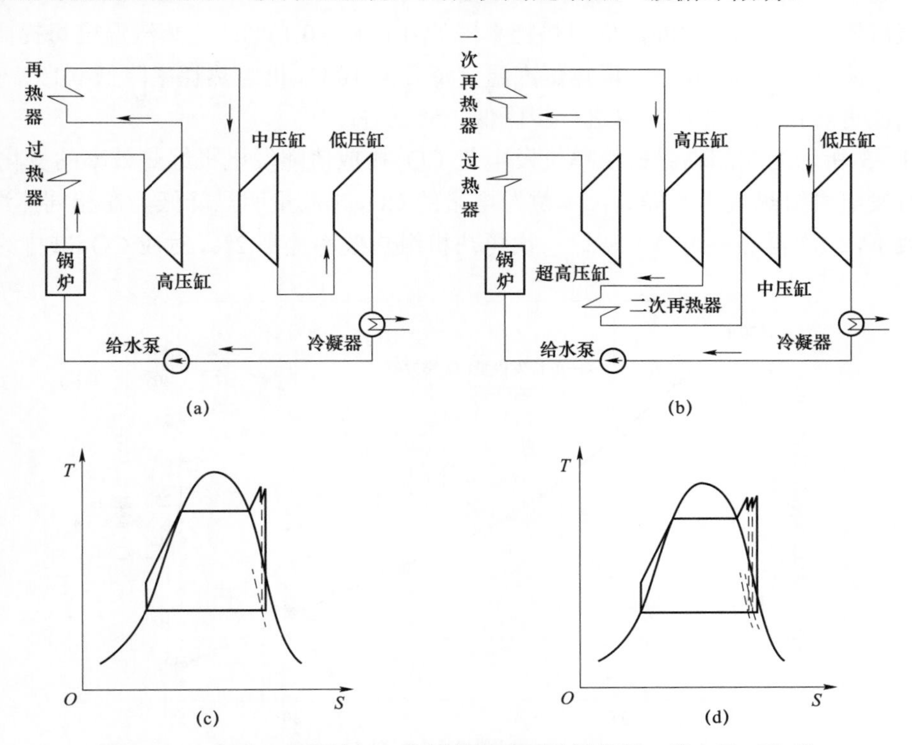

图 1－1　典型一次再热与二次再热热力系统及其温－熵（$T-S$）图

（a）一次再热系统热力系统图；（b）二次再热系统热力系统图；（c）一次再热系统 T–S 图；（d）二次再热系统 T–S 图

由图 1-1 可知，二次再热系统比一次再热系统多叠加一个高参数的附加循环，其循环热效率比一次再热系统高。图 1-2 所示为一次再热、二次再热机组在蒸汽温度参数一定时，蒸汽压力变化对机组热效率的影响。随着蒸汽参数的增加机组热效率明显提高，在相同蒸汽压力、温度条件下，二次再热机组的热效率比一次再热机组的热效率提高 2%左右。

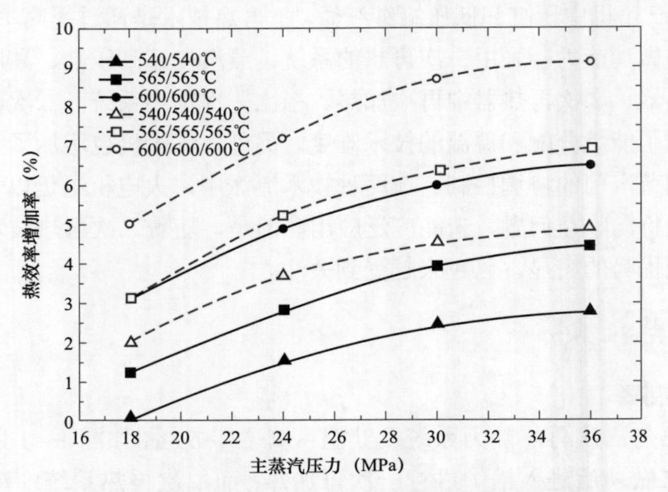

图 1-2　蒸汽压力变化对机组热效率的影响

在超超临界机组参数范围的条件下，即主蒸汽压力大于 31MPa、主蒸汽温度高于 600℃时，主蒸汽压力每提高 1MPa，机组热耗率降低 0.13%～0.15%；主蒸汽温度每提高 10℃，机组热耗率降低 0.25%～0.3%；再热蒸汽温度每升高 10℃，机组热耗率降低 0.15%～0.2%。若采用二次再热技术，热耗率将进一步降低 1.5%左右。

图 1-3 所示为超超临界机组单位发电量 CO_2 排放值随发电机组热效率的变化趋势，可见随着发电机组热效率的提高，单位发电量的 CO_2 排放量明显降低，在相同蒸汽压力、温度参数下，二次再热机组热效率比一次再热机组热效率提高 2%，对应 CO_2 减排约 3.6%。

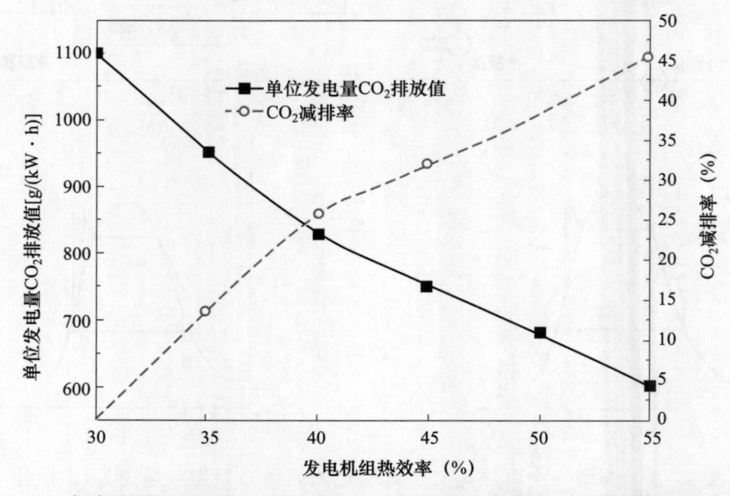

图 1-3　超超临界机组单位发电量 CO_2 排放值随发电机组热效率的变化趋势

因此，二次再热技术还是一种可行且节能降耗、清洁环保的火力发电技术。

（二）材料性能

蒸汽参数越高，给水温度越高，则机组热效率越高。因此，提高蒸汽参数是火电机组提高效率的主要途径之一，然而材料性能是成为制约蒸汽参数大幅提高的主要技术瓶颈。目前，合金铁素体（Ferrite）和合金奥氏体（Austenite）材料已经在600℃等级的超超临界机组中得到规模化应用。然而为了将机组的热效率进一步提高到50%以上，蒸汽温度参数需达到700℃等级，现在满足600℃运行条件的合金铁素体和奥氏体材料无法满足机组安全运行要求，新型镍基合金材料就成为必要的选择。

不同参数等级选用材料的比例如图1－4所示，当机组蒸汽参数从25MPa/540℃/560℃增加到36MPa/700℃/720℃时，合金奥氏体材料占锅炉总材料的份额将增加到24%，镍基合金材料占锅炉总材料比例也将增加至16%，而镍基合金材料要占到整个700℃超超临界机组材料的29%。目前美国、欧洲各国、日本和我国都在积极探索700℃等级镍基合金材料，对于锅炉小口径薄壁管，Inconel 617等材料已经通过了试验，但Inconel A617材料用于制造的大口径厚壁管在现场试验时发现了焊缝裂纹等问题。

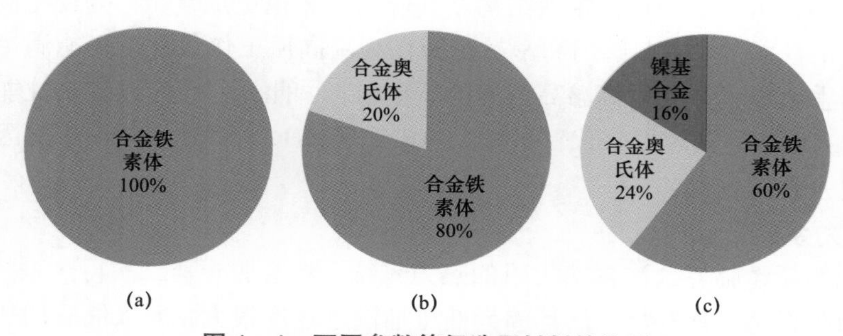

图1－4　不同参数等级选用材料的比例

（a）25MPa/540℃/560℃；（b）28MPa/600℃/620℃；（c）36MPa/700℃/720℃

超超临界机组材料发展时间图如图1－5所示。

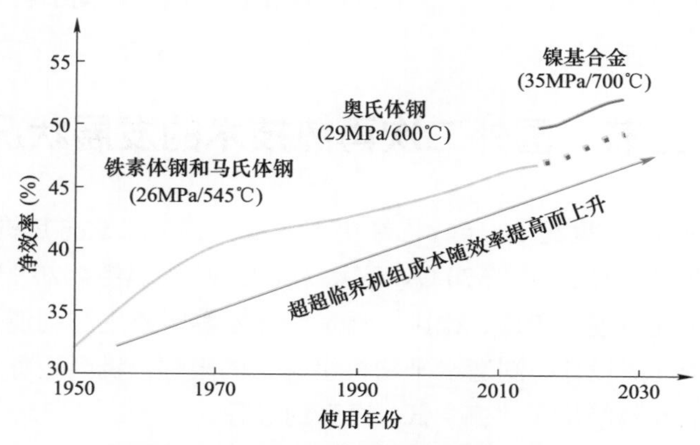

图1－5　超超临界机组材料发展时间图

传统超临界 540℃等级合金钢（P347H），其单价约为 4 万元/t，目前已在超超临界 600℃机组中大量使用的铁素体、奥氏体合金钢（HR3C），单价已达到 12 万～15 万元/t，而 700℃等级的镍基合金钢（Inconel 617），其单价估计将高达 78 万元/t。目前 600℃一次再热 2×1000MW 超超临界机组总投资为 70 亿～80 亿元，其中从锅炉至汽轮机单根长度约为 160m 的主蒸汽管和再热蒸汽管道的造价约为 3 亿元，若将参数提高至 700℃等级，则高温蒸汽管道的总价格可能上升至 25 亿元以上。此外，锅炉及汽轮机造价也将相应上升，仅以 2%左右热效率的提高，其代价太大，难以被市场所接受。

要在技术上和成本上完全解决 700℃等级的高温材料，按照现在美国、欧洲各国的发展计划，实现 700℃等级的超超临界机组大规模投运也还需要近 10 年的时间。而对于采用二次再热技术的机组，在不需要达到 700℃等级蒸汽参数条件下，其机组热效率就可以达到较高水平，且材料上不存在技术瓶颈。因此，在未来 10 年甚至更长一段时间内，发展二次再热技术是提高机组热效率的有效手段。

（三）汽轮机结构

超超临界二次再热机组汽轮机相比传统一次再热机组需增加一级超高压缸，汽轮机全长相比一次再热机组有所增加，轴系结构及其应力分布也更加复杂。为使超高压、高压汽缸以及相配套的法兰盘、主要阀门和密封垫圈在高温高压工作条件下仍能满足安全运行要求，其结构需重新设计并采用高温高强度的新型材料。此外，还应以控制性能更高的数控电气－油压式（EHC）调速器来代替机械－油压式（MHC）调速器，以应对因二次再热而产生的控制复杂化等问题。

（四）热力系统

对于典型的超超临界二次再热机组的热力系统，除增加一套二次再热系统外，高压加热器还需采用外置蒸汽冷却器，而且因为低压抽汽过热度很大，所以低压加热器的回热抽汽通常也采用外置蒸汽冷却器进行过热度热量的跨级利用。其高压加热器的回热抽汽过热度可直接用于提高给水温度，低压加热器的回热抽汽过热度可跨级用于提高除氧器的进水温度。根据机组的具体情况，低压加热器回热抽汽过热度还可能用于提高高压加热器的进水温度或者直接用于提高给水温度。此外，连接汽轮机与锅炉之间的再热蒸汽管道需增加一根再热冷管与再热热管。

第三节　国外二次再热技术的发展状况

二次再热技术早在 20 世纪 50 年代已经出现，世界首台二次再热机组是 1956 年西德投运的参数为 34MPa/610℃/570℃/570℃，容量为 88MW 的机组。20 世纪 50～70 年代，二次再热技术得到迅速发展，美国、德国、日本、丹麦等国家生产制造了大量二次再热机组。受当时金属材料性能设计、制造水平和机组容量的限制，机组运行可靠性和经济性较差，二次再热机组的参数经历了“高－低－高”的过程。

到 20 世纪 80 年代，美国电力科学研究院（EPRI）在总结前期运行经验教训后，依据当时技术水平进行了可行性优化研究，得出以下结论：采用机组容量 700～800MW、蒸汽参数 31MPa/（566～593）℃/（566～593）℃/（566～593）℃为最佳。由于美国电力工业大力发展高效燃气－蒸汽联合循环，上述研究成果并未在美国实施，但却在欧洲及日本等国家得到应用，目前日本和丹麦少数几台二次再热机组保持运行。

美国二次再热机组建设起步较早，在 20 世纪 50～60 年代投运了一批二次再热机组。1957 年，美国第一台超超临界二次再热机组在 Philo 电厂投运，机组容量为 125MW，蒸汽参数为 31MPa/621℃/566℃/538℃。1958 年，美国第二台超超临界二次再热机组在 Eddy Stone 电厂投运，机组容量为 325MW，蒸汽参数为 36.5MPa/654℃/566℃/566℃。另外，美国还建造了机组容量为 580MW、蒸汽参数为 24.1MPa/538℃/552℃/566℃的 Tanners Creek 电厂。

表 1－1 列举了美国截至 1976 年超临界压力机组的投运情况。在美国的超临界压力锅炉中，一次再热机组除了 1964 年外，占了绝对优势，尤其是 1973 年以后的机组，没有再采用二次再热技术。在二次再热机组中，又以蒸汽温度逐步升高的 538℃/552℃/566℃机组使用得最广泛，共有 12 台，占二次再热机组的 48%。

表 1－1　　美国超临界压力机组的投运情况（截至 1976 年）

一次再热机组			二次再热机组		
蒸汽温度（℃）	台数（台）	比率（%）	蒸汽温度（℃）	台数（台）	比率（%）
593/566	2	2.17	649/565/565	1	4
543/546	1	1.08	621/566/538	1	4
543/543	7	7.6	565/565/565	3	12
542/540	7	7.6	543/552/566	4	16
541/541	18	19.56	538/538/538	2	8
541/538	1	1.08	538/552/566	12	48
540/540	5	5.43	538/565/538	2	8
538/538	51	55.4			
总计	92	78.63	总计	25	21.37

20 世纪 60 年代，日本的超超临界技术结合了美国的 EPRI 研究成果，引进了美国 600MW 超临界机组，经过 2～3 年时间实现了引进技术到自主技术的转换，再经历 3～5 年时间实现了机组容量 600MW 向 1000MW 过渡。

1973 年，姬路第二电厂投运 1 台容量为 600MW 的二次再热机组，蒸汽参数为 25.5MPa/541℃/554℃/548℃。锅炉采用 Π 型布置、膜式水冷壁和对冲燃烧方式。由于采用新型表面换热器控制过热器温度，负荷变动时二次再热段的出口蒸汽温度具有良好的提升、跟踪特性。1989 年，日本投运的川越电厂二次再热机组代表了当时的先进水平。但 2 台超超临界机组只提高了主蒸汽压力但未提高温度，造成两者不匹配，影响机组安全运行。这两台机组容量均为 700MW，蒸汽参数为 32.9MPa/571℃/569℃/569℃。锅炉采用 Π 型布置、八角双切圆燃烧方式，水冷壁为垂直管屏。

表 1－2 列举了日本截至 1976 年超临界压力机组的投运情况。日本的超临界压力机组中，二次再热机组以 538℃/552℃/566℃再热蒸汽温度逐步上升的机组用得最广泛，占二次再热机组总量的 54.5%，而且二次再热机组采用的燃料多为重油。但由于过分注重初压的提高（大于 30MPa），采用二次中间再热技术导致机组结构复杂、运行困难、可用率不高，使运行参数被迫下降，出现发展停滞和参数反复的现象。

表 1－2 日本超临界压力机组的投运情况（截至 1976 年）

一次再热机组			二次再热机组		
蒸汽温度（℃）	台数（台）	占一次再热机组的比率（%）	蒸汽温度（℃）	台数（台）	占二次再热机组的比率（%）
566/538	1	2.7	538/552/566	6	54.5
543/568	6	16.2	538/554/568	1	9.1
543/541	3	8.1	541/554/568	2	18.2
538/538	12	32.4	543/554/568	2	18.2
538/566	15	40.6			
总计	37	77	总计	11	23

德国也是较早研究、应用二次再热技术的国家。1956 年投运了 1 台机组容量为 88MW、蒸汽参数为 34MPa/610℃/570℃/570℃的二次再热机组。1979 年又投运了 1 批蒸汽参数为 25.5MPa/530℃/540℃/530℃的二次再热机组。目前，德国共投运了 11 台二次再热超（超）临界机组，具有代表性的曼海姆电厂 7 号二次再热机组，锅炉为单烟道塔式炉，机组容量为 465MW，蒸汽参数为 25.5MPa/530℃/540℃/530℃。德国二次再热机组容量小、结构复杂、运行困难、可用率不高，没有得到充分发展。而丹麦的超超临界技术处于世界领先水平，共有 2 台二次再热超超临界机组。其中 1998 年投运的诺加兰电厂二次再热机组容量为 415MW，蒸汽参数为 29MPa/582℃/580℃/580℃，锅炉采用半塔形布置、四角切圆燃烧方式，水冷壁采用螺旋管圈形式。由于采用深海水冷却技术，机组净效率达到 47%～49%，是当时国外效率最高的超临界火电机组。

1998 年以后，国外新投运的二次再热机组较少，除早期机组外，日本川越电厂及丹麦诺加兰电厂采用二次再热超超临界机组。近年来，国外投运的超超临界机组中，没有采用二次再热技术。分析其主要原因是：① 二次再热机组系统、设备和运行控制复杂性较高；② 在燃煤价格相对稳定的条件下，二次再热机组造价较高，缺乏技术经济优势。据不完全统计，全世界至少有 52 台二次再热超（超）临界机组投入运行，大多数机组的参数在 25MPa、560℃左右，个别机组的压力达到 31MPa，主蒸汽温度达到 600℃等级。

从国外二次再热机组发展来看，基本贯穿 20 世纪后半叶，二次再热机组集中建成时间基本都是在欧洲各国、美国、日本等经济发展急剧上升期、工业发展迅猛时，而当时能源结构尚未完成转型。随着美国燃气能源消费取代燃煤消费，欧洲以法国为代表的国家采用核能代替燃煤机组，丹麦以风电为主的清洁能源逐步取代了燃煤机组，能源结构产生变化，环保压力、清洁能源利用、经济发展平缓等一系列问题明显抑制了国外燃煤机组的发展，尤其是二次再热机组的进一步发展。

表 1－3 列举了国外典型二次再热机组的基本技术特点。

表 1－3　国外典型二次再热机组的基本技术特点

项目	美国 Eddy Stone 电厂	日本川越电厂 1、2 号机组	丹麦诺加兰德电厂 3 号机组	日本姬路第二电厂 6 号机组
容量（MW）	325	700	411	600
燃料	煤	液化天然气	油、煤	重油、原油、粗汽油、液化天然气
布置方式	Π型布置	Π型布置	塔式布置	Π型布置
燃烧方式	双炉膛、双切圆	反向双切圆	单切圆	对冲燃烧
过热器布置	三级布置	三级布置	三级布置	三级布置
再热器布置	二级布置	二级布置	二级布置	二级布置
过热蒸汽温度调节	煤水比+喷水减温	煤水比+喷水减温	煤水比+喷水减温	煤水比+喷水减温
一次再热蒸汽温度调节	燃烧器摆动+喷水减温	烟气再循环+尾部挡板	燃烧器摆动+喷水减温	烟气再循环+调节挡板
二次再热蒸汽温度调节	燃烧器摆动+喷水减温	烟气再循环+尾部挡板	烟气再循环+喷水减温	热交换器

对比较典型的二次再热机组进行简单介绍如下。

一、美国 Eddy Stone 电厂

1958 年，美国 Eddy Stone 电厂投运了 1 台二次再热机组，机组容量为 325MW、蒸汽参数为 36.5MPa/654℃/566℃/566℃。锅炉采用 Π 型布置、对冲燃烧方式，水冷壁采用垂直管屏。机组按设计参数运行 8 年期间出现过许多材料问题引起的故障，1968 年起蒸汽参数被迫降到 31MPa/610℃/557℃/557℃。

二、日本川越电厂

日本川越电厂 1 号、2 号机组为当时世界上容量最大的二次再热超超临界机组，锅炉由三菱重工业株式会社供货，燃用液化天然气，汽轮机由东芝公司供货。日本川越电厂 1 号机组系统如图 1－6 所示。

锅炉为超超临界参数变压运行直流炉，单炉膛、尾部双烟道、平衡通风、露天布置、全钢构架、全悬吊结构 Π 型锅炉。燃烧方式为反向双切圆，布置 2 台再循环风机，从省煤器出口抽取烟气送入燃烧器区域和下炉膛进行再热器调温和降低 NO_x 排放。

锅炉的主要参数见表 1－4。

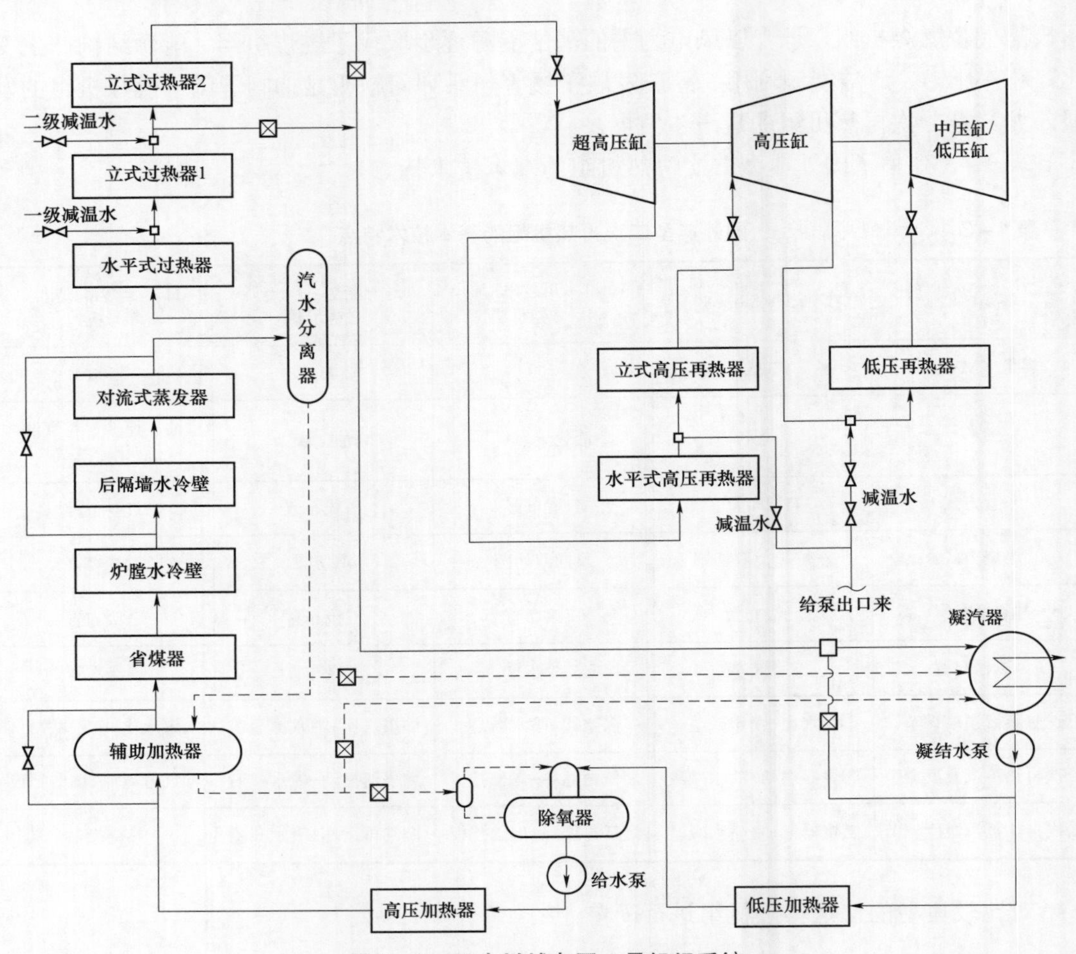

图1-6　日本川越电厂1号机组系统

表1-4　　　　锅炉的主要参数

项　　目	数　　值
主蒸汽流量（t/h）	2150
主蒸汽压力（MPa）	31.9
主蒸汽温度（℃）	571
高压再热蒸汽出口压力（MPa）	10.9
高压再热蒸汽出口温度（℃）	569
低压再热蒸汽出口压力（MPa）	2.9
低压再热蒸汽出口温度（℃）	569
给水温度（℃）	310
过热蒸汽温度控制范围	BMCR～35%ECR
高压再热蒸汽温度控制范围	BMCR～35%ECR
低压再热蒸汽温度控制范围	BMCR～50%ECR

锅炉采用八角双切圆燃烧方式，炉膛为长方形断面。燃烧器布置 4 层，共 32 只。水冷壁为垂直管屏，下炉膛水冷壁采用内螺纹管，上炉膛水冷壁采用光管。

过热器三级布置，蒸汽温度采用煤水比调节，每两级过热器之间都布置一级喷水减温器，对过热蒸汽温度进行微调。

高压再热器分两级布置，低温段布置在尾部后烟道，高温段布置在折焰角上方，在两级高压再热器间布置事故喷水减温器。低压再热器布置在尾部的前部烟道，分水平段和垂直段，在低压再热器进口管道上布置事故喷水减温器。烟气再循环用来调节再热蒸汽温度，同时也用来降低 NO_x 排放量。

锅炉总体布置图见图 1－7。

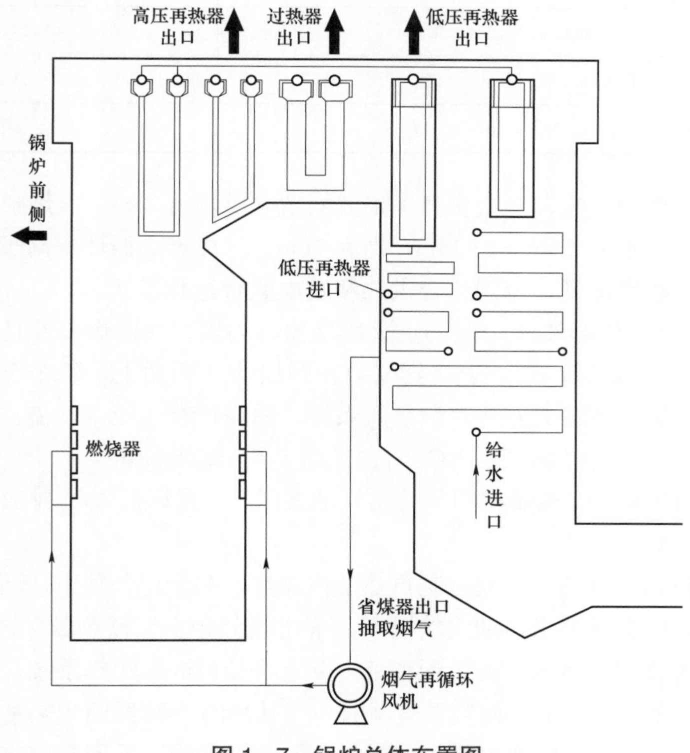

图 1－7　锅炉总体布置图

日本川越电厂 1 号、2 号机组分别于 1989 年 6 月和 1990 年 6 月投入运行，运行后完全满足各种负荷要求，且具有良好的启停性能，机组在锅炉点火后可在 132min 达到满负荷运行。

从 2011 年开始，因福岛核事故而引起的日本核电机组全部关停后，日本川越电厂 1 号、2 号机组一直带基本负荷运行。

三、丹麦诺加兰德火电厂

1992 年丹麦公用事业部决定在诺加兰德火电厂安装超超临界参数燃煤供热机组，1998

年10月1日投入运行，是目前世界上最高效的火电机组之一。锅炉参数见表1－5。

表1－5　锅炉参数

项　目	数　值
主蒸汽流量（t/h）	972
主蒸汽压力（MPa）	29
主蒸汽温度（℃）	582
给水温度（℃）	330
高压再热蒸汽进口/出口压力（MPa）	8.0/7.4
高压再热蒸汽进口/出口温度（℃）	425/580
低压再热蒸汽进口/出口压力（MPa）	2.3/1.9
低压再热蒸汽进口/出口温度（℃）	528/580

锅炉为超超临界、直流、二次再热、塔式布置（见图1－8），下炉膛设有螺旋管圈水冷壁。炉膛截面尺寸为12.25m×12.25m，高为70m。二次再热循环提高了效率，并减少了汽轮机低压缸进口蒸汽湿度，特别适合供热和发电联合运行模式。

锅炉设置16个燃烧器和4个辅助点火燃烧器，为煤、油双燃，并且每个点火燃烧器可带负荷70MW（按热值计算）。燃烧器安装在四层的4个角上，每个燃烧器的上方开有一次风口，最上一层燃烧器上方装有燃尽风系统。燃烧器有4股空气流，使内部空气能够合理配置。在锅炉满负荷时烟气中NO_x的含量为170～200mg/m^3。

锅炉满足使用多煤种、能带中间负荷运行的要求，在保证低NO_x排放的条件下高效运行，易于保养、维修。

一次风系统和烟气再循环一起控制再热蒸汽温度。在一定条件下，烟气再循环可以引入燃尽风系统，以控制锅炉出口烟气的温度，采用四分仓空气预热器。

机组满足了区域供热需求；通过配备13级凝结水和给水回热系统，保证了较高的回热循环效率。机组充分利用余热回收及变频技术，从所有冷却器回收热量并广泛采用变频装置。在海水系统中使用高防腐材料，以减少表面处理费用；采用高度自动化的过程控制和监控系统，对处理后的污水进行循环再利用；同时，在脱硫过程中使用收集的雨水和低质水，实现了多产业协作和高标准脱硫。

四、日本姬路第二电厂

日本姬路第二电厂6号炉是二次再热超临界压力锅炉，1970年订购，经过试运行，于1973年11月正式投运。锅炉采用了二次再热及表面式热交换器来控制温度，采用烟气再循环和二次燃烧方式以减少排烟中的氮氧化物。为了单烧和混烧各种重油、原油、粗汽油以及液化天然气，采用了管路混合方式。日本姬路第二电厂6号机组系统图如图1－9所示。

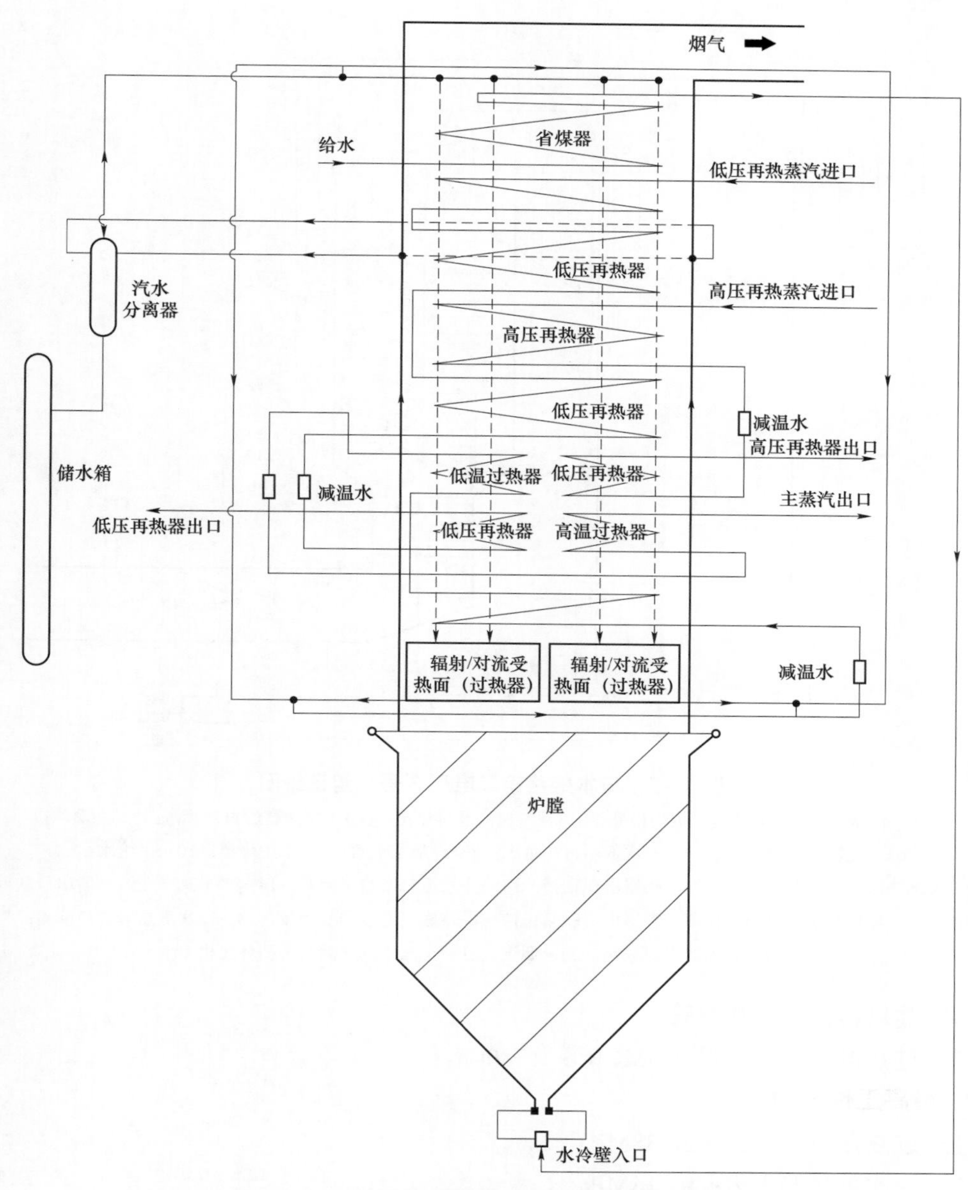

图 1-8　丹麦诺加兰德火电厂 3 号机组系统图

（一）锅炉的形式及参数

锅炉采用石川岛播磨－福斯特・惠勒二次再热直流锅炉。

1. 受热面形式

（1）炉膛：鳍片管膜式水冷壁、平炉底。

（2）过热器：辐射式和对流式混合。

（3）一次再热器：光管。

（4）二次再热器：光管。

（5）省煤器：水平光管。

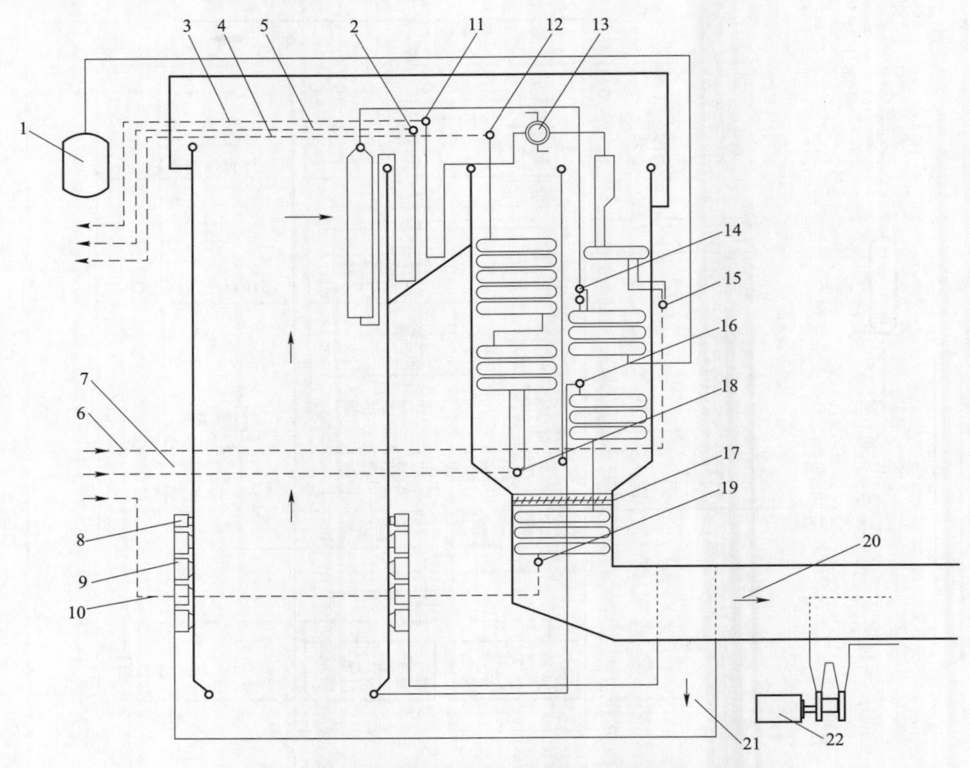

图 1－9　日本姬路第二电厂 6 号机组系统图

1—启动分离器；2—末级过热器出口联箱；3—二次高温再热蒸汽；4—一次高温再热蒸汽；5—主蒸汽；6—二次低温再热蒸汽；7—一次低温再热蒸汽；8—过量空气喷口；9—燃烧器；10—主给水；11—二次再热器出口联箱；12—一次再热器出口联箱；13—二次再热器热交换器；14—水平式一级过热器出口联箱；15—二次再热器进口联箱；16—省煤器出口联箱；17—再热蒸汽温度调节挡板；18—一次再热器进口联箱；19—省煤器进口联箱；20—烟气；21—空气；22—烟气再循环风机

（6）暖风器：肋片加热管。

（7）过热器出口蒸汽量（BMCR）：1780t/h。

2. 最高工作压力

（1）过热器出口压力：26.38MPa。

（2）一次再热器压力：9.316MPa。

（3）二次再热器压力：3.334MPa。

3. 燃烧方式

燃烧方式采用重油、原油、粗汽油及液化天然气的单烧和各种油混烧方式。

4. 通风方式

通风方式采用强制通风方式。

（二）锅炉的结构特点

（1）炉膛受热面布置：多次上升。

（2）炉膛结构：膜式水冷壁。

（3）燃烧方式：对冲布置。

（4）启动旁路方式：一级过热器低压启动。

（5）控制方式：锅炉、汽轮机平衡控制。

（6）燃烧器风箱：独立风管结构。

（三）采用表面式热交换器

再热器分一次再热器和二次再热器两个系统，为了提高机组效率，装有再循环风机。再热器通常不用喷水调节，一次再热器布置在尾部平行烟道的一侧（锅炉前侧），由烟道出口处的烟气挡板调节一次再热器的出口蒸汽温度。

二次再热器的水平段布置在尾部平行烟道的另一侧（锅炉后侧），其垂直段布置在水平烟道的烟气温度较高处。二次再热器出口蒸汽温度由布置在水平段与垂直段之间的管壳式热交换器（表面式减温器）进行调节。在热交换器内水平段二次再热器的出口蒸汽（高温工质）与省煤器进口的一部分给水（低温工质）进行热交换。通过调节阀调节热交换器进口的给水量来控制热交换量，使二次再热器的出口蒸汽温度保持在规定值。再热蒸汽通过热交换器降低温度后进入垂直段二次再热器，来自热交换器的给水在炉膛第 3 回路进口处与流经省煤器、炉膛第 1 回路及炉膛第 2 回路的工质汇合。

（四）烟气再循环风机和过量空气喷口装置

为了减少氮氧化物的排放量，采用了烟气再循环与二次燃烧。烟气再循环是由两台 50%容量的烟气再循环风机把省煤器出口的一部分烟气升压，并与空气预热器出口的燃烧空气混合。再循环烟气量为燃烧空气的 20%（质量比例）。

考虑空气预热器的经济性，从省煤器出口的排烟中取出烟气，并送入风箱进口。采用烟气再循环使通过锅炉本体受热面的烟气量增加，从而容易达到所要求的蒸汽温度。布置受热面时已考虑烟气再循环的效果。为使烟气与燃烧空气能够达到完全混合，采用了燃烧空气通风损失少的构造。锅炉运行中停用 1 台或 2 台再循环风机时，为了使热烟气与热空气密封，设置了空气导管。风量采用调节风门控制。为了防止用于高温烟气的大型风机在停用时发生翘曲情况装设了旋转装置。

二次燃烧就是在炉膛前、后墙最上面一排燃烧器的上部各装设 4 个（共计 8 个）过量空气喷孔，由此，把风箱里的一部分燃烧空气引入炉内。喷孔位置与口径的选择以能使炉内烟气、空气达到良好的混合以及氮氧化物减少为原则。

（五）使用多种燃料

按设计燃料有重油、原油、粗汽油、液化天然气 4 种燃料或其中任意 2 种燃料混烧。

（六）锅炉运行特点

该锅炉于 1973 年经鉴定、试验合格后正式投入运行。在启动和试运行过程中较为突出的特点如下：

1. 循环系统的清洗

点火前，先进行冷态清洗，除去锅炉系统内的杂质，使水质达到锅炉点火要求。首先建立冷凝器真空，清洗低压给水系统；然后清洗高压给水系统。

为提高冷态清洗效率，冷态清洗的流量应为 450～600t/h。利用系统内的流量来提高清洗效率。高压给水加热器是单个系统分别清洗的，因为流量大，所以时间较短。在高压系统冷态清洗后 20h 省煤器进口的含铁量在 50μg/L 以下且达到锅炉点火要求的水质，可见清洗效果非常好。

冷态清洗结束后点火，炉顶出口工质温度保持在约 250℃，在此温度下进行热循环清洗，其中包括中途的冷态清洗，共进行 7 天，然后进行冲管。锅炉点火后，炉顶出口工质温度上升，开始时，析出的铁很多，随着升温时反复进行热态清洗，析出的铁迅速减少，确保运行初期良好的水质。锅炉初点火前后的冷态清洗和热态清洗在短期内就达到了水质要求，缩短了试运行的时间。

2. 热交换器的应用

锅炉达到额定负荷 600MW 后，对热交换器的给水调节阀及旁路阀进行各种调整，了解各种调节阀的开度特性，证实热交换器的换热量是达到设计要求的。

二次再热器出口蒸汽温度由热交换器控制。预计设置在二次再热器中间的热交换器飞升时间比设置在再热器进口的喷水减温器飞升时间要短，实际运行也证实了这一点。负荷变动时二次再热器出口蒸汽温度是稳定的。从运行结果可看出，由热交换器控制的蒸汽温度在负荷变动时有良好的飞升、跟踪特性。

3. 快速甩负荷性能

开启厂内单独断路器，关闭厂内变压器断路器，而主变压器断路器开启时收到甩负荷信号，锅炉负荷跟踪电动机动作，给水、燃料及空气都调节到最低流量，自动控制的燃烧器除留 2 对外，其余顺次熄火，并应防止燃料油压下降。为防止过热器压力上升过高，开启启动分离器进口调节阀（P 阀）、汽轮机旁路阀（U 阀），高负荷时，需定时地打开电磁安全阀。根据运行经验，甩负荷时，解列由 2 台汽轮机传动的给水泵中的 1 台，另一台在一定时间内控制其转数。

机组在切断负荷时，锅炉可以不必解列，而能成功地进行甩负荷运行。

4. 锅炉性能

在锅炉上进行了燃烧米那斯原油和粗汽油的试验，机组负荷为 600MW。试验得出的锅炉效率高于设计值。

第四节　国内二次再热技术的发展状况

我国是一个富煤、缺油、少气的国家，在整个电网中，燃煤火力发电占 70%左右，电力工业以燃煤发电为主的格局在很长一段时期内难以改变。但是，燃煤发电在创造优质清洁电力的同时，又产生大量污染排放物。为实现 2008 年 G8（八国集团）峰会确定的 2050 年 CO_2 排放量降低 50%的目标，提高效率和降低排放量的发电技术成为欧洲各国、日本、美国和中国重点关注的领域。为了有效提高燃煤机组的循环效率，大型化、高参数、高环保成为今后燃煤机组发展的重点。

近年来，大量 600℃的 660MW 和 1000MW 超超临界机组先后投运的事实证明，600℃超超临界参数已经得到了成功应用，但同时也揭示了一个现实：在目前的材料结构下（以 HR3C、超级 304H、P91 和 P92 为材料核心），大幅提高蒸汽参数基本不可能。如果要进一步提高参数，需要引入镍基合金材料，来满足高温对材料的要求。但目前发展更高参数所需要的镍基合金材料并不具备商业化的能力，材料的短缺需要变更实现高效节能的方式。大型二次再热机组正是在这样的发展背景下提出的。

我国一直积极发展先进燃煤发电技术，二次再热发电技术作为一种能提高当前机组效率的可行措施得到了广泛关注。虽然我国开始研究二次再热技术较西方发达国家晚了许多，但西方国家因为材料性能、系统结构复杂、机组可用率不高等的限制，机组运行的可靠性和安全性仍然比较差，所以20世纪80年代后期基本也是处于一种停滞不前的状态。近年来，我国在经济快速发展的同时，环境保护的意识也随之提高，我国也开始积极地投身于二次再热机组的研究之中。

“十五”期间，超超临界二次再热发电技术被确定为我国863重点研究和开发项目。结合我国能源特点，“十一五”期间，各大电力设备制造厂家及各发电集团纷纷加快了高效燃煤机组的研制。2009年起，国内各主机厂开始加快满足620℃等级要求的高温材料研究，同期国内开始了620℃等级高参数燃煤机组研制，以及基于620℃等级的二次再热机组研发。在2010—2011年，行业内先后提出了提高初压（30MPa、31MPa、35MPa）和再热温度（605℃、610℃、620℃）的构想，并从热力循环理论、材料制造水平、设备结构特点、投资成本等方面全方位进行了论证分析，形成了国内二次再热超超临界参数暂定31MPa/600℃/620℃/620℃的初步共识。

“十二五”期间，国家能源局正式批准了华能安源发电有限责任公司（简称华能安源电厂）、国电泰州发电有限公司（简称国电泰州电厂）和华能莱芜发电有限公司（简称华能莱芜电厂）建设超超临界二次再热高效燃煤发电项目。二次再热发电技术成为《国家能源科技“十二五”规划》重点攻关技术，同时也是《煤电节能减排升级与改造行动计划（2014—2020年）》推进示范技术。截至目前，国内核准的二次再热发电项目共有14个。这标志着我国超超临界发电机组正式开启了二次再热的新篇章，也意味二次再热技术在我国迎来了又一个快速发展期。

针对二次再热项目，国内各主机厂纷纷加快脚步，开始高温材料及高参数燃煤二次再热机组的研制工作。哈尔滨锅炉厂有限责任公司（简称哈锅）的技术开发路线如下：

2009年底，开始针对二次再热锅炉进行广泛收资和调研。

2010年初，进行市场前景分析并明确研发二次再热机组超超临界锅炉。

2010年6月，完成参数论证和初步机炉匹配、汽水参数特点和锅炉设计难点分析。

2010年底，进行锅炉概念设计。

2011年4月，进行多方案设计和优缺点分析。

2011年6月，细化锅炉概念设计，配合设计院完成前期预可研和方案说明。

2011年8月，研发完成性能设计软件。

2011年9月，针对600MW等级和1000MW等级机组分别进行方案设计。

2012年5月，针对特定工程完成全套方案设计并投标。

2012年9月，完成华能莱芜电厂1000MW二次再热锅炉投标并草签技术协议。

2012年10月，华能安源电厂660MW二次再热锅炉中标。

2012 年 11 月 1 日，正式签订华能莱芜电厂、华能安源电厂锅炉供货合同。

针对二次再热项目，上海电气集团股份有限公司的技术开发路线如下：

2012 年 9 月 4—5 日，进行《国电泰州电厂二期百万千瓦超超临界二次再热燃煤发电示范项目主机及总体技术方案》评审。

2012 年 12 月 3—4 日，召开第一次设计联络会。

2013 年 4 月 30 日，进行桩基施工。

2014 年 3 月 5 日，进行 3 号机组大板梁吊装。

在投运业绩上，截至 2016 年 11 月，国内已投运的二次再热机组有 6 台，分别是华能安源电厂 2 台 660MW 机组、国电泰州电厂 2 台 1000MW 机组和华能莱芜电厂 2 台 1000MW 机组。

截至 2017 年 7 月，在建的二次再热机组有江苏华电句容发电有限公司（简称华电句容电厂）2 台 1000MW 机组、国电宿迁热电有限公司（简称国电宿迁电厂）2 台 660MW 机组、广东大唐国际雷州发电有限责任公司（简称大唐雷州电厂）2 台 1000MW 机组、赣能股份江西丰城电厂 2 台 1000MW 机组、神华国华广投（北海）发电有限责任公司（简称国华北海电厂）2 台 1000MW 机组、华电莱州发电有限公司（简称华电莱州电厂）2 台 1000MW 机组、国电蚌埠电厂 2 台 660MW 机组、广东粤电靖海发电有限公司（简称广东粤电惠来电厂）2 台 1000MW 机组、深圳能源集团河源电厂（简称深能河源电厂）2 台 1000MW 机组、国电博兴发电有限公司（简称国电博兴电厂）2 台 1000MW 机组、神华国华清远发电有限责任公司（简称神华国华清远电厂）2 台 1000MW 机组。

国内投运或在建的典型二次再热机组介绍如下：

一、华能安源电厂 2×660MW 二次再热机组

华能安源电厂 2×660MW 二次再热机组是我国首次设计、首次制造、首次施工且首次运行的 660MW 二次再热机组工程，锅炉由哈锅研制，汽轮机、发电机由东方电气集团提供。锅炉主蒸汽参数为 32.4MPa/605℃/623℃/623℃；汽轮机率先在国内采用了 31MPa/600℃/620℃/620℃世界最高蒸汽参数；机组形式为四缸四排汽，从机头到机尾依次为 1 个单流超高压缸，1 个合缸反向布置的高中压缸，2 个双流低压缸；回热系统有 10 级回热，包括 4 台高压加热器、1 台除氧器（除氧器采用滑压运行）、5 台低压加热器。图 1－10 所示为华能安源电厂 2×660MW 二次再热机组热力系统图。

通过改进热力循环、优化汽轮机配汽和缸体结构、通流优化等技术，实现了在更高技术上的产业升级。发电煤耗、发电效率、环保指标均达到了世界一流水平，成为我国第一座建成投产的超超临界二次再热发电厂。对引领发电技术进步、带动国内电力设备制造业水平提升、促进能源消费革命具有深远意义。

2013 年 6 月 28 日，华能安源电厂正式开工建设。1 号机组于 2015 年 6 月 27 日 21:00 顺利通过了 168h 满负荷试运行，投入商业运行。2 号机组于 2015 年 8 月 24 日 11:58 顺利通过了 168h 满负荷试运行，投入商业运行。

机组在试运行期间负荷率达到 103%，主蒸汽压力为 32.4MPa，锅炉各项参数指标全部达到设计要求，两级再热系统的热力性能表现优越，一次再热和二次再热蒸汽温度均达到 623℃高效运行参数。

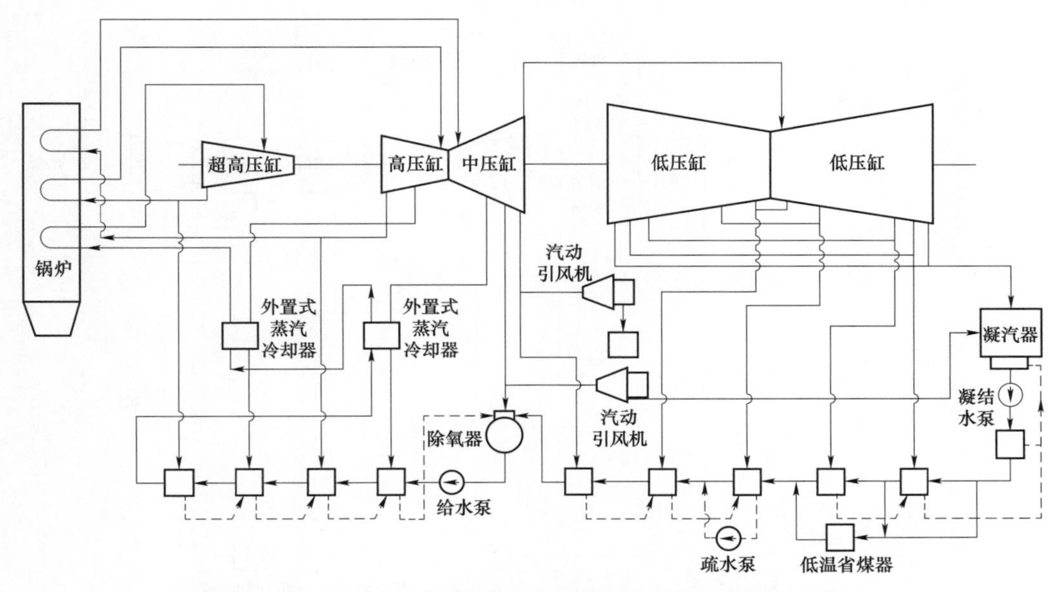

图 1-10　华能安源电厂 2×660MW 二次再热机组热力系统图

两台机组运行期间，主、辅设备和系统运行稳定，主要经济技术指标达到国内领先水平。1 号、2 号机组锅炉效率分别为 94.61%、94.34%，均高于保证值 93.8%；平均供电煤耗为 272.66g/（kW·h），比 2014 年国内同容量一次再热火电机组平均水平低 19.97g/（kW·h）；电气和热控保护投入率、自动装置投入率、测点/仪表投入率等均达到 100%，汽水品质合格。电厂采用具有自主知识产权的烟气协同治理技术，建设安装高效静电除尘、脱硫、脱硝等环保设施，机组烟尘排放值可低至 3.1mg/m^3（标准状态），二氧化硫、氮氧化物排放值分别小于 15.1mg/m^3、37.5mg/m^3（标准状态）。各项性能指标达到设计值，是当前同容量超超临界机组的最好水平。

二、华能莱芜电厂 2×1000MW 二次再热机组

华能莱芜电厂 2×1000MW 二次再热机组是世界上首批应用二次再热技术的百万千瓦机组，是中国华能集团有限公司首台二次再热百万千瓦机组，该工程项目的投产发电为二次再热技术在国内推广应用起到了示范引领的作用。

锅炉采用超超临界参数变压运行直流塔式炉，锅炉出口参数为 32.97MPa/605℃/623℃/623℃。汽轮机采用上海汽轮机厂有限公司（简称上汽）超超临界二次再热凝汽式汽轮机，采用超高压缸、高压缸、中压缸和两只低压缸串联布置，参数为 31MPa/600℃/620℃/620℃。图 1-11 所示为华能莱芜电厂 2×1000MW 二次再热机组热力系统图。

机组发电效率高于 47.95%，比国内常规超超临界一次再热机组平均效率高约 2.2%。锅炉在 BRL 工况下保证热效率不低于 94.65%，汽轮机保证热耗不高于 7051kJ/（kW·h）。发电煤耗为 256.16g/（kW·h），厂用电率为 3.97%，供电煤耗为 266.75g/（kW·h），较常规百万机组煤耗降低约 14.1g/（kW·h），两台机组年可节约标准煤 15.51 万 t。工程同步建设脱硫、脱硝设施，排放指标达到燃气电厂排放标准，每年可减少二氧化硫排放量 2326t、

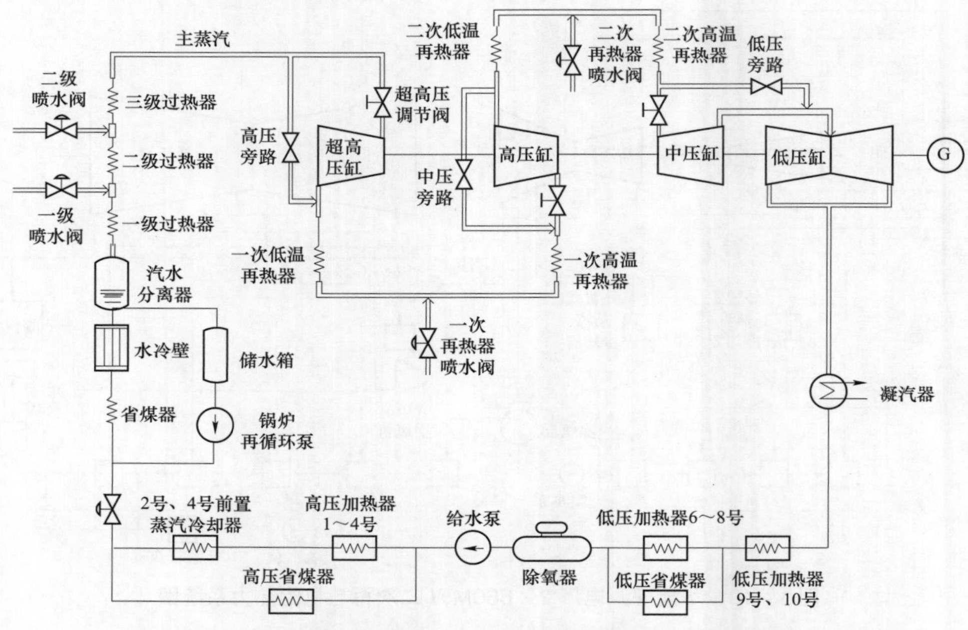

图 1-11　华能莱芜电厂 2×1000MW 二次再热机组热力系统图

氮氧化物排放量 345t、烟尘排放量 699t，同时实现灰渣、石膏全部综合利用，废水零排放。

华能莱芜电厂 2×1000MW 二次再热机组采用烟气余热深度利用技术。二次再热蒸汽温度的调节方式为“烟气再循环+尾部烟道调节挡板+摆动燃烧器调温”，再循环烟气从引风机后引出，会造成锅炉烟气量增加，采用常规设计的空气预热器后，排烟温度仍偏高，将影响锅炉效率，进而影响机组的运行经济性。为降低排烟温度，锅炉本体设计采用烟气余热利用系统，在锅炉尾部与空气预热器并联布置了高压、低压两级旁路省煤器，有效降低排烟温度，将锅炉排烟温度降至 112℃以下，提高了锅炉效率。另外，炉后烟气余热深度利用装置布置在引风机后、脱硫吸收塔前，用于加热一、二次冷风，提高空气预热器进口风温，与一、二次风机出口暖风器形成闭式循环，减少了热耗，取消了暖风器辅助蒸汽汽源，提高了机组效率。通过以上两项措施，可降低锅炉排烟温度至 85℃，降低锅炉标准煤耗 3.2g/（kW·h），年节约标准煤 19 200t。每年减少二氧化碳排放量为 44 150t；同时，排烟温度下降，每年将减少进入脱硫系统前的减温水量约 25 万 t，有助于保证电厂脱硫装置安全、可靠运行，并减少对烟囱的腐蚀。

华能莱芜电厂 2×1000MW 二次再热机组工程建设主要节点如下：

（1）2008 年，启动百万千瓦机组扩建工作。

（2）2009 年，关停运行 37 年的 3 台 135MW 机组和莱芜市 177MW 小机组，达到“上大压小”的要求。

（3）2012 年 6 月 18 日，华能莱芜电厂第一台百万机组获国家发展和改革委员会核准。

（4）2013 年 6 月 20 日，工程正式开工建设。

（5）2015 年 3 月 26 日，6 号机组倒送电成功。

（6）2015 年 12 月 4 日，6 号机组首次并网成功。

（7）2015 年 12 月 24 日 02:00，6 号机组完成 168h 满负荷试运。

（8）2016 年 11 月 9 日 08:26，7 号机组顺利完成 168h 满负荷试运行。至此，华能莱芜电厂 2 台 1000MW 超超临界二次再热机组全部投产，标志着中国华能集团有限公司首个 1000MW 级超超临界二次再热电厂全面建成投运。

6 号机组经过试生产期，完成各项性能考核试验，机组发电效率为 48.12%，发电煤耗为 255.29g/（kW・h），供电煤耗为 266.18g/（kW・h）。经山东省环境监测中心站现场监测，机组满负荷工况下，二氧化硫、氮氧化物、粉尘排放浓度分别为 10mg/m^3、15mg/m^3、1.5mg/m^3，实现超净排放。机组各项环保指标全面优于国家超低排放限值，主要经济指标实现了华能第一、世界一流的目标。

三、国电泰州电厂 2×1000MW 二次再热机组

国电泰州电厂 2×1000MW 二次再热机组工程被国家能源局列为国家二次再热燃煤发电示范项目，被国家科技部确定为国家“十二五”节能减排科技支撑计划项目，由原中国国电集团公司、中国电力工程顾问集团有限公司、上海电气集团股份有限公司三方联合研发的国内首台 1000MW 二次再热燃煤机组。

1. 项目必要性

研究和开发具有自主知识产权的高参数（30MPa 及以上，温度大于 600℃）、大容量、高效超超临界火力发电机组，在现有超超临界发电技术上进一步降低煤耗，提高机组的经济性，是洁净煤发电技术的主要方向。目前，欧洲各国、美国和日本的 700℃及以上参数的火电机组规划中无一例外地选择二次再热技术作为研究方向之一。而我国能源消耗的现状及环境保护承受的巨大压力，促使我国应尽快开发成熟的、更高效率的清洁燃烧火电机组，以便在 700℃技术成熟之前建造比现有机组效率大幅度提高、污染物和二氧化碳排放大幅度降低的超超临界火电机组。

2. 项目建设的示范意义

随着一次能源价格的不断上升和节能减排的压力进一步增加，为追求更高发电效率，更多的国家包括我国将投入二次再热机组的开发和建设。国电泰州电厂二期工程提出建设 2×1000MW 超超临界二次再热机组，项目方案利用现有成熟材料，采用二次再热并提高初参数，采取集成创新技术进行综合提效，使机组的效率得到大幅度提高，同时大幅度降低温室气体和污染物排放，各项技术示范意义显著。

采用自主开发大容量二次再热超超临界机组将使我国在高参数、大容量机组方面彻底摆脱国外知识产权束缚，实现我国火力发电制造技术上的突破，从而引领世界先进水平，更好地为我国大容量燃煤机组综合提效提供技术示范，为我国今后 700℃机组实施二次再热做好技术储备。

国电泰州电厂 2×1000MW 二次再热机组设计蒸汽参数为 31MPa/600℃/610℃/610℃，发电煤耗为 256.2g/（kW・h），机组发电效率高达 47.94%。

锅炉为 2710t/h 超超临界参数变压运行螺旋管圈直流炉，采用单炉膛塔式布置、四角切向燃烧、摆动喷嘴调温、平衡通风、全钢架悬吊结构、露天布置、机械刮板捞渣机固态排渣。锅炉燃用神华煤。炉后尾部烟道出口有 2 台 SCR 脱硝反应装置，下部各布置 1 台转子直径为

ϕ17 286 的三分仓容克式空气预热器。锅炉制粉系统采用中速磨煤机冷一次风机直吹式制粉系统，每台锅炉配置 6 台中速磨煤机，BMCR 工况时，5 台投运，1 台备用。

汽轮机为 1000MW 超超临界、二次再热、五缸四排汽抽汽凝汽式汽轮机，由超高压缸、高压缸、中压缸以及 2 个低压缸共 5 个模块组成，其中超高压缸有 15 级，高压缸有 2×13 级，中压缸有 2×13 级，低压缸有 2×2×5 级，各个模块的转子通过联轴器螺栓刚性连接。国电泰州电厂 2×1000MW 二次再热机组热力系统如图 1－12 所示。

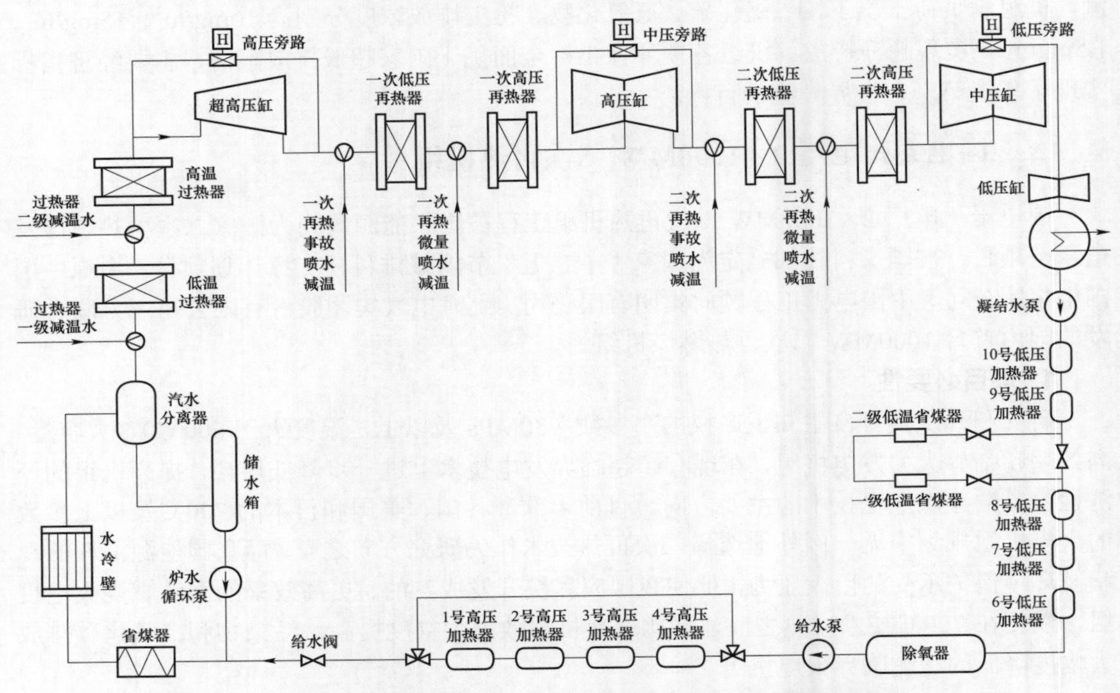

图 1－12　国电泰州电厂 2×1000MW 二次再热机组热力系统图

国电泰州电厂 2×1000MW 二次再热机组工程建设主要节点如下：

（1）2012 年 5 月 31 日，国家能源局下发《同意国电泰州电厂二期百万千瓦超超临界二次再热燃煤发电示范项目开展前期工作》（国能电力〔2012〕164 号文）。

（2）2013 年 6 月 26 日 09:28，3 号炉第一灌混凝土正式浇筑，实现了高标准开工。

（3）2015 年 9 月 25 日，3 号机组顺利完成 168h 满负荷试运。

（4）2015 年 11 月 19 日，国电泰州电厂宣布世界首台百万千瓦超超临界二次再热燃煤发电机组已经完成性能试验，各项环保指标全面优于国家超低排放限值。3 号机组性能试验具体技术指标如下：

1）机组发电效率：47.81%。

2）厂用电率：3.63%。

3）发电煤耗：256.86g/（kW・h）。

4）供电煤耗：266.5g/（kW・h）。

5）粉尘：4.2mg/m^3（标准状态）。

6）SO_2：21.9mg/m^3（标准状态）。

7）NO_x：23.2mg/m^3（标准状态）。

（5）2016 年 1 月 13 日，4 号机组顺利完成 168h 满负荷试运。

四、华电句容电厂 2×1000MW 二次再热机组

2016 年 5 月 18 日，华电句容电厂二期 2×1000MW 超超临界二次再热燃煤发电项目顺利浇筑第一方混凝土，标志着该工程正式开工建设。该项目采用最先进的火力发电技术和环保技术，突出“高效、节能、环保、洁净”设计理念，发电煤耗和机组效率等经济性指标将再上新台阶，是中国华电集团有限公司“十三五”阶段重点打造的更先进、更经济、更洁净的百万机组窗口示范项目，也是国家能源局指定的首个二次再热百万机组国产化试点项目。

锅炉为哈锅 1000MW 等级二次再热超超临界参数变压运行直流锅炉，参数为 33.6MPa/605℃/623℃/623℃，采用塔式布置、单炉膛、燃烧器低 NO_x 分级送风燃烧系统、角式切圆燃烧方式，炉膛采用螺旋管圈和垂直膜式水冷壁、带再循环泵的启动系统、二次中间再热方式。过热蒸汽调温方式以煤水比为主，同时设置二级八点喷水减温器；再热蒸汽主要采用分隔烟道调温挡板和烟气再循环调温，同时燃烧器的摆动对再热蒸汽温度也有一定的调节作用，在高低温再热器连接管道上还设置事故喷水减温器。锅炉采用平衡通风、露天布置、固态排渣、全钢构架、全悬吊结构，燃用烟煤。

汽轮机采用上汽超超临界二次中间再热凝汽式汽轮机，采用超高压缸、高压缸、中压缸和 2 只低压缸串联布置，参数为 31MPa/600℃/620℃/620℃。图 1－13 所示为华电句容电厂 2×1000MW 二次再热机组热力系统图。

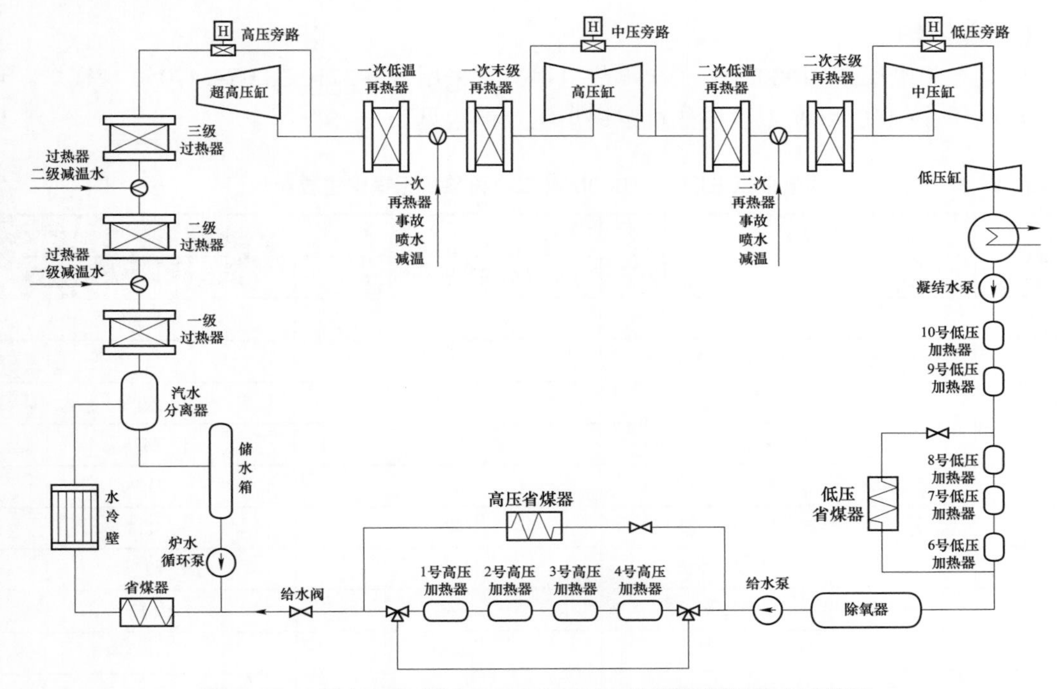

图 1－13 华电句容电厂 2×1000MW 二次再热机组热力系统图

第五节　国电泰州电厂2×1000MW二次再热机组工程调试情况

国电泰州电厂2×1000MW二次再热机组工程3号、4号机组的分系统和整套启动调试工作由江苏方天电力技术有限公司负责，与国电泰州电厂、华东电力设计院、江苏兴源电力监理有限公司、中能建江苏电力建设第三工程公司、中能建江苏电力建设第一工程公司等有关各方同心协力、密切配合，3号、4号机组通过空负荷试运、带负荷试运，在完成PSS（电力系统稳定器）试验、进相试验、自动发电控制（Automatic Generation Control，AGC）试验、一次调频试验等相关并网运行安全性评价试验后，分别于2015年9月25日18:58、2016年1月13日08:58顺利完成168h满负荷试运行，同时机组热态运行移交生产。

机组调试期间，严格执行DL/T 5437《火力发电建设工程启动试运及验收规程》、DL/T 5295《火力发电建设工程机组调试质量验收及评价规程》、DL/T 5294《火力发电建设工程机组调试技术规范》、DL 5277《火电工程达标投产验收规程》、《中国国电集团公司火电机组达标投产考核办法》（2010年），认真履行启动试运指挥的职责，履行试运组组长的职责，制订整套启动各阶段的启动程序和调试计划，使3号、4号机组安全和质量始终处于受控状态。

一、主要设备及参数

（一）锅炉

国电泰州电厂2×1000MW二次再热机组工程采用SG–2710/33.03–M7050型锅炉。国电泰州电厂2×1000MW二次再热机组锅炉主要参数见表1–6。

表1–6　国电泰州电厂2×1000MW二次再热机组锅炉主要参数

编号	项　目	工　况	
		BMCR（锅炉最大连续出力）	BRL（锅炉额定出力）
1	过热蒸汽流量（t/h）	2710	2630
2	过热蒸汽出口压力（MPa）	33.03	32.19
3	过热蒸汽出口温度（℃）	605	605
4	一次再热蒸汽流量（t/h）	2517	2426
5	一次再热蒸汽进口压力（MPa）	11.39	11.00
6	一次再热蒸汽进口温度（℃）	429	428
7	一次再热蒸汽出口压力（MPa）	11.17	10.78
8	一次再热蒸汽出口温度（℃）	613	613
9	二次再热蒸汽流量（℃）	2161	2088
10	二次再热蒸汽进口压力（℃）	3.56	3.44

续表

编号	项　　目	工　　况	
		BMCR（锅炉最大连续出力）	BRL（锅炉额定出力）
11	二次再热蒸汽进口温度（℃）	432	433
12	二次再热蒸汽出口压力（℃）	3.30	3.19
13	二次再热蒸汽出口温度（℃）	613	613
14	给水温度（℃）	314	314
15	省煤器进口压力（MPa）	37.03	35.95

（二）汽轮机

国电泰州电厂2×1000MW二次再热机组工程汽轮机为1000MW超超临界、二次再热、五缸四排汽抽汽凝汽式汽轮机，由超高压缸、高压缸、中压缸以及2个低压缸共5个模块组成，其中超高压缸有15级，高压缸有2×13级，中压缸有2×13级，低压缸有2×2×5级，各个模块的转子通过超紧配的联轴器螺栓刚性连接。国电泰州电厂2×1000MW二次再热机组汽轮机主要参数见表1－7。

表1－7　　国电泰州电厂2×1000MW二次再热机组汽轮机主要参数

项　　目	参　　数
型号	N1000－31/600/610/610
形式	超超临界二次再热凝汽式、单轴、五缸四排汽汽轮机
级数	46级（87列）
超高压缸	15个压力级
高压缸	2×13个压力级
中压缸	2×13个压力级
低压缸A	2×5个压力级
低压缸B	2×5个压力级
末级叶片长度（mm）	1146
汽轮机总长（m）	36
盘车转速（r/min）	60
给水回热级数（高压加热器+除氧器+低压加热器）	10（4+1+5）
转向	顺时针（从机头看）
设计冷却水温度（℃）	20
给水温度（℃）	315（TRL额定工况下）
平均背压[kPa（绝对压力）]	4.5
噪声水平[dB（A）]	≤85（距设备1.2m）
允许周波摆动（Hz）	47.5～51.5

续表

项 目	参 数
工作转速（r/min）	3000
热耗［kJ/（kW·h）］	7066（THA工况含低温省煤器）
超高压缸效率（%）	91.18
高压缸效率（%）	92.28
中压缸效率（%）	93.02
低压缸效率（%）	89.34
启动方式	超高压、高压、中压联合启动
配汽方式	全周进汽：节流+凝结水辅助调频
旋转方向	顺时针（从汽轮机向发电机看）
变压运行负荷范围	30%～100%额定负荷
转子的脆性转变温度FATT（50%为脆性）的数值（℃）	超高压、高压、中压转子不大于50，低压转子不大于0
最高允许背压值（MPa）	0.028（跳机0.030）
最高允许排汽温度（℃）	90报警、110跳机
允许盘车停止时汽缸最高温度（℃）	150

（三）发电机

国电泰州电厂2×1000MW二次再热机组工程发电机为上汽生产的水氢氢冷却、无刷励磁汽轮发电机。

发电机主要技术参数见表1-8。

表1-8 发电机主要技术参数

项 目	参 数
额定功率（MW）	1000
额定容量（MVA）	1112
功率因数（cosϕ，滞后）	0.9
额定电压（kV）	27
效率（%，1000MW时）	≥98.98
励磁方式	无刷励磁
冷却方式	定子绕组水冷，定子铁芯、转子绕组氢冷

二、3号机组启动调试工作

（一）前期准备

（1）调试初期，编制了《启动试运调试大纲》，对调试工作进行了总体策划，明确调试目标、调试项目、调试流程和调试方法、调试质量验评划分，并编制了有针对性的安全措施和反事故预案。各专业2014年11月开始进驻现场，熟悉设备和系统，消化和吸收相关技术尤其是二次再热技术重点、难点，并结合以往调试工程的经验，编制出版了详细的分系统和整套启动调试措施，并经各方审核通过，重要措施经启动试运总指挥批准。

（2）按照DL/T 5295《火力发电建设工程机组调试质量验收及评价规程》并结合工程的实际情况逐项进行修改和充实，最终编制《调试质量验评表》，作为质量验收文件。

（3）在对工程的供货、安装进度等情况进行实事求是的评估基础上，提出了调试网络进度图，并经有关单位讨论通过，明确目标，为调试工作有条不紊地进行打下了坚实的基础。

（二）分系统调试

调试工作人员于2015年3月开始进行分系统试运工作，至2015年7月29日完成了所有分系统调试工作。3号机组分系统调试工作主要节点如表1－9所示。

表1－9　3号机组分系统调试工作主要节点

序号	调试项目	调试完成时间
1	厂用电受电完成	2014年12月23日
2	炉前及锅炉本体碱洗工作	2015年5月20日
3	炉前及锅炉本体酸洗工作	2015年5月26日
4	冷态通风及空气动力场试验	2015年5月28、29日
5	汽动给水泵及前置泵试转	2015年6月15日
6	蒸汽冲管	2015年7月5日
7	汽轮机润滑油系统调试	2015年7月24日
8	发电机风压试验完成	2015年7月25日
9	汽轮机DEH（数字电液控制系统）、ETS（紧急跳闸系统）、TSI（安全监视系统）调试	2015年7月25日
10	汽轮机高、中、低压旁路系统调试	2015年7月29日

（三）整套启动调试

1. 过程介绍

3号机组整套启动调试分3个阶段进行，第一阶段为空负荷试运，主要是锅炉点火配合汽轮机冲转，汽轮机、电气完成各项试验；第二阶段为带负荷试运，主要是机组分阶段带负荷直到带满负荷，同时完成热工 MCS（模拟量控制系统）自动调试、协调投入、RB（辅机故障减负荷）试验、AGC 试验、一次调频试验、汽轮机甩负荷试验及其他涉网试验；第三阶段为机组 168h 满负荷试运。

3 号机组于 2015 年 8 月 4 日 13:23 完成了汽轮机首次定速 3000r/min 的冲转工作，在外部并网手续完备后，于 8 月 29 日 18:30 锅炉点火，开始进行整套启动空负荷试运，并于 9 月 2 日 23:36 机组首次并网成功，至 9 月 3 日空负荷试运结束。9 月 3～18 日，机组进行带负荷试运，于 9 月 6 日 21:48 机组首次带 1000MW 满负荷。机组完成各项试验后，于 9 月 18 日 18:58 开始首次进入 168h 满负荷试运，并于 9 月 25 日 18:58 完成 168h 满负荷试运行，机组移交电厂试生产。

3 号机组 168h 试运期间，锅炉燃烧稳定，未见有严重结焦现象，且锅炉受热面未超温、泄漏，未发生爆管现象。机组整套启动期间由于采用等离子点火设备，燃油的消耗量远远小于国家定额标准。锅炉实现了断油燃烧，电除尘器投入正常，输煤系统运转稳定，灰、渣系统排出通畅，脱硫、脱硝装置实现与主体工程同步 168h 试运。

汽轮机运行正常，调节性能良好，DEH 系统调节品质符合设计要求。汽轮机各项指标运行参数基本符合设计要求；高压加热器正常投入；汽门严密性满足规程要求。

试运期间汽水品质二氧化硅、铁、溶解氧、pH 均达到优良值。

机组在 168h 满负荷试运期间实现了电气仪表投用率 100%，准确率 100%；电气继电保护装置投入率 100%，正确动作率 100%；热控仪表投用率 100%，准确率 100%；DAS 模拟量投入率 100%，准确率 100%；DAS 开关量投入率 100%，准确率 100%；热控保护装置投入率 100%，正确动作率 100%；热控自动装置投入率 100%，自动装置调节品质符合设计要求。

2. 168h 满负荷试运期间机组主要技术经济指标

（1）汽轮机 3000r/min 定速一次成功。

（2）机组并网一次成功。

（3）脱硫、脱硝同步 168h 试运。

（4）电除尘、湿电投入运行。

（5）高、低压加热器全部投入。

（6）机组低负荷断油稳燃主蒸汽流量为 817t/h。

（7）真空严密性试验：170Pa/min。

（8）发电机漏氢量：9.67m^3/d（标准状态）。

（9）热控、电气主要保护自动投入率 100%。

（10）主要仪表投入率、准确率 100%。

三、4 号机组启动调试工作

（一）分系统调试

调试工作人员于 2015 年 7 月开始进行分系统调试工作，至 2015 年 11 月 24 日完成了所有分系统调试工作。4 号机组分系统调试工作主要节点如表 1－10 所示。

表 1-10　　4 号机组分系统调试工作主要节点

序号	调试项目	调试完成时间
1	厂用电受电完成	2015 年 4 月 9 日
2	冷态通风及空气动力场试验	2015 年 8 月 25、26 日
3	炉前及锅炉本体化学清洗工作	2015 年 9 月 27 日
4	汽动给水泵及前置泵试转	2015 年 10 月 18 日
5	蒸汽冲管	2015 年 10 月 28 日
6	发电机风压试验完成	2015 年 11 月 17 日
7	汽轮机润滑油系统调试	2015 年 11 月 18 日
8	汽轮机 DEH、ETS 和 TSI 系统调试	2015 年 11 月 23 日
9	汽轮机高、中、低压旁路系统调试	2015 年 11 月 24 日

（二）整套启动调试

1. 过程介绍

4 号机组于 2015 年 12 月 1 日 17:22 完成了汽轮机首次定速 3000r/min 的冲转工作，在外部并网手续完备后，于 2015 年 12 月 23 日 14:34 锅炉点火，开始进行整套启动空负荷试运，并于 2015 年 12 月 25 日 09:39 机组首次并网成功，至 2015 年 12 月 25 日空负荷试运结束。2015 年 12 月 25 日—2016 年 1 月 6 日，机组进行带负荷试运，于 2015 年 12 月 28 日 22:44 机组首次带 1000MW 满负荷。机组完成各项试验后，于 2016 年 1 月 6 日 08:58 开始进入 168h 满负荷试运，并于 2016 年 1 月 13 日 08:58 完成 168h 满负荷试运行，机组移交电厂试生产。

机组在 168h 满负荷试运期间实现了电气仪表投用率 100%，准确率 100%；电气继电保护装置投入率 100%，正确动作率 100%；热控仪表投用率 100%，准确率 100%；DAS 模拟量投入率 100%，准确率 100%；DAS 开关量投入率 100%，准确率 100%；热控保护装置投入率 100%，正确动作率 100%；热控自动装置投入率 100%，自动装置调节品质符合设计要求。168h 试运期间，连续平均负荷率 100.65%，连续满负荷时间为 168h，机、炉、电整套启动，汽轮机冲转至完成 168h 满负荷有效试运时间共 27 天。

2. 168h 满负荷试运期间机组主要技术经济指标

（1）汽轮机 3000r/min 定速一次成功。

（2）机组并网一次成功。

（3）脱硫、脱硝同步 168h 试运。

（4）电除尘、湿电投入运行。

（5）高、低压加热器全部投入。

（6）机组低负荷断油稳燃主蒸汽流量为 810t/h。

（7）真空严密性试验：159Pa/min。

（8）发电机漏氢量：9.48m^3/d（标准状态）。

（9）热控、电气主要保护自动投入率 100%。

（10）主要仪表投入率、准确率100%。

四、调试亮点

（一）协调组织、精心调试

国电泰州电厂二期2×1000MW工程调试过程中，调试项目部积极贯彻“精细化”调试工作思路，扎扎实实向前推进；在单体调试、分系统调试、整套启动调试过程中狠抓调试管理，做到管理先行，在“精”字上去挖潜，在“细”字上动脑筋，把握每一个细节、每一个流程。

（1）组织上保证，措施上到位。实施现场看板管理，讲究调试氛围，注重调试过程必备条件的管控确认。具体的看板管理有阀门检查卡、条件检查卡、保护逻辑确认单、技术交底签证、试运申请单、试运后签证单等。

（2）狠抓缺陷管理。调试过程中缺陷处理的及时性、有效性是推进和保障调试工作有条不紊地向前迈进的必备条件和关键核心。努力做到消除缺陷，不等不靠，主动作为。积极协调组织监理单位、施工单位、建设单位、生产单位等反复梳理缺陷，指定专人负责、专人跟踪、专人监督，保障缺陷在最短时间内消除完毕。

（3）确保试运系统的调试质量，将系统最佳性能通过调试工作展现给业主，在确保设备安全性、完好性的基础上，把系统调试到最佳流程状态进入下道工序。

（4）在调试过程中，努力构造一个祥和的调试氛围，互相协助、互相关注、互相照应、互相理解，使调试工作一步一个脚印地有序向前推进。

（5）调试工作采用“互联网+”的思路。通过微信软件建立“二期工程试运群”，将每日的调试工作计划及问题发布到“二期工程试运群”中，确保更多的人看到，有问题积极响应反馈，更快、更高效地解决问题，加快了调试进度，同时使调试工作更加公开、透明。

（二）机组首次并网后连续在网运行时间长

3号机组自2015年9月2日23:36首次并网后，经过带负荷、满负荷、各项试验后，于2015年9月14日04:32甩50%负荷解列，连续在网运行时间11d 4h 56min。机组连续稳定的运行状态为摸索二次再热机组的特性创造了有利条件，对二次再热机组有了更深的认识。

（三）整套试运调试时间短

4号机组自首次并网至168h满负荷试运结束，在网连续试运时间为14d 5h 20min，调试时间极短，在1000MW机组调试过程中是比较少见的。

（四）无重复性问题发生

4号机组在安装、调试过程中结合3号机组出现的问题，及时进行规避，做好预控准备工作，在分系统调试及整套启动调试过程中，未重复出现3号机组风机出口挡板脱落、动叶故障、旁路故障、加热器疏水阀漏汽等现象，为4号机组的安全、稳定、高效运行打下了坚实基础。

（五）无非停次数

3号机组自2015年9月2日23:36首次并网后，除2015年9月14日04:32甩50%负荷、2015 年 9 月 17 日 11:00 甩 100%负荷解列外，无其他非停解列。4 号机组延续 3 号机组亮点，自首次并网后，除甩负荷试验机组解列外，无任何非停解列事故。

机组状态的稳定，离不开现场扎实的调试工作基础：

（1）调试各专业积极贯彻“精细化”调试措施，根据措施要求，对调试每一项环节进行把控，保证每项调试工作高标准、严要求完成。

（2）制定《整套启动运行控制补充措施》，根据以往调试经验，列出主要风险点；针对二次再热机组特性有针对性地制定预防措施，提前预控。

（3）调试过程中针对部分逻辑工作，如旁路逻辑、数字电液控制系统（DEH）逻辑等进行讨论、优化，保证系统安全、稳定运行。

（六）汽水品质优良

3 号、4 号机组整套启动期间，各阶段汽水品质均处于优良状态，给水系统滤网差压未见偏高现象，未有滤网清理记录。并网后不到 1 天，汽水品质即达到运行标准。

机组在首次启动冲转、空负荷、带负荷及满负荷试运期间，所有汽水品质均能满足 DL/T 5295《火力发电建设工程机组调试质量验收及评价规程》的要求，与类似机组启动期间汽水品质相比较也是很理想的。能获得如此效果，一方面是因为建设单位、监理单位的精细化管理和施工单位的洁净化施工，另一方面是因为调试阶段的工艺过程控制。

1. 化学清洗工艺的控制

（1）扩大清洗范围，不留清洗死角。清洗范围包括凝结水系统、给水系统、锅炉本体、锅炉启动系统、过热器、低温省煤器、高/低压加热器汽侧、清洁水回收系统、减温水系统等。

（2）实施大流量、分段冲洗。在清洗前后，利用凝结水泵满出力对各回路进行大流量冲洗，并在凝结水泵出口、低压加热器出口、除氧器、省煤器进口、水冷壁进口、分离器、过热器出口、各高/低压加热器汽侧危急疏水等设置排放口，实施分段冲洗。

（3）采用先进清洗工艺。其是指采用“水冲洗+双氧水清洗+水冲洗+复合酸清洗+乙二胺四乙酸（Ethylene Diamine Telraacetic Acid，EDTA）漂洗+二甲基酮肟钝化”的工艺。双氧水清洗与传统的磷酸盐清洗工艺相比具有经济环保、不会在系统内残留有害成分等优点；甲酸和乙酸清洗工艺具有分子量小、易降解、溶垢能力强、不会在系统内沉淀析出、对金属腐蚀较小等优点。整个清洗工艺的实施，取得了良好的清洗效果，保证了机组启动期间汽水品质的合格率。

（4）监督做好清洗后的检查与清理。碱洗完成后，监督施工单位对凝汽器、除氧器及凝结水泵滤网进行检查和清理；酸洗结束后，对除氧器、水冷壁联箱、锅炉疏水箱等容器进行内部检查、清理并验收。

2. 蒸汽冲管工艺的控制

（1）蒸汽冲管以降压冲管与稳压冲管相结合的方式进行。

（2）降压冲管可以通过持续不断的工况变化对受热面内的氧化皮等杂物产生扰动，使之从受热面内壁上剥落，并随着冲管汽流排出。

（3）稳压冲管时间长，吹洗效果明显。

（4）冲管期间，多次停炉冷却，加大了吹洗效果。

（5）稳压冲管期间，通过邻机加热系统投用1号、3号高压加热器系统，对高压加热器汽侧提前进行了冲洗。同时，提高除氧器加热温度至120℃左右，清除除氧器上部渣滓及给水系统中的铁。

3. 整套启动期间汽水品质的控制

（1）要求建设单位配备启动滤芯和启动树脂，并在冲管期间将前置过滤器投入运行，起到去除机械杂质的作用。另外，在机组首次冲转期间，投入启动滤芯，防止凝结水带油进入给水系统。

（2）冲管期间，对各取样管道进行排污冲洗，保证汽水取样的可靠性。

（3）严格冲管及整套前期冷态冲洗、热态冲洗阶段的汽水监督。做到不合格水不进锅炉、水质不合格不点火。

（4）在机组启动初期投入高速混床，提高启动时进入锅炉的给水品质。

（5）锅炉疏水、汽轮机侧清洁水不合格不回收。

（6）整套启动初期，提早投除氧器加热最高至180℃左右，清除除氧器及给水系统中的铁，防止给水系统滤网堵塞。

（7）冲管期间，利用邻机加热系统对高压加热器汽侧进行逐个吹扫，保证后期高压加热器汽侧清洁度。低压加热器汽侧逐个冲洗至凝汽器，利用精处理进行处理，保证精处理后水质合格。

（七）APS顺序控制全程跟踪投入

APS（机组自启停控制系统）要实现机组启动和停运全过程的自动控制，是一个繁杂浩大的工程，涉及的工艺过程复杂、参数变化较大、时间跨度较长，针对这样一个庞大的系统设计机组自启停控制系统需将大系统化小，DCS厂家将机组自启停控制系统落实到功能组来实施，以断点为纽带，有效降低了设计规模和难度，为APS成功投运奠定了基础。

首先调试单位与建设单位、DCS厂家共同组成了APS调试试运组，对3个单位进行了分工，各司其职。调试单位统一制订了合理的调试进度表，将APS调试与常规调试有机结合，将调试期间的零散时间有效利用起来，在保证常规调试节奏的情况下，对APS功能组进行了充分的讨论，整个调试期间召开APS逻辑讨论会15次。因为前期的充分准备，实际机组启动时，APS调试时间花费很小。

DCS厂家将APS设计分解为功能子组、功能组共103套，这样的划分有利于分系统调试，也可见调试任务大大超过常规调试机组，调试单位与DCS厂家的设计人员共同推敲逻辑，最终使APS与机组常规逻辑浑然一体，对APS的成功投运起到了关键作用。

APS作为科技创新亮点也确实展现出了技术优势，风烟系统的常规启动至少要耗时2h，使用APS功能则不到0.5h，且启动过程更加平稳；并网常规耗时要半个多小时，使用APS功能则仅用3min即完成。APS功能的顺利实现使运行人员操作更安全、更高效。

第二章

二次再热机组锅炉基本特点

第一节　概　　述

采用二次再热的目的是为了进一步提高机组的热效率，并满足机组低压缸最终排汽湿度的要求。在所给参数范围内，采用二次再热使机组热经济性得到提高，其相对热耗率改善值为1.43%～1.60%。但采用二次再热方式，将使机组更加复杂：

（1）锅炉结构复杂化。具有两个再热器。

（2）汽轮机结构复杂化。增加一个超高压缸，增加一根再热冷管与再热热管，增加一套超高压主汽阀和调节阀，机组长度增加，轴系趋于复杂。

二次再热机组的上述特征决定了作为机组三大设备之一的二次再热锅炉在参数选取、锅炉结构、系统设计、安装制造及运行控制等方面的先进性和复杂性。

截至 2017 年底，二次再热锅炉在国内多个工程上得到了应用，其中上海锅炉厂有限公司（简称上锅）设计制造的 SG－2710/33.03－M7050 型锅炉应用于国电泰州电厂 2×1000MW 二次再热工程，哈锅设计制造的 HG－2752/32.87/10.61/3.26－YM1 型和 HG－1938/32.45/605/623/623－YM1 型锅炉分别应用于华能莱芜电厂 2×1000MW 二次再热工程和华能安源电厂 2×660MW 二次再热工程，东方锅炉股份有限公司（简称东锅）设计制造的 DG1785.49/32.45－Π14 型锅炉应用于国电蚌埠电厂 2×660MW 二次再热工程。

本章将对国内三大锅炉厂二次再热锅炉的技术特点进行对比分析，对二次再热锅炉与常规一次再热锅炉的特点、经济性进行对比分析，并且以上锅生产的世界首台百万千瓦二次再热机组锅炉为例，对二次再热锅炉的结构、布置、材质、设备等进行详细介绍。

第二节　国内三大锅炉厂二次再热技术对比

本节从国内三大锅炉厂二次再热锅炉的主要参数、受热面布置、汽水系统流程、烟气系统流程、蒸汽温度调节方式和受热面管材等方面进行对比，分析比较三大锅炉厂二次再热锅炉主要技术特点。国内三大锅炉厂二次再热锅炉技术参数对比见表 2－1。

表2-1 国内三大锅炉厂二次再热锅炉技术参数对比

厂家	上锅	哈锅		东锅
型号	SG-2710/33.03-M7050	HG-2752/32.87/10.61/3.26-YM1	HG-1938/32.45/605/623/623-YM1	DG1785.49/32.45-Ⅱ14 型
负荷容量（MW）	1000	1000	660	660
燃烧方式	四角切圆燃烧	四角切圆燃烧	墙式切圆燃烧	前后墙对冲燃烧
炉型	塔式	塔式	Π型、尾部两烟道	Π型、尾部三烟道
启动系统是否有炉水循环泵	有	有	有	无
BMCR工况主要参数				
主蒸汽流量（t/h）	2710	2752	1938	1785.49
主蒸汽出口压力（MPa）	33.03	32.87	32.45	32.45
主蒸汽出口温度（℃）	605	605	605	605
一次再热蒸汽流量（t/h）	2517	2412.4	1695.07	1668.69
一次再热蒸汽进口压力（MPa）	11.39	11.012	11.71	11.40
一次再热蒸汽进口温度（℃）	429	424.0	432.8	436
一次再热蒸汽出口压力（MPa）	11.17	10.612	11.34	11.05
一次再热蒸汽出口温度（℃）	613	623	623	623
二次再热蒸汽流量（t/h）	2161	2093.4	1443.49	1425.42
二次再热蒸汽进口压力（MPa）	3.56	3.449	3.743	3.52
二次再热蒸汽进口温度（℃）	432	440.9	444.1	442
二次再热蒸汽出口压力（MPa）	3.30	3.259	3.553	3.33
二次再热蒸汽出口温度（℃）	613	623	623	623
分离器出口压力（MPa）	34.62	34.77	33.95	34.68
分离器出口温度（℃）	480	469	462	470
省煤器进口给水压力（MPa）	37.03	36.77	35.95	36.45
省煤器进口给水温度（℃）	314	329.3	331.4	314
空气预热器出口温度（未修正）（℃）	120	112	127	123

续表

厂家	上锅	哈锅		东锅
空气预热器出口温度（修正）（℃）	117	110	124	118
炉膛宽度×深度（mm×mm）	21 480×21 480	22 187.3×22 187.3	18 734×18 340	21 248×15 456.8
上层煤粉燃烧器中心至屏底距离（mm）	27 811	25 800	23 258	26 491.6
截面热负荷（MW/m^2）	4.848	4.535	4.461	4.52
容积热负荷（kW/m^3）	71.91	68.61	73.05	78.19
燃烧器区域面积热负荷（MW/m^2）	1.06	1.118	1.503	1.47
NO_x排放浓度（标准状态，以O_2=6%计，mg/m^3）	200	180	240	180
BRL工况保证锅炉效率（按低位发热量，%）	94.65	94.65	93.80	94.65
蒸汽温度调节方式				
主蒸汽温度	煤水比+二级八点喷水减温	煤水比+二级八点喷水减温	煤水比+二级四点喷水减温	煤水比+二级四点喷水减温
一次再热蒸汽温度	摆动燃烧器+烟气挡板+喷水减温	烟气挡板+烟气再循环（有烟气再循环风机）+摆动燃烧器+事故喷水减温器	烟气挡板+烟气再循环（有烟气再循环风机）+摆动燃烧器+事故喷水减温器	尾部三烟道平行烟气挡板调节+ 低负荷烟气再循环（利用热一次风引射烟气），喷水减温仅用作事故减温
二次再热蒸汽温度				
水冷壁				
形式	螺旋管和垂直管	螺旋管和垂直管	内螺纹垂直管	螺旋管和垂直管
燃烧器				
喷燃器形式	直流	直流	直流	旋流
燃烧器数量	主燃烧器风箱分成独立的3组，每组风箱有4层煤粉喷嘴，48只直流式燃烧器分12层布置。相邻的两层煤粉喷嘴对应一台磨煤机，在这两层煤粉喷口之间布置一只油燃烧器，共24只油燃烧器	主燃烧器风箱分成独立的两组，每组风箱有6层煤粉喷嘴，燃烧器共设有12层煤粉喷口。相邻的两层煤粉喷嘴对应一台磨煤机，在这两层煤粉喷口之间布置一只油燃烧器，共24只油燃烧器	主燃烧器采用传统大风箱结构，由隔板将大风箱分隔成若干风室。主燃烧器布置在水冷壁的四面墙上，共6层水平浓淡煤粉喷口，每层4只燃烧器喷口对应一台磨煤机。保留锅炉燃油系统	前后墙各三层，每层对应1台磨煤机，每台磨煤机对应6只煤粉喷嘴，共36只。无燃油系统
燃尽风风口	上下两组，每组4层	上下两组，每组4层	共4层	前后墙各两层，共24只
贴壁风风口	无	无	无	前后墙最外侧燃烧器与侧墙之间各3只，共12只
点火方式	一层等离子	一层等离子	一层等离子	两层等离子

续表

厂家	上锅	哈锅		东锅
烟气再循环				
烟气抽气位置	无	引风机出口	省煤器、再热器烟气温度调节挡板后面，SCR 脱硝装置前面	省煤器和烟气温度调节挡板之间
烟气进炉膛位置	无	燃烧器底部布置两层烟气再循环喷口	燃烧器下方的水冷壁角部布置再循环烟气喷口	后墙上部燃尽风风箱
烟气再循环风机数量	0	每台锅炉配 2 台风机	每台锅炉配 4 台风机，3 用 1 备	0
空气预热器				
形式	三分仓回转式	四分仓回转式	三分仓回转式	四分仓回转式
型号	2－34.5VIT－2600（106′）SMRC	35－VI（Q）－2600－QMR	33－VI（T）－2600－QMR	LAP14948/2550

一、锅炉汽水系统

（一）上锅汽水系统流程（1000MW，塔式）

1. 一次汽系统流程

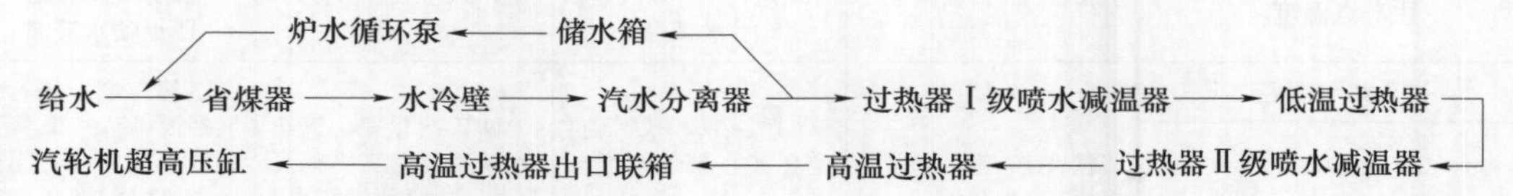

2. 一次再热蒸汽系统流程

汽轮机超高压缸排汽→一次再热器事故喷水减温器→一次低温再热器→一次再热器微量喷水减温器→一次高温再热器→一次高温再热器出口联箱→汽轮机高压缸

3. 二次再热蒸汽系统流程

汽轮机高压缸排汽→二次再热器事故喷水减温器→二次低温再热器→二次再热器微量喷水减温器→二次高温再热器→二次高温再热器出口联箱→汽轮机中压缸

（二）哈锅汽水系统流程（1000MW，塔式）

1. 过热器系统采用三级布置，给水及主蒸汽系统流程

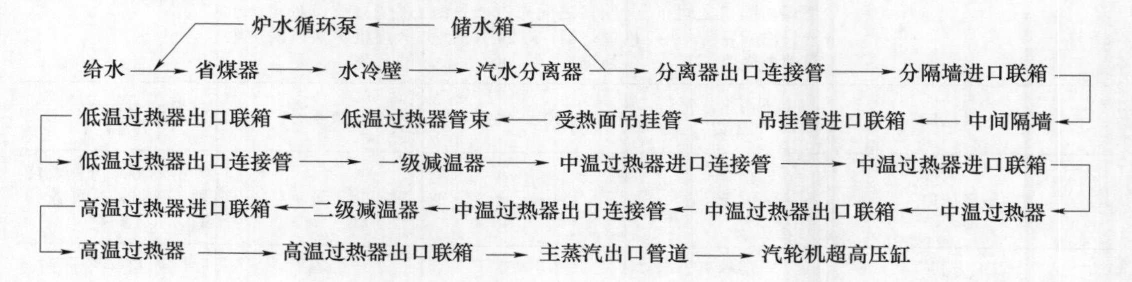

2. 一次再热蒸汽系统流程

汽轮机超高压缸排汽 → 一次低温再热器入口联箱 → 一次低温再热器 → 一次低温再热器出口联箱 → 一次再热器喷水减温器 → 一次高温再热器进口联箱 → 一次高温再热器 → 一次高温再热器出口联箱 → 汽轮机高压缸

3. 二次再热蒸汽系统流程

汽轮机高压缸排汽 → 二次低温再热器进口联箱 → 二次低温再热器 → 二次低温再热器出口联箱 → 二次再热器喷水减温器 → 二次高温再热器进口联箱 → 二次高温再热器 → 二次高温再热器出口联箱 → 汽轮机高压缸

（三）哈锅汽水系统流程（660MW，Π 型）

1. 过热器系统采用三级布置，给水及主蒸汽系统流程

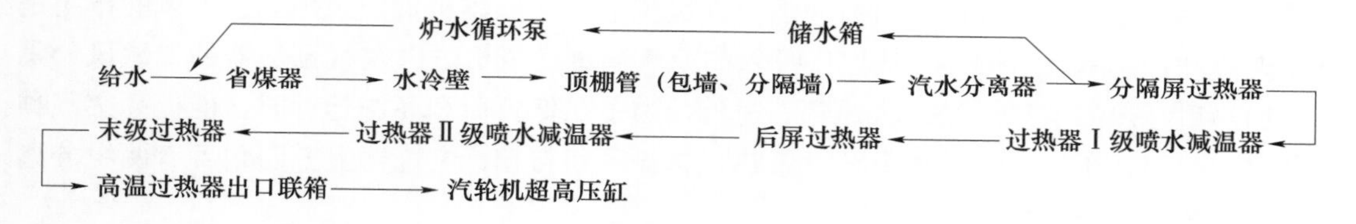

2. 一次再热蒸汽系统流程

汽轮机超高压缸排汽 → 一次低温再热器进口联箱 → 水平一次低温再热器蛇形管 → 立式一次低温再热器蛇形管 → 一次低温再热器出口联箱 → 一次低温再热器出口连接管 → 一次再热器事故喷水减温器 → 一次高温再热器进口连接管 → 一次高温再热器进口联箱 → 一次高温再热器蛇形管 → 一次高温再热器出口联箱 → 汽轮机高压缸

3. 二次再热蒸汽系统流程

汽轮机高压缸排汽 → 二次低温再热器进口联箱 → 水平二次低温再热器蛇形管 → 立式二次低温再热器蛇形管 → 二次低温再热器出口联箱 → 二次低温再热器出口连接管 → 二次再热器事故喷水减温器 → 二次高温再热器进口连接管 → 二次高温再热器进口联箱 → 二次高温再热器蛇形管 → 二次高温再热器出口联箱 → 汽轮机中压缸

（四）东锅汽水系统流程（660MW，Π 型）

1. 给水及主蒸汽系统流程

给水 → 省煤器 → 水冷壁 → 汽水分离器 → 顶棚过热器 → 包墙过热器/分隔墙过热器 → 低温过热器 → 过热器Ⅰ级喷水减温器 → 屏式过热器 → 过热器Ⅱ级喷水减温器 → 高温过热器 → 高温过热器出口联箱 → 汽轮机超高压缸

2. 一次再热蒸汽系统流程

汽轮机超高压缸排汽 → 一次低温再热器 → 一次再热器事故喷水减温器 → 一次中温再热器 → 一次再热器微量喷水减温器 → 一次高温再热器 → 一次高温再热器出口联箱 → 汽轮机高压缸

3. 二次再热蒸汽系统流程

汽轮机高压缸排汽 → 二次低温再热器 → 二次再热器事故喷水减温器 → 二次高温再热器 → 二次高温再热器出口联箱 → 汽轮机中压缸

二、锅炉风烟系统

（一）上锅风烟系统流程（1000MW，塔式）

一次风用作输送和干燥煤粉用，由一次风机从大气中抽吸而来，送入三分仓空气预热器的一次风分隔仓，加热后通过热一次风道进入磨煤机，在进空气预热器前有一部分冷风旁通空气预热器，在磨煤机进口前与热一次风相混合作磨煤机调温风用。二次风的作用是强化燃烧和控制 NO_x 生成量，从大气吸入的空气通过送风机进入空气预热器的二次风分隔仓，加热后经热二次风道进入大风箱，另外，为了在低负荷和冬季运行时，能提高空气预热器进口风温，在热二次风道上还设置热风再循环风接口。燃烧器上方四角各有两组分离式燃尽风风室，每组风室有 4 层喷嘴。

在锅炉隔墙上方设置隔板，隔墙和隔板合为一体把炉膛上部（低温再热器起至炉膛出口）分隔为两个烟道，前烟道布置一次再热器，后烟道布置二次再热器，通过调节挡板可以调节前后烟道的烟气量。

煤粉在下炉膛燃烧后产生的烟气，由下炉膛进入上炉膛，依次流经：

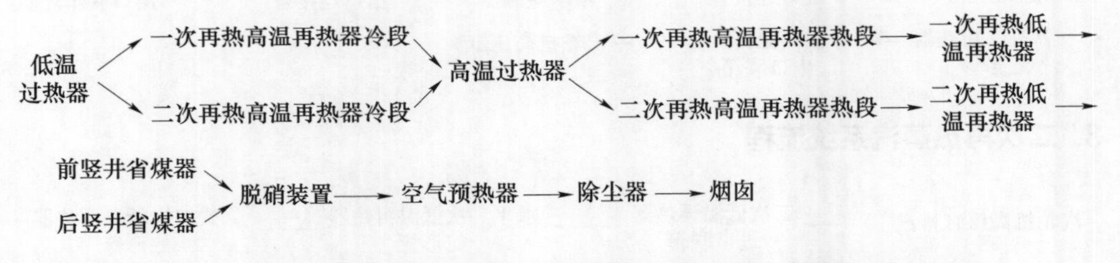

上锅 1000MW 二次再热塔式锅炉炉膛上部受热面布置如图 2－1 所示。

（二）哈锅风烟系统流程（1000MW，塔式）

哈锅 1000MW 二次再热塔式锅炉炉膛上部受热面布置如图 2－2 所示，烟气流程如下：来自送风机的冷风被送入四分仓式空气预热器，经加热后，与送入炉膛的风和粉进行燃烧，产生热烟气，热烟气向上依次经低温过热器、高温过热器、一次高温再热器、二次高温再热器、中温过热器、前竖井二次低温再热器和后竖井一次低温再热器、前后竖井省煤器，进行辐射、对流换热后到达省煤器出口烟道，烟气再向下流经垂直烟道、SCR 进入空气预热器和旁路省煤器设备，最后在空气预热器出口烟道混合后离开锅炉，排往电气除尘器和引风机。在电除尘后设置烟气再循环烟道，部分烟气通过烟气再循环风机引入炉膛，实现对再热蒸汽温度的控制。

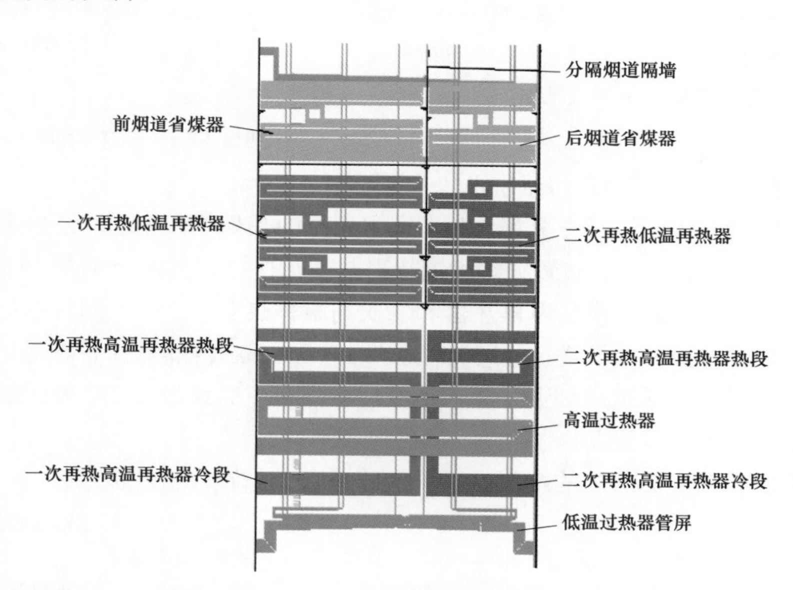

图 2-1　上锅 1000MW 二次再热塔式锅炉炉膛上部受热面布置图

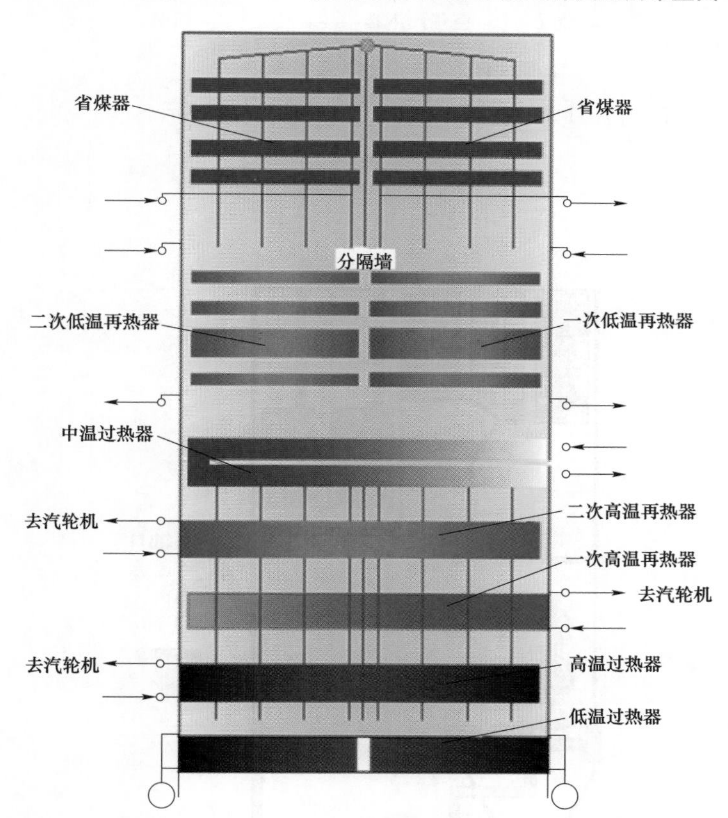

图 2-2　哈锅 1000MW 二次再热塔式锅炉炉膛上部受热面布置图

煤粉在下炉膛燃烧后产生的烟气，由下炉膛进入上炉膛，依次流经：

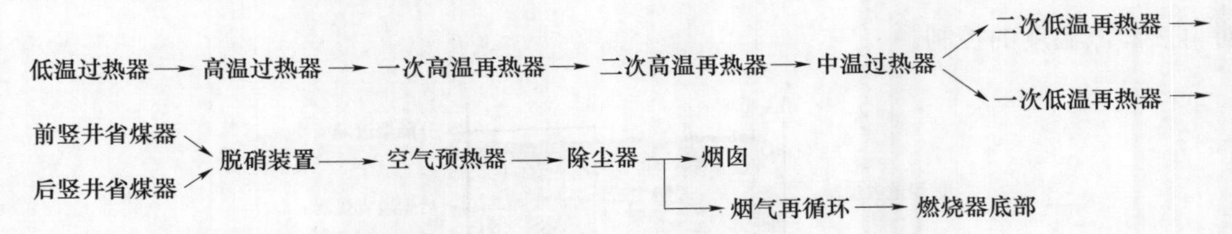

（三）哈锅风烟系统流程（660MW，Π型）

送入炉膛的风和煤粉进行充分燃烧后，产生大量的热烟气，热烟气经炉膛后依次流经过热器分隔屏、过热器后屏、布置在炉膛高辐射热负荷区域以外的折烟角上部的末级过热器、布置在水平烟道内的一次高温再热器和二次高温再热器。之后，烟气在尾部烟道向下流动进入前、后竖井两平行烟道，分别流经前烟井一次低温再热器和省煤器、后烟井二次低温再热器和省煤器，通过尾部烟气调节挡板后汇集在一起经过 SCR 脱硝装置、空气预热器后进入尾部除尘器等设备。

煤粉在下炉膛燃烧后产生的烟气，由下炉膛进入上炉膛，依次流经：

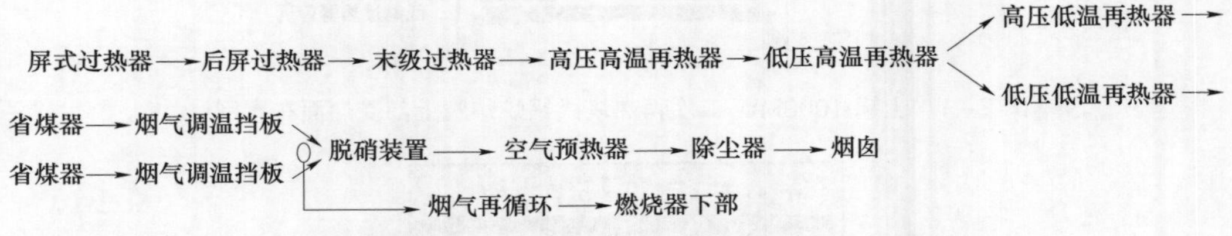

哈锅 660MW 二次再热Π型锅炉受热面布置如图 2-3 所示。

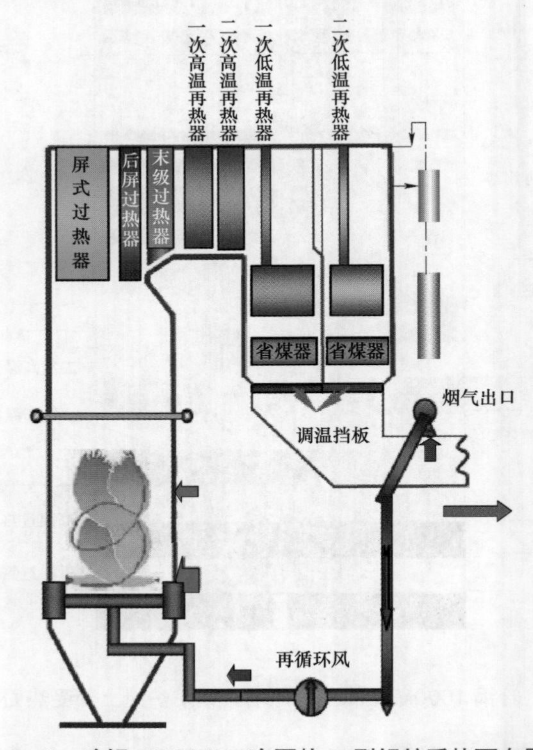

图 2-3 哈锅 660MW 二次再热 Π 型锅炉受热面布置图

（四）东锅风烟系统流程（660MW，Π型）

送风机将空气送往四方仓回转式空气预热器，锅炉的热烟气将其热量传送给进入的空气，受热的一次风与部分冷一次风混合进入磨煤机，然后进入布置在前后墙的煤粉燃烧器，受热的二次风进入燃烧器风箱，并通过各调节挡板后进入每个燃烧器内二次风、外二次风通道，同时，部分二次风进入燃尽风、还原风、贴壁风喷口，另外有少量的二次风通过专门的中心风通道进入燃烧器中心。

煤粉在下炉膛燃烧后产生的烟气，由下炉膛进入上炉膛，依次流经：

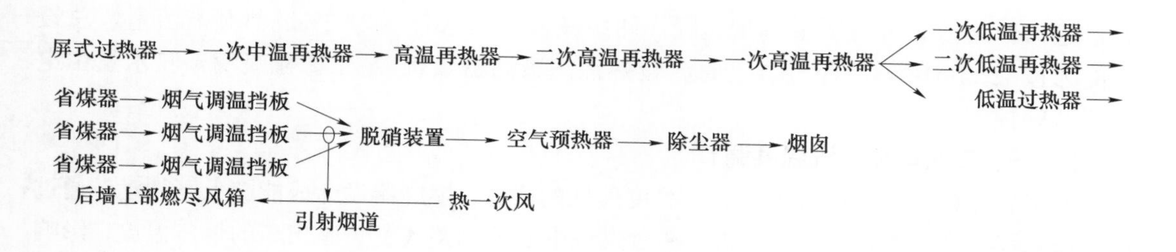

东锅660MW二次再热Π型锅炉受热面布置如图2-4所示。

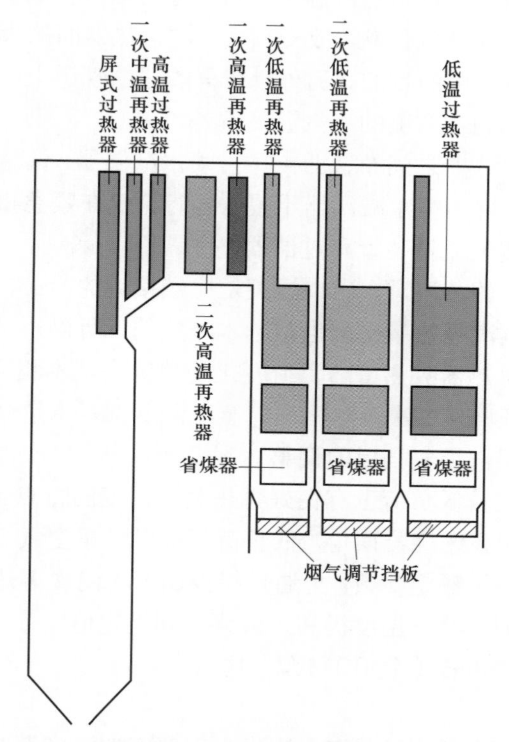

图2-4　东锅660MW二次再热Π型锅炉受热面布置图

三、蒸汽温度调节

（一）上锅蒸汽温度调节（1000MW，塔式）

1. 主蒸汽温度调节

过热蒸汽温度采用煤水比+喷水减温调节。过热蒸汽喷水共分两级，过热器第一级喷水减温器布置在低温过热器进口管道上；过热器第二级喷水减温器布置在低温过热器和高温过热器之间连接管道上。过热蒸汽喷水来自省煤器进口的给水管道上，经过喷水总管后分左右两路支管，分别经过各自的喷水管路后进入一、二级过热减温器，每台减温器进口管路前布置有测量流量装置。两级减温器喷水总量为2%过热蒸汽流量，总设计能力按2%BMCR流量计算。每台过热蒸汽减温器设置2个雾化喷嘴，喷水量由电动调节阀控制。

2. 一、二次再热蒸汽温度调节

为了有效解决低负荷时再热蒸汽温度偏低的问题，燃烧器设计成能够上下摆动，通过燃烧器的摆动调节燃烧中心的高度，通过燃烧中心的调整改变炉膛出口的烟气温度，影响高温再热器的吸热量，从而调节再热蒸汽出口温度。由于一、二次高温再热器都设置了一部分吸收辐射热的受热面，火焰中心的变化对再热蒸汽温度的影响显著，可保证一、二次再热器在较大负荷范围内达到额定蒸汽温度。同时选用烟气挡板调温方式，通过挡板开度控制进入前后分隔烟道中的烟气份额，改变一、二次再热器间的吸热分配比例来达到调节一、二次再热器出口温度平衡的目的。另外，在再热器的管道上配置喷水减温装置，防止超温情况的发生和有效控制左右侧的蒸汽温度偏差。

低温再热器和高温再热器之间布置四点微量喷水减温器，低温再热器进口布置两点喷水减温器，在正常运行工况下喷水减温器不投入运行，仅在紧急事故工况下运行。每台减温器进口管路前布置有测量流量装置和过滤器。

由于一、二次再热器的蒸汽进、出口温度是比较接近的，一、二次再热器受热面面积的比例与一、二次再热蒸汽吸热量比例也是基本一致的，所以一、二次再热器受热面并列布置的形式可保证两次再热器吸热量随负荷变化的趋势是基本相同的。通过摆动燃烧器对火焰中心的调整，可保证一、二次再热器出口蒸汽温度都基本达到额定值，两者间本就不大的吸热量差异再通过尾部烟气挡板的调整达到平衡。一、二次再热器冷段都布置了辐射受热面，使锅炉具有了在较低负荷也有良好再热蒸汽温度的特点。

负荷变化时，首先调整燃烧器摆角，低负荷时辅以过量空气系数调节，将两次再热中的一次再热器出口温度调至额定参数，再通过挡板调节将两次再热中出口温度高侧的蒸汽温度降低、出口温度低侧的蒸汽温度提高，最终达到设定值。

（二）哈锅蒸汽温度调节（1000MW，塔式）

1. 主蒸汽温度调节

过热器系统采用三级布置，采用煤水比作为主要蒸汽温度调节手段，并配合二级八点喷水作为主蒸汽温度的细调节，喷水减温每级左右四点布置以消除各级过热器的左右吸热和蒸汽温度偏差。

2. 再热蒸汽温度调节

再热蒸汽主要采用分隔烟道调温挡板和烟气再循环调温，同时燃烧器的摆动对再热蒸汽温度也有一定的调节作用，在高、低温再热器连接管道上还设置事故喷水减温器。

3. 烟气再循环

烟气再循环法就是利用烟气再循环风机，将部分烟气从取气点省煤器后或除尘器后抽出，再送入炉膛，形成烟气再循环流程。低温烟气进入炉膛后可以降低炉膛温度，使火焰中心上升，减少炉膛辐射换热，同时提高炉膛出口烟气流量，使燃料放热后移。

抽烟口位置取自引风机出口，既实现了有效调节再热蒸汽温度，同时又避免了烟气中灰粒子对烟气再热风机的磨损。单台炉采用 2 台风机，单台风机选型采用 60%烟气再循环量，2 台风机选型采用共 120%烟气再循环量，引入炉膛下部烟气再循环喷口管屏。

风机形式为双吸、双支撑离心式，型号为 VZ73V－1600F/F01。

每台锅炉配置烟气再循环风机 2 台，调节装置形式为风机进口导叶调节+变频，驱动装置－电动机，形式为变频电动机，功率为 6P－200kW。

（三）哈锅蒸汽温度调节（660MW，Π 型）

1. 主蒸汽温度调节

主蒸汽的压力与温度由燃料耗量控制，过热器喷水作为主蒸汽温度的辅助调节手段。对于冷态启动工况，一旦主蒸汽压力达到汽轮机冲转压力，主蒸汽压力将由汽轮机旁路系统（TB）来控制，与汽轮机进汽要求相匹配。

对于温态和热态启动工况，可以利用过热器系统后屏进口、末级过热器进口连接管上的放气（汽）来控制主蒸汽的压力，直到蒸汽温度与主蒸汽管道的温度相匹配，而不需将过多的低温蒸汽排往冷凝器使主蒸汽管道温度下降，一旦锅炉末级过热器的金属壁温与主蒸汽管道温度相匹配，就可以用汽轮机旁路阀门来调节主蒸汽压力。

当锅炉出力达到 25%BMCR 后，循环管路调节阀（BR 阀）应完全关闭，此时通过汽水分离器的工质已达到完全过热的单相汽态，因此，锅炉的运行模式从汽水两相的湿态运行（再循环模式）转为干态运行即直流运行模式，锅炉达到最小直流负荷。此后，主蒸汽温度由水/燃料比率控制，在通常情况下每级过热器喷水量保持在一个基本固定的数值，在负荷变化时，可以通过适当增加或减少喷水量来迅速调节过热蒸汽温度，以适应负荷变化时对蒸汽温度控制的要求。一旦锅炉负荷恢复稳定，过热器喷水量应回归到基本值。

精确并稳定地控制主蒸汽温度对最大限度地提高蒸汽循环效率是非常重要的。主蒸汽温度控制主要通过下列方式：① 水/燃料比率控制；② 过热器喷水控制（两级四点）。

主蒸汽温度基本上取决于水/燃料比率。然而，过热器喷水控制也应用于过渡状态（例如在负荷变化期间），原因为其响应速度比水/燃料比率的控制快。在超超临界锅炉燃煤时，通常通过两级（或以上）喷水控制来提高可控性，以防备下列恶劣工况的出现：① 在汽水分离器、水冷壁和每级过热器受热面上存在较大的温度变化；② 因煤质的改变而引起过热器特性变化。

喷水控制系统的功能是通过平行调节后屏过热器和末级过热器的减温水量来实现的。

（1）一级过热器喷水的控制对象为后屏过热器出口温度，同时管道中混合喷水后的蒸汽温度必须高于运行压力下的蒸汽饱和温度。

在主燃料跳闸、蒸汽闭锁或锅炉负荷低（燃料量指令低）工况下，一级喷水调节阀将被强制关闭，以限制对减温器下游产生热影响的可能性。

（2）二级过热器喷水控制对象为末级过热器出口蒸汽温度（主蒸汽温度），同时管道中混合喷水后的蒸汽温度必须高于运行压力下的蒸汽饱和温度。

在主燃料跳闸、蒸汽闭锁或锅炉负荷低（燃料量指令低）工况下，二级喷水调节阀将被强制关闭，以限制对减温器下游产生热影响的可能性。

2. 一、二次再热蒸汽温度调节

精确并稳定地控制再热蒸汽温度对最大限度地提高蒸汽循环效率是非常重要的。再热蒸汽温度控制通过下列方式实现：烟气再循环控制、尾部烟道出口烟气分配挡板控制、燃烧器摆动控制、再热器喷水控制。

（1）烟气再循环控制。烟气再循环（Flue Gas Recirculation，FGR）技术的基本原理是将机组省煤器出口烟道中一部分烟气，通过再循环风机送入炉膛，从而改变炉膛及对流受热面内部的烟气总量，通过增加再循环烟气流量，增加对流受热面的吸热量，进行蒸汽温度调节。根据炉内受热面布置情况，烟气再循环主要对于布置在水平烟道的高、低压高温再热器和尾部烟道内的高、低压低温再热器换热产生影响。再循环烟气量增加增强了再热器受热面的换热，从而提高再热蒸汽温度；再热蒸汽发生超温时减少再循环烟气量，降低再热蒸汽温度。哈锅设计的二次再热锅炉以烟气再循环作为调节高、低压再热器蒸汽温度的主要手段。

（2）尾部烟道出口烟气分配挡板控制。锅炉尾部烟道采用双烟道布置方式，根据再热器蒸汽温度的需要，调节尾部烟道出口的烟气调节挡板来分配流过一次低温再热器和二次低温再热器的烟气量，从而实现一次再热蒸汽与二次再热器蒸汽之间蒸汽温度平衡。烟气调温挡板为水平布置，结构可靠，调节灵活。

尾部烟气分配挡板开度的被调参数为再热蒸汽出口温度。尾部烟气挡板主要作用为协调一、二次再热蒸汽温度达到额定值，主要对低温再热器受热面吸热产生影响。

一次再热器侧挡板与二次再热器侧挡板的开度之和应为 100%，以保证烟气流量分配的可控性。一次再热器侧挡板与二次再热器侧挡板的开度是联锁对应的，即二次再热器侧挡板开度增加，一次再热器侧挡板开度减小；反之，二次再热器侧挡板开度减小，一次再热器侧挡板开度增加。

（3）燃烧器摆动控制。通过调整燃烧器的摆动角度，调整炉膛内火焰中心的高度，从而实现对过热器和再热器蒸汽温度的调节。该调节手段作为再热器蒸汽温度的辅助调节手段，只有在其他再热蒸汽温度调节手段无法达到预期效果时，才应考虑使用。

（4）再热器喷水控制。再热器喷水调节阀只是在烟气再循环和尾部烟道调节挡板不能有效控制再热器出口蒸汽温度时打开。同时，管道中混合喷水后的蒸汽温度必须高于运行压力下的蒸汽饱和温度。喷水减温用作事故减温，在锅炉负荷快速变化时，可用作精确、快速地控制蒸汽温度。当锅炉负荷稳定后再热器喷水量应当恢复为零。再热蒸汽温度控制范围为 50%～100%BMCR。

在主燃料跳闸、蒸汽闭锁或锅炉负荷低（燃料量指令低）时，再热器喷水调节阀将被强制关闭，以限制对减温器下游产生热影响的可能性。

再热蒸汽温度的调节是在满足主蒸汽温度达到额定值的情况下，烟气再循环、尾部烟气调温挡板和事故减温水三种方式配合应用，通过综合调整使再热蒸汽温度达到额定值。

3. 烟气再循环风机

每台锅炉配置4台烟气再循环风机，锅炉正常运行工况3台运行、1台备用。每台风机配一套电动机变频调速设备，根据再循环烟气量的变化改变交流电动机供电频率，以实现对再循环风机无级调速。为了确保再循环风机运行安全性，风机机壳材质采用不锈钢+硅甲网耐磨金属堆焊，风机叶轮采用高温耐磨合金钢。

（四）东锅蒸汽温度调节（660MW，Π型）

1. 主蒸汽温度调节

过热器的蒸汽温度调节是通过燃料给水比和两级喷水减温共同来控制的。两级减温器均布置在锅炉的炉顶罩壳内，第一级减温器位于低温过热器出口联箱与屏式过热器进口联箱之间的连接管上，第二级减温器位于屏式过热器出口联箱与高温过热器进口联箱之间的连接管上。每一级减温器各有两只减温器，减温水分左、右两侧分别喷入连接管道的工质内，左、右两侧减温水量可分别调节，减少烟气偏差对左、右两侧蒸汽温度的影响。两级减温器喷口均采用多孔喷管式，喷管上按设计要求排列小孔，减温水从小孔喷出并雾化后，在减温器混合管内与相同方向流动的高温蒸汽进行传热、传质，达到降低蒸汽温度的目的，同时保证减温器本体筒身不受气蚀。调温幅度通过调节喷水量加以控制。一级减温器是过热蒸汽温度的主要调节手段，同时也可调节低温过热器左、右侧的蒸汽温度偏差。二级减温器用来调节高温过热器温度及其左、右侧蒸汽温度的偏差，使过热蒸汽出口温度维持在额定值。

2. 一、二次再热蒸汽温度调节

锅炉正常运行时，一、二次再热蒸汽温度的调节是通过布置在省煤器下部的平行烟气挡板来调节的，通过调节烟气挡板的开度大小来控制流经后竖井一、二次低温再热器管束及低温过热器管束烟气量的多少，从而达到控制一、二次再热器蒸汽出口温度的目的。

一、二次再热器事故喷水减温器仅用于紧急事故工况、扰动工况或其他非稳定工况。再热器事故喷水减温器布置在一、二次低温再热器出口连接管道上，分左、右两侧喷入。布置在一次中温再热器出口的一次再热器微调喷水减温器仅用于一次再热蒸汽温度的微调。减温器喷嘴采用多孔式雾化喷嘴。正常情况下通过烟气调节挡板来调节一、二次再热器蒸汽温度，另外，在低负荷时还可以适当增大炉膛进风量或开启引射烟道作为再热蒸汽温度调节的辅助手段。

3. 引射烟道

锅炉设置有引射烟道，其作用为低负荷时将引自后竖井的烟气送入炉膛，以达到改善低负荷挡板调节特性、调节再热蒸汽温度的目的。引射烟道的介质流向为从热一次风道引出热风（一次风通道），进入调温风－烟喷射器，混合抽吸锅炉后竖井中烟道调节挡板前的烟气，通过烟风混合烟道（混合介质通道）进入大风箱后墙燃尽风风箱，烟风混合气流从燃尽风喷口送入炉膛。

引射烟道附件配置如下：

（1）一次风通道设置电动关闭型带中停调节挡板，烟气引出侧（烟气通道）设置电动关闭挡板，混合介质通道设置电动隔离门。

（2）在一次风通道和混合段加装流量测量装置，以监测进入引射烟道的热一次风量和炉膛的烟风流量大小。

四、汽水管路材质

三大锅炉厂二次再热锅炉主要汽水管路材质见表 2-2～表 2-5。

表 2-2　　上锅二次再热锅炉主要汽水管路材质（1000MW，塔式）

受热面位置	材　质
省煤器管	SA-210C
水冷壁螺旋管（灰斗、下部、上部、出口连接管）	12Cr1MoVG
水冷壁垂直管（下部、上部、出口连接管）	12Cr1MoVG
低温过热器进口管	12Cr1MoVG
低温过热器屏管	SA-213S304H
低温过热器出口连接管	SA-213T92
隔墙上部管、下部管	12Cr1MoVG
高温过热器进口管	SA-213T91
高温过热器管	SA-213S304H、SA-213TP310HCbN
高温过热器出口管	SA-213TP310HCbN、SA-213S304H
一次低温再热器管	12Cr1MoVG、SA-213T91
一次高温再热器进口管	SA-213T91
一次高温再热器管冷段	SA-213S304H
一次高温再热器管热段	SA-213S304H、SA-213TP310HCbN
一次高温再热器管出口段	SA-213S304H
二次低温再热器管	15CrMoG、12Cr1MoVG、SA-213T91
二次高温再热器进口管	12Cr1MoVG、SA-213T91
二次高温再热器管冷段（外 3 圈）	SA-213TP310HCbN
二次高温再热器管冷段	SA-213S304H
二次高温再热器管热段	SA-213S304H、SA-213TP310HCbN
二次高温再热器管出口段	SA-213S304H

表 2-3　　哈锅二次再热锅炉主要汽水管路材质（1000MW，塔式）

受热面位置	材　质
省煤器管	SA-210C
螺旋管圈水冷壁	15CrMoG、12Cr1MoVG
上炉膛垂直水冷壁	12Cr1MoVG

续表

受热面位置	材　质
水冷壁悬吊管	12Cr1MoVG
一级过热器	SA－213T91、Super304H
二级过热器	SA－213T91、SA－213TP347HFG
三级过热器	SA－213TP347HFG、Super304H、HR3C
过热器炉外的进、出口管	SA－213 T91、SA－213 T92
一次低温再热器	T91、12Cr1MoVG
一次高温再热器	SA－213TP347HFG、Super304H、HR3C
一次高温再热器出口联箱	SA－355P92
一次高温再热器进口管接头	T91
一次高温再热器出口管接头	T92
一次再热器热段蒸汽导管	SA－335P92
二次低温再热器	T91、12Cr1MoVG
二次高温再热器	SA－213TP347HFG、Super304H、HR3C
二次高温再热器出口联箱	SA－355P92
二次高温再热器进口管接头	T91
二次高温再热器出口管接头	T92
二次再热器热段蒸汽导管	SA－335P92
过热器一级喷水减温器	SA－335P91
过热器二级喷水减温器	SA－335P91
一次再热器喷水减温器	SA－335P91
二次再热器喷水减温器	12Cr1MoVG

表 2－4　　哈锅二次再热锅炉主要汽水管路材质（660MW，Π型）

受热面位置	材　质
省煤器管	SA－210C
冷灰斗区域水冷壁（前墙、两侧墙、后墙 ）	15CrMoG
燃烧器上方到与屏式过热器底部一样标高的水冷壁区域（前墙、两侧墙、后墙、部分折焰角 ）	12Cr1MoVG
与屏式过热器底部一样标高的水冷壁区域到水冷壁出口（前墙、两侧墙、折烟角、水平烟道底墙、水平烟道侧墙、后水吊挂管）	12Cr1MoVG
顶棚包墙系统（后部顶棚管、前部顶棚管、尾部烟道前包墙、尾部烟道后包墙管、尾部烟道两侧包墙管、尾部烟道分隔墙）	15CrMoG
水冷壁管子间加焊的扁钢	15CrMo、12CrMoV
水冷壁炉膛中间联箱	15CrMoG
汽水分离器至分隔屏过热器导气管	12Cr1MoVG
屏式过热器炉内管屏	SA－213T91、SA－213TP347HFG

续表

受热面位置	材　质
后屏过热器炉内管屏	SA－213TP347HFG、SA－213S30432、SA－213TP310HCbN
末级过热器炉内管屏	SA－213TP347HFG、SA－213S30432和SA－213TP310HCbN
末级过热器出口联箱	SA－335P92
主蒸汽导管	SA－335P92
一次再热器冷段	SA－335P12
一次低温再热器进口联箱	15CrMoG
一次水平低温再热器管屏	15CrMoG、12Cr1MoVG、SA－213T91
一次立式低温再热器管屏	SA－213TP347HFG
一次立式低温再热器出口联箱	SA－335P91
一次低温再热器与高压高温再热器之间连接导管	SA－335P91
一次高温再热器进口联箱	SA－355P91
一次高温再热器管屏	SA－213TP347HFG、SA－213S30432和SA－213TP310HCbN
一次高温再热器出口联箱	SA－355P92
一次再热器热段管路	SA－335P92
二次再热器冷段管路	SA－335P12
二次水平低温再热器进口联箱	15CrMoG
二次水平低温再热器管屏	15CrMoG、12Cr1MoVG和SA－213T91
二次立式低温再热器出口联箱	SA－335P91
二次低温再热器与高温再热器之间连接导管	SA－335P91
二次高温再热器进口联箱	SA－355P91
二次高温再热器管屏	SA－213TP347HFG、SA－213S30432、SA－213TP310HCbN
二次高温再热器出口联箱	SA－355P92
二次再热器热段	SA－335P92
二次低温再热器下两组管屏	15CrMoG

表2－5　　东锅二次再热锅炉主要汽水管路材质（660MW，Π型）

受热面位置	材　质
螺旋水冷壁	12Cr1MoVG
垂直水冷壁前侧墙	12Cr1MoVG
水平烟道底部管	12Cr1MoVG
水平烟道侧墙水冷壁	12Cr1MoVG
后竖井前包墙承重管	12Cr1MoVG
后竖井中隔墙承重管	12Cr1MoVG
后竖井后包墙	12Cr1MoVG
后竖井前中烟道吊挂管	12Cr1MoVG

续表

受热面位置	材　质
后竖井后烟道吊挂管	12Cr1MoVG
顶棚出口管	12Cr1MoVG
后竖井侧包墙管	12Cr1MoVG
后水冷壁吊挂管	SA-213T91
低温过热器出口管道	SA-213T91
屏式过热器出口管道	SA-213T92
高温过热器出口管道	SA-213T92
一次低温再热器出口管道	SA-213T91
一次中温再热器出口管道	SA-213T92
一次高温再热器出口管道	SA-213T92
二次低温再热器出口管道	SA-213T91
二次高温再热器出口管道	SA-213T92

第三节　上锅二次再热锅炉介绍

为了更全面地了解二次再热锅炉特性，本节将以上锅设计制造的国内首台1000MW超超临界二次再热锅炉为例，分系统详细阐述二次再热锅炉的技术特点。

一、汽水系统

（一）省煤器

锅炉给水由锅炉炉前单路进入，经过主止回阀和电动主闸阀后，分左、右两侧到省煤器进口联箱。由省煤器进口联箱进入的给水，流经省煤器管组，汇合在省煤器出口联箱，省煤器出口两侧管道在炉前汇集成一根下降管从上至下引入水冷壁底部进口联箱。

在锅炉给水的电动主闸阀之后的管道上，布置一个锅炉启动旁路管道接口，启动时水冷壁的汽水混合物，经汽水分离器分离后，饱和水向下流动经炉水循环泵送入锅炉给水管道，这部分水与来自给水泵的给水混合后一起并入省煤器进口联箱。

锅炉给水管道上还布置了过热蒸汽减温水接口、高压旁路减温水接口。

给水系统流程如图2-5所示。

省煤器受热面位于锅炉上部第一烟道出口处，前烟道和后烟道各布置一部分，两者并联。水流方向从上向下流动，省煤器进口联箱布置在上面，省煤器出口联箱布置在下面，沿着炉膛宽度方向从左到右布置178排管屏，每片管屏有8根套，其中4根套在前烟道、4根套在后烟道，省煤器受热面管子规格为$\phi 42\times 8$mm，材料为SA-210C。省煤器进口联箱为1根管子，管子规格为$\phi 559\times 100$mm；省煤器出口联箱为1根，管子规格为

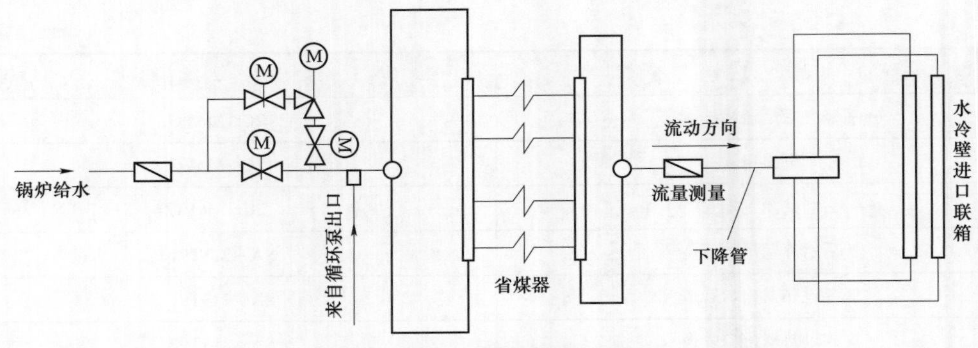

图 2–5 给水系统流程图

ϕ559 × 110mm，材料为 SA–106C。

省煤器出口管道在标高 111 100mm 处由 2 根合并成 1 根，在锅炉冷灰斗底部由 1 根分成 4 根，分左、右两侧进入前后墙底部水冷壁进口联箱。2 根管道在炉顶部分的规格为ϕ533 × 85mm，材料为 SA–106C；下降管部分的规格为ϕ711 × 110mm，材料为 SA–106C；4 根管道在锅炉底部的规格为ϕ406 × 65mm，材料为 12Cr1MoVG。由于锅炉较宽，沿着宽度方向在省煤器受热面上设置了 6 片防震隔板，上、下级的防震隔板错开布置。

省煤器如图 2–6 所示，省煤器部件参数见表 2–6。

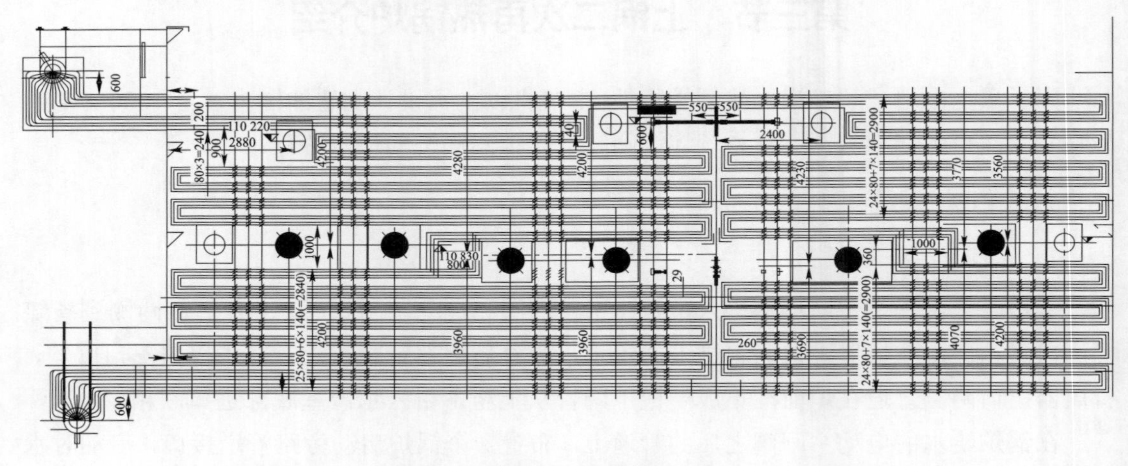

图 2–6 省煤器

表 2–6 省煤器部件参数

参　数	外径/壁厚	材质	数量
前烟道省煤器管（mm）	ϕ42 × 8	SA–210C	178 排管屏 × 4 根套
后烟道省煤器管（mm）	ϕ42 × 8	SA–210C	178 排管屏 × 4 根套
省煤器进口联箱（mm）	ϕ559 × 100	SA–106C	1 根
省煤器出口联箱（mm）	ϕ559 × 110	SA–106C	1 根
省煤器出口管炉顶（mm）	ϕ533 × 85	SA–106C	2 根

续表

参　数		外径/壁厚	材质	数量
省煤器出口管道	下降管（mm）	ϕ711 × 110	SA－106C	1 根
	炉底（mm）	ϕ406 × 65	12Cr1MoVG	4 根
设计压力（BMCR，MPa）		38.8		
工作压力（BMCR，MPa）		37		
设计进口温度（BMCR，℃）		314		
设计出口温度（BMCR，℃）		353		
省煤器总水容积（m^3）		181		
省煤器总压降（MPa）		0.079		

（二）炉膛和水冷壁

来自省煤器的介质通过下降管到锅炉底部，经过 4 根水冷壁进口引入管进入水冷壁进口联箱。水冷壁进口联箱为前后方向，共有 2 根。水冷壁采用下部螺旋管圈和上部垂直管圈的形式，螺旋管圈分为灰斗部分和螺旋管上部，垂直管圈分为垂直管下部和垂直管上部。螺旋段水冷壁由 716 根ϕ38 的管子组成，节距为 53mm。螺旋段水冷壁经水冷壁过渡连接管引至水冷壁中间联箱，经中间联箱混合后再由连接管引出，形成垂直段水冷壁，两者间通过管锻件结构连接并完成炉墙的密封。垂直段水冷壁下部由 1432 根ϕ38 的管子组成，节距为 60mm；垂直段水冷壁上部由 716 根ϕ44.5 的管子组成，节距为 120mm，垂直管圈之间的过渡通过 Y 形三通来实现。

水冷壁垂直管上部引入到前、后、左、右 4 个出口联箱，每个出口联箱各分 2 根管道，总共 8 根管道引出到水冷壁出口汇合联箱，4 根汇合联箱再通过 24 根管道，导入 6 台汽水分离器。

水冷壁中间联箱上分出 16 根前、后墙的炉外悬吊管，引到 4 根水冷壁出口汇合联箱上，这些悬吊管作为锅炉炉前联箱和炉后联箱支吊梁的支座。

炉外悬吊管连接管道走向示意图如图 2－7 所示。

锅炉四周从下至上，在整个高度方向全部由膜式水冷壁构成。水冷壁流程图见图 2－8。

水冷壁采用螺旋环绕结构。与垂直管圈相比，水冷壁管间的吸热量偏差获得根本性改善。因为同一管屏中的管子以相同方式绕过炉膛的角隅部分和中间部分，所以吸热均匀、炉膛出口处介质温度偏差小。此外，螺旋管圈的炉膛周界尺寸不像垂直管圈那样受到质量流速的限制，因此炉膛的设计比较自由，只需考虑燃煤的特性需要。

水冷壁在整个高度方向分为螺旋管圈和垂直管圈两部分。螺旋管圈区域又分为螺旋管圈冷灰斗和常规螺旋管圈；垂直管圈分成下部垂直管圈和上部垂直管圈。

螺旋管圈的管子根数为 716 根，倾斜角度为 26.210 3°，在标高 70 480mm 处，螺旋管圈通过炉外中间过渡联箱转换成垂直管圈，从冷灰斗拐点算至螺旋管圈出口，螺旋管圈共绕了约 1.2 圈。

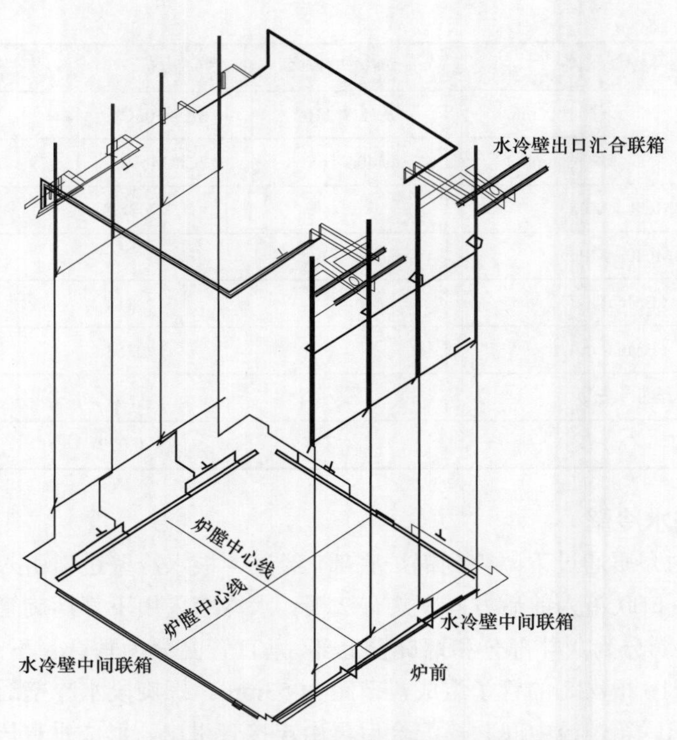

图 2-7　炉外悬吊管连接管道走向示意图

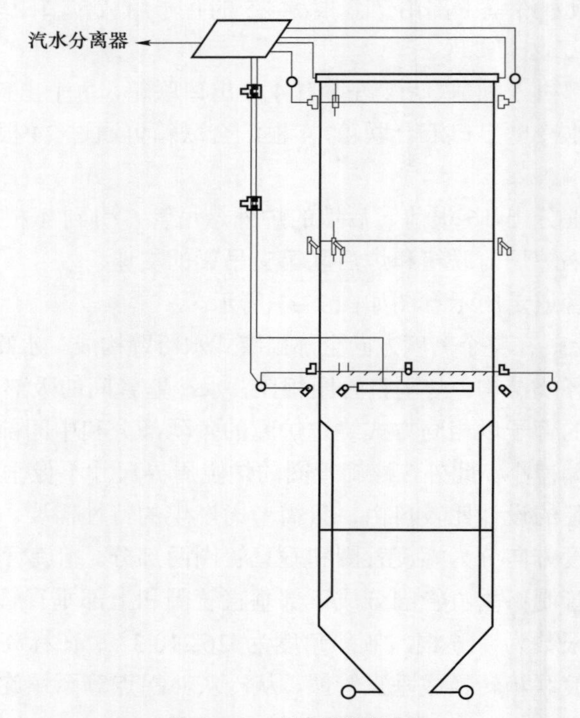

图 2-8　水冷壁流程图

冷灰斗螺旋管圈规格为$\phi 38\times 7$mm，材料为12Cr1MoVG，节距为53mm。水冷壁下部螺旋管圈规格为$\phi 38\times 7$mm，节距为53mm，材料为12Cr1MoVG；水冷壁上部螺旋管圈规格为$\phi 38\times 8.5$mm，节距为53mm，材料为12Cr1MoVG。冷灰斗螺旋管圈进口联箱标高为7500mm，冷灰斗拐点标高为21 980mm，螺旋管圈和垂直管圈分界面标高为70 480mm。

沿着高度方向燃烧器分成上、中、下3组燃烧器，每组燃烧器有4层煤粉喷嘴，一组燃烧器组成一个水冷套，总共有12个水冷套。3组燃烧器上面布置有两组分离式燃尽风，每组燃尽风分有4层风室喷嘴，每组分离式燃尽风也组成一个水冷套。锅炉水冷套总共有20个。

螺旋管圈和垂直管圈的连接示意图如图2－9所示。螺旋管圈和垂直管圈由锻件连接结构组成，通过水冷壁中间过渡联箱把两者连接起来。中间连接过渡联箱分成前、后、左、右共4个。

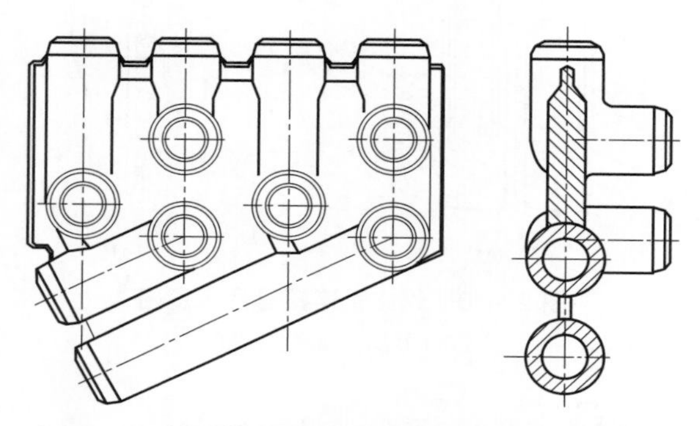

图2－9　螺旋管圈和垂直管圈过渡和连接示意图

下部垂直管圈规格为$\phi 38\times 8.5$mm，材料为12Cr1MoVG，节距为60mm，共有1432根；上部垂直管圈规格为$\phi 44.5\times 9.0$mm，材料为12Cr1MoVG，节距为120mm，共有716根。上部和下部垂直管圈的分界面标高为94 350mm（侧墙）/95 650mm（前后墙）。上部和下部垂直管圈直接由Y形三通过渡连接，二合一形式，上部和下部垂直管圈的根数刚好相差一倍。

上部垂直管圈分前、后、左、右四面墙引出到4个水冷壁出口联箱上，然后每个联箱有两根管道引出，共8根管道引到水冷壁出口汇合联箱，汇合联箱有4个，汇合联箱出来的介质再引至6台汽水分离器，到每台汽水分离器有4根管道，直接与汽水分离器连接的管道总共24根。汽水分离器的出口分成两路，蒸汽和锅水分别送到过热器和锅炉启动旁路系统。

螺旋管圈的四周管屏的受力由从上到下的吊带承担，每面墙有7条吊带，每条分成2块连接板，通过中间过渡段连接水冷壁吊带，将螺旋管圈水冷壁载荷传递到水冷壁垂直管圈之上，如图2－10所示。

水冷壁垂直管圈上部通过三通盲管将载荷传递到无任何工作介质的管子膜式壁，带有膜式壁的管子两端都是封闭的，内部无介质流通，如图2－11所示。三通盲管有工作介质的一端流向水冷壁出口联箱，通过连接管道送到汽水分离器。

水冷壁四面墙通过炉顶吊杆装置悬吊在钢架大梁上，每根吊杆都有叠形弹簧装置，使得水冷壁四周悬吊受力均衡，每台叠形弹簧装置的受力都是相同的。叠形弹簧装置共150台。

垂直管连接悬吊示意图如图2－11所示，水冷壁部件参数见表2－7。

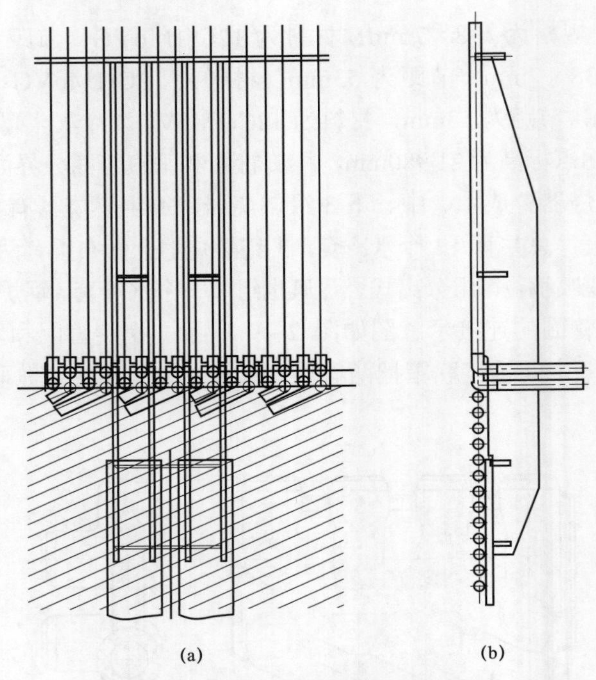

图 2-10　螺旋管连接悬吊示意图

（a）主视图；（b）右视图

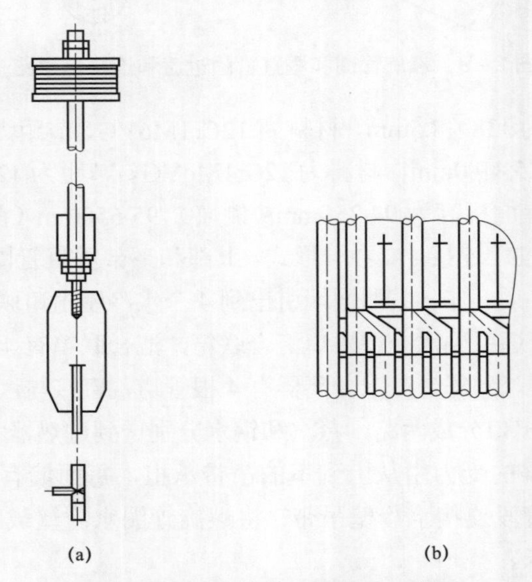

图 2-11　垂直管连接悬吊示意图

（a）结构图；（b）局部图

表 2-7　　　　水冷壁（含汽水分离器、储水箱）部件参数

名　　称		数量（个）	规格（mm）	材质
水冷壁螺旋管	灰斗	716	$\phi 38\times 7$	12Cr1MoVG
	下部	716	$\phi 38\times 7$	12Cr1MoVG

续表

名　称		数量（个）	规格（mm）	材质
水冷壁螺旋管	上部	716	$\phi38\times8.5$	12Cr1MoVG
	出口连接管	—	$\phi38\times7$	12Cr1MoVG
水冷壁垂直管	下部	1432	$\phi38\times8.5$	12Cr1MoVG
	上部	716	$\phi44.5\times9$	12Cr1MoVG
	出口连接管	—	$\phi44.5\times8$	12Cr1MoVG
水冷壁进口联箱		2	$\phi406\times70$	12Cr1MoVG
水冷壁中间过渡联箱		4	$\phi219\times50$	12Cr1MoVG
水冷壁出口联箱		4	$\phi324\times60$	12Cr1MoVG
水冷壁出口分配联箱		4	$\phi324\times60$	12Cr1MoVG
汽水分离器		6	$\phi610\times90$	SA－335P91
汽水分离器储水箱		1	$\phi610\times90$	SA－335P91

（三）锅炉启动旁路系统

1. 概述

国电泰州电厂二次再热锅炉启动旁路系统采用了内置式汽水分离器、带炉水循环泵，还布置了大气式扩容器和集水箱等设备的简单疏水系统。进入省煤器的给水由并联布置的炉水循环泵和给水泵提供。

在锅炉的启动及低负荷运行阶段，炉水循环确保了在锅炉达到最低直流负荷之前的炉膛水冷壁的安全性。当锅炉负荷大于最低直流负荷时，一次通过的炉膛水冷壁质量流速能够对水冷壁进行足够的冷却。在炉水循环中，由分离器分离出来的水往下流到炉水循环泵的进口，通过提高压力来克服系统的流动阻力和炉水循环泵控制阀的压降。从控制阀出来的水和锅炉给水汇合后通过省煤器，再进入炉膛水冷壁。在水冷系统循环中，有部分水蒸气产生，此汽水混合物进入分离器，分离器通过离心作用将汽和水进行分离，蒸汽导入过热器中，分离出来的水则进入位于分离器下方的储水箱。储水箱通过水位控制器来维持一定的储水量。通常储水箱布置靠近炉顶，这样可以提供炉水循环泵在任何工况下（包括冷态启动和热态再启动）所需要的净正吸入压头。储水箱的较高位置同样也提供了在锅炉初始启动阶段汽水膨胀时疏水所需要的静压头。

在启动系统设计中，最低直流负荷（30%BMCR）是根据炉膛水冷壁足够被冷却所需要的量来确定的，即使当过热器通过的蒸汽量小于此数值时，炉膛水冷壁的质量流速也不能低于此数值。炉水启动循环泵提供了锅炉启动和低负荷时所需的最小流量，选用的炉水循环泵能提供锅炉冷态和热态启动时所需的体积流量。在启动过程中，并不需要像简单疏水系统那样往扩容器进行连续地排水。国电泰州电厂二次再热启动系统流程图如图 2－12 所示。

当机组启动，锅炉负荷低于最低直流负荷 30%BMCR 时，蒸发受热面出口的介质流经分离器前的分配器后进入分离器进行汽水分离，经 6 台汽水分离器出来的疏水汇合到 1 只

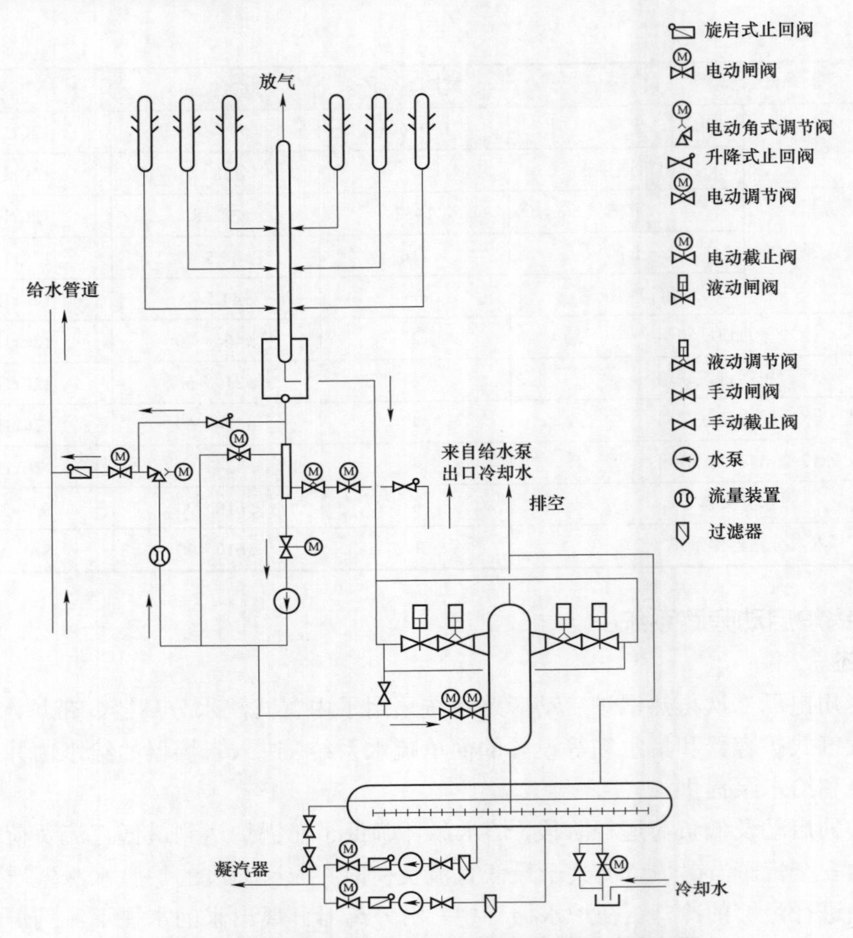

图 2-12　国电泰州电厂二次再热启动系统流程图

储水箱，本工程分离器和储水箱采用分离布置形式，这样可使汽水分离功能和水位控制功能相互分开。疏水在储水箱之后分成两路，一路至炉水循环泵的再循环系统，通过炉水循环泵提升压头后引至给水管道中，与锅炉给水汇合后进入省煤器；另一路接至大气扩容器，通过集水箱连接到凝汽器或机组循环水系统中。当机组冷态、热态清洗时，根据不同的水质情况，可通过疏水系统来分别操作；另外，大气式扩容器进口管道上还设置了两个液动调节阀，当机组启动汽水膨胀时，可通过开启该调节阀来控制储水箱的水位。

国电泰州电厂二次再热启动系统设计中还考虑当炉水循环泵解列时，通过疏水系统也能满足机组的正常启动需要，因此，整个疏水回路中管道、阀门、大气扩容器、集水箱、疏水泵均按100%启动流量来设计。

锅炉启动旁路系统中，还设有一个热备用管路系统，这个管路是在启动旁路系统切除、锅炉进入直流运行后投运，热备用管路可将三部分的垂直管段加热，其中两路为炉水循环泵系统管道，第三路是到大气式扩容器的管道，在热备用管路上配有电动控制阀门通到大气式扩容器。

在锅炉快速降负荷时，为保证炉水循环泵进口不产生汽化，还有一路由给水泵出口引入的冷却水管路。以饱和温度的差值高低为控制点，差值低时开启，差值高时关闭。

国电泰州电厂二次再热采用并联的启动循环系统，当锅炉负荷接近直流负荷时，至炉水循环泵的流量逐渐接近零，为保护炉水循环泵，需要设置最小流量回路。当循环回路的炉水流经炉水循环泵的流量小于炉水循环泵允许的最小流量时，启用这个最小流量回路，让此流量给水回流到炉水循环泵。该回路上设有流量测量装置。炉水循环泵允许最小流量为 300m³/h。

锅炉启动系统的大气式扩容器上，还分别设有过热器疏水站、一次再热器疏水站和二次再热器疏水站，并设有水位测量装置，由其底部的电动控制阀来控制，疏水排入大气式扩容器，可以灵活疏水，保证过热器和一、二次再热器的疏水干净。

2. 锅炉启动旁路管道

国电泰州电厂二次再热锅炉启动旁路系统设计中，汽水分离器和储水箱是分离布置的，设有 6 台规格为ϕ610×90mm、材料为 SA－335P91 的汽水分离器和一台规格为ϕ610×90mm、材料为 SA－335P91 的储水箱。汽水分离器和储水箱之间由 6 根规格为ϕ356×60mm、材料为 12Cr1MoVG 的管道连接。储水箱之后的排水分成两路，一路是由炉水循环泵进入省煤器的再循环管道；另一路是经液动阀门疏水到大气式扩容器和集水箱，而集水箱之后第一路到地沟，第二路经疏水泵排到凝汽器。炉水循环泵前管道规格为ϕ559×90mm，材料为 SA－106C，炉水循环泵后管道规格为ϕ508×80mm，材料为 SA－106C，这一路管道上主要布置有炉水循环泵、流量计、电动调节阀、电动闸阀和止回阀。整个锅炉运行期间炉水循环泵之前的电动闸阀始终是开启的。

3. 炉水循环泵

炉水循环泵设计压力为 37.4MPa，设计温度为 380℃。炉水循环泵设计参数见表 2－8。

表 2－8　　炉水循环泵设计参数

运行工况	热 态	冷 态
泵流量（m³/h）	1385.02	824.48
泵增压（MPa）	0.889	0.845
泵进口温度（℃）	347.3	60
泵进口压力（MPa）	16.231	0.505
可利用汽蚀余量（m）	40.1	40.1
密度（t/m³）	0.586 9	0.985 9
泵最小流量（m³/h）	300	300

再循环回路上最小流量旁路是用来保护炉水循环泵的，管道规格为ϕ219×40mm，材料为 SA－106C，随着启动后蒸汽流量的增加，回到炉水循环泵的疏水不断减少，当疏水流量减至炉水循环泵最小流量时，需投运再循环回路。来自给水泵出口的冷却水管规格为ϕ114×23mm，材料为 SA－106C，该管路上配置有电动调节阀、电动截止阀和止回阀，也是用来保护炉水循环泵的，使得炉水循环泵的进口温度始终低于饱和温度。

储水箱之后有一路疏水到大气式扩容器，其主路管道规格为ϕ559×90mm，材料为

SA－106C，进入大气式扩容器时分成两路，管道规格为ϕ406×65mm，材料为 SA－106C，两路各设有液动闸阀和液动调节阀。

大气式扩容器规格为ϕ3560×30mm，直段长度为 7620mm，材料为 Q345R，其向上排汽管道规格为ϕ1260×12mm，材料为 20。锅炉所有的疏水全部接通到大气式扩容器，包括放气时用的集水槽疏水也排放至大气式扩容器。大气式扩容器下部连通到集水箱，集水箱规格为ϕ3560×30mm，材料为 Q345R，直段长度为 15 320mm。

启动系统中还设置热备用管道，管道规格为ϕ73×14mm，材料为 SA－106C。当锅炉干态运行、启动系统停运时，备用管道做暖管用，管道流量由电动调节阀控制，热备用管道与大气式扩容器相连。

为了保证过热器和再热器在启动阶段的疏水干净、彻底，分别设置了过热蒸汽疏水站和再热蒸汽疏水站，疏水站上设有电动调节阀，可控制疏水直接进到大气式扩容器。

过热器疏水联箱规格为ϕ273×50mm，材料为 12Cr1MoVG；一次再热器疏水联箱规格为ϕ159×20mm，材料为 12Cr1MoVG；二次再热器疏水联箱规格为ϕ133×10mm，材料为 12Cr1MoVG。疏水联箱上有水位测量装置，定期疏水清理受热面中的氧化皮等杂质。

（四）过热器系统

1. 结构特点

过热器系统主受热面第一级为悬吊管、隔墙和低温过热器；第二级为高温过热器。

来自分离器出口的 4 根蒸汽管道引入 2 根低温过热器进口联箱，第一路经由炉内悬吊管从上到下引到炉膛出口处的低温过热器，第二路经双烟道隔墙及其出口分配母管引到炉膛出口处的低温过热器，进入第一级过热器出口联箱。低温过热器布置在炉膛出口断面前，高温过热器布置在高温再热器冷段和热段之间，主要吸收炉膛内的辐射热量。低温过热器和高温过热器均为顺流布置。过热器系统的蒸汽温度调节采用燃料/给水比和两级八点喷水减温，在低温过热器的进口和出口各设置一级喷水减温并通过两级受热面之间的连接管道交叉，通过低温过热器外侧管道的蒸汽进入高温过热器的内侧管道，来补偿烟气侧导致的热偏差。

在启动、停机及汽轮机跳闸的情况下，4 个高压旁路减温减压站可以将蒸汽引至一次再热器系统。

过热器系统流程图如图 2－13 所示。

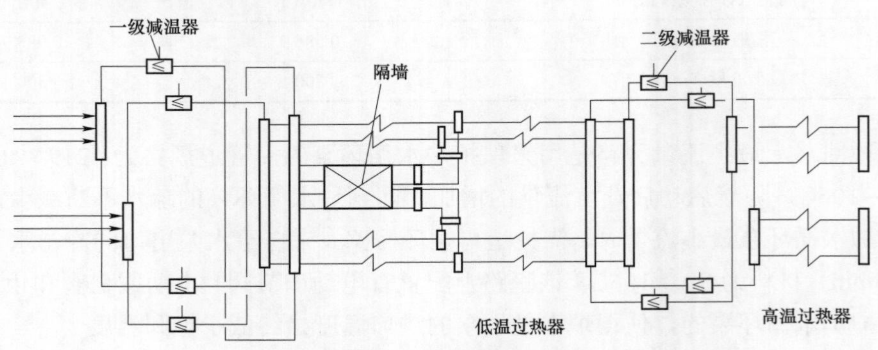

图 2－13 过热器系统流程图

过热器受热面管壁厚及选材留有足够裕度，确保受热面在各种负荷运行时均安全、可靠。在国电泰州电厂二期工程中，对各个受热面在各个负荷工况下均进行金属温度计算，按最恶劣工况下的壁温要求选择受热面材料，在计算中充分考虑了各级受热面的热力、水力及携带偏差。

2. 悬吊管、隔墙、流体冷却定位管和低温过热器

由6台汽水分离器上部出来的蒸汽汇集到2台分配器，再由分配器引到锅炉上部低温过热器进口联箱。低温过热器进口联箱分出来89片管屏，共800根管子。这些管子中有89×7根作为悬吊管支吊省煤器、低温再热器、高温再热器、高温过热器、低温过热器本身等受热面；其余177根加鳍片形成隔墙，在标高106 750mm处177根ϕ44.5×9mm隔墙管通过三通和四通（在锅炉中心线处）分成355根ϕ35×8mm隔墙管；该355根隔墙管在94 250mm 处进入隔墙出口汇合联箱，通过隔墙出口连接管道及其分配母管引入低温过热器辐射屏。低温过热器辐射屏前后沿炉膛横向各22排管屏，每片屏18根管套。低温过热器出口联箱分别布置在前后墙之上。

从隔墙出口汇合联箱（前）引出1根ϕ42×7.5mm的管子进入炉膛作为一次再热高温再热器的流体冷却定位管，出炉膛后进入低温过热器出口联箱（前）。从隔墙出口汇合联箱（后）引出2根ϕ42×7.5mm的管子进入炉膛作为二次高温再热器的流体冷却定位管，出炉膛后进入低温过热器出口联箱（后）。

分配器进口连接管道规格为ϕ356×60mm，材料为12Cr1MoVG，数量为6根。分配器规格为ϕ457×85mm，材料为12Cr1MoVG，数量为2根。低温过热器进口管道规格为ϕ406×70mm，材料为12Cr1MoVG，数量为4根。每一根进口管道都设置了第一级过热蒸汽喷水减温器。第一级过热蒸汽喷水减温器规格为ϕ406×70mm，材料为12Cr1MoVG，数量为4根。低温过热器进口联箱规格为ϕ406×80mm，材料为12Cr1MoVG，数量为2根。低温过热器出口联箱规格为ϕ406×70mm，材料为SA－335P91，数量为2根。

低温过热器进口联箱及炉内悬吊管如图2－14所示，低温过热器出口联箱、低温过热器中间混合联箱如图2－15所示。

3. 高温过热器

低温过热器出口的4根连接管道引入到两个高温过热器进口联箱，低温过热器到高温过热器的连接管道中，每一根连接管道都设置了第二级过热蒸汽喷水减温器。高温过热器位于一次高温再热器、二次高温再热器的冷段与热段之间，其下管组第2流程水平管段与一次高温再热器、二次高温再热器部分管段重叠。高温过热器分为上管组和下管组，下管组由44片屏组成，每片屏20根管；上管组由88片屏组成，每片屏10根管。下管组的第1～10管、第11～20管到上管组后分成了两片屏。其中下管组的第1屏的第1～10管到上管组成为第2屏（双号屏）的第1～10管；下管组的第1屏的第11～20管到上管组成为第1屏（单号屏）的第1～10管，后面以此类推。蒸汽从下管组流向上管组并与烟气顺流。

低温过热器出口连接管道（包括第二级过热蒸汽喷水减温器）规格为ϕ406×65mm，材料为SA－335P91，数量为4根。

高温过热器进口联箱规格为ϕ406×75mm，材料为SA－335P92，数量为2根，高温过热器出口联箱规格为ϕ1245×105mm，材料为SA－335P92，数量为2根。

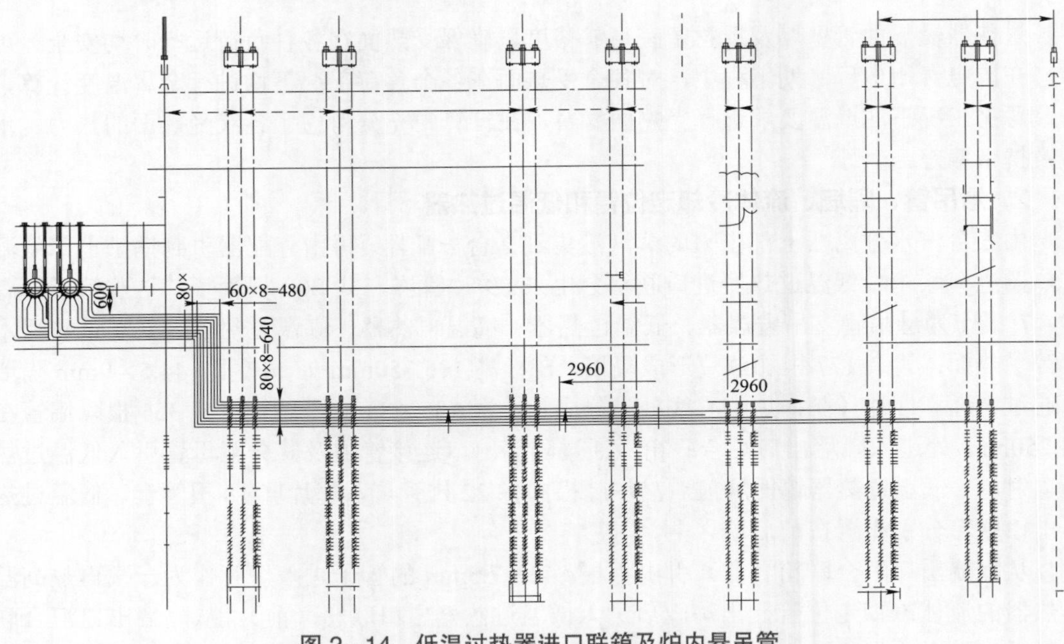

图 2-14 低温过热器进口联箱及炉内悬吊管

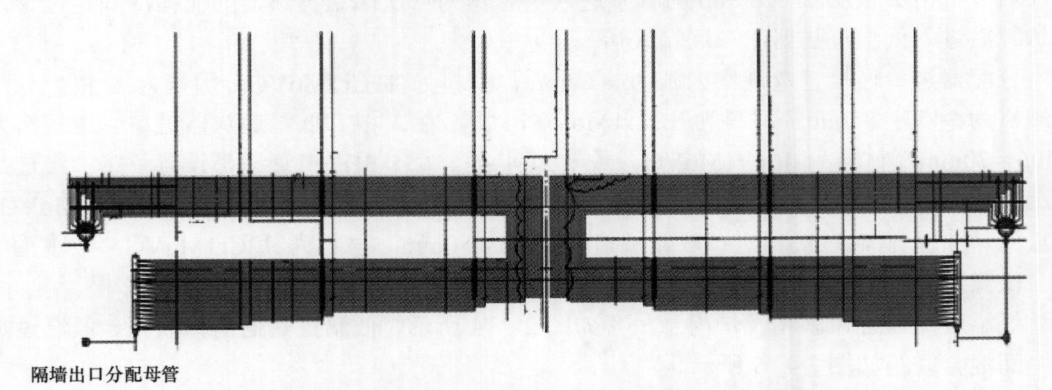

图 2-15 低温过热器出口联箱、低温过热器中间混合联箱

高温过热器如图 2-16 所示，高温受热面简图如图 2-17 所示。过热器部件参数见表 2-9。

图 2-16 高温过热器

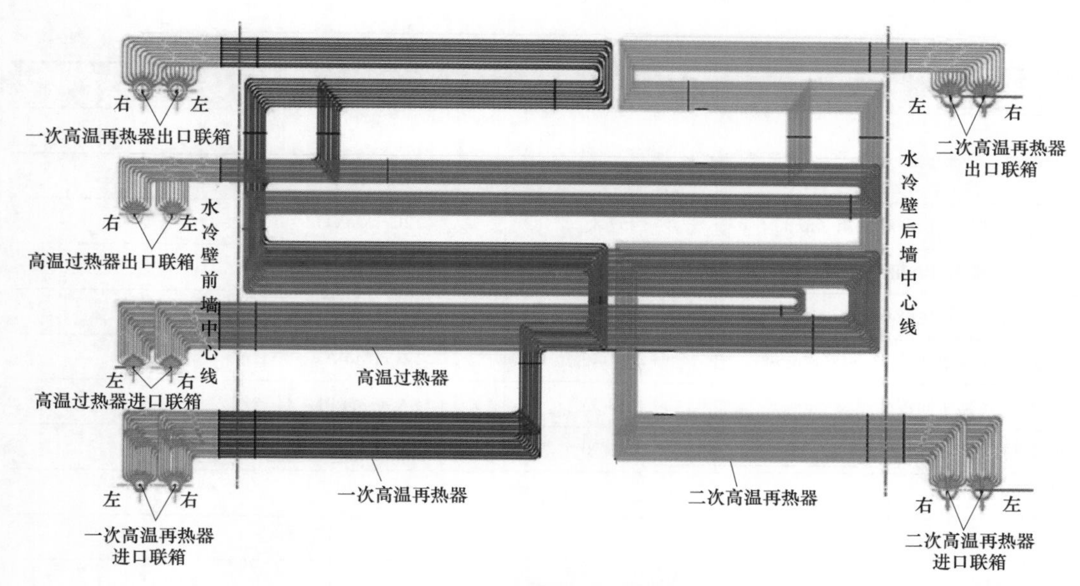

图 2-17　高温受热面简图

表 2-9　　过热器部件参数

项　　目	管　　组		
1. 低温过热器			
	管子规格（外径/壁厚）		材料
低温过热器进口管（mm）	42.0/7		12Cr1MoVG
隔墙上部管（mm）	44.5/9		12Cr1MoVG
隔墙下部管（mm）	35/9		12Cr1MoVG
低温过热器屏管（mm）	42.0/7.5		SA-213S304H
低温过热器出口连接管（mm）	42.0/7.5		SA-213T92
	混合过热器前	混合过热器后	炉内悬吊管
节距（横向/纵向，mm）	960/60	960/60	
管屏数（前/后，片）	22	22	
每片屏套管数（个）	14	18	
管子数量（根）	308	396	
进口烟气温度（℃）	1242		
出口烟气温度（℃）	1166		
蒸汽进口温度（℃）	479		475
蒸汽出口温度（℃）	533		479

续表

项　　目	管　　组		
	联箱		
	外径/壁厚	材质	数量
低温过热器进口分配联箱（mm）	457/85	12Cr1MoVG	2
低温过热器进口联箱（前/后，mm）	406/80	12Cr1MoVG	1
隔墙出口汇合联箱（前/后，mm）	194/40	12Cr1MoVG	1
隔墙管出口分配母管（前/后，mm）	194/40	12Cr1MoVG	1
低温过热器中间混合联箱（mm）	168/35	SA－335P91	
低温过热器出口联箱（前/后，mm）	406/70	SA－335P91	1
	2. 高温过热器		
	下管组	上管组	
管子规格（外径×壁厚，mm）	48×9	48×11	
炉内受热管材质	Super304H－SB	TP310HCbN	
炉外与联箱连接短管	T92		
管屏（排）	44	88	
每片屏套管数（根）	20	10	
蒸汽流量（t/h）	2710		
蒸汽进口压力（MPa）	33.79		
蒸汽出口压力（MPa）	33.03		
蒸汽进口温度（℃）	525		
蒸汽出口温度（℃）	605		
进口烟气温度（℃）	1074		
出口烟气温度（℃）	885		
烟气流速（m/s）	9.3		
最高计算工质温度（℃）	630.7℃		
最高金属壁温（℃）	646.2		
材质适用温度界限（℃）	654.9		
	3. 联箱、连接管道		
低温过热器出口连接管道4根（mm）	ϕ406×65	SA－335P91	
高温过热器进口联箱2根（mm）	ϕ406×75	SA－335P92	
高温过热器出口联箱2根（mm）	ϕ461.4×108.2	SA－335P92	

4. 过热蒸汽调温

过热蒸汽温度采用煤水比为主，辅以减温水调节。

第一级过热蒸汽减温器共 4 台，规格为ϕ406×70mm，材料为 12Cr1MoVG；第二级过热蒸汽减温器也有 4 台，规格为ϕ406×65mm，材料为 SA－335P91。

每台过热蒸汽减温器上有 1 个喷水管件，喷水管件上设有 2 个雾化喷嘴，每台过热蒸汽减温器设有内套筒。锅炉减温器安装时应注意喷水管接头的安装方向。过热蒸汽减温器示意图如图 2－18 所示。

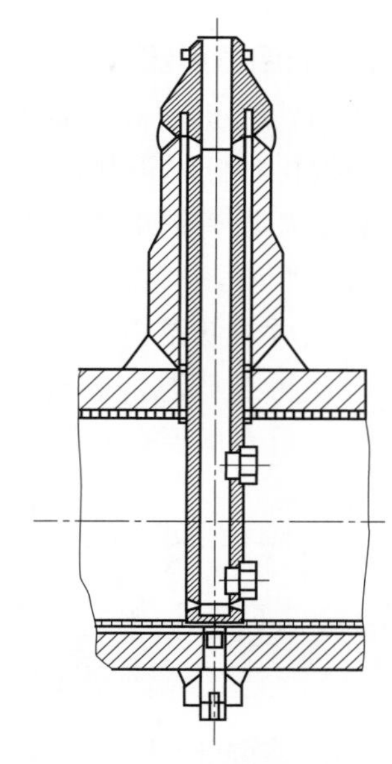

图 2－18　过热蒸汽减温器示意图

（五）一次再热器系统

1. 结构特点

一次再热器受热面分为两级，即低温再热器和高温再热器。其中低温再热器布置在炉膛上部前烟道；高温再热器冷段布置在低温过热器和高温过热器之间，高温再热器热段布置在高温过热器和低温再热器之间，低温再热器布置在高温再热器和省煤器之间。高温再热器顺流布置，受热面特性表现为冷段辐射、热段对流；低温再热器逆流布置，受热面特性为纯对流。一次再热器的蒸汽温度调节主要靠摆动燃烧器，在低温再热器的进口管道上布置事故喷水减温器，两级再热器之间设置再热蒸汽微量喷水，并内外侧管道采用交叉连接。一次再热器进、出口管道上分别装设了 4 个弹簧式安全阀来保护一次再热器系统不会超压。

一次再热器系统流程图如图 2－19 所示。

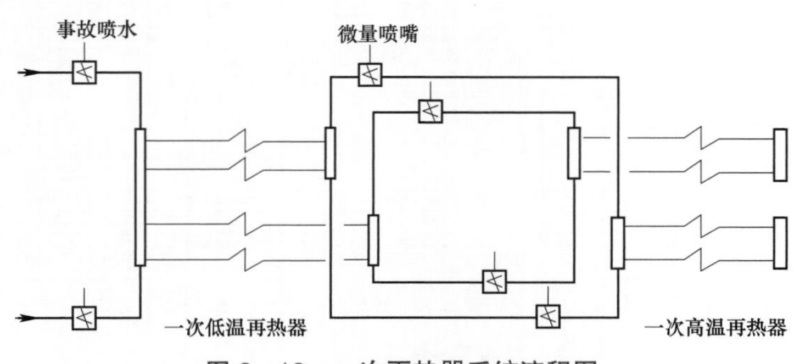

图 2－19　一次再热器系统流程图

国电泰州电厂二次再热锅炉再热器系统由低温再热器和高温再热器两级组成。各级受热面之间利用集中的大管道连接。汽轮机超高压缸排汽首先进入一次再热低温再热器，在一次再热低温再热器进口管道上布置事故喷水，以保护再热器；在两级再热器连接管道上布置微量喷水。燃烧器摆动作为再热蒸汽调温的主要手段之一，因此，高温再热器冷段布置于炉膛出口平面后（低温过热器之后）。

再热器受热面管壁厚及选材留有足够裕度，确保受热面在各种负荷运行时均安全、可靠。在国电泰州电厂二期工程中，对各个受热面在各个负荷工况下均进行金属温度计算，按最恶劣工况下的壁温选择受热面材料，在计算中充分考虑了各级受热面的热力、水力及携带偏差。

2. 低温再热器

来自汽轮机超高压缸的排汽分成左、右侧两路管道进入一次再热低温再热器进口联箱，一次再热低温再热器进口管道上设有再热事故喷水减温器。在一次再热低温再热器进口联箱上还设有锅炉吹灰用的蒸汽汽源抽头管座。低温再热器横向共有 178 片管屏，每片屏有 6 根套管。

一次再热低温再热器进口联箱规格为$\phi 660\times 65$mm，材料为 12Cr1MoVG，数量为 1 根。一次再热低温再热器出口联箱规格为$\phi 610\times 65$mm，材料为 SA－335P91，数量为 2 根。一次再热低温再热器如图 2－20 所示。

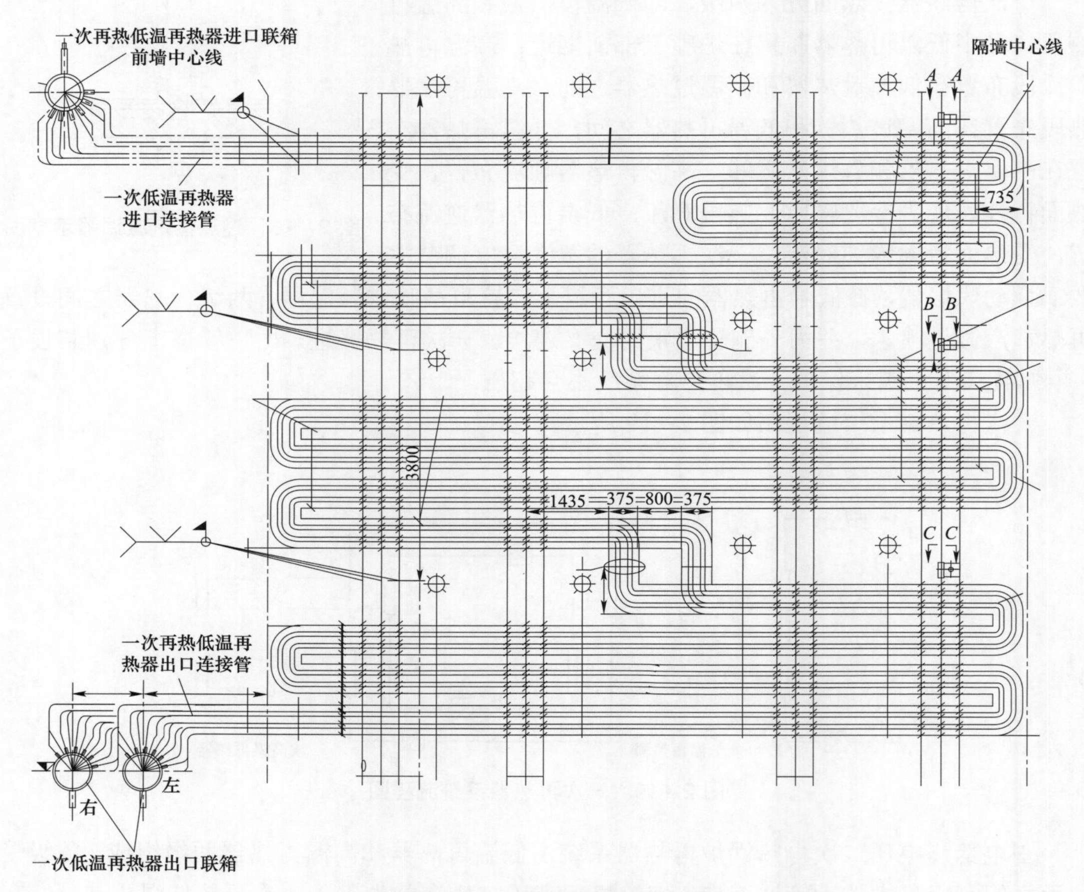

图 2－20　一次再热低温再热器

一次再热低温受热面沿着宽度方向上设置了 6 片防震隔板，上、下级受热面的防震隔板错开布置。

3. 高温再热器

通过一次再热低温再热器出口 4 根管道经再热蒸汽微量喷水减温器进入一次再热高温再热器进口联箱。一次再热低温再热器管道和再热蒸汽微量喷水减温器规格为$\phi 610\times$

55mm，材料为 12Cr1MoVG，数量为 4 根。一次高温再热器位于低温过热器上方的前烟道。一次高温再热器分为冷段部分和热段部分，冷段部分在高温过热器下方，热段部分在高温过热器上方，中间部分与高温过热器交叉重叠。沿烟道宽度进口有 44 片屏，每片屏 20 根管子，经过第一流程后每屏第 1～10 管和第 11～20 管分别变成了一片屏，即沿烟道宽度变成了 88 片屏，每片屏 10 根管子。其中冷段进口第一流程的第 1 屏第 1～10 管到热段出口成为第 2 屏（双号屏）的第 1～10 管；冷段进口第一流程的第 1 屏第 11～20 管到热段出口成为第 1 屏（单号屏）的第 1～10 管，后面以此类推。

一次再热高温再热器进口联箱规格为ϕ457×55mm，材料为 SA－335P91，数量为 2 根。一次再热高温再热器出口联箱规格为ϕ419×103mm，材料为 SA－335P92，数量为 2 根。

一次再热低温受热面沿着宽度方向上设置了 6 片防震隔板，上、下级受热面的防震隔板错开布置。

一次再热高温再热器如图 2－21 所示。一次再热器部件参数见表 2－10。

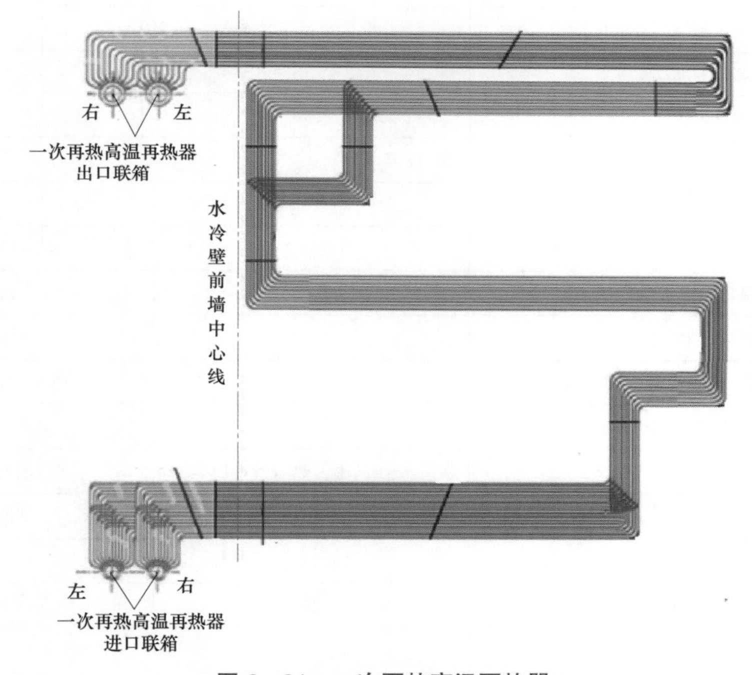

图 2－21　一次再热高温再热器

表 2－10　　一次再热器部件参数

项　目	管　组	
	管子规格（外径×壁厚）	材料
1. 低温再热器		
一次再热低温再热器管（mm）	ϕ76×5.5	12Cr1MoVG
	ϕ57×5.0	12Cr1MoVG

续表

项　　目	管　　组	
	管子规格（外径×壁厚）	材料
一次再热低温再热器管（mm）	$\phi 60\times 5.5$	12Cr1MoVG
	$\phi 60\times 5.0$	SA－213T91
	$\phi 60\times 6.5$	SA－213T91
	$\phi 57\times 6.0$	SA－213T91
节距（横向/纵向，mm）	120/95	
管屏数（片）	178	
每片屏套管数（根）	6	
低温再热器进口联箱（mm）	$\phi 660\times 65$	12Cr1MoVG
低温再热器出口联箱（mm）	$\phi 610\times 65$	SA－335P91
蒸汽进口温度（℃）	429	
蒸汽出口温度（℃）	519	
出口烟气温度（℃）	767	
进口烟气温度（℃）	503	
2. 高温再热器		
一次再热高温再热器进口管（mm）	60×5	SA－213T91
一次再热高温再热器管冷段（mm）	60×6.5	SA－213S304H
一次再热高温再热器管热段（mm）	60×6.5	SA－213S304H
一次再热高温再热器管热段（mm）	60×8	SA－213TP310HCbN
一次再热高温再热器管出口段（mm）	60×6.5	SA－213S304H
炉外与联箱连接短管		T92
	一次高温再热器管冷段	一次高温再热器管热段
节距（横向/纵向，mm）	480/75	240/110
管屏（排）	44	88
每片屏套管数（根）	20	10
蒸汽流量（t/h）	2517	
蒸汽进口压力（MPa）	11.3	
蒸汽出口压力（MPa）	11.17	
蒸汽进口温度（℃）	519	574
蒸汽出口温度（℃）	575	613
进口烟气温度（℃）	1166	878
出口烟气温度（℃）	1080	773
烟气流速（m/s）	9.5	8.9

续表

项　　目	管　　组	
	管子规格（外径×壁厚）	材料
最高计算工质温度（℃）	639.1	
最高金属壁温（℃）	660	
材质适用温度界限（℃）	695	
低温再热器出口连接管道 4 根（mm）	ϕ610×55	12Cr1MoVG
高温再热器进口联箱 2 根（mm）	ϕ457×55	SA－335P91
高温再热器出口联箱 2 根（mm）	ϕ631.4×106.2	SA－335P92

（六）二次再热器系统

1. 结构特点

二次再热器受热面分为两级，即低温再热器和高温再热器，其中低温再热器布置在炉膛上部后烟道。高温再热器冷段布置在低温过热器和高温过热器之间，高温再热器热段布置在高温过热器和低温再热器之间，低温再热器布置在高温再热器和省煤器之间。高温再热器顺流布置，受热面特性表现为冷段辐射、热段对流；低温再热器逆流布置，受热面特性为纯对流。二次再热器的蒸汽温度调节主要靠摆动燃烧器，在低温再热器的进口管道上布置事故喷水减温器，两级再热器之间设置再热蒸汽微量喷水减温器，内外侧管道采用交叉连接。

二次再热器进口管道上装设了 8 个弹簧式安全阀，二次再热器出口管道上装设了 4 个弹簧式安全阀，确保二次再热器系统不会超压。二次再热器系统流程图见图 2－22。

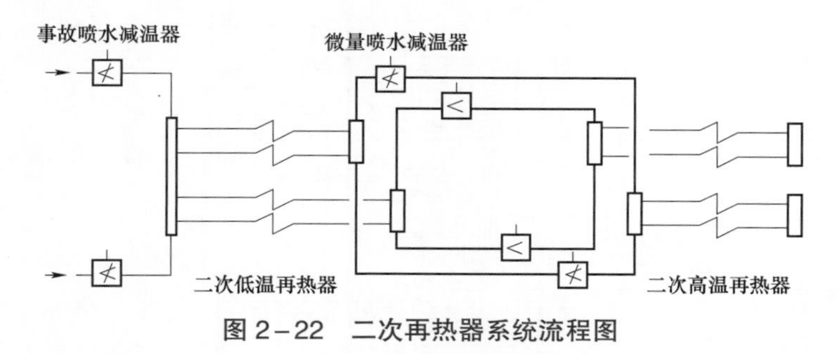

图 2－22　二次再热器系统流程图

再热器系统由低温再热器和高温再热器两级组成。各级受热面之间利用集中的大管道连接。汽轮机高压缸排汽首先进入二次再热低温再热器，在二次再热低温再热器进口管道上布置事故喷水减温器，以保护再热器；在两级再热器连接管道上布置微量喷水减温器。锅炉燃烧器摆动作为再热蒸汽调温的主要手段之一，因此，高温再热器冷段布置于炉膛出口平面后（低温过热器之后）。

再热器受热面管壁厚及选材留有足够裕度，确保受热面在各种负荷运行时均安全、可靠。对各个受热面在各个负荷工况下均进行金属温度计算，按最恶劣工况下的壁温选择受热面材料，在计算中充分考虑了各级受热面的热力、水力及携带偏差。

2. 低温再热器

来自汽轮机高压缸排汽分左、右侧两路管道进入二次再热低温再热器进口联箱，二次再热低温再热器进口管道上设有再热事故喷水减温器。在一次再热低温再热器进口联箱之上还设有锅炉吹灰用的蒸汽汽源抽头管座。低温再热器横向共有178片管屏，每片管屏是6根套管。

二次再热低温再热器进口联箱规格为$\phi 914 \times 35$mm，材料为12Cr1MoVG，数量为1根。二次再热低温再热器出口联箱规格为$\phi 711 \times 30$mm，材料为SA-335P91，数量为2根。

二次再热低温受热面沿着宽度方向上设置了6片防震隔板，上、下级受热面的防震隔板错开布置。二次再热低温再热器见图2-23。

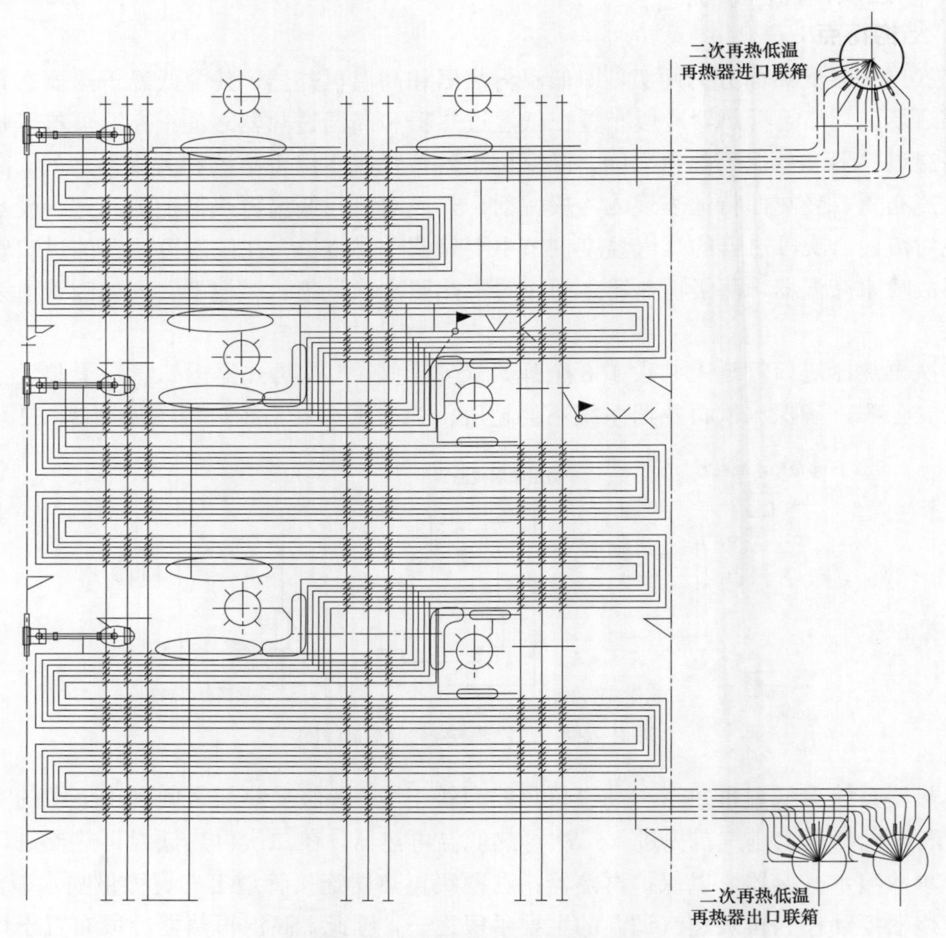

图2-23 二次再热低温再热器

3. 高温再热器

通过二次再热低温再热器出口4根管道经再热蒸汽微量喷水减温器进入二次再热高温再热器进口联箱。二次再热低温再热器管道和再热蒸汽微量喷水减温器规格为$\phi 660 \times$

30mm，材料为 12Cr1MoVG，数量为 4 根。二次再热高温再热器位于低温过热器上方的后烟道，与一次再热高温再热器对称布置，只是所占据的烟道深度比一次再热器小。结构基本与一次再热高温再热器相同。进口冷段部分沿炉膛宽度方向布置 44 片屏，每片屏 20 根管，经过第一流程后每屏第 1～10 管和第 11～20 管分别变成了一片屏，即沿烟道宽度变成 88 片屏，每片屏 10 根管。其中冷段进口第一流程的第 1 屏的第 1～10 管到热段出口成为第 2 屏（双号屏）的第 1～10 管；冷段进口第一流程的第 1 屏的第 11～20 管到热段出口成为第 1 屏（单号屏）的第 1～10 管，后面以此类推。

二次再热高温再热器进口联箱规格为$\phi 610\times 30$mm，材料为 12Cr1MoVG，数量为 2 根。二次再热高温再热器出口联箱规格为$\phi 711\times 55$mm，材料为 SA－335P92，数量为 2 根。

二次再热高温再热器如图 2－24 所示，二次再热器部件参数见表 2－11。

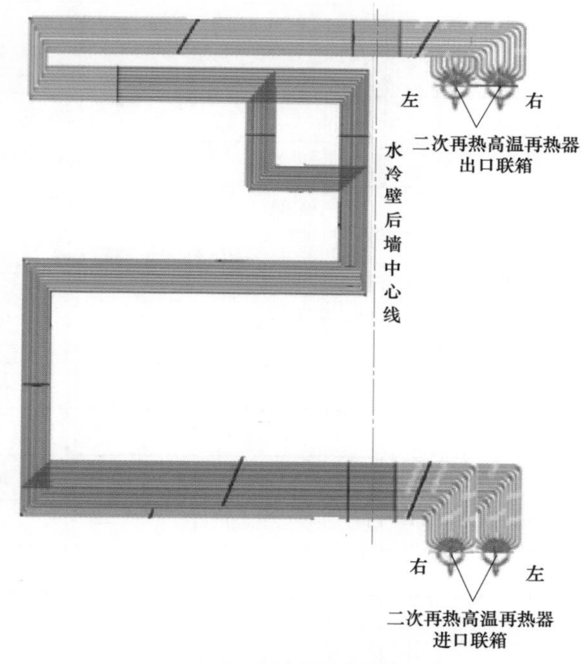

图 2－24　二次再热高温再热器

表 2－11　二次再热器部件参数

项　目	管　组	
	管子规格（外径×壁厚）	材料
1. 低温再热器		
二次再热低温再热器管（mm）	$\phi 76\times 4$	15CrMoG
	$\phi 57\times 4$	15CrMoG
	$\phi 60\times 4$	15CrMoG
	$\phi 60\times 4$	12Cr1MoVG

续表

项　　目	管　　组	
	管子规格（外径×壁厚）	材料
二次再热低温再热器管（mm）	ϕ60×4	SA－213T91
	ϕ57×4	SA－213T91
节距（横向/纵向）（mm）	120/95	
管屏数（片）	178	
每片屏套管数（根）	6	
低温再热器进口联箱（mm）	ϕ660×65	12Cr1MoVG
低温再热器出口联箱（mm）	ϕ610×65	SA－335P91
蒸汽进口温度（℃）	432	
蒸汽出口温度（℃）	523	
进口烟气温度（℃）	767	
出口烟气温度（℃）	506	
2. 高温再热器		
二次再热高温再热器进口管（mm）	ϕ60×4	12Cr1MoVG
	ϕ60×4	SA－213T91
二次再热高温再热器管冷段（外3圈，mm）	ϕ60×4	SA－213TP310HCbN
二次再热高温再热器管冷段（mm）	ϕ60×4	SA－213S304H
二次再热高温再热器管热段（mm）	ϕ60×4	SA－213S304H
二次再热高温再热器管热段	ϕ60×4	SA－213TP310HCbN
二次再热高温再热器管出口段（mm）	ϕ60×4	SA－213S304H
炉外与联箱连接短管		T92
	冷段	热段
节距（横向/纵向，mm）	480/75	240/110
管屏（排）	44	88
每片屏套管数（根）	20	10
蒸汽流量（t/h）	2161	
蒸汽进口压力（MPa）	3.43	
蒸汽出口压力（MPa）	3.3	
蒸汽进口温度（℃）	523	575
蒸汽出口温度（℃）	575	613
进口烟气温度（℃）	1166	878
出口烟气温度（℃）	1080	773

续表

项　目	管　组	
	管子规格（外径×壁厚）	材料
烟气流速（m/s）	9.2	8.5
最高计算工质温度（℃）	649.5	
最高金属壁温（℃）	659	
材质适用温度界限（℃）	700	
低温再热器出口连接管道 4 根（mm）	ϕ660×30	12Cr1MoVG
高温再热器进口联箱 2 根（mm）	ϕ610×30	12Cr1MoVG
高温再热器出口联箱 2 根（mm）	ϕ711×55	SA－335P92

二次再热低温受热面沿宽度方向上设置了 6 片防震隔板，上、下级受热面的防震隔板错开布置。

4. 再热蒸汽调温

再热蒸汽温度采用燃烧器上、下摆动+喷减温水+调整尾部烟气挡板联合调节。

一次再热蒸汽事故喷水减温器共 2 台，规格为ϕ580×80mm，材料为 SA－335P22；一次再热蒸汽微量减温器共 4 台，规格为ϕ610×55mm，材料为 12Cr1MoVG。

二次再热蒸汽事故喷水减温器共 2 台，规格为ϕ914×30mm，材料为 SA－335P22；二次再热蒸汽微量减温器共 4 台，规格为ϕ660×30mm，材料为 12Cr1MoVG。再热蒸汽减温器的喷嘴杆件与电动调节阀是组合在一体的，见图 2－25。为防止水滴飞溅在管道上，再热蒸汽减温器中仍设计了内套筒。

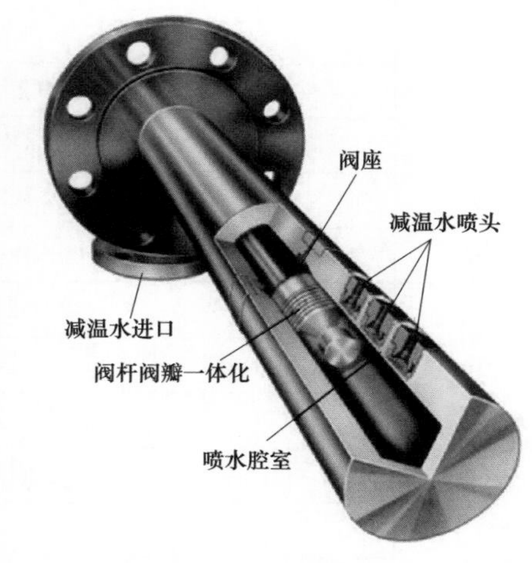

图 2－25　再热蒸汽减温器的喷嘴杆件图

一体化喷水减温器的特点是根据不同的喷水流量来开启喷嘴数量，即流量小，投入喷嘴少；反之，当流量大时，投入喷嘴就多。其优点是无论在大流量还是小流量时，始终有一个好的喷水雾化效果。

（七）管路系统

1. 疏水、放气

为保证锅炉安全、可靠地运行，受压件的必要位置上均设有疏水点和放气点。启动时，过热器和再热器系统可通过疏水站疏水，待疏水站呈完全干态时关闭疏水站总阀门。

为了保证锅炉启动工况时疏水顺利，锅炉启动系统不仅设有启动循环泵，还设有大气式扩容器和集水箱。蒸汽从大气式扩容器上的排汽管道释放，水由集水箱排出。集水箱底部有疏水管道，不合格的水质可通过地沟排放，合格的水由冷凝器回收。

2. 取样管路

循环泵进口管道上设有锅水取样，集水箱出口也设有水质取样。

（八）锅炉安全阀

为保证锅炉安全运行，防止受压部件超压，锅炉主蒸汽出口管道上配有具有安全功能的100%高压旁路阀门。

一次再热器进、出口管道上分别装设了4个弹簧式安全阀来保护一次再热器系统不会超压。8台一次再热器安全阀的总排放量为BMCR工况时主蒸汽流量加上高压旁路阀门的喷水量。

二次再热器进口管道上装设了8个弹簧式安全阀，二次再热器出口管道上装设4个弹簧式安全阀，确保二次再热器系统不会超压。二次再热12只安全阀的排量大于二次再热蒸汽流量。

（九）锅炉各部件水容积

锅炉各部件水容积见表2-12。

表2-12 锅炉各部件水容积 m^3

序号	名称	数量
1	省煤器系统水容积	181
	省煤器受热面	141
	省煤器联箱、管道，包括下降管	40
2	水冷壁总水容积	92
	水冷壁受热面	70
	水冷壁联箱、管道	22
3	过热器系统总水容积	134
	过热器受热面	103
	过热器联箱、管道	31
4	一次再热器系统水容积	475
	一次再热受热面	395
	一次再热联箱、管道	80
5	二次再热器系统水容积	440
	二次再热受热面	347
	二次再热联箱、管道	347
6	锅炉启动系统管道总水容积	45
7	锅炉供货范围内总水容积	1367

注 不包括供货范围内六大管道（给水管道、主蒸汽管道、一次再热冷段管道、一次再热热段管道、二次再热冷段管道、二次再热热段管道）水容积。

二、风烟系统

锅炉风烟系统连续不断地给锅炉燃料燃烧提供所需的空气量，并按燃烧的要求分配风量送到炉膛，在炉膛内为煤、油的燃烧提供充足的氧量，同时使燃烧生成的含尘烟气流经各受热面和烟气净化装置后，最终由烟囱排至大气。

国电泰州电厂二期二次再热锅炉风烟系统采用平衡通风，即利用一次风机、送风机和引风机来克服气流在流通过程中的各项阻力。一次风机和送风机主要用来克服空气预热器、煤粉设备和燃烧设备等风道设备的系统阻力；引风机主要用来克服受热面管束（过热器、再热器、省煤器、脱硝装置、空气预热器、低温省煤器、电除尘器等烟道）的系统阻力，并使炉膛出口处保持一定的负压。平衡通风不仅使炉膛和风道的漏风量不会太大，保证了较高的经济性，又能防止炉内高温烟气外冒，对运行人员的安全和锅炉房的环境均有一定的好处。

风烟系统主要由两台动叶可调轴流式送风机、两台动叶可调轴流式一次风机、两台动叶可调轴流式引风机、两台容克式三分仓空气预热器、热风再循环管、两台静电除尘器、两台交流火焰检测冷却风机、两台密封风机、四角切圆布置的燃烧器及其风箱和燃烧器上部的附加风风箱、连接管道、挡板或闸门等设备和装置组成。

输送至炉膛的空气，用于：① 燃料燃烧所需要的二次风和燃尽风，由送风机提供；② 输送和干燥煤粉的一次风，由一次风机提供；③ 冷却火焰探测器的风，由火焰检测冷却风机提供；④ 给煤机、磨煤机的密封风，由一次风机出口经密封风机提供。

无论是密封风还是冷却空气，最终均进入炉膛，构成燃烧所需的空气。

供风系统包括一次风系统、二次风系统、火检冷却风系统和磨煤机密封风系统。

（一）二次风系统

二次风系统的作用是供给燃料燃烧所需的氧气。

二次风系统的主要流程为电厂环境空气经滤网、消声器与热风再循环汇合后垂直进入两台轴流式送风机，由送风机提压后，经冷二次风道进入两台容克式三分仓空气预热器的二次风分仓中预热，在锅炉 BMCR 工况燃用设计煤种（神华煤）时，空气预热器出口热风温度为 357℃，热风作为二次风由热二次风道送至二次风箱和燃尽风箱，经燃烧器进入炉膛。从空气预热器的出口二次风道引出一路作为二次风的再循环热风。二次风再循环进口布置在消声器和二次风机之间，其作用是用来提高进入空气预热器的二次风的风温，从而提高空气预热器的冷端温度，防止空气预热器冷端的低温腐蚀。

送风机 A、B 出口之间设有一个联络通道，并装有一个联络挡板，以实现风机的单侧隔离。在锅炉低负荷期间，可以通过联络通道只投入一组风机（送风机、引风机各一台），可以互换配置。

加热后的二次风，经热二次风总管分配到炉膛四角的燃烧器风箱后，被分成多股空气流，分别经过煤粉风室（6×2×4 个）、油风室（6×4 个）、底部二次风室（3×4 个）、顶部二次风室（3×4 个）、底部偏置二次风室（3×4 个）、顶部偏置二次风室（3×4 个）和燃烧器上方的低位燃尽风风室（4×4 个）、高位燃尽风风室（4×4 个）进入锅炉炉膛。燃尽风可以减少炉膛内形成 NO_x 的数量、降低 NO_x 的排放量，有利于减轻大气污染。

在燃烧器风箱内流向各个喷嘴的通道上设有调节挡板，用以完成各股风量的分配和各层喷嘴的投停。

锅炉二次风量由燃烧控制系统通过风箱风压与炉膛的压差控制，即通过送风机动叶的角度来实现。

送风机的流量决定于锅炉的负荷。送风机的出口压头决定于在给定流量下流经空气预热器、风道、二次风箱和燃烧器的压降。送风机风压与流量通过风机的叶片角与二次风箱的挡板进行控制，指令来源于炉膛安全监控系统的一个子回路控制系统。

二次风控制系统由FSSS和模拟控制系统组成。FSSS发出的信号被送往模拟控制系统的有关控制器，从控制器发出全开或关二次风挡板、燃尽风挡板的信号。FSSS的信号只能关或全开有关挡板，也可发出将模拟控制器置于手动或自动的信号。当关和全开信号被撤销，模拟控制系统的控制器会返回自动操作状态，挡板被连续进行控制。

（二）一次风系统

一次风的作用是用来输送和干燥煤粉，并供给燃料燃烧所需的空气。

其主要流程为电厂环境空气经滤网、消声器垂直进入两台轴流式一次风机，经一次风机提压后分成两路：一路进入磨煤机前的冷一次风管；另一路经空气预热器的一次风分仓，加热至346℃后进入磨煤机前的热一次风管。热风和冷风进入磨煤机前混合，在冷一次风和热一次风管出口处都设有电动调节挡板和气动快关门来控制冷热风的风量，保证磨煤机总风量要求和出口温度在70℃。合格的煤粉流经煤粉管道送至炉膛燃烧。

因热一次风经过空气预热器，压头比冷一次风的压头低，要求冷一次风的挡板压降要大于热一次风挡板的压降。

一次风机的流量决定于燃烧系统所需的一次风量和空气预热器的漏风量。密封风机的流量尽管由一次风提供，但是最终进入磨煤机构成一次风。一次风的压头取决于风道、空气预热器、挡板、磨煤机的流动阻力和煤粉流所需的压头。其压头随风量的变化而变化，因此可以通过调节动叶的倾角来维持风道一次风的压力，适应不同负荷的变化。

（三）烟气系统

烟气系统的作用是将燃料燃烧生成的烟气经各受热面传热后连续并及时地排至大气，以维持锅炉正常运行。

锅炉烟气系统主要由两台动叶可调引风机、两台容克式空气预热器和两台电除尘器构成。锅炉采用平衡通风，出口保持一定的负压，负压通过送风机、一次风机和引风机的流量调节建立。

引风机的进口压力与锅炉负荷、烟道通流阻力有关。其流量决定于炉内燃烧产物的容积及炉膛出口后所有漏入的空气量。其压头应与烟气流经各受热面、烟道、除尘器和挡板所克服的阻力相等。

两台空气预热器出口有各自独立的通道与两台电除尘器相连接，电除尘的两室出口与引风机连接，电除尘出口烟道之间还装有联络烟道，并设有一联络挡板。在引风机的进、出口有电动挡板，满足任一台风机停运检修的需要。

风烟系统参数见表 2－13，BMCR 工况下燃烧系统中风量设计参数见表 2－14。

表 2－13 风烟系统参数

序号	项　目	国电泰州电厂二次再热 BMCR 工况
1	燃烧总的空气量（kg/s）	885.5
2	燃烧后生成的烟气量（kg/s）	973
3	空气预热器进口烟气温度（℃）	382
4	空气预热器出口一次风温度（℃）	346
5	空气预热器出口二次风温度（℃）	355
6	空气预热器出口烟气温度（未修正，℃）	118
7	空气预热器出口烟气温度（修正，℃）	116

表 2－14 BMCR 工况下燃烧系统中风量设计参数

名称	风量（kg/s）	风率（%）	风速（m/s）	风温（℃）	阻力（kPa）
总风量	885.5	100	—	—	—
一次风	172.0	19.42	28.4	346	0.9
二次风	678.1	76.58	60.3	355	1.9
燃尽风	354.2	40	60.3	355	—
炉膛漏风	35.4	4	—	—	—

（四）调温挡板

为了平衡低负荷时一、二次再热器出口蒸汽温度，在设计中引入了烟气挡板，通过烟气挡板的调节改变进入分隔烟道前后烟道的烟气量，从而改变一、二次再热器间的吸热分配比例来达到调节一、二次再热器出口温度平衡的目的。

由于存在多种控制蒸汽温度的手段，建议在运行中对摆角和挡板的调温效果进行试验，以便将来在负荷变化中进行预调，以提高蒸汽温度调节的速率。不同负荷蒸汽温度情况见表 2－15，上部受热面布置示意图如图 2－26 所示，挡板示意图如图 2－27 所示。

表 2－15 不同负荷蒸汽温度情况

项目	BMCR	BRL	THA	75% THA	50% THA	40% THA	30% THA
一次再热器进口蒸汽温度（℃）	427	426	425	423	428	431	432
一次再热器出口蒸汽温度（℃）	613	613	613	613	613	613	612
二次再热器进口蒸汽温度（℃）	433	434	434	438	442	443	445
二次再热器出口蒸汽温度（℃）	613	613	613	613	613	605	599
炉膛出口过量空气系数	1.15	1.15	1.15	1.22	1.30	1.35	1.35
后烟道烟气份额（%）	40	40	41.8	45.4	50	50	50
前烟道烟气份额（%）	60	60	58.2	54.6	50	50	50
燃烧器摆角（°）	－8	0	10	20	20	20	20

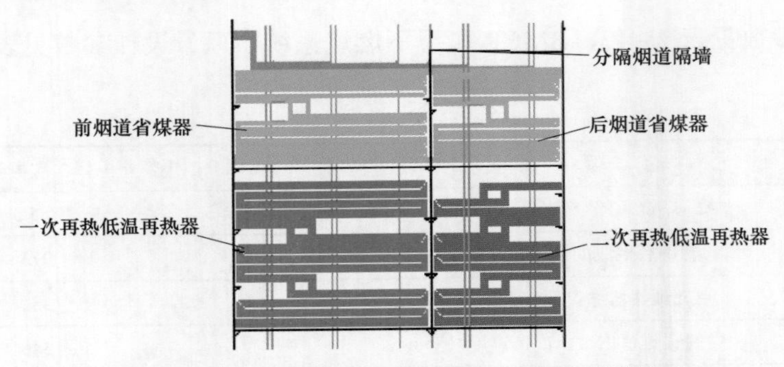

图 2-26 上部受热面布置示意图（分隔烟道部分）

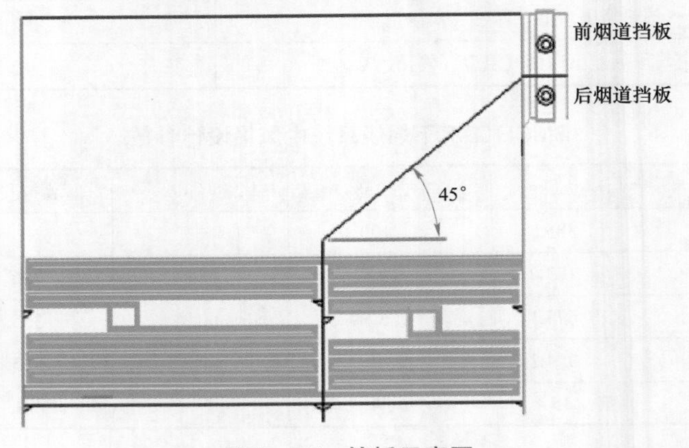

图 2-27 挡板示意图

锅炉采用挡板调温，烟气挡板安装在炉膛出口尾部烟道的进口处，调节挡板对应于前、后烟道的比例分割成上、下两部分；高度尺寸按 18m/s 选取。按此烟速设置挡板门具有良好的调节特性。因为调节挡板不存在极限的关闭位置，所以对应运行过程中的调节没有任何影响。考虑到运行中的积灰问题，在锅炉上部省煤器出口处设置导流板，该导流板设置时形成与水平面成 40° 的夹角，保证任何条件下斜坡上不积灰，斜坡的转角点直至挡板门进口处。

三、燃烧系统

国电泰州电厂二次再热机组采用中速磨煤机正压直吹式制粉系统，每炉配 6 台磨煤机，其中 5 台运行、1 台备用（在 BMCR 工况下）；设计煤种煤粉细度 R_{90}=15%、校核煤种 1 煤粉细度 R_{90}=18.38%、校核煤种 2 煤粉细度 R_{90}=23%。设计煤种燃烧器进口一次风温为 78℃、校核煤种 1 燃烧器进口一次风温为 78℃、校核煤种 2 燃烧器进口一次风温为 60℃。均匀性指数 $n=1.0\sim1.1$。

采用等离子点火技术，每台炉配一套等离子点火系统，对应 B 磨煤机的两层煤粉燃烧器。为了保证锅炉启动点火性能，保留燃油系统。

国电泰州电厂二次再热锅炉燃烧方式采用高级复合空气分级低 NO_x 切向燃烧技术和炉膛布置的匹配来满足要求的 NO_x 排放小于 180mg/m^3（标准状态，O_2=6%）的指标。通

过分析煤粉燃烧时 NO_x 的生成机理，低 NO_x 煤粉燃烧系统设计的主要任务是减少挥发分氮转化成 NO_x，其主要方法是建立早期着火和使用控制氧量的燃料/空气分级燃烧技术。该低 NO_x 燃烧系统的主要组件为对冲同心正反切圆燃烧系统、分组布置的燃烧器风箱、快速着火煤粉喷嘴、预置水平偏角的辅助风喷嘴、低位燃尽风（BAGP）和高位燃尽风（UAGP）结合的低 NO_x 燃烧技术。

燃烧系统的特点如下：

1. 高级复合空气分级低 NO_x 切向燃烧系统技术特点

高级复合空气分级低 NO_x 切向燃烧系统在降低 NO_x 排放的同时，着重考虑提高锅炉不投油低负荷稳燃能力和燃烧效率。通过技术的不断更新，该燃烧系统在防止炉内结渣、高温腐蚀和降低炉膛出口烟温偏差等方面，同样具有独特的效果。

（1）高级复合空气分级低 NO_x 燃烧系统具有优异的不投油低负荷稳燃能力。高级复合空气分级低 NO_x 燃烧系统设计的理念之一是建立煤粉早期着火，该工程设计采用了快速着火煤粉喷嘴，这样就能大大提高锅炉的低负荷稳燃能力，同时具有很强的煤种适应性。根据设计、校核煤种的着火特性，选用快速着火煤粉喷嘴，在煤种允许的变化范围内可以确保煤粉及时着火、稳燃，燃烧器状态良好，并不被烧坏。

（2）高级复合空气分级低 NO_x 燃烧系统具有良好的煤粉燃尽特性。高级复合空气分级低 NO_x 燃烧系统通过在炉膛的不同高度布置 BAGP 和 UAGP，将炉膛分成初始燃烧区、NO_x 还原区和燃料燃尽区三个相对独立的部分。每个区域的过量空气系数由三个因素控制：总的 AGP 风量、BAGP 和 UAGP 风量的分配以及总的过量空气系数。这种改进的空气分级方法通过优化每个区域的过量空气系数，在有效降低 NO_x 排放的同时能最大限度地提高燃烧效率。

采用可水平摆动的 BAGP 和 UAGP 设计，能有效调整两级燃尽风和烟气的混合过程，降低飞灰含碳量和一氧化碳含量。

另外，在下组主燃烧器最下部采用比较大的风量的端部风喷嘴设计，通入部分空气，以降低大渣含碳量。这样的设计对 NO_x 的控制没有不利影响。

（3）高级复合空气分级低 NO_x 燃烧系统能有效防止炉内结渣和高温腐蚀。高级复合空气分级低 NO_x 燃烧系统采用预置水平偏角的辅助风喷嘴设计，把火球裹在炉膛中心区域，而燃烧区域上部及四周的水冷壁附近形成富空气区，能有效防止炉内沾污、结渣和高温腐蚀。

（4）高级复合空气分级低 NO_x 燃烧系统降低炉膛出口烟温偏差方面独特效果。采用可水平摆动调节的高位和低位燃尽风喷嘴设计，调整减小切向燃煤机组炉膛出口气流的残余旋转，达到降低炉膛出口烟温偏差的目的。

2. 快速着火煤粉喷嘴设计

与常规煤粉喷嘴设计比较，快速着火煤粉喷嘴通过在喷嘴出口的上、下两端布置稳燃齿，使挥发分在富燃料的气氛下快速着火，保持火焰稳定，从而有效降低 NO_x 的生成，延长焦炭的燃烧时间。快速着火煤粉喷嘴示意图如图 2－28 所示。

3. 对冲同心正反切圆燃烧系统设计

所有的一次风/煤粉喷嘴指向炉膛中心，就是假想切圆直径为零；二次风中的所有偏置辅助风采用一个顺时针的偏角，这些偏置辅助风就是启旋二次风；而顶层端部二次风以及低位燃尽风和高位燃尽风需要通过水平摆动调整实验确定一个逆时针的偏角，这些二次风就是消旋二次风；以上共同构成了对冲同心正反切圆燃烧系统。对冲同心正反切圆燃烧系统示意图如图2－29所示。

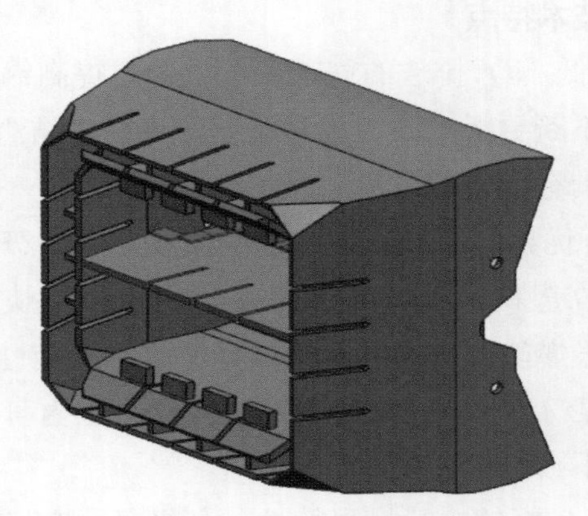

图2－28 快速着火煤粉喷嘴示意图

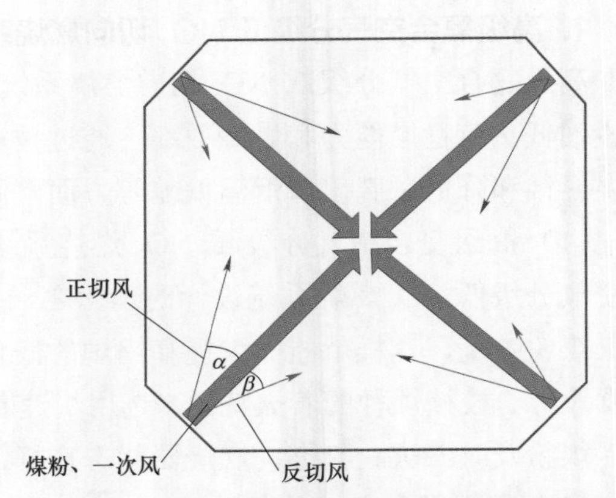

图2－29 对冲同心正反切圆燃烧系统示意图

采用对冲同心正反切圆燃烧系统，部分二次风气流在水平方向分级，在始燃烧阶段推迟了空气和煤粉的混合，NO_x形成量少。因为一次风煤粉气流被偏转的二次风气流裹在炉膛中央，形成富燃料区，所以在燃烧区域及上部四周水冷壁附近形成富空气区。这样的空气动力场组成减少了灰渣在水冷壁上的沉积，并使灰渣疏松，减少了墙式吹灰器的使用频率，提高了下部炉膛的吸热量。水冷壁附近氧量的提高也降低了水冷壁的高温腐蚀倾向。

4. 端部风喷嘴设计

在每组主燃烧器上部和下部均设计有端部二次风，端部二次风可以保证两组主燃烧器自成一个完整的整体，有效地调整两组主燃烧器的燃烧配风，同时尽量地包裹相临层的煤粉火焰，防止煤粉火焰刷墙，以及由此引起的结焦和高温腐蚀。

下组主燃烧器最下部的端部二次风采用增大的二次风风量设计，通入比较多的下部空气，以降低大渣含碳量。

5. 采用可水平摆动调节的高位燃尽风和低位燃尽风设计

炉膛出口烟温偏差是由炉膛内的流场造成的。通过对目前运行的燃煤机组烟气温度和速度数据进行分析发现，在炉膛垂直出口断面处的烟气流速对烟温偏差的影响要比烟气温度的影响大得多。因此，烟温偏差是一个空气动力现象。炉膛出口烟温偏差与旋流指数之间存在着联系。该旋流指数代表着燃烧产物烟气离开炉膛出口截面时的切向动量与轴向动量之比（较高的旋流指数意味着较快的旋流速度）。旋流值可以通过一系列手段减小，诸如减小气流入射角，布置低位燃尽风喷嘴和高位燃尽风喷嘴，燃尽风反切一定角度，以及增加从燃烧器区域至炉膛出口的距离等，使进入燃烧器上部区域气流的旋转强度得到减弱乃至被消除。

图 2－30 所示为可水平调整摆角的喷嘴设计，摆角可水平调整－25°～+25°。高位燃尽风和低位燃尽风的水平调整对燃烧效率也有影响，要通过燃烧调整得到一个最佳的角度。

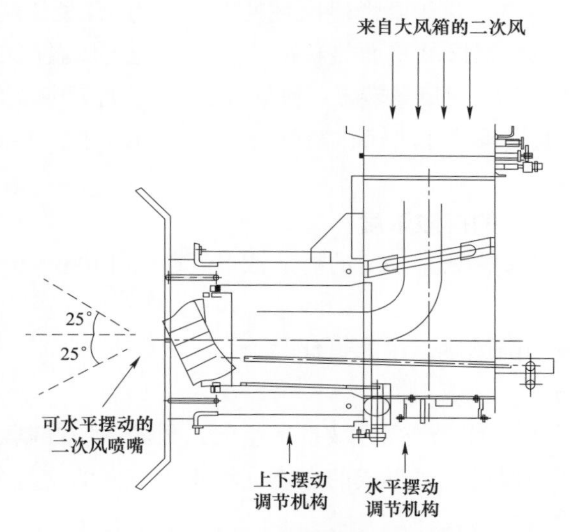

图 2－30　可水平调整摆角的喷嘴设计

6. 燃烧器灵活的投入方式

磨煤机组运行台数与锅炉负荷对应关系见表 2－16。

表 2－16　磨煤机组运行台数与锅炉负荷对应关系

运行方式	锅炉负荷（%）
6 磨煤机运行	80～100
5 磨煤机运行	60～100
4 磨煤机运行	45～80
3 磨煤机运行	35～60
2 磨煤机运行（等离子运行）	10～40
油枪运行	0～25

7. 多种措施防止炉内结渣以及高温腐蚀

针对设计煤种及两个校核煤种均燃用灰熔点低的强结焦煤，以及校核煤种 1 采用中等硫分煤的特性，为防止炉内结渣和高温腐蚀采用的主要措施如下：

（1）组织良好炉膛空气动力场，防止火焰直接冲刷水冷壁。

（2）采用较大的炉膛截面尺寸、合适的炉膛热力参数。

（3）对冲同心正反切圆燃烧系统设计，煤粉/一次风对冲布置，燃烧切圆控制尽量小，防止煤粉气流冲刷水冷壁形成高温造渣氛围。

（4）部分辅助风以较大的偏置角送入炉膛，同时保证有较高穿透力的流速，提高燃烧区域内水冷壁壁面的含氧量。

（5）12 层煤粉喷嘴分 3 组布置较大的燃烧器各层一次风间距，降低了燃烧器区域壁面热负荷。

（6）两级燃尽风的布置优化炉膛燃烧区域的空气动力场，使燃烧火球在垂直方向相对拉伸，更有效地降低了燃烧器区域壁面热负荷，防止燃烧区域温度过高。

（7）采用快速着火喷嘴，使风量较多、粉量较少的气流控制在靠近水冷壁的燃烧器外侧，这样与偏置辅助风共同形成了“风包粉”的平面流场，可以有效地防止炉内结渣和高温腐蚀。

8. 多种措施降低 NO_x 的排放浓度

燃烧器的设计、布置考虑降低 NO_x 的排放浓度不超过 180mg/m^3（标准状态，O_2=6%）的措施有：

（1）对冲同心正反切圆燃烧系统的设计。

（2）燃烧器分组布置。

（3）采用两级燃尽风实现对燃烧区域过量空气系数的多级控制。

（4）偏置辅助风和两级燃尽风形成的燃烧区域水平方向的空气分级。

（5）快速着火煤粉喷嘴的设计。

9. 多种措施实现低负荷稳燃

燃烧器的设计、布置考虑实现不投油最低稳燃负荷的措施如下：

（1）快速着火煤粉喷嘴设计。

（2）低负荷时相临两层煤粉喷嘴投入运行。

（3）煤粉细度达到设计值。

为了确保燃烧器喷嘴摆动这一调温手段的正常实施，本燃烧设备适当增加了各传动配合件之间的间隙，并从工艺上采取措施，严格控制摆动喷嘴的形位公差，同时适当增加传动件的刚性和强度。

需要指出的是，为保证燃烧器的正常摆动，要求在燃烧器安装过程中（起吊就位后），必须在现场进行喷嘴角度的重新调整，并参加冷态摆动的试运转。

在正常情况下，燃烧器喷嘴摆动的控制应接入协调控制系统（CCS），如果 CCS 未投或摆动控制从 CCS 中暂时解列时，为保证摆动机构能维持正常工作，每天需定时由人工操作缓慢地摆动数次。

第四节　与一次再热机组锅炉比较

我国首台国产百万等级一次再热机组于 2006 年 11 月在华能玉环电厂投产，至 2015 年百万等级二次再热机组投产，历时多年。其间，火力发电机组在设计制造、安装运行等方面都有了长足进步。目前，我国已投产的百万等级一次、二次再热机组锅炉在参数选取、系统结构设计、材料及经济性等方面均存在差异。本节选取 3 台典型的锅炉（国电泰州电厂二次再热机组锅炉、国电谏壁电厂常规一次再热机组锅炉和神华万州高效一次再热机组锅炉）进行差异化比较，分析二次再热机组锅炉的特点，以彰显二次再热机组锅炉的先进性。

一、二次再热机组锅炉的参数特点

二次再热超超临界机组为了在目前的材料结构下尽可能提高机组的循环效率，选用32.94MPa（绝对压力）/600℃/610℃/610℃汽轮机参数，对应的锅炉侧参数为34.21MPa/605℃/613℃/613℃。二次再热机组的参数和常规一次再热及高效一次再热超超临界机组参数对比见表2－17，具有如下先进性：

表2－17　　参数对比表

项目名称	国电泰州电厂 二次再热1000MW BMCR	国电谏壁电厂 一次再热1000MW BMCR	神华万州 高效一次再热 1000MW BMCR
过热蒸汽流量（t/h）	2691	3040	3035
过热蒸汽出口压力（MPa）	34.2	27.46	29.40
过热蒸汽出口温度（℃）	605	605	605
给水温度（℃）	314	297	307
给水压力（MPa）	38.2	31.46	33.4
一次再热蒸汽流量（t/h）	2548	2540	2497
一次再热蒸汽进口压力（MPa）	11.72	5.97	6.08
一次再热蒸汽进口温度（℃）	427	373	362
一次再热蒸汽出口压力（MPa）	11.53	5.77	5.88
一次再热蒸汽出口温度（℃）	613	603	623
二次再热蒸汽流量（t/h）	2184	—	—
二次再热蒸汽进口压力（MPa）	3.71	—	—
二次再热蒸汽进口温度（℃）	433	—	—
二次再热蒸汽出口压力（MPa）	3.46	—	—
二次再热蒸汽出口温度（℃）	613	—	—
总热量的变化（%）	95	100	99

（1）过热蒸汽压力提高，比常规的超超临界压力高6.7MPa左右，比神华万州电厂高效一次再热超超临界压力高4.8MPa左右，压力的提高降低了汽轮机热耗，提高了机组循环效率。

（2）与常规一次再热机组相比，二次再热机组再热蒸汽出口温度提高，较高的再热蒸汽出口温度带来了循环效率的进一步提升。

（3）二次再热的引入，也使得机组的循环效率得到有效提高。

参数分析：

1）从所选的参数来看，二次再热选用的过热蒸汽出口温度虽然没有提高，但过热蒸汽出口的压力要比典型的超临界压力高9MPa，比超超临界压力也高6.7MPa左右。

2）二次再热机组选用的一次再热蒸汽的压力都得到了大幅的提高，其一次再热蒸汽进口压力基本是常规一次再热机组再热蒸汽进口压力的两倍。

3）二次再热机组选用的二次再热蒸汽的进口压力较低，仅为常规一次再热机组再热蒸汽进口压力的一半。

4）与国电谏壁电厂超超临界一次再热机组相比，国电泰州电厂二次再热机组一、二次再热蒸汽的出口温度均提高了 10℃。

5）由于二次再热的引入，二次再热机组的再热蒸汽吸热和过热蒸汽吸热比例与常规的一次再热机组相比发生了较大变化：对于国电谏壁电厂一次再热超超临界机组而言，过热蒸汽吸热/再热蒸汽吸热为 82/18；对于神华万州电厂高效一次再热超超临界机组而言，过热蒸汽吸热/再热蒸汽吸热为 80/20；对于国电泰州电厂二次再热超超临界机组而言，过热蒸汽吸热/再热蒸汽吸热为 72/28。

6）二次再热机组选用的给水温度远大于常规的一次再热机组。

7）与一次再热相比，二次再热由于效率提高后，其 1000MW 需要的输入热量较小，国电泰州电厂二次再热机组比国电谏壁电厂减少约 5%的输入热量，比神华万州电厂高效一次再热机组减少约 4%的输入热量。

从对比中不难发现，1000MW 超超临界二次再热机组选用的参数特点可以归纳为“五高一低”，即过热蒸汽压力高、一次再热蒸汽压力高、一次再热蒸汽温度高、二次再热蒸汽温度高、给水温度高和二次再热蒸汽压力低；同时由于二次再热的引入使汽轮机热耗大大降低，因此同样的发电量需要的煤的输入热量比常规一次再热超超临界机组减少近 5%。还可以看出，虽然二次再热机组一、二次再热蒸汽温度（613℃）低于高效一次再热机组再热蒸汽温度（623℃），但由于二次再热的引入且主再热蒸汽压力高，因此同样的发电量需要的煤的输入热量也比高效一次再热超超临界机组减少近 4%。

二、二次再热机组锅炉的设计特点（汽水系统设计特点）

从燃烧的角度看，二次再热与一次再热机组锅炉在燃烧侧没有本质区别。在蒸汽侧，二次再热机组锅炉主蒸汽流量减少，这就需要减少过热器的受热面，合理匹配再热器受热面来满足二次再热的需要。因此二次再热与一次再热机组锅炉的主要区别在于汽水系统。

（一）水冷壁系统

二次再热机组锅炉水冷壁的设计条件在 1000MW 一次再热超超临界的基础上发生的 3 个方面的变化如下：

（1）流量发生了较大的变化，减少的蒸汽流量恶化了水冷壁的冷却能力。

（2）出口压力的提高降低了材料的允许温度和提高了同等焓对应的介质温度。

（3）给水温度的上升提高了水冷壁出口温度，同时在低负荷工况运行时也有降低水动力不稳定的趋势。

以上 3 个变化均导致了水冷壁出口温度的上升，因此与常规 1000MW 一次再热超超临界锅炉相比，需要优化设计和材料选择来解决水冷壁的安全性问题，水冷壁设计参数对比见表 2－18。

表 2-18　水冷壁设计参数对比

项　　目	国电泰州电厂二次再热 BMCR 工况	国电谏壁电厂一次再热 BMCR 工况
水冷壁进口介质压力（MPa）	38.3	31.5
水冷壁进口流量（扣除减温水，t/h）	2583	2858
水冷壁进口介质温度（℃）	345	332
水冷壁出口介质温度（℃）	495	459
水冷壁管数量（根）	716（螺旋管） 1432（垂直管 1） 716（垂直管 2）	716（螺旋管） 1432（垂直管 1） 716（垂直管 2）
水冷壁材质	12Cr1MoVG SA-213T23	15CrMoG 12Cr1MoVG SA-213T23

（二）过热器系统

二次再热参数的特点是给水到过热蒸汽的吸热大大减少，而水冷壁的吸热由炉膛的放热所决定，主要取决于炉膛的尺寸和煤种特点，一旦煤种和炉膛尺寸确定，水冷壁的吸热相对而言是固定的。因此，需要减少过热器的吸热来满足二次再热参数变化的需求。二次再热机组与一次再热机组过热器设计参数对比见表 2-19。

表 2-19　过热器设计参数对比

项　　目	国电泰州电厂二次再热 BMCR 工况	国电谏壁电厂一次再热 BMCR 工况
过热蒸汽出口介质压力（MPa）	34.21	27.46
过热蒸汽流量（t/h）	2691	3040
低温过热器材质	12Cr1MoVG SA-213T91 超级 304H	12Cr1MoVG SA-213T91 SA-213T92
中温过热器材质	—	SA-213 T91 超级 304H
高温过热器材质	超级 304H HR3C	超级 304H HR3C

为了满足设计参数的要求，将过热器系统主受热面按蒸汽流向分为两级：低温过热器（悬吊管部分和屏式部分）、高温过热器。二次再热机组过热器系统示意图如图 2-31 所示。国电谏壁电厂一次再热机组过热器系统示意图如图 2-32 所示，该锅炉过热器系统主受热面按蒸汽流向分为 3 级：低温过热器、中温过热器、高温过热器。

（三）一次再热系统

一次再热蒸汽压力较高，基本是常规超超临界再热蒸汽压力的两倍，见表 2-20。一次再热系统串联布置两级受热面，高温再热器布置在高烟温区域，顺流布置，受热面特性表现为半辐射式，为了提高换热效率和确保受热面的安全性，高温再热器分成冷段和热段，冷段布置在高温过热器前部，热段布置在高温过热器后部；低温再热器布置在烟气温度相对较低的区域，逆流布置，受热面特性为纯对流，由于采用分隔烟井的设计，一次再热系统的低温再热器布置在前烟井区域。

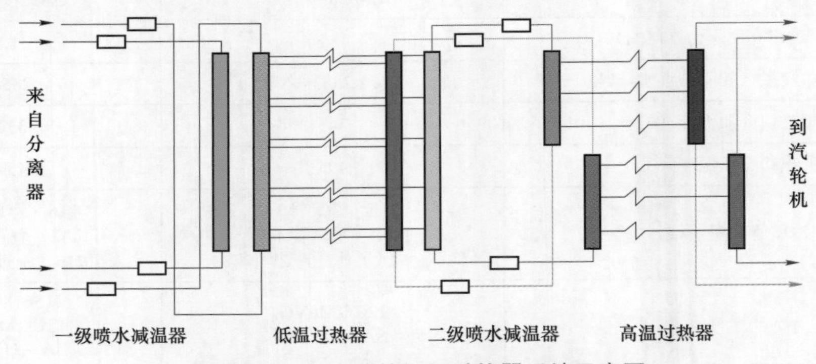

图 2-31　二次再热机组过热器系统示意图

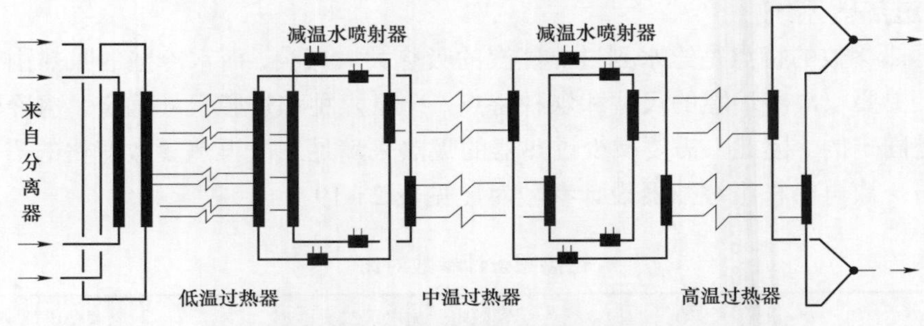

图 2-32　一次再热机组过热器系统示意图

表 2-20　　一次再热系统设计参数对比

项　目	国电泰州电厂二次再热 BMCR 工况	国电谏壁电厂一次再热 BMCR 工况
一次再热蒸汽进口介质压力（MPa）	11.72	5.97
一次再热蒸汽流量（t/h）	2548	2540
低温再热器（一次再热）材质	12Cr1MoVG SA-213T91	15CrMoG 12Cr1MoVG SA-213T91
高温再热器（一次再热）材质	超级 304H HR3C	超级 304H HR3C

（四）二次再热系统

二次再热蒸汽压力较低，远低于常规超超临界再热蒸汽压力，见表 2-21，在设计中同样需要注意蒸汽特性的变化。

表 2-21　　二次再热系统设计参数对比

项　目	国电泰州电厂二次再热 BMCR 工况	国电谏壁电厂一次再热 BMCR 工况
二次再热蒸汽进口介质压力（MPa）	3.71	5.97

续表

项　　目	国电泰州电厂二次再热 BMCR 工况	国电谏壁电厂一次再热 BMCR 工况
二次再热蒸汽流量（t/h）	2184	2540
低温再热器（二次再热）材质	15CrMoG 12Cr1MoVG SA-213 T91	15CrMoG 12Cr1MoVG SA-213 T91
高温再热器（二次再热）材质	超级 304H HR3C	超级 304H HR3C

二次再热系统串联布置两级受热面。高温再热器布置在高烟温区域，顺流布置，受热面特性表现为半辐射式，为了提高换热效率和确保受热面的安全性，高温再热器分成冷段和热段，冷段布置在高温过热器前部，热段布置在高温过热器后部；低温再热器布置在烟气温度相对较低的区域，逆流布置，受热面特性为纯对流，由于采用分隔烟井的设计，二次再热系统的低温再热器布置在后烟井区域。

三、受热面的布置特点

二次再热锅炉与一次再热锅炉相比，在压力、温度和吸热的比例上有着明显的区别，再热吸热量和级数增加，过热吸热量、烟气侧和蒸汽侧之间的温差减少，锅炉受热面的布置出现了新的特点。在设计中需要考虑受热面的合理匹配，以满足过热蒸汽和再热蒸汽吸热的变化，同时满足再热蒸汽出口温度提高带来的安全性要求。一、二次再热机组吸热比例见表 2-22。

表 2-22　　一、二次再热机组吸热比例　　%

项目	二次再热机组	一次再热机组
一次汽吸热	71.49	82.29
省煤器吸热	5.60	6.60
水冷壁吸热	47.00	49.20
过热器吸热	18.89	26.49
一次再热吸热	16.69	17.71
二次再热吸热	11.82	—

如果按常规的一次再热设计理念，每一级受热面串联布置，会导致有一级高温受热面无法得到足够的换热温差，从而需要布置大量效率低下的换热面积。因此，在二次再热受热面设计中，大胆地采用组合式高温受热面的布置方案。如图 2-31 所示，即将部分再热器提前，提高再热器吸收辐射热量的能力，并将两次高温再热器受热面并列布置，以达到不降低任何一级高温再热器换热温差的目的，将高温过热器和高温再热器组合，在提高再热器吸收辐射能力的同时确保再热器出口受热面的安全性。组合式高温受热面的布置方案

达到换热、经济性、安全性的最佳平衡，同时提高了燃烧器摆动的调温效果。

四、调温方式特点

二次再热机组相比一次再热多了一级再热器，从蒸汽温度的控制上增加了难度。在机组运行过程中，往往需要在不同负荷段，过热蒸汽和再热蒸汽出口温度均能达到设计值，这样机组就能获得较高的效率。对于选用的600℃以上的蒸汽出口温度、二次再热超超临界机组，调温方式的选择就更为重要。从各级蒸汽的做功能力来看，过热蒸汽的温度级别高于一次再热蒸汽的温度级别，一次再热蒸汽的温度级别高于二次再热蒸汽的温度级别。在进行调温方案选择时需要对各级蒸汽进行分别控制。

二次再热机组锅炉过热蒸汽温度调温方式与一次再热机组相同，均是采用煤水比和喷水减温来调节。再热蒸汽温度调温方式则有明显区别，为了有效解决低负荷时再热蒸汽的调温效果，国电泰州电厂二次再热机组锅炉再热蒸汽温度调节采用燃烧器上下摆动和烟气挡板的调温方式，华能莱芜电厂二次再热机组锅炉再热蒸汽温度调节则采用烟气再循环为主并辅以烟气挡板的调温方式。其中，烟气挡板的主要作用是调整一次再热器和二次再热器之间的热量分配，这一点是二次再热机组锅炉与一次再热机组锅炉的主要区别所在。

五、污染物排放特点

二次再热机组锅炉燃烧和污染物排放特性与其燃烧系统采取的技术有关，相关锅炉燃烧和污染物排放技术实际上与常规一次再热机组锅炉没有实质性的区别。由于二次再热机组锅炉给水温度普遍偏高，目前投运的二次再热机组锅炉在低负荷运行时其脱硝系统（SCR）进口烟气温度始终能保持在300℃以上。这意味着我国目前投运的二次再热机组锅炉均满足全负荷脱硝的要求，这也是二次再热机组锅炉的一个优点。

六、与一次再热锅炉经济性比较

百万等级二次再热机组锅炉设计关注较多的是水冷壁、高温受热面材料的安全性，以及蒸汽温度调节策略、逻辑实现和经济性的提升。更为先进燃烧技术的开发和应用是在保证污染物排放达标的前提下提高煤粉燃烧效率的关键。而降低排烟温度、减少各项热损失始终是提升锅炉经济性努力的方向。

国电泰州电厂二期二次再热机组锅炉热效率性能保证值已经达到 94.65%，与该厂一期较早投产的一次再热机组锅炉热效率设计值 93.66%相比，设计锅炉热效率明显提升。从锅炉性能考核试验结果看，国电泰州电厂一期一次再热机组 1 号锅炉最终热效率为93.68%，二期二次再热机组3号锅炉热效率为94.80%，锅炉经济性提升明显。

华能莱芜电厂二次再热机组在锅炉尾部设计了与空气预热器并联布置的高压、低压两级旁路省煤器系统，高压、低压两级旁路省煤器系统对机组经济性的影响须综合锅炉侧、汽轮机侧考虑。对于锅炉，该系统有效降低了锅炉排烟温度，排烟温度设计值仅为112℃，比通常的设计值降低了约10℃，使锅炉热效率提高约0.5%。从该项目性能试验结果看，锅炉热效率达到了95.30%。

第三章

二次再热机组汽轮机基本特点

第一节 概 述

汽轮机发电机组是火力发电厂建设中的关键动力设备之一，由锅炉产生的高温高压蒸汽沿管道进入汽轮机中不断膨胀做功，冲击汽轮机转子高速旋转，从而将蒸汽的热能和压力势能转换成汽轮机的机械能，汽轮机的机械能通过汽轮机转子的输出轴传递给发电机，从而将机械能转换成电能。如何提高汽轮机效率，减少能源消耗，是汽轮机技术研究的重要课题。

根据朗肯循环的定义，提高平均吸热温度能够提高循环效率，因此，采用二次再热汽轮机机组比采用一次再热汽轮机机组能够进一步提高机组的热效率，同时二次再热还能够有效降低排汽湿度，保证位于排汽区域内叶片的安全性，这也为汽轮机组进一步提高进汽初参数提供了条件。在超超临界参数范围条件下，主蒸汽压力每提高 1MPa，机组的热耗率提高 0.13%～0.15%；主蒸汽温度每提高 10℃，机组的热耗率提高 0.25%～0.30%；再热蒸汽每提高 10℃，机组的热耗率提高 0.15%～0.2%。如果机组单独采用二次中间再热技术，其经济性可比采用一次中间再热机组相对提高 1.4%～1.6%。目前，欧洲各国、美国和日本等在大容量高参数火电机组规划中都选择二次再热作为研究方向之一。因此，为了提高能源的利用效率，实现节能减排，采用已应用并证明高效、安全、可靠的二次再热方案，可以使我国燃煤发电技术水平显著提高。

截止到 2017 年年底，我国投产的二次再热机组中汽轮机的主要生产商为上汽单轴 1000MW 级机组和东方汽轮机厂（简称东汽）单轴 660MW 级机组，正在建设的有上汽单轴 660MW 级机组和高、低位布置的双轴共 1350MW 机组，目前东汽和哈尔滨汽轮机厂（简称哈汽）已具备生产单轴 1000MW 级机型的能力。

就机组形式而言，上汽生产的汽轮机形式为两次中间再热、单轴、五缸四排汽、凝汽式汽轮机，东汽生产的汽轮机为两次中间再热、单轴、四缸四排汽、凝汽式汽轮机，哈汽生产的汽轮机为两次中间再热、单轴、五缸四排汽、凝汽式汽轮机。东汽 1000MW 二次再热机组采用超高压－高压合缸形式，其外形如图 3－1 所示；而上汽和哈汽 1000MW 二次再热机组均采用分缸形式，其外形如图 3－2 和图 3－3 所示。

就系统而言，上汽 1000MW 二次再热机组采取十级抽汽回热系统，外置两级蒸汽冷却器、4 级高压加热器、1 级除氧器、5 级低压加热器，有一台疏水冷却器，其中 8 号低压加热器采用了疏水泵；东汽 1000MW 二次再热机组采取十级抽汽回热系统，外置两级蒸汽冷却器、5 级高压加热器、1 级除氧器、4 级低压加热器，其中 7 号低压加热器和 9 号低压加热器采用了疏水泵；哈汽 1000MW 二次再热机组采取九级抽汽回热系统，外置一级蒸汽冷却器、3 级高压加热器、1 级除氧器、5 级低压加热器。

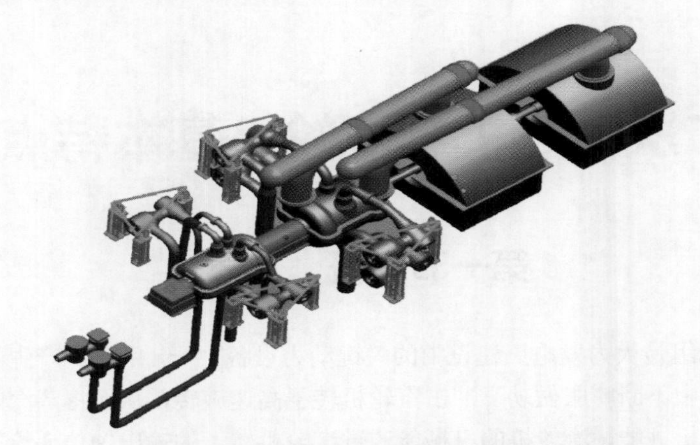

图 3-1 东汽 1000MW 二次再热机组外形图

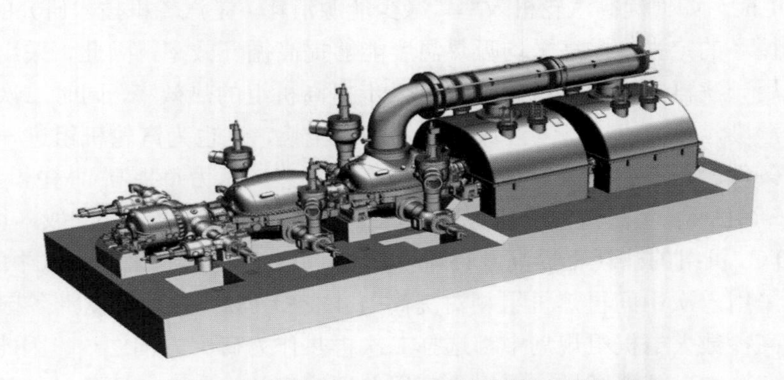

图 3-2 上汽 1000MW 二次再热机组外形图

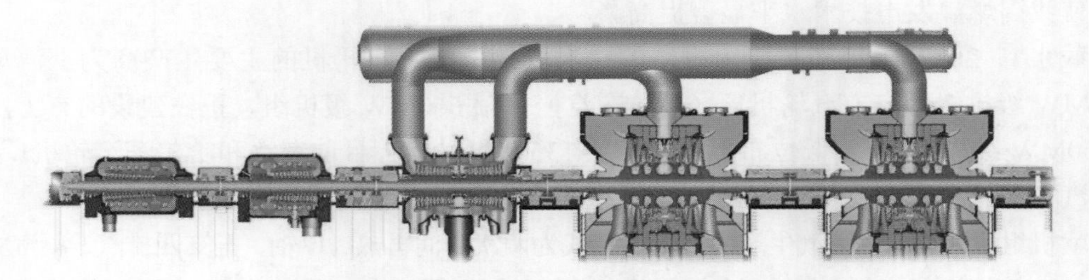

图 3-3 哈汽 1000MW 二次再热机组外形图

就启动方式而言，上汽 1000MW 二次再热机组一般采用三缸联合启动方式，即 3 种调节汽门（超高压/一次再热/二次再热）同时控制机组的转速。在启动前，首先打开主汽门对主汽门和调节汽门进行预热。启动时，首先开启超高压调节汽门冲转，在流量达到一定时，一次再热和二次再热调节汽门再同时开启。启动时采用定压启动，各级旁路控制其压力维持在设定值不变。上汽 1000MW 二次再热汽轮机暖机转速为 870r/min，然后直接升至 3000r/min。东汽 1000MW 二次再热机组采用超高压－高压－中压三缸联合启动。启动时主汽阀全开，通过超高压调节汽门与高、中压调节汽门按 1:3:3 开度联合控制。东汽

1000MW 二次再热汽轮机暖机转速为 700r/min 和 1500r/min 两个阶段，然后升至3000r/min。

按启动状态划分，上汽和东汽 1000MW 二次再热机组启动状态可分为冷态、温态、热态和极热态，各态启动参数见表 3－1 和表 3－2。就目前投产的上汽机组和东汽机组实际调试运行效果来看，都不推荐极热态启动。

表 3－1　　上汽 1000MW 二次再热机组启动状态及各态启动参数

启动状态	主蒸汽压力（MPa）	主蒸汽温度（℃）	再热蒸汽温度（℃）	一次再热压力（MPa）	二次再热压力（MPa）
冷态	8	400	380	≤2.5	≤0.7
温态	8	440	420	≤2.5	≤0.7
热态	14	530～540	510～520	≤3.0	≤1.0
极热态	14	550～560	530～540	≤3.0	≤1.0

表 3－2　　东汽 1000MW 二次再热机组启动状态及各态启动参数

启动状态	主蒸汽压力（MPa）	主蒸汽温度（℃）	再热蒸汽温度（℃）	一次再热压力（MPa）	二次再热压力（MPa）
冷态	9.6	380	340	2.4	0.7
温态	9.6	440	380	2.4	0.7
热态	10.9	480	420	2.4	0.7
极热态	10.9	540	520	2.4	0.7

就润滑油系统而言，上汽汽轮机启动和正常运行均采用交流润滑油泵作为主润滑油泵，直流事故油泵作为预防事故的保障措施，而东汽汽轮机启动采用交流启动油泵和辅助油泵，正常运行采用主油泵－油涡轮供油系统，直流事故油泵作为预防事故的保障措施。

第二节　本　体　介　绍

下面以国电泰州电厂二次再热汽轮机为例，如图 3－4 所示，二次再热机组汽轮机由 1 个单流超高压缸、1 个双流高压缸、1 个双流中压缸和 2 个双流低压缸串联布置组成。汽轮机 5 根转子分别由 6 个径向轴承支承，除超高压转子由 2 个径向轴承支承外，其他转子均由单轴承支撑。6 个轴承分别位于 6 个轴承座内，且直接支撑在汽缸基础上，不随机组膨胀移动，并能减少基础变形对轴承载荷及轴系对中的影响。其中 2 号轴承座内装有径向推力联合轴承，且机组的绝对死点和相对死点均在超高压与高压之间的 2 号轴承座上。发电机转子为双支点支撑，发电机和励磁机转子形成三支撑结构，包括发电机转子的整个轴系由 7 根转子（5 缸）、9 个轴承组成，整个汽轮机轴系总长约 36m，机组轴系全长约 54m，轴系总重约330t。

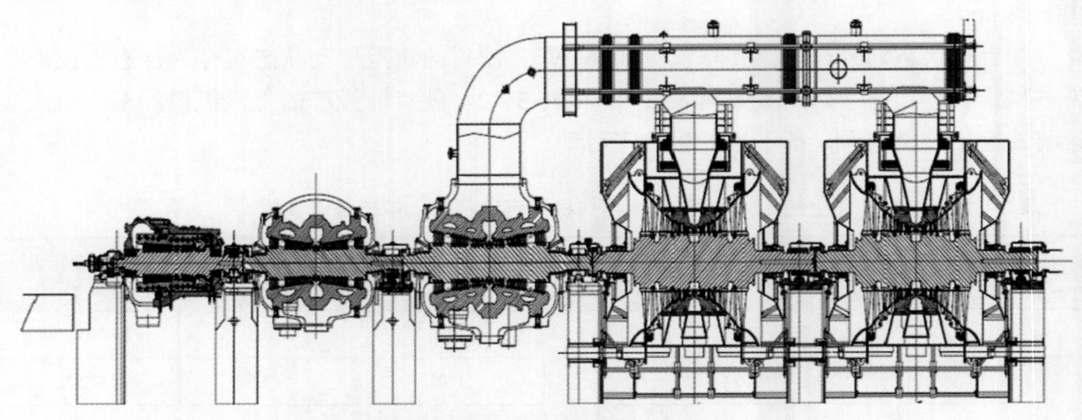

图3-4 二次再热汽轮机纵剖面图

一、超高压缸

1. 超高压缸采用双层缸设计

外缸为无水平中分面的圆筒形，轴向分为前后两部分。内缸也是无法兰外伸端的圆筒形，但为垂直纵向中分面结构。因为内外缸体均为旋转对称，所以应力集中小，使得机组在启动、停机或快速变负荷时缸体的温度梯度很小，热应力可保持在一个较低的水平。

2. 紧凑型筒形超高压缸结构

无中分面的圆筒形超高压缸有极高的承压能力，汽缸应力小，由于轴向断面远小于水平中分面，加上采取的内缸定位结构，使内缸的轴向推力对外缸起到轴向固紧作用，这两个因素使前、后外缸轴向螺栓应力远低于其他机型，安全、可靠性好。超高压缸结构图和纵剖图见图3-5和图3-6。

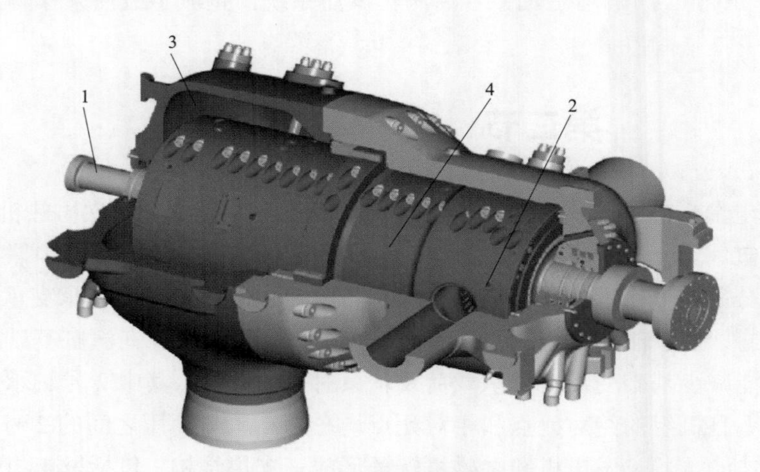

图3-5 超高压缸结构

1—超高压转子；2—超高压外缸进汽端；3—超高压外缸排汽端；4—超高压内缸

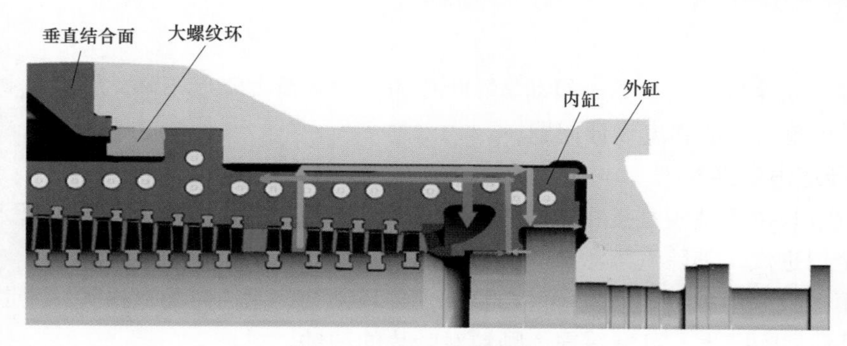

图 3－6　超高压缸纵剖图

二、高压缸

1. 高压缸特点

（1）高压缸采用圆筒形缸，垂直结合面结构，温度梯度较为均匀，热应力低，承压能力高。

（2）采用大螺纹环轴向固定高压内缸，减少外缸垂直结合面螺栓的载荷，降低螺栓应力水平。

（3）高压缸后面压力级的蒸汽引入内外夹层中，高压缸纵剖图见图 3－7。

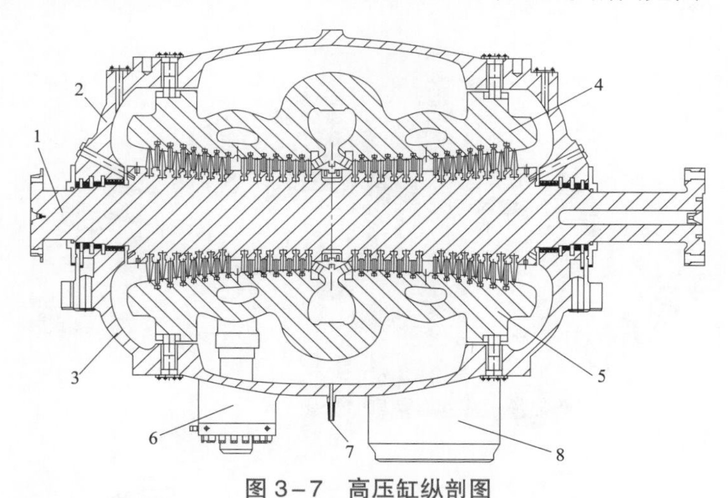

图 3－7　高压缸纵剖图

1—高压转子；2—高压外缸上半；3—高压外缸下半；4—高压内缸上半；5—高压内缸下半；6—2 号抽汽口；7—高压进汽口；8—高压排汽口

2. 超高压进汽端独特的结构优势

（1）无进汽导管，布置在汽缸两侧的主调节阀采用大型罩螺母方式直接与汽缸相连。

（2）切向进汽的第一级斜置静叶结构；级效率高、漏汽损失小。

（3）减少流动损失；阀门直接支撑在基础上，且起吊高度低。

（4）超高压缸第一级为低反动度叶片级（约 20%的反动度），降低进入转子动叶的温度。

（5）滑压及全周进汽使第一级动、静叶片的最大载荷大幅度下降，从根本上解决了第一叶片级采用单流程的强度设计问题。

3. 高压进汽端结构

（1）汽缸与主调节阀直接相连，无进汽导管，减少压损，并有利于防止超速。

（2）全周进汽，消除汽隙激振，并且消除因设置调节级的强度难题。

（3）第一级采用独特的斜置静叶，整体内外环结构，无径向漏汽损失，流道简洁、级效率高，且动静间隙大，可减缓固体颗粒对叶片的冲蚀。

三、中压缸

中压缸结构特点如下：

（1）内外缸双层结构，水平中分面分成上下半，夹层为中排参数。

（2）第一级斜置静叶，20%反动度，大的轴向动静距离防冲蚀。

（3）再热门与汽缸通过法兰连接，无导汽管，损失小，阀门直接支撑于基础上，对汽缸附加力小。

中压缸简图如图 3－8 所示。

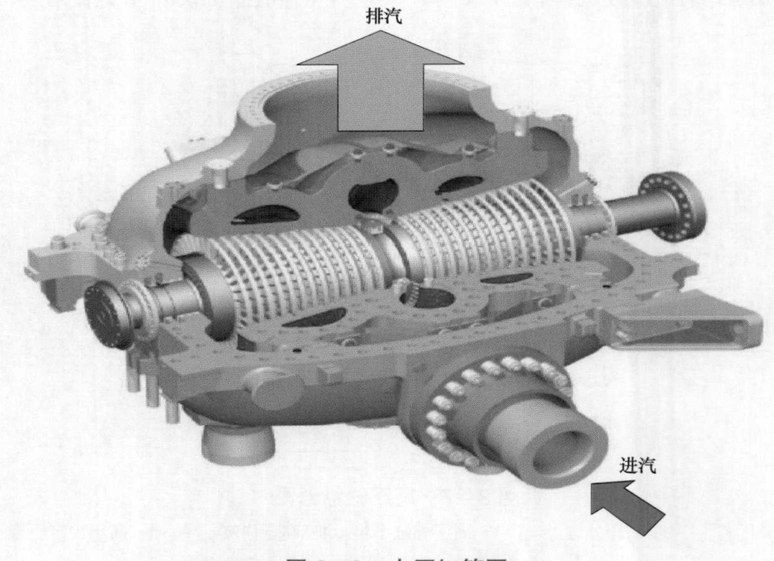

图 3－8 中压缸简图

四、低压缸

低压缸结构特点如下：

（1）低压内、外缸无支撑关系。

（2）轴承座固定在基础上不动，低压内缸通过前后各两个猫爪搭在前后两个轴承座上，支撑整个内缸、持环及静叶的质量。在接触面有耐磨低摩擦合金，内缸可以相对轴承座沿轴向滑动。

（3）内缸与中压外缸或者两个低压缸的内缸之间，通过推拉杆连动；使低压静子部件与转子同向膨胀。

（4）外缸与轴承座分离，直接坐落于凝汽器上，可以自由在径向膨胀。水平方向则随凝汽器膨胀移动。一方面降低了运转层基础的负荷，另一方面汽轮机背压变化造成的外缸径向变形不影响内缸和转子，动静间隙不受背压影响。根本上克服了轴承座支撑，背压变化影响轴系振动的弊病。

（5）外缸犹如一个外壳功能，通过波纹管补偿内外缸之间的位移差，并起到密封作用。

（6）低压外缸结构：低压缸进汽区域内外缸间采用大波纹管进行连接；外缸与凝汽器刚性连接，减少基础顶板载荷；低压外缸不参与整个机组的膨胀，大大降低了轴向摩擦力，有利于静子部件的膨胀。低压缸纵剖图如图 3–9 所示。

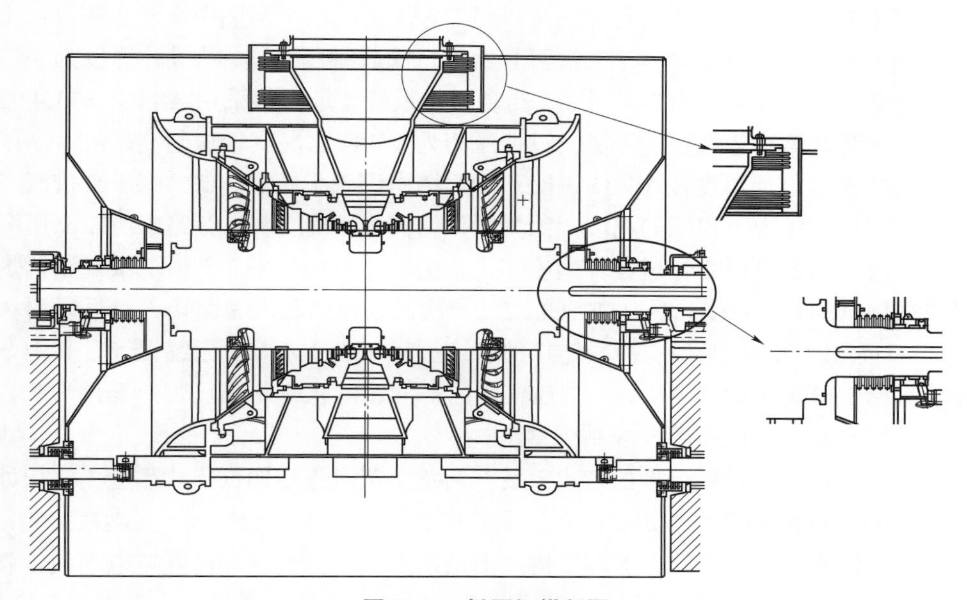

图 3–9　低压缸纵剖图

第三节　系　统　配　置

一、主、再热蒸汽系统

主蒸汽及高、低温再热蒸汽系统采用单元制系统。主蒸汽为 4–2 布置形式，从锅炉联箱 4 个接口 4 根管道出来，中间合并为 2 根管道，进入汽轮机超高压缸的 2 个主汽阀。再热蒸汽分为一次再热和二次再热两个系统。一次高温再热为 4–2 布置形式，从锅炉联箱 4 个接口 4 根管道出来，中间合并为 2 根管道，进入汽轮机高压缸的 2 个一次再热主汽阀。一次低温再热为 2–1–2 布置形式，从高压缸 2 个排汽口接出 2 根一次低温再热管道后在机头附近合并成一根母管送至锅炉，在炉前平台附近分成2根管道分别接入锅炉两侧联箱接口。二次高温再热为4－2布置形式，从锅炉联箱4个接口4根管道出来，中间合并为2根管道，进入汽轮机中压缸的2个二次再热主汽阀。二次低温再热由于管道直径较大，为控制流速采用2－2布置形式。在汽轮机超高压、高压、中压主汽门前均设压力平衡连通管。过热器出口及再热器的进、出口管道上设有水压试验隔离装置，锅炉侧管系可做隔离水压试验。

主蒸汽系统按汽轮发电机组VWO（阀门全开）工况时的热平衡蒸汽量设计。主蒸汽系统管道的设计压力按锅炉过热器出口的额定压力×105%计算。主蒸汽系统管道的设计温度为锅炉过热器出口额定主蒸汽温度加锅炉正常运行时允许温度正偏差5℃。主蒸汽管道采用ASTM A335P92材料。

一、二次高温再热蒸汽系统按汽轮发电机组VWO工况时的热平衡蒸汽量设计。一、二次高温再热蒸汽管道的设计压力分别按机组VWO工况热平衡图中汽轮机超高压缸、高压缸排汽压力的1.15倍或锅炉一、二次再热器安全阀起跳压力设计，设计温度为锅炉再热器出口额定温度加允许温度正偏差5℃。高温再热系统管道材料采用ASTM A335P92。

一、二次低温再热蒸汽系统管道的设计压力为VWO工况汽轮机超高压缸、高压缸排汽压力的1.15倍。设计温度按VWO工况热平衡图中汽轮机超高压缸、高压缸排汽参数等熵求取在管道设计压力下相应的温度。因为采用100%容量的高压旁路，所以高压旁路出口至锅炉一次再热器进口的管道设计温度将考虑旁路运行的影响。一、二次低温再热系统管道材料采用ASTM A691Gr.1－1/4CrCL22（一次低温再热蒸汽旁路接入点后采用ASTM A691Gr.2－1/4CrCL22），其他与冷段连接的管道采用12Cr1MoVG无缝钢管。其中一次低温再热蒸汽向1号高压加热器供汽，二次低温再热蒸汽除供3号高压加热器用汽外，还向辅助蒸汽及给水泵汽轮机备用汽源系统供汽。

主蒸汽管道设计有足够容量的疏水系统，两路主蒸汽管道的低点（靠近主汽门处）均装设了$\phi 88.9\times 20$mm的疏水管道，沿介质流向串联设置了电动截止阀、气动截止阀，疏水管单独接至清洁水疏水扩容器，扩容后排入清洁水水箱。机组启动前开启电动截止阀、气动截止阀，排出管道中的凝结水和湿蒸汽。根据测得的温度值和该处压力的饱和温度差值，控制疏水阀的开关；当测得的温度大于450℃时，关闭疏水阀；当主蒸汽压力超过12MPa时，关闭电动截止阀。气动疏水阀在仪用压缩空气系统失气时自动开启。进汽轮机主汽阀前管道上设置了$\phi 273\times 62$mm的预暖管，接至一次冷再热蒸汽管道。预暖管上设置了气动调节阀和电动隔离阀，汽轮机启动前开启该气动阀，加快暖管，缩短启动时间。

在靠近汽轮机侧的超高压缸排汽母管上装有动力控制止回阀以便在事故情况下切断汽源，防止蒸汽返回到汽缸，引起汽轮机超速。在一次冷段再热蒸汽管道气动止回阀前、止回阀后管道低点、锅炉侧支管低点可能积水处设置了4个疏水点。每一个疏水系统由疏水罐、串联的一只气动疏水阀和一只隔离阀的疏水管路组成。疏水阀通过疏水罐上的水位开关控制。疏水阀也可在控制室内手动操作。气动疏水阀在仪用压缩空气系统失气时自动开启。一次再热器冷段蒸汽管道上高压旁路减温器的减温水系统故障时，大量的减温水进入一次冷再热管道，完全依赖疏水系统排出所有水是不可取的，因此疏水系统发出报警信号，通知运行人员采取措施，以防止汽轮机进水。

一次热段再热蒸汽管道设计有足够容量、通畅的疏水系统。两路一次再热器热段蒸汽管道的低点（靠近一次再热汽门处）均装设了管径为$\phi 88.9\times 11.13$mm 的疏水管道，疏水管沿介质流向设置了电动截止阀、气动截止阀，疏水管单独接至清洁水疏水扩容器，扩容后排入清洁水水箱。疏水电动截止阀的控制原则与主蒸汽管道的疏水阀控制原则相同。当测得的温度大于 450℃时，关闭疏水阀；当主蒸汽压力超过 4MPa 时，关闭电动截止阀。

在靠近汽轮机侧的高压缸排汽管道上装有动力控制止回阀，以便在事故情况下切断汽源，防止蒸汽返回到汽缸，引起汽轮机超速。止回阀前排汽管道上设有通风阀系统，在机组启动工况下或事故状况时高压调节汽门关闭或开度小，在可能出现高压缸排汽超温时（530℃），开启该系统将蒸汽排入凝汽器。止回阀前排汽管道上接有来自超高压缸（VHP）汽封漏汽管道，该管道同时与高压缸通风管道连通。

两根高压缸排汽管道在止回阀后由一根$\phi 480\times 16$mm（12Cr1MoVG）管道进行联络，从联络管道分别接出一路蒸汽供给 3 号高压加热器；一路蒸汽经减温减压阀供给辅助蒸汽系统；一路蒸汽供给给水泵汽轮机作为高压汽源。

在二次冷段再热蒸汽管道气动止回阀前、止回阀后管道低点和锅炉侧管道低点可能积水处设置了 6 个疏水点。每 1 个疏水系统由疏水罐、串联了 1 只气动疏水阀和 1 只隔离阀的疏水管道组成。疏水阀通过疏水罐上的水位开关控制。疏水阀也可在控制室内手动操作。气动疏水阀在空气系统失气时自动开启。对于二次冷段再热蒸汽管道上中旁减温器的减温水系统故障时，大量的减温水进入二次冷段再热管道，完全依赖疏水系统排出所有水是不可取的，因此疏水系统发出报警信号，通知运行人员采取措施，以防止汽轮机进水。

二次热段再热蒸汽管道设计有足够容量、通畅的疏水系统。二次热段再热蒸汽及低压旁路蒸汽管道共设 3 个疏水点，一路为二次热段再热蒸汽管道的低点（靠近 A 排二次再热汽门处），另两路为二次热段再热蒸汽管道的低点疏水流向低压旁路管道的低点、低压旁路阀底部低点。疏水点设置规格为$\phi 88.9\times 7.14$mm 的疏水管道，管道沿介质流向串联设置了电动截止阀和气动疏水阀，疏水管单独接至清洁水疏水扩容器，扩容后排入清洁水水箱。疏水阀及阀前的截止阀控制原则与主蒸汽管道的疏水阀控制原则相同。当测得的温度大于 450℃时，关闭疏水阀；当主蒸汽压力超过 2MPa 时，关闭电动截止阀。

二、旁路系统

为了协调机炉运行，改善整套启动条件及机组不同运行工况下带负荷的特性，适应快速升降负荷，增强机组的灵活性，采用高、中、低三级串联旁路系统。高压旁路采用 100%BMCR 容量的三通阀旁路系统，高压旁路由 4×25%BMCR 阀组成，分别从锅炉出口主蒸汽支管上接出，经过高压旁路阀减温减压后接入锅炉侧的一次冷段再热蒸汽支管（减温器前）。高压旁路阀的减温水来自高压给水。高压旁路阀既作为主蒸汽压力调节阀，同时具有压力跟踪溢流和超压保护功能，替代了过热器安全阀的功能。高压旁路布置在锅炉侧。

中、低压旁路容量按启动工况主蒸汽流量增加或减少温水量设置。中、低压旁路布置在汽轮机侧。高压、中压、低压旁路容量分别为100%、50%、65%。

中压旁路由2只旁路阀组成，分别从汽轮机侧的一次热段再热蒸汽管道接出，经过中压旁路阀减温减压后接入汽轮机侧的二次冷段再热蒸汽母管（止回门后）。中压旁路阀的减温水来自给水泵一次中间抽头。

低压旁路由2只旁路阀组成，分别从汽轮机侧的二次热段再热蒸汽管道接出，经过低压旁路阀减温减压后接入凝汽器喉部。旁路阀的减温水来自凝结水。同时在低压旁路阀前至二次再热汽门前设置$\phi 114 \times 11.13$mm的低压旁路管道暖管管路，使低压旁路阀前管道处于热备用状态。

机组启动时，主蒸汽管道通过开启高压旁路阀和主蒸汽管道上设置的预暖管，一次热段再热蒸汽管道通过开启中压旁路阀、二次热段再热蒸汽管道通过开启低压旁路阀来预热管道，使蒸汽温度和金属温度相匹配，缩短启动时间。

每台机组的旁路系统装置液动执行器的供油装置（油站），高、中、低压旁路分别设置1套，每套油站的备用装置（油泵）提供自动投入，投入后60s即可达到工作油压。油站蓄能器所储能量，应在其电源故障的情况下，仍能提供足够的液压动力，使旁路系统所有阀门完成1～2次全行程的开或关。

液（油）动执行器的工作介质采用高压抗燃油，油系统由16MPa的控制油（驱动油）和16MPa的调节油两部分压力油组成。液压油系统包括管道管件、阀门、油箱，均采用不锈钢材质。油管连接（含三通、短接、弯头）采用套管焊接形式。

三、抽汽回热系统介绍

1. 抽汽系统

（1）抽汽系统的作用是将汽轮机的抽（排）汽送至低压加热器、除氧器、高压加热器、给水泵汽轮机及辅助蒸汽系统等，通过回热循环以提高机组效率和满足有关用户用汽，从而达到：

1）加热给水和凝结水系统以提高电厂热效率。

2）减少给水和炉管金属温差，减小对锅炉金属的热冲击。

3）除去凝结水的氧和其他不凝结的气体。

4）驱动锅炉给水泵汽轮机。

5）启动时利用邻机加热给水，提高锅炉上水温度。

（2）系统中各级抽汽管道的管径按汽轮发电机组（Valve Wide Open，VWO）工况抽汽量进行设计。设计压力（除一级、三级抽汽管道外）取汽轮机VWO工况热平衡计算所得相应级抽汽压力的1.1倍，设计温度为汽轮机VWO工况热平衡计算所得相应级抽汽参数等熵求取管道在设计压力下的相应温度。一级、三级抽汽管道的设计压力和设计温度同一次、二次低温再热蒸汽管道。

（3）机组采用十级抽汽（包括超高压缸排汽、高压缸排汽、中压缸排汽）。一、二、三、四级抽汽分别向1号、2号、3号、4号高压加热器供汽；五级抽汽供汽至除氧器、给水泵汽轮机；六、七、八、九、十级抽汽分别向6号、7号、8号、9号、10号低压加热器供汽。回热系统采用2号和4号高压加热器外置式蒸汽冷却器，充分利用再热蒸汽提升后高压缸和中压缸第一级抽汽的过热度，提高最终给水温度，从而提高回热效率。

（4）给水温度继续抬升受制于锅炉厂限制，上海锅炉厂（简称上锅）提供的计算最高给水温度限制为315℃，考虑上锅实际投运的塔式锅炉水冷壁温度与计算值有约20℃的余量，因此考虑一抽设调节阀，约85%负荷以上时调节阀节流控制给水温度为315℃，在部分负荷约85%负荷以下时调节阀全开，提高部分负荷工况下的给水温度，从而提高机组部分负荷下的热经济性。实际运行时，若情况允许则全负荷工况下调节阀可以全开。

（5）为防止汽轮机超速，除了最后两级抽汽管道外，其余的抽汽管上均装设强制关闭自动止回阀（气动控制）。考虑机组容量大、参数高，在二、四、六、七级高、中压缸的抽汽管道上各增设了1个止回阀。五级抽汽管道上由于连接有众多的设备，这些设备或者接有高压汽源（如给水泵汽轮机接有冷段再热蒸汽汽源），或者接有辅助蒸汽汽源（如除氧器等），用汽点多，用汽量大，在机组启动、低负荷运行、汽轮机突然甩负荷或停机时，其他汽源的蒸汽有可能串入五级抽汽管道，造成汽轮机超速的危险性最大，因此设有双重气动止回阀。其他凡是从抽汽系统接出的管道去加热设备都装有止回阀。抽汽止回阀的位置尽可能地靠近汽轮机的抽汽口，以便当汽轮机跳闸时，可以尽量降低抽汽系统能量的储存，同时也作为防止汽轮机进水的二级保护。

（6）汽轮机的各级抽汽，除了最后两级抽汽外，均装设有关闭时间要求的电动隔离阀作为汽轮机防进水保护的主要手段。在各抽汽管道的顶部和底部分别装有热电偶，作为防进水保护的预报警，便于运行人员预先判断事故的可能性。

（7）除氧器除接有五级抽汽外，还接有从辅助蒸汽系统来的蒸汽，用作启动加热和低负荷稳压。

（8）给水泵汽轮机的正常工作汽源从五级抽汽管道上引出，装设有流量测量喷嘴、电动隔离阀和止回阀。止回阀是为了防止辅助蒸汽汽源与五抽汽源切换时，较高压力的辅助蒸汽汽源串入五抽系统。当给水泵汽轮机在低负荷运行使用辅汽汽源时，该管道也将处于热备用状态。

（9）汽轮机最后两级抽汽，因加热器位于凝汽器喉部，不考虑装设阀门，两根九级抽汽管和四根十级抽汽管均布置在凝汽器内部，管道由凝汽器制造厂设计供货。

（10）按ASME TDP－1—2006《发电用蒸汽轮机防水损坏的推荐实施规程》的相关要求，在抽汽系统的各级抽汽管道的止回阀和电动隔离阀前后，以及管道的最低点，分别设置疏水点，以保证在机组启动、停机和加热器发生故障时，系统中不积水，各疏水管道单独接至凝汽器。

2. 高压加热器组

高压加热器是一种利用汽轮机抽汽加热给水的设备，目的是提高整个电厂的热效率。高压加热器作用是提高锅炉给水温度、减少凝汽器热损耗。

高压加热器由上海电气集团（上海动力设备有限公司）制造。每台机组高压加热器双列布置，配置2×4台50%容量、卧式高压加热器。每台加热器均按双流程设计，由过热蒸汽冷却段、凝结段和疏水冷却段3个传热区段组成，为全焊接结构。正常运行时，每列高压加热器的疏水均采用逐级自流方式，即从较高压力的加热器到较低压力的加热器，4 号高压加热器出口的疏水疏入除氧器。各级高压加热器还设有危急疏水管路。危急疏水直接排入凝汽器疏水立管经扩容释压后排入凝汽器。每台加热器（包括除氧器）均设有启动排气和连续排气。所有高压加热器的汽侧启动排气和连续排气均接至除氧器。

高压加热器为卧式 U 形管，半球形水室具有椭圆形自密封人孔，1 号、3 号 、4 号高压加热器的传热区段有过热蒸汽冷却段、凝结段和疏水冷却段 3 个传热区段，而 2 号高压加热器的传热区段只由凝结段和疏水冷却段两个传热区段组成。

因为二抽和四抽蒸汽温度较高，抽汽需先经过蒸汽冷却器降温后，才能进入高压加热器汽侧，所以设置了 2 号和 4 号高压加热器外置式蒸汽冷却器，充分利用二抽和四抽抽汽的过热度，提高最终给水温度，从而提高了热力循环效率，降低了汽轮机热耗。高压加热器组如图 3－10 所示。

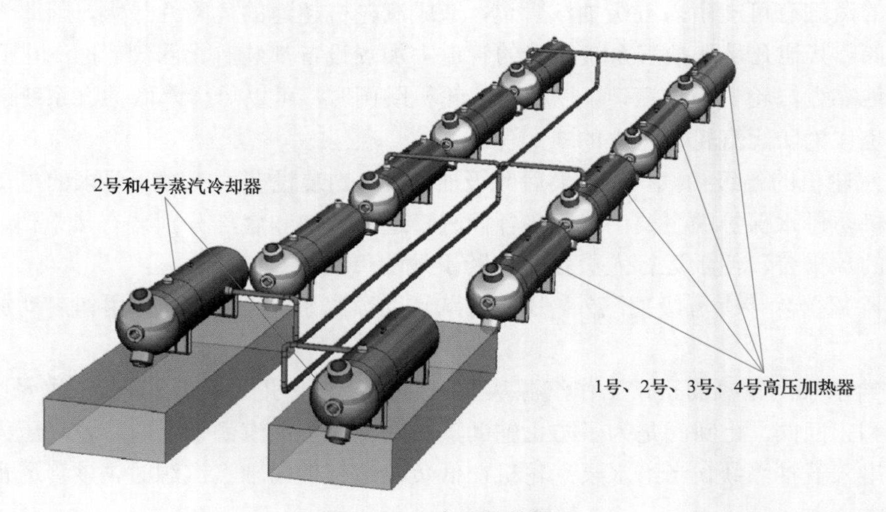

图 3－10　高压加热器组

3. 低压加热器

低压加热器的作用是用汽轮机的抽汽加热凝结水，提高机组的热效率。

每台机组配置 5 台低压加热器和 1 台疏水冷却器，按双流程设计，由上海动力设备有限公司制造。其中 9 号、10 号为独立式设计，置于凝汽器接颈部位；6 号、7 号两台低压加热器采用卧式 U 形管，6 号、7 号加热器由蒸汽凝结段和疏水冷却段两个传热区段组成，8 号加热器由蒸汽凝结段组成。壳体均为全焊接结构，传热管采用不锈钢材料。6 号、7 号、8 号正常疏水是由高压侧逐级自流疏水至下一级，8 号正常疏水通过低压加热器疏水泵输送至 8 号低压加热器出口凝结水管道，同样 5 号、6 号、7 号、8 号加热器配备有一路事故疏水排放至低压疏水扩容器。9 号、10 号低压加热器不设危急疏水管路，9 号、10 号低压加热器疏水均至疏水冷却器，无疏水调节阀，疏水冷却器出来的疏水通过疏水立管排至凝汽器。放气系统是将抽汽及疏水在冷却过程中释放的不凝结气体排至凝汽器。

低压加热器为卧式 U 形管，圆柱形水室带椭圆形封头。根据需要设置低压加热器的传热区段，6 号、7 号低压加热器有凝结段和疏水冷却段两个传热区段，其余低压加热器只有凝结段。

4. 除氧器

除氧器是用物理方法从给水中除去溶解氧和其他不凝结的气体，其原理建立在亨利定律和道尔顿定律基础上。当水和任何气体或气体混合物接触时，就会有一部分气体溶解于水中。在除氧器中，水被定压加热时，其蒸发水量增加，从而使水面水蒸气的分压力增高，相应地水面上其他气体分压力降低。当水加热至除氧器压力下的沸点时，水蒸气的分压力就接近水面上混合气体的全压力，此时其他气体的分压力趋近于 0，于是溶解于水中的气体会在不平衡压差的作用下从水中逸出，并从除氧器排气管中排走。

除氧器的主要作用是除去锅炉给水中的氧气和其他不凝结气体，以保证给水的品质。若水中溶解氧气，就会使与水接触的金属被腐蚀，同时在热交换器中若有气体聚积，将使传热的热阻增加，降低设备的传热效果。因此，水中溶解有任何气体都是不利的，尤其是氧气，它将直接威胁设备的安全运行。随着锅炉参数的提高，对给水的品质要求越高，尤其是对水中溶解氧量的限制就越严格。

每台机组配置一台由上海动力设备有限公司制造的卧式一体化除氧器，直径为 3.872m，有效容积为 $280m^3$。采用滑压运行方式，即除氧器的工作压力随汽轮机五段抽汽压力的变化而变化。当五段抽汽的压力低至一定数值时，自动切换至辅助蒸汽。除氧器也能适应定压运行方式。除氧水箱有效容积为 $280m^3$，能满足锅炉最大蒸发量 5.5min 给水消耗量。除氧器布置在 B－C 框架+40.8m 层。

四、超高压/高压缸排汽通风阀（高排通风阀）

二次再热机组超高压缸设置了一个超高压排汽通风阀、高压缸设置了一个高压排汽通风阀。

在机组高负荷脱扣或失去负荷等异常运行工况下有可能因高压缸鼓风产生的热量出现高压缸排汽过热的情况。对这些异常情况，机组制定相应的保护措施：

（1）在超高压/高压缸排汽止回门前的超高压/高压缸排汽管道上设置通向凝汽器的管道，管道上布置超高压/高压缸排汽通风阀。

（2）为避免汽轮机在高负荷脱扣或失去负荷后超高压/高压缸叶片立即出现过热，在脱扣或失去负荷时能迅速打开通风阀，避免超高压/高压缸排汽温度很快升高。

（3）在高压缸排汽温度高于定值时，高压缸通风阀打开。

（4）在超高压缸排汽温度高于定值时，超高压缸通风阀打开。

（5）超高压缸排汽/高压缸排汽通风阀在机组正常运行时的常态为关闭状态，转速大于 33Hz 且汽轮机跳闸或高压缸压比保护触发或 HP 主汽门关闭或 HP 调节汽门关闭时，高压缸排汽通风阀打开。

五、轴系

1. 机组死点

对支撑在基础上的汽轮机来说，在设计上必须考虑允许汽轮机能够自由地进行热膨胀移动。

如果热膨胀受到限制，可能会引起局部部件的应力超标。汽轮机部件的连接方式对于转子与汽缸的差胀值也非常关键。

超高压外缸及高压外缸死点位于2号轴承座的猫爪轴向定位键中心线与机组轴线相交点处；转子死点位于2号轴承座的径向推力轴承上。

机组死点布置图如图3－11所示。

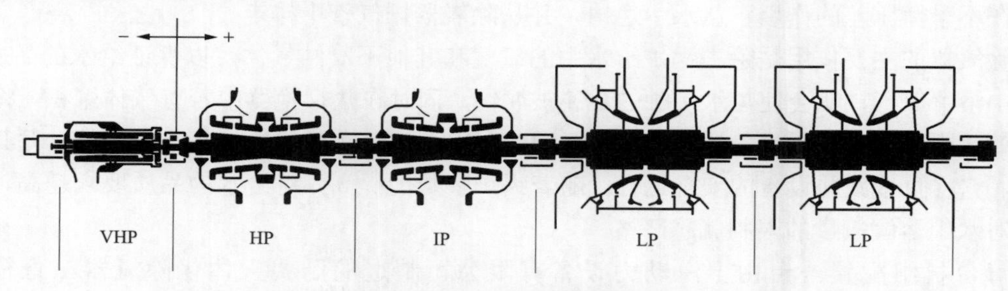

图3－11　机组死点布置图

VHP—超高压缸；HP—高压缸；IP—中压缸；LP—低压缸

2. 静子膨胀

轴承座通过地脚螺钉与基础相连并紧固在基础上。外缸由位于其两侧机组水平中心线上的猫爪支撑在轴承座上。超高压缸和高压缸、高压缸和中压缸通过汽缸导向装置与轴承座连接，以保持汽缸的中心对中。超高压缸和高压缸都轴向定位在2号轴承座上，为机组静子的死点，超高压缸和高压缸缸体的膨胀均开始于死点。2号轴承座示意图见图3－12。

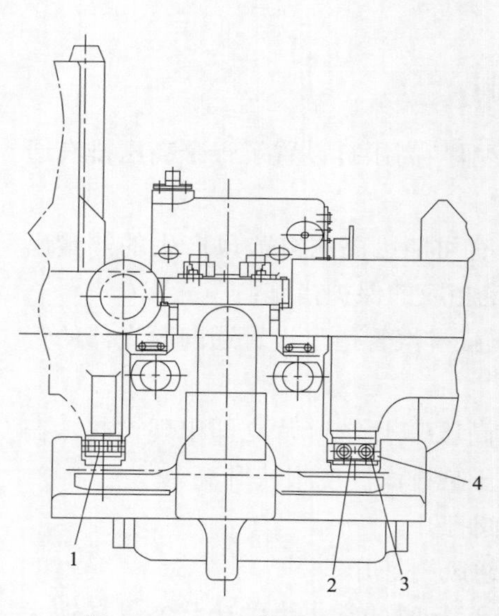

图3－12　2号轴承座示意图

1—超高压缸死点；2—高压缸死点；3—配合键；4—平行键

低压外缸与凝汽器刚性连接，外缸的负荷支撑在凝汽器上。

低压外缸缸体膨胀的起点则在凝汽器的导向槽和支座上。低压外缸横向热位移的起点位于机组运转层下凝汽器和基础之间的中心导向槽，轴向热位移也从凝汽器死点开始。

垂直方向上的热膨胀起点位于凝汽器基座底板。低压外缸和轴承座之间的热位移差胀可通过连接在轴承座上的低压轴封和外缸之间的膨胀节来补偿。

3. 转子膨胀

推力轴承安装在 2 号轴承座上。超高压转子从推力轴承向 1 号轴承座膨胀，高压转子则从推力轴承向发电机方向膨胀，中压转子、低压转子死点也位于推力轴承，沿着转子中心线向发电机方向膨胀。

4. 差胀

转子和缸体之间的差胀是起点位于 2 号轴承座死点的缸体膨胀与起点位于推力轴承的转子膨胀之间的差值。超高压缸和高压缸部分的差胀最大值发生在远离推力轴承的位置。转子与低压内缸间的差胀，则是因为整根转子传递的热膨胀和由高压缸、中压缸传递过来的热位移加上低压内缸本身的膨胀差值造成的。

第四节　与一次再热机组汽轮机比较

一、与一次再热机组汽轮机设备、参数及控制方式比较

1. 整体对比

国电泰州电厂二期工程 1000MW 超超临界二次再热机组汽轮机采用五缸四排汽的单轴方案。虽然二次再热机组的进汽压力、再热压力与一次再热机组相比有较大幅度的变化，汽轮机各个缸的进出口压力、容积流量也有很大区别，但是在该方案中所涉及的各个汽缸改型模块均有原模块设计、制造、应用的基础，且有些模块可以通用，从而最大限度地减少了二次再热机组开发的风险和周期，提高了机组的安全可靠性。1000MW 超超临界二次再热机组汽轮机参数见表 3－3。

表 3－3　1000MW 超超临界二次再热机组汽轮机参数

汽轮机型号	N1000－31/600/610/610
结构形式	单轴、五缸四排汽、二次再热凝汽式
额定进汽参数	主蒸汽压力：31MPa ； 一次再热压力：11MPa; 二次再热压力：3.29MPa; 主蒸汽温度：600℃； 一次再热温度：610℃； 二次再热温度：610℃
模块组合	VHP（超高压缸）+HP（高压缸）+IP（中压缸）+2LP（低压缸）
机组总长	约 36m

上汽常规 1000MW 超超临界一次再热机组汽轮机是组合积木块式 HMN 机型，为超超临界、一次中间再热、单轴、四缸四排汽、双背压、八级回热抽汽、反动凝汽式汽轮机。该机型取消调节级，采用全周进汽滑压运行方式，同时采用了补汽技术。补汽技术是德国西门子公司（简称西门子）特有的技术，是从某一工况（在 THA 工况）开始从主蒸汽阀

后、主蒸汽调节阀前引出一些新蒸汽（额定进汽量的5%～10%），经补汽阀节流降低参数（蒸汽温度约降低30℃）后进入高压第五级动叶后的空间，主流与这股蒸汽混合后在以后各级继续膨胀做功的一种措施。补汽技术提高了汽轮机的过载和调频能力，它使全周进汽型汽轮机的安全可靠性、经济性全面超过喷嘴调节型汽轮机。常规1000MW超超临界一次再热机组汽轮机参数见表3－4。

表3－4　常规1000MW超超临界一次再热机组汽轮机参数

汽轮机型号	N1050－26.25/600/600
结构形式	单轴、四缸四排汽、一次再热凝汽式
额定进汽参数	主蒸汽压力：26.25MPa； 一次再热压力：5.51MPa； 主蒸汽温度：600℃； 一次再热温度：600℃
模块组合	HP（高压缸）+IP（中压缸）+2LP（低压缸）
机组总长	约29m

一次再热机组汽轮机纵剖面图如图3－13所示。

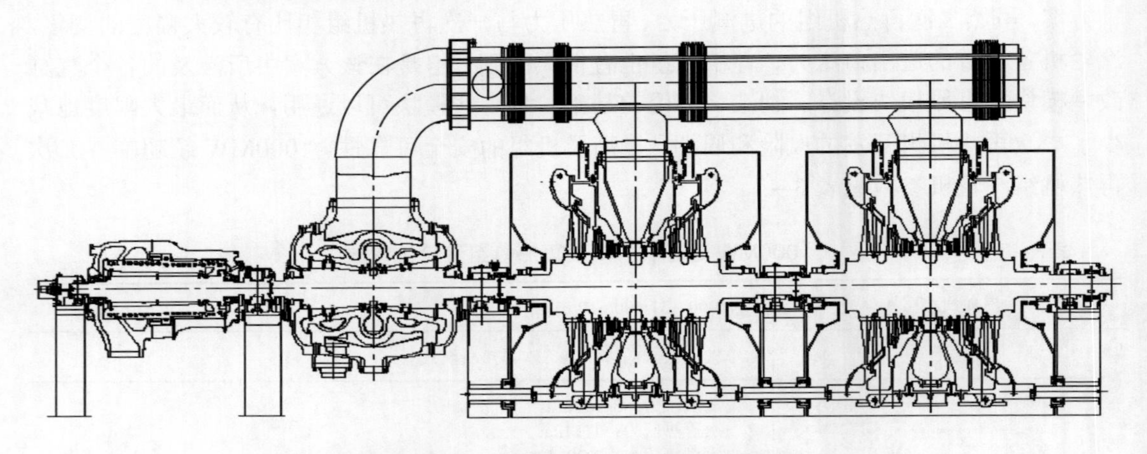

图3－13　一次再热机组汽轮机纵剖面图

2. 汽轮机级数比较

（1）二次再热机组汽轮机级数：超高压缸15个压力级，高压缸2×13个压力级，中压缸2×13个压力级，低压缸A为2×5个压力级，低压缸B为2×5个压力级。

（2）一次再热机组汽轮机的通流部分由高压、中压和低压3部分组成，共设64级，均为反动级。高压部分单流程14级，包括1级低反动度级和13级扭叶片级。中压部分为双向分流式，每一分流为13级，包括1级低反动度级和12级扭叶片级。低压部分为两缸双向分流式，每一分流为6级，包括3级扭叶片级和末3级标准低压叶片级。

3. 汽轮机临界转速比较

（1）二次再热机组汽轮机临界转速见表3－5。

表 3-5 二次再热机组汽轮机临界转速

轴段名称	一阶临界转速（r/min）	二阶临界转速（r/min）
	轴系设计值	
超高压转子	2088	>3600
高压转子	1494	>3600
中压转子	1497	>3600
低压转子Ⅰ	1254	>3600
低压转子Ⅱ	1392	>3600
发电机转子	750	2160

（2）一次再热机组汽轮机临界转速见表 3-6。

表 3-6 一次再热机组汽轮机临界转速

轴段名称	一阶临界转速（r/min）	二阶临界转速（r/min）
	轴系设计值	
高压转子	2460	7860
中压转子	1920	5460
低压转子Ⅰ	1200	3480
低压转子Ⅱ	1320	3660
发电机转子	720	2040

4. 汽轮机本体比较

（1）二次再热机组汽轮机由一个单流超高压缸、一个双流高压缸、一个双流中压缸和两个双流低压缸串联布置组成，见图 3-4。汽轮机 5 根转子分别由 6 只轴承来支承，除高压转子由两个轴承支承外，其余 3 根转子，即一次再热高压转子、二次再热中压转子和两根低压转子均只由 1 只轴承支承。这种支承方式不仅使转子之间容易对中，安装维护简单，而且结构比较紧凑（整个汽轮机轴系总长仅 36m）。该机型在对抗超临界压力的汽隙激振方面具有非常明显的技术优势，确保机组具有良好的轴系稳定性。机组的盘车装置采用液压驱动，位于 1 号轴承座内，在 3 号轴承座处另设有手动盘车装置。

（2）某电厂一次再热机组汽轮机为上海汽轮机有限公司和西门子联合设计制造的超超临界、一次中间再热、单轴、四缸四排汽、单背压、反动凝汽式汽轮机见图 3-13，采用西门子开发的最大功率可达到 1100MW 等级，由一个单流圆筒形高压缸、一个双流中压缸、两个双流低压缸串联布置组成。汽轮机转子的支撑方式采用“*N*+1”的方式，4 根转子分别由 5 只径向轴承来支承，高压转子由两只径向轴承支承，中压转子和两根低压转子均只由 1 只径向轴承支承。机组的盘车装置采用液压驱动，位于 1 号轴承座内，在 3 号轴承座处另设有手动盘车装置。汽轮机外形尺寸：长×宽×高为 29m×10.4m×7.75m（汽轮机中心线以上）。

5. 汽轮机启动状态划分比较

（1）二次再热机组汽轮机启动状态划分。

1）全冷态：超高压转子平均温度小于 50℃。

2）冷态：超高压转子平均温度小于 150℃。

3）温态：停机 56h，超高压转子平均温度为 150～400℃。

4）热态：汽轮机停机 8h 内，超高压转子平均温度为 400～540℃。

5）极热态：汽轮机停机 2h 内，超高压转子平均温度大于 540℃。

（2）一次再热机组汽轮机启动状态划分。

1）全冷态：汽轮机高压转子温度小于 50℃，中压转子平均温度小于 50℃。

2）冷态：汽轮机停机 150h 内，高压转子平均温度为 50～200℃，中压转子平均温度为 50～110℃。

3）温态：汽轮机停机 56h 内，高压转子平均温度为 200～380℃，中压转子平均温度为 110～250℃。

4）热态：汽轮机停机 8h 内，高压转子平均温度为 380～540℃，中压转子平均温度为 250～410℃。

5）极热态：汽轮机停机 2h 内，高压转子平均温度大于 560℃，中压转子平均温度大于 500℃。

6. 二次再热机组汽轮机的滑销系统与一次再热机组的滑销系统比较

（1）二次再热机组汽轮机的滑销系统：2 号轴承座位于超高压缸和一次再热高压缸之间，在 2 号轴承座内装有径向推力联合轴承。因此，整个轴系是以此为死点向两头膨胀；而超高压缸和一次再热高压缸的猫爪在 2 号轴承座处也是固定的。因此，静子部件也以 2 号轴承座为死点向两端膨胀，转子与静子的膨胀方向一致。另外，滑销系统还具有以下特点，使整个静子部件的膨胀特性良好，差胀较小：

1）中压外缸与低压内缸以及低压内缸之间均由推拉杆连接，连续滑动。

2）低压内、外缸之间没有支撑关系，外缸不参与通流相关的轴向推动，使低压通流相关的静子部件质量大幅度减小，静子部件更易推动，有利于静子膨胀，减小差胀。

（2）一次再热机组汽轮机的滑销系统：2 号轴承座位于高压缸和中压缸之间，是整台机组滑销系统的死点。2 号轴承座内装有径向联合推力轴承，汽轮机转子轴系以径向联合推力轴承为死点向两头膨胀；高压缸和中压缸轴向定位于 2 号轴承座，高压缸以 2 号轴承座为死点向机头方向膨胀，中压外缸与低压内缸 A 之间，低压内缸 A、B 之间均通过推拉装置联动向发电机方向膨胀，各汽缸与对应的转子均同方向膨胀、收缩。

7. 汽轮机主要参数比较

（1）二次再热机组汽轮机主要参数见表 3-7。

表 3-7 二次再热机组汽轮机主要参数

项 目	参 数
型号	N1000-31/600/610/610
形式	超超临界二次再热凝汽式、单轴、五缸四排汽汽轮机
级数	46 级（87 列）
额定主蒸汽压力（MPa）	30
额定主蒸汽温度（℃）	600
额定超高压缸/高压缸排汽口压力（THA，下同，MPa）	10.789/3.434
额定超高压缸/高压缸排汽口温度（℃）	429.0/435.1
额定一次/二次再热蒸汽进口压力（MPa）	10.095/3.085
额定一次/二次再热蒸汽进口温度（℃）	610/610
主蒸汽额定进汽量（kg/s）	703.632
一次/二次再热蒸汽额定进汽量（kg/s）	643.954/556.218
配汽方式	全周进汽
设计冷却水温度（℃）	20
给水温度（TRL 额定负荷工况下，℃）	315
平均背压［kPa（绝对压力）］	4.5
工作转速（r/min）	3000
热耗［THA 铭牌工况，含低温省煤器，kJ/（kW·h）］	7066
末级叶片长度（mm）	1146
汽轮机总长（m）	36
盘车转速（r/min）	60
给水回热级数（高压加热器＋除氧器＋低压加热器）	10（4+1+5）
转向	顺时针（从机头看）
噪声水平［距设备 1.2m，dB（A）］	≤85
允许周波摆动（Hz）	47.5～51.5
超高压缸效率（%）	91.18
高压缸效率（%）	92.28
中压缸效率（%）	93.02
低压缸效率（%）	89.34
启动方式	超高、高、中压联合启动
旋转方向	顺时针（从汽轮机向发电机看）
变压运行负荷范围	30%～100%额定负荷

（2）一次再热机组汽轮机主要参数（THA铭牌工况）见表3－8。

表3－8　一次再热机组汽轮机主要参数

项　目	参　数
型号	N1050-26.25/600/600
形式	超超临界、一次中间再热、单轴、四缸四排汽、单背压、反动凝汽式汽轮机
额定功率（MW）	1050
主汽门前蒸汽额定压力（MPa）	26.25
主汽门前额定蒸汽温度（℃）	600
主汽门前额定蒸汽流量（t/h）	2878.7
高压缸排汽压力（MPa）	5.99
中压联合汽门前额定蒸汽压力（MPa）	5.51
中压联合汽门前额定蒸汽温度（℃）	600
中压联合汽门前额定蒸汽流量（t/h）	2396.5
低压排汽量（不含给水泵汽轮机，t/h）	1599.2
额定转速（r/min）	3000
额定背压（绝对压力，kPa）	4.7
额定给水温度（℃）	293.8
额定工况热耗［kJ/（kW·h）］	7313
旋转方向	面向机头顺时针方向
配汽方式	全周进汽+补汽阀
低压末级叶片高度（mm）	1146
低压次末级叶片高度（mm）	625.6
低压末级叶片环形面积（m^2）	4×10.96
允许电网频率（Hz）	47.5～51.5
回热系统（级）	8（3高压加热器+1除氧器+4低压加热器）
启动方式	高、中压缸联合启动
最高允许背压（绝对压力，kPa）	28
最高允许排汽温度（℃）	110跳机
汽轮机总内效率（%）	90.56
高压缸效率（%）	90.74
中压缸效率（%）	93.39
低压缸效率（%）	88.06

续表

项　目	参　数
外形尺寸（汽轮机中心线以上，长×宽×高，m×m×m）	29×10.4×7.75
高压转子脆性转变温度（℃）	50
中压转子脆性转变温度（℃）	50
低压转子脆性转变温度（℃）	0
噪声水平［按 IEC 61063—1991《声学汽轮机及被驱动机械发出的空气传播噪声的测量》，dB（A）］	85

8. 汽轮机进汽部分比较

（1）1000MW 超超临界二次再热汽轮机设置两个超高压主汽门和两个超高压调节汽阀、两个高压主汽门及两个高压调节汽阀、两个中压主汽门及两个中压调节汽阀。汽轮机在冷态、温态及热态启动时，采用三缸（超高压缸、高压缸、中压缸）联合启动方式；汽轮机在极热态启动时，采用两缸（高压缸、中压缸）联合启动方式（不建议极热态启动）。因为汽轮机在极热态情况下，汽轮机超高压缸的转子温度很高，可以达到 540～550℃，而在锅炉点火后、汽轮机冲转之前，主蒸汽温度不能满足超高压缸进汽冲转的要求（主蒸汽温度需要大于超高压缸转子温度 50℃），所以在极热态启动时，汽轮机采用两缸（高压缸、中压缸）联合启动方式，当汽轮机定速 3000r/min 之后，超高压缸进汽，此时采用三缸进汽运行方式。

汽轮机采用全周进汽方式，超高压缸进口设有两个超高压主汽门、两个超高压调节汽阀，超高压缸排汽经过一次再热器再热后，通过高压缸进口的两个高压主汽门和两个高压调节汽阀进入高压缸，高压缸排汽经过二次再热器再热后，通过中压缸进口的两个中压主汽门和两个中压调节汽阀进入中压缸，中压缸排汽通过连通管进入两个低压缸继续做功后分别排入两个凝汽器。

机组取消调节级，采用全周进汽方式滑压运行方式。滑压及全周进汽从根本上消除了喷嘴调节造成的汽隙激振问题，同时大幅度提高超临界机组部分负荷的经济性。

二次再热机组汽轮机冲转压力：主蒸汽压力为 8MPa，一次再热压力为 2.5MPa，二次再热压力为 0.8MPa。

（2）常规百万一次再热机组设置两个高压主汽门和两个高压调节汽阀、两个中压主汽门和两个中压调节汽阀，另外设置一个补汽阀。

补汽阀位于机头下方。部分新蒸汽自两侧高压主汽门与高压调节汽阀间分别引出，经补汽阀节流降低参数后，分两根管道进入高压第五级动叶后的空间，与主汽流混合后继续膨胀做功，以提高汽轮机的过载和调频能力。这些阀门均通过弹簧弹力来关闭截止阀和调节阀，运行安全、可靠。

在机组实际运行中，为了全开高压调节汽阀，把补汽阀关闭，来保证机组的经济性。

一次再热机组汽轮机冲转压力：主蒸汽压力为 6.0MPa，一次再热压力为 1.3MPa。

9. 汽轮机通流部分比较

（1）二次再热机组汽轮机通流部分结构特点。

1）小直径、多级数，效率高；转子应力低，可靠性高。

2）多齿数汽封，减少级间漏汽损失。

3）除低压末三级外，动、静叶片全部采用无轴向漏汽的T形叶根。

4）所有的高、中低叶片级（除末三级）均为弯扭的马刀形动、静叶片，气动效率更高。

5）通流设计采用变反动度设计，以最佳的汽流特性决定各级的反动度，提高缸效。

6）整体围带叶片、全切削加工并预扭安装；强度好、动应力低、抗高温蠕变性能好。

（2）某电厂一次再热机组汽轮机通流部分结构特点。汽轮机的通流部分由高压、中压和低压3部分组成，共设64级，均为反动级。高压部分单流程14级，包括1级低反动度级和13级扭叶片级。中压部分为双向分流式，每一分流为13级，包括1级低反动度级和12级扭叶片级。低压部分为两缸双向分流式，每一分流为 6级，包括3级扭叶片级和末3级标准低压叶片级。

10. 汽轮机启动控制差异点分析

汽轮机启动控制差异点分析见表3－9。

表3－9　　汽轮机启动控制差异点分析

序号	项目	二次再热机组	一次再热机组
1	冲转方式	机组启动采用三缸联合启动方式，即 3 种调节汽门（超高压/一次再热/二次再热）同时控制机组的转速。在启动前，首先打开主汽门对主汽门和调节汽门进行预热。启动时，首先开启超高压调节汽门冲转，在流量达到一定时，一次再热和二次再热调节汽门再同时开启。启动时采用定压启动，各级旁路控制其压力维持在设定值不变	机组启动采用高、中压缸联合启动方式，即2种调节汽门（高压/再热）同时控制机组的转速。在启动前，首先打开主汽门对主汽门和调节汽门进行预热。启动时，首先开启高压调节汽门冲转，在流量达到一定时，再热调节汽门再开启。启动时采用定压启动，各级旁路控制其压力维持在设定值不变
2	超高压缸排汽温度保护限制	当超高排温度高于限制2时，超高压缸切除，机组正常运行，并可由高、中压缸维持转速及并网，在负荷大于一定值后，DEH自动启动，开启超高压缸顺序控制程序，开启超高压缸，使机组恢复到正常运行。如超高压叶片级温度继续升高，超过限制3时，将发出停机信号，遮断汽轮机	无
3	启动方式	汽轮机在冷态、温态及热态启动时，采用三缸（超高压缸、高压缸、中压缸）联合启动方式；汽轮机在极热态启动时，采用两缸（高压缸、中压缸）联合启动方式。因为汽轮机在极热态情况下，汽轮机超高压缸的转子温度很高，可以达到 540～550℃，而在锅炉点火后，汽轮机冲转之前，主蒸汽温度不能满足超高压缸进汽冲转的要求（主蒸汽温度需要大于超高压缸转子温度50℃），所以在极热态启动时，汽轮机采用两缸（高压缸、中压缸）联合启动方式，当汽轮机定速 3000r/min之后，观察超高压主汽门前蒸汽温度，当主蒸汽温度满足要求时，超高压缸进汽，此时采用三缸进汽运行方式	汽轮机在冷态、温态、热态、极热态启动时，均采用高、中压缸联合启动方式

续表

序号	项目	二次再热机组	一次再热机组
4	高压缸排汽温度保护限制	高压缸排汽温度的控制和超高压缸排汽温度的控制类似	当高排温度高于限定值时，汽轮机遮断
5	抽汽系统	超高压缸排汽为一抽，高压缸内为二抽，高压缸排汽为三抽，中压缸内有四抽、五抽、六抽和七抽，低压缸内有八抽（从两个低压缸分别引出，然后混合后成一根八抽管道）、1号低压缸内为九抽、2号低压缸内为十抽。保护系统增加一个高压缸排汽温度高保护、一个瓦振动保护、中压缸1个抽汽防进水保护	高压缸内有一抽，冷段再热管道为二抽，中压缸内有三抽、四抽和五抽，低压缸内有六抽（从两个低压缸分别引出，然后混合后成一根六抽管道），1号低压缸内为七抽，2号低压缸内为八抽
6	润滑油、顶轴油系统及盘车装置	汽轮机润滑油系统将调节9个瓦的进油量，汽轮机顶轴油系统调节9个瓦的抬轴高度，满足盘车要求将更加困难。盘车为液压盘车，有一个手动盘车装置	相对二次再热机组，一次再热机组汽轮机少了一个轴，只有8个轴。汽轮机润滑油系统将调节8个瓦的进油量，汽轮机顶轴油系统调节 8 个瓦的抬轴高度。盘车为液压盘车，有一个手动盘车装置
7	旁路系统	将协调高压旁路、中压旁路和低压旁路三个旁路，避免超高压转子、高压转子在启动过程中出现小流量、高背压导致的鼓风超温。锅炉、汽轮机以及旁路系统的协调相对更加复杂	传统的高、低压旁路控制系统
8	转速及负荷控制	汽轮机增加了一个汽缸，有5个汽缸：超高压缸、高压缸、中压缸、两个低压缸。转速和负荷由3组调节汽门联合控制	汽轮机有4个汽缸：高压缸、中压缸、两个低压缸。转速及负荷由高、中压调节汽门联合控制
9	配汽方式	二次再热机组采用全周进汽方式，并取消了补汽阀，采用定－滑运行模式	一次再热机组也是采用全周进汽方式，有补汽阀，采用定－滑运行模式
10	一次调频	除常规通过加大阀门开度以达到一次调频的要求外，二次再热系统在一抽管道上设置调节阀，通过调整 1号高压加热器抽汽量也可快速升负荷	常规通过加大阀门开度以达到一次调频的要求

二、与一次再热机组经济性比较

二次再热技术是以采用两次中间再热的蒸汽朗肯循环为基本动力循环的发电技术，其典型特征是超高压缸和高压缸出口工质分别被送入锅炉的一次再热器和二次再热器进行再热，在整个热力循环中实现了二次再热过程。相比一次再热机组，二次再热机组锅炉增加了一级再热回路。在实际工程应用中，二次再热机组通常比一次再热机组设计更多的回热级数，锅炉给水温度也显著升高，发电效率更高。另外，二次再热机组通常选择更高的主蒸汽压力，与同温度水平的一次再热机组相比，二次再热机组的效率实际可提高 2%～3%。

1. 一、二次再热机组实例比较

目前，国内已投产和建设中的百万等级一、二次再热机组在经济性方面的差异，不仅是热力循环中增加了一级再热带来的结果，也是参数、热力系统等多方面的提升和优化共同作用的结果。国内已投产运行的 1000MW 超超临界常规一次再热机组参数（汽轮机参数）为 26MPa/600℃/600℃；已投产运行的 1000MW 超超临界高效一次再热机组参数为 28MPa/600℃/620℃；已投产运行的 1000MW 超超临界二次再热机组参数分别有

31MPa/600℃/610℃/610℃（国电泰州电厂）和 31MPa/600℃/620℃/620℃（华能莱芜电厂）。为了获得更直观的比较结果，本节选取常规一次再热、高效一次再热典型机组各 1 台，二次再热机组 2 台进行对比，一、二次再热机组设计参数比较如表 3－10 所示。

表 3－10　一、二次再热机组设计参数比较表

项目	常规一次再热机组	高效一次再热机组	二次再热机组（A 电厂）	二次再热机组（B 电厂）
额定主蒸汽压力（MPa）	26.25	28	31	31
额定主蒸汽温度（℃）	600	600	600	600
额定一次再热蒸汽温度（℃）	600	620	610	620
额定二次再热蒸汽温度（℃）	—	—	610	620
超高压缸效率（%）	—	—	89.69	89.43
高压缸效率（%）	91	88.57	92.07	92.19
中压缸效率（%）	93.27	92.98	92.99	92.95
低压缸效率（%）	89.16	91.25	89.34	89.18
回热系统	3 台高压加热器+1 台除氧器+4 台低压加热器	3 台高压加热器+1 台除氧器+5 台低压加热器	4 台高压加热器（双列）+1 台除氧器+5 台低压加热器，二段和四段抽汽外置蒸汽冷却器	4 台高压加热器+1 台除氧器+5 台低压加热器，二段和四段抽汽外置蒸汽冷却器
热力系统其他设计	常规设计	常规设计	烟气余热回收系统	与空气预热器并联布置高压、低压两级旁路省煤器系统
汽轮机热耗保证值［kJ/（kW•h）］	7319	7137	7070	7053
锅炉热效率保证值（%）	93.72	94.4	94.65	94.65
厂用电率（%）	4.24	4.18	3.91	3.97
供电煤耗［g/（kW・h）］	282	272.69	266.7	266.75

由表 3－10 可知，采用二次再热技术的机组，其设计供电煤耗较常规一次再热机组低约 15.3g/（kW・h），降低幅度约 5.4%；较高效一次再热机组低约 6g/（kW・h），降低幅度约 2.2%。设计发电效率达到 47.71%。

为了解上述 4 台机组实际的性能状况，在 4 台机组投产后分别进行了性能考核试验。汽轮机性能试验均按照 ASME PTC6《汽轮机性能试验规程》进行，锅炉性能试验均按照 ASME PTC 4.1《锅炉机组性能试验规程》进行。在进行汽轮机、锅炉性能试验的同时，还对机组厂用电率进行了实测。根据试验测得的汽轮机热耗率、锅炉热效率、厂用电率及设计管道效率，计算得到机组供电煤耗率。一、二次再热机组性能试验主要结果对比如表 3－11 所示。

表 3－11　　一、二次再热机组性能试验主要结果对比表

项目	常规一次再热机组	高效一次再热机组	二次再热机组（A 电厂）	二次再热机组（B 电厂）
试验工况	THA	TMCR	THA	TMCR
发电机输出功率（MW）	1009.9	1048.5	999.0	1060.2
主蒸汽压力（MPa）	25.36	27.3	30.61	30.67
主蒸汽温度（℃）	601.41	602.1	603.9	603.2
一次再热蒸汽出口温度（℃）	593.4	618	611.3	614.6
二次再热蒸汽出口温度（℃）	—	—	610.1	612.1
汽轮机热耗［kJ/（kW·h）］	7307.76	7199.5	7064.9	7087.8
锅炉热效率（%）	94.04	94.72	94.80	95.30
厂用电率（%）	4.44	3.36	3.63	4.09
发电煤耗［g/（kW·h）］	267.69	263.15	256.86	255.29
供电煤耗［g/（kW·h）］	280.11	272.3	266.53	266.18

根据性能试验结果并结合机组设计参数分析可知，选取的两台 1000MW 超超临界二次再热机组的汽轮机热耗率及厂用电率基本达到或接近设计值，锅炉热效率均高于设计值，机组供电煤耗优于设计值，分别为266.53g/（kW·h）和266.18g/（kW·h），发电效率分别达到 47.83%和 48.12%。二次再热机组的供电煤耗比常规一次再热机组低约 14g/（kW·h），约降低了 5%；比高效一次再热机组低约 6g/（kW·h），约降低了 2.2 %。

与一次再热机组相比，已投产的百万等级超超临界二次再热机组除二次再热热力循环本身及参数的优势外，还在提高锅炉热效率、回热系统设计、管道压损、烟气余热回收利用、降低厂用电率等方面采取了一系列优化措施。在这些经济性影响因素的共同作用下，百万等级二次再热机组供电煤耗设计值较一次再热机组明显降低。

2. 一、二次再热机组运行经济性比较

二次再热技术可以显著地提高机组的效率，煤耗的降低可以减少污染物的排放，因此，高效一直是二次再热技术发展的目标。随着华能安源、泰州、莱芜等电厂多台先进高参数二次再热机组的投运及其他电厂一大批二次再热机组的相继开建，二次再热燃煤机组将逐渐成为我国超超临界燃煤发电的主力军。结合我国电网和煤电发展的现状，高参数的超超临界机组也需承担较重的调峰任务，对于投产后的二次再热机组，在设备安全稳定的前提下，调峰过程中的运行经济性也是需要重点关注的问题。调峰过程中机组热力参数的变化及调峰带来的机组负荷变化均会对机组经济性造成影响。

当发电机组的参数偏离设计工况时，机组热经济性会发生改变。已有研究表明，在超超临界范围内，主蒸汽压力每提高 1MPa，机组热耗率降低 0.13%～0.15%；主蒸汽温度每提高 10℃，机组热耗率降低 0.25%～0.3%。一次再热蒸汽温度升高 10℃，机组热耗率降低 0.15%～0.2%；优化加热级数并提高给水温度，机组热耗率降低 0.3%。若采用二次再热，热耗率将进一步降低 1.4%～1.6%。

由于缺乏二次再热机组部分负荷下的机组性能试验数据，仅以1000MW超超临界一、二次再热机组设计热耗率为例分析负荷对机组经济性的影响。表3-12给出了不同负荷下一、二次再热机组设计热耗率变化比对情况。

表3-12　　不同负荷下一、二次再热机组设计热耗率变化比对情况

工况	一次再热机组		二次再热机组	
	热耗［kJ/（kW·h）］	热耗偏差率（%）	热耗［kJ/（kW·h）］	热耗偏差率（%）
THA	7315	0	7070	0
90%THA	7332	0.23	7107	0.52
75%THA	7393	1.07	7171	1.43
50%THA	7590	3.76	7400	4.67
40%THA	7760	6.08	7573	7.11
30%THA	8038	9.88	7840	10.89

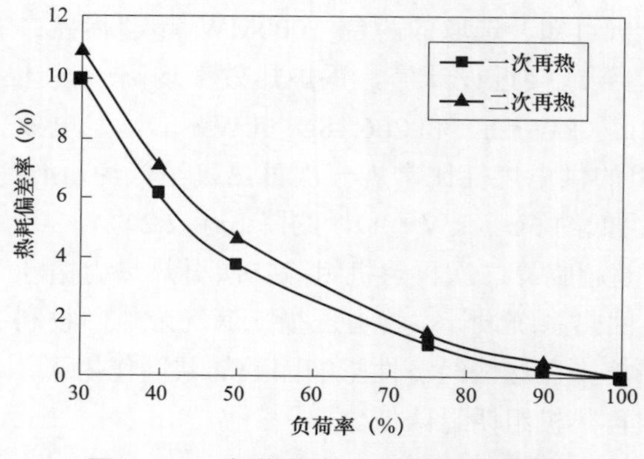

图3-14　负荷变化对机组热耗的影响

负荷变化对机组热耗的影响如图3-14所示。

通过上述比较可知，在THA工况下，二次再热机组设计热耗为7070kJ/（kW·h），一次再热机组设计热耗为7315kJ/（kW·h），二次再热机组热耗比一次再热机组低约3.3%。当负荷降到90%时，二次再热机组热耗增加0.52%，一次再热机组热耗增加0.23%；当负荷降低到75%时，二次再热机组热耗较THA工况增加1.43%，一次再热机组热耗增加1.07%；当负荷降低到50%时，二次再热机组热耗较THA工况增加4.67%，一次再热机组热耗增加3.76%；当负荷降低到40%时，二次再热机组热耗增加7.11%，一次再热机组热耗增加6.08%；而当负荷降至30%时，二次再热机组热耗增加达到10.89%，一次再热机组热耗增加9.88%。从图3-14可以看出，随着负荷逐渐降低，机组热耗增加速率不断增大，并且二次再热机组的热耗增加率高于一次再热机组。这也说明，负荷改变对二次再热机组的热经济性影响较一次再热机组大。

第四章

二次再热机组分系统调试

1000MW 超超临界二次再热机组分系统调试主要目的是逐个检查每个系统的设备、测点、联锁保护逻辑、控制方式、安装等是否符合设计要求，以及设计是否满足实际运行要求，发现问题和解决问题，确保系统能够安全、可靠地投入运行。在分系统调试过程中，需确保各个系统完整地、安全地参与调试运行，达到 DL/T 5295《火力发电建设工程机组调试质量验收及评价规程》的标准，最终满足机组运行要求。

第一节　汽轮机主要辅机分系统调试

二次再热机组辅助系统配置与常规一次再热机组类似，本节主要介绍体现二次再热机组特点的汽轮机主要辅机分系统调试，包含旁路系统、抽汽回热系统和汽轮机润滑油、顶轴油系统。

一、旁路系统

（一）系统简介

二次再热机组采用高、中、低压三级串联旁路系统，容量为 100%BMCR 高压旁路、中压旁路（启动容量）、低压旁路系统（启动容量）。

高压旁路采用 100%BMCR 容量的三用阀旁路系统，可代替锅炉过热器安全阀，高压旁路安装在锅炉侧。高压旁路每台机组安装四套，分别从锅炉过热器出口联箱四根 1/4 容量主蒸汽管上接出，经减压、减温后接至锅炉侧一次低温再热蒸汽支管，高压旁路减温水取自省煤器进口前的主给水。

中、低压旁路容量按启动工况主蒸汽流量加减温水量设置，安装在汽轮机侧。中压旁路每台机组安装两套从汽轮机侧的一次再热主蒸汽阀前的一次高温再热蒸汽两根支管接出，经减压、减温后接至二次低温冷再热蒸汽支管，中压旁路的减温水取自给水泵一次中间抽头。

低压旁路容量按中压旁路进口流量加减温水量设置。低压旁路每台机组安装两套，分别从汽轮机侧的二次热再热蒸汽两根支管分别接出，经减压、减温后接入凝汽器喉部，减温水取自凝结水系统。

每台机组的旁路系统配置液动执行器的供油装置，高、中、低压旁路分别设置 1 套。液动执行器的工作介质采用高压抗燃油，油系统由 16MPa 的控制油和 16MPa 的调节油两部分压力油组成。高压、中压、低压旁路设计参数见表4－1。

表4－1 高压、中压、低压旁路设计参数

管道名称	设计压力（MPa）	设计温度（℃）	流量（t/h）
汽轮机高压旁路管道			
汽轮机高压旁路进口管道	31.883	605	677.25
汽轮机高压旁路出口管道	11.669	431.2	792.82
汽轮机中压旁路管道			
汽轮机中压旁路进口管道	10.917	610	737.9
汽轮机中压旁路出口管道	3.7	435	839.45
汽轮机低压旁路管道			
汽轮机低压旁路进口管道	3.323	610	888
汽轮机低压旁路出口管道	0.8	127	1193

（二）调试主要步骤

（1）系统试运前系统联合检查。

（2）旁路系统阀门单体调试校验。

（3）高压、中压、低压旁路逻辑进行校验。

（4）汽轮机首次启动，高压、中压、低压旁路自动投入，各减温水使用正常。

（三）调试重点

1. 旁路系统配置特点

常规一次再热机组采用高压、低压两级旁路串联布置，高压旁路减温水采用高压加热器出口水源、低压旁路减温水采用凝结水。而二次再热机组的汽轮机旁路系统采用三级旁路系统（高压、中压、低压旁路），高压旁路减温水采用高压加热器出口水源，中压旁路减温水采用汽动给水泵一级中间抽头水源，低压旁路减温水采用凝结水。

2. 旁路系统逻辑控制特点

（1）旁路压力控制方式。

1）高压旁路压力控制方式：旁路全关方式、旁路阀位开度控制方式、升压方式、汽轮机运行方式、压力控制方式（汽轮机故障或停机时）、闷炉方式/检修准备启机方式。

2）中压旁路压力控制方式：点火控制方式、定压控制方式、升压控制方式、汽轮机运行模式、旁路在滑压跟踪方式、停运方式、闷炉方式、待启方式。

3）低压旁路压力控制方式：点火控制方式、定压控制方式、升压控制方式、汽轮机运行模式、旁路在滑压跟踪方式、停运方式、闷炉方式、待启方式。

（2）旁路快开/关控制逻辑。

1）高压旁路快开逻辑：

a. 负荷大于300MW，发电机跳闸或汽轮机跳闸。

b. 主蒸汽压力大于 33.5MPa。

c. 高压旁路快开 5s 后进入自动控压，同时快开高压旁路减温水，因为无过热器安全门，所以系统无高压旁路快关功能。

d. 主蒸汽压力大于 35.2MPa。

以上 4 条逻辑为或逻辑。

2）中压旁路快关逻辑：

a. 中压旁路阀后蒸汽温度大于 500℃。

b. 中压旁路减温器喷水压力小于 5MPa。

以上两条逻辑为或逻辑。

3）低压旁路快关逻辑：

a. 凝汽器压力大于 40kPa（绝对压力）。

b. 凝汽器排汽温度大于 150℃。

c. 低压旁路减温器喷水压力小于 1.6MPa。

以上 3 条逻辑为或逻辑。

（3）旁路温度控制逻辑。

1）高压旁路温度控制：高压旁路减温水控制为设定值与高压旁路后温度比较的单回路控制，设定值根据高压旁路减压后压力形成函数，同时根据当前高压旁路减压后压力饱和温度加 30℃对设定值进行限制，运行可加偏置修正。高压旁路减温水调节器根据主蒸汽压力与高压旁路开度设置前馈，保证快开时高压旁路不超温。

2）中压旁路温度控制：中压旁路减温水控制为设定值与中压旁路后温度比较的单回路控制，设定值根据中压旁路减压后压力形成函数，同时根据当前中压旁路减压后压力饱和温度加 30℃对设定值进行限制，运行可加偏置修正。中压旁路减温水调节器根据一次再热压力与中压旁路开度设置前馈，保证快开时中压旁路不超温。

3）低压旁路温度控制：为了保护凝汽器，要求低压旁路后的蒸汽温度为 60～80℃，低压旁路减温水可以投入自动，温度设定值可以手动设置。

二、抽汽回热系统

1. 系统介绍

二次再热机组首次将回热系统设计为 10 级抽汽，包括超高压缸排汽、高压缸排汽、中压缸排汽，超高压缸排汽加热 1 号高压加热器、高压缸排汽加热 3 号高压加热器、中压缸排汽加热 7 号低压加热器。一、二、三、四级抽汽分别向 1 号、2 号、3 号、4 号高压加热器供汽；五级抽汽供汽至除氧器、给水泵汽轮机；六、七、八、九、十级抽汽分别向 6 号、7 号、8 号、9 号、10 号低压加热器供汽。随着抽汽级数的增加，对相应回热点的选取和高、低压加热器端差的问题均需要进行深入全面的考虑。与常规一次再热机组相比，二次再热机组再热抽汽过热度很高，如不采取有针对性的设计，将会严重影响机组的经济性，目前通常通过设置外置式蒸汽冷却器解决该问题。因为二级抽汽和四级抽汽蒸汽温度较高，抽汽需先经过蒸汽冷却器降温后，才能进入高压加热器汽侧，所以设置了 2 号和 4 号高压加热器外置式蒸汽冷却器，充分利用再热蒸汽提升后高压缸和中压缸第一级抽汽的过热度，提高最终给水温度，从而提高热力循环效率，降低汽轮机热耗。

2. 调试主要步骤

一般而言，抽汽回热系统应按照下列顺序进行调试：

（1）低压加热器进口电动门、低压加热器出口电动门校验。

（2）除氧器相关阀门校验。

（3）除氧器进水和除氧器相关管路冲洗。

（4）低压加热器水侧冲洗。

（5）两台低压加热器疏水泵试运考核。

（6）两台清洁水泵试运考核。

（7）机组酸洗期间投除氧器加热。

（8）恢复除氧器喷头。

（9）锅炉冲管期间投除氧器加热、1 号和 3 号高压加热器加热。

（10）高压加热器进口三通阀、高压加热器出口三通阀校验。

（11）高、低压加热器抽汽电动门，抽汽止回门校验。

（12）高、低压加热器水位保护逻辑校验。

（13）高、低压加热器热态投运及调整。

3. 调试重点

（1）高压加热器水路比一次再热机组的高压加热器水路复杂。系统采用双列高压加热器布置，2 号外置式蒸汽冷却器布置在 A 列高压加热器末端，4 号外置式蒸汽冷却器布置在 B 列高压加热器末端，给水通过双列高压加热器逐级加热后，最终汇合成一路进入锅炉省煤器。每列 4 级高压加热器及外置式蒸汽冷却器采用给水大旁路系统。高压加热器水侧流程图如图 4-1 所示。当每列中任一台高压加热器或外置式蒸汽冷却器故障时，该列高压加热器同时从系统中退出，给水能快速切换到该列给水旁路。同时机组在全部高压加热器解列时仍能带额定负荷。这样可以保证在事故状态机组仍能满足运行要求。

（2）高压加热器逻辑比一次再热机组的高压加热器逻辑复杂。传统单列高压加热器布置的系统，如果某一高压加热器水位达到高压加热器解列值，只需要将该列高压加热器全部解列，给水通过旁路流通即可。但是该二次再热机组由于采用双列高压加热器布置，当单个高压加热器（例如 2A）出现水位高解列时，除了关闭 2 号 A 列高压加热器进汽电动阀，同时由于 2 段抽汽总电动阀关闭，故 2 号 B 列高压加热器进汽电动阀也会同时关闭，从而导致 2 号 B 列高压加热器从 B 列加热系统中退出。另外，由于 2 段抽汽进汽电动阀联锁关闭，2 号外置式蒸汽冷却器也会从加热系统中退出。所以，在调试过程中，需充分了解抽汽回热系统的复杂性，当任一高压加热器出现解列时，必然会导致锅炉给水温度的降低。此时，需及时调整燃煤量。

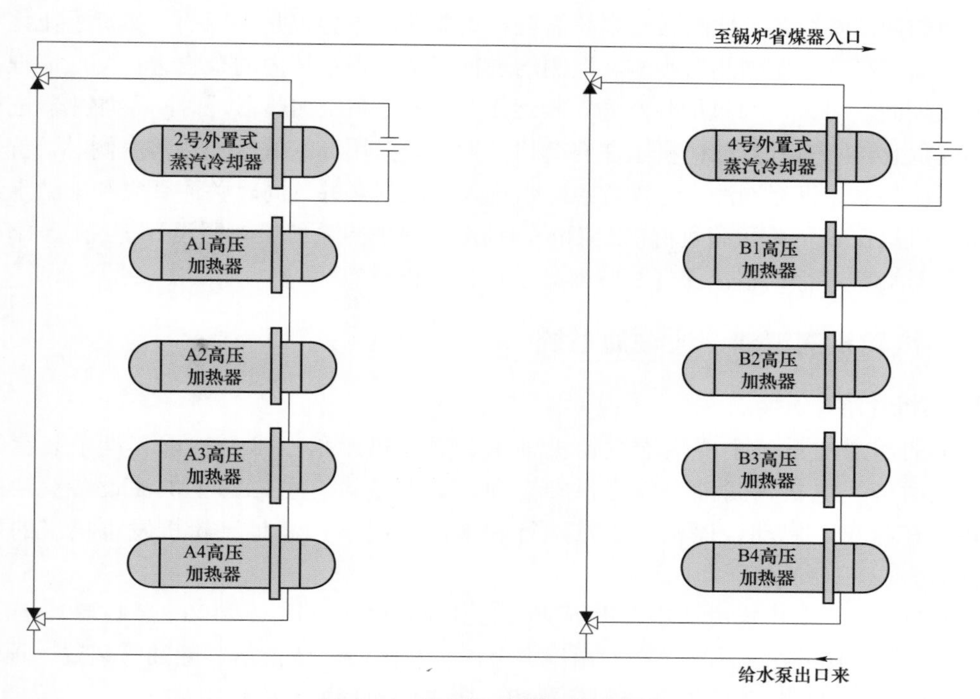

图 4－1 高压加热器水侧流程图

（3）增加邻机加热系统，合理利用供热系统，优化启动方式。

1）设计了邻机加热系统，邻机加热管道布置：相邻机组蒸汽来汽加热 3 号 A 列高压加热器和 3 号 B 列高压加热器。机组启动时，通过邻机加热系统锅炉点火前就可以有效提高给水温度，缩短启机时间；减少点火初期的温差，降低锅炉寿命损耗；减缓启动过程中氧化皮脱落，减少堵管造成的超温爆管。

2）机组一级抽汽可以为主热网系统提供高温高压蒸汽，在机组启动时，还可以通过一期老厂热网反向为一级抽汽管道提供蒸汽。热网至 1 号高压加热器蒸汽流程如图 4－2 所示。利用热网蒸汽加热 1 号 A 列高压加热器和 1 号 B 列高压加热器，进一步提高给水温度，减少启动初期燃料量，加速锅炉冲洗效果。

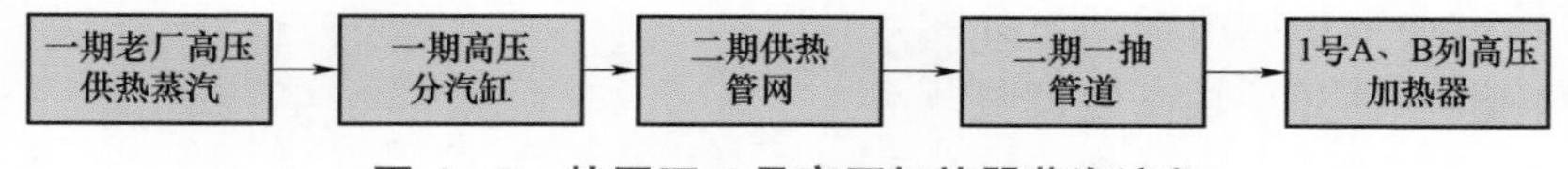

图 4－2 热网至 1 号高压加热器蒸汽流程

（4）一级抽汽管道设抽汽调节阀，有效调节给水温度。给水温度继续抬升受制于锅炉厂限制，上海锅炉厂提供的计算最高给水温度限制为 315℃，考虑上海锅炉厂实际投运的塔式锅炉水冷壁温度与计算值有约 20℃的余量，因此一级抽汽设调节阀，约 85%负荷以上时调节阀节流控制给水温度为 315℃，在部分负荷约 85%负荷以下时调节阀全开，提高部分负荷工况下的给水温度，从而提高机组部分负荷下的热经济性。

（5）不同阶段对抽汽回热系统的优化调整。为保证抽汽回热系统在机组启动后清洁高效，不同的调试阶段，对抽汽回热系统需要重点关注的内容也是不同的，如机组在化学清洗期间，需对高、低压加热器水侧、汽侧均进行碱洗，将系统内的杂物进行彻底清理；在锅炉冲管期间，可采用邻机加热汽源，投运1号、3号高压加热器，对高压加热器进行冲洗，通过危急疏水对外排放；机组在整套启动期间，投用高、低压加热器汽侧时，首先对高、低压加热器先进行冲洗，通过危急疏水排入凝汽器热井，同时关注真空和凝结水泵进口差压；机组在带负荷和满负荷试运期间，抽汽回热加热系统应对照设计工况，对各高、低压加热器端差进行调整，保证加热器处于最佳工作状态。

三、汽轮机润滑油、顶轴油系统

1. 系统介绍

机组的润滑油系统主要供给汽轮机轴承、发电机轴承、推力轴承和盘车装置的润滑油，同时向发电机密封油系统提供补充油。该系统设有可靠的主供油设备及辅助供油设备，在盘车、启动、停机、正常运行和事故工况下，满足汽轮机发电机组的所有用油量。

润滑油系统主要由润滑油箱、主辅交流润滑油泵组（包括 2×100%离心泵）、应急油泵组（包括 1×100%离心泵）、三通温度调节阀、冷油器、滤油器、除油雾装置、顶轴油系统、液位变送器、加热器以及控制装置和连接它们的管道及附件组成。

润滑油流程：正常运行时，主油泵直接从油箱吸油，润滑油经冷油器、滤油器换热后以一定的油温供给汽轮机各轴承、盘车装置用户。在主油泵故障情况下，由直流事故油泵不经冷油器、过滤器直接向轴承供油，作为紧急停机时的润滑油。在启动和停机，以及低转速下盘车装置运行时，轴承还需由顶轴油供油，顶轴油是由顶轴油泵经过滤器供油到轴承下方。润滑油和顶轴油流出轴承，经回油管道流到主油箱。排油烟风机维持润滑油系统中的微负压。油处理系统通过旁路净化规定的部分流量的润滑油。

2. 调试主要步骤

（1）系统试运前条件确认。

（2）汽轮机交/直流润滑油泵、顶轴油泵单体试运。

（3）汽轮机交/直流润滑油泵、顶轴油泵出口压力及母管调整。

（4）汽轮机各轴瓦润滑油油量分配。

（5）汽轮机各轴瓦顶轴高度调整。

（6）系统相关联锁保护试验。

（7）汽轮机盘车试运。

3. 调试重点

（1）汽轮机油系统容量较一次再热机组更大。二次再热机组由于汽轮机增加一个超高压缸，从而引起机组轴系变长，所需承载的轴系载荷的轴瓦也相应增加，所以润滑油系统为汽轮机轴瓦提供的总油量势必增加。表4－2为二次再热机组与常规一次再热机组汽轮机油系统对比情况表。

表 4-2　　二次再热机组与常规一次再热机组汽轮机油系统对比情况表

项　目	二次再热机组	常规一次再热机组
主油箱容量（m^3）	48	32
系统用油量（m^3）	38	30
冷油器换热面积（m^2）	110	100
交流润滑油泵容量（m^3/h）	252	198
直流事故润滑油泵（m^3/h）	252	198

（2）汽轮机各瓦油量分配较一次再热机组更复杂。因为二次再热机组配置 9 个轴承座，较常规一次再热机组增加 1 组轴承，所以各瓦油量分配情况会发生明显变化，在调试过程中需充分考虑母管油压和各瓦油量分配情况。表 4-3 和表 4-4 分别为二次再热机组顶轴油压及顶轴高度记录表和润滑油压力调整表。

表 4-3　　二次再热机组顶轴油压及顶轴高度记录表

轴瓦编号	1	2	3	4	5	6	7	8	9
顶轴油压（MPa）	6.5	6	6/6	6/9	9/11	6/9	5/8	11/9.2	—
顶轴高度（μm）	98	90	60	100	80	80	90	100	60

表 4-4　　二次再热机组润滑油压力调整表

轴瓦编号	1	2	3	4	5	6	7	8	9
节流阀后压力（MPa）	0.32	0.048	0.05	0.075	0.07	0.05	0.18	0.1	0.31

第二节　锅炉冷态空气动力场试验

电厂机组运行的稳定性和经济性在很大程度上取决于炉内的燃烧状况，而燃烧状况的优劣关键在于燃烧器及炉膛的空气动力情况，新安装的锅炉在投产前、在役锅炉大修后通常要进行的冷态空气动力场试验，是一种对锅炉安全经济运行具有现实指导意义和行之有效的试验方法。

本节主要探讨锅炉冷态空气动力场试验的试验内容及方法，并以国电泰州电厂 1000MW 二次再热机组塔式锅炉为实际研究对象，考察冷态炉内流体动力特性、风烟系统及燃烧设备的运行性能，为锅炉首次点火创造条件，同时为机组热态运行时锅炉燃烧调整提供依据。

一、设备概况

锅炉为 SG-2710/33.03-M7050 型锅炉。燃烧器采用对冲同心正反切圆燃烧系统。

燃烧器风箱分为独立的 5 组，下面 3 组是主燃烧器风箱，各组风箱分别有 4 层煤粉喷嘴，并配有相应的煤层辅助风（周界风）提供主要的燃烧风量，每台磨煤机对应相邻的两层煤粉喷嘴之间布置 1 层燃油辅助风，燃烧器上部和下部均设置端部二次风。在主风箱上部布置两级燃尽风（AGP）燃烧器，分别为低位燃尽风（BAGP）燃烧器和高位燃尽风（UAGP）燃烧器，两组燃尽风均为 4 层布置，并可做水平摆动，燃烧器二次风布置如图 4-3 所示。

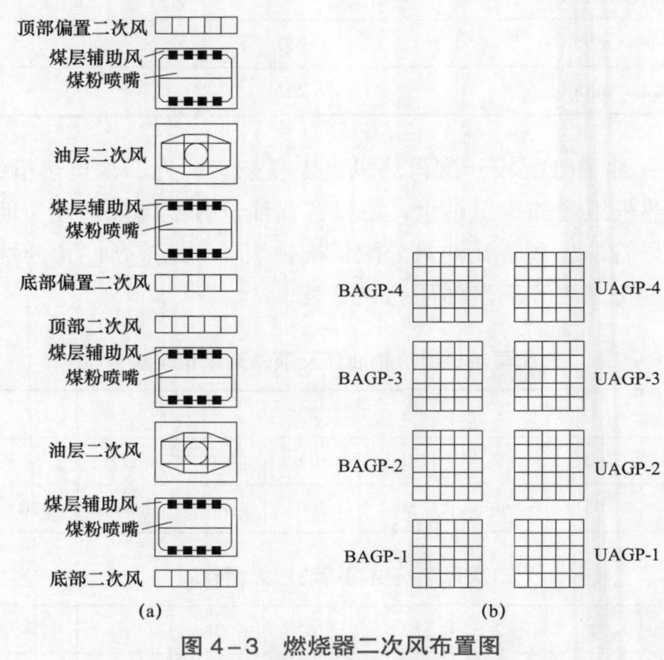

图 4-3 燃烧器二次风布置图

（a）主燃烧器二次风喷嘴布置图；（b）燃尽风喷嘴布置图

二、试验前准备工作

（1）空气预热器、送风机、引风机、一次风机分部试转结束。烟、风道清理干净，对于燃烧器和喷口在运输和安装过程中临时搭设的辅助设施需要从内到外清理干净，具备通风条件。锅炉本体不漏风，炉底密封良好，人孔门、看火孔关闭。

（2）确保涉及试验的辅机润滑油系统、液压油系统等工作正常，相关联锁保护、报警功能正常投用。

（3）燃烧器摆动喷嘴安装调整结束，每组燃烧器角度与燃烧器实际角度已调整一致，偏差应控制在±1.5° 的范围内。

（4）制粉系统、风烟系统所有风门、挡板动作灵活，就地开度指示与集控室仪表开度指示一致并与实际开度吻合。

（5）所有运转辅机监视仪表指示正确，数据采集系统可正常投用，采集点数据准确可靠，如风量、风压、炉膛负压等。

（6）在炉膛内距最下层一次风口 1.5m 左右满炉膛铺设临时平台并铺平，不能有突出部分，不能有孔洞，确保安全，便于走动，在炉膛内合适位置加装照明设备。

（7）在燃烧器的背风面搭设梯子，绑扎牢固，梯子高度要至 A 层上二次风喷口，但不能挡住一、二次风主气流。

（8）在最下层一次风喷口中心线高度上于水冷壁管鳍片上焊数个抓勾，并拉一层“米”字铁丝网面，在铁丝上每隔 500mm 扎一根白飘带。试验结束后，必须将抓勾除去。

（9）燃烧器进口一次风管手动插板门处于全开状态，一次风管可调缩孔全开，并记录各缩孔的开度。

（10）所有工作必须符合安全工作规程的相关要求。

三、冷态试验模化原理

（一）试验模化原则

锅炉冷态试验需满足模化原理所要求的条件，对于大型电站锅炉来讲，因为无法准确地了解炉膛在热态工况下的温度场分布情况，通常在炉膛模拟试验时只考虑等温模化。根据相似原理，进行炉内冷态等温模化试验时，应遵守的原则是：

（1）几何相似：因为试验对象为实际炉膛，所以这条满足。

（2）气流运动状态相似：只要保证冷态试验条件下采用的雷诺数超过进入自模化区（流动状态将显示出不随雷诺数增加而变化的特性）的临界雷诺数（通常为 10^5）或与热态的雷诺数相等，即可达到冷态模拟热态的相似性。因为热态炉膛的雷诺数一般远大于临界雷诺数，所以冷态试验时只要超过临界雷诺数即可，而不必与热态雷诺数相同。冷态试验时，需控制总风量大于自模化区风量。

（3）边界条件相似：对于冷态试验，为了模拟热态多股射流混合流动，必须维持冷态试验各股射流惯性力与热态时各股射流惯性力的比值相等，也就是动量比相等原则，这一点可通过控制冷态模化风速来实现。

（二）冷态试验模化风速及试验最小风量

1. 冷态试验模化风速

由动量比相等原则可得

$$\frac{\rho_{1c}v_{1c}^2}{\rho_{2c}v_{2c}^2}=\frac{\rho_{1h}v_{1h}^2}{\rho_{2h}v_{2h}^2} \tag{4-1}$$

式中　ρ——流体密度；

v——燃烧器喷口处流体速度；

下标 1——一次风；

下标 2——二次风；

c——冷态试验；

h——热态运行。

考虑到煤粉浓度及煤粉与空气之间的速度差影响，热态时一次风粉的密度为

$$\rho_{1h}=(1+k\varphi)\rho_{1h}' \tag{4-2}$$

式中　k——煤粉相对于一次风气流的滞后系数，通常取 0.8；

φ——煤粉浓度；

ρ'_{1h}——热态时与一次风粉温度相同的空气密度。

由式（4-1）和式（4-2）得到不同温度、压力下的空气密度计算式为

$$\rho = \frac{273.15}{273.15+t}\frac{101\,325+p}{101\,325}\rho_0 \tag{4-3}$$

式中 ρ_0——标准大气压下的空气密度。

流体进入自模化区，体现出欧拉数（压力差与惯性力的比值）不随雷诺数改变，保持一个定值的特性，可认为冷态与热态时的欧拉数相等，即

$$\frac{\Delta P_{2c}}{\rho_{2c}v_{2c}^2} = \frac{\Delta P_{2h}}{\rho_{2h}v_{2h}^2} \tag{4-4}$$

冷态试验以实际炉膛为研究对象，且可调节炉膛压力接近热态运行时参数，因此冷态与热态时压力差近似相等，由此可得

$$\rho_{2c}v_{2c}^2 = \rho_{2h}v_{2h}^2 \tag{4-5}$$

由燃烧器说明书及热力计算书可知，热态（BMCR）燃烧器喷嘴处一次风温 $t_{1h}=78℃$，一次风压（静压）$p_{1h}=500\text{Pa}$，一次风速 $v_{1h}=26.5\text{m/s}$；二次风温 $t_{2h}=357℃$，二次风压 $p_{2h}=1000\text{Pa}$，二次风速 $v_{2h}=59.5\text{m/s}$，煤粉浓度 $\varphi=0.45\ \text{kg/kg}$。冷态试验时，一次风温 $t_{1c}=15℃$，一次风压 $p_{1c}=500\text{Pa}$，二次风温 $t_{2c}=15℃$，二次风压 $p_{2c}=1000\text{Pa}$。

由式（4-1）～式（4-5）联立，可得

$$\begin{aligned} v_{2c} &= v_{2h}\sqrt{\frac{(101\,325+p_{2h})\times(273.15+t_{2c})}{(101\,325+p_{2c})\times(273.15+t_{2h})}} \\ &= 59.5\times\sqrt{\frac{(101\,325+1000)\times(273.15+15)}{(101\,325+1000)\times(273.15+357)}} \\ &= 40.2\text{（m/s）} \end{aligned}$$

$$\begin{aligned} v_{1c} &= \frac{v_{1h}v_{2c}}{v_{2h}}\sqrt{\frac{(1+k\varphi)(273.15+t_{2h})(101\,325+p_{1h})(273.15+t_{1c})(101\,325+p_{2c})}{(273.15+t_{1h})(101\,325+p_{2h})(273.15+t_{2c})(101\,325+p_{1c})}} \\ &= \frac{26.5\times40.2}{59.5}\times\sqrt{\frac{(1+0.8\times0.45)(273.15+357)(101\,325+500)(273.15+15)(101\,325+1000)}{(273.15+78)(101\,325+1000)(273.15+15)(101\,325+500)}} \\ &= 28.0\text{（m/s）} \end{aligned}$$

2. 冷态试验最小风量的控制

单台磨煤机最低一次风量为

$$Q_{1\min} = A_1 v_{1c}\rho_{1c} \tag{4-6}$$

二次风最低总风量为

$$Q_{2\min} = A_2 v_{2c}\rho_{2c} \tag{4-7}$$

式（4-6）和式（4-7）中：A_1 为单台磨煤机一次风喷口总面积；A_2 为二次风喷口总面积。由燃烧器说明书可知，$A_1=1.28\text{m}^2$，$A_2=7.83\text{m}^2$。ρ_{1c} 为冷态试验一次风密度，

ρ_{2c}为冷态试验二次风密度，由式（4－3）计算可得

$$\rho_{1c}=\frac{273.15}{273.15+t_{1c}}\frac{101325+p_{1c}}{101325}\rho_0$$

$$=\frac{273.15}{273.15+15}\times\frac{101325+500}{101325}\times1.293=1.232(\text{kg}/\text{m}^3)$$

$$\rho_{2c}=\frac{273.15}{273.15+t_{2c}}\frac{101325+p_{2c}}{101325}\rho_0$$

$$=\frac{273.15}{273.15+15}\times\frac{101325+1000}{101325}\times1.293=1.235(\text{kg}/\text{m}^3)$$

单台磨煤机对应燃烧器最低总一次风量、二次风最低总风量分别为

$$Q_{1\min}=A_1v_{1c}\rho_{1c}=1.28\times28.0\times1.232=44.15(\text{kg}/\text{s})=158.9(\text{t}/\text{h})$$

$$Q_{2\min}=A_2v_{2c}\rho_{2c}=7.83\times40.2\times1.235=388.7(\text{kg}/\text{s})=1399.3(\text{t}/\text{h})$$

冷态试验时需分别控制一、二次风量大于最低风量。

四、试验内容及方法

（一）一、二次风在线风量测量装置的标定、一次风速调匀

锅炉风量的控制和调整直接影响着炉内燃烧状态，为使风量测量值更接近实际值、同层一次风速保持良好的均匀性，需对相关的测量装置进行标定、对风速进行调平。

1. 二次风量测量装置标定

启动两侧引风机、送风机，维持炉膛压力在－100Pa 左右，调整风机动叶开度、二次风小风门开度，使送风机运行工况接近锅炉 BMCR 时风量，采用涡轮风速仪在二次风总风道所开测孔处按等截面网格法测量二次风风速；再次调整送风机出力分别至 70%、50%BMCR 对应风量，重复测量。计算得出二次风道实际风量值，与在线测量装置所测值进行对比，取 3 个工况下的平均值作为测量装置的标定系数。

2. 一次风量测量装置、一次风速测量装置标定

启动引风机、送风机、一次风机、密封风机，维持炉膛压力在－100Pa 左右，调整一次风机动叶开度，磨煤机进口一次风调节挡板开度，使各台磨煤机进口风量接近锅炉 BMCR 对应风量，关闭给煤机出口隔离门、给煤机密封风门。利用标准毕托管在磨煤机出口 4 根煤粉管测孔处按等截面法测量动、静压；再次调整各台磨煤机进口风量分别至 70%BMCR、50%BMCR 对应风量，重复测量。计算得出每根煤粉管实际风速、磨煤机进口实际风量（磨煤机进口风量为出口风量减去磨煤机密封风量，密封风量一般为总风量的 5%左右），与在线测量装置所测值进行对比，取 3 个工况下的平均值作为测量装置的标定系数。

3. 一次风速调匀

维持炉膛压力在－100Pa 左右，调节每根煤粉管的可调缩孔开度以改变管道阻力，使各层燃烧器出口一次风速趋于一致，保证锅炉热态运行时，火焰中心基本不偏斜，考虑管道布置不同，较长煤粉管的风速可适当提高。调平后同一层风速偏差值应控制在±5%的

范围内。

（二）通风阻力特性试验

调整送风机、引风机出力，分别在 100%、75%、50%BMCR 工况下，记录烟风系统的压力、流量、温度等特性参数，得出制粉系统、空气预热器、烟风道在清洁状态下的通风阻力特性，并对各在线表计的准确性进行确认。

（三）二次风挡板调节特性试验

各层燃烧器的二次风量分配是锅炉燃烧调整的重要手段，二次风挡板的调节特性直接影响了风量的真实可靠性。试验时维持空气预热器出口二次风压为定值（1kPa），测量时分别将二次风挡板开度置于 0%、25%、50%、75%、100%，在燃烧器喷口处用转杯式风速仪对风速进行测量，分析得出挡板的调节特性曲线。

（四）炉内空气动力场试验

对于四角切圆燃烧的锅炉，切圆直径及火焰中心位置是影响炉内燃烧状况、蒸汽温度偏差等的重要因素，炉内燃烧特性复杂，热态下切圆直径与假想切圆直径有偏差，掌握冷态炉内流体流动特性，可为锅炉热态运行提供参考依据。

炉膛截面为 21.48m×21.48m 的正方形，进行动力场试验前，以炉内四角及四面水冷壁中心为端点，设置“米”字形线，保持在同一水平面上，4 根线交汇于炉膛截面的几何中心，以此中心为基准点在线上每隔 500mm 固定 1 根飘带。

试验时，保持 A～E 5 台磨煤机通风，主燃烧器二次风挡板开度在 80%以上，燃尽风挡板保持一定开度，维持炉膛与二次风箱差压为 0.8kPa，炉膛压力在－100Pa 左右，一次风量、二次风量大于计算最小风量，利用转杯式风速仪在每根飘带处测出风速，找出最大风速所在位置，分析得出切圆直径、圆心位置。

在各角燃烧器处，观察飘带飘动方向，并用风速仪测量水冷壁贴壁处风速，分析是否存在气流冲刷水冷壁的现象。

五、试验结果及分析

（一）一次风速调匀

将风速、风量测量装置的标定系数输入 DCS 组态风量计算公式；通过调节煤粉管上的可调缩孔开度，各层煤粉管的一次风速偏差控制在±4%以内（见表 4－5），机组热态运行时，各台磨煤机出口风速、煤粉均匀性指数均在较佳范围内。

表 4－5 一次风速调匀结果

磨煤机 A				
一次风粉管	1 号	2 号	3 号	4 号
调匀后风速（m/s）	24.83	26.08	25.88	26.65
调匀后风速偏差（%）	－0.96	－1.48	－0.54	2.97
可调缩孔的开关度（圈）	关 15 圈	—	关 15 圈	—

续表

磨煤机 B				
一次风粉管	1 号	2 号	3 号	4 号
调匀后风速（m/s）	20.20	19.87	20.66	20.56
调匀后风速偏差（%）	−0.60	−2.22	1.68	1.14
可调缩孔的开关度（圈）	关 15 圈	—	—	—
磨煤机 C				
一次风粉管	1 号	2 号	3 号	4 号
调匀后风速（m/s）	20.42	21.18	19.98	21.01
调匀后风速偏差（%）	−1.08	2.59	−3.24	1.73
可调缩孔的开关度（圈）	关 15 圈	—	—	—
磨煤机 D				
一次风粉管	1 号	2 号	3 号	4 号
调匀后风速（m/s）	21.08	20.54	21.11	21.67
调匀后风速偏差（%）	−0.09	−2.66	0.05	2.69
可调缩孔的开关度（圈）	关 10 圈	—	—	—
磨煤机 E				
一次风粉管	1 号	2 号	3 号	4 号
调匀后风速（m/s）	21.51	20.97	20.66	20.56
调匀后风速偏差（%）	2.78	0.22	−1.24	−1.76
可调缩孔的开关度（圈）	—	—	—	—
磨煤机 F				
一次风粉管	1 号	2 号	3 号	4 号
调匀后风速（m/s）	19.15	19.99	18.95	19.47
调匀后风速偏差（%）	−1.22	3.07	−2.25	0.40
可调缩孔的开关度（圈）	关 10 圈	—	—	—

（二）烟风道通风阻力特性试验

在不同的通风量工况下，记录制粉系统和烟风系统的压力、流量、温度等特性参数，得出磨煤机、空气预热器、烟风道的通风阻力特性，作为热态投运后积粉、粘灰渣程度的判断参照，各在线表计的准确性良好。

（三）二次风挡板调节特性

因二次风挡板较多，选取 A 层底部二次风挡板，A 层顶部二次风挡板和 A 层煤层辅助风（周界风）挡板试验结果作分析。由图 4−4～图 4−6 可以看出，风速随挡板开度增大而增大，挡板开度在 50%以下时，风速增长较快；开度高于 50%时，风速增长则较为平缓，风门全关时，仍保持 5%以内的通流量，符合实际运行情况。各二次风挡板特性基本相似，同一层各角二次风速相差不大，说明炉内配风比较均匀。

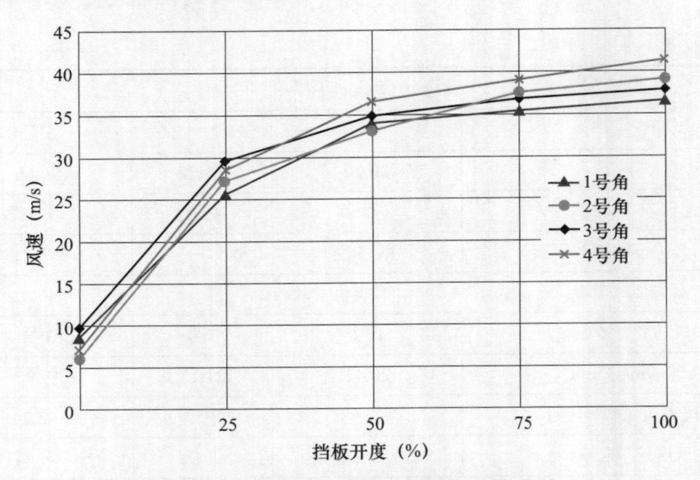

图 4－4 底部二次风挡板调节特性曲线

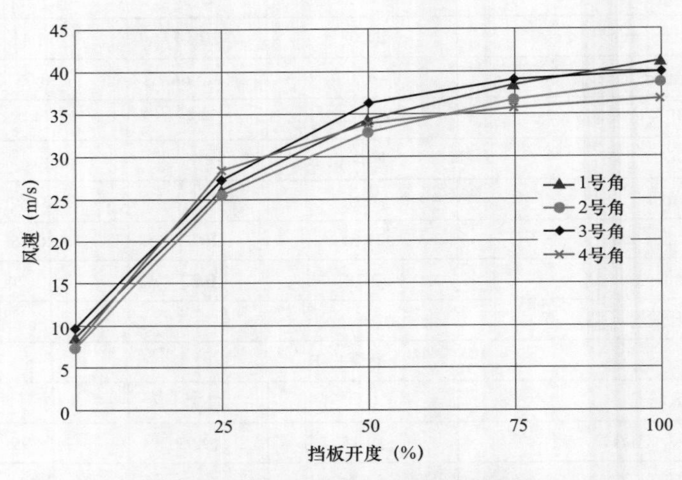

图 4－5 顶部二次风挡板调节特性曲线

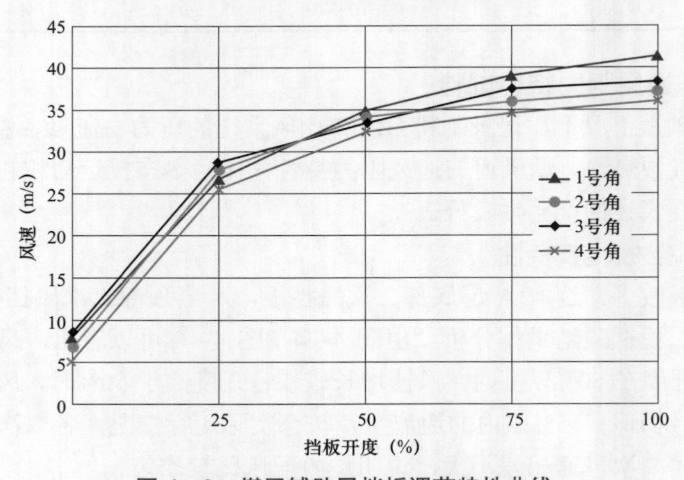

图 4－6 煤层辅助风挡板调节特性曲线

（四）炉内动力场试验

1. 切圆直径的测量与分析

相比于非对冲同心切圆燃烧系统（如 LNCFS），对冲同心燃烧系统炉内切圆直径较小，这是由于对冲式的一次风设计，假想切圆直径接近于0，用启旋二次风偏置角代替了假想切圆，这种设计理念基于非对冲燃烧方式的切圆直径较大，旋流指数较高，导致炉膛出口烟气流速偏差较大，而对冲燃烧方式可减弱这种偏差。

炉内“米”字线风速测量结果见图 4－7，各线上的最大风速点到炉膛中心的距离为 4.5～5.5m，切圆直径为 11m 左右，圆心基本位于炉膛几何中心，并且存在一个以炉膛中心为圆心、半径为 3m 的低风速区（风速低于 2m/s）。从上往下看，观察飘带的飘动方向，切圆顺时针旋转。

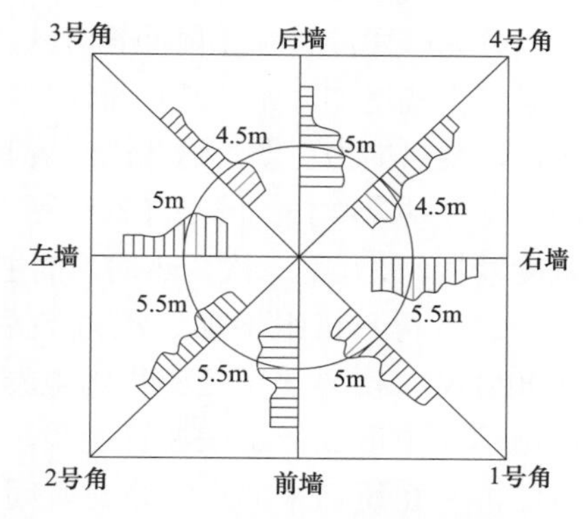

图 4－7　炉内“米”字线风速测量结果

国电泰州电厂 3 号锅炉启动调试期间，存在蒸汽温度偏差较大的问题，分析得出：由于切圆直径较小，而燃尽风在最大反切角度（初始位置）未起到明显的消旋效果，经调整燃尽风反切角度达到配风与切圆的最佳耦合，汽温偏差基本消除，主、再热蒸汽温度均达到设计值。

2. 贴壁风速测量与分析

大型锅炉水冷壁发生高温腐蚀是一个普遍现象，合理引入少量贴壁风来减少水冷壁近壁处的还原性气氛是一种行之有效的解决方法。

贴壁风是从周界风中引出一小股风，在水冷壁附近形成一层气膜，一方面阻挡煤粉气流直接冲刷水冷壁，另一方面补充近壁处的含氧量，稀释并反应掉部分还原性气体，可从根本上防止高温腐蚀的发生。由图 4－8 可见，贴壁风速值为 0.7～2.5m/s，呈现出两边风速较小，中间风速较大的趋势，整体来看，变化较为平缓，不会造成明显的气流冲刷水冷壁问题，同时可保持贴壁处一定的氧量，起到较好的防高温防腐蚀的作用。

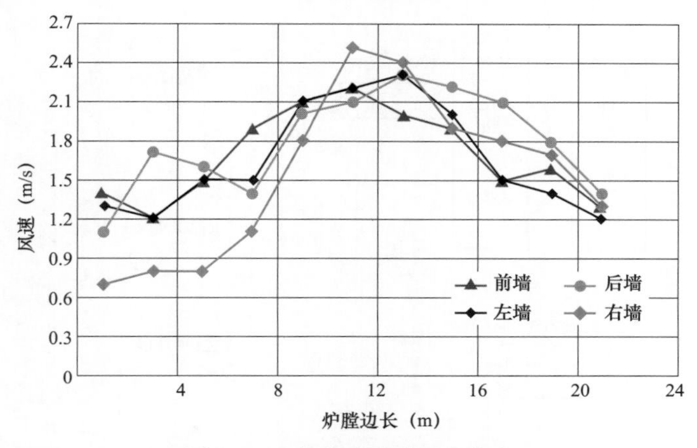

图 4－8　水冷壁贴壁风速分布

第三节 锅炉蒸汽冲管

锅炉冲管方式按分离器压力变化可分为降压冲管和稳压冲管两种方式，按冲管阶段对象可以分为一段冲管和二段冲管方式。降压冲管能增强冲管扰动，但是冲管过程中运行参数控制难度大幅增加，尤其是直流锅炉蓄热能力比较弱，而二次再热锅炉一次蒸汽系统吸热比例更低，蓄热能力更弱，这些因素容易降低锅炉降压冲管的效果。稳压冲管能持续较长有效时间进行大动量吹扫，但是冲管过程中锅炉启动和正式稳压冲管时锅炉运行参数控制难度也大幅度增加，尤其是二次再热锅炉的主蒸汽温度、一次再热蒸汽温度和二次再热蒸汽温度控制。

二次再热机组增加二次再热系统后，增加了蒸汽阻力损失和蒸汽管道内杂质，首台1000MW二次再热示范工程国电泰州电厂3号机组冲管工艺设计采用二段冲管方式。结合国电泰州电厂3号工程冲管经验，为了减少降压冲管对过热器反复的热应力冲击，减少2段法冲管系统切换的系统恢复时间，国电泰州电厂4号机组冲管采取过热器、一次再热器和二次再热器串冲的稳压冲管方式。通过该两台机组冲管积累了丰富经验，为同型号二次再热锅炉冲管安全高效进行提供了重要参考。

一、系统工艺设计

（一）二段法冲管方式

相比较于一次再热机组冲管，二次再热机组冲管主要对象由原来的过热器→再热器及其连通管道变为过热器→一次再热器→二次再热器及其连通管道，冲管系统变得更复杂，整个系统阻力增大。由于超超临界直流二次再热锅炉一次蒸汽系统蓄热能力偏小，过热器冲管压降比偏小，根据一次再热超超临界直流锅炉冲管经验，该炉型宜采用2段法冲管方式。

1. 第1阶段

单冲过热器采用降压冲管方式，直至过热器冲管打靶合格。第1阶段冲管系统图如图4-9所示：启动分离器→各级过热器→主蒸汽管道→超高压主汽门（安装假门芯）→临时管→临冲门→靶板器→临时管→消声器→排大气。

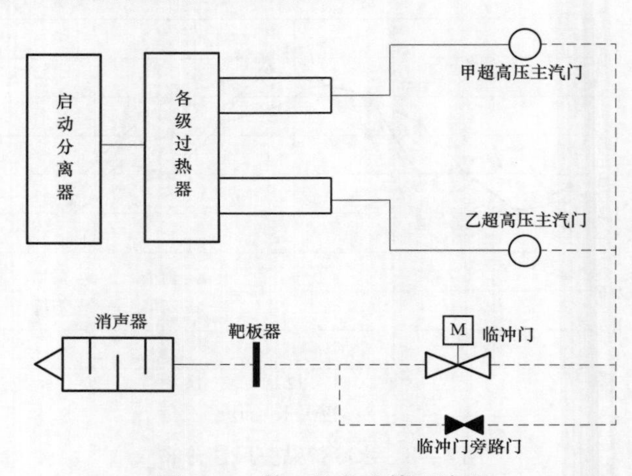

图4-9 第1阶段冲管系统图

2. 第2阶段

鉴于降压冲管时再热器压降比较大，一次再热器和二次再热器不再分开冲管，第2阶段过热器、一次再热器和二次再热器进行串冲，在二次再热低温再热器进口加装集粒器，采用降压+稳压冲管方式。第2阶段冲管系统图如图4-10所示：启动分离器→各级过热器→主蒸汽管道→超高压主汽门（安装假门芯）→临时管→临冲门→一次再热低温再热器进口管路→各级一次再热器→一次再热蒸汽管道→高压主汽门（安装假门芯）→临时管集粒器（锅炉两侧各一个）→二次再热低温再热器进口管路→各级二次再热器→二次再热蒸汽管道→中压主汽门（安装假门芯）→临时管→靶板器→临时管→消声器→排大气。

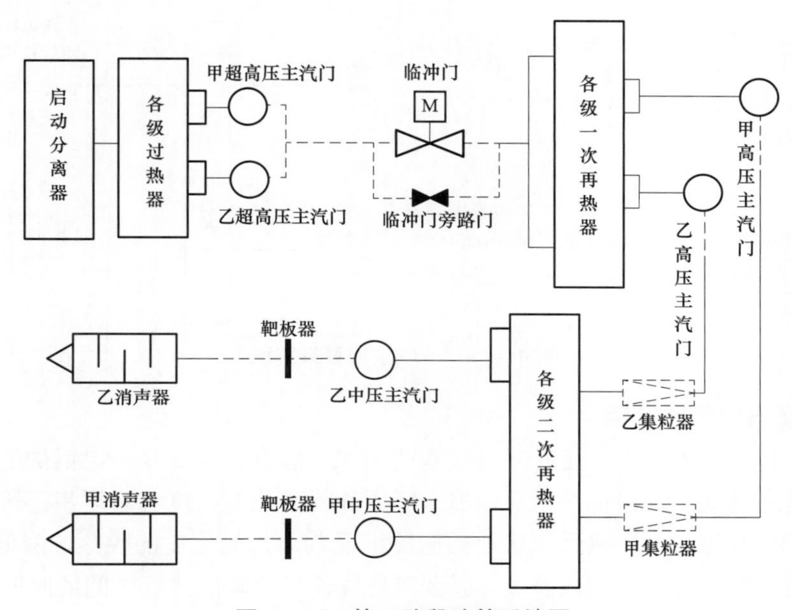

图4-10 第2阶段冲管系统图

（二）一段法冲管方式

一段法冲管系统图如图4-11所示：启动分离器→各级过热器→主蒸汽管道→超高压主汽门（安装假门芯）→临时管→临冲门→临时管集粒器→各级一次再热器→高压主汽门（安装假门芯）→中压旁路调门后管道→临时管集粒器→各级二次再热器→中压主汽门（安装假门芯）→临时管→靶板器→临时管→消声器→排大气。

二、冲管参数的选定

（一）降压冲管

冲管参数的选择必须要保证在蒸汽冲管时冲管系数［冲管时蒸汽流通管道内两点压降与锅炉最大连续出力（BMCR）工况下该两点压降的比值，即压降比］达到1.4以上。根据锅炉分离器至汽轮机的各管道和各受热面的BMCR工况参数、临时管道的材质及其壁厚、机组运行工况的优化要求，在保证压降比的同时，降压冲管时所选取的锅炉蒸汽温度和分离器的始压、终压应在适当范围之内。

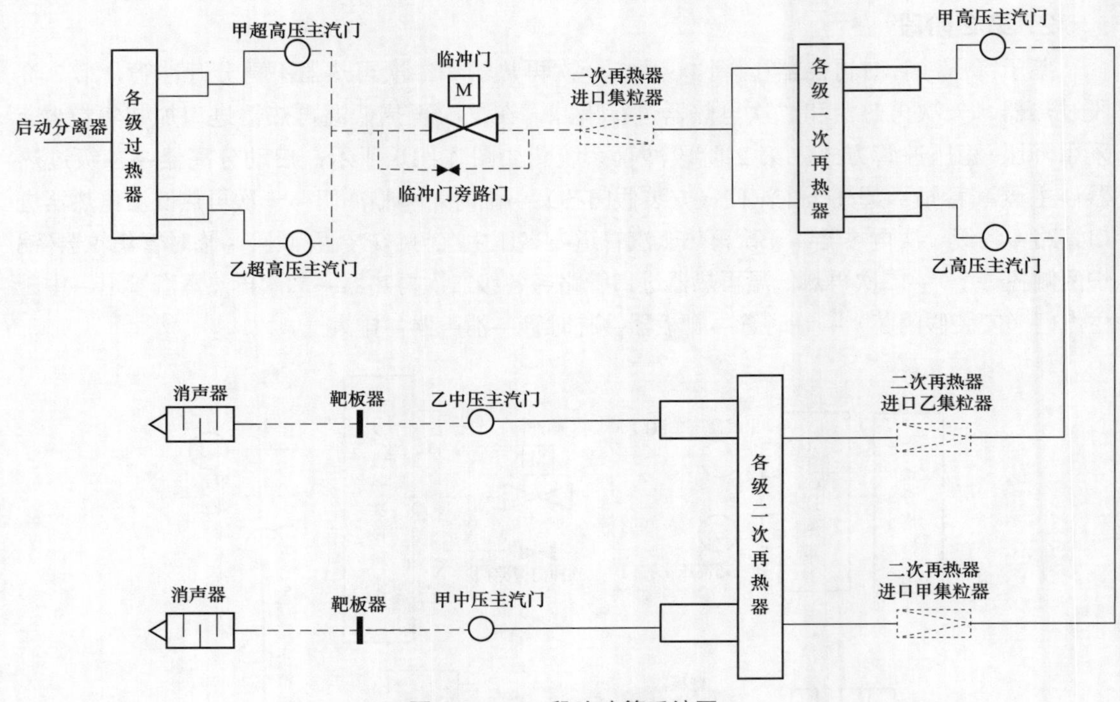

图 4－11 一段法冲管系统图

1. 锅炉蒸汽温度的选定

直流锅炉蓄热能力较小，随着冲管次数的增加，蒸汽连续反复带走锅炉的蓄热量，如果不能及时提高每次冲管前锅炉蓄热，那么降压冲管时蒸汽温度容易逐步下降，进而导致冲管系统不能有效膨胀，影响系统管道热胀冷缩及其内部氧化皮的脱落，降低冲管效果。如果为了提高每次冲管时主蒸汽温度，那么容易拉长每次降压冲管之间的时间间隔或导致炉膛出口烟气温度超温。第 1 阶段和第 2 阶段冲管系统的正式系统和临冲系统管材均采用合金钢，故降压冲管期间主蒸汽温度宜控制在 390～427℃。

2. 分离器始压、终压的选定

在冲管系统确定的情况下，分离器的始压、终压是影响降压冲管压降比及其有效时间的最主要因素。

分离器始压的选取主要取决于冲管系统各管段间阻力损失，足够的初始能量可以保证各管段压降比达到 1.4 以上。

分离器终压的选取主要取决于临冲门开始关闭时分离器压力、临冲门全行程关闭时间、临冲门前汽水系统容积及锅炉运行状况等因素。针对特定的冲管系统，在稳定的锅炉运行情况下，分离器终压的选取主要由临冲门开始关闭时分离器压力决定。分离器压力过高时开始关临冲门，会提高冲管频率、降低锅炉蓄热及每次冲管有效时间、加大锅炉运行参数的控制难度，不利于蒸汽温度的提高和临冲门电动机散热；分离器压力过低时开始关临冲门，锅炉热效率利用太低，且容易导致每次冲管后蒸汽温度下降太多，甚至导致主蒸汽带水，延长冲管时间间隔的同时也影响系统安全。

第 1 阶段只吹扫过热器，BMCR 工况下过热器压降大，因此需要较高的分离器初始压力。第 1 阶段的冲管参数选择曲线如图 4－12 所示。从图 4－12 可知，当分离器初始压力达到 9.5MPa，且主蒸汽温度合适时，过热器压降比能达到 1.4 以上。

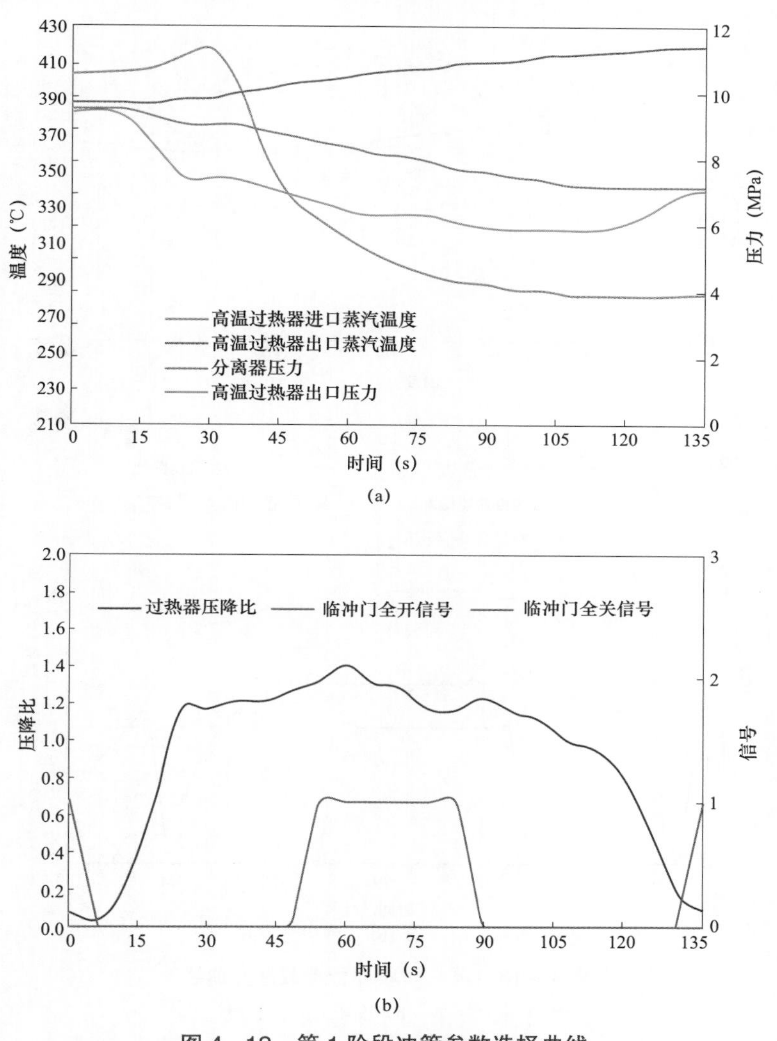

图 4－12 第 1 阶段冲管参数选择曲线

（a）温度、压力曲线；（b）压降比、信号曲线

第 2 阶段是在第 1 阶段将过热器吹扫打靶合格后进行的，因此只需要保证一次再热器和二次再热器的压降比合格。由于一次再热器和二次再热器在锅炉 BMCR 工况下的压降均比较小，理论上可以适当降低分离器始压，但是由于直流锅炉蓄热能力比较小，如果采用较低分离器始压进行第 2 阶段冲管，整个冲管系统的蒸汽温度均会比较低，容易导致临冲门开启时过热器蒸汽带水，也会降低每次冲管压降比和有效时间，增加冲管次数。第 2 阶段的冲管参数选择曲线如图 4－13 所示，可以得到：

（1）当分离器压力为 9.5MPa（高温过热器进口温度为 432℃，高温过热器出口温度为 413℃）时，开启临冲门；7.4MPa 时，开始关闭临冲门，过热器、一次再热器、二次再热器压力降比最大分别为 1.34、1.63、1.89，大于 1.4 的有效时间分别为 0、36、126s。

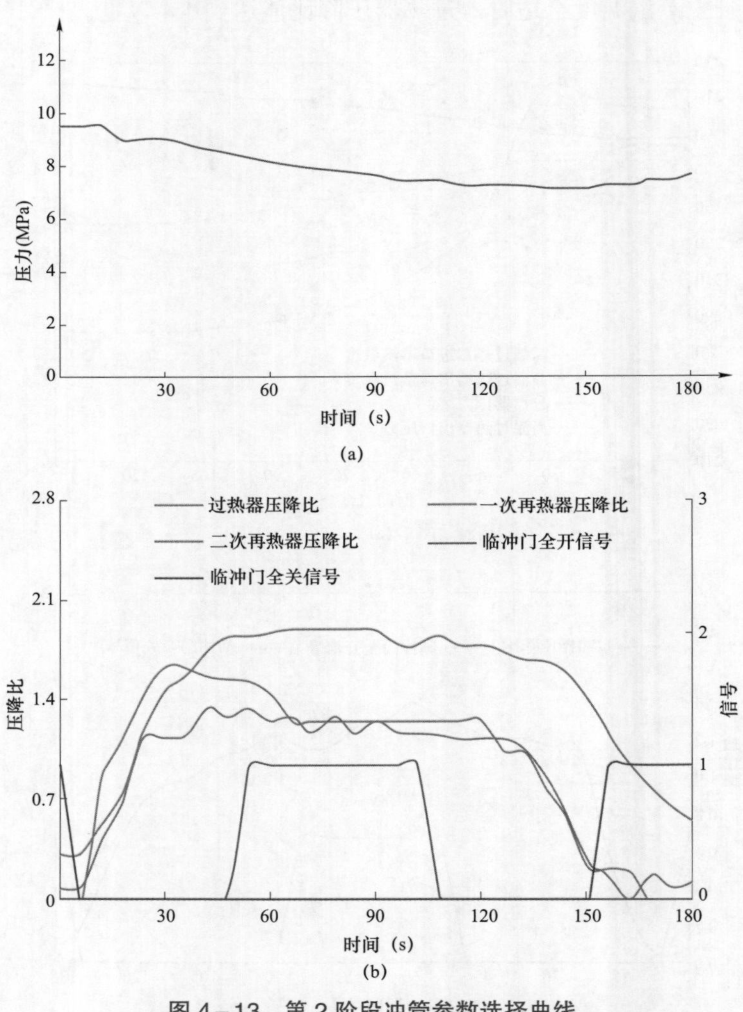

图 4-13 第 2 阶段冲管参数选择曲线

（a）压力曲线；（b）压降比、信号曲线

（2）虽然一次再热器和二次再热器 BMCR 工况时压降相同，但压力等级不一样，一次再热器冲管有效时间主要决定于分离器始压，二次再热器冲管有效时间受分离器终压影响更大。

综上所述，确定第 1 阶段和第 2 阶段降压冲管选择相同的分离器压力，即分离器压力为 9.5～10.5MPa 时临冲门开启，压力下降至 7.8MPa 时临冲门开始关闭。

为了保证冲管系统安全，临冲系统管道设计参数：临冲门前为 12MPa、450℃；临冲门后为 8MPa、450℃；高压门后为 3.5MPa、450℃；中压门后为 2MPa、530℃。

（二）稳压冲管

稳压冲管系数为计算点的蒸汽动量与其 BMCR 工况下的动量之比，即

$$x=(Q^2 \times v)/(Q^2_{BMCR} \times v_{BMCR}) \quad (4-8)$$

式中　Q——通过该点的蒸汽流量，t/h；

v——对应压力和温度下的蒸汽比容，m^3/kg；

Q_{BMCR}——BMCR 工况通过该点的蒸汽流量，t/h；

v_{BMCR}——BMCR 工况压力和温度的蒸汽比容，m^3/kg。

冲管参数设计必须要保证锅炉冲管系数大于或等于 1。由式（4－8）可知，冲管系数主要取决于冲管时蒸汽流量、蒸汽压力和温度。针对特定的冲管系统，当临冲门全开后，稳压冲管分离器压力就只是蒸汽温度和蒸汽流量的函数，故稳压冲管所需选定的参数就是系统内各点蒸汽温度和蒸汽流量。根据式（4－8）可知，提高冲管系数就需要提高蒸汽流量，并在冲管系统允许范围内尽量提高蒸汽温度，增大蒸汽比容。

冲管系统蒸汽管道任何一点均有对应时刻的动量比。因为锅炉冲管时锅炉运行和锅炉 BMCR 设计工况下机组正常运行完全不同，所以系统各个点也不同，存在较大差异。为了控制高温过热器出口蒸汽温度，需要压低"中间点"分离器过热度，这将导致低温过热器进口温度低，比容小，同时减温水的投用也使得流经低温过热器进口的蒸汽流量（即省煤器进口给水流量）减少，从而降低了低温过热器进口冲管系数。通常在锅炉运行稳定时，低温过热器进口冲管系数最小，因此要保证整个冲管系统冲管系数合格，必须将低温过热器进口动量比提高至 1 以上。

根据以往一次再热塔式锅炉冲管经验，结合二次再热塔式炉技术特点，为了提高冲管效果，稳压冲管设计参数为：锅炉转干态正式稳压冲管后，分离器压力为 6.5～7.5MPa；主蒸汽温度为 427℃，一次再热蒸汽温度为 450℃，二次再热蒸汽温度为 520℃；高压加热器出口给水流量应达到 1200t/h 以上，省煤器进口给水流量达到 1100t/h 以上，低温过热器进口蒸汽温度应达到 310℃。

（三）临冲管管材设计参数

根据冲管蒸汽参数选定原则，所有临冲管管材采用 12Cr1MoVG，管道设计参数如表 4－6 所示。

表 4－6　　临冲管道设计参数

临冲管道	设计压力（MPa）	设计温度（℃）
超高压主汽门至临冲门	12	450
临冲门至一次再热冷段	8	450
高压主汽门至二次再热冷段	3.5	450
中压主汽门之后	2.5	550

三、冲管过程参数控制及其分析

（一）降压冲管

1. 蒸汽温度控制

为提高冲管效果并保证系统安全，冲管期间必须控制锅炉蒸汽温度在合理范围之内。

由于该型号锅炉过热器的布置方式较以往锅炉有较大区别，仅由低温过热器和高温过热器两级组成，低温过热器管道长度相对较短且布置在炉膛出口处，主要吸收炉膛辐射放热量。冲管期间，采用等离子启动 B 制粉系统，炉膛火焰中心位置比较低，且煤粉燃烧不充分，降低了炉膛烟气温度，导致低温过热器吸收炉膛辐射放热量下降，进而降低了低温过热器的蓄热量。当冲管过程中开启临冲门给锅炉突然大量补水时，垂直水冷壁出口的汽水混合物经过分离器分离时，饱和蒸汽湿度比较大，经过低温过热器时不能及时吸收足够的热量，导致低温过热器出口温度急剧下降，甚至降到饱和温度。

临冲门开启前，对分离器压力相同而高温过热器进口蒸汽温度不同的两个工况的冲管效果进行比较，两个工况对冲管效果影响曲线分别如图 4－14 和图 4－15 所示。

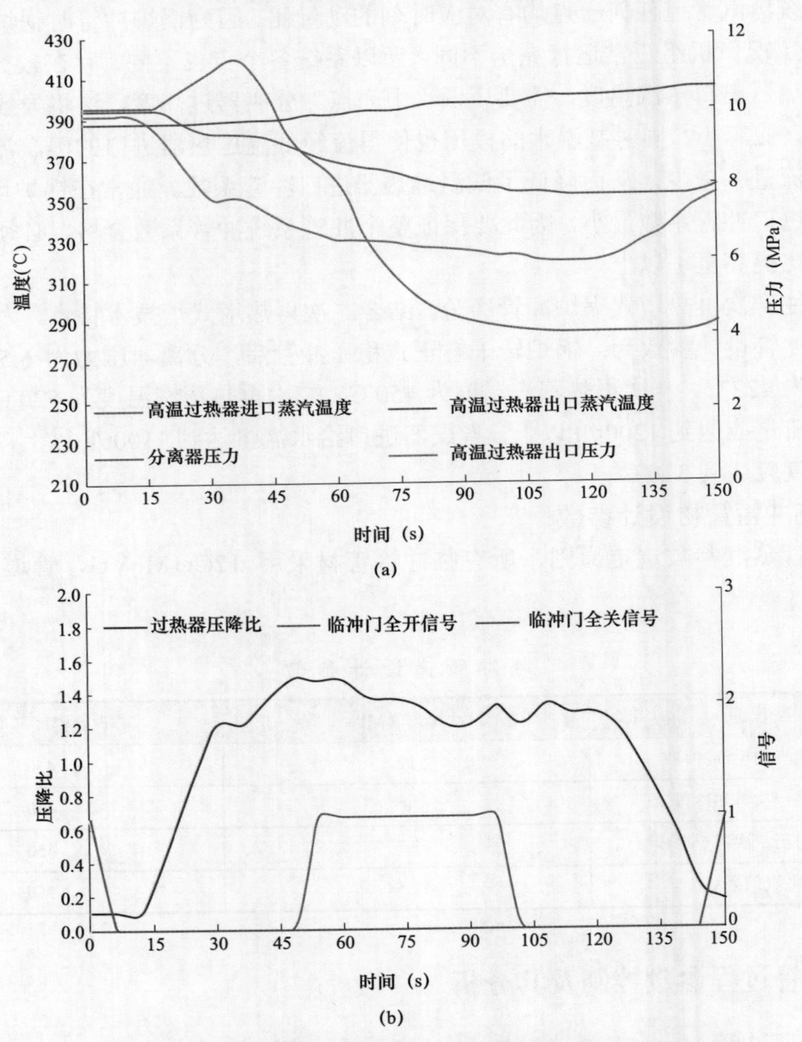

图 4－14　高温过热器进口蒸汽温度对冲管效果影响曲线 1

（a）温度、压力曲线；（b）压降比、信号曲线

由第 1 工况（见图 4－15）可知：① 过热器最大压降比为 1.51，临冲门开启至第 43～58s，过热器压降比达到 1.4 以上；② 高温过热器进口/出口初始蒸汽温度为 395℃/388℃，高温过热器进口/出口最终蒸汽温度为 287℃/403℃，高温过热器进口蒸汽温度先是一个小幅度的上升，随后就开始迅速下降，甚至降到饱和温度，高温过热器出口蒸汽温度逐步小幅度上升；③ 高温过热器进口温度从 395℃下降到 287℃，下降了 108℃，这对低温过热器管道产生巨大热应力冲击。而由第 2 工况（见图 4－16）可知：① 过热器最大压降比为 1.47，临冲门开启至第 35～40s，过热器压降比达到 1.4 以上；② 高温过热器进口/出口初始蒸汽温度为 411℃/420℃，高温过热器进口/出口最终蒸汽温度为 283℃/383℃，高温过热器进口蒸汽温度逐渐下降，高温过热器出口蒸汽温度先是保持稳定，随后快速下降；③ 高温过热器出口温度从 420℃下降到 383℃，下降了 37℃，这对高温过热器管道产生巨大热应力冲击。

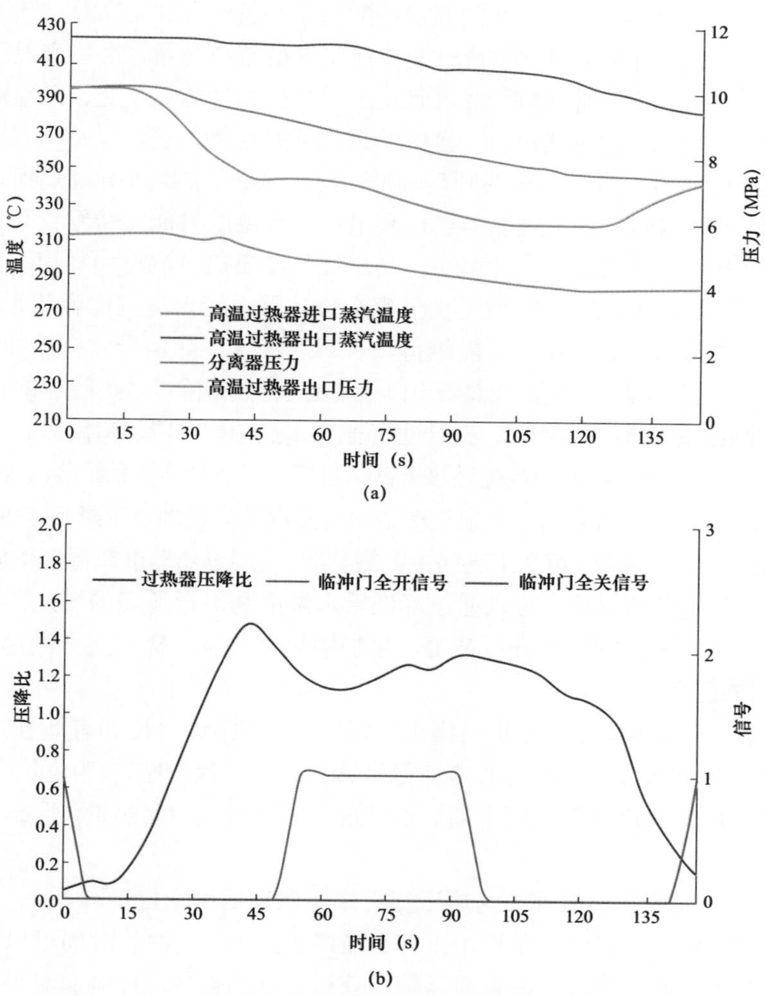

图 4－15　高温过热器进口蒸汽温度对冲管效果影响曲线 2

（a）温度、压力曲线；（b）压降比、信号曲线

比较该两工况可知：

（1）虽然始压均为10.0MPa，开始关临冲门时第2工况比第1工况的分离器压力略高，但是由于第2工况锅炉蓄热少，主蒸汽温度下降快，分离器终压要低于第1工况，最高压降比、压降比有效时间及平均压降比均要低于第1工况，锅炉的蓄热直接决定冲管的效果。

（2）在临冲门开启过程中，由于高温过热器背压加速下降，临冲门前的蒸汽加速释放，高温过热器出口压力加速下降，下降速度高于分离器压力下降速率，且由于炉膛蓄热在压力下降过程中加速释放及饱和温度的下降，也减缓了分离器压力的下降速率，导致临冲门开启后，过热器压降比迅速提高。

（3）由于锅炉低温过热器容积小，蓄热能力弱，每次临冲门开启后，高温过热器进口温度会迅速下降到对应压力下的饱和温度，这对分离器后和高温过热器前蒸汽管道造成巨大热应力冲击。

（4）当锅炉蓄热足够多时，临冲门开启后的整个冲管过程中，高温过热器进口蒸汽温度大幅度下降后，蒸汽流经高温过热器时能获得足够的蓄热热量，维持高温过热器出口温度稳定，不至于对高温过热器出口主蒸汽管道造成热应力冲击；反之，高温过热器出口温度将大幅度下降，对高温过热器出口主蒸汽管道造成热应力冲击。

（5）当高温过热器进口温度较低开启临冲门时，锅炉蓄热量小，过热器系统蓄热量更小。当蒸汽流经过热器时，高温过热器进口和出口蒸汽温度只能短暂维持稳定，然后迅速下降，整个过热器系统蒸汽比容快速减小，高温过热器出口蒸汽压力加速下降，因此，第2工况过热器压降比更早达到1.4。但是由于整个过热器系统内蒸汽比容较小，快速收缩余量较小，高温过热器出口蒸汽压力不能维持较长时间快速下降，导致有效冲管时间较短。

（6）临冲门开启过程中，高温过热器出口蒸汽压力急剧下降，过热器压降比迅速上升，当临冲门开启至对系统阻力影响较小时，高温过热器出口蒸汽压力下降速率减缓，过热器压降比也减小。过热器蒸汽流经过热器带走完过热器蓄热量后，整个过热器系统蒸汽温度又会加速下降，比容迅速减小，蒸汽急剧收缩，高温过热器出口蒸汽压力也加速下降，过热器压降比再次短暂反弹，形成一个下凹现象，第2工况锅炉蓄热量小，高温过热器进口温度偏低时尤为明显。

为了提高且稳定蒸汽温度，可以通过降低给水温度和进行适当的燃烧调整、开启临冲门前系统的疏水方法来控制锅炉升压节奏，增加锅炉蓄热量，提高主蒸汽温度。

2. 冲管时间控制

冲管时间的合理控制，能有效提高锅炉冲管的安全性、经济性和有效性，具体表现为：

（1）为临冲门电动头电动机的散热获得足够的时间，保护临冲门的正常开关运行。

（2）在保证炉膛出口烟气温度不超温的情况下，提高锅炉蓄热量，提高冲管时的有效冲管时间。

（3）使得运行人员掌握准确的锅炉运行规律，保证锅炉稳定运行。

针对特定的冲管系统、分离器初始压力和最终压力工况，冲管时间可以通过锅炉燃烧和汽水系统调整来控制，使每次冲管前锅炉能获得足够的蓄热，控制高温过热器进、出口蒸汽温度和锅炉升压速率在合理范围之内。

汽水系统的控制包括水侧启动系统的控制和主蒸汽系统的控制。水侧启动系统的控制主要是在保证储水箱水位正常情况下，适当控制每次锅炉补水量和增减炉水循环泵出口调节阀开度；主蒸汽系统的控制主要是通过过热器系统疏水来拉升主蒸汽温度和控制主蒸汽升压速率。

由于锅炉采用B层等离子无油投粉点火，燃烧系统的控制主要是在冲管过程中适当地增减给煤量，控制锅炉升压速率、增加锅炉蓄热量和提高主蒸汽温度。

降压冲管期间，分离器内的介质始终处于饱和状态，压力的上升取决于垂直水冷壁出口温度的提高，省煤器出口水温趋势曲线的监视，能为锅炉升温升压预留足够时间，以便增减锅炉热负荷。

图4-16呈现出一个间隔时间短-长-短-长的节奏，其主要原因是在第1次冲管时，省煤器内水温高，临冲门关闭之后系统升压速度较快，而这次锅炉补水往往是在临近第2次冲管时才能到达省煤器出口，随着第2次冲管给锅炉继续补水，导致第2次后锅炉

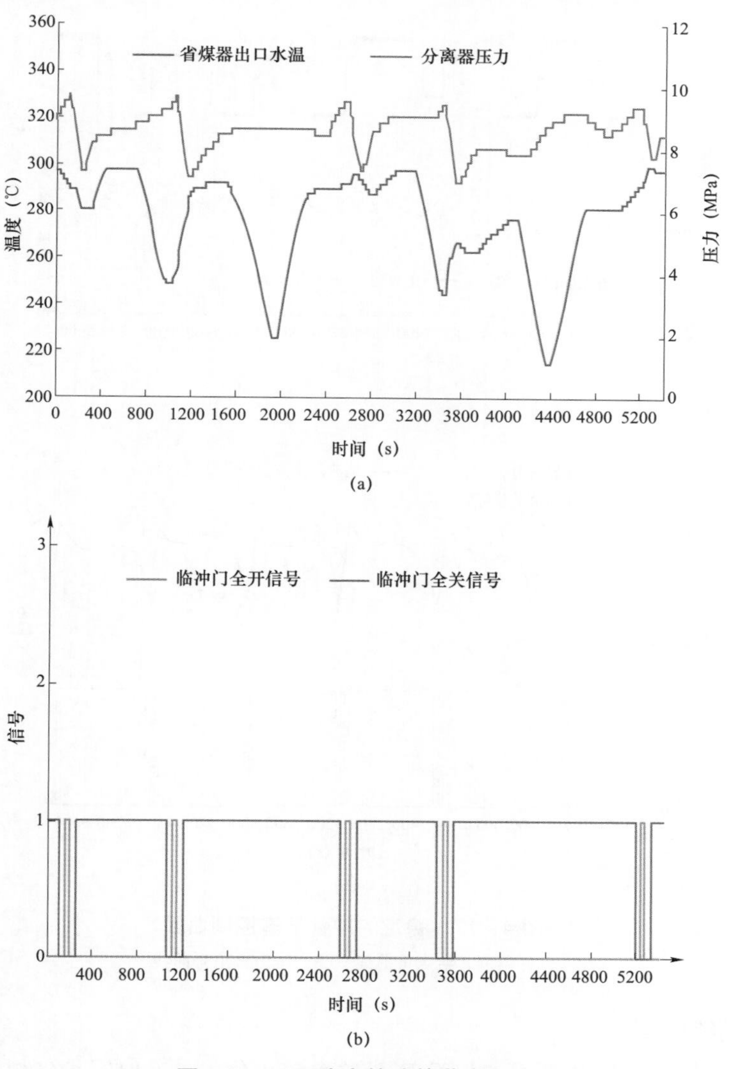

图4-16　不稳定的冲管节奏曲线

（a）温度、压力曲线；（b）开关信号曲线

启动系统管道内全是第1次和第2次给锅炉补的低温给水，锅水的总焓值明显降低，加长了该阶段的升温升压时间，而且中间往往会出现由于第1次冲管给锅炉补水所引起的储水箱压力升压过程中小幅下降，形成一个下凹现象，延长了第2次升温升压时间。

图4-17所示为稳定的冲管节奏控制曲线，每次冲管时间间隔为15～16min，临冲门开启和开始关闭时分离器压力分别为9.6～9.8MPa和7.8～7.9MPa，临冲门全关时分离器终压为7.1～7.2MPa。经过合理的冲管节奏控制，在临冲门开启前后可以适当降低B磨煤机给煤量至49～50t/h，提高后期升压速率控制的灵活性；在临冲门全关后开启过热器疏水，并逐渐增加B磨煤机给煤量至53～54t/h，高温过热器出口蒸汽温度始终维持在396～405℃之间。

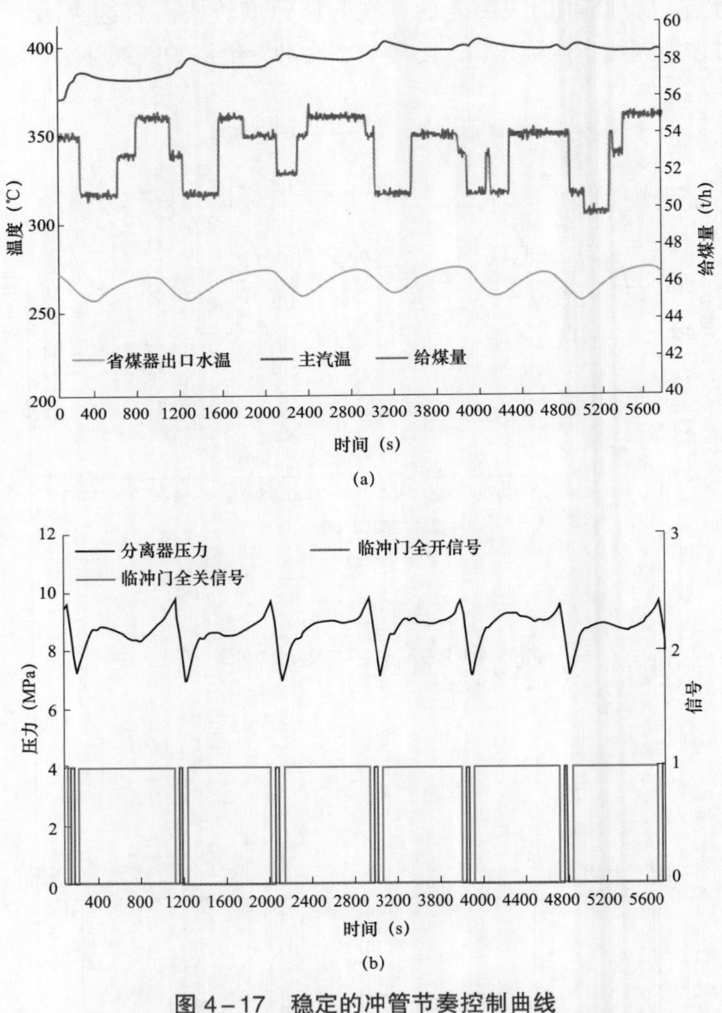

图4-17 稳定的冲管节奏控制曲线

（a）温度、给煤量曲线；（b）压力、信号曲线

3. 启动系统控制

锅炉启动系统的控制主要是控制分离器储水箱水位。在确保锅炉省煤器进口给水量不低于MFT的保护定值的同时适当地增减锅炉补水，以利于控制冲管时间节奏。每次降压

冲管前后启动系统控制曲线如图 4－18 所示。

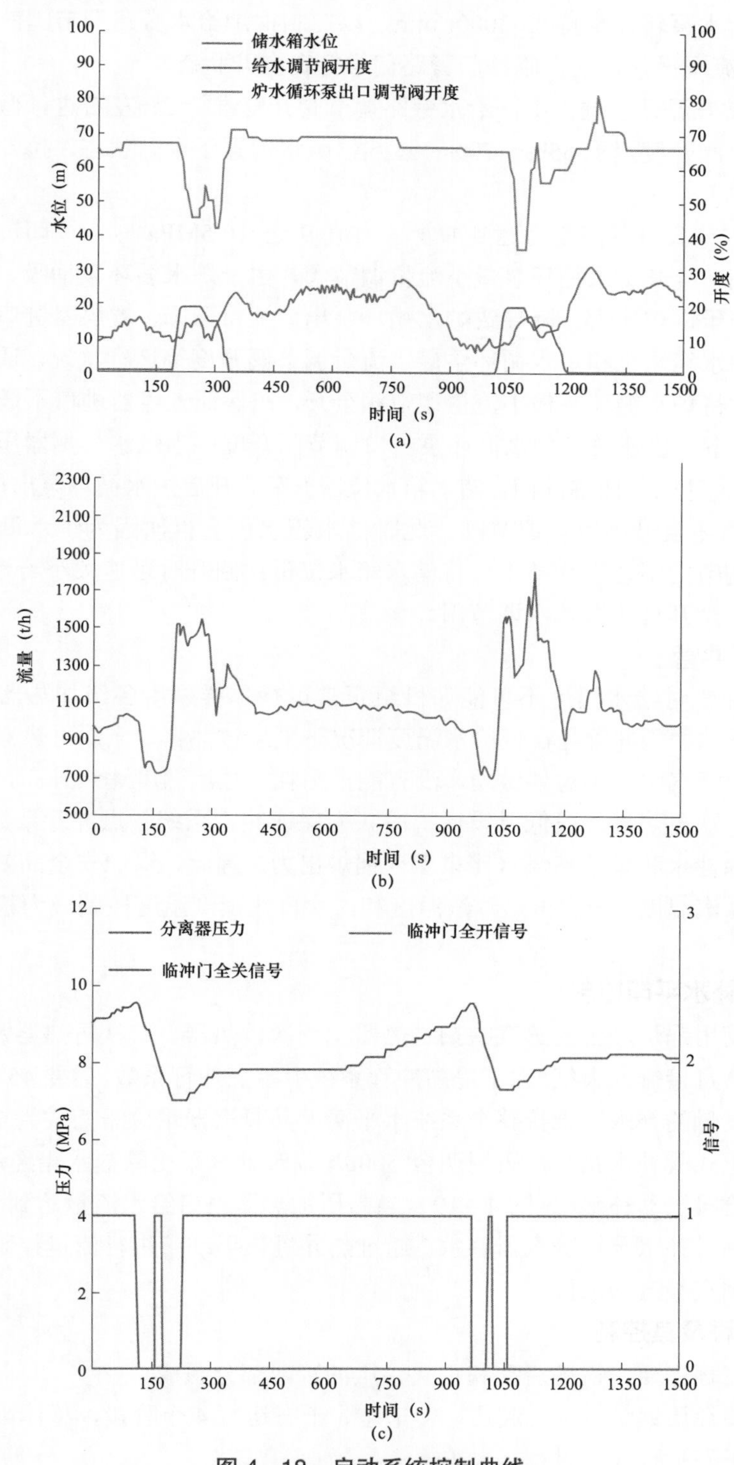

图 4－18　启动系统控制曲线

（a）水位、开度曲线；（b）给水流量曲线；（c）压力、信号曲线

（1）冲管期间，炉水循环泵过冷水调节阀开度维持在90%以上，保证炉水循环泵进口锅水过冷度；给水泵转速维持在3000r/min，以控制锅炉给水旁路调节阀前后压差在适当范围；HWL溢流阀投入自动；临冲门旁路门维持在全开状态。

（2）在正常升温升压过程中，给水旁路调节阀开度维持3%左右进行微量补水；炉水循环泵出口调节阀开度置于65%～70%；过热器疏水门置于全开状态，拉升过热器系统蒸汽温度。

（3）当汽水分离器蒸汽压力达到冲管压力值9.5～10.5MPa时，关闭过热器疏水调节门，开启临冲门，全开炉水循环泵最小流量调节阀，由于炉水循环泵抽吸，储水箱水位会迅速下降，且由于锅炉压力下降导致炉水循环泵出口流量下降，省煤器进口流量也会迅速下降，此时视储水箱水位和炉水循环泵最小流量调节阀开度等运行状况，适时开启锅炉给水调节门，同时待炉水循环泵最小流量调节阀全开，在保证省煤器进口不低于676t/h触发锅炉MFT情况下，迅速关小炉水循环泵出口调节门开度；当汽水分离器压力达到冲管压力值7.8MPa时，开始关闭临冲门，储水箱水位回升后，开启炉水循环泵出口调节门65%，然后关闭炉水循环泵最小流量调节阀，此时储水箱水位会再次因为炉水循环泵抽吸而下降，维持给水调节门不动继续补水，待储水箱水位再次回升时迅速关小给水调节门开度。临冲门关闭后，全开过热器疏水调节门。

（二）稳压冲管

因为稳压冲管时给水温度不可能如机组正常运行那样采用各级加热器进行加热至设计温度，所以锅炉稳压冲管是在低给水温度情况下采用过热器、一次再热器和二次再热器串联方式冲管，蒸汽中间不对外做功，没有能量消耗，蒸汽温度逐级升高，前后经过一次再热器冷段和二次再热器冷段低温设计管段。为保证冲管系统各点冲管系数达到1以上，需要消耗大量除盐水和采用高煤水比来保证锅炉出力，因此，锅炉安全高效启动、系统凝水平衡以及主蒸汽温度、一次再热蒸汽温度和二次再热蒸汽温度控制成为稳压冲管控制重点和难点。

1. 凝汽器补水平衡控制

稳压冲管使用锅炉产生的蒸汽吹扫过热器、一次再热器、二次再热器及其连接管道，之后通过消声器直接排入大气。为了提高冲管系统中各点冲管系数，需要45%～50%BMCR工况下锅炉蒸发量的补水，维持整个系统水平衡尤其凝汽器水位平衡成为重中之重。

除了原来正式凝补水系统，采用两台500t/h临时补水泵由除盐水箱经过ϕ350管道通过凝汽器热井给凝汽器补水（见图4－19）。当高压加热器出口给水流量达到400t/h左右时，依次启动两台临时补水泵给凝汽器补水，通过热井进口手动门进行流量控制，辅以正式凝结水补水系统调整凝汽器水位。

2. 冲管过程及其控制

稳压冲管过程主要由锅炉启动和正式稳压冲管两部分组成。

锅炉启动要经历锅炉点火、起压、转干态、干态运行4个阶段，总体可以分为锅炉湿态、转干态、干态运行3个过程。

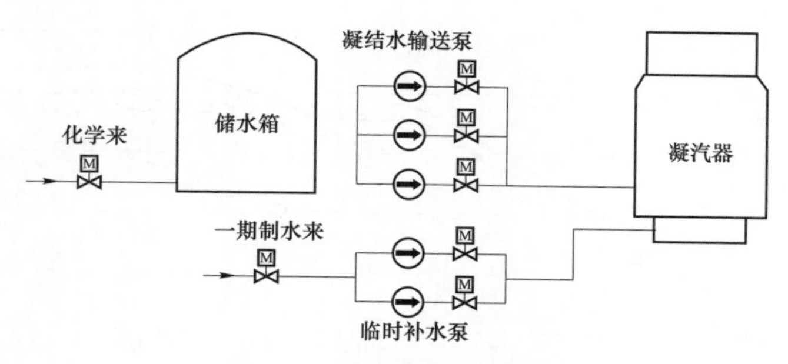

图 4-19　凝汽器补水系统

（1）锅炉湿态运行控制。锅炉转干态之前，主要是确保从锅炉点火后水冷壁出口升温速率和锅炉主蒸汽、一次再热蒸汽和二次再热蒸汽升温升压速率不能超限。

锅炉启动初期采用等离子投粉直接点火，初始热负荷大对冷态启动的锅炉受热面热冲击非常大。为了减小受热面热应力冲击，点火之前，启动锅炉启动系统，投入邻机加热的1号和3号高压加热器进行给水加热，将水冷壁出口温度抬升至117℃，加大炉水循环泵出口流量，减小锅炉水冷壁管屏之间温差；点火后加大高压加热器出口锅炉给水量，降低炉水循环泵出口流量，增加锅炉排放量，将炉膛热量通过锅炉储水箱液位控制阀排放掉，控制水冷壁出口升温速率；将给煤量置于磨煤机不振动工况下最小给煤量（35～40t/h）。维持锅炉水冷壁出口水温升温速率不超限，逐渐增加炉水循环泵出口流量，同时在保证省煤器进口给水流量不低于MFT动作值（676t/h）情况下，减少高压加热器出口给水量，减少储水箱液位控制阀排放量。在保证主蒸汽、一次再热蒸汽和二次再热蒸汽升温速率不超温情况下逐渐增加给煤量，同时逐步开大临冲门开度控制分离器的升压速率和加强冲管系统管道疏水暖管。待临冲门全开后，锅炉升温升压速率就主要通过增加给煤量来控制，辅以适当的增减给水量和储水箱液位控制阀排放量等控制措施。

由图4-20和图4-21可知：锅炉点火后水冷壁出口最大温升率为2.25℃/min；分离器压力为0.7MPa时开始开启临冲门，高温过热器出口、一次再热器和二次再热器出口蒸汽温度会由于炉内受热面内尚未通过疏水拉高蒸汽温度的蒸汽流通冷却而下降，随后逐步上升。因此，锅炉点火初期燃料量投入、系统疏水、临冲门开启及其开度控制是控制锅炉升温升压速率主要考虑因素。

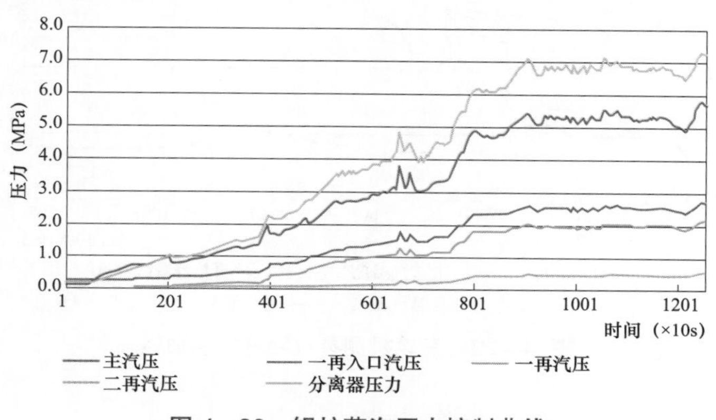

图 4-20　锅炉蒸汽压力控制曲线

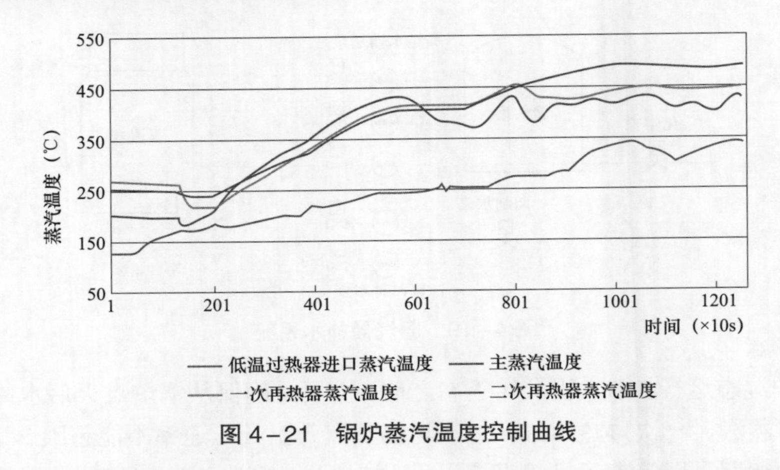

图 4-21 锅炉蒸汽温度控制曲线

（2）锅炉转干态及干态运行控制。转干态及其之后，锅炉稳压冲管主要是控制水冷壁壁温、汽轮机侧临冲管道前主蒸汽、一次再热蒸汽、二次再热蒸汽温度不超温。

由图 4-22 和图 4-23 可知：当高压加热器出口给水流量和省煤器进口给水流量相差 200t/h 左右时，维持高压加热器出口给水流量稳定在 1070t/h 左右，给煤量从 180t/h 开始加速增加至 201t/h 并保持稳定，进行锅炉干、湿态转换。随着增加的给煤量热量逐渐释放，锅炉转干态后“中间点”分离器出口温度迅速上升，上升速率最大达到 6.44℃/min，随后主蒸汽温度、一次再热蒸汽温度和二次再热蒸汽温度也大幅度上升，此时需适时开启过热器、一次再热器和二次再热器的各级减温水。因为冲管期间，锅炉给水采用给水旁路调节门进行给水流量调节，过热器减温水调节阀前后压差较正常运行大很多，减温水调节门小幅度开启就会导致过热器减温水大量投入，大幅度减小通过水冷壁的省煤器进口给水流量，所以在开启过热器减温水（锅炉干态运行时，高压加热器出口给水流量减去省煤器进口流量即为过热器减温水量）时应同时提高高压加热器出口给水流量，保证省煤器进口给水量不低，以免水冷壁壁温超温甚至锅炉 MFT 动作。

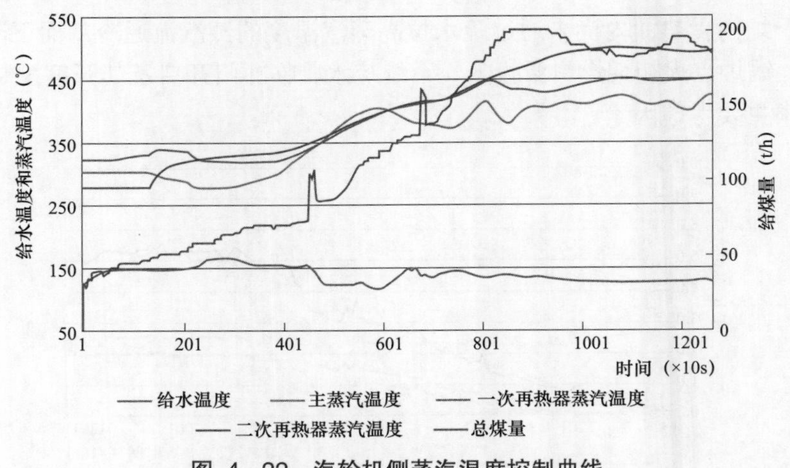

图 4-22 汽轮机侧蒸汽温度控制曲线

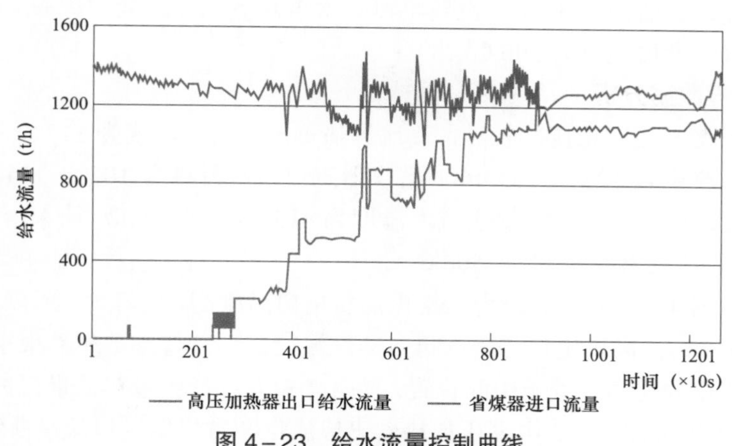

图 4-23 给水流量控制曲线

锅炉升压过程中，应该严格监视分离器出口过热度。当锅炉出力接近锅炉稳压冲管要求时，压力为 6.61MPa 且分离出口温度已经达到 307℃时，对应过热度已达到 25℃，稳定高压加热器出口给水流量，逐渐适量减少上层制粉系统出力，以免后期汽轮机侧临冲管道前蒸汽温度超限。

（3）正式稳压冲管时蒸汽温度控制。根据设计工况可知，相较于常规直流锅炉，给水温度高，“中间点”分离器过热度也较高，一次汽吸热比例大幅度下降，一次再热器和二次再热器吸热比例却大幅度提高，而一次再热器吸热比例又高于二次再热器吸热比例。锅炉稳压冲管采用过热器、一次再热器和二次再热器串冲方式，一次再热蒸汽温度允许温度和主蒸汽温度允许温度之差仅为 23℃，二次再热蒸汽温度允许温度和一次再热蒸汽温度允许温度之差为 70℃，因此，在锅炉高热负荷稳压冲管期间重点控制一次再热器出口蒸汽温度不超温。控制一次再热器出口蒸汽温度的方式主要是通过降低分离器出口蒸汽温度和投运过热器减温水来降低主蒸汽温度、关小一次再热器侧烟气温度调节挡板和开大二次再热器侧烟气温度调节挡板、投运一次再热器减温水、降低炉膛火焰中心等燃烧调整方式减小一次再热器换热量。

应尽量提高除氧器水温，并充分利用由邻机加热的 1 号和 3 号高压加热器，通过提高给水温度，降低煤水比，减小锅炉热负荷来控制主蒸汽温度、一次再热蒸汽温度和二次再热蒸汽温度。

同时投运下面 3 层燃烧器对应的 A、B、C 制粉系统，并且增加 A 磨煤量、减少 C 磨煤量；可以适当下摆 CD 层燃烧器摆角。降低炉膛火焰中心高度，降低低温过热器、一次再热高温再热器和二次再热高温再热器辐射吸热量；降低主蒸汽温度、一次再热蒸汽温度和二次再热蒸汽温度，避免超温。

如图 4-21 所示，当各级受热面出口参数稳定且已经回落时，进行锅炉运行微调，适当增加给煤量，提高低温过热器进口蒸汽温度，调整给水流量和降低过热器、一次再热蒸汽温度和二次再热器减温水流量，将主蒸汽温度、一次再热蒸汽温度和二次再热蒸汽温度调整至允许最高值，优化系统冲管系数分配，尤其是提高低温过热器进口冲管系数。汽轮机侧主蒸汽温度最大值为423.7℃，汽轮机侧一次再热蒸汽温度最大值为450.0℃，汽轮机侧二次再热蒸汽温度最大值为500℃。

3. 冲管过程数据分析

（1）冲管系数。正式稳压冲管后，高压加热器出口给水温度为127.2～138.0℃，高压加热器出口给水流量为1231～1356t/h，省煤器进口给水流量为1071～1144t/h，低温过热器进口蒸汽温度达到311～344℃，主蒸汽温度为415～435℃，一次再热蒸汽温度为426～452℃，二次再热蒸汽温度为478～500℃。

冲管系数如图4－24所示，因为二次再热器出口温度高、比容大，所以冲管系数最大，始终维持在2.0左右；高过出口和一次再热蒸汽温度进口冲管系数相差很小，一次再热蒸汽温度出口冲管系数略高，处于中间位置，为1.2左右；低温过热器进口冲管系数最小，在1左右波动。再结合图4－23中高压加热器出口流量和省煤器进口流量曲线可知：从1180点时收小过热器减温水，低温过热器进口流量获得提高，相应冲管系数也提高了，所以在保证各级蒸汽温度不超温的情况下，应尽量减少过热器减温水。

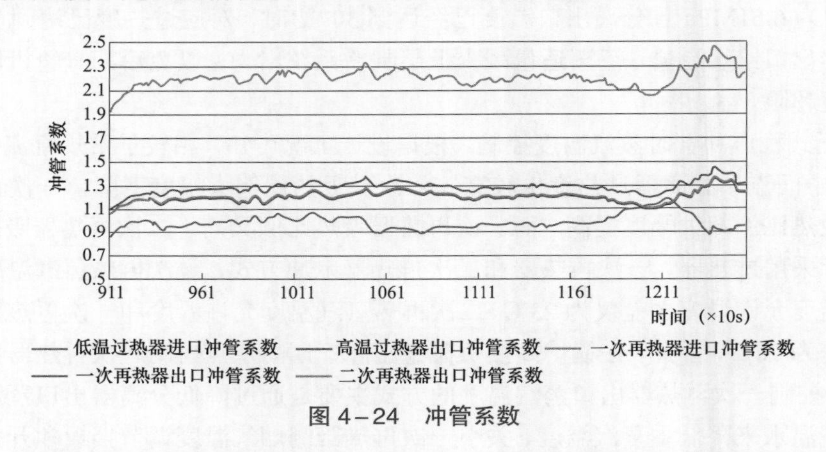

图4－24 冲管系数

（2）稳压冲管时锅炉吸热比例分配。面对一台新炉型，稳压冲管系统的设计主要由正式冲管时各受热面出口介质压力和温度所决定，它们决定了对临冲管材质和壁厚的要求、临冲管和正式系统的接口、临冲系统膨胀量及其布置等。在保证系统冲管系数的基本要求下，锅炉各受热面的吸热比例分配将直接影响各临冲管前介质温度。表4－7为锅炉设计和稳压冲管各受热面吸热量分配百分比。

表4－7 锅炉设计和稳压冲管各受热面吸热量分配百分比 %

项目	冲管	BMCR	BRL	THA	75%THA	50%THA	40%THA	30%THA
省煤器	12.3	6.5	6.5	6.4	6.9	8.2	9.2	10.0
水冷壁	53.0	44.9	45.3	45.6	48.2	48.8	50.3	49.6
低温过热器	7.1	9.5	9.6	9.7	9.9	10.9	10.4	11.8
高温过热器	13.9	10.9	10.8	10.7	9.8	8.9	7.8	7.1

续表

项目	冲管	BMCR	BRL	THA	75%THA	50%THA	40%THA	30%THA
一次再热器低温再热器	2.4	8.3	8.2	8.0	7.1	5.8	5.9	5.6
一次再热器高温再热器	5.5	8.0	8.0	8.0	7.3	6.9	6.2	6.2
一次再热器	7.9	16.3	16.2	16.0	14.3	12.8	12.1	11.7
二次再热器低温再热器	1.5	6.0	5.9	5.8	5.5	5.3	4.7	4.4
二次再热器高再热器	4.2	5.9	5.9	5.8	5.4	5.0	4.7	4.7
二次再热器	5.7	11.8	11.7	11.6	10.9	10.3	10.1	9.8

表4－7对应的正式稳压冲管工况点：高压加热器出口给水流量为1286t/h，省煤器进口给水流量为1096t/h；低温过热器进口温度为322℃，高温过热器出口温度为419℃，一次再热器出口蒸汽温度为447℃，二次再热器出口蒸汽温度为487℃；过热器一级减温水流量为0t/h，过热二次减温水流量为190t/h；一次再热器事故喷水量为13.1t/h，一次再热器微量减温水流量为41.9t/h；二次再热器事故喷水量为0t/h，二次再热器微量减温水流量为26t/h；高压加热器出口给水温度为127.8℃；锅炉汽水系统总吸热量为4004.7GJ/h。由表4－7可知稳压冲管时：

1）一次汽吸热比例高达86%，一次再热器蒸汽吸热比例仅为7.9%，二次再热器蒸汽吸热比例也仅为5.7%。

2）由于给水温度低，省煤器和水冷壁吸热比例均大大高于锅炉30%THA工况时的吸热比例。

3）为了提高低温过热器进口冲管系数，基本没有投用过热器一级减温水，导致低温过热器吸热比例大大低于锅炉BMCR工况时的吸热比例。

4）由于控制高温过热器出口蒸汽温度，大量投入过热器二级减温水，大大提高了高温过热器吸热比例，比BMCR工况时的吸热比例还高3%。

5）由于采用串联冲管方式，致使一次再热器和二次再热器吸热比例较设计工况下降很大，均不到BMCR工况时的吸热比例一半。

第四节　二次再热机组化学清洗

热力设备化学清洗是保持热力设备内表面清洁，防止受热面发生结垢、腐蚀引起事故，提高热力设备热效率，改善热力设备汽水品质的必要措施之一。1000MW超超临界二次再热机组特殊的结构流程，要求进入热力系统的汽水品质必须控制在严格的标准范围内，因此，新建1000MW超超临界二次再热机组在投运前必须进行全面、细致的化学清洗。通过化学清洗，可清除热力设备在制造过程中形成的氧化皮和在储运、安装过程中形成的腐蚀产物、焊渣以及设备出厂时涂覆的防护剂（如油脂类物质）等各种附着物，同时还可以除去热力设备在制造、储运、安装过程中残留在设备内部的外界杂质，如砂子、泥土、灰尘、保温材料的碎渣等。

1000MW 超超临界二次再热锅炉各受热面的管束规格、材质及水流量特性见表 4－8。

表 4－8 锅炉各受热面的管束规格、材质及水流量特性

设备名称	管子数量/规格（mm）	水容积（m^3）	通流面积（m^2）	0.1m/s 时的流量（m^3/h）	0.3m/s 时的流量（m^3/h）	0.6m/s 时的流量（m^3/h）	主要材质
启动系统	1/ϕ559×90 1/ϕ508×80	45	0.11	40	120	240	12Cr1MoVG SA106－C
省煤器	1424/ϕ42×8	181	0.76	274	822	1644	SA106C
水冷壁	1432/ϕ38×7/8.5 716/ϕ44.5×9.0	92	0.65	234	702	1404	12Cr1MoVG
过热器	800/ϕ57×10.5 880/ϕ50.8×11	134	0.82	295	885	1770	12Cr1MoVG SA335－P91 SA335－P92 SA213S304H SA213－TP310HCBN
一次再热器	1860/ϕ50.8×6.5	440	2.08	748	2244	4492	12Cr1MoVG SA335－P91 SA213S304H SA213－TP310HCBN
二次再热器	1133/ϕ50.8×3.5	475	1.70	612	1836	3672	12Cr1MoVG SA335－P91 SA335－P92 SA213S304H SA213－TP310HCBN

一、化学清洗介质的选用

化学清洗包括碱洗工艺和酸洗工艺。碱洗工艺去除金属表面的油脂性憎水物，避免炉管内的油脂类物质影响酸洗及后续的钝化膜质量。传统碱洗介质有碳酸钠、氢氧化钠、三聚磷酸钠、磷酸三钠、磷酸氢二钠或复合磷酸盐等，这些物质在碱洗后易于在系统中残留，从而在机组运行过程中在汽轮机通流部位产生聚积，这一点已在多台超临界及超超临界机组检修中得到印证。因此，二次再热机组除油清洗抛弃传统的碱性清洗介质，利用双氧水的强氧化性进行除油清洗，一方面，减少清洗期间盐类物质的引入；另一方面，双氧水在环境温度下也易于分解，清洗废液便于处理，减少对环境的污染。

超临界及超超临界机组酸洗工艺通常采用柠檬酸、乙二胺四乙酸、羟基乙酸等有机清洗剂进行清洗，也有少量采用氨基磺酸进行清洗（但是氨基磺酸因含有硫元素，在过热器系统清洗中受到限制）。几种常用有机酸的清洗温度和溶解氧化铁的量如表 4－9 所示。

表 4-9　几种常用有机酸的清洗温度和溶解氧化铁的量

清洗液种类	清洗温度（℃）	清洗液浓度（%）	溶解氧化铁的量（g/L）
柠檬酸	（90±5）	3	8.6
EDTA	（125±5）	6	6.0
羟基乙酸	（80±5）	2	13.4

从表 4-9 可以看出，在同质量分数的各种有机酸浓度下，羟基乙酸络合溶解氧化铁的能力最大。单独采用羟基乙酸与铁的络合能力虽然很强，但是清洗速度较慢，因此，化学清洗时往往采用羟基乙酸与甲酸或柠檬酸按比例配合使用，不同复合酸配比对金属的腐蚀速率如表 4-10 所示。

表 4-10　不同复合酸配比对金属的腐蚀速率

清洗液种类	复合酸浓度（%）	缓蚀剂浓度（%）	清洗温度（℃）	不同金属材质腐蚀速率［g/（m^2·h）］		
				12CrMoV	T91	SA210C
羟基乙酸和甲酸（2:1）	3.5	0.4	80	0.29	0.39	0.32
羟基乙酸和甲酸（1:1）	3.5	0.4	80	0.72	1.23	0.76
羟基乙酸和柠檬酸（2:1）	3.5	0.4	80	0.30	0.38	0.31

从表 4-10 可以看出，羟基乙酸和甲酸或柠檬酸混合作为清洗介质，对金属材质的腐蚀都能得到有效控制，但甲酸含量大时，腐蚀速率较大，因此，清洗时采用羟基乙酸和甲酸按 2:1 比例配制。采用羟基乙酸和甲酸混合清洗具有以下优点：清洗液组分中氯离子含量极低；清洗废液分子量小，易于生物降解；清洗过程中不会产生有机酸铁沉降风险，清洗液络合铁离子能力强，清洗更加安全。同时，羟基乙酸和甲酸都是液体，具有药品水溶解性能好、加药过程中不易带入其他杂物、药品配制劳动强度低等特点。

二、化学清洗范围与系统

超超临界二次再热机组相对于一次再热机组而言，锅炉热力系统更加复杂，汽水在受热面及热力系统中的流程更长，不良的水工况将严重影响二次再热机组的效率和安全经济运行，因此，进行较全面的热力系统化学清洗十分必要。因为再热器的管道通流面积相对较大，且水容积较大，再热器内表面积与其水容积的比值偏小，再热器管的材质为 SA335-P91 或 P92，属于基本不会生锈的材质，所以进行再热器化学清洗的必要性不大。

化学清洗范围为部分凝结水管道，疏水冷却器，低温省煤器水侧及管道，10 号、9 号、8 号、7 号、6 号低压加热器水侧及旁路，1/2 除氧水箱，4 号、3 号、2 号、1 号高压加热器（A/B 侧）水侧及旁路，给水管道，省煤器系统，水冷壁系统，启动分离器，过热器系统等，清洗水容积合计约为 $1200m^3$。

根据热力系统特点设计的清洗系统如图 4-25 所示。

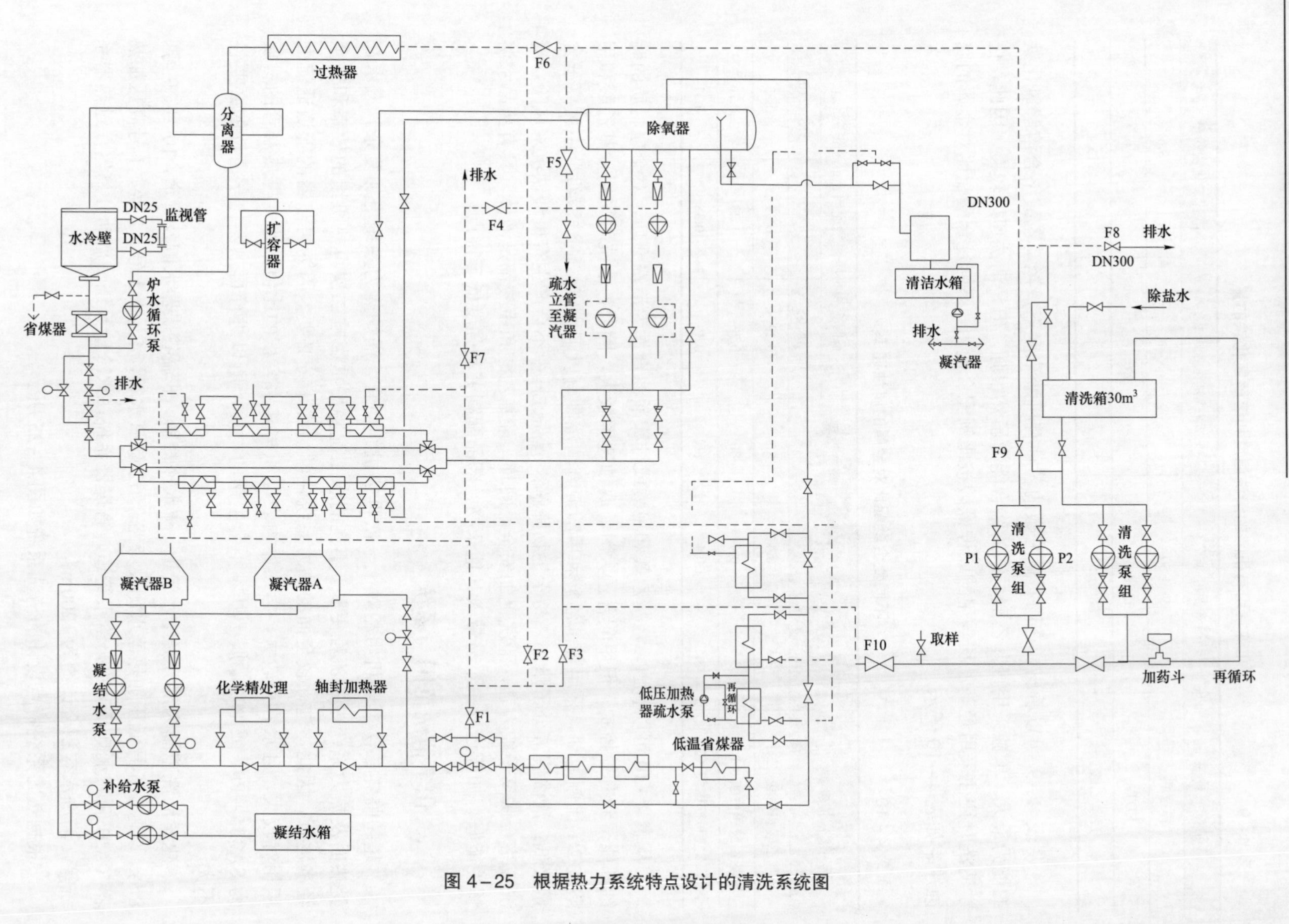

图 4-25 根据热力系统特点设计的清洗系统图

水冲洗阶段采用机组配置的变频凝结水泵。凝结水泵扬程高、流量大且易于变流量调节，可以满足过热器 0.3～0.6m/s 的冲洗要求，确保清洗前后的冲洗效果。

化学清洗循环动力采用两套流量为 500t/h、扬程为 1.5MPa 的耐腐蚀离心泵，清洗过程中启动炉水循环泵以增加锅炉本体的清洗流速。

除氧器兼作清洗水箱，一方面，作为清洗系统缓冲容积用；另一方面，在升温阶段可以投用除氧器加热进行混合加热，以提高清洗系统的加热速度。化学清洗阶段采用 2 号高压加热器进行表面加热，防止因采用除氧器混合加热时产生过多的疏水而稀释清洗溶液的药品浓度，影响清洗效果。

三、化学清洗主要工艺控制

1. 水冲洗阶段

水冲洗采用变频凝结水泵进行冲洗，冲洗流程如图 4－26 所示。

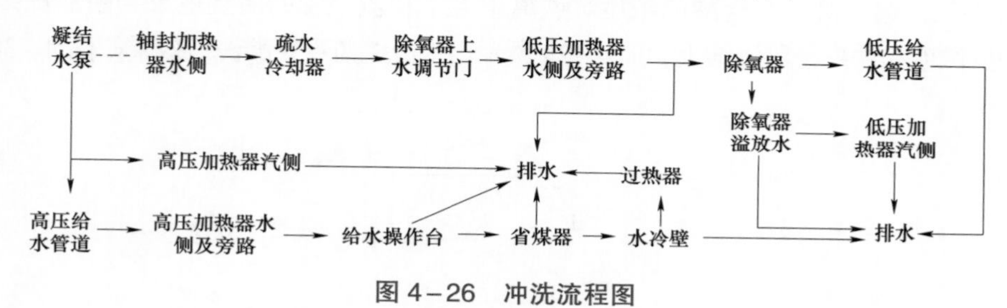

图 4－26 冲洗流程图

冲洗时采用分段变流量冲洗，冲洗至锅炉时还应启动炉水循环泵进行启动系统冲洗，锅炉冲洗干净后再冲洗过热器系统；冲洗过热器时，过热器壁温测点投入，投用给水加热器提高冲洗水温度，通过过热器管壁温测点情况判断过热器管束是否畅通。冲洗结束前冲洗排水应清澈透明、无杂物。

2. 碱洗

水冲洗结束后，采用凝结水泵作为循环动力，建立碱洗循环回路，如图 4－27 所示。

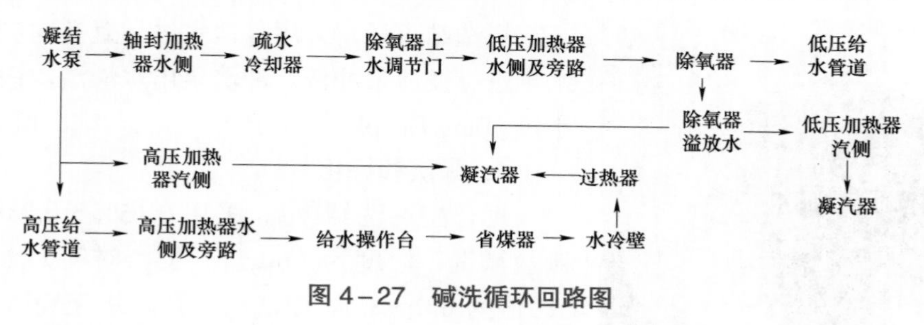

图 4－27 碱洗循环回路图

碱洗工艺参数：0.05%～0.1% H_2O_2，常温，清洗时间为 12h。清洗过程中监测 H_2O_2 浓度。

碱洗后水冲洗按水冲洗流程冲洗至排水清澈。

3. 复合酸清洗

复合酸清洗采用临时清洗泵作为清洗循环动力，清洗系统流程如图 4－28 所示。

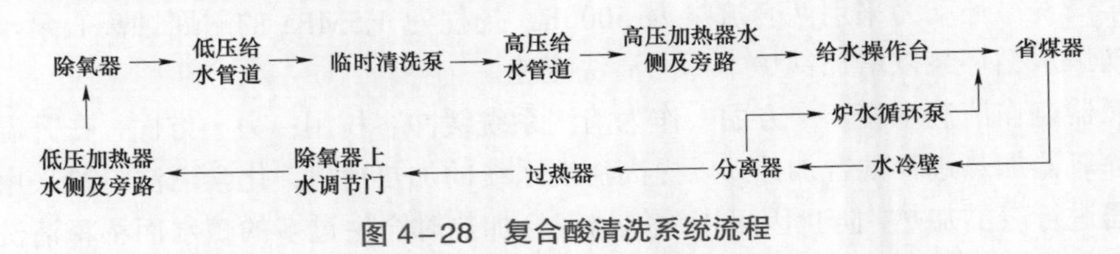

图 4－28　复合酸清洗系统流程

酸洗工艺参数：3%左右复合酸（羟基乙酸：甲酸=2:1），0.4%缓蚀剂，0.05%还原剂，消泡剂适量，温度为 80～85℃，清洗泵流量为 800～900t/h，炉水循环泵流量为 400～500t/h。清洗过程中为保持过热器系统畅通而不产生气塞，通过系统回水阀门控制回水压力在 1.15MPa 并定时进行过热器顶部排气，以减少过热器顶部的气体聚集。

清洗期间，通过测定复合酸的浓度、铁离子含量和监视管的清洗效果判断清洗终点。清洗期间的酸浓度和铁离子监测结果如图 4－29 所示，水冷壁监视管酸洗后效果如图 4－30 所示。

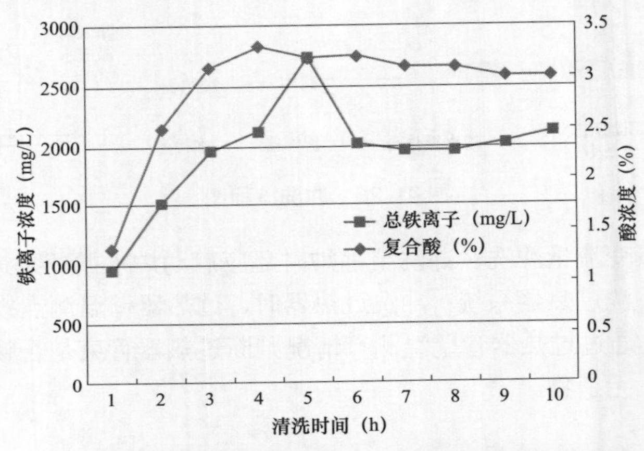

图 4－29　清洗期间的酸浓度和铁离子监测结果图

图 4－30　水冷壁监视管酸洗后效果图

清洗结束后，采用除盐水进行置换冲洗，根据来水量进行变流量冲洗，冲洗至出水澄清，铁离子含量小于 50mg/L，pH 值大于 4.5。

4. 漂洗和钝化

复合酸冲洗结束后，采用 0.15%～0.2%的 EDTA 铵盐漂洗，温度为（60±5）℃，时间为 1.5～2.0h，pH 值为 6.0～8.0。漂洗结束后，迅速充入液氨，提高 pH 值至 9.2～9.5，同时加入 500～800mg/L 的二甲基酮肟，升高温度至（80±5）℃，进行循环钝化 8～10h。

四、化学清洗后的检查与清理

化学清洗后，各参建单位对省煤器进口段、过热器出口段进行割管检查，同时对水冷壁监视管、指示片、除氧器、水冷壁下联箱和水冷壁中间联箱进行检查。

1. 监视管检查

在锅炉 90m 水冷壁系统安装监视管，清洗结束后对监视管进行检查。监视管内部氧化铁皮已被彻底清洗干净，表面光洁，无点蚀、无二次锈蚀、无镀铜、无金属粗晶析出等过洗现象。管样金属表面形成完整钝化保护膜，无残留物。

2. 指示片检查

在监视管内悬挂水冷壁（12CrMoV）、省煤器（SA－210C）、过热器（T91）材质的腐蚀指示片，水冷壁材质的腐蚀指示片平均腐蚀速率为 0.012g/（m^2·h），平均腐蚀总量为 0.14g/m^2；省煤器材质的腐蚀指示片平均腐蚀速率为 0.016g/（m^2·h），平均腐蚀总量为 0.18g/m^2；过热器材质的腐蚀指示片平均腐蚀速率为 0.076g/（m^2·h），平均腐蚀总量为 0.92g/m^2；所有指示片表面光洁，无点蚀、无二次锈蚀、无镀铜、无金属粗晶析出等过洗现象。

3. 水冷壁下联箱和中间联箱的检查

割开水冷壁下联箱和中间联箱的手孔检查，用内窥镜进行内部检查。内表面被洗干净，表面光洁，无点蚀、无二次锈蚀、无镀铜、无金属粗晶析出等过洗现象，中间联箱有少量粉末状沉积物，经人工清理干净。清洗效果如图 4－31 和图 4－32 所示。

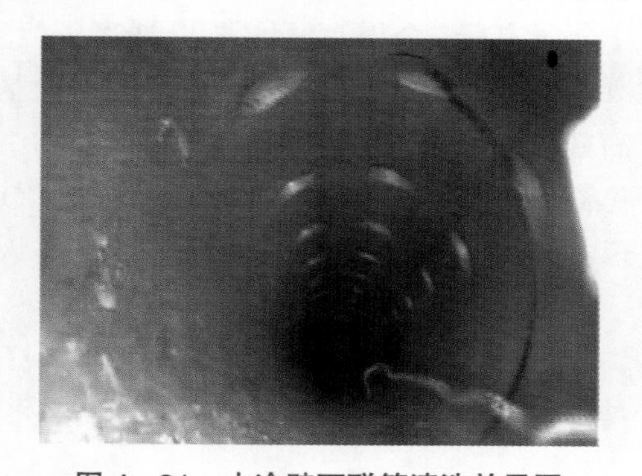

图 4－31　水冷壁下联箱清洗效果图

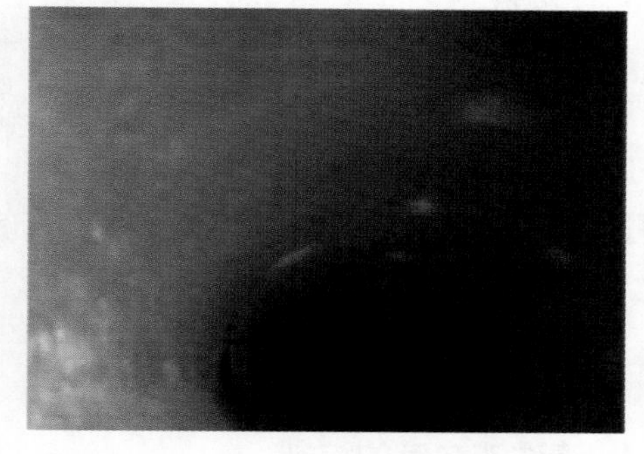

图 4－32　水冷壁中间联箱清洗效果图

4. 除氧器检查

打开除氧器人孔门，对除氧器内部进行检查，液位分界线明显，被清洗内表面光洁、无残留物、无点蚀、无二次锈蚀、无镀铜、无金属粗晶析出等过洗现象。

5. 省煤器和过热器割管检查

分别在省煤器进口、过热器出口段进行割管检查，两种管样内部氧化铁锈均已被彻底清洗干净，表面光洁、无点蚀、无二次锈蚀、无镀铜、无金属粗晶析出等过洗现象。管样金属内表面形成完整钝化保护膜，无残留物。

6. 清洗结论

清洗结束后对除氧器、给水管道、省煤器进口和水冷壁监视管进行检查，被清洗金属表面洁净，无残留氧化物，并形成钢灰色钝化膜，清洗效果如图4－33和图4－34所示。清洗结果符合相关标准规定，评定合格。

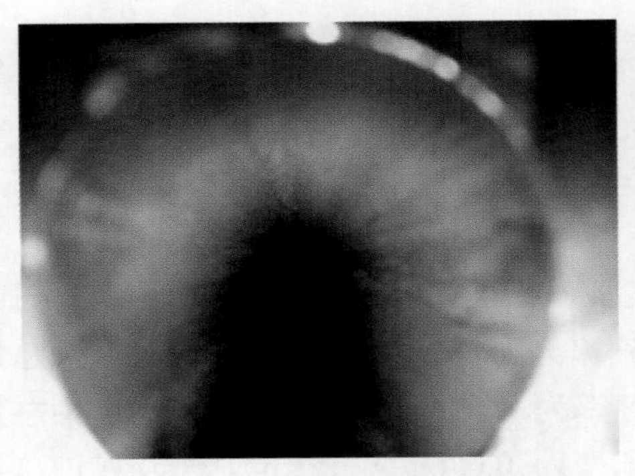

图4－33 水冷壁监视管清洗效果图

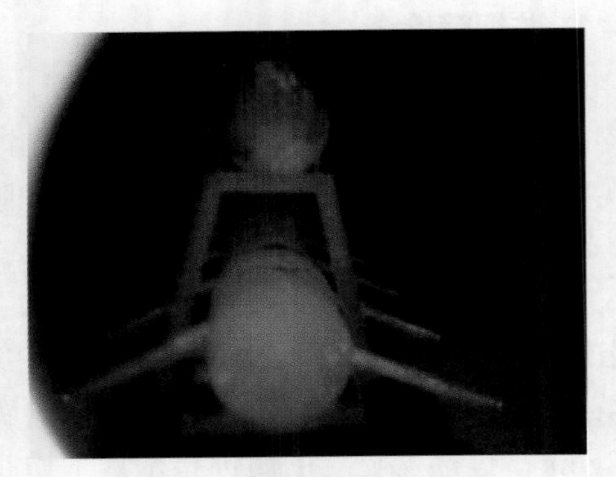

图4－34 除氧器清洗效果图

五、化学清洗废液的处理

化学清洗过程中产生需处理的废液主要是碱洗废液、酸清洗废液。

碱洗废液主要污染物为双氧水，在碱洗结束后双氧水含量低且在常温下易于分解，通过在废水池经过曝气后即可达标排放。

酸洗废液主要是有机物羟基乙酸和甲酸及金属离子，金属离子主要以铁离子为主。去除金属离子的方法是在碱性条件下经过絮凝、沉降、过滤工序除去。有机物羟基乙酸和甲酸是一种易生物降解的有机酸，采用高效厌氧和好氧生物反应器经过生物细菌的降解反应除去，能确保处理后的废水化学需氧量（Chemical Oxygen Demand，COD）达到排放标准。对于燃煤电厂，酸洗废液处理办法是经简单中和、消泡处理后排入煤场喷淋系统，经燃煤吸收后进入炉膛燃烧。

六、化学清洗存在的问题与探讨

1. 清洗液浓度的控制

从清洗分析数据来看，复合酸初始浓度为3.2%，至清洗结束酸浓度、铁离子平衡后，酸残余浓度仍然有2.8%，这与羟基乙酸溶解铁锈的能力一致。而采用EDTA清洗或柠檬酸清洗基建机组时，其消耗量能达到2%～4%。因此，对于基建机组，采用复合羟基乙酸和甲酸清洗时，可适当降低复合酸的初始浓度至2%～2.5%。

2. 清洗温度的控制

按照DL/T 794《火力发电厂锅炉化学清洗导则》推荐复合酸清洗温度为90～105℃，通过试验，基建机组水冷壁管样在清洗温度为80℃时内表面的氧化铁锈即能完全被清洗干净。因此，在清洗液排放时，为了防止废水处理系统防腐设备及管道衬里被烫坏或损伤，清洗温度控制在80℃左右比较合适，不宜过高。

3. 采用 EDTA 漂洗的优势

采用 EDTA 漂洗时，可采用 EDTA 铵盐和 EDTA 钠盐两种方式，其与柠檬酸漂洗介质相比，EDTA 漂洗液 pH 值缓冲范围更广，在中性或偏碱性范围都可以漂洗，而采用柠檬酸漂洗时，其漂洗液 pH 值范围窄，通常控制在 3.5～3.8 之间。另外，采用柠檬酸漂洗后，钝化液的颜色随着钝化时间的延长逐渐变深，通常为红褐色，而采用 EDTA 漂洗时，钝化液颜色基本为无色或微红色，减小了废水处理的难度。

七、提高化学清洗效果的技术措施

1. 扩大化学清洗范围，不留清洗死角

化学清洗范围包括凝结水系统，给水系统，锅炉本体，锅炉启动系统，过热器，低温省煤器，高、低压加热器汽侧，清洁水回收系统，锅炉回收水系统，减温水系统等。除再热器系统外，清洗范围涉及整个机组的汽水系统，不留清洗死角。

2. 实施大流量、分段式冲洗

在化学清洗前后，利用凝结水泵满出力对各回路进行大流量冲洗，并设置凝结水泵出口，低压加热器出口，除氧器，省煤器进口，水冷壁进口，分离器，过热器出口，各高、低压加热器汽侧危急疏水和清洗水系统等排放口，并实施分段式冲洗。采用锅炉炉水循环泵对启动系统进行循环冲洗，同时也增加了锅炉本体冲洗效果。

3. 加热器汽侧清洗方法

在化学清洗期间，对低压加热器汽测进行大量流量水冲洗。凝汽器加热和高压加热器汽侧蒸汽加热投用。缩短整套启动期间，高、低压加热器汽测冲洗疏水回收的时间。促进了整套启动后期的汽水品质改善。

4. 监督做好清洗后的检查与清理

碱洗完成后，认真监督施工单位对凝汽器、除氧器及凝结水泵滤网等进行检查和清理；酸洗结束后，应对除氧器、水冷壁联箱、锅炉疏水箱等容器进行内部检查清理并验收。

八、采用先进的清洗工艺，提高蒸汽品质

国电泰州电厂 3 号机组采用“水冲洗+双氧水清洗+水冲洗+复合酸清洗+EDTA 漂洗+二甲基酮肟钝化”工艺。双氧水清洗与传统的磷酸盐清洗工艺相比具有经济环保、不会在系统内残留有害成分等优点；甲酸和乙酸清洗工艺具有分子量小、易降解、溶垢能力强、不会在系统内沉淀析出、对金属腐蚀较小等优点。

实践证明，在机组整套启动阶段和 168h 满负荷试运行期间，机组的汽水品质快速达到了运行标准，大大缩短机组试运行时间，减缓了机组启动期间的腐蚀和铁沉积。

（1）汽轮机首次冲转前主蒸汽品质如表 4－11 所示。

表4-11　汽轮机首次冲转前主蒸汽品质

检验项目	质量标准	实际数据
钠（μg/kg）	≤20	0.12
铁（μg/kg）	≤50	10.12
二氧化硅（μg/kg）	≤100	17.43
铜（μg/kg）	≤15	1.21
氢电导率（μS/cm）	≤0.50	0.26

（2）机组首次并网汽水品质如表4-12所示。

表4-12　机组首次并网汽水品质

检验项目		质量标准	实际数据
给水	溶解氧（μg/L）	≤30	4.81
	铁（μg/L）	≤20	13.02
	硬度（μmol/L）	≈0	0
	pH值（25℃）	9.2～9.6	9.45
	二氧化硅（μg/L）	≤20	8.02
启动分离器	二氧化硅（μg/L）	≤80	14.17
	pH值（25℃）	9～10	9.42
	铁（μg/L）	≤100	18.22
过热蒸汽	二氧化硅（μg/kg）	≤30	8.13
	钠（μg/kg）	≤20	0.10
一次再热蒸汽	二氧化硅（μg/kg）	≤30	8.26
	钠（μg/kg）	≤20	0.28
二次再热蒸汽	二氧化硅（μg/kg）	≤30	8.05
	钠（μg/kg）	≤20	0.32
精处理装置出口	铁（μg/L）	≤5	4.81
	钠（μg/L）	≤1	0.08
	二氧化硅（μg/L）	≤10	8.02

（3）机组首次带负荷各阶段汽水品质如表4-13所示。

表 4－13　机组首次带负荷各阶段汽水品质

检验项目		质量标准	带负荷各阶段实际数据			
			25% BMCR	50% BMCR	75% BMCR	100% BMCR
给水	溶解氧（μg/L）	≤10	2.45	3.60	1.26	0.87
	铁（μg/L）	≤20	8.21	4.72	6.05	4.28
	硬度（μmol/L）	≈0	0	0	0	0
	pH 值（25℃）	9.2～9.6	9.50	9.36	9.29	9.37
	二氧化硅（μg/L）	≤20	9.28	9.03	8.25	7.04
过热蒸汽	钠（μg/kg）	≤3	0.09	0.03	0.04	0.03
	二氧化硅（μg/kg）	≤10	8.92	9.35	7.84	7.85
一次再热蒸汽	钠（μg/kg）	≤3	0.08	0.05	0.06	0.08
	二氧化硅（μg/kg）	≤10	9.91	8.33	7.37	7.08
二次再热蒸汽	钠（μg/kg）	≤3	0.18	0.08	0.09	0.10
	二氧化硅（μg/kg）	≤10	9.90	9.23	7.34	7.59
凝结水回收	铁（μg/L）	<1000	18.27	19.92	19.57	17.94

（4）1000MW 超超临界机组化学清洗效果比较如表 4－14 所示。

表 4－14　1000MW 超超临界机组化学清洗效果比较

项目	国电泰州电厂 3 号机组	华电句容电厂 1 号机组	中电国际常熟电厂 5 号机组	国电谏壁电厂 13 号机组	国信新海电厂 1 号机组
酸洗介质	羟基乙酸+甲酸	柠檬酸	羟基乙酸+甲酸	柠檬酸	羟基乙酸+甲酸
凝结水泵及前置给水泵滤网清理次数（次）	0	3	4	4	6
从整套启动至 168h 汽水品质合格时间（天）	15	22	20	26	25

第五章

二次再热机组整套启动调试与运行特性分析

第一节　机组启动状态及方式

为了使机组各部件热变形、热应力、振动等参数均控制在正常范围，尽快将机组的金属温度均匀地提升至工作温度，寻求合理的启动方式至关重要。目前，国内生产的百万千瓦超超临界机组主要有3种启动方式：高压缸启动方式、中压缸启动方式和高中压缸联合启动方式。哈尔滨汽轮机厂引进西屋技术，机组多采用高压缸启动和高、中压缸联合启动方式；东方汽轮机厂引进日立技术，为机组配置倒暖阀，可采用中压缸启动方式和高、中压缸联合启动方式；上汽与西门子合作，常规百万千瓦机组多采用高中压缸联合启动方式。在实际冲转中，根据缸体、转子温度匹配蒸汽温度原则，首先需要确定具体的启动参数。

一、机组启动状态

汽轮机通过主控程序启动，考虑到汽轮机或者锅炉的初始状态，根据汽轮机超高压缸、中压缸转子平均温度和停机时间，可以将汽轮机启动状态分为 5 种不同的初始状态：

1. 汽轮机冷态启动-锅炉冷态启动（环境温度启动，初始温度为50℃）

汽轮机超高压缸、高压缸转子平均温度小于150℃，在环境温度下启动，初始温度为50℃。此种启动状态下，汽轮机处于停机或者盘车状态，而锅炉也处于停炉状态，锅炉和汽轮机辅助系统在合适的时机同时启动。机组环境温度启动曲线如图5-1所示。

2. 汽轮机冷态启动-旁路运行状态（停机150h）

汽轮机超高压缸、高压缸转子平均温度小于150℃，初始温度为150℃。

机组在旁路模式下，锅炉可以控制低负荷旁路运行。汽轮机也可以从冷态或者旁路状态下投入运行。机组冷态启动曲线如图5-2所示。

3. 机组温态启动（停机56h）

汽轮机超高压缸、高压缸转子平均温度在150～400℃之间，停机时间为56h。机组温态启动曲线如图5-3所示。

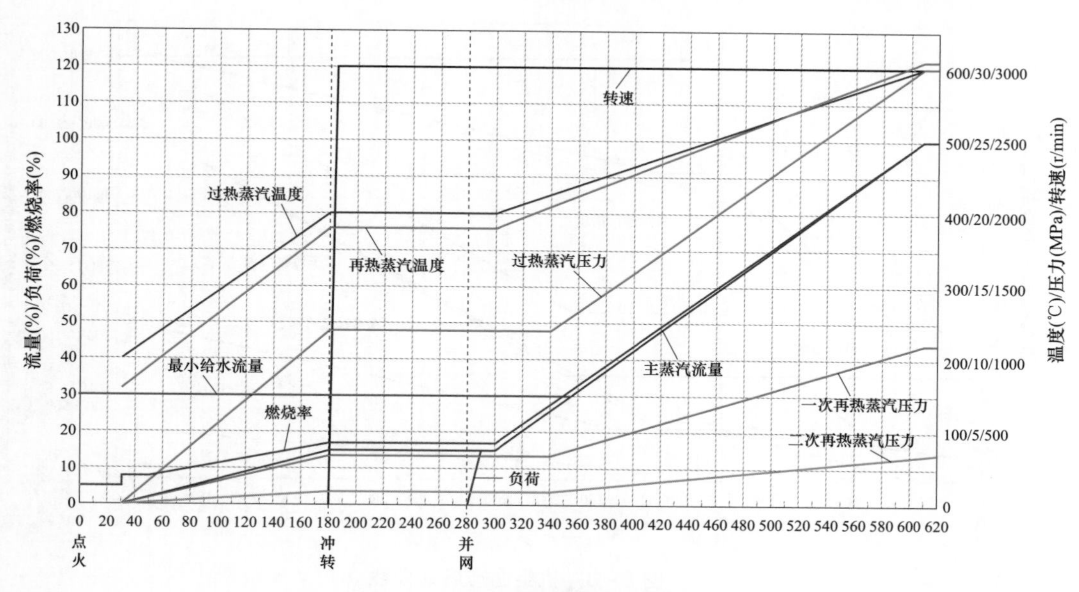

图 5-1　机组环境温度启动曲线

注：流量、负荷及燃烧率按 TMCR 的相对百分比表示。温度、压力及流速按绝对值坐标取值，冲转至并网间隔时间依据汽轮机而定。

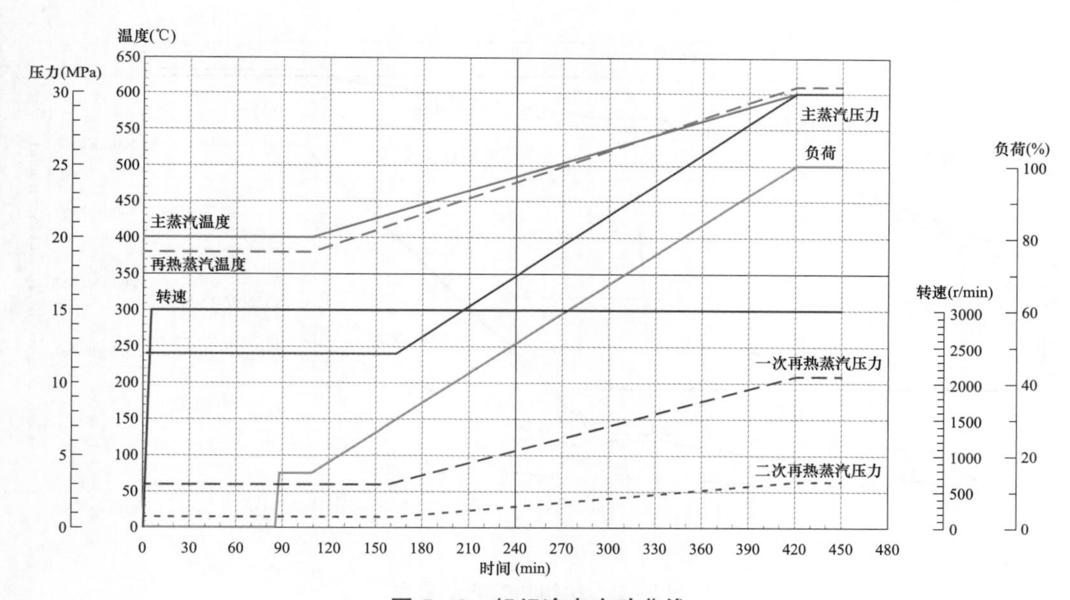

图 5-2　机组冷态启动曲线

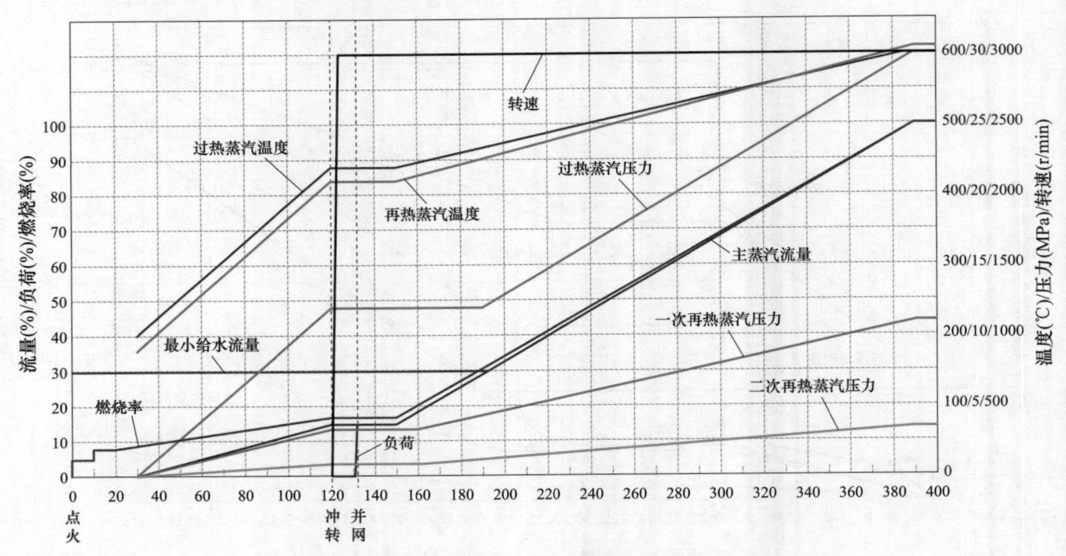

图 5-3　机组温态启动曲线

注：流量、负荷及燃烧率按 TMCR 的相对百分比表示。温度、压力及流速按绝对值坐标取值，冲转至并网间隔时间依据汽轮机而定。

4. 机组热态启动（热态启动，停机 8h）

汽轮机超高压缸、高压缸转子平均温度大于 400℃，停机时间为 8h。机组热态启动曲线如图 5-4 所示。

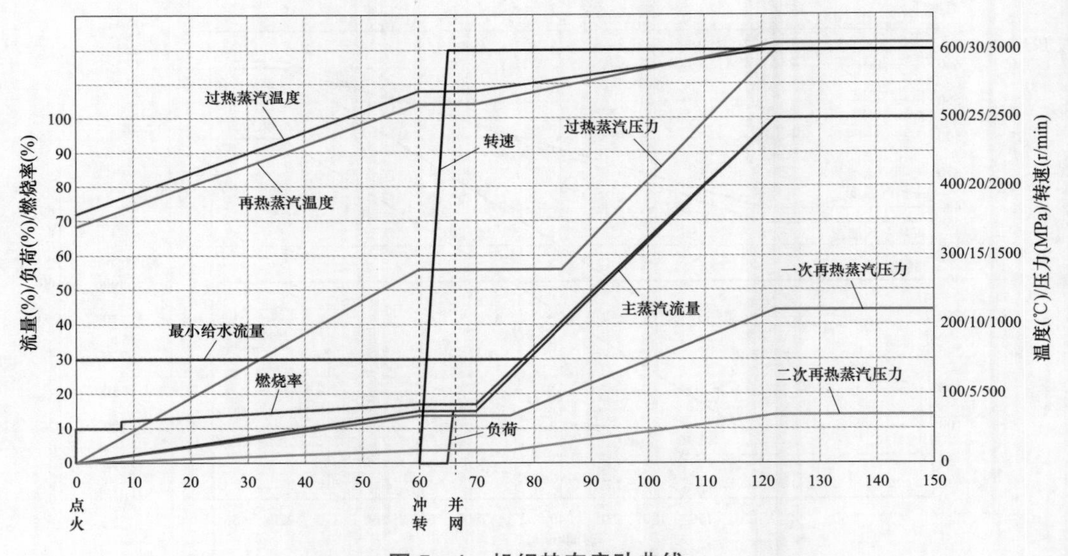

图 5-4　机组热态启动曲线

注：流量、负荷及燃烧率按 TMCR 的相对百分比表示。温度、压力及流速按绝对值坐标取值，冲转至并网间隔时间依据汽轮机而定。

5. 机组极热态启动（停机 2h）

当汽轮机只进行短时间停机时，汽轮机超高压缸和高压缸转子平均温度仍然比较高，

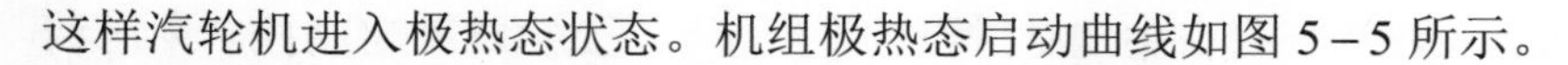
这样汽轮机进入极热态状态。机组极热态启动曲线如图 5－5 所示。

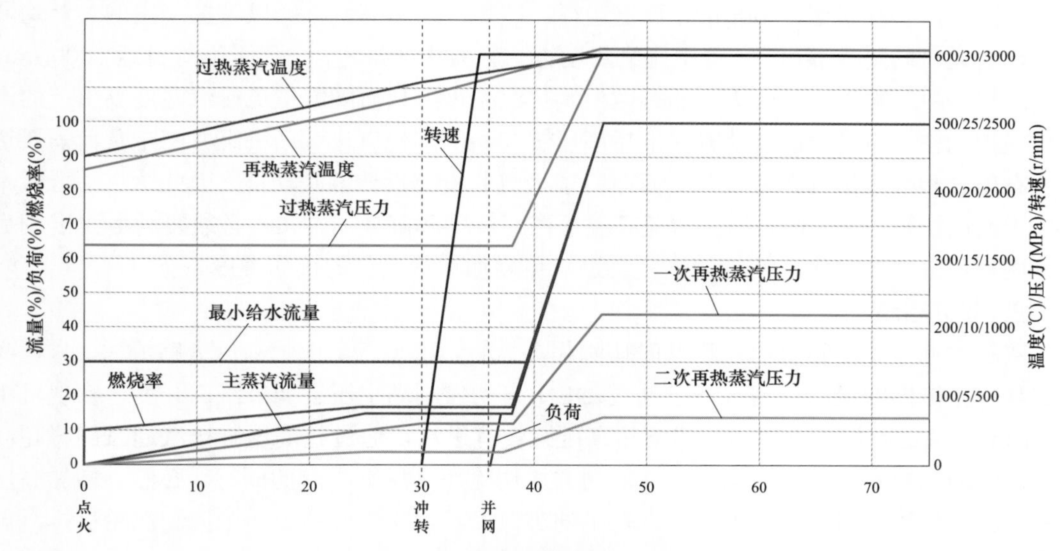

图 5－5　机组极热态启动曲线

注：流量、负荷及燃烧率按 TMCR 的相对百分比表示。温度、压力及流速按绝对值坐标取值，冲转至并网间隔时间依据汽轮机而定。

根据汽轮机不同启动状态的划分，机组首次启动采用制造厂推荐参数，其参数经过首台机组实际应用后进行了优化修改，机组优化前后启动参数见表 5－1。

表 5－1　机组优化前后启动参数表

项目	启动状态	主蒸汽压力（绝对压力，MPa）	主蒸汽温度（℃）	再热蒸汽温度（℃）	一次再热蒸汽压力（绝对压力，MPa）	二次再热蒸汽压力（绝对压力，MPa）
优化前启动参数	冷态	12	400	380	3.0～3.5	0.8～1.0
	温态	12	440	420	3.0～3.5	0.8～1.0
	热态	14	530～540	510～520	3.0～3.5	0.8～1.0
	极热态	16	550～560	530～540	3.0～3.5	0.8～1.0
优化后启动参数	冷态	8	400	380	≤2.5	≤0.7
	温态	8	440	420	≤3.0	≤0.7
	热态	14	530～540	510～520	≤3.0	≤1.0
	极热态	14	550～560	530～540	≤3.0	≤1.0

二、汽轮机启动方式

汽轮机在首次冲转前，有 3 种可供选择的启动方式：单中压缸启动、双缸启动和三缸联合启动。

1. 单中压缸启动

单中压缸启动方式是指机组在启动时切除超高压缸和高压缸，主蒸汽和一次再热蒸汽分别全部经高压、中压旁路流通，只在中压缸进汽的情况下，通过 DEH 自动控制中压调节汽门开度，实现机组 3000r/min 稳定运行。超高压缸和高压缸鼓风摩擦产生的热量均通过各自的通风阀引入凝汽器。单中压缸启动方式只有中压缸进汽，为了维持机组 3000r/min 稳定运行，中压缸进汽量较大，能有效控制排汽温度，从而能够避免排汽温度高引起的汽轮机保护动作。但是，该启动方式下超高压缸和高压缸没有进汽，机组并网带负荷需要进行超高压缸和高压缸的恢复操作，而西门子机组并没有设计倒暖功能，因此该启动方式不适用于西门子机组。同时，为了避免高温蒸汽对转子和缸体的冲击，必须要满足 X 准则后方可进行切缸恢复操作，两缸的恢复会进一步增加运行人员的操作难度。

2. 双缸启动

双缸启动方式是指机组在启动时切除超高压缸，主蒸汽全部经高压旁路流通，只在高压缸和中压缸同时进汽的情况下，通过 DEH 自动控制高中压缸调节汽门开度，实现机组 3000r/min 稳定运行。该启动方式下超高压缸没有进汽，通过超高压缸排汽通风阀将超高压缸内的鼓风热量带入凝汽器。双缸启动方式切除超高压缸进汽的同时，必然会增加高压缸和中压缸的进汽量，有利于带走汽轮机的鼓风摩擦产生的热量，便于控制汽轮机排汽温度。同时，高压缸和中压缸调节汽门开度会增大，减小了汽门过度节流带来的剧烈振动。但是，在机组并网带负荷阶段，需要进行超高压缸的恢复操作，由于超高压缸一直未进汽，需待 X 准则满足后方可进行该操作，且该操作存在一定的风险。

3. 三缸联合启动

三缸联合启动方式是指超高压缸、高压缸和中压缸三缸同时进汽，通过高、中、低压三级旁路系统流通多余蒸汽量，在 DEH 自动控制下实现机组 3000r/min 稳定运行。该启动方式可以实现三缸同时进汽，保证机组各缸受热均匀，利于整个转动轴系的热应力平衡，也避免了机组并网带负荷阶段的切缸恢复操作。但是，由于机组在启动初期，维持汽轮机 3000r/min 并不需要太大的进汽量，叶片鼓风摩擦产生的热量无法通过足够的蒸汽量带走，从而导致排汽温度较高。同时，由于各缸进汽调节汽门存在很大节流，巨大的压降会造成调节汽门的较大振动，对于汽轮机调节汽门存在严峻的考验。

考虑到西门子常规百万机组并未设计倒暖功能，不适合单中压缸启动，通常采用高中压缸联合启动方式，同时为了减少切缸启动带来的操作，对比分析以上 3 种启动方案，确定首次启动采用三缸联合启动方式。

三缸联合启动时，超高压、高压、中压调节汽门同时开启，如果超高压排汽、高压排汽温度高则调整三缸间的流量。主蒸汽为串联流程，即主蒸汽由超高压缸进入→排汽至一级再热器→进入高压缸→高压缸排汽至二级再热器→进入中压缸→进入低压缸→进入凝汽器。超高压排汽和高压排汽均配有通风阀，但正常启动过程中并不开启，其主要功能是甩负荷时快速排空。机组设高、中、低压三级串联汽轮机旁路系统。旁路按不考虑停机不停炉及带厂用电运行的功能来设计。高压旁路从主蒸汽接到一级低温再热器，同时启动锅炉主蒸汽安全阀功能。中压旁路和低压旁路容量按满足机组启动功能的要求设置。二次再热汽轮机系统配置图如图 5-6 所示。

汽轮机控制系统控制超高压缸、高压缸、中压缸的进汽阀门，与一次再热启动类似，超高压缸首先开启，控制汽轮机冲转。当流量指令到 *a* 点（20%）时，高中压调节汽门同时开始开启，调节汽轮机高中缸的进汽流量，3 个缸同时控制流量，使汽轮机冲转及并网带负荷。汽轮机调节阀开启顺序如图 5-7 所示。

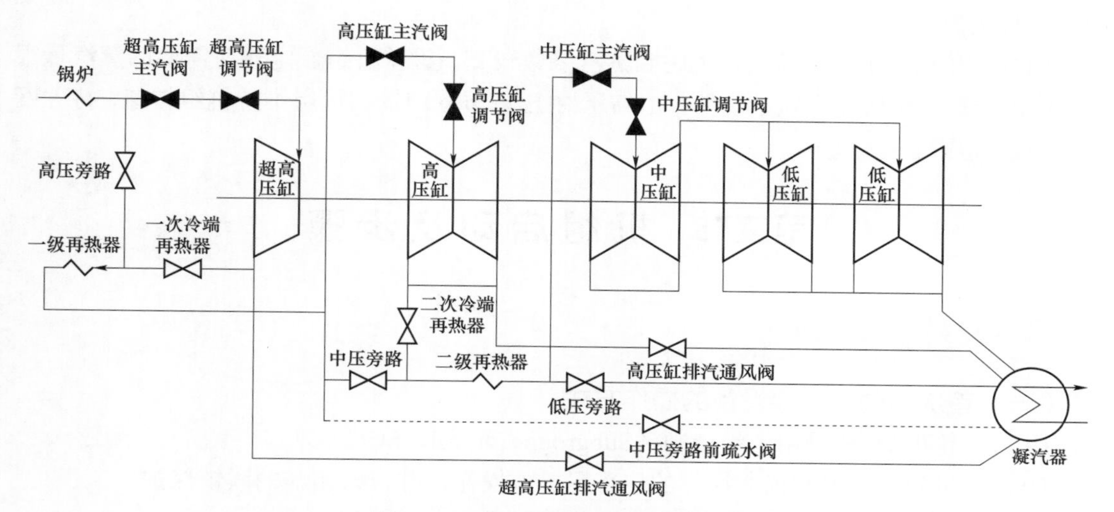

图 5-6　二次再热汽轮机系统配置

在启动阶段，旁路控制器控制旁路阀门保持超高压蒸汽、高压蒸汽压力在设定的启动压力。

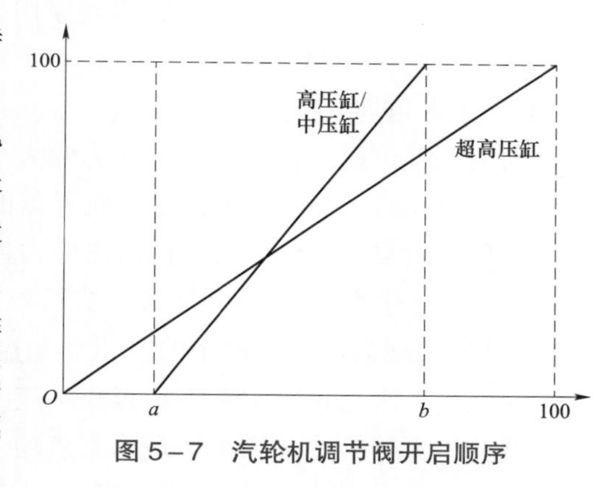

图 5-7　汽轮机调节阀开启顺序

机组在首次启动时，因为需要进行大量的电气试验，所以汽轮机需维持 3000r/min 空负荷较长时间。采用三缸启动方式时，各缸进汽量小会造成排汽温度高，为了防止流量过低引起超高压缸、高压缸末级叶片鼓风发热，根据超高压/高压缸排汽温度自动调整超高压缸/高压缸/中压缸的进汽流量分配。如果超高压缸排汽温度过高，首先减小高中压调节汽门的开度，减少高中压缸的进汽量，增大超高压缸的进汽量。如果排汽温度进一步上升，则关闭超高压缸调节汽门，打开通风阀，将超高压缸抽真空，由高中压缸控制汽轮机的流量。排汽温度控制如图 5-8 所示。

为了避免排汽温度高引起汽轮机保护动作，DEH 控制系统中设定当高压缸排汽温度达到 480℃时，将切除超高压缸，关闭超高压缸进汽调节汽门，打开超高压排汽通风阀，采用高中压缸双缸运行模式；当高压缸排汽温度继续升高至 495℃，再切除高压缸，关闭高压缸进汽调节汽门，打开高压排汽通风阀，采用单中压缸运行模式。

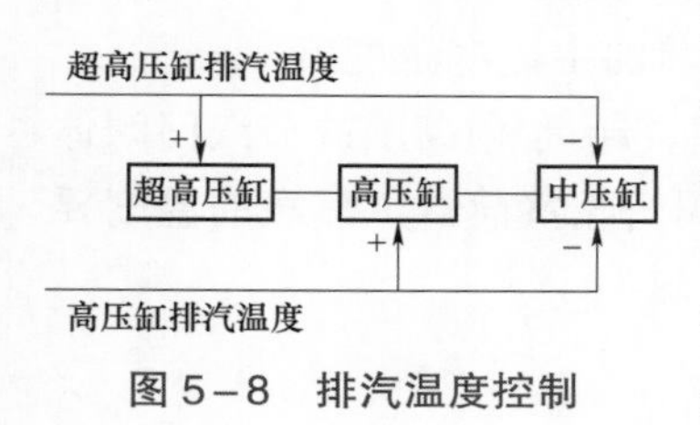

图 5-8　排汽温度控制

当机组带上一定负荷，汽轮机的进汽流量达到一定值后，开启超高压缸进汽调节阀，完成超高压缸/高压缸/中压缸的负荷重新分配。

二次再热机组超高压缸切除后，其启动过程与一次再热机组过程类似，只是多了并网后超高压缸的并缸过程。二次再热机组启动时参数比一次再热机组低，进汽量比一次再热机组要大，能满足冷却流量的要求。超高压缸并缸的过程与一次再热机组高压缸切除后重启的过程类似。

同样，在汽轮机甩负荷后，考虑到蒸汽参数较高，维持机组额定转速需要的蒸汽量很小，可以考虑直接将超高压缸切除，由高压/中压调节汽门控制机组维持机组转速，待并网后再将超高压缸并入运行。

第二节 机组启动及步骤

一、机组启动原则

（一）首次启动时主要设备的操作方式

（1）汽轮机DEH采用子组控制（Subgroup Control，SGC）方式。

（2）辅机的投运若有远方操作的均采用远方操作，并投入相应的联锁保护。

（3）除氧器、凝汽器和汽水分离器水位控制采用自动控制方式。

（4）高压、中压、低压旁路系统采用自动控制方式。

（5）轴封控制投自动。

（二）X准则控制

因为温差可以线性地反映热应力的大小，所以汽轮机热应力计算主要依据汽轮机不同部位的温差；温度与传热效果是影响温差的两个主要因素，而蒸汽状态、流量与流速影响温差和传热效果，因此，汽轮机的热应力控制主要是从控制蒸汽温度、状态、流量与流速4个方面来进行的。上汽1000MW二次再热汽轮机的温度控制也就是主要反映在以上4个方面，具体表现为启动过程中的X准则与温差限制。汽轮机无论是冷态启动还是热态启动，必须保证进入汽轮机的主蒸汽和再热蒸汽参数符合X准则。

汽轮机无论是冷态启动还是热态启动，必须保证进入汽轮机的主蒸汽和再热蒸汽参数符合要求。用来判断主汽门、调节汽门是否可以开启，汽轮机是否可以升速到额定转速以及是否可以并网，这些条件在西门子汽轮机控制系统中被称为X准则，其主要内容如下：

1. X_1准则

（1）任务：防止在打开主汽门并预暖主蒸汽管道时阀体出现不允许的冷却，根据主调节汽门阀体温度限定了最低的主蒸汽温度，用于打开主汽门前的检查。

（2）用途：用来确定开高压主汽门进行暖高压阀门腔室前的主蒸汽温度值。

（3）说明：该准则的设置原则是避免超高压/高压主汽门、超高压/高压调节汽门阀体的冷却，在打开超高压/高压主汽门暖管进行暖超高压/高压阀门腔室前，主蒸汽的温度要比高压调节汽门阀体的温度高一定值，即满足X_1准则，见图5-9。

（4）判断准则：

1）在开启超高压缸主汽门之前检查：满足X_{1A}准则，即

$$\vartheta_{ms} > \vartheta_{mCV} + X_{1A}$$

式中　ϑ_{ms}——取左侧超高压主汽门前、右侧超高压主汽门前、1 号高压旁路前和 2 号高压旁路前主蒸汽温度的最小值；

ϑ_{mCV}——超高压调节汽门阀壳体平均温度。

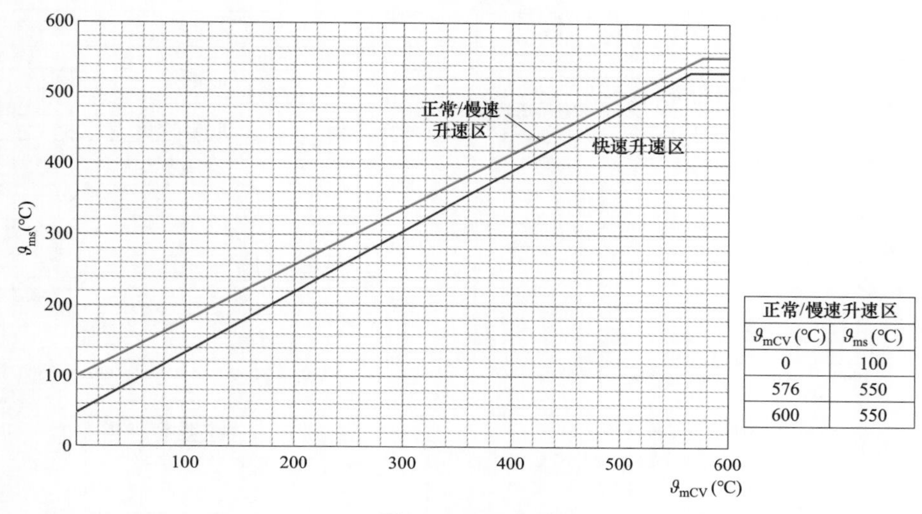

正常/慢速升速区	
ϑ_{mCV}(℃)	ϑ_{ms}(℃)
0	100
576	550
600	550

图 5-9　X_1 准则

2）在开启高压缸主汽门之前检查：满足 X_{1B} 准则，即

$$\vartheta_{RS1} > \vartheta_{mCV} + X_{1B}$$

式中　ϑ_{RS1}——取左侧高压主汽门前、右侧高压主汽门前、1 号中压旁路前和 2 号中压旁路前主蒸汽温度的最小值；

ϑ_{mCV}——高压调节汽门阀壳体平均温度。

2. X_2 准则

（1）任务：为了在主汽门打开时保持在允许的 TSE（热应力评估器）温度裕度差值内，在打开主汽门前，必须为主蒸汽饱和温度和压力设定一个上限。根据主调节汽门阀体温度确定饱和温度的上限。用于打开主汽门前的检查。

（2）用途：用来确定开超高压/高压主汽门进行暖超高压/高压阀门腔室前的主蒸汽压力值。

（3）说明：该准则用来避免超高压/高压调节汽门阀体中过大的温度变化，确保主蒸汽饱和温度不超过超高压/高压调节汽门的平均壁温加某一值。在冷态启动时，阀体的温度低于主蒸汽的饱和温度，在打开主汽门后，蒸汽以凝结放热的形式向阀体传递热量。因为凝结放热的放热系数很大，剧烈的换热将使阀体内表面温度很快上升到蒸汽的饱和温度，这使阀体产生很大的温差，产生很大的热应力，所以要使主蒸汽的饱和温度低于阀体的平均温度某一值，即满足 X_2 准则，见图 5-10。

（4）判断准则：

1）在开启超高压主汽门之前检查：满足 X_{2A} 准则，即

$$\vartheta_{satst} > \vartheta_{mCV} + X_{2A}$$

式中 ϑ_{satst}——取左侧超高压主汽门前、右侧超高压主汽门前、1 号高压旁路前和 2 号高压旁路前主蒸汽压力的最小值计算而来的饱和蒸汽温度；

ϑ_{mCV}——超高压调节汽门阀壳体平均温度。

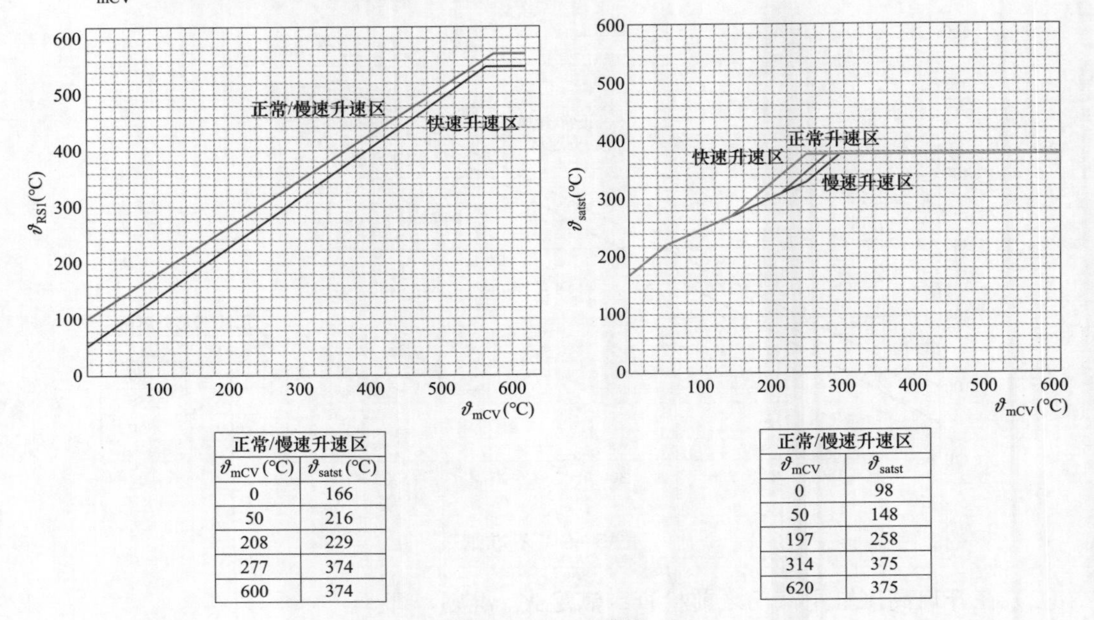

正常/慢速升速区	
ϑ_{mCV}(℃)	ϑ_{satst}(℃)
0	166
50	216
208	229
277	374
600	374

正常/慢速升速区	
ϑ_{mCV}	ϑ_{satst}
0	98
50	148
197	258
314	375
620	375

图 5-10 X_2 准则

2）在开启高压主汽门之前检查：满足 X_{2B} 准则，即

$$\vartheta_{satst} > \vartheta_{mCV} + X_{2B}$$

式中 ϑ_{satst}——取左侧高压主汽门前、右侧高压主汽门前、1 号中压旁路前和 2 号中压旁路前主蒸汽压力的最小值计算而来的饱和蒸汽温度；

ϑ_{mCV}——高压调节汽门阀壳体平均温度。

3. X_4 准则

（1）任务：确保主汽门前的主蒸汽充分过热，避免湿蒸汽进入汽轮机，用于打开调节汽门前的检查。

（2）用途：用来确定汽轮机冲转前的主蒸汽温度值。

（3）说明：该准则用来避免湿蒸汽进入汽轮机，确保主蒸汽温度高于主蒸汽饱和温度某一值，即主蒸汽要有一定的过热度，这样可以防止湿主蒸汽进入汽轮机，当金属表面温度达到该蒸汽压力下的饱和温度以上时凝结放热结束，蒸汽对金属的放热系数与蒸汽的状态有很大的关系，高压过热蒸汽和湿蒸汽的放热系数较大；低压微过热蒸汽的放热系数较小。汽轮机冷态启动时为了避免在金属部件内（转子）产生过大的温差，一般都采用低压微过热蒸汽冲动转子。因此要使主蒸汽温度高于其饱和温度某一值，即满足 X_4 准则，见图 5-11。

（4）判断标准：

1）在开启超高压调节汽门之前检查：满足 X_{4A} 准则，即

$$\vartheta_{ms} > \vartheta_{satst} + X_{4A}$$

式中　ϑ_{ms} ——取左侧超高压主汽门前、右侧超高压主汽门前温度的最小值；
　　ϑ_{satst} ——主蒸汽压力计算而来的饱和蒸汽温度。

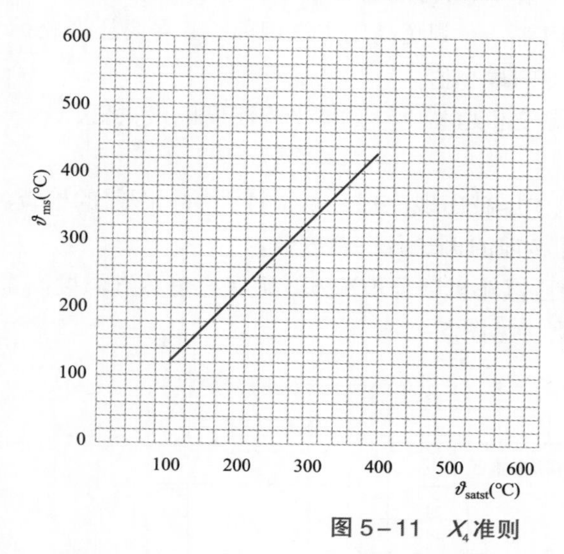

快速升速区/正常/慢速升速区	
ϑ_{satst}(℃)	ϑ_{RS1} (℃)
100	120
380	430

图 5-11　X_4 准则

2）在开启高压调节汽门之前检查：满足 X_{4B} 准则，即

$$\vartheta_{ms} > \vartheta_{satst} + X_{4B}$$

式中　ϑ_{ms} ——取左侧高压主汽门前、右侧高压主汽门前温度的最小值；
　　ϑ_{satst} ——一次再热蒸汽压力计算而来的饱和蒸汽温度。

4. X_5 准则

（1）任务：防止冲转后汽轮机超高压缸出现不必要的冷却，用于打开控制阀前的检查。

（2）用途：用来确定汽轮机冲转前的主蒸汽温度值。

（3）说明：该准则用来避免超高压汽轮机部分被冷却，确保主蒸汽温度高于超高压缸的平均壁温和超高压转子的平均温度某一值，即满足 X_5 准则，见图 5-12。

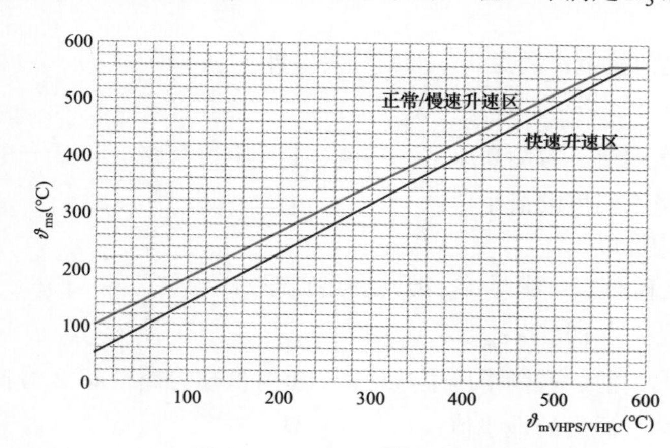

正常/慢速升速区	
$\vartheta_{mVHPS/VHPC}$(℃)	ϑ_{ms} (℃)
0	100
560	560
600	560

图 5-12　X_5 准则

（4）判断标准：

在开启超高压调节汽门之前检查：满足 X_5 准则满足，即

$$\vartheta_{ms} > \vartheta_{mVHPS/VHPC} + X_5$$

式中 ϑ_{ms} ——取左侧超高压主汽门前、右侧超高压主汽门前、1 号高压旁路前和 2 号高压旁路前主蒸汽温度的最小值；

$\vartheta_{mVHPS/VHPC}$ ——取超高压转子平均温度和超高压外缸体平均温度的最大值。

5. X_6 准则

（1）任务：防止冲转后汽轮机中压缸出现冷却，用于打开控制阀前的检查。

（2）用途：用来确定汽轮机冲转前的再热蒸汽温度值。

（3）说明：该准则用来避免中压汽轮机部分被冷却，确保再热蒸汽温度高于中压转子的平均温度某一值，即满足 X_6 准则，见图 5－13。

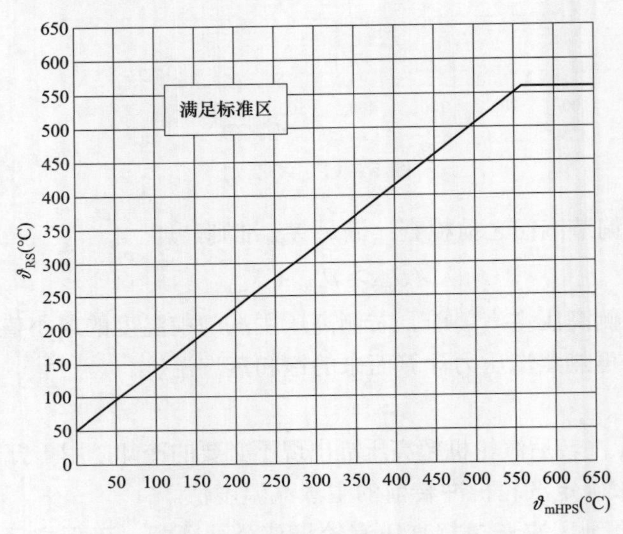

图 5－13 X_6 准则

（4）判断标准：

1）在开启高压调节汽门之前检查：满足 X_{6A} 准则满足，即

$$\vartheta_{RS1} > \vartheta_{mHPS} + X_{6A}$$

式中 ϑ_{RS1} ——取左侧高压主汽门前、右侧高压主汽门前、1 号中压旁路前和 2 号中压旁路前一次再热蒸汽温度的最小值；

ϑ_{mHPS} ——高压转子的平均温度。

2）在开启中压调节汽门之前检查：满足 X_{6B} 准则满足，即

$$\vartheta_{RS2} > \vartheta_{mIPS} + X_{6B}$$

式中 ϑ_{RS2} ——取左侧中压主汽门前、右侧中压主汽门前、1 号低压旁路前和 2 号低压旁路前二次再热蒸汽温度的最小值；

ϑ_{mIPS} ——中压转子的平均温度。

6. X_7 准则

（1）定义：限定了汽轮机转子或缸体温度的下限，即说明汽轮机的这些金属部件已经充分预热，具备快速通过临界转速区的条件。用于汽轮机加速到额定转速前的检查。

（2）温度准则 X_{7A}。

1）用途：用来判断汽轮机暖机是否结束，进而可以升速至额定转速。

2）说明：该准则在冲转到额定转速前使用，目的是使高压汽轮机充分暖机，汽轮机的启动过程是一个对汽轮机各部件加热的过程，为了使缸体和转子的应力不超过许用应力，要使缸体和转子的内外表面温差小，必须对汽轮机进行暖机，暖机是否完成，由 X_{7A} 准则（见图 5-14）来判断。

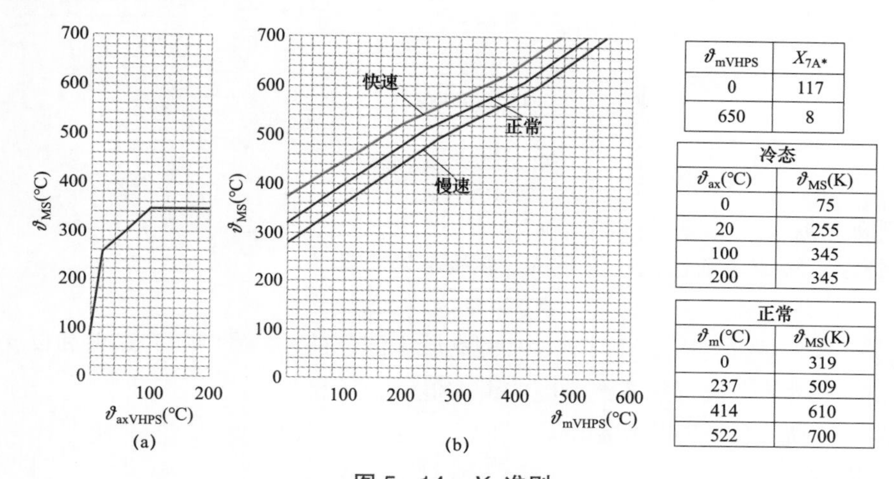

ϑ_{mVHPS}	X_{7A*}
0	117
650	8

冷态	
ϑ_{ax}(℃)	ϑ_{MS}(K)
0	75
20	255
100	345
200	345

正常	
ϑ_{m}(℃)	ϑ_{MS}(K)
0	319
237	509
414	610
522	700

图 5-14　X_{7A} 准则

（a）ϑ_{MS} 为转子中心温度的函数；（b）转子平均湿度的函数

说明：转子中心温度低于 100℃时，允许蒸汽温度 ϑ_{MS} 取图 5-14（a）、图 5-14（b）两图中的小值。

3）判断准则：

升速到额定转速之前检查：满足 X_{7A} 温度准则，即

$$\vartheta_{MS} > \vartheta_{mVHPS} + X_{7A}$$

式中　ϑ_{MS} ——取左侧超高压主汽门前、右侧超高压主汽门前、1 号高压旁路前和 2 号高压旁路前主蒸汽温度的最大值；

ϑ_{mVHPS} ——超高压转子的平均温度。

因为转子温度低于 220℃，所以允许的蒸汽温度 ϑ_{MS} 为转子平均温度 ϑ_{mVHP} 函数的 ϑ_{MS}［见图 5-14（b）］和转子平均温度 ϑ_{axVHP} 函数的 ϑ_{MS}［见图 5-14（a）］间的最小值。

（3）温度标准 X_{7B}。

1）用途：用来判断汽轮机暖机是否结束，进而可以升速至额定转速。

2）说明：该准则在冲转到额定转速前使用，目的是使高压汽轮机充分暖机，汽轮机的启动过程是一个对汽轮机各部件加热的过程，为了使缸体和转子的应力不超过许用应力，要使缸体和转子的内外表面温差小，必须对汽轮机进行暖机，暖机是否完成，由 X_{7B}

准则（见图 5－15）来判断。

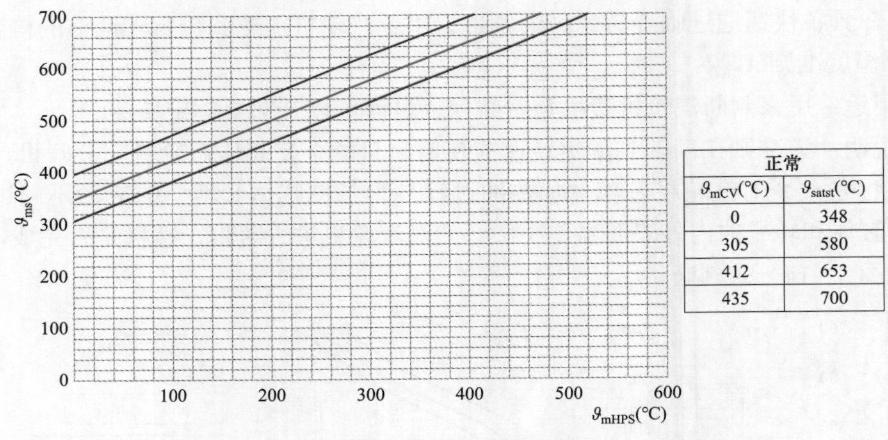

正常	
ϑ_{mCV}(℃)	ϑ_{satst}(℃)
0	348
305	580
412	653
435	700

图 5－15　X_{7B} 准则

3）判断准则：

升速到额定转速之前检查：满足 X_{7B} 温度准则，即

$$\vartheta_{MS} > \vartheta_{mHPS} + X_{7B}$$

式中　ϑ_{MS}——取左侧高压主汽门前、右侧高压主汽门前、1 号中压旁路前和 2 号中压旁路前一次再热蒸汽温度的最大值；

ϑ_{mHPS}——高压转子的平均温度。

7. X_8 准则

（1）定义：限定高/中压转子温度下限。因为汽轮机高/中压部分散热强于高压部分，汽轮机达到额定转速后，热应力主要集中在高/中压部分，所以要控制高/中压转子温度，以便充分预热。用于发电机并网前的检查。

（2）用途：用来判断汽轮机暖机是否结束，进而可以进行发电机并网。

（3）说明：该准则在机组并网前使用，目的是使高/中压汽轮机充分暖机，暖机是否完成，由 X_8 准则来判断（此准则用于冷态启动）。

（4）判断准则：

机组并网带负荷前检查：满足 X_{8A} 温度准则（见图 5－16）和 X_{8B} 温度准则（见图 5－17），即

$$\vartheta_{RS1} > \vartheta_{mHPS} + X_{8A}$$
$$\vartheta_{RS2} > \vartheta_{mIPS} + X_{8B}$$

式中　ϑ_{RS1}——取左侧高压主汽门前、右侧高压主汽门前、1 号中压旁路前和 2 号中压旁路前一次再热蒸汽温度的最大值；

ϑ_{RS2}——取左侧中压主汽门前、右侧中压主汽门前、1 号低压旁路前和 2 号低压旁路前二次再热蒸汽温度的最大值；

ϑ_{mHPS}——高压转子的平均温度；

ϑ_{mIPS}——中压转子的平均温度。

因为轴温低于 100℃，所以允许的蒸汽温度 ϑ_{RS} 为平均转子温度 ϑ_{mIP} 函数的 ϑ_{RS}［见图 5－17（b）］和平均转子温度 ϑ_{axIPS} 函数的 ϑ_{RS}［见图 5－17（a）］间的最小值。

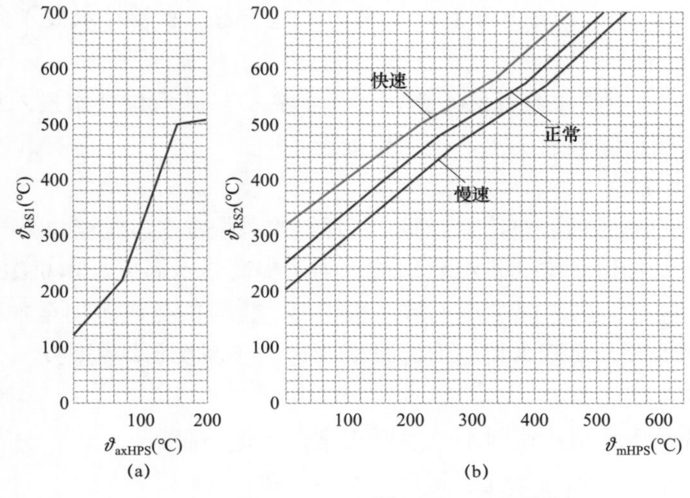

冷态	
ϑ_{ax}(℃)	ϑ_{RS}(K)
0	120
75	220
155	500
200	509

正常	
ϑ_{m}(℃)	ϑ_{MS}(K)
0	268
245	495
387	588
498	700

图 5－16　X_{8A} 准则

（a）转子中心温度的函数；（b）转子平均温度的函数

说明：转子中心温度低于 155℃时，允许一次再热蒸汽温度 ϑ_{RS1} 取 5－16（a）、图 5－16（b）两图中的小值。

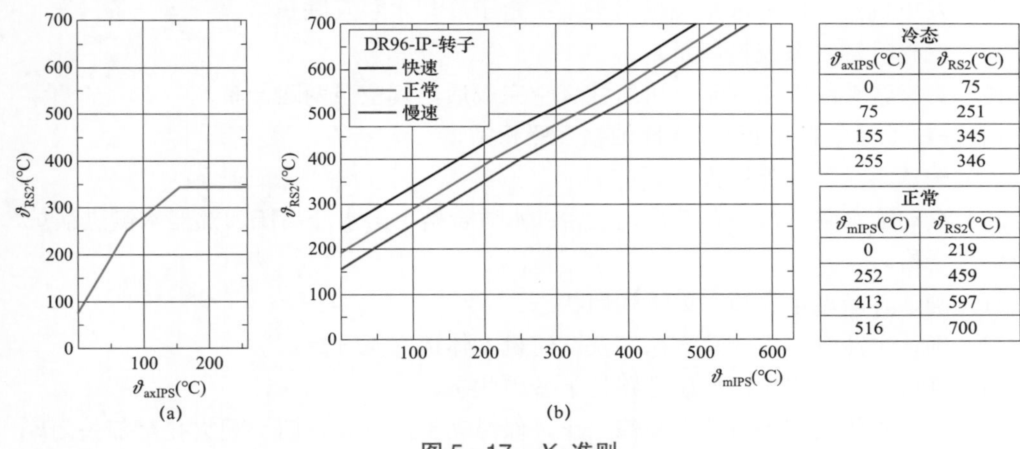

冷态	
ϑ_{axIPS}(℃)	ϑ_{RS2}(℃)
0	75
75	251
155	345
255	346

正常	
ϑ_{mIPS}(℃)	ϑ_{RS2}(℃)
0	219
252	459
413	597
516	700

图 5－17　X_{8B} 准则

（三）机组启动要求

（1）机组启动时，不允许在叶片可能共振的转速区停留。

（2）机组启动时，应满足相应启动曲线的要求。首次冷态启动时，机组将在 870r/min 下暖机 60min。

二、启动调试步骤

（一）机组启动前检查确认

（1）检查主、再热蒸汽系统暖管充分且无积水，确认各辅助设备及系统运行正常：

1）工业水系统投用正常。

2）循环水系统投用正常：两台投运，一台备用（简称两运一备，下同）。

3）开式水系统投用正常：开式水电动滤水器运行正常。

4）闭冷水系统投用正常：闭式冷却水泵互联正常，一运一备；水箱补水投入自动。

5）仪用空气系统投用正常。

6）凝结水系统投用正常：凝结水泵互联正常，一运一备；热井水位补水投入自动；水质合格后经低压加热器水侧给除氧器上水，投用精处理。

7）辅助蒸汽系统投用正常。

8）除氧器投用正常：凝结水水质合格，除氧器、低压给水系统进水，投辅助蒸汽加热。

9）1 号、3 号高压加热器投运正常（机组启动前，为了提高给水温度，本机组通过 1 号、3 号高压加热器对给水进行加热，锅炉点火后，将 1 号、3 号加热汽源切至本机组一次再热器冷段和二次再热器冷段，实现本机组汽源供应，进一步减少启动用汽）。

10）汽轮机润滑油系统投用正常。

11）发电机密封油系统投用正常：密封油泵互联正常，一运一备。

12）顶轴油系统投用正常：顶轴油泵互联正常，两运一备。

13）汽轮机盘车投用正常。

14）发电机充氢已完成，发电机氢气压力正常。

15）发电机定子冷却水系统投用正常：定子冷却水泵互联正常，一运一备。

16）汽轮机轴封系统投用正常。

17）真空泵系统投用正常：机组抽真空完成后，真空泵两运一备。

18）EH 油系统投用正常：EH 油泵互联正常，一运一备。

19）确认系统各项保护投入。

20）汽动给水泵再循环系统启动正常：水质合格，给水经高压加热器水侧进锅炉，冲洗至炉水合格。

21）确认各减温水、喷水处于备用状态。

22）确认主蒸汽、再热蒸汽系统及汽轮机本体疏水阀开启。

23）确认高压、中压、低压旁路处于备用状态。

24）锅炉本体及相关系统无检修工作，保温完整，各人孔门、观火孔全部关闭。

25）锅炉各部位无任何影响膨胀的异物，各处膨胀指示器装设位置正确。

26）锅炉各水位、温度、压力、流量等测量仪表完好，可正常投用。

27）所有安全阀完好，疏水畅通。

28）吹灰器及炉膛烟温测量装置完好且都在退出状态，炉膛火焰监视系统、锅炉泄漏监测系统完好、可用。

29）炉水循环泵电动机腔室内已注入合格除盐水。

30）所有阀门、挡板开关灵活，就地开关位置与 DCS 指示相符。

31）确认热控各联锁保护投入，动作可靠。

32）全面检查确认锅炉下列系统和有关设备符合启动条件：汽水系统，过热器、再热器减温水系统，锅炉启动系统，锅炉疏水放气、排污系统，风烟系统，制粉系统，密封风系统，等离子点火系统，燃油系统、油枪、点火枪，火焰检测系统，辅助蒸汽系统（磨煤机暖风器系统、磨煤机灭火蒸汽系统、空气预热器吹灰系统、灰斗加热系统），锅炉闭式水系统、压缩空气系统、工业水系统、消防系统。

（2）冷态启动。锅炉冷态启动从锅炉上水开始，冷态清洗至水质合格，锅炉点火，进入热态清洗，水质合格后升温升压至汽轮机冲转参数，蒸汽品质合格后开始汽轮机冲转，定速 3000r/min，机组并网带初始负荷，逐步增加燃料量，锅炉达到最低直流负荷，完成湿态到干态的转换，提高负荷至额定参数。

超（超）临界直流锅炉在首次点火或停炉时间大于 150h 以上时，为了清理受热面和给水管道系统均存在杂物、沉积物和因腐蚀生成的氧化铁等，启动前必须对管道系统和锅炉本体进行冷、热态清洗。清洗范围包括给水管路、省煤器、水冷壁、汽水分离器、启动系统连接管路等。

启动清洗因流程不同可分为开式清洗和循环清洗两种。开式清洗是清洗水不回收，直接排入废水处理系统；循环清洗是把清洗水回收到凝汽器，得到循环利用。

启动清洗流程主要分为：

开式清洗流程：凝汽器→低压加热器→除氧器→高压加热器→省煤器→水冷壁→分离器→储水箱→扩容器→机组排水槽。

闭式清洗流程：凝汽器→凝结水精处理→低压加热器→除氧器→高压加热器→省煤器→水冷壁→分离器→储水箱→扩容器→凝汽器。

1）冷态清洗。锅炉上水前，打开各路放空气门，过热器、一次再热器、二次再热器疏水门，待除氧器水温达到 120℃左右（锅炉给水与锅炉金属温度的温差不应超过 111℃）时，除氧器出口水质 Fe 含量小于 20μg/L，通过给水旁路向锅炉小流量上水，给水流量不宜超过 10%BMCR，锅炉进入冷态开式清洗，省煤器、水冷壁及储水箱放空气门连续出水后，关闭相应的放空气门。待储水箱有水位出现时，逐渐加大高压加热器出口给水量到 20%～30%BMCR 进行大流量变流量冲洗，并排放至废水处理系统。

a. 上水过程监视储水箱水位变化，控制储水箱水位在正常运行范围内，防止过热器内进水；检查各部件是否发生泄漏、受热面的膨胀情况是否正常。

b. 储水箱出口水质 Fe 含量小于 500μg/L、SiO_2 含量小于 100μg/L 时，进入冷态循环清洗，启动锅炉疏水泵，投入凝结水精处理，改善水质，锅炉进行冷态循环清洗。推荐清洗流量为 25%～30%BMCR，为了提高清洗效果可变流量清洗。

c. 启动炉水循环泵，调整泵出口调节阀开度，对锅炉启动系统进行大流量变流量冲洗并适当排放，维持凝结水系统和给水系统水平衡。

d. 储水箱调节阀投入自动控制，储水箱水位变化时，依靠调节阀调节水位。

e. 锅炉储水箱出口水质 Fe 含量小于 100μg/L，SiO_2 含量小于 50μg/L，冷态循环清洗结束。

2）锅炉点火、热态清洗。锅炉冷态循环清洗结束后，锅炉进入热态清洗阶段。锅炉上水温度推荐为 105～120℃。

a. 启动 B 层制粉系统（等离子点火），通过等离子图像检测系统观察煤粉着火情况，着火稳定后维持给煤量在 30～35t/h。

b. 锅炉点火启动后，密切注意锅炉燃烧情况及炉膛压力变化，并及时进行调节，升温、升压率参考启动曲线，控制汽水分离器进口工质升温率小于 4.5℃/min，压力上升速率不大于 0.12MPa/min，注意监视过热器、再热器管壁不超温。

c. 加强监视和就地检查：锅炉各部位膨胀情况，石子煤、底渣排放等；注意由于汽水系统受热膨胀和蒸汽压力变化导致储水箱水位发生突变现象，确保启动分离器储水箱水位正常，必要时可适当降低升温、升压速率。

d. 投入炉膛烟温探测仪，在汽轮机同步或蒸汽流量达到 10%以前，必须控制炉膛出口烟气温度不超过 538℃。汽水分离器压力升至 0.2MPa 时，关闭分离器、过热器放空气门。

e. 旁路系统的压力设定为启动方式。

f. 为防止省煤器内汽化，应维持省煤器出口水温低于对应压力下的饱和温度 10℃以上。

g. 通过调节给水温度、燃料量、高压旁路阀开度，维持上水冷壁出口温度为 170～190℃，分离器压力为 0.79～1.25MPa，锅炉开始进行热态开式清洗。

h. 当储水箱出口水质 Fe 含量大于 100μg/L、SiO_2 含量大于 50μg/L 时，进行热态开式清洗。推荐清洗流量为 25%～30%BMCR，为了保证清洗效果可变温清洗。

i. 当储水箱出口水质 Fe 含量小于 100μg/L、SiO_2 含量小于 50μg/L 时，进行热态循环清洗。推荐清洗流量为 25%～30%BMCR，为了保证清洗效果可变温清洗。

j. 当储水箱出口水质 Fe 小于 50μg/L、SiO_2 小于 30μg/L 时，锅炉热态清洗完成。

3）锅炉升温、升压至汽轮机冲转参数。

a. 锅炉热态清洗完毕后，根据升温、升压要求逐步增加燃料量，升温、升压速率根据锅炉冷态启动升温、升压曲线进行，升温速率不应超过 1.1℃/min。

b. 调整高压、中压、低压旁路阀开度控制蒸汽压力，调整燃料量、烟气挡板开度等控制蒸汽温度，使蒸汽参数符合汽轮机冲转要求。

c. 开一次再热器和二次再热器放气阀、疏水阀。

（3）确认各控制系统、热工信号、检测、声光报警均正常。

（4）主蒸汽、再热蒸汽品质合格。

（5）启动参数确认。启动前参数确认表如表 5-2 所示。冲转前应充分考虑冲转后的变化趋势，并做好应急措施。

表 5-2　　启动前参数确认表

项目	控制值	项目	控制值
主蒸汽压力（MPa）	12	EH 油温度（℃）	43～54
一次再热蒸汽压力（MPa）	3.0～3.5	凝汽器压力（kPa）	≤12
二次再热蒸汽压力（MPa）	0.8～1.0	密封油油氢差压（MPa）	0.13
主蒸汽、再热蒸汽温度（℃）	400/380	发电机氢压（MPa）	＞0.4
超高/高/中压缸金属上、下温差（℃）	＜±30	发电机氢温（℃）	20～48
润滑油压力（MPa）	0.37～0.4	轴封蒸汽母管压力（kPa）	3.0～3.5
润滑油温度（℃）	37～50℃	轴封蒸汽温度（℃）	270～320
EH 油压力（MPa）	16		

（6）通过旁路的（自动）操作来保证冲转主蒸汽参数满足要求。

（7）确认所有汽轮机防进水保护疏水阀处于全开状态。

（8）记录重要参数的初始值，如缸胀、转子偏心、转速、轴振、瓦振、本体金属温度、轴承金属温度和回油温度等。

（9）汽缸膨胀试验所需临时仪表已安装，并派专人记录；滑销系统已润滑，能自由滑动。

（10）汽轮机顶轴系统、盘车装置投入运行，并已运行足够时间（符合厂家或运行规程的规定：连续盘车 4h）。

（11）轴封供汽温度尽可能与汽轮机金属温度匹配，并符合制造厂的有关曲线要求。

（二）汽轮机冲转过程中重点检查确认

（1）冷态启动时，超高压排汽温度长期运行不得超过 437℃，高压排汽温度长期运行不得超过 451.8℃，当空负荷异常状况超高压排汽或高压排汽温度达到 530℃时，汽轮机跳闸。

（2）启动时，若凝汽器压力大于 13kPa，应注意监视低压缸压比符合运行要求。

（3）中压排汽温度长期运行不得超过 326.4℃，空负荷异常状况 515℃停机。

（4）启动过程低压排汽温度不得超过 90℃（低压排汽温度超过 110℃跳机）。

（5）启动过程中超高、高、中压缸上下温差不得超过±30℃（±30℃报警，±55℃停机）。

（6）平行进汽管允许最大温差为 17℃（17℃报警，28℃手动脱扣）。

（7）启动初期，尤其在 3000r/min 空负荷运行期间，应严密监视低压缸静叶环蒸汽温度不宜高于 180℃（MAC10/CT111A），230℃应手动停机。

（三）投入汽轮机 SGC 程序控制

启动装置自动运行，将实现以下功能：

（1）机组首次启动原则上采用 SGC 自动控制“启动装置（startup device）”进行机组挂闸，必要时也可以采用手动方式。

（2）确认 ETS 无跳闸信号，投入 SGC ST 自动，并发出“startup”指令。

（3）确认 TAB（汽轮机启动限制器）＞12.5%时，汽轮机复置。

（4）确认 TAB ＞22.5%时，超高、高、中压主汽门跳闸电磁阀复位（ESV TRIP SOLV RESET）。

（5）确认 TAB ＞32.5%时，超高、高、中压调门跳闸电磁阀复位（CV TRIP SOLV RESET）。

（6）确认 TAB ＞42.5%时，开启超高、高、中压主汽门（ESV PILOT SOLV　OPEN）。

注：机组启动过程中，启动装置 TAB 每次到达某一限值时，其输出 TAB 都会停止变化，等待 SGC ST 执行特定任务操作，操作完成收到反馈信号后，启动装置 TAB 输出才会继续变化。启动装置 TAB 功能图如图 5－18 所示。

（四）投入汽轮机 SGC 程控，开始走步启动

检查蒸汽品质合格，温度裕度及 *X* 准则满足要求，投入汽轮机 SGC 之前，在 ATT（阀门活动性试验）画面投入 8 个“SELECT ATT”SLC（阀门活动性试验器），汽轮机控制画面将所有调阀阀限设定值 105%。

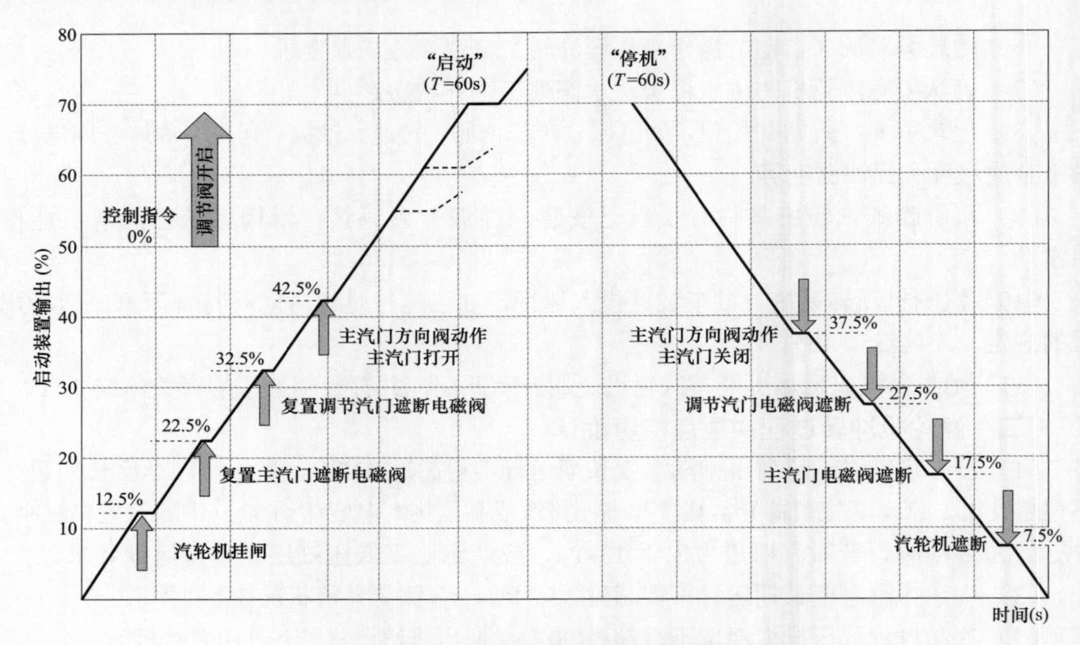

图 5－18　启动装置 TAB 功能图

注：启动装置 46%～92%，阀位控制器 10%～105%。

第 1 步：启动初始化。

第 2 步：检查止回阀阀位为“关”和投入抽汽止回阀 SLC（控制程序），确保止回阀为运行做好准备。

（1）抽汽止回阀 SLC 已投入。

（2）超高压联合汽门控制 SLC 已投入（A 侧超高压联合汽门已投入，B 侧超高压联合汽门已投入）。

（3）高压联合汽门控制 SLC 已投入（A 侧高压联合汽门已投入，B 侧高压联合汽门已投入）。

（4）中压联合汽门控制 SLC 已投入（A 侧中压联合汽门已投入，B 侧中压联合汽门已投入）。

（5）所有主汽门和超高压排汽止回阀、高压排汽止回阀 1、高压排汽止回阀 2 关闭。

（6）所有调门和超高压排汽止回阀、高压排汽止回阀 1、高压排汽止回阀 2 关闭。

（7）所有抽汽止回阀关闭。

第 3 步：汽轮机限制控制器投入。

（1）超高压叶片级压力限制控制器投入。

（2）超高压排汽温度控制投入。

（3）高压排汽温度控制投入。

注：如果汽轮机转速超过 882r/min，超高压叶片级压力控制器就切除。

第 4 步：汽轮机疏水 SLC 动作。

检查汽轮机疏水子程序投入。

第 5 步：打开暖机疏水阀。

（1）超高压调节汽门 A 前疏水阀开。

（2）超高压调节汽门 B 前疏水阀开。

（3）高压调节汽门 A 本体疏水阀开。

（4）高压调节汽门 B 本体疏水阀开。

（5）中压调节汽门 A 本体疏水阀开。

（6）中压调节汽门 B 本体疏水阀开。

注：或是满足所有的主蒸汽开启但调节汽门开度是受限制的（TAB＞62.5%，且所有的主汽门已开启）。

第 6 步：空步。

第 7 步：空步。

第 8 步：汽轮机润滑油泵试验准备及辅助系统检查。

（1）SGC 汽轮机润滑油泵试验子程序投入。

（2）所有主汽门关闭。

（3）汽轮机启动限制器输出为 0。

第 9 步：空步。

第 10 步：空步。

第 11 步：等待蒸汽品质合格（主蒸汽品质合格指标：SiO_2≤30μg/kg、Fe≤50μg/kg、Na^+≤20μg/kg、Cu^+≤15μg/kg、导电率≤0.5μS/cm）。蒸汽条件满足后开启主汽门，启动“发电机停干燥器”SLC。

（1）投入“发电机氢气干燥器”控制程序。

（2）选择蒸汽品质回路未锁定（手动按钮）。

（3）确认 X_1 标准满足。

X_1 准则（防止超高压缸进汽阀体不适当冷却：主蒸汽温度大于 $T_{mCV}+X_1$）；高压旁路前主蒸汽和再热蒸汽过热度大于 30℃（热态启动过热蒸汽条件）；超高压调节汽门壳体温度（50%）小于 150℃（冷态启动）。

（4）确认 SGC 油泵试验完成无故障。

（5）蒸汽品质回路（手动确定按钮）释放或超高压调节汽门阀体（50%）温度小于 350℃（非温态或热态启动）、汽轮机转速超过 402r/min。

（6）超高压缸温差不大于+30℃。

（7）超高压缸温差不小于－30℃。

（8）高压缸温差不大于+30℃。

（9）高压缸温差不小于－30℃。

（10）中压缸温差不大于+30℃。

（11）中压缸温差不小于－30℃。

（12）所有调节汽门阀位限制输出为 105%。

（13）确认辅助系统正常。

1）SLC 控制油循环泵运行和油压建立。

2）SLC 控制油泵运行和油压建立。

3）汽轮机疏水无故障（所有汽轮机疏水都在预定时间内开启）。

4）汽轮机供油系统运行。

5）机组未停止。

6）汽轮机保护无停机条件。

7）仪用压缩空气压力大于 0.4MPa（冷段再热管道阀门，抽汽管道，低压缸喷水阀门和汽封系统的供气必须处于运行状态）。

8）闭式水系统运行。

9）汽封系统运行且在自动状态。

10）凝结水系统运行。

注：在第 11～20 步间循环，循环等待直到蒸汽纯度达标，当蒸汽纯度没有达标时，第 11～20 步会循环几次。如果蒸汽品质不合格，主汽门最初是开启的，此时就会关闭。主汽门保持关闭直到蒸汽品质达标为止，主汽门开启信号作为旁通此步的准则。

第 12 步：打开中压主汽门前疏水阀。

（1）开启高压主汽门前疏水阀。

（2）开启中压主汽门前疏水阀。

（3）检查高压主汽门 A 本体疏水阀开或高压主汽门 A 门前温度大于 360℃。

（4）检查高压主汽门 B 本体疏水阀开或高压主汽门 B 门前温度大于 360℃。

（5）检查中压主汽门 A 本体疏水阀开或中压主汽门 A 门前温度大于 360℃。

（6）检查中压主汽门 B 本体疏水阀开或中压主汽门 B 门前温度大于 360℃。

（7）检查主汽门前蒸汽温度。

（8）超高压主汽门 A 前温度大于 360℃。

（9）超高压主汽门 B 前温度大于 360℃。

所有的主汽门开启且调节汽开度限制（TAB＞62.5%，所有的主汽门已开启）。

第 13 步：完成汽轮机主蒸汽管路和再热管路暖管。

（1）主蒸汽管和再热蒸汽管路预暖（确保主蒸汽管内无湿蒸汽存在）。

1）主蒸汽管路预暖完成。

2）一次再热蒸汽管路预暖完成。

3）二次再热蒸汽管路预暖完成。

（2）主蒸汽管蒸汽过热度情况：主蒸汽过热度大于 10K 超过 30min。

（3）一次再热蒸汽管蒸汽过热度情况：一次再热蒸汽过热度大于 10K 超过 30min。或者蒸汽已经强迫通过超过 5min，就可以假设再热蒸汽管不存在湿汽。检查高压调节汽门 A 本体疏水阀开、高压调节汽门 B 本体疏水阀开、一次再热蒸汽压力大于 0.5MPa。

（4）二次再热蒸汽管蒸汽过热度情况：二次再热蒸汽过热度大于 10K 超过 30min。或者蒸汽已经强迫通过超过 5min，就可以假设再热蒸汽管不存在湿蒸汽。检查中压调节汽门 A 本体疏水阀开、中压调节汽门 B 本体疏水阀开、二次再热蒸汽压力大于 0.5MPa。

（5）确认 X_2 准则满足。

X_2准则满足（避免超高压控制阀的不适当加载：主蒸汽饱和温度小于 $T_{mCV}+X_2$）或汽轮机全部主汽门开启。

注：汽轮机处于暖机转速作为旁通次步条件。汽轮机处于暖机转速超过 330r/min，且所有主汽门开启。

第 14 步：打开主汽门前疏水阀。

（1）开启高压主汽门和中压主汽门前疏水阀。

（2）检查高压主汽门 A 本体疏水阀开。

（3）检查高压主汽门 B 本体疏水阀开。

（4）检查中压主汽门 A 本体疏水阀开。

（5）检查中压主汽门 B 本体疏水阀开。

所有的主汽门开启且调阀开度限制（汽轮机启动限制器 T_{AB}>62.5%，所有的主汽门已开启）。

第 15 步：开启主汽门。

（1）设定汽轮机负荷控制器设定点大于 15%。

（2）启动汽轮机启动限制器 T_{AB} 和“通过保护停机步序”。

（3）检查汽轮机控制器设定值大于 15%。

（4）检查汽轮机启动和升程限制器值 T_{AB}>62.5%。

注：程序等待蒸汽品质合格，蒸汽品质合格后，通过人为按操作按钮（SLC STEAM PURITY RELEASED）确认，主汽门才会打开。

1）如果是热态启动或温态启动，汽轮机在启动后立即升速到额定转速并带负荷。为了消除汽轮机无负荷或低负荷运行时汽轮机超高压缸鼓风的危险，并确保可靠同期，必须在启动前检查确定适当的加载动作信号是否已经发出了（汽轮机控制器负荷设定值大于 15%）。

2）在 5%<T_{AB}<7.5%，T_{AB} 值开始拉升时，将对汽轮机保安跳闸系统及超速保护模块进行自检，DEH 将自检一次，并自动跳闸一次，之后汽轮机会自动复位。此时应注意旁路开启，防止因汽轮机跳闸而导致 MFT。

3）汽轮机启动装置 T_{AB}>42%，开启主汽门准备；启动装置 T_{AB}>62.5%。

注：汽轮机转速不上升，若出现汽轮机转速达 300r/min 应立即手动跳闸汽轮机。

4）主汽门在第 15～20 步之间开启，对主汽门阀体进行预热，开启时间长短取决于加热蒸汽温度和蒸汽品质，开启时间可能由几种情况决定。DEH 能忽略某些步骤，在第 16～19 步之间任一点关闭主汽门，程序在第 20 步终止（调节汽门不会在 20 步之前开启，蒸汽品质合格后再开启），返回至第 16 步重新走程序。

5）主蒸汽压力小于 2MPa 时，主汽门全开后保持；主蒸汽压力大于 2MPa 时，主汽门开启，延时后关闭；当主蒸汽压力大于 2MPa、小于 3MPa 时，且高压调节汽门温度小于 210℃，暖阀 30min；当主蒸汽压力大于 3MPa、小于 4MPa 时，且高压调节汽门温度小于 210℃，暖阀 15min；当主蒸汽压力大于 4MPa，主汽门立即关闭。

6）当蒸汽品质合格后，主汽门开启时间不得超过 60min，若在 60min 内第 16～20 步未执行完，主汽门将关闭，并导致汽轮机重新启动。

7）发电机并网前，汽轮机转速控制器限制调节汽门最大开度不大于 62.5%，发电机并网后，转速控制器不再限制调节汽门开度，调节汽门开度转由负荷控制器控制调节。

第 16 步：开启主汽门确认。

（1）超高压排汽、高压排汽通风阀关闭。

（2）检查超高压排汽、高压排汽通风阀未打开。

注：汽轮发电机在额定转速作为旁通条件。停机后重新启动当汽轮机转速大于 1980r/min 时，切除高排通风阀关闭条件。

（3）检查所有主汽门开启或蒸汽品质没有达标（蒸汽品质不合格关闭主汽门）。

第 17 步：空步。

第 18 步：打开调节汽门前确认合适的主蒸汽流量。

（1）超高压转子平均温度小于 400℃，选择主蒸汽流量大于 10%（热态启动）。

（2）超高压转子平均温度大于 400℃（热态启动），选择主蒸汽流量大于 15%（热态启动）。

汽轮机转速大于 840r/min。

第 19 步：空步。

第 20 步：开启控制阀前，等待蒸汽品质达标，确认冲转条件。

（1）选择蒸汽品质回路未锁定（手动按钮）。

（2）蒸汽品质回路（手动确定按钮）释放。旁通条件：汽轮机处于暖机转速超过 330r/min。

（3）低压凝汽器 A 压力小于 20kPa。

（4）低压凝汽器 B 压力小于 20kPa。

（5）超高压缸温差不大于+30℃。

（6）超高压缸温差不小于－30℃。

（7）高压缸温差不大于+30℃。

（8）高压缸温差不小于－30℃。

（9）中压缸温差不大于+30℃。

（10）中压缸温差不小于－30℃。

（11）温度裕度（temprature margine）不小于 30℃。

（12）确认 X_4 准则满足（防止湿蒸汽进入超高压缸：VHP ESV 前蒸汽温度大于主蒸汽压力对应饱和温度+X_4）。

（13）确认 X_5 准则满足［防止超高缸冷却：VHP ESV 前蒸汽温度大于超高压轴平均温度 VHPS T_m 计算值/超高缸平均温度 VHPT T_m 测量值（高选）+X_5］。

（14）确认 X_{6A} 准则满足（防止高压缸冷却：汽轮机侧一次再热母管温度大于高压轴平均温度 HPS T_m+X_{6A}）；确认 X_{6B} 准则满足（防止中缸冷却：汽轮机侧二次再热母管温度大于中压轴平均温度 IPS T_m+X_{6B}）。

（15）主蒸汽过热度（Z_3 准则）大于 30K。

（16）一次再热蒸汽过热度（Z_4 准则）大于 30K。

（17）二次再热蒸汽过热度（Z_5准则）大于30K。

（18）主蒸汽温度高未报警，设定值－实际值大于ε未达到（ε为报警值）。

（19）一次再热蒸汽温度高未报警，定值－实际值大于ε未达到。

（20）二次再热蒸汽温度高未报警，设定值－实际值大于ε未达到。

（21）主蒸汽压力限制器正常。

（22）超高压缸叶片温度保护正常。

（23）高压缸叶片温度保护正常。

（24）汽轮机润滑油供油系统投运。

（25）汽轮机润滑油供油温度大于37℃。

（26）汽轮机启动和升程限制器值$T_{AB}>62.5\%$。

（27）第2次检查确认辅助系统正常。

注：启动程序在第20步蒸汽品质若仍不合格，主汽门关闭直到蒸汽品质合格，程序重新从第11步开始。子回路控制必须由操作人员从“手动”切换到“自动”（发出关闭主汽门的命令，此后若释放蒸汽品质，步序会自动返回至第11步，重新走步序开启主汽门）。

第21步：开调节汽门汽轮机冲转至暖机转速。

（1）汽轮机转速控制器设定增加至870r/min（＞867r/min），转速控制器投入，开调节汽门，汽轮机冲转至暖机转速。

（2）汽轮机升速率太低，未报警。

注：机组在暖机转速大于840r/min或机组在额定转速大于2850r/min。

（3）汽轮机冲转至360r/min，进行汽轮机摩擦检查，就地用听棒倾听机组内部声音是否正常。检查各瓦金属温度、回油温度，各轴振、瓦振，轴向位移，润滑油压、油温，凝汽器压力等参数是否正常。

注意事项：

1）冲转后注意汽轮机润滑油温变化，适时投入汽轮机冷油器水侧。

2）适时投入发电机氢气冷却器、励磁机冷却器、定子冷却水冷却器及密封油冷却器。

3）注意检查机组振动、轴向位移等主要参数的变化，特别是汽轮机过临界转速时。

4）当汽轮机转速达到180r/min时，盘车电磁阀关闭。

5）冷态启动汽轮机转速达到870r/min时大约暖机60min，通过TSE的温度裕度判断暖机是否完成。

第22步：解除SLC蒸汽纯度（解除蒸汽品质子程序）。

（1）检查蒸汽品质SLC切除。

（2）检查汽轮机转速达到暖机转速870r/min。

注：汽轮机停机，蒸汽纯度SLC自动选择OFF。

第23步：保持暖机转速，增加高压汽轮机的预热度。

（1）手动释放正常转速（RELEASE NOMINAL SPEED）。

（2）汽轮机转速设定至额定转速。

（3）中压转子中心线温度（计算值）大于20℃。

（4）确认 X_7 准则满足（暖超高压转子/汽缸：汽轮机侧主蒸汽温度小于超高压轴平均温度 VHPS T_m 计算值+X_{7A}；汽轮机侧主蒸汽温度小于超高压缸平均温度 VHPT T_m 测量值+X_{7B}）。

（5）主蒸汽过热度（Z_3 准则）大于 30K。

（6）一次再热蒸汽过热度（Z_4 准则）大于 30K。

（7）二次再热蒸汽过热度（Z_5 准则）大于 30K。

（8）TSE 最小温度上限裕度大于 30℃。

（9）主蒸汽流量大于 15%。

（10）凝汽器真空 A 绝对压力小于 12kPa。

（11）凝汽器真空 B 绝对压力小于 12kPa。

注：机组额定转速大于 2850r/min。

第 24 步：空步。

第 25 步：汽轮机升至同步转速。

（1）速度设定值为 3009r/min 或发电机已同步且汽轮发电机转速大于 2850r/min。

（2）汽轮机转速达 510r/min 以上时，检查顶轴油泵应联停。

注：当机组并网后延时 2s，将转速控制器切换为负荷本地控制。同时设定初负荷，为保证迅速通过临介转速，系统将监视实际转速。一旦故障，程序将自动进入停状态。

第 26 步：关闭汽轮机超高、高、中压主汽门，调节汽门疏水阀。

（1）超高压调节汽门 A 前疏水阀关闭。

（2）超高压调节汽门 B 前疏水阀关闭。

（3）高压主汽门 A 本体疏水阀关闭。

（4）高压主汽门 B 本体疏水阀关闭。

（5）高压调节汽门 A 本体疏水阀关闭。

（6）高压调节汽门 B 本体疏水阀关闭。

（7）高压调节汽门 A/B 后疏水阀关闭。

（8）中压主汽门 A 本体疏水阀关闭。

（9）中压主汽门 B 本体疏水阀关闭。

（10）中压调节汽门 A 本体疏水阀关闭。

（11）中压调节汽门 B 本体疏水阀关闭。

（12）中压调节汽门 A/B 后疏水阀关闭。

第 27 步：解除 SLC 正常转速设定（手动，RELEASE NOMINAL SPEED）。

（1）转速控制（按钮）未投入或发电机已同期且汽轮发电机转速大于 2850r/min。

（2）汽轮机转速控制器停止工作。

（3）汽轮机启动装置 T_{AB}≤62.5%，限制调节汽门开度。

注：检查记录机组冲转过程中各运行参数并确认正常，主要有主蒸汽压力和温度、再热蒸汽压力和温度、转速、缸胀、轴向位移、轴振、瓦振、各轴承金属温度和回油温度、上/下缸温差、凝汽器真空等，润滑油温控制投入自动，润滑油温保持在 45～50℃，升速过程中通过临界转速时轴振最大不超过 0.26mm，瓦振最大不超过 0.1mm。

第 28 步：调压器动作。

（1）启动 AVR 装置。

（2）汽轮机转速大于 2950r/min。

（3）发电机电压控制器 AVR 投入自动（或发电机已同期）。

第 29 步：发电机同期前保持额定转速。

（1）确认 X_8 标准满足暖高、中压转子（机侧一次再热蒸汽母管温度小于高压轴平均温度 T_{mIPS} 计算值+X_{8A}；机侧二次再热汽母管温度小于中压轴平均温度 T_{mIPS} 计算值+X_{8B}）。

（2）TSE 温度上限裕度大于 30℃。

（3）发电机冷却风温度小于 45℃。

（4）励磁系统无故障。

（5）发电机冷却风温度高保护正常。

（6）发电机准备同步。

注：当上述条件满足汽轮机额定转速暖机结束（冷态需暖机 60min）。

汽轮机转速达 510r/min 以上时，检查顶轴油泵应联停。转速至 3000r/min，检查、调整并记录机组各运行参数并确认正常，主要有主、再热蒸汽压力和温度、转速、缸胀、轴向位移、轴振、瓦振、各轴承金属温度和回油温度、上/下缸温差、凝汽器真空等，润滑油温控制投入自动，润滑油温保持在 45～50℃。升速过程中通过临界转速时轴振最大不超过 0.13mm，瓦振最大不超过 11.8mm/s。

（五）汽轮机冲转完成后

汽轮机冲转完成后，定速 3000r/min，关闭所有过热器、再热器疏水。

（六）机组并网

（1）启动 C 层（或 A 层）燃油、制粉系统，继续升温升压。

（2）机组并网，带 10%～15%BMCR 初负荷，暖机 30～60min（根据温度裕度控制），暖机期间，加强机组振动、汽轮机润滑油温等参数检查，维持蒸汽压力稳定，主蒸汽、一次再热蒸汽和二次再热蒸汽温度逐步上升，注意控制温升率不超限。

（七）机组升负荷

1. 机组加负荷速率

机组加负荷速率根据当时机组状态确定。不同启动状态下机组加负荷率数据见表 5－3。

表 5－3　不同启动状态下机组加负荷率数据表

负荷段（MW）	冷态（MW/min）	温态（MW/min）	热态（MW/min）	极热态（MW/min）
50～200	5	5	10	10
200～300	5	5	5	5
300～500	5	10	10	10
500～1000	10	20	20	20

（1）冷态启动时，最初负荷变化率为 5MW/min，500MW 以上时可以加大到 10MW/min。

（2）温态启动时，最初负荷变化率为 5MW/min，500MW 以上时可以加大到 10MW/min，500MW 以上时可以加大到 20MW/min。

（3）热态和极热态启动时，最初负荷变化率为 10MW/min，500MW 以上时可以加大到 20MW/min。

（4）不论哪种启动方式，在 200～300MW 负荷区间，干、湿态转换过程中，尽量保持 5MW/min 负荷变化率，确保平稳过渡。

2. 机组升负荷至 300MW

（1）机组负荷达到 150MW 后投运高、低压加热器。

1）确认 6 号、7 号、8 号、9 号、10 号低压加热器，疏水冷却器，低温省煤器（可选择）水侧已经投运。

2）确认 3 号高压加热器、1 号高压加热器已经投运。逐台投入 4 号、2 号外置式冷却器，4 号、2 号高压加热器汽侧。

a. 确认高压加热器水侧已投运，抽汽管道有关疏水阀开启。

b. A 列 4 号外置式冷却器抽汽电动阀开至 10%，4 号高压加热器汽侧进汽电动阀开至 10%，控制高压加热器出水温升率不大于 3℃/min，10min 后继续开启各电动阀，注意进汽压力、温度逐渐升高。

c. 以同样方式投用 A 列 2 号外置式冷却器、2 号高压加热器汽侧。

d. 用同样方法投用 B 列 4 号外置式冷却器、4 号高压加热器，2 号外置式冷却器汽侧，2 号高压加热器汽侧。

3）低负荷阶段，4 号高压加热器疏水通过事故疏水回路排至高压疏水扩容器，当 4 号高压加热器疏水压力大于除氧器压力 0.2MPa 后且水质合格，投入正常疏水回路并投入正常疏水调节阀自动，高压加热器疏水逐级自流回至除氧器。

4）高压加热器汽侧投用正常后，确认开启各高压加热器至除氧器连续排气阀、关闭至除氧器的启动排气阀。

（2）负荷升至 150MW 左右，五段抽汽压力大于 0.428MPa 并高于除氧器内部压力后，除氧器汽源切换至五段抽汽供应。

（3）负荷升至 200MW，开始冲转第二台给水泵汽轮机。

（4）当机组负荷大于 250MW 时，启动低压加热器疏水泵，确认开启低压加热器疏水泵出口电动隔离阀。

（5）随着汽轮机调节汽门开大，负荷上升，高、中、低压旁路自动关小，直至全关，DEH 发出“所有蒸汽进入汽轮机”信号。高压旁路进入滑压控制模式。主蒸汽压力由旁路控制切换至汽轮机控制；锅炉/汽轮机控制方式为汽轮机跟随方式（TF MODE）。此时应及时检查高、中、低压旁路门及其减温水门的严密性。

（6）负荷升至 312MW，检查汽轮机所有疏水门均已关闭。

（7）机组并网后，随着负荷升高，应及时检查氢气压力、温度等参数正常。

3. 锅炉由湿态转干态

（1）锅炉燃料量逐步增加，必要时可启动第三台磨煤机，注意避免隔层燃烧，锅炉干湿态转换的时候，宜投用B、C、D磨煤机，以提高水冷壁吸热均匀性。

（2）负荷升至30%BMCR，锅炉开始由湿态转为干态运行。

（3）首先应保证省煤器进口最小给水流量（30%BMCR）不变，再增加燃料量，随着燃料量的增加，分离器出口蒸汽过热度逐渐升高，此时需调整燃料、给水、风量的互相配合，防止汽水分离器出口温度增长过快、水冷壁超温。

（4）储水箱水位不断下降，至低水位时，停炉水循环泵。

（5）锅炉转入干态后，按比例增加燃料和给水，尽快提升负荷，避开干湿态不稳定区域。

（6）根据情况逐步停用等离子点火装置，逐步停运所有油枪，燃油系统处于炉前循环状态。

（7）油枪全部停运后，电除尘器和脱硫系统投入运行，湿式电除尘器（若有）投入运行。

（8）升负荷阶段，密切监视烟气温度变化情况，烟气温度达到脱硝投运温度窗口后，投入SCR脱硝喷氨，脱硝系统投入运行。

4. 机组负荷350MW至1000MW

（1）根据机组升负荷情况增加锅炉燃烧率。

（2）机组负荷升至350MW左右，轴封汽可实现自密封。

（3）机组负荷为350MW时，将空气预热器吹灰汽源由辅助蒸汽切至主蒸汽供。

（4）负荷增长率按1%BMCR/min进行。

（5）机组负荷升至400MW，把第二台汽动给水泵并入给水系统。

（6）机组负荷升至500MW，启动第四台磨煤机。

（7）投入机组协调。

（8）增加各磨煤机给煤量，保持机组负荷稳定上升，根据负荷需要，可以启动第五台磨煤机。

（9）机组负荷升至800MW，在锅炉燃烧稳定的前提下，允许进行炉膛吹灰，应按烟气流向按顺序进行，左右对称同时进行吹灰。

（10）机组负荷升至900MW时，机组由滑压运行进入定压运行。

（11）机组负荷升至950MW，应缓慢增加锅炉燃烧率，监视各参数正常。

（12）机组负荷达到1000MW，对机组运行状况进行全面检查，确认无异常情况，进入满负荷运行阶段。

（八）机组启动过程中的注意事项

（1）汽轮机冲转前，转子连续盘车时间应满足要求，尽可能避免中间停盘车，如发生盘车短时间中断，则要延长盘车时间。

（2）汽轮机升速过程中为避免汽轮机较大的热应力产生，应保持合适、稳定的主蒸汽温度，考虑高压汽轮机叶片的承受能力，因此汽缸壁温升应严格按X准则进行，否则机组升速将受到限制，机组在暖机过程中应保持蒸汽参数的稳定。

（3）汽轮机要充分暖机，疏水子回路控制必须投入，尽可能保持疏水畅通。

（4）注意汽轮机组的振动，各轴承温度，汽轮机高/中压缸上、下温差，轴向位移及各汽缸膨胀的变化，必要时加强暖机。

（5）机组升速过程中要注意汽轮机润滑油温及发电机氢冷温度的变化，保持在正常范围内，并注意观察各轴承回油温度不超过70℃，低压缸排汽温度不超过90℃。

（6）汽轮机转速必须在360r/min以下才允许复归。

（7）在汽轮机冲转中，若储水箱水位急剧下降，应关小锅炉启动循环水泵出口调节阀，并提高给水流量。

（8）旁路投运后，可以考虑投运1号高压加热器汽侧。

（9）机组启动和带负荷的过程中，锅炉参数应按照制造厂提供的启动曲线进行调整。

（10）锅炉在油枪投用过程中，应安排人员就地观察。油枪点火应无冒黑烟、火焰黯淡等燃烧不完全的情况，也无滴油、火焰脱火等油枪雾化不良情况。如若发生异常情况，应及时调整二次风挡板的开度及炉前燃油供油压力，如调整无效应立即停止油枪运行；油枪停运后，就地确认已退出炉膛。

（11）锅炉冷态启动，采用等离子点火时，在制粉系统投运初期，应密切注意燃烧器的着火情况及炉膛内的火焰情况，必要时调整煤量、一次风速或二次风挡板开度。若发现炉膛内燃烧不稳定，应及时停运制粉系统并进行锅炉吹扫。

（12）锅炉冷态启动点火初期，过热器、再热器处于干烧状态，应根据受热面的金属许用温度限制炉膛出口烟气温度（低于538℃）。

（13）锅炉升温、升压过程应加强对各受热面金属温度的监视，在各负荷段稳定运行参数并做锅炉膨胀记录，确保膨胀量在合理范围内，并检查锅炉各部件支吊架受力情况，发现异常要停止升温、升压，查明原因并消除后，方可继续升温、升压。

（14）在锅炉分离器开始起压或第二层燃油枪投入运行后，锅炉有汽水膨胀过程，此时应注意分离器储水箱水位的控制，防止超限。

（15）在机组并网和带初负荷的过程中，必须严格保证锅炉燃烧并保证燃料量的稳定，制粉系统投入原则顺序为B、C、D、E、F、A。

（16）锅炉在湿态与干态转换区域运行时，应尽量缩短其运行时间，并应注意保持给水流量的稳定。

（17）机组负荷小于10%BMCR，一般不投入过热、再热蒸汽喷水减温器，当减温水系统投入运行时，应监视减温器后的蒸汽过热度大于15℃，防止减温器后蒸汽带水。

（18）如磨煤机内有存煤，在启动一次风机时，禁止利用这些磨煤机打通一次风通道。在投用内部有存煤的磨煤机时，应保证点火能量满足，才能进行通风暖磨，防止往炉内喷入过量未燃煤粉。

（19）加强锅炉吹灰有助于提高受热面换热效率，减少烟温偏差及降低排烟温度。根据煤种情况以及实际运行情况，合理安排锅炉各受热面的吹灰。

（20）锅炉升压过程中，应注意监测蒸汽品质，汽轮机启动后，要防止主蒸汽、再热蒸汽温度急剧波动，严防蒸汽带水。

（21）燃烧不稳定时要及时投油助燃，防止灭火爆燃事故发生，尤其是冷炉启动时，因炉内热度不够，很容易造成熄火，注意监视火焰检测器、炉膛火焰电视显示是否正常，观察炉内火焰情况，及时调整燃烧，保持燃烧稳定。

（22）注意空气预热器出口烟气温度的变化，防止二次燃烧。当发现烟气温度不正常时，要及时投入空气预热器吹灰。锅炉投油期间或低负荷运行时，保持空气预热器连续吹灰。

（23）进行燃烧调整、吹灰操作时，应注意监视炉膛火焰电视，如喷粉过多，炉内会明显黑色，吹灰时注意是否有塌灰、掉焦现象。

三、热态（温态）启动

1. 启动步骤

机组热态（温态）启动除按热态（温态）启动曲线进行升速、暖机、带负荷外，无特殊情况，其他严格执行冷态启动的有关规定及操作步骤。若水质合格可以不进行锅炉清洗。如需清洗，按照冷态启动时要求执行。

（1）锅炉热态启动点火前上水和启动流量建立。

1）汽水分离器压力小于 18MPa，检查锅炉上水水质合格，除氧器连续加热投入，尽可能维持给水温度在 120℃以上，向锅炉上水。

2）当储水箱见水且稳定上升后，确认锅炉炉水循环泵启动条件满足，启动炉水循环泵。

3）储水箱水位上升后，确认锅炉疏水泵启动条件满足，启动锅炉疏水泵，将锅炉疏水回收到凝汽器。

4）锅炉上水时，应适当调整启动循环流量和给水流量，严格控制省煤器、水冷壁、汽水分离器的金属温度下降速率小于 1.5℃/min，因此控制锅炉上水流量小于 270t/h（10%BMCR 给水流量）。待水冷壁出口各金属温度偏差小于 50℃后，可适当加大上水量，建立锅炉最小启动流量。

（2）炉膛吹扫完成，MFT 复归，锅炉点火。

（3）根据汽轮机状态匹配冲转参数，按照汽轮机冲转步骤进行冲转、并网。

（4）升负荷过程中的其他操作同冷态启动。

2. 注意事项

（1）锅炉点火前，在各项准备工作完成以后，再启动引送风机进行炉膛吹扫，尽可能地减少风机启动后对炉膛不必要的冷却。

（2）为防止再热器干烧，在高、中、低压旁路蒸汽流量未建立前，应保持锅炉燃烧率不大于 10%，且严格控制炉膛出口烟气温度小于 538℃。

（3）投入空气预热器连续吹灰。

（4）主、再热蒸汽升温、升压速率应严格按照各状态下升温、升压曲线要求进行控制。

（5）温态、热态启动时，应尽快提高蒸汽的温度，防止联箱和汽水分离器的内、外壁温差过大。并尽快升至冲转参数，防止汽轮机金属部件过度冷却，汽轮机冲转时，主蒸汽、再热蒸汽温度至少有56℃以上的过热度且主蒸汽、一次再热蒸汽、二次再热蒸汽温度分别比超高、高、中压缸内壁金属温度高50℃，主蒸汽、再热蒸汽温度左右侧温差不超过17℃。

（6）加强汽水品质监督。

（7）在30%～35%BMCR锅炉湿、干态转换点期间，禁止长时间运行。

（8）为维持蒸汽温度，可采用油枪点火方式，优先投入上层制粉系统，提高火焰中心，有利于提升蒸汽温度。

四、国电泰州电厂3号锅炉启动数据表

1. 冷态启动运行数据（见表5-4）

表5-4 冷态启动运行数据

主要参数	锅炉点火	汽轮机冲转、并网	250MW	500MW	750MW	1000MW
高温过热器出口蒸汽温度（℃）	134.7	460.2	473.9	556.9	587.0	584.7
一次再热器出口蒸汽压力（MPa）	0	1.85	3.39	5.66	8.07	10.69
二次再热器出口蒸汽温度（℃）	36.8	446.6	471.9	537.2	583.9	608.2
二次再热器出口蒸汽压力（MPa）	0	0.50	0.56	1.59	2.42	3.07
机侧主蒸汽温度（℃）	123.5	464.3	475.8	557.8	587.8	590.5
机侧主蒸汽压力（MPa）	0.22	6.51	11.68	19.40	23.40	31.26
机侧一次再热器蒸汽温度（℃）	35.1	431.6	484.2	533.3	590.3	600.8
机侧一次再热器蒸汽压力（MPa）	0	1.83	3.47	5.60	7.37	10.35
机侧二次再热器蒸汽温度（℃）	33.5	427.0	472.6	539.8	582.7	603.4
机侧二次再热器蒸汽压力（MPa）	0	0.52	0.57	1.59	1.95	3.02
高压旁路开度（%）	0	33.1	0	0	0	0
中压旁路开度（%）	0	60.0	0	0	0	0
低压旁路开度（%）	0	64.0	95.6	0	0	0
总风量（t/h）	1582.1	1643.3	2270.1	2472.2	2833.7	3561.8
总煤量（t/h）	35.7	64.3	152.5	212.3	304.6	405.7
A磨煤机煤量（t/h）	—	—	78.2	72.0	71.7	83.1
B磨煤机煤量（t/h）	35.7	64.3	74.3	68.5	80.9	82.1
C磨煤机煤量（t/h）	—	—	—	71.8	75.7	78.7
D磨煤机煤量（t/h）	—	—	—	—	—	—
E磨煤机煤量（t/h）	—	—	—	—	76.3	82.2
F磨煤机煤量（t/h）	—	—	—	—	—	79.6

续表

主要参数	锅炉点火	汽轮机冲转、并网	250MW	500MW	750MW	1000MW
高压加热器出口水量（t/h）	311.3	230.5	780.1	1479.7	1847.3	2660.6
高压加热器出口水温（℃）	194.5	179.3	244.3	275.1	235.8	307.8
省煤器进口水量（t/h）	1630.7	1065.5	1032.7	1450.7	1792.3	2588.0
省煤器进口水温（℃）	130.2	248.7	233.8	275.3	237.6	307.8

2. 热态启动运行数据（见表 5-5）

表 5-5　　　　热态启动运行数据

主要参数	锅炉点火	汽轮机冲转、并网	250MW	500MW	750MW	1000MW
高温过热器出口蒸汽温度（℃）	442.1	455.8	504.1	566.0	592.0	604.7
高过出口蒸汽压力（MPa）	11.53	14.03	12.94	18.31	25.13	31.95
一次再热器出口蒸汽温度（℃）	450.6	487.3	524.1	546.9	579.8	613.9
一次再热器出口蒸汽压力（MPa）	4.16	6.06	4.31	5.48	7.84	10.43
二次再热器出口蒸汽温度（℃）	430.7	481.8	518.4	540.5	582.2	613.4
二次再热器出口蒸汽压力（MPa）	1.99	2.66	1.59	1.60	2.29	3.08
机侧主蒸汽温度（℃）	442.6	462.83	506.3	568.1	592.0	604.0
机侧主蒸汽压力（MPa）	11.56	14.02	12.88	18.0	24.63	31.26
机侧一次再热器蒸汽温度（℃）	439.8	489.8	526.4	549.8	581.1	613.5
机侧一次再热器蒸汽压力（MPa）	4.01	6.00	4.44	5.51	7.84	10.45
机侧二次再热器蒸汽温度（℃）	425.9	483.44	517.1	542.9	581.8	612.0
机侧二次再热器蒸汽压力（MPa）	1.98	1.98	1.11	1.17	2.29	3.08
高压旁路开度（%）	38.8	54.8	11.9	0	0	0
中压旁路开度（%）	99.1	99.1	0	0	0	0
低压旁路开度（%）	58.0	58.0	0	0	0	0
总风量（t/h）	2021.1	2246.2	2040.7	2202.5	3032.0	3459.0
总煤量（t/h）	79.9	121.1	134.8	196.0	278.0	355.7
A 磨煤机煤量（t/h）	—	—	—	—	—	—
B 磨煤机煤量（t/h）	45.0	49.1	44.1	66.2	69.7	72.0
C 磨煤机煤量（t/h）	34.9	72.0	43.8	65.8	71.4	72.8
D 磨煤机煤量（t/h）	—	—	46.9	64.0	71.9	70.8
E 磨煤机煤量（t/h）	—	—	—	—	65.0	69.3

续表

主要参数	锅炉点火	汽轮机冲转、并网	250MW	500MW	750MW	1000MW
F磨煤机煤量（t/h）	—	—	—	—	—	71.2
高压加热器出口水量（t/h）	407.5	735.1	670.0	1389.5	2002.2	2623.0
高压加热器出口水温（℃）	110.6	87.4	114.8	270.8	300.7	311.5
省煤器进口水量（t/h）	1489.4	1450.1	1318.2	1363.3	1980.1	2588.0
省煤器进口水温（℃）	243.0	201.7	220.0	272.2	300.8	311.1

第三节　机组启动调试主要试验

在机组整套启动调试期间，需进行一系列相关试验，以确保机组在正常运行时安全可靠，主要包含以下试验（不含电气试验）。

一、润滑油系统检查试验

1. 试验目的

在机组启动前应进行润滑油系统检查试验，包括油泵切换和自启动，以确认汽轮机润滑油系统各油泵（交流润滑油泵、危急油泵、排烟风机）自启动动作正常、联锁正确、供油稳定，有利于提高机组运行的安全可靠性。

2. 功能组启动许可条件

（1）一台主油泵运行。

（2）一台油箱排烟风机运行。

（3）SLC主油泵投入自动。

（4）SLC事故油泵投入自动。

（5）SLC顶轴油泵投入。

（6）SLC排烟风机投入。

（7）火灾保护未动作。

（8）两台顶轴油泵运行。

（9）汽轮机转速小于120r/min。

（10）汽轮机启动装置开度为0。

3. 试验方法

在DEH润滑油系统操作画面投入SGC汽轮机润滑油系统子功能组。按程控进行润滑油系统功能检查。

（1）确认润滑油主油泵切换功能正常，油压波动正常。

（2）确认主油泵试验电磁阀动作正常，油泵自启动正常，油压波动正常。

（3）确认危急油泵试验电磁阀动作正常，危急油泵自启动正常，油压波动正常。

（4）确认排烟风机切换功能正常。

二、汽门严密性试验

（一）试验目的

通过试验，确认汽轮机的主汽门和调节汽门严密性符合设计要求，能满足机组安全、稳定运行的需要，并为以后机组的运行提供参考。

（二）试验条件

主蒸汽和一、二次再热蒸汽压力不低于50%额定压力。

（三）试验步骤

1. 主汽门严密性试验

（1）确认机组运行状态符合严密性试验要求。

（2）在DEH操作员站CRT上手动设置，使超高压、高压、中压主汽门全关，超高压、高压、中压调节汽门全开。

（3）监视机组转速，要求小于转速 n［见（四）评价标准］，主汽门严密性合格。

2. 调节汽门严密性试验

（1）主汽门严密性试验后可进行本项试验。

（2）汽轮机打闸，重新复位汽轮机，并冲转至3000r/min。

（3）确认机组运行状态符合严密性试验要求。

（4）在DEH操作员站CRT上手动设置，使超高压、高压、中压主汽门全开，高压、中压调节汽门全关。

（5）监视机组转速，要求小于转速 n［见（四）评价标准］，调节汽门严密性合格。

（四）评价标准

机组转速应降至 n 值以下，即

$$n=p/p_0\times 1000$$

式中　p——试验时主蒸汽或一、二次再热蒸汽压力；

p_0——额定主蒸汽压力或一、二次再热蒸汽压力。

三、超速试验

当汽轮机超速后，超速保护能够尽可能快地降低汽轮机速度，是汽轮发电机组避免超速对机组造成潜在损伤的最重要的保护回路。

1. 试验目的

检验超速保护设定值的正确性和超速保护的可靠性。

测定在超速保护动作后，超高压、高压、中压主汽门、调节汽门的关闭时间。

2. 试验条件

（1）新机组投产、甩负荷试验前、机组大修后或检修停运时间超过一个月后启动，必须进行超速试验。

（2）机组能保持转速3000r/min稳定运行，主辅机系统及设备运行情况正常。

（3）疏水系统及超高压缸、高压缸通风阀联锁试验正常。

（4）主汽门、调节汽门严密性试验合格。

（5）集控室及就地手动紧急停机试验正常。

（6）汽轮机润滑油系统各油泵自启动联锁正确，联锁已投入。

（7）速度测量系统检查和校准正常。

（8）真实超速保护试验必须在较低值进行，试验动作值为2950r/min。

（9）无其他试验正在进行。

3. 试验步骤

（1）汽轮机启动前将超速保护定值从3300r/min临时降低至2950r/min。

（2）投入汽轮机启动SGC，正常自动启动。

（3）在汽轮机启动过程中记录汽轮机转速及超高压、高压中压主汽门、调节汽门开度。

（4）确认汽轮机转速达到2950r/min时超速保护动作，汽轮机跳闸；检查超高压、高压中压主汽门、调节汽门关闭，并测定关闭时间。

（5）在成功地完成测试后，必须恢复超速保护定值至3300r/min。

4. 安全措施

（1）执行危险源辨识与预防措施。

（2）就地和集控室均设专人监视机组转速和机组振动，若试验过程中，机组振动、轴承金属温度和回油温度等主要参数超标，应立即停机。

（3）定值修改和恢复应设专人监护。

四、汽轮机ATT（汽门活动）试验

汽轮机ATT试验包括SLC超高压、高压、中压主汽门和调节汽门，SLC超高压、高压排汽止回阀，SLC超高压缸、高压缸通风排汽阀试验。

机组运行期间，按规定要对超高压缸阀门组、高压缸阀门组和中压缸阀门组分别进行试验，对于每组阀门，完成一侧试验并给出试验成功的反馈后可进行另一侧的试验。

高压缸阀门组试验时，高压调节汽门根据指令关闭，另一侧高压调节汽门打开，其开度的大小根据负荷进行控制。当被试验的高压调节汽门完全关闭后，进行主汽门活动试验及跳闸电磁阀活动试验，阀门的两个电磁阀分别动作一次，使相应的阀门活动两次。给出试验成功的反馈，主汽门试验完成。在该侧主汽门关闭的情况下，进行调节汽门活动试验及跳闸电磁阀活动试验，阀门的两个电磁阀分别动作一次，使相应的阀门活动两次。给出试验成功的反馈，调节汽门试验完成。完成高压调节汽门试验之后，该侧主汽门打开，在主汽门全开后，高压调节汽门开始打开，对侧高压调节汽门开始关，直到恢复到试验前的状态。

超高压缸阀门组和中压缸阀门组试验同上。

阀门组试验完成后，对超高压排汽止回阀、超高压缸通风阀、高压排汽止回阀和高压缸通风阀进行相同的试验，每个阀门的两个电磁阀分别动作一次，使相应的阀门活动两次。汽轮机阀门组活动试验电磁阀动作情况如图5－19所示，高压排汽通风阀、再热器冷段止回阀活动试验电磁阀动作情况如图5－20所示。

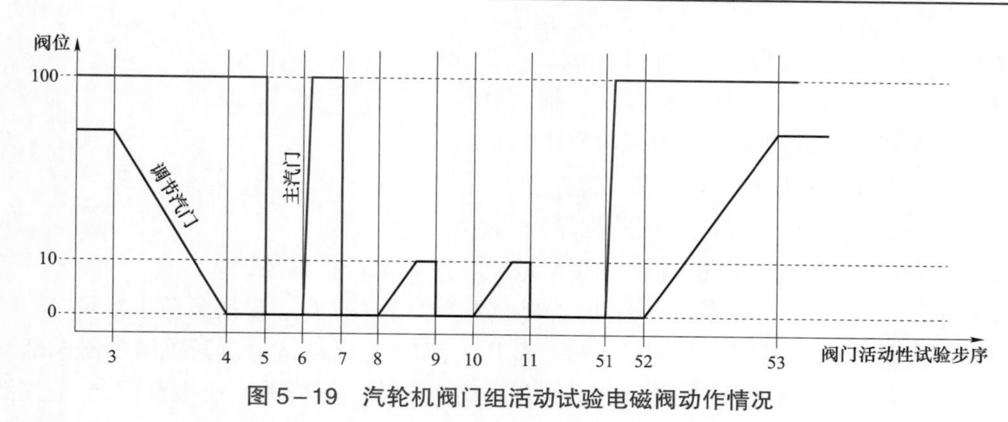

图 5-19　汽轮机阀门组活动试验电磁阀动作情况

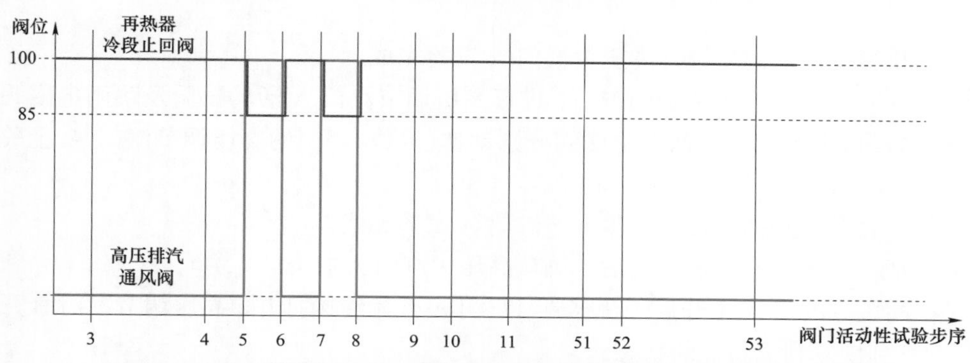

图 5-20　高压排汽通风阀、再热器冷段止回阀活动试验电磁阀动作情况

1. 试验目的

确认 DEH 的汽轮机 ATT 试验功能符合设计要求，超高压、高压、中压主汽门和调节汽门活动正常、无卡涩，超高压排汽、高压排汽止回阀和超高压缸、高压缸通风排汽阀动作正常。各汽门及相关疏水阀无卡涩情况。

2. 试验条件

（1）发电机负荷小于 800MW。

（2）机组并网，负荷控制激活。

（3）各主汽门均开启。

（4）汽轮机及各辅助系统运行情况良好，参数稳定。

（5）试验过程中，避免机组负荷、蒸汽参数大的波动。

（6）无其他试验进行。

3. 试验步骤

（1）ATT SGC 手动按钮投入，选择下列任一 ATT 阀门试验进行。

1）投入超高压主汽门和调节汽门 A 试验程序控制。

2）投入超高压主汽门和调节汽门 B 试验程序控制。

3）投入高压主汽门和调节汽门 A 试验程序控制。

4）投入高压主汽门和调节汽门 B 试验程序控制。

5）投入中压主汽门和调节汽门 A 试验程序控制。

6）投入中压主汽门和调节汽门B试验程序控制。

7）投入超高压缸逆止阀试验程序控制。

8）投入超高压缸通风排汽阀试验程序控制。

9）投入高压缸止回阀试验程序控制。

10）投入高压缸通风排汽阀试验程序控制。

（2）以投入高压主汽门和调节汽门A试验程控为例进行描述。

1）高压调节汽门A根据指令关闭，高压调节汽门B打开，根据负荷进行调节。

2）高压调节汽门A完全关闭后，进行高压主汽门A活动试验及其跳闸电磁阀活动试验，确认高压主汽门A的两个跳闸电磁阀分别动作一次，相应的高压主汽门A全关活动两次。

3）给出试验成功的反馈，高压主汽门A试验完成。

4）在高压主汽门A关闭的情况下，进行高压调节汽门A活动试验及跳闸电磁阀活动试验，确认高压调节汽门的两个电磁阀分别动作一次，相应的高压调节汽门A全关活动两次。

5）给出试验成功的反馈，高压调节汽门A试验完成。

6）完成高压调节汽门试验之后，确认高压主汽门A打开。

7）在高压主汽门A全开后，高压调节汽门A开始缓慢打开，高压调节汽门B开始缓慢关小，直到恢复到试验前的状态。

8）试验期间，注意负荷向下波动不应超过80MW。

（3）类似的方法对其他阀门进行试验。

五、真空严密性试验

1. 试验目的

通过试验，确认机组真空系统工作情况良好，严密性符合颁部标准。

2. 试验条件

（1）真空泵联锁保护动作正常。

（2）机组能维持在额定真空运行。

（3）就地与集控室间的通信畅通。

3. 试验标准

试验应连续记录8min，要求后5min内真空的平均下降率符合表5－6的要求。

表5－6 真空严密性试验评价表

序号	真空下降平均值（kPa/min ）	评价等级
1	≤0.3	合格
2	＞0.3	不合格

4. 试验步骤

（1）维持机组负荷在80%额定负荷运行，检查机组及各辅机系统运行正常。

（2）确认备用真空泵启、停动作正常，运行状态良好。

（3）确认停泵可能引起动作的保护已解除，停运所有真空泵组，试验开始。

（4）就地及集控室严密监视真空的变化情况，并记录凝汽器真空和低压缸排汽温度。

（5）从停泵开始，连续记录 8min，要求后 5min 内真空的下降率符合要求。

（6）试验结束，启动一组真空泵，恢复机组正常运行。

5. 安全措施

（1）试验过程中，若发现真空下降过快，真空严密性明显不合格或凝汽器真空低于设计值，应立即停止试验。

（2）停泵试验时，应先关闭泵进口气控阀，若出现异常应立即启动真空泵。

六、汽轮机惰走试验

1. 试验目的

通过试验，记录汽轮机的惰走时间和惰走曲线，为以后机组的运行和事故分析提供参考。

2. 试验条件

（1）机组解列，汽轮机维持 3000r/min 运行。

（2）无其他试验进行。

3. 试验方法

（1）确认主蒸汽压力、温度正常。

（2）机组打闸停机，确认汽轮机各汽门关闭，机组转速下降。

（3）记录机组转速、真空及时间。

（4）注意汽轮机转速小于 510r/min 时顶轴油泵自启动，否则手操启动。

（5）机组转速小于 120r/min 时，确认盘车电磁阀打开，机组连续盘车。

根据记录，绘制汽轮机惰走曲线。

七、机组甩负荷试验

（一）试验目的

（1）测取和掌握机组甩负荷时调节系统动态过程中功率、转速和调节汽门开度等主要参数随时间的变化规律，以便于分析、考核调节系统的动态调节品质。

（2）考核机、炉、电部分设备及其自动控制系统对甩负荷工况的适应能力。

（3）针对各主辅设备、自动控制在甩负荷工况中出现的问题、故障，制定相应的消除、防范措施，提高整个机组的动态响应、适应能力。

（二）试验前应具备的条件和准备工作

1. 汽轮机专业应具备的条件

（1）汽轮机主、辅设备无重大缺陷，操作机构灵活，运行正常；主要监控仪表显示准确。

（2）DEH 功能检查和调节系统静态特性符合要求。

（3）危急遮断系统动作可靠，超速试验合格。

（4）远控和就地停机装置可靠。

（5）主汽门和调节汽门严密性试验合格。

（6）汽轮机主汽门、调节汽门手动停机时能迅速关闭，无卡涩，关闭时间符合要求。

（7）各抽汽止回阀和抽汽电动门、超高压排汽、高压排汽止回阀及本体疏水阀联锁动作正常，关闭迅速、严密。

（8）汽轮机ATT试验，试验正常。

（9）高压、低压加热器疏水“自动”和“手动”均正常可靠，高压、低压加热器保护试验正确。

（10）EH油系统油质确认合格，各油泵联锁正常，动作可靠。

（11）顶轴油系统运行正常，盘车可正常投用。

（12）高压、中压、低压旁路系统试验正常，处于自动热备用状态。

（13）超高压、高压排通风阀开启、关闭试验正常，逻辑检查正确。

（14）备用汽源（辅助蒸汽）可靠，应能随时投用。

2. 锅炉专业应具备的条件

（1）锅炉主、辅设备无重大缺陷，运行正常。

（2）锅炉过热器、再热器安全门经校验合格，各减温水门开关灵活，动作准确、可靠，关闭严密。

（3）制粉系统和燃油系统工作正常。

（4）送风机、引风机及一次风机工作正常，烟风挡板等操作灵活，准确、可靠。

（5）备用汽源可靠，应能随时投用。

（6）排渣机运行正常。

3. 电气专业应具备的条件

（1）将厂用电源切至启备用变压器。

（2）励磁调节系统工作正常，灭磁保护等各项保护联锁能够可靠投入。

（3）发电机主开关、灭磁开关分合正常。

（4）柴油发电机作为保安电源能可靠投入使用。

（5）各项电气保护动作正常可靠。

（6）系统周波保持在（50±0.2）Hz以内，系统留有备用容量。

4. 热控专业应具备的条件

（1）DEH、DCS、MEH、ETS和TSI装置无故障，投用正常可靠。

（2）检查确认进入DEH的压力参数应为绝对压力。

（3）锅炉各项主保护已经过确认，动作可靠。

（4）汽轮机各项主保护已经过确认，动作可靠。

（5）汽轮机主要辅机的联锁联动和保护经过确认，动作可靠。

（6）用于监测的主要监视仪表经检验准确、可靠。

（7）DAS运行正常，测点指示、事故追忆和趋势曲线打印等可靠工作，需记录的参数趋势图已设置好，参数储存速度必须达到每秒一次。

（8）甩负荷时需测取的参数测点已与自动记录仪器逐一校对过，连接调试完好，处于随时测取参数状态。

（三）试验步骤

机组甩负荷试验采用合上试验隔离开关同时断开发电机主开关和灭磁开关的方式，使机组与电网解列，甩去全部电负荷，同时测取调节系统动态特性。

1. 试验安排

甩负荷试验拟按 50%、100%额定负荷两个工况依次进行，当甩 50%额定负荷后，若转速动态超调量大于或等于 5%时，即转速达 3150r/min 及以上时，则应中断试验，不再进行甩 100%额定负荷的试验。

2. 各工况甩负荷要求

（1）甩 50%额定负荷。主蒸汽参数、真空维持正常，电负荷为 500MW，汽轮机高压、低压加热器全部投入，两台汽动给水泵并列运行，锅炉 3 台磨煤机组运行，投入 B 层等离子助燃。

（2）甩 100%额定负荷。主蒸汽参数、真空维持正常，电负荷为 1000MW，高压、低压加热器均正常投入运行，两台汽动给水泵并列运行，锅炉 5 台磨煤机组运行。

3. 试验前检查与操作

（1）维持机组的主蒸汽参数、凝汽器真空均保持正常值，发电机功率达到甩负荷试验要求值，全面检查机组运行状况，确认正常，各项运行指标符合要求，稳定运行 1h。

（2）确认顶轴油泵和液压盘车装置可靠，可随时投用。

（3）解除机组协调控制，DEH 系统采用内部控制方式。

（4）阀门活动试验正常。

（5）检查柴油发电机作为保安电源能够可靠投入使用。

（6）将辅汽母管的汽源由二次低温再热汽源供给，老厂至辅助蒸汽联箱已暖，随时可供；或将老厂汽源作为主要辅助蒸汽汽源。

（7）将 B 汽动给水泵汽源切至辅助蒸汽，二次冷再至给水泵汽轮机的汽源充分暖管，随时可用。

（8）将除氧器汽源切为辅助蒸汽供给，调整维持母管压力不低于 0.7MPa 运行，压力联锁解除。将轴封汽源切为辅助蒸汽供给，轴封加热器投自动，并适当开启轴封溢流阀，使轴封供汽保持流通，防止甩负荷发生时轴封供汽温度过低，造成轴封齿碰磨主轴。

（9）各加热器适当保持低水位运行。

（10）已做好汽轮发电机振动监测准备工作。

（11）锅炉蒸汽温度、蒸汽压力、炉膛负压、二次风箱压差和挡板控制由自动控制改为手动控制。

（12）手操一、二次再热器安全阀开关一次，开启、回座正常。

（13）高压加热器危急疏水门处于自动联锁状态（手动截止阀应事先开启）。

（14）制粉系统和燃烧系统以及给水泵运行方式已根据试验负荷调整好。

（15）自动记录仪表已通电并调试好，DAS准备就绪，所有参试（运行、测试、维护）人员各就各位。

（16）上述各项工作检查确认后，向试验总指挥汇报：机组已具备甩负荷条件。

4. 甩负荷试验操作程序

（1）试验总指挥通知值长联系省调即将进行甩负荷试验，并征得省调同意。

（2）锅炉给水泵运行方式及给水调节。在甩负荷试验时，两台汽动给水泵并列运行，手动控制；甩负荷后立即手动停运A汽动给水泵，同时手动调节B汽动给水泵出水量。

（3）锅炉燃料量配置及调节。甩50%负荷时，倒计时开始，锅炉拉一台磨煤机，倒计时至“4”时拉第二台磨煤机，倒计时至“0”时由运行人员按发电机紧急停机按钮同时断开发电机主开关、励磁开关，锅炉人员同时调整第三台磨煤机，即B层磨煤机。

甩100%负荷时，倒计时开始，锅炉拉一台磨煤机，倒计时至“7”时锅炉拉第二台磨煤机，倒计时至“4”时锅炉拉第三台磨煤机，倒计时至“0”时由电气运行人员同时断开发电机主开关、励磁开关。锅炉人员同时停其他各台运行的磨煤机，仅保留B层磨煤机。

（4）手抄记录各监测参数初始值。

（5）各试验人员准备就绪，由试验总指挥发令，开始10s倒计时。

（6）倒计时5s，关闭过热器，一、二次再热器各路减温水调节汽门。

（7）倒计时至0，运行人员按发电机紧急停机按钮，甩掉全部电负荷。及时调整风量稳定炉膛负压。

5. 甩负荷后的检查项目

（1）检查确认发电机主开关、灭磁开关已断开，负荷已甩。

（2）严密监视机组转速，谨防汽轮发电机组超速。

（3）检查确认甩负荷动作后调节汽门、超高压缸排汽止回门、高压缸排汽止回门、各抽汽止回门应迅速关闭，相关的疏水和超高排、高排通风阀开启。

（4）检查确认轴封汽源已自动切换至辅助蒸汽供给，否则投入辅助轴封汽源。

（5）甩负荷后超高压、高压排汽通风阀应联锁开启，若不联开，手动开启；密切关注超高压、高压排汽温度，若超过跳机值530℃，保护未动作，及时打闸停机。

（6）监视调节系统是否出现严重摆动。

（7）检查机组各瓦振动、瓦温、回油温度、轴向位移、差胀、凝汽器真空等参数是否正常。

（8）记录各监测参数极限值、稳定值。

（9）甩负荷试验过程结束、测试和检查工作完毕后，应尽快并网，根据缸温带负荷。

（四）机组100%甩负荷试验结果

100%甩负荷前机组主要参数如表5－7所示。

表 5-7　　100%甩负荷前机组主要参数表

项目	数值	项目	数值
机组负荷（MW）	997	真空（绝对压力，kPa）	6.9
主蒸汽压力（MPa）	30.4	主蒸汽温度（℃）	597.4
一次再热压力（MPa）	10.5	一次再热温度（℃）	602.6
二次再热压力（MPa）	3.15	二次再热温度（℃）	602.7

按照甩负荷试验调试措施制定的操作卡进行甩负荷试验，当发电机解列后，汽轮机转速由 3002r/min 飞升至最高转速 3137r/min，最低转速为 2990r/min。图 5-21 和图 5-22 分别显示了机组 100%甩负荷后的最高转速和加速度变化情况。

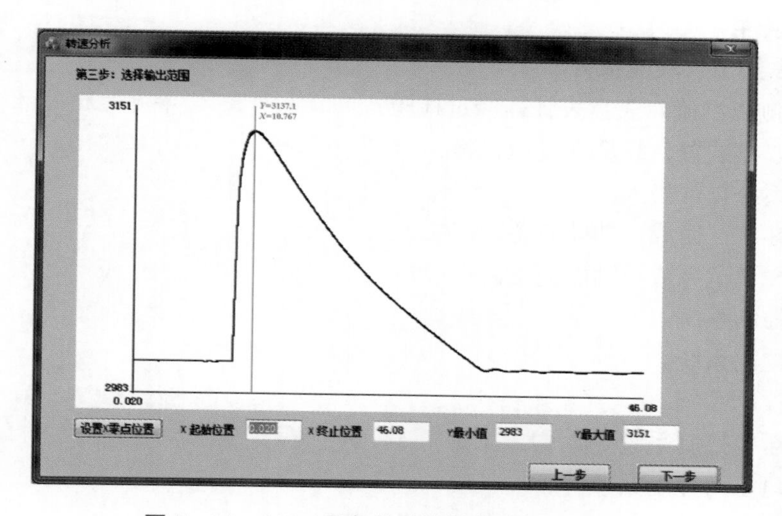

图 5-21　100%甩负荷后的最高转速变化情况

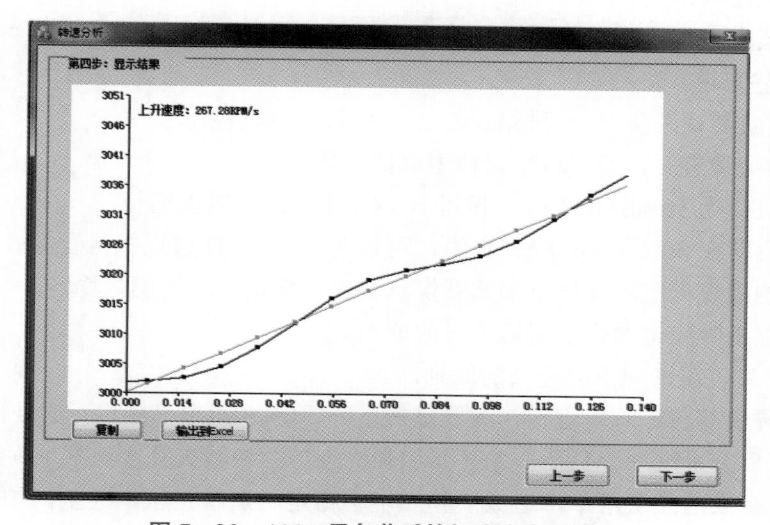

图 5-22　100%甩负荷后的加速度变化情况

八、锅炉低负荷断油稳燃试验

（一）试验目的

机组正常投运后，通过摸索低负荷稳燃范围，为机组投入商业运行之后锅炉运行和调峰方式的确定提供依据。

（二）试验条件

1. 现场条件

机组具备整套启动试运现场条件。

2. 设备条件

机组具备整套启动试运设备条件。

3. 热工条件

（1）DAS 热工仪表及报警。

1）DAS 测点准确，表盘表计需经过检验。

2）飞灰取样装置、氧量表投运正确。

3）报警系统正常投入。

（2）BMS 调试完成，功能完备。

（3）MCS 调试完成，功能完备。

1）燃料控制系统。

2）燃油控制系统。

3）送风控制系统。

4）炉膛压力控制系统。

5）一次风压力控制系统。

6）二次风控制系统。

7）磨煤机控制系统。

8）过热蒸汽、再热蒸汽温度控制系统。

（三）试验方法

（1）由高负荷逐渐降低至目标负荷。

（2）低负荷调整时，磨煤机组投停遵循的原则。

1）锅炉负荷为 50%BMCR 时，投运 B、C、D、E 磨煤机运行。

2）锅炉负荷在 30%～50%BMCR 时，可以有 B、C、D 磨煤机组合方式。

3）投运的磨煤机组应保证下部的磨煤机较大给煤量，利于燃烧稳定。

4）停磨煤机时应遵循先上层后下层的原则。

（3）锅炉降负荷过程中应遵循的原则。

1）锅炉降负荷应分阶段进行，蒸发量每下降 10%BMCR，应进行必要的运行调整，检查一切正常后方可继续降负荷。尤其要加强检查炉膛各看火孔，观察炉内结焦情况，防止负荷变动后有大的焦块落下，造成炉膛燃烧不稳定、炉膛正压，甚至锅炉熄火和 MFT。

2）控制负荷下降速度，以免操作跟不上，造成熄火或蒸汽温度突变，甚至发生超温或蒸汽温度大幅下跌，同时避免因膨胀不均匀造成拉裂、泄漏。

3）保证磨煤机组运行时一次风喷嘴出口风速正常，避免因过大的风速导致着火推迟、不稳定；保证磨煤机出口一次风温正常，不能太低，这样不利于燃烧。

4）低负荷时保证最下层磨煤机组维持正常出力，用上层的磨煤机组调整负荷，保证锅炉燃烧稳定，检测火焰稳定。

（4）在试验过程中每一稳定工况，通过 DAS 记录锅炉各项参数，特别应监视炉膛出口的烟气温度，当炉膛出口的烟气温度基本不变化时，炉内燃烧基本稳定。

（5）用测温仪通过看火孔测量炉膛的温度并做好记录。

（6）当负荷降至目标负荷时维持稳定运行 2h 并记录数据。

（四）低负荷断油稳燃试验结果

低负荷断油稳燃试验历时 2h。机组断油稳燃在 300MW 左右，在此负荷下锅炉投用 B、C、D 3 台磨煤机，锅炉蒸发量（高压加热器出口给水流量）为 810t/h 左右。低负荷稳燃试验期间，锅炉没有投油助燃，且等离子点火装置退出运行，炉膛压力稳定，燃烧器喷嘴出口火焰呈金黄色，着火稳定。

1. 锅炉燃烧煤质

试验过程中锅炉燃烧煤质接近于锅炉设计煤种，挥发分合适、低位发热量较高。低负荷试验煤种见表 5－8。

表 5－8　　低负荷试验煤种

项目		符号	单位	设计煤种（神华煤）	试验期间煤种		
					B 磨煤机	C 磨煤机	D 磨煤机
全水分		M_t	%	15.55	16.0	11.2	16.0
工业分析	水分	M_{ad}	%	8.43	—	—	—
	灰分	A_{ar}	%	8.8	10.09	19.01	10.09
	挥发分	V_{ar}	%	—	—	—	—
	固定碳	FC_{ar}	%	—	—	—	—
干燥无灰基挥发分		V_{daf}	%	34.73	30.33	30.11	30.33
热量	发热量	$Q_{net,ar}$	MJ/kg	23.44	22.5	21.3	22.5
元素分析	碳	C_{ar}	%	61.7	—	—	—
	氢	H_{ar}	%	3.67	—	—	—
	氮	N_{ar}	%	1.12	—	—	—
	氧	O_{ar}	%	8.56	—	—	—
	全硫	$S_{t,ar}$	%	0.6	0.27	1.35	0.27

2. 试验数据汇总

试验期间机组负荷稳定在 300MW 左右，锅炉给水流量为 810t/h 左右，锅炉断油稳燃能力达到了锅炉 30%BMCR 出力。

（1）试验期间机组主要参数曲线见图5-23。

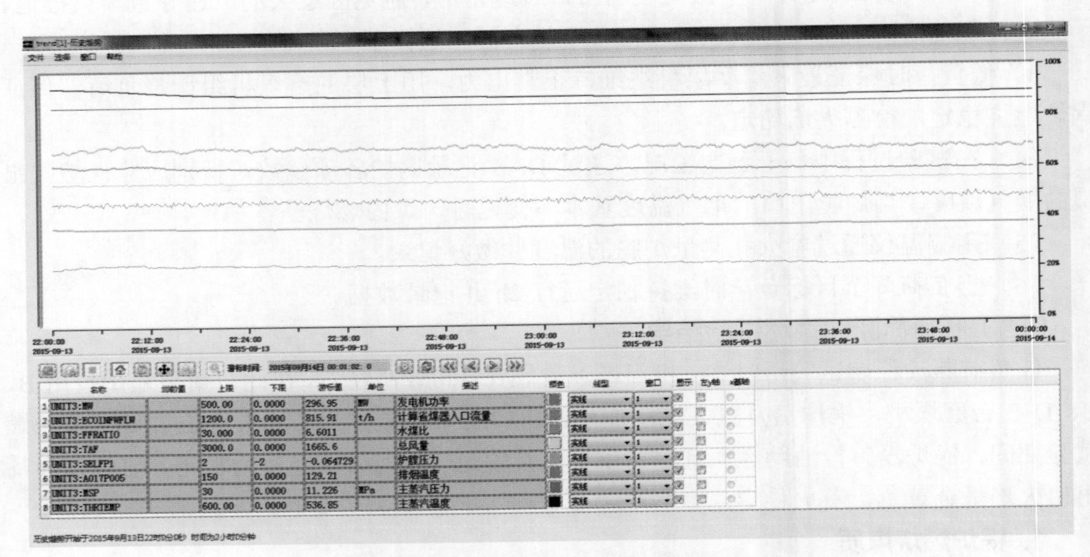

图5-23 试验期间机组主要参数曲线

（2）试验期间机组主要参数见表5-9。

表5-9 试验期间机组主要参数

参数名称	数值	参数名称	数值
机组负荷（MW）	296.9	总煤量（t/h）	124.3
给水流量（t/h）	808.3	水煤比	6.5
主蒸汽温度（℃）	536.2	过热度（℃）	26.5
主蒸汽压力（MPa）	11.2	总风量（t/h）	1668.9
一次再热蒸汽温度（℃）	521.3	氧量（%）	8.2
一次再热蒸汽压力（MPa）	3.4	炉膛压力（Pa）	-55.6
二次再热蒸汽温度（℃）	506.1	排烟温度（℃）	129.2
二次再热蒸汽压力（MPa）	0.9	燃油量（t/h）	0

（3）试验期间锅炉受热面金属壁温（最高值）见表5-10。

表5-10 试验期间锅炉受热面金属壁温

参数名称	数值	参数名称	数值
螺旋管水冷壁壁温（℃）	354.8	一次低温再热器壁温（℃）	491.1
垂直管水冷壁壁温（℃）	390.4	一次高温再热器壁温（℃）	542.8
低温过热器壁温（℃）	531.0	二次低温再热器壁温（℃）	472.9
高温过热器壁温（℃）	553.5	二次高温再热器壁温（℃）	524.4

（4）试验期间风烟系统主要参数见表5－11。

表5－11　试验期间风烟系统主要参数

参数名称	数值	参数名称	数值
送风机电流A/B（A）	45.2/45.4	热二次风压力A/B（kPa）	0.6/0.6
一次风机电流A/B（A）	0/223.7	空气预热器进口烟气压力A/B（kPa）	－607.0/－632.6
引风机电流A/B（A）	128.6/131.1	排烟温度A/B（℃）	144.3
空气预热器电流A/B（A）	30.1/29.9	尾部烟道氧量（%）	8.94
热一次风压力A/B（kPa）	7.9/8.0		

（5）试验期间制粉系统主要参数见表5－12。

表5－12　试验期间制粉系统主要参数

参数名称		数值
B磨煤机	电流（A）	61.5
	磨煤机进口风量（t/h）	93.4
	磨煤机进出口差压（kPa）	4.4
	给煤量（t/h）	50.2
	磨煤机出口温度（℃）	54.5
C磨煤机	电流（A）	61.1
	磨煤机进口风量（t/h）	79.8
	磨煤机进出口差压（kPa）	4.3
	给煤量（t/h）	37.0
	磨煤机出口温度（℃）	80.8
D磨煤机	电流（A）	57.8
	磨煤机进口风量（t/h）	94.3
	磨煤机进出口差压（kPa）	4.1
	给煤量（t/h）	35.1
	磨煤机出口温度（℃）	77.8

（6）试验期间汽水系统主要参数见表5－13。

表5－13　试验期间汽水系统主要参数

参数名称	数值	参数名称	数值
省煤器进口给水温度（℃）	248.8	一次再热蒸汽温度A/B/C/D（℃）	500.8/527.6/527.5/518.7
省煤器进口给水压力（MPa）	12.0	一次再热蒸汽压力A/B/C/D（MPa）	3.40/3.40/3.38/3.41
省煤器进口给水流量（t/h）	812.0	二次再热蒸汽温度A/B/C/D（℃）	512.2/514.2/510.5/484.8
主蒸汽温度A/B/C/D（℃）	528.7/547.7/541.5/523.5	二次再热蒸汽压力A/B/C/D（MPa）	0.95/0.95/0.95/0.95
主蒸汽压力A/B/C/D（MPa）	11.4/11.4/11.4/11.4		

由以上试验结果分析可以看出，试验期间煤质基本符合设计要求，试验负荷稳定，炉膛压力波动不大，燃烧稳定，未投油助燃，各受热面壁温不超温，各项指标符合低负荷稳定燃烧试验要求。

第四节　机组启动运行调整

一、机组启动调试过程

（一）首次三缸联合启动（冷态启动）

首次冲转汽轮机为冷态启动。冷态启动前机组主要参数见表5－14。

表5－14　　冷态启动前机组主要参数

<table>
<tr><th>项目</th><th colspan="2">压力（MPa）</th><th colspan="2">温度（℃）</th></tr>
<tr><td>主蒸汽</td><td colspan="2">12.44</td><td colspan="2">486</td></tr>
<tr><td>一次再热蒸汽</td><td colspan="2">3.60</td><td colspan="2">471</td></tr>
<tr><td>二次再热蒸汽</td><td colspan="2">1.11</td><td colspan="2">475</td></tr>
<tr><td>旁路</td><td>高压旁路</td><td colspan="2">中压旁路</td><td>低压旁路</td></tr>
<tr><td>压力设定值（MPa）</td><td>12.0</td><td colspan="2">3.5</td><td>1.0</td></tr>
</table>

待蒸汽参数达到要求后，汽轮机开始投入启动控制程序进行冲转，当汽轮机转速达到870r/min时，稳定转速进行暖机，暖机60min后汽轮机DEH释放转速；汽轮机升速至3000r/min，整个冲转过程为83min。汽轮机冲转时，超高压排汽止回门、高压排汽止回门均处于关闭状态，进入超高压缸和高压缸的蒸汽主要通过超高压排汽通风阀、高压排汽通风阀排入凝汽器，部分蒸汽通过缸体疏水排入凝汽器。

汽轮机定速3000r/min后画面如图5－24所示，各缸调节汽门开度分别如下：

（1）超高压缸调节汽门：5.0%、5.2%。

（2）高压缸调节汽门：6.6%、6.7%。

（3）中压缸调节汽门：2.1%、2.1%。

超高压缸排汽温度为421.0℃，高压缸排汽温度为436.7℃；各瓦振动情况良好，轴瓦温度符合设计要求，机组维持转速进行电气试验期间各项参数稳定。

就地检查发现中压缸调节汽门振动较大，有很明显的节流声音。经分析，在机组空负荷运行时，为了防止超高压排汽和高压排汽温度过高引起保护动作，DEH将减小中压缸调节汽门开度，适当增加超高压缸和高压缸的进汽量，冲转稳定3000r/min后，中压缸调节汽门开度仅为2.1%，造成调节汽门节流严重，适当降低蒸汽压力，增大调节汽门开度对该现象有改善。

（二）第二次三缸联合启动（热态启动）

试验结束汽轮机打闸，机组进行热态冲转，根据首次冷态启动经验，为了防止超高压缸、高压缸排汽温度过高，应适当增加汽轮机进汽量，降低汽轮机冲转参数。热态启动前机组主要参数见表5－15。

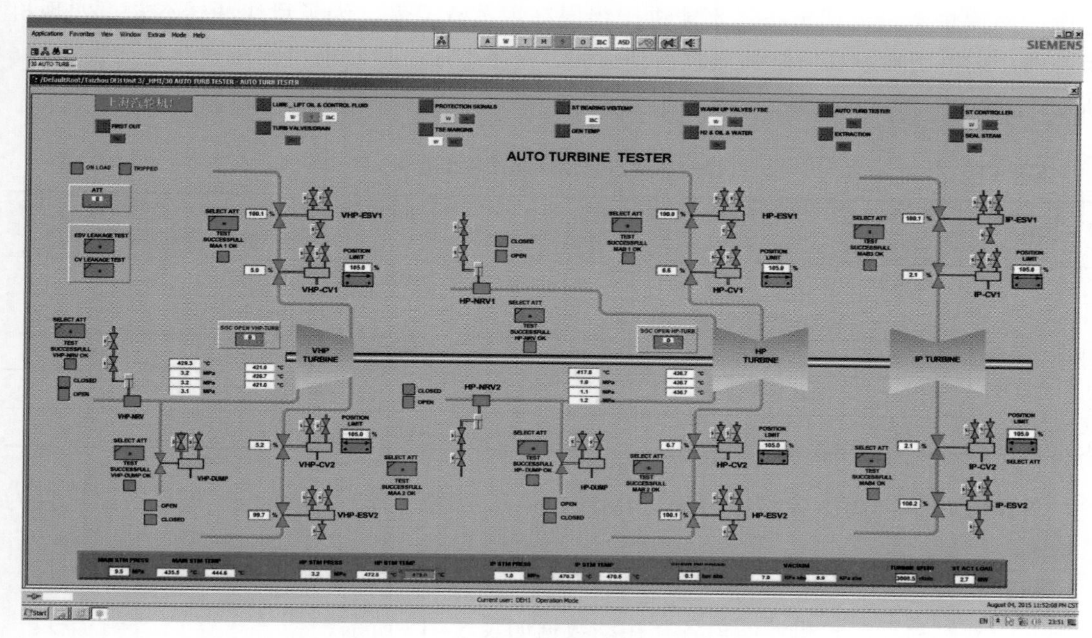

图5－24　汽轮机定速3000r/min后画面

表5－15　　热态启动前机组主要参数

<table>
<tr><th>项目</th><th colspan="2">压力（MPa）</th><th colspan="2">温度（℃）</th></tr>
<tr><td>主蒸汽</td><td colspan="2">6.19</td><td colspan="2">439</td></tr>
<tr><td>一次再热蒸汽</td><td colspan="2">1.59</td><td colspan="2">443</td></tr>
<tr><td>二次再热蒸汽</td><td colspan="2">0.49</td><td colspan="2">438</td></tr>
<tr><td>旁路</td><td>高压旁路</td><td colspan="2">中压旁路</td><td>低压旁路</td></tr>
<tr><td>压力设定值（MPa）</td><td>6.5</td><td colspan="2">1.5～2.0</td><td>0.5</td></tr>
</table>

超高压缸转子温度为360℃，高压缸转子温度为382℃，中压缸转子温度为326℃。

汽轮机转速稳定3000r/min后，各项参数均正常。提高蒸汽参数进行汽门严密性试验，详细参数：主蒸汽压力为15MPa，一次再热蒸汽压力为10MPa，二次再热蒸汽压力为3MPa。当蒸汽参数升高时，各缸进汽调节汽门开度均减小，进汽量减少导致高压缸排汽温度升高，当高压缸排汽温度升至479.3℃时，超高压缸自动切除；当高压缸排汽温度继续升高至493℃时，高压缸也自动切除，此时中压缸调节汽门开度为4.5%，机组维持3000r/min稳定运行。

机组在切缸过程中，由于进汽调节汽门迅速关闭，汽缸内瞬间失汽，导致超高压缸和高压缸轴封漏气至低压缸轴封供汽中断，轴封压力迅速降低，轴封自适应能力不强，机组真空恶化，运行人员解除轴封自动，进行手动调整，从而保证机组正常的轴封供应。

（三）双缸启动（极热态启动）

汽轮机试验结束后，机组处于极热态，由于主蒸汽温度（476.6℃）低于超高压缸转子温度，而锅炉蒸汽流通量小，不能进一步提高主蒸汽温度，为了尽快冲转汽轮机实现机组并网，采用切除超高压缸的双缸启动方式。极热态双缸启动前机组主要参数如表 5－16 所示。

表 5－16　　极热态双缸启动前机组主要参数

项目	主蒸汽压力（MPa）	主蒸汽温度（℃）	一次再热器压力（MPa）	一次再热器温度（℃）	二次再热器压力（MPa）	二次再热器温度（℃）
冲转前参数	14.05	476.6	5.31	490.8	2.36	483.3
	VHP 转子温度（℃）			VHP 内缸温度（℃）		
	491.6	496.3	492.7	489.8	488.7	487.4
	HP 转子温度（℃）			HP 内缸温度（℃）		
	442.1	446.2	443.1	440.3	440.3	440.0

旁路设定值：高压旁路压力为 14MPa，中压旁路压力为 3.5MPa，低压旁路压力为 1.5MPa。

汽轮机升速至 3000r/min 后，发现轴瓦振动较大，并且有上升趋势，手动遮断汽轮机。极热态下双缸启动汽轮机遮断前各瓦振动数据如表 5－17 所示。

表 5－17　　极热态下双缸启动汽轮机遮断前各瓦振动数据

轴瓦	1 号	2 号	3 号	4 号	5 号	6 号	7 号	8 号	9 号
瓦振 1（mm/s）	2.2	4.4	3.3	3.5	8.7	1.1	2.4	4.5	1.3
瓦振 2（mm/s）	2.1	4.5	2.9	3.3	9.0	1.1	2.7	4.0	1.7
轴振（μm）	118.1	132.2	131.5	67.2	93.5	35.6	96.1	61.2	40.1

由表 5－17 可知，机组在双缸启动时，轴瓦振动很大，2 号瓦为机组推力瓦所在位置，振动最大达到了 132.2μm，1 号和 3 号瓦振动均远大于三缸启动时的振动值。

（四）三缸联合启动（极热态启动）

由于极热态情况采用双缸启动导致机组振动很大，同时主蒸汽温度高于超高压缸转子温度，满足 X 准则，机组打闸后重新采用三缸联合启动方式进行汽轮机冲转。

极热态三缸启动前机组主要参数见表 5－18。

表 5－18　　极热态三缸启动前机组主要参数

项目	压力（MPa）		温度（℃）
主蒸汽	15.54		471.8
一次再热蒸汽	4.0		504.4
二次再热蒸汽	1.4		500.8
旁路	高压旁路	中压旁路	低压旁路
压力设定值（MPa）	14	3.5	1.5

机组升速至 3000r/min 后，机组振动情况有明显好转，维持 3000r/min 空负荷运行，观察机组振动情况。极热态下三缸联合启动机组振动数据见表 5－19。

表 5－19　极热态下三缸联合启动机组振动数据

轴瓦	1号	2号	3号	4号	5号	6号	7号	8号	9号
瓦振 1（mm/s）	1.4	3.1	2.4	2.0	4.3	0.8	0.8	3.1	1.3
瓦振 2（mm/s）	1.3	2.9	2.2	1.9	4.6	0.7	1.9	2.3	1.4
轴振（μm）	70.9	110.7	97.1	58.9	69.9	40.9	83.3	45.2	30.0

对比表 5－17 和表 5－19 可以发现，极热态下三缸联合启动振动数据明显好于双缸启动，2 号瓦轴振最大值为 110.7μm，其他各瓦轴振和瓦振均有明显改善。

（五）启动过程小结

机组在三缸联合启动方式下，可以实现三缸同时进汽，保证了机组各缸受热均匀，利于整个转动轴系的热应力平衡，无论是冷态、热态还是极热态，三缸启动机组稳定 3000r/min 后，振动、缸温、瓦温等重要参数均在较好的指标范围内。对比极热态情况下三缸和双缸启动机组稳定后振动参数，三缸启动明显优于双缸启动。同时，三缸启动方式下机组并网带负荷不需要进行切缸恢复操作，可以进一步缩短并网时间。

不过，三缸联合启动方式会导致机组超高压缸和高压缸排汽温度较高，需要对启动参数进行优化，推荐启动参数：主蒸汽压力为 6.5～8.0MPa，一次再热蒸汽压力为 1.5～2.0MPa，二次再热蒸汽压力为 0.5～0.8MPa；各蒸汽温度根据机组启动时转子温度确定。机组稳定 3000r/min 后，需要加强排汽温度的监视，当发现排汽温度较高时，需调整旁路相关参数。

二、机组运行调整

（一）汽轮机运行调整

1. 暖阀暖机

在机组冲转前，对汽轮机阀体和缸体的预暖十分关键，对上海汽轮机厂机组而言，通常用 X 准则来控制主汽门、调节汽门能否开启，汽轮机能否升速以及并网等，其主要是保证汽轮机本体受热均匀、膨胀均衡，防止汽轮机局部积水，消除因温差引起的热应力。

汽轮机在冷态启动时，需要打开主汽门对汽轮机主汽门阀体、调节汽门阀体以及缸体进行预暖。在冷态启动时，阀体的温度低于主蒸汽的饱和温度，在打开主汽门后，蒸汽以凝结放热的形式向阀体传递热量。由于凝结放热的放热系数很大，剧烈的换热将使阀体内表面温度很快上升到蒸汽的饱和温度，这使阀体产生很大的温差，产生很大的热应力。为了确保主蒸汽的饱和温度低于阀体的平均温度某一值，X_2 准则限制了主蒸汽压力对应的饱和温度不能太高，从而避免超高压/高压调节汽门阀体中过大的温度变化。

机组在主汽门前设置了主蒸汽预暖管，保证主蒸汽管道的充分暖管，但实际启动时发现由于预暖管与主汽门之间汽流不够通畅，导致主汽门阀体暖阀很慢，为了缩短启动时间，机组在暖阀时可以适当降低主蒸汽压力，以降低主蒸汽饱和温度，使其满足 X_2 准则，达到开启主汽门的目的。

当主汽门开启后，主蒸汽通过调节汽门前疏水保证部分通流量进行暖阀，但由于在暖阀时，主汽门打开时间有一定时间限制，通常在限制的时间内无法满足调节汽门开启的 X_4、X_5 和 X_6 准则，在启动过程中，增加了暖阀逻辑：开启主汽门 30s→关闭主汽门 10min→开启主汽门 30s→关闭主汽门 10min→……如此循环，直至满足调节汽门开启条件，从而避免了因主汽门开启时间限制必须重新走步序的烦琐。

2. 给水泵汽轮机低压汽源切换

该机组配置 2×50%BMCR 汽动给水泵组，汽动给水泵组的给水前置泵由汽动给水泵主泵通过齿轮箱（由泵供货商供货）驱动。给水泵汽轮机正常工作汽源采用五段抽汽，低负荷汽源采用二次冷再热蒸汽，调试和启动用汽源采用辅助蒸汽。辅助汽源可以满足 2 台给水泵汽轮机调试用汽需要，机组启动初期实现机组无电动给水泵启停，而高压汽源在机组低负荷或者给水泵最大出力时可以投入使用。给水泵汽轮机汽源配置图如图 5－25 所示。

在机组启动期间，邻机的辅助汽源作为给水泵汽轮机的低压汽源，当机组负荷在 30%～50%范围时，机组的五段抽汽可达到低压供汽参数，因此，可以实现给水泵汽轮机低压汽源的切换，提高蒸汽的利用效率。汽源切换前后详细试验数据如表 5－20 所示。

表 5－20　　给水泵汽轮机 A 低压汽源切换试验数据记录表

状态	给水泵汽轮机 A 低压汽源切换前	给水泵汽轮机 A 低压汽源切换后
汽轮机转速（r/min）	3000	3001
功率（MW）	501	505
主蒸汽压力（MPa）	16.89	16.94
给水泵 A 转速（r/min）	3595	3601
给水泵 B 转速（r/min）	3593	3600
给水泵 A 进口流量（t/h）	709	712
给水泵 B 进口流量（t/h）	743	768
省煤器进口流量（t/h）	1438	1444
给水泵 A 再循环开度（%）	0.4	0.5
给水泵 B 再循环开度（%）	1.0	1.4
给水旁路调节阀开度（%）	0.2	0.1
给水流量（t/h）	1439	1442
辅助蒸汽压力（MPa）	0.94	0.95
辅助蒸汽温度（℃）	377.3	378.2
五段抽汽压为（MPa）	0.5	0.5
五段抽汽温度（℃）	401.5	402.1
给水压力（MPa）	18.78	18.86
给水泵汽轮机 A 低压调节汽门开度（%）	35.6	46.5

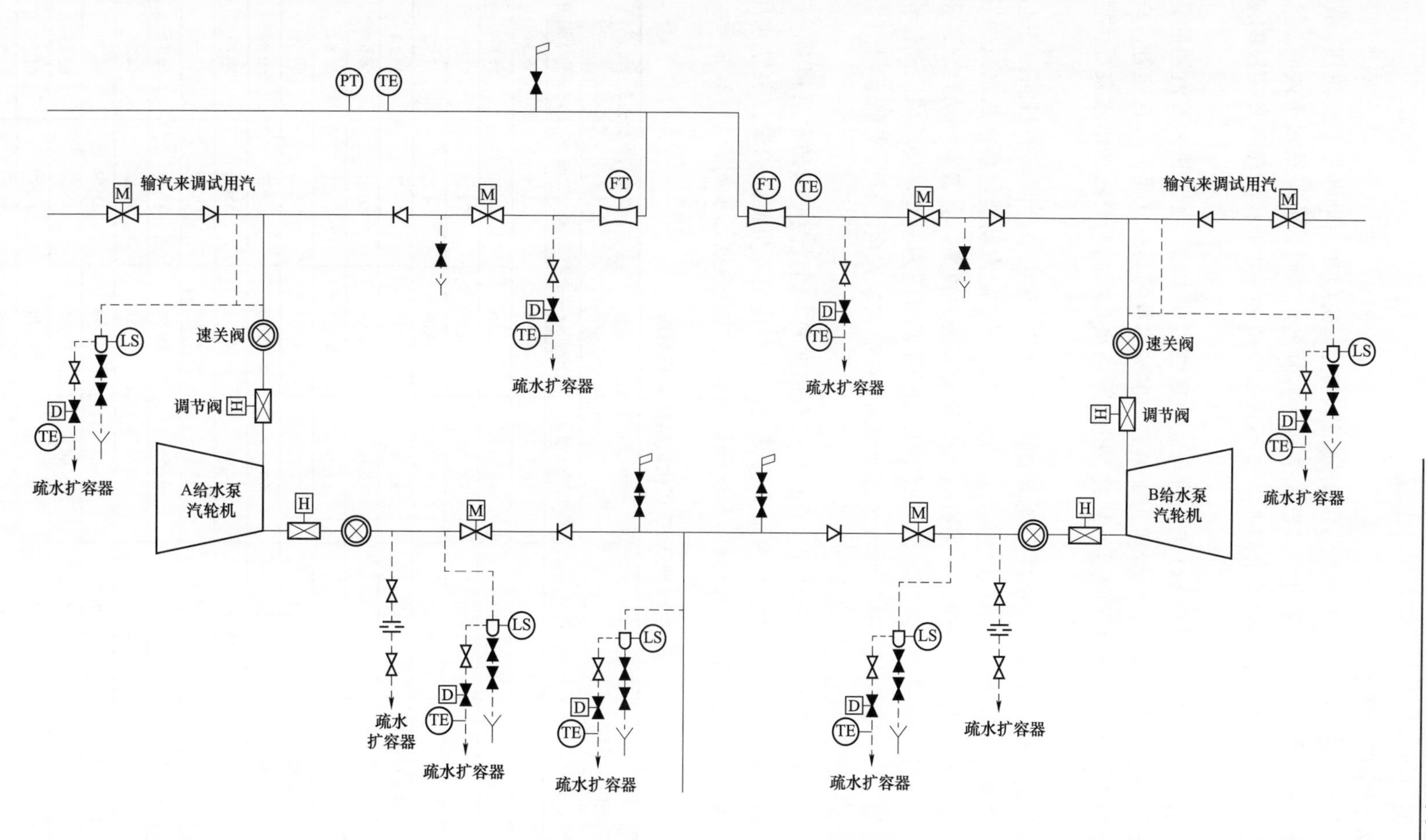

图 5-25　给水泵汽轮机汽源配置图

3. 凝结水变频控制调整

目前，国内大部分机组均设计有凝结水变频调节功能，机组在启动和低负荷阶段，凝结水泵通常有足够的设计余量，通过变频器调节转速控制上水流量，使凝结水泵效率最大化。对于新建机组，凝结水泵变频调节需要经过不断实践摸索，才能找到在各负荷段的最优运行状态。

该机组凝结水系统按汽轮机VWO工况时可能出现的凝结水量，加上进入凝汽器的正常疏水量和正常补水率进行设计。每台机组配两台100%容量的凝结水泵，一台运行，一台备用，两台凝结水泵设置一套变频运行装置。机组凝结水系统向两台汽动给水泵提供密封水。

当机组正常运行时，通过凝结水泵变频调节除氧器水位，达到节能降耗的目的。但是，在凝结水变频调节时，凝结水泵出口压力会随之改变，从而引起汽动给水泵密封水压力发生变化，造成密封水回水温度变化。如果凝结水变频调节压力较高，会造成汽动给水泵密封水流量增大，导致能量损失；反之，如果凝结水泵变频调节压力较低，会造成汽动给水泵密封水流量偏小，导致给水泵密封水回水温度偏高，对给水泵安全运行带来风险。因此，在调试期间对凝结水变频控制的试验尤为重要。

为了更高效地利用凝结水变频功能，在机组带负荷期间，通过改变凝结水泵频率，记录在不同负荷段汽动给水泵密封水回水温度的变化，从而找出各负荷段的最佳凝结水压力，达到凝结水泵变频优化的目的。凝结水变频调节优化试验数据记录如表5-21所示。

表5-21 凝结水变频调节优化试验数据记录表

负荷（MW）	凝结水压力（MPa）	除氧器上水主调节阀开度（%）	密封水进水调节阀开度（%）		密封水回水温度（℃）	
			汽动给水泵A	汽动给水泵B	汽动给水泵A	汽动给水泵B
500	3.49	36.44	40.51	36.96	57.06	55.39
	2.50	49.02	48.14	41.85	55.29	53.89
	1.71	71.40	88.80	70.79	59.25	57.29
600	3.01	34.33	47.47	43.68	54.90	57.79
	2.51	44.12	52.78	47.22	55.78	58.10
	2.01	54.15	89.16	68.89	56.51	54.98
700	3.03	43.16	51.74	42.52	61.75	56.54
	2.52	51.28	59.07	51.01	62.53	59.59
	2.26	58.08	99.66	85.20	62.27	60.89
800	3.30	46.80	52.47	46.73	55.71	54.87
	2.97	50.88	56.87	47.96	56.59	47.96
	2.61	58.45	99.66	80.86	59.09	54.15
900	3.48	49.33	52.78	44.41	56.12	54.25
	2.98	59.08	65.64	55.09	63.29	58.39
	2.79	65.98	99.66	97.77	70.68	67.25
1000	3.36	61.79	63.22	54.49	55.63	61.51
	3.19	67.40	99.66	80.98	61.77	59.79

凝结水变频控制调节在机组正常运行时十分重要，对机组的节能降耗有显著的效果，在机组调试期间一定不能忽略凝结水用户对凝结水压力和流量的要求。通过凝结水变频优化调整，确定了机组在正常运行各负荷段凝结水最低保证压力值，为进一步进行凝结水变频逻辑控制提供试验数据，也为机组的安全运行提供数据支撑。

4. 高压、低压加热器端差调整

汽轮机的回热系统主要由高压加热器、低压加热器、除氧器和各种水泵及其相关管道组成。高、低压加热器是组成热力系统的最主要设备，加热器运行状况与机组的经济性息息相关，因此对加热器的优化调整显得尤为重要，而与经济性运行最紧密联系的就是加热器的端差值，其优劣指标对机组的热耗率有很大影响。在正常运行中，应时刻关注加热器的上下端差，通过加热器的水位调整保证其端差值与设计值相当。

机组高压加热器采用双列布置，配置 2×4 台 50%容量、卧式高压加热器。每台加热器均按双流程设计，由过热蒸汽冷却段、凝结段和疏水冷却段三个传热区段组成，为全焊接结构。正常运行时，每列高压加热器的疏水均采用逐级自流疏水方式，即从较高压力的加热器排列到较低压力的加热器。

机组配置 5 台低压加热器，按双流程设计。其中 9 号、10 号为独立式设计，置于凝汽器接颈部位；6 号、7 号两台低压加热器采用卧式 U 形管，6 号、7 号加热器由蒸汽凝结段和疏水冷却段两个传热区段组成，8 号加热器由蒸汽凝结段组成。壳体均为全焊接结构，传热管采用不锈钢材料。6 号、7 号、8 号正常疏水是由高压侧自流疏水至下一级，8 号正常疏水通过低压加热器疏水泵输送至 8 号低压加热器出口凝结水管道，同样 5 号、6 号、7 号、8 号加热器配备一路事故疏水排放至低压疏水扩容器。9 号、10 号低压加热器不设置危急疏水管路，9 号、10 号低压加热器疏水均排放至疏水冷却器，无疏水调节阀，疏水冷却器出来的疏水通过疏水立管排至凝汽器。高压、低压加热器上下端差设计值如表 5-22 所示。

表 5-22　高压、低压加热器上下端差设计值　℃

加热器	上端差	下端差
1 号高压加热器	-1.7	5.6
2 号高压加热器	2	5.6
3 号高压加热器	-1.0	5.6
4 号高压加热器	0	5.6
6 号低压加热器	2.2	5.6
7 号低压加热器	2.2	5.6
8 号低压加热器	2.2	—
9 号低压加热器	2.2	—
10 号低压加热器	2.2	—

机组在 168h 试运行期间，为了进一步提高回热系统经济效率，降低加热器热交换的

不可逆性，减少额外产生的冷源损失，对高压、低压加热器端差进行优化调整。调整前后各高压、低压加热器端差对比数据如表5－23所示。

表5－23　　机组调整前后各高压、低压加热器端差对比数据表　　℃

加热器	上端差		下端差	
	调整前	调整后	调整前	调整后
A1高压加热器	−2.94	−1.72	10.01	4.04
A2高压加热器	2.78	1.97	2.51	5.83
A3高压加热器	−3.46	−1.12	7.76	6.09
A4高压加热器	−2.46	0.13	2.90	4.83
B1高压加热器	−2.28	−1.78	7.68	5.03
B2高压加热器	2.92	1.86	4.89	5.79
B3高压加热器	0.49	−0.92	3.81	5.21
B4高压加热器	1.22	0.26	2.45	6.01
6号低压加热器	3.41	2.44	8.16	5.29
7号低压加热器	4.60	1.67	7.85	6.06
8号低压加热器	5.41	2.96	11.64	7.04
9号低压加热器	8.54	4.85	23.65	9.63
10号低压加热器	13.63	3.55	22.04	9.10

由表5－23可知，经过加热器端差调整之后，各个高压、低压加热器端差基本接近设计值，机组在调整后的工况运行，进一步降低了机组热耗率。

（二）锅炉运行调整

以下数据除有特殊说明外均引用自国电泰州电厂二期二次再热机组调试数据。

运行调整是锅炉调试试运的一项重点工作内容，它关系到锅炉能否安全、稳定运行，能否长周期、长寿命运行，也关系到机组能否经济、高效率运行。

锅炉运行调整工作需要达到以下目的：

（1）保持锅炉的蒸发量能满足机组负荷的要求。

（2）调节各参数在允许范围内变动，蒸汽参数符合汽轮机要求。

（3）保持炉内燃烧工况良好、稳定，确保机组安全运行。

（4）及时调整锅炉运行工况，提高锅炉效率，尽量维持各参数在最佳工况下运行。

（5）避免锅炉设备运行中的非正常损害。

锅炉分为锅与炉两大部分，锅炉运行分为稳定工况与变工况两种状态。由于负荷、煤种（煤质、细度等）等不稳定因素的存在，锅炉运行工况总是在稳定—变动—再稳定的变化中。无论何种工况下，燃烧稳定、汽水参数稳定是第一位的任务，它们直接反映了锅与炉的运行状态，是安全、稳定运行的基础，也是锅炉经济运行的基础，因此，燃烧调整与汽水参数调整是锅炉运行调整的重点工作。

1. 锅炉燃烧调整

锅炉燃烧调整的目的是确保燃烧稳定，提高燃烧的经济性，使燃烧室热负荷分配均匀，减少热偏差，防止锅炉结焦、堵灰等，保证锅炉运行各参数正常。锅炉燃烧应具有金黄色火，燃油时火焰白亮，火焰应均匀地充满炉膛，不冲刷水冷壁及过热器管屏，同一标高燃烧的火焰中心应处于同一高度。调试期间的锅炉燃烧初调整包括制粉系统调整、一次风量调整、燃烧配风调整、燃尽风反切角度调整、过剩空气量调整等方面。

（1）制粉系统调整。制粉系统是燃煤锅炉主要辅助设备系统之一，它为锅炉燃烧提供合格的煤粉燃料，对于锅炉安全经济运行有着极其重要的影响。良好的制粉系统运行状态应具备以下特征，即合适的煤粉细度、合适的燃烧器喷口一次风速、合适的磨煤机出口温度。这也成了制粉系统运行调整的主要目标。

调试试运中，煤粉细度主要依靠下述方式进行调节：

1）通过调节各磨煤机旋转分离器转速，取样检测各磨煤机出口煤粉细度，使其符合设计要求。煤粉细度过粗不易燃尽，不完全燃烧热损失大，过细则制粉成本（电耗、磨损）高，因此存在一个最佳经济细度（见图 5－26）。煤粉经济细度与燃煤的成分（干燥无灰基挥发分 V_{daf}）、可磨性，制粉设备特性以及锅炉的燃烧器、炉膛高度等有很大关系，因此需要通过实际的试验测试获得，并且这一结果只适用于试验煤种和锅炉。调试中由于测试手段不足以及时间不充分，一般以设计细度为参考，结合飞灰含碳量等指标进行细度调整。

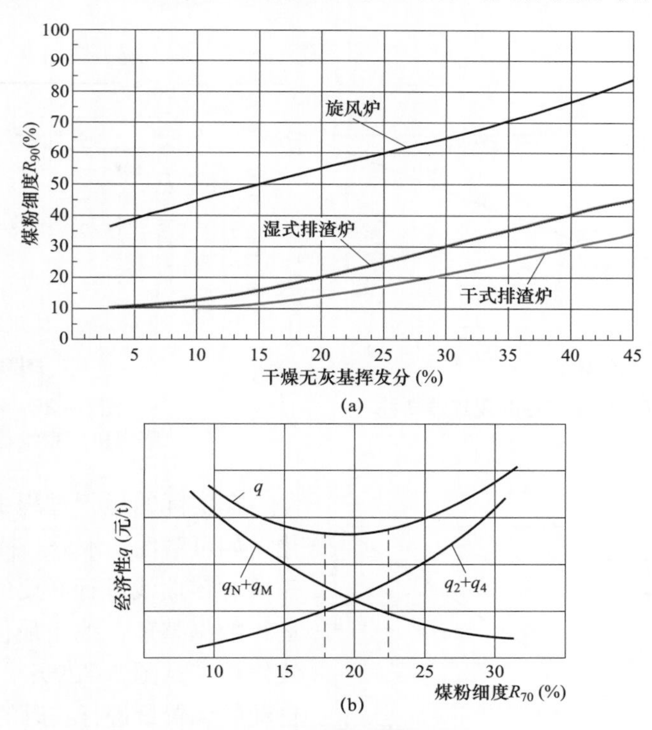

图 5－26　煤粉经济细度

（a）煤粉经济细度与原煤成分的关系；（b）煤粉经济细度的确定

q_N—制粉电耗；q_M—制粉磨损；q_2—排烟损失；q_4—机械损失

2）通过投入变加载自动，跟踪给煤量变化进行加载力调节，并根据各磨煤机差压、电流微调偏置量，使加载力匹配更合理，保证制粉研磨出力。

ZGM133G 型磨煤机采用液压变加载（见图 5－27），通过改变高压油站比例溢流阀开度，变更液压油缸的油压即可改变加载力的大小。磨煤机的极限加载力为 421kN，对应加载油压为 12.9MPa。最佳加载力应通过磨煤机性能试验确定。

3）合理匹配风粉比例，保证通风出力，维持磨煤机进、出口差压在合理范围内。

4）调节磨煤机冷热风门开度，控制合适的进口一次风温，一般烟煤分离器出口温度控制在 70～80℃，可以保证磨煤机干燥出力，防止磨煤机内发生自燃。

（2）一次风量的调整。一次风量过低影响制粉系统通风出力，煤粉输送能力下降，严重时会发生堵磨。同时也会使煤粉着火点太近，易造成火嘴挂焦甚至烧坏火嘴。一次风量过大则会造成煤粉过粗，着火点延迟，火焰中心提高，煤粉燃尽率下降，严重时会造成燃烧稳定性降低。因此，一次风量的合理调整，直接影响到制粉系统出力和锅炉燃烧效率以及锅炉燃烧安全。

一次风作为磨煤机通风与煤粉输送动力，与给煤量直接相关。对于直吹式制粉系统，合理的风煤比决定了一次风量的配给。

通常磨煤机厂家给出了设计的风煤比曲线，ZGM133G 型磨煤机厂家推荐的风煤配比曲线见图 5－28。

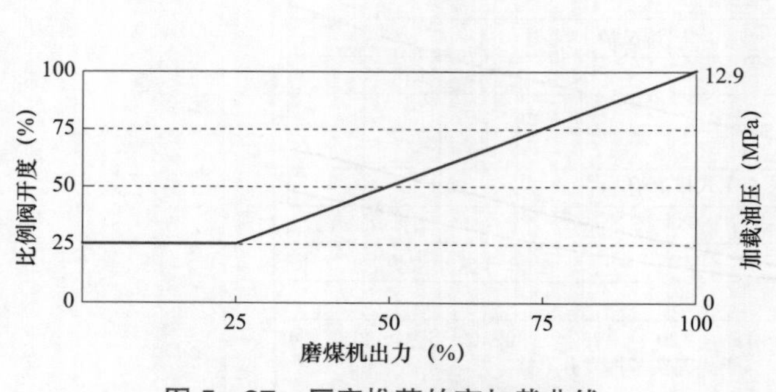

图 5－27 厂家推荐的变加载曲线

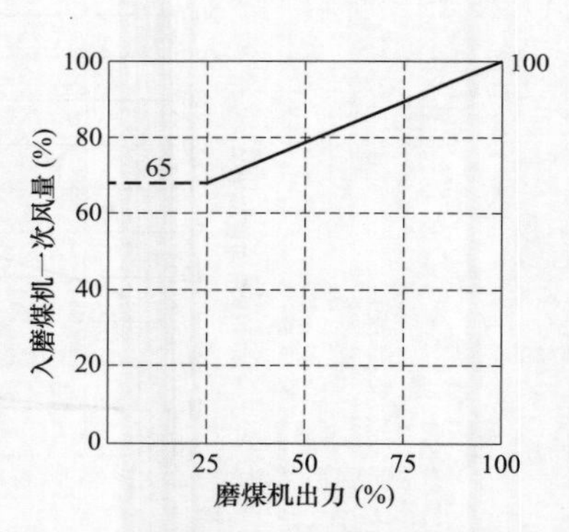

图 5－28 ZGM133G 型磨煤机厂家推荐的风粉配比曲线

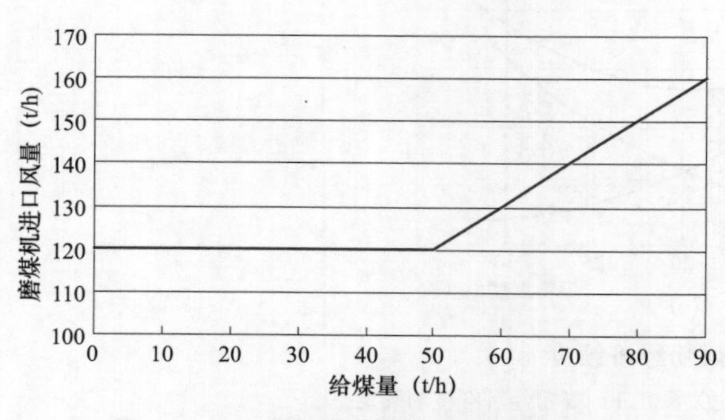

图 5－29 实际的磨煤机风粉配比曲线

在实际的运行过程中，由于煤种的变化（如可磨性、水分、挥发分、灰分等），需要对该曲线进行必要的调整，一是通过运行数据整理，找出最佳风煤比并进行曲线修正（见图 5－29）；二是通过调节热风自动的偏置量进行实时的一次风量调整。

判定风煤比合理的参数指标主要有煤粉细度合适、着火点合适、飞灰含碳量合适。

实际调试试运中，在机组 1000MW 负荷、该型锅炉 5 台磨煤机运行时，各磨煤机一次风量为 130～150t/h，一次风量占总风量的 21%，一次风喷口煤粉着火稳定，火焰呈金黄色，着火距离适宜，无挂焦。

（3）燃烧配风调整。周界风（燃料风）包裹着一次风，为其增加了刚性和穿透力，由于其喷口狭窄，因此较小的开度便能够提供足够高的风速。直吹二次风只是初期燃烧空气的提供者，太多将会导致 NO_x 的大量形成。偏置二次风起启旋作用，同时也补充部分燃烧空气，可适当开大，这样可以保证旋流饱和度（启旋充分）和稳定性。直吹二次风与偏置二次风的合理匹配可以形成有效的第一阶段分级燃烧系统。

分离布置的 AGP 燃尽风是分级低氮燃烧的重要组成。锅炉燃烧通常要保持合适的过剩空气量，也就是一定负荷对应一定的送风量。因此，主燃烧器区域配风过多对低氮燃烧不利，而主燃烧区配风过少，则会导致太多的未燃尽物延迟至 AGP 区域燃烧，造成炉膛出口温度升高，也不利于燃料燃尽。

配风调整的依据：炉内燃烧稳定、火焰呈光亮的金黄色、具有良好的充满度，同时飞灰含碳量符合设计要求，炉膛烟温偏差尽可能小。

1）不同的锅炉热负荷以及不同的磨煤机组合，各层二次风均需有合适的风量配合（见表 5－24）。在煤层未投运时，对应的燃烧器风门只需保持 10%～15%的小开度，以利于冷却。随着煤层的投运及煤量的增加，相应风门应逐步开大。投运的最底层的磨煤机组底部风应全开，可以避免大量落渣和降低炉渣含碳量。

表 5－24　主燃烧区二次风分配

项目	煤层停运时煤量	煤层投运时煤量	
	0t/h	30t/h	≥70t/h
偏置二次风（%）	10	40	70
周界风（%）	10	20	40
直吹二次风（%）	10	20	40
油枪风（%）	10	10	30

注　在油枪投入时，相应的油枪风开度在 40%。

2）作为燃尽风，AGP 风量的配给（见表 5－25）决定了低 NO_x 燃烧的效果，也影响着锅炉燃烧的效率。燃尽风配比大，除氮效果高，但炉膛过度缺氧会导致水冷壁高温腐蚀发生，燃烧损失也会增大；燃尽风配比量过低，则 NO_x 增加，给脱硝系统带来压力，脱硝成本也将增加。通常依据锅炉负荷的多少来配置 AGP 风量，同时也要参考脱硝前 NO_x 浓度来进行微调。

表 5－25　优化的燃尽风 AGP 分配　%

燃尽风名称	机组负荷				
	≤200MW	300MW	500MW	750MW	1000MW
UAGP－4	10	10	10	10	50
UAGP－3	10	10	10	10	50

续表

燃尽风名称	机组负荷				
	≤200MW	300MW	500MW	750MW	1000MW
UAGP－2	10	10	10	70	70
UAGP－1	10	10	10	70	70
BAGP－4	10	40	70	70	70
BAGP－3	10	40	70	70	70
BAGP－2	20	40	70	70	70
BAGP－1	20	40	70	70	70

在锅炉热负荷较低时，由于烟气温度不高，分离布置的AGP不能起到较好的燃尽效果，还会大幅降低烟气温度。这时，可以使用运行燃烧器上部的二次风作为燃尽风，FF层水平反切可以起到消旋作用。

（4）燃尽风反切角度调整。对于四角切圆燃烧系统，由于残余旋转的存在直接导致了锅炉炉膛出口烟温偏差的产生，是造成主蒸汽、再热蒸汽温度偏差的主要原因之一。通过燃尽风反切调整，可以有效地消除偏差。

燃尽风反切角度不同，其消偏效果也不尽相同。实验证明，该型二次再热锅炉燃尽风反切角度为10°～15°时，消旋效果较好，锅炉蒸汽温度偏差较小。图5－30、表5－26和表5－27充分反映了不同反切角度对过热器管屏温度分布的影响。

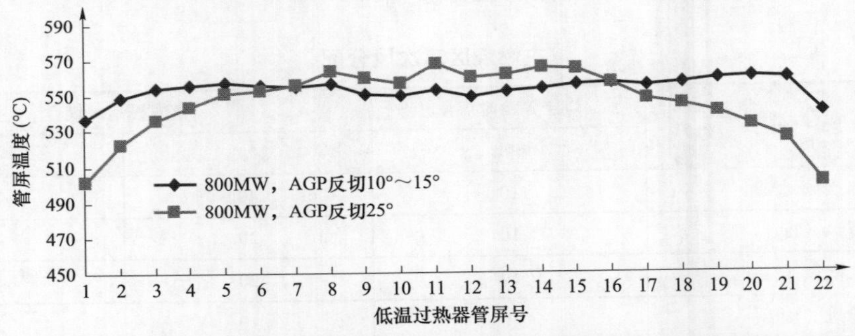

图5－30 800MW时，不同AGP反切角度低温过热管屏温度（取前后墙平均值）

表5－26 燃尽风反切角度调整

燃尽风名称	反切角度			
	1号角	2号角	3号角	4号角
UAGP－4	－15°	－15°	－15°	－15°
UAGP－3	－15°	－15°	－15°	－15°
UAGP－2	－15°	－15°	－15°	－15°
UAGP－1	－15°	－15°	－15°	－15°
BAGP－4	－15°	－15°	－15°	－15°
BAGP－3	－10°	－10°	－10°	－10°
BAGP－2	－10°	－10°	－10°	－10°
BAGP－1	－10°	－10°	－10°	－10°

表 5-27　　800MW 时，AGP 反切实验数据

800MW 工况	AGP 反切 25°	AGP 反切 10°～15°
低温过热器平均壁温（℃）	547.0	553.0
低温过热器最高壁温（℃）	570.1	559.4
低温过热器壁温最大偏差（℃）	-45.7	-16.4
低温过热器最大屏间温差（℃）	68.8	22.8
低温过热器最高/最低点相对偏差（%）	4.23/-8.35	1.16/-2.97
高温过热器平均温升（℃）	72.3	68.5
高温过热器温升最大偏差（℃）	6.3	2.8
高温过热器温升最大相对偏差（%）	8.71	4.08
高温过热器出口平均蒸汽温度（℃）	581.5	601.7
高温过热器出口最大蒸汽温度偏差（℃）	6.4	-4.8

（5）过剩空气量的调整。过剩空气量多少直接影响着锅炉燃烧效率以及燃烧稳定性。在锅炉负荷较低时，过量的空气将大幅降低炉膛中心温度，导致燃烧不稳，在煤质较差时甚至会造成锅炉灭火。过多的空气量还会导致 NO_x 大量形成，烟气量也会增加，排烟热损失增大。过剩空气量过低则会造成燃烧空气量不足，导致燃烧不充分，锅炉效率下降。

过剩空气量一般以炉膛出口氧量来判断，应根据不同的燃料特性和负荷来决定。当燃煤灰熔点低或煤油混烧时，为防止炉膛结焦，可适当提高炉膛出口氧量。在机组调试期间，可以以锅炉飞灰、炉渣含碳量及排烟温度变化为依据，以设计过剩氧量为标准，通过送风量调节适当调整过剩空气量，通过实验对比取得较佳的过剩空气系数。

实际调试中，以设计氧量（750MW、1000MW 分别对应设计氧量 3.64%、2.74%）为基础，经对比实验，得到机组 750MW 和 1000MW 两个负荷点较佳的氧量控制指标，见表 5-28。

表 5-28　　氧 量 控 制 指 标

参 数 名 称	750MW 工况	1000MW 工况
氧量（%）	4.33	2.70
飞灰含碳量 A/B（%）	1.0/0.9	1.3/1.1
排烟温度 A/B（℃）	130.0/131.2	134.0/134.3
NO_x（折算到 6%氧量，标准状态，mg/m^3）	200.5	125.7

（6）不同的磨煤机组合。1000MW 锅炉设计 6 套正压直吹式磨煤机系统，5 套运行 1 套备用。不同的磨煤机组合对于锅炉燃烧有直接影响。通常在较低负荷时（500MW 以下），尽可能保持相邻磨煤机组运行，可以增强炉膛热量集中度，保证燃烧稳定性。投入上层磨煤机组运行可以提升炉膛火焰中心，提高蒸汽温度。在可能的情况下，尽量少投入磨煤机组，这样既可以减少一次风率，提高锅炉效率，也可以降低制粉电耗。高负荷时，磨煤机

组可分散投入，能够增强炉膛火焰充满度，提高水冷壁吸热均匀性。

2. 蒸汽温度的调节方式

无论是燃烧工况、负荷工况，还是煤质条件、给水温度，一切锅炉运行条件的变化，均会反映到蒸汽温度的变动上。蒸汽温度稳定且符合设计直接关系到机组运行的安全性、经济性。

主蒸汽、一/二次再热蒸汽温度符合设计要求是锅炉运行调整的主要目标之一。SG－2710/33.03－M7050 型锅炉设计主蒸汽温度应控制在（605±5）℃以内，一/二次再热蒸汽温度应控制在（613±5）℃，两侧温差小于10℃，各段工质温度、壁温不超过规定值。

影响蒸汽温度因素主要分为烟气侧和蒸汽侧两类，它们既互相独立又彼此影响，因此，蒸汽温度调整应从烟气侧和蒸汽侧两方面着手，结合进行。

（1）主蒸汽温度的调节。直流锅炉过热蒸汽温度选择水煤比+喷水减温的调节方式，以调节给水与燃料的比例，控制启动分离器出口工质温度（以下简称中间点温度）为基本调节手段，并以减温水作为辅助调节。

水煤比调节的目的是稳定中间点温度，并使之符合设计要求，从而稳定主蒸汽温度。中间点温度是启动分离器压力的函数，干态运行时应保持一定的过热度（一般不小于20℃）。随着负荷的变化分离器压力发生变化，锅炉中间点温度也会有相应的变化。通常，DCS 中设定有随启动分离器压力变化的中间点焓值函数曲线（见图 5－31）。由于锅炉煤质、给水温度等设计条件存在变化，所以中间点温度（或焓值）曲线需要根据运行实践做出必要的修正。一般情况，中间点温度（或焓值）调节模块设计有偏置调节，可以随时进行小幅度修正。SG－2710/33.03－M7050 型锅炉 1000MW 时，中间点温度为 450～455℃，可以保证主蒸汽温度达到额定值。

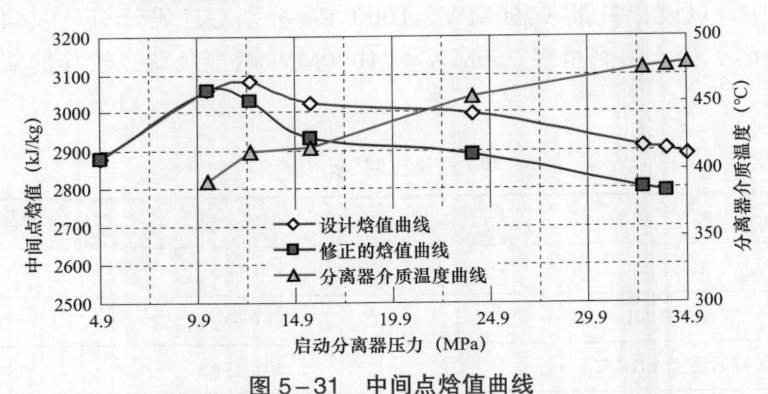

图 5－31　中间点焓值曲线

过热器减温水作为主蒸汽温度的辅助调节，一级减温水用以控制低温过热器的壁温，防止超限，并辅助调节主蒸汽温度的稳定；二级减温水是对蒸汽温度的最后调整。正常运行时，二级减温水应保持一定的调节余地，但减温水量不宜过大，以保证水冷壁运行工况正常，在减温水调节过程中，控制蒸汽温度两侧偏差不大于 5℃。

减温水调节具有滞后性，因此其调节应有预见性、留好提前量。调整时减温水不可猛增、猛减，应根据减温器后温度的变化情况确定减温水量的大小。

低负荷运行时，减温水的调节尤需谨慎，为防止引起水塞，喷水减温器后蒸汽温度应确保过热度在20℃以上。在蒸汽负荷小于10%时，禁止投入减温水。

烟气流场及温度场的偏差会引起过大的蒸汽温度偏差，限制了主蒸汽、再热蒸汽温度的提高，也降低了锅炉出口蒸汽温度的平均值。通过合适的燃尽风反切调整，可以很好地消除此类偏差。同时提高偏置风分配可以增强炉膛旋流强度、提高火焰充满度，对消除水冷壁出口汽温偏差也是有利的。

通过表5－29可以看出，经过合适的燃尽风反切调整以及燃烧配风优化，高温过热器出口4管蒸汽温度均匀，最大温差为5.1℃；一、二次再热器出口温度均匀，最大温差为10.7℃。

表5－29　　1000MW试运主要蒸汽参数

1000MW工况	高温过热器出口	一次再热器出口	二次再热器出口
1号管蒸汽温度（℃）	601.8	601.1	609.9
2号管蒸汽温度（℃）	602.1	611.7	608.8
3号管蒸汽温度（℃）	597.0	607.6	599.5
4号管蒸汽温度（℃）	601.4	608.9	610.2
平均蒸汽温度（℃）	600.6	607.3	606.1
最大偏差（%）	－3.56	－6.2	－10.6
最大温差（℃）	5.1	10.6	10.7

（2）再热蒸汽温度的调节。SG－2710/33.03－M7050型锅炉再热蒸汽温度的调节以燃烧器摆角调节和烟气挡板开度为主，锅炉运行时，应通过控制燃烧器喷嘴摆动调节再热蒸汽温度，通过烟气挡板开度来调节一次再热蒸汽、二次再热蒸汽温度的偏差（见图5－32、图5－33）。当燃烧器摆角不能满足调温要求时，可以用再热减温水来辅助调节。

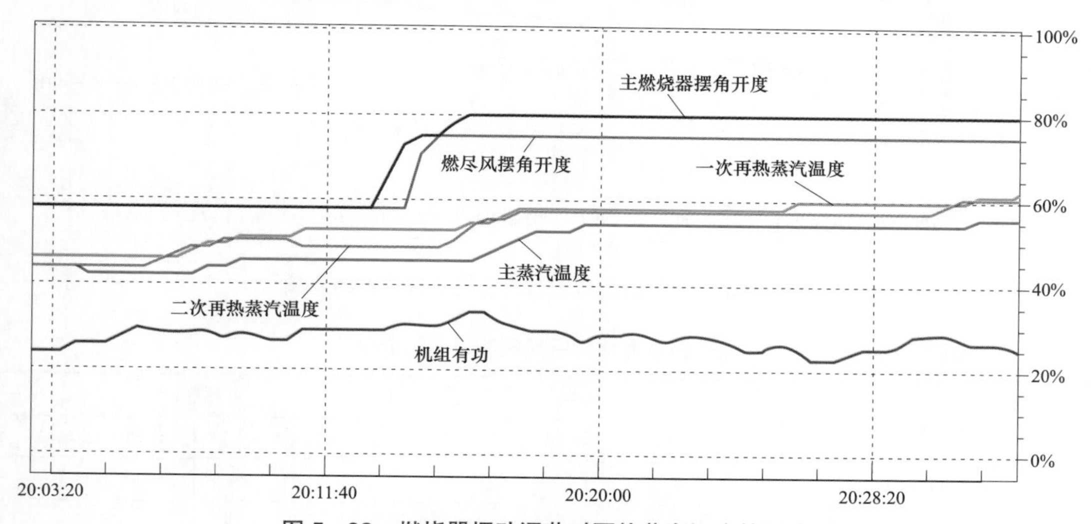

图5－32　燃烧器摆动调节对再热蒸汽温度的影响

1）燃烧器上下摆动一定角度，可以显著改变锅炉燃烧火焰中心，增强高温再热器的辐射吸热。因此，摆动喷嘴的设计被视为调节再热蒸汽温度有效且直接的重要方法。燃烧器煤粉喷嘴可摆动±20℃，二次风喷嘴可摆动±30°。

负荷变化时，首先调整燃烧器摆角，低负荷时辅以过量空气系数调节，将二次再热中的一次再热蒸汽出口温度调至额定参数，再通过挡板调节将两次再热中出口温度高侧的蒸汽温度降低、出口温度低侧的蒸汽温度提高，最终达到设定值。

为保证摆动机构能够维持正常工作，摆动系统不允许长时间停在同一位置，尤其不允许长时间停在向下的同一角度，每班至少应人为地缓慢摆动1～2 次，否则时间一长，喷嘴容易卡死，不能进行正常的摆动调温工作。同时，摆动幅度应大于20%，否则摆动效果不理想。

2）SG－2710/33.03－M7050型锅炉炉膛上部烟道由隔墙分割成前后烟道，一、二次再热器的低温段分别布置于前后烟道，烟道出口设计有烟气挡板，用于调整前后烟道的烟气通流量。烟气通流量的变化直接影响着一、二次低温再热器管屏的换热，因此烟气挡板可以有效调节一、二次再热器吸热比，消除一、二次再热器出口蒸汽温度偏差。通常两侧烟气挡板开度之和应不小于120%。图5－33充分反映了烟气挡板门调节对一、二次再热器出口蒸汽温度的影响。挡板调整前，一、二次再热器出口蒸汽温度偏差达90℃，一次再热出口蒸汽温度偏低较多。随着二次再热烟气挡板的关小以及一次再热烟气挡板的开大，一次再热蒸汽温度逐步提高，二次再热蒸汽温度逐渐降低，至蒸汽温度稳定，两侧蒸汽温度偏差收小至 11℃。这是因为两侧烟气流通占比发生了变化（见表5－30），使得一、二次再热吸热比例发生改变。

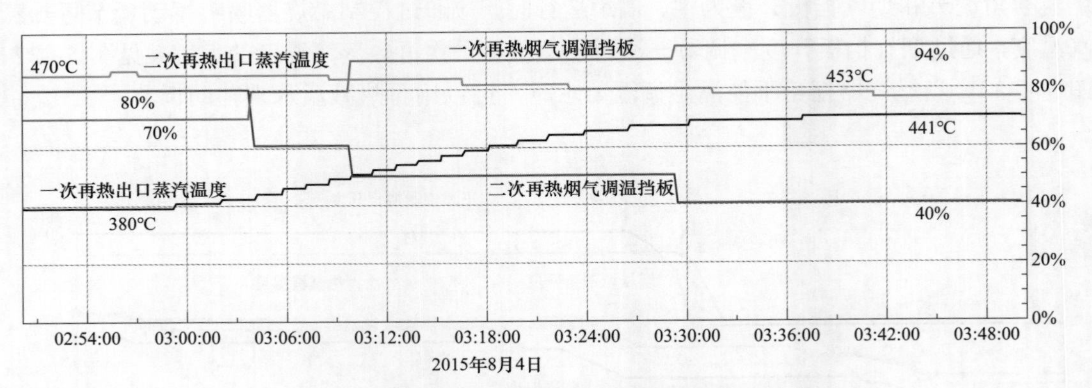

图5－33 烟气挡板门调节对再热蒸汽温度的影响

表5－30 烟气挡板调整前后烟气流通占比变化

烟气挡板名称	调整前		调整后	
	开度（%）	流通占比（%）	开度（%）	流通占比（%）
一次再热挡板	70	46.67	94	70.15
二次再热挡板	80	53.33	40	29.85

3）一、二次再热系统同样设计有两级减温水，事故喷水紧急减温使用，微量喷水用于微量调整，可以进一步调节蒸汽温度偏差。

3. 蒸汽温度变动与调整

影响蒸汽温度的因素很多，机组负荷变动、水煤比失调、给水温度变化、磨煤机启停、燃烧工况变化、炉膛漏风、锅炉吹灰、受热面结焦等均会引起蒸汽温度的变化。针对不同的变化因素应采取不同的调整手段。

（1）机组负荷变动蒸汽量也会随之波动，锅炉热负荷不变则蒸汽温度会随蒸汽量增大而下降，随蒸汽量减少而升高。通常机组运行在协调自动模式下，机组负荷变化，锅炉热负荷也会随之改变，可以保证锅炉蒸汽温度的稳定。在全手动调整时，应严密监视机组负荷的变动以及蒸汽温度的变化，及时做出相应调整。

（2）随着锅炉负荷的变化，给水与燃料量也应同时改变，一定的负荷范围内，水煤比应是稳定的。水煤比调节的重点是燃料与给水应同时增减，保证稳定的水煤比例。水煤比失调必将引起水冷壁换热的恶化，从而导致中间点温度偏离设计，致使蒸汽温度恶化。稳定合适的水煤比可以保证中间点温度稳定，从而也保证了主蒸汽温度的稳定。

（3）高压加热器投入和停用时，给水温度开始变化较大，各段工作温度也相应变化，应严密监视给水温度、省煤器出口温度、螺旋水冷壁管出口工质温度的变化，及时调节水煤比，控制恰当的中间点温度，使各段工质温度控制在规定范围内。在机组燃烧自动时，高压加热器的退出将迅速降低给水温度，如果保持原有负荷锅炉必须增加燃料投入，蒸汽温度会升高，此时应减负荷、减燃料量，必要时解除燃烧自动。高压加热器投入时，给水温度迅速提高，若燃料量、机组负荷均不变，会带来蒸汽温度、蒸汽压力的升高，此时应减少燃料量或增加机组负荷，并通过减温水等手段控制蒸汽温度稳定。

（4）磨煤机启停操作不当往往造成燃料瞬间变化，对蒸汽温度影响很大。因此，磨煤机启停过程中应加强氧量、蒸汽压力、蒸汽温度等参数监视，及时平衡磨煤机出力，保持锅炉燃料量稳定。磨煤机停止时应尽可能清空，防止启动时过多带粉。紧急停运的磨煤机内存有大量煤粉，启动前应先通风吹扫，通风使用冷风进行，风量应逐步缓慢增加，至火嘴出粉后应停止加风，保持吹扫。至火嘴无煤粉喷出后方可启动磨煤机。

（5）锅炉燃烧变化，蒸汽温度会随之变化，保证锅炉燃烧稳定是锅炉安全运行和参数稳定的基础。机组增减负荷宜缓慢进行，锅炉跟随机组负荷变化及时调整燃料量、送风量，同时做好配风调整和制粉系统调节，切忌大幅度增减操作。负荷变动中应跟踪蒸汽温度变化趋势，及时匹配好水煤比，保证中间点温度（或焓值）按设定函数变化。

（6）锅炉吹灰可以清洁管屏，提高换热效率，是锅炉运行定期执行的操作。锅炉蒸汽吹灰时，由于大量蒸汽进入烟道，会导致烟气温度降低，造成锅炉蒸汽温度的降低。频繁吹灰也会损坏受热面管。因此蒸汽吹灰应根据排烟温度、主蒸汽温度、再热蒸汽温度等参数决定吹灰频度，分期分批进行。

（7）锅炉底部漏风会造成火焰中心升高，大量漏风时甚至会引起超温事故。因此，应杜绝炉膛底部大量漏风的可能。锅炉运行中，所有本体检查孔门应严密关闭，炉底干排渣系统通风量应控制合适，对于湿排渣系统则应严格监控好水封系统，避免水封破坏。处理排渣系统事故时，应关闭好所有炉底液压门，并做好防超温的事故预想，必要时降低负荷运行。

（8）锅炉受热面结焦会直接影响到换热效率，为维持工质吸热量必须增加燃料量，这将导致炉膛热负荷增加，炉膛出口烟气量和烟气温度随之升高，必然造成蒸汽温度升高。防止锅炉结焦，尤其大面积结焦是预防蒸汽温度骤变的重要工作。

4. 调试期间主要运行数据

燃烧初调整后锅炉主要运行参数见表5－31。

表5－31 燃烧初调整后锅炉主要运行参数

参数名称	BRL	试运数据
机组负荷（MW）	1000	1011
主蒸汽流量（t/h）	2630	2670
主蒸汽温度A/B/C/D（℃）	605	601.9/604.7/603.4/600.0
主蒸汽压力A/B/C/D（MPa）	32.19	31.94/31.96/31.94/31.94
一次再热蒸汽温度A/B/C/D（℃）	613	606.8/613.9/612.5/608.4
一次再热蒸汽压力A/B/C/D（MPa）	11	10.43/10.43/10.42/10.43
二次再热蒸汽温度A/B/C/D（℃）	613	612.2/613.4.612.0/600.4
二次再热蒸汽压力A/B/C/D（MPa）	3.44	3.08/3.08/3.08/3.08
总煤量（t/h）	334.3	355.6（热值折算后326.2）
水煤比（t/h）		7.3
启动分离器温度（℃）	478	455
总风量（t/h）	3081.5	3190
氧量（%）	2.73	2.8
炉膛压力（Pa）	－50	－151.1
排烟温度A/B（℃）	120（进风18）	129.2/132.4（进风38）
NO_x（折算到6%氧量，标准状态，mg/m^3）	＜170	121.3

5. 利用烟气再循环调节汽温

二次再热锅炉增加了二次再热系统受热面，过热器、再热器系统受热面布置受到一定限制，过热蒸汽和再热蒸汽温度均受到一定影响。试运过程中，SG－2710/33.03－M7050型锅炉蒸汽温度明显偏低，一次再热蒸汽温度和二次再热蒸汽温度欠温尤其严重（见表5－32）。

表5－32 SG-2710/33.03-M7050型锅炉试运蒸汽温度 ℃

参数名称	1000MW			750MW		
	设计值	实际值	欠温	设计值	实际值	欠温
主蒸汽温度	605	604	1	605	595	10
一次再热蒸汽温度	613	601	12	613	581	32
二次再热蒸汽温度	613	603	11	613	584	29

HG－2773/33.6/605/623/623－YM1 塔式锅炉增加了烟气再循环系统，见图 5－34，利用再循环烟气可以相对降低炉膛温度、提升火焰中心、增加对流受热面烟气通流量、改变辐射与对流受热面吸热比例，从而达到提高蒸汽温度的目的。

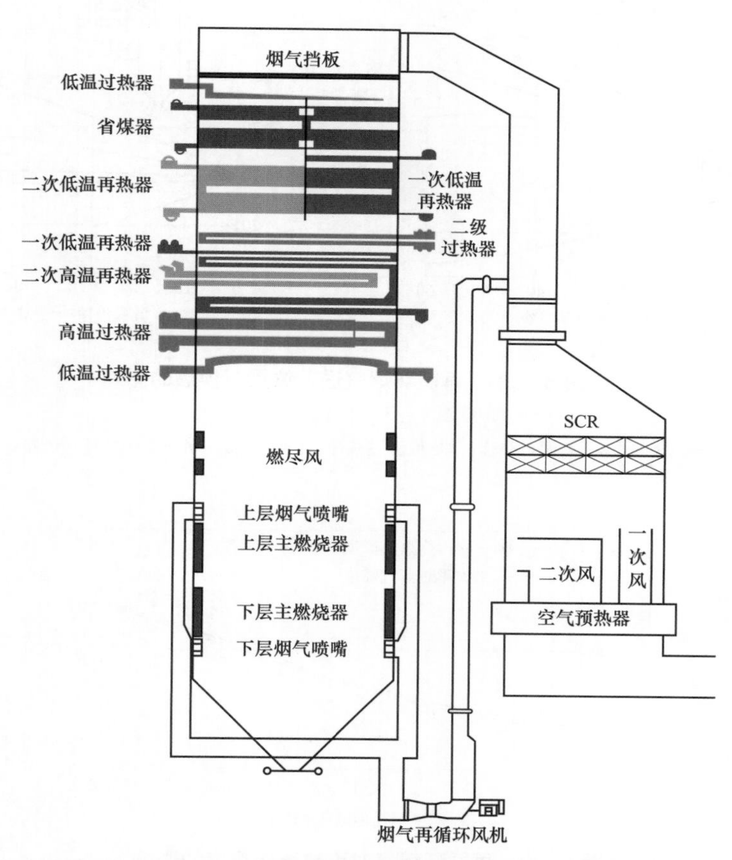

图 5－34　HG－2773/33.6/605/623/623－YM1 塔式锅炉烟气再循环系统及受热面布置

烟气再循环调节特性与再循环烟气量、烟气抽出的位置和送入炉膛的部位有关。循环烟气量越大，抽出的烟气温度越高，送入炉膛的位置越下，蒸汽温度调节的幅度越大（见图 5－35）。从炉膛上部引入再循环烟气，对蒸汽温度影响有限，但可以降低并均匀炉膛出口烟气温度，对防止受热面超温有一定作用。

由图 5－35 可见，烟气再循环可以显著提高再热蒸汽温度，也同时提高主蒸汽温度。由表 5－32 可见，可以通过改变中间点温度等主动调节手段，保证在高负荷段主蒸汽温度能够基本满足设计要求。对于二次再热锅炉，再热蒸汽温度偏低较多，提高再热蒸汽温度使其满足设计要求，是再循环烟气作为蒸汽温度调节利用的首要任务。

通过在 HG－2773/33.6/605/623/623－YM1 锅炉进行的烟气再循环试验可以得知，再循环烟气对提高二次再热锅炉蒸汽温度有着显著效果（见图 5－36）。

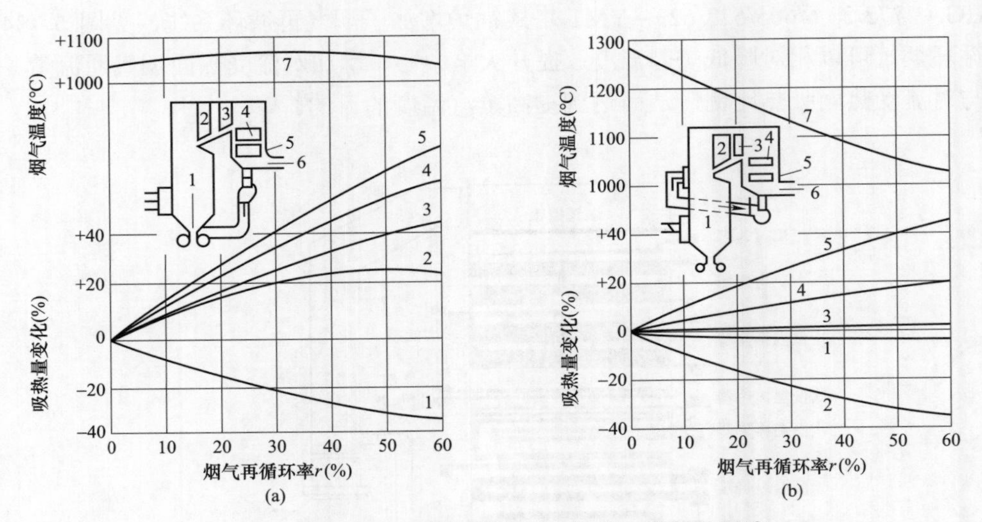

图 5－35　再循环烟气进入位置对换热的影响

（a）炉膛下部进入；（b）炉膛上部进入

1—炉膛；2—高温过热器；3—高温再热器；4—低温过热器；5—省煤器；6—去往空气预热器；7—炉膛出口

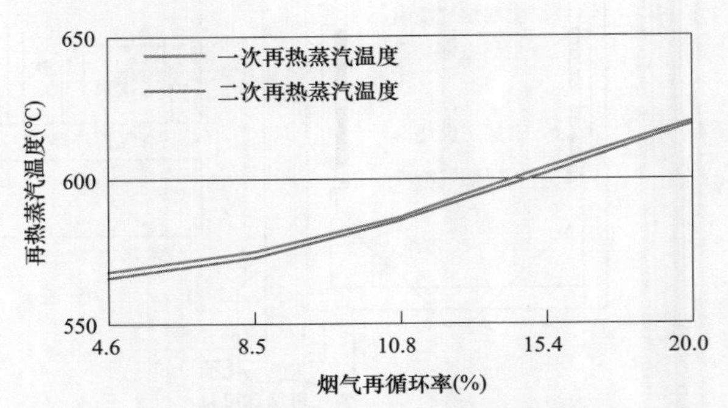

图 5–36　再循环烟气对再热蒸汽温度的影响

注：HG-2773/33.6/605/623/623-YM1 锅炉 75%BMCR 工况。

对于炉膛烟气温度而言，再循环烟气温度极低，对于炉膛有较大的冷却作用，影响锅炉燃烧稳定，因此，在锅炉热负荷较低时不宜大量投入，一般在 30%BMCR 热负荷以上方可投入，且在低负荷段（30%～50%BMCR）应根据燃烧情况控制好再循环烟气量，做好预防锅炉灭火措施。

第五节　机组启动中的问题及处理

整套启动调试是一项复杂的高技术含量的工作，因为设备、燃料、负荷、工况等参数的变化，会有不同的问题出现，严重时将影响到机组运行及设备安全。以下针对二次再热机组运行中一些常见问题进行分析，并提出处理建议。

一、锅炉专业

（一）防止受热面管屏超温

锅炉受热面超温是锅炉运行中易发生问题之一。超温将带来锅炉受热面寿命减损，严重时则会直接导致锅炉爆管事故发生。因此，防止锅炉受热面超温，是锅炉运行的重点工作。

由于增加了二次再热受热面，相对于常规1000MW机组，SG－2710/33.03－M7050型二次再热锅炉参数设计发生了4个方面的变化：蒸汽流量降低、主蒸汽压力提高、给水温度提高、过热器吸热比大幅下降。BMCR工况下主要设计参数对比见表5－33。

表5－33　BMCR工况下主要设计参数对比

项目	国电泰州电厂	华能南通电厂
	二次再热	一次再热
过热蒸汽流量（t/h）	2710	3100
过热器出口蒸汽压力（MPa）	33.03	27.46
过热器出口蒸汽温度（℃）	605	605
一次再热蒸汽流量（t/h）	2517	2568
一次再热器进口蒸汽压力（MPa）	11.39	6.20
一次再热器出口蒸汽压力（MPa）	11.17	6.01
一次再热器进口蒸汽温度（℃）	429	375
一次再热器出口蒸汽温度（℃）	613	603
省煤器进口给水温度（℃）	314	298
过热蒸汽吸热比（%）	72.15	82.08
一次再热蒸汽吸热比（%）	16.14	17.92
二次再热蒸汽吸热比（%）	11.71	—

这些变化使得水冷壁出口温度设计值提高，相比常规机组，BRL工况中间点温度高出23℃，低温过热器出口温度则提高了36℃，40%THA工况中间点温度高出近28℃，低温过热器出口温度则提高了51℃（见表5－34）。二次再热机组水冷壁以及低温过热器管材允许温度仅提高5～11℃（见表5－35），安全裕度大幅度减小，因此更易发生超温现象。

表 5-34 分离器及低温过热器工质设计温度 ℃

项目	二次再热（国电泰州电厂）				一次再热（华能南通电厂）			
	BRL	75% THA	50% THA	40% THA	BRL	75% THA	50% THA	40% THA
分离器温度	478	454	416	413	457	424	392	385
低温过热器悬吊管进口温度	473	447	408	403	457	424	392	385
低温过热器悬吊管出口温度	477	454	417	414	467	438	413	411
低温过热器屏进口温度	477	454	417	414	467	438	413	411
低温过热器屏出口温度	533	527	522	528	497	478	468	477

表 5-35 管材设计温度对比 ℃

管屏名称	二次再热	一次再热	设计变化
水冷壁垂直管上部温度	525	515	+10
水冷壁垂直管出口连接管温度	500	495	+5
低温过热器进口管温度	490	485	+5
低温过热器屏管温度	591	580	+11

1. 发生超温的原因分析

低负荷阶段，锅炉燃烧及回热系统效率较低，相对于高负荷时，单位发电量的燃料投入量也会较多，燃烧率的增加会导致炉膛及炉膛出口烟气温度增大，引起受热面超温。

（1）在湿态工况，分离器储水箱溢流阀的溢流排放带走大量热量，为保证锅炉热负荷的需要，必须投入较多燃料，此时易出现低温段过热管束温度高的现象。

（2）机组低负荷时，由于高压加热器未完全投入，给水温度较低，为满足蒸汽参数需求，需投入更多燃料。

（3）由于炉膛出口残余旋转、燃料分配不均、燃烧器安装缺陷以及配风不合理等诸多可能因素，烟气温度场及流场存在不均匀性，造成受热面热偏差的产生。锅炉热负荷较低时，由于炉膛燃烧充满度不足、烟气流量低，这种不均匀也更显著，管束热偏差也更明显，温度偏高的管屏限制了参数的提升，也更容易超温。

（4）低负荷阶段，由于汽水流量较低，易造成受热面管屏流通量的偏差，流通量偏低的管束冷却效果差，易出现超温。

在锅炉高负荷阶段，受热面有足够大的蒸汽量冷却，各项参数也更符合设计值，因此超温的可能性会低一些。但此时，蒸汽温度与允许的受热面管屏温度差值也更小，受热面更易出现超温现象，而且会更严重。

1）设计的偏差有导致超温的可能，特别是煤种与设计偏差较大时。

2）锅炉高负荷时，易发生受热面结焦等问题，严重时会引起受热面超温。

3）给水温度降低时，需通过增加燃料量来维持原有负荷不变，导致水燃比失调，易造成受热面超温。

4）高负荷时，受热面管屏允许温度的裕度更小，烟气温度场偏差带来的受热面热偏差极易导致受热面超温。

2. 防止管屏超温的方法

由于水冷壁、低温过热器以辐射吸热为主，接近炉膛火焰中心，低负荷阶段其辐射吸热比大，更容易发生超温，成为预防管屏超温的重点。

（1）加强分离器储水箱水位监视，适当提高溢流阀开启定值，可避免频繁溢流排放，减少热量损失，降低多余的燃料投入。

（2）合理水煤比调节，控制恰当的中间点温度，可以有效防止水冷壁上部及低温过热器进口段管屏超温。

（3）通过邻机加热提高给水温度，可以减少燃料输入。

（4）通过燃烧调整，合理燃烧配风调节，优化燃尽风反切及风量配比，可以很好地消除由烟气场不均匀引起的热偏差。图 5－37 和图 5－38 表明，不同的燃尽风反切与配风调整，低温过热器管屏温度的分布也不相同，合理的反切角度和配风可以使得低温过热器管屏温度更均匀，整套温度水平也更低、更安全。

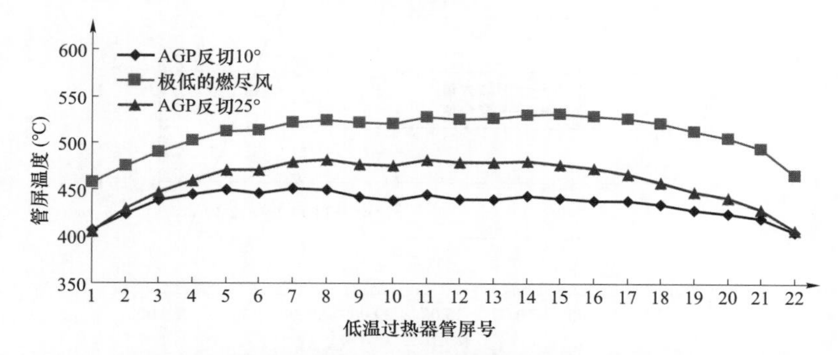

图 5－37　300MW，不同燃尽风反切时低温过热器管屏温度（取前后墙平均值）

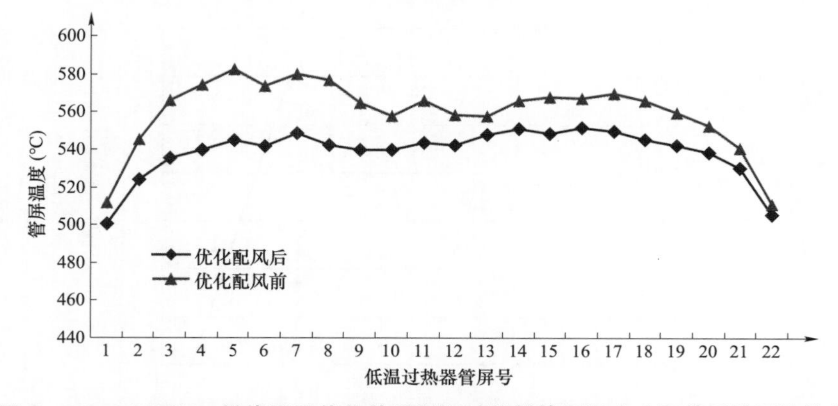

图 5－38　590MW，燃烧配风优化前后低温过热器管屏温度（取前后墙平均值）

（5）减少低负荷阶段停留时间，严禁省煤器给水流量低于设计最小值运行。

（6）加强管屏温度监视，发现有超温可能时应及时调整，必要时降低燃料投入。

高负荷阶段，需注意以下情况时的运行调整：

1）注意煤种的变化，与设计差别较大时，应加强受热面监控，必要时降低负荷或蒸汽温度参数。

2）无论何时，消除烟温偏差是必要的工作。

3）防止结焦，及时清焦。

4）给水温度突降时，应以防止超温为重点，必要时降低机组负荷。

5）加强中间点温度的控制，避免大幅度波动，带来蒸汽温度的不稳定。

3. 管屏温度报警值的设定

管屏许用温度是在设计额定压力下的计算结果。实际运行中，不同负荷下系统压力也不相同。因此，管屏报警温度值是随系统压力变化的函数值。锅炉厂提供了SG－2710/33.03－M7050型二次再热机组主要受热面的管屏金属壁温报警曲线，可以用作报警设定依据（见图5－39～图5－41）。

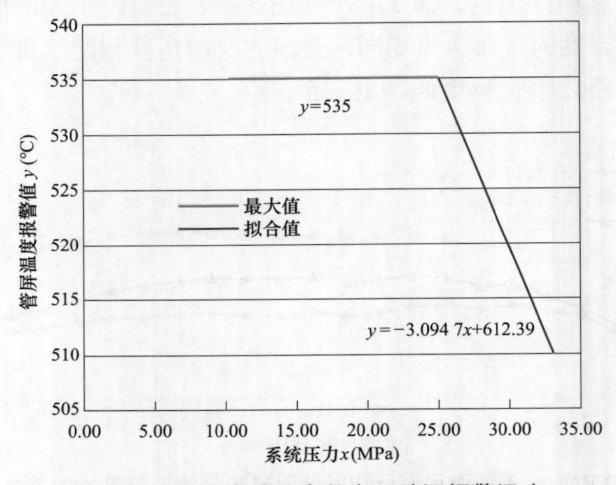

图5－39　水冷壁垂直段出口壁温报警温度

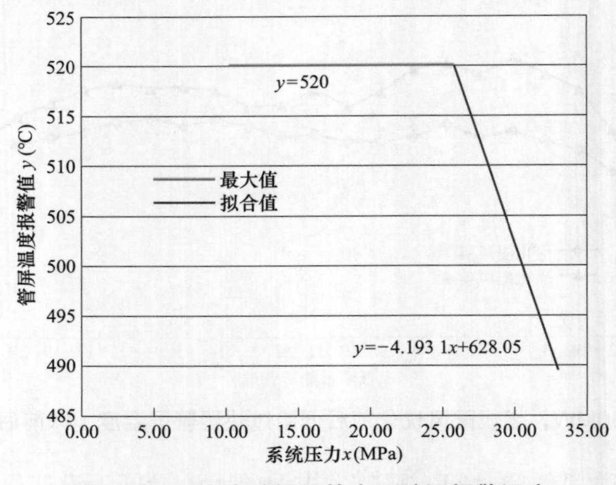

图5－40　水冷壁螺旋管出口壁温报警温度

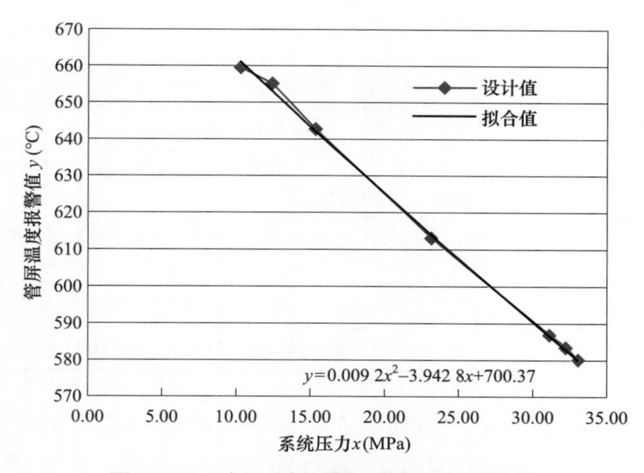

图 5－41　低温过热器金属壁温报警温度

（二）防止锅炉结焦

结焦是锅炉运行中普遍存在的问题。煤粉经燃烧后剩余的灰物质呈熔融和半融状态，且具有黏结性，遇受热面管壁黏结，形成焦状物。焦块被新的融灰黏结不断地成长，形成大焦块。当焦对管壁的附着力不足以支承焦块重量，就会出现塌焦。大面积的焦块塌落会造成锅炉炉膛压力的剧烈波动，影响锅炉燃烧稳定，严重时导致锅炉灭火。质地硬的塌落还会砸伤炉管，砸坏排渣设备；较大面积的受热面结焦会降低锅炉换热效率，引起蒸汽温度升高。

因此，锅炉结焦不可避免，防止锅炉结大焦是锅炉运行的重要工作内容。

1. 锅炉结焦的原因

引起锅炉受热面结焦的因素很多，主要集中在以下方面：

（1）原煤特性。锅炉结焦的直接原因是燃煤具有黏结性和结焦性，其特性受燃煤成分影响，不同的燃煤成分其特性也不同。灰渣软化温度（ST）与焦渣特征（CRC）可以较好地反映出燃煤的结焦特性。

灰熔点又称为煤灰熔融性，是固体燃料灰分达到一定温度以后，发生变形、软化和熔融时的温度。它与原料中灰分组成有关。大型锅炉炉膛出口温度很高，因此，灰熔点越低越容易在炉膛出口形成熔渣。一般以灰渣软化温度（ST）来判断原煤是否容易结焦。

煤炭热分解以后剩余物质的形状根据其不同形状分为 8 个序号，其序号即为焦渣特征代号（见表 5－36）。原煤焦渣特征可以直观地反映原煤黏结性，特征 1～3 基本不会引起结焦，5～8 则容易结焦，甚至结硬质大焦块，危害巨大。

表 5－36　　煤的焦渣特征（CRC）

代号	特征	焦渣性状
1	粉末	全部是粉末，没有相互黏着的颗粒
2	黏着	用手指轻碰即为粉末或基本上是粉末，其中较大的团块轻轻一碰即成粉末
3	弱黏性	用手指轻压即不成块

续表

代号	特征	焦渣性状
4	不熔融黏结	上表面无光泽，下表面稍有银白色光泽
5	不膨胀熔融黏结	焦渣形成扁平的块，煤粒的界限不易分清。焦渣上表面有明显的银白色金属光泽，下表面银白色光泽更明显
6	微膨胀熔融黏结	用手指压不碎，焦渣的上、下表面均有银白色金属光泽，但焦渣表面具有较小的膨胀泡
7	膨胀熔融黏结	焦渣的上、下表面均有银白色金属光泽，明显膨胀，但高度不超过15mm
8	强膨胀熔融黏结	焦渣的上、下表面有银白色金属光泽，焦渣高度大于15mm

（2）炉膛结构及燃烧器布置。当烟气温度高于灰软化温度（ST）时，灰渣呈半融状态接近受热面，更易于黏附。对于四角切圆燃烧的燃烧器布置，过大的切圆设计和安装角度偏差将直接导致火焰中心偏斜、局部水冷壁处烟气温度水平升高。炉膛设计容积或截面偏小的锅炉，其容积热负荷相对较高，炉膛及炉膛出口屏式过热器处烟气温度水平也会较高。这些原因均会造成融焦易于接近并黏附受热面。因此，锅炉燃烧器及炉膛结构设计是锅炉结焦的又一要因。

（3）运行调整。运行调整不当会引起或加剧受热面结焦。炉底漏风会造成火焰中心上移，提升炉膛出口烟气温度。过剩空气控制不合适，局部氧量过低形成还原性环境会造成灰渣ST温度降低。煤粉过粗会导致燃尽延迟，炉膛出口烟气温度偏高；过细则会引起着火过早，燃烧器及附近受热面挂焦。一、二次风，燃料风分配不合适、煤粉分配不均匀等均会导致燃烧偏斜，也会造成局部受热面区域热负荷过高，结焦形成。

（4）其他因素。受热面清洁程度也是因素之一，污垢越重的受热面越是容易黏结焦渣并利于生长。

2. 锅炉结焦的防止对策

对于在运锅炉来说，防止锅炉结焦的重点工作在于加强原煤管理和优化运行调整两方面。

（1）原煤特性是锅炉受热面结焦的直接因素，原煤采购应将原煤焦结特征以及灰熔点ST温度作为考虑因素之一。同时应加强入炉煤检测，为运行及时提供准确原煤数据，以便于及时判断调整。

（2）进行必要的配煤混烧处理。不同原煤可以通过掺混烧方式改变其特性，降低焦结性和易融性。

（3）合理进行一、二次风，燃尽风分配，均匀空气动力场并加强风粉扰动性，避免局部热负荷过高。实际运行中可以通过受热面壁温、烟气温度、蒸汽温度偏差来判断并作出适当调整。

（4）合理煤粉细度，选择合适着火点。对于一般烟煤着火点选择在0.5～1m较为合适。

（5）合理磨组组合，降低炉膛出口温度。在保证主蒸汽温度的前提下尽可能使用低层磨，降低火焰中心。

（6）提高高压、低压加热器投用率，保证给水温度，以避免机组热效率差导致燃料投入过多，炉内热负荷过大。

（7）尽可能地避免锅炉炉膛漏风，尤其是底部漏风。对于干排渣机组，应合理控制排渣温度，一般60℃为宜，不宜过低；否则，漏风必然较大。

（8）合理控制氧量，增强炉内风粉扰动性，避免缺氧燃烧。

（9）及时进行受热面清焦吹灰，形成定期工作制度。根据受热面脏污情况及时调整清焦吹灰频次，尽可能维持受热面管束清洁度，避免结大焦。

（10）若燃烧器安装有问题或火嘴损坏应在停检期间及时处理消缺。

（11）杜绝超负荷运行。

3. SG－2710/33.03－M7050二次再热塔式锅炉的防结焦设计

SG－2710/33.03－M7050型二次再热塔式锅炉采用对冲同心正反切圆燃烧系统设计。

针对设计煤种及两个校核煤种均燃用灰熔点低的强结焦煤，以及校核煤种1采用中等硫份煤的特性，为防止炉内结渣和高温腐蚀，SG－2710/33.03－M7050型二次再热塔式锅炉设计中采取了以下主要措施：

（1）组织良好炉膛空气动力场，防止火焰直接冲刷水冷壁。

（2）采用较大的炉膛截面尺寸、合适的炉膛热力参数。

（3）对冲同心正反切圆燃烧系统设计，煤粉/一次风对冲布置，燃烧切圆控制尽量小，防止煤粉气流冲刷水冷壁形成高温造渣氛围。

（4）部分辅助风以较大的偏置角送入炉膛，同时保证有较高穿透力的流速，提高燃烧区域内水冷壁壁面的含氧量。

（5）12层煤粉喷嘴分3组布置，较大的燃烧器各层一次风间距，降低了燃烧器区域壁面热负荷。

（6）两级燃尽风的布置优化炉膛燃烧区域的空气动力场，使燃烧火球在垂直方向相对拉伸，更有效地降低了燃烧器区域壁面热负荷，防止燃烧区域温度过高。

（7）由于一次风煤粉气流被偏转的二次风气流裹在炉膛中央，形成富燃料区，在燃烧区域及上部四周水冷壁附近则形成富空气区，这样的空气动力场组成减少了灰渣在水冷壁上的沉积，并使灰渣疏松。水冷壁附近氧量的提高也降低了水冷壁的高温腐蚀倾向。

二、汽轮机专业

上海汽轮机厂制造的1000MW双再热汽轮机结构精美、性能优良，最终的性能试验数据表明，国电泰州电厂二次再热机组的发电效率为47.82%，发电煤耗为256.86g/（kW·h），烟尘、CO_2和NO_x排放质量浓度在标准状态下分别为2.3mg/m^3、15mg/m^{3}和31mg/m^3，实现了高效节能和超低排放，试验数据进一步验证了二次再热发电技术的优越性。但在启动调试过程中还是出现了许多问题，如排汽温差大、暖机时间长、低压外缸温度高和双缸启动不成功等，对此进行了分析和处理，并对部分控制逻辑和包括蒸汽参数及调节汽门开度的启动参数进行优化，使得机组顺利投产，对超超临界双再热汽轮机的启动试运具有一定的参考意义。

1. 顺序控制中抽汽止回阀的逻辑问题处理

为提高锅炉上水温度，本机组设计有邻机加热系统，可提前投入 1 号、3 号高压加热器。邻机的蒸汽通过 1 号、3 号高压加热器进汽电动阀及抽汽止回阀进入高压加热器加热给水。但汽轮机按程序启动过程中需要检查各抽汽止回阀开度，当抽汽止回阀开度大于 5%时停止启动。同时为了防止汽轮机在盘车或低转速暖机期间跳闸引起 1 号、3 号高压加热器汽侧切除，造成给水温度波动，增加运行人员操作，因此，相关控制逻辑修改如下：

（1）汽轮机启动顺序控制中，不检查 1 号、3 号高压加热器抽汽止回阀的开度。

（2）汽轮机跳闸且转速大于 900r/min 时，联锁关闭 1 号、3 号抽汽止回阀（防进水保护）。

2. 排汽温度偏差大问题处理

首次启动时，冲转所需参数均已满足，汽轮机开启主汽门、调节汽门，开始冲转。2min 后汽轮机跳闸，跳闸首出为超高压缸排汽温度高。当时超高压缸排汽最高温度仅为 148℃，而跳闸值为 530℃。检查 DEH 逻辑，发现是超高压缸内缸 FR100% 3 个测点偏差大（＞18℃）导致跳机。由于汽轮机内缸温度测点位置不同，加上轴封供热的传热作用以及启动时较低的进汽流量都会造成测点位置温度的偏差超过 18℃。经各方评估后，建议将偏差值调整为 50℃，待正常运行后再将此定值修改回 18℃。

3. X_2 准则不满足问题处理

X_2 准则是开启超高压、高压主汽门的温度判断依据，用来避免超高压、高压调节汽门阀体过大的温度变化，确保阀前蒸汽饱和温度不超过调节汽门的平均壁温某一值，防止蒸汽在调节汽门处凝结放热，造成过大的热应力。只有满足 X_2 准则才能开启超高压、高压主汽门。也就是说满足 X_2 准则只能靠主汽门漏汽或热传导来完成。这需要非常漫长的时间，而且不能保证一定能满足 X_2 准则。

在本次整套启动中，锅炉首次点火后，经过很长时间 X_2 准则都没有满足，并且已经没有向好的趋势发展了。只能手动开启主汽门，对调门进行暖阀。

为以后启动运行方便，增加自动暖阀逻辑，但为了缩短热冲击，按照主汽门开启 1min，关闭 10min 的顺序反复进行暖阀，直到满足 X_2 准则。

4. 暖机时间长问题处理

汽轮机冲转至 870r/min 暖机时，高/中压转子温度温升较慢，若不进行流量调整，满足 X_7 准则至少需要 5h。根据 X_7 准则，通过降低超高压调节汽门和高压调节汽门阀限，使超高压调节汽门和高压调节气门关小，中压调节汽门自动开大，中压缸进汽量增大，提高了暖机效率。因此，缩短了约 1.5h 的暖机时间。

5. 低压缸排汽温度高问题处理

空负荷启动期间曾出现汽轮机低压缸排汽温度高，达到 110℃，低压缸喷水电磁阀未能开启，导致机组跳闸。检查发现低压缸喷水电磁阀开启逻辑如下：

（1）真空大于 7kPa 时，低压缸静叶持环温度大于 180℃。

（2）转速大于 2850r/min，静叶持环温度大于 140℃或低压缸排汽温度大于 90℃，且凝汽器压力不在 7～13kPa 之间（＞13kPa 或＜7kPa）。

（3）转速大于 9.6r/min 小于 240r/min 时，静叶持环温度大于 140℃或低压缸排汽温度大于 90℃。根据现有逻辑，当凝汽器压力在 7～13kPa 区间内，转速大于 2850r/min 时，喷水电磁阀将不动作。

当时，凝汽器压力为 7.4/7.9kPa。为降低机组跳闸概率，喷水电磁阀逻辑改为：汽轮机低压缸排汽温度达到 90℃（任意一测点），开低压缸喷水电磁阀；排汽温度降至 60℃，自动关低压缸喷水电磁阀；低压缸静叶持环温度达到 140℃时，自动开低压缸喷水电磁阀；低压缸静叶持环温度降至 100℃时，自动关低压缸喷水电磁阀；电磁阀开启优先。凝汽器压力在 7～13kPa 范围时设置为报警范围。

6. 低压缸外缸温度高问题处理

机组首次启动顺利达到 3000r/min 后，汽轮机振动、差胀、轴封温度等各参数正常，交付电气做空负荷试验。机组运行 36h 后发现，A 低压缸南侧外表面温度达 200℃左右，部分油漆被烤焦（见图 5-42），出于安全考虑，立即手动打闸。

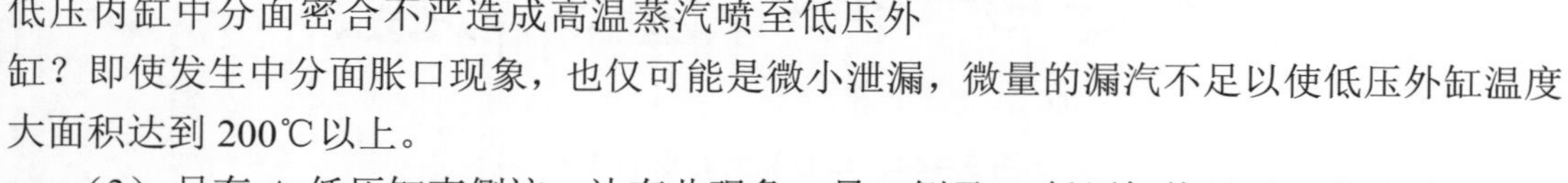

图 5-42　低压外缸温度高

原因查找如下：

（1）是否为低压缸喷水使部分喷嘴堵塞造成部分排汽温度高？低压持环显示温度最高也只有 156℃，低压缸排汽温度不可能高于此（低压缸排汽温度测点显示只有 50℃）。此外根据油漆变色的范围可以判断不是低压缸排汽造成的。

（2）因为中压缸的排汽温度达到 230℃，是否为低压内缸中分面密合不严造成高温蒸汽喷至低压外缸？即使发生中分面胀口现象，也仅可能是微小泄漏，微量的漏汽不足以使低压外缸温度大面积达到 200℃以上。

（3）只有 A 低压缸南侧这一边有此现象，另一侧及 B 低压缸均显示正常，是否有其他原因。查找 A 低压缸南北侧连接的系统是否不同。

经仔细检查发现超高压缸排汽和高压缸排汽通风阀接口均接至位于 A 低压缸南侧 8.6m 的 A 凝汽器内，接入管内无减温减压装置，且排汽口微斜向上。空负荷运行时，超高压缸及高压缸排汽通风阀处于开启状态，高压缸排汽正好吹在低压缸外缸 A 下面的端板上，长时间冲刷导致低压缸外缸不正常温升。经现场研究，共讨论出 3 种解决方法，一是将超高压缸排汽通风阀管道接至疏水扩容器；二是将超高压缸排汽通风阀管道接口下移至水幕下方，并加装喷水减温装置；三是调整超高压缸排汽通风阀运行方式，运行过程保持关闭。

根据实际情况，现场采用了第三种方法进行运行调整，调整后运行正常。

7. 手动盘车错位问题处理

汽轮机转速降至 0 后，运行人员准备手动盘车，手动盘车法兰盖打开后发现手动盘车棘爪与盘车齿错位量大，无法手动盘车。手动盘车装置的示意图如图 5-43 所示。

手动盘车位置与常规百万千瓦的机组一样，设计在中、低压缸之间，但二次再热机组却多了一个高压缸，以2瓦为死点的转子如图5-44所示，在手动盘车处有了更大的热膨胀。设计没有考虑到热膨胀的问题，导致盘车齿与盘车棘爪的错位。后经过计算，重新设计该结构，加宽了手动盘车棘爪，使得机组在热态下也能实现手动盘车，如图5-45所示。

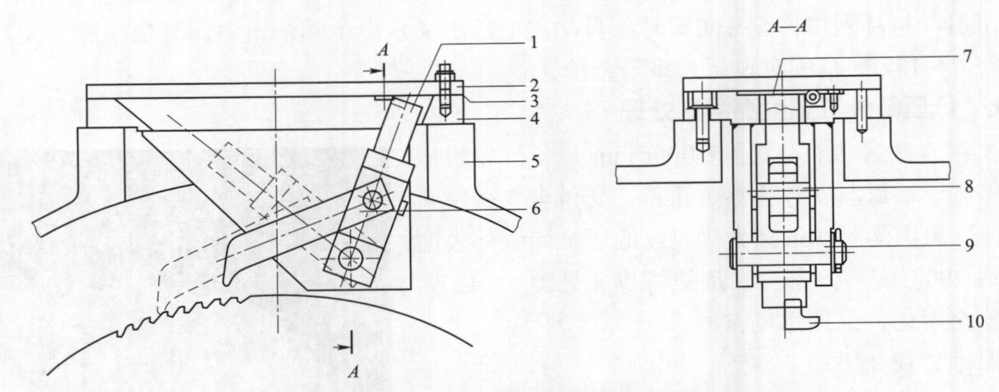

图5-43 手动盘车装置的示意图

1—操纵杆；2—法兰盖；3—垫片；4—法兰；5—轴承座；6—棘爪；7—挡块；8、9—圆柱销；10—转子

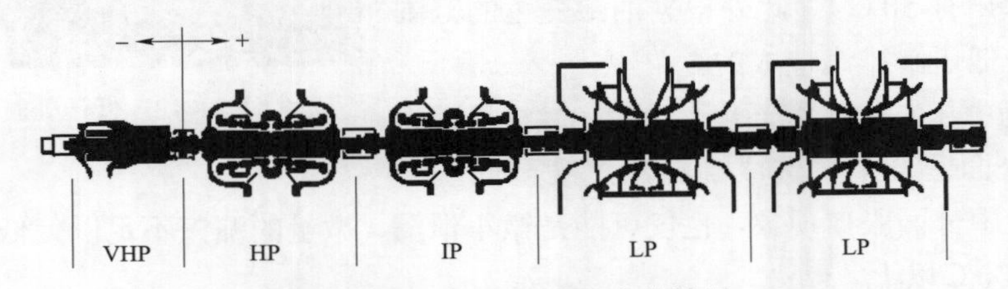

图5-44 以2瓦为死点的转子

8. 超高压排汽止回门卡涩问题处理

图5-45 重新设计的棘爪

汽轮机首次启动过程超高压排汽止回门开启了3次，脱开全开位置两次，汽轮机第三次启动打闸后，超高压排汽止回门并未关闭，处于开启状态，随后机组还经历了两次启动打闸过程，该阀门也无动作。

此外，超高压排汽止回门后压力在冲转前已经在升压，止回阀前压力为0，说明超高压排汽止回门关闭严密。冲转后超高压排汽止回门前压力逐渐上升，但中间几次汽轮机打闸超高压排汽止回门前压力并未立即下降。最明显是最后一次，汽轮机已经打闸 1h，超高压排汽止回门前压力依然与超高压排汽止回门后压力值相同，再次说明超高压排汽止回门并未关闭。

检查止回门控制指令，指令下达正常，检查控制回路，控制回路也完好。从表象和数据分析，可以判断超高压排汽止回门在热态下卡涩，需要处理。

原有的超高压排汽止回门主要通过控制电磁阀使阀门气缸进汽、压缩弹簧打开阀门，气缸放气、弹簧装置释放能量关闭阀门。二次再热机组超高压缸排汽温度为430℃左右，比高压缸排汽温度为350℃左右的常规一次再热机组高了80℃左右，导致止回门轴套与转轴之间的间隙因热膨胀而减少，从而大大增加了摩擦力，弹簧的能量不足以关闭止回门。

经研究，共讨论出3种解决方法：在适当放大阀门轴套间隙的基础上，一是在汽缸内增加或更换弹簧，增加关闭力矩；二是在弹簧侧气缸增加一路气源和相应的控制电磁阀，在超高排逆止门关闭时进汽，辅助弹簧增加关闭力矩；三是改变逆止门杆传动方式，由单轴传动变为双轴传动，减少阀门辅助开启角度，有利于增大止回门关闭时蒸汽的受力面。此外，双轴间的转动间隙可增加两者旋转咬合时产生的动量，有利于增加关闭力。因为增加和更换弹簧在现场不易实现，所以暂不予考虑。因为第一台机组时间紧迫，所以暂时采取了第二种方法；第二台机组采取了第三种方法，机组未再出现类似现象。

9. 轴封温度低问题处理

从图5-46可以看出，轴封汽源来自辅助蒸汽母管。机组正常运行时，汽轮机轴封系统已实现自密封，轴封进汽控制阀关闭。辅助蒸汽系统用户很少，辅助蒸汽几乎处于不流通状态，辅助蒸汽联箱温度只有250℃左右。常规一次再热机组对轴封供汽有一定要求，转子温度低于300℃时，轴封供汽温度应在240～300℃之间；转子温度升至300℃以上时，轴封供汽温度应在280～320℃之间。当轴封供汽温度或母管温度低于该要求时，轴封部件的热膨胀量小于转子的热膨胀量，有可能导致相互咬合甚至形成抱轴现象。常规一次再热机组高压缸排汽温度在350℃左右，本工程机组超高压缸、高压缸排汽温度在430℃左右，较常规机组高80℃左右，转子温度较高，轴封供汽温度需由常规机组的280～320℃升高至320～350℃。

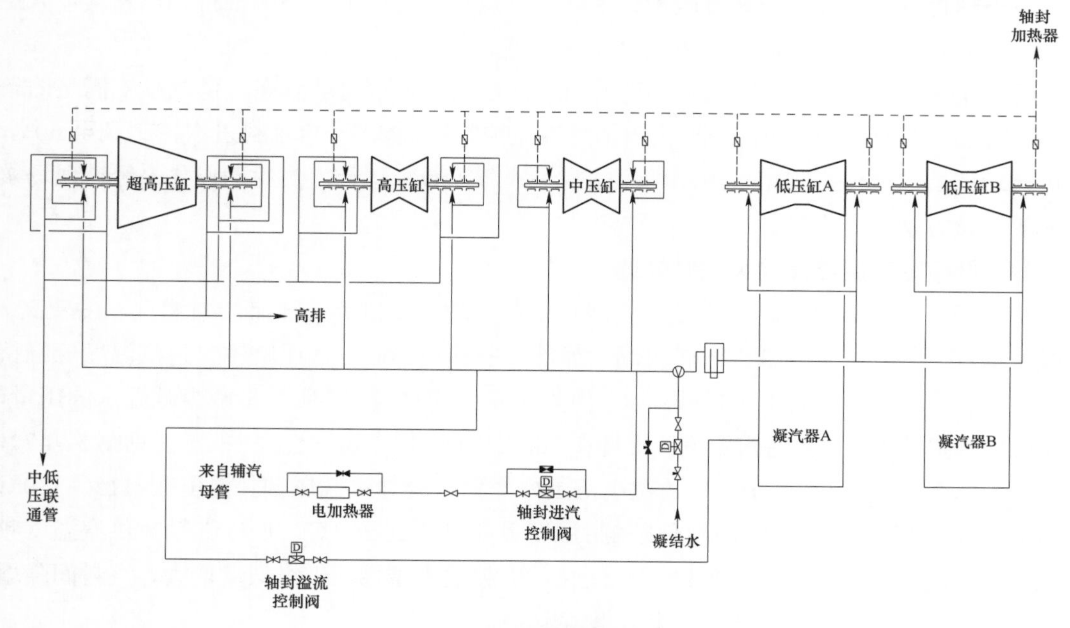

图5-46　轴封系统

为提高轴封供汽温度，采用以下 2 种方法：

（1）机组运行时轴封电加热器处于自动备用状态，当超高压缸排汽或高压缸排汽温度高于 350℃后，汽轮机跳闸，轴封电加热器自动联启，维持进汽温度为 350℃，电加热器停运需人工确认。

（2）电加热器后增加一路常开疏水，疏水引至凝汽器疏水扩容器，保持蒸汽微量流通，温度始终在 300℃左右。

现场采用这 2 种方法后，轴封温度一直保持在 310℃以上，机组跳闸后轴封温度能迅速上升至 350℃，减少了轴封由自密封汽源切换至辅助蒸汽汽源的温度梯度，汽轮机抱轴的风险大大降低。

10. 机组跳闸后轴封压力低问题处理

在整套启动期间，每次汽轮机跳闸都会引起轴封失压，将会导致大量冷空气进入汽轮机高压、中压、低压轴封处，可能造成汽轮机轴封抱死。因此，当机组跳闸时，运行人员需通知热控人员强制开启轴封进汽控制阀，同时安排巡检人员迅速赶至现场开启轴封旁路手动门，以防止危害产生。

汽轮机盘车状态下，轴封依靠外供汽进行密封，轴封进汽控制阀前压力约为 0.9MPa，控制阀开度大约为 60%，轴封压力为 3.5kPa。与常规百万千瓦的汽轮机不同，二次再热汽轮机冲转至 3000r/min 时，由于超高压缸内缸压力较高，超高压缸轴封漏汽相对较大，轴封已能实现自密封，进汽控制阀已全关，溢流控制阀也有部分开度，随着并网带负荷，溢流控制阀开度逐渐增大。机组跳闸时，汽轮机控制转速和负荷的主汽门和调节汽门迅速关闭，超高压缸排汽通风阀打开，超高压缸内蒸汽压力迅速降低，超高压缸轴封外泄蒸汽中断。由于轴封自动控制响应速度较慢，轴封母管蒸汽压力降低，不能维持轴端密封，大量冷空气进入轴封，进而引起凝汽器真空很快降低。

经与 DEH 厂家协商，增加轴封逻辑如下：在轴封处于自动状态、供汽温度满足的条件下，当汽轮机跳闸后，发出脉冲，关闭轴封溢流控制阀，直接开启轴封进汽控制阀至 60%，然后自动调节。这样可防止机组跳闸后轴封进冷气，减少运行人员手动操作。经过现场实践证明，该方法安全有效。

11. 低压轴封温度波动大问题处理

机组带负荷运行时，轴封系统已实现自密封，超高压缸和高压缸轴封漏汽温度较高。为减少低压轴封热应力，减少汽轮机动、静部分的相对膨胀，低压缸轴封进汽温度应维持较低水平，因此增加了低压轴封减温水。但为了减少能量浪费，应尽量减少减温水的用量，汽轮机厂规定低压缸轴封进汽温度应维持在 300℃以内。但在运行过程中发现（见图 5－47），轴封减温水调节阀开度在 0～3%的微小范围内变化也会导致低压轴封温度在 115～330℃的巨大变化，减温水全部关闭后低压轴封温度最高可达到 360℃。低压缸轴封供汽温度频繁大幅度波动会使机组的动静间隙发生变化，引起动静摩擦，机组振动增大，汽封间隙增大，进而导致汽封漏汽，严重影响机组安全运行。

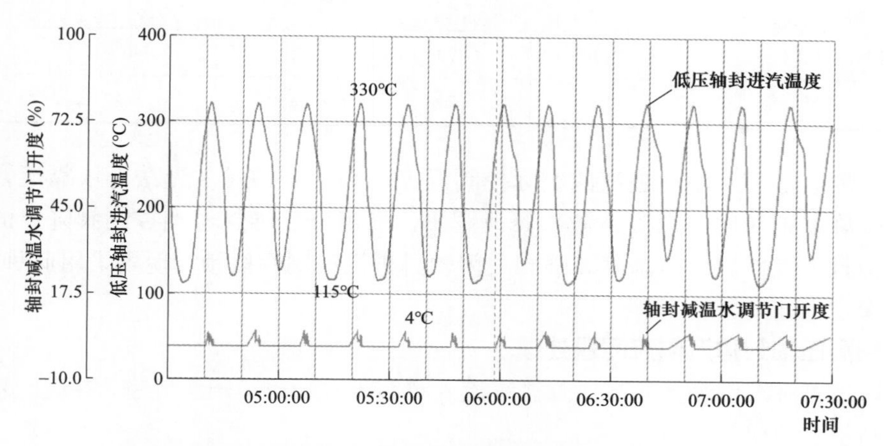

图 5－47 低压轴封进汽温度与轴封减温水调节门开度

考虑到轴封减温水是凝结水，压力较高（4MPa 左右），若减温水调节门调节品质不好，每次调节门开启都会带进大量的减温水，导致温度骤降。研究表明，在调整器为直线特性、最小开度为 5%的条件下，即使考虑到手动门的节流，减温水量还是远大于实际需要量，与现场实际相符。因此，加装减压阀或将减温水由高压的凝结水改为低压的凝结水来降低减温水压力是可考虑的方法。

此外，现场发现轴封温度测点距离减温水喷水位置只有 2m，怀疑是因雾化效果不太好的减温水直接接触温度测点而导致温度变化剧烈，并不能真实反应进入低压缸轴封处的温度。为了保证汽轮机轴封温度稳定，减温水应有较好的雾化效果，减温器后直管道长度不得少于 5m，温度测点也应远离减温水喷水位置以避免温度变化太敏感造成减温水调节门调节摆动，另外，要求减温水调节门关闭后能防止内漏。

上述对策由于机组连续运行的需求，未及时进行改造，待机组有长时间停机消缺时加以实施。

12. 轴封压力波动大问题处理

汽轮机正常运行时，轴封进汽温度与汽轮机本体部件温度（特别是转子的金属温度）相差较大，使得汽轮机部件产生很大的热应力，这种热应力会造成汽轮机部件寿命损耗的加剧，还会造成汽轮机动、静部分的相对膨胀失调，使转子抱死。为防止轴封供汽过冷或过热，运行期间蒸汽温度下降或上升若超出允许值，轴封进汽控制阀将自动关闭。但不合理的温度设定也会造成轴封压力的大幅波动。

机组正常运行时，低压轴封蒸汽温度控制在 300℃，超过 310℃时，将开启轴封压力调整阀，混合一部分低温蒸汽来降低低压轴封蒸汽温度。低压轴封蒸汽温度与轴封进汽控制阀的开度关系如表 5－37 所示。由于低压轴封温度最高可到 360℃，进汽控制阀的开度在 0～10%变化，容易引起轴封压力大幅波动。此外，当轴封进汽控制阀前的温度高于 350℃时，轴封进汽控制阀强制关闭，更会引起轴封压力大幅波动。

表 5-37 低压轴封蒸汽温度与轴封进汽控制阀开度关系

项目	数值				
低压轴封温度（℃）	310	320	330	340	350
进汽调节门开度（%）	1	2	3	8	10

机组正常运行后，轴封进汽的实际控制温度较高（350℃），无法再依靠混合一部分低温蒸汽来降低低压轴封温度，故应修改逻辑，取消开启轴封进汽控制阀降温的逻辑，同时取消轴封进汽控制阀前温度高强制关闭轴封进汽控制阀联锁。现场采用此种方法后，轴封压力未发生波动。

13. 超高压轴封排汽倒流问题处理

超高压轴封排汽倒流是指高压缸排汽流入超高压缸轴封第一级腔室，并进一步通过汽封进入超高压缸的现象。

表 5-38 是机组热态启动时的主要参数，因为主蒸汽温度（476.6℃）低于超高压转子温度，为防止转子受到冷冲击，超高压进汽调节门不具备开启条件，所以采用双缸启动（高压缸、中压缸联合启动）方式进行冲转。

表 5-38 机组热态启动时的主要参数

项　目	数值
主蒸汽压力（MPa）	14.05
主蒸汽温度（℃）	476.6
一次再热蒸汽压力（MPa）	5.31
一次再热蒸汽温度（℃）	490.8
二次再热蒸汽压力（MPa）	2.36
二次再热蒸汽温度（℃）	483.3
超高压转子温度（℃）	492.7
超高压内缸温度（℃）	488.7
高压转子温度（℃）	446.2
高压内缸温度（℃）	440.3

机组处于跳闸状态时，超高压缸排汽止回门关闭，超高压排汽通风阀开启，超高压缸处于抽真空状态，超高压缸排汽止回门前压力显示为0（现场压力变送器不具备负压测量功能）。逻辑控制上，超高压缸排汽止回门只有在超高压缸进汽并且汽轮机转速大于1200r/min时才开启，此时超高压缸排汽止回门仍处于关闭状态。采用双缸启动方式时，高压调节门进汽使高压缸内压力升高，当高压缸排汽止回门前压力高于止回门后压力时，高压缸排汽止回门被蒸汽顶开，高压缸排汽止回门前压力等同于二次再热冷段压力。

为了减少超高压轴封漏汽损失，超高压缸第一级轴封溢流出的蒸汽引出至高压缸排汽止回门前管道，使得较高压力的轴封蒸汽流入高压缸排汽管，减少工质和热量损失。但由于未设计止回门（见图 5－46），较高压力的高压排汽蒸汽倒入较低压力的超高压缸轴封第一级腔室，并进一步通过汽封进入超高压缸。由于此时超高压排汽通风阀和超高压缸排汽止回门处于关闭状态，超高压缸排汽止回门前压力即超高压缸内压力，随着高压缸排汽止回门前压力的变化而变化（见图 5－48）。热态启动过程中，当转速大于 1980r/min 后，超高压排汽通风阀开启，超高压缸内压力迅速卸去，但超高压排汽通风阀开启不足以将超高压缸抽至真空状态，仍维持在 0.21MPa。随着汽轮机转速稳定在 3000r/min，高压排汽温度、高压缸排汽止回门前压力、超高压缸排汽止回门前压力基本不变，但由于鼓风效应，超高压排汽温度逐渐上升，由 399℃逐渐升高至 491℃。

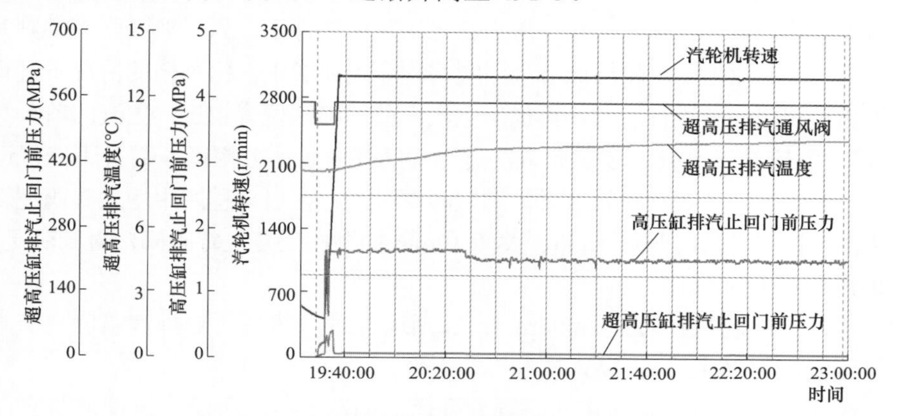

图 5－48　热态启动过程中主要参数曲线

因此，为了防止轴封蒸汽倒流引起超高压缸轴封处温度梯度大及超高压排汽温度高，建议在超高压缸第一级轴封引出管上增加 1 只止回门，这样既可以保证机组正常运行时超高压轴封至高压排汽的蒸汽流通顺畅，也可以保证双缸启动时蒸汽不倒流。后续实践证明：在轴封引出管的水平段设计安装了翻板式止回门，保证了双缸启动时轴封蒸汽不倒流，超高压缸处于负压状态。

14. 双缸启动不成功问题处理

由于甩负荷后机组处于热态，X_5 准则不满足，只能采用双缸启动方式。启动并网后负荷带至 180MW，X_5 准则满足，机组自动投入超高压缸运行。超高压调节汽门迅速开至 12%，但短时间内超高压排汽止回门（处于关闭状态）并未顶开，超高压排汽温度由 491℃上升至 495℃，达到切缸条件，超高压缸切除，关闭超高压主汽门、调节汽门。由于超高压缸不能及时投入，机组振动也有所爬升，决定停机，等待 X_5 准则满足后，采用三缸联合启动。

汽轮机热态启动时，超高压缸进汽阀门开启，此时汽轮机转速已达到 3000r/min，由于超高压缸进汽压力与排汽压力差较小，蒸汽流量较低，鼓风效应明显，较低的蒸汽流量不足以带走鼓风摩擦产生的热量。机组正常运行时，超高压缸轴封漏汽排至高压缸排汽，由于该管道上没有止回门，超高压缸进汽前，较高压力的高压缸排汽倒流进入超高压缸第一级轴封腔室，通过汽封进入超高压缸，导致阀门开启前超高压缸排汽温度已达到 491℃，鼓风效应使得超高压缸排汽温度在原来的基础上进一步升高，一旦超高压缸排汽温度达到切缸上限温度495℃，将自动关闭超高压缸进汽阀，导致超高压缸无法投入。

针对这一问题采取了以下处理方法：

（1）在超高压缸轴封至高压缸排汽管路上加装止回门。

（2）修改超高压缸自动投入和切除逻辑为：负荷大于150MW，X_5准则所需温度降低20℃作为投入温度；超高压缸排汽温度大于495℃，延时10s切缸。

（3）超高压缸排汽止回门自动开启逻辑修改为：超高压缸进汽且转速大于1200r/min时，超高压缸排汽止回门处于自由状态，减少蒸汽阻力。

15. 暖阀逻辑优化

汽轮机首次启动时，在蒸汽温度、压力都已满足的条件下，X_2准则（暖阀准则）长时间不能满足要求。究其原因，汽轮机调节汽门暖阀程序是要求主汽门关闭的情况下进行的，只能靠金属传热和阀门漏汽进行暖阀，再加上主汽门前的疏水位置较远，主汽门前蒸汽形成所谓的“死汽”，温度难以上升，依靠此方法进行暖阀耗时长、效率低，而且不能保证一定能满足其准则。因此，为了改善暖阀效果，缩短暖阀时间，在启动程序中增加暖阀逻辑，同时为减少热冲击，按照主汽门开启1min、关闭10min的顺序反复进行暖阀，直到满足其准则。

16. 进汽流量分配优化

首次启动时，汽轮机在转速3000r/min长期运行时，超高压缸排汽温度只有385℃，但高压缸排汽温度已经上升到470℃。

此外，高压缸排汽通风阀和止回门频繁开闭，如图5－49所示。根据调节汽门逻辑的判断，当高压调节汽门开度小于3%时，认为该调节汽门已全关，相应的高压缸排汽止回门则会关闭，高压缸排汽通风阀则会开启，形成切缸模式。由于高压调节汽门开度在3%附近波动，于是出现了高压缸排汽通风阀和止回门频繁开闭的现象。由于高压调节汽门开度小，进汽量小，鼓风效应大，导致高压缸排汽温度高。

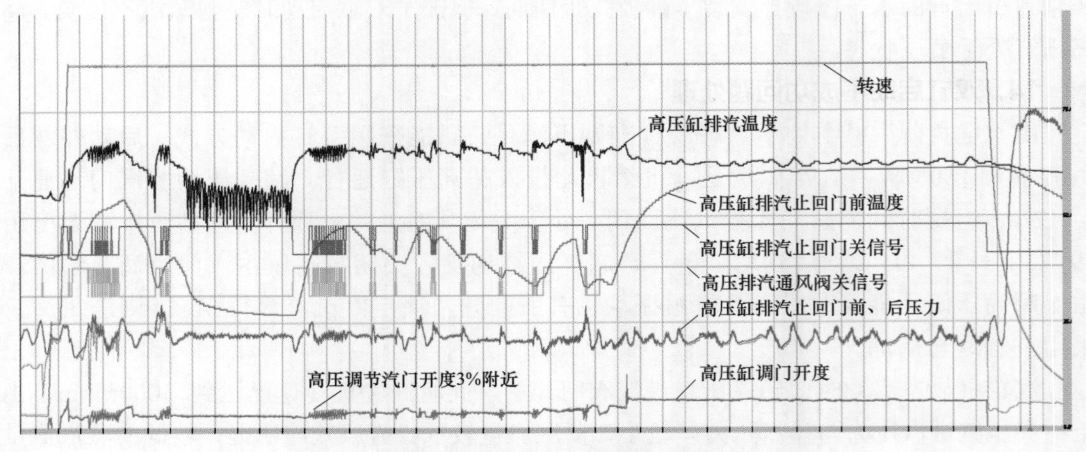

图5－49 汽轮机进汽流量调整

因此，需要调整阀门开度曲线，增加高压缸进汽流量。原设计各个调节汽门开度与流量指令的对应关系如图 5－50 所示。超高压调节汽门首先开启，流量指令大于 4%，高压、中压调节汽门按照图 5－48 中流量指令 4%～70%的曲线①开启。转速达到 2000r/min 时，高压、中压调节汽门关小，重新按照流量指令 20%～70%的曲线②开启。修改后超高压缸、高压缸流量分配为：流量指令 0～100%对应超高压调节汽门 0～100%流量开启；流量指令 0～70%区间，高压调节汽门按照 0～100%流量指令的曲线③开启；中压调节汽门按照 4%～70%流量指令的曲线①开启。转速达到 2000r/min 时，中压调节汽门关小，重新按照 20%～70%流量指令的曲线②开启。这样，高压调节汽门的开度增大，进汽流量相应增加。

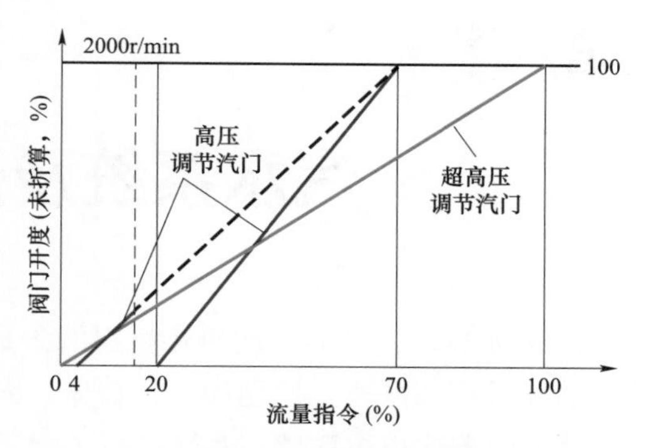

图 5－50　原设计各个调节汽门开度与流量指令的对应关系

超高压调节汽门开度由 8.4%调整至 5.0%，高压调节汽门开度由 4.5%调整为 6.5%。此时，超高压缸排汽温度由 385℃升至 417℃，高压缸排汽温度由 470℃下降至 440℃，而且高压缸排汽止回门和高压缸排汽通风阀也不再频繁开闭，效果明显。此外，将判定调节汽门为关闭状态的开度由小于 3%修改为小于 2.5%，以减少高压排汽止回门和高压排汽通风阀频繁动作概率。

17. 启动参数优化

原设计旁路系统配置及启动参数要求如图 5－6 和表 5－1 所示，机组冷态启动曲线如图 5－1 所示，为达到原设计的相对较高的冲转压力 12MPa，锅炉燃煤量也相应增加。实际冲转前的蒸汽参数为主蒸汽 12.44MPa/486.3℃、一次再热蒸汽 3.6MPa/471℃、二次再热蒸汽 1.11MPa/475℃，蒸汽温度偏高，热应力偏大。机组稳定在 3000r/min 后超高压缸调节汽门开度为 5.0%、5.2%，高压缸调节汽门开度为 6.6%、6.7%，中压缸调节汽门开度为 2.1%、2.1%。就地检查发现中压缸调节汽门振动较大，有很明显的节流声音。较高的进汽压力造成了汽轮机调节汽门开度过小，引起气流激振，阀门振动大。

为避免上述情况，优化启动参数为主蒸汽 8MPa/400℃、一次再热蒸汽 2.0MPa/380℃、二次再热蒸汽 0.8MPa/380℃。再次冷态启动时的实际参数为主蒸汽 7.8MPa/ 383.1℃、一次再热蒸汽 1.9MPa/405℃、二次再热蒸汽 0.9MPa/ 400℃。机组定速 3000r/min 时，超高压缸调节汽门开度为 6.1%，6.0%；高压缸调节汽门开度为 8.3%、8.4%；中压缸调节汽门开度为 9.0%、9.0%，调节汽门振动大现象消失。

第六章

汽水系统及汽水品质控制

1000MW 超超临界二次再热机组的参数高，热能利用率高，经济性好。但其对水处理技术的要求更加严格，原因如下：首先，锅炉参数高，局部热负荷也高，局部浓缩倍率更高，对水中杂质也更敏感；其次，与之配套的汽轮机中采用的合金材料，在经过热处理提高强度后，对蒸汽品质也更为敏感，更容易引起腐蚀问题；最后，随着蒸汽参数的提高，盐类与腐蚀产物在蒸汽中的溶解度大幅提高，汽轮机的积盐、结垢问题也更为突出。

超超临界二次再热机组相对于一次再热机组而言，锅炉热力系统更加复杂，因而造成施工工期长，施工工艺难以规范控制，易造成杂质在系统中残留，汽水在受热面及系统中的流程更长，热力设备表面的金属氧化物、油脂和残留杂质在汽水作用下在系统内溶解、转移，含有杂质的蒸汽通过过热器、一次再热器、二次再热器时，一部分杂质可能沉积在过热器和再热器管道内，影响蒸汽的流动与传热，使管壁温度升高，加速钢材蠕变甚至超温、爆管。蒸汽中携带的盐类还可能沉积在管道、阀门、汽轮机叶片上，若沉积在蒸汽阀门处，则会使阀门动作失灵；若沉积在汽轮机叶片上，则会使叶片表面粗糙、叶片形状改变和通流面积减小，导致汽轮机效率和出力降低，轴向推力增大，严重时还会影响转子的平衡，引起更大的事故。同时，系统内的腐蚀性离子也会造成金属表面的腐蚀，最终这些腐蚀产物会在机组高热负荷区域或超过汽水溶解度区域产生沉积，进而影响机组的安全经济运行，不良的水工况将严重影响二次再热机组的效率和安全经济运行。

第一节 汽水系统特点

一、热力系统简介

炉前系统采用 5 台低压加热器、4 台高压加热器、1 台除氧器系统，为了提高给水温度，采用并列高压加热器运行。来自高压加热器的给水分左、右两路进入省煤器进口联箱，经省煤器管组进入省煤器出口联箱，省煤器出口两侧管道在炉前汇合成一根下降管从上至下引入底部水冷壁进口联箱。水冷壁采用螺旋管加垂直管布置。从冷灰斗到标高 70 480mm 处为螺旋管，上部为垂直管。锅炉沿着烟气流动的方向依次布置低温过热器、高温再热器低温段、高温过热器、高温再热器高温段、低温再热器、省煤器，受热面全部水平布置。锅炉补给水采用“混凝沉淀+空气擦洗滤池过滤+超滤+反渗透+二级离子除盐”系统进行处理。凝结水采取“前置过滤+高速混床”精处理系统进行全流量处理。机组启动期间和水质劣化阶段采用全挥发氧化性［AVT（O)］工况处理，机组稳定运行且水质洁净度符合要求时，采用给水加氧处理（OT）工况。二次再热机组的汽水流程如图 6－1 所示。

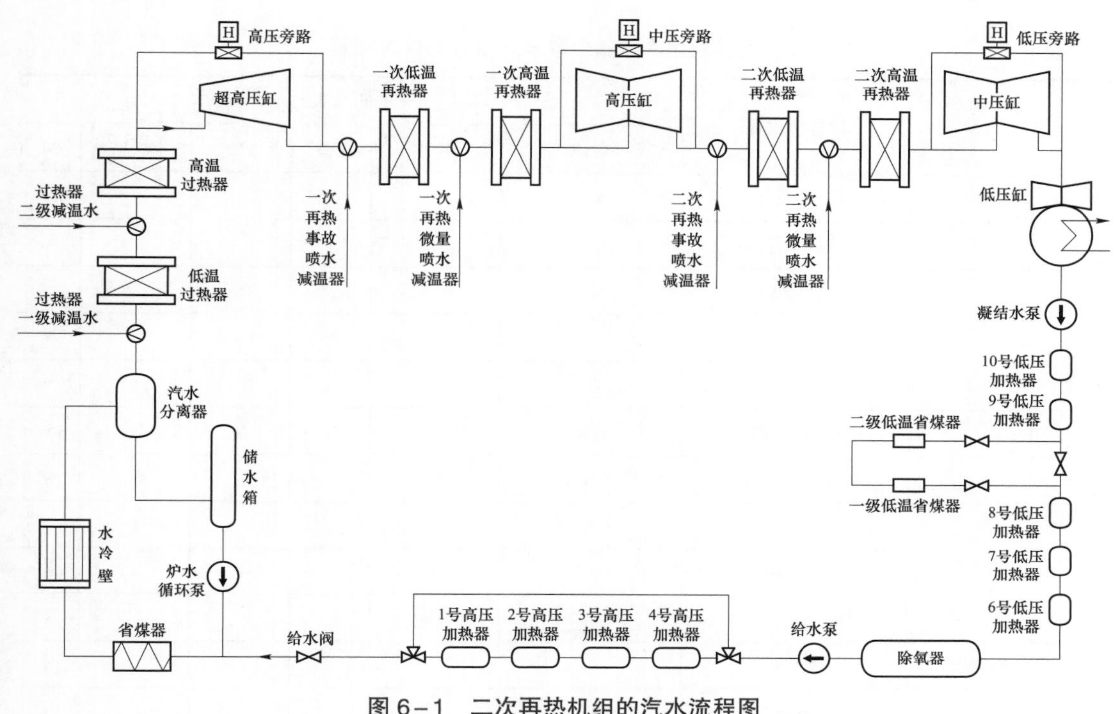

图 6－1　二次再热机组的汽水流程图

二、水处理系统配置

（一）补给水处理系统

锅炉补给水水源为长江水，经过平流沉淀池和石英砂空气擦洗滤池进行混凝澄清、过滤后进入化学水池，化学水池的水通过化学水泵送入化学车间，经过超滤+反渗透+一级除盐+混床进行除盐处理。要求水质标准为二氧化硅含量不大于 10μg/L、电导率不大于 0.15μS/cm。设置 3 台 3000m^3 除盐水箱满足机组启动水冲洗、冲管和事故期间短时大量用水的需求。

（二）加药系统

加药系统包括凝结水、给水的加氨处理和凝结水、给水的加氧处理。两台机组运行中可能采用不同的处理工况［AVT（O）或 OT］，加氨量相差较大，此外，也出于机组停炉保护加其他药品所需，加氨装置每台机组各一套。凝结水、给水的加氨装置由 2 个 1.5m^3 氨溶液箱、3 台出力为 120L/h 加氨计量泵组成。其中 2 台加氨计量泵用于凝结水加氨，另一台用于给水加氨。

（三）取样仪表系统

为了提高机组热力系统汽水取样和分析的准确性，便于集中取样和分析及自动调节化学加药装置运行，设置单元机组汽水集中取样分析装置。每台机组设置 1 套汽水集中取样装置及凝汽器检漏装置，并配备必要的化学检测仪表。二次再热机组汽水集中取样点设置和仪表配置见表 6–1。

表 6–1　　二次再热机组汽水集中取样点设置和仪表配置

项　目	取样点位置	分析仪表					
		SC/CC	pH 值	DO	pNa	SiO_2	M
凝结水	凝结水泵出口	√/√		√			√
	精处理装置出口	√/√	√	√			√
给水	除氧器进口			√			√
	除氧器出口			√			√
	省煤器进口	√/√	√	√		√	√
主蒸汽	主蒸汽左/右	√/√		√	√	√	√
一/二次再热蒸汽	再热蒸汽冷段/热段	/√				√/√	√
疏水	高压加热器	/√		√			√
	低压加热器			√			√
	启动分离器疏水	/√					√
热井检漏装置	凝汽器	/√					√
冷却水	发电机冷却水	√/	√				√
	闭式冷却水母管	√/	√				√

注　SC 为电导率；CC 为带有氢离子交换柱的电导率；pH 为pH 表；pNa 为钠表；SiO_2 为硅表（6 通道）；M 为人工取样。√表示配置。

（四）凝结水精处理系统

机组配备全流量凝结水精处理系统，设备由 1 套 2 × 50%管式过滤器和 4 × 33%高速混床系统、1 套 100%容量的旁路系统、1 套相应的控制系统及监测仪表、1 套体外再生系统、1 套配供电系统和全部辅助单元等组成。每台机组需处理的额定凝结水量为 1760m³/h，最大为 2000m³/h；凝结水泵额定压力为 3.6MPa，最大压力为 5.2MPa。高速混床为 3 台运行、1 台备用，当其中一台高速混床出水不合格或压差过大时，将启动备用高速混床进行再循环运行，直至出水合格并入系统，此时，将失效的高速混床解列，并将失效树脂输送至再生系统进行再生，然后将再生好的备用树脂输送至该高速混床备用。

三、水化学特点

当压力和温度达到一定值时，因高温而膨胀的水的密度和因高压而被压缩的水蒸气的密度正好相同，此时所对应的温度和压力数值称为临界点。水在临界点时，在饱和水和饱和蒸汽之间不再有汽、水共存的两相区存在，两者的参数不再有区别。临界点的温度为 374℃，压力为 22.06MPa。

（一）水中盐类更易析出和溶解于蒸汽

当前，补给水和凝结水处理技术水平已较高，国外超超临界锅炉给水中的盐类杂质含量已能降到微量级的范围。但根据国外技术资料介绍，即使有了凝结水精处理装置，出水含钠量在 1～2μg/L 的范围，仍有部分盐类会沉积在超超临界锅炉的水冷壁中，因超超临界锅炉该部位的温度高，沉积物主要是含钠和硫酸根的盐类。这说明水中含盐量即使降低到微量级，仍不能保证锅炉的清洁，有必要进一步降低。在“蒸发段”沉积的，除了盐类，主要还有从给水带入的腐蚀产物氧化铁，氧化铁是影响锅炉安全运行的最主要的杂质。盐类沉积物会影响锅炉的传热，大部分盐类将溶解于蒸汽中，更会影响后面蒸汽系统和汽轮机的安全运行。

研究表明，盐类在蒸汽中的溶解度是随着蒸汽密度的升高而增加的。在超超临界条件下，蒸汽已具有与水一样的特性，盐类在蒸汽中的溶解度很高。若给水含盐量较高，在蒸汽中的盐类可以达到较高的浓度，这些溶解在蒸汽中的盐类，在汽轮机和再热器中，受蒸汽的降压、降温和膨胀的作用，又会因溶解度降低而变成沉淀物或浓缩液，对金属产生危害。此外，由于蒸汽的溶解度较高，有时甚至能将先前析出的结晶，重新溶解，然后又在随后降温处析出。

上述情况说明，超超临界机组水中的盐类，存在一个溶解和析出的过程。各种成分在蒸汽中，随压力、温度、比体积等变化而产生的溶解度变化，形成了一套复杂的规律。

丹麦的火电运行经验认为：在超超临界和超临界机组中，应特别注意 Na_2SO_4 和 NaOH 两种盐类。它们溶解在蒸汽中后，会对过热器、再热器及汽轮机产生影响。当蒸汽中钠含量超过 1μg/kg 时，Na_2SO_4 会在一次再热器工作压力高于 7.0MPa 时产生沉淀，并随后在含钠量为 0.1μg/kg、压力低于 7.0MPa 的汽轮机中产生沉积。当再热器存在干状态的 Na_2SO_4 时，锅炉停用时就会引起再热器的停用腐蚀。而 NaOH 会在锅炉运行时，在两级再热器中，形成浓缩液，对奥氏体钢产生腐蚀。因此，必须控制蒸汽中的钠含量小于 1μg/kg 才行。

（二）金属在汽水中氧化速度增快

研究认为，钢管汽水侧表面的氧化膜是由汽水和金属反应形成的。其生长速度取决于管壁的温度，并与温度呈抛物线关系上升，其关系式为

$$\delta^2 = k_p t \tag{6-1}$$

式中　δ——氧化层厚度，其为随时间 t 的变化量；

k_p——速率常数，此常数根据阿伦尼乌斯（Arrhenius）公式计算。

阿伦尼乌斯公式为

$$k_p = A\mathrm{e}^{-Ea/RT}$$

式中　k_p——速率常数；

A——前因子，也称频率因子；

e——自然常数；

Ea——表现活化能；

R——摩尔气体常量，取 8.314J/（mol·k）；

T——热力学温度。

从式（6－1）看到，管壁上的氧化层会随温度的上升而变厚，而且温度越高，变厚越迅速。由于氧化层的传热差，变厚的氧化层又会进一步造成管壁局部超温而引起损坏。在超超临界锅炉中，由于氧化层的增长速度已较快，若再增加由水中带入的腐蚀产物，则很容易发生管壁因过热而损坏。因此，超超临界机组对锅炉给水含铁量的要求非常严格。

第二节 汽水系统腐蚀特性

一、腐蚀的类型

超超临界二次再热机组汽水系统热力设备的腐蚀、结垢和积盐是影响超超临界火力发电机组安全、经济运行的主要原因。随着补给水和凝结水处理技术的发展，超超临界机组锅炉给水纯度现在完全可以满足其水质标准的要求，给水不纯导致的锅炉结垢和汽轮机积盐都可得到有效的控制。这样，热力设备的腐蚀就成了突出问题。

（一）氧腐蚀

氧腐蚀是导致汽水系统特别是给水系统腐蚀的主要原因。给水系统的氧腐蚀不仅直接造成热力设备腐蚀损坏，而且可能产生大量腐蚀产物并被给水带入锅炉，在水冷壁炉管中沉积，由此可引起炉管局部过热、腐蚀，甚至爆管，从而严重危及电厂的安全、经济运行。因此，给水系统的氧腐蚀是超超临界机组给水处理所要解决的关键问题。

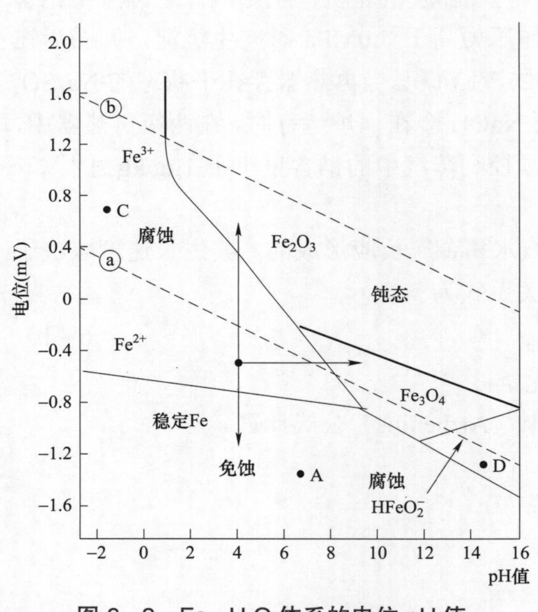

图6－2 $Fe-H_2O$ 体系的电位pH值

1. 氧腐蚀过程

由于表面保护膜的缺陷、硫化物夹杂等原因，当碳钢与含氧水接触时，碳钢表面各部位的电极电位不相等，从而形成微腐蚀电池，电极电位负的部位为阳极区，电极电位正的部位为阴极区。$Fe-H_2O$ 体系的电位pH值见图6－2。

由图6－2可知：在中性或碱性水中，碳钢主要发生氧腐蚀。因此，在腐蚀电池的作用下，阴极区表面上主要发生溶解氧的阴极还原反应，即

$$O_2+2H_2O+4e \longrightarrow 4OH^-$$

而在阳极区表面上发生铁的阳极溶解反应，即

$$Fe \longrightarrow Fe^{2+}+2e \qquad (6-2)$$

阳极反应产生的 Fe^{2+} 在遇到水中的 OH^- 和 O_2 时发生下列次生反应，即

$$Fe^{2+}+2OH^- \longrightarrow Fe(OH)_2$$

$$4Fe(OH)_2+O_2+2H_2O \longrightarrow 4Fe(OH)_3$$

$$Fe(OH)_2+2Fe(OH)_3 \longrightarrow Fe_3O_4+4H_2O$$

在这些次生产物中，Fe（OH）$_2$ 是不稳定的，它很容易进一步发生反应。反应产物 Fe（OH）$_3$ 表示三价铁的氢氧化物，但其化学组成实际上并非如此简单，常常是各种含水氧化铁（$Fe_2O_3 \cdot nH_2O$）或羟基氧化铁（FeOOH）的混合物。因此，最后的腐蚀产物主要是 Fe_3O_4 和 Fe_2O_3 或 FeOOH。

2. 氧腐蚀的部位

因为金属发生氧腐蚀的根本原因是金属所接触的介质中含有溶解氧，所以凡有溶解氧的部位，都有可能发生氧腐蚀。但不同部位，水质条件（氧浓度、温度等）不同，腐蚀程度也就不同。在采用除氧水工况的情况下，氧腐蚀主要发生在温度较高的高压给水管道、省煤器等部位。另外，在疏水系统中，因为疏水箱一般不密闭，溶解氧浓度接近饱和值，并且水中溶解有较多的游离二氧化碳，所以氧腐蚀比较严重。凝结水系统也会遭受氧腐蚀，但腐蚀程度较轻，因为凝结水中正常含氧量低于 20μg/L，且水温较低，但当凝结水中含有游离 CO_2 而导致 pH 值偏低时，钢表面难以形成保护膜，氧腐蚀与酸性腐蚀同时发生，所以可能使钢的腐蚀加剧。除氧器运行正常时，给水中氧一般在省煤器中就已经耗尽，因此水冷壁系统不会遭受氧腐蚀，但当除氧器运行不正常或锅炉启动初期，溶解氧可能进入水冷壁系统，造成水冷壁管的氧腐蚀。锅炉运行时，省煤器进口段的腐蚀比出口段严重。

（二）酸性腐蚀

进入汽水系统的工质中含有少量酸性杂质或能转变为酸性的杂质。这些杂质进入汽水系统后，在高温、高压条件下会发生热分解、降解或水解作用而产生二氧化碳、低分子有机酸，甚至无机强酸等酸性物质。

1. 二氧化碳

补给水中所含的碳酸化合物是汽水系统中二氧化碳的主要来源。凝汽器发生泄漏时，漏入凝结水会带入碳酸化合物，其中主要是碳酸氢盐。另外，汽水系统中有些设备是在真空状态下运行的，当这些设备的结构不严密时，外界空气会漏入，这也会使系统中二氧化碳的含量有所增加。例如，从汽轮机低压缸结合面、汽轮机端部的汽封装置，以及凝汽器汽侧漏入空气。尤其是在凝汽器汽侧负荷较低，冷却水的水温也较低，抽汽器的出力又不够时，凝结水中氧和二氧化碳的量就会增加。其他如凝结水泵、疏水泵泵体及吸入侧管道不严密处也会漏入空气，使凝结水中二氧化碳和氧的含量增加。

2. 二氧化碳腐蚀过程

钢铁在无氧的二氧化碳水溶液中的腐蚀速度主要取决于钢表面上氢气的析出速度。氢气的析出速度越快，则钢的溶解（腐蚀）速度也就越快。研究发现，含二氧化碳的水溶液中析氢反应是通过下面两个途径同时进行的：一条途径是水中二氧化碳分子与水分子结合成碳酸分子，碳酸分子电离产生的氢离子迁移到金属表面上，得电子还原为氢气放出；另一条途径是水中二氧化碳分子向钢铁表面扩散，被吸附在金属表面上，在金属表面上与水分子结合形成吸附碳酸分子，直接还原析出氢气。由于碳酸是弱酸，在水溶液中存在弱酸电离平衡。在腐蚀过程中被消耗的氢离子，可由碳酸分子的继续电离而不断得以补充，在水中游离二氧化碳没有被消耗完之前，水溶液的pH值基本维持不变，钢的腐蚀速率也基本保持不变。而在完全电离的强酸溶液中，随着腐蚀反应的进行，溶液pH值逐渐上升，钢的腐蚀速率也就逐渐减小。另外，水中游离二氧化碳又能通过吸附，在钢铁表面上直接得电子被还原，从而加速了腐蚀反应的阴极过程，这样促使铁的阳极溶解（腐蚀）速度增大。因此，二氧化碳水溶液对钢铁的腐蚀性比相同pH值、完全电离的强酸溶液更强。

3. 有机酸和无机酸

电厂的取水大多是地表水，地表水中的有机酸主要成分是腐殖酸和富维酸，都是含有羧基的高分子有机酸。在正常运行情况下，含有离分子有机酸的原水在补给水处理系统中，只能除去80%左右，因此，仍有部分有机酸进入给水系统。另外，由于凝汽器的泄漏，冷却水中的有机酸也可能直接进入汽水系统。补给水和凝结水处理用的离子交换树脂保管、使用不当或者机械强度较差，都会使树脂在使用过程中产生碎末；离子交换设备进水温度过高或者水中含有较多的强氧化剂（如残余氯），则会造成树脂的降解或分解。此外，水处理设备中还会滋生一些细菌和微生物。

腐殖酸类有机物在给水和锅水中受热分解后，可产生甲酸、乙酸、丙酸等低分子有机酸。被污染的源水中的合成有机物在锅水中受热分解，不仅可以产生低分子有机酸，还可以产生无机酸。一般阴离子交换树脂在温度超过60℃时就开始降解，温度升高到160℃时降解十分迅速；阳离子交换树脂在150℃时开始降解，温度升高到200℃时降解十分剧烈。在高温、高压下这些降解反应均释放出低分子有机酸，其中主要是乙酸，但也有甲酸、丙酸等。强酸阳离子交换树脂分解产生的低分子有机酸比强碱阴离子交换树脂所释放出的低分子有机酸多得多。离子交换树脂在高温下的降解过程中还释放出大量的无机阴离子，如氯离子。强酸阳离子交换树脂上的磺酸基在高温、高压下会从链上脱落，在水中生成硫酸。

综上所述，热力设备运行时，汽水系统中可能存在的酸性物质，主要是游离二氧化碳以及低分子有机酸和无机强酸。这些酸性物质随着汽水在系统中循环，在一定条件下可能引起水的pH值降低，并导致设备金属的酸性腐蚀。

（三）流动加速腐蚀

为了防止锅炉的氧腐蚀，在热力系统中，对锅炉的给水采取彻底的除氧，并辅以全挥发性处理［AVT（R）］水化学工况，即加入氨和联氨。近年来，随着火力发电厂水处理技术水平的不断提高，采用了先进的补给水除盐系统和凝结水精处理系统，使进入热力系统的水质达到了高纯的程度。在这种情况下，热力设备不应再存在由运行引起的腐蚀和沉积物问题，炉管的结垢速率也应能控制在一定的范围之内。但是在上述条件下，仍会出现一些较严重的腐蚀、结垢问题。如某些电厂给水泵后的给水管道上的有些弯头和部件，会发生由于壁厚明显腐蚀减薄而产生的泄漏和爆破事故，壁厚的减薄速率可高达3mm/年，有时甚至可达到10mm/年；有些电厂，高压加热器内氧化铁积聚严重，部分电厂还发生给水泵积聚氧化铁的问题。诸多问题给机组的安全运行带来较大的威胁。

经调查和研究，发现此类问题主要发生在温度为100～250℃时，采用除氧、还原性全挥发水工况的碳钢部件上。

法国电力公司（EDF）的研究结果表明：在水质为还原性的条件下，钢表面的磁性氧化铁膜被还原成二价铁离子，在水的高流速紊流条件下，二价铁离子被冲走，从而破坏了保护膜的形成，引起了腐蚀。

在进行传质系数影响（或介质流速的影响）的实验时发现，当水的传质系数小于1.0mm/s 时，腐蚀速率的增加与传质系数的增加呈直线关系；但当水的传质系数大于或等于 1.0mm/s 时，腐蚀速率的增加与传质系数的增加就偏离直线，呈 3 次方增加。

二、汽水系统热力设备的材质特征

超超临界直流锅炉在高温下工作的部件主要是各种锅炉钢管，包括省煤器、水冷壁、过热器和再热器等受热面的管道和联箱等。这些热力设备金属材料的选用取决于其工况条件和工作介质，主要是工作温度、压力、应力以及介质的腐蚀性。机组参数越高，热力设备的工作温度和压力越高、工作应力越大，介质的腐蚀性越强，对热力设备材料性能的要求越高。锅炉钢管在高温、高压和腐蚀介质的作用下长期工作，这要求其金属材料应在高温下具有足够的持久强度和蠕变强度、优良的抗氧化性能和耐腐蚀性能、足够的组织稳定性，以及良好的焊接加工工艺性能。

1000MW 超超临界二次再热锅炉常用耐热钢主要有以下 3 类：

（1）珠光体耐热钢。因为此类耐热钢的金相组织一般为铁素体和珠光体，所以称为珠光体耐热钢。此类耐热钢常含有少量的铬（Cr）、钼（Mo）、钒（V）等合金元素，但合金元素的总含量一般在 5%以下，因此又称低合金耐热钢。

（2）马氏体耐热钢。此类耐热钢的金相组织一般为马氏体，其中铬的含量一般为 9%～13%。超临界机组使用的马氏体耐热钢主要是 9%Cr 和 12%Cr 两个系列。

（3）奥氏体耐热钢。此类耐热钢的金相组织为奥氏体，主要合金元素为铬、镍、锰。其中，应用最多的钢种是铬镍 18－8 型奥氏体合金钢，以及在其基础上发展起来的耐热钢。

省煤器受热面材料为 SA－210C，省煤器进口联箱材料均为 SA－106C，省煤器管内给水的温度只有 300℃左右。因此，省煤器管壁的温度较低，一般不需要用耐热钢，而常用优质碳钢。

水冷系统采用下部螺旋管圈和上部垂直管圈的形式，螺旋段水冷壁、垂直段水冷壁、上部垂直管圈材料为 12Cr1MoVG。12Cr1MoVG 属于低合金珠光体耐热钢。

锅炉启动系统的汽水分离器和储水箱分离布置。汽水分离器材料为 SA－335P91，储水箱材料为 SA－335P91。汽水分离器和储水箱之间由材料为 12Cr1MoVG 管道连接。炉水循环泵前管道材料和炉水循环泵后材料均为 SA－106C。汽水分离联箱的工作温度随负荷的变化而变化，一般为 350～430℃。虽然其工作温度不高，但需要承受机组频繁启停和快速负荷变化，要求其壁薄、材料强度高，以避免热疲劳引起的腐蚀破坏。

在锅炉中，过热器与一、二次再热器的工作环境最为恶劣。它们在锅炉中承受的温度和压力最高，管内壁与高温、高压蒸汽接触，管外壁与高温烟气接触，因此，对管材的要求最高。过热器和再热器管必须选用低合金耐热钢、马氏体耐热钢，甚至奥氏体耐热钢。

可选用的这些耐热钢管材主要有 15CrMoG、12Cr1MoVG、SA－213P91、SA－335P91、SA－335P92、SA－213Super304H、SA－213TP310HcbN 等。其中，温度较低管段多用低合金耐热钢，温度较高的管段多用 T23、T91，高温过热器和一、二次再热器的出口管段多用奥氏体耐热钢。过热器和再热器的出口联箱可使用 SA－335P92 材料。

三、腐蚀控制措施

（一）严格控制补给水处理系统出水的有机物

根据原俄国资料介绍，由于超超临界以上直流锅炉均采用给水加氧处理工况，在热力系统有氧存在的条件下，进入汽水循环系统中的有机物会快速分解，释放出有机酸，进而腐蚀热力系统的设备及管道。由于补给水中的有机物是热力系统总有机碳（TOC_i）的主要来源，所以，去除 TOC_i 应从原水处理的流程上考虑，即严格控制补给水处理系统的出水水质。锅炉补给水处理采用反渗透预脱盐可有效降低补给水的 TOC_i 含量。

（二）合理选择给水化学工况

运行实践证明，在机组正常运行期间，给水加氧处理是目前所有采用的水化学工况控制中最优的处理方式。只有在此工况条件下，才能使给水含铁量降到最低，从而保证锅炉有足够长的化学清洗间隔。

锅炉在投运前，采用酸洗和蒸汽吹洗。刚投运时，由于给水水质尚未达到一定的纯度要求，应采用全挥发性［AVT（O）］处理方式，仅加氨维持给水 pH 值为 9.2～9.6。直至锅炉蒸汽含氢量稳定在很低值时，说明基础的四氧化三铁氧化膜已形成，在水质提高到氢电导率小于 0.10μS/cm 时，便可转化至加氧处理工况。此外，在短期启停时，为了保护已形成的完好的氧化膜，也应免加联氨，采用 AVT（O）处理工况，原因是在此阶段，系统的水质容易被污染，达不到加氧处理要求的纯度。

1. 凝结水、给水的加氨处理

为了减少热力系统的酸性腐蚀，凝结水、给水采用加氨校正处理。加氨点分别设在凝结水精处理装置出口母管和给水泵进口。在机组启动时，仅加氨控制给水 pH 值为 9.2～9.6，采用给水 AVT（O）处理工况；在机组正常运行后，实施加氧处理时，控制给水 pH 值为 8.5～9.3。加氨量根据凝结水（和给水）流量和加药后电导率值予以自动调节。

因为 AVT（O）工况与 OT 工况给水控制的 pH 值不同，所以其对应加氨量相差达十倍多，虽然加氨系统的计量泵出力在一定范围内可调，但由于两种工况的加氨量相差甚远，会影响计量泵在所需调节范围内的运行控制精度，因此，对加氧处理工况的超超临界以上机组，建议单机单独设置一套加氨装置，以使机组在不同的给水处理工况下，可根据各工况要求的不同加药量，配置不同浓度的氨液，保证计量泵在最佳的计量范围内准确计量。此外，单机单独设置一套加氨装置，也有利于停炉保护所需的加药要求。

2. 凝结水、给水的加氧处理

加氧处理需严格维持系统的水质纯度，必须满足以下两个条件：

（1）给水氢电导率应确保小于 0.10μS/cm，要求凝汽器极少泄漏及凝汽器高效抽气，尽可能减少系统中的溶解性气体，确保给水氢电导率小于规定值。

（2）加氧处理一般要求机组在 40%及以上负荷运行，在机组启动、停机及负荷变化时，汽水品质的下降是不可避免的，其水质可能达不到规定的要求，因此，机组启动时，推荐以仅加氨［AVT（O）］的方式运行，直到氢电导率小于 0.10μS/cm，方可切换到 OT。运行中万一发生氢电导率值超标，则通过增加氨的注入，并切断氧的加入，切换到 AVT（O），同时开大除氧器的排气阀，直至氢电导率值达标、稳定，方可再切换到 OT。当准备停机时，同样推荐在运行最后几个小时内从 OT 切换到 AVT（O）工况，以在汽水循环内得到较好的湿储存工况。

加氧点分别设在凝结水精处理装置出口母管和给水泵进口。控制给水溶解氧为 10～150μg/L。根据凝结水（和给水）流量及加药后溶解氧值自动或手动调节加氧量。设计上，两点可同时加药或根据需要选择某一点加注。

加氧装置按每台机组一套设计。加氧系统由氧气储存设备（包括氧气自动切换系统）、氧气流量控制及分配设备和相应输氧管线等组成。虽然氧气本身是不可燃的，但对氧气储存及输送设备最需要考虑的是它的助燃性能，以及避免氧气分配系统绝热压缩。因此，设计应考虑加氧装置的防尘、防油脂（润滑剂）等措施，将大部分仪表及控制设备包括转子流量计、计量阀、分配系统压力指示器及警报器布置在室内或一个小的封闭式控制盘内，以便于系统操作，整套装置将设置在干燥通风位置。

（三）配置完善的凝结水精处理系统

凝结水精处理系统可以有效、连续地去除机组在正常或非正常运行情况下热力系统的金属腐蚀产物或因凝汽器微量泄漏而进入系统的盐类杂质，从而确保热力系统的给水品质，为机组的长期安全、可靠、稳定运行提供保证。在机组启动阶段，凝结水精处理系统的适时投运，可以大大地缩短机组的启动时间，减少因不合格排水而导致的水量损失。

由于正常运行时机组的给水水质将按加氧处理工况控制，水质控制指标相对于全挥发处理工况将更加严格，因此，在给水加氧处理的条件下，凝结水必须全流量流经精处理装置，以防止在有氧条件下，因水中杂质的存在而引起腐蚀。具体配置为每台机组 2×50%前置过滤器加 4×33.3%凝结水精处理混床的中压凝结水处理系统，且易按氢型工况运行。

（四）加强汽水品质的监控

（1）超超临界机组的汽水质量，应尽可能采用化学仪表控制，并设置控制值和报警值。监控标准应分为正常运行、冷启动和热启动 3 种情况进行监控。

（2）所选用的化学检测仪表涉及在线电导率仪、在线氢电导率仪、在线钠度仪、在线溶解氧分析仪和在线硅酸根分析仪。虽然采用仪表监控，有些指标是难以用仪表监控的，只能通过间接指标予以控制。主要监测凝结水、锅炉给水、主蒸汽、一次再热蒸汽、二次再热蒸汽和加热器的疏水的水质，同时参与机组加药系统的自动加药程序控制。

（3）低压加热器和高压加热器的疏水由于回收至热力系统内，均应检测其氢电导率，以便监控其受污染的程度。

（4）高温、高压的汽水取样管道采用 TP316H 材质的管材。

（五）重视运行及停机腐蚀控制

1. 清除系统中沉积物

尽管精处理系统的设计在日趋完善，但是各种杂质在热力系统中的沉积还是不可避免。因此，需要采取其他措施减少沉积物。

（1）在低负荷、启动和停用时，省煤器和水冷壁可以在低负荷湿态运行时，从疏水扩容器排水。

（2）过热器、一次再热器和二次再热器中的沉积物可在汽轮机旁路运行时，用饱和蒸汽清洗掉。

（3）高压加热器的疏水超标时，其沉积物可在负荷波动时，通过紧急排水管排至凝汽器；高压加热器的沉积物在计划停机前进行周期性的运行中冲洗。

2. 停机时的腐蚀控制

在机组停运期间，空气会进入汽水系统中，在未采取有效措施的情况下，汽水系统金属表面会发生腐蚀，因此，做好停运设备的保护监督是电厂汽水监督的一项重要工作。

第三节 汽水品质控制

机组的汽水质量控制贯穿机组基建、运行、检修各个阶段。在各个阶段采取有效措施，防止或减缓热力设备在基建、启动、运行和停用期间的腐蚀、结垢和积盐，及时发现和消除设备隐患，防止事故发生。

一、基建阶段的过程控制

机组基建阶段的过程控制是整个机组的生命周期中重要的一个环节。为机组以后的安全、稳定、经济运行打下坚实的基础。

热力设备在生产、装配、储存、运输、安装以及试运行期间，有以下几种因素会给热力系统带来污染和危害。

（1）基建安装工艺不规范，造成杂物在系统中遗留。二次再热机组的汽水系统较多，机组在安装阶段，由于各方追求利益的制约，不能严格按照施工规范、施工工艺的要求进行施工，施工工艺粗放、施工材料简化，造成系统不溶性杂物增多。这些不溶性杂物在后期虽然经过了系统的化学清洗和蒸汽吹管，但由于施工工艺的原因和短期的利益行为，从整套启动到商业化运行期间汽水品质的某些指标与执行标准之间存在较大差距，造成锅炉运行时的水质不良，导致锅炉水冷壁、省煤器结垢。

（2）化学清洗工艺选择不合理，造成盐类物质在系统中遗留。化学清洗是机组基建调试阶段的一个重要环节，能够用于化学清洗的药剂种类繁多，清洗工艺多样。在超超临界二次再热机组的化学清洗阶段，采用不同的清洗介质和清洗工艺，对系统带来的影响也有所不同，在保证化学清洗质量的前提下，如何避免化学清洗药剂在系统中残留和沉积，需要通过多方面的比较和选择，以提高化学清洗质量、降低清洗药剂在系统中的残留及对后期系统试运水质的影响。

（3）追逐利益的短期行为，造成系统冲洗不彻底，影响汽水品质。由于受到工期、二次再热机组的运行经验不足等各方面因素影响的制约，在机组启动阶段，不能严格执行冷态、热态冲洗有关规定和汽水监督有关指标，造成系统冲洗不彻底、汽水品质合格率低，影响机组的安全和经济性能。

（4）补给水系统在初期投运不规范，造成微量离子增加。在锅炉补给水系统调试初期，由工期紧、程序控制集成化低、新设备冲洗不彻底、系统设备上下水出力有限等各种因素，导致除盐水水质低于标准要求，但仍有大量杂质残留，如 K^+、Na^+、Ca^{2+}、Mg^{2+}、Al^{3+}、Fe^{2+}、SO_4^{2-}、Cl^-、SiO_2 等。除盐水箱的电导率达到 1μS/cm 以上。

（5）凝汽器管泄漏带入的杂质。凝汽器管泄漏及渗漏是一种比较常见的现象，随着冷却水污染的日益严重，凝汽器管的腐蚀与穿孔导致凝汽器泄漏经常发生，造成冷却水中的各种离子、非活性硅、有机物、微生物和 O_2、CO_2 等杂质带入凝结水中。其是影响机组汽水质量、引起炉管结垢与汽轮机结盐的重要原因之一。即使有凝结水精处理装置的机组，因为其运行流速高、树脂交换能力有限，所以也不能从根本上消除凝汽器泄漏带来的给水污染问题，同时精处理高速混床对凝结水中存在的胶体硅也没有去除能力。

针对机组设备安装以及试运行期间的各种因素，防止机组投运期间的热力系统汽水污染，应采用以下措施。

（一）安装期间的控制

超超临界二次再热机组安装期间的化学监督除常规的水、汽、油、煤、药品、水处理材料验收外，要注意热力设备管道、容器、省煤器、水冷壁、过热器等热力设备在安装过程中发生的腐蚀。机组安装过程中更要重点关注设备、管道内部是否清洁、是否有严重的腐蚀产物，对锅炉受热面的管排和联箱要逐一进行清扫，对所有联箱内部采用内窥镜检查或通球检查，确认没有异物。同时要完善安装人员的工作交接手续，防止安装人员交接期间将小型工具遗留在系统内。

从以往多台超超临界机组的试运情况来看，基建安装阶段的化学监督工作不够全面，在多台超超临界机组过热器爆管后的检查过程中，发现过热器联箱内部有金属加工时产生的铁绞丝、碎切割片、金属吊扣、胶球、镜片等异物，这些异物在机组带至一定负荷时，会在蒸汽动量惯性作用下堵塞在联箱蒸汽管道进口部位，导致管道内蒸汽流量不足，产生超温，导致锅炉爆管、停机事故。在多台超超临界机组锅炉联箱的验收检查中，发现多起联箱内部表面腐蚀严重的事件。联箱内部表面氧化皮厚度较大，有的甚至达到 3～4mm，联箱内如此厚的氧化皮难以在正常的化学清洗除垢中去除，大都采用地面预先清除后再安装的方法。

1000MW 超超临界二次再热机组锅炉的整体水压试验用水应加有防止金属腐蚀的药品，对水压试验水质进行监督。锅炉水压试验用水应控制氯离子含量在允许数值内。超超临界机组奥氏体钢管材在运行期间存在发生应力腐蚀开裂的风险，应力腐蚀开裂是奥氏体钢在应力和侵蚀介质作用下发生的腐蚀损坏。在锅炉制造、安装的过程中，过热器、再热器的管子经焊接和弯管工艺后，管材内部存在残余应力。如果锅炉水压试验时含有氯化物、硫化物等杂质的水进入过热器和再热器，当锅炉启动后，这些残存的水会很快被蒸发，水中的杂质会浓缩至很高的浓度，在侵蚀性浓溶液和残余应力的双重作用下，奥氏体钢材就会产生应力腐蚀裂纹，威胁锅炉的安全运行。经水压试验合格的锅炉，放置两周以上需落实氨－联氨湿法保护、充氮气保护或其他保护的措施并做好记录。

（二）启动前的化学清洗

新建 1000MW 超超临界二次再热机组通过化学清洗，可清除热力设备在制造过程中形成的氧化皮和在储运、安装过程中形成的腐蚀产物、焊渣及设备出厂时涂覆的防护剂（如油脂类物质）等各种附着物，同时还可以除去热力设备在制造、储运、安装过程中残留在设备内部的外界杂质，如砂子、泥土、灰尘、保温材料的碎渣等。

机组采用先进的“水冲洗+双氧水清洗+水冲洗+复合酸清洗+EDTA 漂洗+二甲基酮肟钝化”清洗工艺。实施大流量、分段冲洗。严格的监督和有效的洗后清理工序保证了机组在首次启动冲转、空负荷、带负荷及满负荷试运期间，所有水汽品质不仅均能满足 DL/T 5295《火力发电建设工程机组调试质量验收及评价规程》的要求，与类似机组启动期间水汽品质相比较也是很理想的。

（三）冲管过程中的汽水控制

1. 加强冲管期间冷态冲洗和热态冲洗（以国电泰州电厂 3 号机组为例）

机组配备两台同轴汽动前置泵和给水泵，在冲管前就对给水泵汽轮机进行冲转，冲转后及时对凝汽器热井进行清理。冲管前进行炉前系统分段冲洗，冲洗期间及时投运前置过滤器和凝结水加氨设备，提高冲洗效果。在高压给水和锅炉本体冷态冲洗期间，及时投用除氧器加热和高压加热器邻机蒸汽加热系统，一方面，提高给水的冲洗温度，提高锅炉的冷态冲洗效果；另一方面，间接地对加热器汽侧进行提前蒸汽冲洗，缩短了启动期间疏水管道的冲洗时间，提高疏水品质。

（1）冷态冲洗。凝汽器上水后对凝结水系统进行冲洗，凝结水系统冲洗合格后对给水系统进行冲洗，给水系统冲洗合格后才可以给锅炉上水，并对锅炉进行冷态冲洗。

1）凝结水及低压给水系统的冲洗。凝汽器上水后，当凝结水泵出口水铁含量大于或等于 1000μg/L 时，进行排放冲洗；当凝结水泵出口水铁含量小于 1000μg/L 时，冲洗凝结水系统。当除氧器出口水铁含量大于或等于 1000μg/L 时，将清洗水排放；当除氧器出口水铁含量小于 1000μg/L 时，冲洗水返回凝汽器，进行循环冲洗。当除氧器进口水铁含量小于 200μg/L 时，冲洗结束。循环冲洗过程中投入加氨设备，pH 值控制在 9.2～9.6 之间。如 2015 年 8 月 1 日，对国电泰州电厂 3 号机组凝结水系统进行了冷态冲洗。冲洗过程中，投入凝结水加氨系统，控制除氧器进口水样 pH 值在 9.2～9.6 之间，并于 2015 年 8 月 2 日除氧器出口铁含量为 540μg/L，对除氧器水回凝汽器进行循环冲洗。2015 年 8 月 2 日 9:50 投入凝结水精处理系统，16:00 除氧器出口铁含量为 124μg/L。凝结水系统水冲洗流程如图 6－3 所示。

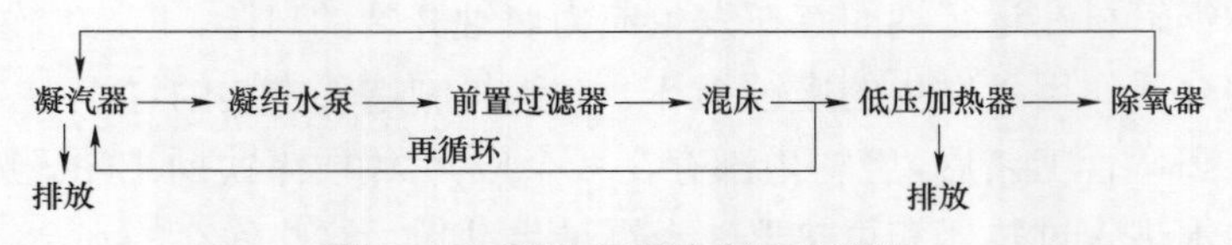

图 6－3　凝结水系统水冲洗流程

2）高压给水系统及锅炉的冲洗。凝结水系统和低压给水系统冲洗合格后，投入除氧器蒸汽加热系统进行加热除氧，并启动给水泵对高压加热器及锅炉本体进行冲洗。以

10%BMCR 流量向锅炉上水，将给水温度提高到 150～170℃，并逐渐提高给水流量到 450～690t/h，根据水样决定是否延长冲洗时间。若给水温度无法维持，可以采用变流量冲洗方法进行冲洗。水质合格，冷态清洗结束。高压给水和锅炉系统水冲洗流程如图 6－4 所示。

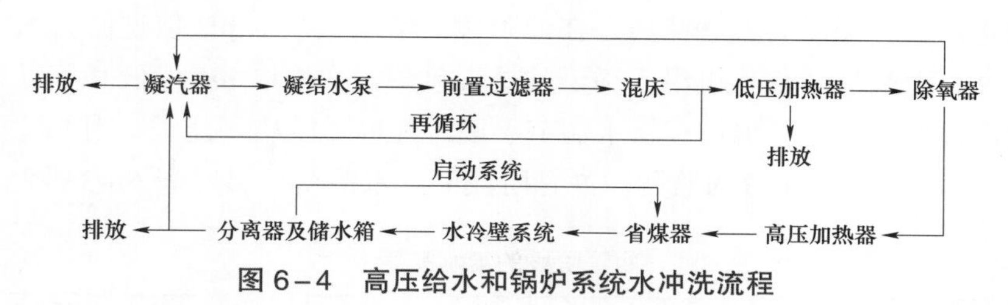

图 6－4　高压给水和锅炉系统水冲洗流程

当启动分离器出口铁含量大于或等于 1000μg/L 时，进行排放冲洗；当分离器出口水铁含量小于 1000μg/L 时，冲洗水返回凝汽器，利用精处理装置除去水中的铁氧化物进行循环冲洗，冲洗过程中投入加氨设备。当分离器出口水铁含量小于 200μg/L 时，冷态冲洗结束。如国电泰州电厂 3 号机组于 2015 年 8 月 2 日，凝结水冲洗至除氧器出口铁含量为 124μg/L，按照图 6-4 所示的流程进行变流量冲洗高压给水系统及锅炉本体。冲洗过程中，维持除氧器的最低除氧温度并投入给水加药设备。水冲洗期间运行炉水循环泵（炉水循环泵注水水源采用化学除盐水）。2015 年 8 月 3 日 13:59，锅炉分离器排水铁含量为 60μg/L，冷态冲洗合格。锅炉疏水回收到凝汽器。

（2）热态冲洗。当省煤器入口水质达到表 6－2 要求时，利用邻机蒸汽吹扫高压加热器汽侧，吹扫干净后，投入高压加热器加热系统，提高给水温度，对锅炉进行热态冲洗。根据需要锅炉点火继续对受热面进行热态冲洗。

表 6－2　省煤器入口水质控制要求

项目	电导率（25℃，μS/cm）	pH 值	硬度（μmol/L）	二氧化硅（μg/L）	溶解氧（μg/L）	铁（μg/L）	铜（μg/L）
要求	≤0.3	9.2～9.6	≈0	≤20	≤10	≤20	≤10

国电泰州电厂 3 号机组锅炉冷态冲洗合格后，于 2015 年 8 月 3 日投用高压加热器蒸汽加热，使冲洗给水温度达到 120℃以上。此次投用是机组高压加热器汽侧第二次投用（第一次投用是化学清洗时，采用高压加热器汽侧加热清洗液），产生的疏水全部回到凝汽器。经过凝结水精处理除去杂质和危害离子。同时，锅炉点火进行受热面的热态冲洗。锅炉点火后将锅炉本体水温提高到 200℃左右，停止升温并维持锅炉内的水温。沿高压系统冷态清洗时的循环回路流动，使汽水系统中清洗出来的杂质不断被前置过滤器及除盐混床除掉。

经过 3h 后，再次升高水温使其达到 250℃左右并维持温度，继续进行热态清洗。再经过一段时间后，将水温升到 290℃进行热态清洗。清洗时，监测储水箱出口水质，当铁和二氧化硅含量小于 100μg/L、硬度约为 0μmol/L 时，热态清洗结束。

2. 冲管期间汽水监督

在超超临界二次再热机组蒸汽冲管清洗阶段，要重视凝结水、给水、锅水水质的监督和监测。超超临界二次再热机组蒸汽冲管清洗阶段是机组炉前系统及锅炉受热面在完成机组化学清洗后的首次上水冲洗，水质控制恰当与否，直接关联着机组整套启动期间、168h试运期间和正常运行期间的汽水品质。在此阶段，给水、锅水 pH 值过低会加速系统管道内表面的腐蚀，而且超超临界机组不同于常规汽包炉，在锅水 pH 值低时可以采用炉内加氢氧化钠提高，直流锅炉机组没有锅水调节手段，且也不能加入盐类，因此应重视冲管期间凝结水、给水、锅水 pH 值的监测。冲管阶段的给水品质可参照表 6－3 控制。

表 6－3 冲管阶段的给水品质

项目	二氧化硅（μg/L）	铁（μg/L）	pH 值	溶解氧（μg/L）	硬度（μmol/L）
要求	≤20	≤20	9.2～9.6	≤10	≈0

3. 冲管期间的其他注意事项

（1）在蒸汽冲管停止间隙，除整炉换水外，仍要保持凝汽器—除氧器—锅炉—启动分离器间的循环，进行凝结水处理，以保持水质正常。

（2）在冲管期间加强凝结水和给水 pH 值调节，保证水质 pH 值符合冲管要求，在冲管后期加大凝结水和给水加氨量，提高系统 pH 值，增强冲管后停炉期间的受热面保护效果。

（3）蒸汽冲管后期，应对蒸汽品质中的铁、二氧化硅进行监督，并观察水样应清澈、透明。冲管结束后，以带压热炉放水方式排放锅水，并清理凝结水泵和给水泵滤网。排空凝汽器热井和除氧器水箱内的水，清理容器内滞留的铁锈渣和杂物。并利用内窥镜对锅炉省煤器、水冷壁、过热器、一级再热器、二级再热器各联箱内部清洁度进行检查。

（四）整套启动汽水品质控制

超超临界二次再热机组整套启动前，给水、锅水的加药设备系统试转结束，能够投入；汽水取样装置及主要在线化学仪表应具备投入条件；机组排水泵试转结束，具备排放条件；循环水加药系统应能投入运行。废水处理系统调试结束，能够满足机组运行需要，废液的排放能够达到国家规定的排放标准；汽水化验站具备分析条件，分析药品、仪器、记录表准备齐全；化学运行岗位人员经过专业培训合格并已上岗；运行人员已经接受上岗前的安全培训，具备基本的事故处理及安全防卫能力。机组整套试运行时，除氧器应投入正常运行，除盐水箱储满除盐水，锅炉补给水设备能够正常投入；前置过滤器、凝结水精处理高速混床系统已经调试，并具备投入运行。

1. 机组冷、热态冲洗

（1）冷态冲洗。凝汽器上水后对凝结水系统进行冲洗，凝结水系统冲洗合格后对给水系统进行冲洗，给水系统冲洗合格后才可以给锅炉上水，并对锅炉进行冷、热态冲洗。

1）凝结水及低压给水系统的冲洗。冲洗流程按照图 6－3 所示进行。凝汽器上水后，当凝结水泵出口水铁含量大于或等于 1000μg/L 时，进行排放冲洗；当凝结水泵出口水铁含量小于 1000μg/L 时，冲洗凝结水系统。当除氧器出口水铁含量大于或等于 1000μg/L 时，将清洗水排放；当除氧器出口水铁含量小于 1000μg/L 时，冲洗水返回凝汽器，进行循环冲洗。当除氧器进口水铁含量小于 200μg/L 时，冲洗结束。循环冲洗过程中投入加氨设备，控制精处理装置加药后 pH 值在 9.2～9.6 之间。

2）高压给水系统及锅炉的冲洗。冲洗流程按照图 6－4 所示进行。凝结水系统和低压给水系统冲洗合格后，投入除氧器蒸汽加热系统进行加热除氧。并启动给水泵对高压加热器及锅炉本体进行冲洗。启动分离器出口水铁含量大于 1000μg/L 或等于时，进行排放冲洗；当分离器出口水铁含量小于 1000μg/L 时，冲洗水返回凝汽器，利用精处理装置除去水中的铁氧化物进行循环冲洗，冲洗过程中加入氨。当前分离器出口水铁含量小于 200μg/L 时，冷态冲洗结束。

（2）热态冲洗。当给水质量达到表 6－4 要求时，锅炉点火进行受热面的热态冲洗。

在锅炉启动过程中将水温提高到 200℃左右（以锅炉本体热力系统出口水温为准），停止升温并维持锅内的水温，并沿高压系统冷态清洗时的循环回路流动，使热力系统中清洗出来的杂质不断被前置过滤器及除盐高速混床除掉。

表 6－4　给　水　质　量

项目	氢电导率（25℃，μS/cm）	二氧化硅（μg/L）	铁（μg/L）	溶解氧（μg/L）	硬度（μmol/L）	pH 值（25℃）
要求	≤0.15	≤20	≤20	≤10	≈0	9.2～9.6

经过一段时间后，再次升高水温使其达到 250℃左右并维持温度，继续进行热态清洗。再经过一段时间后，将水温升到 290℃进行热态清洗。清洗时，监测启动分离器出口水质，当铁和二氧化硅含量小于 100μg/L、硬度约为 0μmol/L、电导率小于或等于 1μS/cm 时，热态清洗结束。

2. 蒸汽系统冲洗

锅炉热态冲洗结束后，通过汽轮机高、低压二级串联旁路系统进行蒸汽系统及高温受热面稳压冲洗。对新建机组，应延长启动时的蒸汽系统冲洗时间。在蒸汽冲洗期间，应加强对蒸汽取样装置的冲洗。对锅炉进行升温、升压（过热蒸汽为 4.0MPa、380℃），蒸汽参数提高后，监测过热蒸汽质量，过热蒸汽品质达到表 6－5 要求时，方可冲转汽轮机。

表 6－5　汽轮机冲转时的过热蒸汽品质　μg/kg

项目	二氧化硅	铁	铜	钠
要求	≤30	≤50	≤15	≤20

汽轮机首次冲转时，蒸汽质量可暂时放宽到二氧化硅含量小于 80μg/L，但应采取措施，在较短时间内使蒸汽达到有关要求。

在冲转期间，应加强凝结水和给水品质的监督，给水和凝结水质量应符合表 6－4、表 6－6 规定，并在数小时内达到正常要求。

表 6-6　　凝结水质量

项目	二氧化硅（μg/L）	铁（μg/L）	硬度（μmol/L）	pH 值
要求	≤80	≤1000	≤2	9.2～9.6

3. 带负荷阶段的汽水品质要求

超超临界二次再热机组带负荷试运是超超临界机组投产前考验机组设备的重要步骤，在超超临界条件下，蒸汽已具有与水一样的特性，盐类在蒸汽中的溶解度很高。因此，机组热力系统设备、容器、金属管道表面的微观可溶物会不断溶解在蒸汽中，在汽轮机和再热器中因为蒸汽压力降低、温度降低和膨胀作用，溶解在蒸汽中的盐类又会因溶解度的降低而变成沉淀或形成浓缩液，所以对金属产生危害，从而影响机组的经济、安全运行。

为防止带负荷阶段不良的运行水质给机组设备带来危害，机组化学加药系统、在线取样仪表系统、凝结水精处理装置、凝汽器检漏装置、循环水加药处理装置、发电机冷却水处理装置等均应投入运行，并根据设备运行情况进行及时调整。

机组带负荷阶段，应尽早投入热力系统内的设备，并进行冲洗。要加强水质的调节和监督，加强凝结水精处理装置的运行监督，提高汽水品质。此阶段给水质量要求见表 6-7，蒸汽质量要求见表 6-8，凝结水质量要求见表 6-9。

表 6-7　　给水质量

项目	氢电导率（25℃，μS/cm）	二氧化硅（μg/L）	铁（μg/L）	溶解氧（μg/L）	硬度（μmol/L）	pH 值（25℃）
要求	≤0.15	≤20	≤20	≤10	≈0	9.2～9.6

表 6-8　　蒸汽质量

项目		氢电导率（25℃，μS/cm）	二氧化硅（μg/kg）	铁（μg/kg）	铜（μg/kg）	钠（μg/kg）
要求	1/2 额定负荷前	≤0.15	≤30	≤10	≤2	≤20
	1/2 额定负荷至满负荷	≤0.15	≤10	≤5	≤2	≤3

表 6-9　　凝结水质量

项目	氢电导率（25℃，μS/cm）	二氧化硅（μg/L）	铁（μg/L）	硬度（μmol/L）	溶解氧（μg/L）
要求	≤0.2	≤80	≤100	≈0	≤20

二次再热机组进行凝结水精处理后的水质质量应符合表 6-10 要求。

表 6－10　进行凝结水精处理后的水质质量

项目	氢电导率（25℃，μS/cm）	二氧化硅（μg/L）	铁（μg/L）	铜（μg/L）	钠（μg/L）
要求	≤0.10	≤10	≤5	≤3	≤1

加热器投运后，检测加热器疏水铁离子含量。当加热器疏水铁含量小于 100μg/L、二氧化硅含量小于 80μg/L 时，加热器疏水回收至凝汽器。当加热器疏水铁含量小于 50μg/L、二氧化硅含量小于 30μg/L 时，加热器疏水回收至给水系统。高压和低压加热器疏水回收质量应符合表 6－11 要求。

表 6－11　高压和低压加热器疏水回收质量

项目	二氧化硅（μg/L）	铁（μg/L）
要求	≤30	≤50

4. 满负荷期间的汽水品质要求

AVT（O）处理满负荷阶段的汽水品质应达到表 6－12 要求。

表 6－12　AVT（O）处理满负荷阶段的汽水品质

序号	检验项目		质量	
			要求	期望值
1	给水	氢电导率（25℃，μS/cm）	≤0.15	≤0.10
2		铁（μg/L）	≤5	≤3
3		溶解氧（μg/L）	≤10	
4		二氧化硅（μg/L）	≤10	≤5
5		pH 值（25℃）	9.2～9.6	
6		钠（μg/L）	≤2	≤1
7		TOC_i（μg/L）	200	
8	蒸汽	二氧化硅（μg/kg）	≤10	≤5
9		钠（μg/kg）	≤2	≤1
10		铁（μg/kg）	≤5	≤3
11		铜（μg/kg）	≤2	≤1
12		氢电导率（25℃，μS/cm）	≤0.10	≤0.08
13	凝结水泵出口	硬度（μmol/L）	≈0	
14		溶解氧（μg/L）	≤20	
15		氢电导率（25℃，μS/cm）	≤0.20	≤0.15
16		钠（μg/L）	≤5	
17	精处理装置后出水	氢电导率（25℃，μS/cm）	≤0.10	≤0.08
18		钠（μg/L）	≤2	≤1
19		铁（μg/L）	≤5	≤3
20		二氧化硅（μg/L）	≤10	≤5
21		铜（μg/L）	≤2	≤1

二、机组运行阶段的汽水质量控制

汽水质量监督是化学监督的重要工作，通过对热力系统进行汽水品质分析，准确地反映热力系统汽水质量的变化情况，确保汽水品质合格，防止热力系统发生腐蚀、结垢、积盐现象，确保机组安全运行。

给水的高纯度不仅是减少汽水系统内沉积物的需要，而且是实施各种水化学工况的前提条件。要获得高纯度的给水，必须做好补给水制备和凝结水精处理工作。

（一）锅炉补给水质量运行控制

在机组运行过程中，所有损耗的水均由补给水处理系统补给，补给水的品质直接影响给水、锅水和蒸汽的品质，也影响着锅炉的腐蚀和结垢。在超超临界参数条件下，水具有的溶剂性能和物理性质是氧化有机物的理想介质，当有机物和氧共存于超超临界水中时，它们在高温的单一相状况下密切接触，在没有内部相转移限制和有效的高温下，其氧化反应快速完成，碳氢化合物氧化形成 CO_2 和 H_2O，因此，必须有效监督补给水系统的运行和控制。二次再热超超临界机组采用膜法处理可有效控制补给水中的总有机碳。

在补给水制备方面，对水处理系统和设备的选用要求很高。要求水处理系统有完善的预处理设备和至少二级除盐装置，其第二级应为混合床除盐装置，以除去水中各种悬浮态、胶态、离子态杂质和有机物，并且制定相应的措施，防止水处理系统内部污染（如树脂粉末、微生物、腐蚀产物等被补给水携带）。另外，对该系统的运行管理要求也非常严格，以确保补给水水质。

锅炉补给水的品质直接影响给水、锅水和蒸汽的品质，也决定了受热面的腐蚀、结垢发生的概率。锅炉补给水的质量见表6－13。锅炉补给水处理设备的运行质量控制参照表6－14的规定。

表6－13　　锅炉补给水的质量

项目	除盐水箱电导率（25℃，μS/cm）		二氧化硅（μg/L）	TOC_i（μg/L）
	进口	出口		
要求值	≤0.15	≤0.40	≤10	≤200
期望值	≤0.10			

表6－14　　锅炉补给水处理设备的运行质量控制

设备	电导率（25℃，μS/cm）	二氧化硅（μg/L）	TOC_i（μg/L）	钠（μg/L）	二氧化碳（mg/L）
阳床	—	—	—	≤100/50	
脱碳器	—	—	—	—	≤5
阴床	≤5/2	≤100/20	—	—	—
混床	≤0.15/0.10	≤10	≤200	—	—
除盐水箱	≤0.15	≤10	—	—	—

（二）凝结水的质量控制

在凝结水精处理方面，要求凝结水100%地经过精处理，完全除去进入凝结水中的各种杂质，包括盐类物质和腐蚀产物等。因此，凝结水精处理系统通常包括去除不溶性微粒的设施（如各类前置过滤器）和去除溶解性杂质的高速混床。

控制凝结水精处理装置安全、稳定运行，确保过滤器和高速混床热控保护的准确投入；失效树脂在输送过程中，树脂输净率大于99.9%。阴、阳树脂反洗分离后，阴树脂中阳树脂含量应低于0.1%，阳树脂中阴树脂含量应低于0.4%。阴、阳树脂再生浓度控制在4%～5%，再生流速控制在3～5m/h，再生时间为60min；阴树脂再生、置换液温度控制在35～37℃；阴、阳树脂最终漂洗出水电导率小于1.0μS/cm。精处理系统采用氢型运行方式，不宜用氨化运行方式。GB/T 12145《火力发电机组及蒸汽动力设备水汽质量》中规定：采用高速混床出水氢电导率作为监控高速混床失效的依据。实践经验证实：氢电导率只能显示水中与阴离子结合成酸的电导率，而不能显示高速混床出水中的钠含量。因此，使用氢电导率作为监控高速混床的失效终点是不够的。应该根据高速混床不同的运行方式，增加监控项目。研究证实，采用氢型运行方式的高速混床应该使用电导率作为失效终点的控制指标，建议电导率不大于0.1μS/cm。

凝结水精处理前置过滤器进、出水质量控制要求参照表6－15。进行全挥发处理时，凝结水泵出口溶解氧应小于20μg/L。

表6－15　凝结水精处理前置过滤器进、出水质量控制要求　μg/L

项目	进口水质		出口水质
	启动	正常运行	正常运行
总悬浮固体	2000～4000	10～50	≤5
全铁（以铁计）	≤1000	5～20	≤5
全铜（以铜计）	5～100	2～10	≤2

凝结水精处理高速混床进、出水质量控制要求参照表6－16。

表6－16　凝结水精处理高速混床进、出水质量控制要求

项目	进口水质		出口水质
	启动	正常运行	正常运行
总溶解固体（以碳酸钙计，μg/L）	≤2000	≤50	≤4
总悬浮固体（μg/L）	≤2000	≤10	≤5
全铁（以铁计，μg/L）	≤1000	≤5	≤3
全铜（以铜计，μg/L）	≤50	≤5	≤1
其他金属（溶解和非溶解的，以金属计，μg/L）	≤40	≤3	≤3
电导率（25℃，μS/cm）	≤0.5	≤0.2	≤0.1
氯离子（μg/L）	≤200	≤10	≤1
钠离子（以钠计，μg/L）	≤20	≤5	≤1
硅酸根（以二氧化硅计，μg/L）	≤500	≤20	≤5

（三）蒸汽质量的控制

为防止汽轮机的积盐和腐蚀，二次再热机组正常运行时的蒸汽品质应达到表 6–17 的要求。

表 6–17　二次再热机组正常运行时的蒸汽品质

项目	氢电导率（25℃，μS/cm）	二氧化硅（μg/kg）	铁（μg/kg）	铜（μg/kg）	钠（μg/kg）
要求值	≤0.10	≤10	≤5	≤2	≤2
期望值	≤0.08	≤5	≤3	≤1	≤1

（四）给水质量的控制

二次再热机组正常运行时给水品质应达到表 6–18 要求。

表 6–18　二次再热机组正常运行时给水品质

给水处理方式	全挥发处理				OT 加氧处理	
	AVT（R）		AVT（O）			
项目	要求值	期望值	要求值	期望值	要求值	期望值
氢电导率（25℃，μS/cm）	≤0.10	≤0.08	≤0.10	≤0.08	≤0.15	≤0.10
pH 值（25℃）	9.2～9.6	—	9.2～9.6	—	8.5～9.3	—
溶解氧（μg/L）	≤7	—	≤10	—	10～150	—
铁（μg/L）	≤5	≤3	≤5	≤3	≤5	≤3
铜（μg/L）	≤2	≤1	≤2	≤1	≤2	≤1
二氧化硅（μg/L）	≤10	≤5	≤10	≤5	≤10	≤5
钠（μg/L）	≤2	≤1	≤2	≤1	≤2	≤1
联氨（μg/L）	≤30	—	—	—	—	—
TOC_i（μg/L）	≤200	—	≤200	—	≤200	—

（五）凝结水质量的控制

二次再热机组凝结水和精处理进口水质控制符合表 6–19 要求。

表 6–19　二次再热机组凝结水和精处理进口水质控制要求

项目	硬度（μmol/L）	钠（μg/L）	溶解氧（μg/L）	电导率（25℃，μS/cm）	
				要求值	期望值
要求	0	≤5	≤20	≤0.2	≤0.15

（六）疏水质量的控制

二次再热机组正常运行疏水质量，应保证不影响给水品质，可参考表 6–20 进行控制。

表 6-20　　二次再热机组正常运行疏水质量控制要求

项目	硬度（μmol/L）	铁（μg/L）	油（mg/L）
要求值	≤2.5	≤100	0
期望值	≈0	≤30	0

（七）汽水劣化时的应急处理

二次再热机组带负荷试运行期间，如果汽水质量发生劣化，综合分析系统中汽水质量的变化，确认判断无误后，按表 6-21 三级处理原则执行，使汽水质量在允许的时间内恢复到要求值。

表 6-21　　二次再热机组汽水质量劣化处理原则

水系统	项目		质量指标	处理值		
				一级	二级	三级
凝结水	氢电导率（25℃，μS/cm）	有混床	≤0.2	0.20～0.35	0.35～0.60	＞0.60
		无混床	≤0.3	0.30～0.40	0.40～0.65	＞0.65
	硬度（μmol/L）	有混床	≈0	＞2.0	—	—
		无混床	≤2.0	＞2.0	＞5.0	＞20.0
给水	pH 值	无铜系统	9.0～9.5	＜9.0 或＞9.5		
		有铜系统	8.8～9.3	＜8.8 或＞9.3		
	氢电导率（25℃，μS/cm）	无混床	≤0.3	0.30～0.40	0.40～0.65	＞0.65
		有混床	≤0.15	＞0.15	＞0.20	＞0.30
	溶解氧*（μg/L）		≤10	＞10	＞20	—

注　对于凝汽器管为铜管、其他换热器管均为钢管的机组，给水 pH 值为 9.1～9.4，则一级处理值小于 9.1 或大于 9.4。

一级处理——有因杂质造成腐蚀、结垢、积盐的可能性，应在 72h 内恢复至相应的指标值。

二级处理——肯定有因杂质造成腐蚀、结垢、积盐的可能性，应在 24h 内恢复至相应的指标值。

三级处理——正在发生快速腐蚀、结垢、积盐，如果 4h 内水质不好转，应停炉。

在异常处理的每一级中，如果在规定的时间内尚不能恢复正常，则应采用更高一级的处理方法。

* 在给水加氧运行工况下，给水溶解氧数值不在考虑之列。

三、停运阶段的控制

在锅炉停运期间，空气会进入汽水系统中，在未采取有效措施的情况下，汽水系统金属表面将会发生腐蚀，因此要做好停运设备的保护监督。机组停运设备的保护监督是电厂汽水监督的一项重要工作。在锅炉停运期间需要进行防护，因此在使用前要对防锈蚀保护用的化学药品、气体等纯度进行检测，防止杂质进入热力系统。应根据防锈蚀方法要求进行监督。二次再热机组各种防锈蚀方法的监督项目和控制要求见表 6-22。

表 6-22　　二次再热机组各种防锈蚀方法的监督项目和控制要求

防锈蚀方法	监督项目	控制要求	检测方法	取样部位	其他
烘炉放水余热烘干法、负压余热烘干法、邻炉热风烘干法	相对湿度	＜70%或不大于环境相对湿度	干湿球湿度计法，见DL/T 956《火力发电厂停（备）用设备防锈蚀导则》	空气阀、疏水阀、放水阀	烘干过程1h测定1次，停用期间1天测定1次
干风干燥法	相对湿度	＜50%	相对湿度计法	排气阀	干燥过程1h测定1次，停用期间每48h测定1次
热风吹干法	相对湿度	不大于环境相对湿度	干湿球湿度计法，见DL/T 956《火力发电厂停（备）用设备防锈蚀导则》	排气阀	烘干过程1h测定1次，停用期间1周测定1次
气相缓蚀剂法	缓蚀剂浓度	＞30g/m²	DL/T 956《火力发电厂停（备）用设备防锈蚀导则》		充气过程1h测定1次，停用期间1周测定1次
氨、联氨钝化烘干法	pH值，联氨		见GB/T 6904《工业循环冷却水及锅炉用水中pH的测定》、GB/T 6906《锅炉用水和冷却水分析方法联氨的测定》	汽水取样	停用期间1h测定1次
氨碱化烘干法	pH值		见GB/T 6904《工业循环冷却水及锅炉用水中pH的测定》	汽水取样	停用期间1h测定1次
充氮覆盖法	压力、氮气纯度	0.03～0.05MPa、＞98%	气相色谱仪或氧量仪法	空气阀、疏水阀、放水阀、取样阀	充氮过程中，1h记录1次氮压，充氮结束测定排气中氮的纯度，停用期间每班记录1次
充氮密封法	压力、氮气纯度	0.01～0.03MPa、＞98%			
氨水法	氨含量	500～700mg/L		汽水取样	充氮时每2h测定1次，保护期间每天测定1次
蒸汽压力法	压力	＞0.5MPa	压力表法	锅炉出口	每班记录1次
给水压力法	压力、pH值、氢电导率、溶解氧	压力为0.5～1.0MPa，满足pH值、溶解氧、氢电导率要求	压力表法	汽水取样	每班记录1次压力，测定1次pH值、溶解氧、氢电导率

停机腐蚀的控制措施对减缓设备腐蚀，减少设备沉积物是很有必要的，应作为机组配套装置，在机组设计时应设计停机保护相关的配套装置。不管采用干法或湿法保护，在停用时除掉沉积物是很重要的。一般推荐采用干法保养。只有在很短时间（即几天）停用时，可用湿法保护。在停用时应立即进行保养，特别是积有沉积物的部分。

第四节　给水加氧处理

同样的材质在不同的水工况下生成氧化膜的机理不同。在热力系统中，使金属表面生成钝化膜的钝化剂有H_2O（汽态）、OH^-、O_2等，影响钝化膜质量的因素主要有阴离子、温度、pH值和流速等。不同的水工况生成的钝化膜会不一样，质量也不一样。

一、给水化学工况对氧化膜的影响

1. 无氧条件下氧化膜的形成

在无氧条件下，如 AVT（R）还原性水工况，加入化学除氧剂联氨。联氨可将氧化铁还原为低价状态，热力系统内沉积的氧化物全部是黑色的四氧化三铁或黑色的氧化亚铁，整个给水工况处于还原性，水的氧化还原电位（Oxidation-Rechuction Potential，ORP）为负。研究认为，当水中联氨含量大于 20μg/L 时，ORP 约为－350mV。在还原性水质和高流速条件下，金属表面会发生流动加速腐蚀。因为该条件下金属表面生成的磁性氧化铁膜疏松，易被高流速水流冲走，裸露出金属本体，使金属加速腐蚀。另外，该条件下生成的氧化膜为四氧化三铁，铁的溶出率高，所以给水的含铁量高。铁的溶出率主要受水的 ORP 控制。研究发现，给水在 AVT（R）、AVT（O）和 OT 3 种条件下水的 ORP 相差较大，对抑制流动加速腐蚀（FAC）效果也明显不同，见表 6－23。研究还表明，水中含氧对防腐所产生的作用，是需具备前提条件的，即水质必须达到一定纯度，若水质纯度达不到一定要求，水中的氧仍是腐蚀的促进剂。

表 6－23　　3 种条件下的 ORP 和 FAC

给水水质	ORP（mV）	FAC 腐蚀程度
O_2＜1μg/L 或联氨＞20μg/L	－350	较严重
不加联氨	0～100	一般
加入少量氧	＞150	很小

在 AVT（R）水工况时，汽水系统铁氧化膜的形成分为以下 3 个步骤，即

$$Fe+2H_2O \longrightarrow Fe^{2+}+2OH^-+H_2 \tag{6-3}$$

$$Fe^{2+}+2OH \longrightarrow Fe(OH)_2 \tag{6-4}$$

$$3Fe(OH)_2 \longrightarrow Fe_3O_4+2H_2O+H_2 \tag{6-5}$$

从以上 3 个反应式可以看出，氧化膜的形成需要一定量的 Fe^{2+}和 OH^-，且受反应式（6－5）的控制。根据反应式（6－3），提高溶液的 pH 值有利于 $Fe(OH)_2$ 溶解，但 pH 值至少提高到 9.4 以上。反应式（6－5）的反应动力学与温度相关。在 200℃以下，式（6-5）反应较慢。因为在低温条件下，水作为氧化剂没有能量使 Fe^{2+}氧化为 Fe^{3+}并沉积为具有保护作用的氧化物覆盖层，从而氧化膜处于活化状态。四氧化三铁的溶解度在 150℃时最大。在凝结水管段、低压加热器和第一级高压加热器进口的水温条件下，纯水中铁的溶解一般受到水的扩散系数和介电常数扩散控制。当局部流动条件恶化时，铁的溶解会转化为侵蚀性腐蚀，即 FAC 腐蚀。而在 200℃以上的温度区，反应式（6－5）较快，$Fe(OH)_2$ 发生缩合反应，使钢铁表面生成保护性四氧化三铁。如在末级高压加热器、省煤器和水冷壁的表面会自发地生成四氧化三铁氧化膜。AVT 工况的氧化膜如图 6－5 所示。

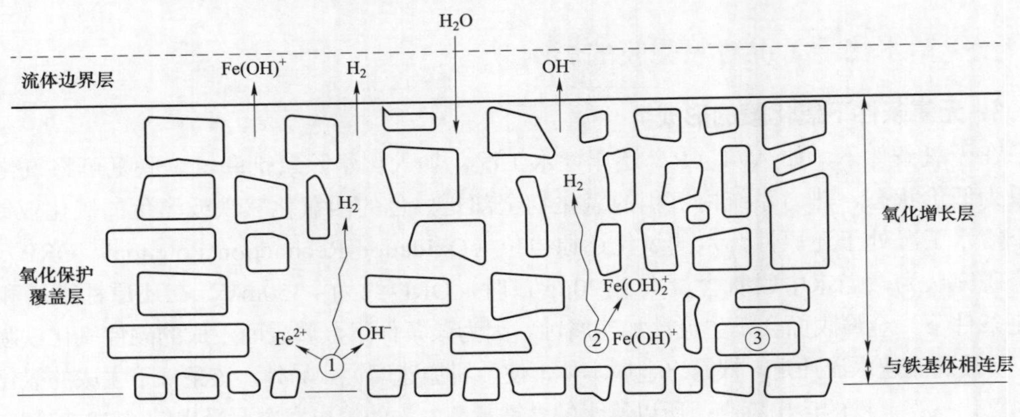

图 6–5 AVT 工况的氧化膜

注：1—$Fe+2H_2O = Fe(OH)_2+H^2\uparrow$，$Fe(OH)_2 = Fe(OH)^+ + OH^-$，$Fe(OH)_2 = Fe^{2+} + 2OH^-$；

2—$2Fe(OH)^+ + 2H_2O = 2Fe(OH)_2^+ + H^2\uparrow$；

3—$Fe(OH)^+ + 2Fe(OH)_2^+ + 3OH^- = Fe_3O_4 + 4H_2O$

根据氧化膜生成机理，汽水循环系统水与铁反应又可分为电化学反应和化学反应两个过程。这两种反应的机理主要因温度条件不同而有所不同，从常温到350℃左右的范围内，水与铁通过电化学反应生成氧化膜；在400℃以上，蒸汽与铁通过化学反应生成氧化膜。二次再热机组氧化膜生成一般认为是400℃以上的情况，反应式为

$$3Fe+4H_2O \longrightarrow Fe_3O_4+4H_2 \tag{6-6}$$

在无氧条件下铁与蒸汽直接反应，蒸汽分解提供氧离子并放出氢气分子。因为铁离子向外扩散、氧离子向内扩散，所以整个氧化层同时向钢铁原始表面两侧生长，此时生成等厚致密的双层 Fe_3O_4 氧化膜，内层为尖晶形细颗粒结构，外层为棒状形粗颗粒结构。

2. 有氧条件下氧化膜的形成

在水质较差的铁–水体系中，氧作为去极化剂，起着加速金属腐蚀的作用。在中性和碱性溶液中，腐蚀过程的阳极反应是铁的溶解，即

$$Fe \longrightarrow Fe^{2+}+2e$$

腐蚀过程的阴极反应是溶解在水中的氧的还原反应，即

$$O_2+2H_2O+4e \longrightarrow 4OH^-$$

氧去极化的阴极反应可以分为两个过程，即氧向金属表面的扩散过程和氧的离子化反应过程。在氧的扩散过程中，氧通过静止层的扩散步骤为阴极过程的控制步骤。影响氧去极化的因素有氧浓度、溶液流速、含盐量和温度等。

热力系统中氧的电化学作用还表现在当热力系统金属表面氧化膜破裂时，氧在氧化膜表面参与阴极反应还原，将氧化膜破损处的 Fe^{2+} 转化为 Fe^{3+}，使损坏的氧化膜得到修复。

氧在一定的温度范围内可使铁–水系统金属表面已经存在的氧化膜完全钝化，生成更具有保护性的氧化膜。在给水加氧方式下，由于不断地向金属表面均匀供氧，金属表面仍保持一层稳定、完整的 Fe_3O_4 内伸层，而通过 Fe_3O_4 微孔通道中扩散出来的 Fe^{2+} 进入液相层，其中一部分直接生成由 Fe_3O_4 晶粒组成的外延层。由于 Fe_3O_4 层呈微孔状（1%～15%

空隙），通过微孔扩散进行迁移的 Fe^{2+}在孔内或在氧化膜表面就地氧化，生成三氧化二铁或水合三氧化二铁，沉积在 Fe_3O_4 层的微孔或颗粒空隙中，封闭了 Fe_3O_4 氧化膜的孔口，从而降低了 Fe^{2+}扩散和氧化的速度，其结果在铁表面生成了致密稳定的“双层保护膜”。

给水采用加氧处理后，生成的腐蚀产物主要是溶解度很低且致密的 $\alpha-Fe_2O_3$ 和 FeOOH，会充填外层的 Fe_3O_4 间隙并覆盖在其表面上。氧化铁水合物 FeOOH 保护层在流动给水中的溶解度明显低于磁性铁垢（至少要低于 2 个数量级），从而改变了外层 Fe_3O_4 层孔隙率高、溶解度高、不耐流动加速腐蚀的性质。OT 工况下的氧化膜如图 6－6 所示。

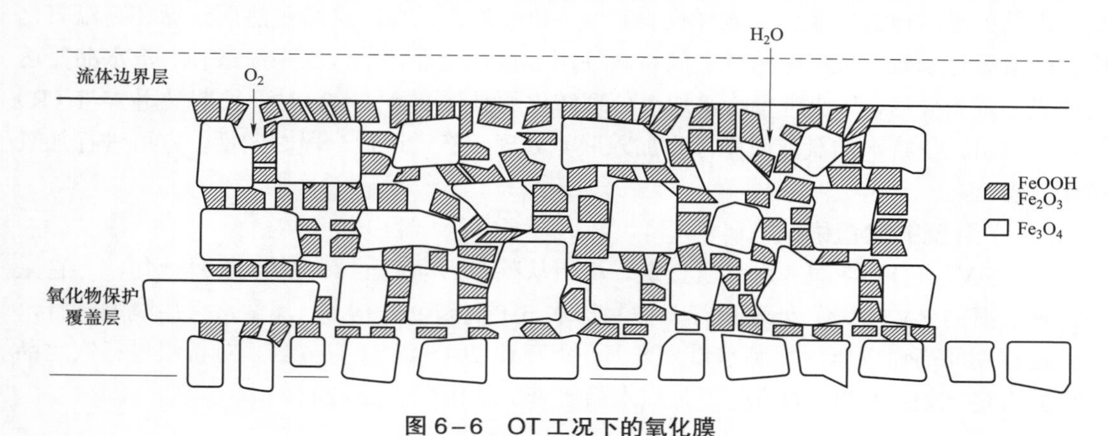

图 6－6　OT 工况下的氧化膜

采用 OT 时给水的含铁量一般小于 1μg/L（原子吸收法），并且能明显减轻或消除 FAC 现象。

在 AVT（O）方式下，腐蚀产物主要是 $\alpha-Fe_2O_3$ 和 Fe_3O_4，虽然它们的溶解度较低，但给水中溶解氧含量较低甚至为零，所生成的 $\alpha-Fe_2O_3$ 往往不足以填充和覆盖磁性铁氧化膜，因此其防腐效果处于 OT 和 AVT（R）之间。

加氧可以促使 Fe^{2+}氧化为 Fe^{3+}，其原因是氧分子在腐蚀电池中的阴极反应中接受电子还原成为 OH^-，在水作为氧化剂的能量不能使 Fe^{2+}氧化为 Fe^{3+}时，氧分子在阴极的还原反应提供了 Fe^{2+}氧化为 Fe^{3+}所需的能量。O_2 在阴极的还原反应促使了相界反应速度，同时 Fe^{3+}为氧的传递者，充当 Fe^{2+}氧化为 Fe^{3+}反应的催化剂，加快了 $Fe(OH)_2$ 的缩合过程。因此，在铁－水系统中，氧的去极化作用直接导致金属表面生成 Fe_3O_4 和 Fe_2O_3 的双层氧化膜，从而中止热力系统金属的腐蚀过程。两种不同结构的氧化铁组成的双层氧化膜比单纯 Fe_3O_4 双层膜更致密、更完整，因而更具有保护性。

二、给水加氧处理化学水工况实践

机组在投运前，采用水冲洗、化学清洗和蒸汽吹洗。在新机组投运初期，由于给水水质尚未达到一定的纯度要求，应采用全挥发性 AVT（O）处理方式，仅加氨维持给水 pH 值在 9.2～9.6 之间。

运行实践证明，在机组正常运行期间，给水加氧处理是目前所能采用的水工况控制的最优方式。只有在此工况条件下，才能使给水含铁量降到最低。因此，在新建机组采用全挥发性 AVT（O）处理方式，锅炉蒸汽含氢量稳定在很低值时，说明基础的四氧化三铁氧化膜已形成，同时给水水质提高到氢电导率小于 0.10μS/cm，便可转化至加氧处理工况。

为了减少热力系统的二氧化碳腐蚀，凝结水、给水采用加氨处理。加氨点分别设在凝结水精处理装置出口母管和给水泵进口。在机组启动时，仅加氨控制给水 pH 值在 9.2～9.6，也即给水 AVT（O）处理工况；在机组正常运行后，实施加氧处理时，控制给水 pH 值在 8.5～9.3。加氨量根据凝结水（给水）流量和加药点后电导率值予以自动调节。

经过对 1000MW 超超临界二次再热机组锅炉补给水处理系统、给水凝结水加药系统、凝结水精处理高速混床系统、取样仪表系统、机组汽水品质、机组受热面结垢和高温氧化皮、机组运行参数、机组敏感性金属材料使用等进行全面评估，在系统条件、汽水品质达到加氧处理条件后，尽快进行给水加氧处理转化的具体实施工作。对于长期采用 AVT（R）处理的机组，在给水加氧前应先停止加入联氨处理，稳定运行一段时间后，方可进行加氧转化处理。

（一）系统的检查确认

（1）AVT（O）期间汽水品质查定。机组从整套启动后至 2015 年 11 月上旬，一直采用给水加氨的 AVT（O）处理运行，控制给水 pH 值为 9.2～9.6，凝结水采用氢型运行，氢型运行期间高速混床周期制水量为 8 万～9 万 t。2015 年 11 月 6 日，对机组进行汽水品质全面查定试验。AVT（O）处理时汽水品质查定结果见表 6－24。

表 6－24　　AVT（O）处理时汽水品质查定结果

取样部位	氢电导率（μS/cm）	pH 值（25℃）	钠（μg/L）	二氧化硅（μg/L）	铜（μg/L）	铁（μg/L）	氯	硫酸根
凝结水泵出口	0.103	9.35	0.981	3.2		2.08		
精处理后	0.066	9.33	0.695	2.1		0.10	未检出	未检出
省煤器进口给水	0.089	9.33	0.881	2.6	0.10	2.03	未检出	未检出
主蒸汽	0.069		0.447	2.6	0.04	3.12	未检出	未检出
一次再热蒸汽	0.081		0.452	2.3	0.01	3.12		
二次再热蒸汽	0.073		0.440	7.6	1.84	2.21		
高压加热器疏水	0.083					4.72		

由表 6－24 可以看出，给水采用 AVT（O）处理时，汽水纯度品质高，凝汽器严密性好，凝结水氢电导率小于 0.15μS/cm。经过精处理处理后，省煤器进口给水、主蒸汽等氢电导率均小于 0.10μS/cm，氯含量均未检出，硫酸根含量均未检出，省煤器进口给水铁含量为 2.03μg/L，主蒸汽铁含量为 3.12μg/kg，高压加热器疏水铁含量为 4.72μg/L，都是小于 5μg/L，但相比于加氧机组，腐蚀产物的含量仍然较高，长期运行受热面必定有较高的沉积速率。

查定表明：汽水系统的痕量离子含量小于 GB/T 12145《火力发电机组及蒸汽动力设备水汽质量》的规定值，也满足加氧处理的要求。

（2）机组负荷在 40%以上稳定运行。

（3）检查除氧器、高压和低压加热器排汽门的位置和调节性能。排汽门开关灵活，在开始转换前除氧器、高压和低压加热器的排汽门在微开状态。除氧器排汽可以看到排放管出口有微微蒸汽飘出即可。

（4）检查全流量精处理高速混床的性能（制水量、运行周期、正常运行时的氢电导率、失效时的氢电导率等），精处理装置出口电导率小于 0.10μS/cm，精处理采用氢型高速混床运行。

（5）检查化学在线监测仪表的量程、准确度应满足加氧处理工艺的要求。

（6）运行人员经过培训熟悉和掌握加氧处理知识、指标控制、化验方法和有关的规程操作，能够判断化学仪表显示数据的关联性和可靠性。

（7）进行加氧系统的安装、调试，压力试验和严密性试验时，确保运行期间给水氧的浓度达到要求的含量。

（二）加氧转换

1. 除氧器下降管的加氧点加入氧气

（1）打开加氧控制阀，控制加氧流量，保持给水中初始理论氧浓度为 10～30μg/L。

（2）监测热力系统的氢电导率、阴离子变化情况。此阶段氢电导的上升与氧化膜中的杂质释放有关，铁含量有升高的趋势，这是转换期间的正常情况。加氧过程中控制给水氢电导率在 0.15μS/cm 以下，氢电导率继续升高时可适当调低给水加氧量，稳定给水氢电导率在 0.15μS/cm 左右，只要凝结水精处理装置出口的氢电导率小于 0.10μS/cm，可继续进行加氧处理。当给水氢电导率仍然升高时，应及时切断加氧，恢复 AVT 处理，并迅速查明原因。

（3）省煤器进口氧含量达到 30μg/L 以上时，炉前高压给水系统转化完成；监测到蒸汽的氧含量达到 10μg/L 以上时，蒸汽系统转化完成；关闭和调整高压加热器的运行连续排汽手动门，高压加热器疏水的氧含量达到 10μg/L 以上时，疏水系统转化完成。

2. 凝结水加氧

开启凝结水精处理装置出口加氧点阀门，维持加氧量为 30～60μg/L，钝化低压给水系统，使整个系统的氧达到平衡。

3. 系统 pH 值调节

给水加氧处理转化完成后，逐步降低系统的 pH 值，调节 pH 值在 8.5～9.3 范围内，最优 pH 值的范围控制以系统铁离子含量最佳为准。

4. 加氧处理工况

加氧处理工况正常运行时，除氧器排气门微开，以排除系统泄漏的不凝结气体。高压加热器连续排汽门采用常闭定时间断开的运行方式，以保证高压加热器疏水溶解氧大于 2μg/L。给水溶解氧含量控制在能保证修复热力系统氧化膜范围内。一般控制省煤器进口给水氧含量为 10～30μg/L。

（三）给水加氧处理的效果

1. 汽水系统的铁含量

经过加氧转换处理，省煤器进口铁含量由加氧前的 2～6μg/L 降低至 0.5μg/L 左右，表明给水系统形成保护性氧化膜。加氧转化期间省煤器进口铁含量变化趋势如图 6-7 所示。

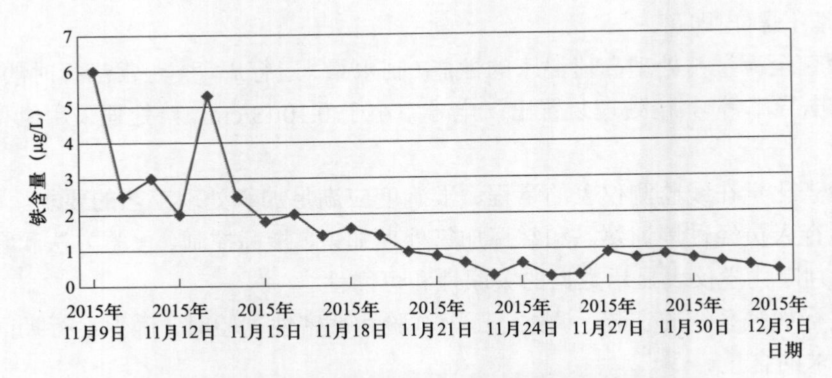

图 6-7　加氧转化期间省煤器进口铁含量变化趋势

2. 蒸汽系统铁含量变化情况

水蒸气本身是强氧化剂（其氧化性比氧气强 10～20 倍），加氧时蒸汽中氧分压仅为水蒸气分压的千万分之一，因此加氧对包括蒸汽系统金属氧化膜的影响很微小；金属与高温水蒸气直接反应可生成致密的保护性双层 Fe_3O_4 氧化膜。该膜的耐腐蚀性很强，一般会以氧化皮剥落形式使蒸汽、凝结水铁含量升高。加氧处理后，蒸汽铁含量有所降低，与炉前给水铁迁移量下降有关。加氧转化期间主蒸汽、一次再热蒸汽、二次再热蒸汽铁含量变化趋势如图 6-8～图 6-10 所示。

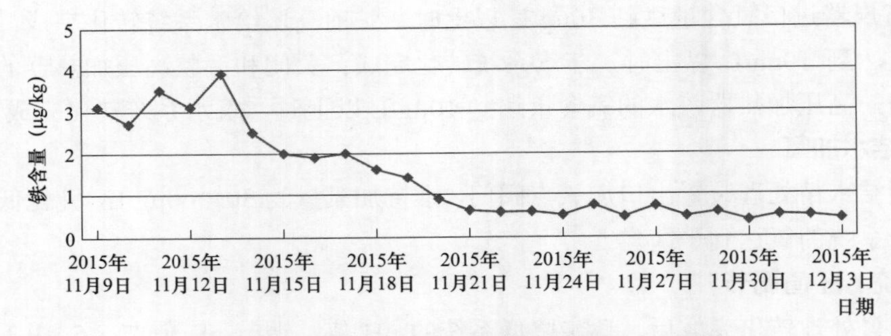

图 6-8　加氧转化期间主蒸汽铁含量变化趋势

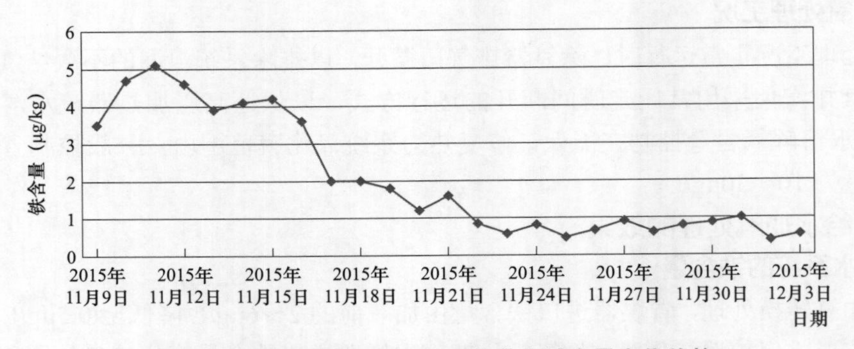

图 6-9　加氧转化期间一次再热蒸汽铁含量变化趋势

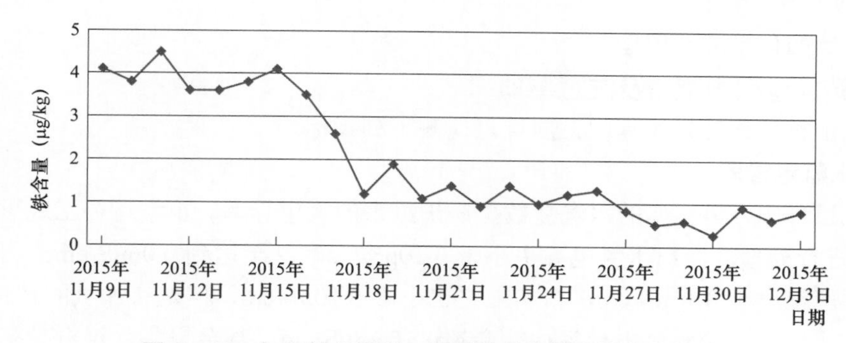

图 6－10　加氧转化期间二次再热蒸汽铁含量变化趋势

3. 高压加热器疏水系统铁含量变化情况

高压加热器疏水系统处于热力系统末端，加入的氧最后到达，形成保护膜也是有一段时间的。加氧转化期间高压加热器疏水铁含量变化趋势如图 6－11 所示。

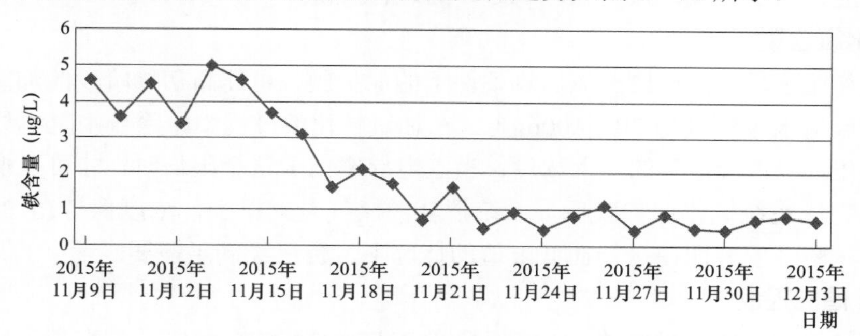

图 6－11　加氧转化期间高压加热器疏水铁含量变化趋势

4. 凝结水系统铁含量变化情况

由于各路疏水和凝结的蒸汽返回凝汽器，各路疏水的清洁度不同，铁含量升高导致凝结水铁含量相应升高，但凝结水全部经过精处理系统进行处理，所以这部分铁不会进入锅炉受热面。加氧转化期间凝结水铁含量变化趋势如图 6－12 所示。

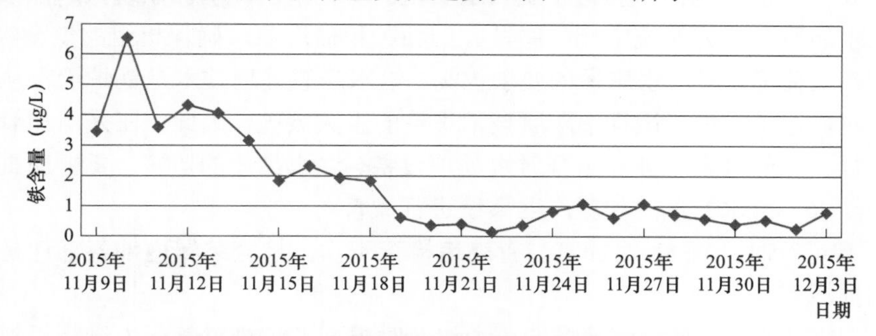

图 6－12　加氧转化期间凝结水铁含量变化趋势

进行给水加氧处理后，汽水各取样点铁含量均有大幅度下降，随着氧化膜转换完毕，整个汽水系统的铁含量稳定在一个更低的水平，铁含量均降低至 1.0μg/L 以下。由于省煤器进口给水铁含量的大幅度降低，锅炉省煤器和水冷壁腐蚀产物的沉积量也将降低，所以大大延长锅炉的化学清洗周期。

（四）转换过程中监督及注意事项

在给水加氧处理转换过程中，应重点检测下列指标。

1. 给水氢电导率

在转化过程中，最重要的水汽参数是锅炉给水的氢电导率。正常运行工况下，由于凝结水 100%进行处理，其出水氢电导率小于 0.10μS/cm，甚至达到 0.06μS/cm。因此，给水的氢电导率应该小于 0.15μS/cm，事实上它也小于 0.10μS/cm，但是在加氧的转化过程中，特别是在转化初期，给水氢电导率往往会超过 0.15μS/cm，甚至更高。氢电导率的增加，表示汽水样品中阴离子含量增加，系统的腐蚀风险加大。美国电力研究协会认为，在转化过程中，假如氢电导率在 0.20～0.30μS/cm 之间，可以通过增加氨的加入量来提高 pH 值，使 pH 值达到 9.0；试验证明，当氢电导率超过 0.30μS/cm 时，给水设备的腐蚀速率会显著增加，此时应该切断加氧，恢复 AVT（O）的运行工况。

2. 给水氧含量

在加氧初始阶段，为尽快形成加氧条件下的保护膜，可提高初始阶段的加氧量，一般控制凝结水或给水含氧量为 30～100μg/L。在加氧转化的过程中，系统中氢电导率如果超过某一个限值，应该降低氧的注入浓度；当氢电导率低于这个限值时，才可以增加氧的注入浓度。在完成系统钝化保护膜后，系统消耗的氧气量就很少，浓度保持在 30～50μg/L 的范围内。试验证明，即使运行在低限值的情况下，也已经满足需要。

3. pH 值的控制

在最初加氧的时候，机组的 pH 值保持在 AVT（O）的范围内，一直到确认机组系统的化学工况稳定和在受控状态（即加氧后氢电导率恢复到小于 0.15μS/cm），机组给水的 pH 值才允许逐步降低。通过系统的铁含量来确定最合理 pH 值运行期间。

4. 加氧处理运行监督

汽水质量监督的目的是通过对热力系统进行汽水品质化验和水处理设备的运行监督，准确反映水处理设备的运行和热力系统汽水质量的变化情况，确保系统汽水品质合格，防止不良的汽水品质在热力系统中产生腐蚀、结垢、积盐现象，确保机组的安全经济运行。

机组的热负荷高，对汽水质量的要求也高，给水加氧处理技术是锅炉给水从除氧到加氧的一个跨越，这是锅炉在运行中防腐技术理论的重大突破，因此，在采用加氧处理技术时应加强运行人员的技术培训和重视对水处理设备、汽水品质的监督。要更加重视对锅炉补给水、凝结水、给水、蒸汽和凝汽器系统进行监督。

（1）正常运行时，每 8h 对加氧装置就地检查 1 次，检查装置内部各部件是否正常，有无泄漏和损坏。

（2）每 4h 记录一次加氧汇流排的压力，及时根据汇流排氧气压力进行更换瓶操作。检查加氧流量是否发生异常变化，并记录加氧流量。

（3）运行过程中，监测除氧器进口溶解氧和省煤器进口溶解氧、除氧器进口电导率，省煤器进口氢电导率、pH 值、电导率，并每 4h 记录 1 次。在监测期间应注意在线溶解氧表显示是否符合要求，作出判断并进行相应调整。注意给水 pH 值的变化趋势，及时调整给水加药量，保证给水 pH 值在设定的控制范围内。

（4）采用自动加氧时，省煤器进口给水和除氧器进口给水溶解氧含量应设定在预期的目标范围内。运行中观察是否超出设定的范围。

（5）正常加氧过程中，定期对热力系统腐蚀产物进行查定，及时发现系统存在的腐蚀隐患并作出处理。每周测定热力系统中的铜、铁含量，取样应包括凝结水、精处理装置出口给水、省煤器进口给水、过热蒸汽、高压加热器疏水、低压加热器疏水。

采用给水加氧处理，给水品质控制指标符合表 6－25 的要求。

表 6－25 给水 pH 值、氢电导率、溶解氧的含量和 TOC_i 要求

pH 值（25℃）	氢电导率（25℃，μS/cm）		溶解氧（μg/L）	TOC_i（μg/L）
	要求值	期望值		
8.5～9.3	≤0.15	≤0.10	10～150	200

（五）水质恶化和机组停运措施

当汽水质量偏离控制要求时，应迅速检查取样的代表性并确认测量结果的准确性，分析汽水品质的变化情况，查找原因并采取相应的措施。给水加氧处理汽水异常时的处理措施如表 6－26 所示。

表 6－26 给水加氧处理汽水异常时的处理措施

省煤器进口氢电导率（25℃，μS/cm）	应采取的措施
0.10～0.15	正常运行，应迅速查找污染原因，在 72h 内使氢电导率降至 0.1μS/cm 以下
0.15～0.20	立即提高加氨量，调整给水 pH 值到 9.0～9.5，在 24h 内使氢电导率降至 0.1μS/cm 以下
≥0.20	停止加氧，转换为 AVT（O）方式运行

1. 水质恶化

凝结水氢电导率大于 0.20μS/cm 时（如凝汽器发生泄漏、回收的疏水质量劣化时等），应查找原因并采取相应措施。

如果省煤器进口给水的氢电导率大于 0.15μS/cm，应停止加氧，关闭加氧控制柜分别至精处理装置出口和除氧器出口的加氧阀门；与此同时，将除氧器进口电导率设定值改为 7.5μS/cm，提高给水 pH 值至 9.2～9.6；同时，排查原因，待省煤器进口给水的氢电导率合格后，再恢复加氧处理。

2. 非计划停机

机组非计划停机，应该立即关闭加氧控制柜精处理和除氧器出口加氧进、出口阀门，停止加氧。同时，将除氧器进口电导率设定值改为 7.5μS/cm，并手动加大精处理装置出口的加氨量，尽快将给水 pH 值提高到 9.2～9.6。

机组停运前，打开除氧器向凝汽器排汽门和高压加热器向除氧器连续排汽门。

3. 正常停机

正常停机时，提前 24h 关闭加氧控制柜精处理装置和除氧器出口加氧进、出口阀门，

停止加氧。同时，将精处理出口或除氧器进口电导率设定值改为 7.5μS/cm，提高给水 pH 值至 9.2～9.6。

机组停运前，打开除氧器向凝汽器排汽门和高压加热器向除氧器连续排汽门。

（六）加氧中断后再次启动加氧的运行措施

机组启动时，按化学运行规程进行冲洗和投运精处理装置。在机组启动冲洗时，精处理装置出口只加氨，不加联氨，将除氧器进口电导率设定值设置为 7.5μS/cm，以维持省煤器进口给水 pH 值为 9.2～9.6。

机组启动时，高压加热器向除氧器的运行连续排汽门打开；当开始加氧后，将高压加热器向除氧器的运行连续排汽门关闭。

机组启动时，除氧器排气电动门打开；当开始加氧后，将除氧器排气电动门微开。

机组带负荷超过 40%，汽动给水泵投运后，并且精处理出口氢电导率小于 0.10μS/cm、省煤器进口给水氢电导率小于 0.10μS/cm 时，方可进行加氧处理。

（七）加氧过程中常见问题与处理

1. 凝结水加氧后除氧器进口有氧而除氧器出口无氧

机组实施凝结水加氧处理，在除氧器进口溶解氧含量很快达到一定值后，关闭除氧器排氧门。经过很长一段时间，除氧器出口和省煤器进口仍然无氧。经对除氧器排气门后管道进行红外测温仪温度检查，发现除氧器排气门后管道温度高，显示除氧器排汽门存在内漏，加入凝结水的溶解氧经过除氧器排除，导致除氧器出口无氧。

经过人工检修，排除除氧器排气门内漏的问题，除氧器出口水样溶氧数值与除氧器进口水样溶氧数值一致。

2. 单侧给水泵滤网差压高

在对机组进行给水加氧处理后，机组运行过程中造成单侧给水泵滤网差压高，经检查滤网堵塞物为氧化铁颗粒。对另一台给水泵滤网进行检查后发现，内部洁净、无氧化物颗粒。对滤网进行清理，机组恢复加氧运行后发现两侧给水加氧不平衡，但在省煤器进口段测得给水中含有氧。

3. 加氧处理后，给水、蒸汽取样氢电导率异常

在给水加氧初期，受取样管内和高温设备表面杂质的影响，氧在高温环境下的强氧化性，容易与金属内表面的 Cr、S、P、C 等元素发生氧化反应，使样品中的酸性离子增加，造成氢电导率异常。在加氧处理时应根据氢电导率变化适当调整氧气的含量，使系统氢电导率控制在要求的范围内。

三、加氧运行期间应注意的事项

（1）高温氧化皮脱落预防。减缓和防止过热器和再热器管的氧化皮生成和脱落，一方面，合理选材和合理设计锅炉；另一方面，在运行控制上，严格控制过热器和再热器的金属壁温不超过金属的设计温度，同时避免金属壁温短期内产生大幅波动。因此，在运行控制方面，必须严格控制过热器和再热器的金属壁温。

（2）加强锅炉运行工况的调整，控制锅炉升降负荷速率，减少因机组负荷波动带来的

热冲击。机组正常运行中加强对受热面的热偏差监视和调整，严格控制受热面蒸汽温度和金属温度，适当控制和降低机组运行参数，在任何情况下严禁锅炉超温运行。

（3）停炉过程中，严格控制锅炉降温操作，应尽量采取较低的温降速率，严禁采用强冷措施。

尽量避免机组频繁启停，机组的频繁启动容易造成锅炉运行温度剧烈变化，增加或扩大氧化皮与基体间以及氧化皮之间的裂纹，造成或促进氧化皮剥落。

（4）在高温下，运行的奥氏体钢材的氧化皮生成和脱落是不可避免的。锅炉正常运行时，一直存在少量的氧化皮脱落现象，大量的氧化皮剥离主要发生在机组启停过程中，因此，可利用机组检修机会，采用科技手段，对高温过热器或再热器垂直管屏底部弯头部位的氧化皮碎片的堆积情况进行测量，并及时进行割管清理。

第七章

二次再热机组自动控制

第一节　分散控制系统

分散控制系统（DCS）是一个由过程控制级和过程监控级组成的以通信网络为纽带的多级计算机系统，其实质是利用计算机技术对生产过程进行集中监视、操作、管理和分散控制的一种新型控制技术。其功能特点为通用性强、系统组态灵活、控制功能完善、数据处理方便、显示操作集中、人机界面友好、安装简单规范化、调试方便、运行安全可靠等。

二次再热机组的设备制造和工艺流程与之前常规一次再热机组有了较大的不同，如此大规模和复杂的控制对象，对火力发电厂的控制系统提出了更高的要求。

一、控制系统概述

国电泰州电厂二期 1000MW 超超临界二次再热机组控制系统汽轮机部分主要由分散控制系统（DCS），汽轮机数字电液控制系统（DEH）/汽轮机危急遮断系统（ETS），给水泵汽轮机电液控制系统（MEH）/给水泵汽轮机危急跳闸系统（METS），高、中、低三级旁路控制系统（BPC）等组成。

机组 DCS 采用 EDPF－NT Plus 分散控制系统。锅炉吹灰控制系统，烟气脱硝控制系统（SCR），给水泵汽轮机控制系统（MEH、METS），高、中、低三级旁路控制系统（BPC），循环水系统等均纳入到单元机组 DCS 控制。二期两台机组设一套公用 DCS，公用系统主要包括空压机站、邻炉加热、公用厂用电系统，公用系统纳入公用系统 DCS 网络，并分别与两台单元机组 DCS 相联。两台单元机组 DCS 均能对公用系统进行监视和控制，并具有操作互锁功能，即任何时候仅有一台机组能发出有效操作指令。

机组附属及外围辅助控制系统同样也采用 EDPF－NT Plus 分散控制系统，主要包括除灰、除渣、凝结水精处理、汽水取样分析和化学加药等控制系统，其中凝结水精处理控制系统还采用了现场总线技术（脱硫 DCS 单独设置，不纳入辅网）。

二、EDPF－NT Plus 分散控制系统

EDPF－NT Plus 分散控制系统是一个融计算机（Computer）、通信（Communication）、显示（CRT）和控制（Control）4C 技术为一体的工业自动化产品，实现自动控制与信息管理一体化设计。同时，EDPF－NT Plus 分散控制系统面向整个生产过程，具有开放式结构和良好的硬件兼容性、软件可扩展性。

（一）EDPF-NT Plus 分散控制系统主要技术特点

1. 先进的扁平化对等型网络结构

系统采用扁平化对等型网络结构，系统内无网络服务器、核心主计算机等处于核心地位的计算机装置，不会产生网络瓶颈和危险集中现象，真正实现了功能分散、危险分散。系统数据高速公路采用双网并发、接收冗余过滤的冗余工作方式，保证了网络切换或故障时系统的运行性能。同时，系统采用多域隔离工作模式，任一网络故障被局限在更小的范围内，防止故障蔓延至全网，使得系统可靠性更高。

2. 系统硬件广泛采用冗余技术

EDPF-NT Plus 分散控制系统的所有处理器模件、电源、网络及通信均冗余配置，一旦某个工作的处理器模件发生故障，系统能自动地以无扰方式，快速切换至与其冗余的处理器模件，并在操作员站报警。控制柜内部控制器和 I/O 模块的供电为双路直流（24/48V）并行供电，不存在切换时间，保证了控制柜内设备的安全、可靠、连续供电要求。

3. 新型分布式实时数据库、具有多层次自诊断功能

以站为基本单位的大容量分布式实时数据库采用了基于聚簇索引技术的数据库引擎核心，很好地解决了 DCS 工程分步投运中易出现的相互干扰问题，提高了系统动态安全性，并突破了实时性能瓶颈。数据库的局部修改对数据库其他部分无影响，无需整体重新编译和装载。系统具有多层次自诊断功能，能诊断网络、站、模件直至 I/O 点，并以操作员显示器（LCD）画面形式全面提供诊断信息，使运行人员一目了然。

4. 支持网络时间同步协议（NTP）和 RS232/RS485 报文时间同步输入

准确的时钟对于控制系统至关重要，它直接关系通信和控制的确定性以及事故顺序记录（SOE）的分辨率和准确率，因此必须保证所有站点的时钟同步。EDPF-NT Plus 分散控制系统支持网络时间同步协议 NTP 和 RS232/RS485 报文时间同步输入。系统过程控制站控制器提供 GPS 秒脉冲信号接口，用于控制器之间时钟高精度同步。每套过程站控制器与 I/O 模件之间还专设同步脉冲电路，确保跨站 SOE 分辨率小于 1ms，站内 SOE 分辨率小于 0.3ms。

5. 虚拟控制器的运用

借助跨平台软件移植技术，EDPF-NT Plus 分散控制系统的虚拟控制器软件与真实控制器软件具有几乎完全相同的功能和特性，实现了控制系统高精度仿真，可以对控制策略进行全面仿真测试，并且可以作为接口机以通信方式与第三方交换数据，支持进一步应用功能扩展。

6. 全自由格式的 SAMA 图形化控制组态软件

组态方式采用 Windows 系统下 Microsoft Visio 的图形化组态模式，全部算法块均与美国科学仪器制造商协会（SAMA）颁布的 SAMA PMC22.1 仪表和控制系统功能图表示法一致。便捷的全图形化 SAMA 图控制组态功能，非常直观，便于技术人员使用和维护。

7. 过程控制站算法库动态加载技术

过程控制站算法库与分布式控制处理器（DPU）支撑软件的主体分开，可以各自独立

升级，在线增加或替换算法。不但方便了系统的升级和维护，还为用户提供了灵活的定制功能。便于针对不同控制对象、不同过程控制领域开发专用算法库。通过提供 EDPF－NT Plus 分散控制系统增值开发包，支持用户自行编制高级控制算法。

8. 良好的开放性能

EDPF－NT Plus 分散控制系统的通信接口支持 RS232C、RS485/422 和以太网方式连接，使用 TCP/IP、MODBUS/MODBUS Plus、PROFIBUS 通信协议。所有通信接口内置于分布式控制处理器（DPU）或作为一个独立的多功能网关挂在数据高速公路上，通信接口为冗余设置（包括冗余通信接口模件），冗余的通信接口在任何时候都同时工作。自主创新的扩展 I/O 接口（EIO）为各类现场总线设备提供了统一、灵活的接入平台。

（二）EDPF－NT Plus 分散控制系统结构及基本构成

1. EDPF－NT Plus 分散控制系统结构

EDPF－NT Plus 分散控制系统是基于最新计算机嵌入系统技术和现场总线技术开发的分布式控制系统。EDPF－NT Plus 分散控制系统以网络通信系统为基础，以面向功能和对象而实现的“站”为基本单元，专门设计的分布式动态实时数据库用于管理分布在各站的系统运行所需的全部数据。

EDPF－NT Plus 分散控制系统支持面向厂区级应用的基于分布式计算环境（DCE）的多域网络环境。采用“域”管理技术，成功解决多套控制系统隔离互联及集中监控功能要求。

EDPF－NT Plus 分散控制系统可以是由多个“域”集合而成的大型分布式控制系统。每个域是其中一个中小型系统，完成相对独立的数据采集处理和控制功能。各个域通过网络连接在一起，形成一体化大型自动化系统。各域之间相互隔离，合法数据可以在域间共享，杜绝非法信息跨域流动，降低数据规模，提高系统可靠性。

EDPF－NT Plus 分散控制系统的站分为控制器和人机交互工作站两大类。

EDPF－NT Plus 分散控制系统的控制器既可以是真实的过程控制站控制器，也可以是一台运行于通用计算机上的虚拟控制器。

人机交互工作站按功能分为工程师站、操作员站、历史数据记录站、计算站、制表站、接口工作站等。允许在一台计算机内同时安装多种功能的人机交互工作站软件，构建综合性人机交互工作站。一台人机交互工作站可以同时加入多个“域”，另一台控制器只属于一个“域”。

EDPF－NT Plus 分散控制系统硬件体系结构如图 7－1 所示。控制系统由操作员站、工程师站、历史站、输出设备、分布式控制处理器（DPU）及 I/O 模块、电源、机柜等组成。通过高速网络构成的局域网将这些设备连接，实现数据在设备中的传递、交换和共享。其中操作员站、工程师站、历史站可由一台或多台计算机组成，并可根据需要在局域网上连接一台或多台输出设备。

2. 分布式控制处理器（DPU）

分布式控制处理器（DPU）前面板布置如图 7－2 所示。

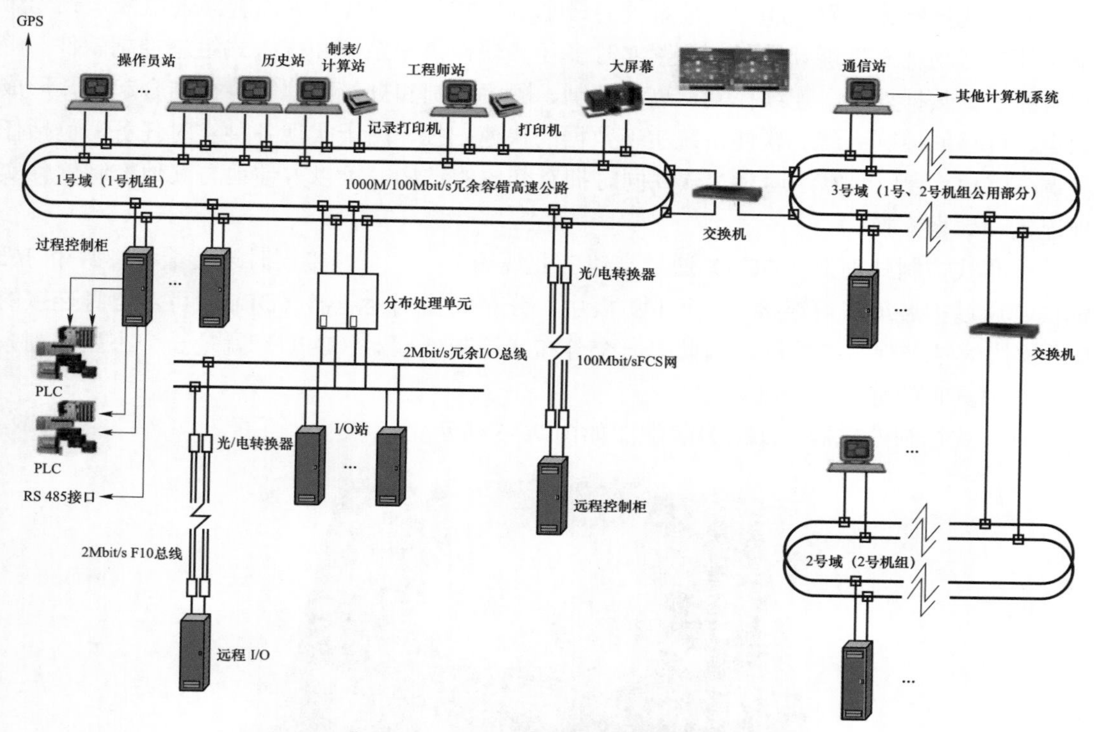

图 7-1　EDPF-NT Plus 分散控制系统硬件体系结构

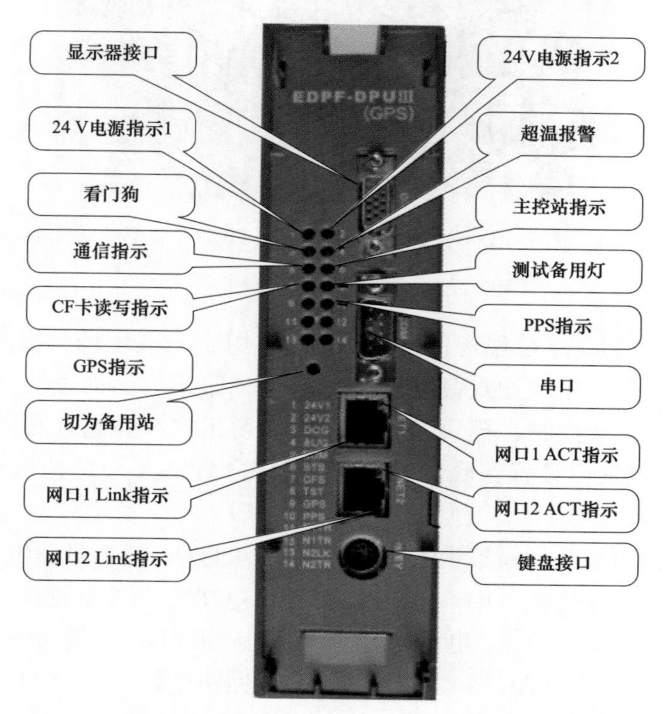

图 7-2　分布式控制处理器（DPU）前面板布置图

分布式控制处理器（DPU）是系统的最基本控制单元。其中主控制器采用嵌入式无风扇设计的低功耗高性能计算机，内置实时多任务软件操作系统和嵌入式组态控制软件，将网络通信、数据处理、连续控制、离散控制、顺序控制和批量处理等有机结合起来，形成稳定、可靠的控制系统。软件系统实现数据的快速扫描，用于实现各种实时任务，包括任务调度、I/O 管理、算法运算。软件同时拥有开放的结构，可以方便地与其他控制软件实现连接和数据交换。

分布式控制处理器（DPU）通过高速工业现场总线，可直接同时连接最多 32 个 I/O 模块，通过扩展最多可连接 64 个 I/O 模块。分布式控制处理器（DPU）可对自身连接的 I/O 模块信号进行组态控制，因此每一个分布式控制处理器（DPU）就是一个小型控制系统。实现真正的分布式控制。

分布式控制处理器（DPU）装配图如图 7-3 所示。

图 7-3　分布式控制处理器（DPU）装配图

3. I/O 模块

I/O 模块通过模块底座与现场信号线缆连接，用于完成现场数据的采集、处理和现场设备驱动。每个 I/O 模块通过高速现场总线与分布式控制处理器（DPU）进行通信连接，实现现场分布式控制。模块通过底座与现场相接，并通过底座与控制器通信和获得电源。模块的地址由设置在底座上的 DIP 开关来设定，地址范围是 01～63（00H～3FH）。

I/O 模块按功能可以分为模拟量输入卡（AI/TC/RTD）、模拟量输出卡（AO）、开关量输入卡（DI）、开关量输出卡（DO）、单回路控制卡（CT）、脉冲量测量卡（PI）、测速 OPC 卡（SD）、纯电调伺服卡（VC）、电调与 DCS 接口卡（DCI）、开关量输入/输出卡（DIO）、电流输出型多回路控制卡（ACT4）、脉冲输出型多回路控制卡（CT4）、TV/TA 电量测量模块（EM）等。

DCS 所使用的 I/O 模块特性见表 7-1。

表 7－1　DCS 所使用的 I/O 模块特性

序号	模块类型	I/O 模块特性
1	AI8H	8 路 0～20MA 输入
2	AO8H	8 路 0～20MA 输出
3	TC8R	8 路热电偶输入，1 路 PT100 冷端补偿
4	RTD8	8 路热电阻输入信号
5	DI16	16 路 DI 输入，查询电压 24V 或 48V 可选
6	DI16E（SOE 卡）	16 路开关量输入通道，查询电压 24V 或 48V 可选，输入信号分辨率达 0.3ms
7	PI8	8 路无源脉冲输入信号
8	DO16	16 路 DO（24V 有源输出）

4. 工程师站（ENG）

工程师站是 EDPF－NT Plus 分散控制系统中组态、管理和维护工程的计算机。一个系统域中可以存在多台工程师站，也可以整套多域控制系统仅使用一台工程师站。一台工程师站通过加入每个 DCS 域成为全局工程师站，可以同时对多个域上的分散控制子系统进行组态和维护管理。

整套系统需指定一台全局工程师站作为工程服务器。一个工程中只需设置一台授权的工程服务器，其他工程师站均可以通过网络访问工程服务器进行远程操作，完成全部组态任务。工程服务器上设计有互锁功能，可以保证数据的唯一性。

工程师站负责规划系统规模，创建工程，完成建域、建站，生成系统数据库，监视操作画面、控制算法、报警功能等，同时具有对过程控制站控制应用软件的下载和上装等功能。

工程师站安装有工程管理器、工程服务器、安全策略生成器、工程组态和管理软件包、点记录批量操作工具、站管理工具、虚拟控制器以及时间同步工具等功能软件。

5. 操作员站（OPR）

操作员站是 EDPF－NT Plus 分散控制系统的重要组成部分，是具有人机交互功能的计算机站（Man Machine Interface，MMI）的一种。

在实时运行状态下，操作员站因可以同时加入多个控制域而具有全局特征，并可以同时监视、操作多个域上的被控工艺设备。一个系统中可以有多台操作员站，各站之间相互独立，互不干扰。

操作员站能够以过程画面、曲线、表格等方式为操作人员提供生产过程的实时数据，借助人机对话功能，操作人员可对生产过程进行实时干预。

操作员站提供下列基本功能：

（1）显示操作功能。

（2）报警显示、处理功能。

（3）控制操作功能。

（4）历史事件查询功能。

（5）操作记录查询功能。

6. 历史数据记录站（HSR）

历史站采用例外报告技术和二进制压缩格式收集生产过程参数和衍生数据，包括模拟量、开关量和 GP 点的实时数据、报警信息、SOE 事件队列、操作记录等，并存储到存储介质中。

历史站作为数据服务器，为其他人机交互设备 MMI 提供历史数据的检索服务，显示历史趋势曲线、产生报警历史画面、形成运行报表等。

使用工程管理器对历史站和点记录进行组态，生成历史站使用的配置文件和测点列表。历史站根据配置文件和测点列表采集和存储生产控制过程中的历史数据和报警数据，并作为服务器为操作员站、制表站等其他 MMI 站提供服务，使之能够显示历史趋势曲线、报警历史信息列表，形成运行报表。

历史站也可兼具操作员站、工程师站、制表站等功能。

7. 控制系统的供电

单元机组 DCS 设有电源柜，电源柜负责整个 EDPF－NT Plus 分散控制系统电源的分配、控制和保护。出于安全和高可靠性的要求，EDPF－NT Plus 分散控制系统要求外部提供两路交流 220V AC 供电，其中第一路最好是从 UPS 供给。供给 DCS 的两路电源首先接入电源柜，经过空气开关后，送到各个控制柜和操作台。供给操作台的电源首先要通过冗余电源快速切换器进行切换，送到控制柜的电源不经过切换，直接供给两路电源。

控制柜电源采用 NT 24/48XE 电源，该电源由 2 个电源模块（EDPF－PS）和 1 个电源分配盘（EDPF－PD）组成。EDPF－NT 分散控制系统电源如图 7－4 所示。

图 7－4　EDPF－NT 分散控制系统电源

两块供电电源模块（EDPF－PS）接受 2 路交流 220V 电源，转换为两组直流 24V 和 48V 电源后送到电源分配盘模块（EDPF－PD），EDPF－PD 扩展 24V 与 48V 各 12 路，从而为模块组、风扇等提供直流 24V、48V 电源。其中，48V 专用于开关量模块（DI、PI）输入信号状态查询。

8. 分层多域的网络通信系统

EDPF－NT Plus 分散控制系统的网络通信结构分为 3 层：数据高速公路管控网层（Management and Control Net，MCN）、扩展输入/输出层（Extended Input/Output，EIO）、现场输入/输出层（Field I/O，FIO）。

（1）MCN 层是 EDPF－NT Plus 分散控制系统的上层信息网络，采用工业交换式以太网。网络拓扑结构可以是星型/环型/树型/总线型等。双网并发冗余/多重化冗余（多点交叉冗余容错的环网结构、自愈型网状结构）。

MCN 支持“分布式计算环境”。它基于 TCP/IP 协议，为全系统提供网络通信服务。采用面向对象的方法设计与实现。

在物理结构上，MCN 可以是通过智能网络交换机连接起来的多个交换式以太网。域间的智能网络连接设备可以为各个子网之间提供进一步的安全隔离。在逻辑上，把整个网络上的各个节点组织成多个互相独立的“域（domain）”，最多支持 100 个域。每个域内最多容纳 253 个站。各个域之间的通信相互隔离、互不影响。

MCN 采用无网络服务器的扁平化对等型网络结构，没有数据的集中存储和转发，无额外的数据转换。实时数据流动通道中无瓶颈，每个网络节点带宽利用充分、平均，没有突出的热点，还避免了数据路由转发带来的延迟。尤其在事故状态下，网络数据流量不会突增，数据流更不会成比例地堆积在网络服务器节点上，更不会因网络服务器故障而导致整个系统崩溃。

（2）扩展输入/输出层 EIO 网是基于工业实时以太网的 I/O 总线平台，是 EDPF－NT Plus 过程控制站控制器与 I/O 子系统信息交互网络，具有下述特点：

1）EIO 网兼容高速以太网现场总线（HSE）、工业自动化以太网（EPA）等工业以太网协议。网络的拓扑结构可以采用树形或环形。支持网络冗余。

2）EIO 网段不局限于一个控制器内，两个以上的控制器可以同时管理使用同一个 EIO 网段，从而实现控制功能在同一个 EIO 网段上的扩充和重新分配。

3）EIO 网既可以是独立的工业以太网段，也可以作为逻辑网络与 MCN 网共用同一物理网络。这种简化的网络设计使外部信息接入方式更加灵活。

4）EIO 信息标准化实现控制信息的统一描述和统一接口。通过协议转换器透明访问现场输入/输出层 FIO 网络连接的现场总线设备和 EDPF－NT Plus 传统 I/O 模件。EIO 网同时为现场设备组态和调整信息提供传递隧道。

控制功能可以在控制器、EIO 网络接入设备间分布实现、统一管理。EIO 技术的引入，颠覆了传统 DCS 的过程控制站体系结构，系统开放性获得极大提高。

（3）现场输入/输出层 FIO 协议由接入系统的现场层 I/O 子系统设备提供，支持各种标准和私有的现场总线传输协议，如 FROFIBUS DP、FIELDBUS、HART、MODBUS RTU 和 EDPF－NT Plus 的 I/O 总线 IOBUS 等。

EDPF－NT Plus 的网络通信系统分为 3 层结构，使不同性质的数据流各行其道。每层节点面对的都是自己需要的信息，并能够专门针对本层的特点，设计实现或直接采用私有或标准的通信协议，便于在保证信息安全、保持自己特点的情况下符合通用标准，实现开放的网络结构。EDPF－NT Plus分散控制系统网络结构图如图7－5所示。

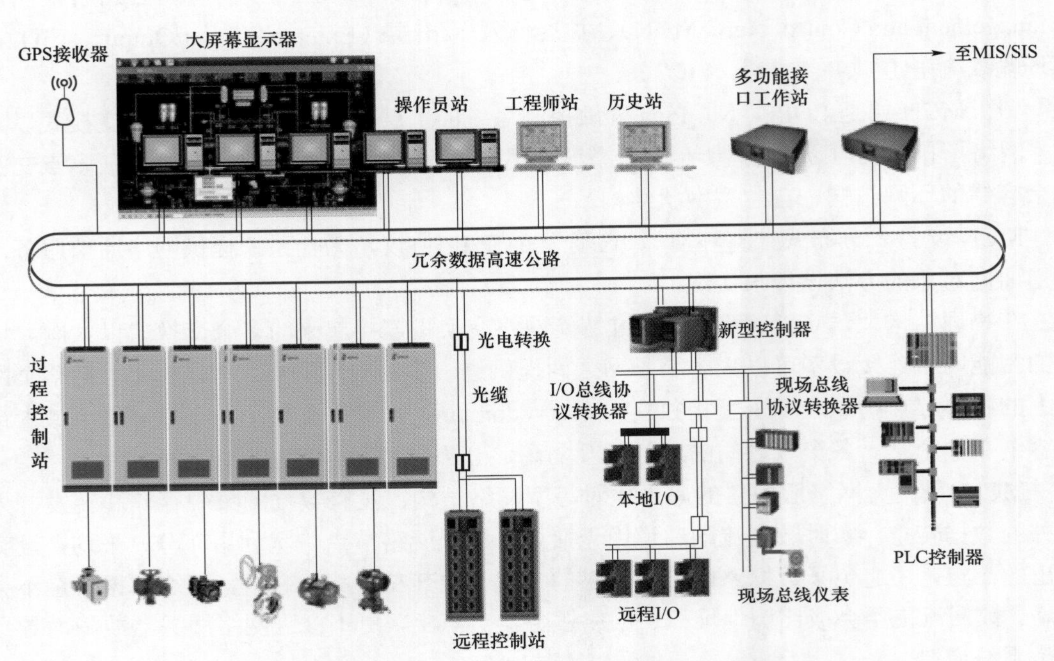

图7－5 EDPF－NT Plus分散控制系统网络结构图

三、DCS配置

国电泰州电厂二次再热机组集控室设在集控楼17m层，设有DCS操作站和DEH操作站、值长台、火灾报警盘等。监控台前设一面轻型弧形墙，墙上嵌入液晶大屏显示器等。打印机置于弧形墙后的打印机室内。

监控台布置有独立于DCS的紧急按钮，以便在DCS故障时，确保机组、设备的紧急安全停运。

工程师站设在集控楼17m层。每台机组设一间工程师室，DCS配备有6台上位机，分别是两台工程师站ENG201、ENG202，一台SIS接口站SIS217，一台多功能接口站COM218，两台历史站HSR219、HSR220。此外，工程师室内还配有一台DEH工程师站、一台汽轮机振动监测和故障诊断分析站。

电子设备间布置在集控楼11.9m层，主要布置单元机组DCS机柜，锅炉MFT跳闸柜，火焰检测柜，炉管泄漏检测装置柜，风机振动监测柜，汽轮机DEH、ETS柜，汽轮机本体监测TSI柜，给水泵汽轮机的METS、MEH、给水泵汽轮机监视仪表与保护系统（MTSI）柜，热工设备电源柜，全厂闭路电视柜等。

操作台紧急按钮布置图如图7－6所示。

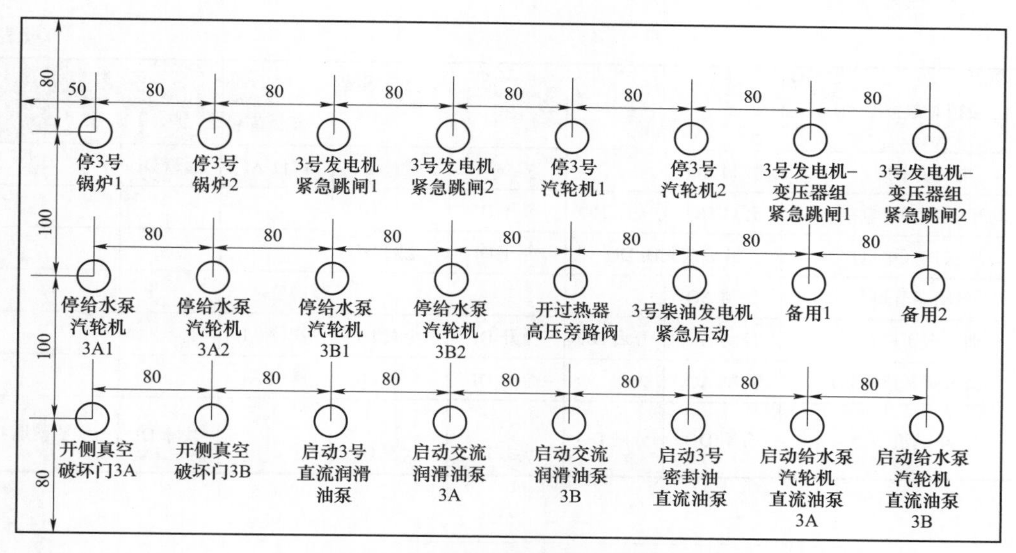

图 7-6 操作台紧急按钮布置图

每台单元机组配置 54 对冗余 EDPF-DPU 控制器，公用系统配置 4 对冗余 EDPF-DPU 控制器。DEH/ETS 采用了上海汽轮机厂配套提供的西门子 SPPA-T3000 分散控制系统，并配置 4 对冗余 AS414PG 控制器、FM458 超高性能处理器、ADDFEM 快速处理模件。DEH 控制范围包括汽轮机 DEH、ETS 系统，汽轮机润滑油系统、EH 油系统，汽轮机轴封系统，汽轮机盘车、发电机的氢油水系统，汽轮机抽汽止回门以及部分机侧疏水阀。

（一）I/O 设置原则

I/O 的设置满足以下要求：

（1）冗余 I/O 信号配置在不同的 I/O 模件上。

（2）重要控制回路的 I/O 信号不配置在同一个 I/O 模件上。

（3）控制器之间重要保护及联锁信号为硬接线 I/O。

（4）用于触发机组跳闸保护的输入信号不经过其他处理器处理，直接送入相应的保护控制处理器。

（5）并列或主/备设置的工艺系统或设备，其各自的 I/O 信号分别配置在不同 I/O 模件上。对多层或多台互备设置的工艺系统或设备，其各自的 I/O 信号分别分散配置到几个 I/O 模件上。

（6）被控对象 I/O 点设置。典型被控对象 I/O 点设置见表 7-2，单元机组 I/O 数量统计如图 7-7 所示，公用机组 I/O 数量统计如图 7-8 所示。

表 7-2 被控对象 I/O 点设置

被控对象类型	I/O 设置						
	指令信号		反馈信号				
电动开/关阀	开启 DO	关闭 DO	全开 DI	全关 DI		故障 DI	远方/就地 DI
电动开/关阀（带位置反馈）	开启 DO	关闭 DO	全开 DI	全关 DI	阀位 AI	故障 DI	远方/就地 DI

续表

被控对象类型	I/O 设置						
	指令信号		反馈信号				
电动调节阀	控制 AO				阀位 AI	故障 DI	
气动开/关阀（双电控）	开启 DO	关闭 DO	全开 DI	全关 DI			
气动开/关阀（单电控）	开启或关闭 DO		全开 DI	全关 DI			
气动调节阀	控制 AO				阀位 AI		
气动调节阀（超驰开）	控制 AO	开启 DO	全开 DI	全关 DI	阀位 AI		
气动调节阀（超驰关）	控制 AO	关闭 DO	全开 DI	全关 DI	阀位 AI		
电动机	合闸 DO	分闸 DO	合闸状态 DI	分闸状态 DI		故障 DI	远方/就地 DI

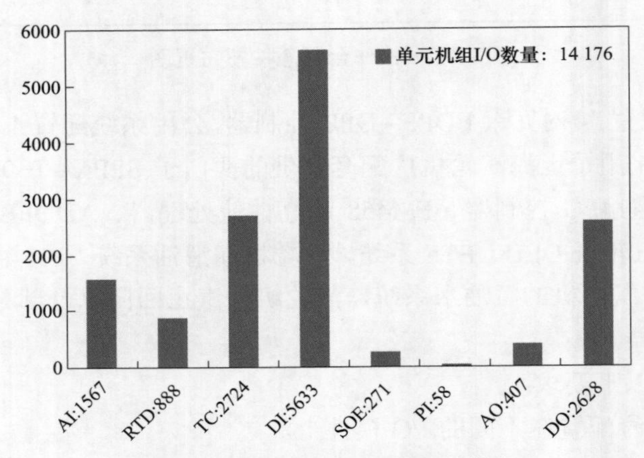

图 7－7　单元机组 I/O 数量统计

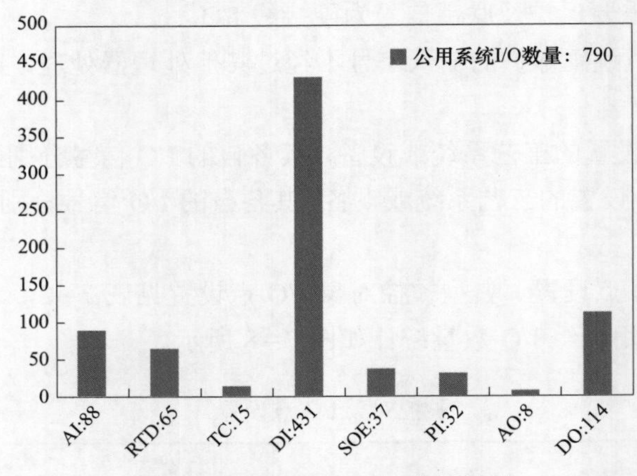

图 7－8　公用机组 I/O 数量统计

（二）控制器设置原则

控制器的设置满足以下要求：

（1）各磨煤机的控制逻辑安排不同的控制器。

（2）两侧烟风系统的控制逻辑在不同的控制器中实现。

（3）同类重要辅机的控制逻辑在不同的控制器中实现（如每台机组的3台循环水泵分别配置在不同的控制器中）。

（4）机组级APS控制逻辑在独立的控制站中实现（DPU29、DPU30）。

（5）机组跳闸保护采用独立的控制处理器完成。

（6）重要模拟量控制回路适当分散配置在不同控制处理器中；影响同一重要参数的控制回路（如过热/再热蒸汽温度控制），配置在不同的控制处理器中。

（7）电气发电机–变压器组和高、低压厂用电源系统设置独立控制器；A、B段厂用电配置在不同的控制处理器中。

单元机组分布式控制处理器（DPU）配置见表7–3。

表7–3 单元机组分布式控制处理器（DPU）配置

DPU功能分配	DPU号	机柜数量	主要逻辑功能
FSSS	DPU1	1个机柜	锅炉保护系统、炉前油系统、机炉SOE
	DPU2	1个机柜	B1层等离子系统、A密封风机系统、A火焰检测冷却风机系统
	DPU3	1个机柜	B2层等离子系统、B密封风机系统、B火焰检测冷却风机系统
	DPU4	1.5个机柜	制粉系统A及A层油系统
	DPU5	1.5个机柜	制粉系统B及B层油系统
	DPU6	1.5个机柜	制粉系统C及C层油系统
	DPU7	1.5个机柜	制粉系统D及D层油系统
	DPU8	1.5个机柜	制粉系统E及E层油系统
	DPU9	1.5个机柜	制粉系统F及F层油系统
MCS	DPU10	1个机柜	协调控制系统、给水主控、锅炉启动给水、燃烧主控
	DPU11	2个机柜	送风控制系统、制粉控制A/B系统、过热蒸汽温度调节控制系统
	DPU12	1个机柜	引风控制系统、制粉控制C/D系统、锅炉启动疏水调节系统、燃油控制系统
	DPU13	1个机柜	一次再热蒸汽温度调节控制系统、二次再热蒸汽温度调节控制系统
	DPU14	1个机柜	A/B层辅助风系统、A/B层燃料风系统、一次风控制系统、制粉控制E/F系统
	DPU15	1个机柜	C/D层辅助风系统、C/D层燃料风系统、上层燃尽风系统
	DPU16	1个机柜	E/F层辅助风系统、E/F层燃料风系统、下层燃尽风系统
BSCS	DPU17	2.5个机柜	风烟系统A
	DPU18	2.5个机柜	风烟系统B
	DPU19	1个机柜	过热减温及其疏水系统
	DPU20	1.5个机柜	一、二次再热减温及其疏水系统
	DPU21	1个机柜	锅炉疏水系统
	DPU22	1个机柜	锅炉放气系统、火焰电视系统、锅炉汽水系统

续表

DPU 功能分配	DPU 号	机柜数量	主要逻辑功能
BSCS	DPU23	1 个机柜	低温省煤器吹灰系统、低温省煤器烟气系统、空气预热器清洗系统
	DPU24	1.5 个机柜	炉膛吹灰系统
	DPU25	1 个机柜	空气预热器吹灰系统、伸缩式吹灰系统
	DPU26	1 个机柜	脱硝系统
炉管壁温度监测及 APS 控制逻辑	DPU27	0.5＋2 远程柜	锅炉管壁温度监测系统 1
	DPU28	0.5＋2 远程柜	锅炉管壁温度监测系统 2
	DPU29	0.5 个机柜	APS1 锅炉管壁温度监测系统 3
	DPU30	0.5 个机柜	APS2
TSCS	DPU31	1.5 个机柜	A 给水泵系统
	DPU32	1.5 个机柜	B 给水泵系统
	DPU33	2 个机柜	高压加热器及抽汽系统
	DPU34	1.5 个机柜	低压加热器及抽汽系统
	DPU35	1 个机柜	五抽及除氧器系统、辅助蒸汽系统
	DPU36	1 个机柜	旁路系统
	DPU37	1.5 个机柜	凝结水系统
	DPU38	1 个机柜	凝结水输送泵系统、凝汽器胶球清洗系统、精处理系统
	DPU39	1 个机柜	一、二次再热疏水系统，汽水取样系统
	DPU40	1 个机柜	主蒸汽系统、开式循环水系统 A、闭式循环冷却水系统 A、A 真空泵系统
	DPU41	1 个机柜	开式循环水系统 B、闭式循环冷却水系统 B、B 真空泵系统
	DPU42	1 个机柜	汽侧真空系统、发电机冷却及密封油系统、汽轮机润滑油净化及输送系统、C 真空泵系统
	DPU43	0.5＋1 远程柜	循环水泵 A 及远程 I/O 系统
	DPU44	0.5＋1 远程柜	循环水泵 B 及远程 I/O 系统
	DPU45	0.5＋1 远程柜	循环水泵 C 及远程 I/O 系统
	DPU46	1 个机柜＋1 个 ETS 继电器柜	给水泵汽轮机 A 电液控制系统（MEH）/给水泵汽轮机 A 危急跳闸系统（METS）
	DPU47	1 个机柜＋1 个 ETS 继电器柜	给水泵汽轮机 B 电液控制系统（MEH）/给水泵汽轮机 B 危急跳闸系统（METS）
ECS	DPU48	1.5 个机柜	发电机－变压器组控制系统、发电机励磁系统
	DPU49	1.5 个机柜	主变压器保护及监测系统测点、高压厂用变压器保护及监测系统
	DPU50	1 个机柜	10kV 30BBA 段控制系统、3A 汽轮机变压器控制系统、3A 锅炉变压器控制系统
	DPU51	1 个机柜	10kV 30BBC 段控制系统、3B 汽轮机变压器控制系统、3B 锅炉变压器控制系统
	DPU52	1 个机柜	6kV 30BBB 段控制系统、3A 除尘变压器控制系统、3A 脱硫变压器控制系统、3A 保安变压器控制系统
	DPU53	1 个机柜	6kV 30BBD 段控制系统、3B 除尘变压器控制系统、3B 脱硫变压器控制系统、3B 保安变压器控制系统
	DPU54	1 个机柜	柴油发电机控制系统、3 号机 UPS 控制系统、3 号机直流 110V 控制系统、3 号机直流 220V 控制系统

注　BSCS—锅炉顺序控制系统；TSCS—汽轮机顺序控制系统；ECS—电器控制系统。

公用系统 DCS 分布式控制处理器（DPU）配置见表 7－4。

表 7－4 公用系统 DCS 分布式控制处理器（DPU）配置

DPU 号	机柜数量	主要逻辑功能
DPU1	1 个机柜	1、2、3 号空气压缩机，公用空气压缩机 SOE
DPU2	1 个机柜	4、5、6 号空气压缩机，邻炉加热系统
DPU3	1 个机柜	3 号机照明变压器、检修变压器、公用变压器、循环水泵变压器、暖通/煤仓间 MCC、公用电气 SOE
DPU4	1 个机柜	4 号机照明变压器、检修变压器、公用变压器、循环水泵变压器、暖通/煤仓间 MCC、循环水泵公用电气（远程 I/O）

第二节 DEH 控制系统

国电泰州电厂二次再热机组 DEH 控制系统的控制逻辑是由上海汽轮机厂设计的。其主要控制思路沿用了上海汽轮机厂常规 1000MW 机组 DEH 系统控制逻辑理念，并结合机组运行工况对保护及控制参数做相应修改；同时增加二次再热相应设备的控制逻辑。整个 DEH 控制系统采用西门子 T3000 分散控制系统，并配有两个 458 高速控制器，作为整个 DEH 的核心控制器。

DEH 控制系统控制过程可以总结为：核心控制器通过既定的逻辑运算规则，计算出机组当时所需要的蒸汽流量，然后根据设定的流量配比分配到各个调节汽门上。控制的调节汽门主要包括两个超高压调节汽门、两个高压调节汽门和两个中压调节汽门。正常情况下，高压调节汽门和中压调节汽门调节只在机组启动和并网初期起作用。当机组总阀位指令大于 54%时，中压调节汽门全开；当总阀位指令大于 70%时，高压调节汽门全开。两组高、中压调节汽门全开后，对机组的调节主要由两个超高压调节汽门完成。

DEH 核心控制器主要功能是将汽轮发电机组从盘车转速升到额定转速、并网、在零负荷和额定负荷之间升负荷和降负荷，通过频率控制支持电网，甩负荷，控制主蒸汽压力等。国电泰州电厂 3 号机组的 DEH 系统逻辑设计特点为模块化设计，模块化逻辑结构简单、清晰，便于进行修改，以适应各种需求。

汽轮机控制器通过调节进入汽轮机内蒸汽流量来达到所需要的电负荷。每个阀门通过伺服阀控制阀门开关调节，伺服阀带有一个下级回路的电液油动机。根据机组启动及运行过程所选择的模式，机组可以在转速、负荷和压力控制方式下进行。

汽轮机控制系统主要由转速/负荷控制、主蒸汽压力控制、VHP 排汽温度控制、HP 排汽温度控制、压比控制、进汽设定值形成、阀位控制等部分组成。

一、汽轮机转速（NT）实际值的处理

机组设计了 6 个转速探头，安装在汽轮机的二瓦位置。当汽轮机转子旋转时，转子上

测速盘、槽运动引起转速探头的磁场变化，变化的磁场产生变化的电场。传感器的输出信号是交流电压，它的频率是槽数和转子转速的乘积。生成的转速频率信号接入6个BRAUN卡，经过BRAUN卡的处理产生6个超速开关量信号接入ETS保护跳闸回路，定值为3300r/min，通过两组3取2控制逻辑后，触发ETS保护动作。同时6个BRAUN卡产生6个PI转速信号接入汽轮机高速控制器，经过两组3取1的功能模块产生两个转速信号，最终通过两取大功能块产生控制器转速的实际值，用于逻辑运算及调节。机组启动时，借助瞬态监控功能监控通过临界转速范围的透平转速，以防止汽轮机叶片和轴系遭受共振。如果转速低于瞬态的设定转速但在临界转速范围内，转速设定值跟踪转速实际值减去转速的设定裕度，将转速降低到盘车转速。当转速落在临界转速范围之外时，通过确认信号使转速上升。每组的3个转速实际值信号NT1、NT2、NT3在汽轮机保护系统ETS外部电子硬件中处理，并直接输入汽轮机控制器。通过高阶低通滤波器过滤掉输入信号中的次谐波。在3取1功能中，从3个输入值选出转速NT1的实际值。如果转速测量值的第一通道发生故障，选择器功能立即发现故障，转速实际值从第1通道平稳地转入第2通道。另外，显示实际转速1的故障信息STNT1。如果第2实际值通道也失效，第3通道启动，并显示实际转速2的故障信息STNT2。如果只有第2通道有故障，实际转速2的故障信息STNT2显示。如果只有第3通道失效，实际转速3的故障信息STNT3显示。

转速信号逻辑图如图7-9所示。

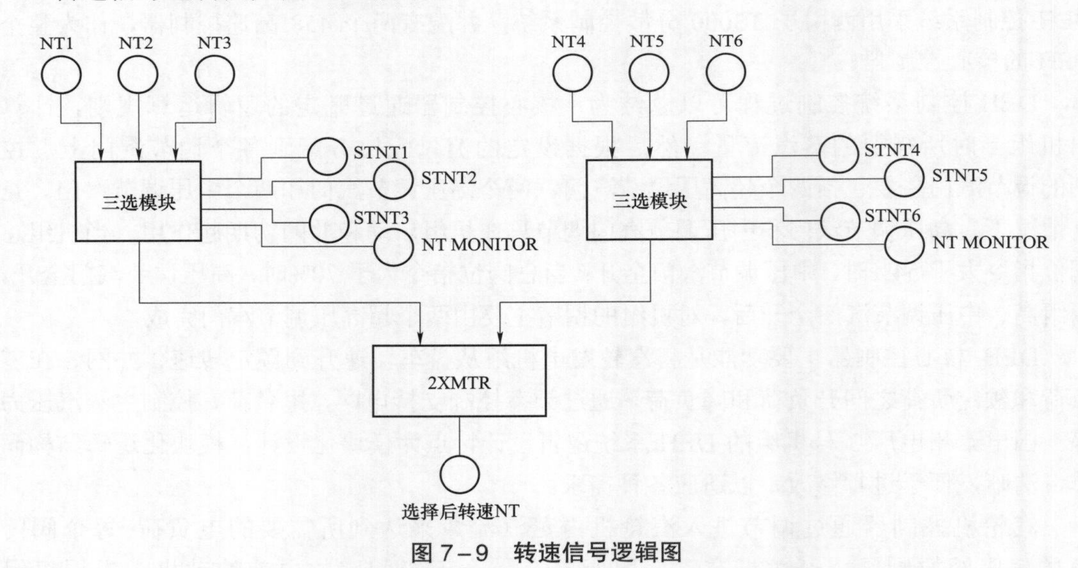

图7-9 转速信号逻辑图

汽轮机转速（NT）的实际值提供给转速/负荷控制器（NPR）、转速设定值（NS）、运行和监控系统、汽轮机主控程序、汽轮机保护系统（DTSZ）、汽轮机应力评估（WTG）、汽轮机控制阀（EHA控制装置）模块和自动处理单元，作为机组的实际转速值。在汽轮发电机组启动期间，必须尽快通过某一临界转速范围。如果转速在临界转速范围内，低于转速设定值，将引起转速梯度限值GNTGRD动作。应力评估器TSE发生故障、WTS动作将通过中断启动信号ANFABR降低转速设定值，同时将转速梯度太小NTGRKL信号送到 OM 画面和汽轮机控制主程序 DTS 中。当转速不再在临界转速范围内时，该信息可以通过 OM 画面复置确认设定值控制 SWFQ 信号，继续启动程序。

二、负荷实际值（PEL）的处理

发电机负荷通过功率传感器来测量，3 个实际负荷值 PEL1、PEL2 和 PEL3 从变送器直接读入汽轮机控制器。在正常的运行中，3 个负荷实际值通过 3 取 1 功能的选择、过滤，并输出到相应的模块和自动设备中，作为负荷 PEL 的实际值。输出的具体模块有甩负荷识别（LAW）、转速设定值（NS）、负荷设定值（PS）、转速/负荷控制器（NPR）、运行和监控系统（OM）、机组协调器（BLE）、汽轮机主控制程序（DTS）、汽轮机应力评估（WTG）等。三选模块还同时监视 3 个实际值的故障和偏差。如果一个值显示故障，汽轮机仍然可以继续运行。如果实际值发生故障，处理方式与转速信号相似，负荷测量故障信息 STPEL 输出到 OM 画面。功率信号逻辑图如图 7－10 所示。

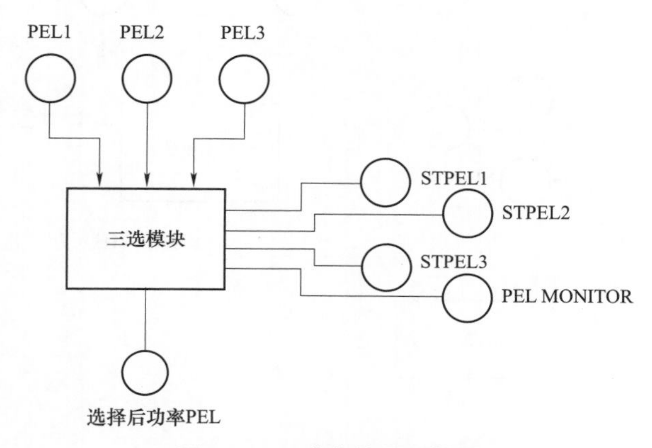

图 7－10　功率信号逻辑图

三、主蒸汽压力的实际值（PFD）处理

主蒸汽压力通过分别在每侧主蒸汽管道上的 3 个压力传感器来测量。所有的实际值都直接被读入汽轮机控制器，每条汽轮机主蒸汽管道通过 3 取中功能选择，选取 3 个数值中的一个有效值。如果有任一个压力信号故障，进一步通过小选模块（MIN）功能选择，两个值中较小者被选取、过滤，并作为下一步主蒸汽压力的真实值代表。每侧主蒸汽压力的 3 个实际值 PFD1、PFD2 和 PFD3 直接从电厂变送器读入汽轮机控制器。在正常运行中，在 MIN 选择功能中选择主蒸汽压力两个实际值中较低的一个值。应用一个低通滤波器过滤管道中的压力波动和电磁干扰。这个过滤过的信号作为主蒸汽压力的实际值（PFD）输出到主蒸汽压力设定值（FDS）子模块、主蒸汽压力控制器（FDPR）子模块和机组协调器（BLE），作为主蒸汽压力的实际值（PFD）。同时该值显示在 OM 画面上。对 3 个主蒸汽压力实际值的故障和偏差进行监视，如果一个值失效，系统切换到余下的第二个值，汽轮机仍可以继续运行。主蒸汽压力测量 1 失效信息 STPFD1 输出到 OM 画面；如果实际值 2

失效，主蒸汽压力测量2失效STPFD2。如果在两通道之间仅发现一个不许可的偏差，主蒸汽压力测量故障（STPFD）信息输出给OM画面。主蒸汽压力实际值处理采用一个压力传感器测量主蒸汽压力。实际值直接读入汽轮机控制器，滤波后作为主蒸汽压力实际值供进一步处理。主蒸汽压力的实际值（PFD）从现场压力变送器直接读入汽轮机控制器。采用一个低通过滤器过滤管道中的压力波动和电磁干扰。该过滤信号作为主蒸汽压力的实际值（PFD）输出到主蒸汽压力控制器（FDPR）子模块、主蒸汽压力设定值（FDS）子模块和机组协调器（BLE）。该值显示在OM画面上。监视读入该子模块的主蒸汽压力的实际值（PFD）失效。如果监视的值设定超过极限，最后读入的值保存，主蒸汽压力测量故障（STPFD）在OM画面上显示。主蒸汽压力信号处理逻辑图如图7-11所示。

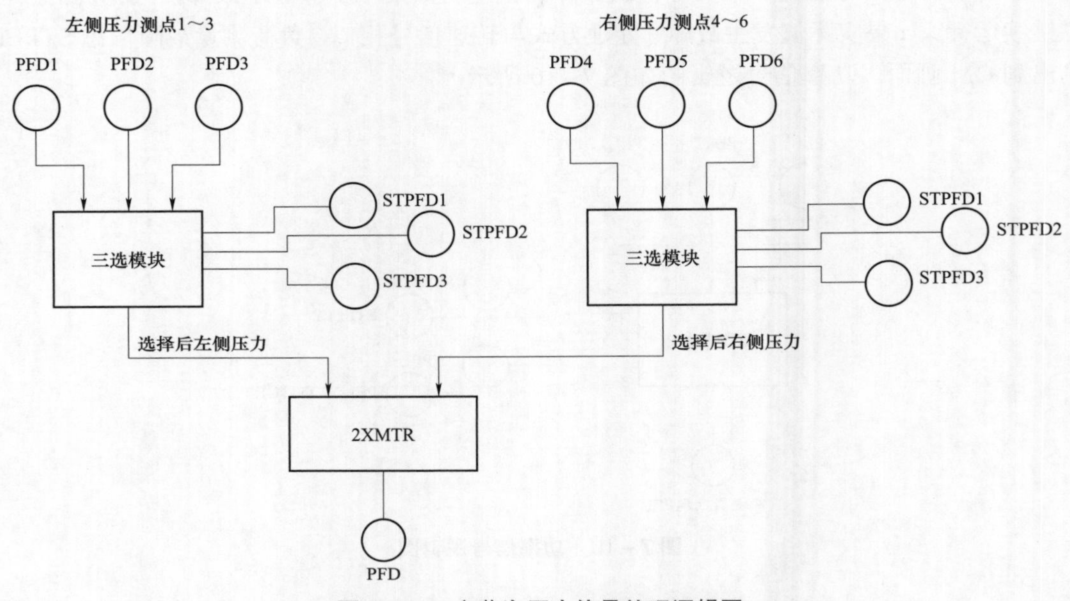

图7-11 主蒸汽压力信号处理逻辑图

四、转速设定值（NS）

启动过程中，转速设定值通过机组启动顺序控制设置。当冲转完成后，转速设定值可以在操作画面用手动在某个固定的范围内进行调整。设定值控制时间常数和转速的变化率作为允许“壁温”的函数被限制。在机组同步期间，通过同步装置修改转速设定值，控制汽轮机转速的变化率与电网频率匹配。并网之后，控制方式切换到负荷控制，设定值为初始负荷150MW，转速设定值设为额定转速3009r/min。通过OM画面，采用转速手动点动设定（VGNS）对转速设定值进行修改，只要该信号不被任何其他信号闭锁。设定值控制通过温度裕度子模块（WTF）计算出的梯度跟踪该值。转速上升裕度（OFBN）、转速下降裕度（UFBN）、延迟的转速设定值（NSV）加到转速/负荷控制器。汽轮机主控制程序发出转速设定值保持的命令（NSWART），转速设定值保持转速（NWART）暖机。上海汽轮机厂常规 1000MW 机组暖机转速为 360r/min，国电泰州电厂二次再热机组暖机转速为 870r/min。用温度裕度子模块（WTF）确定的梯度跟踪设定值控制。如果 TSE 发生故障，且机组转速不在临界转速区（NTASP）内，转速设定值将跟踪延迟的转速设定值（NSV），停止启动。在这种跟踪状态下，产生转速设定值跟踪信号（NSABGL），允许温度裕度子模块（WTF）激活和闭锁温度裕度。在汽轮机同期时，转速设定值接收同步转速的指令（NSYNC）来调整转速设定值稍微超过额定频率，用来防止发电机倒拖，即并网时发生逆功率。借助于同步装置的同步命令同期转速升（HIGHER SYH）和同期转速降（LOWER SYT），设定值可以在转速设定值下限（NSUG）和转速设定值上限（NSOG）之间的范围内调整。在转速控制时，同期装置由上限和下限值限制。在负荷运行时，同期装置被闭锁。同期后，在转速/负荷控制器子模块（NPR）中产生负荷运行信号（LB），当最小负荷限值（PMIN）到达时，转速设定值置于额定转速（NNOM）。在带转速控制器负荷运行期间甩负荷（LALBNR）时，转速设定值也置于额定转速（NNOM）。转速设定值示意图如图 7－12 所示。

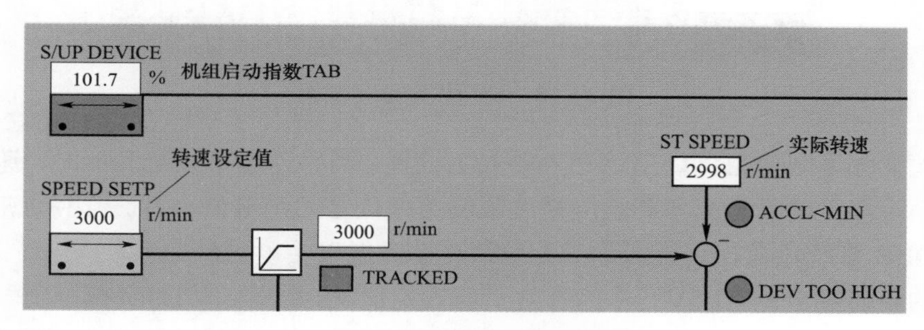

图 7－12　转速设定值示意图

在以下两种不同的情况下，转速设定值跟踪汽轮机转速实际值减去一个可调整偏差 $\delta(K_1)$，确保汽轮机调节汽门（CV）安全可靠地关闭：

（1）汽轮机启动期间如果转速在临界转速范围内低于瞬态设定转速，中止启动信号 ANFABR 用来停止该过程。

（2）如果汽轮机启动和升程限制器 TAB 的设定值低于允许的开始值，该值会跟踪响应汽轮机启动和升程限制器提升限值（TABGNF）。

五、负荷设定值（PS）

负荷设定值控制器分本地控制、远方控制两种，在机组并网瞬间，机组通过顺序控制指令将机组初始负荷指令设定为 150MW，同时压力控制模块自动设定为限压模式。该设定值控制的输出形成延迟的负荷设定值。设定值控制的时间常数，即控制阀的变化率被限制为许可的壁温差（TSE 的温度裕度）和设定的瞬态负荷的函数。设定值变化率的限制对增加和减小两个方向同样有作用，并在启动方向采取负值。这可使控制阀关闭，汽轮发电机减负荷。负荷设定值示意图如图 7－13 所示。

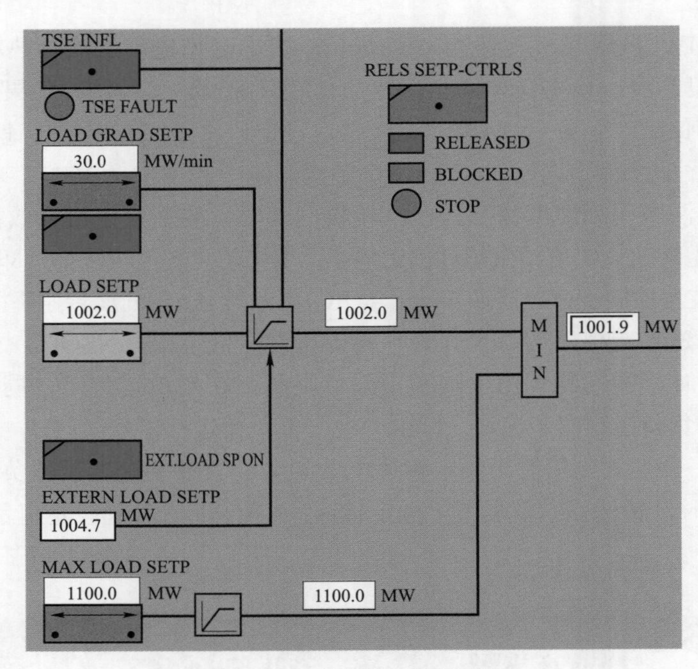

图 7－13 负荷设定值示意图

设定值变化率限值也可以由运行人员人工设置。当手动速率设定激活时，速率限制器的限制速率选取手动设定速率和温度裕度限制速率值之间绝对值小者。当手动速率限制不激活时，DEH 系统负荷控制模式下的变负荷速率为温度裕度限制速率。

延迟的负荷设定值（PSV）作为有效负荷设定值 PSW 送到转速/负荷控制器。在某些工况下，有效的负荷设定值可以从 OM 操作画面或机组协调控制系统产生，通过来自最大负荷设定值子模块（PSMX）的负荷设定值限制信号（PSV）来产生作用。负荷设定值（PS）和延迟的负荷设定值（PSV）自动跟踪这个限值。在限压控制模式，主蒸汽压力控制偏差（FDXW）加到延迟负荷设定值（PSV），以在主蒸汽压力扰动较小时支持锅炉控制。如果设定值控制已到达设定值，发出负荷设定值匹配信号（PSABGL），使温度裕度子模块（WTF）中的温度裕度投入或切除，并使负荷设定值梯度子模块（PSG）中的负荷设定值梯度动作。通过外部负荷设定值（PSX）和外部负荷设定值投入（PSXE）信号，负荷设定值可以从机组协调级设置。负荷控制器在初压控制方式（DVD），负荷设定（PSW）通过功率限制修正，有效的负荷设定值（PSB）通过 DVDPS 修正后减小。在同期之前，设定值为零。同期之后，发电机断路器以及负荷运行（LB）动作，使设定值控制动作并跟踪预置的目标设定值 150MW。主控制程序通过关闭汽轮机信号（STILL）使汽轮机停机。负荷设定值低限（PSUG）作为设定值自动设定。负荷设定值控制根据温度裕度子模块（WTF）计算的梯度跟踪此值。如果选择了初始压力模式，在进汽设定值形成子程序（OSB）的中央（MIN）选择功能中，从负荷控制器（NPR）控制方式切换到主蒸汽压力控制器（FDPR）控制方式，产生主蒸汽压力控制器动作信号（FDPRIE）。该信号和跟踪负荷设定值（PSNF）信号一起将设定值设定子程序设定到延迟的负荷设定值（PSV），致使设定值控制以一个适当的速率跟踪实际负荷（PEL）。当出现以下信号时，负荷设定值控制停止：当实际压力小于压力设定值 1MPa 后，限制压力激活（GDER）；负荷设定值控制上升（PSVLH）、从汽轮机主控制程序中自动停止（AUSTA）或热应力评估器失效（TSE WTS）。

为保证不同运行方式之间的无扰切换，切换过程中产生如下任一条件：

（1）使启动负荷和转速的设定值控制（FGSW）有效。

（2）禁止负荷和转速设定值控制（SPSWF）。

（3）停止负荷和转速设定值控制（STPSWF）。

（4）自动停止负荷和转速设定值控制核对（AUSTRM）信号。

在带负荷控制器的负荷运行与带有转速控制器的负荷运行之间切换时，用设定指令（SB）和负荷设定值（SVPS）信号将负荷设定值（PS）和延迟的转速设定值设定至适当的计算值。

当发生下列任一条件时，外部负荷设定值闭锁信号（PSXAB）产生，闭锁外部负荷设定值：汽轮机停机（STILL）、应力评估器故障 TSE WTS 故障，限制功能起作用（BEGRIE），锅炉控制（SPPSK）（只要限制压力模式或带有负荷控制器的负荷运行不起作用）闭锁负荷设定值，OM 画面实时显示负荷设定值（PS）和延迟的负荷设定值（PSV）。

六、汽轮机本体温度裕度（WTF）

汽轮机的增加负载和减少负载的理想状态是尽可能快地完成，同时考虑将金属材料的热应力影响减小到最低。因此，汽缸和转子的温差通过汽轮机上相关测点进行测量计算。模块 MAY10 中汽轮机应力功能的测量结果被用来计算速度变化率的最大值和设定值所对应的温度差，以这些温度差子模块中的差值来计算出可能的最大变化率。从汽轮机应力评估（WTG）中产生的负荷增加温度裕度（WTO）和负荷降低温度裕度（WTU），经过大选和小选模块，与最大允许裕度（FBMAX）进行比较。选出的信号乘以延迟的转速设定值梯度（NSVG）以产生转速设定值控制的速率。在负荷控制运行期间，该因子切换到延迟的负荷设定值速率（PSVG）。TSE 温度裕度画面示意图如图 7－14 所示。

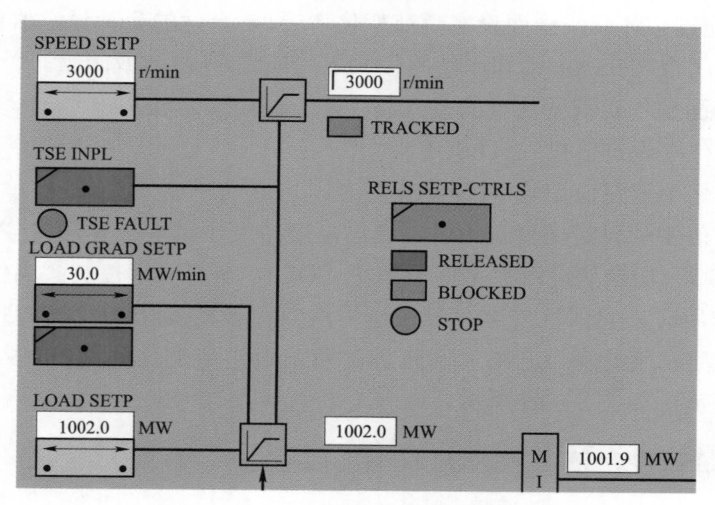

图 7－14　TSE 温度裕度画面示意图

限制转速设定值上限裕度（OFBN）最小值，以确保在升速期间转速梯度监控不作出响应。在转速1负荷控制器运行时，取消减少转速设定值以响应负的温度裕度，这种情况下切换为最大允许裕度（FBMAX）。

在转速1负荷控制器运行中，通过负荷设定值梯度子模块（PSG），由运行人员设定内部负荷设定值梯度（PSGI），与限制温度裕度WTO和WTU及最大允许裕度（FBMAX）在MIN或MAX选件模块中进行选择。选择的信号乘以延迟负荷设定值梯度（PSVG），以产生负荷设定值控制的梯度：加负荷方向为负荷上限裕度（OFBP）、减负荷方向为负荷下限裕度（UFBP）。

根据透平应力评估输出目前产生影响的信号指示：TSE限制在转速控制器动作（WTNR）、TSE限制在负荷控制器动作（WTPR）。如果主蒸汽压力控制器动作（FDPRIE），以上信号被闭锁。

（1）必须满足以下条件才允许温度裕度投入：

1）合适的转速设定值（NASBGL）。

2）合适的负荷设定值（PSABGL）。

3）TSE没有故障，存储（WTST）。

（2）可以通过OM画面用以下命令投入和切除温度裕度：

1）TSE响应投入指令（ON WTEB）。

2）TSE响应切除指令（OFF WTAB）。

TSE故障信号（WTS）由汽轮机应力评估产生，内部查询TSE响应投入（WTE）用来产生TSE故障信息（WTST），并内部存储，同时在OM画面上显示。该信号也用来停止负荷和进行转速的设定值控制。在该故障排除后，通过确认设定值控制信号（SWFQ）来取消停止指令，并清除OM画面上的报警显示。

七、负荷设定值梯度（PSG）

在汽轮发电机组与电网同期以后，汽轮机负荷以设定的负荷变化率增加直到达到设定的负荷值为止。通过OM操作画面设定负荷变化率。只要合适的负荷设定值信号（PSABGL）或发电机断路器闭合（GSA）动作系统将用投入/切除指令激活或闭锁。

通过OM画面操作负荷变化率的投入和切除，同时显示状态：

（1）负荷变化率设定值投入（PSGE）。

（2）负荷变化率设定值切除（PSGA）。

当负荷设定值手动设定梯度切除时，通过温度裕度子模块（WTF），将内部的负荷设定值变化率（PSG）切换到进汽设定值子模块（OS），从而确定控制阀阀位变化率。当负荷设定值不起作用时，为保证安全，触发延迟的负荷设定变化率（PSVG）起作用。OM画面显示负荷设定值变化率（PSG）和延迟的负荷设定值变化率（PSGV）。负荷设定值梯度（PSG）逻辑图如图7－15所示。

八、最大负荷设定值（PSMX）

在正常运行期间，通过OM画面负荷控制器设定的负荷可以通过OM运行画面或机组协调负荷指令来的信号降低，以达到控制子模块的目的。

通过 OM 画面设定或从机组协调级来的遥控负荷高限信号（KANL）和遥控负荷高限投入信号（KANLFG），形成手动设定的外部最大负荷设定值（VGPSMX）；通过 MIN 选择功能，选择较低的值作为负荷设定值限值（PSB）直接加到负荷控制器。同时，在 OM 画面实时显示以下信息：最大负荷设定值起作用（PSMXIE）或遥控负荷限值起作用（KANLIE）。最大负荷设定值（PSMX）逻辑图如图 7-16 所示。

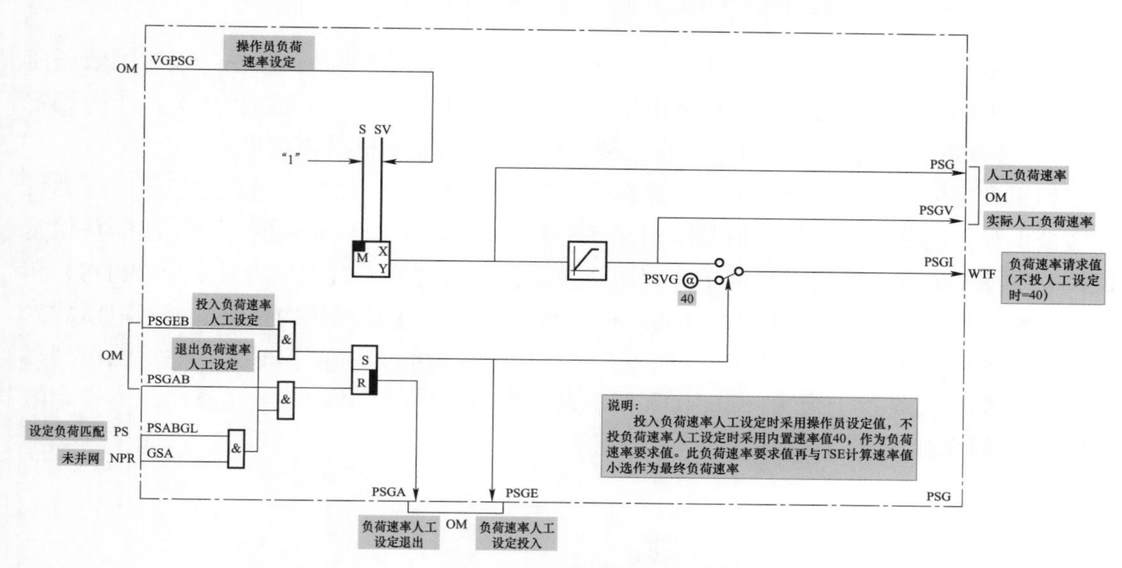

图 7-15　负荷设定值梯度（PSG）逻辑图

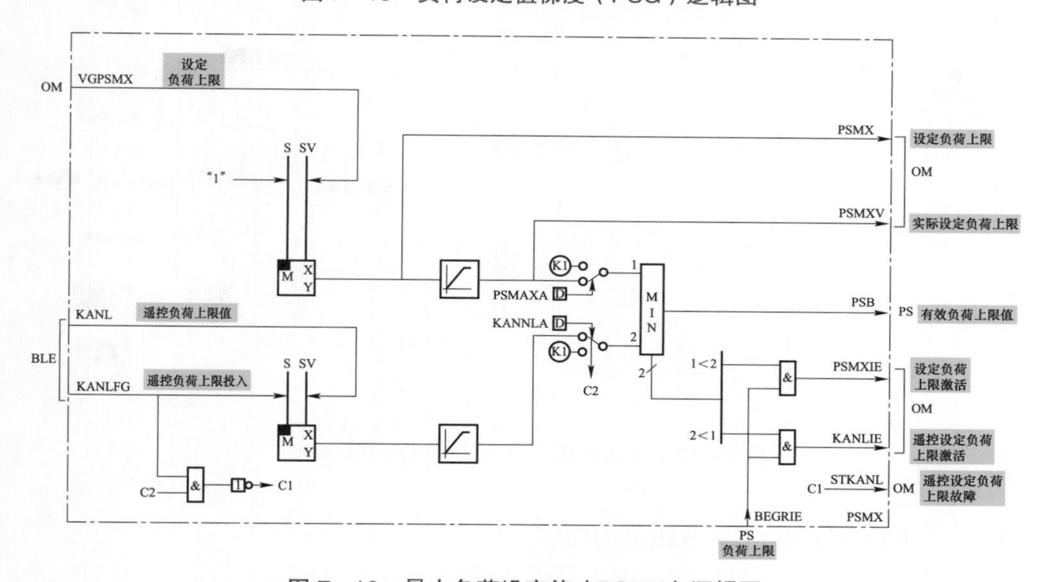

图 7-16　最大负荷设定值（PSMX）逻辑图

如果信号传递发生故障，那么遥控负荷限值起作用信号就不发出。此时，最新的负荷限值将保存，并将遥控负荷限值故障信息（STKANL）显示在 OM 画面。OM 画面显示最大负荷设定值（PSMX）和最大的延迟负荷设定值（PSMXV）。

原有设计逻辑中负荷高限在启机前要求由运行人员手动设置，经过实际运行发现，操作人员很容易遗忘设定这个高限，导致机组初始负荷指令不能加到转速/功率调节回路，造成电气逆功率保护动作。经调试单位与DEH厂家协商，在启机顺序控制中，冲转完成后加一个指令，自动将负荷高限设定到1050MW，保证机组安全正常并网。

九、主蒸汽压力设定值（FDS）

为主蒸汽压力控制器设定的主蒸汽压力设定值，通过机组协调控制系统设定的滑压曲线及偏置来确定。滑压速率设定控制用来限制设定值的变化率。如果遥控主蒸汽压力设定值投入（FDSFG），外部主蒸汽压力设定值（FDSX）只能由机组协调设定。

如果设定值信号传递发生故障，那么投入信号就不发出。此时，最新的主蒸汽压力设定值被保存，主蒸汽压力设定值故障信息（STFDSX）显示在OM画面上。下级回路设定值控制用期望的变化率向上、向下方向跟踪设定值。实时的主蒸汽压力设定值（FDS）和延迟主蒸汽压力设定值（FDSV）都显示在OM画面上。主蒸汽压力控制偏差（FDXW）来自于从延迟主蒸汽压力设定值（FDSV）和主蒸汽压力的实际值（PFD），然后输出到限制压力/初始压力切换子模块（GDVD）和负荷设定值子模块（PS）中。主蒸汽压力设定值（FDS）逻辑图如图7－17所示。

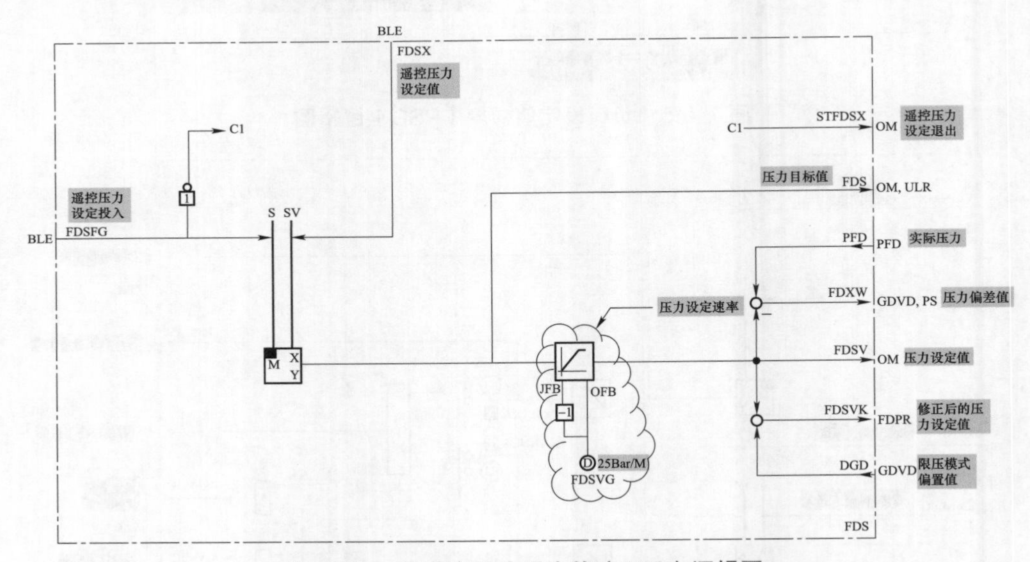

图7－17 主蒸汽压力设定值（FDS）逻辑图

十、压力限制/初始压力模式切换

根据DEH的运行方式不同，主蒸汽压力控制器用作压力限制控制器或初始压力控制器。在压力限制模式，汽轮机侧设定机组负荷并且锅炉跟随调节机组压力，当锅炉调节不及时，机组主蒸汽实际压力小于机组设定值压力1MPa时，限压控制模块被激活，限制机组负荷增加，如果压力偏差继续增大，压力限制模块就会控制调节汽门继续关闭，维持1MPa 的压力偏差。汽轮机控制器调节输出，压力控制器用来抵消任何不允许的主蒸汽压力突降。在初始压力控制模式，根据锅炉燃料量确定机组负荷，同时汽轮机处于跟随状态（汽轮机跟踪模式）。汽轮机控制器调节汽轮机前主蒸汽压力（初压方式），可以通过汽轮机主控制系统自动执行或通过操作画面手动执行压力限制/初压模式之间的切换。当机组锅炉主控投入时，发出压力限制模式投入指令（GDB）；当锅炉主控切除自动或者高压旁路调节汽门全部关闭时，发出初始压力模式投入指令（VDB）。初压/限压切换画面示意图如图 7－18 所示。

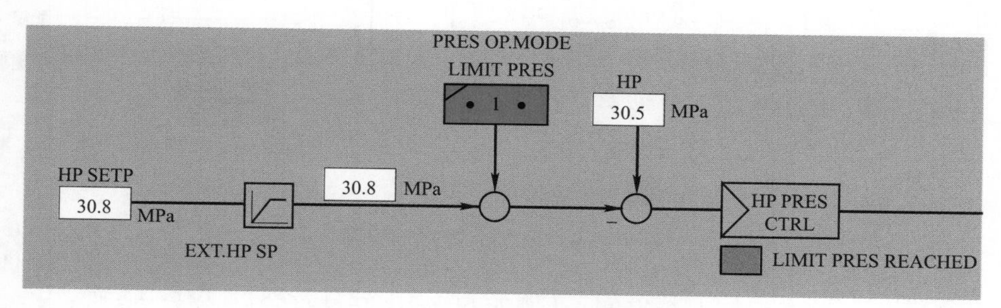

图 7－18　初压/限压切换画面示意图

同时，可以通过 OM 画面操作压力限制模式投入（GDE）或初始压力模式投入（VDE）。一旦选择了压力限制模式，主蒸汽压力控制器作为限制控制器运行。主蒸汽压力设定值由压力限制偏差值（DGD）向下修正，形成压力限制值。当主蒸汽压力控制偏差（FDXW）到达对应限值时，发出压力限值到达信号（GWGDER），使得压力限值达到的信号（GDER）发出，停止负荷设定值控制。如果选择了初始压力模式，主蒸汽压力控制器投入，负荷控制器切除。

在切换过程完成和主蒸汽压力控制器投入后，该跟踪负荷设定值信号（PSNF）用来跟踪负荷设定值至实际负荷值。在汽轮机自动停机期间，用“汽轮机停机”信号（STILL）从汽轮机主控制程序选择初始压力模式。

十一、甩负荷识别（LAW）

电网大范围的功率波动不应该影响转速控制器/负荷控制器的稳定，也不应该损害到汽轮机组。这类功率波动快速被甩负荷识别子模块检测到，并调整汽轮机控制器。为了触发适当的动作，控制器会把信号送到转速设定子模块和转速/负荷控制器。

功率传感器测出的实际电负荷（PEL）在负荷识别子模块中进行进一步处理。信号送入 PDT 模块，用来补偿传感器信号大部分的延迟时间，改善了负荷的实时响应，并对信号进行微分处理，得到负荷的变化率。如果产生的瞬时电功率输出非常高（例如 90%），快速降低的负荷量超过甩负荷识别限值（GPLSP），将立即产生电网瞬时中断信号（KU）。该信号使转速/负荷控制器有效负荷设定值失效，使控制器输出为零并暂时关闭调节汽门。如果在该变化之前产生的功率输出在甩负荷识别时间（TLAW）范围内恢复，那么随后继续在正常负荷情况下运行。当电功率输出在电网瞬时中断期间波动时，必须闭锁这期间其他潜在的瞬时电网中断信号。闭锁在瞬间甩负荷判断（KU）后产生，并在整个瞬时电网干扰时间（TSPKU）内有效。甩负荷逻辑示意图如图7－19所示。

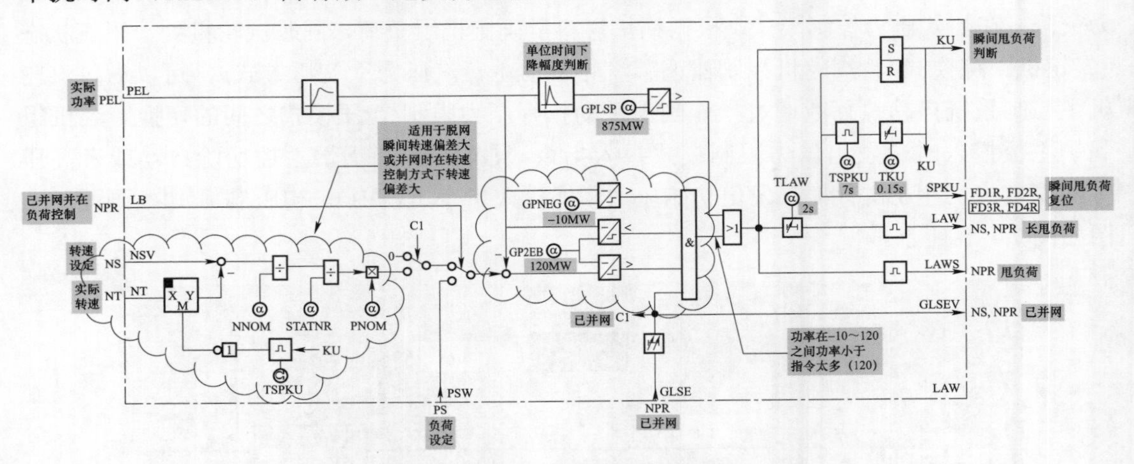

图7－19　甩负荷逻辑示意图

如果负荷迅速下降时输出功率较低（例如60%），并且符合以下任一条件：

（1）实际负荷小于两倍厂用电负荷的限值（GP2EB）。

（2）负荷控制偏差大于两倍厂用电负荷的限值（GP2EB）。

（3）实际负荷大于负荷负向限值（GPNEG）。

将会产生瞬时电网中断信号（KU）并用上述同样的方法进行处理。如果电负荷长时间处于低水平并超过甩负荷识别时间（TLAW），甩负荷识别信号（LAW）将带有负荷控制器的负荷运行切换到带转速控制器的负荷运行。

两种甩负荷准则的任何一种，产生保护系统甩负荷脉冲信号（LAWS），以闭锁压比保护。

当机组带转速控制器的负荷运行时，由于缺少负荷运行信号（LB），有效负荷设定值（PSW）不起作用。代替有效负荷设定值（PSW），从转速控制偏差中计算出的替换负荷设定值用作甩负荷识别子模块的输入。这能在该运行模式时产生甩负荷识别信号（LAW）。

十二、转速/负荷控制器（NPR）

通过设定转速和负荷设定值，将转速/负荷控制器调节到汽轮机的蒸汽流量来实现转速和负荷的控制。同时，也与电网消耗的发电机负荷相匹配。保证电网频率和额定频率相对应时达到平衡。如果电网频率高于额定频率，在DEH一次调频的作用下，发电机功率将减小；如果电网频率低于额定频率，发电机功率将增加。转速/负荷控制器通过带不等率的一次调频来调节功率输出。不等率的设定根据电网频率与额定频率的偏差需要增加或减少的输出功率而定。国电泰州电厂3号机组的转速不等率为5%，5%的不等率意味着5%的频率偏差将会引起机组100%的额定负荷的变化。

转速/负荷控制器是两变量控制器。在下列工况下它调节汽轮发电机的转速和负荷：

（1）机组启动。

（2）同期。

（3）机组带负荷。

（4）甩负荷。

（5）机组停机。

运行员可以在画面上选择机组负荷由转速控制器或负荷控制器控制。从转速控制器的负荷运行切换到负荷控制器的负荷运行，两个设定值自动匹配，以保证两种运行方式的无扰切换。转速/负荷/压力3选模块示意如图7－20所示。

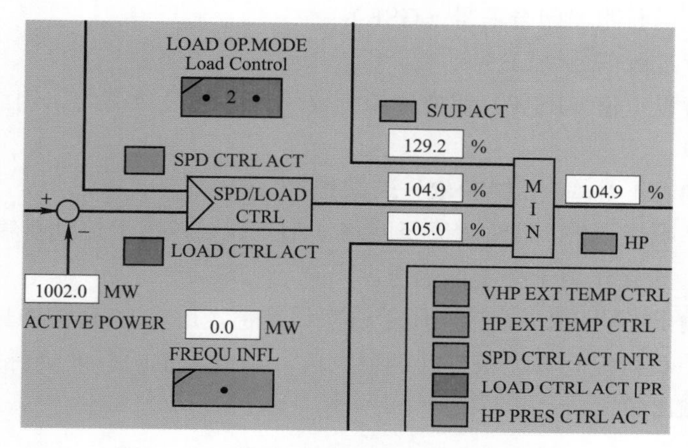

图7－20　转速/负荷/压力3选模块示意图

在另一个控制器工作之前，这个控制器通过阀位控制器的低取功能块设定汽轮机的蒸汽流量。

转速/负荷控制器是PI调节。它从设定值形成模块NS和PS，接受延迟转速设定值（NSV）和有效负荷设定值（PSW），以及从各处理模块NT和PEL中接受经处理的汽轮机转速实际值（NT）和负荷实际值（PEL）。从NSV和NT值中产生转速控制偏差。通过转速控制器不等率作用于控制器输入，并通过转速比例前馈部件（KDN）直接作用于控制器输出（YNPR）。

负荷控制偏差从PSW和PEL值中产生，同样作用于控制器输入。PSW值通过负荷比例前馈部件（KPS），直接作用于控制器输出（YNPR）。运行人员可以在OM画面上在两个控制器中选择任一个控制机组负荷，通常选择带负荷控制器的负荷设定运行（LBPR）。如果用转速控制器调节负荷，必须选择带有转速控制器的负荷运行（LBNR）。

（一）转速控制

机组启动采用转速控制器，汽轮机转速用转速设定值梯度和温度裕度子模块能保证最大的变化率跟踪转速设定值。转速控制器的输出（YNPR），通过在进汽设定值形成模块（OS）内的中央低选功能块作用使汽轮机转速升至额定转速。如果机组要继续在带有转速控制器的负荷运行，就必须选择带有转速控制器的负荷运行（LBNR）。为了增加汽轮发电机组并网后的负荷，必须通过OM画面根据不等率增加延迟转速设定值（NSV）。具体应用如下：

转速控制器5%不等率意味延迟转速设定值（NSV）与实际转速偏差150r/min将导致汽轮机负荷100%的变化。延迟转速设定值（NSV）通过转速控制器不等率（STATNRK4）

作用于控制器输入，并通过转速比例前馈（KDN）直接作用于控制器输出（YNPR）。机组出力、电负荷的增加与转速设定值成正比。有效的负荷设定值 PSW 保持在闭锁状态。

（二）负荷控制

带有负荷控制器的负荷运行（LBPR）不需要进行单独的选择，因为它比带有转速控制器的负荷运行（LBNR）优先级高。如果准备用负荷控制器进行负荷运行，以下程序在机组并网后自动运行：

（1）发出发电机断路器闭合信号（GSE）。

（2）发出负荷运行信号（LB）。

（3）有效负荷设定值（PSW）切换到控制器输入并通过负荷的比例前馈（KPS）直接作用至控制器输出。

（4）转速控制器不等率（STATNR）未起作用。

（5）一次频率响应（PSF）通过选择回路（AUSW）作用于控制器输入，并通过转速比例前馈（KDN）直接作用于控制器输出。

负荷控制器输出（YNPR）直接应用于进汽设定值，形成 OSB 的中央低选功能，并确定蒸汽流量。促使负荷控制器尽快打开调节汽门，达到设定的有效负荷设定值（PSW），因此取得期望的输出负荷。

（三）频率功能

（1）对“负荷设定值频率影响 PSF”功能可以用以下命令通过 OM 画面投入和切除：

1）负荷设定值/一次频率影响投入指令（PSFEB）请求投入。

2）命令负荷设定值/一次频率影响切除指令（PSFAB）请求切除。

（2）相关的信号状态显示在 OM 画面上，如下：

1）一次频率响应投入（PSFE）。

2）一次频率响应切除（PSFA）。

频率响应只有在带负荷控制器的负荷运行期间才有效。当从该模式切换到带转速控制器的负荷运行或切换到初压控制器运行，该功能会自动切除（如果先前投入）。如果汽轮发电机组不参与电网频率，频率响应必须切除。当发生频率偏差时，该功能会在设定的范围之间调整功率输出以与电力消耗匹配。国电泰州电厂 3 号机组设定一次调频响应幅度高低限为±6% P_e（额定负荷）。

如果电网频率太高，转速控制偏差为负，乘以一次频率响应不等率（STATPFK1），作用于控制器输入，并通过转速比例前馈（KDN）直接作用于控制器输出，减少机组出力。如果电网频率太低，转速控制偏差为正，乘以一次频率响应不等率（STATPFK1），作用于控制器输入，并通过转速比例前馈（KDN）直接作用于控制器输出，这样增加机组出力。为避免不必要的阀门动作，该信号设定了一个±2r/min 死区。频率支持范围内、死区以及不等率设定值都是可调的。为了在频率偏离大时保护汽轮机，将限制频率响应幅度。

一次调频功能由运行人员在操作员画面选择投切，且一次调频功能只在带负荷控制器的负荷运行方式下有效，当机组在带转速控制器的负荷运行方式下或在初压控制方式下运行，一次调频功能被切除。一次调频控制逻辑图如图 7－21 所示。

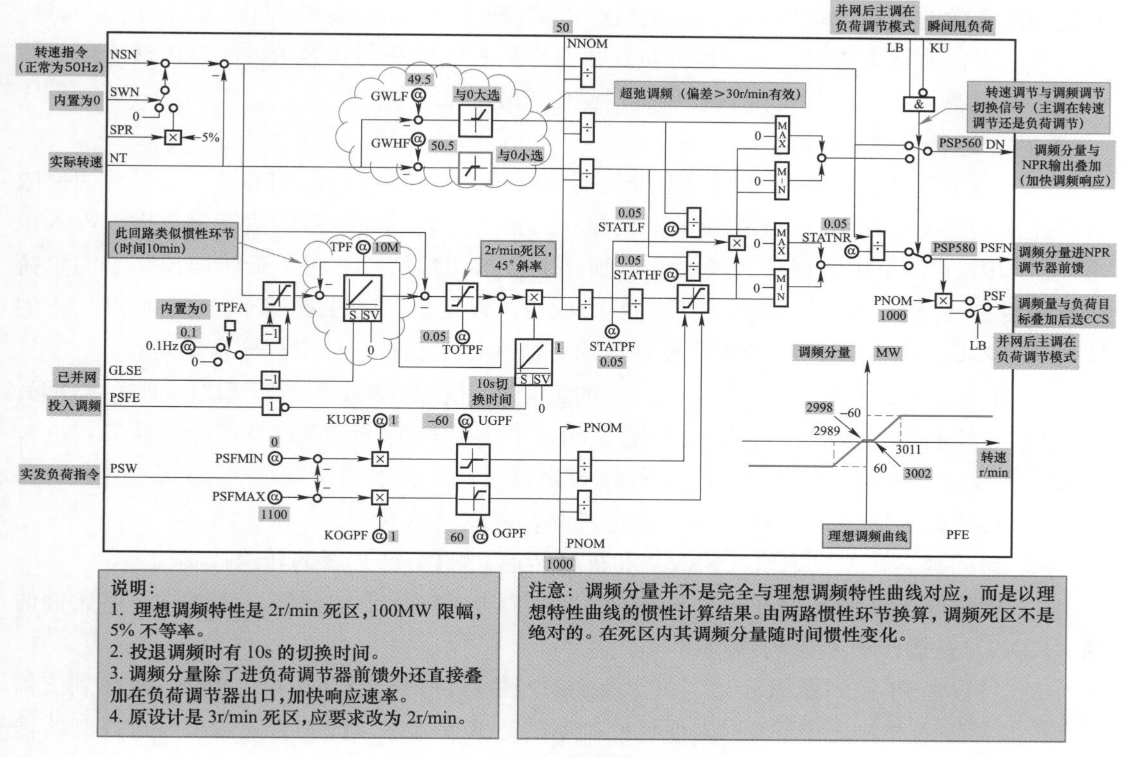

图7-21　一次调频控制逻辑图

当电网频率过高或过低时，为保护汽轮机，一次调频回路将限制汽轮机动作，其中频率高限设定为50.183Hz，频率低限设定为49.817Hz。当电网频率为49.817～50.183Hz时，一次调频回路正常动作；否则，一次调频超弛保护回路动作，最终的一次调频负荷分量经过超弛保护回路上下限幅，即当电网频率超限初始阶段，超弛保护回路会先快速动作一部分负荷，使频差尽可能减小。在电网稳定的情况下，该回路不会起作用。

一次调频回路正常动作时，为避免汽轮机阀门频繁动作，设定频差调节死区，一般设置为 0.033 33Hz（2r/min）。频差信号等于额定转速与实际转速（NT）的差值，经过惯性函数（此惯性函数由并网信号闭锁，即只有在并网信号来之后，此爬坡函数才起作用，否则输出被置为0），再经死区限制模块输出后，通过与额定转速和转速不等率的换算得出一次调频负荷需求指令，此一次调频负荷需求指令经过一次调频负荷限幅（如江苏省设置为±6%P_e），得到限幅后的一次调频负荷需求指令。

经过限幅和超弛保护回路的一次调频负荷需求量作为负荷控制器的比例前馈，直接叠加至转速/负荷控制器的输出，进而通过改变进汽设定值直接动作汽轮机调节汽门，从而实现DEH侧快速响应一次调频。

对于西门子超超临界汽轮机型，DEH 系统无论是在本地负荷方式（本地限压方式）还是在远方负荷方式（协调方式），负荷控制始终是闭环调节，即负荷控制始终是根据有效的负荷设定值调节进入汽轮机蒸汽流量来达到预期负荷。因此一次调频负荷需求负荷还需叠加至有效的负荷设定值，以防止机组一次调频响应时，负荷控制回路反向调节。同样，当机组运行在协调方式时，接受远方负荷指令作为有效的负荷设定值，此时协调侧负荷指令则无须再叠加一次调频负荷需求负荷，避免重复叠加。

（四）运行模式的切换

（1）在某些情况下，有必要退出带负荷控制器的负荷运行（LBPR），并手动切换成带转速控制器的负荷运行（LBNR）。用操作画面上带转速控制器的负荷运行指令投入按钮（LBNRB），可以实现该转换，并在画面上显示切换结果。对于带转速控制器的负荷运行来说，相当于设定的转速不等率，要降低负荷设定值，通过增加转速设定值产生正的转速偏差实现。机组运行在带转速控制器的负荷运行工况时，以下程序自动运行：

1）取消负荷运行信号（LB），切除有效的负荷设定值（PSW），投入转速比例前馈（KDN）。

2）当前的实际负荷值（PEL）、转速控制器不等率（STATNR）以及实际转速值（NT），用来计算设定值控制子程序（NS）和转速设定值设定（SVNS）。

3）转速设定值控制（NS）开始设定转速设定值（SVNS）。

4）新的延迟转速设定值（NSV）和机组转速（NT）产生新的转速控制偏差。

5）通过输入端的转速控制器不等率（STATNR）应用于控制器，并通过转速比例前馈（KDN）直接作用于控制器输出。

6）当设定 PI 控制器积分时，在切换期间产生脉冲信号设定指令（SB），考虑到该信号在控制器输入和输出中的变化。设置控制器的方式要确保该控制方式切换时对控制器输出和动力平衡不会有任何冲击。

（2）如果带转速控制器的负荷运行（LBNR）中断，可以用带负荷控制器的负荷运行投入指令按钮（LBPRB）执行。

当带负荷控制器的负荷运行时，负荷设定值重新起作用，转速设定值重新设置为额定转速。在此工况下，以下程序自动运行：

1）转速设定值（SVNS）设定为额定转速（NNOM）。

2）转速设定值控制（NS）设定到新值。

3）当前实际负荷（PEL）和一次频率负荷（PFE）用来计算适当的负荷设定值（SVPS）。

4）负荷设定值控制（PS）设定为该新值。

5）产生负荷运行信号（LB）并重激活有效负荷设定值（PSW）和一次频率响应（PSF）。

6）有效负荷设定值（PSW）通过负荷比例前馈部件（KPS）直接加控制器输出。

7）有效负荷设定值（PSW）和负荷实际值（PEL）用来产生作用于控制器的新控制偏差。

8）当设定 PI 控制器积分时，在切换期间产生脉冲信号设定指令（SB），考虑到该信号在控制器输入和输出中的变化。设置控制器的方式要确保该控制方式切换时对控制器输出和动力平衡不会有任何冲击。

如果带负荷控制器正常运行，发电机并网断路器断开，控制方式自动切换到带转速控制的负荷运行，以响应解除发电机油开关并网（GSE）信号。如果发生大的负荷突降，甩负荷识别子模块产生瞬间电网中断信号（KU），在负荷控制器的负荷运行工况下，有效的负荷设定值（PSW）临时禁止，在带转速控制器的负荷运行工况下，执行延时的转速设定值。在这两种工况下，控制器的输出减小到零，关闭控制阀。

当转速/负荷控制器不起作用时，控制器输出（YNPR）受限于 OSB 内的中央低选功能块的输出（YR）加上增加的控制偏差。这使转速/负荷控制器从运行的控制器中断开。

当转速/负荷控制器（NPRIE）触发时，转速/负荷控制器上限输出（YNPR）设为测量范围最大量程（BEGME）的最大值，作为校正的主蒸汽压力信号（PFDK）。在初压控制模式中，为确保转速/负荷控制器和主蒸汽压力控制器断开，用初压控制模式的偏置值（DVD）修正有效的负荷设定值（PSW）。该值在限压模式中复置为零。如果主蒸汽压力发生波动（当主蒸汽压力控制器起作用时），为了确保负荷控制器能快速成为一个整体，主蒸汽压力控制器有效信号（FDPRIE）将控制器积分时间从（额定）积分时间（NPRTN）切换为低值快速积分时间（NPRTNS）。

（3）DEH 控制器同时对发电机断路器闭合（GSE）和联网断路器闭合（LSE）两个信号进行监视，信号的不一致以及在监视特征响应时，将下列两个故障信息送至操作员监视画面。

1）发电机断路器故障（STGS）。

2）电网连接断路器故障（STLS）。

如果出现带有转速控制器的负荷运行信号（LBNR）和电网断路器断开的信号（LSA），在带转速控制器负荷运行期间将产生甩负荷信号（LALBNR）。

十三、主蒸汽压力控制器（FDPR）

主蒸汽压力控制器实现两个不同的功能：在限压模式中，它用来防止主蒸汽压力实际值降到压力保护限值之下，以支持锅炉控制；在初压模式中，控制主蒸汽压力。主蒸汽压力控制器是一个 PI 控制器。通过设定值形成模块的小选功能，它调节汽轮机蒸汽流量直至另一个控制器起作用。

主蒸汽压力控制器接受延时的主蒸汽压力设定值信号，是从主蒸汽压力设定值子模块（FDS）来的信号（FDSV）；同时接收主蒸汽压力实际值处理模块来的主蒸汽压力的实际值（PFD）信号。

从 FDSV 和 PFD 两个值中产生主蒸汽压力控制偏差并作用于 PI 控制器。在进汽设定值形成模块（OSB）中，控制器输出（YFDPR）通过于中央（MIN）选择功能（YR）。当主蒸汽压力控制器不起作用时，控制器输出（YFDPR）设置为中央小选模块输出（YR）加上增加的主蒸汽压力控制偏差。这将使主蒸汽压力控制器从运行的控制器中断开。当主蒸汽压力控制器有效时，控制器输出上限作为校正主蒸汽压力（PFDK）信号的函数。主蒸汽压力一旦跌到允许值之下（偏差小于－1MPa），控制偏差就成为负值。主蒸汽压力控制器立刻起作用并适当关小控制阀，使压力不再下降。从进汽设定值形成模块（OSB）中产生主蒸汽压力控制器动作信号（FDPRIE）并输出到 OM 画面。该信号也用来结束主蒸汽压力控制器运行。当发电机断路器和电网断路器闭合（GLSE），该信号将控制器输出低限，从主蒸汽压力控制器输出值限值（YFDPG1）切换到主蒸汽压力控制器高限输出限值（YFDPG2）。

十四、超高压、高压排汽温度控制器

如果发生非稳定状态过程，为了限制叶片的热应力和差胀，超高压叶片、高压叶片排汽区域蒸汽温度必须不能超过最大设定值。可以适当控制流经超高压缸及高压缸的蒸汽流量以保持排汽区域中的温度低于允许值。通过超高压缸、高压缸、中压缸修正功能，适当调整超高压调节汽门、高压调节汽门和中压调节汽门开度。以保证超高压缸、高压缸在任何不稳定状态运行过程中，如甩负荷、启动和停机期间（任何不同的主蒸汽工况或凝汽器压力），温度不超过允许值。当计算的转子温度超过了可变的设定值，采用超高压、高压排汽蒸汽温度限制控制器来调整中压调节汽门开度。如果超高压或者高压排汽温度继续升高，汽轮机控制系统首先发出报警信号；同时触发切缸程序，超高压缸排气温度高，则关闭超高压调节汽门，切除超高压缸；高压缸排汽温度高，则关闭高压调节汽门，切除高压缸。如果温度进一步升高，汽轮机遮断动作。

超高压排汽蒸汽温度测点在超高压叶片末级区域。高压排汽蒸汽温度测点在高压叶片末级区域。超高压排汽蒸汽温度限制控制器、高压排汽蒸汽温度限制控制器由汽轮机自动启动顺序控制程序（SGC）控制启动。超高压、高压排蒸汽温度限制控制器均是 PI 控制。两个排汽蒸汽温度限制控制器均从各自的鼓风模块接受处理过的蒸汽排汽温度控制偏差信号以及有效的蒸汽排汽温度实际值信号。排汽温度控制器画面示意图如图 7－22 所示。

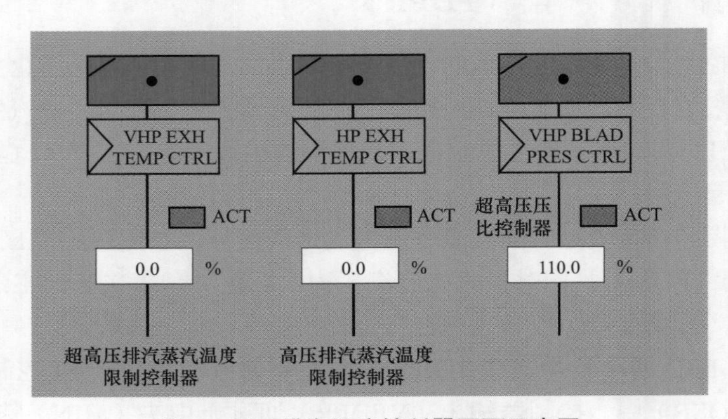

图 7－22 排汽温度控制器画面示意图

如果在获取测量信号时发生故障，超高压排汽温度故障信号、高压排汽温度故障信号输出到 OM 画面中。超高压排汽温度控制偏差、高压排汽温度控制偏差作用在 PI 控制器，在进汽设定值形成模块中，输出 YHATR 加到输出中以影响中调节汽门阀位。

当控制偏差（HAXD）是负值时，超高压排汽、高压排汽温度控制器有效并作用于中压调节汽门进汽设定值使其关小。该措施引起的负荷下降通过负荷控制器适当开大超高压调节汽门、高压调节汽门进行补偿。超高压、高压排汽温度控制器影响流经超高压、高压和中压汽轮机部分的蒸汽容积流量，使超高压、高压排汽温度不超过允许值。

在以下情况下，排汽温度控制器的输出不变。

（1）压力限制模式投入（GDE）及主蒸汽控制器有效（FDPRIE）。

（2）汽轮机启动及提升限制器（TAB）有效。

如果必要的话，超高压排汽温度控制器、高压排汽温度控制器可以由运行人员通过OM画面手动投入或切除。如图7-22所示，■代表投入，■代表切除。相应的百分数对应各个控制器的输出。正常情况下，各个控制器的输出均为“0”。

十五、超高压比控制器

如果通过超高压汽缸的蒸汽流量非常低，超高压排汽温度测量不再代表超高压叶片内实际温度上升（这是由于热疲劳所致，是从一级再热器来的逆流蒸汽引起冷却的结果）。在这种运行工况下，超高压缸压比保护系统监视高压部分。为了防止压比保护系统不必要的动作，通过超高压比控制器，先适当调节控制阀阀位。

超高压压比控制器通过机组SGC作用。当汽轮机到达一个转速最小设定值时，超高压压比控制器启动。超高压比控制器是PI控制，接受来自鼓风模块（MAY40）的压比控制偏差（HVDXD）以及压比控制实际值有效信号（HVDFG）。

如果控制偏差发生故障，会使信号取消，保存要读的最后值。压比实际值（STHVDR）故障信息输出到OM画面。控制偏差应用于PI控制器。在允许的设定值形成范围中，控制器输出（YHVDR），将中央低选功能（YR）用来影响中压调节汽门。只要压比低于允许水平之下，系统偏差就会有效。压比控制器动作并作用于中压蒸汽控制器进汽设定值向关闭方向变化。压比控制器影响通过高压、中压和低压汽轮机部分的蒸汽流量，使得压比不会低于允许值。在下列工况条件下，高压压比控制器的输出被冻结：

（1）压力限制模式投入（GDE）及主蒸汽压力控制器运行（FDPRIE）时。

（2）汽轮机启动和提升限制器运行（TABIE）时。

（3）通过1号超高压调节汽门阀位限制禁止手动设定的指令信号对1号超高压调节汽门进行试验（SPBFD1）时。

（4）通过2号超高压调节汽门阀位限制禁止手动设定的指令信号对2号超高压调节汽门进行试验（SPBFD2）时。

如果有必要，可通过OM画面用超高压压比控制器投入指令（HVDREB）手动投入或切除超高压压比控制器。

十六、超高压叶片级压力控制器

在带有旁路系统的二次再热汽轮机启动时，超高压调节汽门先打开，汽轮机超高压缸进入过热蒸汽。最初因蒸汽的凝结而加热，然后则是对流加热。最初的凝结阶段，在饱和蒸汽温度下产生强烈的热交换。饱和蒸汽温度则与蒸汽的压力相关。如果冷段再热蒸汽压力（高压缸的背压）已经异常地高了（相应的饱和蒸汽温度也高），则会在受监视的部件中发生不允许产生的温度梯度。为了限制饱和蒸汽的温度发生如上变化，需要通过压力限制控制器的控制，在适当的压力下进行加热。因此，超高压叶片级压力控制器就用作压力限制控制器，在蒸汽开始进入超高压缸及加速到暖机速度期间，超高压缸叶片级压力控制器通过阀位设定值组成对各超高压调节汽门进行限制。该控制器有一变化的压力设定点，它是超高压缸部件平均温度和许用温差的函数，随着温度的升高，它的作用逐渐减少。

当该控制器工作时，将汽轮发电机加速到暖机速度所需的任何动力都靠进一步打开高压调节汽门及中压调节汽门来获得。在冷态启动的情况下，超高压调节汽门此时可能被节流，这时主蒸汽温度较低及暖机速度也较慢。这样，超高压叶片就不会因鼓风作用而遭受过度的温升。该控制器通过汽轮机 SGC 启动，当汽轮机达到额定转速之下的最小设定转速时或在测量数值有故障时控制器工作状态切除。超高压叶片级压力控制器是 PI 控制，引用来自汽轮机应力功能模块处理的超高压叶片级压力控制偏差（HBDXD）信号，投入高压叶片级压力实际值（HBDFG）信号。如果测量值出现故障，该超高压叶片级压力实际值故障信号（STHBD）就输出到运行操作画面。超高压叶片级压力的控制偏差（HBDXD）用于 PI 控制器。在进汽设定值形成模块内，控制器输出（YHBDR）用于附加的低选功能。此信号由中央低选功能的输出（YR）开启。此附加低选功能的输出影响到各超高压调节汽门的开启位置。

当控制偏差（HBDXD）是负值时，超高压叶片级压力控制器就开始工作，使各超高压调节汽门的进汽设定值向关闭方向移动。

超高压叶片级压力控制器通过控制进入超高压汽缸的蒸汽流量，使超高压叶片级压力不会超过允许值。如有必要，在运行操作画面用超高压叶片级压力控制器投入指令（HVDREB）可手动投入或切除超高压叶片级压力控制器。

如果超高压叶片级压力控制器通过中央低选功能激活但并不处于工作状态，超高压叶片级压力控制器输出（YHBDR）将跟踪低选功能块的控制器跟踪输出（YRFD），并得到高压叶片级压力控制偏差（HBDXD）的补偿。

十七、进汽设定值形成（OSB）

（1）在进汽设定值形成模块内，来自下述各功能模块的输出信号用来组成一个有效的进汽设定值：

1）汽轮机控制（转速/负荷控制，主蒸汽压力控制）。

2）汽轮机启动和提升限制器（TAB）。

3）超高压排汽温度控制。

4）高压排汽温度控制。

5）超高压压比控制。

6）限压控制（作为叶片级压力的功能）。

对各超高压调节汽门、高压调节汽门、中压调节汽门都形成有效进汽设定值。主蒸汽压力控制的输出在一个低选功能块中与转速/负荷控制器和汽轮机启动提升限制器（TAB）输出匹配，来影响所有调节汽门的动作。常规一次再热机组设计有补汽阀，补汽阀的操作也受进汽设定值影响，在 OSB 值大于 78%开始开启。国电泰州电厂 3 号机组二次再热机组没有设计补汽阀。

为安全起见，对负荷控制器/压力控制器/TAB 限制器的输出经过一个小选模块处理，低选后的信号作为机组的总流量指令控制汽轮机各个调节汽门的开度。这样可确保即使一个控制功能达到 100% 的故障时，也不会造成超高、高压调节汽门和中压调节汽门的误开。

主蒸汽压力的输出连同转速/负荷控制的输出及汽轮机启动和提升限制器的输出一起形成有效设定值。超高压排汽温度控制器、高压排汽温度控制器和超高压压比控制器对中压调节汽门在关闭方向上起阀门的微调功能。起进一步控制作用的超高压叶片级压力控制器的输出与有效进汽设定值一起作为辅助低选功能。这个辅助低选功能的输出对超高压调节汽门、高压调节汽门都起作用。

（2）具体进入小选模块处理，控制/限制机组调节汽门开度的控制模块如下：

1）转速/负荷控制器的输出（YNPR）。

2）主蒸汽压力控制器的输出（YFDPR）。

3）汽轮机启动和提升限制器的输出（TAB）。

来自汽轮机启动和提升限制器的 TAB 信号，用来确定汽轮机启动和提升限制器设定到50%的限制信号（TAB50）及跟踪汽轮机启动和提升限制器限制值的限制信号（TABME）。汽轮机启动和提升限制器，测量范围起始值（TABMA）和测量范围最大值（TABME）的数值再根据数据表设定。在中央小选功能中，确定最小的输入信号作为中央小选功能的输出 YR 输出到各调节汽门阀位控制器。此输出信号也用来作为上述各控制器跟踪的参考信号。

（3）生成对应的机组控制信息显示到运行监视画面上，便于运行人员运行参考。具体内容如下：

1）转速/负荷控制器运行（NPRIE）。

2）转速控制器运行（NTRIE）。

3）负荷控制器运行（PRIE）。

4）主蒸汽压力控制器运行（FDPRIE）。

5）汽轮机启动和提升限制器运行（TABIE）。

（4）经过中央控制指令，分别作为以下控制子模块的输入指令，然后经过每个调节汽门的流量曲线最终形成每个调节汽门的最终控制调节指令：

1）通过超高压调节汽门 1 的进汽设定值信号传送到超高压调节汽门 1 的阀位控制器。

2）通过超高压调节汽门 2 的进汽设定值信号传送到超高压调节汽门 2 的阀位控制器。

3）通过高压调节汽门 1 的进汽设定值信号传送到高压调节汽门 1 的阀位控制器。

4）通过高压调节汽门 2 的进汽设定值信号传送到高压调节汽门 2 的阀位控制器。

5）通过中压调节汽门 1 的进汽设定值信号传送到中压调节汽门 1 的阀位控制器。

6）通过中压调节汽门 2 的进汽设定值信号传送到中压调节汽门 2 的阀位控制器。

中压调节汽门 1 和汽门 2 的进汽开始值 AF1OB 和 AF2OB 在达到一定的汽轮机转速 NT（恒定值 K1）时才激活。

如果需要，超高压调节汽门动态前馈控制投入 FDDYVE 可用来增加微分元素，以便改善稳定性。超高压排汽温度控制器、高压排汽温度控制器输出和高压压比控制器输出 Y 应用于两个中压调节汽门关闭方向上的输出。当这些控制器中的一个影响到阀位开度，从而影响蒸汽流量时，相关的信息会在 OM 画面上显示出来。为了在进行主蒸汽变压运行时能在蒸汽流量和进汽设定值之间保持适当的比例，采用经处理的主蒸汽压力的实际值

（PFD），实现随压力变化对进汽设定值进行修正。该经修正的主蒸汽压力（PFDK）信号用以限制转速/负荷控制器和主蒸汽压力控制器的输出。为了在汽轮机启动阶段记录阀门的性能，可用斜坡功能来模拟控制器输出的固定值（EYR）。

十八、调节汽门的阀位限制

以 1 号高压调节汽门为例，其他调节汽门与此相似，可参考理解。

在运行期间，高压调节汽门阀位限制可以通过操作画面手动改变或通过 EHA 控制单元自动改变。设定的结果通过设定值控制传送到阀位控制器。通过 OM 画面和高压调节汽门 1 号阀位限制的手动设定（VGBFD1）信号，可对阀位开度进行限制，除非该阀当时正在进行自动测试。通过汽轮机自动试验程序，定期进行阀门自动测试，包括阀门关闭时间测量。

以下所列的信号根据编制程序和正确顺序发送到 1 号高压调节汽门的阀位限制子模块（BFD1）：

（1）1 号高压调节汽门阀位限制手动设定禁止指令（SPBFD1）。

（2）1 号高压调节汽门关闭指令（BFD1ZU）。

（3）1 号高压调节汽门试验（PRFD1）。

（4）1 号高压调节汽门快速开启指令（BFD1SA）。

（5）1 号高压调节汽门正常速度开启指令（BFD1NA）。

根据试验程序的设定，出现上述指令或 1 号高压调节汽门已关闭（FD1Z）的反馈信号，将导致 1 号高压调节汽门阀位限制设定值（BFD1）和 1 号高压调节汽门延迟的阀位限制设定值（BFD1V）都设定为零；或者设在限制功能的满量程（BEGME）。设定值控制用 1 号高压调节汽门阀位限制正常的时间常数（BFD1T）或快速时间常数（BFD1TS）跟踪这些值。1 号高压调节汽门阀位限制手动设定的禁止指令（SPBFD1）信号激活时，超高压压比控制的控制器输出在阀门自动试验时间段内被闭锁。

十九、调节汽门阀位控制器

以 1 号高压调节汽门为例，其他调节汽门与此相似，可参考理解。

高压调节汽门阀位控制器的作用是根据汽轮机运行模式来设定阀位值，以确保高压蒸汽流量总是能够达到设定的要求。所需要的阀位可以通过主控制器中的设定值形成模块或者也可以直接由阀位限制子模块来确定。主要的应用如下：阀位设定越大，允许进入高压缸的蒸汽越多，汽轮机的输出也越大。通过位移转换器可以得到电液油动机（EHA）的位移实际值。控制阀的阀位控制器通过电液转换器执行，阀位控制器是比例调节。它通过电压/电流转换器来控制伺服阀的工作线圈。为了增加可靠性，两个工作线圈分别通过单独的电压/电流转换器来控制。

在机组甩负荷时，汽轮机控制阀必须快速关闭以限制超速。因为在这种情况下，通过伺服阀来关闭油动机的速度不够快，控制器将启动快速动作功能。在阀位控制偏差大时，激活在关闭方向上的快速动作控制功能，因此相应油动机开始单独关闭。为了确保在这些工况下（阀门开启顺序的改变导致高压调节汽门在中压调节汽门之后关闭，从而可能导致一个延时的响应）超高压、高压和中压调节汽门同时关闭，超高压调节汽门、高压调节汽门快速动作控制功能与中压调节汽门的快速动作功能同时触发。当进行调节汽门试验时引起直接来源于控制偏差的快速动作信号（阀位控制器的高电路），切换到阀位限制设定值。快速动作控制功能仅当达到最小运行允许值时才有效。

在汽轮机跳闸或油动机单独快关时，电液执行机构的压力油不能与油箱回油相通太长时间，因为这会导致汽轮机供油压力的突然降低。为了避免发生这种情况，伺服阀门指令也要处于关闭的位置（维持压力）。在某些机组，控制器的输出切换到关闭位置会导致不允许的压力突降。为了减少控制时压力的突降，关闭信号通过时间延时模块给出。具体快关油路动作可以参考本章第四节主保护系统。

1 号高压调节汽门的阀位控制器从 OSB 处接受其进汽量设定值（OSFD1）信号。该设定值通过阀门特性线性化功能转换成阀位设定值。1 号高压调节汽门阀位实际值（HFD1）直接输入汽轮机控制器。1 号高压调节汽门阀位实际值（HFD1）用阀位传感器进行测量。它的输出信号必须在阀位控制器中与阀门进汽的设定值相比较。1 号高压调节汽门阀位的控制偏差由两个数值 OSFD1 和 HFD1 生成，并送到比例控制器中。在阀门开度接近 100% 时，控制器输出限制从 1 号高压调节汽门控制器输出上限值（YFD1OG），切换到 1 号高压调节汽门控制器输出阀位限制缓冲 YFD1ED 以得到阀位限制缓冲。出于可靠性考虑，1 号高压调节汽门阀位控制器输出 YFD1R 通过两个独立的硬件输出 Y1FD1 和 Y2FD1 输送给电液执行机构伺服阀的两个工作线圈。阀位设定值越高，进入高压汽缸的高压蒸汽量就越多，汽轮机的输出也就越大；反之，阀位设定值越低，汽轮机的输出就越低。

1 号高压调节汽门阀位实际值（HFD1）如有故障发出报警。如果此报警信号发生响应，控制器的输出就切换到 1 号高压调节汽门阀位缓慢关闭 YFD1LS 的固定值，从而使油动机以一定的速率缓慢地关闭调节汽门，这将使蒸汽流量逐步减小。同时，1 号高压调节汽门阀位传感器故障（BRFD1）信号发送到 OM 画面。

在某些运行工况下，电液油动机的控制装置和汽轮机保护系统将 1 号高压调节汽门开到最大的控制器输出（FD1MX）的信号或 1 号高压调节汽门开到最小（FD1MN）的信号输出给阀位控制器。信号 FD1MX 的出现结合高压调节汽门 1 上限控制器输出（YFD1OG）的信号，使 1 号高压调节汽门的伺服阀向打开方向动作（液压减压）。信号 FD1MN 的出现结合 1 号高压调节汽门下限控制器输出（YFD1UG）的信号使该调节汽门的伺服阀向关闭方向动作（液压升压）。

为了确保高压调节汽门即使其伺服阀工作线圈在失电状态下也能安全可靠地关闭，对液压系统实施微调以保证调节汽门即使在这种情况下也会关闭。该微调过程也称为“操作点”，为此必须在控制器中进行适当的补偿。补偿通过采用 1 号高压调节汽门操作点参数 FD1AP 实现。液压部件中的机械磨损会导致操作点的偏移。因此，对这种状态进行监视，如果设定的限制值超过了，1 号高压调节汽门操作点故障（SASFD1）的信息会在 OM 画面中显示。如果向电液执行机构的操作线圈发送信号的通道发生故障或者操作线圈本身发生故障也会发出该信息。

为了确保即使在阀门开度长时间不变后设定值突然改变的情况下，调节汽门也能安全可靠地动作，对阀位控制器的输出增加了一个高频脉冲信号。因此，在两个阀位控制输出信号上加上一个低振幅的高频信号。这样可抵消调节阀黏性摩擦的影响。同时对两个硬件输出 Y1FD1 和 Y2FD1 的故障进行监视，以便在从主通道切换到备用通道之前就检测到备用通道硬件输出是否存在故障。如果这个监视响应，1 号高压调节汽门硬件输出故障（SHWFD1）信息就输出到 OM 画面。

在运行期间，可通过 OM 画面用 1 号高压调节汽门延迟阀位限制设定点（BFD1V）的输入来改变高压调节汽门的阀位。如果通过低选功能使手动设定有效，1 号高压调节汽门限制功能有效（BFD1IE）信息就输出到 OM 画面。

汽轮机阀门活动性试验（ATT）按固定时间间隔对阀门进行试验，试验期间在阀位控制器子模块中测量关闭时间。该试验首先在 1 号高压主汽门上进行，然后在 1 号高压调节汽门上进行。试验中，由汽轮机自动试验程序触发各个阀门的执行机构电磁阀分别跳机。按照试验顺序，当每个阀门达到 100%阀位开度时，对其关闭时间进行测量。在超出限制时间之前，必须达到阀门 0%的阀位开度，否者判定试验失败。

1 号高压主汽门和 1 号高压调节汽门的试验成功后，1 号高压主汽门关闭时间测量通过（FDS1OK）及 1 号高压调节汽门关闭时间测量通过（FD1OK）。这些信号传递到 EHA 控制装置中的汽轮机自动试验程序作进一步处理。为了在试验期间打开 1 号高压调节汽门，1 号高压调节汽门延迟的阀位限制设定值（BFD1V）的输出信号及 1 号高压调节汽门试验信号（PRFD1）送到阀位控制器作为阀位设定值。

如果在正常运行期间，进汽设定值突降使得当时进汽控制偏差超过已设定的限值 25%，1 号高压调节汽门快速动作信号（SGFD1）立即发送到汽轮机保护系统以触发单独动作，使该调节汽门快速关闭。高压调节汽门 1 快速移动 SGFD1 信号同时发送到 1 号中压调节汽门 1AF1R 的阀位控制器子模块，然后触发相关阀门的单独关闭。

1 号高压调节汽门控制逻辑图如图 7-23 所示。

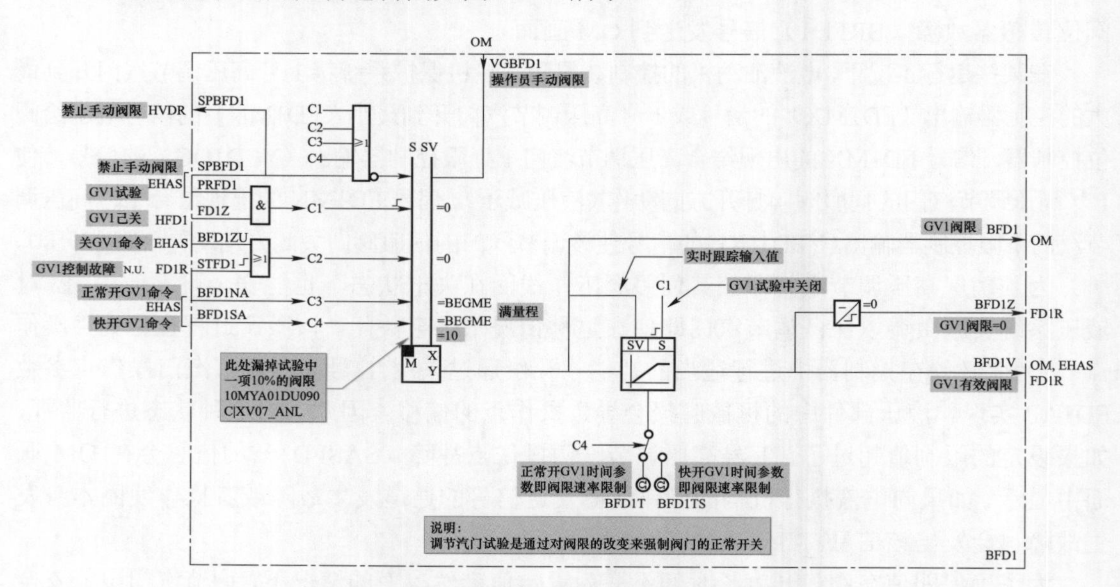

图 7-23　1 号高压调节汽门控制逻辑图

为了确保在阀门试验期间不会发出这些快速动作信号，将用 1 号高压调节汽门试验（PRFD1）信号对进汽控制偏差的监视切换成对阀位控制偏差的监视。快速动作信号被下列信号闭锁：

（1）1 号高压调节汽门阀位传感器故障（BRFD1）。

（2）1 号高压调节汽门控制器输出到最大（FD1MX）。

（3）1 号高压调节汽门控制器输出到最小（FD1MN）。

在需要汽轮机快速冷却时，如在计划停机检查和大修之前，通过超高压调节汽门、高压调节汽门向超高压缸、高压汽缸引入压缩空气。因此，必须设定允许汽轮机快速冷却（FGSAK）信号。汽轮机保护系统采用 1 号高压调节汽门快速冷却（SAKFD1）指令，使 1 号高压调节汽门打开。这也同时使 1 号高压调节汽门进汽设定值（OSFD1）不起作用，并且激活阀位控制器 1 号高压调节汽门延迟的阀位限制设定值（BFD1V）功能。然后，1 号高压调节汽门阀位设定限制值（BFD1）的自动升高，使高压调节汽门打开。

二十、启动装置（TAB）

启动装置（TAB）提供一个模拟量信号作为中央控制小选模块 3 个输入信号之一，在机组启动前 TAB 值置为 0，以保证调节汽门在此阀门指令下可靠关闭。在启动时，启动装置 TAB 的信号开始升高，通过 TAB 达到不同定值，顺序完成启动所需步骤和相关指令触发及信号的反馈。TAB 的本质为采用一个模拟量，通过增加 TAB 的数值，指示并且控制整个机组的启动，当汽轮机达到额定转速，并且发电机已同步，启动装置 TAB 将被设定在 100%。此时主控制器信号将不再受 TAB 限制。

二十一、汽轮机热应力评估器（TSE）

汽轮机热应力评估器（TSE）的基本功能就是对汽轮机的转子、进汽阀门的阀体和汽缸缸体等厚重部件的温差进行监视，防止由于蒸汽温度与金属温度的不匹配导致金属部件受热不均产生过大的热应力，影响部件的使用寿命。这里的温差监视实际上是所谓的温度裕度监视。它是汽轮机部件的实际温差和设计温差的差值，温度裕度越大，说明温差越小，部件所受的热应力也越小。

为了确保机组启动和变工况时，其热应力处于可控范围，DEH 根据温度裕度的大小自动设置升速率和最大允许的负荷变化率。而且 TSE 出现故障时，DEH 将不允许机组启动，并闭锁汽轮机升速或变负荷（跟踪实际负荷）。

TSE 对监视的汽轮机部件包括超高压主汽门阀体温度、超高压调节汽门阀体温度、超高压转子温度、高压主汽门阀体温度、高压调节汽门阀体温度、高压转子温度、低压转子温度。

二十二、汽轮机机组和辅助系统的自启动

在各个子系统的顺序控制系统的控制下，汽轮机能够安全、可靠地在合适时间顺序启动。所有步序所需要的时间经过严格计算得出，保证机组在最短时间启动，最大限度保证

机组启动的经济性。

汽轮机辅助启动的顺序控制任务是保证汽轮机和所需要启动的辅助系统达到安全、可靠地从停机状态转换到并网发电运行状态。

国电泰州电厂 3 号机组汽轮机主要辅助系统的顺序控制包括汽轮机润滑油系统、轴封系统、抗燃油系统、顶轴油泵及盘车系统。

辅助系统通过“辅助系统相关自动启动控制”或手动启动辅助系统启动，保证汽轮机相关辅助系统运行正常，为汽轮机启动并网做准备。

汽轮机自启动主程序中与常规 1000MW 机组不同的是，在汽轮机自启动程序控制功能组步序第 13 步新加一个暖阀子程序，通过开 1min 主汽门关 10min 主汽门为一个循环，直至暖阀结束。这样能够提高汽轮机的暖阀效率，节约冷态启动汽轮机的时间。在启动步序中，程序制动给定目标转速，并根据计算的阀门、汽缸及转子热应力的状况确保转速和负荷的变化率不会损伤汽轮机。

在汽轮机的启动及停机过程中，主控程序根据汽轮机的运行状况，对汽轮机的疏水阀、抽汽止回门、低压缸喷水、轴封系统进行相应的控制及调节，保证机组正常启停。

除以上控制功能模块，DEH 还具备自动启动控制功能，由汽轮机自启动程序控制功能组实现，可在满足电厂尽可能短的启动时间和较高的经济要求前提下，使汽轮机在合适的时间内，安全可靠地从停机状态进入发电运行状态。

第三节　旁路系统全程自动控制

在百万千瓦燃煤机组技术日臻成熟之时，二次再热技术的应用受到业界的广泛关注。1000MW 超超临界二次再热机组的旁路系统由原来的高、低压两级旁路变为高、中、低压三级旁路，运行参数及控制策略也随之改变。大型火电机组的自动化程度日益提高，机组 APS 的应用将是火电机组自动控制发展的必然趋势。旁路系统的全程自动控制作为 APS 的一部分，在机组整体自动控制过程中有着很高的重要性。

一、概述

火力发电机组汽轮机旁路系统是与汽轮机并联的蒸汽减温减压系统。它由蒸汽旁路阀门、旁路阀门控制系统、执行机构、旁路减温阀门和旁路蒸汽管道等组成。其作用是将锅炉产生的蒸汽不经过汽轮机而引到下一级的蒸汽管道或凝汽器。现有蒸汽旁路系统按级数可分为三种：① 第一种是将锅炉产生的蒸汽直接引入凝汽器，这种旁路系统称为大旁路，也称一级旁路。② 第二种是由高、低压两级旁路系统组成。将过热蒸汽不经过汽轮机高压缸，而从锅炉部分或全部引入再热器的称为高压旁路；旁路汽轮机的中、低压缸而将蒸汽从再热器出口部分或全部引入凝汽器的称为低压旁路。③ 第三种是由高、中、低压三级旁路组成。旁路汽轮机超高压缸将过热蒸汽从锅炉部分或全部引入一级再热器的称为高压旁路；旁路汽轮机高压缸将过热蒸汽从一级再热器出口部分或全部引入二级再热器进口的称为中压旁路；旁路汽轮机的中、低压缸而将蒸汽从二级再热器出口部分或全部引入凝汽器的称为低压旁路。国电泰州电厂3号二次再热机组采用的是三种旁路中的三级旁路，此旁路为液动控制旁路；同时设计有超驰动作电磁阀，当出现超温超压工况时，超驰电磁阀动作，加快旁路响应速度。机组设计的高压旁路流量为100%BMCR，中压旁路为50%BMCR，低压旁路为65%BMCR。

二、旁路系统的控制

旁路系统的控制与机组的启动过程相对应，整个控制过程分为七种模式，分别为A1、A2、A3、B、C、D、E模式，对应机组启动的启动点火、升温升压、冲转并网及停机4个阶段。按照这4个阶段分别介绍高压旁路、中压旁路、低压旁路的控制方式，并详细介绍各个阶段对应的控制模式及工况变化后对应的控制模式自动切换条件。为了保证旁路系统的全程自动控制，当机组点火、汽轮机跳闸、发电机跳闸自动将旁路控制系统设定为自动方式。

（一）启动点火阶段

1. 高压旁路控制

机组点火初期，对应着旁路的启动点火阶段，高压旁路的控制对应着A1模式和A2模式。依据点火前超高压缸转子温度区分旁路为冷态、温态、热态、极热态4种工况，对应不同的控制方式和参数。

锅炉MFT复位后，锅炉点火，高压旁路进入A1模式。A1模式下，高压旁路指令置“0”，高压旁路阀门全关，高压旁路压力设定值跟踪实际主蒸汽压力。当锅炉点火15min后或点火时主蒸汽压力已大于最大允许冲转压力（16MPa）或点火后锅炉累计升压超过一定的量（升压量为点火时的主蒸汽压力的函数，0.2～1.1MPa），高压旁路进入A2模式。A2模式为阀位控制模式，高压旁路的开度根据启机时的状态自动设定不同的开度低限，同时调节主蒸汽压力，此时旁路压力设定值为0.5MPa。

冷、温态启机时，点火初期主蒸汽压力较低。通过设定阀门开度低限，保持阀门始终有一定的开度，保证锅炉系统有一定的蒸汽流量，防止锅炉局部超温；又使得在点火初期不要把系统的能量过多流失，使锅炉能够尽快升温。此阶段的高压旁路曲线对应图7-24所示的t_1-t_2阶段，在A2模式还设定了旁路阀门开度高限30%用于主蒸汽升温、升压。在冷态、温态启动时还设计了一个热态冲洗的功能；通过调节主蒸汽压力来保证汽水分离器出口温度在180℃左右。根据理论计算和实际经验相结合得出结论，水温在180℃左右时热态清洗效果最好。根据180℃饱和蒸汽对应的压力，以及分离器出口至过热器出口之间的压降，得出热态冲洗过程中高压旁路调节的压力设定值为0.9MPa。中间点温度达到或者主蒸汽压力达到设定值后进入热态冲洗。随着锅炉热负荷的增加，锅炉主蒸汽压力也会相应增加。当高压旁路开度达到30%时，高压旁路高限触发，旁路在30%开度升压，当热态冲洗条件触发时，释放高压旁路高限限制。高压旁路保持进入热态冲洗前的主蒸汽压力为设定压力，旁路调节主蒸汽压力，对应图7-24所示t_2-t_3阶段。当冲洗完成后，运行人员手动操作退出热态冲洗。热态冲洗结束后，将高压旁路的开度高限值从100%重新设定为30%，开度低限不变，用于锅炉的升温升压。

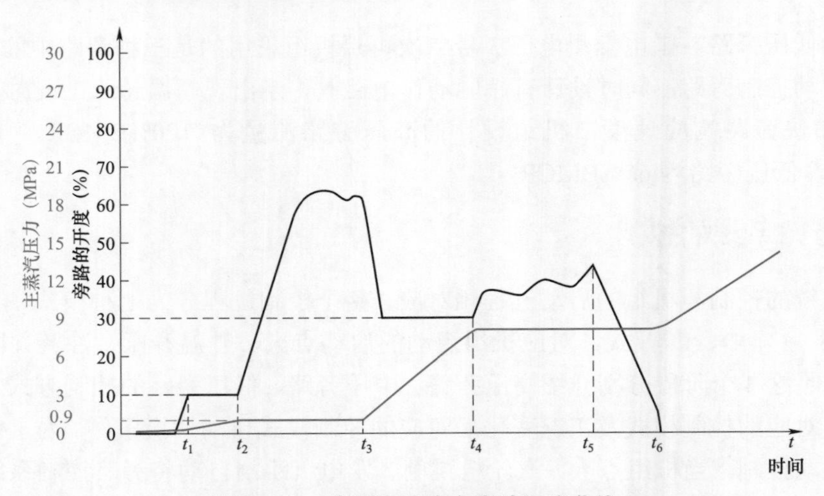

图 7－24　高压旁路冷态启动开度曲线

2. 中压旁路控制

高压旁路进入 A1 模式后中压旁路同时进入 A1 模式，关闭中压旁路。在高压旁路进入 A2 模式且高旁开度大于 3%后，中旁进入 A2 模式，中旁压力设定值从当前主蒸汽压力按照 0.05MPa/min 的速率变化到 0.55MPa，同时为了保证一级再热器有一定蒸汽流量，且保证升压、泄压速率与锅炉热负荷匹配。给中压旁路阀门开度低限设定为 10%，高限设定为 50%。

3. 低压旁路控制

高压旁路进入 A1 模式后低压旁路同时进入 A1 模式，关闭低压旁路。压力设定跟踪实际压力，在高压旁路进入 A2 模式且高旁开度大于 3%后，低压旁路进入 A2 模式，低压旁路压力设定按照 0.03MPa/min 的速率增加到 0.1MPa，同时为了保证二级再热器有一定的蒸汽流量，给低压旁路阀门开度低限设定为 10%，高限设定为 50%。

（二）升温、升压阶段（A3 模式）

旁路的升温、升压模式分为两个阶段：一是升温升压至启机冲转到 3000r/min 前；二是并网至旁路全关。图 7－24 所示 t_3-t_4 为升压阶段，目的是将主蒸汽压力升到汽轮机冲转压力；t_4-t_5 阶段为冲转到机组并网阶段。

冷态、温态启机过程进入 A3 模式条件。此时主蒸汽压力比较低，启机过程中主蒸汽压力变化是根据锅炉热负荷的增加产生的升压过程。A2 模式下，主蒸汽压力达到冲转压力设定值且发电机未并网，同时高压旁路指令大于 29%。

热态、极热态启机时，主蒸汽压力比较大，如果主蒸汽压力大于冲转设定压力，则将旁路开到 30%释放压力，当主蒸汽压力达到启机冲转压力时，高压旁路系统切至 A3 模式。

进入 A3 模式后，高压旁路阀开度高限释放至 100%，高压旁路通过 PID 控制器控制维持主蒸汽压力，升压速率为 0.2MPa/min，目标压力：冷态、温态为 8MPa，热态、极热态为 12MPa。高压旁路阀门开度低限保留，低限为主蒸汽温度的函数：300℃及以下对应 10%、500℃对应 15%、620℃对应 18% 3 段，每段之间呈线性关系。

中压旁路 A2、A3 模式转换条件：中压旁路在 A2 模式，且中压旁路开度不小于 50%且高压旁路已进入 A3 模式。中压旁路进入 A3 模式后，中压旁路目标压力设定为 2.55MPa，阀门开度高限设定为 100%，阀门开度低限为 10%，升压速率为 0.1MPa/min。

低压旁路 A2、A3 模式转换条件：低压旁路在 A2 模式，低压旁路开度不小于 50%且高压旁路进入 A3 模式，低压旁路进入 A3 模式。目标压力设定为 0.8MPa，低压旁路阀门高限设定为 100%、阀门低限为 10%，升压速率为 0.03MPa/min。

A3 模式第二阶段：在机组并网后，高压旁路阀门低限设定为零，高压旁路调节主蒸汽压力，汽轮机带初始负荷，DEH 处于本地负荷控制模式。当机组热负荷不变且增加 DEH 负荷设定值，旁路系统要通过关小旁路开度维持压力。当高压旁路阀门开度小于 3%后，高压旁路进入滑压跟踪 B 模式。

中压旁路在并网后，设定阀门低限为“0”，取消阀门开度限制。压力设定为 2.55MPa，当高压旁路开度小于 3%、中压旁路开度小于 6%后，中压旁路进入 B 模式。

低压旁路在并网后，设定阀门低限为“0”，取消阀门限值。压力设定为 0.8MPa，当高压旁路开度小于 3%、低压旁路开度小于 6%后，低压旁路进入 B 模式。

最初原厂设计，冷态下，汽轮机冲转主蒸汽压力为 10MPa，但是在实际冲转过程中，发现汽轮机超高压调节汽门、高压调节汽门开度均小于 3%，导致汽轮机超高压缸、高压缸内出现鼓风效应。在 3000r/min 转速暖机过程中，超高压缸、高压缸排汽温度慢慢升高，触发汽轮机超高压缸排气温度高跳闸条件。经过调整，通过降低高压旁路系统 A3 模式下冲转压力为 8MPa，从而增加冲转过程中超高压、高压调节汽门的开度，消减高压缸、超高压缸内蒸汽鼓风效应的影响，顺利解决汽轮机冲转问题。

解决了冲转问题后，但是旁路系统的并网主蒸汽压力设定值又与锅炉厂的滑压曲线不相匹配。原来设计的机组滑压曲线为定滑压，在 300MW 及以下负荷阶段，压力设定值为 10MPa。为了旁路系统的全程自动控制与整个机组的 APS 相衔接，又不会造成旁路切换到 B 模式后有较大的压力偏差扰动。当机组带初始负荷且旁路系统没有进入 B 模式前可以将压力设定值适当增加至 9MPa；具体方法为锅炉加煤，当高压旁路开度大于 40%时禁止 DEH 系统降负荷，当高压旁路小于 10%时禁止 DEH 系统升负荷。同时，通过优化机组原有的滑压曲线，将增加一段 200～300MW 负荷段对应 9～10MPa 的滑压曲线，使得旁路压力设定值和机组滑压曲线平滑衔接。

（三）启机过程高压旁路开度表

冷态启动模式开度对应表见表 7－5，温态启动模式开度对应表见表 7－6，热态、极热态启动模式开度对应表见表 7－7。

表 7－5 冷态启动模式开度对应表

旁路模式	旁路的开度（%）	备 注
A1 模式	0	起压点
A1→A2 转换阶段	0～10	以一定速率开阀
A2 模式初期	10	炉压升至 0.5MPa

续表

旁路模式	旁路的开度（%）	备　注
A2模式中期	10～30	保持0.5MPa，继续开阀
热态冲洗阶段	10～100	保持进入冲洗前主蒸汽压力，继续开阀
A2模式升压阶段	30	升压至8MPa（冲转压力）
A3模式并网前	蒸汽流量函数值～100	保持在8MPa（冲转压力）

表7－6　温态启动模式开度对应表

旁路模式	旁路的开度（%）	备　注
A1模式	0～10	点火，以一定速率开阀
A2模式初期	10	炉压升至点火前炉压
A2模式维压阶段	10～30	维持至点火前压力，继续开阀
A2模式升压阶段	30	升压至冲转压力8MPa（冲转压力）
A3模式并网前	蒸汽流量函数值～100	保持在8MPa（冲转压力）

表7－7　热态、极热态启动模式开度对应表

旁路模式	旁路的开度（%）	备　注
A1模式	0～8	点火，以一定速率开阀
A2模式初期	8	炉压升至点火前炉压
A2模式维压阶段	8～30	维持至点火前压力，继续开阀
A2模式升压阶段	30	升压至冲转压力12MPa（冲转压力）
A3模式并网前	蒸汽流量函数值～100	保持在12MPa（冲转压力）

当发电机并网后，旁路系统高、中、低压三级旁路均放开高低限限制；机组处于汽轮机调负荷、旁路调压力模式；随着机组负荷的升高，锅炉给煤量和汽轮机负荷及旁路设定压力相互协调，开始关小旁路系统，直至旁路全部关闭进入压力跟踪B模式。

高压旁路启动曲线包括冷态启动曲线和热态启动曲线。高压旁路热态启动开度曲线如图7－25所示。

（四）汽轮机运行模式（B模式）

机组并网后，逻辑取消旁路开度的低限。随着负荷升高，所有高压旁路全关，高压旁路由A3模式进入B模式。高压旁路进入B模式后，高压旁路的压力设定值会在协调系统滑压曲线压力设定值上叠加一定的偏置量（1.4MPa），最高不超过35.2MPa。使得旁路设定值一直大于实际压力，促使高压旁路可靠关闭。B模式下高压旁路提供压力保护，限制主蒸汽压力在协调系统压力设定值+1.4MPa的范围内。当主蒸汽压力偏离协调压力设定值+1.4MPa后，协调系统没有及时调整好主蒸汽压力，高压旁路才会溢流打开泄压，保证机组安全运行和机组参数稳定。

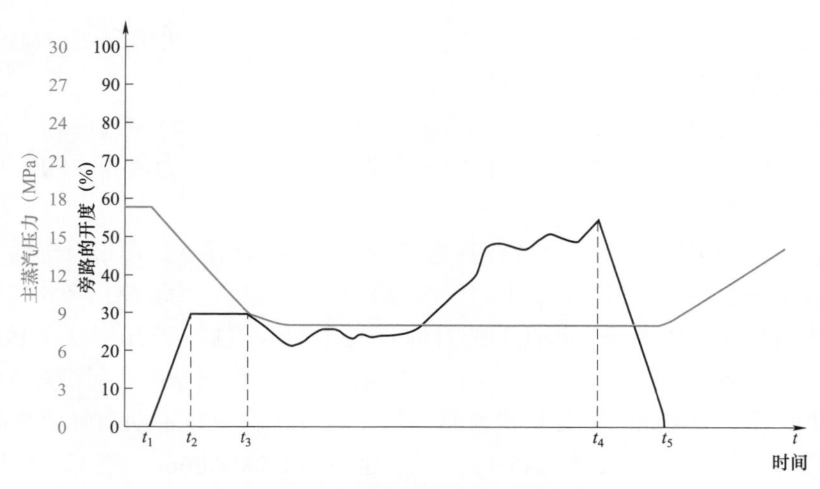

图 7－25　高压旁路热态启动开度曲线

中压旁路进入 B 模式后，中压旁路压力设定值为一次再热器出口当前压力+0.5MPa；中压调节 PID 控制器被调量一直小于设定值，促使中压旁路有效关闭。同时设定压力设定值上限，设定值略小于一次再热器安全门动作值。国电泰州电厂 3 号机组一次再热器安全门动作压力为 12.73MPa，1000MW 负荷时一级再热器蒸汽压力在 10.3MPa 左右，因此中压旁路压力设定值高限为 12MPa。

低压旁路进入 B 模式后，压力设定值为二次再热器出口压力+0.3MPa，同时设定压力保护上限，低压旁路的压力设定值上限也是参考二次再热安全门的动作压力设定的，设定值高限为 3.6MPa。正常 1000MW 工况下二次再热蒸汽压力为 3MPa 左右。

（五）停机模式（C 模式和 D 模式）

机组停机状态分为两种：汽轮机停止且锅炉 MFT 动作和汽轮机停止且 MFT 不动作。对应的旁路控制模式也分为两种控制：停机不停炉 C 模式和停机停炉 D 模式。当机组正常运行过程中，低负荷段（机组负荷小于 200MW）汽轮机跳闸旁路系统正常打开，锅炉没有触发 MFT，高压旁路进入停机 C 模式。

C 模式下为了防止引发锅炉再热器保护动作，设定旁路阀门开度指令低限。高压旁路开度低限曲线为主蒸汽温度的函数：300℃及以下对应 15%、500℃对应 20%、620℃对应 23% 3 段。为了保证旁路系统能够正常进入下次冲转的 A3 模式，通过 C 模式下目标压力设定为锅炉校正后煤量的函数，滑压速率为 0.3MPa/min。当主蒸汽压力达到冲转压力时，高压旁路进入 A3 模式，准备再次冲转。C 模式下高压旁路压力设定与煤量的对应表如表 7－8 所示。

表 7－8　C 模式下高压旁路压力设定与煤量的对应表

煤量（t/h）	0	124	151.7	176.6	363.7
压力（MPa）	8	9	10.376	12.85	26.25

中压旁路进入 C 模式后，中压旁路的目标压力为 2.55MPa，压力设定变化速率为

0.05MPa/min，设定中压旁路阀门开度低限设定值为15%。当压力降到2.55MPa时，中压旁路进入A3模式。

低压旁路系统进入C模式后，低压旁路目标压力设定为0.8MPa，压力变化速率为0.03MPa/min，设定低压旁路阀门开度低限设定值为12%。当压力降到1MPa以下时，低压旁路进入A3模式。

任何工况下，如果锅炉MFT动作，高压旁路进入停机D模式。压力设定为31MPa，旁路系统在保证整个锅炉及主蒸汽管道不超压的情况下保持最高压力。高压旁路在跳闸瞬间根据跳闸前给水流量的函数快开一定的开度，阀门到达快开位置后，高压旁路在PID调节器的作用下慢慢关闭。高压旁路开度没有限制，一般情况下高压旁路全关，锅炉进入闷炉状态。

MFT动作后，如果此时准备机组检修停机，运行人员可以手动在画面将高压旁路进入检修E模式，压力自动设定为14MPa，降压速率为0.2MPa/min。当然，此时运行人员也可以将高压旁路自动解除，然后手动开一定的高压旁路开度泄压，直到主蒸汽压力为0。

任何模式和工况下MFT动作，中压旁路进入停机D模式，压力设定为当前压力+0.5MPa，最高不超过12MPa，然后PID调节器使得中压旁路关闭。

任何模式和工况下MFT动作，低压旁路进入停机D模式，压力设定为当前压力+0.3MPa，最高不超过3.6MPa，然后PID调节器使得低压旁路关闭。综上所述，当MFT动作后，高、中、低压三级旁路在保证系统不超压的情况下，三级旁路全关。

三、旁路喷水减温系统的自动

（一）高压旁路减温水控制

高压旁路减温水控制为设定值与高压旁路后温度比较的单回路控制，设定值根据高压旁路减压后压力形成函数，运行可加偏置修正。但是修正后蒸汽温度设定值不得大于390℃，同时根据高压旁路减压后压力饱和温度加30℃对设定值进行低限限值限制。保证减温后的蒸汽有一定的过热度，避免出现不饱和蒸汽进入一级再热器。高压旁路减温温度设定低限见表7-9。

表7-9　高压旁路减温温度设定低限表

高压旁路后压力（MPa）	0	1.177	1.373	1.57	5.59	6.9	11.0
温度（℃）	330	330	330	330	360	390	390

高压旁路减温水调节器根据高压旁路开度设置前馈，保证高压旁路快开时进入一级再热器的蒸汽不超温。在高压旁路自动投入后，对应的减温水调节汽门同时投入自动；或者运行人员手动投入减温水自动。高压旁路减温关断门自动开关与对应的减温调节汽门控制指令相对应；减温水调节汽门开度指令大于3%自动开对应的减温关断门，减温水调节汽门开度指令小于1%自动关对应的减温关断门。

（二）中压旁路减温水控制

中压旁路减温水控制为设定值与中压旁路后温度比较的单回路控制，设定值由运行人员在操作画面手动设定，但是逻辑设定了限值，要求在330～400℃之间。中压旁路减温水调节器设置中压旁路开度前馈，保证中压旁路快开时不超温。在中压旁路自动投入后，对应的减温水调节门同时投入自动；或者运行人员手动投入减温水自动。中压旁路减温关断阀的联锁动作与相应的调节门开度指令相关。当中压旁路减温水调节门指令大约3%联锁开对应的减温关断阀；当中压旁路减温水调节门指令小于1%时，联锁关断相应的减温关断门。

（三）低压旁路减温水控制

低压旁路减温水控制为设定值与低压旁路后温度比较的单回路控制，设定值由运行人员在操作画面手动设定，但是为了防止运行人员操作失误，温度设定值在逻辑中设定了限值，要求在70～100℃之间，否则设定值无效。低压旁路减温水调节器设置低压旁路开度前馈，保证快开时凝汽器不超温。在低压旁路自动投入后，对应的减温水调节门同时投入自动；或者运行人员手动投入减温水自动。

四、旁路系统超驰保护

（一）高压旁路快开

高压旁路快开分为两种：

（1）超驰开电磁阀动作。这种工况动作的原因一般为模拟量指令失效，导致主蒸汽压力超过35.2MPa，引起高压旁路超驰开电磁阀动作，高压旁路超驰全开。

（2）模拟量指令快开。当负荷大于300MW并且发电机跳闸或汽轮机跳闸、主蒸汽压力大于33.5MPa时，高压旁路根据当前给水流量快开一定开度。开度到达设定值或者快开条件触发5s后，高压旁路切到调压模式。

高压旁路逻辑快开指令与给水流量对应表见表7－10。

表7－10　高压旁路逻辑快开指令与给水流量对应表

给水流量（%）	0	21.3	42.5	63.7	85	90	100
开度（%）	8	17.5	35	52.5	70	70	70

（二）中压旁路快关

中压旁路快关的条件：中压旁路出口蒸汽温度高于500℃且延时5s；或者中压旁路减温水压力低于5MPa。条件满足后发超驰关电磁阀指令，同时将调节门调节指令设为0。

中压旁路出口蒸汽温度高保护关闭中压旁路是为了防止过高温度的蒸汽进入二级再热系统进行二次加热，从而导致再热器超温。

减温水压力低保护是为了防止减温水的压力与中压旁路蒸汽压力偏差过小，减温水不能有效进入旁路系统对蒸汽进行减温，从而导致中压旁路蒸汽温度过高。

（三）低压旁路快关

低压旁路快关条件：凝汽器真空压力大于40kPa（绝对压力）或者低压旁路出口蒸汽温度大于150℃、低压旁路减温器喷水压力小于1.6MPa。

低压旁路快关条件触发后，低压旁路超驰关电磁阀动作，同时将低压旁路调节指令设定为0。

以上控制逻辑和参数适用于 1000MW 超超临界二次再热机组旁路系统的全程自动控制。结合国电泰州电厂二次再热3号机组调试过程中的实际情况以及相关逻辑参数的优化，实际应用表明，此种控制策略能够较好地应用于 1000MW 超超临界二次再热机组旁路系统，兼顾机组运行的安全性、经济性，并且包容各种工况下旁路系统的安全响应。

第四节 主保护系统

主保护系统是发电厂热工自动化的重要组成部分，是机组安全运行的重要保障。随着热工测量、保护等设备和元器件的质量以及可靠性的提高，热控系统的自动化程度越来越高。二次再热发电技术代表当前世界领先的发电水平，是目前提高火电机组热效率的有效途径。与一次再热机组相比，二次再热机组热力系统结构布置更为复杂，为保证二次再热机组运行的安全性，对热工保护系统的设计和运行提出了更高的要求。根据机组设备特点，设计合理的机炉主保护系统，防止热工机炉主保护误动、拒动。

一、MFT 功能介绍

MFT 是炉膛安全监控系统（FSSS）中最重要的安全功能，也是锅炉安全保护的核心内容。当出现任何危及锅炉安全运行的危险工况时，MFT 动作将快速切断所有进入炉膛的燃料，实现紧急停炉，以保证设备安全，避免重大事故发生。

国电泰州电厂二次再热机组MFT功能的实现主要通过单元机组FSSS内软件保护逻辑及 MFT 硬件跳闸柜实现。软件保护通过一个专用控制器将 MFT 的保护动作条件组态，实现机组保护。其主要功能包括接收保护信号、实现保护逻辑、发出保护动作指令、实现 MFT 动作首出逻辑等。控制器动作指令包括软件指令和硬件指令两个方面，软件指令通过冗余的通信网络发至各个控制器，在各个控制器相应逻辑中被引用，通过就地设备的停指令实现保护功能。硬件指令是指通过硬接线将 MFT 动作指令及复位指令发给 MFT 跳闸柜。

硬件系统包括 MFT 动作继电器、MFT 动作电气回路、空气开关等。为防止 DCS 控制系统失灵保护拒动，还在集控室操作台设有锅炉 MFT 手动跳闸按钮。

（一）MFT 硬件跳闸回路原理

MFT 主保护设计为带电动作的硬回路，设计理念为 MFT 保护动作时跳闸继电器回路带电动作去跳闸机组各重要设备以实现停炉。为减少带电动作回路存在的拒动风险，MFT 跳闸硬回路为冗余配置，任一套 MFT 跳闸硬回路动作后均会送出信号跳闸相关的设备。两路 110V DC 电源分别给 MFT 跳闸柜内两套 MFT 跳闸硬回路供电，柜内安装有电源监视继电器，任一路失电时均能发出报警信号。

国电泰州电厂二次再热机组 MFT 跳闸柜接收 MFT 跳闸指令（DO）共有 12 个（至每套 MFT 跳闸回路 6 个），6 个 MFT 跳闸指令分成 3 组，同时接收到每组任意 2 个 MFT 跳闸指令，则 MFT 跳闸继电器跳闸线圈动作，发出就地相关设备停运指令，切断入炉燃料。为了防止误动和拒动，12 个 MFT 跳闸指令（DO）分散在 FSSS 控制器机柜 3 个分支的 3 块 DO 卡上。一、二次再热机组 MFT 硬件跳闸回路原理图如图 7－26 和图 7－27 所示。

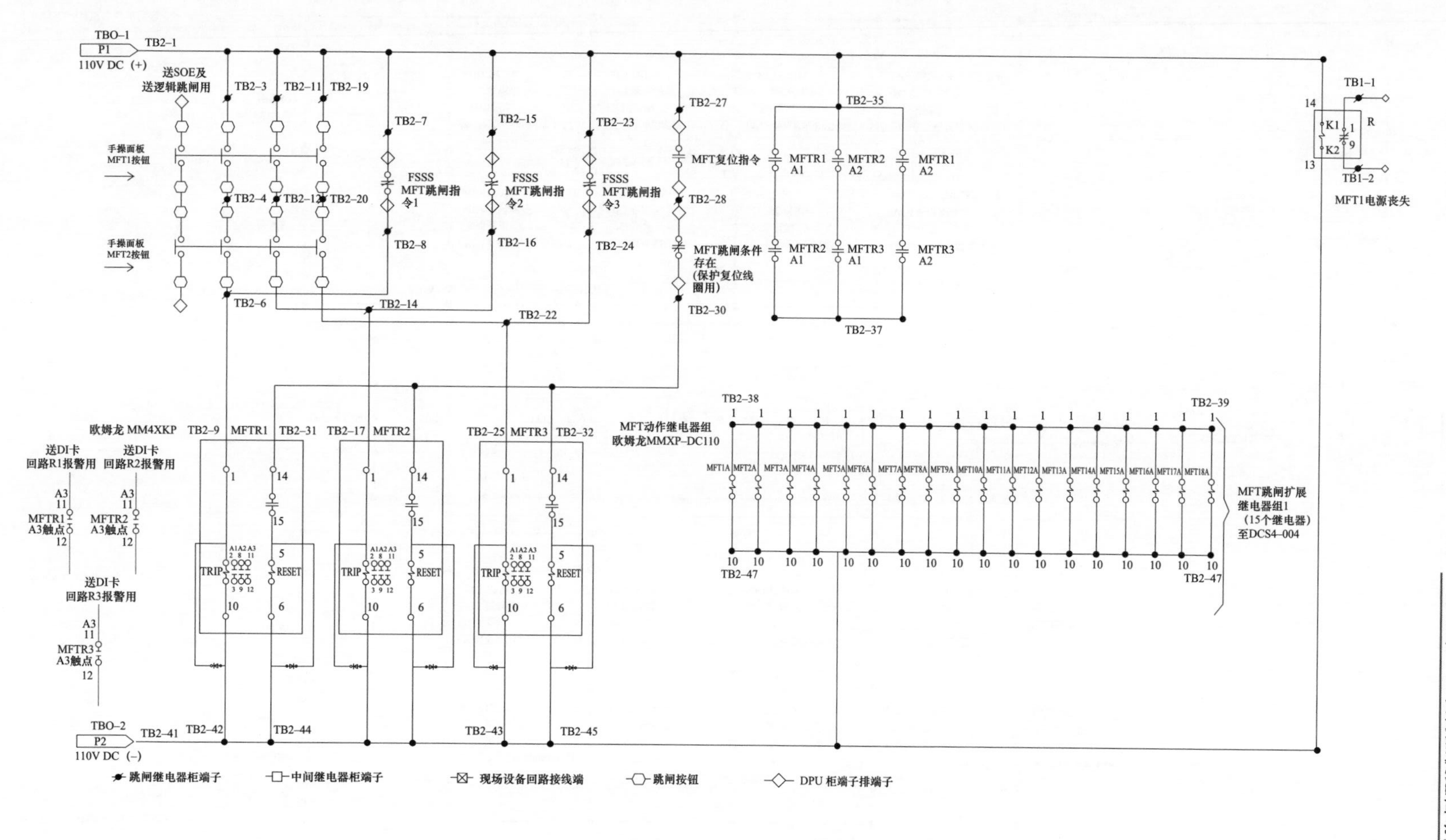

图7-26 一次再热机组MFT硬件跳闸回路原理图

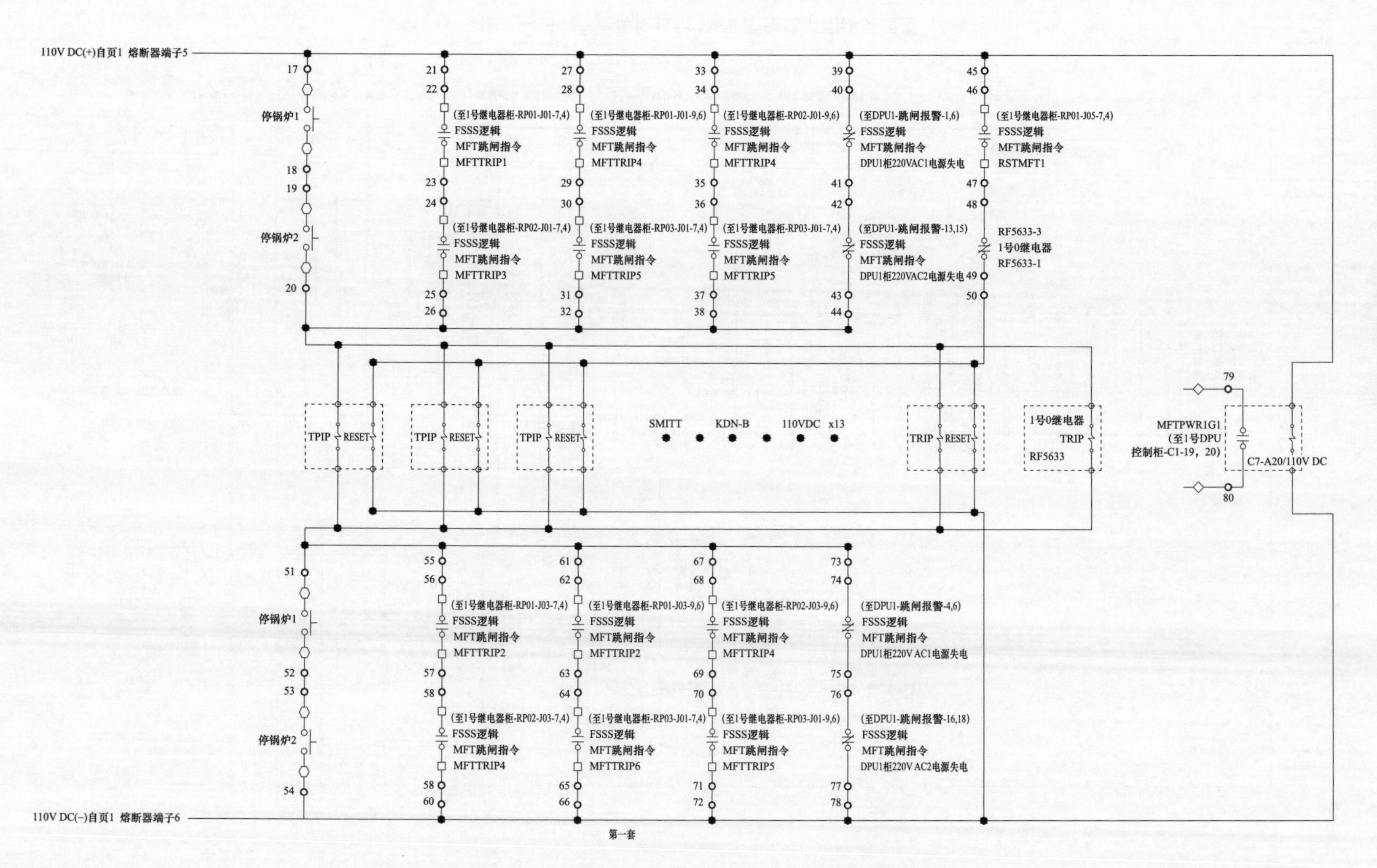

图 7-27 二次再热机组 MFT 硬件跳闸回路原理图

二次再热机组采用此种设计的优点如下：

（1）采用更多的继电器跳闸回路，更好地防止机组误动。

（2）防止由于110V电源负端接地同时电源正端与继电器短接而导致机组误跳。

在FSSS控制器机柜中还安装了2个电源监视继电器，分别对FSSS控制器机柜的2路供电电源进行监控，电源失去时，电源监视继电器发开关量信号至MFT柜，2路电源均失去时MFT硬件跳闸回路跳闸。

（二）MFT继电器柜跳闸动作指令

MFT继电器柜跳闸后各跳闸继电器除了发送“MFT已跳闸信号”至DCS各个控制器以及脱硫、电除尘、旁路、ETS、METS等系统外，还要发出指令直接到各现场设备：

（1）停止磨煤机。

（2）停止给煤机。

（3）关闭磨煤机所有出口门。

（4）停止一次风机。

（5）关过热器减温水母管总电动门。

（6）关一次再热器减温水母管总电动门。

（7）关二次再热器减温水母管总电动门。

（8）关燃油进油速关阀。

（9）关燃油回油快关阀。

（10）停止等离子系统。

（三）MFT信号复位条件

（1）MFT柜继电器电源均正常。

（2）不存在MFT跳闸条件。

（3）炉膛吹扫完成。

（4）MFT继电器已跳闸（MFT柜跳闸继电器第一套、第二套都动作）。

MFT保护动作后，炉膛吹扫完毕且MFT复位条件全部满足后，FSSS控制器发出的MFT复位指令至MFT跳闸柜（2个DO指令，每套MFT跳闸回路1个），MFT跳闸继电器复位线圈带电，跳闸继电器复位。同时发出MFT已复位信号至FSSS控制器。

二、MFT软件保护跳闸条件

MFT软件保护逻辑主要根据锅炉以及相关辅助系统等主要设备特点进行设计，二次再热机组在设计上增加了一套二次再热系统、一级超高压缸、一级中压旁路，同时根据不同的生产设备厂家要求，二次再热机组MFT软件保护逻辑在原有的一次再热机组MFT软件保护逻辑的基础上又进行了相关的设计优化。MFT软件保护跳闸条件见表7-11。

表7-11　　MFT软件保护跳闸条件

序号	MFT软件保护		
	跳闸条件	信号动作方式	逻辑组态说明
1	手动MFT	两个按钮同时按下	
2	两台送风机全停		两台送风机停止信号“与”逻辑
3	两台引风机全停		两台引风机停止信号“与”逻辑
4	空气预热器全停		每台空气预热器都有主、辅电动机，主电动机故障跳闸后辅电动机联锁启动，因为主、辅电动机切换需要时间，所以空气预热器停止信号由主、辅电动机均停后延时5s发出
5	炉膛压力高高	炉膛两侧取3个压力变送器测点，比较后3取2判断，延时1s	炉膛负压高于2.5kPa动作
6	炉膛压力低低	炉膛两侧取3个压力变送器测点，比较后3取2判断，延时1s	炉膛负压低于－3kPa动作
7	两台汽动给水泵全停	每台汽动给水泵停止信号通过METS系统中3路跳闸信号3取2判断	
8	给水流量低低	比较后的给水流量低低信号通过3路硬接线接至FSSS控制器柜3取2判断，延时30s	有燃烧记忆时，省煤器进口流量低于676t/h动作
9	炉膛总风量低低	比较后的总风量低低信号通过3路硬接线接至FSSS控制器柜3取2判断，延时3s	总风量磨煤机进口一次风量与大风箱进口二次风量之和，总风量低于793t/h动作
10	再热器保护丧失		
11	失去全部燃料		有燃烧记忆时，全燃料丧失
12	失去全部火焰	（1）煤层火焰检测丧失：每层2个及以上火焰检测信号消失，延时2s。 （2）油层火焰检测丧失：每层3个及以上火焰检测信号消失	有燃烧记忆时，全部火焰丧失
13	汽轮机跳闸且锅炉负荷＞200MW或汽轮机跳闸且锅炉负荷＜200MW且旁路无效		（1）旁路无效：4个高压旁路阀均关、2个中压旁路阀均关、2个低压旁路阀均关“或”逻辑。 （2）旁路调节阀关闭：阀位反馈小于5%
14	火焰检测冷却风丧失	（1）风机全停，延时300s。 （2）火焰检测冷却风压力低，3取2，延时600s	火焰检测冷却风压力低采用就地3个压力开关，压力低于3.5kPa动作
15	FGD请求锅炉MFT	由脱硫系统通过3路硬接线接至FSSS控制器柜3取2判断，延时3s	FGD请求锅炉MFT信号：FGD出口烟气温度高于80℃且6台浆液循环泵全停
16	储水箱水位高高	比较后的储水箱水位高高信号通过3路硬接线接至FSSS控制器柜3取2判断，延时3s	储水箱压力低于18MPa且储水箱水位高于31.4m

续表

序号	MFT 软件保护		
	跳闸条件	信号动作方式	逻辑组态说明
17	主蒸汽压力高高	比较后的主蒸汽压力高高信号通过 3 路硬接线接至 FSSS 控制器柜 3 取 2 判断，延时 3s	主蒸汽压力高于 35.67MPa 动作
18	最高的分配联箱进口温度高高	比较后的最高分配联箱进口温度高高信号通过 3 路硬接线接至 FSSS 控制器柜 3 取 2 判断，延时 3s	水冷壁出口管路蒸汽温度高高动作定值由储水箱压力函数曲线产生，见图 7－28

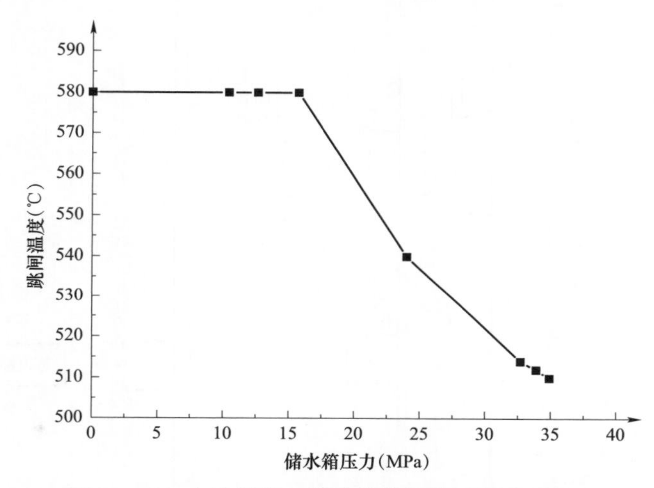

图 7－28　水冷壁出口管路蒸汽温度跳闸定值曲线

再热器保护设计的原则是避免蒸汽不能进入再热器或者蒸汽能够进入却无法流出再热器，从而导致再热器干烧。二次再热机组汽轮机部分增加了超高压缸、超高压主汽门和超高压调节汽门等设备；再热器由原来的一级变为二级，二次再热机组的再热器分为一次低温再热器、一次高温再热器、二次低温再热器、二次高温再热器；旁路系统也增加了一级中压旁路，采用三级旁路系统，因此蒸汽阻塞触发条件也相应增加一路。蒸汽阻塞触发原理如图 7－29 所示。其他 MFT 保护逻辑根据电厂要求不同，略有差异，但整体条件基本一致。因为二次再热机组设备设计容量以及蒸汽参数与常规一次再热机组相比较高，所以其他 MFT 保护逻辑、动作参数又有不同，在此不再一一列举。

三、ETS 功能介绍

汽轮机危急跳闸系统（ETS）是在汽轮机运行出现异常时，能采取必要措施进行处理，当异常情况继续发展到可能危及设备和人身安全时，能立即停止汽轮机运行的保护系统。国电泰州电厂二次再热汽轮机组采用上海汽轮机厂西门子机型机组的保护系统，主要由超速保护装置、数据采集及处理系统，以及 EH 停机系统组成。

（一）超速保护系统

超速保护由两套电子式的超速保护装置 E16 构成。每套超速保护装置包括 3 个转速模块和1个测试模块。3个转速通道独立地测量机组转速并发出可靠的报警信号。每个转速模块不仅接收本通道的测速信号，而且接收其他两个通道的信号。监控模块持续地检查 3 个通道信号的数值。如果某通道的测量值同时与其他两通道的数值有明显偏差，认定该通道传感器故障。任何一个故障都发出报警信号。转速模块发出的动作信号通过继电器回路，进行 3 取 2 逻辑处理。两套处理系统串联进快关电磁阀的供电回路。

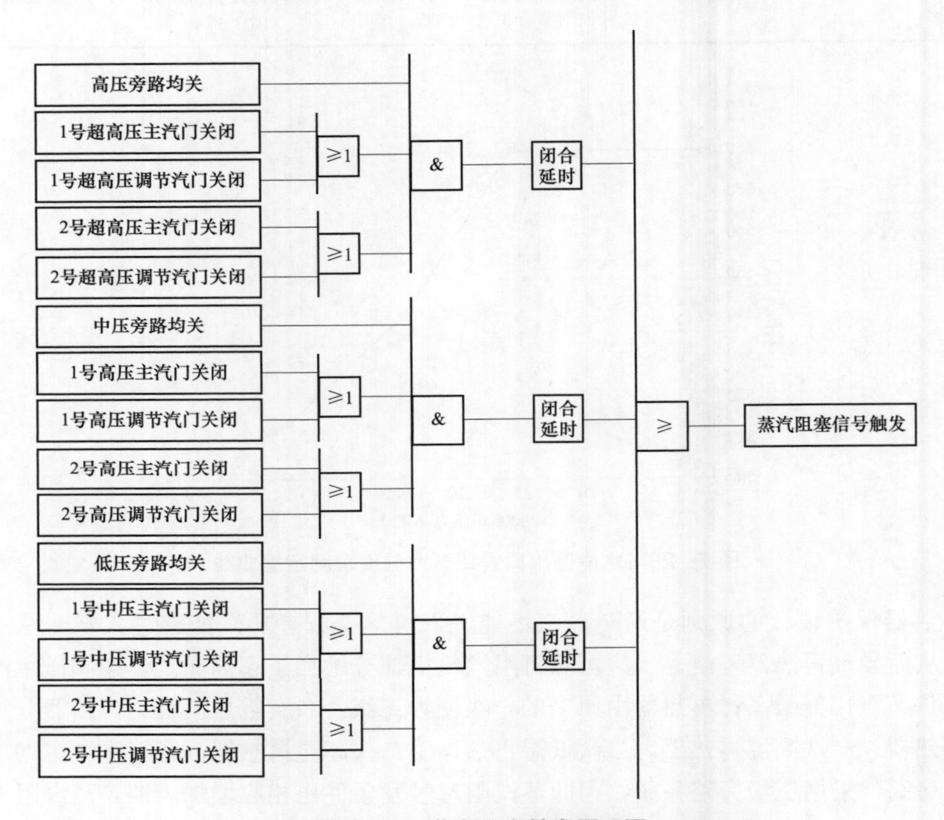

图 7－29 蒸汽阻塞触发原理图

两套超速保护装置控制汽轮机进汽阀门油动机上的快关电磁阀的电源供应。当其中有一套装置动作后，所有油动机的快关电磁阀将失电，阀门在关闭弹簧的作用下快速关闭，使汽轮机组停机。超速保护原理如图 7－30 所示。

超速保护装置的动作信号还同时送到保护系统的处理器，在软件里再进行 3 取 2 的逻辑处理，与其他保护信号一起，通过输出卡件控制油动机快关电磁阀。

（二）数据采集及处理系统

数据采集及处理系统包括输入/输出卡件、处理器及相关的逻辑处理。汽轮机现场及其他系统来的保护信号，通过输入卡件送到控制处理器，进行相关的逻辑处理，形成最终的汽轮机保护动作信号，通过输出卡件控制相关的停机电磁阀，从而使机组迅速停机。

上海汽轮机厂西门子机型汽轮机停机系统不设专用的停机电磁阀，从 ETS 发出单独的动作信号到每个快关电磁阀，硬件不能采用 PLC 形式，而是和 DEH 硬件一体化设计。系统是由冗余的处理器、输入/输出卡件、故障安全型输入/输出卡件、超速保护装置等组成。

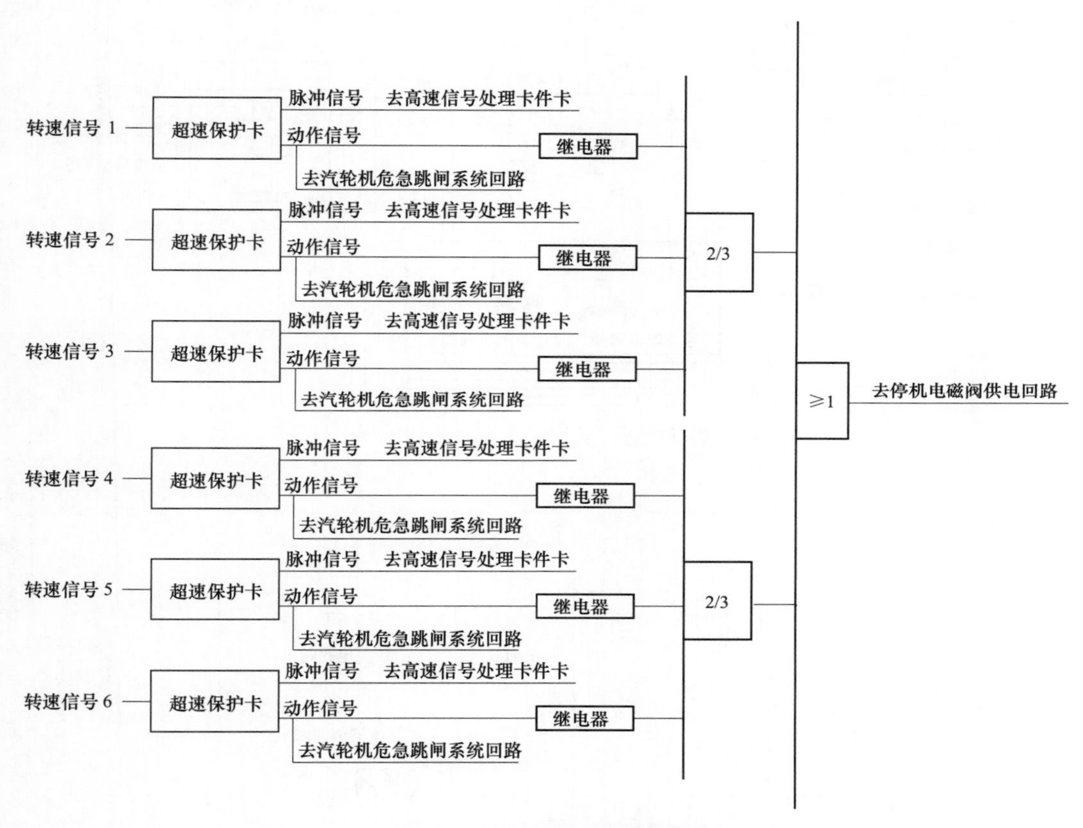

图 7－30 超速保护原理图

保护信号通过输入卡件送入控制器。冗余的保护信号分配到不同的卡件，在控制器中进行 3 取 2 逻辑处理，最终动作信号通过故障安全型卡件（FDO），控制油动机快关电磁阀。数据采集系统示意图如图 7－31 所示。

（三）EH 停机系统

EH 停机系统的每个油动机是独立的，单独动作。在每个油动机上设置了两个串联的快关电磁阀，只要其中的一个电磁阀动作，该阀门就迅速关闭。每个电磁阀分别接受 ETS 来的动作信号，将阀门快速关闭。电磁阀采用常带电、失电动作控制方式。供电电源采用 24V DC 电源模块供电，由 ETS DO 卡件直接提供。油动机原理如图 7－32 所示。

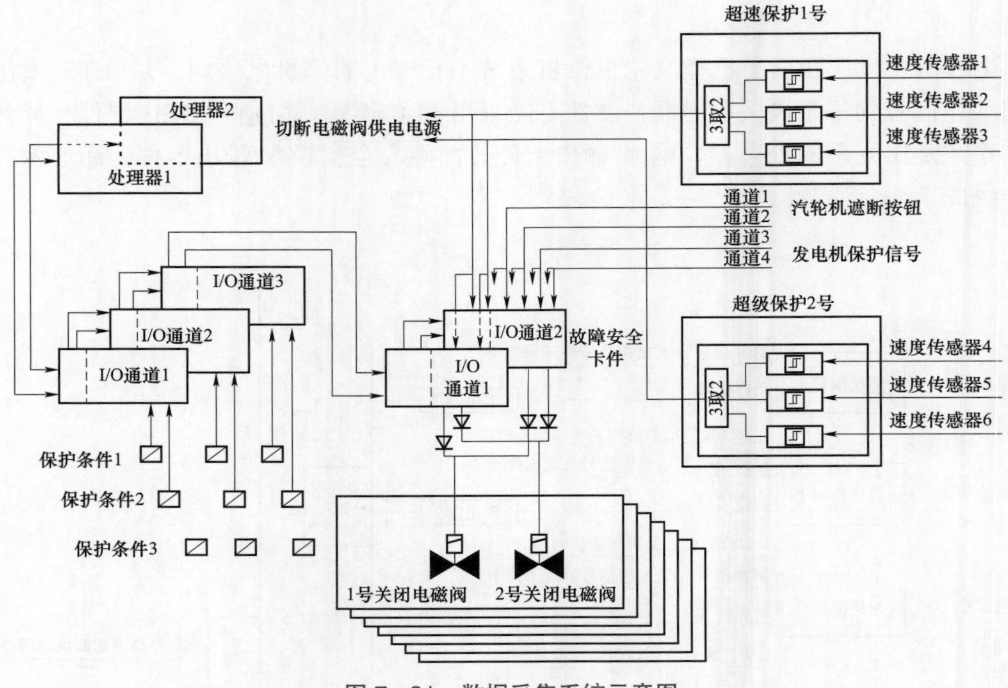

图7-31　数据采集系统示意图

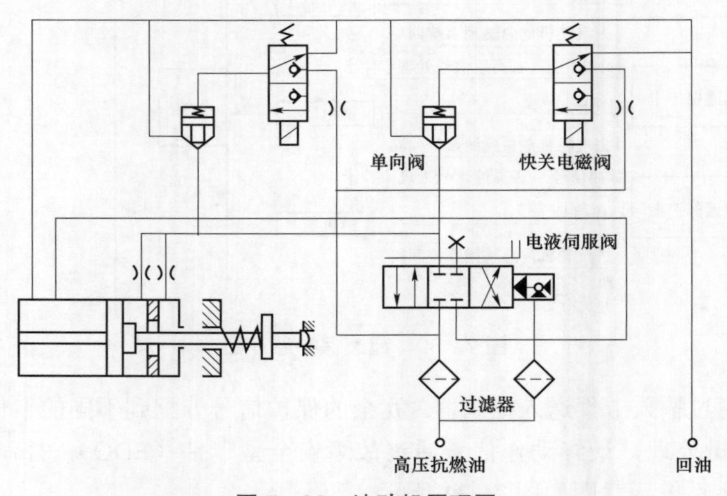

图7-32　油动机原理图

（四）ETS保护逻辑跳闸条件

常规上海汽轮机厂西门子机型汽轮机ETS保护主要包括轴承振动保护、轴承金属温度保护、润滑油系统保护、凝汽器真空保护、EH低油压保护、DEH硬件故障保护、高压排汽温度高保护、低压排汽温度高保护以及其他系统来的停机保护（锅炉MFT、发电机保护、发电机断水保护等）。二次再热汽轮机组增加了一个超高压缸，整个轴系由7根转子（5缸）、9个轴承组成，因此，在ETS保护项目中比一次再热机组增加了一个超高压排汽温度高保护、一个轴承振动保护和一个轴承金属温度保护。

1. 手动停机

汽轮机机头设置了 1 个紧急停机按钮，有 3 副 NC 和 1 副 NO 触点，该紧急停机按钮和集控室的紧急停机按钮一起构成手动停机回路。这些按钮信号接入 ETS 系统，当需要手动紧急停机时，通过这些按钮，使快关电磁阀失电，遮断机组。集控室按钮采用双按钮形式，每个按钮有 4 副 NC 和 1 副 NO 触点。其中 3 副 NC 触点和机头按钮的 3 副 NC 触点组合进入处理器（软回路），3 取 2 后保护动作。集控室按钮还有一路 NC 信号接到电磁阀供电回路，作硬回路断电，直接动作电磁阀。

2. 振动保护

采用轴承座落地结构，汽轮机基础采用柔性基础，因此轴承保护采用轴承座振动（绝对振动）保护，而轴振动（相对振动）仅用来报警。轴承座振动两个信号通过 TSI 装置处理后将 4～20mA 模拟量信号送入 ETS 保护系统，进行 2 取 2 处理，当信号值超限后保护动作。

轴承座振动保护定值见表 7－12。

表 7－12　　轴承座振动保护定值

项目	1～6 号轴承振动	7～9 号轴承振动
跳闸定值（mm/s）	＞11.8	＞14.7
跳闸方式	2 取 2	2 取 2

3. 轴向位移保护

在汽轮机 2 号轴承座处安装 3 个轴向位移探头，通过 TSI 装置处理后将 3 个模拟量信号送到 ETS 系统，进行 3 取 2 处理，当信号值超限后保护动作。

4. 轴承温度保护

机组在每个轴承上安装两个测量轴承金属温度的 3 支热电偶（其中 1 号、2 号轴承上下部各 2 只），推力轴承在正负推力面各装两个 3 支热电偶。每个热电偶的 3 个信号全部进入 ETS 系统，在处理器中对每个温度点进行 3 取 2 处理，当温度超限后动作。

5. 润滑油系统保护

润滑油系统保护包括润滑油压低保护和润滑油箱油位低保护。它们都采用 3 个变送器进行测量，将 4～20mA 信号送到 ETS，进行 3 取 2 处理。汽轮机转速大于 9.6r/min，润滑油压力低于 0.25MPa，延时 3.2s 后润滑油压力低保护动作。

6. 凝汽器真空保护

凝汽器低真空保护定值随低压缸进汽压力改变。真空一旦低于固定的设定值立即发出保护信号。可变的凝汽器真空设定值与低压缸进汽压力（即流通管压力）相关。当超过动作值延时 5min 后发出保护动作信号。凝汽器真空保护定值曲线如图 7－33 所示。

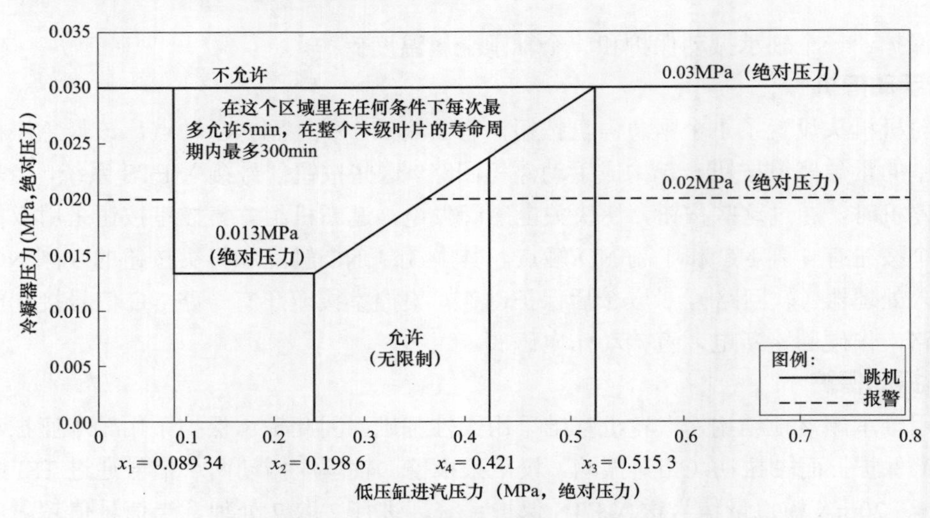

图 7－33　凝汽器真空保护定值曲线

7. EH 低油压保护

在每个 EH 油泵出口设置一个压力变送器，当 EH 油系统正常运行油压大于 15MPa 时，EH 油泵出口油压均小于 10.5MPa 延时 5s 后发出保护动作信号。

8. （超）高压排汽温度保护

当超高压排汽温度高于超高压缸切缸限制值时，超高压缸遮断，机组正常运行，并可由高、中压缸维持转速及并网，在负荷大于一定值后，DEH 自动启动开启超高压缸顺序控制程序，开启超高压缸，使机组恢复到正常运行。如超高压排汽温度继续升高，超过跳机限制值时，将发出停机信号，遮断机组。

超高压排汽温度限制值曲线如图 7－34 所示，高压排汽温度限制值曲线如图 7－35 所示。

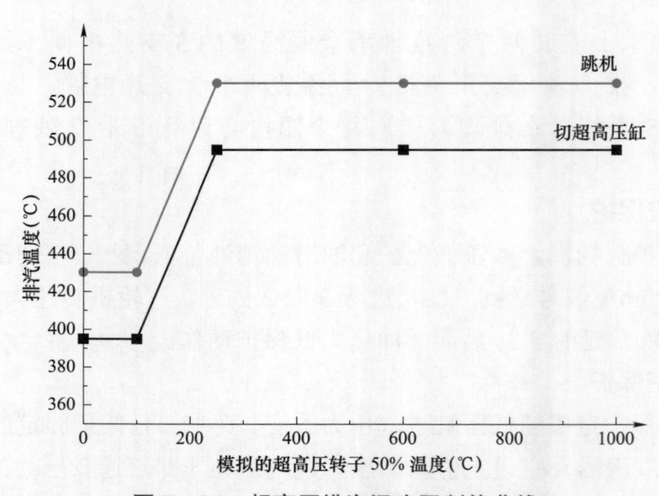

图 7－34　超高压排汽温度限制值曲线

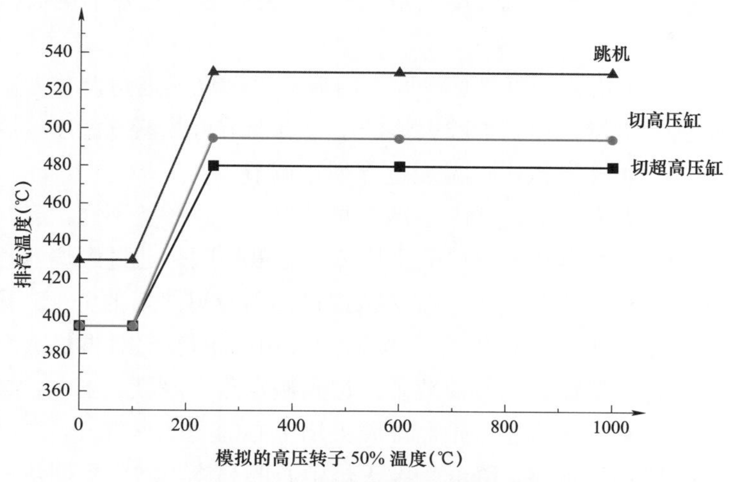

图 7-35 高压排汽温度限制值曲线

第五节 主要模拟量控制系统

模拟量控制作为热工控制的重要组成部分，随着现代化电厂自动化水平的日益提高，其对于机组平稳、高效运行起到决定性的作用。下面针对国电泰州电厂二期二次再热机组的模拟量控制系统的典型控制及调试过程中发现的典型问题做分析介绍。

一、蒸汽温度控制系统

1000MW 二次再热机组的直流塔式锅炉是近年上海锅炉厂针对二次再热汽轮机自行研制的新型锅炉。此技术提高了机组的热效率，但也使锅炉受热面布置及调温方式变得更加复杂。二次再热机组需要控制主蒸汽温度和两级再热蒸汽温度，考虑到 3 个温度之间的影响，二次再热机组蒸汽温度要比一次再热机组蒸汽温度更难控制，需要考虑的因素更多。再热蒸汽温度具有非线性、大惯性、大延迟的动态特性，并且过热蒸汽温度、一次再热蒸汽温度、二次再热蒸汽温度之间存在着很强的耦合关系，使得 3 个温度的调节更加困难。现结合国电泰州电厂 1000MW 3 号机组的控制逻辑，对其蒸汽温度控制方法进行分析介绍。

（一）蒸汽温度控制原则

二次再热机组的蒸汽温度控制包括过热蒸汽温度、一次再热蒸汽温度、二次再热蒸汽温度 3 个蒸汽温度参数需要调节。具体的调节手段有控制机组的汽水分离器出口焓值、控制燃烧器摆角的角度、控制调温挡板的开度，以及控制过热器及两级再热器间的减温水流量。

二次再热机组的过热蒸汽温度调节手段是调节进入锅炉系统的燃水比，进而控制启动分离器出口工质焓值，对过热蒸汽温度做基本调节；然后通过过热器两级减温水作为辅助调节来完成。

常规 1000MW 机组塔式炉再热蒸汽温度的调节以燃烧器摆角调节为主。在锅炉运行时，通过控制燃烧器喷嘴摆动控制炉膛火焰的中心点调节再热蒸汽温度，然后通过调节再热器减温水的流量，对再热蒸汽出口温度进行细致调节。

二次再热机组的再热蒸汽温度由于有两个再热器，炉膛布置不同，蒸汽温度调节与常规机组也不相同。一、二次再热器出口的平均蒸汽温度控制是通过燃烧器摆角控制的；通过控制炉膛内整个火焰中心点的高度控制热量在过热器及再热器的分配。锅炉一、二次高温再热器都设置了一部分吸收辐射热的受热面，火焰中心的变化对再热蒸汽温度的影响显著，可保证一、二次再热器在较大负荷范围内达到额定蒸汽温度。当一、二次再热蒸汽温度都偏低时，燃烧器喷嘴向上调整，抬高炉膛火焰中心的高度；当一、二次再热蒸汽温度都偏高时，燃烧器喷嘴向下调整，降低炉膛火焰中心的高度。燃烧器摆角调节再热蒸汽温度的同时也会对过热蒸汽温度有影响，当过热蒸汽温度变化后再通过过热蒸汽温度本身的调节手段调节回来。这需要控制两种调节手段之间的耦合关系，减少耦合参数对相互的影响。

当一、二次再热器出口温度有偏差时，可以通过控制调温挡板的角度，调节经过一、二次再热器的烟气比例，进而平衡一、二次再热器的出口温度，对两个再热器出口温度进行基本调节。最终通过两个再热器各自的减温水调节对两个再热器出口蒸汽温度进行微调。

根据锅炉厂要求，为保证摆动机构能维持正常工作，摆动系统不允许长时间停在同一位置，尤其不允许长时间停在向下的同一角度，每班至少应人为地缓慢摆动 1～2 次，否则时间一长，喷嘴容易卡死，不能进行正常的摆动调温工作。同时摆动幅度应大于 20°，否则摆动效果不理想。

（二）过热器蒸汽温度控制逻辑

过热器作为整个炉膛吸热的主力，过热蒸汽温度控制的好坏对整个机组的长期安全运行有重要作用。结合以往常规 1000MW 机组的塔式炉蒸汽温度控制逻辑，设计出二次再热 1000MW 机组的蒸汽温度控制逻辑，并在调试过程中进行修改完善。二次再热锅炉的过热蒸汽温度控制分为汽水分离器出口焓值控制、一级过热蒸汽温度喷水减温控制、二级过热蒸汽温度喷水减温控制 3 个部分。下面对过热蒸汽温度调节的三个部分的控制逻辑分别进行介绍。

1. 焓值控制

二次再热机组过热蒸汽温度调节是通过控制汽水分离器出口焓值，控制一级过热器进口蒸汽温度，粗略控制过热器出口蒸汽温度；然后通过两级过热器喷水减温对过热蒸汽温度进行微调，保证过热蒸汽温度较好地保持在设定值。焓值设定值为根据锅炉厂提供的汽水分离器出口压力的函数，同时设计偏置修正接口，由运行人员根据实际情况手动调整。焓值偏差经过 PID 调节器运算后作为系数修正机组基础给水指令；基础给水指令由锅炉指令经过函数、一次调频负荷指令函数、变负荷给水加速三者累加和组成，基础指令加上焓值修正值组成机组的干态给水指令。干态给水指令为机组省煤器进口净补水指令，为省煤器进口流量减去炉水循环泵出口流量。通过调节机组省煤器进口净补水流量来控制汽水分离器出口的焓值，最终从总体上控制过热器出口蒸汽温度升降。焓值控制逻辑 PID 图如图 7－36 所示。

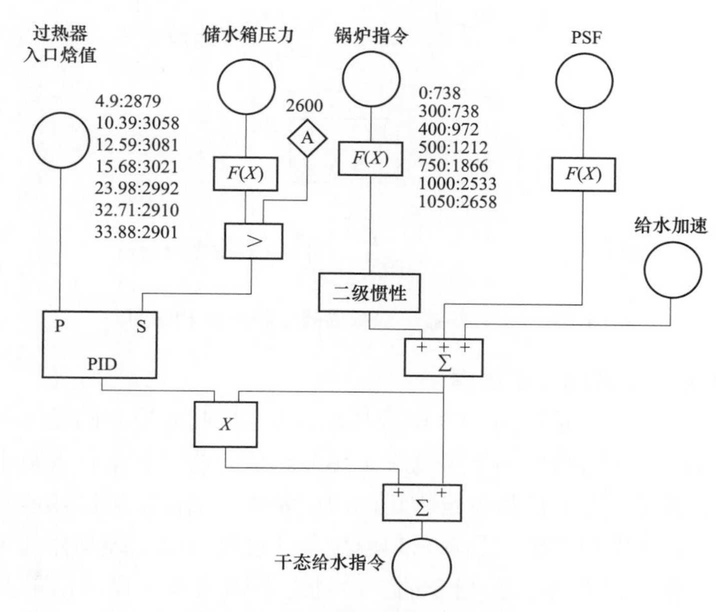

图 7－36　焓值控制逻辑 PID 图

2. 一级过热器喷水减温控制逻辑

过热器喷水减温调节采用 PID 串级控制作为控制手段。串级控制可以将干扰加在副回路中，由副回路控制对其进行抑制；副回路中参数的变化由副回路给予控制，使其对主回路的影响大大减弱；副回路的惯性由副回路调节，能够大大提高控制系统的响应速度。而且 PID 串级控制在常规一次再热机组蒸汽温度控制中有较广泛的应用，控制效果良好。

过热器一级减温喷水控制的 PID 主控制器的设定值为机组负荷的函数，函数设定参照锅炉厂设计要求设定，具体函数如图 7－37 所示。同时增加了手动设定值偏执修正端口，能够保证运行人员对主控制器的温度设定值进行调整，同时保证手自动切换过程中能够无扰切换。副控制器的设定值由主控制器的输出加上机组负荷指令前馈组成，此设计可以在机组变负荷时，超前动作机组减温水，防止机组超温或者温度下跌较大。一级过热器减温喷水指令设计了两组：AC 和 BD 减温调节门，两组减温喷水装置可以分别设定偏置。一级过热器减温器温度控制通过 PID 串级调节回路控制，其控制逻辑 PID 图如图 7－37 所示。

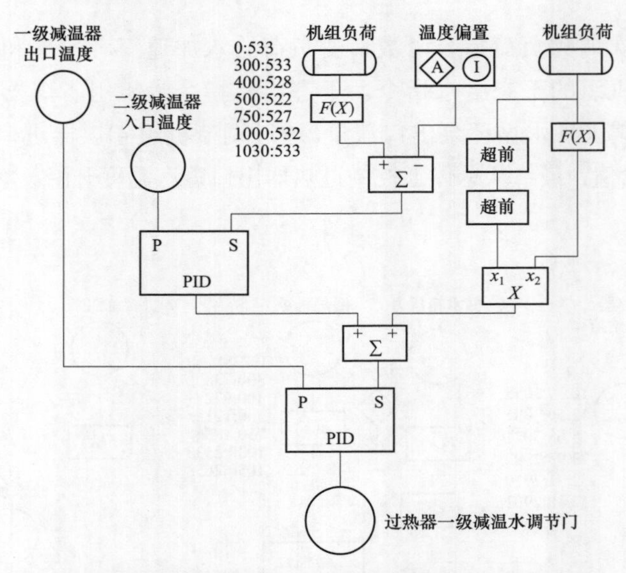

图 7－37　过热器一级减温器控制逻辑 PID 图

3. 二级过热器喷水减温控制逻辑

二级过热器喷水减温也是采用 PID 串级控制。其主控制器控制的是末级过热器的出口温度，设定值为机组负荷的函数加上手动设定偏差组成。这便于运行人员手动调整过热蒸汽温度，同时利用手动状态下偏执设定模块的跟踪特性，保证二级过热器喷水减温的手自动无扰切换。副控制器控制二级过热器出口温度，其设定值由主控制器的输出加上校核煤量的一阶惯性动态前馈及机组负荷指令的二阶动态前馈组成；通过煤量及机组负荷的前馈，保证机组在变负荷及煤量扰动过程中，对机组二级过热器出口蒸汽温度的预估判断，维持过热蒸汽温度的稳定调节。整个减温水调节门的控制采用 PID 串级控制策略。二级减温器控制 PID 图如图 7－38 所示。

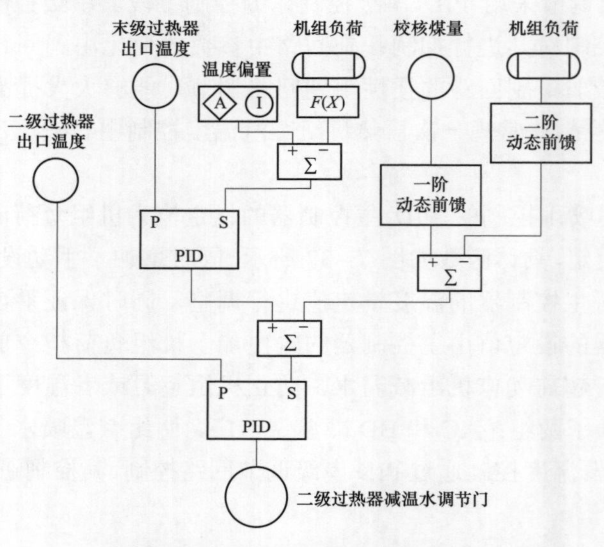

图 7－38　二级减温器控制 PID 图

（三）再热器蒸汽温度调节逻辑

二次再热机组的再热蒸汽温度包括一次再热器出口温度和二次再热器出口温度。两个再热蒸汽温度的调节手段包括燃烧器摆角调节、调温挡板调节、事故喷水减温调节、微量喷水减温调节4个部分。其中燃烧器摆角动作后对两个再热蒸汽温度的影响方向是相同的，因此燃烧器摆角调节再热蒸汽温度由一个控制回路实现，被调量为两个再热蒸汽温度输出的大选值。烟气挡板的作用是调节两个再热器出口蒸汽温度的偏差，它通过控制单位时间内流过一、二次再热器内的烟气流量来调节。单位时间内炉膛内整个再热烟气量是一定的，一次再热烟气增加了，二次再热烟气必然要减少；因此，虽然有两组烟气挡板，但是两组烟气挡板的控制是由同一个 PID 调节回路控制的。现对再热蒸汽温度各类调节设备的具体控制逻辑分别进行介绍。

1. 燃烧器摆角控制

国电泰州电厂 3 号机组共配备了 3 组燃烧器摆角，从下到上分别为 AB 层燃烧器摆角、CD 层燃烧器摆角、EF 层燃烧器摆角。控制方式一般分为两种：最上一组单独控制、下两组同步控制和三组同步控制。国电泰州电厂 3 号机组控制方式采用 3 组同步控制，同时在每层的每个角单独设计了手动偏执块，可以由运行过程中运行人员对每层摆角的每个角单独调整，也能保证每组燃烧器摆角在手动、自动切换过程中的无扰。

调节系统通过控制燃烧器摆角的摆动位置，控制炉膛内燃烧中心点在整个炉膛的位置，从而控制炉膛烟气在过热器，一、二次再热器之间的分配，调节再热器出口蒸汽温度。摆角向上摆动，炉膛火焰中心则会向上移动；同样的，燃烧摆角向下摆动则炉膛中心位置向下移动。燃烧器摆角的摆动对两个再热蒸汽温度的影响是相同的，而对过热蒸汽温度的影响是相反的。

因为燃烧器摆角和再热器减温喷水都是直接调节再热器出口蒸汽温度的，所以燃烧器摆角和再热蒸汽温度喷水调节系统的设定值相同，为一次再热蒸汽温度设定值和二次再热器蒸汽温度设定值的大选值。两个再热蒸汽温度设定值均为机组负荷的函数，随机组负荷变化而变化。同时设计了手动设定温度偏置，当任一组摆角或喷水温度调节 M/A 站投自动时，可由运行人员设定偏置。

控制系统设计为单回路控制系统，采用反馈－前馈复合控制方式，静态前馈由负荷前馈信号组成；动态前馈由机组负荷指令加速信号及磨煤机运行数量加速信号两者组成；为防止再热蒸汽任意点超温，其被控量是一、二次再热蒸汽温度的大值。

当其被控量超过再热蒸汽温度设定值时，输出指令使燃烧器摆角向下摆动；当其被调量小于再热蒸汽温度设定值时，输出指令使燃烧器摆角向上摆动，适当设置调节死区 1%。考虑到燃烧器摆角实际结构的特殊性，在逻辑中还设置了摆角禁升和禁降条件。

（1）禁止上摆条件：任意一个再热器微量喷水阀控制指令大于 10%或者再热器出口蒸汽温度最大值大于 618℃、燃烧器摆角控制指令大于 68%。禁止燃烧器摆角继续上摆。

（2）禁止下摆条件：燃烧器摆角指令小于 32%或者一、二次再热器蒸汽温度最大值小于 570℃。禁止燃烧器摆角继续下摆。

燃烧器摆角控制 PID 图如图 7－39 所示。

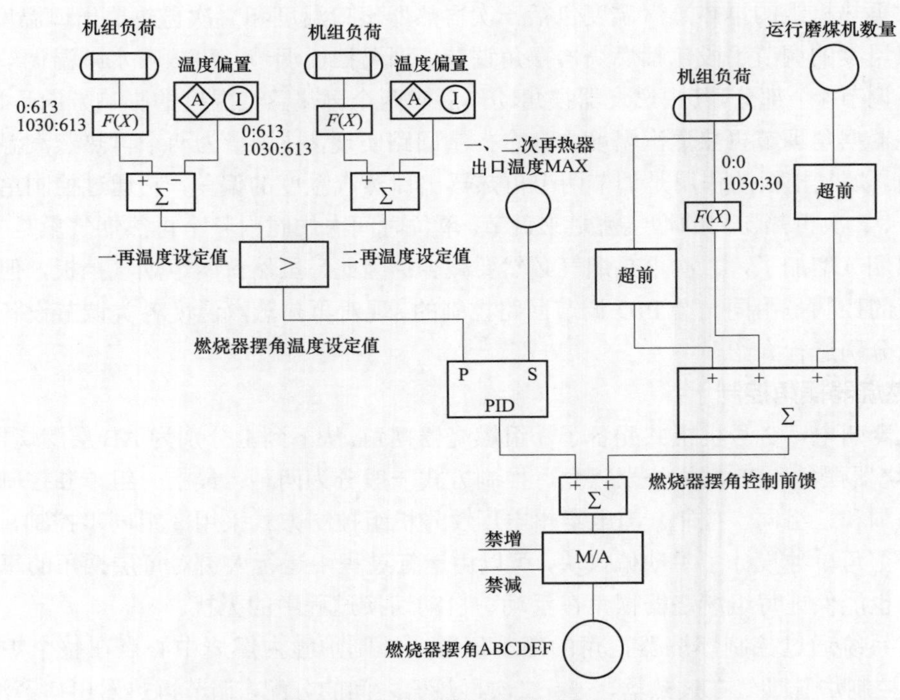

图 7-39 燃烧器摆角控制 PID 图

2. 烟气挡板控制

锅炉烟气挡板的作用是通过控制挡板的节流面积，调节单位时间内流过一、二次再热器的烟气流量，控制一、二次再热器的出口蒸汽温度相等。机组有两组烟气挡板，分别控制一、二次再热器的烟气流量；烟气挡板是调节两个再热器出口蒸汽温度偏差的，因此两组烟气挡板采用同一个 PID 控制回路自动调节，但是两组挡板的控制指令是相反的，具体对应关系如图 7-40 所示。当一次再热器出口蒸汽温度小于二次再热器出口蒸汽温度时，开大一次再热器挡板同时关小二次再热器挡板；当一次再热器出口蒸汽温度高于二次再热器出口蒸汽温度时，关小一次再热器挡板同时开大二次再热器挡板。烟气挡板安装在炉膛出口尾部烟道的进口处，调节挡板对应于前后烟道的比例分割成上下两部分；不存在极限的关闭位置，所以对应运行过程中的调节没有任何影响。该调节挡板与 π 型双烟道水平布置的烟气调节挡板，在使用上没有本质的区别，使用上是安全可靠的。其中前烟道挡板安装在一次再热器烟道内，后烟道挡板安装在二次再热器烟道内。烟气挡板结构示意图如图 7-41 所示。

基于系统的工艺要求，烟气挡板控制系统设计为单回路再热蒸汽温度偏差控制，烟气挡板按前后烟道挡板联动控制。主要控制任务是控制一、二次再热蒸汽温度之间的偏差，为防止频繁纠偏、减小与摆角调节回路的相互影响，该偏差设置适当死区。当烟气通道建立指令到来时，强制烟气挡板为 60%。

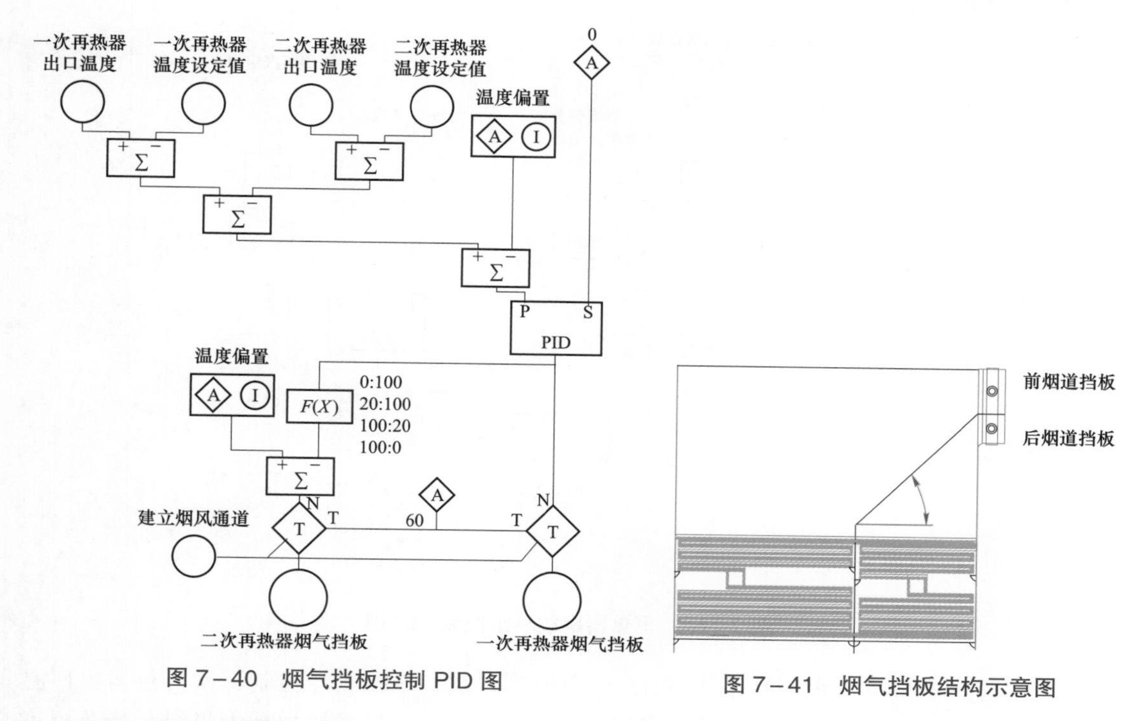

图 7-40 烟气挡板控制 PID 图

图 7-41 烟气挡板结构示意图

3. 再热器事故喷水控制

再热器事故喷水调节阀分为一次再热器事故喷水调节阀和二次再热器事故喷水调节阀。每个再热器设计两个事故喷水调节阀，每个调节阀单独控制各自蒸汽温度。因一、二次再热器事故喷水调节阀控制原理一致，只是调节参数及控制设备不同，现以一次再热器事故喷水调节阀控制逻辑为例介绍事故喷水调节阀的蒸汽温度调节逻辑。

一次再热事故喷水控制作为再热喷水的一种应急辅助手段，当微量喷水调节装置无法有效控制再热器出口温度时，事故喷水装置才起作用。一次再热事故喷水的温度目标设定值与微量再热喷水阀调节温度设定值相同，均为控制一次再热器出口联箱温度大选值。同时用再热器再热微量喷水阀位作为事故喷水阀控制的前馈信号，当再热器微量喷水调节门开度大于 20%时，加快事故喷水调节门的调节速度，具体函数对应关系如图 7-42 所示。同时，当微量喷水阀的开度不大于 20%时，闭锁事故减温水调节门打开。为了防止事故喷水减温器出口温度进入饱和区，通过再热器压力换算的饱和蒸汽温度加偏置为设定值的 PID 调节回路作为再热器事故喷水的后备保护逻辑。而且当 RB 条件触发时，强制将再热器事故减温水调节门关闭为“0”。再热器事故喷水控制 PID 图如图 7-42 所示。

4. 再热器微量喷水控制

再热器微量喷水调节阀也分为一次再热器微量喷水和二次再热器微量喷水调节，每个再热器有 4 个微量喷水调节阀，分为 AC/BD 两组，分别调节两侧再热蒸汽温度。因为一、二次再热器微量喷水调节蒸汽温度的原理一致，控制逻辑也基本相同，现以一次再热器的一组微量喷水调节门逻辑为例，介绍微量喷水调节再热蒸汽温度的控制逻辑。

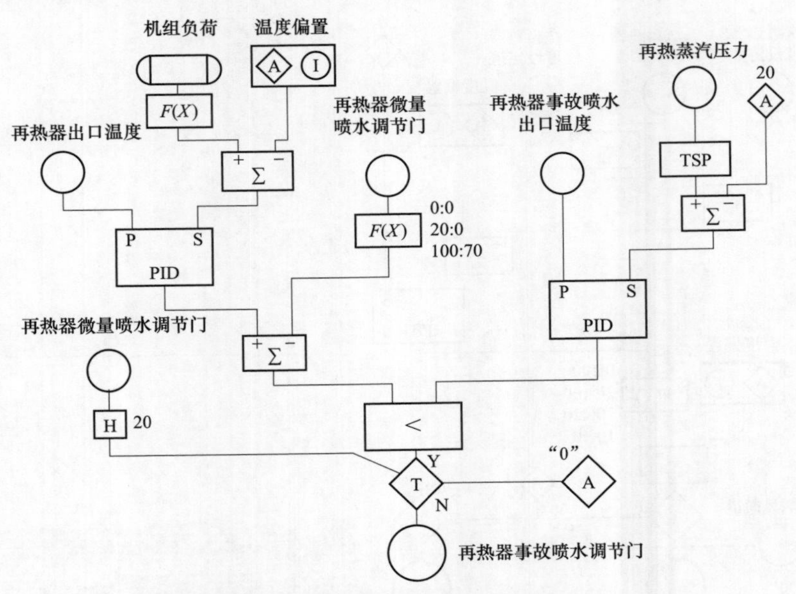

图 7-42 再热器事故喷水控制 PID 图

一次再热器微量喷水控制采用 PID 串级控制方法，主控制器控制一次再热器出口温度，设定值为机组再热蒸汽温度设定值加手动偏置。主控制器的输出加上机组负荷及校正后煤量的动态前馈作为副控制器的设定值，副控制器控制一次再热器微量喷水减温器出口温度。为了防止再热器微量喷水减温器出口温度进入不饱和蒸汽区，控制逻辑中另设计了一路 PID 控制逻辑，设定值为一次再热器出口蒸汽压力换算的饱和蒸汽温度加正偏置20℃。当一次再热器出口温度接近饱和温度时，保护回路产生作用，关小微量喷水减温调节门。RB 条件触发时，强制将再热器微量减温水调节门关闭为“0”。再热器微量喷水控制 PID 图如图 7-43 所示。

经过调试 168h 试运，对整个机组的控制效果表明，国电泰州电厂 3 号机组设计的锅炉蒸汽温度控制原理及控制逻辑对整个机组的蒸汽温度控制基本可以达到设计要求。为了机组的安全，整个机组试运期间再热蒸汽温度设定值基本维持在 600℃，未在设计温度613℃长期试验过。

二、全程给水自动控制探讨

随着科学技术的发展，火电机组的自动化水平要求日益提高。机组一键启动的应用也日益广泛，要实现机组 APS 一键启动，给水全程自动是必不可少、不可或缺的一环；同时全程给水自动也可以单独应用于正常的启机及运行操作中，减少运行人员的操作强度，提高机组经济性。以往也有很多机组设计过全程给水自动，但是基本是应用于设计了过热器蒸汽流量测点状态下的全程给水自动。随着现在发电企业间竞争日益激烈，保证控制精度及运行安全的前提下，提高发电效率已成为当下各个新建或者改建机组追求的首要目标。要提高发电效率，减少过热蒸汽的节流损失是一个重要手段，很多新建机组在设计时就删除了过热器蒸汽流量测点，减少流量孔板的节流损失。这就导致以前常用的主蒸汽流量做三通量给水自动控制无法应用于此类机组。国电泰州电厂 3 号机组在设计时就没有设计蒸汽流量测点，以此为例分析无过热蒸汽流量测点状态下全程给水自动的实现。

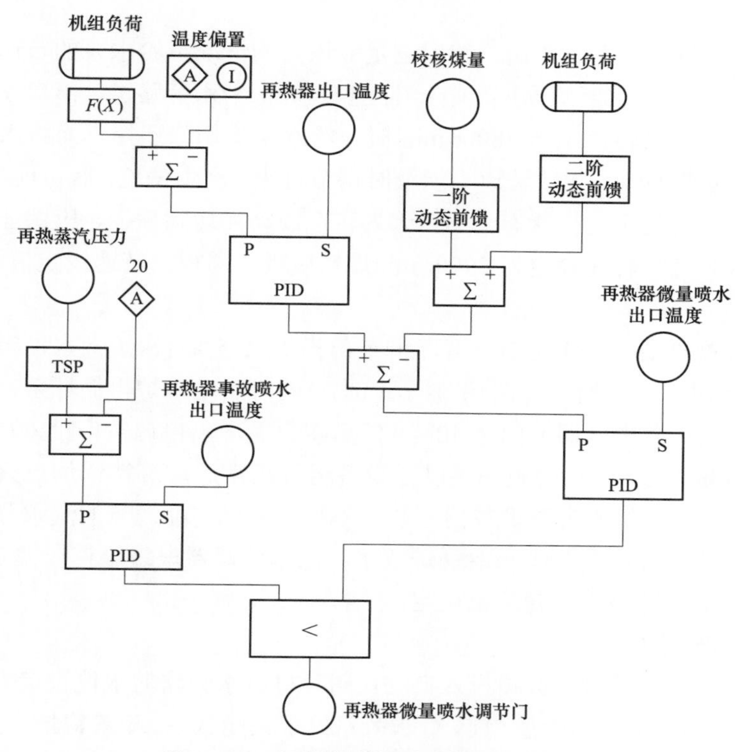

图 7－43　再热器微量喷水控制 PID 图

给水系统设计两台上海汽轮机厂生产的汽动给水泵，工作转速为 2800～6000r/min。给水旁路为 50%容量的启动给水电动调节门，调节锅炉给水；当机组转入干态后根据具体工况选择关闭旁路打开主路，转由启动给水泵调节锅炉给水。为防止电动旁路关闭不严，给水旁路进、出口分别设计一个电动截止门。机组旁路设计为启动旁路，在机组启动期间和低负荷段使用。

机组启动过程比较复杂，涉及面过广，从汽动给水泵已冲转完成，维持在 3000r/min，到启动给水泵再循环调节门全开并投入自动控制。按照锅炉启动的过程，将全程给水自动控制分为 4 个阶段，分别为锅炉上水阶段、汽轮机暖机及冲转阶段、湿态运行阶段、干态运行阶段。下面按照这 4 个阶段分析锅炉给水的控制逻辑及各个阶段转化时逻辑实现要求。

1. 锅炉上水阶段

锅炉上水要求任意一台给水泵已经冲转完成，出口门关闭，再循环调节门打开并设定为自动状态。汽动给水泵再循环调节门调节汽动给水泵进口流量，保证泵有一定的负荷；其流量设定值为按照汽动给水泵厂家要求为汽动给水泵转速的函数。两个 361 阀分别投入自动，调节汽水分离器水位，水位调节为开环控制；两个 361 阀一个为主，水位与阀门开度函数为17m对应0%开度、24m对应100%开度；另一个为辅，水位与阀门开度的函数为19m对应0%开度、26m对应100%开度。两个函数既有交差又不相同，便于汽水分离器的水位调节。

正常情况下，锅炉准备上水时，在保证足够压力的情况下给水泵的转速越低越好，因为此时锅炉没有压力，而给水泵出口有十几兆帕压力，给水旁路进、出口差压较高，稍有开度就有很大流量。当转速小于2800r/min时，给水泵将切除遥控，而给水泵在运行期间转速随着给水流量等扰动，导致转速不能及时调节过来，产生偏差，有可能导致遥控切除。为了保证给水泵一直处于遥控状态，不会因为转速波动而切除遥控，应保证转速有一定的余量。锅炉上水时宜将转速设定为2900r/min，然后投入遥控，转速设定值维持2900r/min不变。

打开给水旁路电动门，设定给水旁路调节门指令至5%给锅炉上水，当锅炉汽水分离器水位大于16m时，关闭给水旁路调节门至0%。同时启动锅炉再循环泵，当再循环泵运行30s后打开再循环泵出口调节门至40%，然后将再循环出口调节门投入自动，调节省煤器进口流量，流量设定值为1000t/h。以上设备运行正常后，等待锅炉点火。因为给水旁路进出差压较大，同时给水旁路调节门一般关不严，所以实际调节的汽水分离器水位会大于16m，此时需要通过两个361阀给锅炉放水。汽水分离器最终维持在哪个水位，由361阀的流量特性及给水旁路的内漏流量决定。

2．暖机及冲转阶段

锅炉点火后，将锅炉给水旁路投入自动，同时将给水旁路的水位设定为16m，在锅炉的蒸发量小于给水调节门泄漏量之前，给水旁路处于关闭状态。随着锅炉内燃料量的增加，锅炉蒸发量随之增加，当锅炉蒸发量大于给水调节门泄漏量时，两个361阀渐渐关闭，汽水分离器水位渐渐下降，当水位低于16m时，给水旁路调节门在水位偏差PID调节的作用下慢慢打开，增加锅炉给水，满足锅炉热负荷的需要。为了增加调节门的调节特性，通常尽量使得给水旁路调节门工作在10%～30%开度之间。为了保证启动区间给水泵的出力，当给水旁路开度大于20%后，传统控制方式将汽动给水泵转速控制投入自动，调节给水旁路的进、出口差压；差压设定值为锅炉燃料量的函数，保证整个锅炉的补水。随着机组热负荷的增加，常规的给水自动通常要切换到过热蒸汽辅助的三通量控制。此种控制方式差压的控制函数随着每台机组特性的不同而不同，而且给水泵和旁路同时对锅炉给水流量影响，调节扰动量较大。建议修改成当给水旁路开度大于20%，按10r/min速率提高给水泵的转速设定值；给水旁路开度小于5%，按20r/min速率减小给水泵转速设定值。同时设定2900r/min为转速设定值低限，3200r/min为转速设定值高限。此种设计给水流量基本靠给水旁路控制，控制相对平稳。由于国电泰州电厂3号机组没有设计过热蒸汽流量测点，此时可以采用提高给水旁路水位设定值至17m，当水位波动升高时，使得两个361阀能够辅助调节汽水分离器的水位，同时减弱给水旁路PID调节的速度，减弱蒸汽压力变化等扰动因素导致的分离器水位变化的影响。此方法会增大给水量，导致一定量的机组排水，会浪费一定数量的除盐水。但是利于机组启动初期汽水分离器水位的控制，由于此段时间较短，也不会浪费很多除盐水。此种状态一直维持到汽轮机冲转3000r/min。

3. 湿态运行阶段

当发电机并网后，汽轮机初始负荷指令设定为 150MW，由于设计的热负荷不足以带到初始负荷，因此当机组实际负荷随着负荷指令的增加而增加时，机组高压旁路为了维持主蒸汽压力而关闭，高压旁路完全关闭后，汽轮机切换至调压模式，根据锅炉燃料量设定汽轮机压力。整个并网及汽轮机控制方式切换过程中，机组主蒸汽压力基本没有变化。因此机组的给水指令也没有大的变化。随着锅炉燃料指令的增加，给水旁路开度越来越大。机组实际负荷大于 300MW，机组运行模式转换到干态运行模式时：首先切换到给水旁路调焓值的自动模式，机组此时启动给水泵的转速指令应该为 3200r/min；随着机组负荷的增加，旁路开度渐渐增加，当给水旁路开度大于 50%时，切换给水控制方式为给水泵转速调焓值模式，释放启动给水泵转速高限限制。焓值设定值为锅炉厂提供的汽水分离器出口蒸汽压力的函数。同时缓慢打开给水旁路调节门。给水旁路全开后自动打开给水主路电动门。电动给水主路电动门全开后，给水自动运行模式切换完成。

4. 干态运行阶段

给水主电动门全部打开后，缓慢关闭给水旁路调节门。通常可通过速率限制设定为 5min 关闭 100%，减少旁路关闭对整个给水控制的影响。当给水旁路调节门关闭后，关闭给水旁路进、出口电动门。随着锅炉热负荷的增加，省煤器进口压力也随之增加，而炉水循环泵的出力是一定的，压力增加炉水循环泵出口流量减少。当炉水循环泵出口流量小于 100t/h 时，延时 5s，停止炉水循环泵，关闭炉水循环泵出口门。为了减少炉水循环泵停止过程中产生的扰动，准备停止炉水循环泵之前先禁止给水泵的流量调节，当炉水循环泵停止 5s 后，释放给水泵调节。为避免高压加热器出口给水流量与省煤器出口给水流量测点的测量误差对整个自动过程带来的扰动，给水调节的被调量从开始到结束均为省煤器进口流量减去炉水循环泵出口流量。当炉水循环泵停止完成后，如果是应用于 APS 程序中，当机组负荷达到 400MW 后就要涉及汽动给水泵汽源的切换及两台汽动给水泵并泵的控制逻辑问题。一般先将汽动给水泵的汽源由辅助蒸汽切换到四抽供汽，然后两台汽动给水泵并泵。汽动给水泵并泵结束后，整个机组的全程给水自动也就基本完成了，后面的给水自动指令以锅炉指令的函数为基础，经过焓值修正得出，一直到满负荷 1000MW。给水自动控制逻辑如图 7-44 所示。

三、磨煤机一次风对蒸汽温度的影响

二次再热机组锅炉炉膛结构与常规火电机组有很多不同，锅炉的响应特性也与常规百万机组不同。CCS 系统的作用是协调各个子系统协同工作，只有了解清楚各个子系统的响应特性，才能更好地耦合协调系统的控制参数。结合此次二次再热机组协调投用过程中的蒸汽温度振荡情况，了解磨煤机一次风量的变化对整个机组产生的影响，分析本次一次风量系统振荡的原因及与对协调系统产生影响的过程，便于以后类似机组协调控制的投用及优化。

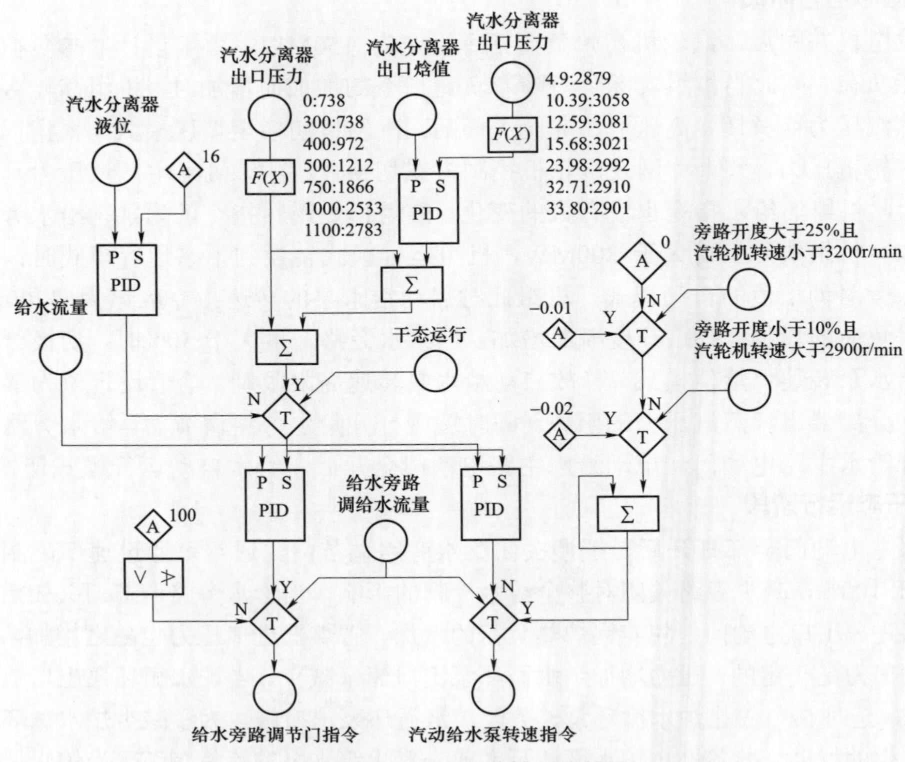

图 7-44　给水自动控制逻辑图

（一）试验过程

机组刚完成初压模式下的满负荷工况运行，各个子系统模拟量扰动试验已完成机组按照正常流程投入协调控制，协调控制模式为 CBF 模式，准备做变负荷实验。

机组负荷为 780MW，5 台磨煤机运行，一次风机压力设定值为 11.5kPa。由机组负荷指令 780MW 变化至 830MW；当机组负荷达到目标负荷 830MW 后，系统中蒸汽温度、主蒸汽压力、总风量等主要参数不能稳定下来；主蒸汽温度和再热蒸汽温度会产生 20min 左右为周期的振荡变化；同时整个锅炉主控的输出、焓值修正输出等主要控制回路产生振荡变化。经过多次耦合参数计算及修改，协调系统参数振荡问题仍不见好转。而且当协调解除后，机组蒸汽温度和压力还是做振荡变化。查看其中一台正运行的 D 磨煤机一次风量与蒸汽温度、蒸汽压力变化曲线，如图 7-45 所示。

由图 7-45 可以看出，在 13:40 之前，机组压力设定跟踪实际机组压力，此时机组处于协调解除状态。机组蒸汽温度、蒸汽压力还是周期振荡；主蒸汽压力滞后于主蒸汽温度的变化，磨煤机的热一次风的指令及风量也振荡变化，风量指令超前变化和蒸汽温度变化。因此，引起整个系统蒸汽温度振荡的主要原因是机组的一次风量振荡。锅炉主控手动时，每台给煤机的给煤指令不变。磨煤机热一次风量振荡不是由给煤指令引起的。投入协调后，负荷指令不变，机组压力设定值不变，蒸汽温度、蒸汽压力还是处于振荡变化，但振荡周期与协调投入前有差别。这说明协调系统因为压力偏差的变化，对整个机组的锅炉主控的输出进行修正，从而对整个机组的蒸汽温度、蒸汽压力产生了影响。通过对影响磨煤机系统一次风量控制的相关设备的控制逻辑做个介绍。分析一次风量振荡的原因，以及磨煤机一次风量振荡对机组的蒸汽温度、蒸汽压力及整个协调系统的影响过程。

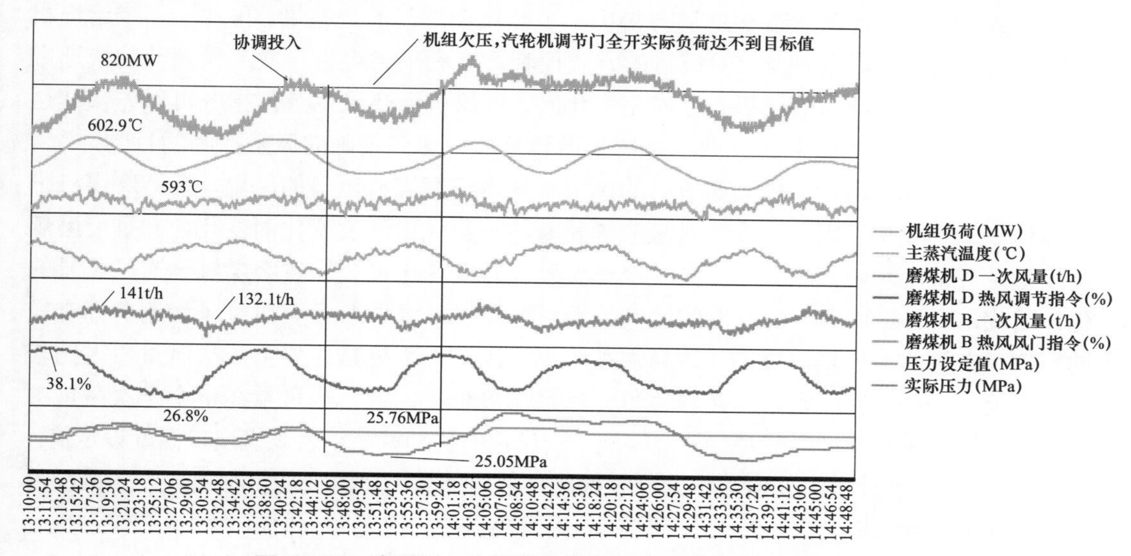

图7－45　磨煤机一次风量与蒸汽温度、蒸汽压力变化曲线

（二）一次风对煤粉燃烧的影响

合理的一次风温，可以提高煤粉气流的初温，减少煤粉气流达到着火温度所需要的着火热，从而缩短着火时间。因此，尽量高的一次风温能够减轻锅炉燃烧的滞后作用。

一次风量以满足挥发分的燃烧为原则。一次风量增大，相应增加了着火热，对着火不利；一次风量过低，则影响挥发分的着火燃烧，从而阻碍着火的继续扩展。一次风量的大小通常用一次风率来表示，一次风率是指一次风量占送入炉膛总风量的比例。一次风率的大小应根据燃煤的挥发分而定。而且自变负荷过程中，特别是变负荷初期，一次风率是与正常运行时偏差较大的。因此，变负荷初期炉膛的一次风率对炉膛燃烧是有较大影响的。

一次风速对着火过程也有影响。一次风速过高，会使着火推迟，致使着火距离拉长而影响整个燃烧过程；一次风速过低，会造成一次风管堵塞，而且由于着火提前，还可能烧坏燃烧器。变负荷过程中，磨煤机的一次风量是通过调节门直接给风的，而煤量是要通过给煤机传输到磨煤机的，有一个滞后作用；因此，对一次风机的风速也是有影响的。

（三）一次风系统的控制逻辑

火电机组协调控制的最大难题是锅炉和汽轮机动态特性的不匹配，锅炉产汽但惯性大，汽轮机耗汽且响应快；再加上AGC指令要求快速响应电网负荷需求，机炉的不同步就加剧了电力生产过程的波动。因此，锅炉的惯性越小，协调控制就越容易控制。锅炉的惯性基本由制粉系统和炉内燃烧过程的惯性时间决定，一次风作为向炉膛送煤粉的介质，在燃烧控制中起到举足轻重的地位。通过优化磨煤机一次风控制可有效减少制粉系统的惯性的影响。磨煤机冷、热风调节门及旋转分离器控制逻辑如图7－46所示，其是现在应用比较广泛的磨煤机一次风量相关设备控制逻辑。国电泰州电厂 3 号二次再热机组也是采用此逻辑。

如图 7-46（a）所示，磨煤机一次风量设定值由对应的给煤机的给煤指令函数加上风量偏置组成，然后经过单回路 PID 调节得出一个热风调节门的调整量，再加上一个给煤机指令的函数，通过这种前馈加 PI 调节的方式控制，有利于磨煤机一次风量调节的快速准确响应。此种逻辑设计当给煤机指令发生变化时，磨煤机冷热风调节门指令可以先快速达到设定的开度附近，然后由 PID 调节系统稍微调整即可达到精确的风量控制的目的。

如图 7-46（b）所示，冷风调节门的调节量是调节磨煤机出口的风温，维持磨煤机出口温度达到运行要求。因此，冷风风量应该随着热一次风门开度变化而变化，并且受磨煤机进煤量及外部环境温度的影响。同时冷一次风门开度变化也会导致磨煤机一次风风量的变化；因此，冷、热风调节门开度的比例关系对磨煤机风温调节及一次风风量调节都有较大的影响。在夏季，环境温度高，冷风温度也高，因此，冷风量在整个一次风量中占比较大，干扰就会加强；在冬季，环境温度低，冷风温度低，因此，冷风量在整个一次风量中占比较小，变风量时冷风调节对整个磨煤机一次风量的扰动就小。磨煤机出口温度设定值：75℃+运行人员手动设定温度偏置作为冷一次风调节门调节出口温度的目标值。为了减少冷风调节过程中对磨煤机一次风量调节的影响，用磨煤机热一次风调节门指令的函数作为冷一次风调节门指令前馈。减小机组变负荷过程中 PID 调节的幅度，缩短冷热风耦合调节时间。

磨煤机旋转分离器指令为对应的给煤机指令的函数，运行人员可以通过转速偏置调节。旋转分离器的转速与给煤机给煤量的函数关系如图 7-46（c）所示，旋转分离器的转速影响着进入炉膛的煤粉颗粒度的大小。颗粒大，同样质量的煤粉燃烧时间就长，单位时间内产生的热量就会少；颗粒小，同样质量的煤粉燃烧时间就短，单位时间内产生的热量就会多，产生做功的蒸汽量就大，使得炉膛燃烧滞后性就会减弱。合理利用旋转分离器的这个特性，也能够更好地控制整个机组的燃烧特性。

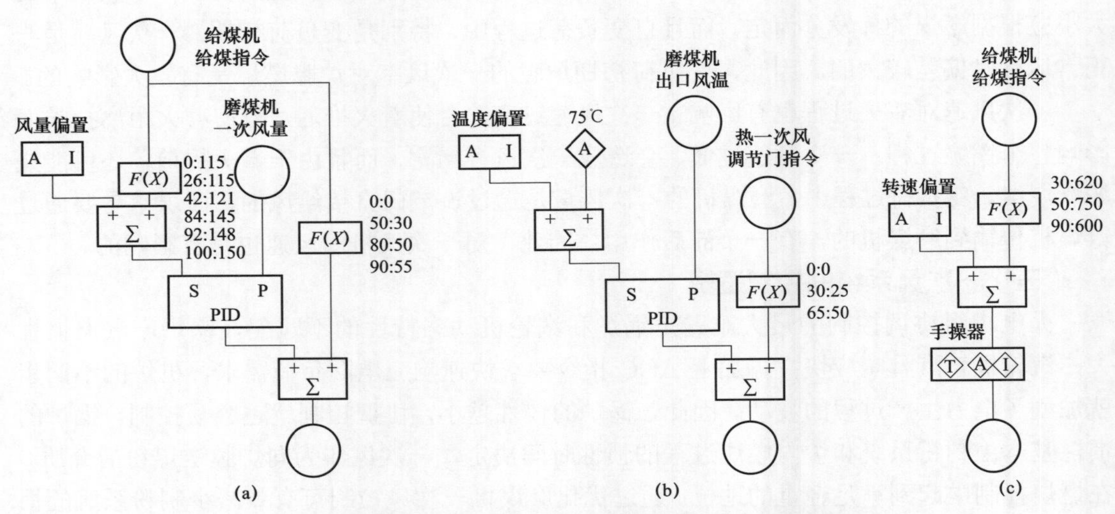

图 7-46　磨煤机冷、热风调节门及旋转分离器控制逻辑图

（a）磨煤机热一次风调节门指令；（b）磨煤机冷一次风调节门指令；（c）磨煤机旋转分离器指令

（四）一次风量振荡的原因分析

ZGM133G 型磨煤机内的煤粉是通过磨煤机一次风吹入锅炉炉膛内的，瞬时一次风量及一次风压的变化，就能引起进入炉膛煤粉量的变化。机组协调模式下变负荷时单位时间内进入炉膛的煤粉数量与磨煤机的一次风量是成比例关系的。由于锅炉燃烧过程中本身就有很大的滞后性，包括给煤机到磨煤机的传输时间、磨煤机对煤粉的研磨时间、进入炉膛内的煤粉要通过燃烧后才能产生蒸汽做功需要的时间，因此煤的响应速度一定是小于水的响应速度的。在协调下变负荷，机组燃料加速增方向为 55t/h、减方向为 53t/h，给水加速增方向为 165t/h、减方向为 155t/h；燃料加速的量大约为常规 1000MW 机组 1.5 倍， 大约 50t/h 燃料加速分配到每台磨煤机上就有每台磨煤机十几吨的瞬时出力变化，磨煤机热一次风量的调节门指令是对应的给煤机给煤指令的函数加风量偏差修正构成，如此大的扰动量也会引起磨煤机热风门调节门指令及风量指令的突变，加上磨煤机热风门调节参数耦合的不合理，没有能够快速抑制住扰动，就造成一次风调节系统振荡，进而导致整个机组蒸汽温度、蒸汽压力的振荡，扰乱机组协调系统的控制。而且因为设计原因，汽轮机正常运行时基本没有截流，如果滑压速率小于变负荷对应的压力变化率，在增负荷时就会造成实际负荷跟不上负荷指令的变化。如图 7－45 所示，当机组欠压时，机组实际负荷在调节门全开时也小于机组负荷指令。因此，变负荷时滑压速率设定为 0.8MPa/min，机组负荷变化率正常设定为 20MW/min，对应的压力设定值变化率大约 0.65MPa/min，滑压速率在正常变负荷时没有作用。当机组变负荷到达目标值，对应的滑压压力设定值同时到达目标负荷对应的压力设定值。因此，当机组变负荷开始和结束时，加速信号对整个机组的扰动量都很大。加上锅炉燃烧系统的滞后性，就会对协调系统的控制产生很大的影响，进而加剧磨煤机一次风量调节振荡。

根据图 7－45 所示的曲线可以看出，在 13:40 以前协调系统未投用时系统参数变化情况；13:11:33，磨煤机 D 热风调节门指令达到最大值 38.1%；13:16:30，磨煤机 D 一次风量达到最大值 141t/h；13:21:09，磨煤机 D 热风调节门指令达到最小值 26.8%；13:25:06，磨煤机 D 一次风量达到最小值 132.1t/h。热风调节门开度指令峰值与对应的磨煤机一次风量峰值之间的时间差为 5min 左右，热风调节门开度指令谷值与对应的热一次风量的谷值时间差也为 5min 左右。由于一次风量滞后调节门的指令大约 5min，引起一次风量调节振荡，最终引起系统蒸汽温度、蒸汽压力振荡。一次风量滞后的原因及其对机组协调系统的影响分析结果如下：

1. 冷热风调节门控制逻辑设定参数不合理

最初设计的 PID 参数及前馈函数是参考的常规百万机组的参数设计，没有考虑到本台机组磨煤机一次风量的滞后时间远大于以前机组的一次风量的滞后时间，达到 5min 左右，导致调节过程中容易出现较大的过调量。虽然单回路小扰动调节时还没有导致振荡，但是后面协调模式下一次风量调节在大扰动后蒸汽温度振荡的主要原因。

2. 冷一次风引起热一次风量滞后

冷、热一次风管道为了能够在进入磨煤机前充分混合，冷、热一次风的风管设计时采用相互垂直布置，而控制逻辑为了能够快速响应冷、热一次风的配比，采用了热风调节门指令给冷风调节门前馈的控制策略。控制逻辑如图 7－46 所示。当给煤机给煤指令变化时，冷、热一次风调节门指令根据煤量的前馈指令快速变化；冷一次风的风压是直接从一次风机出口经过风管过来的，而热一次风要经过空气预热器加热，有一些压降，使得冷一次风压比热一次风压略高，阻碍一次风量的变化，引起一次风量变化的滞后。

3. 旋转分离器引起一次风量的滞后

旋转分离器转速是给煤机给煤指令的函数，如图 7－46 所示。给煤机给煤量大于 50t/h，随着给煤量增加，旋转分离器转速指令降低，煤粉细度值随着转速的降低而升高。旋转分离器是由一个传动机构带动的转子，转子由多个叶片组成，从磨煤机碾磨区上升的风粉气流进入旋转的转子区，在转子的带动下做旋转运动，其中粗煤粉在离心力及叶片撞击下被分离出来，落入碾磨区重新碾磨其余细粉，使其穿过叶片进入磨煤机出口管道。旋转分离器转速降低，瞬时需要被吹入炉膛的煤粉数量增加、煤粉颗粒也变大，一次风输送的介质增加了，一次风量变化也就会相应变慢。而且旋转分离器的转动方向是与一次风粉的传输方向垂直的，也会引起一次风量响应的滞后。

4. 协调系统加剧一次风量调节的振荡

煤粉进入炉膛燃烧，然后产生蒸汽做功就是一个比较大的滞后环节。当机组升负荷时，进入炉膛的煤粉燃烧产生蒸汽做功，这需要一定的时间才能产生作用，导致机组欠压；同时，由于给水指令的增加，给水泵调节门开度增加，给水泵需求蒸汽量增加，减少了做功蒸汽的数量，加剧机组欠压；由于负荷指令没有滞后，汽轮机只能通过开大调节门进汽，利用锅炉本身的蓄热做功，这更加剧了锅炉系统的欠压；CBF 模式下，锅炉主控调节压力就会通过增加锅炉主控输出调节锅炉的欠压情况。当煤粉进入炉膛燃烧起来后，使得炉膛蒸汽温度升高，减温调节系统会增加减温水，间接增加系统主蒸汽的流量。由于减温水直接作用在过热器，减少了炉膛内蒸汽管道传输的距离，对机组压力的影响响应速度更快；导致机组压力快速增加，机组压力超压后，锅炉主控自动调节又会通过减少输出来平衡机组压力。这会导致整个协调系统振荡起来。锅炉主控输出直接作用在给煤机给煤指令上，锅炉主控输出的来往反复变化又会导致给煤指令的周期变化，加剧了磨煤机一次风量的振荡变化。而且一次风量振荡变化同时反作用给整个控制系统。两者相互影响，相互推动。

因为磨煤机一次风量调节振荡，所以引起了整个系统蒸汽温度及压力等参数相应振荡变化。现场设备安装已经完成，热一次风量滞后于热一次风调节门开度变化大约 5min 的系统特性不便改变，只能在控制上采取方法解决该问题。逻辑上通过优化控制参数，减少一次风量大滞后对整个控制系统的影响，具体方法为：以实际试验数据为依据，优化给煤量至热一次风门开度指令前馈，原有的给煤机给煤量与热风调节门开度函数设计比较简化，原函数为 0～0、100～50 两段；优化后函数关系见图 7－46（a），使得给煤量、热风调节门开度、一次风量对应关系尽量细化，减少中间调节过程；同时，减弱积分参数的影响，将积分参数由原来的 400s 改至 1200s，弱化积分作用，强化比例作用，使得风量偏差较小，比例作用大于积分作用；达到当小的负偏差时，风量在增长，但是实际调节门指令不会增加或者微微下降；反之，当小的正偏差时，风量在减小，但实际调节门指令不会减少或者微微增加，从而抑制滞后的影响。冷一次风门的控制上，原来热风调节门指令至冷风调节门指令前馈函数为0～0、100～50两段；细化热一次风门指令至冷一次风门开度指令前馈比例，如图7-46（b）所示。同时，将冷风调节的积分参数由原来的80s改至225s，增大积分时间，减小积分作用，产生的效果与热风调节门修改参数相同；修改后，通过实际验证，磨煤机一次风量在机组协调变负荷后不再振荡。同时，系统的主蒸汽温度、主蒸汽压力等参数也不再振荡，整个协调系统在变负荷后能够很快稳定下来，机组参数控制平稳，蒸汽温度、蒸汽压力参数符合设计要求。

磨煤机一次风量的变化对机组蒸汽温度及蒸汽压力的影响要快于煤量指令的变化。变负荷过程中可以通过合理地加一次风压及一次风量的前馈，加快机组锅炉系统的响应速度。合理利用磨煤机一次风及制粉系统的相应特性，将会对协调系统的优化产生独特的效果。协调状态下，子系统的自动控制与整个机组协调控制是相互影响的。因此，重要的子系统在做扰动试验时要考虑到协调系统对其自动控制的影响。磨煤机一次风系统的模拟量控制作为整个协调控制中非常重要的一环，其控制效果的好坏，以及是否能够实现稳、快、准，是整个协调系统快速稳定的必要条件。

第六节 涉 网 试 验

随着现在电网容量的日益增加，电网稳定性要求也越来越高。运行机组涉网试验是为了检验当电网频率发生变化时机组的响应情况；或者当机组发生恶劣工况时，机组自我调节能力试验。热控专业相关的涉网主要包括辅机故障降负荷功能试验、机组一次调频试验和机组AGC试验。结合国电泰州电厂1000MW超超临界二次再热机组的涉网试验情况，介绍这3个试验的过程及结果。

一、RB试验

当机组的重要主、辅机或设备发生故障影响到机组的带负荷能力或危及机组的安全运行时，必须对机组的实际负荷指令进行处理，从而保证机组安全、稳定运行，该功能称为辅机故障降负荷（runback，RB）。与传统一次再热机组相比，二次再热机组设备更为复杂，因此，因辅机故障而引起机组非停的概率也有所增加。为提高二次再热机组自动应对辅机故障的能力，保证机组安全、稳定运行，在机组新建过程中必须进行RB功能试验，并根据试验过程中机组各主要参数变化情况，对RB控制策略进行优化，确保机组RB功能动作正确，提高二次再热机组热工自动控制系统的性能。

（一）RB的分类

RB发生时由协调控制系统（CCS）进行逻辑判断并协调机组各系统的动作，保证机组在故障状态下自动快速减负荷，适应故障状态下机组带负荷的能力，并控制机组参数运行在允许范围内。RB功能的实现为机组在高度自动化运行方式下的安全性和稳定性提供了保障。

根据机组辅机的情况，常规火电机组一般设置以下几种RB功能：

（1）磨煤机RB。

（2）送风机 RB。

（3）引风机 RB。

（4）一次风机 RB。

（5）空气预热器 RB。

（6）给水泵 RB。

除了以上几种常见的辅机 RB 功能，针对一些脱硫系统配置带有增压风机的百万千瓦机组，增压风机运行时突然跳闸，使得风道阻力增加，导致机组必须迅速降负荷，根据需求，可以设置增压风机 RB 逻辑；另外，当机组配置 3 台炉水循环泵（两台运行一台备用），可以设置炉水循环泵 RB 逻辑，以保证机组在启动过程中炉水循环泵发生故障时机组快速降负荷。

（二）试验控制策略

1. 快速减负荷（RB）试验控制策略

快速减负荷（RB）试验控制策略主要由模拟量控制系统（MCS）和燃烧器管理系统（BMS）共同实现。RB 试验是协调控制系统乃至整个机组控制系统在调试及投运过程中一个综合性的重要项目。在生产运行过程中，当对机组模拟量控制系统（MCS）、汽轮机电液控制系统（DEH）、数据采集系统（DAS）、顺序控制系统（SCS）、炉膛安全控制系统（FSSS）等系统与 RB 功能相关的组态进行了修改后宜进行 RB 静态试验，在下列情况下，机组应进行 RB 动态试验：

（1）MCS、FSSS 或 DEH 等系统进行改造后。

（2）与 RB 功能相关的主要热力系统和热力设备变更或改造后。

（3）新建机组正式移交生产前。

（4）机组进行大修之后。

RB 控制回路主要包括重要辅机输出能力计算、RB 速率计算、机组允许的最大输出能力计算、RB 工况判断、RB 状态指示灯。试验前按照逻辑进行相应的静态试验，对各相关辅机进行输出能力测试，确保 RB 目标负荷的合理性；对 MCS 系统锅炉煤、水、风等自动调节回路进行优化，保证这些调节系统能协调配合使燃烧和给水系统保持相对稳定。

2. RB 试验投运条件

（1）机组能够在 CCS、TF 等方式下运行。

（2）DEH 能够独立运行，或投入 CCS 遥控运行。

（3）机组炉膛压力控制、风量控制、给水控制、燃料控制等系统能够投入自动运行。

（4）FSSS 燃烧器投运、停运正常。

3. 重要辅机超驰开度等参数

锅炉为 2710t/h 超超临界参数变压运行螺旋管圈直流炉，汽轮机为 N1000－31/600/610（620）/610（620）型超超临界参数、二次中间再热、单轴、五缸四排汽、凝汽式汽轮机。单元机组控制系统采用的 DCS 为 EDPF－NT+分散控制系统，设计包含数据采集系统（DAS）、BMS、MCS、SCS 等系统。DEH/ETS 采用了 SPPA－T3000 分散控制系统。机组共设计了 7 种 RB 工况，即单台磨煤机 RB、两台磨煤机 RB、送风机 RB、引风机 RB、空气预热器 RB、一次风机 RB、给水泵 RB。在试验前，根据机组设备的实际运行状况，确定了 RB 动作后，重要辅机超驰开度等参数：

（1）送风机动叶开度超驰设为 83%，引风机叶片开度超驰设为 83%，一次风机开度超驰设为 83%，汽动给水泵转速上限设为 5400r/min。

（2）RB 试验降负荷目标及速率设定见表 7－13。

表 7－13 RB 试验降负荷目标及速率设定

RB 名称	剩余磨煤机数量（台）	BID（MW）	BID 下降率（%ECR/min）	降压速率（MPa/min）
单台磨煤机	4	800	100	1.5
两台磨煤机	3	600	100	1.5
送风机	3	500	150	1.5
引风机	3	500	150	1.5
空气预热器	3	500	200	1.8
一次风机	3	500	200	1.8
给水泵	3	500	200	2.3

（三）RB 动态试验

1. 单台磨煤机 RB

（1）试验过程。机组在 923MW 负荷稳定运行，A、B、D、E、F 5 台磨煤机运行，机前压力稳定在 29.5MPa，手动停 F 磨煤机，RB 发生。机组以 TF 方式运行，由汽轮机调节压力；锅炉主控指令降至 800MW，压力调节器定值从 RB 发生时跟踪实际机前压力，并以 1.5MPa/min 的速率降至压力目标值。单台磨煤机 RB 试验步骤见表 7－14。

表 7－14 单台磨煤机 RB 试验步骤

序号	试 验 步 骤
1	确认 RB 已投入，手动停 F 磨煤机
2	画面单台磨煤机 RB 灯亮
3	锅炉主控切手动，BID 输出以（100%ECR）/min 的速率切至燃料 RB 的目标负荷
4	燃料主控保持自动，调节燃料至 800MW 对应的燃料量
5	DEH 切为初压方式，汽轮机调压，机组控制为 TF 方式
6	机前压力定值先跟踪实际压力，再滑压至 RB 目标压力
7	各主要子回路保持自动状态，控制机组参数
8	过热、再热减温水调节门超驰关闭 30s 后，恢复自动调节
9	待各项主控参数稳定，由运行人员解除 RB 状态，结束本项试验

（2）试验分析。试验过程中，RB 发生后各项逻辑动作正确，参数调节较为稳定。单台磨煤机 RB 后机组各主要参数变化及曲线见表 7－15、图 7－47、图 7－48。

表 7-15 单台磨煤机 RB 后机组各主要参数变化

主要参数	起始值	过程最大值	过程最小值	稳定值
机组负荷（MW）	923	923	790	803
主蒸汽压力（MPa）	29.5	29.5	25.2	25.5
炉膛压力（kPa）	−0.15	−0.09	−0.32	−0.15
一级过热器进口过热度（K）	54	54	41	53
主蒸汽温度（℃）	598	598	580	595
一次再热蒸汽温度（℃）	583	583	571	576
二次再热蒸汽温度（℃）	584	584	571	571
氧量（%）	3.7	5.2	3.7	4.8

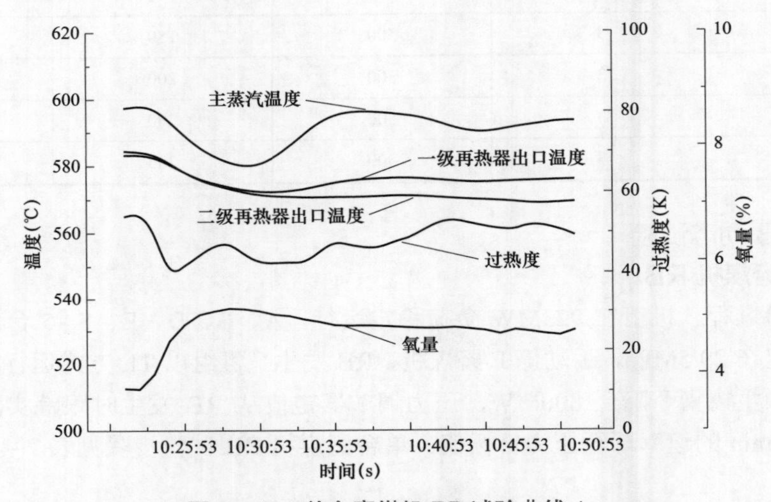

图 7-47 单台磨煤机 RB 试验曲线 1

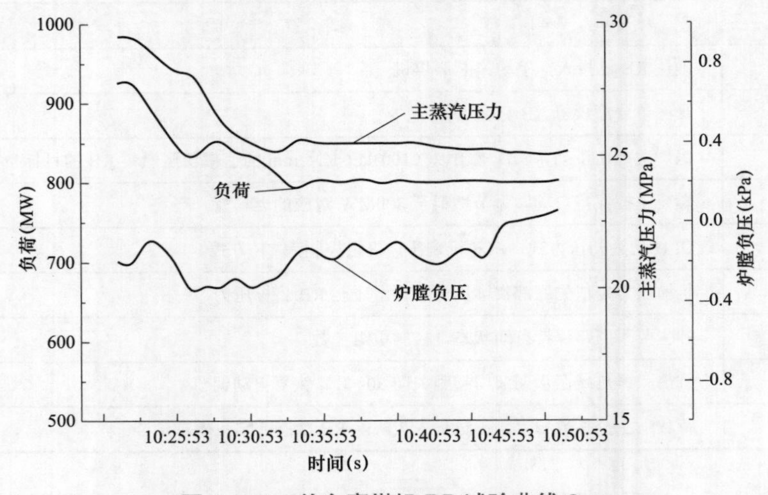

图 7-48 单台磨煤机 RB 试验曲线 2

2. 两台磨煤机 RB

（1）试验过程。机组在 918MW 负荷稳定运行，A、B、C、D、E 5 台磨煤机运行，机前压力稳定在 28.7MPa，手动停 A 磨煤机，10s 后再手动停 E 磨煤机，触发两台磨煤机 RB。机组以 TF 方式运行，由汽轮机调节压力；锅炉主控指令降至 600MW，压力调节器定值从 RB 发生时跟踪实际机前压力，并以 1.5MPa/min 的速率降至压力目标值。两台磨煤机 RB 试验步骤见表 7－16。

表 7－16 两台磨煤机 RB 试验步骤

序号	试 验 步 骤
1	确认 RB 已投入，手动停 A 磨煤机，10s 后手动停 E 磨煤机
2	画面两台磨煤机 RB 灯亮
3	锅炉主控切手动，BID 输出以（100%ECR）/min 的速率切至两台磨煤机 RB 的目标负荷
4	燃料主控保持自动，调节燃料至 600MW 对应的燃料量
5	DEH 切为初压方式，汽轮机调压，机组控制为 TF 方式
6	机前压力定值先跟踪实际压力，再滑压至 RB 目标压力
7	各主要子回路保持自动状态，控制机组参数
8	过热、再热减温水调节门超驰关闭 30s 后，恢复自动调节
9	待各项主控参数稳定，由运行人员解除 RB 状态，结束本项试验

（2）试验分析。试验过程中，两台磨煤机 RB 发生后，机组自动控制系统迅速减水，导致一级过热器进口过热度上升，水冷壁存在超温现象。RB 发生后各项逻辑动作正确，各自动控制系统参数调节较为稳定。两台磨煤机 RB 后机组各主要参数变化及曲线见表 7－17、图 7－49 和图 7－50。

表 7－17 两台磨煤机 RB 后机组各主要参数变化

主要参数	起始值	过程最大值	过程最小值	稳定值
机组负荷（MW）	918	918	593	593
主蒸汽压力（MPa）	28.7	28.7	18.9	18.9
炉膛压力（kPa）	－0.1	0.24	－0.9	－0.1
一级过热器进口过热度（K）	64	100	57	57
主蒸汽温度（℃）	597	597	574	574
一次再热蒸汽温度（℃）	579	579	549	549
二次再热蒸汽温度（℃）	580	580	541	541
氧量（%）	2.9	4.6	2.9	4.6

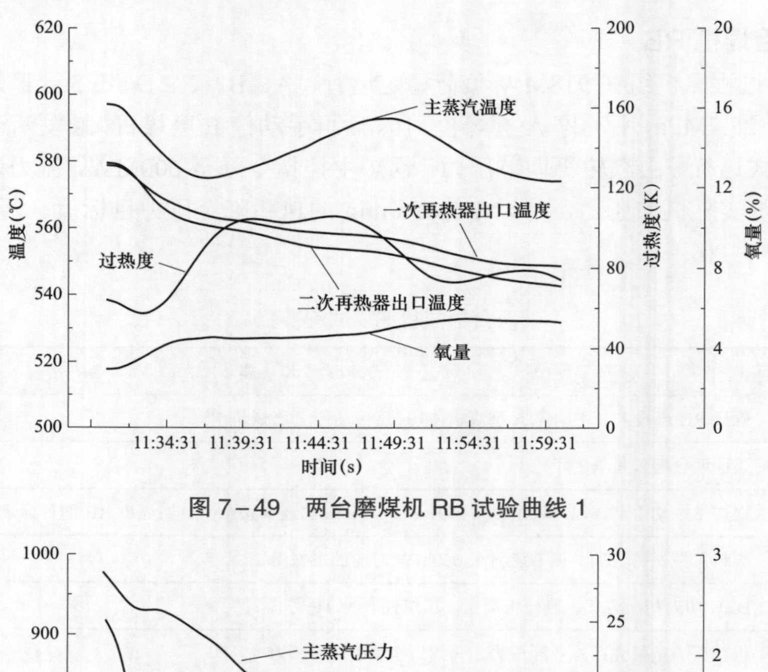

图 7-49　两台磨煤机 RB 试验曲线 1

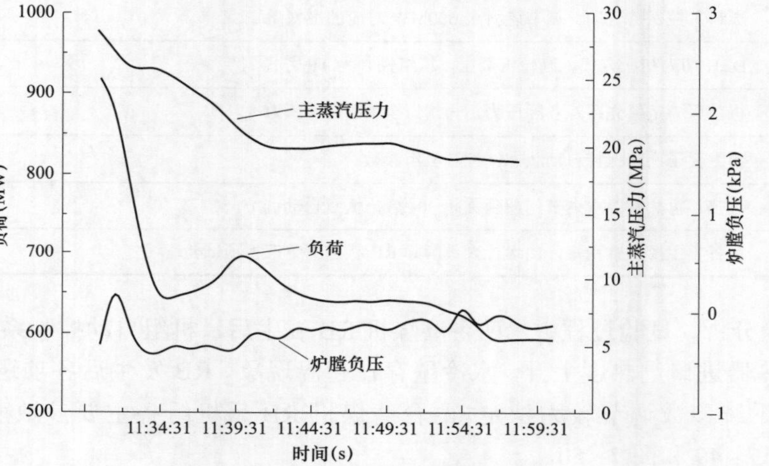

图 7-50　两台磨煤机 RB 试验曲线 2

3. 引风机 RB

（1）试验过程。机组在 920MW 负荷稳定运行，A、B、C、D、E 5 台磨煤机运行，机前压力稳定在 29.7MPa，两台引风机平均分配负荷。手动停 A 引风机，RB 发生，联锁跳闸 A 送风机；按 F→A→E 的顺序，间隔 10s 跳剩 3 台磨煤机。机组以 TF 方式运行，汽轮机调节压力，锅炉主控指令降至 500MW 目标值，压力调节器定值从 RB 发生时跟踪实际机前压力，并以 1.5MPa/min 的速率降至压力目标值。引风机 RB 试验步骤见表 7-18。

表 7-18　　　　引风机 RB 试验步骤

序号	试 验 步 骤
1	确认 RB 已投入，手动停 A 引风机，另一台引风机超驰开至 83%，15s 后恢复自动调节
2	联锁跳闸 A 送风机，B 送风及超驰开至 83%，15s 后恢复自动调节
3	引风机 RB 灯亮，立即联锁跳闸 A 磨煤机，10s 后联跳 E 磨煤机

续表

序号	试　验　步　骤
4	锅炉主控切手动，BID 输出以（150%ECR）/min 的速率切至 RB 目标负荷对应值
5	各台在线给煤机保持自动，并将输出调整至相应 RB 工况下的目标 BID 对应的目标煤量
6	DEH 切为初压方式，汽轮机调压，机组控制为 TF 方式
7	机前压力定值先跟踪实际压力，再滑压至 RB 目标压力
8	各主要子回路保持自动状态，控制机组参数
9	过热、再热减温水调节门超驰关闭 30s 后，恢复自动调节
10	待各项主控参数稳定，由运行人员解除 RB 状态，结束本项试验

（2）试验分析。RB 动作后，B 引风机动叶超驰开至 83%，送风机动叶开至 83%，炉膛较长时间维持正压，RB 超驰时间过后，送风、引风系统恢复自动调节，炉膛压力恢复正常。根据该情况，将送风机动叶超驰值略微降低。试验过程中，与两台磨煤机 RB 相同，一级过热器进口过热度上升，水冷壁存在超温现象，其他参数调节稳定。引风机 RB 后机组各主要参数变化及曲线见表 7－19、图 7－51 和图 7－52。

表 7－19　　引风机 RB 后机组各主要参数变化

主要参数	起始值	过程最大值	过程最小值	稳定值
机组负荷（MW）	920	920	583	583
主蒸汽压力（MPa）	29.7	29.7	18.2	18.2
炉膛压力（kPa）	－0.1	0.49	－0.39	－0.1
一级过热器进口过热度（K）	67	109	53	75
主蒸汽温度（℃）	604	604	577	585
一次再热蒸汽温度（℃）	584	584	559	559
二次再热蒸汽温度（℃）	580	580	550	550
氧量（%）	2.9	5	2.9	5

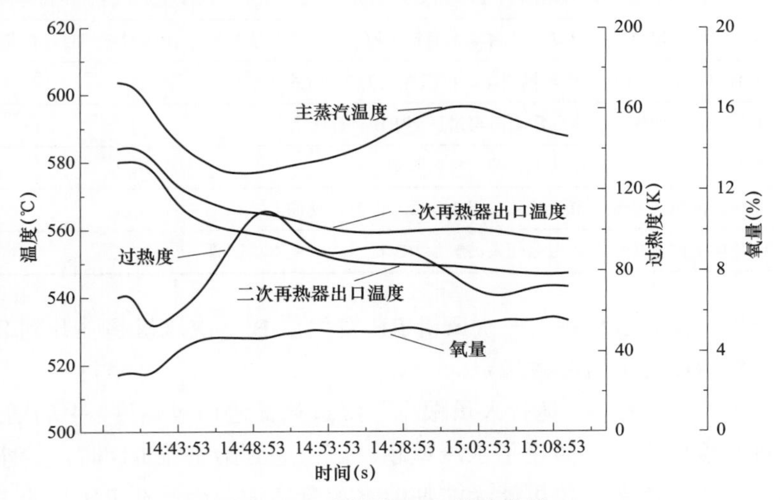

图 7－51　引风机 RB 试验曲线 1

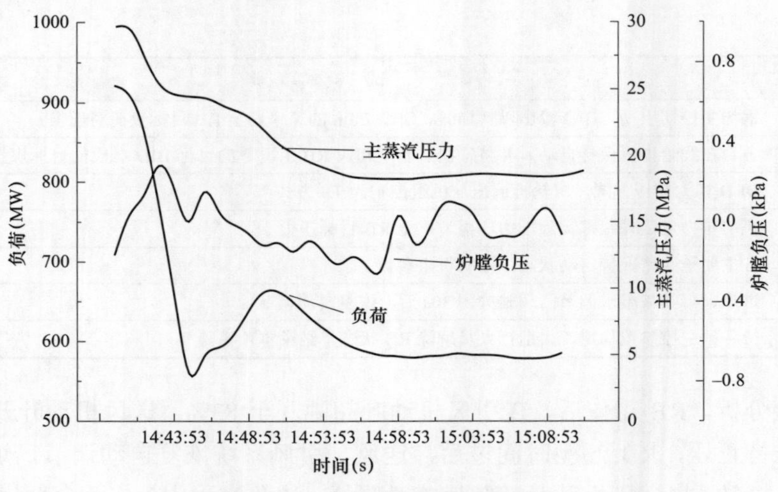

图 7-52 引风机 RB 试验曲线 2

4. 一次风机 RB

(1)试验过程。机组在922MW负荷稳定运行，5台磨煤机运行，机前压力稳定在29MPa，两台送风机、引风机、一次风机负荷平均分配。手动停 A 一次风机，RB 发生磨煤机按 F→A→E 的顺序，间隔 5s，跳闸至磨煤机剩余 3 台为止。机组以 TF 方式运行由汽轮机调节压力，锅炉主控指令降至 500MW 目标值，压力调节器定值从 RB 发生时跟踪实际机前压力，并以 1.8MPa/min 的速率降至压力目标值。一次风机 RB 试验步骤见表 7-20。

表 7-20 一次风机 RB 试验步骤

序号	试 验 步 骤
1	确认 RB 已投入，手动停 A 一次风机，另一台一次风机超驰开至 83%，15s 后恢复自动调节
2	一次风机 RB 灯亮，立即联锁跳闸 A 磨煤机，5s 后联跳 E 磨煤机
3	锅炉主控切手动，BID 输出以（200%ECR）/min 的速率切至一次风机 RB 目标负荷对应值
4	各台在线给煤机保持自动，并将输出调整至相应 RB 工况下的目标 BID 对应的目标煤量
5	DEH 切为初压方式，汽轮机调压，机组控制为 TF 方式
6	机前压力定值先跟踪实际压力，再滑压至 RB 目标压力
7	各主要子回路保持自动状态，控制机组参数
8	过热、再热减温水调节门超驰关闭 30s 后，恢复自动调节
9	待各项主控参数稳定，由运行人员解除 RB 状态，结束本项试验

（2）试验分析。试验过程中，一次风机 RB 发生后 B 一次风机超驰开到 83%，超驰动作正确，整个机组 RB 发生后参数稳定。

一次风机 RB 动作过程中，运行人员根据一级过热器进口过热度，手动增加给水流量，有效地抑制了过热度的上升，防止了水冷壁超温。考虑到给水泵 RB 时，给水流量会急剧下降，再手动增加给水流量定值可能无法使给水流量增加，因此在 RB 时通过减煤来达到降低一级过热器进口过热度的目的。一次风机 RB 后机组各主要参数变化及曲线见

表7－21、图7－53和图7－54。

表7－21　　一次风机RB后机组各主要参数变化

主要参数	起始值	过程最大值	过程最小值	稳定值
机组负荷（MW）	922	922	555	555
主蒸汽压力（MPa）	29	29	17.4	17.4
炉膛压力（kPa）	－0.1	0.18	－1.6	－0.1
一级过热器进口过热度（K）	68	95	32	75
主蒸汽温度（℃）	594	594	559	585
一次再热蒸汽温度（℃）	587	587	554	554
二次再热蒸汽温度（℃）	582	582	554	554
氧量（%）	3.5	6.1	3.5	5

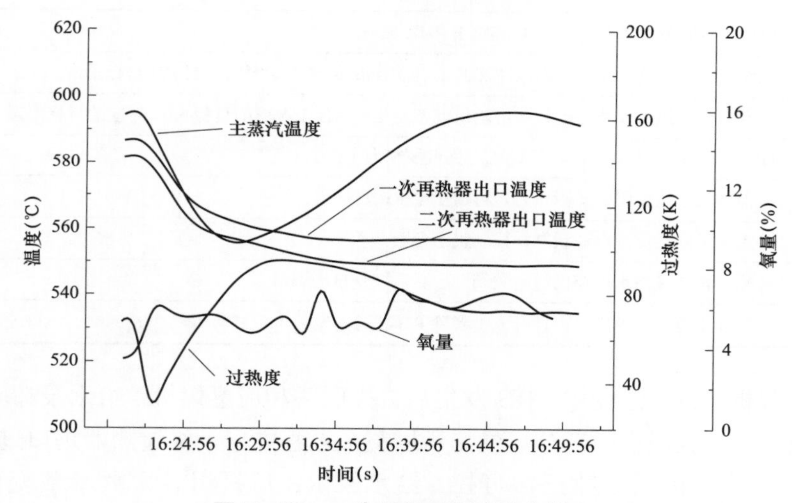

图7－53　一次风机RB试验曲线1

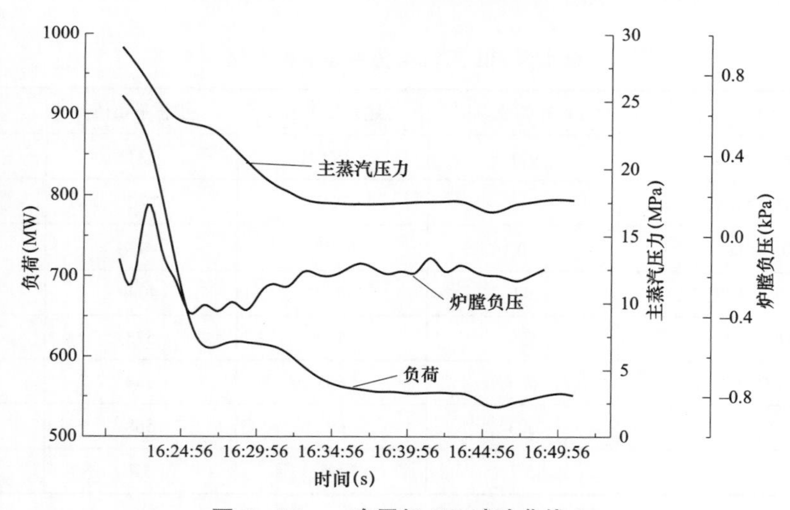

图7－54　一次风机RB试验曲线2

5. 给水泵 RB

（1）试验过程。机组在 925MW 负荷稳定运行，B、C、D、E、F 5 台磨煤机运行，机前压力稳定在 30.3MPa，两台给水泵负荷平均分配。手动停 A 给水泵，RB 发生，B 给水泵转速指令升至 5400r/min；按 F→A→E 的顺序，间隔 5s，跳闸至磨煤机剩余 3 台为止。机组以 TF 方式运行，由汽轮机调节压力；锅炉主控指令降至 500MW 目标值，压力调节器定值从 RB 发生时跟踪实际机前压力，并以 2.3MPa/min 的速率降至压力目标值。给水泵 RB 试验步骤见表 7-22。

表 7-22 给水泵 RB 试验步骤

序号	试验步骤
1	确认 RB 已投入，手动停 A 给水泵
2	给水泵 RB 灯亮，B 给水泵超驰开至 5400r/min，3s 后恢复自动调节
3	立即联锁跳闸 F 磨煤机，5s 后连跳 E 磨煤机
4	锅炉主控切手动，BID 输出以（200%ECR）/min 的速率切至给水泵 RB 目标负荷
5	各台在线给煤机保持自动，并将输出调整至相应 RB 工况下的目标 BID 对应的目标煤量
6	DEH 切为初压方式，汽轮机调压，机组控制为 TF 方式
7	机前压力定值先跟踪实际压力，再滑压至 RB 目标压力
8	各主要子回路保持自动状态，控制机组参数
9	过热、再热减温水调节门超驰关闭 30s 后，恢复自动调节
10	待各项主控参数稳定，由运行人员解除 RB 状态，结束本项试验

（2）试验分析。试验过程中，RB 发生后直接联跳相应磨煤机，给水泵超驰动作正确，因为 RB 过程中，超驰减少了部分煤量，所以整个过程中，一级过热器进口过热度变化较小，水冷壁温正常，机组参数正常可控。给水泵 RB 后机组各主要参数变化及曲线见表 7-23、图 7-55 和图 7-56。

表 7-23 给水泵 RB 后机组各主要参数变化

主要参数	起始值	过程最大值	过程最小值	稳定值
机组负荷（MW）	925	925	531	531
主蒸汽压力（MPa）	30.3	30.3	17.5	18
炉膛压力（kPa）	-0.1	0.27	-0.93	-0.1
一级过热器进口过热度（K）	62	70.7	40.8	65
主蒸汽温度（℃）	599	599	572	580
一次再热蒸汽温度（℃）	603	603	568	568
二次再热蒸汽温度（℃）	603	603	568	568
氧量（%）	3.7	5.3	3.7	4.8

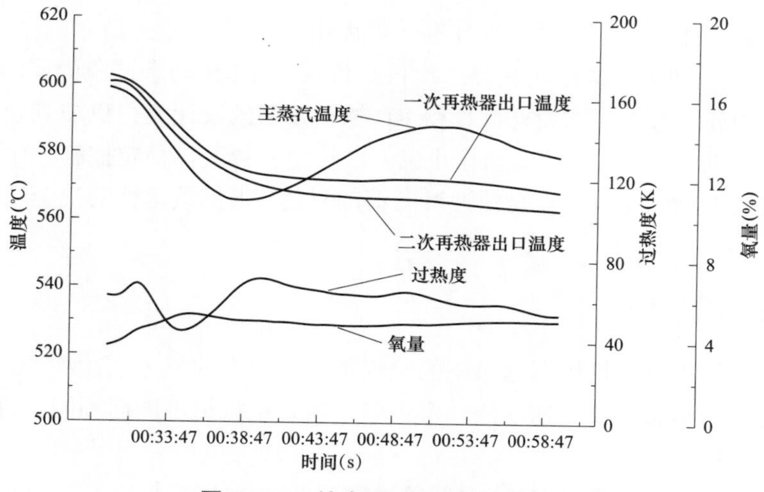

图 7－55　给水泵 RB 试验曲线 1

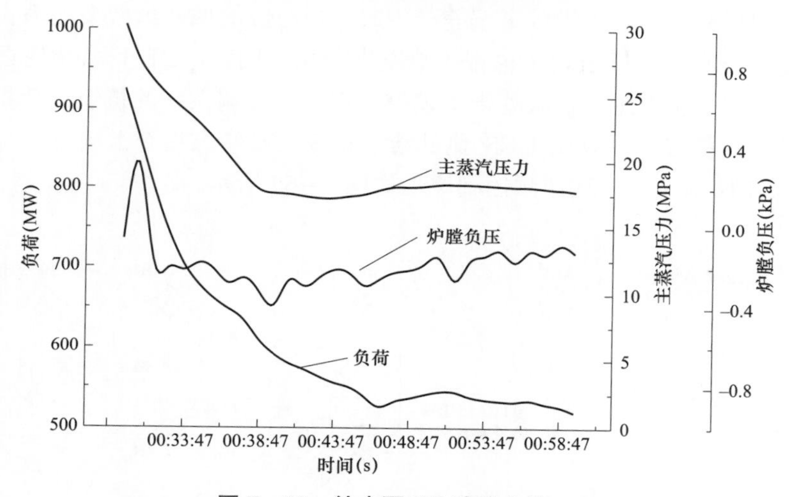

图 7－56　给水泵 RB 试验曲线 2

（四）RB 动态试验控制逻辑优化

试验过程中当 RB 工况发生后，系统自动切换到相应的 RB 工作模式，并发出信号至 FSSS 进行跳磨，过程中无切换扰动，RB 逻辑动作正确。

RB 试验过程中，炉膛负压、一次风压力等控制子系统能根据情况进行必要的超驰控制以迅速阻止被调参数大幅越限。在 5 个 RB 工况的试验中，机组各主要调节回路均维持自动状态，被调参数波动均在正常范围内。试验中出现的水冷壁超温问题，通过增加超驰减煤对 RB 控制逻辑进行优化后得到了解决。

原控制逻辑中，当给水泵 RB 时，运行给水泵转速超驰到 5400r/min。给水泵 RB 试验过程中发现给水泵出力较大，为了防止低负荷发生给水泵 RB 时，运行给水泵超驰到 5400r/min，导致给水流量偏大，因此将运行给水泵转速超驰值改为“RB 时转速＋300r/min”。

经过试验，发现 RB 发生时，机组水冷壁容易超温，但主蒸汽温度又会下降，两者需要根据实际情况，寻求一个平衡点。建议在以后的 RB 过程中，密切关注中间点的过热度变化，积累经验，便于以后对逻辑进行进一步优化。

作为国内首台1000MW超超临界二次再热机组，其RB动态试验尚属国内首次。二次再热机组的结构和运行方式的特殊性使得RB控制策略的设计变得更加复杂。试验结果表明，此二次再热机组RB试验逻辑动作正确，过程中参数变化稳定控制在允许范围，达到了机组在辅机意外跳闸时自动安全快速减负荷的目的，为机组运行的安全性和稳定性提供了保障。

二、一次调频试验

一次调频是指由发电机组调速系统的频率特性所固有的能力，随频率变化而自动进行频率调整。其特点是频率调整速度快，但调整量随发电机组不同而不同，且调整量有限，值班调度员难以控制。

机组的一次调频主要是由DEH系统单独实现的。DEH转速/负荷控制回路将一次调频负荷加在系统的功率指令上。当频率偏差产生时，相对应的偏差值改变功率指令值，功率调节器调节超高压阀门，机组功率也相应地发生变化。同时，DEH系统也直接将一次调频前馈加在阀门流量指令上。机组处于协调控制模式，协调系统的机组负荷指令不变，为了保证协调系统的稳定，一般在CCS侧的给水指令上及给煤指令上根据一次调频指令加一定的前馈。DEH系统内一次调频控制原理如图7-57所示。

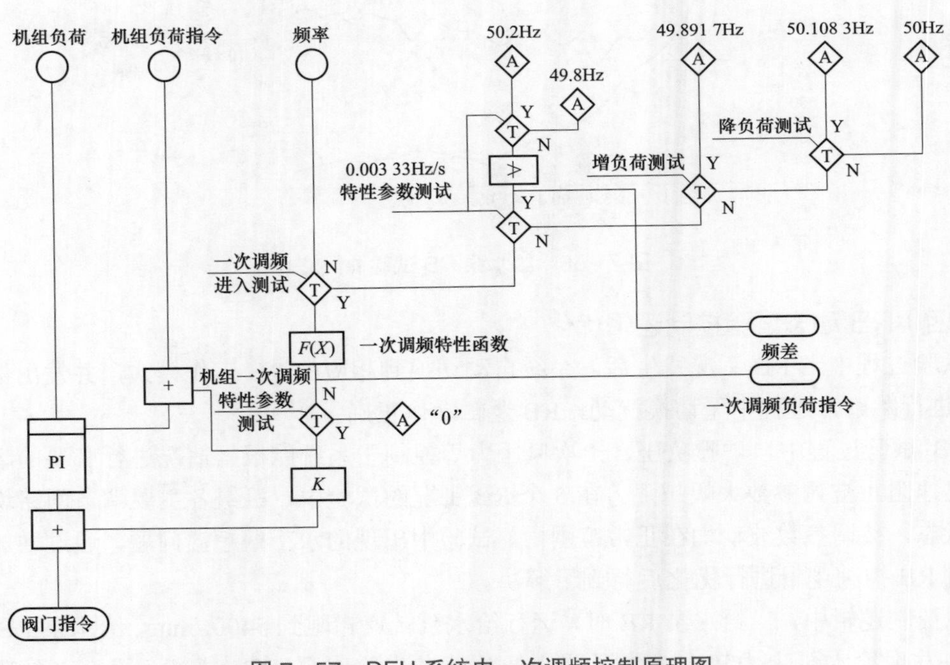

图7-57 DEH系统内一次调频控制原理图

（一）试验内容

试验模拟电网频率波动，通过DEH控制系统中的一次调频功能调节汽轮机超高压调节门来控制汽轮机进汽量，使机组功率能更好地满足电网频率变化的要求，DCS 侧控制系统调节机组的风、煤，使机组主蒸汽压力稳定。试验要求机组处于协调模式、DEH 投入一次调频功能。

按照 GB/T 30370《火力发电机组一次调频试验及性能验收导则》要求，结合机组的实际情况，一次调频试验选取了 3 个负荷点：730MW、880MW、930MW。分别模拟±4r/min、±6.5r/min 频差下机组的响应情况，同时选取 880MW 负荷点做频差 11r/min 的负荷响应测试，测试机组最大频差下的响应情况。

（二）试验过程

1. 730MW 负荷点、-0.067Hz 一次调频试验

协调模式下，运行人员将机组负荷稳定在 730MW 左右，机组主蒸汽压力为 25MPa。DEH 侧一次调频功能投入。试验采用在 DEH 程序中修改电网频率，模拟频率偏差的方法，在 730MW 负荷点模拟出-0.067Hz 的频差，控制逻辑原理图如图 7-57 所示，以观察机组实际一次调频的响应情况。730MW 负荷点、±0.067Hz 一次调频试验曲线如图 7-58 所示。

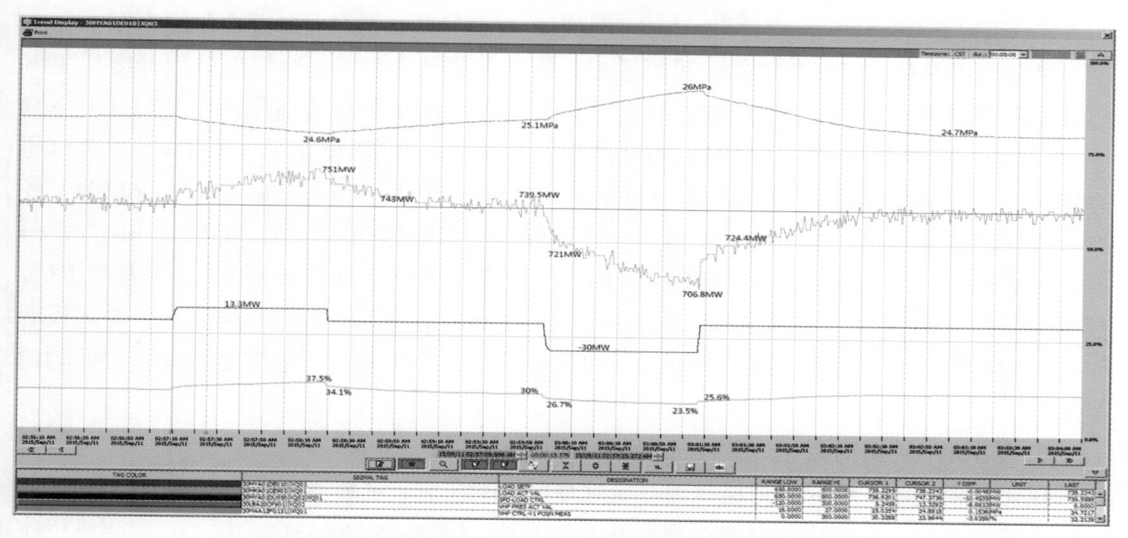

图 7-58　730MW 负荷点、±0.067Hz 一次调频试验曲线

试验结果分析：如图 7-58 所示，经过计算，机组在 15s 内，一次调频响应指数达到 54.1%；机组在 30s 内，一次调频响应指数达到 60%；机组在 45s 内，一次调频响应指数达到 67%。实际负荷响应时间小于 3s，稳定时间小于 1min。机组主蒸汽压力从 25MPa 下降到 24.6MPa，下降了 0.4MPa。汽轮机超高压调节汽门开度超驰打开 3%，实际负荷达不到一次调频的要求，DEH 功率回路通过调节将调节汽门开度到 37.5%。机组负荷达到 751MW，通过曲线可以看出，超高压调节汽门的流量特性相对与实际不太相符，高开度时设计流量曲线比实际曲线大，导致一次调频前馈偏小，DEH 功率闭环回路调节特性也相对偏弱，响应时间变长，从而导致调节特性相对滞后。

2. 730MW负荷点、0.067Hz一次调频试验

在协调模式下，运行人员将机组负荷稳定在730MW左右，主蒸汽压力为24.6MPa左右。DEH侧一次调频功能投入，一次调频控制原理图如图7－57所示。试验采用模拟频率偏差的方法，模拟0.067Hz的频差，观察机组实际一次调频的响应情况。试验曲线见图7－58。

试验结果分析：通过图7－58可以看出，当一次调频动作发出时，超高压调节汽门开度超驰关闭3%左右。但是机组主蒸汽压力变化不明显，动作初期机组负荷及主蒸汽压力变化相对比较缓慢。经过试验数据的分析计算，结果显示机组在15s内，一次调频响应指数达到18.2%；机组在30s内，一次调频响应指数达到30.2%；机组在45s内，一次调频响应指数达到67%。频差产生后，机组实际负荷响应时间小于3s，稳定时间小于1min。

3. 730MW负荷点、0.108 3Hz一次调频试验

在协调模式下，运行人员将机组稳定在730MW左右，主蒸汽压力为25.1MPa左右。DEH侧一次调频功能投入，一次调频控制原理图如图7－57所示。试验采用模拟频率偏差的方法，模拟0.108 3Hz的频差，观察机组实际一次调频的响应情况。试验曲线见图7－58。

试验结果分析：通过图7－58可以看出，一次调频动作后，超高压调节门开度从30%超驰动作至26.7%，经过DEH负荷闭环回路1min左右的调节后超高压调节汽门开度下降至23.5%。负荷快速变化－15MW左右，然后调节在1min时间变化至－30MW，主蒸汽压力快速变化0.1MPa左右，然后经过1min左右主蒸汽压力由25.1MPa上升至26MPa。经过分析计算试验数据，机组在15s内，一次调频响应指数达到46.7%；机组在30s内，一次调频响应指数达到56.2%；机组在45s内，一次调频响应指数达到65.6%。频差产生后，机组实际负荷响应时间小于3s，稳定时间小于1min。通过试验结果表明，一次调频动作时DEH系统一次调频前馈量偏小。一次调频动作特性较差，不能满足电网一次调频的要求。

4. 730MW负荷点、－0.108 3Hz一次调频试验

在协调模式下，运行人员将机组稳定在730MW左右，主蒸汽压力为26MPa。DEH侧一次调频功能投入。试验采用模拟频率偏差的方法，模拟－0.108 3Hz的频差，观察机组实际一次调频的响应情况。试验曲线见图7－58。

试验结果分析：由图7－58可以看出，调节汽门开度一次调频动作时，超高压调节汽门开度由23.5%超驰动作至25.2%，然后缓慢变化至30%左右；机组负荷由706.8MW快速变化至724.4MW，然后经过1min左右调节至738MW左右。主蒸汽压力由26MPa超驰变化0.15MPa，经过1min左右缓慢变化至24.7MPa。经过分析计算试验数据，机组在15s内，一次调频响应指数达到52.9%；机组在30s内，一次调频响应指数达到56%；机组在45s内，一次调频响应指数达到61.5%。频差产生后，机组实际负荷响应时间小于3s，稳定时间小于1min。

5. 880MW负荷点、0.067Hz一次调频试验

协调模式下，运行人员将机组负荷稳定在880MW左右，主蒸汽压力为29.4MPa，超

高压调节汽门开度 32.87%左右。DEH 侧一次调频功能投入，一次调频控制原理如图 7－57 所示。试验采用模拟频率偏差的方法，模拟 0.067Hz 的频差，每个工况下每次试验 1min，观察机组实际一次调频的响应情况。880MW 负荷点、±0.067Hz 一次调频试验曲线见图 7－59。

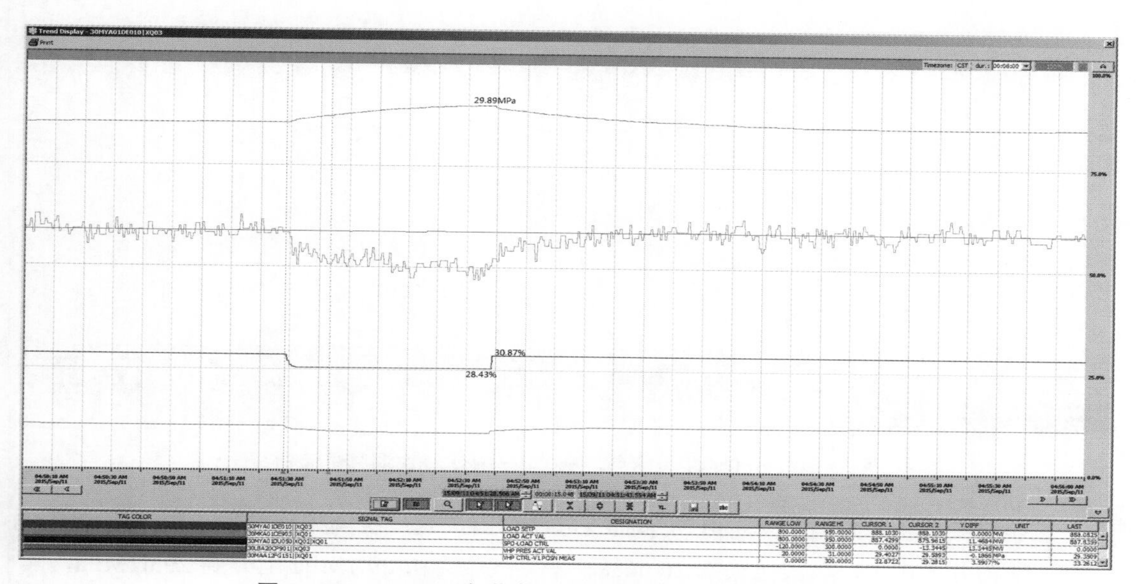

图 7－59　880MW 负荷点、±0.067Hz 一次调频试验曲线

试验结果分析：通过图 7－59 所示曲线可以看出，一次调频动作后，超高压调节汽门开度由 32.87%快速关到 29%左右，主蒸汽压力由 29.4MPa 渐渐增加到 29.89MPa，机组负荷由 887MW 快速变化至 875MW 左右。经过对实际功率进行计算，机组在 15s 内，一次调频响应指数达到 56.7%；机组在 30s 内，一次调频响应指数达到 67.9%；机组在 45s 内，一次调频响应指数达到 76.6%。频差产生后，机组实际负荷响应时间小于 3s，稳定时间小于 1min。

6. 880MW 负荷点、－0.067Hz 一次调频试验

协调模式下，运行人员将机组负荷稳定在 880MW 左右，主蒸汽压力为 29.89MPa，超高压调节汽门开度为 28.43%。DEH 侧一次调频功能投入，试验采用模拟频率偏差的方法，模拟－0.067Hz 的频差，观察机组实际一次调频的响应情况。试验曲线见图 7－59。

试验结果分析：通过图 7－59 可以看出，当一次调频动作后，超高压调节汽门开度由 28.43%快速开到 30.87%。实际负荷快速增加至目标值。经过对实际负荷数据进行分析计算，机组在 15s 内，一次调频响应指数达到 67.4%；机组在 30s 内，一次调频响应指数达到 74.1%；机组在 45s 内，一次调频响应指数达到 81.9%。频差产生后，机组实际负荷响应时间小于 3s，稳定时间小于 1min。

7. 880MW 负荷点、0.108 3Hz 一次调频试验

协调模式下，运行人员将机组负荷稳定在 880MW 后，主蒸汽压力为 29.1MPa，超高压调节汽门开度为 34.8%。DEH 一次调频功能投入，试验采用模拟频率偏差的方法，模拟

0.108 3Hz 的频差，观察机组实际一次调频的响应情况。880MW 负荷点、±1083Hz 一次调频试验曲线见图 7－60。

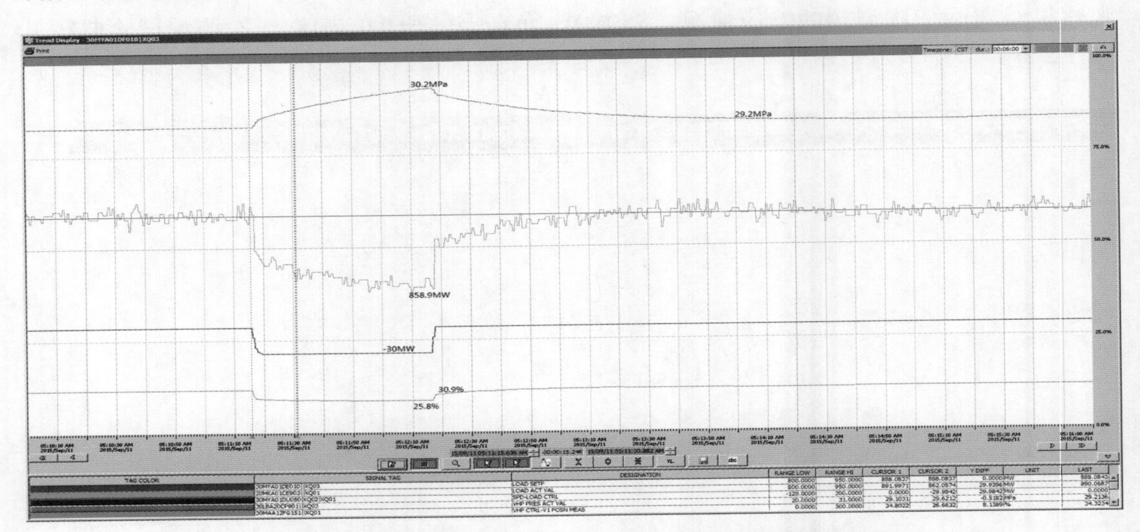

图 7－60　880MW 负荷点、±0.108 3Hz 一次调频试验曲线

试验结果分析：通过图 7－60 所示曲线可以看出，当一次调频动作后，超高压调节汽门在 15s 内开度由 34.8%快速关到 26.66%，主蒸汽压力由 29.1MPa 上升到 29.62MPa，实际负荷由 891MW 下降到 862MW。经过对试验数据进行分析计算，机组在 15s 内，一次调频响应指数达到 82.7%；机组在 30s 内，一次调频响应指数达到 87.6%；机组在 45s 内，一次调频响应指数达到 92.7%。频差产生后，机组实际负荷响应时间小于 3s，稳定时间小于 1min。

8. 880MW 负荷点、－0.108 3Hz 一次调频试验

协调模式下，运行人员将机组负荷稳定在 880MW 左右，机组实际压力为 30.2MPa，超高压调节汽门开度为 25.8%。一次调频功能投入，试验采用模拟频率偏差的方法，模拟－0.108 3Hz 的频差，观察机组实际一次调频的响应情况。试验曲线见图 7－60。

试验结果分析：当一次调频动作时，超高压调门开度由 25.8%快速开到 30.9%。机组负荷由 858.9MW 快速增加至目标值并稳定在目标值。经过对实际试验数据的分析计算得出，机组在 15s 内，一次调频响应指数达到 68.8%；机组在 30s 内，一次调频响应指数达到 74.4%；机组在 45s 内，一次调频响应指数达到 80.6%。频差产生后，机组实际负荷响应时间小于 3s，稳定时间小于 1min。

9. 930MW 负荷点、0.067Hz 一次调频试验

在协调模式下，运行人员将机组稳定在 930MW 后，超高压调节汽门开度为 36.9%，主蒸汽压力为 30.37MPa。DEH 系统一次调频功能投入。试验采用模拟频率偏差的方法，模拟 0.067Hz 的频差，观察机组实际一次调频的响应情况，试验曲线见图 7－61。

试验结果分析：机组在 15s 内，一次调频响应指数达到 77.7%；机组在 30s 内，一次

调频响应指数达到 82%；机组在 45s 内，一次调频响应指数达到 83.2%。频差产生后，机组实际负荷响应时间小于 3s，稳定时间小于 1min。

10. 930MW 负荷点、-0.067Hz 一次调频试验

协调模式下，运行人员将机组负荷稳定在 930MW 左右，超高压调节汽门开度为 36.9%，主蒸汽压力为 30.8MPa。DEH 系统一次调频功能投入，试验采用模拟频率偏差的方法，模拟-0.067Hz 的频差，每次试验时间为 1min，观察机组实际一次调频的响应情况。试验曲线见图 7-61。

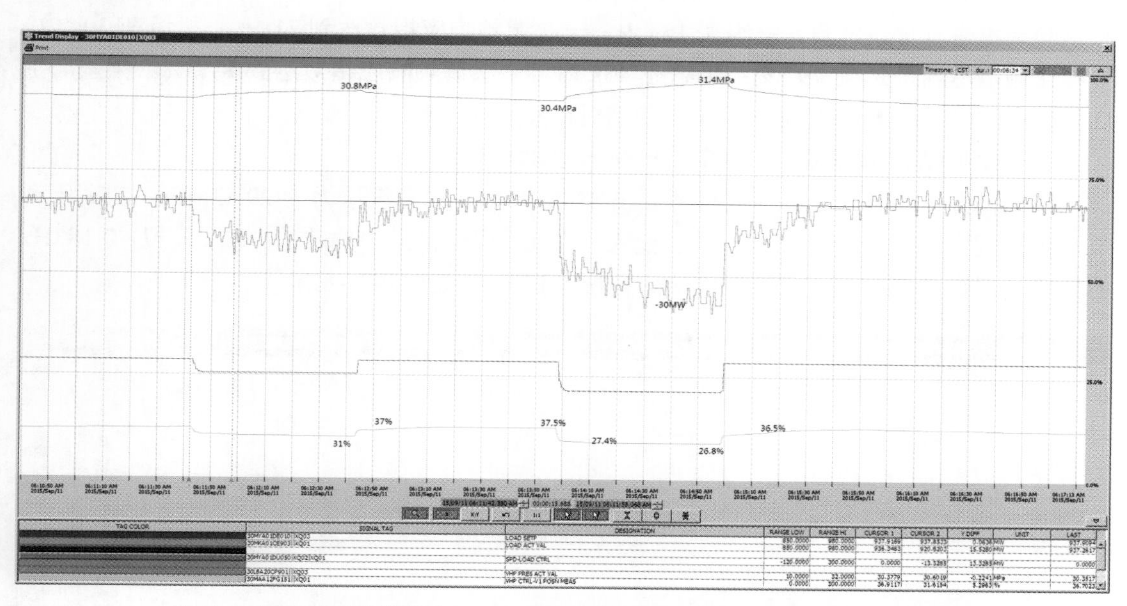

图 7-61　930MW 负荷点、±0.067Hz 和±0.108 3Hz 一次调频试验曲线

试验结果分析：由图 7-61 可以看出，当一次调频动作时，超高压调节汽门开度由 31% 快速超驰打开至 37%，机组负荷在 15s 内由 920MW 上升到 937MW，主蒸汽压力 1min 内由 30.8MPa 下降到 30.4MPa。通过对试验区间内机组负荷参数进行分析计算，机组在 15s 内，一次调频响应指数达到 89.6%；机组在 30s 内，一次调频响应指数达到 92.9%；机组在 45s 内，一次调频响应指数达到 100%。频差产生后，机组实际负荷响应时间小于 3s，稳定时间小于 1min。

11. 930MW 负荷点、0.108 3Hz 一次调频试验

协调模式下，运行人员将机组负荷稳定在 930MW 左右，主蒸汽压力为 30.4MPa，超高压调节汽门开度为 37.5%。DEH 系统一次调频功能投入，试验采用模拟频率偏差的方法，模拟 0.108 3Hz 的频差，观察机组实际一次调频的响应情况。试验曲线见图 7-61。

试验结果分析：当一次调频动作后，超高压调节汽门开度由 37.5%超驰动作至 27.4%，机组负荷快速下降至目标值，主蒸汽压力在 1min 试验区间内由 30.4MPa 上升到 31.4MPa。经过对试验数据进行分析计算，机组在 15s 内，一次调频响应指数达到 63.4%；机组在 30s 内，一次调频响应指数达到 75%；机组在 45s 内，一次调频响应指数达到 84.1%。频差产

生后，机组实际负荷响应时间小于 3s，稳定时间小于 1min。

12. 930MW 负荷点、－0.108 3Hz 一次调频试验

协调模式下，运行人员将机组负荷稳定在 930MW 后，主蒸汽压力为 31.4MPa，超高压调节汽门开度为 26.8%。一次调频功能投入，试验采用模拟频率偏差的方法，模拟－0.108 3Hz 的频差，观察机组实际一次调频的响应情况。试验曲线见图 7－61。

试验结果分析：一次调频试验动作时，超高压调节汽门开度由 26.8%超驰动作至 36.5%，机组负荷快速上升到目标值，主蒸汽压力由 31.4MPa 下降至 30.4MPa。经过对机组试验数据进行分析计算，机组在 15s 内，一次调频响应指数达到 71.5%；机组在 30s 内，一次调频响应指数达到 79.8%；机组在 45s 内，一次调频响应指数达到 87.3%。频差产生后，机组实际负荷响应时间小于 3s，稳定时间小于 1min。

13. 880MW 负荷点、－0.183Hz 一次调频试验

协调模式下，运行人员将机组稳定在 880MW 后，主蒸汽压力为 29.53MPa，超高压调节汽门开度为 32.29%，一次调频功能投入。试验采用模拟频率偏差的方法，模拟－0.183Hz 的频差，观察机组实际一次调频的响应情况。试验曲线见图 7－62。

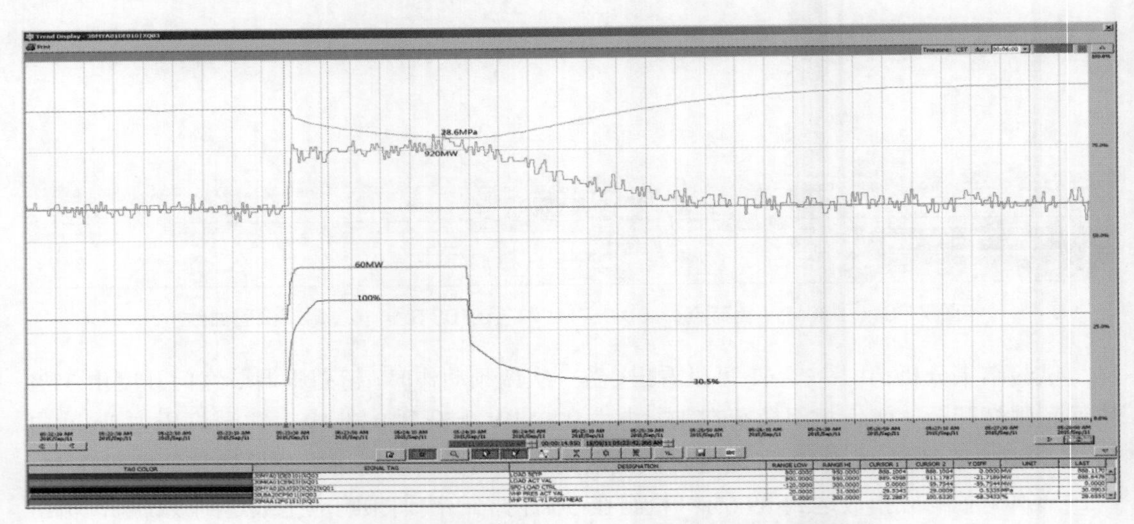

图 7－62　880MW 负荷点、±0.183Hz 一次调频试验曲线

试验结果分析：试验过程中，超高压调节汽门全开，主蒸汽压力由 29.53MPa 下降至 28.6MPa。但是调频负荷响应不足，动作幅度最大为 33MW。

14. 880MW 负荷点、0.108 3Hz 一次调频试验

协调模式下，运行人员将机组负荷稳定在 880MW 左右，主蒸汽压力为 28.6MPa，超高压调节汽门开度为 100%。一次调频功能投入。试验采用模拟频率偏差的方法，模拟 0.108 3Hz 的频差，观察机组实际一次调频的响应情况。试验曲线见图 7－62。

试验结果分析：试验过程中，超高压调节汽门由全开往下关，因为超高压调节汽门在全开段流量特性较差，超高压调节汽门开度由 100%快关至 60%左右，机组负荷无明显变化，随之 DEH 功率闭环回路调节，继续关此调节汽门，机组负荷缓慢下降至

目标值。

（三）试验结果

1. 试验数据

结合一次调频试验的相关规范文件要求，分别计算出各个负荷点上一次调频响应指数。一次调频试验 0.108 3Hz 频差响应指数如表 7-24 所示。

表 7-24　　一次调频试验 0.108 3Hz 频差响应指数　　%

项目	规范值	730MW	880MW	930MW
15s	40	46.7	82.7	63.4
30s	60	56.2	87.6	75
45s	70	65.6	92.7	84.1
60s	稳定	稳定	稳定	稳定

一次调频试验 -0.108 3Hz 频差响应指数如表 7-25 所示。

表 7-25　　一次调频试验 -0.108 3Hz 频差响应指数　　%

项目	规范值	730MW	880MW	930MW
15s	40	52.9	68.8	71.5
30s	60	56	74.4	79.8
45s	70	61.5	80.6	87.3
60s	稳定	稳定	稳定	稳定

2. 结果分析

对比试验数据指标分析：通过以上试验数据显示，在做 0.067Hz 频差试验时，机组压力均产生 0.45MPa 左右的变化；在做 0.108 3Hz 频差试验时，机组主蒸汽压力变化 1MPa 左右。但是在低负荷段，一次调频响应较弱，而且低负荷阶段超高压调节汽门还有较大的调节余量。因为 DEH 系统采用的是西门子 T3000 分散控制系统，其高速控制器不支持在线下装功能。试验过后，适当加强了低负荷段的一次调频前馈，在后期的一次调频在线监测试验中，低负荷段的一次调频特性得到改善。

由于机组正常运行时，高压调节汽门、中压调节汽门处于全开状态。一次调频功能全部由超高压调节汽门控制超高压缸的进汽实现，一次再热机组的一次调频功能全部由高压调节汽门控制高压缸的进汽实现。而二次再热机组超高压做功占总功率比例小于一次再热高压缸在总功率中的比例；因此，超高压调节汽门动作同样的开度，实际机组负荷小于一次再热机组。要提高机组一次调频及机组调节特性，首先应该增加一次调频的前馈量，其次增加 DEH 功率 PID 控制器的比例及积分强度。

通过机组 11r/min 试验发现，当超高压调节汽门开度大于 80%后，调节汽门的开关对机组负荷没有影响。为提高机组的调节特性应该对超高压调节汽门的流量曲线进行优化，规避无效行程，提高机组的调节性能。

进行 0.108 3Hz 的增负荷试验时，机前压力波动超过 1MPa，因为机组原设计的压力定值曲线偏低，所以在实际运行需要调频时，可能出现超高压调节汽门全开的情况，当超高压调节汽门全开后，机组就无法再快速响应调频增负荷的要求。同样，在调节汽门全开的情况下，进行一次调频减负荷时，由于超高压调节汽门在全开段，流量曲线线性较差，也会影响机组的减负荷速率。试验过程是在机前压力较高的情况下进行。

三、AGC 试验

自动发电控制是能量管理系统 EMS 中的一项重要功能，它控制着调频机组的出力，以满足不断变化的用户电力需求，并使系统处于经济的运行状态。它与一次调频相对应，相当于电网系统的二次调频。

在联合电力系统中，AGC 是以区域系统为单位，各自对本区内的发电机的出力进行控制。它的任务可以归纳为以下 3 项：

（1）维持系统频率为额定值，在正常稳态运行工况下，其允许频率偏差在±（0.05～0.20）Hz 之间，视系统容量大小而定。

（2）控制本地区与其他区间联络线上的交换功率为协议规定的数值。

（3）在满足系统安全性约束条件下，对发电量实行经济调度控制（Economic Dispatch Control，EDC）。

国电泰州电厂二次再热 3 号机组采用基于炉跟机的协调控制系统，由锅炉调节主蒸汽压力，汽轮机调节负荷。汽轮机主控设计在 DEH 侧；协调控制方式时，DEH 接受 DCS 的负荷指令调节机组负荷，锅炉主控根据负荷指令对应的滑压曲线调节机组压力。机组进入 AGC 模式后，DCS 接受省调的 AGC 指令作为机组负荷指令。

AGC 试验相关信号示意图如图 7－63 所示。

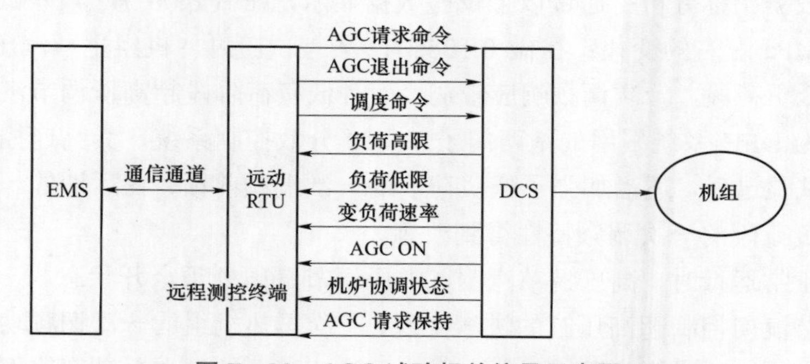

图 7－63 AGC 试验相关信号示意图

（一）试验内容

AGC 闭环联调试验内容包括机组按计划曲线（含修正值，下同）运行试验；机组参与电网频率、联络线功率偏差控制调节试验。

1. 机组按计划曲线运行试验

机组按计划曲线运行。网调端调试人员根据当时的系统情况并征得当班调度员同意临时修改机组的单机计划曲线，使机组在最低负荷和最高负荷之间来回变动几次，以观察机组特别是机炉协调系统的 AGC 运行情况。

2. 机组参与电网频率、联络线功率偏差控制调节试验

AGC 机组均设置在自动控制模式，观察机组在自动控制模式下的运行情况。

（二）试验过程

负荷变动为 550～1000MW，负荷断点设置为 740MW，550～740MW 为 4 台磨煤机运行，740～1000MW 为 5 台磨煤机运行；设定速率：AGC 过程中，变负荷速率设定为 20MW/min。

1. 试验一：683MW→623MW→684MW AGC 测试

机组负荷从 683MW 降到 623MW，随后又升到 684MW。测试所得的机组 AGC 平均速率为（1.8%P_e）/min。683MW→623MW→684MW AGC 测试曲线见图 7－64，试验过程中主要参数变化情况如表 7－26 所示。

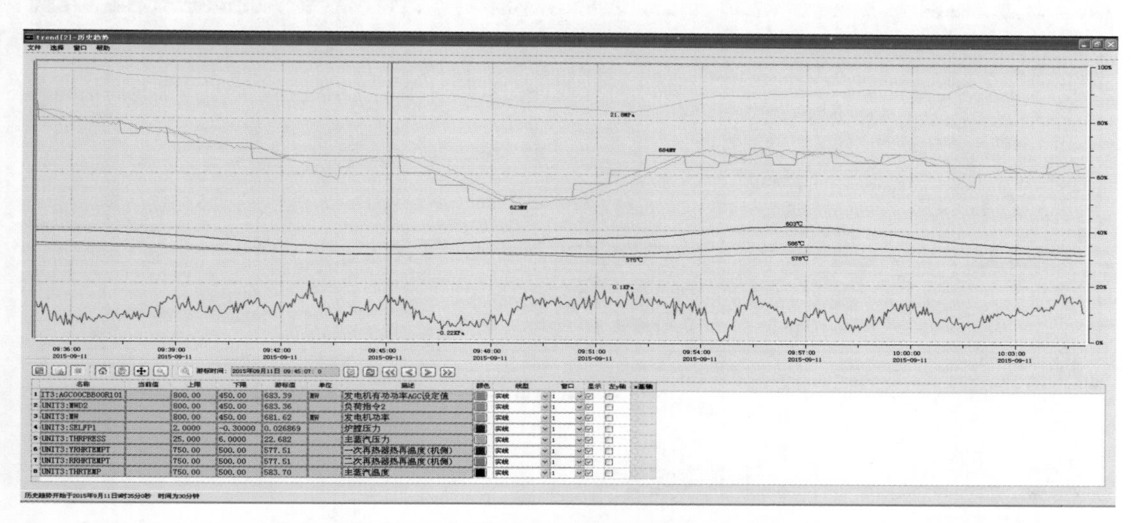

图 7－64　683MW→623MW→684MW AGC 测试曲线

表 7－26　683MW→623MW→684MW AGC 测试数据表

项　　目	设定值	实际值		考核值（偏差）
		最大值	最小值	
AGC 速率（%）	2	1.8		1.5
变负荷初始纯延时（s）	N/A	＜30		＜90
负荷动态偏差（%）	N/A	＜3.0		＜5.0
负荷稳态偏差（%）	N/A	＜1.5		＜1.5
主蒸汽压力（偏差，MPa）	滑压	0.2	－0.6	±0.6
主蒸汽温度（℃）	593	603	584	±10
一次再热蒸汽温度（℃）	—	586	578	—
二次再热蒸汽温度（℃）	—	578	578	—
炉膛压力（kPa）	－0.1	0.1	－0.22	±0.2

根据图 7-64 可知，试验过程中，机组负荷响应迅速，主蒸汽压力、炉膛负压、蒸汽温度等参数稳定。但是机组实际负荷跟踪负荷指令曲线速度及精度较差，同时在增负荷测试时机组到达目标负荷后超调比较大。分析 DEH 系统控制发现造成此种现象的原因是汽轮机超高压调节汽门基本处于全开状态，机组负荷实际由当时的主蒸汽压力的变化调节。当机组负荷到达目标负荷时，主蒸汽压力受锅炉惯性作用会继续增加，而超高压调节汽门在从全开位置向下关闭初期，机组负荷没有明显变化，导致机组功率超调。

2. 试验二：589MW→654MW→587MW AGC 测试

机组负荷从 589MW 升到 654MW 再降到 587MW。测试所得的机组 AGC 平均速率为（1.8%P_e）/min。589MW→654MW→587MW AGC 测试曲线见图 7-65，试验过程中主要参数变化情况见表 7-27。

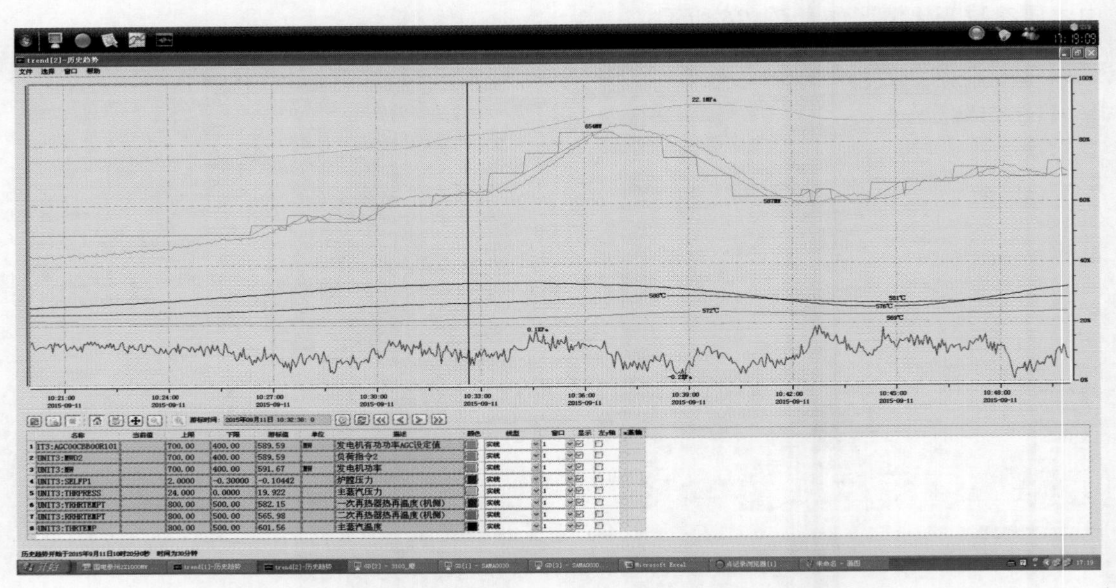

图 7-65 589MW→654MW→587MW AGC 测试曲线

表 7-27 589MW→654MW→587MW AGC 测试数据表

项 目	设定值	实际值		考核值（偏差）
		最大值	最小值	
AGC 速率（%）	2	1.8		1.5
变负荷初始纯延时（s）	N/A	<30		<90
负荷动态偏差（%）	N/A	<3.0		<5.0
负荷稳态偏差（%）	N/A	<1.5		<1.5
主蒸汽压力（偏差，MPa）	滑压	0.47	-0.4	±0.6
主蒸汽温度（℃）	600	602	575	±10
一次再热蒸汽温度（℃）	—	588	581	—
二次再热蒸汽温度（℃）	—	572	569	—
炉膛压力（kPa）	-0.1	0.1	-0.2	±0.2

试验过程中，机组负荷响应迅速，主蒸汽压力、炉膛负压、蒸汽温度等参数稳定，主蒸汽温度、一次再热蒸汽温度、二次再热蒸汽温度偏低。负荷调节特性与试验一类似，也是在机组增负荷时初期响应较慢，结尾超调较大；初期响应慢主要原因为 DEH 系统对接受的遥控负荷指令有一个滤波处理；变负荷结尾负荷超调大是由于超高压调节汽门高开度阶段的无效行程。

3. 试验三：842MW→771MW→831MW AGC 测试

机组负荷从 842MW 降到 771MW 再升到 831MW。测试所得的机组 AGC 平均速率为（1.8%P_e）/min。842MW→771MW→831MW AGC 测试曲线见图 7－66，试验过程中主要参数变化情况见表 7－28。

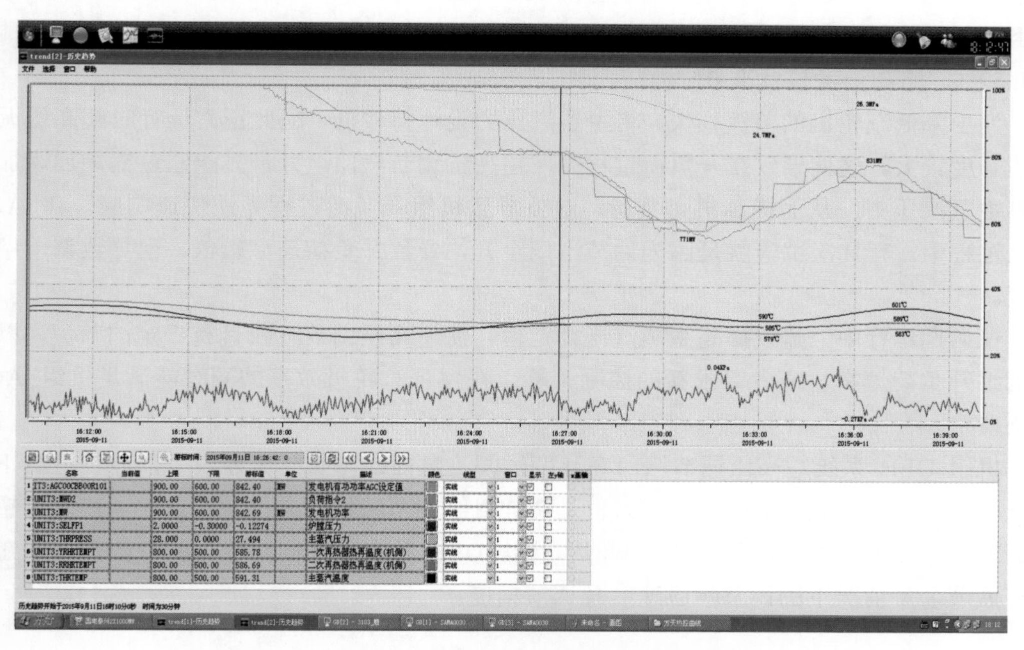

图 7－66　842MW→771MW→831MW AGC 测试曲线

表 7－28　842MW→771MW→831MW AGC 测试数据

项　　目	设定值	实际值		考核值（偏差）
		最大值	最小值	
AGC 速率（%）	2	1.8		1.5
变负荷初始纯延时（s）	N/A	＜30		＜90
负荷动态偏差（%）	N/A	＜3.0		＜5.0
负荷稳态偏差（%）	N/A	＜1.5		＜1.5
主蒸汽压力（偏差，MPa）	滑压	0.2	－0.7	±0.6
主蒸汽温度（℃）	600	601	590	±10
一次再热蒸汽温度（℃）	—	589	585	—
二次再热蒸汽温度（℃）	—	587	579	—
炉膛压力（kPa）	－0.1	0.04	－0.27	±0.2

试验过程中，机组负荷响应迅速，主蒸汽压力、炉膛负压、蒸汽温度等参数稳定。变负荷过程中机组负荷跟踪负荷指令的效果更差一些，同时升负荷结束后机组负荷超调量变得更大，调节过程也变得相对较慢一些。分析原因是前期机组变负荷过程中，机组一直欠压，导致机组实际负荷跟踪负荷指令效果较差，协调系统调节压力修正调节系统增加的燃料、给水导致机组惯性更大引起。

上述试验结束后，机组 AGC 模式切为正常运行方式，参与调节电网频率和联络线交换功率。

通过试验证明，本台机组能在 500～1000MW 之间正常投入 AGC 运行，负荷断点为 740MW。在 AGC 试验中，电厂侧设置的 AGC 速率为 20MW/min，调度端实际测得 3 号机组 AGC 平均速率为（1.8%P_e）/min，优于（1.5%P_e）/min 的考核标准。负荷调节精度为 0.52%，略高于考核标准 0.5%。

为了降低汽轮机的节流损失，将主蒸汽压力设计得较低，因此正常运行时超高压调节汽门开度较大，这就导致在升负荷过程中，超高压调节汽门全开，只能通过锅炉加煤加水提高主蒸汽压力，从而提高机组负荷，这就导致机组升负荷过程无法快速响应。在 AGC 试验过程中，有几次试验就是因为调节汽门全开，导致升负荷速率较低，也导致调节精度较差。

在后期运行中，建议提高主蒸汽压力定值，使超高压调节汽门具有一定的节流，以提高机组升负荷速率。或者寻求新的控制策略，在保证汽轮机效率的同时能满足机组 AGC 考核要求。

机组 DEH 系统超高压调节汽门高开度区间流量曲线与实际偏差较大，而且机组正常运行时汽轮机长期处于此阶段运行，也是造成机组调节特性较差的原因之一。建议对超高压调节汽门的流量曲线进行优化；同时，优化 DEH 功率闭环回路的控制参数，提高在机组有调节余量情况下的调节响应速度及调节精度。

第七节　调试过程中出现的问题及解决方案

因为是世界首台二次再热机组，从设计、施工、调试都没有参考依据，所以从机组的设计开始就不可避免地会存在很多问题。这些问题都要在施工及调试过程中慢慢发现及解决。下面针对整套启动过程中发现的部分问题及解决方法做分析介绍。

一、协调滑压曲线优化

协调系统最初设定的滑压曲线由锅炉厂提供。在实际运行过程中发现，在每个负荷点，阀门都基本在全开位置，系统没有多少节流。导致在协调状态下升负荷时，汽轮机超高压、高压调节汽门过早进入全开位，实际负荷不能快速跟踪负荷设定值，不能满足电网 AGC 速率及精度的要求。采取的措施是保证不超过最高压力设定值的情况下，将滑压曲线整体增加 1MPa。

二、DEH系统暖阀功能优化

现在的DEH逻辑是在原有一次再热的西门子控制逻辑的基础上修改的。原来的调节汽门暖阀是要求主汽门关闭的情况下暖阀的。因为没有与蒸汽实际接触，所以靠金属传热暖阀，耗时长、效率低。调试阶段多方讨论后认为在不满足暖阀准则 X_3 准则的情况下，可以通过间歇式的开关主汽门的方式预暖调节汽门。一致通过修改逻辑来实现提前暖阀。因为西门子DEH系统的汽轮机启动只有顺序控制启机一个方式，而主汽门的打开又与TAB的升降、挂闸自检等逻辑相互关联、相互影响。在原有的汽轮机步序第13步嵌入一个暖阀子程序。通过提前挂闸、间歇循环开关主汽门暖阀、直至暖阀结束，触发打闸、结束暖阀程序、回到原有启机程控步序的方法。此方法避免了TAB升降和挂闸自检的影响。减少了逻辑修改的难度和工作量。

三、超高压排汽止回门控制方式和逻辑优化

原有的超高压排汽止回门的开关主要靠超高压排汽止回门电磁阀控制阀门气缸进气、压缩蓄能弹簧打开阀门；气缸排气蓄能弹簧装置释放能量关闭阀门。在实际应用过程中发现，止回阀阀体气缸进气后，弹簧的能量不足以快速关闭止回门，造成超高压旁路出口的蒸汽逆流入超高压缸内。后加了一个控制电磁阀，在开门气缸放气时控制关门气缸进气。辅助蓄能弹簧力关止回门解决，使得超高压排汽止回阀能够顺利关闭；超高压排汽止回阀控制逻辑也做了相应修改。

四、冲转阶段超高压缸排气温度高

在汽轮机首次冲转过程中，当时主蒸汽压力设定为12MPa，冲转过程在870r/min暖机阶段，超高压缸排汽温度逐渐上升到478℃，高压缸排汽温度为410℃左右；超高压缸排气温度过高，而且两者相差较大，如果超高压缸排汽温度再继续升高将引起跳机。因此，通过修改冲转阶段的流量曲线，重新分配超高压缸、高压缸之间的做功分配，使两个缸体的排汽温度基本相等。

五、旁路系统热态冲洗阶段控制功能介绍

常规百万一次再热机组通常旁路没有设计热态冲洗功能。此次为了完善旁路的全程自动功能，在旁路的逻辑中加入了热态冲洗功能，利于整个机组APS启机。具体为在冷态模式启动时设计了一个热态冲洗的功能，主要作用是维持汽水分离器进口温度在180℃左右。因为根据计算和经验的结果显示，水温在180℃左右时热态清洗效果最好。计算180℃饱和蒸汽对应的压力以及分离器出口压力与过热器出口压力之间的压降。经过理论计算和实际验证得出，在汽水分离器出口温度为180℃时，过热器出口压力为0.9MPa。同时，为了防止运行人员没有及时操作投入热态冲洗，旁路逻辑中加了两个自动进入热态冲洗的条件：当分离器进口温度大于180℃或者主蒸汽压力大于0.9MPa时，自动进入热态冲洗或

者运行人员手动操作画面进入热态冲洗状态。热态冲洗模式下高压旁路压力设定值保持进入热态冲洗前的过热器出口压力为设定压力。当冲洗完成后，运行人员手动操作退出热态冲洗，高压旁路自动进入升温、升压模式。

六、转速卡设定缺陷

调试过程中发现德国布朗（BRAUN）速度卡参数设定有重大缺陷。当时先通过 FLUKE744 过程校准器发射脉冲信号测量转速卡及 DEH 转速通道的好坏。先给一个通道加一个 500r/min 的模拟转速，引起了这个通道的速度卡转速通道坏跳闸动作（转速偏差大引起）；然后恢复转速通道信号，转速卡跳闸信号仍在，并且不能恢复。常规的手段也不能恢复跳闸信号。这会导致在机组运行期间如果因干扰或者接线不牢而引起单个通道的转速偏差大跳闸，实际转速信号恢复后转速卡跳闸信号不能及时恢复。在这段时间内如果另外两个转速因为干扰等原因有瞬间跳变，将导致机组非停。经过与 BRAUN 厂家联系，确认是因为卡件参数设定错误，内部跳机信号被卡件锁存，导致常规手段无法恢复。后经修改解决跳闸信号恢复问题。同时，在 DEH 画面上做报警信号，提示热控人员及早处理通道问题。

七、协调滑压速率的优化

协调系统原有设计的滑压速率沿用以前常规 1000MW 机组设计的滑压速率，设计为固定的 0.5MPa/min，在实际变负荷中发现，当机组大范围升负荷时，如果机组实际负荷速率能够跟踪协调负荷指令，则机组实际压力严重超出压力设定值，造成锅炉主控不正常调节；严重时引起机组高压旁路动作。如果机组实际压力能够跟踪机组压力设定值，即使汽轮机各个调节汽门全开，机组实际负荷不能快速跟踪机组负荷指令，实际调节特性不能达到机组变负荷要求。解决方案是将机组的滑压速率设定值改为 1MPa/min，使得滑压速率大于机组变负荷速率，当机组变负荷结束后，压力设定值也随之结束。保证机组的滑压速率与变负荷速率同步后解决。

第八节　现阶段难题与发展展望

相对一次再热机组，机组采用二次再热技术后，热力系统变得较为复杂。控制系统所需要的仪表和测点都有所增加，对控制设备的配置方案、设备的选型提出了更高要求，对控制系统的配置和控制方案带来了较大的变动。为适应由于系统设备增加，对控制系统的要求更加严格，控制设计需采取有效措施，从仪表设备配置、选型、控制系统等方面，整体提高仪控系统的安全可靠性，以便消除二次再热因热控设备、逻辑的误动/拒动而带来机组可靠性降低的问题。

因为采用二次再热系统增加了热力系统和控制对象，所以较常规 1000MW 机组热控主要增加了下列控制回路和顺序控制子组。

（1）二次再热温度调节控制回路。

（2）二次再热管道疏水阀顺序控制子组。

（3）增加的抽汽管道疏水阀顺序控制子组。

（4）增加的高压加热器和低压加热器相对应的液位调节控制回路和危急疏水子组控制。

（5）增加的抽汽止回阀、电动门的顺序控制子组。

（6）汽轮机旁路系统高、中、低压三级串联旁路控制回路。

可以看出除“二次再热温度调节控制回路”和“汽轮机旁路系统高、中、低压三级串联旁路控制回路”外，其他4项的控制策略较常规1000MW级机组没有大的区别。因此，二次再热系统控制设计的重点是一、二级再热和高、中、低压三级旁路系统。

二次再热机组流程的加长导致二次再热蒸汽温度惯性和耦合度更大，这都使得蒸汽温度控制难度增大。当机组参与调峰运行时，电厂锅炉就需要在低负荷或者在变负荷下运行，当前突出问题是低负荷段运行时再热蒸汽温度欠温，达不到设计的额定温度，这就导致机组不能发挥出最优的潜能。另外，在高负荷或变负荷时，如果调控品质不好，再热蒸汽温度超温，安全性也得不到保障，甚至影响机组设备寿命。

根据目前全球技术发展状况，进一步提高机组参数到700℃等级是具有可行性的。欧美有“AD700”计划，美国有“760℃-USC”计划，日本有“A-USC”计划，我国也有700℃联盟持续推进技术开发。有资料表明，700℃下燃煤机组单位千瓦造价将超过燃气轮机机组，市场竞争力，节能效果值得商榷。事实上，即便将参数退到650℃，依然会存在同700℃等级一样的造价问题。因为采用650℃等级参数，汽轮机铸锻钢可采用铁镍合金，所以机组造价必然有所下降，但其也将面临材料研制、成本控制问题，高参数对汽轮机通流效率、高温部件寿命影响等问题。

针对这些问题，从热控专业的角度出发，目前已经提出相关控制思想，形成了如锅炉均衡燃烧智能优化技术、预估+规则控制技术、烟气再循环技术等联合优化控制策略。为进一步提高二次再热机组的运行效率和可靠性打下了坚实的基础，这也成为二次再热控制今后发展的一个重要方向。

第八章

二次再热机组振动监测、试验及故障诊断

第一节 轴 系 结 构 特 点

上海电气超超临界二次再热机组由一个超高压缸、一个一次再热高压缸、一个二次再热中压缸和两个低压缸串联布置组成。汽轮机 5 根转子分别由 6 个落地轴承来支撑，除超高压转子由两个轴承支撑外，其余 4 根转子，即一次再热高压转子、二次再热中压转子和两根低压转子均只由 1 个轴承支撑。这种支撑方式不仅使结构比较紧凑（整个汽轮机轴系总长仅 35m 左右），主要还在于减少基础变形对于轴承荷载和轴系对中的影响，使得汽轮机转子更能安全、可靠运行。这 6 个轴承分别位于 6 个轴承座内。发电机为 3 支撑结构，发电机转子由两个端盖轴承轴支撑，励磁机转子由 1 个落地轴承支撑，励磁方式为无刷励磁。机组轴系支撑简图如图 8-1 所示。

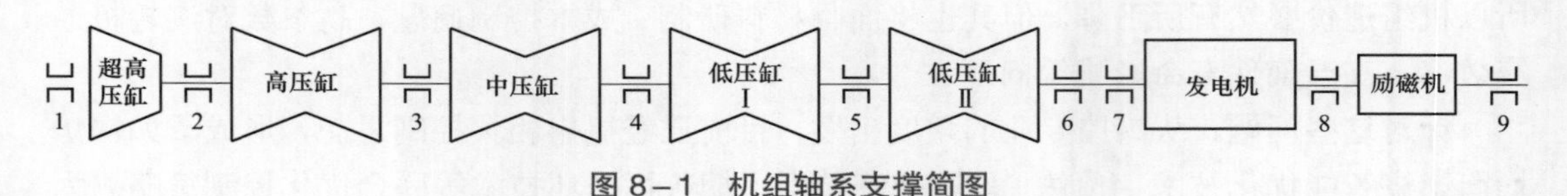

图 8-1 机组轴系支撑简图

一、轴承结构参数

（一）概述及功能

汽轮机的轴承有径向轴承和推力轴承两类。径向轴承是承受转子的质量及由于转子质量不平衡、不对称的部分进汽度、汽动和机械原因引起的振动和冲击等因素所产生的附加载荷，并保证转子相对于静子部分的径向对中。推力轴承的作用是承受转子的轴向载荷，确定转子的轴向位置，使机组动静部分之间保持正常的轴向间隙。

机组设有顶轴油系统，将高压顶轴油通过各径向轴承下部的顶轴油孔送入轴的底部达到抬升转子，避免启动或低速运转时转子与轴承直接接触并减少启动转矩目的。在各轴承的顶轴油支路上设置了流量分配装置来确保各轴顶起高度符合要求（大于 70μm）。上海电气超超临界二次再热机组轴承参数如表 8-1 所示。

表 8–1　　上海电气超超临界二次再热机组轴承参数

序号	设备名称	型号规格（直径 × 宽度）	比压（MPa）	润滑油设计流量（dm^3/s）	节流孔通径（mm）	转子顶起前压力（MPa）	转子顶起后压力（MPa）
1	1 号瓦	250 × 180	2.3	0.76	19.05	6.5	6.5
2	2 号瓦	380 × 300	2.53	12.07	76.2	8.4	7.1
3	3 号瓦	475 × 475	3.2	5.39	50.8	11.7	9.7
4	4 号瓦	560 × 560	3.2	9.80	76.2	13.1	10.8
5	5 号瓦	560 × 425	2.43	12.80	63.5	7.9	6.3
6	6 号瓦	500 × 400	2.56	9.80	50.8	9.5	7.7
7	7 号瓦	500 × 400	2.56	8.33	50.8	10.8	8.7
8	8 号瓦	260 × 170	2.09	8.33	19.05	9.6	4.6
9	9 号瓦	—	—	1.33	—	—	—

由于机组采用了单轴承支撑结构，在安装及解体过程中必须借助于辅助轴承，如图 8–2 所示。机组在汽轮机的各轴承座以及发电机的轴承座内均设置了辅助轴承。辅助轴承用于在机组安装和转子对中时用来抬轴；在现场安装和拆卸已连接转子的轴承时用作工具。辅助轴承在机组正常运行时脱离转子。在轴承座内用螺栓固定，以便当进行轴承检查时能够方便地用于抬升转子。

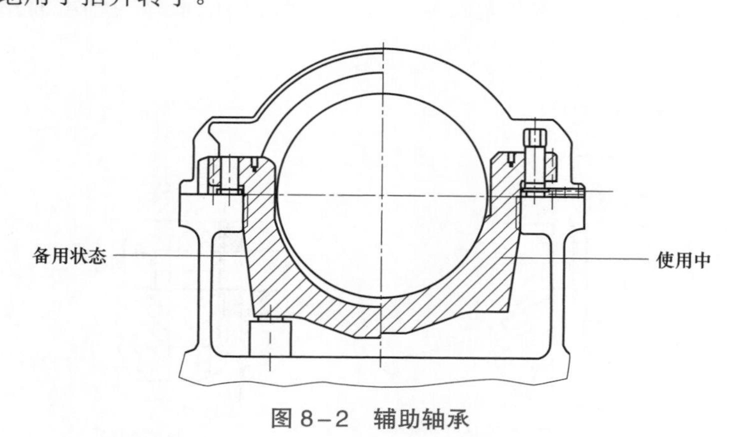

图 8–2　辅助轴承

（二）1 号轴承

1 号轴承结构如图 8–3 所示，轴承由上半和下半壳体（1、4）、支撑垫块（5）、轴承壳体（10）和定位键组成。

轴承壳体内侧浇铸巴氏合金。上、下壳体通过圆锥销和螺栓连接在一起。轴承体设有 4 只轴承金属测温元件采用热电偶（A、B）。轴承的球面支撑垫块支撑在圆柱形垫块上，允许在圆柱形垫块上作一定的滚动，以便与转子弯曲曲线相配合，圆柱形垫块本身用螺栓固定在轴承座内。键（7）限制了轴承壳体横向移动。键（6）限制轴承体向上运动。调整垫片 8、9 用于调整轴承的中心。

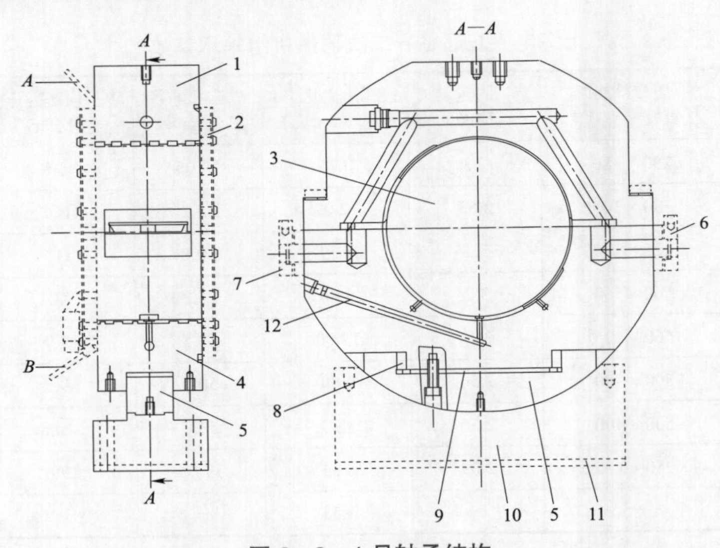

图 8–3　1号轴承结构

1—轴承壳体上半；2—油封；3—转子；4—轴承壳体下半；5—支撑垫块；6、7—键；8、9—调整垫片；10—圆柱垫块；11—轴承座；12—顶轴油孔

轴承的供油通过轴承一边的润滑油口直接给轴承供油，另一边通过在轴承上半部分的圆周油管来供油。转子旋转时将油从油瓢中挤出。油离开轴承壳体后，通过油封（2）回到轴承座中。由于轴承与轴承座并无固定连接，轴承座中的油路与轴承油路的连接采用如图 8–4 所示的方式。

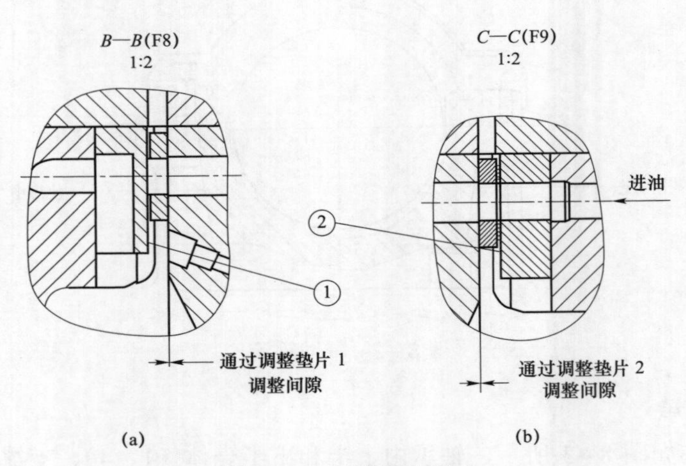

图 8–4　轴承供油接口

（a）进油结构；（b）封堵并外接至排油烟接口

（三）径向–推力联合轴承（2号轴承）

径向–推力联合轴承的功能是支撑转子和承受由轴系产生的而平衡活塞不能平衡的残余轴向推力。推力轴承所能承受轴向推力的大小和方向取决于汽轮机的负荷情况。整个汽轮机转子轴系须考虑热膨胀和轴承维护运行所需的轴向公差。

径向–推力联合轴承的纵向和横向截面如图 8–5 所示，轴承由上、下半轴承壳体（2、

9)、整体式油封、衬套（5)、推力瓦块（4)、球面垫块（11)、球面座（13）和键组成。上、下半轴承壳体通过锥销和螺栓固定在一起。衬套表面覆盖巴氏合金。

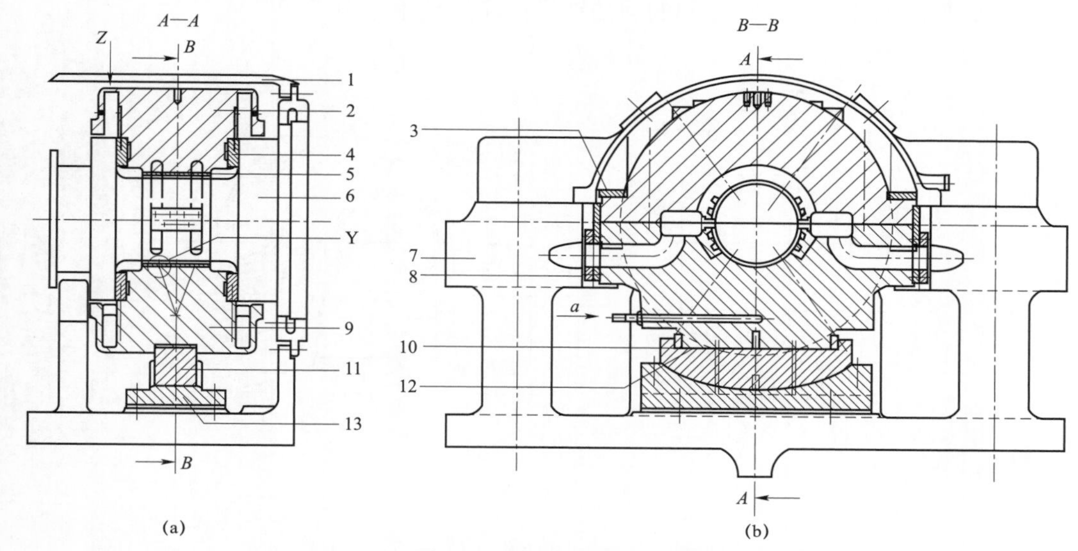

图 8-5　径向-推力联合轴承的纵向和横向截面

（a）纵向截面；（b）横向截面

1—轴承座上半；2—轴承壳体上半；3、8—键；4—推力瓦块；5—轴承衬套；6—转子；7—轴承座下半；9—轴承壳体下半；10、12—调整垫片；11—球面垫块；13—球面座；a—顶轴油孔

推力轴承的工作面及非工作面各有 18 块推力瓦，这些瓦块被均匀地放置在轴承体的环形槽中，相互间隔 20°角。圆柱销偏心地穿越瓦块，正常运行中瓦块绕圆柱销旋转并通过瓦块嵌在背面的键压在对应的弹性元件上。圆柱销本身插在环形的轴承体上，采用中心冲加固在轴承壳体上。弹性元件各用 2 个销钉在周向限位。这些元件的径向位置限位均依靠本身的安装槽。瓦块与推力盘接触的面镶有巴氏合金，为防止检修中换错位置，各瓦上做有位置记号。

轴承体的球面支承块和球面座设计成可调整的，在检修时，通过调整各垫片厚度以满足转子要求。键（8）限制轴承壳体的横向运动。键（3）限制轴承体的向上运动。轴承体的轴向力通过轴承体和键传递到基础上。

轴承通过一边的润滑油口直接给轴承供油，或在轴承上半部分通过圆周油管来供油。通过在轴承衬套上钻孔，使部分油进入径向轴承的油瓤。大部分润滑油通过轴承体的凹槽直接供到环形槽，并与径向轴承的回油混合供给推力轴承工作面。一部分油通过轴承两端的油封润滑转子并最后回到轴承座的下部。轴承与轴承座的润滑油油路接口方式与 1 号轴承相同。

（四）径向轴承（3 号、4 号、5 号、6 号轴承）

轴承的工作面浇铸巴氏合金，滑动面是机械加工面。轴承上、下壳体用圆锥销和螺栓连接。

径向轴承结构如图 8-6 所示，轴承垫块为球面垫块（3)，轴承座垫块（4）和调整垫片（8、9）通过螺栓紧固在轴承壳体下半（2)。垫片厚度可在检修中进行调整达到轴承位置与转子匹配的目的。轴承体的定位方式同1号轴承。

润滑油通过轴承壳体内部水平结合点铣出的油道在径向供给转子。在巴氏合金的油室与转子之间形成油膜，并通过专门的回油通道回流到轴承座中（5）。

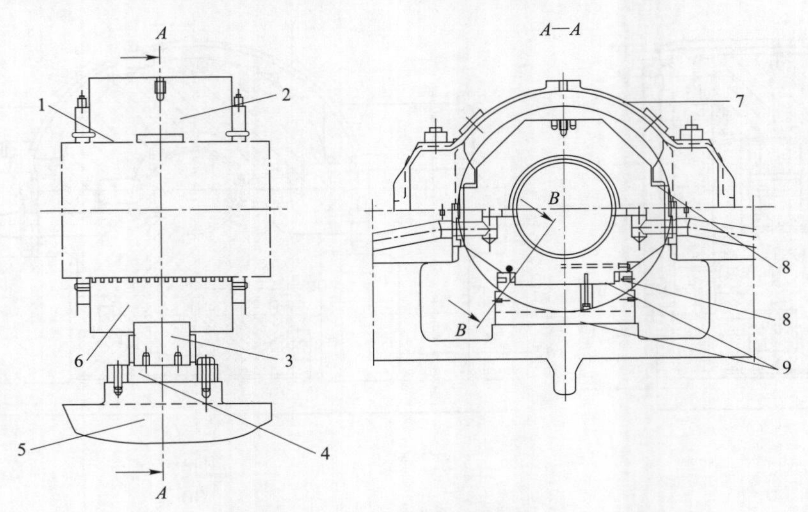

图8-6 径向轴承结构图

1—巴氏合金；2—轴承壳体上半；3—球面垫块；4—轴承座垫块；5—轴承座下半；6—轴承壳体下半；7—轴承座上半；8、9—调整垫片

（五）轴承座

轴承箱（座）均由铸铁的上半轴承盖和轴承座下半组成，并在水平中分面上用螺栓连接。轴承座底部铸有纵向及横向的突肩，可与基础中预留的凹槽相配合以承受水平面上的各类推力。轴承座通过地脚螺栓与基础相连（见图8-7）。轴承座对中完成后，轴承座下方与基础之间的空隙用专用的无收缩水泥进行灌浆填补，泡沫聚苯乙烯环用于在灌浆过程中阻止水泥与地脚螺栓接触。因此，轴承座都直接固定在基础上，不能移动。

图8-7 轴承座简图

轴承座的作用除了容纳轴承、辅助轴承外，结合各缸的支撑和导向需要，在相应的轴承座上设置了相应的配合面。另外，低压缸轴封件也直接安装在对应的轴承座上。低压内缸的推拉杆穿过相应的4～6号轴承座。

轴承座在转子进、出的位置设有单独的油封，密封齿离转子有0.2mm间隙，底部设有泄油槽，疏油流回轴承座。在轴承座设有润滑油进油、排油接口，排油烟接口，顶轴油管路，仪控测点接线接口。

1～6号轴承座如图8-8～图8-13所示。

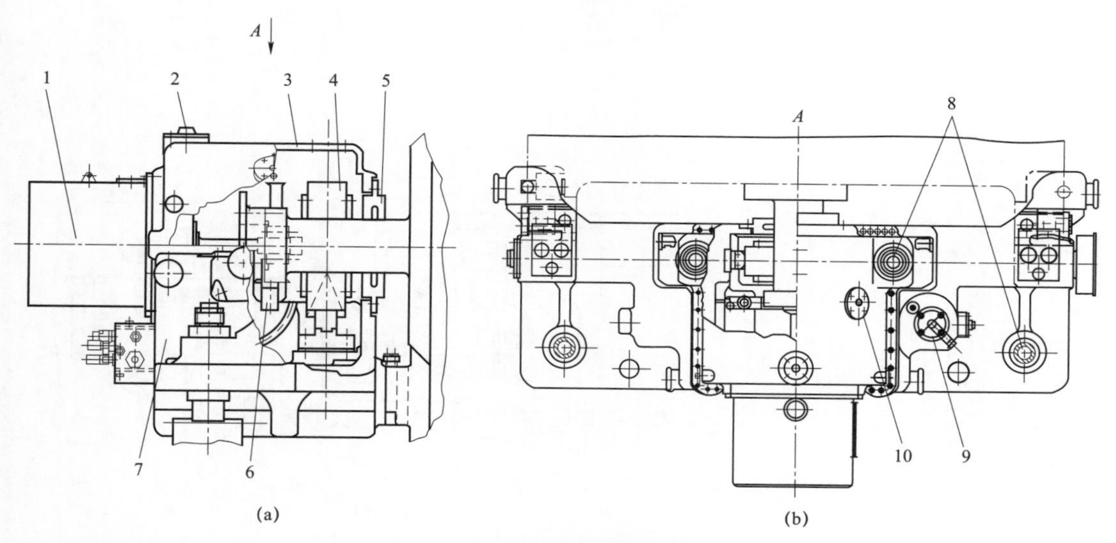

图 8-8　1 号轴承座

（a）纵剖图；（b）轴承俯视图

1—带液压马达的回转装置；2—排油烟装置；3—轴承座上半；4—径向轴承；5—轴承油封；6—抬轴装置；7—轴承座下半；8—地脚螺栓；9—润滑油通道；10—测轴振接口

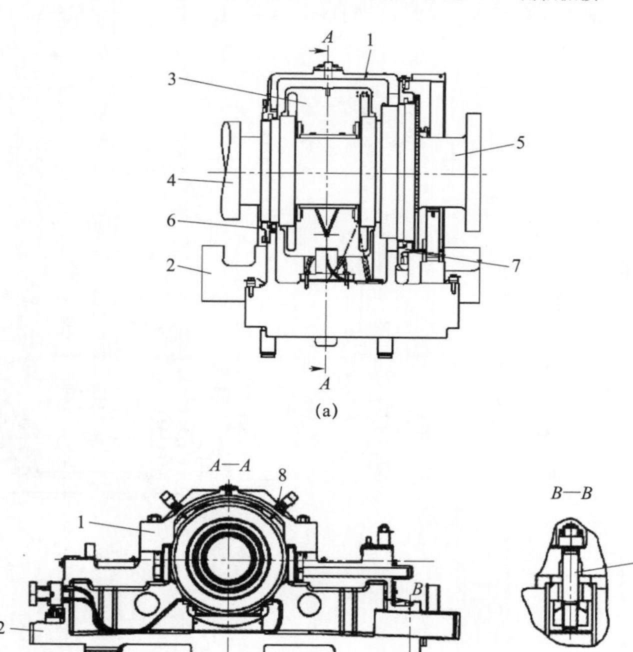

图 8-9　2 号轴承座

（a）纵剖面图；（b）径向推力联合轴承截面图

1—轴承座上半；2—轴承座下半；3—径向推力联合轴承；4、5—转子；6、7—油封；8—测轴振装置；9—地脚螺栓

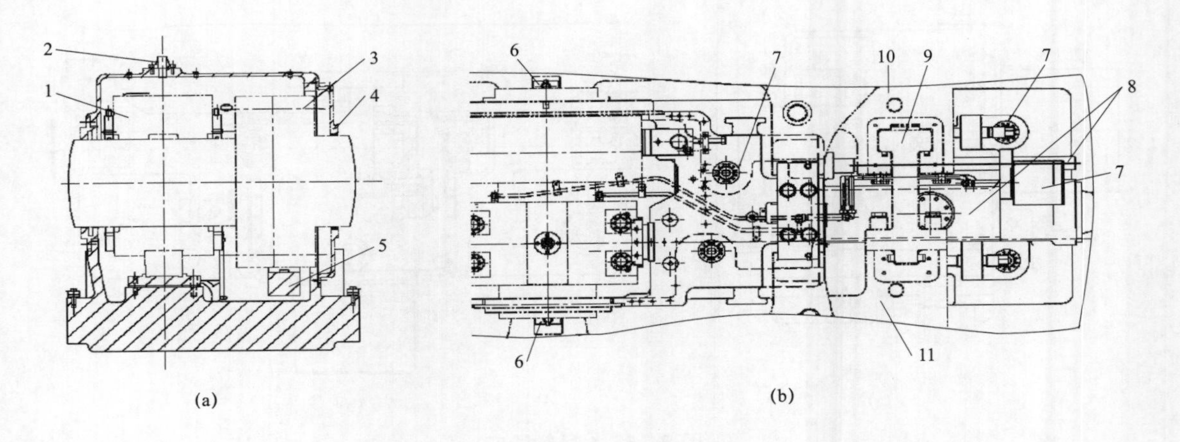

图 8-10 3号轴承座

(a) 轴承座纵剖面图；(b) 轴承座截面图

1—径向轴承；2—排油烟装置；3—联轴器螺栓；4—轴承油封；5—抬轴弓形架；6—中心导销；7—地脚螺栓；8—润滑油通道；9—高中压缸推拉杆；10—中压外缸；11—高压外缸

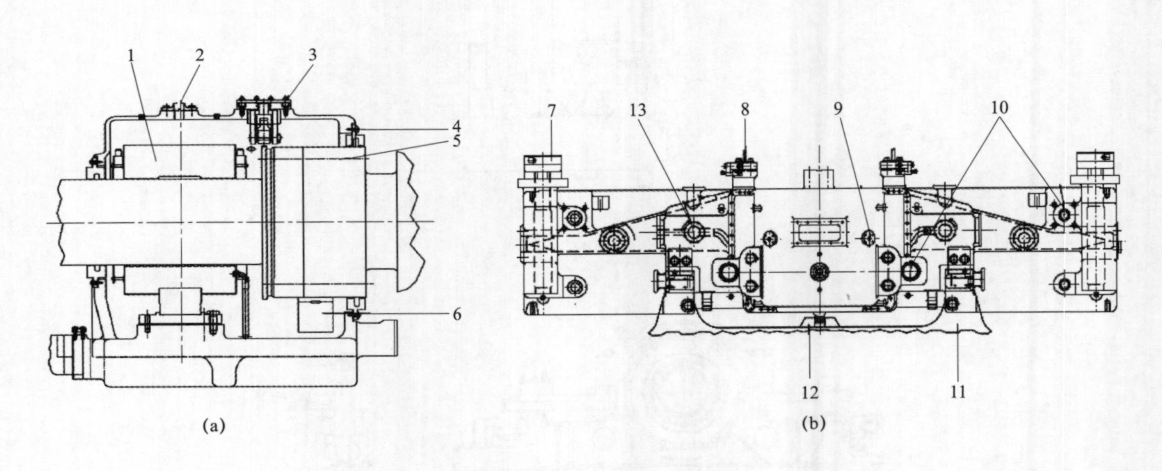

图 8-11 4号轴承座

(a) 轴承座纵剖图；(b) 轴承座俯视图

1—中压缸径向轴承；2—排油烟装置；3—手动盘车；4—轴承油封；5—联轴器螺栓；6—抬轴弓形架；7—低压内缸猫爪；8—低压轴封连接支架；9—测点；10—地脚螺栓；11—中压缸猫爪；12—中心导销；13—润滑油通道

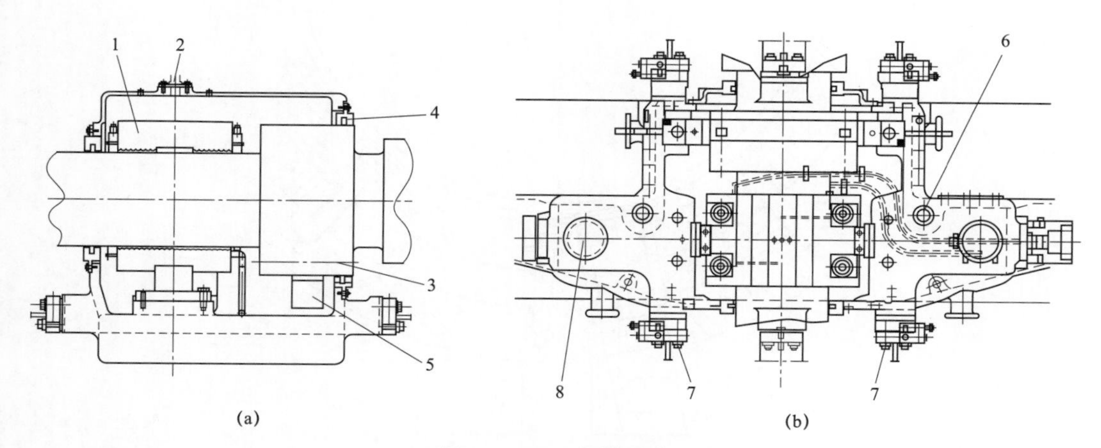

图 8－12　5 号轴承座

（a）轴承座纵剖图；（b）轴承座俯视图（去除轴承盖）

1—1 号低压缸径向轴承；2—排油烟装置；3—联轴器螺栓；4—轴承油封；5—抬轴弓形架；6—地脚螺栓；7—低压轴封连接支架；8—润滑油通道

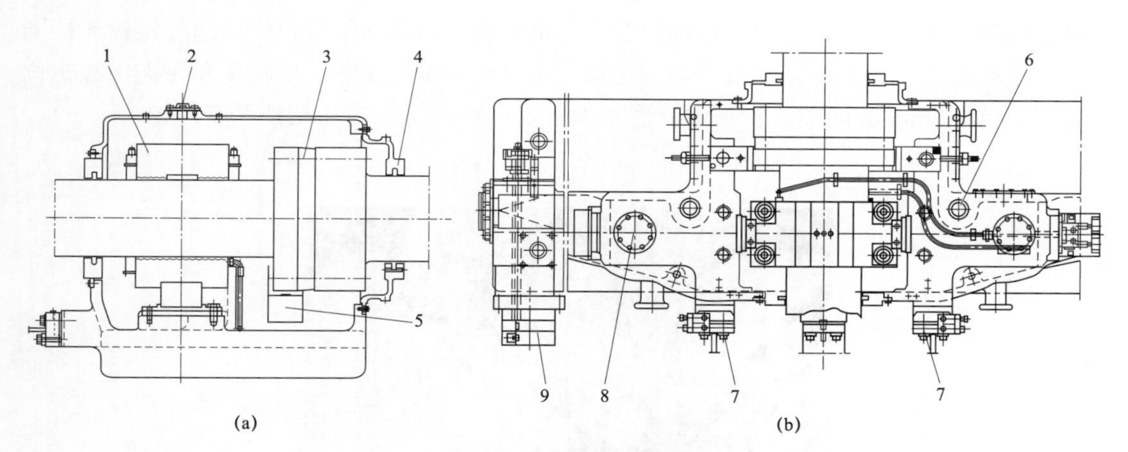

图 8－13　6 号轴承座

（a）轴承座纵剖图；（b）轴承座俯视图（去除轴承盖）

1—2 号低压缸径向轴承；2—排油烟装置；3—联轴器螺栓；4—轴承油封；5—抬轴弓形架；6—地脚螺栓；7—低压轴封连接支座；8—润滑油通道；9—低压内缸猫爪

（六）发电机轴承（7 号、8 号轴承）及轴承座

发电机轴承座为端盖式轴承座，即轴承座位于端盖，不落地。轴承座本身由带内球面的瓦枕与轴承座垫环组成。轴承座对地绝缘见图 8－14。轴承座与端盖是绝缘的，可以防止轴电流通过，该绝缘还是发电机轴承的对地绝缘。轴承座纵向中心基本与端盖法兰平面平齐。

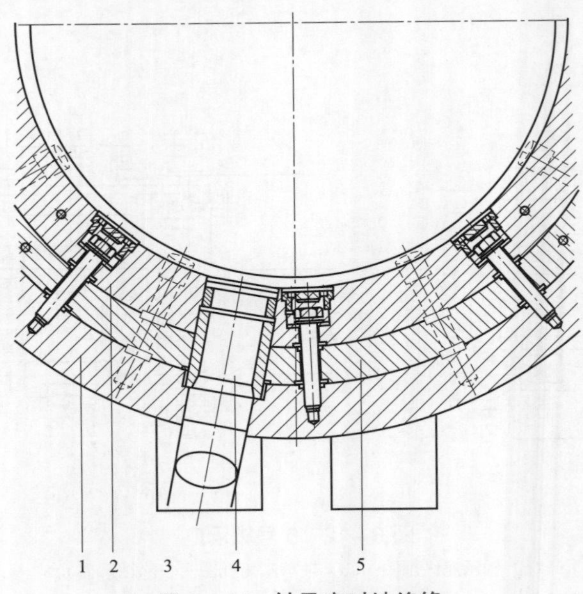

图8-14　轴承座对地绝缘

1—端盖；2—瓦枕；3—下半轴承座垫环；4—轴承油进口；5—绝缘垫片

发电机轴承为椭圆形轴颈轴承，见图8-15和图8-16。下半轴瓦安装在轴承座上，其接触面为外球面，与轴承座的内球面配合，可自调心。径向绝缘定位块通过螺栓连接固定在上半端盖上，用于轴瓦垂直方向的定位。定位块厚度可调整，使轴瓦和径向绝缘定位块之间维持0.2mm的间隙。轴瓦中分面处设有定位块，防止轴瓦在轴瓦座内转动。

图8-15　发电机轴承示意图

1—安装挡油板的法兰面；2—上半轴瓦；3—定位块；4—下半轴瓦；5—轴承绝缘层；6—下半端盖

轴瓦铸件的内表面有燕尾槽，使巴氏合金与轴瓦本体牢固地结合成一体。下半轴瓦上有一道沟槽，轴承供油可流到轴瓦表面。上半轴瓦上有一周向槽，使润滑油流遍轴颈，进入润滑间隙内。油从润滑间隙中横向泄出，经轴承油挡，在轴承座内汇集，通过管道返回到汽轮机油箱。

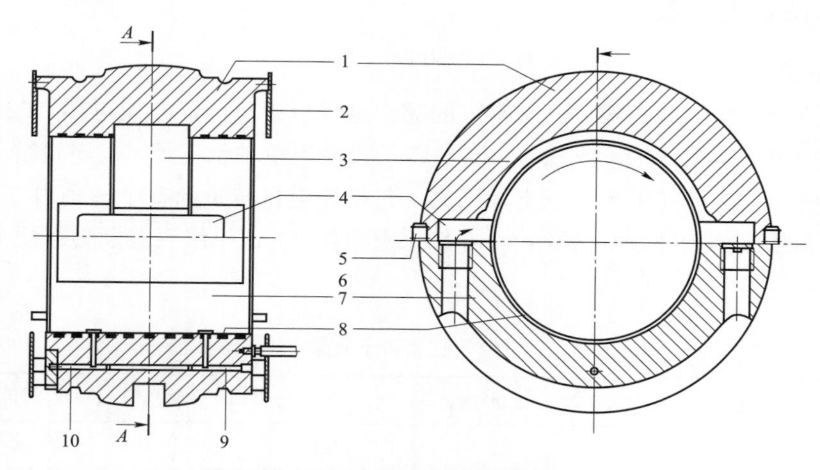

图 8-16　发电机轴承结构图

1—上半轴瓦；2—挡油板；3—周向槽；4—进油槽；5—垫块；6—轴承进油口；7—下半轴瓦；8—巴氏合金；9、10—顶轴油系统

轴承润滑和冷却用油由汽轮机油系统提供，依次通过固定在下半端盖上的油管、轴承座、下半轴承实现供油。轴承同时配备油高压顶轴油管路，高压油顶起转轴，在轴瓦表面和转子轴颈之间形成润滑油膜，减小汽轮发电机组启动阶段轴承的摩擦。

轴瓦的温度通过位于最大油膜压力处的热电偶来监测。热电偶用螺钉从外侧固定在下半轴瓦两侧，其探头伸至巴氏合金层（见图 8-17）。

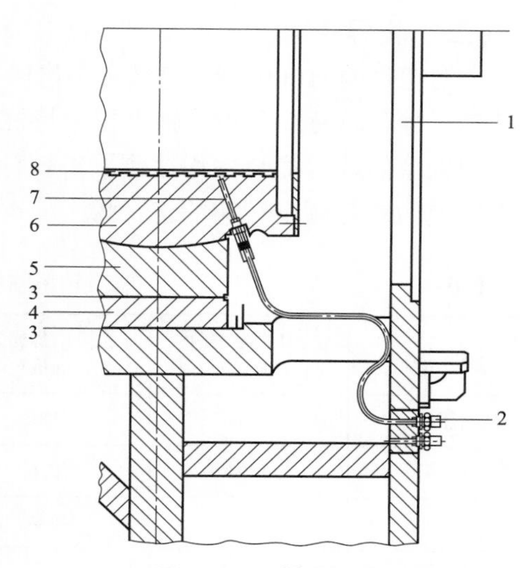

图 8-17　轴承测温

1—端盖；2—热电偶引线；3—绝缘垫片；4—下半轴承座；5—瓦枕；6—轴瓦；7—热电偶；8—巴氏合金

端盖外侧（机外）设有迷宫环外油挡，发电机内侧利用轴密封（密封瓦）及其内侧的迷宫环密封氢气。密封油通过端盖内的密封油管供油。流向空侧的密封油与轴承油一起排放。流向氢侧的密封油首先汇集在轴承室下方的消泡箱中除去泡沫，然后流入密封油供给系统。

（七）励端机端轴承（9 号轴承）及轴承座

励磁机只在远离发电机端设有轴承。轴承座是落地式轴承座。轴承座与励磁机端盖设有两层绝缘，第一层绝缘隔板在轴承座和电位测量板之间进行电气绝缘，而第二层绝缘隔板用于电位测量板和机座端壁之间的绝缘。所有油管路均通过法兰与轴承座连接并与轴承座绝缘。

二、轴系结构参数

（一）质量

轴系是整个机组的核心部分。与常规的超超临界机组相同，二次再热 1000MW 等级汽轮机除高压转子采用双轴承支撑外，其他转子仍采用单轴承支撑。发电机转子为双支点支撑，发电机和励磁机转子形成三支撑结构，包括发电机转子的整个轴系由 7 根转子（5 缸）、9 个轴承组成，机组轴系全长约 54m，轴系总重约 330t。机组气缸及转子质量如表 8－2 所示。

表 8－2　　机组气缸及转子质量

气缸	整缸质量（t）	转子质量（t）	气缸	整缸质量（t）	转子质量（t）
超高压缸	118	14.2	低压缸 1	410	104.9
高压缸	165	24	低压缸 2	410	104.9
中压缸	250	47.3	发电机	670	88

（二）临界转速

上海电气对 1000MW 二次再热汽轮发电机的轴系稳定性进行了计算分析，具体内容包括轴系静、动特性分析，轴系扭振特性分析，轴系结构选择及性能评判等内容，计算结果表明轴系的各方面特性均达到了考核标准要求。轴系临界转速计算结果见表 8－3，各阶临界转速均避开额定转速的±10%。

表 8－3　　轴系临界转速计算结果

转子	一阶临界转速（r/min）	二阶临界转速（r/min）	转子	一阶临界转速（r/min）	二阶临界转速（r/min）
超高压转子	2088	6126	低压转子 2	1392	3948
高压转子	1494	5076	发电机转子	750	2160
中压转子	1497	4884	励磁机转子	1272	3936
低压转子 1	1254	3966			

轴系扭振频率计算结果见表 8－4，各阶扭振频率均避开 45～55Hz 和 95～105Hz 范围。

表 8－4　　轴系扭振频率计算结果

阶数	1	2	3	4	5	6	7	8
频率（Hz）	14.28	21.37	27.73	43.52	66.71	84.15	135.9	145.5

轴系对数衰减率计算结果见表 8－5，各转子的对数衰减率均大于 0.1；轴系转动惯量见表 8－6。

表 8-5　轴系对数衰减率计算结果

转子	超高压转子	高压转子	中压转子	低压转子 1	低压转子 2	发电机转子
对数衰减率	0.55	0.45	0.47	0.41	0.41	0.12/0.18

表 8-6　轴系转动惯量

转子	超高压转子	高压转子	中压转子	低压转子 1	低压转子 2	发电机转子
转动惯量（kg·m²）	1095	2271	8430	40 886	40 769	16 180

第二节　振动故障机理及特征

上海电气超超临界 1000MW 二次再热汽轮发电机组设计额定主蒸汽压力为 31MPa、主蒸汽/一次再热/二次再热蒸汽温度 600/610/610℃，五缸四排汽，单轴承支撑。对比超超临界一次再热 1000MW 四缸四排汽轮机组，二次再热容量超过 660MW 后，需增加一个一次再热 1000MW 的中压模块，即总体要增加一个汽缸，轴系和总体设计做了相适应更改。在调试和实际运行过程中此类型机组可能会发生的振动故障主要包括：一类是不稳定的次同步振动，如汽流激振、油膜失稳；另一类是不稳定的同步振动，如动静碰磨、热不平衡等。

一、汽流激振

汽流激振是由于汽轮机通流部分蒸汽与转子的相互作用，使转子受到一个稳定的切向作用力，当转子受到的切向力超过了转子轴承系统提供的阻尼时，任何扰动都会导致转子以其一阶固有频率涡动，出现自激振动。

汽流激振的振动特征是低于工作转速的次同步振动。其表现形式常为阵发性、变幅值振动。振动与机组的负荷有密切关系，机组运行时存在着一个与负荷有关的“阈值”，当机组负荷接近该“阈值负荷”时，很小的负荷波动就可能导致机组的强烈振动，改善流体的汽动条件，往往可维持或减小振动。

在汽轮机中，主要存在 E.Pollman 所总结的 3 种影响转子稳定性的蒸汽激振力。

（一）叶顶间隙激振

由于转子偏心，通流部分叶顶动静间隙周向不均，间隙变小的一侧热效率增加，对称侧的热效率则减小，蒸汽在小间隙处比大间隙处对动叶片产生更大的推力。这样，各动叶片轮周力的合力除合成转矩外，还有一个垂直作用于转子位移方向的力，推动转子涡动。这一切向力随叶轮偏心距的增大而增大，是转子的一种自激激振力，一般称这种力为“Thomas 或 Alford 力”。

20 世纪 50 年代末，Thomas 研究汽轮机与负荷相关的异常振动现象时，首先提出了叶顶间隙激振基本理论并给出激振力计算公式；1965 年，Alford 针对航空发动机振动稳定性从理论上进一步揭示了叶顶间隙激振机理。他们的研究表明，如图 8-18 所示，偏心转子叶顶间隙周向不均匀使得小间隙处汽流对动叶产生较大推力，大间隙处产生小推力，叶轮周向合力生成一个与轴心位移垂直，促使转子做非同步涡动的切向激振力。

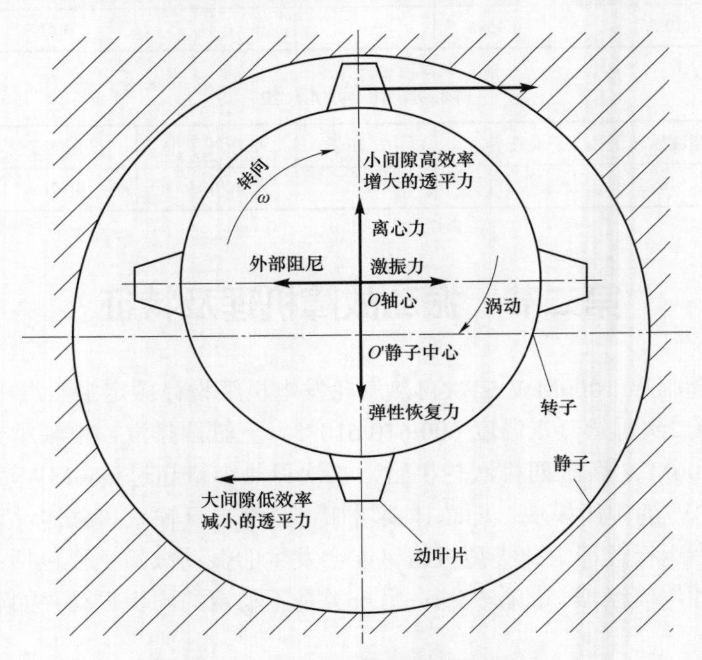

图 8-18 叶顶间隙激振示意图

Thomas/Alford 模型给出了叶顶间隙激振力的表达式，即

$$K_{R\theta}=\frac{F_{\theta}}{e}=\frac{T\beta}{DL} \tag{8-1}$$

式中 $K_{R\theta}$ ——交叉刚度系数（单位径向偏移诱发的切向激振力）；

F_{θ} ——由于转子径向偏心诱发的切向激振力；

e ——转子轴心的径向偏移量，即转子静偏心；

T ——叶轮扭矩；

β ——效率系数；

D ——叶片节圆直径；

L ——叶片长度。

效率系数 β 表示单位叶顶间隙变化对做功效率的影响，实际计算中 β 是一个经验系数，汽轮机设计人员通常取 1～2。当 β 为正时，作用在转子上的净切向力同转子旋向相同，转子做正向涡动；当 β 为负时，转子做反向涡动。实验研究表明，汽轮机趋向于做正向涡动。需要注意的是，现场运行的转子都是在做同步或异步的正向或反向涡动，式(8-1)无法计入转子涡动效应的影响；而且，β 是人为确定的经验系数，具有不确定性。

对于实际的汽轮机转子而言，转子处于涡动状态，而且易于发生汽流激振的高压转子各级叶片都带有围带，转子的涡动导致围带顶部压力分布不均，这对于叶顶间隙激振力是相对重要的两个因素。因此，叶顶间隙激振力包括叶顶间隙不均时动叶通道内产生的蒸汽激振力（即 Alford 力）和叶顶围带汽封中蒸汽激振力。带有围带的叶片叶顶间隙激振力示意图如图 8-19 所示。

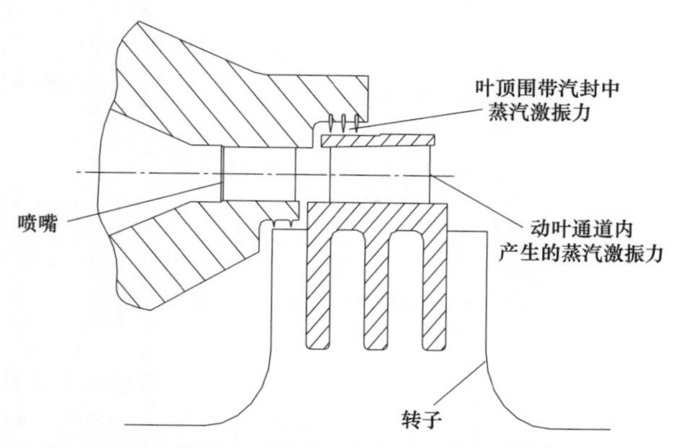

图 8-19　带有围带的叶片叶顶间隙激振力示意图

（二）密封中的蒸汽激振力

汽轮机通流部分包括围带汽封、隔板汽封和轴端汽封。密封中的泄漏蒸汽和涡动转子相互作用导致了转子表面圆周方向蒸汽压力分布不均，汽动力的合力会产生作用于转子表面的切向力。当激振力达到或超过一定值时，就会使转子产生强烈的振动。

旋转机械转子系统中的非接触密封，例如迷宫密封，被广泛用于减少汽轮机蒸汽泄漏，提高热效率，但同时也会产生重要的流体激振力，影响转子的振动稳定性。随着机组设计向高参数、大容量、小间隙方向发展，在这种恶劣的汽动条件下，密封中的蒸汽激振力导致轴系失稳的事故增多。与动压滑动轴承的油膜类似，密封中流体膜（汽膜、水膜或油膜）动力特性中的交叉刚度 k 是促使转子做非同步低频涡动的激振力来源；同时，动特性中的直接阻尼 C 可以生成对这种低频涡动的抑制力。由于汽轮机、压缩机这些广泛使用的旋转机械轴系振动稳定性直接关系到设备的安全与正常生产，多年来，研究人员对密封的动特性、流体激振力和轴系失稳，从理论分析、数值计算、试验测定等各方面做了深入研究。研究对象以迷宫密封为主，近年延伸到新型密封，如蜂窝密封中。

对于设计者来说，对转子进行稳定性分析，准确的密封动特性系数是一个基本计算条件。

当偏心转子处于静平衡状态时，如果转子在密封中小轨迹涡动，可将密封中蒸汽与转子之间的相互作用的汽膜简化为弹簧－阻尼线性系统，此时作用在转子上的汽动力与转子轴心位移、速度关系式为

$$\begin{Bmatrix} F_r \\ F_\tau \end{Bmatrix} = \begin{bmatrix} k_{xx} & k_{xy} \\ k_{yx} & k_{xy} \end{bmatrix} \begin{Bmatrix} x \\ y \end{Bmatrix} + \begin{bmatrix} c_{xx} & c_{xy} \\ c_{yx} & c_{yy} \end{bmatrix} \begin{Bmatrix} x' \\ y' \end{Bmatrix} \quad (8-2)$$

式中：x、y、x'、y' 分别为轴心在 X 和 Y 方向上的位移和速度；k_{xx}、k_{yy} 为直接刚度，k_{xy}、k_{yx} 是交叉刚度；c_{xx}、c_{yy} 为直接阻尼；c_{xy}、c_{yx} 为交叉阻尼。

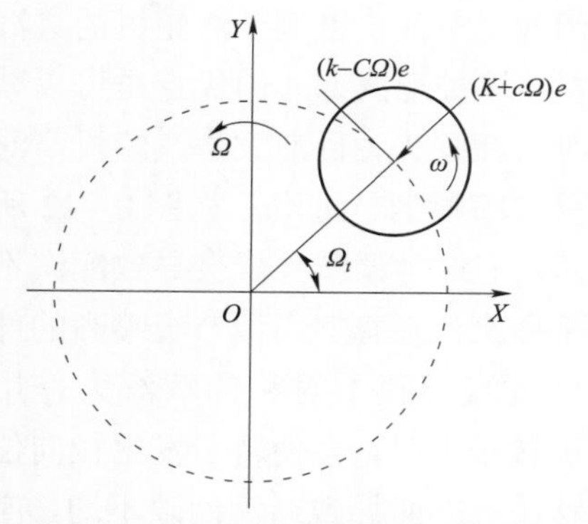

图 8-20　转子围绕密封中心涡动时受到的切向力和径向力

实际计算中，大部分研究者假设转子轴心围绕密封几何中心涡动，涡动频率为 Ω，涡动半径为 r_0，此时转子围绕密封中心涡动时受到的切向力和径向力如图 8-20 所示。图 8-21 所示为汽轮机轴封、隔板、围带汽封可能发生汽流激振的部位。

则式（8-2）中系数矩阵可简化为对称形式，即 $k_{xx} = k_{yy} = K$，$c_{xx} = c_{yy} = C$，$k_{xy} = -k_{yx} = k$，

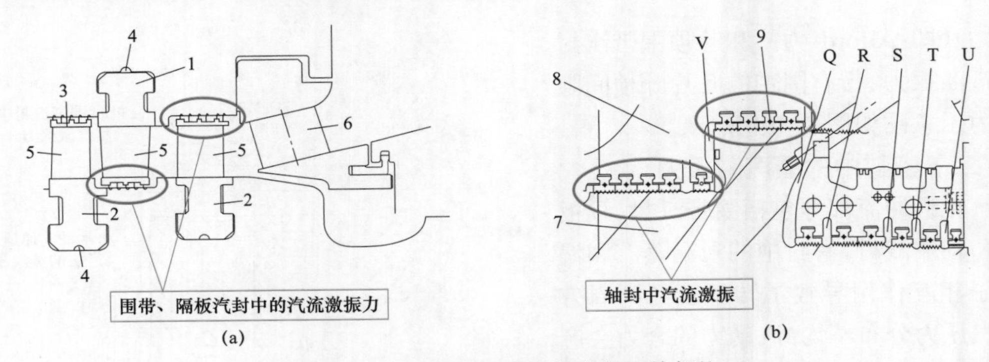

图 8-21 可能发生密封汽流激振的部位

（a）隔板和动叶典型布置图；（b）超高压端部汽封进汽端

1—超高压隔板 T 形叶根；2—超高压动叶 T 形叶根；3—围带；4—填隙条；5—中间型线部分；6—第一级斜置静叶；7—超高压转子；8—超高压内缸；9—汽封环

$c_{xy}=-c_{yx}=c$。系数矩阵中直接刚度 K、交叉阻尼 c 主要对转子径向力 F_r 有影响，改变转子涡动的半径；交叉刚度 k、直接阻尼 C 则对转子切向力 F_τ 有影响，改变转子涡动的频率。k 为正值时切向力作用在转子涡动的进动方向，加剧转子的涡动使转子不稳定，当 C 为正值时表示作用在转子上的切向力与涡动方向相反，因此它起到稳定的效果。通过上述分析可知，求得密封中流体作用在转子上的切向汽动力和径向汽动力就能确定迷宫密封的动特性系数。求 F_τ 和 F_r 的关键是在一定的边界条件下，计算密封中转子壁面的压力分布，通过积分转子表面压力求得切向和径向汽动力。

多年来为了预测密封动态性系数，许多学者进行了广泛的研究。密封动特性传统的理论研究分析采用以整体流动（Bulk Flow）理论为基础的双控制体模型，近年开始了计算流体动力学（Computational Fluid Dynamics，CFD）数值计算分析的研究。

（三）配汽不平衡汽流激振

现代大型汽轮机进汽方式多采用喷嘴调节，汽轮机第一级的喷嘴分成若干组，每组各由一个调节阀控制，当汽轮机变负荷时，依次开启或关闭各调节阀，以调节汽轮机的进汽量。这种配汽方式的优点是可以减少节流损失，目前大型汽轮机广泛采取喷嘴调节进汽，如图 8-22 所示。但这种调节方式会导致配汽不平衡汽流激振。当调节级喷嘴的部分进汽导致不对称的蒸汽力作用于转子上时，会使转子发生径向位移，一方面导致通流间隙不均，产生叶顶间隙激振；另一方面改变了轴承的载荷，当不平衡的蒸汽力向上使转子上浮时，轴承载荷减轻稳定性就会下降，同时加上

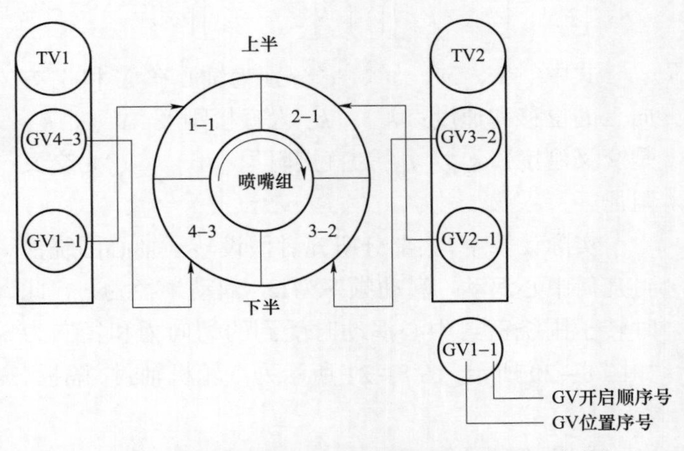

图 8-22 喷嘴调节（部分进汽采取调节级和喷嘴）

叶顶间隙激振力的作用机组常常发生轴系失稳故障。

二次再热 1000MW 汽轮机采用全周进汽方式，超高压缸进口设有两个高压主汽门、两个高压调节汽门。二次再热机组取消调节级，采用全周进汽滑压运行方式。理论上滑压及全周进汽从根本上消除了喷嘴调节造成的配汽不平衡蒸汽激振问题，超高压缸进汽调节机构如图 8-23 所示。

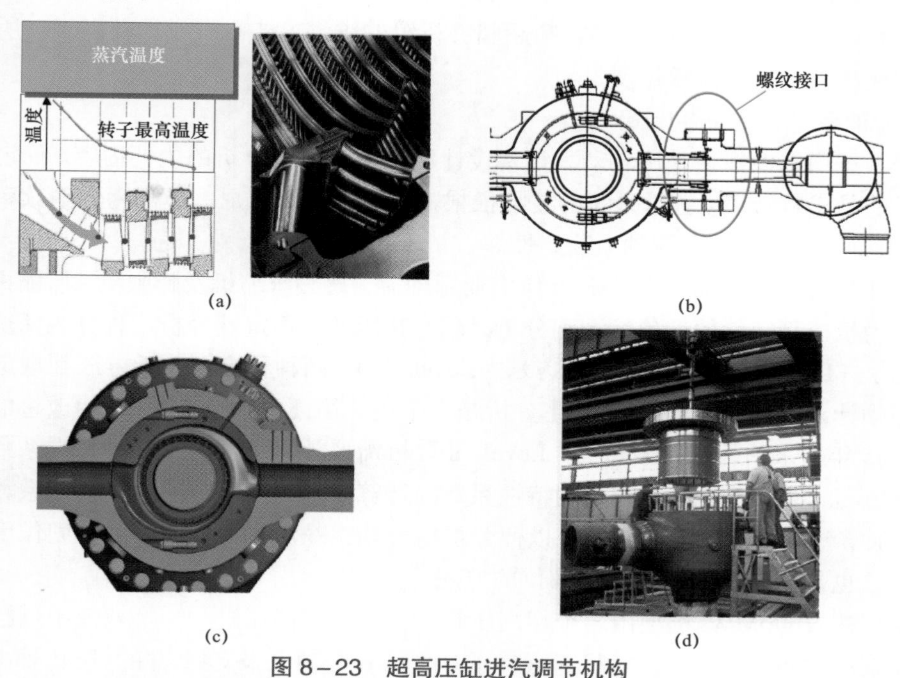

(a)　(b)　(c)　(d)

图 8-23　超高压缸进汽调节机构

（a）第一级无径向漏汽斜置静叶；（b）两个主调节阀直接与汽缸相连，无导汽管；（c）两个进汽通道，无蒸汽室；（d）独特的大面积小网眼刚性滤网

从热力学角度，在部分负荷时，与全周进汽滑压运行模式相比，喷嘴调节部分进汽的滑压模式通过增加部分进汽损失来换取更高滑压蒸汽进汽压力下热循环效率的提高。在相同气动技术条件下，允许部分进汽度越小的机组，喷嘴调节滑压的效率优势越大。从叶片强度角度，最小进汽度是调节级叶片的最大强度工况；功率越大、参数越高，喷嘴调节允许的最小进汽度越大。目前对 300MW、600MW 亚、超临界汽轮机的最小进汽度已提高到 50%；单流调节级的超临界机组容量不能超过 700MW。其他喷嘴调节超超临界 1000MW 机组机型的最小进汽度已提高到 75%，与全周进汽模式相比，喷嘴调节低负荷滑压运行进汽压力高的优势已不存在；相反，全周进汽结构效率高的优势却突现出来：

（1）无进汽导管，布置在汽缸两侧主调节阀采用大型罩螺母方式直接和汽缸相连。

（2）切向进汽的第一级斜置静叶结构；级效率高、漏汽损失小。

（3）减少流动损失；阀门直接支撑在基础上，且起吊高度低。

（4）超高压缸第一级为低反动度叶片级（约 20%的反动度），降低进入转子动叶的温度。

（5）滑压及全周进汽使第一级动静叶片的最大载荷大幅度下降，根本解决了第一叶片级采用单流程的强度设计问题。

（6）斜置静叶与动叶片较大的轴向间隙，还可有效地防止硬质颗粒对叶片的冲蚀。

需要特别注意的是，对于上海电气 1000MW 一次再热超超临界机组，采取全周进汽滑压运行和补汽阀调节组合的进汽设计。补汽阀是上海电气超超临界汽轮机所特有的一种配汽方式，设置这一过载汽门的目的是为了增加机组的过负荷能力与负荷响应速度。但实际运行时当补汽阀开启时会发生高压转子振动突升现象，主要是发生了配汽不平衡汽流激振，而上海电气二次再热 1000MW 超超临界机组的进汽方式没有设计补汽阀，所以可以避免发生配汽不平衡汽流激振现象。

（四）轴系稳定性研究

转子系统稳定性评估是旋转动力设备设计和转子动力学分析的主要内容。稳定性分析的主要目的是求解转子－轴承系统的复特征根，实部为系统阻尼，虚部为涡动频率（临界转速），求得对数衰减率预测轴系稳定性。

API 617—2002《石油、化学和气体工业用轴流、离心压缩机及膨胀机－压缩机》给出了旋转动力机械稳定性的评价标准和分析过程。新标准将稳定性分析过程分为两部分：简化分析方法（Level Ⅰ）和详细分析方法（Level Ⅱ）。两种稳定性分析方法都规定了稳定性计算必须计入汽流激振力。Level Ⅰ分析是一个迅速简便的筛选过程，采用改进的 Alford 公式（1965 年）来估计汽流激振力。Level Ⅱ分析需要计算迷宫密封的动特性系数。根据最新的 API 标准 617，所有对密封动特性系数的计算，最终都要与油膜动特性系数一起作为边界条件，进行轴系稳定性计算，以便分析整个轴系在汽流力和油膜力共同作用下的稳定状态，这也是当前确定汽流激振部位的方法。

二次再热 1000MW 机型由一个超高压缸、一个双流高压缸、一个双流中压缸和两个双流低压缸串联布置组成。汽轮机 5 根转子分别由 6 个轴承来支撑，除高压转子由两个轴承支撑外，其余 3 根转子，即一次再热高压转子、二次再热中压转子和两根低压转子均只由一个轴承支撑。这种支撑方式不仅转子之间容易对中，安装维护简单，而且结构比较紧凑（整个汽轮机轴系总长仅 35m 左右）。本机型在对抗超临界压力的汽隙激振方面，具有非常明显的技术优势，确保机组具有良好的轴系稳定性：

（1）单流超高压缸，转子跨度明显小于其他机型，转子刚性、临界转速比其他机型要高 20%～30%。

（2）全周进汽的运行方式彻底消除了配汽不平衡激振源。

（3）单轴承使轴承比压高，采用高黏度的润滑油，稳定性好。

（4）小直径高压缸，多道汽封，包括各级叶片的转子部位也装有汽封，有利于减少汽流激振。

二、油膜失稳

在流体动压润滑轴承中，油膜涡动和振荡是次同步不稳定振动即油膜失稳最普遍的诱因。涡动是转子轴颈在高速旋转的同时还环绕轴颈某一平衡中心做公转运动。根据激振因素不同，涡动可以是正向的，也可以是反向的；涡动角速度与转速可以是同步的，也可以是异步的。如果转子轴颈主要是由于油膜力的激励作用而引起涡动，则轴颈的涡动角速度接近转速的一半，也称为“半速涡动”，涡动频率通常略低于转速频率的1/2。随着工作转速的升高，半速涡动频率也不断升高，频谱中半频谐波的振幅不断增大，转子振动加剧。当转子的转速升高到第一阶临界转速的2倍以上时，半速涡动频率有可能达到第一阶临界转速，此时发生共振，造成振幅突然骤增，振动异常剧烈。同时，轴心轨迹突然变成扩散的不规则曲线，频谱中半频谐波振幅值增大甚至超过1倍频振幅，频谱会呈现组合频率的特征。若继续提高转速，则转子的涡动频率保持不变，始终等于转子的一阶临界转速，这种现象称为油膜振荡，油膜振荡具有惯性效应，升速时产生油膜振荡的转速和降速时油膜振荡消失时的转速不同。表8－7所示为油膜涡动和振荡的故障特征。

表8－7　　油膜涡动和振荡的故障特征

故障类型	频率成分	正向进动	反向进动	备　注
油膜涡动	λX（$\lambda=0.3\sim0.6$，X为转子1倍频）	有	无	主要为正向进动，轴心轨迹带有内嵌环状轨迹（次同步涡动和1倍频复合轨迹）。全频谱反映以正向的次同步频率分量为主
油膜振荡	转子固有频率	有	有	主要为正向进动，轴心轨迹带有内嵌环状轨迹（次同步振荡和1倍频复合轨迹），全频谱反映以正向的次同步频率分量为主。通常由于基础刚度的各向异性，也会出现负的1倍频和次同步振动分量

（一）故障原因

故障原因有轴承参数设计不合理，轴承制造不符合技术要求，安装不当，油温或油压不当，润滑不良，轴承磨损、疲劳损坏、腐蚀等。

（二）油膜振荡的防治措施

（1）设计上尽量避开油膜共振区。应使工作转速避免为2倍一阶临界转速。

（2）增加轴承比压。轴承比压是指轴瓦工作面上单位面积所承受的载荷，增加轴承比压，即提高轴承承载能力系数，增大轴颈偏心率，以提高油膜稳定性。常用的方法是减小轴瓦的长度，减小轴承间隙。试验表明，减小轴承间隙，可提高发生油膜振荡的转速，减小间隙，相当于增大了轴承的偏心率。

（3）控制适当的轴瓦预负荷。预负荷为正值，表示轴瓦内表面上的曲率半径大于轴颈半径，相当于起到了增大偏心率的作用，椭圆轴承的稳定性优于圆柱轴承，多油楔、可倾瓦轴承的稳定性较好。

（4）调整油温。适当地升高油温，减小油的黏度，可以增加偏心率；对于已经不稳定的转子，降低油温，增加油膜对转子涡动的阻尼作用，有时对降低转子的振幅有利。

三、碰磨故障

（一）动静碰磨

动静碰磨是旋转机械振动故障中最普遍和重要的故障之一，严重影响机组安全运行。动静碰磨是碰磨和冲击耦合的力学过程。一般部分碰磨首先发生，在一个旋转周期内碰磨和冲击交互作用，发生一次或几次。部分碰磨逐渐加剧会导致全周碰磨、严重的振动，甚至导致机组无法运行。碰磨－冲击转子轴承系统的数学模型显示：系统的受力情况为径向的弹性冲击力和切向的库伦摩擦力。

碰磨时静子与转子的相互作用示意图如图8－24所示，当动静间隙 δ 小于转子径向位移 r（相对轴振）的时候，碰磨将会发生，必然在接触表面产生径向弹性冲击力（F_n）和切向摩擦力（F_t）。

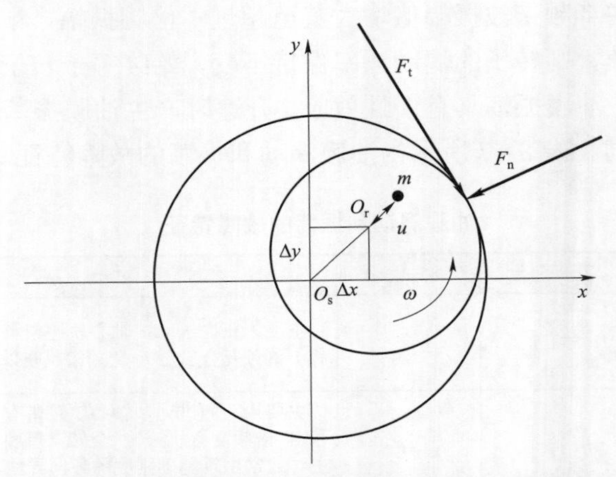

图8－24 碰磨时静子与转子的相互作用示意图

旋转机械中能发生不同类型的碰磨，根据碰磨位置的不同（密封、轴承、油挡等）、初始状态的差别，碰磨可分为全周、部分等。常见的是部分碰磨，即轻微碰磨，这种碰磨主要导致转子热弯曲，产生与转速同步的1倍频（1*X*）振动。表8－8列出了动静碰磨振动故障的基本特征。

表8－8 动静碰磨振动故障的基本特征

故障类型		频率成分	正向进动	反向进动	备注
部分碰磨		1*X*（*X*为转子1倍频）	有	有	主轴的滤波轴心轨迹需重点监测。随着碰磨加剧1*X*，2*X*反向进动增加，正向进度减小。如果工作转速高于2倍或3倍碰磨修正过的临界转速，1/2*X*和1/3*X*振动分量也可能出现。次同步振动分量也相应有正向或反向进度分量。滤波的轴心轨迹是高度椭圆形，并且可能以反向进动为主
		2*X*	有	有	
		1/2*X*，1/3*X*，…	有	有	
全周碰磨	强迫振动	1*X*	有	无	在转子和密封间的干摩擦，根据密封的敏感性、阻尼和不平衡，系统能表现出1*X*倍频正向进度为主的强迫振动或者次同步反向进动为主的自激振动
	自激振动	转子－密封系统耦合的固有频率	无	有	

（二）莫顿效应（轴颈热梯度）

旋转机械中也会发生另外一种与轻微碰磨特征相似的振动，即所谓莫顿效应。需要注意的是，如果怀疑设备振动是莫顿效应引起的，必须证明设备实际运转中并未发生动静碰磨。

莫顿效应的振动机理是：由于轴承润滑油的高黏性剪切应力，导致的轴颈表面存在温度梯度（所谓存在热点）。因此，就好像动静碰磨产生的热点一样促使轴弯曲，表现出非常相似的振动响应。

1994年由P.S.Keogh和P.G.Morton首先公布了这种油膜剪切应力导致轴颈热梯度的振动现象，后来成为著名的莫顿效应理论。

通常仅仅在一些特殊的情况下，特别是重载、悬臂转子设计的设备中容易发生莫顿效应。现在，简要介绍莫顿效应的基本理论，以便于实际诊断中遭遇这种故障能够熟悉其故障机理。莫顿效应时油膜与轴劲相互作用示意图见图 8－25。

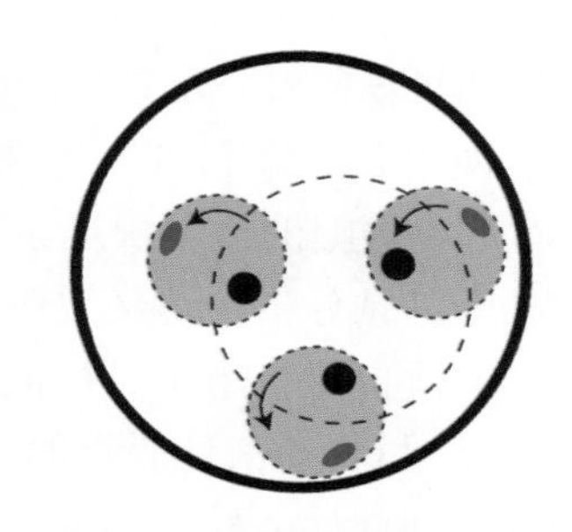

图 8－25　莫顿效应时油膜与轴颈相互作用示意图

假设作用在旋转机械上的主要力是残余不平衡力，并且轴承刚度相对于中心线是对称的。转子的振动响应将会是 1 倍频（同步）分量为主的振动，在轴承间隙中，轴振将产生一个圆形的轴心轨迹。

只要载荷和转速恒定，这种形式的振动每次都作用在转子表面的相同位置。这意味着转子圆周的同一部分将总是与最小间隙作用，如图 8－25 所示的红点，而转子圆周的另一部分将总是与最大间隙作用，如图 8－25 所示的黑点。

尽管这种条件下，轴颈圆周均匀的热分布被破坏了，产生了热梯度，但是除非剪切应力足够大，否则热梯度并不总是导致转子热弯曲。

当剪切应力达到一定程度，热效应就会相当可观，足以使轴像动静碰磨一样弯曲。莫顿效应的热弯曲发生在油膜厚度最小的位置，相应的同步 1 倍频振动增加。

根据上面的讨论，莫顿效应（轴上的热点）的机理与轻微碰磨高度相似，振动响应高度相似也就不足为奇了。

然而，由于莫顿效应发生在轴承内部区域，摩擦区由于润滑油进行冷却的作用，与碰磨状态相比热变化率相对缓和趋于线性。因此，莫顿效应的振动特征具有更好的周期重复性。

在旋转机械中，尽管相对于轻微碰磨而言，莫顿效应发生的更少，当其他的更为普遍的故障已经被排除后，某些特别的特征将促使诊断者怀疑是否存在这种故障。

（1）设备结构是重载悬臂设计。

（2）相对于碰磨而言，1 倍频幅值和相位变化表现出相当好的重复性，变化曲线更加平滑。

（3）解体检查没有发现明显的动静碰磨部位。

（4）当改变润滑油温度时将会影响振动变化的周期和幅值。

根据汽轮机本体结构对比（见表 8－4），二次再热 1000MW 超超临界超高压缸与一次再热机型高压缸结构基本同为圆筒缸结构，但由于压比和焓降减小以及无抽汽口，超高压缸转子直径可减少 30%，除了可以布置更多的动叶级提高效率，而且无抽汽口圆筒应力更小，圆筒汽缸承载压力与直径平方成反比，超高压缸承载能力可大于 35MPa。超高压缸转子质量下降导致二次再热超高压缸转子的临界转速大幅降低，远离工作转速，而轴承比压仍然与一次再热高压转子相同，因此，超高压转子振动响应的敏感性减小，振动稳定性比一次再热高压转子有所提升。但在调试过程中仍然出现了类似于一次再热高压转子出现的同步不稳定振动的现象，尽管幅度较小，但振动特征相似。

上海电气一次再热 1000MW 机组超超临界已经大量投入商业运营，实际运行中高压转子发生了一些动静碰磨（同步不稳定振动）振动故障，与传统汽轮发电机组动静碰磨故障相比，呈现一些新的振动特性，对于二次再热 1000MW 超超临界机组有一定借鉴和参考意义。一次再热机组 1 号瓦的轴振变化呈现出两种不同的特性：① 工频振动变化的时滞性和可恢复性，是典型的动静碰摩；② 工频振动快速波动的不稳定性。1 号瓦的振动除了表现出时滞性和可恢复性的特征以外，更多的是表现为工频振动的快速波动和不稳定性。这种振幅的大幅快速波动与轴系失稳时通频振幅的波动特征相似，但波动的振动频率成分为工频分量，这又说明转子没有发生常见的非同步轴系失稳。

一次再热机组 1 号瓦振动的主要特征是工频振幅的快速变化和不稳定性。可能的原因是：① 与转动部件脱落的振动特征不符（振幅大幅变化后，幅值相位保持稳定）；② 可能有转动部件的松动；③ 1 号瓦间隙、接触、紧力不符合规范，导致振动响应变化；④ 关于碰摩，尽管振动波动的主要频率为工频分量，但这种工频幅值振动变换的快速性与一般动静碰摩的时滞性是不吻合的，但如果发生了严重碰磨，产生了径向弹性冲击或者莫顿效应是可能发生此种同步不稳定振动的。

一次再热机组 1 号瓦振动是不稳定的同步振动，全国同类型机组有多台机组出现这样的振动问题。制造厂及部分专家曾怀疑是盘车液压马达与高压转子的连接有问题，运行中造成相对移位或松动，因此，制造厂专门对液压马达的连接结构进行改进，但改进后这种振动仍然出现。

分析造成这种振动的原因，一是转子产生动静碰摩（因为膨胀、缸体变形跑偏、基础不均匀沉降、轴承标高变化、转子中心位置变化等原因造成通流部分间歇变小，造成动静部分轻微碰磨；轴承进油量偏小、轴承活动性差、轴承与转子中心偏差较大等造成转子与轴承摩擦）；二是高压转子临界转速设计偏高，接近工作转速（厂家设计值是 2640r/min，部分机组实测为 2800r/min），从而轻微的碰磨等造成的较小的不平衡量变化，导致较大的振动变化，现在还有专家提出可能是莫顿效应，即滑动轴承油膜黏滞剪切能量造成轴颈温度分布不均使轴颈发生热变形，导致 1 倍频振动出现失稳或出现周期性波动。目前，对引起这个振动的原因，专家意见有分歧，分歧在于：是动静摩擦还是莫顿效应，是缸内摩擦还是轴瓦摩擦。

目前，部分电厂已对机组进行大修，由于该型机组 12 年才解体高压缸，因此，对于缸内动静间隙情况、摩擦情况在大修中也无法知晓。目前，大修中已发现问题有 1 号瓦侧高压外轴封左右侧或上下侧出现不均匀间隙、轴瓦接触不好、部分机组轴瓦偏磨。对于左、右侧轴封间隙出现不均匀的，有的电厂是调整高压缸位置，有的电厂是调整轴承座左右位置。对于上下间隙出现偏差的，可以通过轴承标高来调整或高压缸标高调整解决。对于上述处理仍然没有见效的电厂，进一步采取了高压缸碰缸试验。目前，检修后的机组有的振动波动基本消失或波动幅度下降，明显改观。对于振动问题，需要继续探讨研究。表 8-9 给出了二次再热超高压转子和一次再热高压转子本体数据对比。

表 8-9　　二次再热超高压缸转子和一次再热高压转子本体数据对比

项目	内外缸结构	主蒸汽参数	临界转速（r/min）	转子质量（带叶片，t）	1 号轴承比压（MPa）	2 号轴承比压（MPa）
一次再热高压转子	圆筒缸	25.6MPa/600℃	2640	20	2.3	2.5
二次再热超高压转子	圆筒缸（直径减小承压能力强）	31MPa/610℃	2088	14.2	2.3	2.53

四、轴系质量不平衡

（一）质量不平衡

质量不平衡是汽轮发电机组最常见的振动故障，其原因是转子质量分布与旋转中心线不重合。轴系平衡类型有一阶、二阶、三阶不平衡以及外伸端不平衡。汽轮发电机组轴系单跨转子在制造厂平衡台上进行了高速动平衡，现场安装时由于支撑条件和端部约束条件的改变，在调试阶段进行现场动平衡的机组仍较为普遍。

（二）不稳定质量不平衡

对于新转子而言在制造阶段已经做过动平衡，现场安装质量也符合规范。但是，其后很多因素会造成转子弯曲或形状改变，破坏了它的平衡状态，常见的弯曲原因包括应力释放和热变形。

1. 应力释放

转子在焊接、锻造后会释放应力使转子变形，改变平衡状态，这些转子有很大的内应力，如果平衡前转子没有释放出应力，运行一段时间后，应力释放会使转子形状发生微小变化，产生不平衡。

2. 热变形

转子随温度变化发生的变形称为热变形。所有的金属材料在加热时都会膨胀变形，机械部件可能会膨胀变形不均，引起不平衡。在高温、高压下运行的汽轮机转子和发电机转子，发生这种故障是很常见的。即使转子在冷态下被平衡好了，由于转子热弯曲，还需要考虑热不平衡的动平衡治理。

二次再热汽轮发电机组参数提高、容量增加，转子材质各向异性，转子加热、冷却不均，内部摩擦效应（发电机转子绕组膨胀受阻）等原因引起的与转子温度相关的转子热弯曲。

（三）动平衡的计算方法

对于汽轮发电机组轴系的动平衡而言，难点在于不平衡相应的交叉效应。换句话说，就是位于转子一端的不平衡可以对转子另一端产生影响。例如，转子较远端有一个不平衡重点，在这一端产生不平衡振动的同时，也在转子的另一端产生不平衡振动，这就是“交叉效应”。

多平面加重复杂在交叉效应，在转子一端的不平衡会影响到转子另一端。主要采样用影响系数法进行多平面矢量计算。

（四）动平衡的准备工作

实际平衡转子前，需要一些准备工作，最重要的内容包括：

（1）确定不平衡类型：这对于采用多平面动平衡还是单平面动平衡是至关重要的。

（2）仔细全面分析振动数据，判定故障确实是不平衡。像松动、共振、偏心或其他故障，不但使动平衡困难，而且实质上无法通过动平衡解决。不平衡的诊断识别参考第四章相关内容。

（五）计算试加重量和角度

经过分析断定故障是不平衡，并根据转子两个支撑轴承的振动相位和振幅判断不平衡的类型后，接下来的工作就是确定试加重量。

一般规律，试加重量应该使原始振动幅值改变30%，相位改变30°，这会保证得到正确的影响系数。常见的确定试加重量的方法是，试加重量产生的不平衡力等于转子轴承承受载荷力的10%。

试加角度一般按照轴系滞后角度来确定。一般而言，刚性转子或转速低于临界转速时滞后角小于90°，临界转速时滞后角为90°，当转子转速超过临界转速时滞后角大于90°。

（六）动平衡失败原因

在振动故障诊断时，除了不平衡，还有许多故障会造成1倍频振动，这就是为什么要在做动平衡之前进行全面振动分析，断定故障原因是不平衡的原因。

如果振动分析数据清楚地表明故障原因是不平衡，但是所有的动平衡尝试却都失败了，下一步就应该检查转子不平衡数据的重复性。如果这两组数据在振幅或者相位上存在明显差别，可能是由下列原因造成的。

（1）第一次采集原始不平衡数据时，转子结构或形状还没有稳定；转子可能具有热变形。在最初采集数据时，转子可能出现暂时性弯曲，但在后来的运行中变形消失了；或者，最初采集数据时转子处于冷态，后来采集数据时转子温度上升，产生了某些热变形。

（2）转子每次运行时，不平衡状况都发生变化。例如，轴上的旋转体松动，每次的启停过程中，旋转体位置相对轴发生了变化；还有，转子发生了动静碰磨。它们的位置在转子每次启停过程中也会发生变化。

鉴于可能存在上述状况，下一步就是采集一组两个轴承新的不平衡读数。重新启动转子，采集另一组数据。如果这两组数据有明显差异，转子不平衡状况不具有重复性，任何进一步的动平衡都将失败。这种情况，应该做详细检查，确定数据没有重复性的原因；如果没有发现转子松动，应该检查轴或转子是否存在裂纹、动静碰磨或者热态质量不平衡。

如果在重复性检查结果显示转子的不平衡读数具有重复性，那么就要考虑加重平面以及试加重选择是否正确。或者转子可能存在其他故障，需要更加全面地分析，以便找出故障的根本原因。

目前，挠性转子现场动平衡方法经典的动平衡技术有振型平衡法和影响系数法等，相关理论已经成熟。

单支撑1000MW超超临界二次再热机组发生振动故障时，振动信息有以下特点：① 工频振动不稳定性，不管空负荷定转速还是带负荷过程，工频振动始终出现波动，数据很不稳定；② 轴系除超高压转子外其余汽轮机转子为单支撑结构，单支撑结构的转子仅单侧有轴振、瓦振传感器，只能得到转子单侧的振动信息，没有转子两端振动的相位关系，无法从转子的相位关系判断转子的振型；③ 受轴振相互耦合影响，某一转子的轴振大会引起临近轴承轴振大；④ 具有某些轴承座轴振小、瓦振大的非线性特性。

由于上述振动特征，应用经典的动平衡技术在处理上汽－西门子型百万机组动平衡都存在一定的困难。两个轴承间的振动信息和相位关系已经不能说明振型关系，振动矢量无法分解为对称的与反对称的两部分，无法给出正确的校正量。单支撑转子轴振、瓦振比例呈非线性关系，轴振相互耦合影响，轴振幅值变化很大，实施时要综合考虑多种因素，现场动平衡的难度较大。

第三节　振动监测与试验

一、汽轮机振动监测的目的和意义

汽轮发电机组是发电厂最重要的旋转设备，它能否正常运转直接关系到发电厂的正常生产和设备安全，影响到发电厂的经济效益。影响旋转设备正常运行和工作的因素和故障有很多，其中振动是影响旋转设备正常运行的一个重要因素，而且振动异常是许多部件异常和损坏的一个重要征兆和反应，振动在火力发电厂一般会造成以下危害：

（1）直接或间接造成设备事故。过大的振动常常是造成机械和结构恶性破坏和失效的直接原因。1972 年日本海南电厂的一台 660MW 机组在调试过程中因发生异常振动而使全机毁坏，长达 51m 的主轴断裂飞散，联轴节穿透厂房飞落在 100 多米外。我国秦岭电厂和大同电厂的 200MW 机组也先后发生机毁人亡的恶性事故。

（2）动静部分产生碰磨。现代汽轮发电机组为了提高效率，动静部分间隙都设计得较小，当转子振动（动挠度）大时，将引起动静部分碰磨，一旦处理不当或不及时，将造成大轴永久弯曲的严重后果和巨大的经济损失。据有关资料介绍，86%的大轴弯曲事故是由动静碰磨造成的。全国曾经先后发生多起大轴弯曲的恶性事故。

（3）加速一些部件的磨损和产生偏磨，造成动静部件的疲劳损坏，导致一些紧固件的断裂和松脱。过大的振动会加速滑动轴承等的磨损，而这些部件的磨损又会引起振动增大，形成恶性循环，从而使得这些部件的使用寿命大大缩短，影响设备的正常运行，缩短了检修周期，造成很大的经济损失。振动会造成一些传动部件和轴承、轴承座、连接螺栓等部件承受交变应力，振动越大应力也越大，从而造成这些部件的疲劳损坏。过大的振动会造成一些传动部件和固定件的断裂和松脱，往往造成严重的后果，一些毁机事故就是由此造成的。

（4）降低了机组的经济性。一部分振动与负荷有关，因此有的机组在发生这种振动时不得不限制甚至降负荷运行，有的机组在顺序阀运行时振动过大不得不单阀运行，严重影响了运行的经济性。有的机组因振动问题而长时间不能投入正常运行，如国产 200MW 机组的油膜振荡问题花费了大量的人力物力，经历了很长时间才得以解决。

（5）对人的生理造成不利影响。旋转设备的振动必然伴随着噪声，而噪声对人的身体会造成伤害。

因此，对汽轮发电机组振动的监测和分析引起了人们的高度重视和关注。为了保证设备的安全经济运行，运行人员需要通过测量仪表对机组振动进行监测，根据测得的振动数值，按照有关标准对振动进行安全评估，判断机组振动是否在允许的范围内，根据安全评估结果，按照规程做出相应运行调整。当机组振动过大或存在异常时，更要密切监测，同时利用分析仪表进行测试分析，进行必要的振动试验，分析判断振动原因，提出处理方案。

二、振动监测内容

影响汽轮发电机组振动的因素众多，涉及设计、制造、安装、检修、运行等各个方面，启动前、启动过程、正常运行、停机过程、停机后都可能产生影响机组振动的因素，这些过程的许多参数对机组振动故障的分析都是必需的，如启动前、停机后的大轴偏心、盘车电流、转轴晃度，启动前、停机后的疏水、上下缸温差等，因此对振动的监测和分析是全方位、全过程的。

（一）启动过程的振动监测

轴系的质量不平衡、盘车时间不足引起的转子残留弹性弯曲、机组某些系统疏水不畅、上下缸温差大、动静间隙偏小、蒸汽参数与缸温不匹配等都会在启动过程中造成振动异常，再加上机组过临界转速时振动较大，一旦在升速过临界时碰磨造成振动大，认为过临界振动大，从而强迫过临界转速，有可能酿成弯轴大祸。实际上弯轴事故很多是在机组启动过程中发生的，因此对启动过程的振动要严密监测，杜绝弯轴事故发生。

（二）运行中的振动监测

运行中的振动监测目的首先是随时监测机组在不同工况、不同时间振动情况，根据准则对其进行安全评估，采取相应措施，确保机组安全，同时将机组振动状态作为故障的信号，例如转轴裂纹、汽轮机叶片损坏、静子部件松动、转轴碰磨等，分析判断机组故障，并进而消除故障。

为了监测振动状态，过去采取定期和不定期监测的办法，目前大机组都安装有振动监测保护系统（Turbine Supervisor Instrument，TSI），TSI 输出 4～20mA 电信号至 DCS、DEH 等相关系统，运行人员通过监测画面随时可以查看振动情况，并且可以发出保护停机信号。TSI 系统仅可以对机组的运行起到监测和安全保护作用，但 TSI 缺少对机组振动数据进行深入分析挖掘的功能。

（三）故障诊断的振动测试

当机组振动量值较大或振动量值变化较大时，说明机组发生了某种故障。有的故障通过测试振动幅值、频谱、相位，结合振动发生过程可以准确判断故障原因，但由于大机组振动影响因素众多，而且不同的故障可能有相同的振动特征，同一故障可能有几种振动特征，仅仅根据频谱分析无法将故障原因进行进一步细化，给机组故障的分析判断带来很大困扰，因此，需要通过一些专门的振动试验，分析振动与相关参数之间的关系，从而确认或排除某些故障原因。

（四）机组振动考核测试

设计、制造、安装质量对一台将运转几十年的机组安全起决定性作用。轴系振动特性设计方面有先天缺陷的机组，在日后的长年运行过程中不可能会自行好转；对于安装（如标高、扬度、轴承负荷分配）没达到规范要求的机组，移交生产后，如出现振动过大的问题，还可在检修中重新调整。机组设计制造方面的缺陷，将会长期困扰运行部门。

为了考核机组设计、制造、安装、检修质量，或检验机组振动技术指标是否达到了合同规定值，在机组投运移交生产时，必须对机组振动水平做出评价，这是一项具有权威性的振动测试。这种振动测试除对仪表精确度有要求外，还应依据一定的规范进行。

新机调试中的振动测试包含了上述所有内容，新机启动调试中的振动监测是一项重要的专业性很强的工作，其主要目的是指导新机启动，评定机组设计、制造、安装质量，并为机组以后的启停、运行和诊断振动故障提供依据。如果振动过大还应按振动故障诊断的要求进行测试。

三、振动特征及故障分析

振动的测量和数据分析是振动故障诊断的前提和基础，目前电厂对汽轮发电机组和给水泵组振动采用连续在线监测和定期监测相结合的方式。对轴振通过 TSI 进行连续在线监测，目前各电厂轴承座上大都只布置了一个方向的瓦振测点，因此，在线监测只能监测每个瓦一个方向的振动，为了全面监测机组振动，调试中调试人员和运行人员还是要定期到现场对瓦振进行测量。

（一）振动测量传感器及仪器

目前，机械振动的测量普遍采用电测法。其基本原理是通过振动传感器将机械量转换为电量，然后对电量进行测定和分析，从而获得被测机械振动量的各种参数值。

1. 传感器

在汽轮发电机组现场振动测试中，常用的振动传感器有 3 种类型，它们是测量转轴相对振动的电涡流传感器，测量轴承座及基础、汽缸结构等振动的惯性式速度传感器和压电式加速度传感器。此外，为了测量转轴的绝对振动，常采用由一个电涡流传感器和惯性式速度传感器组合而成的复合传感器。

（1）电涡流传感器。电涡流传感器是根据电涡流效应制成的传感器，用来测量被测物体表面相对于传感器距离及其变化。其原理是在探头线圈中通入高频电流，产生高频磁场，在被测物体表面产生感应电流，该电涡流也产生一交变磁场，反作用于探头线圈，改变了探头线圈有效阻抗，这一变化与被测物体材料、探头大小以及头部线圈到金属导体表面的距离等参数有关。通过前置器电子线路的处理，将探头与金属导体的距离变化转化成电压或电流变化，输出信号的大小随探头到被测体表面之间的间距而变化。目前，对轴振的测量广泛使用电涡流传感器。

（2）速度传感器。速度传感器是目前较常用的一种振动传感器，机组轴承座振动测量通常采用惯性式速度传感器。从原理上说，速度传感器是利用电磁感应原理。传感器吸附在被测物的表面且两者一起振动时，传感器由弹簧支撑的动线圈相对于传感器一体的磁铁做相对运动，产生的感应电动势与线圈相对于磁场的运动速度成正比，由此便可测得被测物的振动速度，经一次积分可得到振动位移。

（3）加速度传感器。加速度传感器利用压电材料（如石英、陶瓷和酒石酸钾钠等）的压电特性，当有外力作用在这些材料上时便产生电荷，输出电荷与振动加速度成正比，称为加速度传感器。

采用加速度传感器要获得振动速度信号，必须经一次积分；要获得振动位移信号，必须经两次积分。现在加速度传感器在部分大机组轴承座振动监测中也有应用。

（4）复合式传感器。复合式传感器是用涡流传感器和磁电式速度传感器复合而成，即将速度传感器和涡流传感器安装于同一个刚性装置中，测量同一个测点的振动，速度传感器测量到的是轴承外壳的绝对振动，而涡流传感器测量的是轴的相对振动，这两个测量量同时送入测量仪器中进行矢量相加，则可得到转轴的绝对振动位移量。这种复合式传感器可以测量到涡流传感器安装点的间隙、转轴相对轴瓦的相对振动、转轴的绝对振动、轴瓦的绝对振动。

2. 振动监测仪表

振动测量的二次仪表是将传感器转换过来的电信号进行测量、记录和分析。振动测量一般包括测量总幅值（通频值）、基波频率的幅值和相位以及其他高次或低次谐波频率幅值。

（1）离线仪表。振动监测离线仪表通常包括电厂运行人员进行设备的日常振动巡检采用的简易监测仪表和专业人员为进行振动故障诊断所采用的精密检测仪表。简易监测仪表一般是单通道的，仅能指示振动的通频幅值。精密监测仪表通常是双通道或多通道的，除显示振幅外，还能测量振动的频谱和相位。此外，借助于计算机和专业软件，可以构成多通道的振动数据采集和分析系统，该类系统能够在较长时间内对机组的振动进行连续数据采集，并做出振动特征分析。

（2）在线仪表。TSI 系统具有原始振动信号缓冲输出供便携测振设备和汽轮发电机组振动在线状态监测和分析（Turbine Diagnose Management，TDM）系统。TDM 系统从 TSI 系统将机组运行过程中的振动信号进行采集和深入分析，获取如转速、振动波形、频谱、倍频的幅值和相位等故障特征数据，为专业故障诊断人员提供诊断数据和专业的图谱分析工具。TDM 系统与 TSI 系统各司其职，不能相互代替。

在 TDM 系统基础上，可进一步升级为远程振动监测与故障诊断（Remote Diagnose Management，RDM）系统。基于分布式动态信号采集分析系统、振动故障诊断、大型结构模态在线识别等核心技术，结合无线传感器、物联网、云计算、大数据和移动互联网等新兴技术研发的关键电力设备远程振动监测与故障诊断系统（见图 8-26），形成了一个跨越地理位置的互联监测分析故障诊断网络，能够远程实时监测大型结构振动模态以及旋转设备运行参数和振动信号，及时发现潜伏性的故障，发布预警、跟踪治理，保证生产设备安全、可靠运行，降低、减少污染物排放，实现电厂由传统计划维修向现代可靠性维修转变，是建设智慧工厂的关键要素。

（二）振动分析

1. 振动的表征

机械振动是一个质点或机械动力系统在某一平衡位置附近所做的往返运动。汽轮发电机组绝大部分振动是周期振动，根据傅里叶变换，周期振动可以分解成若干个不同频率的简谐振动，简谐振动是指可以用正弦或余弦函数表达的运动。振幅、频率、相位是简谐振动的三要素。

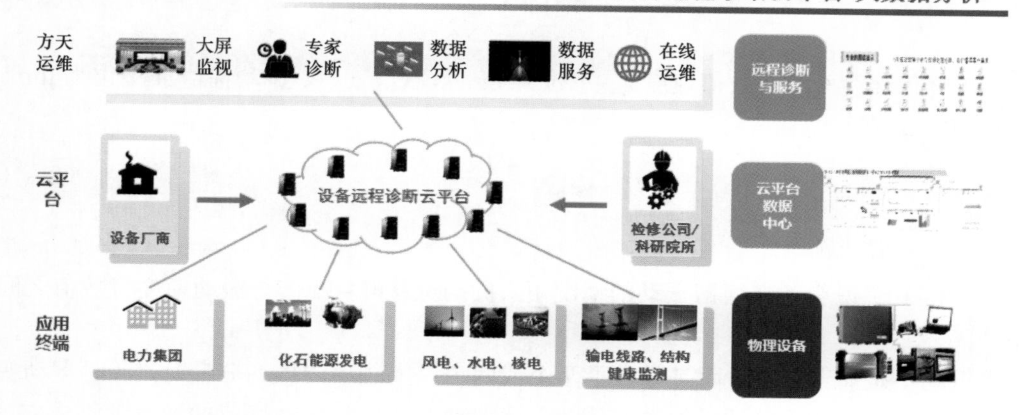

图 8-26　关键电力设备远程振动监测与故障诊断系统总体架构

（1）振幅。振幅是振动运动的幅度大小，它是表示机组振动严重程度的一个重要指标，是振动监测和试验首先检查的物理量。它可以用振动位移、振动速度、振动加速度表示，从它的大小或变化可以判断机组运行状态。振幅可用峰-峰值（双振幅，振动波形的峰顶与峰底数值差）x_{p-p}、峰值（单振福，振动波形距离平衡位置最大距离）x_p、有效值（均方根值）x_{rms} 表示，对于简谐振动，则

$$x = A\sin(\omega t + \varphi) \tag{8-3}$$

式中　x——振动位移；

A——振动幅值；

ω——振动角频率；

t——时间；

φ——振动相位。

可有如下关系，即

$$x_{p-p} = 2x_p = 2A \tag{8-4}$$

$$x_{rms} = \sqrt{\frac{1}{T}\int_0^T x^2(t)dt} \approx 0.707A = 0.707x_p \tag{8-5}$$

对式（8-3）分别微分一次、二次可得到速度、加速度为

$$v = x' = \frac{dx}{dt} = A\omega\sin\left(\omega t + \varphi + \frac{\pi}{2}\right) \tag{8-6}$$

$$a = x'' = \frac{d^2x}{d^2t} = A\omega^2\sin(\omega t + \varphi + \pi) \tag{8-7}$$

同样有

$$v_{p-p} = 2v_p = 2\omega A \tag{8-8}$$

$$v_{rms}=\sqrt{\frac{1}{T}\int_{0}^{T}v^{2}(t)\mathrm{d}t}=\frac{\omega A}{\sqrt{2}}\approx 0.707v_{p} \tag{8-9}$$

当单峰值速度 v_p、有效值速度 v_{rms} 单位为mm/s，x_p、x_{p-p}、振动幅值 A 单位为μm时，式（8–10）成立，即

$$x_{p-p}=\frac{450}{f}v_{rms} \tag{8-10}$$

式中 f——振动频率。

式（8–10）说明了在简谐振动的情况下，振动位移峰–峰值与振动速度有效值之间的关系。

当振动不是简谐振动，而是包含了两个或两个以上频率的振动分量时，此时振动幅值是所有频率分量合成后的通频振动幅值，上述振动有效值与振动峰值的关系就不成立，有时甚至振动峰–峰值与振动峰值之间的关系也不成立，用式（8–4）～式（8–8）计算就会产生较大误差。此时，振幅的峰–峰值、峰值、有效值应通过具有相应功能的振动仪表得到。

（2）频率。振动频率是表示振动发生的快慢程度，一般指每秒内一个振动运动过程发生的次数。振动频率可以采用赫兹（Hz）、转/分（r/min）为度量单位。但在振动分析中更多是以相对于转速的频率为度量单位，如1倍转速频率（1*X*）、半倍转速频率（0.5*X*）、二倍转速频率（2*X*）等。

频率是分析振动故障原因的重要数据，频谱分析已是振动故障诊断分析的最基本和首要的工具。每一种振动故障都有对应的振动频率，不同的故障所对应的振动频率一般也是不同的，如转子质量不平衡故障对应的振动频率是一倍频，而轴承失稳和汽流激振产生故障是低频等，通过振动频率可以对振动性质做初步的判断和分类。但同时也要注意到，振动频率与振动故障并不是一一对应的，有时不同的振动故障可能都会产生某一振动频率，还需要在频率分析基础上，根据其他参量，进一步综合分析。

（3）相位。在机械振动测试中，相位是指某一时刻振动信号中某一选频成分与转子上某一确定标记（如键相槽）之间的相位差（角度差）。在没有特别注明的情况下，一般相位都是指1倍频（工频）的相位，它在故障诊断和转子动平衡中是必不可少的重要参量。在动平衡时，通过测量的相位角，去判断不平衡位置；在动静碰磨、转子热弯曲、转子裂纹、断叶片等故障诊断中都有着重要作用。

2. 振动信号分析

为了掌握机组振动状况，对机组振动故障进行诊断分析，必须在对振动测量的基础上，对机组振动信号进行数学分析和处理，使之成为对振动故障诊断有用的图形或表格等形式。振动信号分析方法一般包括时域分析、频域分析、幅值域分析、小波分析、相关分析、系统的传递特性分析及模态分析等。在旋转机械现场振动诊断中最常用的是时域分析及频域分析。

（1）时域分析法。时域分析法是将传感器采集的原始振动信息与异常时的振动特征信

息相比较，从而对振动故障做出初步判断。早期的时域分析是将振动信号直接接入示波器，通过在示波器上观察、测量振动波形，从而得到振幅、频率、相位、轴心轨迹、谐波成分及大小，但这种方法得到的谐波频率及谐波量值往往不够精确。现在的仪器可以精确测量上述时域特征量。

（2）频域分析法。随着 FFT（快速傅里叶变换）等分析方法及计算机技术的发展，频谱分析已经十分容易，频域分析法是目前振动故障诊断最常使用的方法。它利用频谱分析技术将时域振动信号变为频域振动信号，将构成振动信号的各种频率成分都分离出来，以便进行振源的识别。

3. 振动数据特征分析

振动数据特征分析就是将振动信号时域分析和频域分析的结果用一定的图形或曲线表示出来，以便根据这些振动特征分析、判断振动原因。

（1）波特图。波特图是转速与振幅和振动相位的关系曲线，代表了支撑系统或转子/支撑系统的频率特性。图形的横坐标是转速，纵坐标有两个，一个是振动幅值，另一个是相位。波特图除反映工频振动随转速的变化外，还可扩展到通频振动以及各谐波振动分量与转速的关系。一般将通频量和工频量放在一个波特图上，通过通频量幅值与工频量幅值的差别，可以分析判断某些故障。通过波特图可以进行下列分析。

1）波特图可以确定转子的临界转速及过临界转速时的振动和相位。如果工频振幅曲线出现波峰，同时相位发生急剧增加，增加幅度大于 70°，这时转速即可能是该测点所处转子或邻跨转子的临界转速。

2）对比机组启、停机波特图，可以确定运行中转子是否发生热弯曲。

3）通过波特图分析、判断转子质量不平衡大小及不平衡位置、不平衡类型；分析、判断轴振测量中转子原始偏摆的大小及类型；确定共振放大因子（共振放大因子是指当转速等于转子临界转速时转子横向振动敏感性的程度，可以通过半功率带宽法和幅值比率法在波特图上求出）；前后对比 0.5*X*、1*X*、2*X* 振动分量波特图，可以提供转子横向裂纹信息。图 8－27 所示为波特图。

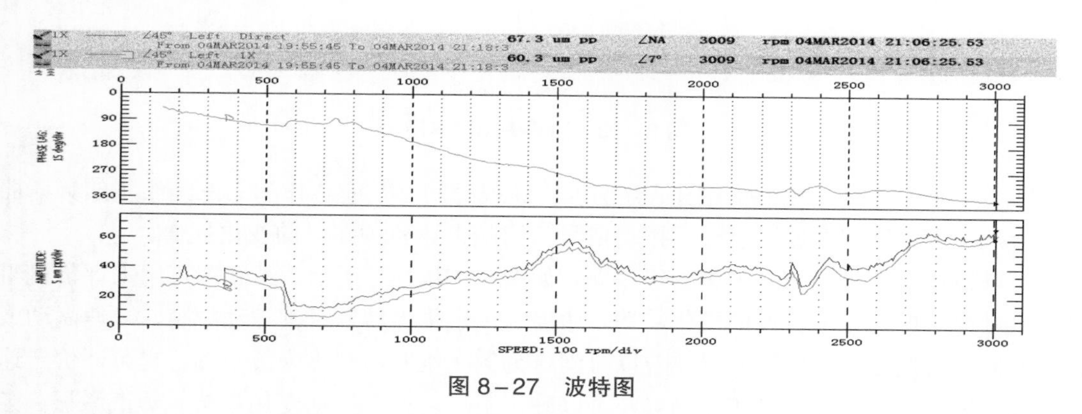

图 8－27　波特图

（2）波形图。振动波形图表示在某一时间采样周期内由振动传感器采集的振动原始波形。通过振动波形可以分析振动幅值、相位、频率成分及量值，尽管频谱分析在频率分析上远较波形更便捷、直观、准确，但波形分析仍有着重要作用。如在轴振测量中，由于转子测量探头处轴颈有毛刺或有电磁干扰的存在，会造成振动异常，此时频谱分析就不如波形分析直接和清晰。图 8－28 所示为轴颈处有沟痕的轴振波形图。

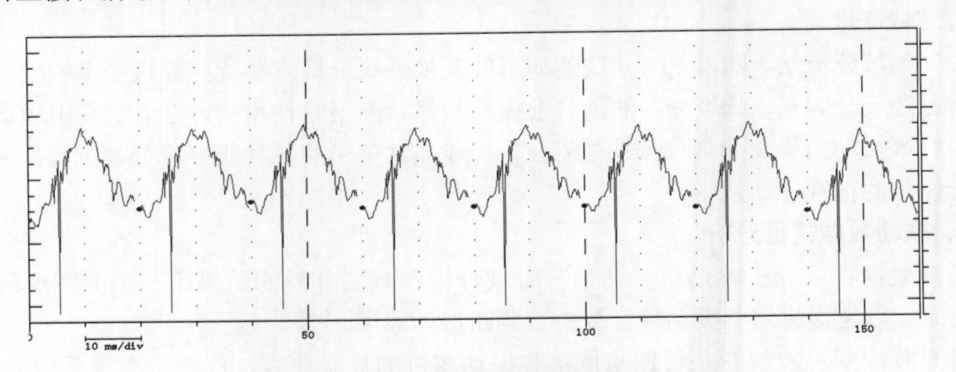

图 8－28 轴劲处有沟痕轴振波形图

（3）频谱图。对振动波形进行 FFT 分析则得到振动的频谱分布，即频谱分析图，可以得到信号中所含各谐振分量的频率和幅值。它反映出振动的频域特征。

振动频率是振动故障诊断的重要依据之一。一方面它可对发生的振动进行科学和严密的分类，另一方面依据频谱值可以直接判明某些故障及其严重程度。因此，在振动故障的分析与预测中，频谱图是目前使用最为普遍的图形。图 8－29 所示为油膜失稳的频谱图。

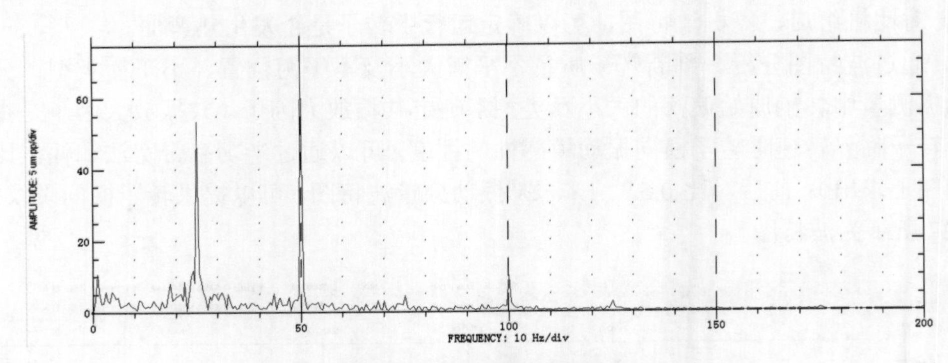

图 8－29 油膜失稳频谱图

（4）三维频谱图。三维频谱图是分别以转速或时间参数变化作为第三维绘制的频谱曲线集合，三维频谱图形象地展现了振动信号频谱随上述各种参量的变化规律。

当以转速作为第三维时则称为级联图，如图 8－30（a）所示。级联图可用来评价机组启停机过程中振动频率特性的变化趋势，如确定转子临界转速及其振动幅值、半速涡动或者油膜振荡的发生和发展过程等。若以时间作为第三维时，则称为瀑布图。它可评价定速下，振动频率特性随时间的变化趋势，可以确定工作转速下振动变化趋势、蒸汽激振、半速涡动或油膜振荡的发生和发展过程等。三维频谱图能帮助对振动故障及其发生的时刻做出精准的判断。汽流激振故障的瀑布图如图 8－30（b）所示。

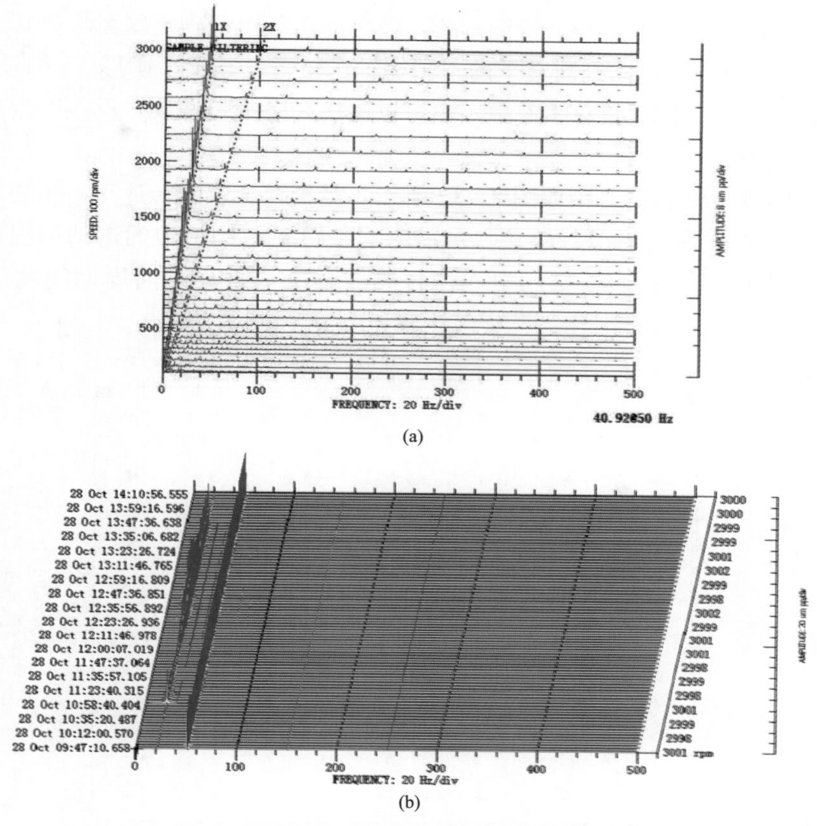

图 8－30　汽流激振故障的级联图和瀑布图

（a）级联图；（b）瀑布图

（5）极坐标图。将各转速下工频振动信号的振幅和相位在极坐标平面上表示时，则称为极坐标图或振型圆图，又称为乃奎斯特（Nyquist）图。此时各转速下工频幅值 A 为向径的模，相位 φ 为向径的幅角。

极坐标图（见图 8－31）实际上是波特图在极坐标上的另一种表现形式，是工频振动

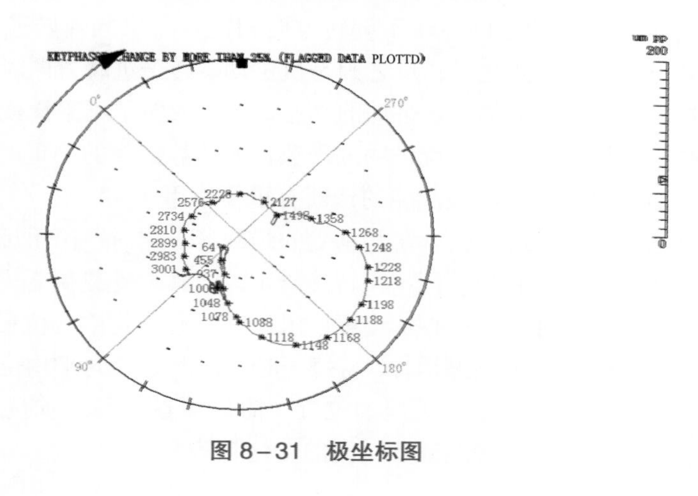

图 8－31　极坐标图

矢量随转速变化的向量端图。与波特图一样，极坐标图可用于确定轴系临界转速及其过临界转速时的振幅和相位，帮助判断转子的不平衡轴向位置及其不平衡形式。如果将图 8-31 上的变量由转速变为时间、负荷等参数，也可以画出一条类似曲线，反映参数变化过程中振动矢量的变化情况。

（6）轴心轨迹。轴心轨迹图如图 8-32 所示，是指在给定的转速下，轴心相对于轴承座在其与轴线垂直平面内的运行轨迹，它描述的是转子在轴承中的运动情况。轴心轨迹是在同一截面上由两个互为正交的电涡流传感器在某一采样时间周期的输出信号叠加而成的。

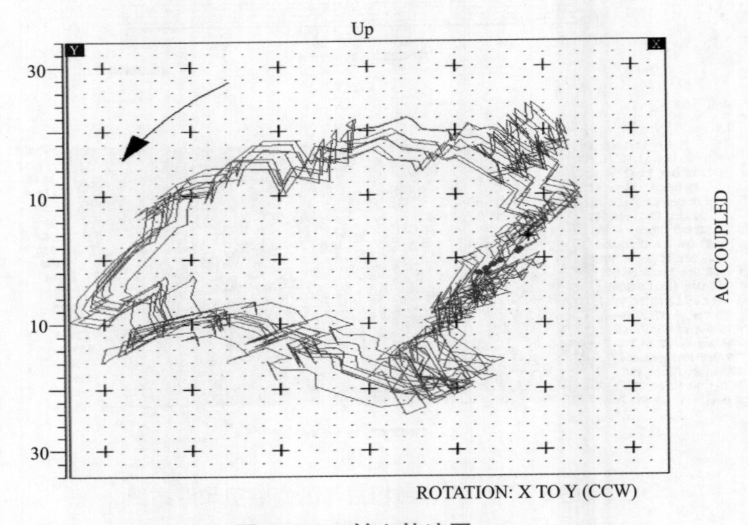

图 8-32 轴心轨迹图

一些振动故障反映出的轴心轨迹具有其各自的特点。因此，将实测的轴心轨迹与这些典型振动故障时的轴心轨迹图形进行比较，可以有助于分析振动产生的原因。轴心轨迹的形状和两个方向轴振中的频率分量及幅值大小有关，频谱分析判断信号中频率分量更直观。

将轴心轨迹上转子运动方向与转子旋转方向相比，可以判断转子是正进动还是反进动，与转子旋转方向相同是正进动，反之则是反进动。转子进动方向对判断某些振动故障有帮助。大多数情况下，机组都呈正进动的动态运动，如转子不平衡或者油膜不稳定引起的涡动，但有些机械故障也会产生反进动的现象，如动静部件的严重摩擦。轴心轨迹的形状及其运动方向对于某些旋转机械故障的诊断有重要作用。

（7）轴心平均位置图。滑动轴承在其承受的静载荷一定时，由于旋转转速的不同，转子在油膜中浮起的高度及位置也不同；在转速一定，当其承受载荷变化时，转子在油膜中位置也会变化。对每一个时刻的轴心轨迹可以求出其轴心平均中心位置，转子实际上是绕平均中心位置沿着轴心轨迹做动态运行。将每一时刻的轴心径向平均位置连接起来就构成了轴心位置图，它是轴心相对于轴承座的位置（简称轴心位置）。轴心位置图如图 8-33 所示，显示了轴的中心位置随转速或者时间的变化趋势。

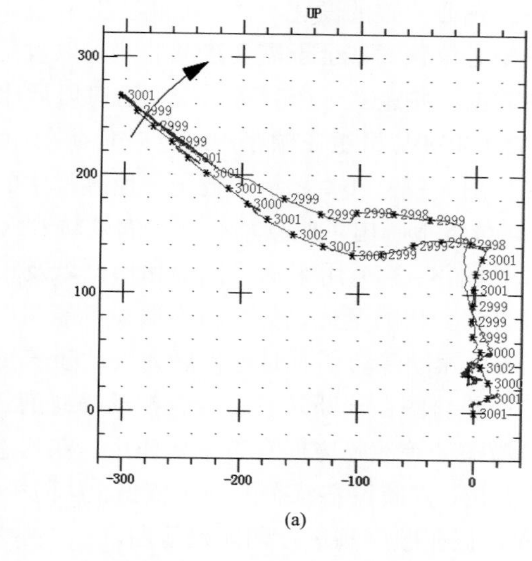

(a)

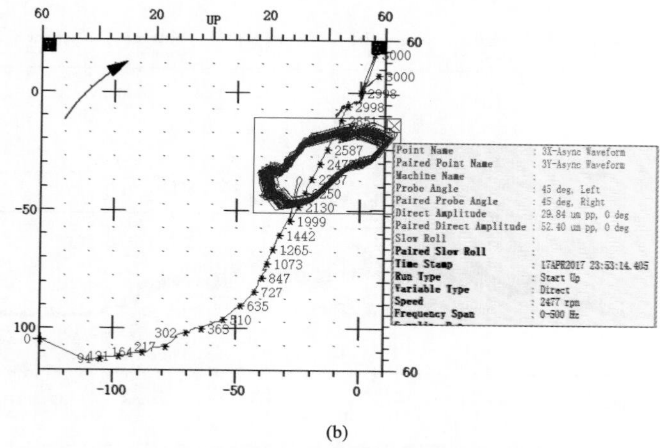

(b)

图 8－33　轴心位置图

（a）轴心平均位置图；（b）转子在某一轴心平均位置处涡动

通过轴心位置图可以进行下列分析：

1）判断轴承承载情况。轴颈中心位置高，承载轻，轴承油膜压力小，瓦温低；反之则承载重，油膜压力大，瓦温高。

2）判断轴承工作情况。轴颈中心位置直接影响轴承工作状况，承载轻的轴承稳定性差。如果振动频谱中出现低频量，且转子中心位置往上移动，则很可能是由于轴承承载变轻导致油膜失稳。根据转子中心位置变化，也可以对轴瓦钨金损坏原因进行分析。

3）判断轴承标高相对变化情况。如果正常运行中相邻两个轴承出现了一个转子中心位置升高，另一个转子中心位置降低的情况，可能意味着由于轴承座受热膨胀或基础沉降等原因造成了两个轴承相对标高变化。严重时可能会出现油膜失稳或轴瓦磨损的情况。

4）判断动静间隙情况。当转子中心位置在轴承中变化时，将会引起油挡、轴封等处动静间隙的变化，严重时可能产生动静碰磨。

在机组运行中应密切注意轴心位置的变化，对于可能发生中心线偏移或其他预加负荷的情况下，必须密切地监测轴心位置，甚至于需要连续监测，以收集机组的“冷态”轴心位置和“热态”轴心位置的数据，并建立一个参考系统，这对以后比较轴心位置是很重要的。图8－33（a）所示为一台600MW机组在顺序阀运行时负荷在400～520MW区间变化时1号瓦处转子轴心位置图。图8－33（b）显示了转子降速过程中的轴心平均位置图，其中在2747r/min时的轴心平均位置上画出了此刻轴心动态涡动轨迹（轴心轨迹）。

（8）趋势图。趋势图（见图8－34）用来描述振幅和相位以及相关的其他参数（如有功负荷、励磁电流等）随着时间变化的变化趋势。因为振动可能与有功负荷、发电机转子电流或者油温等参数有关，所以振动趋势图有时也扩展为振动随着负荷或者转子电流等相关参数变化的函数关系。振动趋势图在诊断转子是否存在动静碰磨、热弯曲、转动部件损坏飞脱、汽流激振及轴瓦自激振动等故障方面有着重要作用。在状态检修方面，通过观察振动水平的发展趋势，作为分析、判断设备状态的一种依据，从而制订检修计划。图8－34所示为某机组1号瓦X方向轴振在顺序阀运行期间趋势图。

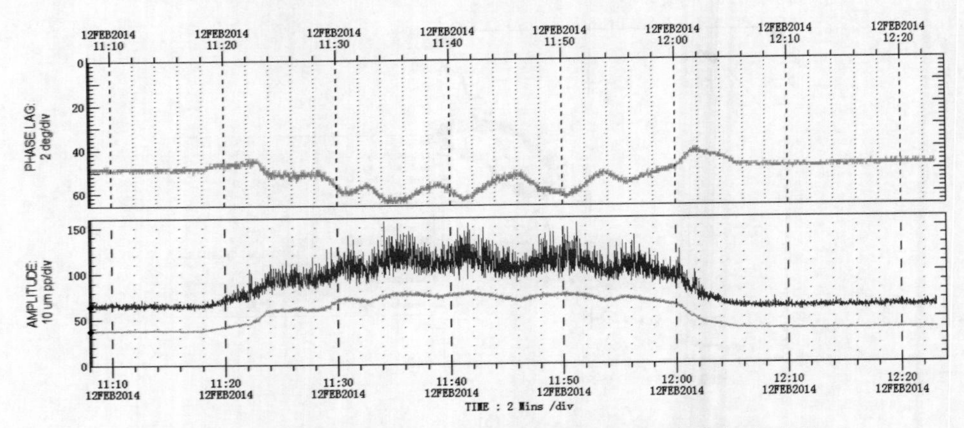

图8－34　某机组1号瓦X方向轴振在顺序阀运行期间趋势图

四、调试期间机组振动监测及试验

在机组整套启动期间，设计、制造、安装等方面的缺陷都会逐渐暴露，而许多缺陷会导致振动异常，运行参数异常或运行操作不当也会造成剧烈振动。因此，整套启动期间，要严密监测机组振动，判断评估振动安全状况，对振动及时进行分析，振动异常时及时采取措施，保证设备和人员安全，防止大轴弯曲等恶性事故发生；此外，通过振动监测，测试、收集机组临界转速、转子原始偏摆等数据，为制定、修改运行规程提供必要的依据，指导机组启动运行；收集机组振动特性原始数据，为以后振动故障诊断提供依据，为电厂建立机组振动数据库提供数据。

（一）资料收集

振动影响因素众多，设计、制造、安装、检修、调试都会对振动产生重大影响，对于调试的机组，有时是该机型的首台机组，对于机组的振动特性没有现场实测数据可供参考，为了保证调试机组启动安全顺利，必须对机组结构及振动特性、安装调整数据及标准、机组启动方式及运行要求有深入了解，以便能够指导机组启动，保证机组安全，在发生振动故障时能够及时找到故障原因或确定进一步试验内容，提出处理方案。为此必须收集下列资料：

1. 出厂资料

因为机组振动影响机组安全、经济运行，制造厂在设计时，轴系振动特性应该是重点考虑的内容之一。收集出厂资料一是了解机组结构特征及相应数据，二是了解机组在设计时振动特性是否满足要求。制造厂在设计阶段应使轴系的振动特性限制在一定的范围内，从而保证机组投运后获得良好振动品质。在设计阶段就应保证计算的振动特性满足下面要求：① 不论单转子或者是轴系的弹性临界转速应避开工作转速，避开裕量应大于−10%、+15%；对于大功率多转子的轴系如不能满足上述要求，应进一步考核轴系的不平衡响应，应满足工作转速振动数值小于要求值，不平衡响应应小。② 给定要求的不平衡量和相位的条件，在整个升速过程、超速试验过程及在工作转速下，整个轴系振动均应不超过相应的标准。③ 轴系稳定性要好，一是峰值响应敏感性系数（Q 系数）小，二是对数衰减率大于 0.1 和失稳转速大于 3600r/min。要了解设计时上述振动特性是否满足要求。

除了收集上述数据外还应收集轴系支撑系统跨距，转子长度及重量，靠背轮形式，轴瓦形式及有关数据，轴瓦失稳转速，单转子临界转速，连成轴系后转子临界转速，轴系振型，轴承座结构，轴系不平衡响应系数，出厂时动平衡情况，汽缸支承及滑销系统结构特点，轴系动平衡加重位置、加重半径、加重方式，转子旋转方向，振动测量系统技术性能等资料。

2. 机组安装资料

机组安装资料包括转子找中心数据、轴颈扬度、轴瓦接触情况、轴瓦间隙、瓦盖紧力、转子原始弯曲、推力盘瓢偏、联轴器晃度及瓢偏、滑销系统间隙、通流部分间隙、油挡间隙、基础沉降等数据。

3. 机组调试和运行资料

了解机组启动程序、步骤及有关运行规程、振动保护定值及逻辑、顶轴油压、盘车电流及摆动值、大轴原始偏心值；轴向位移、膨胀、差胀、轴承金属温度限值等。

4. 其他机组资料

收集同类型已投产机组振动情报，了解这些机组容易发生哪些振动故障及其原因、处理措施，收集动平衡影响系数等资料；有时调试机组是该类型机组的首台机组，没有同类型机组可供参考，可以收集类似容量机组或轴系结构类似机组的振动资料，这些机组的振动分析处理经验对于新型机组也会有很大参考价值。

5. 机组振动测量装置资料

了解机组安装的振动传感器类型、灵敏度、线性度、频率特性、温度特性；传感器布置位置及安装角度、键相探头位置及安装角度，TSI 监测装置型号，DCS、DEH 显示轴振、瓦振的模式（位移还是速度、峰−峰值还是单峰值、均方根值）。

（二）机组启动前准备工作

1. 测点选取

为了全面监测机组振动情况，现在大型机组每个轴承位置都安装了两个测量轴振的涡流传感器，并且两个传感器的夹角为 90º；此外，每个轴承都安装了测量瓦振的传感器，一般是将瓦振传感器安装在轴承座上方垂直位置，也有机组将瓦振传感器安装在轴承座中分面水平方向上方 45º 位置。通过 TSI 装置分析处理，将振动在 DCS、DEH 相关监控画面显示，运行人员可以实时监测所有振动，但这些只能监测通频振动，对振动分析而言，其提供的信息远远不够，因此在调试启动时，还必须另外布置离线测量仪器，以提供振动频率、相位等信息。在布置离线仪器时，通过 TSI 中继输出端口输入到测试仪器。根据测试仪器的通道数选择测点，目前调试单位配置的仪器一般是 24 个通道或 16 个通道，通过仪器组合，还可以提供更多通道数。在测试仪通道数足够的情况下，应将轴系所有轴振、瓦振信号均接入，以全面测量、观察每个轴瓦振动情况；在测试仪器通道数不能将全部测点接入情况下，优先接入全部轴振测点，然后接入低压缸、发电机瓦振测点；在测试仪器测点通道数更少的情况下，保证每个轴瓦至少有一个轴振测点接入，也可根据同类型机组一般哪些轴瓦容易出现振动大的情况，将那个测点接入，在启动后可根据具体振动情况对测点进行调整。

2. 调试测试仪器及记录有关数据

根据制订的测试计划，连接好有关测点接线，在测试仪器中设置有关测点名称、传感器类型、灵敏度，振动量值单位、量程、频谱分辨率、触发模式、时间采样间隔、转速采样间隔等，使仪器处于热备用状态，机组一旦启动，采样记录触发后将自动按照设定采样间隔进行记录数据。

记录启动前大轴偏心、盘车电流、润滑油温度、密封油温度、轴向位移、各瓦油膜压力、轴封汽温度及压力、汽缸膨胀、真空等参数，确认振动保护等投入。

（三）启动过程的振动测量

1. 低转速振动测量、监测

机组启动后，振动调试人员手动触发或仪器自动触发采样，仪器开始采集、记录振动数据。运行人员注意监测 DCS、DEH 画面有关振动等参数，就地检查的调试、运行、安装等人员应通过听棒、手提式振动表等进行检查。

三大汽轮机厂 1000MW 机组都设置了摩擦检查程序，摩擦检查转速有所不同。机组升速至摩擦检查转速打闸，进行摩擦检查。摩擦检查期间，就地检查十分重要，因为转速低，摩擦故障在振动数值上可能没引起什么明显反应，但可能在现场会发现明显异常，如有的外油挡或轴封摩擦，在现场可看见火花，有的盘车处罩壳与转轴摩擦，可听到明显异音等，对这类外部可见火花和产生明显异音的摩擦，一般需要停机进行处理；如果轴封、油挡等处有轻微摩擦声，但振动数值没有异常变化，应对其进行分析评估，在调整处理动静间隙困难的情况下，可以考虑通过磨合的办法，将间隙磨大，也即挂闸将转速升至摩擦检查转速，在该转速运行，观察振动变化，如果轴振增大 30μm 以上，停机，投入盘车；转子热弯曲消失后，再次启动升速至摩擦检查转速，观察振动变化，如果运行 15min 左右，振动一直稳定，则可升速至低速暖机转速。

在摩擦检查无异常后，挂闸升速。在 300～500r/min，由于此时转速较低，质量不平衡产生离心力较小，转子没有产生动挠度，而此时轴承油膜已开始建立，此时仪器测得的轴振并不是真正的轴振值，而是轴的偏摆（run－out）。偏摆是因机械的、电磁的、材料的因素引起的非振动偏差，偏摆信号将混入振动信号中，使轴振读数失真。因此，此时应观察、记录轴振值，如果轴振达到 40μm 以上，应分析原因，并考虑在以后测得的振动值中，是否采取补偿措施；如果此时轴振低于 30μm，可以不考虑补偿。此外，如果此时轴振主要是 1 倍频，该值也就是该处轴颈的晃度，与转子弯曲度有关。偏摆值在某些故障原因的振动分析、诊断中是重要数据。

2. 暖机期间振动监测

机组升速至低速暖机转速（700～800r/min）进行低速暖机，转速稳定后应立即记录振动数值，并每隔 5min 人工记录一次（测试仪器可以设置 10s 记录一次），如果振动出现明显爬升，应分析原因采取措施。一般在低速暖机转速，振动爬升波动大都是由于动静碰磨造成。如果通过检查、分析，判断振动爬升是碰磨引起，可对上下缸温差、轴封系统有关参数及疏水等进行检查；如果发电机轴瓦轴振增大，在检查外油挡无异常后，可以认为是密封瓦或内油挡碰磨造成，因为首次启动此转速下密封油温度都较低，而密封油温度低会造成密封瓦碰磨，在以往调试中多次发生类似现象，所以此时应检查密封油温度，如果温度过低，可以将密封油电加热装置投入运行，提高密封油温度。如果运行参数等正常，则碰磨可能是轴封、汽封等动静间隙偏小造成，可以考虑采取磨合的办法将间隙磨大，即是通过控制振动数值，来控制摩擦程度，在振动增大到一定值（即摩擦到一定程度）后，打闸停机，使动静脱离接触，投入盘车，待热弯曲消失后再启动、升速至暖机转速。控制振动数值大小是个难点，出于安全考虑，应将振动数值控制得小些，但这样将使得磨合时间变长，且需多次启、停机，如果振动数值过大，又有安全风险。对于低速暖机时碰磨，在第一次决定停机时，可考虑将振动控制在轴振增大到报警值或增大 60μm 以上。在投盘车后记录偏心值并与启动前偏心值比较，如果相差较小，说明此次碰磨程度并不太严重，可在下次碰磨中将振动值适当放大（对于低压转子和发电机转子根据低转速时轴振值进行比较）。在现场实践中，为了避免频繁启停，有时采用如下方法：即在振动增大到一定值后，将转速降到某低转速，记录此时振动值，观察振动情况，如果振动有下降趋势（说明在该转速动静部分已脱离接触），则将转速稳定在该转速，待振动下降到升速时该转速振动值并稳定后，说明转子热弯曲消失，可以再将转速升速到暖机转速继续暖机；如果在该转速振动继续增大，说明在该转速下，仍然发生动静碰磨，可将机组打闸，投入盘车。在发生碰磨后，采取降速暖机的办法，一定要有振动专业人员在场指导，并有精密离线仪器监测，对振动通频值、基频值、相位进行全面分析。在磨合的过程中，一定要严密监视轴振情况。一般通过数个回合磨合，间隙即可磨大。

有的机组还设置了中速暖机（1300～1400r/min）。机组低速暖机期间振动稳定无异常，低速暖机有关参数要求满足后，即可升速到中速暖机转速，进行中速暖机。中速暖机期间对振动的监测及处理，采用低速暖机期间同样的方法。值得注意的是，中速暖机转速可能接近轴系临界转速，因为临界转速实际值同计算值会有一定偏差，而制造厂给定的暖机转速是按临界转速计算值考虑的，所以中速暖机转速可能要根据振动实际情况进行变更。

3. 升速过临界振动监测

低速暖机有关参数要求满足后，机组可以升速。此阶段升速将越过轴系多个临界转速。临界转速是使转子－支撑系统产生共振的转速，在过临界转速时往往会有较大的振动，产生较大振动的原因一般是由质量不平衡引起的，但动静碰磨、暖机时间不够等也会引起过临界振动大，因此在转速接近临界转速前振动大时，一定要分析振动大的原因，并制定相应的对策，千万不可用“冲临界”的方法强行升速。对于在低速暖机（中速暖机）期间，产生过碰磨的机组，更应注意。众多弯轴事故都是由于硬闯临界造成的，新机调试振动监测的首要目的就是要防止弯轴。

因为过临界时升速率较高，而且越接近临界转速振动越大，转子动挠度越大，如果过临界时产生了碰磨，将会越磨越弯，摩擦越来越厉害，所以为了安全起见，在机组首次启动过临界时，在升速达到某跨转子临界转速前，如果相对应转子的支撑轴承轴振达到跳机值的 0.7～0.8 倍，应打闸停机，对振动进行分析诊断。① 如果升、降速过程波特图相差较大，即同一转速下，升速和降速时振动相差很大，说明转子发生了动静碰磨，可以结合盘车后大轴偏心数值与启动前偏心数值的比较，进一步确认。在对上下缸温差、疏水、轴封系统等检查无异常后，可进一步采取磨合的方法来处理碰磨。在通过盘车使转子热弯曲消失后，可挂闸升速至低速暖机转速，稳定一段时间后，如果振动稳定，可以将转速升高至某较高转速（如 1100r/min 左右，此转速应至少低于碰磨转子临界转速 200r/min，但同时应避开其他转子临界转速），进行进一步暖机，在此暖机期间，采取低速暖机时同样办法，逐步磨合，直到该转速下振动稳定，不随时间爬升，再升速过临界（或再提高一个转速，进行暖机磨合）。如果过临界前振动仍然很大，再停机或降速到前一个暖机转速，待热弯曲消失后，再升速。如此几个磨合过程即可将间隙磨大。② 如果升降速过程波特图基本重合，也即同一转速下，升速和降速振动相同，说明转子没有产生动静碰磨，转子存在较大的一阶不平衡。此时也有两种处理方案，一是马上进行动平衡处理；二是将机组升速到 3000r/min，根据定速后的振动情况，判断该转子或其他转子是否还存在二阶不平衡，再统一考虑进行动平衡处理。如果升速过临界时，振动保护动作，根据 GB/T 6075.2《机械振动　在非旋转部件上测量评价机器的振动　第 2 部分：功率 50MW 以上，额定转速 1500r/min、1800r/min、3000r/min、3600r/min 陆地安装的汽轮机和发电机》和 GB/T 11348.2《机械振动　在旋转轴上测量评价机器的振动　第 2 部分：功率大于 50MW，额定工作转速 1500r/min、1800r/min、3000r/min、3600r/min 陆地安装的汽轮机和发电机》，过临界振动保护定值可以比稳态保护定值高的准则，在确认转子没有动静碰磨的情况下，可以适当放大保护定值，但放大的数值，一定要经过专业人员认真分析研究，切不可随意放大。千万不可盲目采用放大振动保护定值或提高升速率等措施硬“冲临界”。

对于上海汽轮发电集团生产的二次再热超超临界 1000MW 机组，冷态启动也是仅在 300r/min 进行摩擦检查，随后升速至 870r/min 低速暖机，参数合格后直接升速到 3000r/min，对此启动过程进行振动监测，必须确保振动保护投入，由于制造厂给定的振动保护是瓦振，轴振仅是提供建议打闸值而没有自动保护，因此其启动过程，应严密监测轴振情况，对于汽轮机及发电机轴振一旦达到打闸值，应迅速打闸停机。

4. 定速 3000r/min 后振动测量和监测

机组升速、定速至 3000r/min，因此时运行参数不高，运行时间较短，转子温度、汽缸温度均处于较低值，一些可能的故障引起的振动在此时尚不会出现或对振动影响较小，如转子存在内应力、转轴材质不均、发电机转子受热后产生热不平衡、汽缸膨胀不畅等，因此，在升速过程没有摩擦的情况下，此时振动基频量主要是转子不平衡产生，体现了转子原始不平衡状况，是分析、处理不平衡的基础数据，同时也是分析、判断一些振动故障的重要参考依据。定速 3000r/min 后，要全面测量记录机组振动，包括通频、基频、相位数值，并进行频谱分析，特别是如果仪器测量通道数不够，部分测点没有接入仪器的，此时应利用一个通道将这些测点依次接入进行巡测。如果判断轴系不平衡量较大，根据振动数值大小及调试进度安排，制定动平衡处理的时间。

首次定速 3000r/min 后，汽轮机和电气专业要进行一系列试验，空载运行时间较长。随着运行时间延长，机组的受热状态将逐步变化，可能会引起振动变化。在此期间可能出现的振动问题主要有油膜失稳、动静碰摩、汽缸膨胀不畅等。

机组定速 3000r/min 后，如果由于安装或制造原因，个别轴承可能承载较轻，顶隙过大；或热态后由于轴承座受热膨胀等原因造成轴承间相对标高变化，使得个别轴承承载变轻，轴承可能出现油膜失稳。油膜失稳后轴承振动中将会出现 25Hz 左右的低频量，振动将不稳定。在运行中可以通过改变润滑油温度、压力（开启顶轴油泵）来尝试抑制低频量，在有的机组中有一定效果；在停机后处理一般采取提高轴承标高、增大轴承承载、提高轴承比压、减小轴承顶隙等措施。

汽缸膨胀不畅和跑偏，一则可能会造成动静间隙变化，严重的将导致动静碰磨；二则可能造成有的轴承座动刚度降低，使得瓦振变大。通过现场安装百分表监测膨胀数值，可以发现是否存在膨胀问题。

定速 3000r/min 后，振动故障最多的是动静碰磨。在 3000r/min 运行，如果轴振波动、爬升，一般是动静碰磨引起。可以通过对振动通频、基频、相位等数值大小及其变化以及其他一些振动特征来分析、判断。动静碰摩的原因一般是：

（1）转子轴振动大。轴振大可能会使大轴与静止部件接触。通过刚定速 3000r/min 时振动及振动稳定时数值，可以判断转轴振动是否偏大，如果轴振大是质量不平衡引起，可以通过动平衡降低轴振，从而消除碰磨或减轻碰磨程度。

（2）上下缸温差大、疏水系统故障、膨胀不畅等。通过检查有关运行参数、现场检查等可以发现故障，并采取相应措施。

（3）动静间隙偏小。动静间隙偏小可能是设计、安装原因，也可能是受其他多种因素影响，如凝汽器灌水、真空、部件受热膨胀等。对于动静间隙偏小造成碰磨，可以采用磨合办法处理。工作转速下动静碰磨较多的发生在低压转子上。这主要是因为目前大型机组低压缸刚度普遍较弱，在真空作用下变形较大，导致动静间隙变小。在低压转子摩擦造成轴振增增加 30～40μm 后，可以进行降低真空试验，一般降低真空（3～4kPa），观察振动变化。

1）大部分机组在真空降低后，振动会逐步趋稳，随后逐步下降，最后恢复到原来稳定值。在试验证明降低真空可以减轻碰磨后，恢复真空到原来数值。此后如果振动波动爬升，可以在振轴增加 50～60μm 后，降低真空；振动下降恢复到原来稳定值后，再恢复真空。通过如此磨合，将间隙磨大。如果振动增大后，降低真空，但真空稳定一段时间后，振动仍然快速爬升，则应将机组打闸，投入盘车，转子热弯曲恢复后，再启动升速至 3000r/min。

2）如果改变真空对减轻碰磨没有效果，可以在低压转子轴振增大到某一数值（如报警值或轴振增加 50～60μm）后，将机组打闸，投入盘车，转子热弯曲恢复后再启动。在现场实践中为了避免频繁启停机，也有采用如下措施的：在振动增大到某一数值后，将转速降低到某一振动不敏感区（如 2500r/min、800r/min，一定要避开临界转速区），如果在该转速下，振动下降，则在该转速停留，待振动恢复到原来升速时振动值并稳定后，再升速至 3000r/min；如果在该转速下，振动不下降，则打闸停机。

定速 3000r/min 后，发电机振动爬升的现象也比较多，一般是密封瓦或内油挡碰磨，可以通过振动通频、基频、相位等数值大小及其变化分析判断。运行上可以适当提高密封油温度，如果没有效果，则考虑通过磨合将间隙磨大，如果判断转子不平衡量较大，可适当时候进行动平衡处理，降低轴振数值，消除碰磨或减轻碰磨程度。

5. 带负荷后振动测量和监测

机组并网后带负荷运行，是一个从空载带满负荷的过程，机组运行状态变化很大，机组的一些设计、制造、安装缺陷将会充分暴露，振动也可能发生很大变化，因此，对带负荷后机组振动也应严密监测。

在此阶段可能发生的振动问题有转子受热产生热弯曲、汽缸膨胀不畅、联轴器传递扭矩不均匀、汽流激振、油膜失稳、动静摩擦、发电机受不均衡电磁力等，对这些振动故障可以通过振动故障诊断试验及运行中有关参数分析进行诊断。

（四）振动故障诊断试验

调试机组由于设计、制造、安装、运行等原因，在启动过程、定速带负荷运行过程中，可能会出现振动偏大或者振动异常变化的情况，而振动故障往往和运行工况、运行参数有一定关系。有时为突出主要故障征兆，排除可疑因素，并从量化方面掌握运行参数对振动的影响，进而为缓解或消除振动，制定改变运行方式或停机处理的决定，需要根据振动情况，进行有关振动试验。

1. 负荷试验

（1）试验目的。机组负荷变化时，转子及联轴器传递的扭矩、机组进汽量和各级的温度、压力随之变化，汽缸膨胀、汽轮机转子热膨胀、轴承座变高等也将相应变化。汽缸膨胀不畅可能导致轴承座动刚度变化，汽缸猫拱、差胀异常；如果转子材质不均、转子有残余应力等，在受热状态变化后，可能会产生不均匀热变形、热弯曲；轴承座受热状态变化会产生标高变化；如果联轴器连接螺栓紧力异常，靠背轮扭矩变化后，会改变转子对中状态。因此，通过负荷试验来观察振动与负荷的关系，判断振动是否与热膨胀、机组中心、联轴器缺陷有关。

（2）试验方法。负荷试验在机组空负荷和满负荷之间进行，可以选空负荷、25%负荷、50%负荷、75%负荷、满负荷等工况，也可以根据机组运行实际情况确定试验工况，但负荷变化不宜太小，应尽量大些。负荷改变后，应立即测量振动，然后保持负荷不变，待汽缸的膨胀及差胀、振动不再变化后，再次测取振动值，并记录有关数据。

（3）试验分析。在此项试验中可能出现下列现象：

1）负荷改变后，振动立刻改变，振动与负荷变化没有时滞。特别是在并网和解列时，振动发生突变，也有是在某一负荷下发生突变，这种现象说明振动与转子传递力矩有关，一般是联轴器有缺陷，如联轴器连接螺栓紧力不足或不均匀、联轴器套装紧力不足等。也有机组由于调节汽门开启顺序原因，在某一负荷点，由于汽流作用力导致转子在轴承中位置发生变化，轴承稳定性降低，同时也可能造成汽流激振力增大，因此会出现汽流激振，振动也会突然增大。通过频谱可以判别是否是汽流激振，这种振动可以通过调整阀序、重合度等进行进一步试验，以找到消除振动方法。

2）负荷改变后，振动并不立即增大，而是随着时间延长，振动逐步缓慢增大。振动变化滞后于负荷的变化，这种现象说明振动变化与膨胀不畅和热变形有关。负荷改变，转子及汽缸的温度场也将发生变化，但其变化有一定的滞后时间。当汽缸受热状态改变后，由于汽缸受管道约束力过大，轴承座与台板滑动面之间缺少油脂或油脂干枯等原因，导致汽缸膨胀不畅或跑偏，造成轴承座连接刚度变化或汽缸动静间隙变化；当转子由于制造原因存在材质不均、残余应力，由于安装、运行原因转子中心孔进油（目前大机组都是实心转子已不存在此问题）时，在转子温度升高后，将会产生热弯曲。

2．励磁电流试验

（1）试验目的。判断发电机振动是由于电气原因还是机械原因造成的。如果振动和励磁电流无关，则振动不是电气方面原因引起的，否则就可能是由电气方面原因引起的。而电气方面原因引起振动又分两种情况，一种是由于纯电磁力引起的（如发电机转子匝间短路、转子与定子间气隙不均匀导致的电磁激振力）；另一种是电气方面引起的转子机械状态变化（如转子匝间短路还可能会引起转子受热不均，产生热弯曲）。机械方面的原因主要有转子材质不均、转子有过大内应力、通风孔堵塞等。

（2）试验方法。该试验一般在机组带负荷运行时进行，试验时保持负荷不变，分级增大励磁电流（励磁电流变化应在许可范围内尽量大），励磁电流改变后，立即测量、记录振动数值，稳定30min或振动稳定不再变化后，再次测量、记录振动。

（3）试验分析。励磁电流变化后，振动立即变化，两者之间没有滞后，这种振动是由于磁场不平衡引起的。形成磁场不平衡的原因有两个方面，一方面为发电机转子线圈匝间短路或转子有椭圆度；另一方面为发电机转子与静子间的空气间隙不均匀。

励磁电流变化后，振动并不立即变化，而是随着运行时间延长逐渐变化，经过一段时间后，振动趋于稳定。这种现象说明振动与转子的热状态有关，转子受热后产生了热弯曲或部件产生了不均匀热变形。其原因为转子材质不均、转子上内应力过大、转子线圈局部短路、转子通风孔局部堵塞、转子上套装零件失去紧力、楔条紧力不一等。

3. 真空试验

（1）试验目的。大型汽轮机低压转子轴承通常与排汽缸连成一个整体。凝汽器内建立真空时，在大气压力作用下，排汽缸及位于其上的轴承座会下沉；真空变化时，排汽缸温度也发生变化，也会影响到轴承座的标高，从而改变各轴承的承载，当变化较大时，会改变轴系振型，也即改变了对不平衡响应的系数，从而导致振动异常；机组真空变化还可能会改变汽缸底部与台板接触状态，造成汽缸与台板连接刚度变化，使得低压缸瓦振变化；对于缸体刚度较差的机组，在真空作用下，缸体的变形较大，再加上轴承标高变化，通流部分的间隙将产生较大变化，有可能导致动静摩擦。真空试验的目的在于判别机组振动（特别是低压转子及其支撑轴承）与真空及排汽温度之间的关系。

（2）试验方法。真空试验一般在空负荷或较低负荷下进行，这样可以使真空变化范围大些，但在高负荷时，如果低压转子振动增大，分析可能产生了动静碰摩时，也可以迅速降低真空。真空变化可以通过改变凝汽器循环水量、改变真空泵运行台数、将有关真空仪表管与大气相通改变其开度等办法实现。真空改变后，立即测量、记录振动数值，稳定 30min 后再测量记录一次。

（3）试验分析。真空改变后振动很快发生变化，这种情况主要出现在排汽口与凝汽器是弹性连接的机组。其原因如下：

1）低压缸动静间隙偏小，排汽缸缸体刚度较差，在真空作用下，缸体变形较大，动静间隙变化较大，机组动静部分碰摩。

2）排汽缸刚度差，真空作用下导致轴承座标高变化大；或者转子找中心时没有考虑运行中轴承座标高下沉的影响。

3）排汽缸底部与台板连接刚度变化。在真空变化时，由于排汽缸变形及位置变化，导致排汽缸底部与台板之间出现接触状态变化（特别是低压缸两端），使连接刚度变化，造成轴承座振动变化。

真空变化后振动并不立即变化，而是滞后于真空变化，表明振动与热状态有关。这是因为真空变化，必然引起排汽缸温度变化，坐落于后缸的轴承座标高也将会变化，从而振动可能发生变化，但后缸温度变化滞后于真空变化。这种情况大多发生在排汽口与凝汽器刚性连接，且排汽部分刚度又较好的机组上。

4. 连接刚度试验

（1）试验目的。轴承座振动与其承受动载荷成正比、与动刚度成反比，而动刚度与轴承座连接刚度相关，当轴承座振动大时，首先应检查连接刚度是否正常。连接刚度试验目的主要是测量轴承座、发电机定子等结构及其连接部位的振动分布，以确定轴承座与台板、台板与基础、连接螺栓是否存在松动、接触不良等，由两个相邻部件的差别振动来判别部件间的连接刚度是否正常。

（2）试验方法。振动测点的布置应按待测部件的外形选取，在轴承座同一轴向位置、不同标高对称布置测点，每个测点顺次测量垂直、水平、轴向三个方向的振动，然后在不同的轴向位置重复进行上述测量。测点应既沿着部件的高度，又沿着部件的底部边界把这些部件包括在内。

（3）试验分析。轴承座连接刚度正常时，振动值从轴承座顶部到基础是平滑降低的，如果两个连接部件间差别振动较大，说明两个部件间接触不良或连接螺栓紧力不足，左右两侧对称位置上差别振动较大，说明两边接触、紧固情况不同；台板与基础的差别振动较大时，有可能二次灌浆不良或垫铁松动。

5. 润滑油试验

（1）试验目的。轴承工作状况对振动影响很大，轴承间隙过大或过小、轴承载荷过重或过轻、供油不足、油温不当等都会导致轴承工作不正常，产生轴瓦摩擦、油膜失稳、甚至油膜振荡等严重故障，润滑油试验通过改变供油压力和温度，考察其对机组振动和轴瓦稳定性的影响。

（2）试验方法。在进行润滑油压试验时，可以将油压升高20～40kPa，观察振动变化情况，如果振动是由于供油不足引起的，供油压力提高后，振动将明显降低。在调整油压不便的场合，也可以通过开启顶轴油系统来改变轴瓦供油情况。如果振动与供油不足有关，则开启顶轴油系统后，振动将会好转。

在进行润滑油温度试验时，因机组运行时润滑油温度一般在40～45℃范围内，因此做润滑油温度试验时，温度变化试验区间应在35～50℃范围内分级进行。试验时先由正常温度降至35℃，然后再从35℃升至50℃，至此试验结束，油温恢复正常值。每次调整温度时，缓慢使温度变化2℃，然后稳定10min左右，观察记录振动、轴瓦温度等参数数值，参数无异常后，继续进行下一步调整。

在进行润滑油试验时，要严密监视振动、瓦温等参数，一旦出现明显增大，应立即停止试验，按照运行规程采取相应措施，确保机组安全。

（3）试验分析。润滑油温度试验一种情况是在机组验收考核试验中，考察轴瓦油膜稳定性，如果在变油温试验中，振动出现了0.5倍频或转子一阶临界转速频率成分，则说明轴瓦产生了油膜失稳或油膜振荡，轴瓦稳定性须改进、提高；另一种情况是发现轴瓦出现了0.5倍频振动或转子一阶临界转速频率成分振动，通过改变油温试验，来进一步判断是否是轴瓦失稳，因为油膜失稳和润滑油温度有一定关系。如果改变油温后，0.5倍频振动成分降低或消失，则说明该振动是油膜失稳，且改变油温可以有效抑制油膜失稳。但对于油膜失稳，很多情况下改变油温并不一定有效，此时需进一步采取提高标高、减小轴瓦顶隙、减小轴瓦长径比、提高比压等措施。

如果振动中同时出现低频、高频成分，且有连续谱带、轴瓦瓦温高，则振动可能是供油不足引起。提高进油压力后，振动明显减小，即可证实是振动原因引起供油不足，可以检查进油管道是否堵塞或进油节流孔半径是否偏小。

6. 升降速振动试验

（1）试验目的。转子的不平衡离心力随转速变化，在转子临界转速或支撑系统固有频率附近运行时，振动会产生共振放大；油膜失稳只有转速高于轴瓦失稳转速时才会发生，且振动频率为0.5倍频，此外，如果在定速运行时转子产生了热弯曲或热不平衡量，则降速过程振动将会大于升速过程振动。因此，升降速振动试验目的是为了判别轴系是否存在不平衡及不平衡分布情况、转子是否产生了热弯曲、轴承座及与轴承座相连的基础等是否存在共振，找出转子临界转速、轴瓦失稳转速。

（2）试验方法。在机组启、停机过程中，通过振动测试分析仪表，每隔10r/min记录振动幅值、相位、频谱等。仪器自动将记录数据整理出波特图、极坐标图、三维频谱图等曲线。

（3）试验分析。如果转速一定时振动较大，振动成分主要是1倍频，振动幅值、相位稳定，在排除转子同心度、平直度偏差及电磁力后，即可判断转子存在质量不平衡。对于挠性转子，当转速接近临界转速时，振动幅值将迅速增大，1倍频相位也会发生较大变化，因此，通过升、降速振动试验，根据测量数值及波特图等图表，可以确定轴系各转子的临界转速及支撑系统的固有频率，并根据过临界、定速3000r/min时振动数值，分析、判断不平衡质量大小及不平衡形式。

当转子在运行中产生热弯曲或转子上部件产生不均匀热变形后，不仅正常运行中振动增大、相位变化，而且在振动增大后立即降负荷、解列、停机，其降速过程振动波特图同冷态开机时振动波特图相差很大，即同一转速下，升、降速时振动数值及相位发生很大变化。转子产生热弯曲或不均匀热变形原因大都是转子材质不均、转子有较大内应力、转子受热不均、转子冷却不均、动静碰磨等。

如果转子升速过程中，到一定转速后，出现了0.5倍频振动，其后再升速一直存在0.5倍频振动成分，则油膜产生了失稳。直到升速至2倍转子一阶临界转速，振动剧烈增大波动，振动低频成分为转子一阶临界转速频率，此后再升速，低频成分一直保持此转子一阶临界转速频率，轴系即产生了油膜振荡。在降速时低频量消失的转速要比升速时产生低频量的转速低一些，即有一定的滞后性。

（4）其他试验。此外，根据振动初步测试分析结果，为了进一步分析处理，还可进行高压调节汽门开启顺序试验、密封油温度试验、氢气温度及压力试验等。

（五）考核试验

1. 试验目的

（1）检查机组启动升速过程、定速3000r/min及带负荷时振动状况。考察机组振动是否适应工况变化，检验与考核机组振动技术指标是否达到合同、设计和有关规定的要求。

（2）为机组投产后的安全、经济运行提供技术指标的依据。

（3）为考核机组达标投产和创优质工程提供技术指标的依据。

（4）为电力建设工程质量监督检查提供技术指标的依据。

（5）为机组并网安全性评价提供技术指标的依据。

（6）为国家行政主管部门的专项验收提供机组技术指标的依据。

2. 引用标准

（1）GB/T 11348.2《机械振动　在旋转轴上测量评价机器的振动　第2部分：功率大于50MW，额定工作转速1500r/min、1800r/min、3000r/min、3600r/min陆地安装的汽轮机和发电机》。

（2）DL/T 1616《火力发电机组性能试验导则》。

（3）《火电机组启动验收性能试验导则》（电力工业部电综〔1998〕179号）。

3. 试验项目

（1）机组升速过程振动特性、机组惰走过程振动特性。

（2）机组超速试验时升降速过程振动特性。

（3）机组 3000r/min 空转时，排汽缸温度变化对机组振动的影响。

（4）机组带 50%额定负荷时，润滑油温度变化对机组振动的影响。

（5）机组带额定负荷时，机组振动特性。

4. 设计保证值

根据 GB/T 11348.2，新投产机组相对轴振在 90μm 以内。

制造厂与电厂合同另有约定的，以合同保证值为准，但不应超过 GB/T 11348.2 中规定的 A/B 区域边界的 1.25 倍。

5. 试验条件

（1）机组运行状况良好，无异常。

（2）机组安装的振动探头、TSI 检测装置及使用的测试仪表经过国家技术监督局认可的计量单位校验、标定，符合要求并能可靠工作。

（3）机组保护装置正常，并投入保护。

（4）润滑油冷却装置自动及手动调节灵活、可靠，油温测点就地显示及 DCS 显示均正确无误。

（5）低压缸喷水装置自动及手动调节灵活、可靠，缸温测点就地显示及 DCS 显示均正确无误。

（6）真空破坏门电动及手动调节灵活、可靠。

（7）推力瓦温及支承瓦温显示正确无误。

6. 运行工况要求

（1）做排汽温度对振动影响试验时，机组定速 3000r/min，工况稳定。

（2）做润滑油温度对振动影响试验时，机组定速带 50%额定负荷，工况稳定。

（3）测试机组在额定负荷轴系振动时，机组带额定负荷，工况稳定。

7. 试验方法

（1）机组在盘车状态无异常，各项参数符合启动条件，机组按规程启动升速，监测仪表监测记录机组启动过程振动数据。

（2）机组运行无异常，机组打闸停机，监测仪表监测、记录机组惰走过程振动数据。

（3）机组运行无异常，按规程进行超速试验，监测仪表监测、记录机组超速试验时升、降速过程振动数据。

（4）机组启动升速时，低压缸喷水投自动。机组定速 3000r/min，振动等稳定后，再观察 10min，记录排汽缸温度及机组振动、轴承温度、轴位移、差胀等数值。缓慢关小后缸喷水手动门，排汽缸温度提高 5℃后，停止操作，监测机组振动、轴承温度、轴位移、差胀等参数，稳定 20min 左右，记录排汽缸温度、振动、轴承温度等数据，然后再重复上述过程，直到排汽缸温度上升 15℃左右。排汽缸温度上升 15℃左右，稳定 20min 左右，记录数据后，此试验即结束，然后慢慢恢复到机组原来运行状态。

（5）机组负荷为 50%额定负荷时，保持工况稳定，润滑油温度在 38℃左右。观察 10min 后，记录润滑油温度、机组振动、轴承温度、轴位移、差胀等数值。然后调节润滑油冷却器进水调节汽门，油温上升 2℃，停止调节操作，监测机组振动、轴承温度、轴位移、差胀等参数，稳定 10min 后，记录润滑油温度、机组振动、轴承温度、轴位移等数值，若相关参数无明显变化，再重复上述过程，直到润滑油温度上升 10℃，稳定 10min 左右，记录数据后，此试验即结束，然后慢慢恢复到机组原来运行状态。此试验油温最高不超过 48℃。

（6）机组负荷为额定负荷时，保持工况稳定，10min 后记录机组振动数值。

8. 测试仪表

（1）机组安装的 TSI 监测装置。

（2）本特利 408 振动仪。

9. 组织及安全措施

（1）此项试验由电厂有关领导担任总指挥，生技部专职到现场进行指挥、协调，发电部专职组织实施。

（2）现场调节操作人员与监盘人员应随时保持联系，联络应畅通。

（3）试验时集控室 CRT 应有一个画面专门监视振动、轴承温度、轴位移、差胀、排汽温度、润滑油温度等。

（4）试验期间，若机组出现异常，应立即停止试验，由运行人员按规程进行处理。

第四节　振动保护及评价标准

一、汽轮机安全监视及保护系统

汽轮发电机组振动监测采用的在线监测仪表为汽轮机安全保护（Turbine Supervisory Instrument，TSI）系统。TSI 系统是一种多通道监视系统，可以连续监测大轴振动、轴瓦振动、轴位移、转速、汽缸膨胀、差胀、偏心、阀位和零转速等机械状态参数。其主要功能是实时测量机器的上述状态参数数值，并与预先设定的报警值、危险值进行比较，如超限则报警，当发出危险信号时还能触发连锁机构，使机组停机。另外，还可输出记录，并为事故分析提供依据。

TSI 系统信号器屏面可直观显示所有报警、危险及非完成等状态，其信息由表架上的监视仪提供，信号器屏面上还可显示电源监视电路的状况。

各种传感器所感受的机器状态信号传输给监视仪，供运行操作人员监视；状态信号还可以经监视仪变化后传输给记录仪或数据处理系统，为振动分析人员提供信息。

TSI 监测装置有中继输出端口，可以将机械状态信号传输给其他测试仪表，以供进一步测试分析。

上海电气 1000MW 超超临界二次再热机组 TSI 系统采用瑞士 Vibmeter 公司 VM600 产品。图 8－35 所示为 VM600 系统框架，图中红框部分为 MPC－4 监测保护模块，是 VM600

系统的核心元件。

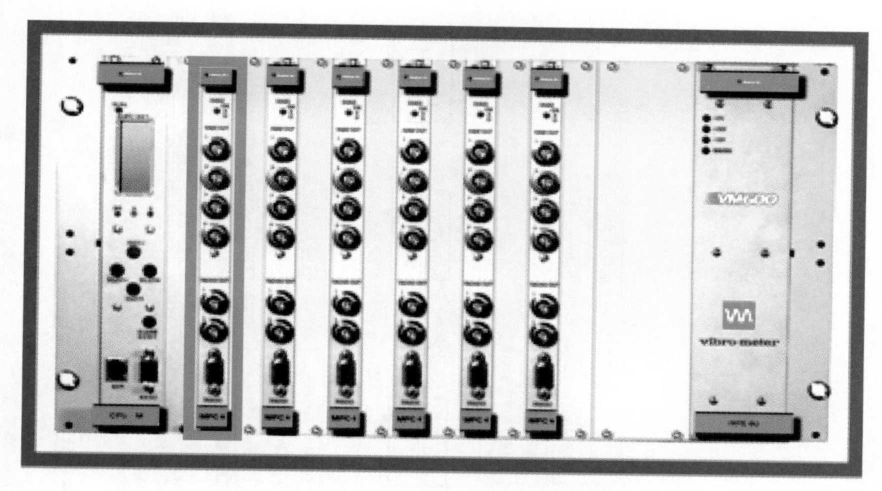

图 8-35 VM600 系统框架

MPC-4 模块能够同时测量和监测 4 个动态振动信号输入和 2 个转速/相位信号输入，前面板 BNC 接头同时提供原始模拟信号 1:1 输出，可作为离线振动采集监测仪表输入信号进行信号分析和故障诊断。模块卡件可以连接各种转速传感器（如涡流、磁阻、速度、加速度、TTL 等），支持分数转速比。

MPC-4 模块可以实现各种物理测量，如相对轴振动、绝对轴振动、SMAX（矢量合成轴振）、偏心、轴位移、绝对和相对膨胀等。数字处理包括数字滤波、数字积分或微分、数字校正（均方根、平均值、峰值、峰-峰值等）、阶比跟踪（振幅和相位）和传感器间隙测量。报警和停机值设定完全可编程，以及报警时间延时，滞后和锁定。1000MW 超超临界二次再热机组 TSI 系统测点布置图如图 8-36 所示，表 8-10 为其轴系振动传感器类型和灵敏度。

二、振动评价标准

振动标准的限值从运行的角度来说希望越严越好，而从设计、制造、安装及检修的角度则不希望过严。如果要求过高，则会增加制造厂设计难度及加工精度，增加制造厂内平衡次数及平衡难度，同时会增加现场动平衡的难度和次数，增加制造、安装、维修成本。因此，振动标准的限值应该在保证机组安全运行的前提下，尽量放宽。

轴承振动（绝对振动）评价标准如下：

1. 轴承振动位移标准

通过监测轴承座的振动位移来分析判断机组振动状态，是我国最早的一种振动监测方法，直到目前仍在广泛使用。在总结长期运行经验及统计的基础上，原水电部在 1954 年制定的《电力工业技术管理法规》规定了轴承振动位移的标准。《电力工业技术管理法规》对机组安全运行发挥了重大作用。其后尽管《电力工业技术管理法规》数次修改，但振动标准一直未变。《电力工业技术管理法规》中规定的轴承振动标准见表 8-11。

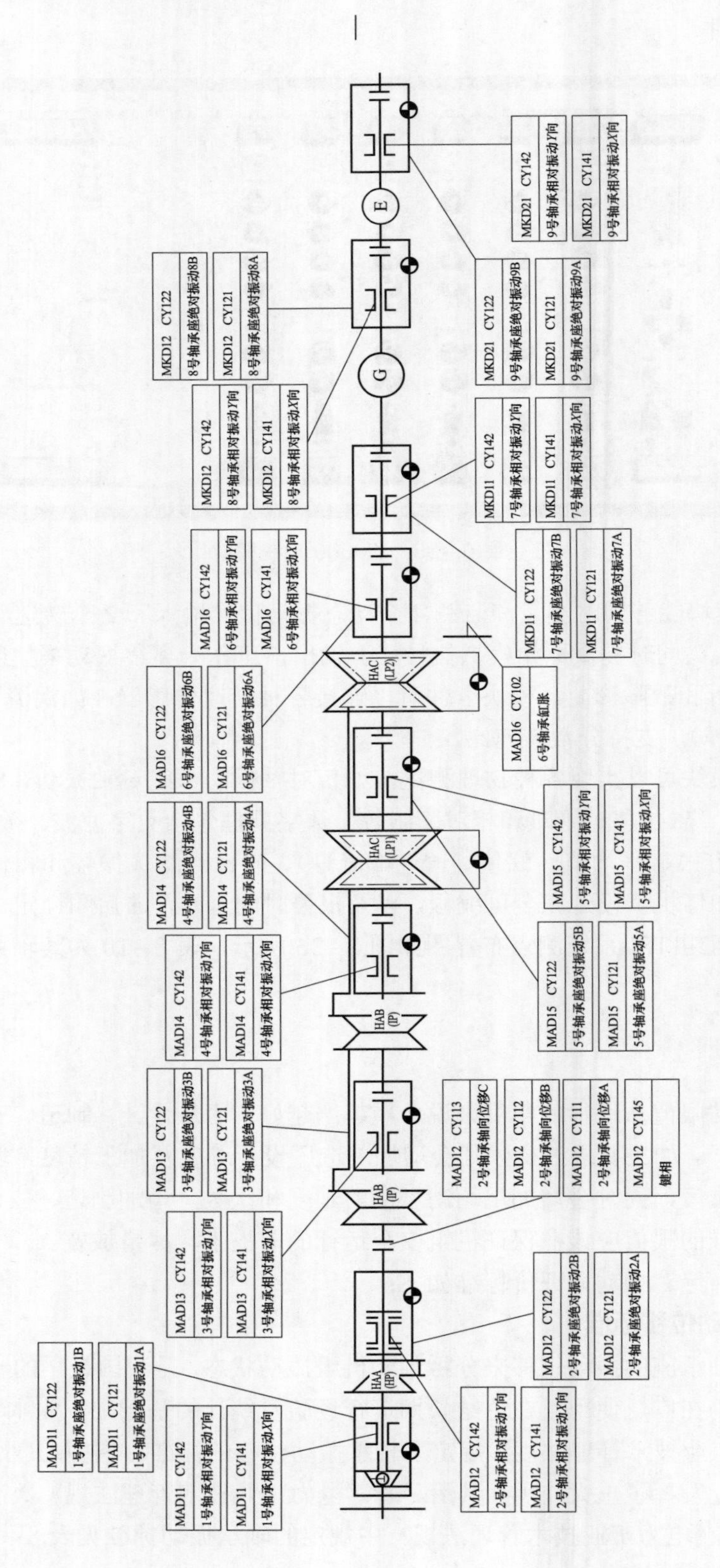

图 8-36 1000MW 超超临界二次再热机组 TSI 系统测点布置图

表 8－10　　1000MW 超超临界二次再热机组轴系振动传感器类型和灵敏度

项目	1 号轴承	2 号轴承	3 号轴承	4 号轴承	5 号轴承	6 号轴承	7 号轴承	8 号轴承	9 号轴承
涡流传感器灵敏度（mV/μm）	8	8	8	8	8	8	8	8	8
速度传感器灵敏度［mV/（mm/s）］	32.45	32.45	32.45	32.45	32.45	32.45	100	100	100

表 8－11　　《电力工业技术管理法规》中规定的轴承振动标准（双振幅）　　μm

机组转速（r/min）	优	良	合格
1500	30	50	70
3000	20	30	50

标准规定，评定机组振动以轴瓦垂直、水平、轴向三个方向振动中最大者作为评定依据。垂直振动测点在轴承座顶盖正中位置，水平振动测点在轴承盖中分面正中位置，平行于水平面，垂直于转子轴线；轴向振动测点是在轴承盖上方与转子轴线平行。

评定机组振动的运行工况时，以机组额定转速、各种负荷下轴承三方向振动中的最大值，作为评定机组振动状态的依据。

2. 轴承振动烈度国家标准

在轴承座振动位移标准中，把轴承各方向的振动规定为同一数值，是把轴承 3 个方向的振动对机组危害等效看待。实际上轴承座垂直方向刚度高于另两个方向，在同样的振幅下，振动发生在垂直方向所需的激振力要大于另两个方向，危害也就更大。当有高次谐波分量时，轴承座振动位移不能完全反映高次谐波的影响。振动信号中有时会含有高次谐波成分，在同样的振幅下，高次谐波成分具有较大的能量，作用于轴承座的力也更大。当振动位移通频振幅合格，但其中工频成分较小而高频成分较大时，其作用于轴承座的力当然会比同样振幅但全是工频的振动要大。因此，现在国际上普遍采用振动速度来作为轴承座振动的度量，我国也制定了轴承座振动速度的标准，最新的轴承振动标准是 GB/T 6075.2《机械振动　在非旋转部件上测量和评价机器的振动　第 2 部分：功率 50MW 以上，额定转速 1500r/min、1800r/min、3000r/min、3600r/min 陆地安装的汽轮机和发电机》。

GB/T 6075.2—2012 适用于额定转速 1500r/min、1800r/min、3000r/min、3600r/min 陆地安装的功率大于 50MW 以上的汽轮机和发电机主轴承箱体或轴承座在轴的径向和推力轴承的轴向测量的宽带振动，包括正常稳态工况运行下的振动；瞬态变化（升、降速，初始加负荷和负荷变化）时其他（非稳态）工况时振动；在正常稳态运行期间发生的振动变化。

GB/T 6075.2—2012 要求用于监测的仪表应能测量 10～500Hz 宽带的振动，对于用于诊断的仪器，其频率范围需要更宽。

GB/T 6075.2—2012 规定垂直振动测点在轴承座顶盖正中位置，垂直于水平面；水平振动测点在轴承盖中分面正中位置，平行于水平面，垂直于转子轴线；轴向振动测点是在轴承座端面中分面处，平行于转子轴线。

GB/T 6075.2—2012 仅在评价推力轴承的轴向振动时，可以采用轴承径向振动的标准；对于其他轴承轴向振动，没有提供评定准则；当轴承没有轴向限制时，允许有较低精度的要求。

正常稳态运行工况下额定转速时的振动量值，即每个轴承处测到的最大量值，按照由经验建立的 4 个评价区域进行评价。

（1）评价区域。下列评价区域可用于评价给定机器在正常稳态工况额定转速时的振动，并提供可能的操作指南。

1）区域 A。新投产机组的振动通常在此区域内。

2）区域 B。振动在此区域内的机器，通常认为可以不受限制地长期运行。

3）区域 C。通常认为振动在此区域内的机器，不适宜长期连续运行。该机器可在这种状态下运行有限时间，直到有合适时机采取补救措施为止。

4）区域 D。机组振动在此区域内通常被认为振动剧烈，足以引起机组损坏。

（2）评价区域界限。大型汽轮机和发电机轴承箱或轴承座振动速度区域边界推荐值见表 8－12。

表 8－12 大型汽轮机和发电机轴承箱或轴承座振动速度区域边界推荐值

区域边界	轴转速（r/min）	
	1500 或 1800	3000 或 3600
	区域边界振动速度均方根值（mm/s）	
A/B	2.8	3.8
B/C	5.3	7.5
C/D	8.5	11.8

评价机器振动烈度常用的测量参数是振动速度，表 8－12 给出了基于宽带速度均方根（mm/s）测量的各区域边界限值，但有时可能会使用具有速度峰值读数，而不是均方根读数的仪表测量（如上海汽轮发电机有限公司生产的西门子引进型超超临界 600MW、1000MW 机组，其随主机配置的 TSI 传输给 DCS、DEH 的就是速度峰值，运行人员监测的是轴瓦振动速度峰值），在主要振动成分是基频的情况下，可以将表 8－12 边界限值乘以 $\sqrt{2}$，以评价振动速度峰值。而上海汽轮机厂 1000MW 超超临界二次再热机组 TSI 系统输出给 DCS、DEH 的是瓦振（绝对振动）速度均方根值，可直接对照表 8－12 中的数据。

3. 转轴振动（相对轴振、绝对轴振）评价标准

轴承振动不能完全表征转子的受力和变形状况。轴承的振动是在转子的作用下产生的，但轴承的振动和轴承座动刚度成反比，因此，对于刚度很大的轴承座来说，其振动较小但其受到的作用力或转子轴振可能较大，过大的作用力或转子振动将造成轴瓦钨金受损、轴瓦调整垫块过载、动静间隙碰磨等。不少机组在高中压转子产生碰磨时，轴振已达

到跳机值，但相应轴承振动位移却很小。早期国产机组高中压转子弯轴事故较多，与没有安装轴振测点或当时人们对轴振认识不足有很大关系。

为了弥补轴承座振动不能全面、正确反映转子振动的不足，对于大型机组都已安装轴振测点，并将轴振作为主要监测考核参数。

2013 年国家发布了新的轴振振动标准 GB/T 11348.2—2012《机械振动　在旋转轴上测量评价机器的振动　第 2 部分：功率大于 50MW，额定工作转速 1500r/min、1800r/min、3000r/min、3600r/min 陆地安装的汽轮机和发电机》。

GB/T 11348.2—2012 将转轴振动分为相对轴振和绝对轴振，建议分别采用非接触的涡流传感器和复合传感器测量，在轴承处或靠近轴承处垂直轴线的同一横向平面内，正交地安装两个传感器（建议在同一个半瓦与垂直方向呈±45° 的方向或垂直水平方向），转轴振动以通频振动位移的峰－峰值为准，每个轴承以两个相互垂直方向测得的峰－峰值中大者作为评定依据。

GB/T 11348.2—2012 要求作为监测的仪表，至少应能适应从 1Hz 到最高工作频率 3 倍或 125Hz（取其大者）的频率范围，用于故障诊断的仪器其频率范围应该更宽。

GB/T 11348.2—2012 要求传感器所在转轴平面应当光滑，而且没有几何不连续、材质不均匀和局部剩磁，以免它们可能产生虚假信号（称为电气偏摆）。用传感器测量时，电气和机械组合“慢转”偏摆不宜超过在额定工作转速下区域 A/B 边界值的 25%。如果超过此值，可以考虑在振动中扣除偏摆分量。在较低转速，当已建立起稳定油膜，且转子离心力较小可以忽略时，此时测量的振动即可视为偏摆。

对正常稳态运行工况下额定转速时的振动量值，设定了 A、B、C、D 4 个评价区域进行评价，4 个区域定义与 GB/T 6075.2—2012 中定义相同。大型汽轮机和发电机各区域边界的轴相对位移和轴绝对位移的推荐值见表 8－13 和表 8－14。

表 8－13　　大型汽轮机和发电机各区域边界的轴相对位移的推荐值

区域边界	轴转速 r/min			
	1500	1800	3000	3600
	区域边界轴相对位移峰－峰值（μm）			
A/B	100	95	90	80
B/C	120～200	120～185	120～165	120～150
C/D	200～320	185～290	180～240	180～220

表 8－14　　大型汽轮机和发电机各区域边界的轴绝对位移的推荐值

区域边界	轴转速（r/min）			
	1500	1800	3000	3600
	区域边界轴绝对位移峰－峰值（μm）			
A/B	120	110	100	90
B/C	170～240	160～220	150～200	145～180
C/D	265～385	265～350	250～300	245～270

在表 8－13、表 8－14 中给出的准则是特定测量位置的轴振动位移峰－峰值，如果使用的是从测量面上一对正交的传感器输出、导出的 S_{max}（测量平面的轴振动最大位移峰值），它取决于轴心轨迹，则宜用较小的区域边界。

上海汽轮机厂二次再热 1000MW 超超临界机组，DCS 和 DEH 对于每个轴承的相对轴振只显示一个值，这个值也不是 X、Y 两个测量方向相对轴振位移峰－峰值 x_{p-p}、y_{p-p} 的大者，而是两者的一个合成值 $\frac{1}{2}\sqrt{x_{p-p}^2+y_{p-p}^2}$，这个幅值就是测量平面的轴振动最大位移（峰值）$S_{max}$。

GB/T 11348.2—2012 对稳态运行限值规定与 GB/T 6075.2—2012 中规定相同。

GB/T 11348.2—2012 对非稳态工况（瞬态运行）期间的振动量值规定与 GB/T 6075.2—2012 中规定仅有下列不同：GB/T 11348.2—2012 规定，在升速、降速和超速期间的振动量值在没有可靠有效数据时，升速、降速、超速时报警值规定不超过下面规定值。

1）转速大于 0.9 倍额定转速时，振动量值应为额定转速下的区域 C/D 边界值。

2）转速小于 0.9 倍额定转速时，振动量值应为额定转速下的区域 C/D 边界值的 1.5 倍。

三、振动标准的使用及振动保护值的整定

在标准的使用中应该灵活掌握。因为机组不同、机组各部分结构不同、动静间隙不同，所以在经验的基础上可以对有关限值进行适当的调整。这一点在国家标准中也有说明。

振动报警和保护是机组调试整定的内容之一，也是机组安全运行的重要指标之一。在国家标准和有关制造厂的标准中都对机组的振动报警和保护定值作了指导性的规定。

设置振动报警的目的是让运行人员和设备维护人员把注意力集中到振动变化方面，并应考虑振动故障原因，随时准备采取可能的纠正性操作和补救措施。GB/T 11348.2—2012 和 GB/T 6075.2—2012 中对振动限值 C 区的说明及关于报警的定义说明了这一点。在这两个国家标准中对报警定值的设置应该说更严格且更能及早提示运行人员和维修人员，从而及早采取相应措施进行处理，但须对每个瓦的每个方向振动进行归纳，分别找出不同的基线值，然后再定出不同的报警值。从运行的实际情况看，从报警值和跳机值之间的差距看，目前绝大部分电厂将轴振报警值统一设置为 125μm 是能满足振动监测需要的。对于振动保护值，国家标准规定，处于 D 区就可能引起机组的破坏，跳机值应在 C 区或 D 区内，建议不超过 C 区上限 1.25 倍。目前，大多数电厂振动轴振跳机值最大设置在 254μm，基本上符合这个要求。制造厂给定的报警值和跳机值，一般都严于国家标准或采用国家标准，没有超过国家标准的。

对于 1000MW 超超临界二次再热机组制造厂并没有在 TSI 系统中设置相对轴振遮断保护，而是提供了建议手动打闸 S_{max} 值。上汽 1000MW 超超临界二次再热机组相对轴振保护厂家定值如表 8－15 所示。

表 8-15　上汽 1000MW 超超临界二次再热机组相对轴振保护厂家定值　μm

项　　目	相对轴振
标准警报设置（超过常规值）	21
最大警报设置	83
脱扣限制	130

上汽 1000MW 超超临界二次再热机组汽轮机 TSI 系统输送给 DCS 及 DEH 显示的绝度振动（瓦振）是速度有效值（均方根值）v_{rms}，而不是振动速度峰值（单振福）v_p，这与一次再热 1000MW 机组是不同的。表 8-16 为上汽 1000MW 超超临界二次再热机组绝对振动整定值，与 GB/T 6075.2—2012 相同。TSI 系统中设置的遮断逻辑是同一个轴承 2 个测点绝对振动同时达到遮断值，即同一轴承 2 取 2。

表 8-16 上汽 1000MW 超超临界二次再热机组绝对振动整定值（同一轴承 2 取 2）

描述	整定值描述	整定值（mm/s）
汽轮机 1～6 号轴承绝对振动	绝对振动高报警（转速<90%额定转速）	9.3
	绝对振动高遮断（转速<90%额定转速）	11.8
	绝对振动高报警（转速>90%额定转速）	9.3
	绝对振动高遮断（转速>90%额定转速）	11.8
发电机和励磁机 7～9 号轴承绝对振动	绝对振动高报警	9.3
	绝对振动高遮断	14.7

第五节　振动故障分析处理

一、热态两缸启动过程振动偏大

（一）振动故障概况

国电泰州电厂 3 号机组调试期间完成甩负荷 500MW 试验后，于 2015 年 9 月 16 日 8:25 热态启机，考虑到超高压缸和转子温度较高，主蒸汽参数不满足三缸冲转要求，决定启机时切除超高压缸，采用两缸启动。8:40，机组定速 3000r/min，各瓦振动数据见表 8-17。定速时 2 号、3 号和 7 号瓦 X 方向轴振较大，通频幅值分别达 139μm、136μm 和 117μm，并不断爬升。低压缸 5 号瓦轴振不断爬升且速率较快，同时相位角变化较大，DEH 界面上显示 5 号瓦轴振也不断爬升。9:33，机组 1 号、2 号、3 号、5 号和 7 号瓦 X 方向振动爬升至 200μm 以上，其中 3 号瓦通频幅值达 240μm，DEH 界面显示 2 号瓦轴振达 133μm 且有继续爬升的趋势，5 号瓦轴振达 108μm，瓦振达 9.9mm/s，于是机组手动打闸。打闸停机时各瓦振动数据见表 8-18。

表8-17 第一次定速3000r/min时各瓦振动数据

轴瓦	1号	2号	3号	4号	5号	6号	7号	8号	9号
轴振 *X*（工频/通频，μm）	73/76	127/139	115/136	43/54	63/74	47/58	102/117	40/64	38/55
轴振 *Y*（工频/通频，μm）	77/79	82/91	40/50	29/35	20/30	20/26	43/53	18/45	34/48
瓦振A（有效值，mm/s）	1.7	2.3	2.8	1.8	3.4	0.7	1.0	3.1	1.1
瓦振B（有效值，mm/s）	1.8	2.3	2.6	1.7	4.0	0.7	1.5	1.4	1.7

表8-18 打闸停机时各瓦振动数据

轴瓦	1号	2号	3号	4号	5号	6号	7号	8号	9号
轴振 *X*（工频/通频，μm）	200/213	209/217	229/240	129/142	194/209	96/107	218/229	93/108	72/91
轴振 *Y*（工频/通频，μm）	60/69	158/170	74/86	82/93	56/73	47/53	94/111	26/52	83/103
瓦振A（有效值，mm/s）	2.5	4.3	3.9	3.6	9.3	1.5	3.6	5.8	1.6
瓦振B（有效值，mm/s）	2.7	4.2	3.6	3.5	9.9	1.6	1.5	3.7	3.1

机组定速3000r/min后各瓦轴振均有爬升，其中4～6号瓦轴振爬升速率较快，图8-37～图8-45给出了机组稳定3000r/min时各瓦轴振趋势图，表8-17和表8-18给出了机组刚定速和打闸前机组各瓦振动数据。机组在空负荷运行过程中各瓦 *X* 向轴振都有爬升，其中1号瓦 *X* 向轴振工频分量增大了127μm，2号瓦 *X* 向轴振工频分量增长了82μm，3号瓦 *X* 向轴振增长了114μm，4号瓦 *X* 向轴振工频分量增长了86μm，5号瓦 *X* 向轴振工频分量增长了131μm，7号瓦 *X* 向轴振工频分量增长了116μm。1号瓦、5号瓦和6号瓦 *X* 向轴振爬升的同时相位角分别变化了30°、11°和48°。各瓦轴振爬升的同时，瓦振也在增加，5号瓦测点A由3.6mm/s增至9.3mm/s，测点B分别由4.0mm/s增至9.9mm/s。

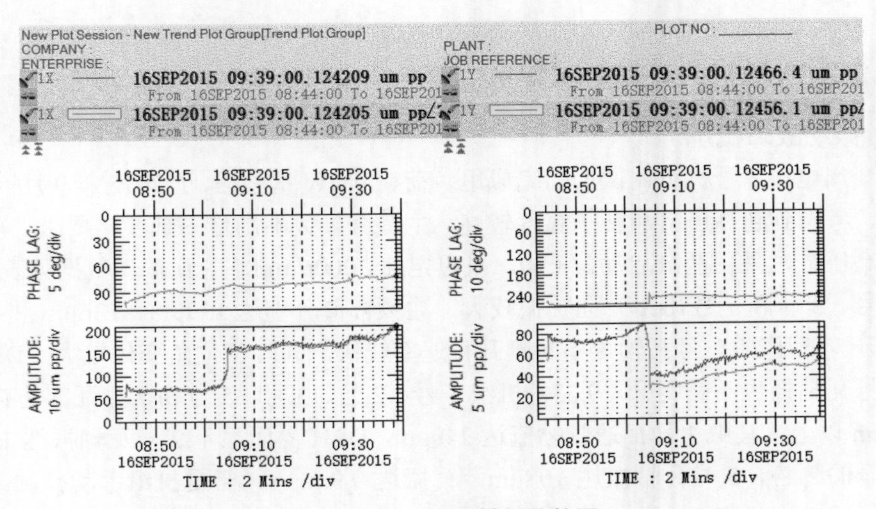

图8-37 1号瓦轴振趋势图

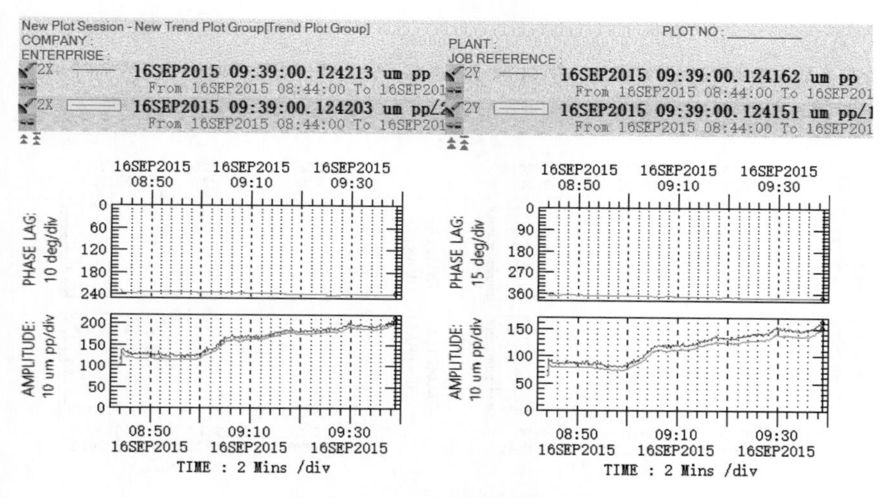

图 8－38　2 号瓦轴振趋势图

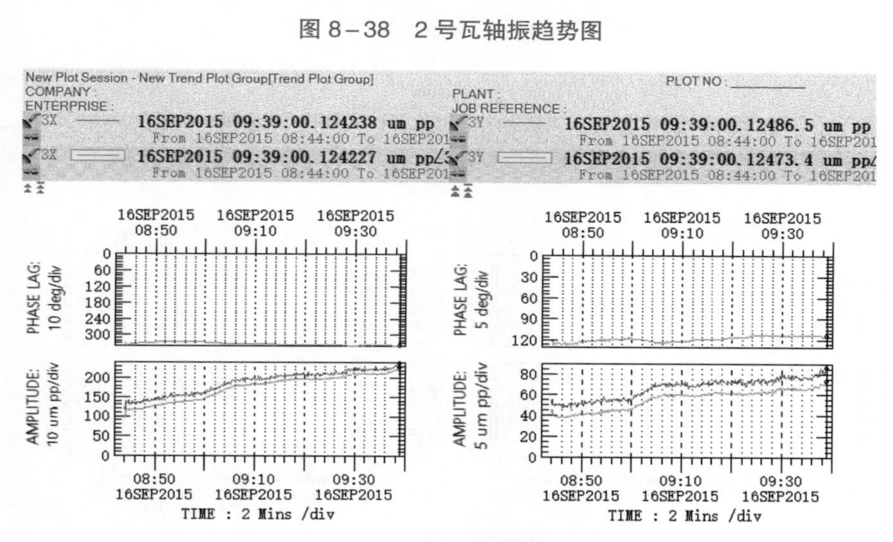

图 8－39　3 号瓦轴振趋势图

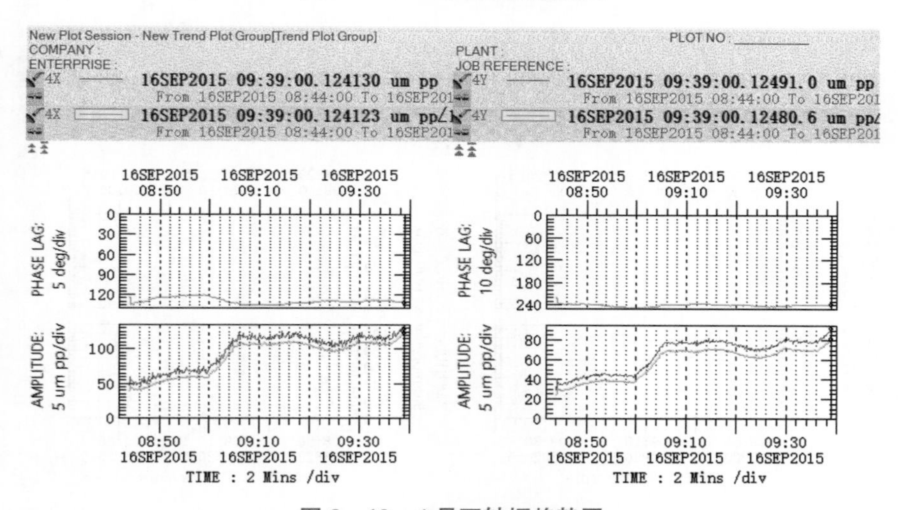

图 8－40　4 号瓦轴振趋势图

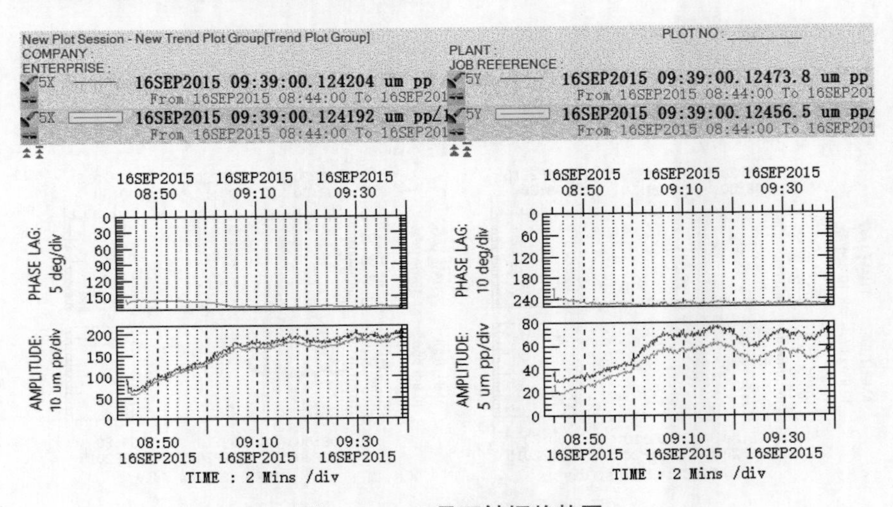

图 8-41 5号瓦轴振趋势图

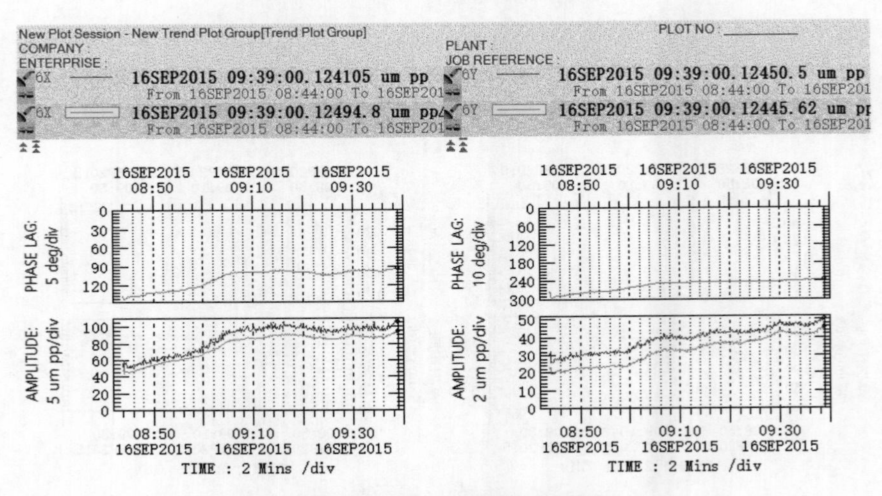

图 8-42 6号瓦轴振趋势图

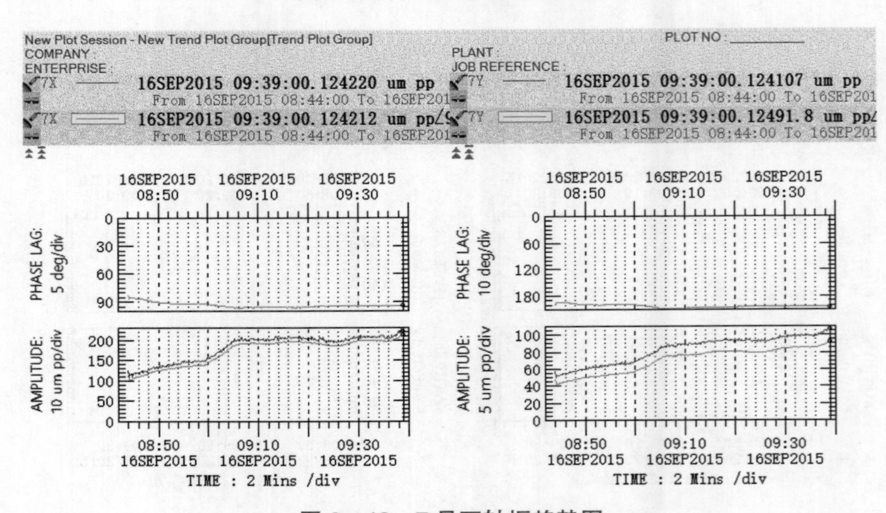

图 8-43 7号瓦轴振趋势图

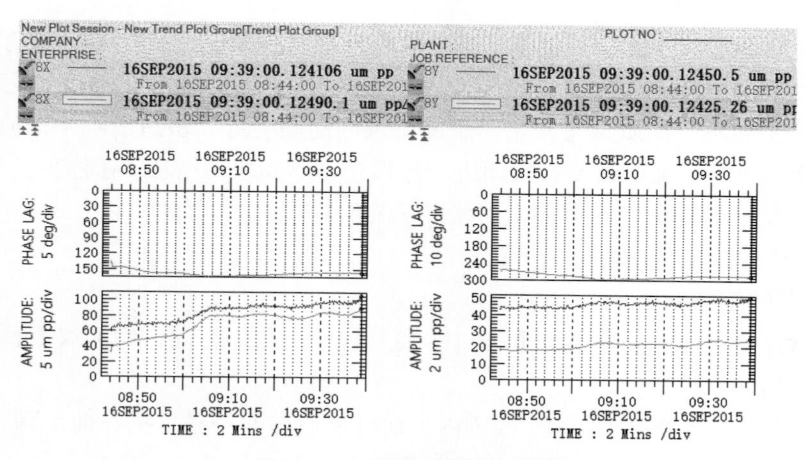

图 8－44　8 号瓦轴振趋势图

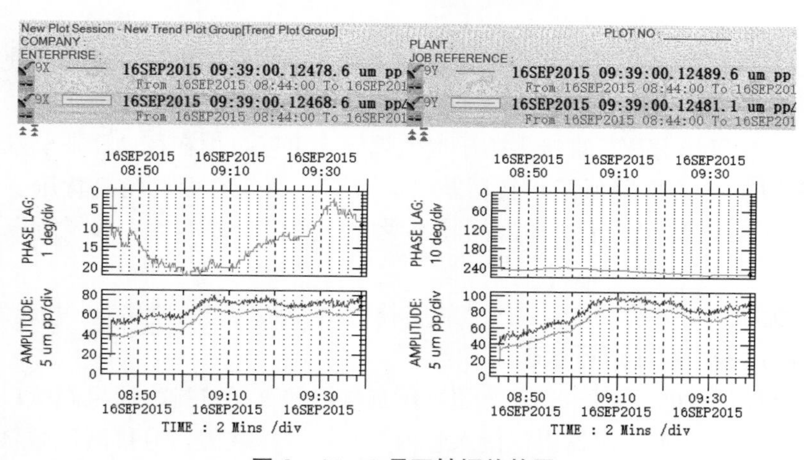

图 8－45　9 号瓦轴振趋势图

5～7 号和 9 号瓦轴振过临界时振动超标，打闸停机，机组停机惰走过程中振动仍继续爬升。振动通频最大幅值分别为 345μm、393μm、461μm、254μm 和 391μm，并且各瓦瓦振均有增大，其中 5 号瓦瓦振 A 和瓦振 B 幅值最大分别达 16.4mm/s 和 16.9mm/s，巡检人员就地能感觉到非常明显的地基振动，并发现低压缸 5 号瓦处有明显火花出现。打闸停机惰走过程中各瓦振动数据如表 8－19 所示。机组低压缸在停机前仍然存在碰磨，热变形仍然存在，降速过程中碰磨仍存在，加上机组惰走降速速率相对升速速率低得多，在临界区逗留时间较长，因此机组过临界时振动极具增长。

表 8－19　　打闸停机惰走过程中各瓦振动数据

轴瓦	1 号	2 号	3 号	4 号	5 号	6 号	7 号	8 号	9 号
轴振 X（工频/通频，μm）	217/275	—	—	336/345	387/393	457/461	248/254	76/80	380/391
轴振 Y（工频/通频，μm）	112/175	—	108/111	222/240	134/170	333/371	143/150	58/66	385/397
瓦振 A（有效值，mm/s）	7.3	5.3	6.3	8.7	16.4	8.9	8.4	7.1	8.6
瓦振 B（有效值，mm/s）	8.1	5.2	5.7	7.8	16.9	9.4	7.4	4.9	8.4

通过以上现象分析机组 4～6 号瓦振动的爬升是由于低压缸发生了严重的碰磨故障。机组动静部件的碰磨会造成碰磨点热量的大量积聚，从而造成部件的热变形，如果此时转子热变形所产生的不平衡质量与原始不平衡质量同向则会进一步造成不平衡质量的增加，振动增长，从而进一步加剧碰磨，振动进一步增长，形成恶性循环。在停机前汽轮机 4～6 号瓦振动仍有爬升的趋势，说明停机时碰磨仍然存在。

（二）振动故障原因分析

1. 低压缸的结构特点

机组包含两个低压缸，分为低压缸 1 和低压缸 2，结构相同，均为双流、双层焊接结构，并有以下特点：

（1）轴承座固定在基础上不动，低压内缸通过前后各两个猫爪搭在前后两个轴承座上，支撑整个内缸、持环及静叶的重量。在接触面有耐磨低摩擦合金，内缸可以相对轴承座沿轴向滑动。

（2）内缸与中压外缸，或者两个低压缸的内缸之间，通过推拉杆连动；使低压静子部件与转子同向膨胀。

（3）外缸与轴承座分离，直接坐落于凝汽器上，可以自由在径向膨胀。水平方向则随凝汽器膨胀移动。一方面降低了运转层基础的负荷，另一方面汽轮机背压变化造成的外缸径向变形不影响内缸和转子，动静间隙不受背压变化。根本上克服了背压变化影响轴系振动的弊病。

（4）外缸犹如一个外壳功能，通过波纹管补偿内外缸之间的位移差，并起到密封作用。

2. 机组凝汽器特点和运行状态

二次再热机组增加一个超高压缸，超高压缸排汽和高压缸排汽通风阀接口均接至位于 A 低压缸南侧 8.6m 的 A 凝汽器内，接入管内无减温减压装置，且排汽口微斜向上。低压缸结构简图如图 8－46 所示。机组在两缸运行时，为了尽量减少超高压缸内蒸汽或空气，

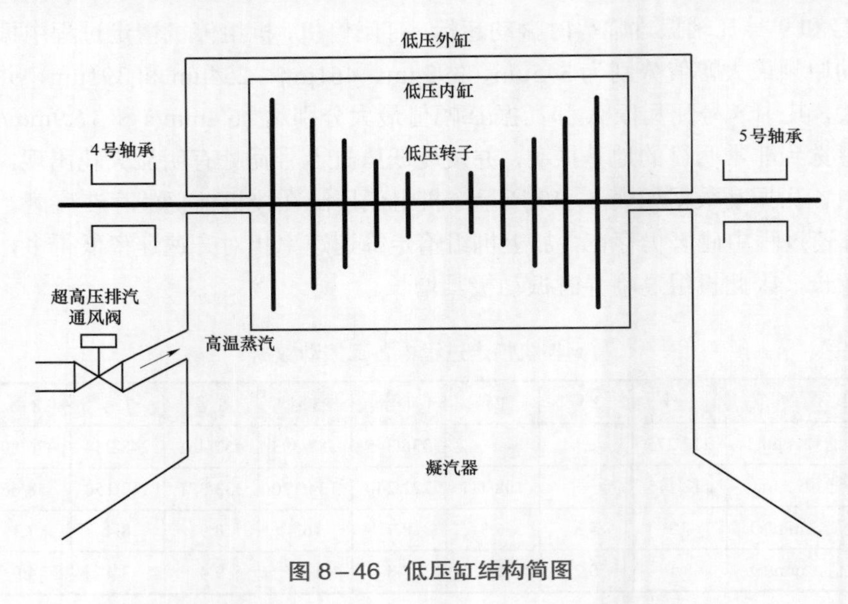

图 8－46 低压缸结构简图

减少鼓风，防止超高压缸温度过高，造成转子工况恶化、超温，高中压缸涨差不好控制。超高压缸排汽通风阀处于开启状态，超高压缸排汽正好吹在低压缸外缸 A 下面的端板上，导致低压缸外缸不正常温升，低压缸膨胀不对称，动静部件碰磨。

此次机组冲转由于参数不满足要求采用双缸启动，切除超高压缸，相对于正常的三缸启动方式，该启动方式造成各个气缸进汽分布发生很大变化，可能导致局部动静间隙不足是原因之一；而切缸后高压排汽通风阀开启，高温蒸汽直接吹到低压缸上，造成低压缸膨胀不对称，直接导致动静部件碰磨。

3. 低压缸碰磨故障处理

停机盘车 3h 后，待转子偏心恢复，采用三缸启动的方式启机，关闭超高压缸和高压缸通风阀，适当延长机组暖机时间，让动静部位长时间充分摩擦的方法，扩大动静间隙，消除碰磨。由于在空负荷下机组进汽量小，为避免由于鼓风造成排汽温度升高，影响机组稳定运行，在机组定速后快速带负荷，缩短空负荷运行时间。机组于 13:07 定速 3000r/min，机组各瓦振动稳定，低压缸振动水平恢复到两缸启动前状态，各瓦振动数据如表 8－20 所示。

表 8－20　　第二次定速 3000r/min 时各瓦振动数据

轴瓦	1 号	2 号	3 号	4 号	5 号	6 号	7 号	8 号	9 号
轴振 X（工频/通频，μm）	52/63	89/97	92/102	18/24	54/60	20/27	82/87	35/60	27/43
轴振 X 相位（°）	116	247	324	94	127	154	58	110	328
轴振 Y（工频/通频，μm）	56/60	57/63	27/43	10/17	16/24	10/17	36/47	19/44	13/31
轴振 Y 相位（°）	264	15	99	195	256	299	168	246	218
瓦振（有效值，mm/s）	1.0	2.2	1.8	0.8	2.7	0.4	1.6	1.5	1.0

二、2 号和 3 号瓦轴振振动突变

2015 年 9 月 7 日 7:57，机组带负荷 800MW，DEH 上显示 2 号瓦和 3 号瓦轴振突然分别降低 20μm 左右，且振动波动也减小 10μm。振动突变时瓦温也有类似趋势变化。查看本特利 408 数据，两个瓦振动变化趋势与 DEH 记录历史趋势一致。图 8－47 和图 8－48 给出

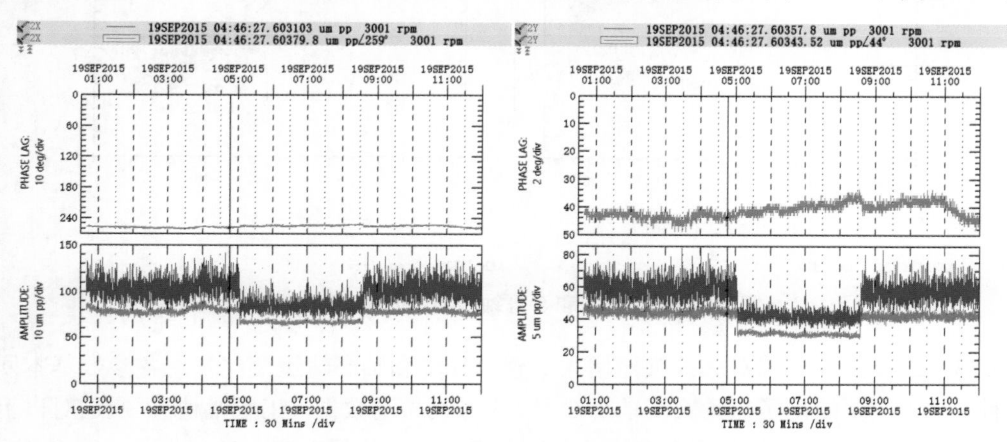

图 8－47　2 号瓦轴振变化趋势图

了振动突变时的振动变化趋势图，可以看出振动是突然减小的。查看轴心位置，如图 8－49 所示。从图 8－49 中可以看出在振动突变时，两个轴瓦转子的轴心位置都突然变化。

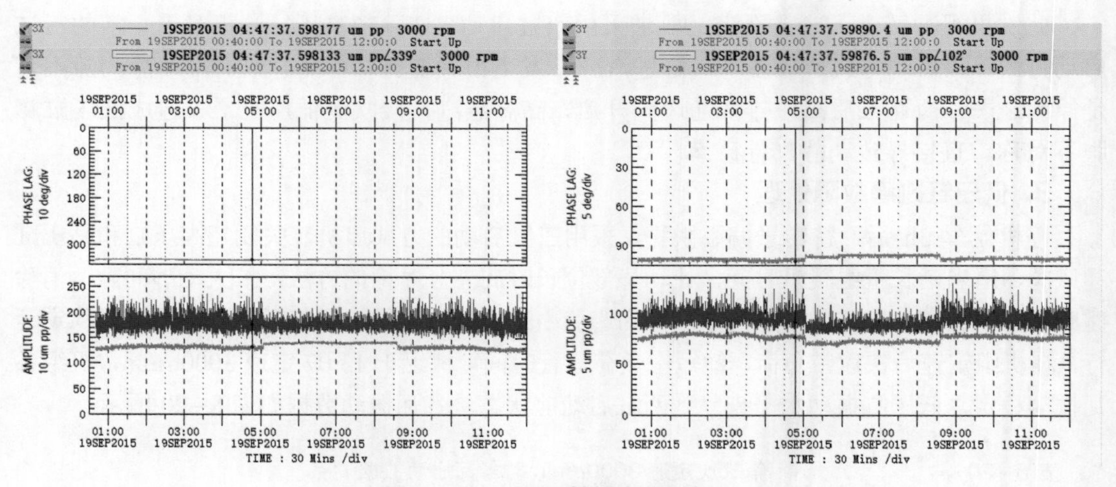

图 8－48　3 号瓦轴振变化趋势图

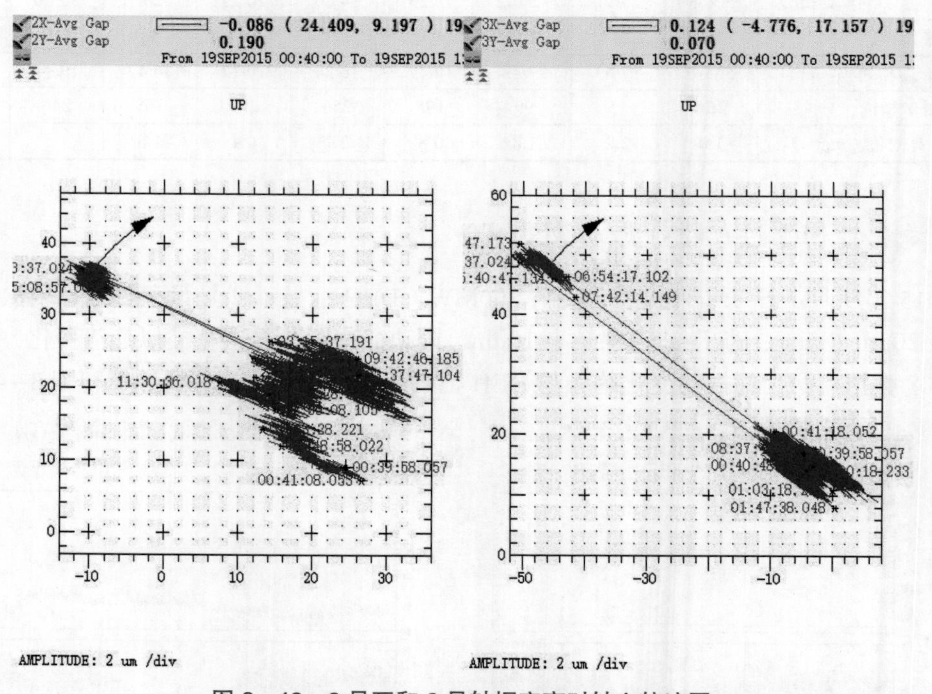

图 8－49　2 号瓦和 3 号轴振突变时轴心轨迹图

8:35，2 号和 3 号相对轴振突然增大，查看瓦温和轴心轨迹变化发现各参数基本回到 5:00 前。表 8－21 给出了振动突变前后 2 号、3 号瓦振动数据（工频幅值）。通过对以上数据进行分析，振动突变是由于突然的一个外力将转子的位置改变，转子上移，瓦温下降。

1号瓦的振动除了表现出时滞性和可恢复性的特征以外，更多的是表现为工频振动的快速波动和不稳定性。这种振幅的大幅快速波动与轴系失稳时通频振幅的波动特征相似，但波动的振动频率成分为工频分量，这又说明转子没有发生常见的非同步轴系失稳。分析认为，超高压转子和高压转子发生碰磨-冲击的可能性较大，转子除了受到切向的库伦摩擦力，产生热弯曲，导致转子相对轴振较高，还受到径向的弹性冲击力，因此，转子会产生位移和振动突变。对于此振动现象，当时怀疑机组高负荷状态下，转子受蒸汽激振力扰动发生位移，轴承载荷发生变化，振动响应发生突变。转子趋势图显示，在工频振动幅值稳定的时刻，通频幅值波动范围较大，这主要是高负荷运行时汽流激振产生的低频振动。通过机组后续在相同工况下运行振动大幅好转的情况来看，当时发生动静碰磨的可能性更大。

表8-21　振动突变前后2号、3号瓦振动数据（工频幅值）

参数	突降前	突降后	突增后
2*X*（μm）	82	62	83
2*Y*（μm）	101	72	105
3*X*（μm）	130	141	130
3*Y*（μm）	78	69	76
2A（mm/s）	2.1	2.1	2.0
2B（mm/s）	2.0	2.0	1.9
3A（mm/s）	1.3	1.2	1.2
3B（mm/s）	1.0	1.0	1.1
2号瓦温（℃）	89.6	87.8	88.4
3号瓦温（℃）	90.2	88.6	89.9

三、4号机组发电机振动不稳定

（一）振动故障概况

2015年12月1日14:08，国电泰州电厂4号机组开始首次冲转，升速过程中过临界时1～8号瓦振动良好，9号瓦轴振较大，9*X*振动为309μm，9*Y*振动为329μm，图8-50～图8-52给出了发电机7号、8号瓦和励磁机9号瓦轴振伯德图。17:32定速3000r/min，定速300r/min时各瓦瓦振优秀，轴振发电机7*X*、8*X*和9*X*方向振动较大机组空负荷运行稳定在3000r/min进行调试相关试验，期间，发电机7号、8号和9号瓦轴振振动有爬升，运行100min后3个瓦振动基本稳定。图8-53～图8-55给出了发电机7号、8号瓦和励磁机9号瓦稳定3000r/min时振动趋势图。表8-22给出了机组在刚定速3000r/min和空负荷运行100min后发电机振动数据。

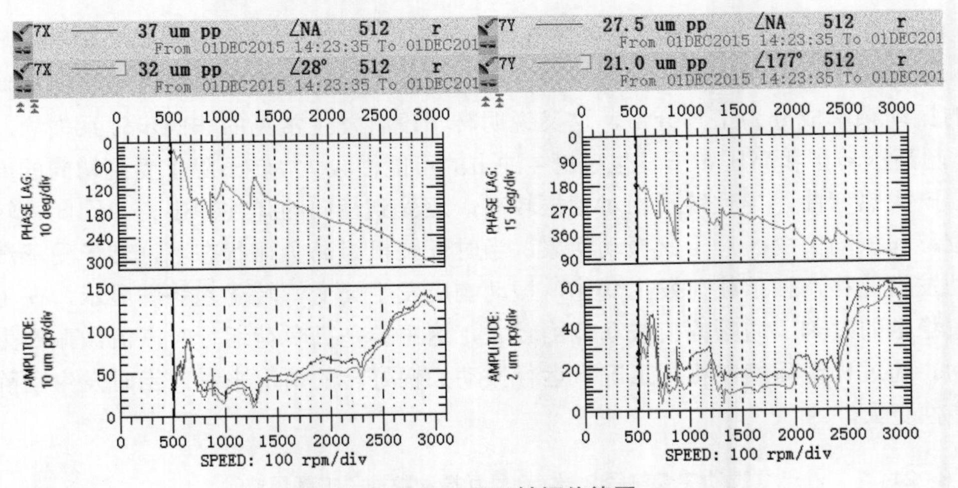

图 8-50 7 号瓦轴振伯德图

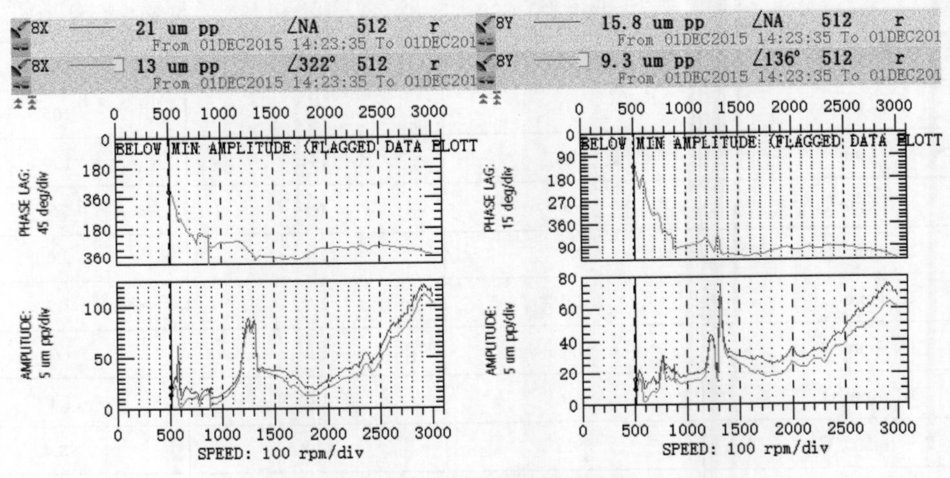

图 8-51 8 号瓦轴振伯德图

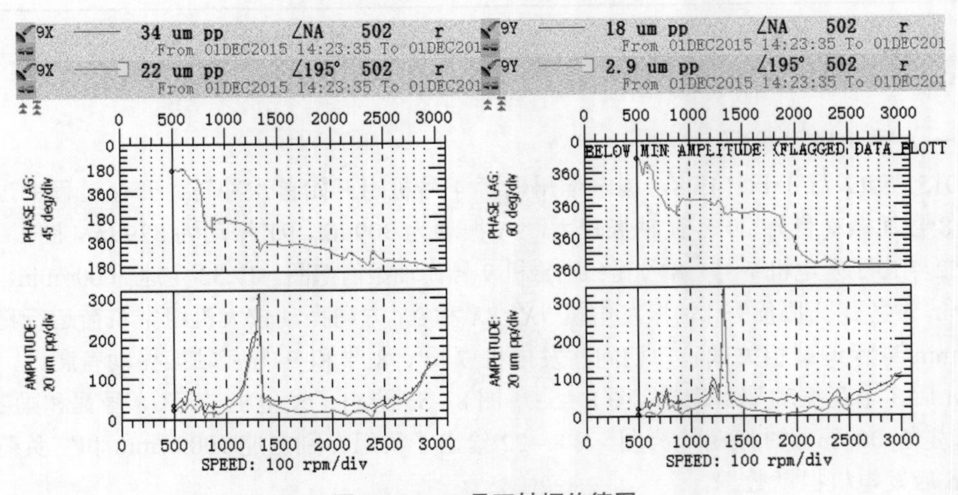

图 8-52 9 号瓦轴振伯德图

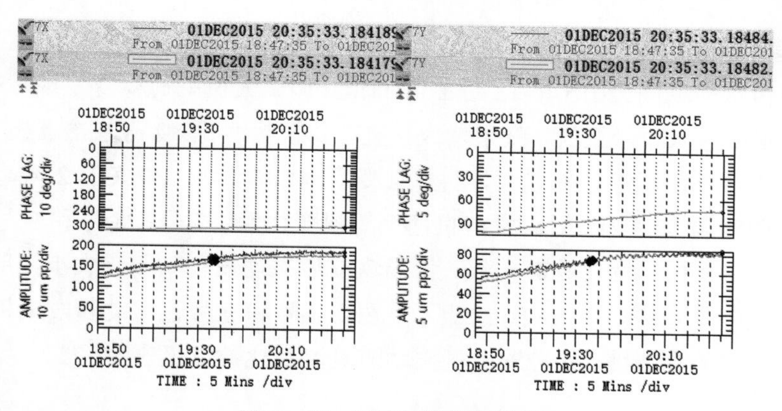

图 8-53 7 号瓦轴振趋势图

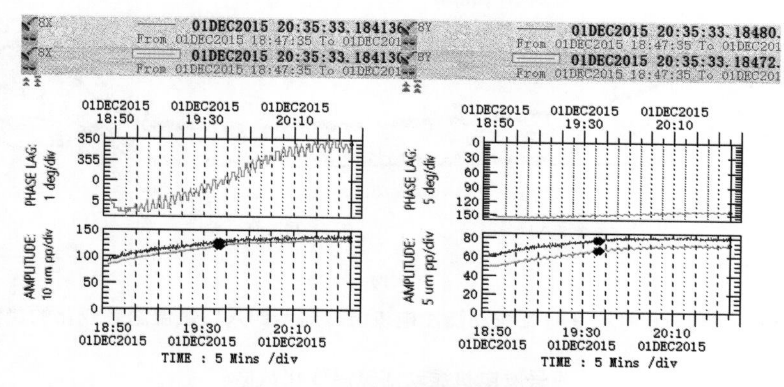

图 8-54 8 号瓦轴振趋势图

表 8-22 发电机振动数据

工况	数据	7X	7Y	8X	8Y	9X	9Y
刚定速 3000r/min	轴振（工频/通频，μm）	121/135	52/55	85/95	60/67	139/151	104/118
	相位（°）	319	103	3	149	224	1
空负荷运行 100min 后	轴振（工频/通频，μm）	181/199	81/85	129/144	70/82	193/205	156/166
	相位（°）	301	73	354	146	217	359

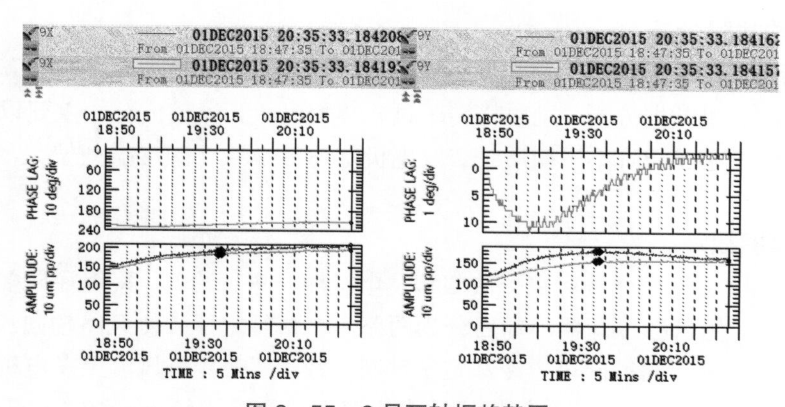

图 8-55 9 号瓦轴振趋势图

（二）变氢温试验

机组空负荷试验期间，2015 年 12 月 2 日 11:02，调试人员就地检查发现 2 号氢冷器（升压站侧）冷却水侧进入大量空气，气阻增大，氢冷器换热恶化；2 号氢冷器出口氢温升高，发电机两侧氢冷器进口氢温温差较大，1 号氢冷器进口氢温为 25.7℃，2 号氢冷器进口氢温为 47.4℃，两侧温差达 21.7℃。发电机两侧氢温变化后，7 号、8 号和 9 号瓦振动幅值不断减小，且 3 个瓦振动变化趋势一致。氢温恢复后振动恢复到原来大小，反向改变两侧氢温温差振动呈爬升趋势。图 8－56 给出了 7 号、8 号和 9 号瓦振动随发电机氢冷器两侧入口氢温温差变化的趋势图。4 号发电机振动随氢温变化数据见表 8－23。

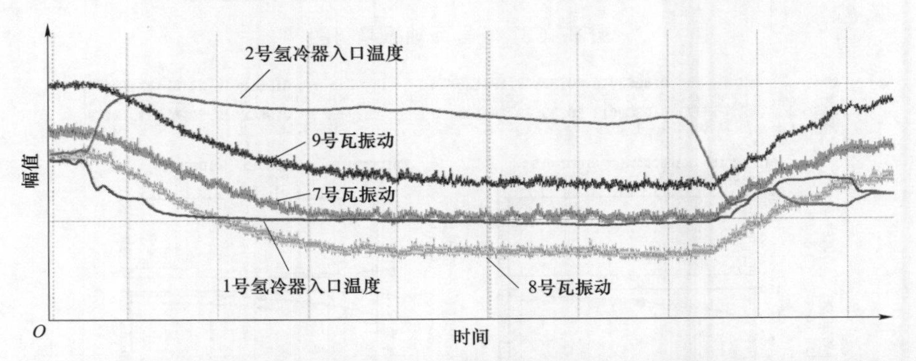

图 8－56 7 号、8 号和 9 号瓦振动随发电机氢冷器两侧入口氢温温差变化的趋势图

表 8－23 4 号发电机振动随氢温变化数据

工况	数据	7X	7Y	8X	8Y	9X	9Y
氢温变化前	轴振（工频/通频，μm）	181/199	81/85	129/144	70/82	193/205	156/166
	相位（°）	301	73	354	146	217	359
氢温变化 1h 后	轴振（工频/通频，μm）	109/120	59/60	45/64	35/46	110/118	110/118
	相位（°）	303	77	4	150	236	8
氢温恢复后	轴振（工频/通频，μm）	182/192	78/83	129/138	73/80	188/196	161/164
	相位（°）	297	70	342	135	210	351

（三）振动故障分析

1. 转子不平衡

根据第一次启机数据分析，励磁机转子过临界振动大，振动成分中主要以 1 倍频分量为主，励磁机转子存在一阶不平衡质量。发电机定速后 7 号瓦基准振动偏大，发电机转子存在不平衡质量。

2. 动静摩擦故障

发电机内部以氢气为介质对定子铁芯和发电机转子进行冷却，采用径向多流式密闭循环通风方式运行。氢气经冷却器冷却后分为两路，一路经定子外侧风路轴向流动，中途一部分冷氢经定子上分布的径向风道冷却定子铁芯，另一部分冷氢风流至发电机后端部进入转子冷却风道冷却转子；另一路冷氢风经发电机汽端风路流进转子风路冷却转子。图 8－57

给出了发电机氢气冷却结构。

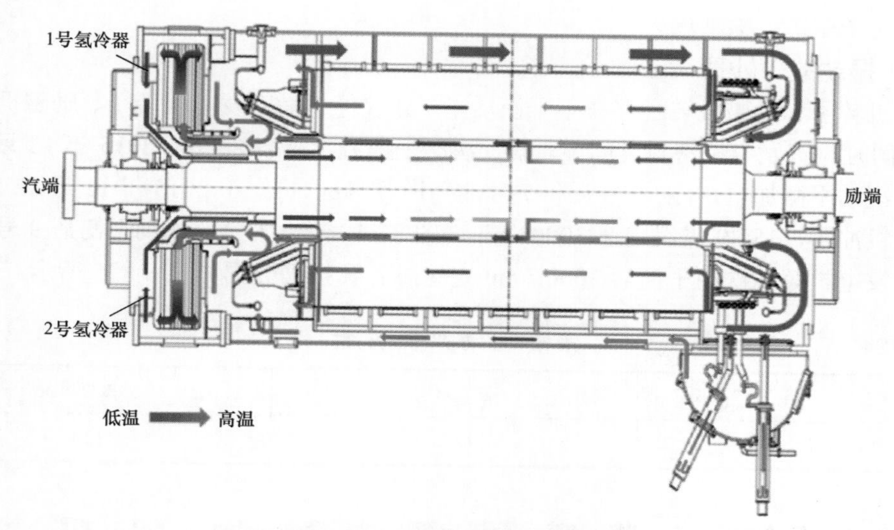

图 8–57　发电机氢气冷却结构

发电机两侧氢温变化，锅炉侧氢温低，升压站侧氢温高，导致定子两侧温度相差 20℃左右，两侧变形不对称，发电机油挡间隙变化如图 8–58 所示。发电机锅炉侧间隙 δ_1 和升压站侧油挡间隙 δ_2 分别为

$$\delta_1 = \delta_{10} - \Delta$$

$$\delta_2 = \delta_{20} + \Delta$$

式中　δ_{10} ——发电机锅炉侧油挡初始间隙；

δ_{20} ——发电机升压站侧油挡初始间隙；

Δ ——发电机油挡间隙变化量。

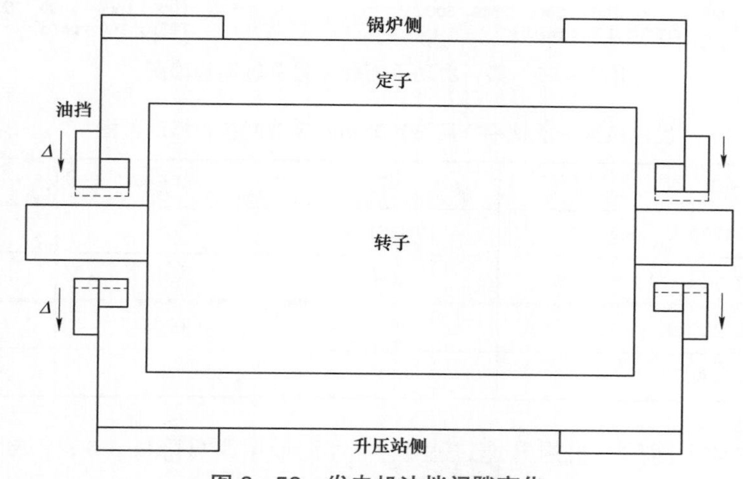

图 8–58　发电机油挡间隙变化

为防止发电机轴承室内润滑油逃出，发电机端盖装有塑料外密封环。发电机锅炉侧油

挡间隙 δ_1 随发电机不对称变形不断减小，当间隙达到转子和密封环之间的间隙时，会造成密封环与转子摩擦，振动增大。

（四）振动故障处理

发电机转子和励磁机转子存在不平衡质量，建议停机后对发电机转子、励磁机转子做动平衡，同时检查发电机密封瓦间隙。第一次动平衡方案见表 8-24。2015 年 12 月 11 日，完成第一次动平衡加重，并对 6 号瓦和 7 号油挡进行修刮。机组于 2015 年 12 月 12 日 16:34 开始汽轮机冲转，18:39 机组定速 3000r/min。图 8-59 给出了第一次动平衡后 9 号瓦轴振伯德图。发电机第一次动平衡后 3000r/min 定速时各瓦振动数据如表 8-25 所示。

表 8-24 第一次动平衡方案

项　　目	低发对轮	励磁机风扇
加重质量（g）	1270	620

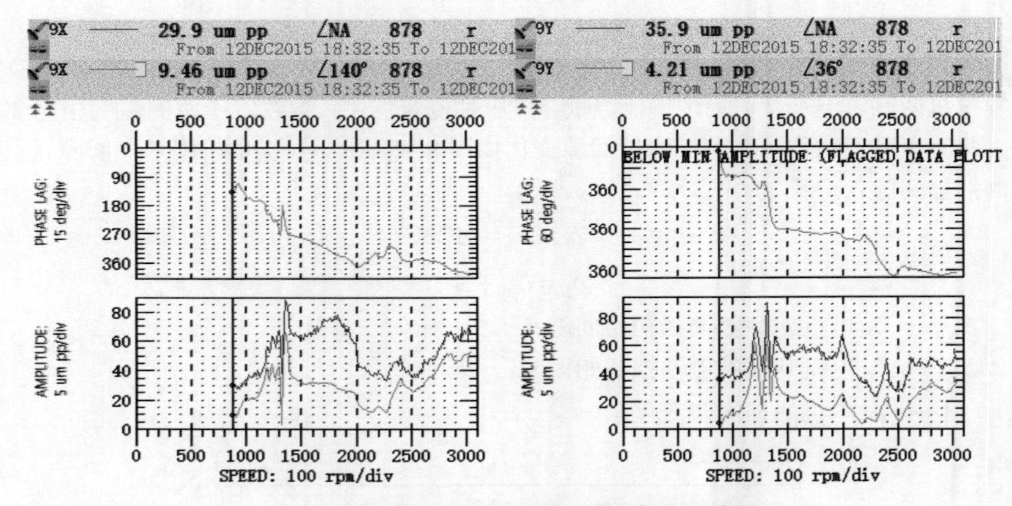

图 8-59 第一次动平衡后 9 号瓦轴振伯德图

表 8-25 发电机第一次动平衡后 3000r/min 定速时各瓦振动数据

轴瓦	7 号	8 号	9 号
轴振 *X*（工频/通频，μm）	83/90	76/83	51/66
轴振 *X* 相位（°）	284	240	32
轴振 *Y*（工频/通频，μm）	36/41	19/38	30/48
轴振 *Y* 相位（°）	91	40	23

经过第一次动平衡后，机组升速过程中 9 号瓦轴振明显降低，9*X* 振动为 88μm，9*Y* 振动为 91μm。机组刚定速时，7 号、8 号瓦和 9 号瓦振动有所下降，但 7 号瓦振动仍然较大，对第一次动平衡方案进行调整，保持原来加重的基础上，在低压转子和发电机转子靠

背轮上加重 2540g。此次启机定速 1h 后 7 号瓦 X 方向振动由 90μm 爬升到 183μm，发电机转子碰磨故障依然存在，建议对 7 号瓦油挡进行检查。

现场拆下发电机端盖油挡检查，发现油挡密封环梳齿被严重摩擦，出现卷边，油挡磨损情况如图 8－60 所示。

图 8－60　发电机油挡磨损情况

2015 年 12 月 22 日实施动平衡，并对发电机油挡进行检查，发现 7 号瓦上油挡密封齿被严重磨损，现场对 7 号瓦上油挡密封齿进行修刮，并将该油挡顶部间隙调整为 500μm。机组于 2015 年 12 月 23 日 22:07 启动，23:17 定速 3000r/min。机组定速时，发电机各瓦良好，第二次动平衡后发电机各瓦振动数据如表 8－26 所示。

表 8－26　第二次动平衡后发电机各瓦振动数据

轴瓦	7 号	8 号	9 号
轴振 X（工频/通频，μm）	37/50	57/78	72/79
轴振 X 相位（°）	347	203	350
轴振 Y（工频/通频，μm）	41/46	12/36	53/68
轴振 Y 相位（°）	135	306	43

机组带负荷后，7 号瓦 X 方向振动开始都出现爬升现象，随着时间的推迟，振动爬升趋于平缓，振动由 50μm 爬升到 144μm，发电机油挡处仍有摩擦，为了不影响机组调试计划，在振动可控的情况下让动静部件充分磨合，消除振动。由于发电机挡油环材质较硬，耐磨，摩擦故障消除需要很长的过程。2016 年 9 月 20 日，测量发电机 7X 振动降至 80μm 以下。

四、汽轮机超高压和高压转子振动异常

（一）3 号机组振动故障概况

2015 年 9 月 2 日 23:36 机组开始带负荷，机组带负荷前稳定在 3000r/min，配合电气专业进行电气试验，在此期间机组 1 号、2 号瓦和 3 号瓦振动有爬升现象，振动主要以工频为主，并且相位角有 20° 左右变化。表 8－27 给出了机组带负荷前后 1 号、2 号瓦和 3 号瓦振动数据。轴振动除 3X 振动较大外其余振动都较好。

表 8-27　　机组带负荷前后1号、2号瓦和3号瓦振动数据　　μm

工况	轴瓦	1号	2号	3号
带负荷前	轴振 X 工频/通频	120/122	129/131	110/122
	轴振 Y 工频/通频	106/129	78/88	9/16
带负荷后	轴振 X 工频/通频	55/59	85/90	112/129
	轴振 Y 工频/通频	59/70	52/62	49/59

3号机组继续带负荷运行，机组轴振波动较大，以2号瓦和3号瓦轴振波动最突出，对比本特利408采集数据和DEH历史数据，2号瓦和3号瓦轴振变化趋势基本一致。图8-61～图8-63给出了本特利408振动仪采集3号机组满负荷时1号、2号瓦和3号瓦振动变化趋势图，在满负荷状态下，机组1号、2号瓦和3号瓦振动幅波动较大，1倍频分量基本稳定。

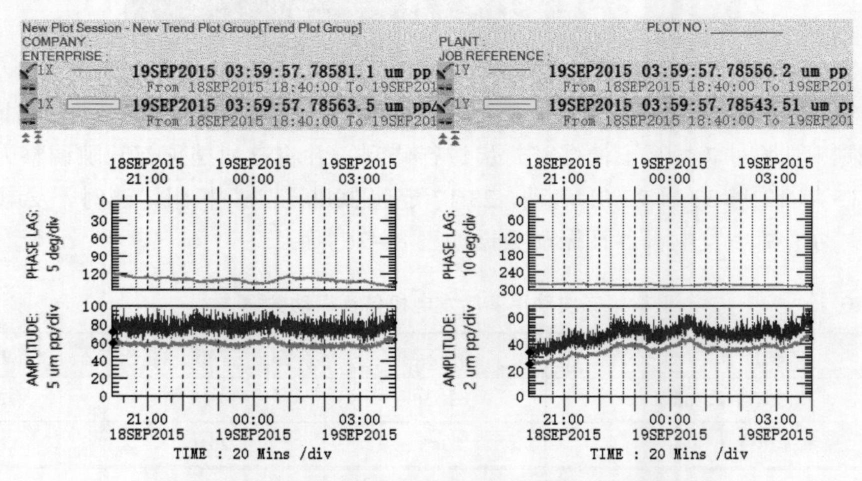

图8-61　3号机组满负荷运行时1号瓦振动趋势图

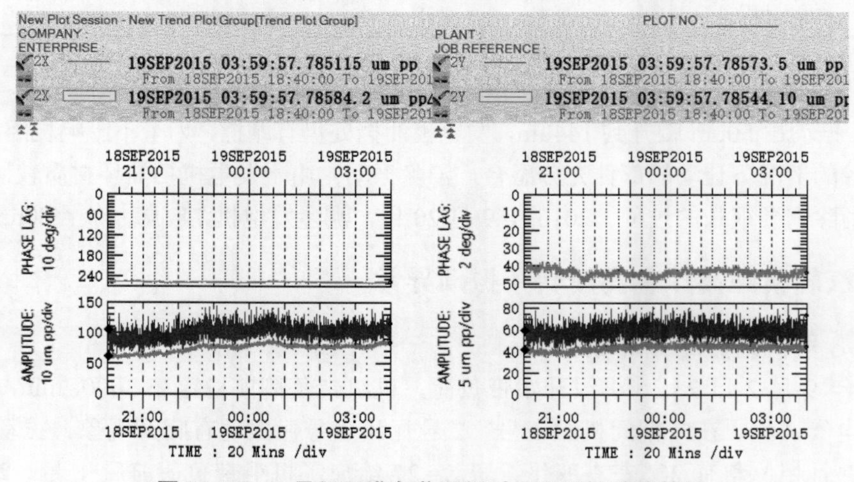

图8-62　3号机组满负荷运行时2号瓦振动趋势图

3 号机组定速 3000r/min 和带负荷状态下 3 号瓦振动都比较大，其中 1 倍频分量较大，幅值和相位稳定，机组高压转子存在一定的不平衡质量，在高压缸两端各加 880g 质量，加重后机组振动 1 倍频降低，表 8-28 给出了加重后带负荷前后机组 1 号、2 号瓦和 3 号瓦振动数据。机组带负荷后低频分量依然存在，1*X* 振幅波动范围为 35～53μm，2*X* 振幅波动范围为 93～135μm，3*Y* 振幅波动范围为 117～196μm，波动成分主要是低频分量，图 8-64～图 8-66 给出为 1*X*、2*X* 和 3*X* 振动频谱图。

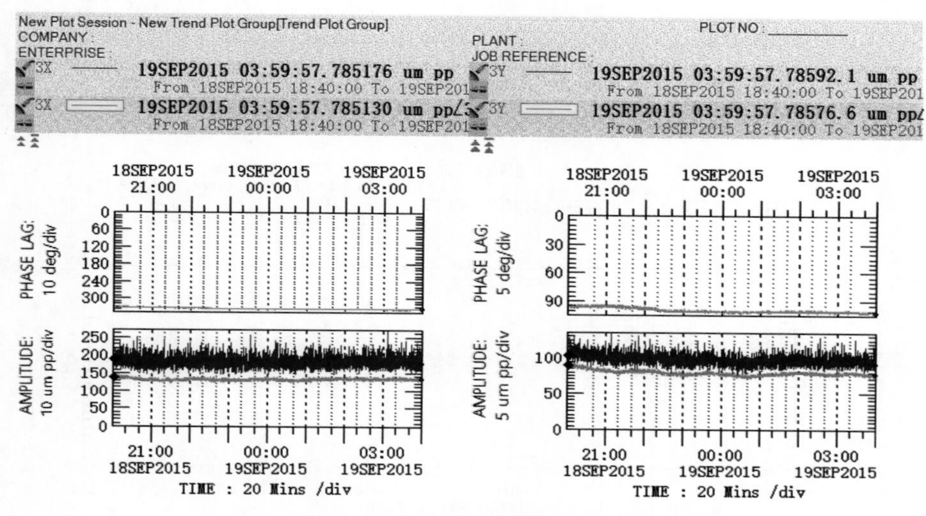

图 8-63　3 号机组满负荷运行时 3 号瓦振动趋势图

表 8-28　加重后带负荷前后机组 1 号、2 号瓦和 3 号瓦振动数据　μm∠°

工况	轴瓦	1 号	2 号	3 号
空负荷	轴振 *X*（1 倍频∠相位）	45∠152	97∠300	28∠335
	轴振 *Y*（1 倍频∠相位）	48∠311	63∠64	30∠87
带负荷 1000MW	轴振 *X*（1 倍频∠相位）	25∠151	84∠303	54∠76
	轴振 *Y*（1 倍频∠相位）	48∠302	57∠74	83∠168

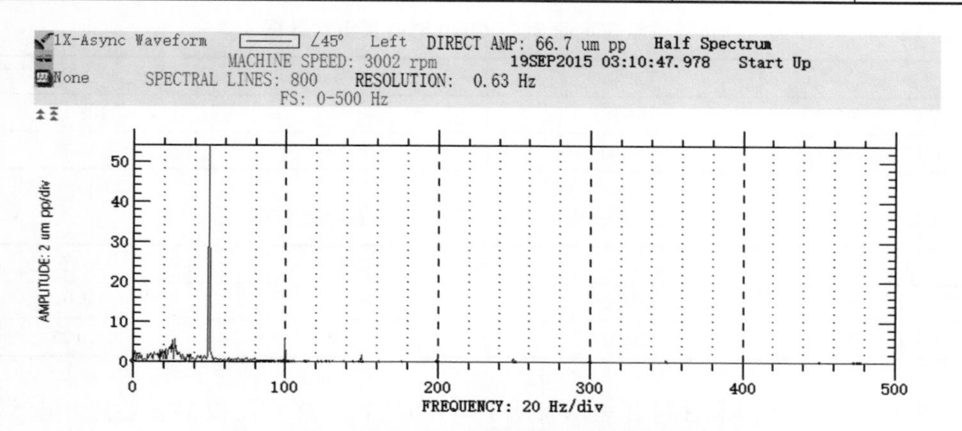

图 8-64　3 号机组满负荷运行时 1*X* 振动频谱图

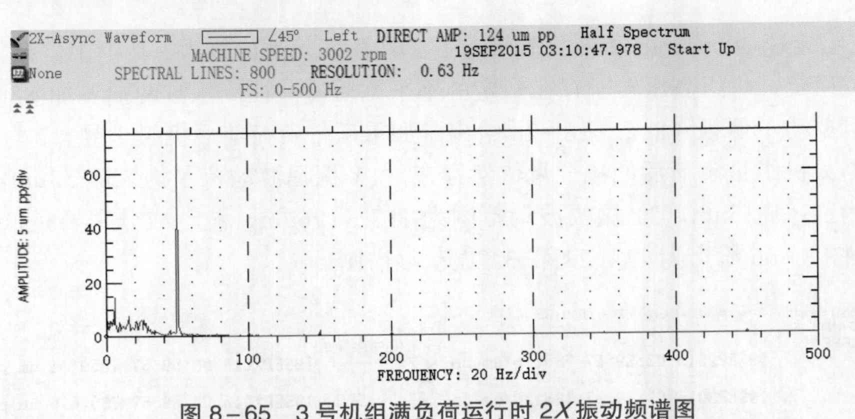

图 8－65　3 号机组满负荷运行时 2*X* 振动频谱图

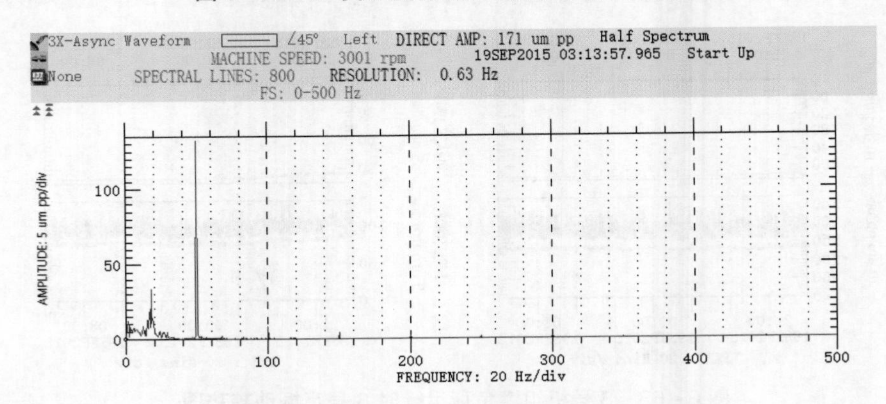

图 8－66　3 号机组满负荷运行时 3*X* 振动频谱图

（二）4 号机组振动故障概况

4 号机组开始首次冲转，定速 3000r/min 时 1*X* 和 3*X* 振动较大，成分以 1 倍频分量为主。表 8－29 给出了 4 号机组在定速 3000r/min 时各瓦振动数据。机组高压转子存在质量不平衡，在高压转子 3 号瓦侧加重 440g。加重后机组于 2015 年 12 月 12 日 16:34 开始启机，18:39 机组定速 3000r/min。表 8－30 给出了 4 号机组第一次动平衡后定速时各瓦振动数据。

表 8－29　4 号机组在定速 3000r/min 时各瓦振动数据　μm

轴瓦	1 号	2 号	3 号
轴振 *X*（工频/通频）	106/108	76/86	108/116
轴振 *Y*（工频/通频）	54/60	48/58	33/38

表 8－30　4 号机组第一次动平衡后定速时各瓦振动数据　μm

轴瓦	1 号	2 号	3 号
轴振 *X*（工频/通频）	97/105	91/103	89/102
轴振 *Y*（工频/通频）	22/31	66/76	20/27

机组刚定速时，1 号和 3 号瓦振动有所下降，但 1 号、2 号瓦和 3 号瓦振动仍然较大，对第一次动平衡方案进行调整，调整后的第二次动平衡方案如表 8－31 所示。

表 8-31　　第二次动平衡方案

加重位置	高压转子 2 号瓦侧	高压转子 3 号瓦侧
加重质量（g）	880	440
是否保留原来加重量	—	是

2015 年 12 月 22 日实施加重。机组于 2015 年 12 月 23 日 22:07 启动，23:17 定速 3000r/min。机组定速时，机组除 2 号瓦 *X* 方向振动较大外其余各瓦振动良好。第二次动平衡后启动定速时各瓦振动数据如表 8-32 所示。

表 8-32　　第二次动平衡后启动定速时各瓦振动数据　　μm

轴　瓦	1 号	2 号	3 号
轴振 *X*（工频/通频）	89/90	120/130	64/76
轴振 *Y*（工频/通频）	35/41	71/83	33/40

2015 年 12 月 28 日 22:49 机组首次满负荷 1000MW 运行。机组加负荷过程中 1 号瓦和 2 号瓦轴振振动降低。2016 年 1 月 6 日 08:58 开始进入 168h 满负荷 1000MW 试运，表 8-33 为机组首次满负荷运行时各瓦振动数据，机组满负荷运行时 3 号瓦振动有较大波动，振动幅值波动时工频分量较稳定，波动主要是由于含有连续低频分量，连续低频分量波动较大，幅值最大波动达 83～160μm，低频连续分量波动是由于气流扰动造成。图 8-67 给出了机组满负荷运行时 3 号瓦振动趋势图。

表 8-33　　机组首次满负荷运行时各瓦振动数据　　μm

轴　瓦	1 号	2 号	3 号
轴振 *X*（工频/通频）	6/22	26/32	74/107
轴振 *Y*（工频/通频）	13/22	25/41	46/57

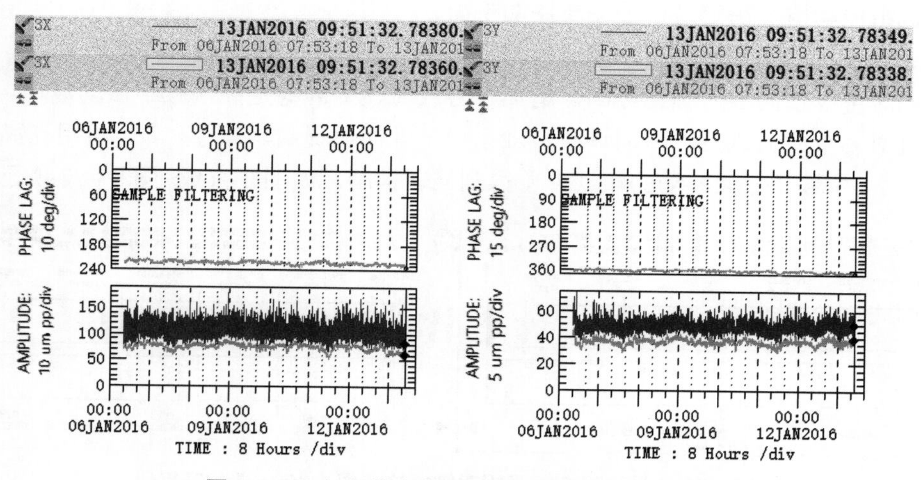

图 8-67　机组满负荷运行时 3 号瓦振动趋势图

机组带负荷后，3 号瓦轴振出现连续低频分量，3X 振动工频分量稳定，但低频分量较大波动，3X 振动波动幅度随着机组负荷增加而增大。机组满负荷运行时 3X 振动波动范围为 90～120μm。图 8－68 给出了 3 号瓦 X 方向振动频谱图，从图 8－68 中可以看出频谱中工频分量占主要部分，并有大量连续低频分量。

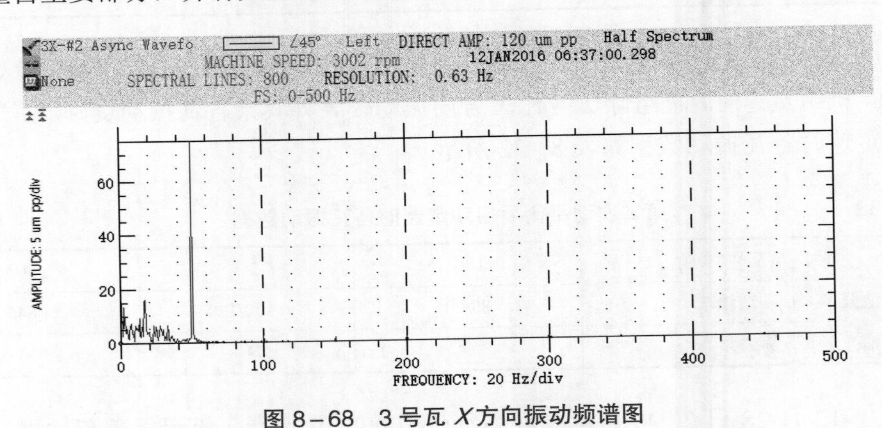

图 8－68　3 号瓦 X 方向振动频谱图

（三）机组振动故障分析

国电泰州电厂 3 号和 4 号机组带负荷时 3 号瓦振动波动较大，1 倍频分量基本不变，波动量主要是连续低频分量，该分量随着负荷的增加而增大，该低频分量是由于转子受气流激振力扰动造成。现场可以通过减小激振力和增加阻尼的角度减小振动幅值。因为激振力来自汽缸内部，无法通过调整内部结构来减小激振力，因此可通过外部措施增加阻尼，尝试提高汽轮机润滑油温度来提高油膜刚度，增大阻尼来缓解振动。4 号机组调试过程中现场将润滑油温由 50℃提高到 52℃，振动变化不大，考虑到机组安全没有将油温继续提高。

机组带负荷运行时 3 号瓦振动基准值较大，同时波动较大，并出现跳变，轴瓦可能有松动，考虑到机组轴系单支撑的结构对轴瓦的安装要求较高，建议后续机组计划停运检修时检查轴瓦与瓦枕的接触是否良好，着重对 3 号瓦进行检查。检查轴瓦并处理后根据再次启机时机组振动情况决定是否采需要做动平衡。

机组转子位出现两次突变，振动也随之变化，说明 3 号轴瓦动力特性不稳定，在检修轴瓦的同时可以抬高 3 号轴瓦标高，增加 3 号载荷，提高稳定性，减小振动波动。

经过对轴承载荷以及间隙的调整，轴系稳定性明显提高。3 号、4 号机组在高负荷运行时，2 号、3 号瓦低频波动的振动现象得到显著抑制，如图 8－69～图 8－72 所示。目前

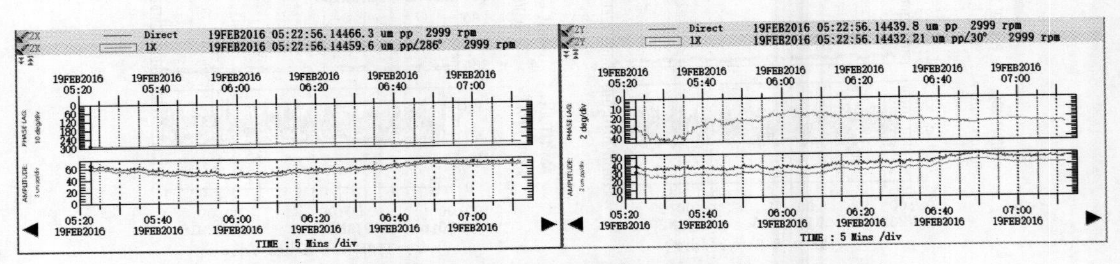

图 8－69　3 号机组 2 号瓦相对轴振趋势图（800～1000MW）

工频振动通过动平衡治理也得到大幅改善，在高负荷时出现小幅的爬升，但不影响安全运行，可进一步采取热态动平衡优化降低。

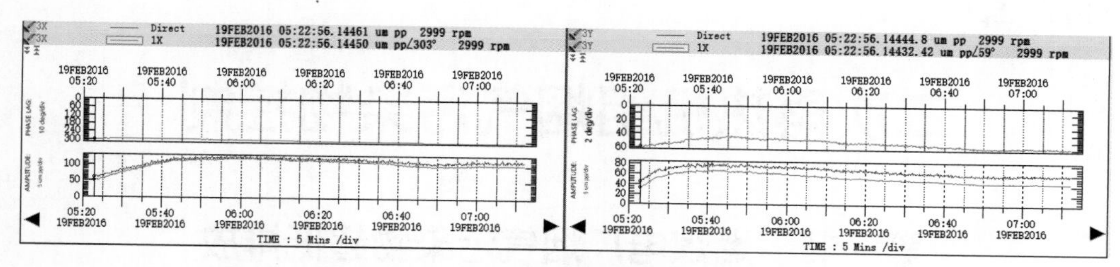

图 8-70　3 号机组 3 号瓦相对轴振趋势图（800～1000MW）

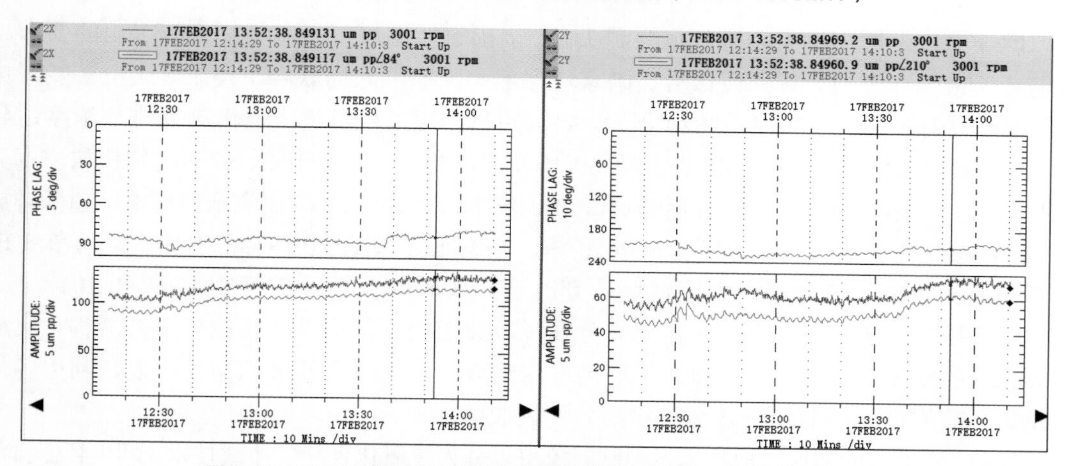

图 8-71　4 号机组 2 号瓦相对轴振趋势图（800～1000MW）

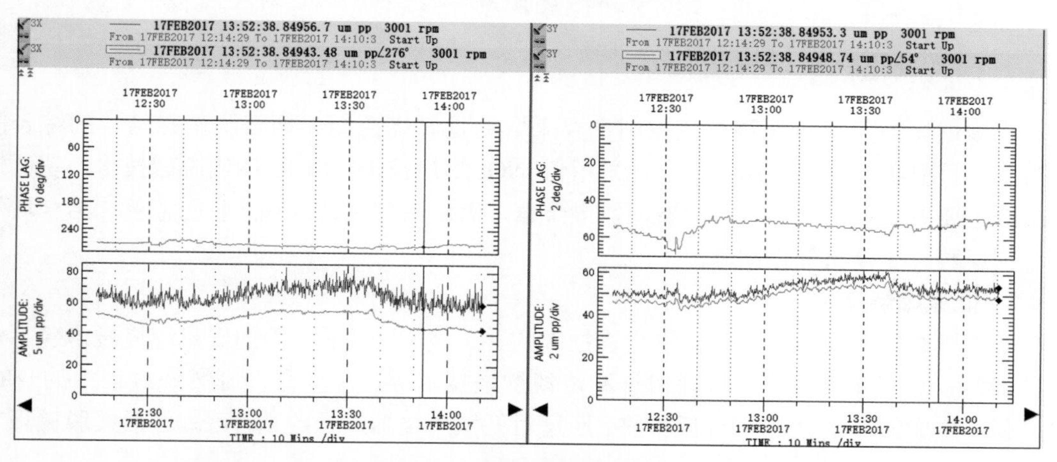

图 8-72　4 号机组 3 号瓦相对轴振趋势图（800～1000MW）

第九章

二次再热机组烟气污染物控制

第一节　燃煤电厂烟气污染物超低排放

燃煤电厂是燃煤污染物排放重要源头之一，国家对燃煤电厂污染物排放提出的要求越来越高。2014 年 9 月，国家发改委、国家环保部和国家能源局联合下发了《煤电节能减排升级与改造行动计划（2014—2020 年）》，要求新建燃煤发电机组大气污染物排放浓度达到燃气轮机组排放限值，即在基准氧含量 6%条件下，烟尘、二氧化硫、氮氧化物排放浓度分别不高于 10、35、50mg/m^3（标准状态）。2015 年 12 月印发的《全面实施燃煤电厂超低排放和节能改造工作方案》进一步提出到 2020 年，全国所有具备改造条件的燃煤电厂力争实现超低排放，并将东部地区、中部地区计划改造完成时间分别提前至 2017 年和 2018 年。

超低排放形势下，燃煤电站需要充分发挥减排潜力，优化设计指标和工艺流程，集成高效经济的脱硫、脱硝、除尘技术，更需要着眼全局，从综合治理的角度出发，利用各烟气净化环节的相互影响，将各污染物高效协同脱除。

目前，常采用的超低排放技术按控制对象可以分为氮氧化物超低排放技术、烟尘超低排放技术和二氧化硫超低排放技术，部分先进污染物控制工艺还可实现多种污染物的协同脱除。

一、氮氧化物超低排放技术

我国燃煤电厂氮氧化物排放控制主要采取的是燃烧控制和烟气脱硝相结合的综合防治措施，目前我国大部分燃煤机组已采用低 NO_x 燃烧技术、SCR 烟气脱硝技术，超低排放改造主要采取的技术方案有改造低氮燃烧器，优化烟气脱硝过程运行与监测，结合增加催化剂层数、更换新催化剂等。

1. 低氮燃烧技术

低氮燃烧技术是燃煤电站氮氧化物控制的首选技术。目前采用的低氮燃烧技术包括低氮燃烧器、烟气循环燃烧、分段燃烧和浓淡燃烧技术等，主要是抑制燃烧过程中的 NO_x 生成和将生成的 NO_x 还原实现低排放。通过对低氮燃烧器进行改造，可减轻后续脱硝环节负担，降低运行费用。

国电泰州电厂二期两台超超临界二次再热机组采用的低氮燃烧器，在燃用设计煤种和 BMCR 工况下，脱硝装置前 NO_x 的浓度不超过 180mg/m^3（标准状态，O_2=6%），代表着燃煤机组低氮燃烧技术的最先进水平。

2. 烟气脱硝技术

烟气脱硝技术主要有选择性催化还原技术（Selective Catalytic Reduction，SCR）、选择性非催化还原技术（Selective Non-catalytic Reduction，SNCR）、选择性非催化还原与选择性催化还原联合技术（SNCR-SCR）。其中，商业应用最为广泛的是SCR脱硝技术，由日本在20世纪70年代实现工业化应用，该技术发展成熟，运行稳定、可靠。

现役机组SCR催化剂多为2层填装、1层备用，在进行SCR脱硝系统超低排放改造时多改为3层填装，部分电厂采用4层填装。改造后一般可满足超低排放要求。SCR脱硝技术下一步的研究重点在于开发宽温度窗口、低成本、适应我国烟气条件的催化剂，减少脱硝过程的氨逃逸，提升催化剂抗毒稳定性，以及催化剂再生与无害化处理等。

二、烟尘超低排放技术

目前，国内技术成熟且实用性广的除尘技术主要是静电除尘和布袋除尘，以这两种除尘技术为基础，近年来应用较广的改造技术有低低温电除尘技术、湿式电除尘技术、旋转电极式电除尘技术、电袋复合除尘技术、高频高压电源技术等。国电泰州电厂二期两台二次再热机组除尘系统采用了低低温电除尘技术和湿式电除尘技术，投产后经测试，湿式电除尘器出口烟尘浓度约为4.2mg/m^3（标准状态，折算至6%氧量时）。

1. 低低温电除尘技术

低低温电除尘技术是通过低温省煤器或热煤气–气换热器将除尘器进口烟气温度降至酸露点以下（一般在90℃左右），该技术优势有：

（1）烟气温度降至酸露点以下，SO_3在粉尘表面冷凝，粉尘比电阻降低至10^8～$10^{11}\Omega \cdot cm$，避免反电晕现象，提高除尘效率。

（2）由于排烟温度下降，烟气量降低，减小了电场内烟气流速，增加了停留时间，能更有效地捕获粉尘。

（3）SO_3冷凝后吸附在粉尘上，可被协同脱除。国际上，日本对低低温电除尘技术研究较为深入，目前日本多家电除尘器制造厂家均拥有低低温电除尘技术的工程应用案例，据不完全统计，日本配套该技术的机组容量累计已超15 000MW。国内对该技术的研究起步较晚，但在超低排放背景下，多家电厂进行了成功投运。

2. 湿式电除尘技术

燃煤电厂湿法脱硫系统在一定程度上可以实现颗粒物的协同脱除，但同时脱硫过程也会产生新的颗粒物。为达到超低排放标准，脱硫系统后一般需要加装湿式电除尘器（Wet Electrostatic Precipitator，WESP）进行深度除尘。湿式电除尘器运行原理与干式除尘器基本相同，但清灰方式与干式电除尘器的振打清灰不同，湿式电除尘器无振打装置，而是通过在集尘极上形成连续的水膜将捕集到的粉尘冲刷到灰斗中。通过该方式进行清灰有效避免了二次扬尘和反电晕问题，对酸雾和重金属也有一定协同脱除效果。湿式电除尘器根据阳极类型不同可分为金属极板WESP、导电玻璃钢WESP和柔性极板WESP。WESP主要有以下几个特点：

（1）采用更高的设计烟气流速，体积相对较小，空间利用率高。由于没有如锤击设备的运动部件，可靠性较高。借助除雾下来的自流液体清灰，没有阴阳极振打装置，不会产生粉尘二次飞扬，确保出口粉尘达标。

（2）对于 $PM_{2.5}$ 等微细粉尘以及 SO_3 等有一定的去除效果，有利于提高烟囱内筒的使用寿命。

（3）阳极管组及阴极线均采用防腐蚀材料，阳极板采用特殊导电玻璃钢专利产品，在化工制酸行业拥有大量的长期运行经验，防腐性能可靠。

（4）可降低烟气中的水雾含量，雾滴含量低于 25mg/m^3（标准状态），有效缓解烟囱的“白烟”现象。

国电泰州电厂二期两台二次再热机组除尘系统选用导电玻璃钢电除尘器，且配备先进的自动控制系统。湿式电除尘器安装后，雾滴去除效率不低于75%，SO_3 去除效率不低于75%，粉尘去除效率不低于75%。

3. 旋转电极式静电除尘技术

旋转电极式静电除尘技术（也被称为移动电极式静电除尘技术）是将除尘器电场分为固定电极电场和旋转电极电场两部分，旋转电极电场中阳极部分采用回转的阳极板和旋转清灰刷清灰，当粉尘随移动的阳极板运动到非收尘区域后，被清灰刷刷除。这样，粉尘被收集到收尘极板后尚未达到形成反电晕的厚度就被清灰刷刷除，极板始终保持清洁，避免了反电晕现象。同时，由于清灰刷位于非收尘区，最大限度减少了传统振打清灰会造成的二次扬尘问题，确保了除尘效率。

4. 电袋复合除尘技术

电袋复合除尘技术是基于静电除尘器和布袋除尘器两种成熟的除尘技术提出的一种新型复合除尘技术，近几年来发展迅速。电袋复合除尘机理是含尘气流首先通过静电除尘器，先利用高压电场除去大部分烟尘颗粒，然后通过布袋除尘器过滤带有电荷但未被电场收集的细粉尘。研究表明，电袋复合除尘器除尘机理不仅仅是静电除尘和布袋除尘的叠加，两者在除尘过程中存在相互影响，颗粒在电场中荷电、极化、凝并，增强了布袋对颗粒物的捕集能力。

5. 高频高压电源技术

高频高压电源技术指通过大功率高频开关，将输入的工频三相电流经整流变为直流，再经过逆变和转换变为近似正弦的高频交流电源，再经变压器升压整流，形成直流或窄脉冲等各种适合电除尘器运行的电压波形。与工频电源相比，具有以下技术特点：

（1）高频高压电源供给电场内的平均电压比工频高压电源提高25%～30%，电晕电流可提高一倍，可有效增加烟尘荷电量，提高除尘效率。

（2）高频高压电源火花控制特性更好，因而火花能量小，电场能量损耗很小，提高输出电压持续性，增强除尘效率的同时延长了电极寿命。

（3）与工频电源相比，转换效率高，能有效节能降耗。

（4）高频高压电源体积小、质量轻，功能模块高度集成化。

三、脱硫系统超低排放技术

在过去的三十多年来，烟气脱硫技术逐渐得到了广泛应用，综合考虑技术成熟度和费用等因素，广泛采用的烟气脱硫技术仍是石灰石–石膏湿法脱硫工艺。根据中国电力企业联合会统计，截至2017年底，全国已投运火力发电厂烟气脱硫机组容量约9.4亿kW，占全国煤电机组容量的95.8%，其中采用石灰石－石膏湿法脱硫工艺的占90%以上，这为湿法脱硫工艺的增效改造提供了有利条件。目前，以石灰石－石膏湿法脱硫工艺为基础，主要采用以下脱硫增效改造技术。

1. 空塔增效改造技术

影响脱硫效率的因素有很多，可大致分为烟气性质、吸收塔结构、运行操作参数、吸收剂品质等几个方面。在原先排放与超低排放标准差别不太大的前提下，通过对空塔的优化，如适当增加循环浆液量，优化喷淋层结构，延长烟气停留时间，提升脱硫浆液中石灰石品质及添加脱硫增效剂等措施，可达到超低排放要求。

2. 塔内构件改造技术

目前，针对塔内构件的改造主要有吸收塔增效环技术、托盘塔技术及旋汇耦合技术。

（1）吸收塔增效环在各研究中的表述不尽相同，有导流环、聚液环、液体再分配器等。增效环设置的主要目的有两个，一是改善烟气在塔横截面上分布不均现象，防止烟气沿塔壁向上形成“短路”；二是将喷淋至吸收塔壁的浆液收集起来以减少壁流损失，然后将浆液重新分配至塔中部。增效环可单层或多层设置在喷淋层下方，增强塔内气液传质，从而提高脱硫效率。

（2）托盘塔技术指在进口烟道上方与最底层喷淋层间布置1～2块孔板托盘，使烟气进入吸收塔后流速分布均匀。另外，托盘产生的一定持液高度会使气液剧烈掺混产生类似“沸腾”状态的泡沫层，强化气液传质的同时增加了烟气停留时间，提高了脱硫效率。某600MW超超临界燃煤锅炉脱硫系统采用石灰石－石膏湿法工艺，一炉一塔布置，吸收塔采用3层喷淋，改造前无托盘，燃用设计煤种（$S_{ar}\leqslant 1\%$）时，脱硫效率大于95%。进行超低排放改造时，在吸收塔进口与下层喷淋层间设置托盘，同时对喷淋层进行增容改造，提高液气比。投入运行后经检测，额定工况下SO_2排放浓度为20mg/m^3（标准状态）左右。

（3）旋汇耦合脱硫技术是在空塔的基础上加装湍流装置，基于多相紊流掺混的强传质机理和气体动力学原理，通过旋汇耦合装置产生气液旋转翻覆湍流空间，气、液、固三相充分接触，迅速完成传质过程，从而实现高效脱硫。

3. 单塔双循环技术

单塔双循环的理论基础在于SO_2吸收过程与氧化过程对脱硫浆液pH值要求不同。具体来说，单塔双循环技术指脱硫烟气在塔中经过两级独立循环的浆液喷淋区。第一级循环喷淋浆液的pH值为4.5～5.0，主要用于保证亚硫酸钙的氧化与石灰石在浆液中溶解充分，保证石膏的结晶回收。第二级循环喷淋浆液的pH值为5.5～6.0，侧重于剩余烟气中SO_2的吸收脱除，以达到要求的脱硫效率。两级间设浆液收集装置，将两级循环分开的同时起到均布烟气流的作用。两级循环的操作参数独立，煤种、负荷等变化时能够及时调整，适应性较好。与单塔单循环相比，能在一定程度上降低液气比，提高脱硫效率。

作为国内首台投产的1000MW二次再热机组，国电泰州电厂二期工程2台机组脱硫系统采用的即是单塔双循环吸收塔。吸收塔塔内有两级循环，其中第一级循环设置2台浆液循环泵，浆池在吸收塔底部；第二级循环设置4台吸收塔外浆液池（Absorber Feed Tank，AFT）循环泵，通过塔中间的收集碗，把浆液收集到塔外AFT浆池，AFT浆池为钢制箱罐，独立布置，AFT浆池浆液与吸收塔底部浆液独立存储。在吸收塔最高一层喷淋层上方设置2级屋脊式除雾器，采用工艺水喷洗以防止沾污和结垢，烟气经过两级循环的洗涤后从塔顶排出。吸收塔排出的烟气经过1台湿式静电除尘器进一步降低烟尘的排放浓度后由烟囱排出。在进口SO_2浓度为3517mg/m^3（标准状态）的情况下，SO_2出口浓度不大于35mg/m^3（标准状态）。

4. 双塔技术

双塔技术包括双塔串联技术与双塔并联技术。双塔串联技术指在原先“一炉一塔”的基础上再增设一座脱硫塔，与原脱硫塔串联布置。烟气首先进入预洗涤塔，脱除部分SO_2的同时可除去烟气中的其他杂质，如烟尘、HF、HCl等。预洗涤塔浆液pH值控制较低，有利于石膏的结晶。烟气经预洗涤塔后进入吸收塔，吸收塔的脱硫浆液pH值控制较高，可以保证很高的脱硫效率。串联两塔的操作参数一般相互独立，适应性好，能有效提高整体脱硫效率。

双塔并联技术指新建的脱硫塔与原脱硫塔在作用上与原脱硫塔完全相同，通过烟气分流减少进入原吸收塔的烟气量，延长烟气停留时间。双塔并联系统的安全性较高，当其中一塔出现故障时不影响整个系统的运行，但由于单塔脱硫效率的限制，并联运行达到超低排放标准仍有一定难度。

四、超低排放技术发展趋势

我国燃煤电厂现有烟气治理技术路线在实施过程中主要关注单一设备脱除单一污染物，未充分考虑各系统间协同效应，达到相同效率的情况下系统复杂、运行成本大，且常规设备较难达到超低排放的要求。这就要求燃煤电厂采用烟气协同治理技术，即综合考虑脱硫、脱硝、除尘系统之间的协同作用，在脱除主要目标污染物的同时脱除其他污染物或为其他污染物的脱除创造条件，兼顾环保效益与经济效益。

以湿式电除尘技术为核心和以低低温除尘技术为核心的烟气协同治理技术路线是目前烟气污染物协同治理的两条典型技术路线。以低低温电除尘技术为核心的烟气协同治理典型技术路线为脱硝装置（SCR）→热回收器（WHR）→低低温电除尘器（低低温ESP）→石灰石－石膏湿法烟气脱硫装置（WFGD）→湿式电除尘器（WESP，可选择安装）→再加热器（FGR，可选择安装）。以湿式电除尘技术为核心的技术路线采用湿式电除尘器用于解决脱硫塔后烟尘排放问题，一般与除尘器和湿法脱硫装置配合使用，当除尘设备采用低低温电除尘器时，其他关键设备主要功能及典型污染物治理技术间的协同脱除作用与“以低低温除尘技术为核心的烟气协同治理技术路线”相同。

从污染物产生的角度，二次再热机组、一次再热机组的SO_2和烟尘产生、脱除完全相同，但二次再热机组与一次再热机组相比氮氧化物产生量更低，大多数二次再热机组SCR进口设计氮氧化物浓度低于180mg/m^3（标准状态），更有利于氮氧化物的减排。另外，由于相同负荷下二次再热机组脱硝进口烟气温度比一次再热机组更高，有利于机组启停阶段和低负荷运行阶段脱硝系统的安全投运，更便于实施宽负荷脱硝。

从污染物控制技术来讲，二次再热机组与一次再热机组大致相同。因为二次再热机组均为近2年投运的大容量机组，因此，普遍配置了烟气污染物超低排放技术设备，污染物排

放指标均按 NO_x、SO_2、烟尘浓度分别不超过 50、35、5mg/m^3（标准状态）来设计。

国电泰州电厂 3 号机组采用新型驻窝混合技术脱硝和单塔双循环技术脱硫后，SCR 反应器进口和烟囱进口烟气中 NO_x 分别为 320mg/m^3 和 31mg/m^3，NO_x 脱除率达到 90.3%；脱硫吸收塔进口和烟囱进口烟气中 SO_2 分别为 3715mg/m^3 和 15mg/m^3，SO_2 脱除率达到 99.6%。电厂烟气 SO_2 和 NO_x 排放浓度远远低于国家超低排放限值，并优于燃气轮机排放水平，确保了国电泰州电厂二期 1000MW 机组在变负荷运行条件下，烟气 NO_x 排放浓度均能达到超低排放要求。

超低排放标准的实施推动了很多新技术的研发与应用，工程实践也证明，应用前述脱硫、脱硝、除尘超低排放改造技术，在燃用优质煤的电厂实现超低排放是可行的，但也有以下 5 个值得注意的问题：

（1）进一步降低超低排放改造的投资运行费用。虽各污染物排放标准是独立设定的，但在进行工程改造、技术研发的过程中却不能仅把除尘、脱硫、脱硝作独立考虑，而应充分考虑各污染物脱除过程的相互影响，充分利用各技术间的协同效应，最大程度地降低超低排放改造的投资和运行费用。

（2）开发适合劣质煤的低成本超低排放技术。针对优质煤可以保证燃煤电厂达到超低排放要求，但对于高硫、高灰、高碱等劣质煤的适应性还有待提高。高硫煤（含硫量大于 3%）储量仅西南地区就达到 800 亿 t，高效低成本脱硫难度大，并易引起 SO_3 排放的问题；高灰煤（含灰大于 25%）占全国电煤的 30%，颗粒物的高效低成本控制难度大，并影响脱硝催化剂的使用寿命；高碱煤，例如准东煤，碱金属含量为 3%～10%，储量达 3900 亿 t，存在 SCR 催化剂易中毒及采用低低温电除尘技术效果不明显等问题；解决劣质煤的低成本超低排放改造问题对全面推行超低排放标准有着重要意义。

（3）增强 SO_3 等可凝结颗粒物排放控制。燃煤烟气中 SO_3 的来源主要有两方面：燃烧过程中，煤中的硫分大部分被氧化成 SO_2，但是有一小部分的硫会被氧化成 SO_3，一般在锅炉中占 0.5%～1.5%；在 SCR 脱硝过程中，少量 SO_2 会被脱硝催化剂氧化为 SO_3，对于中高硫煤，SCR 脱硝装置出口 SO_3 浓度可达 51～86mg/m^3。SO_3 除造成环境问题和腐蚀破坏以外，还易造成空气预热器堵灰等问题，通过联合脱除技术，减少 SO_3、汞、砷等污染物排放，是目前超低排放技术研究不可缺少的部分。

（4）构建污染物控制技术的合理评估方法，对污染物控制技术有效性进行评估，有助于更客观地认识控制技术实施效果，为后续的环境质量管理与技术改造决策提供科学依据。

（5）积极开展非电行业污染物超低排放；将电力行业减排经验推广到非电行业，如钢铁、化工等，全面控制和削减污染物排放。

第二节　脱硫脱硝系统调试

一、烟气脱硫系统调试

脱硫系统调试工作的基本任务是使新安装的脱硫设施安全顺利地完成整套启动并移

交生产，使设备投产后在设计规定的年限内长期、安全、可靠运行，形成稳定的生产能力，脱硫效率达到设计值，发挥最佳的经济、环境及社会效益。

（一）脱硫系统主要设备

典型的石灰石－石膏湿法烟气脱硫系统主要包括公用系统、吸收剂制备及供应系统、烟风系统、SO_2吸收系统、石膏脱水系统，以及废水处理和排放系统等。

1. 公用系统

烟气脱硫的公用系统包括工艺水系统、压缩空气系统以及事故浆液系统。工艺水系统是为脱硫系统提供补充水的系统，工艺水一般从厂区工业水系统引入脱硫工艺水箱，然后由工艺水泵和除雾器冲洗水泵等提供至各用水点。压缩空气系统是为脱硫系统提供仪用压缩空气的系统，气源来自主厂房的仪用压缩空气母管。事故浆液系统是收集烟气脱硫装置非正常运行、设备检修、吸收塔停运或者事故情况下的浆液排放的系统。

工艺水系统的主要设备包括工艺水箱、液位计、工艺水泵等。压缩空气系统的主要设备包括空气压缩机、干燥器、油水分离器、空气过滤器、空气罐等。事故浆液系统的主要设备包括事故浆液箱及搅拌器、事故浆液返回泵、排水坑、排水坑搅拌器、排水坑泵等。

2. 吸收剂制备及供应系统

典型的石灰石粉制浆工艺流程如图 9－1 所示。

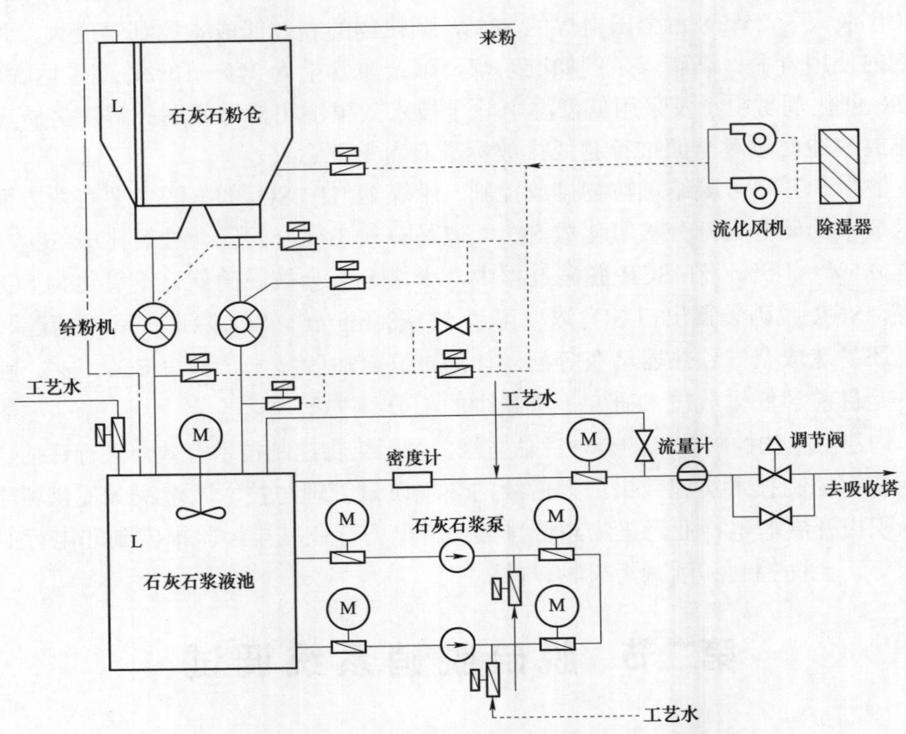

图 9－1 典型的石灰石粉制浆工艺流程图

烟气脱硫的吸收剂制备及供应系统包括石灰石浆液制备系统和石灰石供应系统。脱硫吸收剂主要有石灰石和石灰石粉两种形式，其中吸收剂为石灰石时首先需要进行石灰石的磨制，磨制方式有干式球磨机制粉和湿式球磨机制浆两种方法。吸收剂为石灰石粉时直接制浆。

采用石灰石做吸收剂时，吸收剂石灰石输送至球磨机完成磨粉后制成石灰石浆液存储于石灰石浆液箱，供脱硫吸收塔补充石灰石浆液使用。

石灰石吸收剂制备及供应系统的主要设备包括石灰石卸料斗、给料机、皮带输送机、石灰石储仓、石灰石球磨机、石灰石粉仓、石灰石浆液箱、石灰石浆液泵等。

3. SO_2吸收系统

SO_2吸收系统是脱硫系统的核心，用于完成烟气中SO_2的吸收脱除，以及SO_3、HCl、HF等和烟气中部分烟尘的脱除。

SO_2吸收系统的主要设备包括吸收塔（含除雾器、喷淋层及喷嘴、托盘、氧化空气分布管等）、搅拌器、浆液循环泵、氧化风机、吸收塔地坑、事故喷淋装置等。

典型的SO_2吸收系统工艺流程如图9–2所示。

4. 石膏脱水系统

石膏脱水系统用于吸收塔内排出的石膏浆液脱水，脱水后的石膏含水率小于10%。石膏脱水系统分为一级脱水系统和二级脱水系统，一级脱水系统一般为单元制操作系统，二级脱水系统一般为公用系统。

石膏脱水系统的主要设备包括石膏排出泵、石膏水力旋流站、真空皮带脱水机、真空泵、冲洗水系统、滤液水系统、石膏输送皮带、搅拌器、地坑泵等。

5. 脱硫废水处理系统

脱硫废水处理系统主要是以化学沉淀处理其中的重金属、以混凝沉淀处理其他可沉淀的物质，最后通过机械分离将沉淀物质从废水中分离，达到废水净化的目的。一般包括化学加药系统、反应系统和污泥脱水系统三个分系统。

脱硫废水处理系统的主要设备包括药品箱、加药泵、中和箱、反应箱、压滤机、浓缩器、污泥输送泵等。

（二）脱硫系统分系统调试

1. 脱硫系统调试项目

根据DL/T 5295《火力发电建设工程机组调试质量验收及评价规程》和DL/T 5403《火电厂烟气脱硫工程调整试运及质量验收评定规程》的规定，结合石灰石–石膏湿法烟气脱硫系统的特点进行分系统调试项目的划分。

石灰石–石膏湿法脱硫分系统调试项目清单包含但不限于下列项目：

（1）公用系统调试。

（2）吸收剂供应及制备系统调试。

（3）烟风系统调试。

（4）SO_2吸收系统调试。

（5）石膏脱水系统调试。

（6）脱硫废水处理系统调试。

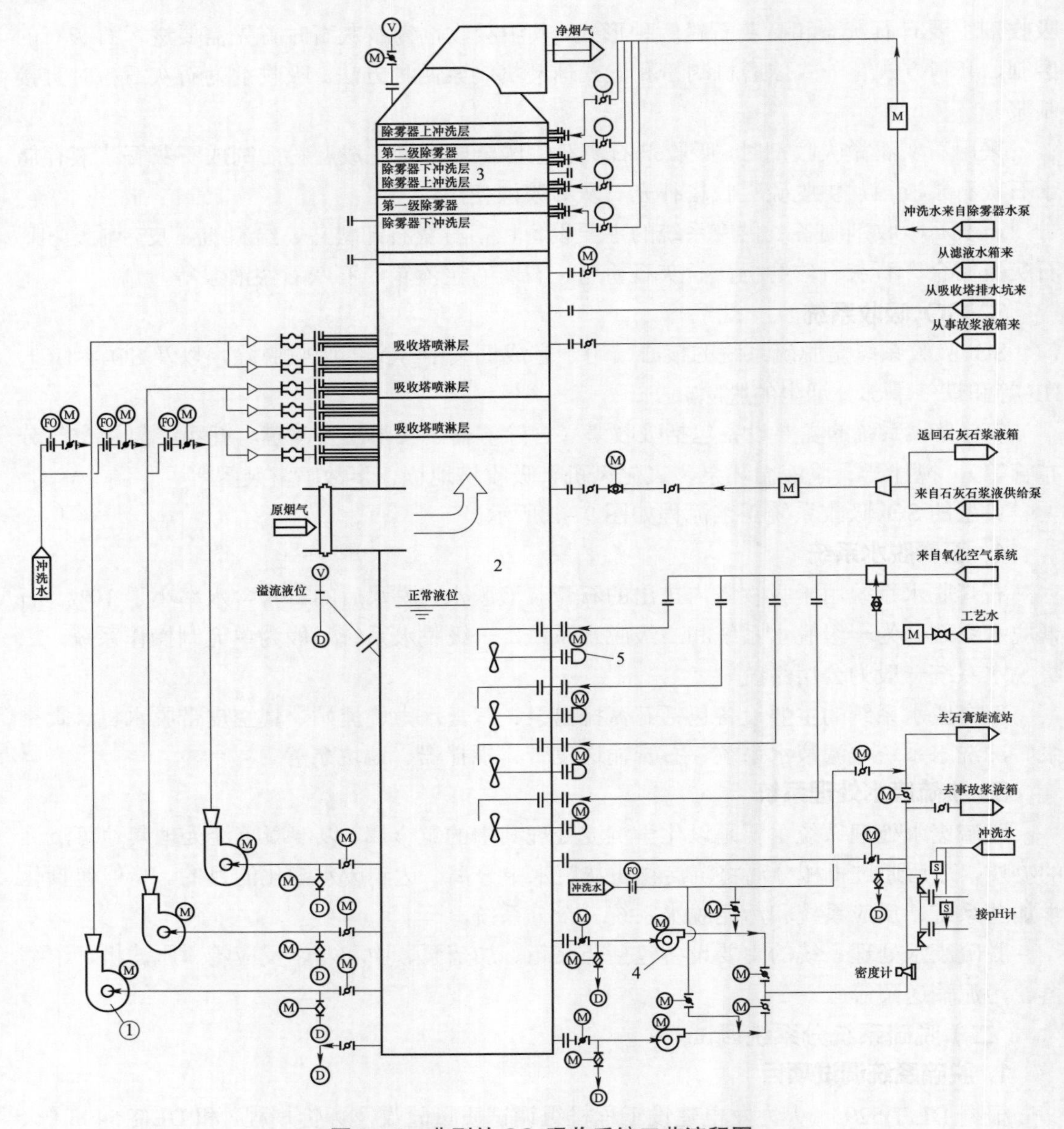

图 9-2 典型的 SO_2 吸收系统工艺流程图

2. 公用系统调试

完成公用系统的调试是保证整个脱硫调试按期完成的基础。公用系统的设备虽然相对较少，但由于脱硫工程的工期偏紧等原因，调试期间周围的工作环境不太理想，往往安装与调试存在交叉的现象。公用系统调试前应具备的条件包括机务、电气、热工、土建等多方面。其中的工艺水系统是烟气脱硫调试过程中需要最先完成的调试部分，其他任何分系统和系统的调试都是建立在工艺水系统调试合格的基础上才能开展的。

（1）工艺水系统调试。

1）试运前检查。工艺水箱、泵、管道基础牢固，螺栓紧固，符合规范要求；系统相应的阀门安装合理；工艺水箱的液位计安装完毕，符合规范要求；确认工艺水箱内部杂物清理干净；工艺水箱及相关管道、阀门用工业水冲洗完毕且验收合格；系统相关泵的润滑油油位正常；手动转泵，检查泵的转动顺畅，符合试运要求；系统管道通过水压试验并合格，水压试验压力一般不低于设计压力的1.25倍；泵在试验位置的联锁保护试验完成并且合格。

2）阀门传动检查。在CRT上操作工艺水系统范围内的阀门，包括工艺水箱补水门，工艺水泵的进、出口门等，要求阀门开关灵活、位置反馈正确、无卡涩现象。调节门刻度指示准确，位置反馈正确，至少进行0、25%、50%、75%和100% 5个开度的开关操作，确保就地指示与DCS的反馈一一对应。

3）工艺水箱注水。在CRT上操作工艺水箱补水门对工艺水箱进行注水，注水至工艺水箱的设定高限值，满足工艺水泵的试运要求，同时进行工艺水箱液位计的校准。

4）工艺水泵单体试运。首先拆下水泵的联轴器，检查电动机的绝缘是否合格。经检查电动机的绝缘合格以后，先单独点动电动机，检查电动机的转向是否准确。待检查电动机的转向准确以后开始进行工艺水泵电动机的2h单体试运，试运期间测量电动机的温度、振动、电流，若发现异常情况应立即停止试运，处理正常后方可继续试运。

5）工艺水系统的联锁保护试验。工艺水系统的联锁保护试验包括工艺水箱液位条件与水箱补水门自动开关的联锁试验以及工艺水泵的联锁保护试验。不同电厂的联锁试验项目和定值可能有所不同。

工艺水泵的联锁保护试验包括工艺水泵的启动允许条件和泵保护停止条件。具体的联锁保护试验项目和定值不同的电厂可能有所不同。

6）工艺水系统试运。工艺水泵的电动机2h试运合格以后联上联轴器，启动工艺水泵，开始工艺水系统的4h试运。试运过程中记录工艺水泵及电动机的轴承温度、振动、泵出口压力和流量等参数，有无异常的声音，同时观察运行中润滑油的油位变化情况，记录运行电流等。若发现异常情况应立即停止试运，处理正常后方可继续试运。

工艺水系统试运期间，重点考核工艺水泵的电流、出口压力、流量等运行参数。同时，通过调整工艺水箱回水管道上的压力调节阀，调节工艺水压力至符合设计要求。

（2）事故浆液系统调试。

1）试运前检查。

a. 事故浆液箱、排水坑、搅拌器、泵、管道的基础牢固，螺栓紧固。

b. 系统相应的阀门安装合理。

c. 事故浆液箱、排水坑、管道、阀门用工业水冲洗完毕且验收合格，具备进水条件。

d. 相关泵、搅拌器的润滑油油位正常。

e. 手动转泵、搅拌器，检查确定其转动顺畅。

f. 事故浆液箱、排水坑等的液位计校验合格、准确。

g. 泵、搅拌器的皮带张紧力合适，符合厂家的规定。

h. 泵、搅拌器在试验位置的联锁保护试验完成并且合格。

i. 工艺水系统、压缩空气系统调试完成并验收合格。

2）阀门传动检查。在CRT上操作事故浆液系统范围内的阀门，要求阀门开关灵活，位置反馈正确、无卡涩现象。

3）事故浆液箱/排水坑注水。在事故浆液箱和排水坑注水之前，首先测量搅拌器的安装高度，确定搅拌器启动的最低液位。然后，启动工艺水系统，向事故浆液箱、排水坑注水至一定液位，满足泵和搅拌器的试运要求。

4）搅拌器单体试运。检查搅拌器电动机绝缘，确认绝缘合格。如果绝缘电阻过小，可能是绕组受潮，启动前应彻底干燥，搅拌器电动机送电前，测量绝缘应合格。绝缘合格以后启动搅拌器，检查搅拌器转向准确，确认各部件无摩擦等异常现象、正常稳定后，通过事故按钮停运搅拌器。

以上动态检查工作完成后进行搅拌器的2h试运，试运期间定期测量轴承温度、振动，并检查机械密封和法兰连接等，若发现异常情况应立即停止试运，处理正常后方可继续试运。试运期间搅拌器应运转平稳，无异常噪声，轴承温度正常。对于带润滑泵的齿轮箱，当润滑油泵启动进行油循环以后需要再次检查油位。

5）泵单机试运。首先拆下泵的联轴器，检查电动机绝缘是否合格。电动机绝缘合格以后单独点动泵电机，检查电动机转向的准确性。然后进行电动机的2h试运，试运期间测量电动机的温度、振动、电流，若发现异常情况应立即停止试运，处理正常后方可继续试运。

因为浆液泵的启动条件一般要求搅拌器运行，所以搅拌器的试运一般与对应浆液泵的试运一起进行。

6）事故浆液系统的联锁保护试验。事故浆液系统的联锁保护试验主要包括事故浆液泵、排水坑泵，以及搅拌器的联锁保护试验。不同电厂的联锁保护试验项目和定值可能有所不同。

7）事故浆液系统试运。泵和搅拌器的单机试运合格以后，首先启动搅拌器，待搅拌器运行稳定以后，连上泵的联轴器启动事故浆液泵和排水坑泵，进行事故浆液系统的4h试运。试运期间定期测量泵的电流、出口压力等参数，确定是否满足设计要求。

3. 吸收剂制备及供应系统调试

（1）石灰石湿式制浆。

1）启动前检查。

a. 石灰石湿式制浆启动前进行检查，主要包括冷却水管畅通、冷却水量适中。

b. 各冷油器外形正常，无漏油和漏水现象。

c. 相关离合器、传动装置、筒体螺栓及大齿轮连接螺栓牢固。

d. 进、出口导管法兰等螺栓紧固、完整。

e. 大齿轮润滑油系统各油、气管道，支吊架完好。

f. 油、气管道无堵塞、漏气、漏油现象。

g. 喷雾板固定牢固、完好，润滑油箱油位正常。

h. 大小齿轮内已加入了足够的润滑油。

i. 球磨机盘车装置的推杆进退自如，爪形离合器完好并处于断开位置。

j. 液力耦合器外形完好，充油适量；易熔塞完好、无漏油现象，球磨机出口格栅完好、清洁无杂物。

k. 电动机的接地良好，绝缘合格。

l. 石灰石供应系统已调试完毕并验收合格。

2）阀门传动检查。石灰石湿式制浆系统试运首先需要进行阀门的传动检查。在 CRT 上对系统范围内的阀门逐个进行检查，包括冲洗水门、石灰石浆液箱补水门等。阀门应开关灵活、无卡涩现象、位置反馈准确；调节门刻度指示准确，位置反馈正确。

3）球磨机油系统试运。湿式球磨机试运首先需要完成球磨机油系统的试运，启动空气压缩机吹扫空气管道，吹扫合格后将管道与高压顶轴油泵连接好。将润滑油管道、高压油管道与回油管道短接，进行油循环至油质合格，然后将管道恢复，并更换滤网。

完成油系统相关联锁保护试验以后进行 4h 的油站润滑油泵、高压顶轴油泵的试运行。湿式球磨机油系统的相关联锁保护试验包括低压、高压油泵，以及油箱加热器的启动、停止、保护等。不同电厂的联锁试验项目和定值可能有所不同。

4）球磨机电动机试运。断开球磨机联轴器，启动球磨机电动机，待运行平稳以后用事故按钮停下，观察各部件有无异常现象及摩擦声音，待确认运转正常以后开始进行球磨机电动机的 4h 试运，试运期间测量电动机的转速、电流、振动、轴承温度、噪声等，若发现异常情况应立即停止试运，处理正常后方可继续试运。

球磨机电动机的试运完成以后进行球磨机在试验位置的联锁保护试验，联锁保护试验动作准确。不同的球磨机有不同的保护条件。球磨机在试验位置的联锁保护试验包括球磨机电动机和球磨机的启动、停止、保护等。

5）球磨机试运。联上球磨机的联轴器，裸露部分安装好保护罩。依次启动低压润滑油泵与高压顶轴油泵，启动小齿轮与减速箱润滑系统。然后启动球磨机电动机，离合器啮合，球磨机运行，球磨机齿轮喷射系统同时投入运行。球磨机运行 5min 后停止高压顶轴油泵。

空负荷工况下球磨机的首次启动按照厂家的要求进行，启动球磨机运行平稳以后用事故按钮停下，观察各部件有无异常现象及摩擦声音，检查是否有足够的润滑剂。待观察正常以后进行球磨机的 8h 空负荷试运，试运过程中记录球磨机轴承、减速箱轴承及电动机轴承的温度、振动和噪声情况，观察润滑油的油位变化情况，记录运行电流等。若发现异常情况应立即停止试运，处理正常以后方可继续试运。

球磨机停止时，首先启动球磨机的高压顶轴油泵，运行 5min 以后球磨机离合器脱开，球磨机停止运转，同时停止齿轮喷射系统。然后逐步停止球磨机电动机，停止高压顶轴油泵和低压润滑油泵。

6）球磨机的顺序控制启动。进行球磨机的顺序控制启动试验之前首先需要确认浆液循环泵已经完成试运，验收合格，浆液循环泵的机械密封水运行正常，球磨机浆液循环箱的液位高于低限值。

根据正式版的逻辑定值，完成球磨机的顺序控制启动试验，不同电厂球磨机的启动程序可能有所不同。

启动球磨机顺序控制启动程序，在球磨机系统启动以后，将称重皮带给料机的出力设定到设计值，对石灰石浆液箱进行注液。当石灰石浆液品质不符合设计要求时对球磨机系统进行调整直至石灰石浆液合格。

7）石灰石湿式制浆系统试运。石灰石湿式制浆系统试运包括球磨机的部分负荷和额定负荷的试运，不同的球磨机厂家对带负荷试运的负荷和试运时间有不同的要求。

首先对球磨机注水，保持球磨机运行，启动石灰石浆液循环泵向球磨机注水，注水过程中注意检查球磨机是否漏水，如有泄漏应立即停止球磨机运行，待处理正常以后重新启动球磨机继续注水。待球磨机出料端有水溢流后，停止注水，保持球磨机带水循环2～4h。运行过程中注意监视球磨机电流、轴承温度等参数，如有异常停止试运。

球磨机带水循环正常以后，启动称重给料机，向球磨机添加石灰石。初始加石灰石的量约为球磨机出力的50%。加石灰石的过程中，保持石灰石浆液循环箱－石灰石浆液旋流器－球磨机－石灰石浆液循环箱的水循环，以避免下料过程中石灰石堵塞。

加完石灰石的球磨机运行正常以后，开始向球磨机加钢球，首先按照钢球总重的50%加钢球，钢球先加直径小的，后加直径大的。加钢球过程中要注意球磨机电流的变化，同时控制钢球的添加速度不要太快，否则容易发生堵塞。也可以在球磨机停运时从人孔门一次性加入50%的钢球。50%的钢球加完后，按照厂家的要求保持球磨机运行一定时间。运行过程中，启动称重给料机，保持球磨机出力50%的给料率。试运过程中注意监视球磨机电流、轴承温度等参数，试运过程中注意监视球磨机电流、轴承温度等参数，如有异常应立即停止试运，处理正常后方可继续试运。

50%负荷试运完后，继续向球磨机加钢球至100%负荷，按照厂家的设计要求运行足够的时间。100%负荷试运期间进行湿式球磨机系统的调整试运，以保证石灰石浆液品质符合设计要求，包括物料的平衡、石灰石浆液的细度和密度调整等。

按照厂家的要求，球磨机在运行一定时间以后，需要停机进行紧固螺栓等工作。

球磨机带负荷试运期间，石灰石浆液箱一般无法满足球磨机的长时间试运要求，可暂时将浆液储存在事故浆液池中。额定负荷试运调试可结合FGD系统热态调试进行。

（2）石灰石粉制浆。

1）试运前检查。石灰石粉制浆系统试运前的检查包括检查出口止回门方向正确；石灰石粉仓、除尘器、粉仓顶部的排尘风机、粉仓料位计等安装准确；粉仓内部清理干净、无杂物；上粉管安装有完整无损的滤网；石灰石浆液箱内表面清洁、无油漆等覆盖；给料机基础牢固，内部杂物清理干净；相关管道、阀门、仪表等经验收合格；石灰石浆液箱防腐完成，经验收合格；除尘器、给料机、流化风机、石灰石浆液搅拌器、石灰石浆液泵等设备单体调试完成，系统处于备用状态；工艺水、压缩空气系统试运完成并经验收合格。

2）阀门传动检查。石灰石粉制浆系统试运首先需要进行阀门的传动检查。在CRT上对系统范围内的阀门逐个进行检查，包括泵进、出口门，流化风机出口门、上粉阀门等。阀门应开关灵活，无卡涩现象，位置反馈准确；调节门刻度指示准确，位置反馈正确。

3）石灰石浆液箱注水。首先完成石灰石浆液箱及相关管道的冲洗，启动工艺水泵，解开浆液输送管道法兰进行冲洗至目测出水清洁无杂物即可。管道冲洗完毕以后恢复法兰连接，进行石灰石浆液箱的冲洗，冲洗过程中同时检查法兰等处有无泄漏。

启动工艺水泵，通过补水门对石灰石浆液箱进行注水，注水过程中同时进行液位计的校验，同时检查浆液箱人孔门等处是否存在泄漏，发现有泄漏时需要立即停止注水处理。

4）石灰石浆液泵的联锁保护试验。石灰石浆液泵的联锁保护试验内容包括泵的启动程序、停止程序和联锁保护等。

5）流化风机试运。

a. 进行流化风机的单独试运，要求风机运转平稳，无异常噪声。试运期间测量风机的电流、振动、出口压力、加热器前后温度等。风机的出口压力及加热器出口风温度应能够满足设计要求。若发现异常情况应立即停止试运，处理正常后方可继续试运。

b. 完成流化风机的联锁保护试验，完成流化风机及称重给料系统的顺序控制启停试验。检查确认启停步骤是否正确，同时采用标准块校验称重装置是否准确。

6）搅拌器单体试运。检查搅拌器电动机绝缘，确认绝缘合格。绝缘合格以后启动搅拌器，待搅拌器运行稳定后用事故按钮停下，确认各部件无摩擦等异常现象，检查搅拌器转向准确以后进行搅拌器的 2h 试运，试运期间定期测量轴承温度、振动，并检查机械密封和法兰连接等。

7）泵单机试运。拆下泵联轴器，检查电动机绝缘合格以后单独点动泵电动机，检查电动机转向准确，然后进行电动机的 2h 试运，试运期间测量电动机的温度、振动、电流，若发现异常情况应立即停止试运，处理正常后方可继续试运。

8）石灰石粉制浆系统试运。

a. 启动粉仓顶部除尘器和排出风机，投入料位计，通过上粉管向石灰石粉仓上粉，启动流化风系统，完成对石灰石粉仓上粉。

b. 确认石灰石浆液箱的水位合适，满足搅拌器和石灰石浆液泵启动条件后，启动石灰石浆液箱搅拌器和石灰石浆液泵，石灰石浆液泵打到循环。

c. 启动给粉机向石灰石浆液箱供粉，系统开始制浆。投入石灰石浆液箱的密度自动控制，系统自动进行给粉和给水制浆。

（3）给料输送机、斗式提升机试运。

1）启动前检查。给料输送机启动前检查包括给料输送机的基础牢固，螺栓紧固；皮带主轮、尾轮安装良好，托辊齐全，皮带无破裂损伤、不打滑；受料槽安装正确，无破损；给料输送机的电动机绝缘合格。给料输送机在试验位置的联锁保护试验完成并且合格。

斗式提升机启动前检查主要包括斗式提升机驱动装置安装牢固；竖井内无障碍物；斗与皮带连接应完好、牢固；各料斗无磨损和变形；调紧装置灵活、无卡涩；皮带无跑偏现象，接头连接牢固。

2）给料输送机、斗式提升机试运。首次启动给料输送机、斗式提升机，当运行平稳后用事故按钮停下，观察各部件有无异常现象及摩擦声音。如果存在摩擦声音或者其他异常现象，应立即处理，待确认正常后开始给料输送机、斗式提升机的 2h 试运。

给料输送机、斗式提升机试运要求运转平稳、无卡涩现象，润滑可靠、无摩擦。试运期间测量电动机温度、振动等参数，若发现异常情况应立即停止试运，处理正常后方可继续试运。同时完成相关的联锁保护试验。

（4）石灰石供应系统的试运。

1）振动给料机、石灰石输送皮带机、斗式提升机等设备处于备用状态。

2）启动石灰石供应系统，对石灰石储仓进行上料。石灰石供应系统的一般启动程序是：首先启动卸料区除尘风机，然后依次启动斗式提升机、皮带输送机、金属分离器和振动给料机等设备，向石灰石储仓上料。

3）完成石灰石卸料系统的程顺启动、程顺停止调试。

4. SO_2吸收系统调试

（1）阀门传动检查。在 CRT 上操作 SO_2 吸收系统范围内的阀门。阀门开关灵活，位置反馈正确，无卡涩现象。浆液循环泵进口门开关操作门芯动作准确、无卡涩，关闭状态时与管壁严密无缝隙。调节门至少进行 0、25%、50%、75%和 100% 5 个开度的开关操作，确保就地指示与 DCS 反馈一一对应。

（2）系统冲洗。启动工艺水泵冲洗管道，包括除雾器给水管道、浆液泵输送管道等。冲洗至管道出水清洁，检查法兰等处无泄漏。冲洗吸收塔和事故浆液箱完毕以后关闭人孔门。

（3）除雾器系统试运。通过除雾器给水管调节阀调整除雾器冲洗水压力，单个冲洗阀开启时除雾器冲洗水压力一般控制在 0.2～0.25MPa。冲洗水压力调整好后，逐个打开除雾器冲洗阀门，对除雾器的喷淋情况进行检查，包括冲洗阀门关闭时是否严密、喷嘴是否堵塞、喷射方向是否正确等。

除雾器冲洗程序一般在热态时根据实际运行工况进行调整，在冷态情况下主要试验冲洗逻辑的正确性。

（4）吸收塔进水。启动工艺水泵，向吸收塔注水，同时进行吸收塔地坑和事故浆液箱的注水，期间完成相关液位计的校验，观察相关塔箱是否存在变形情况。

（5）浆液循环泵试运。

1）确认浆液循环泵系统各阀门开关操作正确、测点显示准确、吸收塔液位合适。

2）完成浆液循环泵静态检查，试运条件确认。

3）完成浆液循环泵系统定值、测点量程检查，以及联锁保护等逻辑试验。

4）打开吸收塔除雾器各层人孔门，结合除雾器冲洗水的调试向吸收塔注水。除雾器冲洗水冲洗效果检查合格后封闭除雾器各层人孔门。

5）拆下联轴器进行 4h 电动机空转试运。确认转向正确，运转正常，事故按钮工作可靠。连上联轴器后盘车并确认循环泵各部件无异常摩擦。

6）投运减速机冷却水、机械密封水和润滑油泵，启动浆液循环泵进行 8h 试运。试运期间密封水压力、流量正常，轴承温度和电动机绕组温度正常，轴承、减速机等无漏油、漏水现象，振动符合验评要求，各转动部件无异常，循环泵进、出口压力指示正常，电流不超过额定电流。

7）喷嘴喷淋效果检查。通过喷淋层人孔门进行喷嘴喷淋效果检查，正常后封闭人孔门。

（6）氧化风机试运。

1）确认氧化空气系统各阀门开关操作正确、测点显示准确、吸收塔液位合适。

2）完成氧化空气系统静态检查，试运条件确认。

3）完成氧化空气系统定值、测点量程检查，以及联锁保护等逻辑的预操作试验。

4）拆下联轴器进行4h电动机空转试验。确认转向正确，运转正常，事故按钮工作可靠。

5）投运油站和冷却水，启动氧化风机进行8h试运。试运期间风机电流、出口压力、出口氧化风温度及减温后氧化风温度、轴承温度、振动及密封等正常，风机运转平稳，无异常噪声，一定时间后氧化风出口及减温后温度稳定。

（7）搅拌器试运。

1）确认搅拌器安装高度，确定搅拌器启动最低液位，检查搅拌器齿轮箱润滑油位，满足启动油循环的要求。电动机轴转动自如。搅拌器电动机送电的测量绝缘合格。点动搅拌器，转向正确。

2）完成搅拌器的联锁保护试验。包括液位合适时搅拌器允许启动、液位低时搅拌器在自动位时则搅拌器自动停、液位低时搅拌器保护停等。

3）搅拌器试运。解下皮带进行2h电动机试转，试转正常后装上皮带进行4h带负荷试转。对于无法进行单独电动机试转的搅拌器可以直接试转。试运期间搅拌器应运转平稳，无异常噪声，轴承温度正常。

（8）事故浆液系统试运。

1）完成事故浆液系统的联锁保护试验。

2）完成事故返回泵、事故浆液箱搅拌器试运。检查事故返回泵的顺序控制启停步骤是否正确，冲洗时间设置是否合理。

5. 石膏脱水系统调试

（1）皮带脱水机和真空泵试运。

1）阀门传动检查。确认阀门开关灵活，反馈正确。

2）滤布冲洗水箱、滤液水箱液位校验。液位达到设定高、低值时远方和就地报警正常。

3）滤布冲洗泵、滤饼冲洗泵单体试运。4h冲洗水泵单体试运，无异常声音，润滑油脂无外溢，机械密封良好，无漏水现象，轴承温度、振动、电动机温度等符合要求。

4）皮带跑偏调整。启动真空皮带机进行皮带跑偏调整。

5）滤布跑偏调整。皮带跑偏调整结束并安装滤布后，启动真空皮带机进行滤布跑偏调整。

6）皮带润滑水、真空盒密封水流量调整。启动滤布冲洗泵，调整手动阀开度，使皮带润滑水、真空盒密封水流量满足设定流量要求。

7）真空泵密封水流量调整。打开工艺水至真空泵手动总门，打开密封水阀，调节密封水阀后手动门的开度，使真空泵密封水流量满足设定流量要求。

8）相关的联锁保护试验。确认拉绳、跑偏、流量等开关信号传输准确，完成真空皮带系统的联锁保护试验，包括滤布冲洗泵、滤饼冲洗泵、真空泵、真空皮带机的联锁保护试验。

9）真空皮带机、真空泵试运。皮带跑偏、滤布跑偏调整结束后启动滤布冲洗泵、真空泵、真空皮带机进入试运行。真空皮带机试运一般不低于8h，试运过程中要求皮带、滤布无跑偏现象。真空皮带机无负载情况下皮带转而滤布不转，一般在带浆液运行时再进行带负荷试运考核。

（2）石膏脱水系统各搅拌器试运。

1）搅拌器润滑油油位正常，搅拌器手动盘车顺畅，水位满足要求。

2）完成搅拌器的联锁保护试验。

3）完成搅拌器的带水试运。试运期间搅拌器电流轴承温度、振动及密封正常。

（3）石膏脱水系统各泵试运。

1）相应阀门开关灵活、位置反馈正确，润滑油油位正常，冷却水、密封水畅通，手动转泵转动顺畅。确认满足要求。

2）完成各泵的联锁保护、顺序控制试验。

3）进行泵的试运。首次启动当运行平稳后用事故按钮停下，观察各部件有无异常现象及摩擦声音，确认没有问题后可正式试运。试运期间测量泵的电流、出口压力、流量，定期检查轴承温度、振动及密封。

（4）石膏库皮带试运。

1）完成电动机的联锁保护试验。

2）启动石膏转运皮带试运4h。检查皮带运行有无跑偏、摩擦，电动机电流是否正常。

（5）石膏脱水系统注水。在滤液水箱、石膏浆液缓冲箱、石膏水力旋流器溢流水箱、滤液冲洗水箱等容器内注入一定高度的水。

（6）石膏脱水系统联锁保护试验。根据相应的逻辑及定值，完成石膏脱水系统的联锁保护等逻辑试验。

（7）真空皮带脱水机系统启动试运。

1）完成真空皮带脱水机和真空泵的联锁保护试验。

2）启动石膏库皮带。

3）关闭滤饼冲洗水罐排放阀。

4）打开真空泵密封水切断阀。

5）启动滤布冲洗水泵。

6）启动滤饼冲洗水泵。

7）启动真空皮带机。

8）启动真空泵。

（8）石膏排出系统和石膏旋流站启动试运。

1）打开各旋流子进浆阀。

2）打开溢流至吸收塔阀。

3）打开石膏排出泵进口蝶阀。

4）石膏排出泵冲洗水阀打开冲洗一段时间。

5）关闭石膏排出泵冲洗水阀。

6）启动石膏排出泵。

7）打开石膏排出泵出口蝶阀。

8）检查系统运行情况。

9）调整旋流子压力。

10）检查真空皮带机上石膏厚度是否与厚度测试仪测量值相符，并试验脱水皮带机调节脱水石膏厚度的能力。

（9）石膏排出系统停止试运。

1）停止石膏排出泵。

2）关闭石膏排出泵出口蝶阀。

3）打开石膏排出泵冲洗水阀冲洗一段时间。

4）关闭石膏排出泵进口蝶阀。

5）关闭石膏排出泵冲洗水阀。

6）停止真空皮带脱水机。

7）停止真空泵。

8）停止滤布冲洗水泵。

9）停止滤饼冲洗水泵。

10）打开滤饼冲洗水罐排放阀。

11）关闭真空泵密封水切断阀，延时。

12）停止石膏转运皮带。

6. 脱硫废水处理系统调试

（1）系统水冲洗。各箱、灌内清扫干净并经验收合格后，按单个设备管段逐步进行水冲洗。酸、碱系统水冲洗、注水试验合格后，应放尽容器与管道内的水，用干净拖把擦净酸储罐、计量箱内的积水。

（2）废水处理系统试运。

1）加药泵试运。药品计量箱及加药泵进口管道水冲洗结束，经检验合格后各计量箱注满水，各计量泵试运 2h，试运期间泵无异常声音，无漏水现象，轴承温度、振动、电动机温度等符合要求。

2）系统水运。

a. 启动废水输送泵，将工业水注入中和箱。当中和箱液位达到搅拌器启动允许条件时启动中和箱搅拌器。

b. 启动石灰乳计量泵，将工业水（以水替代石灰乳）注入中和箱。检查计量泵自动启动、停止程序，变频调节效果，记录不同频率及冲程下的药品投加量。

c. 工业水注入至反应箱。液位淹没搅拌器叶片后启动反应箱搅拌器、投运有机硫计量泵（以水替代有机硫），检查计量泵变频器调节效果、记录不同频率及冲程下的药品投加量。

d. 工业水注入至絮凝箱。液位淹没搅拌器叶片后启动絮凝箱搅拌器、投运絮凝剂计量泵、助凝剂计量泵（以水替代絮凝剂、助凝剂），检查絮凝剂、助凝剂计量泵变频器调节效果，记录不同频率及冲程下的药品投加量。

e. 工业水注入澄清器。淹没澄清器刮泥机后，投运污泥循环泵。

f. 工业水注入澄清水箱。检查酸计量泵自动启动、停止程序，变频调节效果，记录不同频率及冲程下的药品投加量，初步检查 pH 自动跟踪调节效果。

g. 澄清水箱液位到运行液位后启动废水排放泵。

3）污泥处理系统试运。

a. 泵设备试运。检查确认压滤水泵、高压冲洗水泵、污泥输送泵等设备带水试转正常，电流、振动、温度及设备出力满足运行要求。

b. 压滤机系统试运。配合厂家进行压滤机成套设备调试，确认具备带泥调试。

4）药品配置。在脱硫废水处理分系统试运完毕后，根据工程进度及设计说明进行药品配置。

（三）整套启动调试

根据 DL/T 5295《火力发电建设工程机组调试质量验收及评价规程》和 DL/T 5403《火电厂烟气脱硫工程调整试运及质量验收评定规程》的规定，石灰石–石膏湿法烟气脱硫系统的整套启动调试分为整套启动试运和 168h 满负荷试运两部分。

1. 脱硫整套启动调试条件

（1）基本条件。

1）脱硫装置区域场地基本平整，消防、交通和人行道路畅通，试运现场的试运区与施工区设有明显的标志和分界，危险区设有围栏和醒目警示标志。

2）试运区内的施工用脚手架已经全部拆除，现场（含电缆井、沟）清扫干净。

3）试运区内的梯子、平台、步道、栏杆、护板等已经按设计安装完毕，并正式投入使用。

4）区域内排水设施正常投入使用，沟道畅通，沟道及孔洞盖板齐全。

5）脱硫试运区域内的工业、生活用水和卫生、安全设施投入正常使用，消防设施经主管部门验收合格、发证并投入使用。

6）试运现场具有充足的正式照明，事故照明能及时投入。

7）各运行岗位已具备正式的通信装置，试运增加的临时岗位通信畅通。

8）在寒冷区域试运，现场按设计要求具备正式防冻措施，满足冬季运行要求，确保系统安全、稳定运行。

9）试运区的空调装置、采暖及通风设施已经按设计要求正式投入运行。

10）脱硫装置电缆防火阻燃已按设计要求完成。

11）试运的石灰石(或石灰石浆液)、化学药品提供检验报告。所需备品备件及其他必需品已经备齐。

12）环保、职业安全卫生设施及检测系统已经按设计要求投运。

13）保温、油漆及管道色标完整，设备、管道和阀门等已经命名，且标志清晰。

14）设备和容器内经检查确认无杂物。

15）主机与脱硫 DCS 间信号对接调试、保护传动试验完毕，电除尘具备投入运行条件，满足脱硫投运要求。

16）在整套启动前应进行的分系统试运、调试已经结束，并核查分系统试运记录确认能满足整套启动试运条件。脱水系统、废水处理系统等具备带负荷试运条件，能满足脱硫整套启动需要。

17）完成质监中心站整套启动前的检查，质监项目已按规定检查完毕，经质监检查出的缺陷已整改并验收完毕。

（2）人员、技术规程和技术资料。

1）试运指挥部及其各组人员全部到位，启动方案已经审批并进行交底，建设单位应配合试运指挥部进行启动前的准备工作检查。

2）生产单位应按脱硫装置整套启动方案和措施，配备了各岗位的生产运行人员，有明确的岗位责任制，运行操作人员培训上岗，能胜任本岗位的运行操作和故障处理。

3）施工单位应配备足够的维护巡视检修人员，并有明确责任。维护巡视检修人员熟悉本岗位设备和系统的性能，在整套试运组的统一指挥下能胜任维护检修工作。

4）调试单位编制的整套脱硫装置启动试运方案已经相关部门审核、试运总指挥审定，并在启动前向参加试运的有关单位进行技术和安全交底。

5）生产单位在试运现场应备齐运行规程、系统流程图、控制和保护逻辑图册、设备保护整定值清单，主要设备说明书、运行维护手册等。

2. 脱硫整套启动试运

（1）启动准备。

1）完成脱硫系统的全面检查。

2）完成脱硫各分系统的逻辑保护预操作试验。

3）完成工艺水箱的注水，补水阀投自动。

4）启动一台工艺水泵，另一台投备用。

（2）除雾器冲洗系统启动。

1）手动打开除雾器冲洗水泵进口阀门和机械密封水。

2）启动一台除雾器冲洗水泵，另一台投备用。

3）启动吸收塔除雾器冲洗顺序控制。

4）向吸收塔补水至设计高度。

（3）石灰石浆液制备系统启动。

1）启动球磨机浆液循环泵顺序控制。

2）启动球磨机顺序控制启动程序。球磨机系统运行。

3）启动皮带称重机。

4）向石灰石浆液箱制浆至高液位。

（4）SO_2吸收系统启动。

1）吸收塔补水至设计高度后启动吸收塔搅拌器，液位计、密度计、pH计等投入。

2）吸收塔向地坑放水，至设计高度后启动地坑搅拌器，启动地坑泵向吸收塔注水。

3）通过吸收塔地坑向吸收塔投入一定量的石膏品种。

4）浆液循环泵的减速机油系统冷却水及机械密封水投运。

5）顺序控制启动浆液循环泵。未启动的浆液循环泵投备用。

6）氧化风机冷却水系统投运。

7）顺序控制启动氧化风机，氧化风减温水投运正常。未启动的氧化风机设为备用。

（5）吸收塔浆液供给系统启动。

1）石灰石浆液泵的机械密封水投运，各阀门处于启动前状态。

2）顺序控制启动一台石灰石浆液泵，另一台投备用。

（6）脱硫系统热态试运。

1）及时、准确监视脱硫系统设备的运行状态、参数。

2）化学分析人员熟练掌握脱硫系统的各类化学分析方法。

3）锅炉正常运行后对一些运行参数进行初步调整，包括浆液pH值、浆液密度、废水排放量、石灰石浆液密度等。

4）完成CEMS的热态试运。

5）设备运行稳定以后，完成投运/备用设备的热态切换试验。

6）投入并完善各控制系统。对不合理的逻辑、控制方法提出修改意见。

7）设备运行稳定以后，投入其联锁保护和自动。根据运行工况和自动调节的品质对相关设置参数进行调试和相关的扰动试验，提高自动调节的品质。

8）在50%、75%、100%BMCR工况下进行运行参数的热态调整试验。

（7）石膏脱水系统启动。当石膏浆液密度不到设定值时，石膏脱水系统投入热态备用状态。当石膏浆液密度达到设定值并满足启动条件后，投入石膏脱水系统。

1）真空皮带脱水机启动。

a. 启动滤布冲洗水泵，延时一段时间，开启真空泵进口的密封水阀门。

b. 启动真空皮带脱水机。

c. 延时一段时间后启动真空泵。

2）石膏排出泵和石膏旋流器启动。

a. 启动石膏旋流器旋流子，并调整其运行压力至设计值。

b. 关闭石膏浆液排出泵的冲洗阀门、放空阀门，打开石膏浆液排出泵进口阀门。

c. 延时一段时间后启动石膏浆液排出泵。

3）开启滤饼冲洗水泵。

4）根据石膏旋流器底流、溢流和脱水石膏的化验结果进行旋流子工作压力微调。

（8）废水处理系统启动。

1）反应和加药系统的启动。

a. 关闭废水处理系统内箱体、储罐的放泄阀、排空阀。

b. 向中和箱、沉降箱、絮凝箱、澄清器、出水箱内注工艺水。

c. 标定并投运在线pH计、污泥浓度计、浊度计等。

d. 启动废水给料泵向废水处理系统供应废水。

e. 逐步启动中和箱搅拌器、沉降箱搅拌器、絮凝箱搅拌器、澄清器刮泥机和出水箱搅拌器。

f. 逐步启动石灰乳计量泵、混凝剂计量泵、有机硫计量泵、絮凝剂计量泵等加药计量泵并调整加药量。盐酸计量泵投自动状态。

2）污泥处理系统的试运。

a. 当澄清器底部污泥浓度达到设计浓度时启动压滤机，油泵开始运行。

b. 当压滤机油缸压力达到设计值时，油泵自动停止进油。

c. 开启澄清器至污泥输送泵的电动门，启动污泥输送泵。

d. 停止污泥输送泵，关闭冲洗电磁阀。

e. 启动压滤机“翻板开”按钮，打开接水盘。

f. 启动压滤机拉板操作。

g. 压滤机自动拉板结束，关闭接水盘。

3. 脱硫系统168h满负荷试运

（1）脱硫系统启动。脱硫系统按正常方式启动，随着机组负荷逐步增加至满负荷开始进入168h满负荷试运。

（2）168h满负荷试运。

1）热控自动投入率应大于90%，各项保护100%投入运行。

2）脱硫系统原则上不作较大的调整试验。

3）严密监视脱硫系统的运行状况。各分系统工作正常，各运行参数基本达到设计要求。

（3）脱硫系统停止。

1）启动烟风系统停止程序。

2）启动脱硫系统所有浆液管道冲洗。

3）启动吸收塔循环浆液泵停止程序。

4）启动石灰石浆液输送泵停止程序。

5）启动真空脱水系统停止程序。

6）启动吸收塔氧化风机停止程序。

7）启动工艺水泵停止程序（视情况定）。

（四）试运中常见问题及处理

1. 分部试运

（1）水泵试运。

1）泵体振动大。主要原因有泵基础下沉、机座刚度不足、安装不牢固等。

2）泵电动机过热。主要原因有泵转动与静止部件发生摩擦、泵出力明显大于额定出力、冷却水流量不足、冷却水质不良、泵过载等。

3）泵轴封漏水、发热。主要原因有密封盘根安装不当、密封盘根磨损严重、密封水量不足、冷却水量不足、冷却水质不良等。

4）水泵不出水。主要原因有进水管和泵体内有空气、水泵吸程太大、水流在进出水管中的阻力损失过大、泵底阀打不开、泵底阀滤网堵塞、底阀潜在水中污泥层中、叶轮脱落、管道闸阀或止回阀故障、管道闸阀或止回阀堵塞、出口管道泄漏等。

（2）空气压缩机试运。

1）气缸部分振动异常。主要原因有填料磨损，活塞环磨损，垫片调整不到位、存在松动，气缸内有异物掉入，配管共振，支撑设计、安装不合理等。

2）运动部件声音异常。主要原因有螺栓、螺母存在松动或断裂，主轴承连杆、大小头滑道的间隙过大，轴瓦与轴承座有间隙，轴瓦与轴承座接触不良，曲轴与联轴器配合松动等。

3）气缸内声音异常。主要原因有气阀故障，气缸余隙容积过小，润滑油量偏高，空气含水量偏高，气缸内有异物，气缸套存在松动或断裂，活塞杆、活塞螺母松动，填料破损等。

4）气缸发热。主要原因有空气压缩机冷却水量过低；气缸润滑油量过少；有污物带进气缸造成镜面磨损等。

5）排气温度超过正常温度。主要原因有空气压缩机吸入温度超过设计值、气缸冷却效果不佳、冷却器冷却效果不佳、排气阀泄漏等。

6）级间压力高。主要原因有吸、排气阀安装有误，吸、排气阀损坏，活塞环泄漏，第一级吸入压力过高，后一级吸、排气阀损坏，管路阻力过大等。

7）级间压力低。主要原因有第一级吸、排气阀损坏，第一级活塞环泄漏过大，前一级排出与后一级吸入之间存在泄漏，吸入管道阻力过大等。

8）排气量达不到设计要求。主要原因有填料密封损坏、填料漏气、第一级气缸余隙容积过大、第一级气缸设计余隙容积过小、低压级气阀泄漏等。

9）填料漏气。主要原因有油品不符合要求、空气质量不符合要求、活塞存在拉毛现象、回气管路不通畅、填料装配不合理等。

（3）搅拌器试运。

1）轴承温度过高。主要原因有润滑油过少、润滑油过多、润滑油油质不合格、冷却水量不足、轴承损坏等。

2）机械密封泄漏。主要原因有密封圈损坏、O 形圈损坏等。

3）驱动电动机转动但搅拌器未运行。主要原因有搅拌器皮带打滑、齿轮损坏、填料箱过紧等。

（4）球磨机试运。

1）球磨机轴承温度升高异常。主要原因有密封圈过紧、润滑油流量偏低等。

2）球磨机试运过程中漏水、漏浆、漏石。主要原因有球磨机筒体人孔门螺栓紧固不到位，进口端转动间隙不密封，机头、机尾给水量太大等。

3）球磨机堵料或加钢球堵塞。主要原因有进料端坡度不合适、给料速度过快、石灰石品质恶劣、含泥杂质黏附在下料口等。

4）球磨机筒体内有异常撞击声。主要原因有球磨机橡胶内衬损坏等。

（5）石灰石湿式制浆系统试运。

1）再循环泵进口浆液堵塞。主要原因有浆液细度不合理、相关物料不平衡等。

2）调节旋流器进口浆液堵塞。主要原因有旋流器进口容易堵塞、运行浆液细度不合理、相关的物料不平衡、进口压力超出最佳范围等。

3）石灰石及其浆液堵塞、泄漏。主要原因有石灰石浆液的强腐蚀性、石灰石的强磨损性、石灰石浆液的强沉积性等。

4）石灰石浆液浓度异常。主要原因有石灰石给粉堵塞、粉仓内石灰石粉搭桥、石灰石密度控制不良、石灰石浆液池进水失控、相关密度测量仪表故障等。

5）石灰石浆液再循环箱溢流。主要原因是制浆密度低。

（6）氧化风机试运。

1）氧化风减温后温度高。主要原因有减温水管道或喷嘴堵塞、减温后温度测点安装位置不正确等。

2）氧化风压力低或氧化风机进口滤网差压高。主要原因有进口滤网堵塞等。

（7）水力旋流器试运。

浆液浓度不合格。主要原因有旋流器底流密度不在正常范围、旋流器溢流密度不在正常范围、旋流子投入数量不合适、旋流站的工作压力不合适等。

（8）真空皮带脱水机试运。

1）皮带跑偏。主要原因有皮带驱动辊与皮带张紧辊不平行；皮带张紧辊与皮带驱动辊虽然平行，但辊的轴线与真空室不垂直；皮带对接不准确等。

2）滤布跑偏。主要原因有皮带机滤布跑偏报警装置失灵、自动纠偏装置失效等。

（9）浆液管道堵塞。

浆液管道堵塞的主要原因有设计不合理，管道弯头太多、阻力太大；石灰石中二氧化硅含量偏高，管道内沉积沙子；浆液管道衬胶、衬塑变形或脱落造成管道堵塞；浆液管道冲洗水压力偏低；浆液管道冲洗时间偏短；管道内浆液流速过低等。

（10）烟气排放连续监测系统（Continuous Emission Monitoring System，CEMS）试运。

1）CEMS 抽气流量偏小。主要原因有采样管存在堵塞现象、压缩空气阀门未打开、压缩空气压力不合理等。

2）CEMS 氧量不准确。主要原因有采样管路存在泄漏、吹扫/进样转化阀存在漏气、氧量量程设定不合理等。

3）CEMS 烟气流量不准确。主要原因有流量监测孔的安装位置不符合规范规定、烟气采样管道的伴热效果不理想、采样管道出现水汽冷凝甚至严重时冷凝水堵塞管路、烟气采样管路堵塞、吹扫压缩空气品质不符合要求、气路切换电磁阀动作不灵活或者损坏等。

2. 整套启动

（1）吸收塔脱硫效率低。吸收塔脱硫效率低的主要原因有烟气的含尘浓度偏高、循环浆液泵运行数量少、浆液喷淋量不够、液气比低、吸收塔补充的石灰石浆液流量偏低、吸收塔内浆液 pH 值过低、浆液颗粒粒度偏大、石灰石粉的杂质含量高、氧化风机的出力不足、烟气含油偏高、吸收塔起泡、吸收塔浆液 Cl^-浓度过高。

（2）吸收塔起泡。吸收塔起泡的主要原因有锅炉点火投油时未燃尽燃油带入；燃煤飞灰中未燃尽碳带入；除尘器运行状况不佳，烟气粉尘浓度高；吸收塔浆液中有机物含量增加；浆液中重金属含量高；石灰石粉重金属含量高；石灰石中的 MgO 含量高；吸收塔补充水水质达不到设计要求，COD、生化需氧量（Biochemical Oxygen Demand，BOD）等含量超标；脱水系统运行不正常；废水处理系统不能正常投入；吸收塔浆液品质恶化等。

（3）真空泵真空度问题。

1）真空度偏低。主要原因有真空室对接处脱胶、真空室下方法兰连接处泄漏、真空室法兰垫片损坏、滤液总管泄漏、滤液总管垫片损坏等。

2）真空度高。主要原因有气液分离器运行不正常、除雾器堵塞等。

3）真空度成周期性变化。主要原因有滤布对接处脱胶等。

（4）脱水石膏品质差。

1）石膏含水率高。主要原因有一级脱水运行不正常、旋流器出口浆液浓度过低、浆液中含油含尘量过高、浆液中污泥含量高、滤饼厚度过厚等。

2）滤饼中氯离子超标。主要原因有吸收塔浆液的氯离子浓度过高、滤饼冲洗水量低下、废水处理排放不合理等。

二、烟气脱硝系统调试

选择性催化还原法（Selective Catalytic Reduction，SCR）脱硝技术具有占地面积小、技术成熟、易于操作、NO_x控制效果明显等特点，是世界范围内应用最多的一种降低氮氧化物排放的主导技术，目前二次再热机组采用的烟气脱硝技术均为SCR技术。SCR技术以液氨蒸发或尿素热解、水解产生的氨气为还原剂，由于尿素制氨工艺系统较为复杂，大容量的二次再热机组一般均采用液氨为还原剂来源。液氨从液氨槽车由卸料压缩机送入液氨储罐，再经过蒸发槽蒸发为氨气后通过氨缓冲槽和输送管道进入设置于空气预热器上游的SCR反应器，氨气进入SCR反应器的进口烟道，通过喷氨隔栅和烟气均匀分布混合。混合后，烟气通过反应器内催化剂发生还原反应，生成N_2和H_2O，完成脱硝过程。脱硝后的烟气通过空气预热器、电除尘器、引风机和脱硫装置，最后进入烟囱排向大气。SCR脱硝系统包括液氨储存/制备系统和SCR催化反应系统两个子系统。图9-3所示为典型的SCR脱硝工艺流程图。

（一）脱硝系统主要设备

1. 氨储存及制备系统主要设备

液氨通过槽车输送，储存于氨区中球形或圆柱形压力容器内。通过加热减压方式将液氨转换成氨气，制氨气过程无化学反应，这是目前火电机组普遍采用的还原剂制备工艺。液氨法制氨工艺具有工艺简单、运行投资费用较低等优点。

液氨由液氨槽车运送至现场，利用液氨卸料压缩机将液氨由槽车输入液氨罐内。液氨罐中的液氨利用压差和液氨自身的重力或通过液氨供应泵输送到液氨蒸发槽内蒸发为氨气，经氨气缓冲槽控制一定的压力后，送至SCR脱硝反应器区的氨/空气混合器。氨气系统紧急排放的氨气则排入氨气稀释槽中，经工业水的吸收后排入废水池，再经由废水泵送至化学工业废水处理系统。氨储存及制备系统还设有氮气吹扫及事故喷淋系统。氨储存及制备系统工艺流程见图9-4。

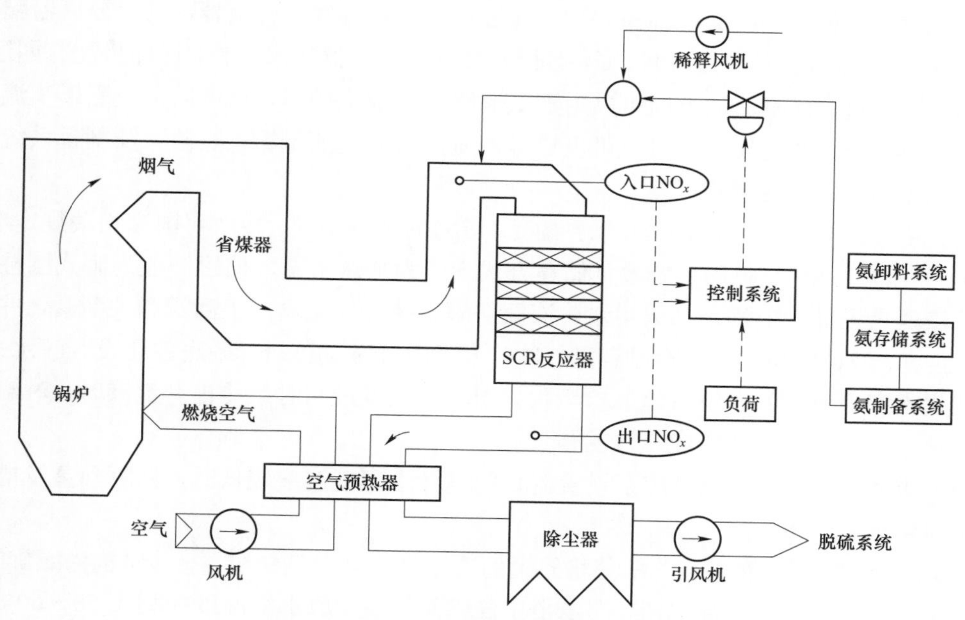

图 9-3 典型的 SCR 脱硝工艺流程图

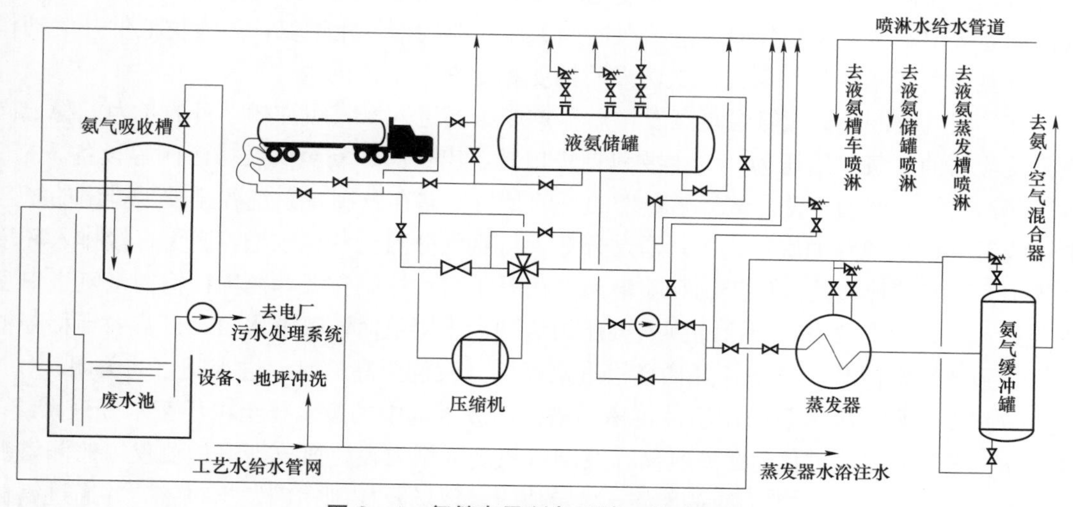

图 9-4 氨储存及制备系统工艺流程图

氨储存及制备系统为脱硝公用系统，一般设计能同时满足多台锅炉烟气脱硝运行还原剂的消耗量。其主要包括的子系统有液氨卸载及储存系统、液氨蒸发系统、氨气泄漏检测系统、氨气排放系统及氮气吹扫系统、喷淋系统等。其主要设备包括卸料压缩机、液氨储罐、液氨供应泵、液氨蒸发槽、氨气缓冲槽、氨气稀释槽、氨气泄漏检测仪、废水泵、洗眼器等。

（1）卸料压缩机。压缩机的作用在于卸氨过程中当液氨槽车与液氨储罐自流至压力平衡后，将储罐中的气相氨气抽至槽车，通过对槽车加压使液氨流入液氨储罐中。卸料（氨）压缩机目前一般使用活塞式气体压缩机，在进口处配置有气液分离器，气液分离器配有液位检测开关，检测到液位时发出报警。运行人员进行分离器排水工作。压缩机配有四通阀。通过调整四通阀，气氨流动方向可以由液氨储罐流向液氨槽车，也可以由液氨槽车流向液氨储罐，当某台储罐出现故障时也可以进行液氨储罐之间的倒罐。氨储存及制备系统设计上一般配置两台卸料压缩机。

（2）液氨储罐。液氨储存方式由于温度、压力的条件不同，应按照国家相关规定选用，目前火力发电厂 SCR 脱硝系统液氨储存方式一般为加压常温，储罐一般为卧式圆柱形。储备的液氨量设计一般满足 7 天用量。液氨储罐上装有安全阀、止回阀和关断阀，并装有压力、温度、液位测量装置。除设有氮气吹扫及废气排放功能外，罐底部还设有疏水系统。储罐四周设有喷淋水管和氨气泄漏检测仪，当罐体温度过高时或检出有泄漏时，对罐体进行自动喷淋，起到降温或吸收氨气的作用。

（3）液氨供应泵。液氨供应泵设置的目的是冬季环境温度较低时，保障向蒸发槽连续稳定地供给液氨。

（4）液氨蒸发槽。液氨蒸发槽是将储罐的液氨汽化为氨气的装置，其结构为螺旋管式，管道内为液氨，管道外为温水浴，向水浴中注入蒸汽，一般水浴温度控制在 50～60℃。进入蒸发槽的液氨，在热媒的加热下蒸发为气态氨，达到一定压力，从蒸发槽上的气氨出口经自力式调压阀送至氨气缓冲槽。蒸发槽中液氨配有液位开关，并与液氨进口气动关断阀联锁，当液位高位开关动作时，进口关断阀关闭，蒸发槽停止进氨。当液位低位开关动作时，液氨向蒸发槽供料，保证液氨蒸发槽液氨稳定在一定范围内。

（5）氨气缓冲槽。液氨经过蒸发槽后蒸发成氨气进入氨气缓冲槽，目的是为了稳定向脱硝反应器的氨气供给压力。其主要包括进口阀、出口阀、安全阀及排污阀等设备。

（6）氨气稀释槽。设置氨气稀释槽的目的是将氨储存及制备系统各排放处排出的氨气由管线汇集后从稀释槽底部进入，通过分散管将氨气分散至稀释水槽，避免直接排入环境空气中。氨气稀释槽的液位控制和喷淋系统均采用自动控制方式，在稀释槽的气氨进口管线上设置压力检测仪表，当检测到氨气压力达到设定限值时，喷淋水自动开启；当稀释槽液位达到低位定值时，自动打开稀释槽进水阀，当液位至高位时，进水阀自动关闭。

（7）废水泵。废水泵的作用是将稀释槽排向废水池中的废水排至电厂废水处理系统。

（8）氨气泄漏检测仪。在液氨储存及制备系统区域内设置氨气泄漏检测仪以监测氨泄漏情况。当检测到空气中氨的浓度至一限定值时，现场及控制室应发出报警，并通过氨储存及制备系统的自动喷淋系统喷水，以吸收环境空气中的氨气。同时采取必要措施，防止氨气泄漏。

（9）喷淋系统。喷淋系统设置的目的是当液氨储罐内温度或压力高时报警并开启降温喷淋装置。液氨储罐顶部设有遮阳篷，四周安装有工业水喷淋管线及喷嘴，当液氨储罐罐体温度过高时或罐内压力高时自动淋水装置启动，对罐体自动喷淋减温；当有微量氨气泄漏时也可启动自动喷淋水装置，对泄漏的氨气进行吸收。喷淋用水地点包括液氨槽车喷淋及液氨蒸发系统喷淋。

2. SCR 催化反应系统主要设备

SCR 催化反应系统布置于锅炉省煤器与空气预热器之间，稀释风机提供的稀释风与氨气混合后喷入反应器前的烟道，烟气中的氮氧化物与氨气在反应器内催化剂的作用下反应生成氮气和水。系统主要设备包括烟气导流整流装置、氨气/空气混合器、反应器、催化剂、稀释风机、吹灰器、喷氨格栅及 CEMS 在线监测系统等。

（1）催化剂。催化剂是 SCR 系统中最关键的设备，其成分、结构、类型和表面积对脱硝效率及运行工况都有很大影响。火力发电厂中主要使用三种催化剂：蜂窝式、平板式、波纹板式。其中，蜂窝式催化剂使用占火力发电厂 SCR 脱硝的绝大部分份额。脱硝常用催化剂为金属氧化物型，常见的是氧化钛基－WO_3/TiO_2 催化剂，该催化剂各活性成分的主要作用如下：

1）V_2O_5 是催化剂中最主要活性成分，又称主催化剂。其价态、晶粒度及分布情况对催化剂的活性均有一定的影响。其含量并非越高越好，往往与反应助剂、载体的品种及数量、制备方法、控制条件等有关。另外，V_2O_5 将烟气中的少量 SO_2 氧化成 SO_3，其含量不能过高。

2）WO_3 为催化剂中加入的少量物质，称助催化剂。这种物质本身没有活性或活性很小，但却能显著地改善催化剂的活性、选择性和热稳定性，延长催化剂的寿命。

3）TiO_2 为催化剂载体，主要对催化剂活性组分及催化助剂起机械承载和抗磨蚀作用，并可增加有效的催化反应表面积及提供合适的孔结构，使催化剂具备适宜的形状。钒的氧化物在 TiO_2 表面有很好的分散度。

催化剂在使用过程中因各种原因发生中毒、老化、活性下降，催化性能降低。在正常运行中，当反应器出口烟气中氨逃逸率升高至一定程度时，表明可能需更换催化剂。

（2）吹灰器。燃煤机组的烟气中飞灰在催化剂上沉积，不仅会降低催化剂效率，还可能引起催化剂的堵塞和中毒。因此，必须在 SCR 反应器中安装吹灰器，以去除可能覆盖在催化剂表面及堵塞气流通道的颗粒物，从而使催化剂及反应器压降保持在较低水平。SCR 脱硝使用的吹灰器目前主要有两种，一种为耙式蒸汽吹灰器，另一种为声波吹灰器。

蒸汽吹灰器通常为可伸缩的耙形结构，吹灰介质采用过热蒸汽，布置于每层催化剂的上部。各层催化器吹扫采用顺序控制步序控制，即每次只吹扫一层催化剂。吹灰蒸汽汽源来自锅炉蒸汽吹灰减压站后的辅助蒸汽联箱或再热器冷段汽源，吹灰压力一般为 1.0～1.5MPa，温度为 300～350℃。声波吹灰器在压缩空气作用下，通过发射低频高能声波，利用声波使粉尘颗粒产生共振，从设备表面脱落的原理来清除催化剂表面积灰。声波的能量是由频率与声压决定的。低频声波的波长相对于高频声波长，能量衰减少，不容易被粉尘吸收。因此同样分贝的声波，频率越低，对粉尘的作用也就越大。声波吹灰器不会损坏催化剂，因此可以连续运行。

采用声波吹灰器的吹灰频率比蒸汽吹灰要高，主要原因是声波吹灰的强度比蒸汽吹灰小，需要避免灰尘积聚过于严重的现象；但是声波吹灰每个流程的能耗要远远小于蒸汽吹灰，总能耗与蒸汽吹灰相比也是经济的，同时带来的好处是吹灰时产生的瞬间烟气含尘量大大降低。相对于蒸汽吹灰而言，声波吹灰器的优点在于：

1）无吹灰死区。

2）能够持续对催化剂进行吹灰而不影响催化剂寿命。

3）故障率低，维护成本低；结构紧凑，占地面积小。

4）压缩空气耗量少。

5）能量衰减慢。

（3）稀释风机。稀释风机的作用是供给稀释风将氨区来氨气通过氨气/空气混合系统稀释，并通过喷氨格栅将氨气送入烟气中与氮氧化物反应。风机出口处设置止回阀，避免备用风机投入时停运风机发生倒转。

（4）氨气/空气混合器。SCR 烟气脱硝装置中氨气/空气混合器是将氨气与空气充分混合均匀的装置，将稀释后的氨气与空气体积比控制在 5%以内。

（5）喷氨格栅。喷氨格栅是目前 SCR 脱硝系统普遍采用的方法，即将烟道截面分成若干个控制区域，每个区域有若干个喷射孔，每个分区的流量单独可调，以匹配烟气中氮氧化物的浓度分布。喷氨格栅包括喷氨管道、支撑、配件和氨气分布装置等。喷氨格栅的位置及喷嘴形式选择不当或烟气气流分布不均匀时，容易造成与烟气混合反应不充分，不但造成局部喷氨过量，而且影响脱硝效果及经济性。此外，脱硝装置投运时，应根据烟气流场分布情况，调整各氨气喷嘴手动阀的开度，使各氨气喷嘴流量与烟气中需还原的氮氧化物含量相匹配，以免造成局部喷氨过量。

（二）氨储存及制备系统的分系统调试

1. 调试前应具备的条件

（1）氨储存及制备系统范围内建筑工程、安装工程完成并经验收合格。

（2）现场沟道畅通，盖板齐全。

（3）照明、通信能满足现场调试工作要求。

（4）单体/单机试运完成并验收合格，遗留项目应不影响系统的调试安全。

（5）调试所需的蒸汽、压缩空气、喷淋水及工艺水能够投运并且满足调试要求，废水排放系统已具备投用条件。

（6）系统内部清理干净并验收合格，所有的人孔门封闭完毕。

（7）有关的安全阀校验合格，并有检验机构的校验记录。

（8）氨区的所有电气设备防静电措施验收合格。

（9）氨储存和供应系统水压试验验收合格。

（10）氨气缓冲槽至反应器管道气密性试验验收合格。

（11）氨储存和制备系统（包括储存罐、卸车液氨管道、液氨蒸发槽及相关管道等）气密性试验已完成并经监理等单位验收合格。

（12）氨气泄漏检测仪调试完毕并能够准确、可靠投运。

（13）氨区内的防爆装置器材配备齐全并验收合格、可用。

（14）调试期间液氨区应挂有禁止明火和禁止吸烟等警告牌。

（15）建立并健全氨区防火、防爆管理制度。

（16）完成氨区的事故预想及应急预案，并进行氨区的事故预演。

（17）氨区调试期间需要的 2%～3%硼酸水、硫代硫酸钠饱和溶液、柠檬水等准备充足。

（18）调试方案/措施的技术交底工作已经完成。

（19）所有运行人员都经过岗位培训合格，熟悉系统，能够上岗。

（20）各单位人员到位，组织分工明确。

2. 调试步骤

（1）阀门检查试验。根据氨储存及制备系统所有阀门进行检查，确保阀门安装正确、合理，符合设计要求，编码正确；对具备远控操作的气动阀和电动阀逐一进行检查试验，确保在 DCS 上操作正常，开关反馈正确。对调节阀，分别对 0、25%、50%、75%和 100% 5 个开度进行操作，确保就地指示与 DCS 的反馈一一对应。

（2）联锁保护试验。根据逻辑及定值，完成氨储存及制备系统的联锁保护试验。氨储存及制备系统逻辑见表 9－1。

表 9－1　　氨储存及制备系统逻辑

设备名称	条件类型	内　容	备注
废水泵	启动允许	废水池液位非“低”	
	自动启动	联锁投入，废水池液位“高”且备用泵未运行	
	联锁停止	联锁投入，废水池液位“低”或备用泵已运行	
	保护停止	废水池液位“低”	
卸料压缩机	启动允许	（1）非卸料压缩机保护动作。 （2）压缩机出口压力非“高”。 （3）压缩机气液分离器液位非“高”	“与”逻辑
	保护停止	（1）卸料压缩机出口压力“高”。 （2）卸料压缩机气液分离器液位“高”。 （3）液氨罐车至液氨储罐气动阀已开且液氨储罐液位“高”	“或”逻辑
液氨泵	启动允许	液氨蒸发槽进口气动阀“已开”	
	保护停止	（1）液氨蒸发槽进口气动阀“已关”且液氨蒸发槽进口气动阀“已关”。 （2）液氨泵出口压力“高”	“或”逻辑
罐车区事故喷淋气动阀	保护打开	氨卸载槽车区氨气泄漏浓度“高”	
	联锁关闭	氨卸载槽车区氨气泄漏浓度“非高”，延时 1min	
压缩机和蒸发槽区喷淋气动阀	保护打开	（1）卸氨压缩机区氨气泄漏浓度“高”。 （2）液氨蒸发区氨气泄漏浓度“高”。 （3）氨气缓冲槽区氨气泄漏浓度“高”	“或”逻辑
	联锁关闭	（1）卸氨压缩机区氨气泄漏浓度“非高”。 （2）液氨蒸发区氨气泄漏浓度“非高”。 （3）氨气缓冲槽区氨气泄漏浓度“非高”	“与”逻辑
氨气稀释槽喷淋气动阀	保护打开	（1）氨气稀释槽液位“低”。 （2）氨气稀释槽进口压力“高”	“或”逻辑
	联锁关闭	联锁投入，氨气稀释槽液位“高”	

续表

设备名称	条件类型	内　容	备注
氨储存区事故喷淋气动阀	保护打开	（1）液氨储罐温度“高高”。 （2）液氨储罐压力“高高”。 （3）液氨储罐区氨气泄漏浓度“高”	“或”逻辑
	联锁关闭	（1）液氨储罐温度“非高”。 （2）液氨储罐压力“非高”。 （3）液氨储罐区氨气泄漏浓度“非高”	“与”逻辑
液氨罐车至液氨储罐气动阀	打开允许	（1）液氨储罐液位非“高”。 （2）液氨储罐压力非“高”	“与”逻辑
	保护关闭	（1）液氨储罐液位“高”。 （2）液氨储罐压力“高”	“或”逻辑
液氨罐车至液氨储罐液相阀	打开允许	液氨罐车至液氨储罐气动阀已开时且液氨储罐液位非“高”、压力非“高”	
	保护关闭	液氨罐车至液氨储罐气动阀已开时且液位“高”，液氨储罐压力“高”	
液氨蒸发槽伴热蒸汽气动阀	打开允许	液氨蒸发槽热媒水温度非“高”	
	保护关闭	（1）液氨蒸发槽出口压力“高”。 （2）液氨蒸发槽热媒水温度“高”	“或”逻辑
液氨蒸发槽进口气动阀	打开允许	（1）液氨蒸发槽氨液位非“高”。 （2）液氨蒸发槽热媒水温度非“低”	“与”逻辑
	保护关闭	（1）液氨蒸发槽氨液位“高”。 （2）液氨蒸发槽出口压力“高”。 （3）液氨蒸发槽热媒水温度“低”	“或”逻辑
液氨蒸发槽出口气动阀	保护关闭	氨气缓冲槽压力“高”	

（3）喷淋系统调试。

1）系统冲洗。冲洗前检查确认管路安装完毕，冲洗时控制冲洗水量。管路冲洗以目测水质干净、无杂质为冲洗终止，并检查喷嘴水量分配是否均匀和是否出现喷嘴堵塞情况。

2）联锁动作试验。根据表 9－1 中相关喷淋系统阀门联锁逻辑试验，检查动作是否准确、可靠。

（4）氨泄漏检测仪调试。氨泄漏检测仪在完成测点的传动试验及涉及相关的联锁保护试验后，可以实际校验氨气泄漏检测仪。将 1:1 摩尔的氨水置于氨泄漏检测仪探头处，检查氨气泄漏仪报警与喷淋系统联锁保护的动作情况（每只氨泄漏检测仪应分别进行实校）。

（5）液氨蒸发槽带水、带蒸汽调试。

1）准备工作。通过工业水向蒸发槽进水、冲洗，蒸汽管道、蒸发槽本体通蒸汽前检查，确保具备试投蒸汽条件。

2）蒸发槽投蒸汽加热调试。蒸发槽水浴注入工艺水至溢流口溢流，打开辅汽至氨区的蒸汽管道沿程的疏水阀，蒸汽管道通小流量蒸汽进行暖管。暖管后吹扫蒸汽管道，将管道内的铁锈等杂物吹扫干净后恢复系统。投蒸发槽蒸汽加热，初步检查加热效果，实际校验蒸发槽蒸汽加热部分逻辑。

（6）氮气吹扫。液氨储存及制备系统需保持系统的严密性，防止氨气的泄漏和氨气与空气的混合而造成爆炸。基于安全方面的考虑，卸料压缩机、液氨储罐、氨气蒸发槽、氨气缓冲槽等都备有氮气吹扫管线。在氮气置换前投氮气吹扫并检查管线严密性，特别是与液氨/气氨管线的接口位置。

（7）氮气置换。氨储存及制备系统氮气置换工作是 SCR 脱硝系统调试中最为重要的环节之一，一般采取“先本体，后管线”顺序对系统进行氮气置换。氮气瓶通过汇流排将纯度为99.9%的氮气送至液氨储罐，将储罐内先行置换，每次置换储罐升压控制在 0.4MPa 左右，储罐氮气排放后控制罐内压力在 0.05～0.1MPa 之间，一般在 3 次左右基本能够置换合格。基本步骤如下：

1）将液氨储罐气密性试验后的混合气体（一般气密性试验是通过压缩空气将储罐内压力升至 0.7MPa，再注入氮气压力升至系统设计压力）排气至压力 0.05～0.1MPa。

2）通过氮气汇流排接入氮气，注入储罐，压力升至 0.4MPa，将储罐氮气进行排放 0.05～0.1MPa。

3）重复多次直至液氨储罐中氧气的含量低于 3%为合格，储罐合格后，通过氨气供给管道将氨储存及制备区域至锅炉氨管、氨卸载管线等进行置换，目标是管道系统不留氮气置换死角。

4）储罐排污口、供氨管道等处测量氧量值低于 3%时为置换合格，氮气置换工作结束。系统氮气置换工作中，应做好置换过程签证工作。

（8）液氨卸载。氨属于危险化学品，因此在卸载过程中应严格按照运行规范进行操作，避免出现人身伤害和环境污染事故。

具体卸氨步骤如下：

1）液氨槽车站车稳定，制动可靠，熄火后连接好槽车的防静电接地线。

2）分别将卸载臂上气、液相软管上快速接头与槽车连接液相、气相管路连接。

3）卸载作业人员到位，风向确认。

4）将液氨储罐与液氨槽车的气相、液相管路接通，再次确认管道连接正确。

5）用槽车手动油泵打开槽车的紧急切断阀，确认进氨储罐（一般氨区设置有两个液氨储罐），打开储罐气相阀及液相进液阀，打开卸载臂气相管阀门，缓慢打开槽车气相阀门，打开卸载臂上液相管阀门，缓慢打开槽车卸氨液相阀，因槽车内压力高于储罐内压力，先通过自流使槽车与储罐间压力达到基本平衡。

6）打开压缩机气液分离器排液阀，排净液体后关闭。打开压缩机进、出口阀，切换压缩机四通阀使气体由储罐流向液氨槽车，管路贯通，启动卸氨压缩机。

7）启动压缩机后，抽取液氨储罐氨气，抽出的氨气经压缩机加压后注入槽车，给槽车内加压，使得槽车与液氨储罐间形成压力差以形成液氨流动。注意检查两罐之间的压差和卸氨压缩机进、出口压差，槽车与储罐间压差大于 0.2MPa 时，进行液氨卸载。

8）卸车时，严格监视液氨储罐压力、液位、温度参数。保持汽车槽车内压力比储罐内压力高 0.2MPa 左右；发现泄漏等异常等情况，及时采取处理措施。

9）液氨卸载结束后，停止卸载压缩机，关槽车液相阀、卸车臂液相阀、储罐进液阀等液相管路阀门。

10）切换压缩机四通阀，再次启动压缩机，将槽车内剩余的气氨抽入储罐中。根据槽车内气氨压力情况及压缩机温度等参数确定停运卸氨压缩机，关闭槽车气相阀门，关压缩机进、出口阀，关储罐气相阀，关卸车台气相各阀。

11）打开槽车气液相接头泄压阀泄压后关闭，拆下快装接头。打开压缩机气液分离器排液阀排液，排净后关闭。

12）对系统进行全面检查。

13）待空气中无残氨，拆下防静电接地线，液氨槽车驶出氨区。

14）液氨卸载工作结束。

（三）SCR 催化反应系统的分系统调试

1. 调试前应具备的条件

（1）设备本体和附件、系统的主辅设备和管道安装完毕、正确、完整。

（2）安装记录齐全、正确，符合指导书或验收标准规定要求，按质量检验计划要求办理签证。

（3）催化剂已按要求进行安装，密封符合要求，安装质量经过验收签证。

（4）阀门动作方向正确，动作灵活，严密性达到规范要求。

（5）所有控制、保护、信号及报警装置已经过传动试验，动作正确，传动试验记录齐全，保护定值的设置符合定值通知单的要求。

（6）设备带电部分的绝缘性能试验合格，试验记录齐全、完整、真实。

（7）所有开关动作灵活、方向正确，标志明显；电动机旋转方向正确，标志明显。

（8）热控表计、继电器、变送器经过校验，精度符合设计要求，校验记录齐全、真实、完整。

（9）稀释风机系统单体、单机试运合格并签证。

（10）系统氨气/空气管道严密性试验合格。

（11）蒸汽吹灰器单体、顺序控制试运满足要求。

（12）脱硝 CEMS 系统静态安装、调试工作完成。

（13）设备、管道、阀门的保温、油漆、防腐完整、坚固、清洁，不留施工痕迹。

（14）设备和系统的接地完整、可靠、符合规范要求。

（15）露天布置的电气设备应有可靠的防雨、防尘设施。

（16）调试现场指挥系统建立，通信畅通。

（17）反应区调试期间需要的 2%～3%硼酸水、硫代硫酸钠饱和溶液、柠檬水等备足。

（18）调试方案已经交底，明确各方职责。

2. 调试步骤

（1）阀门检查试验。对氨储存及制备系统所有阀门进行检查，确保阀门安装正确、合理，符合设计要求，编码正确；对具备远控操作的气动阀和电动阀逐一进行检查试验，确保在 DCS 上操作正常，开关反馈正确。对调节阀，分 0%、25%、50%、75%和 100% 5 个开度进行操作，确保就地指示与 DCS 的反馈一一对应。

（2）联锁保护试验。SCR 催化反应系统的主要联锁保护逻辑见表 9－2，具体定值因设计等不同略有差异。

表 9－2　　SCR 催化反应系统的主要联锁保护逻辑

编号	试验设备	项目	试验条件	备注
1	A 稀释风机（以 A 风机为例）	联锁启动	B 稀释风机故障停机，A 稀释风机联锁投入	序号内为“与”，序号间为“或”
2			B 稀释风机运行，A 稀释风机联锁投入	
			任一侧氨/空气混合器进口稀释空气流量低	
3		允许停止	B 稀释风机已运行	序号内为“与”，序号间为“或”
4			氨/空气混合器 A、B 进口气氨管道氨快关阀关到位，延时 15min	
5	稀释风机出口气动阀	联锁开	（对应）稀释风机已运行，延时 15s	
6		允许关	稀释风机已停止	
7		联锁关	稀释风机已跳闸（脉冲 3s）	
8	气氨管道氨快关阀（任一侧快关阀）	允许开	无 MFT 信号	“与”逻辑
9			送风机、引风机运行正常	
10			至少一台稀释风机运行	
11			机组负荷大于 50%	
12		联锁关	SCR 进口、出口温度高（平均值）	“或”逻辑
13			SCR 进口、出口温度低（平均值）	
14			A 氨混合器后稀释空气流量低	
15			允许开条件不满足	
16			进口气氨管道压力低	
17			稀释空气风机出口至氨/空气混合器 1A 稀释空气流量低低，延时 1min	
18			氨气流量与稀释风量之比大于 8%	
19			SCR 反应器 A 出口 NO_x 含量低低	

（3）稀释风机试运及风量调整。

1）稀释风机试运前检查，具备试运条件。

2）稀释风机送工作电源。

3）关闭稀释风机进口风门挡板，启动稀释风机，延时 X 秒，联锁打开稀释风机出口电动阀（出口阀一般为气动阀或电动阀）。

4）风机运行平稳后，手动调整风机进口挡板开度，风门挡板开度调整至风机电流不超过额定值及稀释风风量满足设计要求即可。

5）风机 4h 试运，电流、振动、风压、风量及温度各项参数符合试运要求。

（4）喷氨格栅流量均匀性调整。U 形管差压计应提前注水完毕后，启动稀释风机，通过调整喷氨格栅进口手动阀开度，使每一只喷氨格栅差压表或 U 形管差压计的液位差基本一致，从而保证各格栅流量接近一致，避免因流量分配不均导致喷氨格栅喷嘴堵塞，同时也是为热态试运喷氨调整做好准备工作。

（5）声波吹灰器调试。

1）检查声波吹灰器按照图纸安装完毕，确保单体调试工作结束。完成声波吹灰器DCS顺序控制步序的组态工作。

2）试运前确认反应器内部无人员作业，人孔门封闭并安排专人值守。

3）投入压缩空气，压缩空气质量应满足声波吹灰器气源要求。

4）在CRT画面上每一只声波吹灰器单独进行点动操作，与现场人员逐台进行核对，检查运行是否正常。

5）单试后，进行吹灰器的顺序控制步序调试。检查组态步序是否符合设计要求。

6）声波吹灰器完整的顺序控制步序试验2～3次，即可停运，完成试运。

7）试运结束后，根据现场情况决定是否停供压缩空气。

（6）蒸汽吹灰器调试。

1）检查蒸汽吹灰器按照图纸安装完毕，确保单体调试工作结束。完成蒸汽吹灰器DCS顺序控制步序的组态工作。

2）热控专业对吹灰系统的阀门、测点进行联合调试，确保阀门远方/就地动作灵活，状态反馈准确。各测点测量准确，CRT显示正常。

3）在CRT画面上点动操作每一只蒸汽吹灰器，与现场人员逐台进行核对，检查进退枪是否到位，有无卡塞等情况。

4）单体调试完成后，进行吹灰器的顺序控制步序调试，检查组态顺序控制步序是否符合设计要求。

5）吹灰器的程序步序调试过程中，检查吹灰器运行的各开关量信号显示是否准确。

（7）供氨管道氮气置换。氨区至脱硝反应器供氨管道必须进行氮气置换，通常是同氨储存及制备系统一起进行，氮气置换合格后管道保压至一定压力。

（四）脱硝整套启动试运及168h试运

SCR脱硝系统整套启动试运是该系统移交生产前的最后一个环节。整套启动试运也是对设计、设备、施工及分部调试等质量的全面检查、考验的最重要阶段，对于各参建单位而言，也是即将出成果的时期。因此，通过规范SCR脱硝系统整套启动试运程序等方式以保障脱硝系统安全、有序、高效、高质量地进行，是脱硝整套试运的核心和基础。

脱硝系统的整套启动与脱硫系统整套启动时间点是有区别的。目前火力发电厂脱硫设施按照HJ/T 179《火电厂烟气脱硫工程技术规范　石灰石/石灰–石膏法》的修改方案规定取消了烟气旁路，脱硫系统必须于锅炉点火前启动。而脱硝根据其投运特点，整套启动是在机组带上负荷且烟气温度达到设计值后，SCR脱硝系统开始向烟气中喷氨为标志。

1. SCR脱硝系统整套启动试运前应具备的条件

调试单位按照SCR脱硝系统整套启动条件组织施工、调试、监理、建设、生产等单位对以下条件的检查确认签证，报请试运总指挥批准。

（1）脱硝装置区域场地基本平整，消防、交通和人行道路畅通，试运现场的试运区与施工区设有明显的标志和分界，危险区设有围栏和醒目的警示标志。

（2）试运区域内的施工用脚手架已经全部拆除，现场（含电缆井、沟）清扫干净。

（3）试运区域内的梯子、平台、步道、栏杆、护板等已经按设计安装完毕，并正式投入使用。

（4）试运区域内排水设施正常投入使用，沟道畅通，沟道及孔洞盖板齐全。

（5）试运区域内的工业、生活用水和卫生、安全设施投入正常使用，消防设施经验收合格并投入使用。

（6）试运现场具有充足的正式照明，事故照明能及时投入。

（7）各运行岗位已具备正式的通信装置，试运增加的临时岗位通信畅通。

（8）在寒冷区域试运，现场按设计要求具备正式防冻措施，满足冬季运行要求，确保系统安全、稳定运行。

（9）试运区域内的空调装置、采暖及通风设施均已经按设计要求正式投入运行。

（10）脱硝系统电缆防火阻燃已按设计要求完成。

（11）整套启动期间所需还原剂、备品备件及其他必需品已经备齐。

（12）环保、职业安全卫生设施及检测系统已经按设计要求投运。

（13）保温、油漆及管道色标完整，设备、管道和阀门等已经命名，且标志清晰。

（14）锅炉、汽轮机、发电机运行稳定，主机与脱硝信号对接调试、保护传动试验完毕，满足脱硝投运要求。

（15）在整套启动前应进行的分系统试运、调试已经结束，并核查分系统试运记录，确认能满足整套启动试运条件。

（16）脱硝系统整套启动措施已组织相关单位人员讨论，完成安全技术交底工作。

（17）配合完成质监中心站进行整套启动前的检查，质监项目已按规定检查完毕，经质监检查出的缺陷已整改并验收完毕。

（18）脱硝试运小组人员全部到位，职责分工明确。

（19）各参建单位参加 SCR 脱硝系统试运值班的人员及联系方式已上报指挥部并公布。

（20）生产运行人员培训合格、上岗，有明确的岗位责任制，能胜任本岗位的运行操作和进行故障处理。

（21）生产单位在试运现场应备齐运行规程、系统流程图、控制和保护逻辑图册、设备保护整定值清单、主要设备说明书、运行维护手册等。

2. SCR 脱硝系统整套启动前的检查

（1）压缩空气系统能够为脱硝系统供应合格的压缩空气。

（2）氨储存和制备系统区域的喷淋水系统（水源来自工业水及消防水）可投入使用。

（3）氨储存及制备系统区域的洗眼器的生活水供应正常。

（4）辅助蒸汽能够正常稳定地向氨储存及制备区域供给。

（5）氨储存及制备系统区域的氮气吹扫可正常投入使用，氮气瓶备足。

（6）反应器的蒸汽吹灰器冷态试运已经合格，进退枪到位、无卡塞，动力电源已送上。

（7）SCR 脱硝系统 CEMS 已经过标定校准，可以正常投入。

（8）系统内的阀门已经送电，开关位置准确，反馈正确。

（9）液氨存储系统已经存储足够的液氨，液氨储罐储存量不超过额定储罐理论储存量的 80%（首次 50%）。

（10）卸料压缩机各部位润滑良好，安全防护设施齐全，可以随时启动进行卸氨。

（11）液氨储罐周围的氨气泄漏检测装置工作正常，高限报警值已设定好。

（12）氨气稀释槽已经按照要求注水，水位满足要求。

（13）氨区废水泵已送电，可以正常投用。

（14）液氨卸载和存储系统的相关仪表已校验合格，并正确投用、显示准确，CRT 相关参数显示准确。

（15）注氨系统的氨气流量计已经校验合格，电源已送，工作正常。

（16）注氨系统相关仪表已校验合格，并正确投用，CRT 相关参数显示准确。

（17）稀释风机试运合格，转动部分润滑良好，绝缘合格，动力电源已经送上，可以正常投用。

（18）脱硝系统相关的热控设备已经送电，工作正常。

（19）电厂废水处理系统可以接纳及处理由脱硝氨区来的废水。

（20）氨储存及制备系统与 SCR 催化还原系统的各项联锁保护试验、定值均按照逻辑及定值清单检查试验完毕。

3. SCR 脱硝系统的启动

（1）稀释风机投运。在风烟系统启动前启动一台稀释风机以避免堵塞喷氨格栅的喷嘴，另一台稀释风机投入备用联锁。稀释风机投运后，应检查稀释风的风压、风量是否符合设计要求，并对每只喷氨格栅流量进行检查。为了避免堵塞喷嘴，在锅炉冲管期间须投运稀释风机。

（2）吹灰器投运。

1）蒸汽吹灰器。机组整套启动后，SCR 进口烟气温度达到 250℃以上时，及时投入 SCR 的吹灰器，防止可燃物沉积在催化剂的表面上。在投蒸汽吹灰器吹灰前蒸汽管道要经过充分的暖管疏水，只有蒸汽温度达到要求后，才能启动吹灰器顺序控制进行吹灰。吹灰时，蒸汽压力、温度应达到设计参数。

2）声波吹灰器。采用声波吹灰的脱硝系统，在机组整套启动后，即可投入声波吹灰器顺序控制（连续循环）吹扫。

（3）氨气制备。脱硝系统投入喷氨一般是在机组带负荷之后。在锅炉点火后应关注试运指挥部的整套启动调试的进度计划，在机组带上负荷后，即可准备进行氨气的制备。在氨气制备前投入蒸汽加热系统以检查辅汽联箱至氨储存及制备系统的蒸汽管道是否存在泄漏等问题。氨气制备步骤如下：

1）辅助联箱至氨储存及制备系统的蒸汽管道暖管，检查蒸发槽阀门状态并确认蒸发槽水浴液位，开始投入蒸发槽蒸汽加热，蒸发槽水浴温度一般控制在 50～60℃。

2）检查液氨储罐至缓冲槽阀门，打开液氨储罐至蒸发槽手动阀（控制阀门开度）。向蒸发槽注入液氨，注入时应小流量缓慢注入，待压力等参数稳定后再增大蒸发槽进口进氨阀。

3）打开蒸发槽出口至缓冲槽阀门，使氨气缓慢进入缓冲槽。

4）缓冲槽压力为200～250kPa，氨气温度建议控制在5℃以上。

5）系统稳定后，投入蒸发槽蒸汽加热调节自动、液氨供给调节自动（若有）。

（4）逻辑检查确认。投入喷氨前必须检查快关阀开允许条件和联锁关条件，特别是在快关阀联锁关逻辑中，不应有强制等情况，若有强制逻辑，必须退出，保证逻辑能够正常触发动作。

（5）SCR催化反应系统的氨气注入。

1）如果脱硝反应器进口的烟气温度满足催化剂厂家规定的要求，机组运行稳定，则基本具备向SCR催化反应系统供给氨气条件。

2）打开氨气供应控制平台的手动阀。

3）打开氨气缓冲槽出口手动阀，将氨气供应至快关阀前。

4）检查供氨平台快关阀前的手动阀、压力测点等处是否有氨气泄漏情况。

5）再次检查确认快关阀是否满足开条件：主要包括脱硝反应器进口的烟气温度；反应器进、出口的氮氧化物分析仪、氨气分析仪、氧量分析仪已经正常投入，CRT上显示数据准确；已有一台稀释风机正常运行，风机出口风压、风量满足喷氨投入要求。

6）上述条件满足后，打开任一侧反应器SCR系统供氨快关阀。

7）手动缓慢调节反应器注氨流量调节阀，先进行小流量试喷氨，目的如下：

a. 检查氨气快关阀至喷氨格栅间是否存在漏点。

b. 观察当调节阀打开后CRT上脱硝出口氮氧化物数据变化情况。

c. 检查氨气流量变送器的氨气流量数据变化是否准确。异常时，必须停止喷氨，把氨气泄漏点或氨气流量数据不准等问题处理好后再投入喷氨。初步投入喷氨时，脱硝效率暂时控制在30%～40%。按照同样的步骤，投入另一侧喷氨。

8）根据SCR脱硝反应器出口氮氧化物的浓度及氨逃逸浓度，逐渐开大喷氨流量调节阀，控制NO_x脱除率在50%左右。如果在喷氨过程中，氨气分析仪的浓度大于3μL/L，或者反应器出口NO_x含量无变化或者明显不准时，根据实际情况减少喷氨或停止喷氨，解决问题后方能继续加大喷氨量或投入喷氨。

（6）系统检查及调整。脱硝效率稳定在50%左右，全面检查各个系统，特别是SCR催化反应系统，检查CEMS氮氧化物分析仪、氨气分析仪及氧量分析仪，确保烟气分析仪都正常投入。如果CEMS测量不准确，则联系厂家处理。CEMS小室应备有标准气体以便对分析仪进行标定。检查氨气制备系统，确保蒸发槽运行正常，蒸汽加热自动投入良好，参数控制稳定，能够稳定地制备出足够的氨气。

在全面检查各个脱硝系统均工作正常后，可以继续手动缓慢开大注氨流量调节阀，使脱硝效率达到80%左右。稳定运行2～4h后，手动缓慢关小喷氨流量控制阀，把脱硝效率降低至50%，然后联系热工检查氨气流量调节阀的控制逻辑，如果条件具备，调节阀投入自动控制，并从安全角度设定调节阀开度的上、下限，再增加或者减少反应器出口的NO_x浓度的控制目标，观察控制阀的自动控制是否正常。热工人员优化氨气流量调节阀的自动控制参数，使氨气流量调节阀自动控制灵活、好用，满足脱硝自动喷氨控制要求。

如有条件，利用网格法测量注氨格栅前烟气的速度场、NO_x浓度场，根据测量结果调整喷氨格栅各分支的喷氨流量，以满足不同区域对喷氨量的需求。当然，也可以通过测量SCR 反应器出口的 NO_x 浓度，反过来调整各喷氨格栅分支的喷氨流量，同样也可以达到上述目的。

在机组带上负荷后，吹灰蒸汽应从辅汽联箱供汽切至锅炉减压站供汽，提高吹灰蒸汽压力，改善吹灰效能。

（五）试运中常见问题及处理

SCR 脱硝系统在分部试运、整套启动试运实施过程中，由于设备、设计、安装、调试等多种因素，出现各种问题，给试运工作带来了一定程度的影响。

1. 分部试运阶段

（1）泵/风机设备反转。在脱硝分部试运中，特别在 400V 动力设备（如泵、风机）联轴器无法拆卸的情况下，未进行电动机单体试转，如氨区废水泵出现反转情况。处理方法是调换电动机动力电缆或开关柜三相中任意两相接线即可处理该问题。应注意的是，操作时应遵守相关的安全规程。

（2）氨管道微量泄漏。在分部试运前或期间，施工单位负责氨区的气密性试验，范围包括氨区储罐、涉氨管道等。各设备、系统均要严格进行气密性试验，一般液氨储罐本体部分气密性试验完成较好。储罐进氨后，基本不存在漏点。漏点位置多在管道接头处、阀门盘根处、氨管道热控取源处及管道沙眼等。因微量泄漏点肉眼无法观测，通过系统隔离、刷肥皂水进行漏点检查。采取堵漏措施时，需做好人身防护并按照规范做好安全措施。

（3）卸氨缓慢。1000MW 机组脱硝还原剂基本上采用外购方式。进行液氨槽车卸氨操作时，卸氨速率正常为 12～15t/h，在实际操作中常常发生卸氨缓慢，增加了操作时间和液氨卸车的危险。卸氨缓慢原因是操作人员急于卸氨，在液相管路上有限流阀进行的卸氨，液氨槽车至储罐液相管路流速压力过大时，导致限流阀动作，无法进行卸载。关闭槽车的液相出氨阀，等待限流阀回座时间较长，增加了卸氨时间。一般卸载时应控制槽车卸氨的流速平稳。

（4）稀释风机（启动后）跳闸。稀释风机在刚启动后发生跳闸情况，可能原因是进口手动风门挡板开度过大，启动后造成风机过载，电气过载保护动作后跳风机。处理方法是稀释风机在首次试运时应当将进口风门挡板置于关位置或小开度进行启动，缓慢调整进口风门，目标开度是稀释风机满足机组满负荷运行时脱硝所消耗氨量的稀释风量要求。

2. 整套启动及 168h 试运阶段

（1）反应器出口 NO_x浓度场分布不均。新投运的 SCR 系统反应器出口 NO_x浓度主要受催化剂进口各区域喷入的 NH_3 与烟气中的 NO_x 的摩尔比（氨氮摩尔比）影响。某一区域喷入的 NH_3 过量会造成该区域氨逃逸超标，NO_x 则偏低，浪费还原剂。喷入的 NH_3 过少，该区域出口 NO_x 则偏高。反应器出口 NO_x 浓度场分布不均会造成脱硝出口断面 CEMS 仪表测量数据代表性差，给运行操作带来不便。

尽管 SCR 脱硝装置对烟气流场进行了计算流体动力学（Computational Fluid Dynamics，

CFD）建模并设计了导流、整流装置，但实际上大多数反应器内仍存在着较为明显的烟气分布不均情况。在喷氨格栅喷氨相对均匀条件下，若反应器局部区域烟气流速较大，该氨氮摩尔比则相对较低，造成该局部下游催化剂出口断面 NO_x 浓度值相对较高；反之，则较低。在整套启动试运过程中，烟气流场分布不具备重新进行建模分析并进行导流整流装置改造条件。因此，仅能通过调整喷氨支管以使喷入的氨量与烟气流场匹配的方式进行调整。在分系统调试过程中，已将喷氨格栅流量调至基本一致。但在热态试运中，烟气流场分布并非达到理想“均匀状态”，因此，在热态试运中还需要根据实际运行情况进行适当调整，使出口 NO_x 浓度场分布均匀，提高脱硝出口断面 CEMS 仪表测量数据代表性。

（2）氨逃逸浓度偏高。由于氨气与 NO_x 的不完全反应，出现氨逃逸难以避免，并且氨逃逸量会随催化剂性能衰减而呈逐步增大情况。脱硝系统设计的氨逃逸量一般为体积比不超过 3μL/L，过高的逃逸氨会与烟气中的 SO_3 反应生成硫酸氢铵并在空气预热器等部位沉积，造成空气预热器堵塞，增加风机能耗和空气预热器运行阻力，影响机组的安全运行。

与反应器出口 NO_x 浓度场分布不均类似，氨逃逸量主要受催化剂进口各区域喷入的 NH_3 与烟气中的 NO_x 的摩尔比（氨氮摩尔比）影响。SCR 投运初期，流场不均和断面氨氮摩尔比分布不均匀是造成氨逃逸超标的主要原因。某一区域喷入的 NH_3 过量会造成该区域氨逃逸偏高。通过对喷氨格栅手动阀开度调整，可以提高氨气浓度场分布与烟气流场之间的匹配性，达到使氨氮摩尔比断面分布均匀，减少氨逃逸的目的。

根据氨与氮氧化物反应方程式，氨气与氮氧化物反应摩尔比接近 1:1，在脱硝反应过程中，喷入氨量越高，脱硝效率越高。随着效率的升高，未参与反应的氨量越大，造成氨逃逸量也就越大。目前火力发电厂大容量机组基本都是采用“低氮燃烧系统”+“SCR 脱硝系统”进行组合配置用于控制氮氧化物的排放，排放的浓度能够满足 $50mg/m^3$ 排放标准限值。因此，从满足环保排放的角度讲，控制在满足 $50mg/m^3$ 排放标准限值的脱硝效率即可，氨逃逸也相对较低。

（3）缓冲槽结霜。储罐液氨经蒸发槽气化，经自力式调压阀进入缓冲槽，缓冲槽内氨气压力一般控制在 200kPa 左右送往脱硝反应区系统。当控制操作不当时，液氨会进入缓冲槽。表现特征为氨气温度低，缓冲槽罐体外壳结霜，严重时结冰，影响脱硝系统的连续稳定运行。为了避免发生这种问题，应控制好蒸发槽的进氨量，特别是投蒸发槽初期，应控制蒸发槽进氨的速率，不宜刚投运时，全开蒸发槽进氨手动阀。另外，应控制蒸汽加热自动投入情况。脱硝投运时，蒸汽加热投入自动调节；若自动跳手动后，也可能会发生液氨进入缓冲槽情况。因此，在投运时，特别是投运初期，应严格控制蒸发槽进氨量的速率和自动投入质量情况。

（4）供氨管路“水塞”。脱硝系统对涉氨容器和管道的严密性有很高要求，系统的严密性常采用水压试验方式进行严密性检查。水压试验完成后，若未将系统中的水排干净，管线的低点位置仍旧存水，易发生“水塞”现象。“水塞”应通过充分疏水来预防，但对于部分设计有缺陷的供氨管线，往往低位疏水阀设置数量不够，可通过一定时间的缓慢运行供氨系统来逐步带走管道内存有的少量液态水。某 1000MW 机组脱硝系统投喷氨时，氨区的缓冲槽供氨压力为 250kPa 左右，而反应区氨气母管上测点压力为 50kPa，远低于氨区的供给压力。系统检查也未发现异常，根据管道布置方式判断是产生“水塞”，决定继续投入喷氨。一段时间后反应区母管压力开始缓慢上升，4～5h后压力升至200kPa，供氨管道压力恢复正常。

（5）蒸发槽水浴蒸汽水击。目前，液氨的气化通常采用蒸汽加热方式，一般蒸汽引自机组的辅助蒸汽联箱。氨储存及制备系统因安全因素考虑布置于外围区域，蒸汽管线非常长，尽管蒸汽管道设有保温材料、疏水装置，但是进入蒸发槽的蒸汽仍旧带水，造成蒸发槽水击情况，影响了蒸发槽的安全运行。特别是在蒸发槽投运初期，应当在靠近氨区及氨区内设置疏水装置充分疏水，有效减轻蒸发槽水击的发生。

（6）SCR 脱硝系统进口烟气温度高。脱硝催化剂运行温度要求一般为300～400℃，温度过高，催化剂易发生烧结致催化剂失活的情况。在1000MW机组整套启动试运中，当机组负荷较高而炉本体长吹、半长吹及短吹等未及时投入运行时，省煤器出口烟气温度较高，可达到400℃以上，对催化剂寿命有较大影响。当进口烟气温度接近400℃时，通过锅炉运行调整，将排烟温度降至正常运行温度范围内。

（7）脱硝效率低。脱硝系统在热态投运中出现脱硝效率低的主要原因有：

1）喷氨量不足。脱硝系统热态试运过程中，出现喷氨量不足导致脱硝效率低。处理措施如下：

a. 检查供氨管路手动阀开度，联系热控人员检查流量计、烟气分析仪表。

b. 在试运过程中，随着储罐液氨量的减少，也会发生供氨量不足的情况，需要对液氨储罐的真实液位进行确认。

c. 检查供氨管道是否存在堵塞的情况。

2）效率或出口 NO_x 浓度值设置不合理。脱硝喷氨自动调节通常采用设定效率或设定出口氮氧化物浓度等方式。在机组整套启动试运调试过程中，脱硝进口的氮氧化物浓度时常出现波动，效率设定值偏低或出口氮氧化物浓度值设定偏高会造成脱硝效率的降低。解决措施如下：

a. 控制锅炉燃烧相对稳定。

b. 脱硝运行人员应根据系统运行参数及时调整脱硝效率或出口浓度设定值（调整过程中注意氨逃逸应控制在允许范围内）。

3）信号不准确。脱硝控制主要以脱硝CEMS送至DCS上氧量、氮氧化物、氨逃逸等参数为依据，当数据不准确时，对运行控制产生较大影响。

处理措施：联系热控人员及厂家对 NO_x、氧量进行标定，检查CEMS取样管路是否存在堵塞、漏气等情况。

4）氨氮摩尔比分布不均。氨氮摩尔比分布不均导致氨气与氮氧化物未充分发生反应，不仅造成氨逃逸偏高及出口氮氧化物浓度场不均，而且影响脱硝效率。

处理措施：检查喷氨格栅，根据反应器出口实测 NO_x 浓度分布调整各喷氨格栅手动阀开度。

第三节 低浓度烟气污染物连续监测

烟气排放连续监测系统（Continuous Emission Monitoring System，CEMS）是指对固定污染源排放的气态污染物和颗粒物进行浓度和（或）排放总量连续监测并将信息实时传输到主管部门的装置，也称为烟气自动监控系统或烟气在线监测系统。

一、CEMS 基本组成

CEMS 基本组成包括颗粒物监测子系统、气态污染物监测子系统、烟气参数监测子系统、数据采集与处理子系统。

根据 CEMS 安装位置的不同，可分为脱硫 CEMS、烟囱排口 CEMS 及脱硝 CEMS。

脱硫 CEMS 主要监测脱硫进、出口 SO_2 浓度及含氧量等；烟囱排口 CEMS 主要监测烟囱排口颗粒物浓度、SO_2 浓度、NO_x 浓度、含氧量、烟气温度、烟气湿度、烟气压力及烟气流速等。脱硝 CEMS 主要监测脱硝进、出口 NO_x，含氧量及脱硝出口氨逃逸浓度等。超低排放机组 CEMS 与常规机组 CEMS 不同之处主要在于烟囱排口 CEMS 中的颗粒物监测子系统及气态污染物监测子系统有所差异。

（一）颗粒物监测子系统

燃煤电厂较为常用的颗粒物监测方法主要有直接测量法和抽取测量法。超低排放机组颗粒物监测一般采用抽取测量法。两种测量方法使用的测量分析单元大多采用光学原理。

1. 直接测量法

直接测量法是指把仪器直接安装在烟道上，直接测量烟气中颗粒物含量。直接测量法颗粒物监测仪结构简单，安装较方便，测量的是同温度、同湿度、同压力状态下的实际状态下烟气颗粒物浓度。直接测量法颗粒物监测仪是把设备直接安装在烟道上，直接接触烟气，易腐蚀，易受到水汽干扰及烟气正压影响，特别是双端式颗粒物监测仪易受烟道热胀冷缩变形及烟道振动影响。

2. 抽取测量法

抽取测量法是指通过动力装置将含颗粒物的烟气抽取至颗粒物检测部件后进行检测，其最终检测单元多采用激光前向散射颗粒物检测仪。整个抽取过程烟气不能产生结露现象。根据提高烟气露点温度方式的不同，可分为加热直接抽取式和加热稀释抽取式。

加热直接抽取式是利用加热采样探管将含颗粒物烟气以等速跟踪采样的方式从烟道中进行抽取，通过升温、加热、雾化降低含颗粒烟气露点以消除液滴，然后进入激光前向散射等颗粒物测量装置，计算出颗粒物浓度。基本组成包括采样器、伴热管路、加热单元、射流风机、激光前向散射仪表、电气单元及其他附件。传输管路的温度控制是关键点之一，若温度控制不理想，容易造成传输管路堵塞，甚至可能造成激光前向散射仪表损坏。

加热稀释抽取式利用加热采样探管将含颗粒物烟气以等速跟踪采样的方式从烟道中进行抽取，将加热干燥的稀释空气与抽取的烟气按一定比例混合稀释，从而降低混合气露点，然后进入激光前向散射等颗粒物测量装置，计算出颗粒物浓度。由于激光前向散射颗粒物检测仪的传输管路温度调节与稀释比的控制是两个重要的关键点。另外，部分现场的稀释风机安装在烟囱外套筒与内套筒之间的空间内，长时间运行后稀释风机及采样风机除尘过滤网的清洁程度在维护过程中也应重点巡检，并及时更换。

（二）气态污染物监测子系统

气态污染物监测按采样方式分为直接测量法、完全抽取法、稀释抽取法。完全抽取法又可分为冷干法和热湿法。其主要监测参数包括 SO_2、NO_x 等。超低排放机组气态污染物监测系统多采用后两种采样方式，SO_2、NO_x 分析组分的跨度或量程一般不高于 0～200mg/m^3，甚至更低。

1. 完全抽取法——冷干法

冷干法是指直接从烟囱或烟道中抽取样气，滤除样气中的粗颗粒物，经过输气管路加热、保温、除湿处理后，滤除细颗粒物，再进入分析仪测量样气中污染物浓度。冷干法气态污染物 CEMS 主要由取样探头、伴热管线、除湿装置、过滤器、采样泵及分析仪表等组成。超低排放冷干法 CEMS 相对于传统冷干法 CEMS 提高了部分设备的性能，主要包括取样探头、伴热管线、除湿装置及分析仪表。

（1）取样探头。冷干法 CEMS 取样探头多采用电加热保温过滤取样。加热温度宜设计为 0～200℃，工作温度一般宜控制在 150℃以上。取样探头一般采用陶瓷或不锈钢过滤器，过滤精度一般为 2μm。

一般情况下，取样探头设置“全程标定”接口，全程是指标气从取样探头处进入，经过伴热管线、除湿装置、采样泵、流量计、过滤器后进入分析仪的过程。

取样探头长时间运行时，可能存在堵塞问题，一般情况使用仪用压缩空气作为气源，采用脉冲吹扫方式对采样探头过滤器进行吹扫。

（2）伴热管线。冷干直抽法 CEMS 的样气从烟道采样点至分析小室内的预处理设备除湿装置进口之间的传输主要依靠伴热管线，目前多数 CEMS 厂家配备的是电伴热管线，其结构示意图如图 9－5 所示。

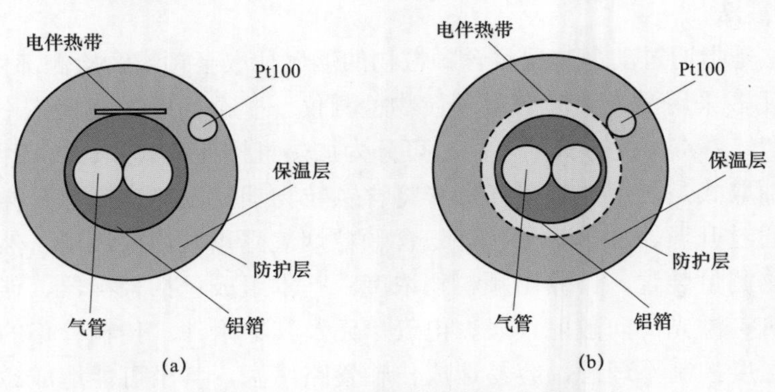

图 9－5　电伴热管结构示意图

（a）并联方式；（b）串联方式

伴热管线为了保证样气从采样点至预处理设备除湿装置进口传输过程中不结露、样气中被测组分无损失，设定的加热温度需要高于样气露点温度（一般不低于120℃，超低排放机组宜将伴热管线温度提高至150℃以上），功率一般为60～100W/m，表面温度一般不高于50℃。为了实现CEMS全程标定功能，伴热管线需要采用双芯设计及加工。其中一芯传输样气使用，另外一芯传输标气使用。伴热管线材质使用防摩擦、耐火、耐腐蚀、阻燃等材料。

（3）除湿装置。冷干直抽法的除湿装置是CEMS预处理系统的重要组成部分，应用最广泛的除湿装置采用压缩机式或电子式冷凝器除湿。此类冷凝器除湿过程，少量二氧化硫溶解在冷凝水排出，造成二氧化硫的损失。超低排放机组低浓度气态污染物CEMS测量使用冷干法时，烟气预处理阶段宜采用除水性能优越的膜渗透、加酸装置或其他脱水技术减少污染物在除水过程中的损耗。

1）压缩机式冷凝器。目前使用较多的冷凝器采用压缩机冷却的原理，压缩机冷却器系统一般包括压缩机制冷装置、温控装置、冷凝装置、热交换管（一般采用两级热交换管）等。比较常见的冷凝器内部结构如图9－6所示。

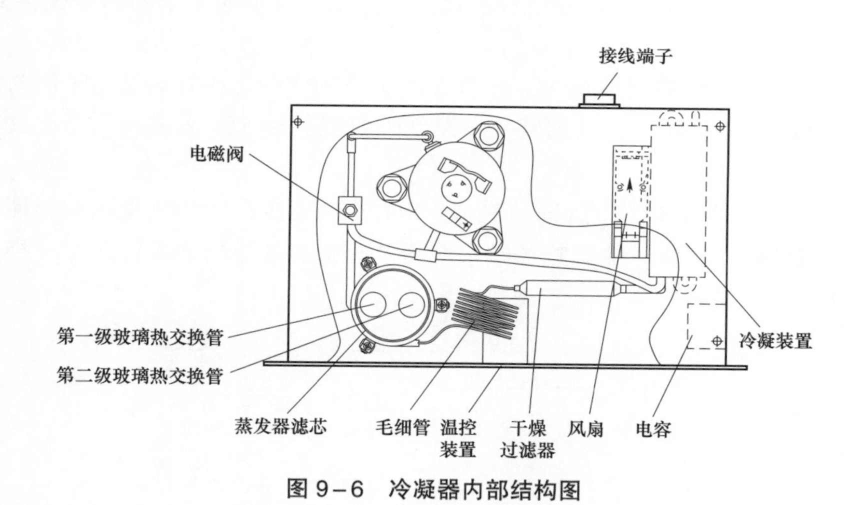

图9－6　冷凝器内部结构图

制冷剂蒸汽经压缩机压缩后，在冷凝装置中液化并放出热量，进入干燥过滤器脱水，毛细管的作用是产生一定的节流压差，保持进口前制冷剂的受压液化状态并使其在出口即蒸发器内释压膨胀、汽化。冷凝装置中的制冷剂在蒸发器中充分汽化并大量吸热，插在蒸发器滤芯内部的两级玻璃热交换管与之产生换热并快速冷却降温。玻璃热交换管内的烟气从高温状态（约50℃以上）瞬间降至4℃左右，气体中过饱和的水汽变成水滴在重力下汇集在玻璃管的底部，最终通过蠕动泵将冷凝出的水排出系统外。在两极玻璃热交换管之后增加一个采样泵，从第一级热交换管加压向第二级热交换管传送样气，样气在压力下，水分子从液体表面逃逸蒸发更为困难，比在大气压力下冷凝除湿效果更好，这种增压会使气体的含水量降得更低。

压缩机式冷凝器除湿过程，可能有少量SO_2溶解在冷凝水排出，造成SO_2组分损失。超低排放机组SO_2排放浓度不超过35mg/m^3，压缩机式冷凝器除湿过程的SO_2组分损失可

能达到约 $7mg/m^3$。为了降低 SO_2 组分损失，可以在冷凝器前加入磷酸溶液，磷酸溶液中带入的 H^+ 使得烟气冷却产生的冷凝水达到酸饱和，减少 SO_2 组分的损失。某 1000MW 机组加磷酸装置示意图如图 9－7 所示。

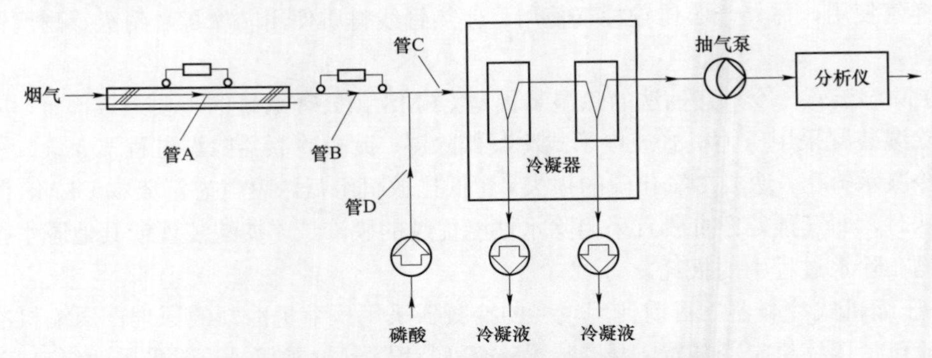

图 9－7 某 1000MW 机组加磷酸装置示意图

烟气通过伴热管线（管 A），经过保温伴热的管 B，与加酸泵来的磷酸在管 C 处混合后，进入冷凝器除水。

通过不同 pH 值的磷酸溶液与 SO_2 损失之间关系的实验，确定合适 pH 值的磷酸溶液（实验中采样流量约为 300L/h，选用紫外以及红外仪表测量 SO_2 浓度，不考虑仪表的零点漂移）。

从图 9－8 可以看出，磷酸的 pH 值越低，SO_2 损失越少；考虑到现场实际使用磷酸的用量、pH 值越低酸性越强可能影响加酸泵寿命及废磷酸溶液处理等问题，选择磷酸溶液的 pH 值在 0.9～1.1 之间为宜。

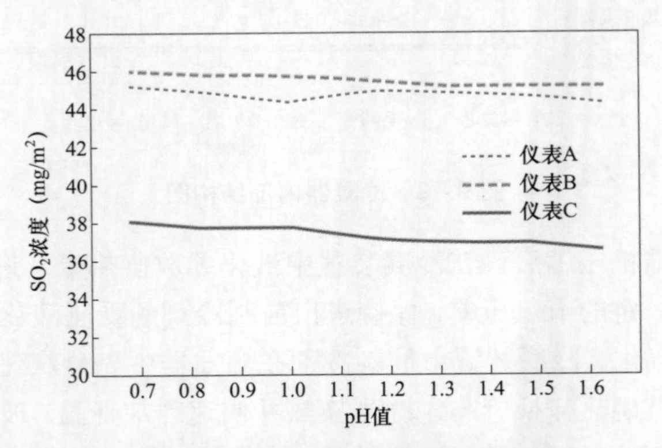

图 9－8 采用不同 pH 值的磷酸溶液时测量的 SO_2 浓度

使用体积浓度为 85%的磷酸溶液，加入不同体积的水进行稀释，磷酸溶液浓度与 pH 值之间的关系曲线如图 9－9 所示。

从图 9－9 可以看出，pH 值为 1.1 时，磷酸溶液浓度约为 10%。考虑到现场更换磷酸溶液的周期，定量加酸泵选用转速为 1r/min 的蠕动泵，磷酸溶液储罐采用 25L 的塑料桶，可以保证磷酸溶液更换周期约为 4 周。

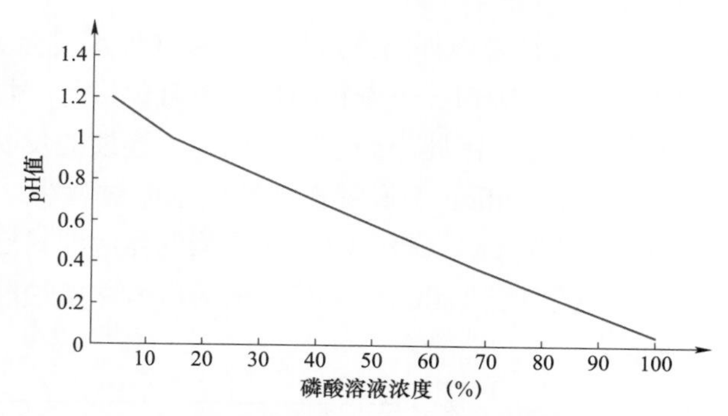

图 9-9　磷酸溶液浓度与 pH 值之间的关系曲线

按照 HJ/T 76《固定污染源烟气（SO_2、NO_x、颗粒物）排放连续监测系统技术要求及检测方法》的要求进行 SO_2 组分的相对准确度的测试。参比方法测得的实际 SO_2 排放浓度低于 30mg/m³，达到了燃煤电厂超低排放机组 SO_2 排放浓度的要求。CEMS 法与参比方法之间的 SO_2 组分相对准确度可以控制在 3mg/m³ 左右，达到 HJ/T 76 标准中关于 SO_2 相对准确度的要求。

CEMS 法与参比方法测量 SO_2 浓度比对曲线如图 9-10 所示。

2）Nafion 干燥管。Nafion 干燥管技术是一种典型的膜渗透技术，它是由聚四氟乙烯（Teflon®）和全氟-3，6-二环氧-4-甲基-7-癸烯-硫酸组成的共聚物。Nafion 干燥管的干燥原理完全不同于多微孔膜材料。Nafion 干燥管没有小孔，且不会基于气体分子的大小来迁移气体；相反，Nafion 干燥管中气体的迁移是以其对磺酸基的化学亲和力为基础的。因为磺酸基具有很高的亲水性，所以 Nafion 干燥管壁吸收的水分会从一个磺酸基向另一个磺酸基传递，直到最终到达另外一侧的管壁，而水分全部蒸发到干燥的反吹气中被带走。Nafion 干燥管除湿示意图如图 9-11 所示。

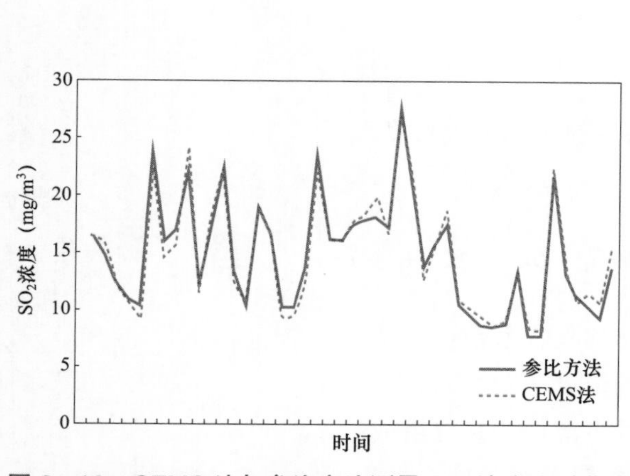

图 9-10　CEMS 法与参比方法测量 SO_2 浓度比对曲线

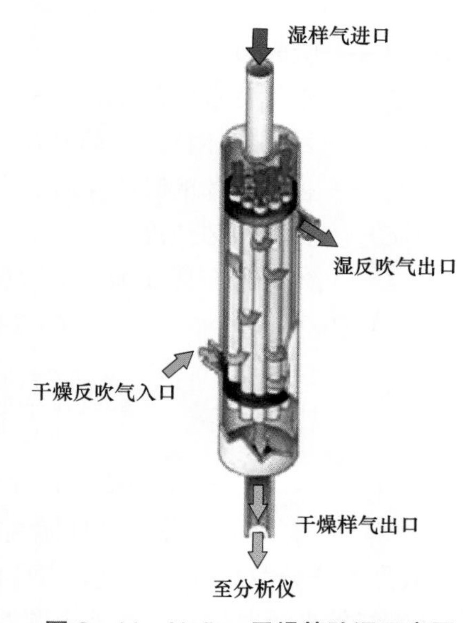

图 9-11　Nafion 干燥管除湿示意图

Nafion 干燥管除湿的驱动力是管内外的汽水压力梯度（即湿度差），因为即使 Nafion 干燥管内压力低于其周围的压力，Nafion 干燥管照样能对气体进行干燥。只要管内外湿度差存在，水蒸气的迁移就始终进行，因此需要干燥、洁净、连续的反吹气（空气或氮气）在 Nafion 干燥管的另一侧反吹。Nafion 干燥管在连续的除湿过程中，完全保留烟气中的 SO_2、SO_3、NO、NO_2、HCl、HF、O_2、CO、CO_2 等待测气体，即只选择性地去除烟气中的水分。同时，Nafion 干燥管类似于 Teflon，具有极强的耐酸性腐蚀能力。Nafion 干燥管除湿流程图如图 9－12 所示。

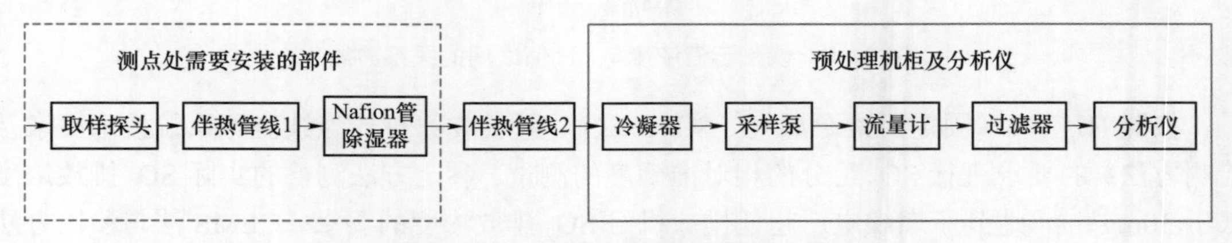

图 9－12 Nafion 干燥管除湿流程图

普通冷干法 CEMS 取样探头与伴热管线之间设置一套 Nafion 干燥管除湿装置。取样探头与 Nafion 干燥管除湿装置之间管路采用伴热管线保温。实际测得分析仪进口处的样气露点温度约为－5℃，满足分析仪表的露点要求。

3）分析仪表。超低排放冷干法 CEMS 分析仪多采用非分散红外分析技术和紫外吸收光谱分析技术。

a. 非分散红外分析技术。利用非分散红外分析技术测量样气中单组分气体浓度的原理是朗伯－比尔（Lambert－Beer）定律，即

$$A = \ln\left(\frac{I_0}{I_s}\right) = \alpha CL$$

式中 A——吸光度；

I_0——零气背景下的光强；

I_s——目标气体背景下的光强；

α——目标气体的吸收系数；

C——目标气体浓度；

L——光信号在样品池内多次反射后的实际吸收长度。

当样气中存在多种不同类型的气体时，上式变为

$$A = \ln\left(\frac{I_0}{I_s}\right) = (\alpha C_1 + \beta C_2 + \gamma C_3 + \cdots)L$$

式中 α、β、γ——不同组分目标气体的吸收系数；

C_1、C_2、C_3——各组分目标气体的浓度。

典型的非分散红外分析仪表主要由以下部件和装置组成：

a）红外光源发生器：红外光源的发生装置。

b）测量气室：样气吸收红外辐射的装置，采用防腐镜面材料加工制成。

c）检测器：将被测组分浓度变化转换为电信号。

d）信号放大器：将检测器的电信号进行放大、模数转换、运算、补偿等信息处理。

e）辅助装置：红外分析仪表除了上述部件和装置外，根据工作原理不同，还需要一些辅助装置，例如电源模块、恒温模块、压力补偿模块等。

b. 紫外差分吸收光谱分析技术。紫外差分吸收光谱分析技术的理论基础是 Lambert－Beer 定律，利用空气中气体分子的窄带吸收特性来鉴别气体成分，并根据窄带吸收强度来计算气体的浓度。此类分析仪表主要由光源、光源接收器、分析气室、光纤、光谱仪等组成。此类分析仪表能够消除气体组分间和汽水的交叉干扰。国电泰州电厂二期 1000MW 机组烟囱排口 CEMS 分析仪表就是采用紫外差分吸收光谱分析技术。该仪表的主要技术参数为 SO_2、NO，量程分别为 0～200、0～125mg/m^3；零点漂移和量程漂移均小于±1%满量程；与参比方法的绝对误差小于 5mg/m^3。

2. 完全抽取法－热湿法

热湿法 CEMS 预处理采用抽取式全程伴热技术，即烟气从烟道或烟囱抽出后，通过保温伴热处理，始终维持在高于其露点的温度，直至分析完成。由于热湿法烟气中水分没有除去，对于分析仪的耐腐蚀性要求较高，分析仪多采用紫外差分法。热湿法 CEMS 不需要除湿装置，分析仪表测量结果是污染物湿基浓度，需要转换为干基浓度。热湿法 CEMS 主要由采样探头、伴热管线、高温采样泵及分析仪表等组成。热湿法系统图如图 9－13 所示。

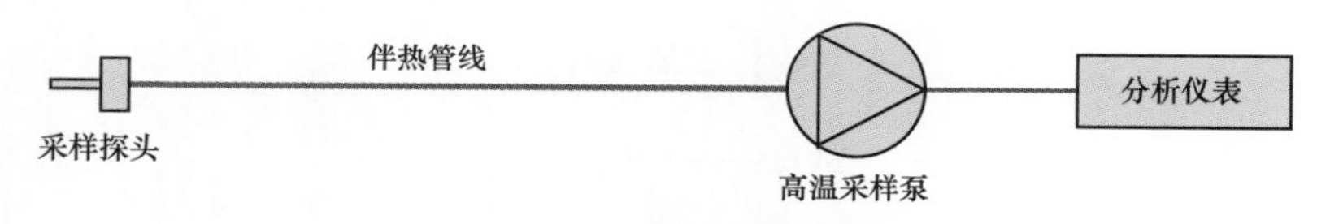

图 9－13　热湿法系统图

（1）采样探头与伴热管线。热湿法 CEMS 的采样探头和伴热管线与冷干法相类似，主要作用是将样气从烟道或烟囱内抽出，通过保温伴热，始终维持样气温度高于露点。

（2）分析仪表。热湿法 CEMS 分析仪表主要采用紫外差分吸收光谱（Differential Optical Absorption Spectroscopy，DOAS）原理。

3. 稀释法

稀释法是在直接抽取法的基础上，用清洁的干空气将样气稀释至可以直接测量的非饱和样气，然后进入分析仪表进行分析。由于对样气进行了大比例的稀释，降低了气体露点，因此消除了样气中水分对测量结果的影响。美国热电子是稀释法的典型代表。

根据稀释位置不同，可分为采样探头内稀释和外稀释，超低排放稀释法 CEMS 多采用采样探头内稀释。以下主要介绍采样探头内稀释法。

（1）取样探头。取样探头的内稀释探头是在烟道内对样气进行稀释取样，把稀释探头插入烟道内，稀释气由稀释气进口（或喷嘴）进入，流经文丘里喉管。此时，在文丘里喉管附近处产生负压。样气在负压作用下，由文丘里喉管附近处取样小孔卷吸入文丘里喉，并混合稀释气体后由出口流出，从而形成稀释后的样品气。稀释探头一般在取样小孔配置滤芯，对烟气进行过滤处理，并在稀释探头内配置 CEMS 系统校准的标准气体接口。稀释探头原理结构示意图如图 9－14 所示。

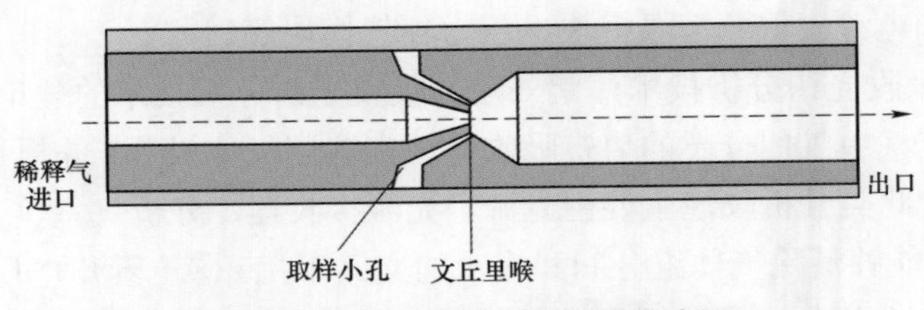

图 9－14　稀释探头原理结构示意图

（2）稀释比。稀释比的大小取决于稀释气压力、稀释气流量、稀释气气源干扰、文丘里喉部通径及其附近取样小孔的通径。通过适当设计以上几个参数，即可得到不同稳定稀释比的样品。稀释比通常选择在 100:1～250:1 之间。

（3）分析仪表。稀释法 CEMS 一般采用紫外荧光分析仪测量 SO_2 浓度，采用化学发光法测量 NO_x 浓度。

1）紫外荧光法二氧化硫分析仪。紫外荧光法是基于分子发射光谱法。采用锌灯照射在 SO_2 气体分子上，让它成为激发态的二氧化硫（SO_2^*），当 SO_2^* 分子返回基态时，发射出荧光光子。在低湿度条件下，SO_2 浓度在 0～143mg/m^3 范围内，荧光强度与 SO_2 浓度呈线性关系，即

$$SO_2 \xrightarrow{I_a} SO_2^*$$

$$SO_2^* \longrightarrow SO_2 + hv$$

式中　h——普朗克常数；

v——光的频率。

荧光强度（I）与 SO_2 浓度之间的关系可表示为

$$I = kc$$

式中　k——一定物质、一定测量条件下的比例系数；

c——SO_2 浓度。

k 一般与测量气室的长度、温度、材料、SO_2 吸收系数、荧光淬火时间、荧光出口面积及透镜的透过率有关。当分析仪表确定，在稳定条件下，k 可视为常数。

2）化学发光法氮氧化物分析仪。化学发光法氮氧化物分析仪基于 NO 与 O_3 发生化学反应，产生激发态的二氧化氮（NO_2^*），NO_2^* 回到基态时发出光子。在 NO 浓度较低时，光强与 NO 浓度呈线性关系，即

$$NO + O_3 \longrightarrow NO_2 + O_2 + hv$$

测量 NO_2 时，分析仪内部设置转换器，将 NO_2 转换为 NO。

二、CEMS 安装与试运行

（一）CEMS 安装注意要点

1. CEMS 测点位置选取

CEMS 测点位置应避开烟道弯头和断面急剧变化的部位。对于颗粒物 CEMS，应设置在距弯头、阀门、变径管下游方向不小于 4 倍烟道直径，以及距上述部件上游方向不小于 2 倍烟道直径处；对于气态污染物 CEMS，应设置在距弯头、阀门、变径管下游方向不小于 2 倍烟道直径，以及距上述部件上游方向不小于 0.5 倍烟道直径处，但测点位置距离排气出口至少是烟道直径的 1.5 倍。对矩形烟道，其当量直径为

$$D=2AB/(A+B)$$

式中　A、B——边长。

当安装位置不能满足上述要求时，测点的选择按照 GB/T 16157《固定污染源排气中颗粒物测定与气态污染物采样方法》执行。

CEMS 监测断面下游应预留参比方法采样孔，采样孔数目及采样平台等按 GB/T 16157 要求确定。

2. 采样探头安装

（1）开孔：在烟道（或烟囱）的测点位置开孔，根据不同厂家的产品确定具体的开孔尺寸。

（2）法兰焊接：一般情况，在焊接时须注意对装法兰的螺栓固定孔对角连线与水平方向成 45º 角。法兰焊接时需要满焊，不允许存在漏气情况，法兰需要水平焊接，且一般情况需要向上倾斜约 15°。对装法兰焊接示意图如图 9－15 所示。

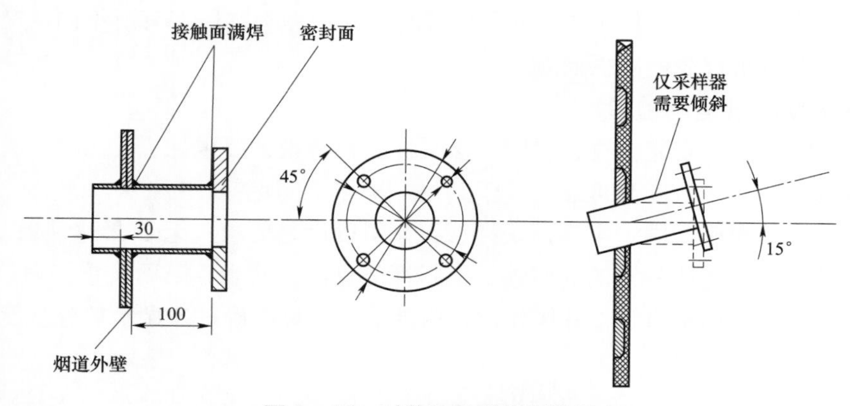

图 9－15　对装法兰焊接示意图

（3）固定：将采样探管接到采样探头前端，采样探头安装法兰的固定孔与对装法兰相对应。将采样探头的安装法兰通过螺栓固定在对装法兰上，如图 9－16 所示。固定时须注意检查在安装法兰和对装法兰之间必须有密封垫片。

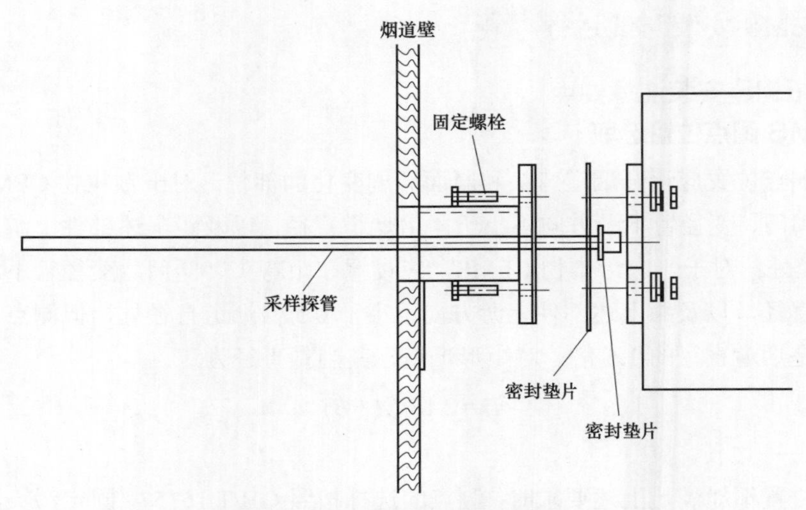

图 9－16　采样探头安装示意图

3. 伴热管线敷设与安装

一般情况下单独桥架敷设伴热管线，不可放置在水中，敷设经过处须有良好的排水能力。从采样探头处一直敷设到预处理机柜处，两端应留有合适的安装余量（建议长度为 10～15cm，视实际情况而定）。伴热管线敷设时不得存在 U 形弯，弯角不得小于设计值。伴热管线中气管接入采样探头和预处理机柜时，两端应插入不锈钢衬管。

4. 颗粒物、流速压力温度与湿度监测装置

开孔与法兰焊接要求基本与采样探头一致，不同之处在于开孔的尺寸。安装方式根据不同品牌的设备有所不同。

5. 分析仪表

分析仪表安装在预处理机柜内，安装位置与方式根据不同厂家有所不同。安装气体分析仪表时应注意分析仪表的减振问题。

（二）CEMS 试运前检查

（1）CEMS 测点的安装位置、参比方法采样孔符合设计要求。

（2）采样与比对平台安全可靠、易于到达，操作空间足够。

（3）设备安装正确，固定牢靠，采样管道倾斜度满足要求，无 U 形弯现象。

（4）户外仪器外壳或外罩的耐腐蚀、密封性能良好，防尘、防雨装置齐全。

（5）仪器各部件连接可靠，各操作键使用灵活、定位准确，各显示部分刻度、数字清晰，没有影响读数的缺陷。

（6）供电电源合理、正确，仪器设有漏电保护装置；设备接线正确，无接错线情况；接线部分的标识正确。

（7）各个设备及部件绝缘电阻、接地电阻符合设计要求。

（8）各个设备及部件的设定值符合设计要求。

（9）预处理机柜排空连接到室外。

（10）各个参数的量程设置正确且一致（就地仪表、DCS、环保监管部门等）。

（11）光学镜头无沾污，探头无污染，滤料无堵塞。

（12）CEMS 功能齐全，满足设计和合同的要求。

（13）检查 CEMS 的记录、存储、显示、数据处理和数据通信、打印、故障报警、安全管理、数据查询和检索等功能是否完备。

（14）各个报警（例如采样探头、伴热管线及除湿装置的温度和湿度报警）工作是否正常。

（15）反吹气源质量与压力符合设计要求。

（16）分析小室空调、照明与排风设备符合设计要求。

（三）CEMS 试运行

（1）核查 CEMS 仪器的设计安装等是否符合相关要求。发现存在缺陷问题时及时整改，以保证 CEMS 仪器监测数据的代表性和准确性。

（2）进行采样管道的泄漏测试，验证采样管道无泄漏、堵塞，管道加热、保温效果良好，无冷凝水存在。

（3）检查除湿装置出口冷凝水排出情况。

（4）核查 CEMS 报警故障保护定值。

（5）进行 CEMS 保护测试。

（6）校核 CEMS 数据能够及时准确传递到脱硫工程师站、操作员站及其他监控站点。

（7）系统热态调试期间进行 CEMS 仪器的零点和量程校准，以保证 CEMS 仪器能够正常投入使用。每天进行 CEMS 仪器的零点和量程校准，当累积漂移超过仪器规定的指标时及时调整仪器零点和量程。一般要求 CEMS 的热态调试时间不少于 168h。

（8）系统热态调试期间完成 CEMS 仪器的校正，根据需要对 CEMS 仪器进行调整校验以确保 CEMS 监测数据的准确性。CEMS 仪器校正包括零气和标准气体的校验，其中的零气含有其他气体的浓度不得干扰 CEMS 仪器读数或者产生 SO_2、NO_x、CO_2 等，标准气体需要在有效期之内并且其不确定度不超过±2%。

三、CEMS 试运中常见问题及处理

（1）CEMS 样气流量低。主要原因有流量监测孔的安装位置不符合规范要求；烟气采样管道的伴热效果不理想；采样管道出现水汽冷凝，严重时甚至冷凝水堵塞管路；烟气采样管路堵塞；吹扫压缩空气品质不符合要求；气路切换电磁阀动作不灵活或者损坏等。

（2）CEMS 氧量不准确。主要原因有采样管路存在泄漏、吹扫/进样转化阀存在漏气、氧量量程设定不合理等。

（3）除湿装置工作不正常。主要原因有分析小室环境温度异常、除湿装置内部存在灰尘或杂质、压缩机损坏、电磁阀损坏、制冷剂泄漏等。

（4）烟尘仪数据异常。主要原因有量程设定不合理，镜面存在污染或其他杂质，光路

偏离，采样管路堵塞，吹扫气源存在水汽、油等杂质，设备未接地或者接地线松动等。

（5）流速压力温度及湿度数据不准确。主要原因有量程设定不合理、探头存在堵塞情况、供电电源不正常、设备未接地或者接地线松动等。

（6）采集数据存在跳变。主要原因有采集模块供电电源不正常、设备未接地或者接地线松动等。

第十章

二次再热机组电气调试

第一节 概 述

电气调试主要指的是电气设备的调整和试验，是工矿企业建设中设备安装工作完毕后，投入生产运行前的一道工序。在现场按照设计图纸安装完毕后不可以直接投入运行。为了使设备能够安全、合理、正常的运行；避免发生意外事故造成经济损失、避免发生人员伤亡事故，必须进行调试工作。只有经过电气调试合格之后，电气设备才能够投入运行。其工作质量直接决定电气设备投产后的工作效率、质量，决定电气自动化的实施程度，决定工厂产品的质量、产量及经济效益。

一、二次再热机组电气调试工作的主要任务

当电气设备的安装工作结束以后，按照国家有关的规范和规程、制造厂家技术要求，逐项进行各个设备调整试验，以检验安装质量及设备质量是否符合有关技术要求，并得出是否适宜投入正常运行的结论。

二、二次再热机组电气调试的主要内容

（1）对电厂全部电气设备，包括一次和二次设备，在安装过程中及安装结束后进行调整试验。

（2）通电检查所有设备的相互作用和相互关系。

（3）按照生产工艺的要求对电气设备进行空载和带负荷下的调整试验。

（4）调整设备使其在正常工况下和过度工况下都能正常工作。

（5）核对继电保护整定值。

（6）审核校对图纸。

（7）编写厂用电受电方案、复杂设备及装置的调试方案、重要设备的试验方案及系统启动方案。

（8）参加分部实验的技术指导。

（9）负责整套启动过程中的电气调试工作和投产运行的技术指导。

第二节 单 体 调 试

单体调试是指设备未与系统连接时，按照电力建设施工及验收技术规范的要求，为确

认其是否符合产品出厂标准和满足实际使用条件而进行的单机试运或单体调试工作。大型火电机组电气主接线图如图 10－1 所示。

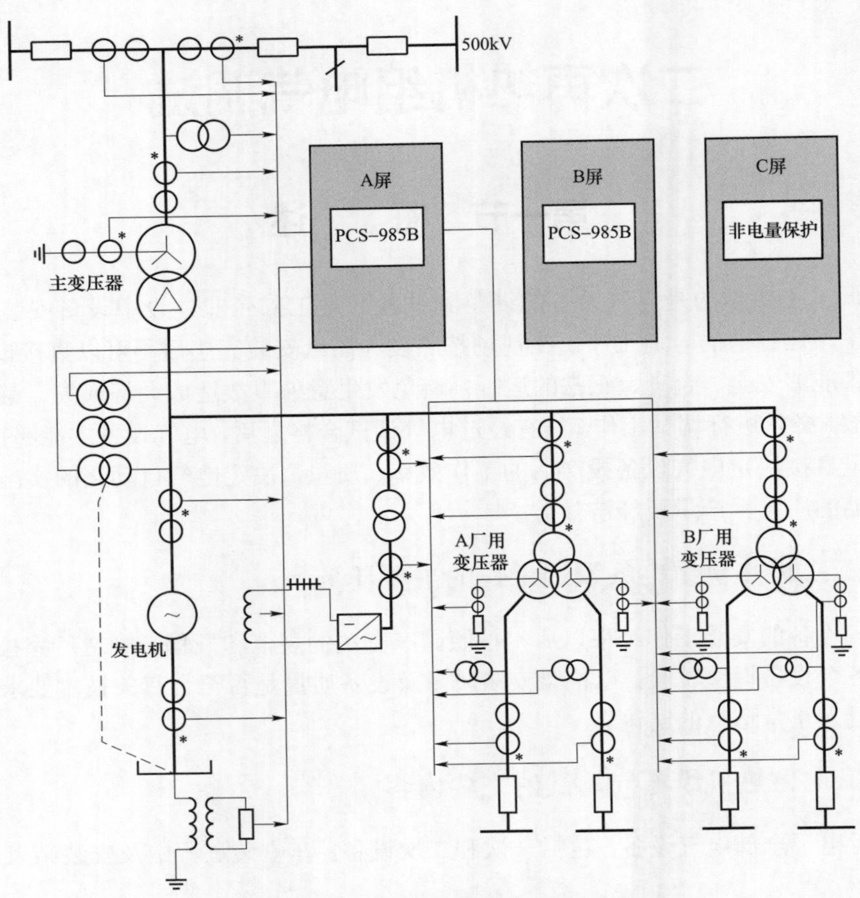

图 10－1 大型火电机组电气主接线图

一、装置设计要求

（1）装置应具有独立性、完整性，装置的功能和技术性能指标应符合相应的国家标准或行业标准的规定。

（2）装置的单一电子元件（出口继电器除外）损坏时不应造成装置误动作跳闸，且应发出装置异常信号。数字式装置应具有在线自动检测功能。

（3）装置的所有外接端子不允许同装置内部弱电回路有电气联系，针对不同的回路，可以分别采用光电耦合、继电器转换、带屏蔽层的变压器耦合或电磁耦合等隔离措施。

（4）装置应设有闭锁回路，只有在电力系统发生扰动时，才允许解除该闭锁。

（5）数字式装置应具有自复位能力，在因干扰造成程序走死时，应能自动恢复正常工作。

（6）数字式装置的实时时钟信号、装置动作信号，在失去直流电源的情况下不能丢失，在直流电源恢复正常后，应能重新显示。

（7）数字式装置应具有自动对时功能。

（8）数字式装置的通信接口应满足相应通信规约的信息传输方式和通道的要求。

二、装置的功能

（1）装置应能记录保护动作全过程的所有信息并具有存储 5 次以上的功能。

（2）装置记录的所有数据应能转换为 GB/T 14598.24《量度继电器和保护装置　第 24 部分：电力系统暂态数据交换（COMTRADE）通用格式》规定的格式输出。

（3）装置应具有显示和打印记录信息的功能，提供了解情况和事故处理的保护动作信息；提供分析事故和保护动作行为的记录。

三、调试的注意事项

（1）试验前应检查屏柜及装置在运输过程中是否有明显的损伤或螺钉松动。

（2）试验中，一般不要插拔装置插件，不触摸插件电路，需插拔时，必须关闭电源。

（3）调试过程中发现有问题要先找原因，不要频繁更换芯片。必须更换芯片时，要用专用起拔器。应注意芯片插入的方向，插入芯片后需经第二人检查无误后，方可通电检验或使用。

（4）使用的试验仪器必须与屏柜可靠接地。

（5）保护装置的图纸、资料齐全，调试定值单已录入装置，并经装置自检通过。

（6）熟悉调试过程中的危险源点、安全措施和带电区域的安全隔离。

（7）用具有交流电源的电子仪器（如示波器、频率计等）测量电路参数时，电子仪器测量端子与电源侧绝缘必须良好，仪器外壳应与装置在同一点接地。

四、绝缘检查

在对二次回路进行绝缘检查前，必须确认被保护设备的断路器、电流互感器全部停电，交流电压回路已在电压切换把手或分线箱处与其他单元设备的回路断开，并与其他回路隔离完好后，才允许进行。

（1）从保护屏柜的端子排处将所有外部引入的回路及电缆全部断开，分别将电流、电压、直流控制、信号回路的所有端子各自连接在一起，用 1000V 绝缘电阻表测量回路对地绝缘和回路之间绝缘，其阻值均应大于 10MΩ。

（2）对使用触点输出的信号回路，用 1000V 绝缘电阻表测量电缆每芯对地及对其他各芯间的绝缘电阻，其绝缘电阻应不小于 1MΩ。

注意：测定绝缘电阻时，把不能承受高电压元件从回路中断开或者将其短接。试验线连接要紧固，每进行一项绝缘试验后，须将试验回路对地放电。

五、二次回路的验收检验

（1）对回路的所有部件进行观察、清扫和必要的检修及调整。这些部件包括与装置有关的操作把手、按钮、插头、灯座、位置指示继电器、中央信号装置及这些部件回路中的端子排、电缆、熔断器等。

（2）利用导通法依次经过所有中间接线端子，检查由互感器引出端子箱到操作屏柜、保护屏柜、自动装置屏柜或至分线箱的电缆回路及电缆芯的标号，并检查电缆簿的填写是否正确。

（3）当设备新投入或接入新回路时，核对熔断器或空气开关的额定电流是否与设计相符或与所接入的负荷相适应，并满足上、下级之间的配合。

（4）检查屏柜上的设备及端子排上内部、外部连线的标号应正确、完整，接触牢靠，并利用导通法进行检验，且应与图纸和运行规程相符合；检查电缆终端和沿电缆敷设路线上的电缆标牌是否正确、完整，与相应的电缆编号相符，与设计相符。

（5）检验直流回路是否确实没有寄生回路存在。检验时应根据回路设计的具体情况，用分别断开回路的一些可能在运行中断开（如熔断器、指示灯等）的设备及使回路中某些触点闭合的方法来检验。

六、保护装置外观检查

（1）检查装置的实际构成情况，如装置的配置、装置的型号、额定参数（直流电源额定电压、交流额定电流、电压等）是否与设计相符合。

（2）检查主要设备、辅助设备的工艺质量，以及导线与端子采用材料等的质量。

（3）屏柜上的标志应正确、完整、清晰，并与图纸和运行规程相符。

（4）检查安装在装置输入回路和电源回路的减缓电磁干扰器件和措施应符合相关标准和制造厂的技术要求。在装置检验的全过程应将这些减缓电磁干扰器件和措施保持良好状态。

（5）应将保护屏柜上不参与正常运行的连接片取下，或采取其他防止误投的措施。

（6）检查装置的小开关、拨轮及按钮是否良好，显示屏是否清晰、文字清楚。

（7）检查各插件印制电路板是否有损伤或变形，连线是否连接好。

（8）检查各插件上变换器、继电器是否固定好，有无松动。

（9）检查各插件上元件是否焊接良好，芯片是否插紧。

（10）检查装置端子排螺钉是否拧紧，后板配线连接是否良好。

七、保护装置上电检查

（1）装置上电后测量直流电源正、负对地电压应平衡。

（2）逆变电源稳定性试验。对于微机型装置，要求插入全部插件。直流电源电压分别为80%、100%、115%额定电压时保护装置应工作正常。

（3）逆变电源的自启动性能。合上装置逆变电源插件上的电源开关，试验直流电源由零缓慢上升至80%额定电压值，此时逆变电源插件面板上的电源指示灯应亮。固定直流电源为80%额定电压值，拉合直流开关，逆变电源应可靠启动。

（4）直流电源的拉合试验。保护装置加额定工作电源，并通入正常的负荷电流和额定电压，监视保护跳闸出口接点，进行拉合直流工作电源各3次，此时保护装置应不误动和误发保护动作信号。

（5）校对时钟。检查装置时钟对码方式是否与 GPS 时钟装置的对码方式一致，信号源是否接入。

八、装置显示、人机对话功能及软件版本的检查、核对

装置上电后，应运行正常，根据主接线整定，显示不同主接线，装置显示图如图 10-2 所示。

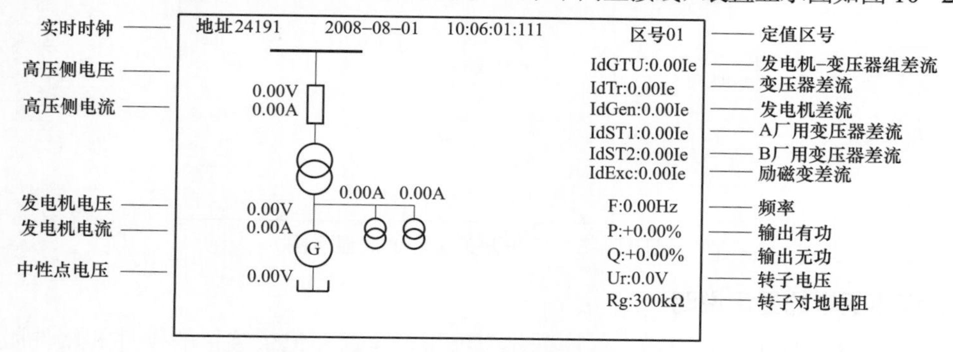

图 10-2　装置显示图

1. 保护动作时液晶显示说明

当保护动作时，液晶屏幕自动显示最新一次保护动作报告。保护动作时显示图如图 10-3 所示。

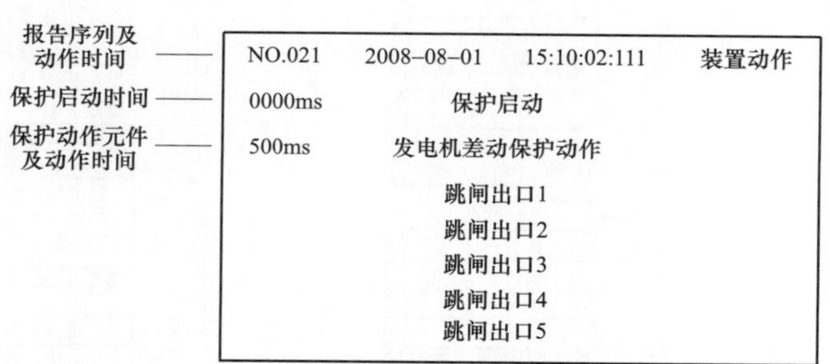

图 10-3　保护动作时显示图

2. 保护异常时液晶显示说明

保护装置运行中，液晶屏幕在硬件自检出错或系统运行异常时将自动显示最新一次异常报告。保护异常时显示图如图 10-4 所示。

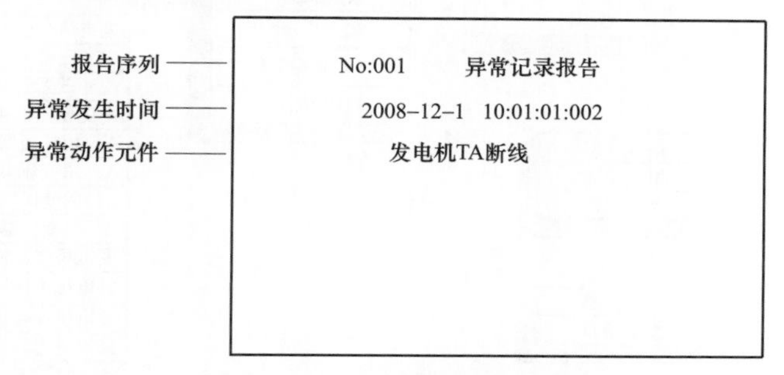

图 10-4　保护异常时显示图

3. 保护开关量变位时液晶显示说明

保护装置运行中，液晶屏幕在任一开关量发生变位（如屏上保护投入硬连接片）时，将自动显示最新一次开关量变位报告。保护开关量变位时显示图如图 10-5 所示。

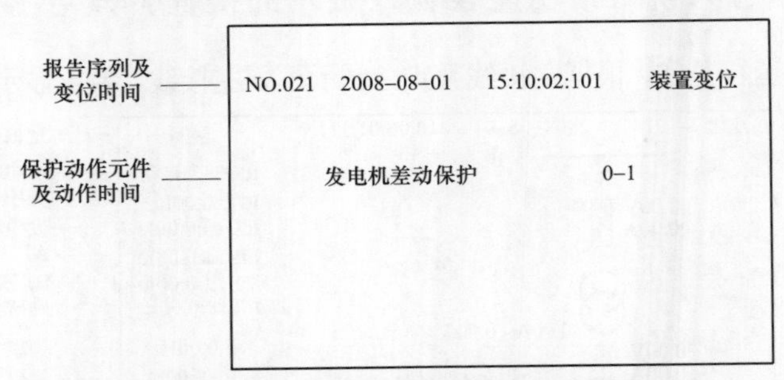

图 10-5　保护开关量变位时显示图

4. 程序版本的显示说明

在“主菜单”目录下，进入“程序版本”项目，检查并记录装置的硬件和软件版本号、校验码等信息。程序版本图如图 10-6 所示。

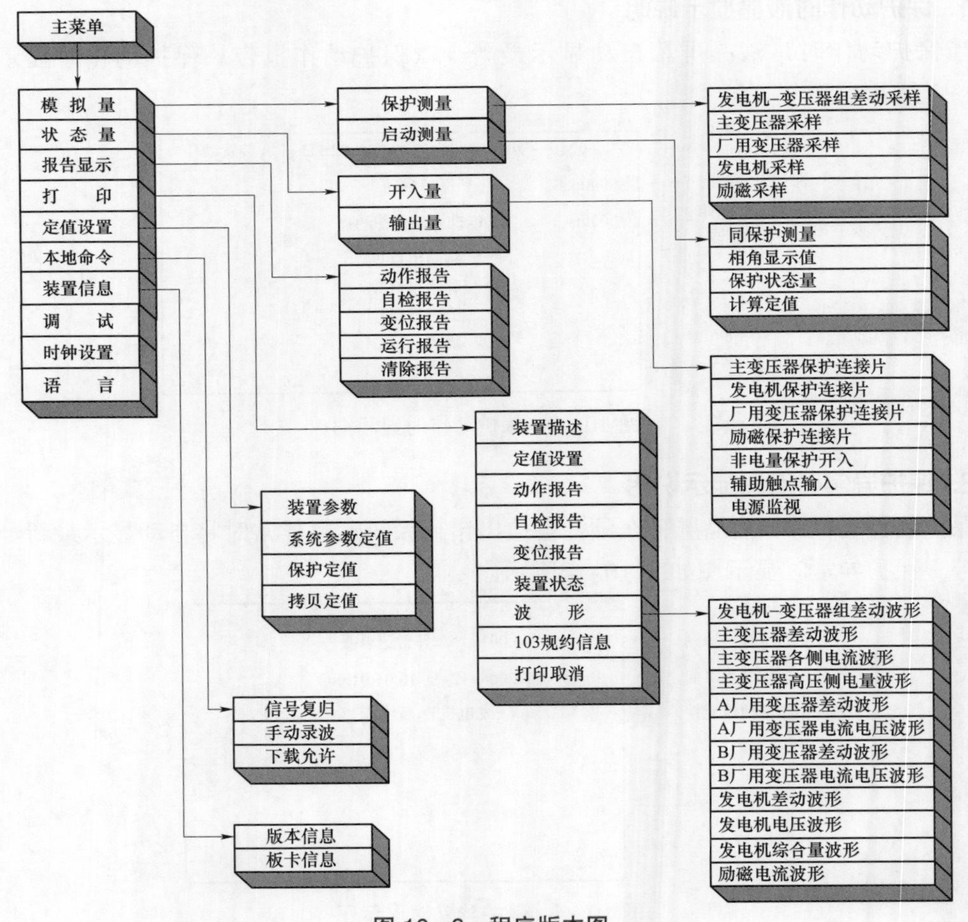

图 10-6　程序版本图

九、辅助继电器调试

1. 中间继电器的校验

通过单相或者三相试验仪对继电器冲击加入电压（或电流），记下使继电器衔铁完全被吸合的最低电压（或电流）值即动作值。若动作时出现衔铁缓慢运动或吸合不到底以及声音不清脆等现象，应加大电压（或电流），直至继电器完全动作。

继电器动作后逐步减小电压（或电流）测试能使继电器的衔铁返回到初始位置的最大电压（或电流）即继电器的返回值。

2. 带电流保持型继电器的校验

通过单相或者三相试验仪，将电压夹在继电器的动作线圈上，将电流夹在继电器的保持线圈上，先输出电压到继电器动作，记录下动作值，然后通过试验仪输出电流至继电器的额定电流值，再将电压退掉，此时继电器应自保持。

逐渐减小电流输出直至继电器返回，记下返回值。调节电压输出，调节电流略大于返回值，再断开电压输出，若继电器能自保持，则该电流为其最小保持值；否则，再增大电流测出继电器能自保持的最小电流。

3. 过电压继电器的检验

根据整定值及继电器的整定范围，将继电器的线圈按串联或并联连接，将调整杆放在整定值上，将三相试验仪的电压输出接在继电器的输入端子上，慢慢地增加电压输出直至继电器刚好动作为止，停止调节。记下此时的电压数值，即为继电器的动作电压。要求整定点动作电压与整定值不超过±3%。

继电器动作后，均匀地减小输出电压直至继电器的触点刚刚分开，记下这时的电压，即为返回电压。

4. 低电压继电器的校验

根据整定值及继电器的整定范围，将继电器的线圈按串联或并联连接，先对继电器施加额定电压，然后均匀、平滑地降低电压，直至继电器舌片刚好释放（指示灯刚好亮），记下此时的电压数值，即为继电器的动作电压。

继电器动作后，再调节电压输出，使通入的电压平滑上升至继电器舌片开始被吸持（指示灯刚好熄灭），记录此时的电压，即为返回电压。要求整定的动作电压与整定值误差不超过±3%。其返回系数一般要求应不大于1.2，用于强行励磁时应不大于1.06。

中间、时间、信号等继电器的要求：启动电压小于或等于70%U_n；出口中间继电器的启动电压为50%～70%U_n；返回电压大于或等于5%U_n；启动电流小于或等于100%I_n（其中U_n为继电器的额定电压，I_n为继电器的额定电流）。

电流、电压继电器还应计算返回系数，一般要求：过电流继电器$0.85 \leqslant K \leqslant 0.95$；过电压继电器$0.85 \leqslant K \leqslant 0.95$；低电压继电器$1.06 \leqslant K \leqslant 1.20$；强励系统低电压继电器$K \leqslant 1.06$。

注意：

（1）对于非电量直跳继电器，还需做该继电器的动作功率，动作值不得低于5W。

（2）继电器调试后，应做出标示，整定位置应与继电器铭牌刻度相一致并用记号笔标出。

（3）安装塑料或者玻璃外罩时，应轻拿轻放，勿触动整定把手和整定指针，密封垫应装好，避免灰尘和腐蚀性气体进入，继电器外壳或者玻璃外罩应擦拭干净。

（4）继电器重新装回控制盘后，应检查其接线，特别是电流、电压继电器，应确认其接线应与整定试验时一致。

十、装置交流电压、交流电流采样准确度检验

退掉保护所有出口连接片，加入电压、电流，装置采样值误差符合技术参数要求。

1. 零点漂移检验

进行本项目检验时，要求装置不输入交流电流、电压量。观察装置在一段时间内的零漂值，要求零漂值在 $0.01I_n$（或 0.05V）以内。

2. 电流、电压采样表

进行新安装装置的验收检验时，按照装置技术说明书规定的试验方法，根据现场图纸，分别输入不同幅值和相位的电流、电压量，观察装置的采样值满足装置技术条件的规定。对于二次额定电流为 1A 的 TA，一般通入 0.1A、0.5A、1.0A，角度为正序角；对于二次额定电流为 5A 的 TA，一般通入 1.0A、2.5A、5A，角度为正序角。二次电压一般输入 10V、30V、57.74V，角度为正序角。

电流在 5%额定值时，相对误差应小于 5%，或绝对误差应小于 $0.01I_n$。电压在额定值时，应小于 2%；角度误差不大于 3°。

注意：在对电压回路进行采样时，需断开电压二次侧回路，防止电压由二次反窜至一次侧。

十一、装置输入检查

装置输入量检查分为装置强电输入和弱电检查，检查方法分为端子排短接开关量、装置把手以及投退装置输入连接片。

装置输入检查如下：

（1）在保护屏柜端子排处，按照装置说明书规定的试验方法，对所有引入端子排的开关量输入回路依次短接正电源，观察装置的行为变化，保护装置应能正确反映各开入量的 0→1 或 1→0 变化。

（2）按照装置技术说明书所规定的试验方法，分别接通、断开连接片及转动把手，观察装置的行为变化，保护装置应能正确反映各开入量的 0→1 或 1→0 变化。

（3）投退保护装置黄色功能连接片，保护装置应能正确反映各功能连接片的 0→1 或 1→0 变化。

十二、输出触点和输出信号的检查

查看厂家原理图，在装置屏柜端子排处，按照装置技术说明书试验方法，用万用表测量所有输出触点及输出信号的通断状态。

（1）模拟各种保护动作，根据每个保护跳闸矩阵测量每个保护出口是否正确动作，带

保护连接片的出口需测量连接片接线是否正确。

（2）根据保护原理图，模拟装置各种状态，测量保护至故障录波器和中控的信号是否正确。

注意：测量输出时要先检查外部回路是否带电或者短接，如果有上述情况需将外部电缆解开。

十三、保护装置功能调试

（一）发电机差动保护调试

发电机差动保护采用发电机机端和中性点三相电流，一般采用 0° 接线方式，根据保护定值校验差动保护的启动值、比率制动曲线、速断值、谐波制动值等。

1. 启动值

检查保护功能已投入，分别在发电机机端和中性点上加一相电流，使差动保护动作，记录保护动作值。

2. 比率制动试验

试验方法：发电机差动保护采用 0° 接线方式，固定发电机机端电流，逐步增加发电机中性点电流，直到差动动作，记录电流值并编制理论和实际的比率制动曲线。

比率差动保护动作特性如图 10－7 所示。

图 10－7 中，I_d 为差动电流，I_r 为制动电流，I_e 为发电机额定电流，I_{cdqd} 为差动电流启动定值，I_{cdsd} 为差动速断电流定值，K_{bl1} 为起始比率差动斜率，K_{bl2} 为最大比率差动斜率，n 为最大比率制动系数时的制动电流倍数。

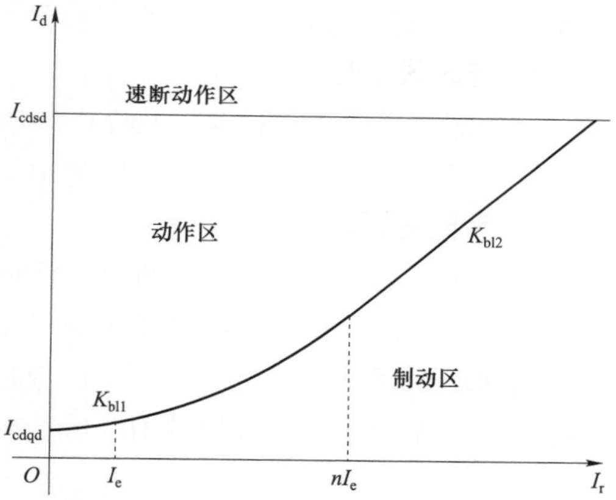

图 10－7 比率差动保护动作特性

3. 差动速断试验

试验方法：退出比率差动元件，任选一相加入电流，增大电流以使保护动作，记录动作值并与整定值进行比对。

4. 二次谐波制动系数试验

在一侧电流回路同时加入基波电流分量（能使差动保护可靠动作）和二次谐波电流分量，减小二次谐波电流分量的百分比，使差动保护动作，记录二次谐波系数。

5. TA 断线闭锁试验

发电机－变压器组比率差动投入、TA 断线闭锁比率差动控制字均置 1。两侧三相均加上额定电流，断开任意一相电流，装置发出“发电机－变压器组差动 TA 断线”信号并闭锁变压器比率差动，但不闭锁差动速断。

（二）发电机匝间保护调试

机端有电流时，对于灵敏段，模拟负序功率方向满足条件时，逐步增加机端专用 TV 开口三角基波电压，使电压值大于灵敏段定值，定子匝间保护动作并做记录。对于高值段，模拟负序功率方向满足条件时，逐步增加机端专用 TV 开口三角基波电压，使定子匝间保护高定值段动作并做记录。

模拟机端无电流，逐步增加机端专用TV开口三角基波电压，使电压值大于灵敏段定值，定子匝间保护动作并做记录。做高定值时，输入按正方向角度超前负序电流的负序电压，退出灵敏段，所加电压即为高值动作值。

（三）发电机定子对称过负荷保护调试

1. 定时限告警调试

对称过负荷软连接片及硬连接片投入，过负荷告警投入，加入单相电流，增大电流以使保护动作，记录动作值及动作时间。

2. 反时限过负荷调试

投入反时限过负荷保护，加入大于反时限启动定值的单相电流以使保护动作，记录动作值及动作时间，根据厂家说明书提供公式验证动作值及动作时间的正确性。用同样方法再取3～4个点，根据试验数据画出反时限过负荷保护动作曲线如图10－8所示。

图10－8中，t_{min}为反时限上限延时定值，t_{max}为反时限下限延时定值，I_{szd}为反时限启动定值，I_h为反时限上限电流值。

（四）发电机不对称过负荷保护

发电机不对称过负荷保护及连接片投入，其他保护及连接片退出。将该保护的所有跳闸出口及信号出口触点分别接至保护测试仪开入量端口，以便监视各输出触点是否正确开出。

1. 定时限试验

保护测试仪通入保护对称负序电流，分别加入负序过负荷定时限电流，在定值95%和105%时查看保护动作情况，并测量动作时间。

2. 反时限试验

当负序电流超过下限整定值时，反时限部分启动，并进行累积。反时限保护热积累值大于热积累定值保护发出报警或跳闸信号，依据反时限计算公式计算3～4个点，加入电流测试实际动作时间（每个点测量结束后需退出功能连接片以清除热积累），画出反时限负序过负荷保护动作曲线如图10－9所示。

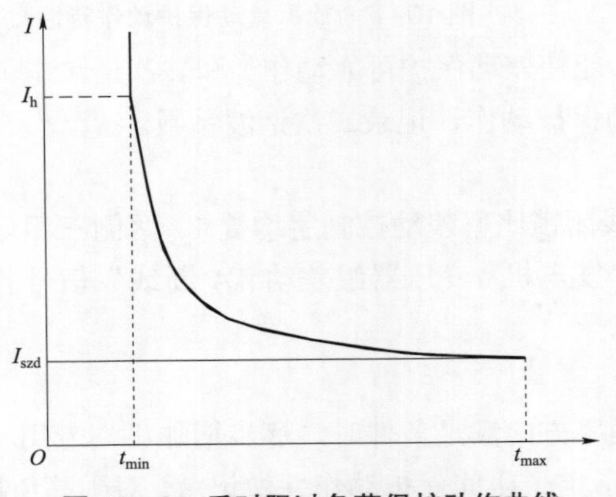

图10－8 反时限过负荷保护动作曲线

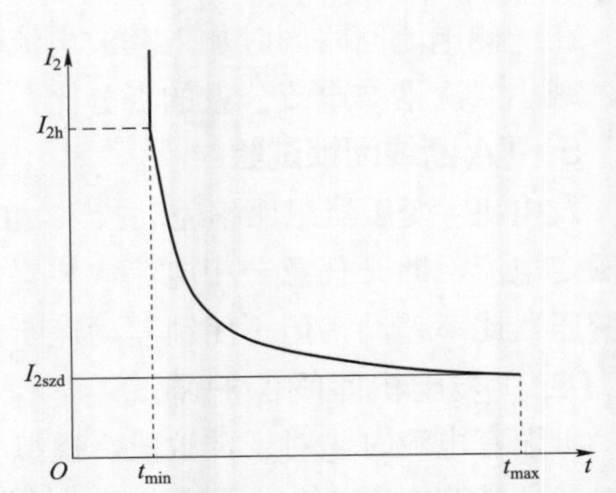

图10－9 反时限负序过负荷保护动作曲线

图 10－9 中，I_2 为发电机负序电流，I_{2szd} 为负序电流下限整定值，I_{2h} 为负序电流上限整定值，t_{min} 为反时限上限延时定值，t_{max} 为反时限下限延时定值。

（五）发电机失磁保护调试

失磁保护阻抗采用发电机机端 TV1 正序电压、发电机机端正序电流来计算。辅助判据：机端正序电压 $U_1>6V$，负序电压 $U_2<6V$，机端电流大于 $0.1I_e$（I_e 为发电机额定电流）。失磁保护共配置三段，阻抗特性相同。

1. 失磁阻抗判据

仅将“Ⅰ段阻抗判据投入”控制字投入，整定Ⅰ段跳闸控制字，Ⅰ段延时整定为 0.1s，其他保护控制字均退出。异步圆阻抗图如图 10－10 所示。

首先计算异步阻抗圆半径 $R=(Z_2-Z_1)/2$，圆心坐标为［0，－(Z_1+R)］。

Z_1 点的调试：加入机端 TV_1 三相电压和机端三相电流，所加电压、电流的幅值大小按折算成阻抗值大于 Z_1 来计算，固定电压为 0° 正序方向，固定电流为 90° 正序方向，改变电压大小，使阻抗轨迹自异步阻抗圆上端往下落入动作圆内，记录 Z_1 保护动作值。

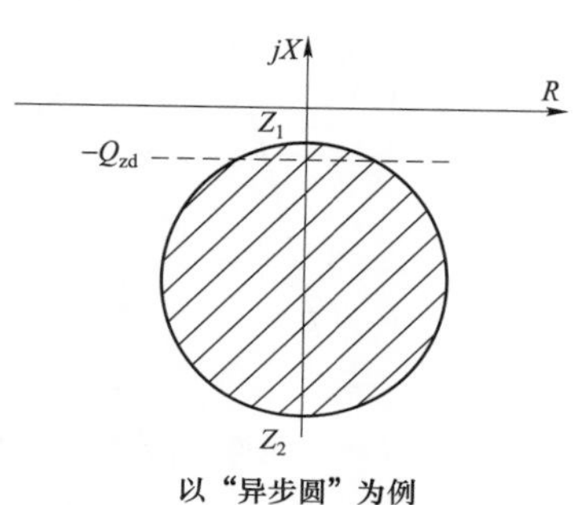

图 10－10　异步圆阻抗图

Z_2 点的调试：加入机端 TV_1 三相电压和机端三相电流，所加电压电流的幅值大小按折算成阻抗值大于 Z_2 来计算，固定电压为 0° 正序方向，固定电流为 90° 正序方向，改变电压大小，使阻抗轨迹自异步阻抗圆下端往上落入动作圆内，记录 Z_2 保护动作值。

2. 失磁保护减出力判据

整定“Ⅰ段阻抗判据投入”和“Ⅰ段减出力判据投入”控制字投入，该段保护其他判据退出，延时整定为 0s。

调整阻抗角与正序电压、正序电流于合适位置，使得阻抗轨迹在动作圆内，有功功率标幺值 $P<P_{zd}$（有功功率额定值）=50%，然后调节三相电流大小，使 P 值上升，达 $P_{zd}=50\%$ 以上则保护动作。

3. 失磁保护母线低电压判据试验

失磁保护“母线低电压判据”可选择“机端电压”或“母线电压”，调试仪的三相电压相应地加在“机端 TV_1 电压”或“主变压器高压侧电压”输入端子。

以“失磁保护Ⅱ段”为例试验，将“Ⅱ段母线电压低判据投入”控制字投入，“低电压判据选择”选择“机端电压”，整定Ⅱ段跳闸控制字，其他保护控制字均退出。电压联动降低，直至保护动作。

4. 失磁保护无功反向判据试验

以“失磁保护Ⅱ段”为例试验，将“Ⅱ段阻抗判据投入”控制字投入，“无功反向判据选择”选择“机端电压”，整定Ⅱ段跳闸控制字，其他保护控制字均退出。

输入电流电压量，大小使 Q（无功功率）$<Q_{zd}$（无功功率额定值），阻抗轨迹也在动作圆内，保护不动作，增加三相电流，直至保护动作。

（六）发电机失步保护调试

失步保护反应发电机失步振荡引起的异步运行，失步保护阻抗元件计算采用发电机正序电压、正序电流，阻抗轨迹在各种故障下均能正确反映。

元件失步继电器动作特性如图10－11所示。

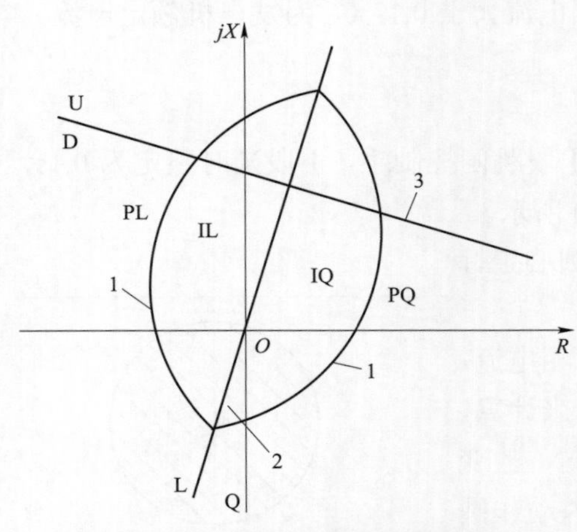

图10－11 元件失步继电器动作特性

第一部分是透镜特性，如图10－11中曲线1所示，它把阻抗平面分成透镜内的部分I和透镜外的部分P。

第二部分是遮挡器特性，如图10－11中斜线2所示，它把阻抗平面分成左半部分L和右半部分P。

两种特性的结合，把阻抗平面分成4个区PL、IL、IQ、PQ，阻抗轨迹顺序穿过4个区（PL→IL→IQ→PQ或PQ→IQ→IL→PL），并在每个区停留时间大于一时限，则保护判为发电机失步振荡。每顺序穿过一次，保护的滑极计数加1，到达整定次数，保护动作。

第三部分特性是电抗线，如图10－11所示，它把动作区一分为二，电抗线以上为U，电抗线以下为D。阻抗轨迹顺序穿过4个区时位于电抗线以下，则认为振荡中心位于发电机–变压器组内；位于电抗线以上，则认为振荡中心位于发电机－变压器组外，两种情况下滑极次数可分别整定。

保护可动作于报警信号，也可动作于跳闸，失步保护可以识别的最小振荡周期为120ms。

（七）发电机过电压保护调试

过电压保护一般分过电压Ⅰ段和Ⅱ段。

发电机电压保护及连接片投入，其他保护及连接片退出。电压保护取发电机机端相间电压，过电压保护取三个相间电压。将该保护的所有跳闸出口及信号出口触点分别接至保护测试仪开入量端口，以便监视各输出触点是否正确开出。保护测试仪通入保护正序电压，调试电压在定值的95%和105%时，保护动作情况，测量动作时间并记录。

（八）发电机频率保护调试

发电机频率保护及连接片投入，其他保护及连接片退出。将该保护的所有跳闸出口及信号出口触点分别接至保护测试仪开入量端口，以便监视各输出触点是否正确开出。

1. 低频保护调试

模拟发电机并网开关为断开位置，保护测试仪通入保护正序电压，发电机机端相电流大于 $0.06I_e$，调试频率在定值的95%和105%时，分别模拟低频Ⅰ段保护动作、低频Ⅱ段保护动作，并测量动作时间并记录。

注意：低频Ⅰ段带累计功能，需通过清除报文来清除累计时间；Ⅱ段不带累计功能，无须清除报文。

2. 过频保护调试

过频保护无须模拟并网开关的位置状态，保护测试仪通入保护正序电压，调试频率在定值的95%和105%时，保护动作情况，测量动作时间并记录。

（九）启停机保护调试

投入发电机启停机保护连接片。模拟主变压器高压侧出口断路器为跳闸位置，通过试验仪将所加电压频率递减至45Hz以下，启停机保护投入。此时在相应端子排加入差流或定子接地零序电压值动作值，启停机保护动作，测量动作时间并做记录。

（十）发电机90%定子接地保护调试

（1）根据需求，投入相应保护。

（2）告警值调试：加入中性点零序电压，增大$3U_0$（定子接地零序电压）电压值以使保护告警动作，并做记录。

（3）灵敏段动作值调试：在机端零序电压通道加入小于40V的电压，在中性点零序电压通道加入大于零序整定值的电压，保护灵敏段动作出口并做记录。

（4）高定值动作值调试：加入中性点零序电压，增大$3U_0$电压值以使保护高定值段动作并做记录。

（十一）发电机100%定子接地保护调试

（1）模拟发电机–变压器组并网前断路器位置触点输入，机端加入正序电压大于$0.5U_n$，机端、中性点零序电压回路分别加入三次谐波电压，使三次谐波电压比率判据动作。

（2）模拟发电机–变压器组并网后断路器位置触点输入，机端加入正序电压大于$0.5U_n$，机端、中性点零序电压回路分别加入三次谐波电压，使三次谐波电压比率判据动作。

（3）模拟发电机–变压器组并网后断路器位置触点输入，机端加入正序电压大于$0.85U_n$，发电机电流回路加入大于$0.2I_e$的额定电流，机端、中性点零序电压回路分别加入反向三次谐波电压，使三次谐波差电压为0，延时10s，三次谐波电压差动判据投入，减小中性点三次谐波电压，使三次谐波电压判据动作。

（十二）发电机复合电压过电流保护调试

根据需要整定“过电流Ⅰ段经复合电压闭锁”“过电流Ⅱ段经复合电压闭锁”“经高压侧复合电压闭锁”控制字。

（1）电流调试：退出复合电压元件，加入单相电流使保护动作并做记录。

（2）负序电压调试：单独投入负序电压元件加入动作电流的1.05倍，并加入负序电压，增大负序电压值以使保护动作并做记录。

（3）低电压调试：单独投入低电压元件同样加入动作电流的1.05倍，加入三相正序电压，减小电压值以使保护动作并做记录。

（十三）发电机逆功率保护调试

投入发电机逆功率保护，模拟主变压器高压侧并网开关合闸位置，加入三相正序电流和三相正序电压，调整电压及电流相位使装置功率显示为负，逐步增大电压电流以使保护动作并做记录。

（十四）发电机程跳逆功率保护调试

（1）投入程跳逆功率保护，退出逆功率保护。

（2）模拟机组并网开关合位，模拟主汽门关闭位置，加入三相正序电流和三相正序电压，调整电压及电流相位满足逆功率定值，程跳逆功率保护动作并做记录。

（十五）误上电保护

1. 误上电Ⅱ段保护调试

按试验要求整定“低频闭锁投入”“断路器位置触点闭锁投入”“断路器跳闸闭锁功能投入”控制字，并整定跳闸矩阵定值。模拟表10－1中各种状态使误上电保护工作状态至1。

表10－1　　保护状态表

低频闭锁投入	断路器位置触点闭锁投入	机端电压		是否并网	误上电保护工作状态
		正序电压是否小于12V	频率是否小于45Hz（低频定值）		
1	无关	否	是	无关	1
1	无关	是	无关	无关	1
0	1	无关	无关	否	1

分别对主变压器高压侧，发电机机端电流和中性点电流突加电流，其中主变压器高压侧电流需满足大于$0.03I_N$（额定电流）的条件，而发电机机端电流和中性点电流均需达到误合闸电流定值，保护动作，记录动作值。

2. 误上电Ⅰ段保护调试

整定“低频闭锁功能投入”置1，“断路器位置触点闭锁投入”置1，“断路器跳闸闭锁功能投入”置1。

模拟主变压器高压侧开关发生非同期并网状态，采用调试仪的“状态序列”形成两个输出状态：

（1）第一状态，机端正序电压加额定值、频率为50Hz的三相电压，将断路器位置触点置于跳位（即短接高压侧断路器跳位触点），此时误上电工作状态为“1”。

（2）第二状态，电压保持不变，突加三相电流，B、C相分别在机端TA、中性点TA输入端子加大于误合闸电流定值的单相电流，A相加至主变压器高压侧电流，若此值大于断路器跳闸允许电流定值，则误上电Ⅰ段动作；小于跳闸允许电流定值，则误上电Ⅱ段动作。

（十六）断路器闪络保护调试

断路器闪络保护及连接片投入，其他保护及连接片退出。分别将该保护的跳闸出口及信号出口触点接至保护测试仪开入量端口，以便监视各输出触点是否正确开出。三相正序电压通入机端TV输入端子。I_a、I_b分别通入主变压器高压侧电流、发电机机端电流输入端子。

（十七）发电机转子接地保护调试

转子接地保护及连接片投入，其他保护及连接片退出。将该保护的跳闸出口及信号出口触点分别接至保护测试仪开入量端口，以便监视各输出触点。

1. 乒乓式转子接地保护调试

转子接地保护采用切换采样原理（乒乓式）。乒乓式转子接地保护工作电路图如图10－12所示。合上屏后转子电压输入小空气开关，从相应屏端子外加直流电压220V（确认输入端子，严防直流高电压误加入交流电压回路），将试验端子（内含20kΩ标准电阻）与电压正端短接，测得一试验值，将试验端子与电压负端短接，测得一试验值。

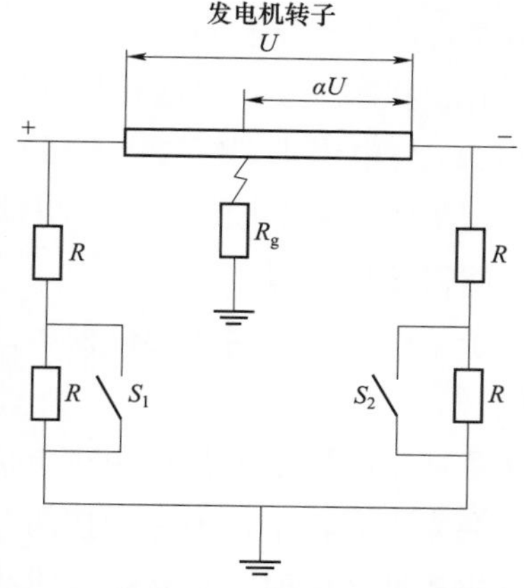

图10－12 乒乓式转子接地保护工作电路图

R—测量回路电阻；S_1、S_2—切换电子开关；

U—转子电压；R_g—转子接地电阻；

α—接地位置百分比（负端为0，正端为100%）

整定“一点接地灵敏段电阻定值”或“一点接地电阻定值”为20kΩ以上（如20.5kΩ），如正常加入直流电压，将试验端子与电压正端（或负端）短接即可，相应的“一点接地灵敏段报警”或“一点接地报警”信号发出，无须外加电阻进行试验。

若需要测试准确定值，可以在正端（或者负端）与大轴之间串接一变阻箱，改变变阻箱的电阻值来测试保护的动作值。需注意所接电阻箱的耐压能力。用同样方法，经延时，转子保护动作跳闸。

2. 注入式转子接地保护调试

双端注入式和单端注入式转子接地保护的工作电路如图10－13和图10－14所示。

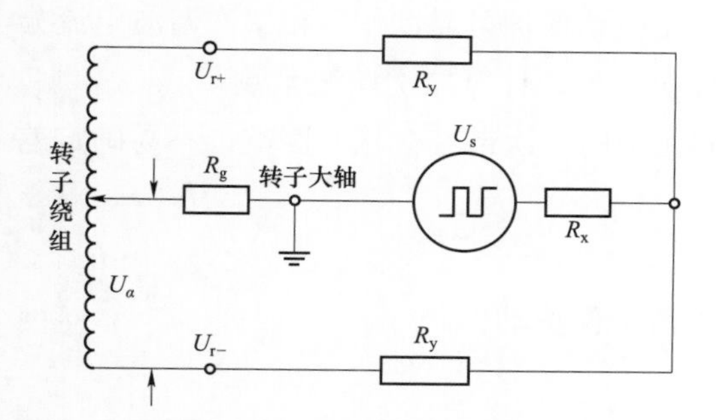

图10－13 双端注入式转子接地保护的工作电路图

U_r—转子电压；U_α—接地位置电压；α—接地位置百分比（负端为0%，正端为100%）；R_x—测量回路电阻；R_y—注入大功率电阻；U_s—注入方波电模块；R_g—转子绕组对大轴的绝缘电阻

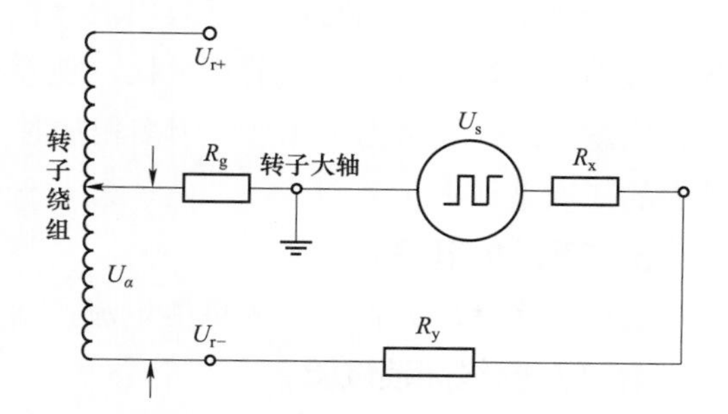

图10－14 单端注入式转子接地保护的工作电路图

对于双端注入式转子一点接地保护，先合上转子电压输入开关，从相应屏端子外加直流电压，再将试验端子（20kΩ）与电压正端短接，测得一试验值；将试验端子与转子电压负端短接，测得一试验值。

在静止状态下，将电压正端和电压负端通过一个小阻值的滑线变阻器连接，将试验端子（20kΩ）与电压正端短接，测得一试验值，测得接地位置；将试验端子与电压负端短接，测得一试验值，测得接地位置；将试验端子（20kΩ）与滑线变阻器任一点短接，测得一试验值，测得接地位置。

对于单端注入式转子接地保护，在静止状态下，将试验端子与电压负端短接，测得一试验值。

注意：小阻值电阻是指相对于接地电阻，通常为100～200Ω，不可太小，否则试验仪的电流会太大。转子接地保护按两时段来整定，一时限报警，二时限跳闸。当发电机转子回路发生接地故障时，应立即查明故障点与性质，如为稳定性的金属接地且无法排除故障时，应立即停机处理。

（十八）主变压器差动保护调试

1. 比率差动试验调试

启动值调试：加入单侧电流以使保护动作，并记录。

对于 YD11 的主变压器接线方式，RCS－985 装置采用主变压器高压侧电流 A－B、B－C、C－A 的方法进行相位校正至发电机机端侧，并进行系数补偿。差动保护试验时分别从高压侧、发电机机端侧加入电流。高压侧、机端侧加入电流对应关系为 A－ac、B－ab、C－bc。“主变压器比率差动投入”控制字置 1，从两侧加入电流试验。

注意：试验时 Y 侧电流归算至额定电流时需除以 $\sqrt{3}$。

2. 二次谐波制动系数试验

在一侧电流回路同时加入基波电流分量（能使差动保护可靠动作）和二次谐波电流分量，减小二次谐波电流分量的百分比，使差动保护动作，计算二次谐波系数。

注意：最好是单侧单相加，因多相加时不同相中的二次谐波会相互影响，不易确定差流中的二次谐波含量。

3. 差动速断试验

退出比率差动元件，加入单侧电流，增大电流使保护动作。

4. TA 断线闭锁试验

“主变压器比率差动投入”“TA 断线闭锁比率差动”控制字均置 1。两侧三相均加上额定电流，断开任意一相电流，装置发“主变压器差动 TA 断线”信号并闭锁主变压器比率差动，但不闭锁差动速断。

“主变压器比率差动投入”控制字置 1、“TA 断线闭锁比率差动”控制字置 0。两侧三相均加上额定电流，断开任意一相电流，主变压器比率差动动作并发“主变压器差动 TA 断线”信号。退掉电流，复位装置才能清除“主变压器差动 TA 断线”信号。

（十九）主变压器高压侧零序保护调试

根据需要整定“零序过电流Ⅰ段经零序电压闭锁”“零序过电流Ⅰ段经谐波闭锁”“零序过电流Ⅱ段经零序电压闭锁”“零序过电流Ⅱ段经谐波闭锁”“主变压器低压侧零序电压报警投入”“经零序无流闭锁”控制字。

保护取主变压器中性点零序 TA 电流，零序电压取主变压器高压侧开口三角零序电压。投入主变压器高压侧零序保护，加入高压侧零序电流以使保护动作并做记录。零序过电流Ⅲ段则固定不经零序电压闭锁。

（二十）发电机、主变压器过励磁保护调试

主变压器过励磁保护取主变压器高压侧电压及其频率计算。TV 断线自动闭锁过励磁保护：为防止主变压器高压侧 TV 在暂态过程中受电压量影响，主变压器过励磁经主变压器高压侧或低压侧（中性点）无流闭锁。

发电机过励磁保护取发电机机端电压及其频率计算（过励磁倍数 U/f 采用标幺值计算，U 为正序电压），发电机过励磁不经机端无流闭锁。

1. 定时限调试

按定值单核对保护定值，投入相应保护，整定跳闸矩阵定值。调试定时限时，为防止反时限过励磁动作影响试验结果，可将反时限过励磁跳闸控制字改为 0000，退出其跳闸功能。通过试验仪在相应端子排上加入电压，改变电压或频率，使主变压器或发电机过励磁保护动作，记录下 U/f（U/f 采用标幺值计算）的动作值及对应的时间。

2. 反时限调试

调试反时限时，为防止定时限过励磁动作影响试验结果，可将定时限过励磁跳闸控制字改为 0000，退出其跳闸功能。试验仪须加动作触点跳闸返回，实测定值中每一个过励磁倍数点的动作时间，通过试验仪在相应端子排上加入电压，改变电压或频率，使主变压器或发电机过励磁保护动作，记录下 U/f（U/f 采用标幺值计算）的动作值及对应的时间。

调试过程中可通过装置“主变压器采样值”中可看到“主变压器过励磁 U/f 采样”和“主变压器过励磁反时限”累计百分比的实时值。在“发电机、励磁采样”里的“发电机综合量”中可看到“发电机过励磁 U/f 采样”和“过励磁反时限”累计百分比的实测值。

注意：过励磁反时限保护每次试验下一点前，短时退出屏上“投过励磁”硬连接片，使“过励磁反时限”百分比累计清零。

（二十一）主变压器复压过电流保护调试

1. 电流保护试验

投入主变压器相间后备保护连接片及控制字，不加电压，根据各段（Ⅰ、Ⅱ过电流保护）过电流定值加入电流（单相、两相、三相均可），要求 0.95 倍可靠不动，1.05 倍可靠动作并做记录。

2. 电流保护经复合电压闭锁（相间低电压和负序电压）

投入主变压器相间后备保护连接片及控制字，先加三相额定电压，然后加入电流使电流值大于电流整定值（即 1.05 倍可靠动作值），降低相间电压，校验电压值为 0.95 倍可靠

动作，1.05 倍可靠不动作。

负序电压闭锁过电流保护，首先消除 TV 异常再做保护，加电流大于电流整定值（即 1.05 倍可靠动作值），负序电压动作值为 0.95 倍可靠不动作，1.05 倍可靠动作。（此时要把相间低电压定值调低，使其小于负序电压值）如果不把相间低电压定值调低到小于负序电压值，做负序电压闭锁过电流保护试验时就分辨不出是相间低电压动作还是负序电压动作。

（二十二）变压器过负荷保护调试

过负荷保护投入，对应功能连接片和控制字投入。将该保护的动作出口触点接至保护测试仪开入量端口，以便测量保护动作时间。保护测试仪分别通入保护各相电流。分别校验保护定值在 95%和 105%时动作情况，测量动作时间并记录，验证保护动作出口与跳闸矩阵是否一致。

（二十三）主变压器非电量保护调试

投入相应的保护连接片，从装置后端子排短接相应信号输入端子，模拟信号输入，装置应有每个保护的动作报警，面板相应的指示灯会亮，对于动作于跳闸的保护同时应验证功能连接片是否正确且保证出口继电器应动作。

（二十四）调试中常见问题

（1）母线保护单体调试中，做差动启动值校验，所加故障电流大于动作电流定值，保护未动作，报“TA 断线”。

解决方法：由于加入单相电流时装置会有 TA 断线报警闭锁母差保护，试验时电流幅值变化至差动动作时间不要超过 9s，否则，报 TA 断线，闭锁差动，或将控制字“TA 断线闭锁差动”置“0”退出。

（2）做复压闭锁定值，装置输出额定电压和故障电流，保护动作，未能起到闭锁作用。

解决方法：考虑到继电保护测试仪同时输出模拟量，先给状态“额定电压，无故障电流”数秒，将“TV 断线报警”消除，再增加故障电流，大于动作电流定值，保护不动作，电压闭锁。

（3）保护采样精度不够，误差较大。

解决方法：在做单体调试保护校验前，应先和厂家确认当前装置版本是否需要更新。做保护的交流采样试验时，若误差较大，应立刻和厂家确认情况，确定是否需要更换采样板。由于采样关系到保护的测量，在校验逻辑前对采样的试验要确保没有问题，才能继续调试。

（4）双重化保护柜间的二次连接回路。

解决方法：在实际对线前一定要进行图纸审核，特别是跳闸出口回路和两套保护间的回路。对照保护原理图，在回路图上标出连接线的用途和去向，从第一套保护出发，检查去往第二套保护的连接回路，确保设计图与厂家原理图匹配并无寄生回路。

（二十五）单体调试质量控制

1. 明确工作交接面

（1）单体调试由施工单位负责组织进行，在进行调试前，各项验收签证资料应完整、齐全，条件不具备的，不得进行调试。

（2）针对电气二次专业所具有的技术特殊性，对于电气二次专业的调试工作，应明确界定调试单位与安装单位的调试工作交接面，防止出现交接死角。

（3）针对由设备供应商提供调试服务的单体调试，应明确界定其与调试单位及安装单位的调试工作交接面。

2. 严格质量验收

单体调试质量应严格按照国家相关规程规范和设备厂家相关技术指标进行对比，达不到设计要求的，应查找原因，进行整改，如不能完成相应整改工作，不得进入下一步的调试工作。

单体调试质量验收由施工单位组织，建设单位、生产单位、监理单位、设备厂家、调试单位等共同参加，验收合格后，办理多方联合验收签证单。

3. 严把资料移交关

辅机试运验收合格后，施工单位应办理多方联合验收签证单，同时以文件包的形式，将I/O一次调整校对清单、一次元件调整校对记录清单、一次系统调校记录清单、单体和单机调试记录、设备单机静态检查验收签证、单机试转运验收签证等移交调试单位或监理单位，否则不准进入分系统试运阶段。

第三节 分系统调试

在完成电气单体调试后，试验将进入分系统调试阶段。在二次再热机组中，电气专业的分系统试验一般是指各个电气系统的二次回路检查调试，保护、信号的动作试验，整组传动试验，投运试验等。下面将分各个电气系统，对其分系统调试试验内容进行阐述。

一、升压站系统调试

（一）二次回路检查试验

在二次再热机组中，电气部分的二次回路与传统火电项目基本相同。主要分为电流及电压的二次回路和控制及信号的二次回路。

1. 电流及电压的二次回路

电力系统二次回路中的交流电流、交流电压回路的作用在于：

（1）以在线的方式获取电力系统各运行设备的电流、电压值，并同时得到电力系统的频率、有功功率、无功功率等运行参数，从而实时地反映电力系统的运行状况。

（2）继电保护、安全自动装置等二次设备根据所得到的电力系统运行参数进行分析，并依据其对系统的运行状况进行控制与处理。

2. 控制及信号的二次回路

（1）控制回路：断路器的控制是通过电气回路来实现的，因此，必须有相应的二次设备，在控制室的控制屏上应有能发出跳合闸命令的控制开关（或按钮），在断路器上应有执行命令的操作机构，并用电缆将它们连接起来。

（2）信号回路：电厂中必须安装有完善、可靠的信号装置，以供运行人员经常监视电厂各种电气设备和系统的运行状态。信号一般包括事故信号、预告信号、位置信号及继电保护装置的启动、动作、呼唤等信号。

3. 升压站保护装置间的二次回路连接

（1）线路保护。对电流回路，为保证两套保护的相对独立，应该接入电流互感器的两个次级。对于电压回路，不同的电压等级及不同的主接线有所不同，在双母线等主接线的220kV保护上，因为电压需要进行正、副母线切换，所以现在220kV及以下的保护还需用同一组电压互感器次级。330kV及以上电压等级的系统，常采用3/2断路器的主接线，保护用接在线路侧的电压互感器，一组电压互感器只供本单元及与本单元有关的设备使用，没有电压联络与正、副母线切换问题，而且这一电压等级的电网更为重要，对保护装置的可靠性要求更高，一般都有两个主、次级绕组，每套分别接一个一次绕组，即电压的二次回路也是双重化的。

（2）母差保护。母差至各断路器的跳闸回路中应有单独的连接片，各断路器的跳闸回路可以单独停用。母差保护动作跳闸后，不允许线路开关的重合闸动作，因此，母差保护的跳闸回路必须接入不启动重合闸的跳闸端子。如果所用保护没有专用的不启动重合闸跳闸端子，则应该有母差保护在跳闸的同时，给出一个闭锁重合闸的触点。

4. 升压站二次回路校验

（1）审核图纸。在开展二次回路校验前，应对设计院绘制的回路图纸熟悉。保护跳闸及开入、开出相关回路应参照保护柜厂家图纸，检查是否与实际接线用途一致；装置的交、直流回路不可互窜；电流回路不可开路；电压回路不可短路；双重化保护之间的二次连接回路需检查清楚，不可有寄生回路。

（2）回路校线。在图纸审核完毕后，进行现场的实际校线。工作时，对线的两端应一人校线，另一人监护。多根线接入同一位置时，应将此位置的线一一解开，逐一核对，确保每一根线都清晰明了。

试验中，若发现多余线，先核对图纸该线是否存在；若确实没有设计，为电建公司多放电缆，在确认该线对侧位置后，将其取消；若发现少线，则从电缆备用芯中寻找，在确认无线后，联系电建公司新放电缆。

对线中，应先用万用表测量线是否带电，保证人身、设备和系统的安全。

（3）一点接地检查。在对二次回路部分检查完毕后，必须对电流电压回路进行一点接地的检查。

从就地端子箱到网控室各个保护柜，确保没有接地线接入回路中，若有多余接地线，则拆除。先临时拆除一点接地的接地线，用万用表测量各组回路均不接地；将接地线恢复，此组回路接地，其余组不接地。

（二）通流通压试验

在检查完系统内各回路正确性后，应对电流及电压回路进行二次通流通压试验。此试验目的是通过实际对电缆加入电流及电压量，来检验其二次回路的完整性。

1. 电流回路的二次通流试验

TA 二次加额定电流为 5A（如果 TA 二次侧变比为 1A，则所加电流为 1A），测量 TA 根部电流是否为 5A，测量此时回路电压并计算其交流阻抗，除特别注明外，所通电流回路包括装置内部回路。用直流法确定 TA 极性的正确性，所加直流电压建议不超过 5V。

2. 电压回路的二次通压试验

TV 二次加压试验中，所加电压为正序三相电压，有效值均为 57.7V，N 对地电压为 0；查相序时，A、B、C 三相分别加 10V、20V、30V，对于开口三角，加 10V 的直流电压。

（三）整组传动试验

在对升压站系统的电流电压回路进行二次通流通压试验后，应开展对整个升压站系统进行整组传动试验。

试验中，一般在保护侧通过加模拟量实现保护动作，投退对应连接片，相应断路器正确动作。

线路保护：通过加模拟量做距离保护Ⅰ段，实现重合闸。投入相应保护连接片和单相跳闸出口连接片，完成单跳单重。继续重复，完成三相跳闸试验。

断路器保护：通过加模拟量做过流保护，实现跳闸。投入相应保护连接片和跳闸出口连接片，完成跳闸试验。通过加模拟量及其他保护开入做失灵保护，实现跳闸。投入相应保护连接片和跳闸出口连接片，完成跳闸试验。

母线保护：通过加模拟量做差动保护，实现跳闸。投入相应保护连接片和跳闸出口连接片，完成跳闸试验。

在试验中，注意跳闸时，应只投一组跳闸连接片，用于检验跳闸回路及跳闸线圈的正确性。在传动试验时应安排好调试人员，升压站应由人员监视各断路器状态，有异常情况应立刻与试验负责人联系。

（四）通道联调试验

在完成厂内升压站各保护传动试验结束后，将进行与对侧变电站的线路保护通道联调试验。针对当前线路保护特点，以 RCS931 光纤差动保护为例，令 M 侧为本侧，N 侧为对侧，试验步骤如下。

1. 电流回路联调

TA 变比系数：将电流一次额定值大的一侧整定为 1，小的一侧整定为本侧电流一次额定值与对侧电流一次额定值的比值。与两侧的电流二次额定值无关。

基本原则是两侧显示的电流归算至一次侧后应相等。

M 侧的 TA 二次值为 I_M，N 侧的 TA 二次值为 IN。

若 M 侧的定值中“TA 变比系数”整定为“1”，则以 M 侧为基准侧，在 M 侧加电流 I_φ，N 侧显示的对侧电流 $I_{\varphi r}=I_\varphi\times(I_N/I_M)$ / N 侧“TA 变比系数”。在 N 侧加电流 I_φ，M 侧显示的对侧电流 $I_{\varphi r}=I_\varphi\times(I_M/I_N)$ ×N 侧“TA 变比系数”。

注意：主要看两侧的电流相角采样是否正确。

2. 本侧差动保护联调

（1）要求：本侧开关在合位，对侧开关在分位。

本侧试验装置接入保护装置。模拟线路差动动作，本侧保护动作而对侧保护不动作。

（2）要求：本侧开关、对侧开关均在合位。

本侧试验装置接入保护装置，加入正序电压且低于额定电压的 60%，对侧试验装置接入保护装置，加入额定正序电压。

本侧模拟线路差动动作，则线路两侧保护都动作。

（3）要求：本侧开关、对侧开关均在合位。

本侧试验装置接入保护装置，加入额定正序电压，对侧试验装置接入保护装置，加入正序电压且低于额定电压 60%。

本侧模拟线路差动动作，则线路两侧保护均不动作。

（4）要求：本侧开关、对侧开关都在合位。

本侧试验装置接入保护装置，本侧加额定正序电压，对侧加额定电压。待 TV 断线消失后，本侧模拟高阻单相接地，注意报文（保护单跳并且有 100ms 延时，电压降低为 50V）。

对侧试验如上，如上重新做一遍。试验结果应与本侧试验时相同。

3. 本侧远方跳闸回路联调

要求：本侧开关为合位，对侧开关为合位。

本侧线路保护屏 DTT（就地保护装置）远跳开关退出，对侧 DTT 远跳开关为投入。模拟线路保护本侧开关保护失灵动作，对侧线路保护收不到远跳信号，且开关无动作；本侧 DTT 远跳开关投入，再次模拟开关保护失灵动作，对侧线路保护收到远跳信号，且开关三相跳闸。

对侧重复上述实验步骤，现象与本侧试验时结果一致，数据符合要求。

二、发电机–变压器组保护系统调试

（一）二次回路检查试验

在发电机–变压器组调试中二次回路检查与升压站调试相似，依然是对电流电压以及控制信号回路进行校验。在发电机–变压器组系统的二次回路检查中，应特别注意以下事项。

1. 与升压站二次连接部分检查

在进行发电机–变压器组系统检查时，电厂升压站一般均已带电，与升压站相关的试验操作是必须谨慎小心的。对于发电机–变压器组保护中，存在发电机–变压器组跳升压站开关以及升压站联跳发电机–变压器组部分的回路，此部分回路应在校验电缆正确性之后，放置端子排相应位置即可，特别是母线保护侧，在机组调试阶段千万不可接入。在机组启动前，检查完后方可接入。

2. 控制信号回路检查

在机组调试阶段，电气系统有大量的信号通过 DCS 系统传输给集控室后台。在进行 DCS 回路检查中，应提前准备好 DCS 侧的 I/O 清册。DCS 卡件屏柜数量众多，提前明确电气盘柜的位置会大大加快试验的进展，节约调试时间，提高效率。

3. 电流电压互感器检查

在机组调试中，需要及时对整个系统内所有的电流电压互感器进行确认。此确认操作是需要实地落实的，建议通过拍照或者记录的形式保存下来。之后对图纸进行审核，确认选型、变比、准确级、抽头等与图纸设计一致，若存在异常，需立刻与设计院及电建公司沟通联系，及时解决问题。

（二）通流通压试验

发电机－变压器组系统相关的电流电压回路包含了电厂电气的大部分回路，这部分的二次通流通压试验往往是在启动前检验二次回路正确性的重要环节。

进行发电机－变压器组系统的二次通流通压试验一般从一次设备开始，分别进行发电机中性点，发电机机端、GCB（发电机出口断路器）侧，主变压器高低压侧等 TA、TV 的二次通流通压试验。特别要注意在进行发电机侧通流试验中的安全措施保护。对于二次再热的百万机组，发电机 TA 安设的高度距离地面都很高，在实际试验中一般需要搭设脚手架，因此，在试验中一定要做好安全措施，系好安全带，防止高空坠落。

在通压试验中，仍然要注意二次电压反馈至一次的影响，确认一次侧无工作或拉掉相应电压空开。

在通流试验中，要注意电源侧电流线的方向，一般设为 A、B、C 向流进，N 向流出。在通流通压试验中，要对试验过程进行记录，及时进行分析，出现三相不平衡或者开路情况要立即进行分析处理。

（三）整组传动试验

发电机－变压器组系统的整组传动试验针对模拟发电机保护、主变压器保护、厂用变压器保护等，实际动作于一次开关设备。

在试验中，建议根据保护的跳闸矩阵，相同的矩阵只需实际跳闸一次，不同的模拟各自保护来实现。不同的跳闸线圈需要单独测试，确保跳闸回路的正确性。

三、励磁系统调试

（一）二次回路检查

励磁系统的回路检查一般是与发电机－变压器组系统在一起进行的，发电机 TV 通常会有两组电压引给励磁系统。二次通流通压试验也是与发电机－变压器组系统一起进行。在试验中，加入的模拟量除了在端子排上进行测量，也可以在励磁系统柜上进行采样观测。

（二）励磁系统开环特性测试（小电流试验）

励磁系统小电流试验的目的是创造一个模拟的环境检查励磁调节器的基本控制功能，查看调节器的触发脉冲是否正确，晶闸管功率桥是否均能可靠触发。

1. 试验接线

断开励磁系统与励磁变压器的母排接线，将三相输出电压 U_a、U_b、U_c 分别接至母线整流柜内侧，断开励磁系统与发电机转子的连接线，在整流柜直流输出端并接试验电阻箱、示波器及万用表。

2. 试验方法

（1）用相序表测量整流柜交流输入电源为正相序。

（2）需试验的整流柜脉冲投切状态为投入，其余为切除状态。

（3）调节器置定控制角方式，进行手动增减磁操作。

（4）用示波器观察负载上的电压波形：每周波内有 6 个波头，各波头对称一致；增、减磁时波形变化平滑、无跳变。

（5）测量控制电压、控制角和整流电压。检查控制电压与控制角关系，检查各相控制角的不对称度（一般小于 3°，要根据使用情况由产品技术条件具体规定）。当控制角小于 60° 时按照下式验证调节装置触发角的正确性，即

$$\alpha = \arccos\frac{U_{\mathrm{d}}}{1.35U_{\mathrm{ac}}}$$

式中 U_{d}——输出直流电压，V；

U_{ac}——输入交流电压，V。

（6）将触发脉冲输出到成套的全部整流柜，测量各触发脉冲的电流波形以确认符合要求。

（7）进行调节器切换时的脉冲封锁检查，脉冲封锁的间隔不大于 40ms。

（8）不带功率部分的开环调试的自动和手动方式下的检查也可在小电流开环试验时进行。

（9）试验结束后，断开交流输入电源，拆除接线，恢复调节器定值。

（三）注意事项

（1）试验时，需确保交流进线柜进线母线至励磁变压器低压侧的回路断开，以防止交流电压误加至励磁变压器。

（2）直流输出至转子的回路需断开，防止直流电压加至转子。

（3）试验电阻阻值选择不宜太大，负载阻值可选择 100～200Ω，同时需使其功率满足试验的要求。

（4）示波器的最大量程应大于试验时最大直流电压输出。

四、保安电源调试

保安电源系统是按全厂停电（包括由系统引入的启动备用电电源也停电）时能保证需要继续运转的设备有可靠的电源供电，从而保证安全停机的原则来设计的。正常机组运行时或机组虽不运行但电厂的厂用电是由系统引入的启动备用电源供电时，接在保安电源上的设备也由电厂厂用电供电运行。如果由于某种原因发生厂用电失电而造成全厂停电，保安事故备用电源应投入供电，保证接在保安段的设备继续运行。保安电源系统图如图 10－15 所示。

1. 试验准备

（1）检查柴油发电机控制屏电压回路绝缘。

（2）保安段至柴油发电机控制屏电压回路接入。

（3）检查柴油发电机控制屏电压显示和 DCS 电压显示。

（4）柴油发电机控制屏电压核相：保安段 A 段进线电压和保安段 A 段母线电压核相，保安段 B 段进线电压和保安段 B 段母线电压核相。同期装置显示在 12 点位置。

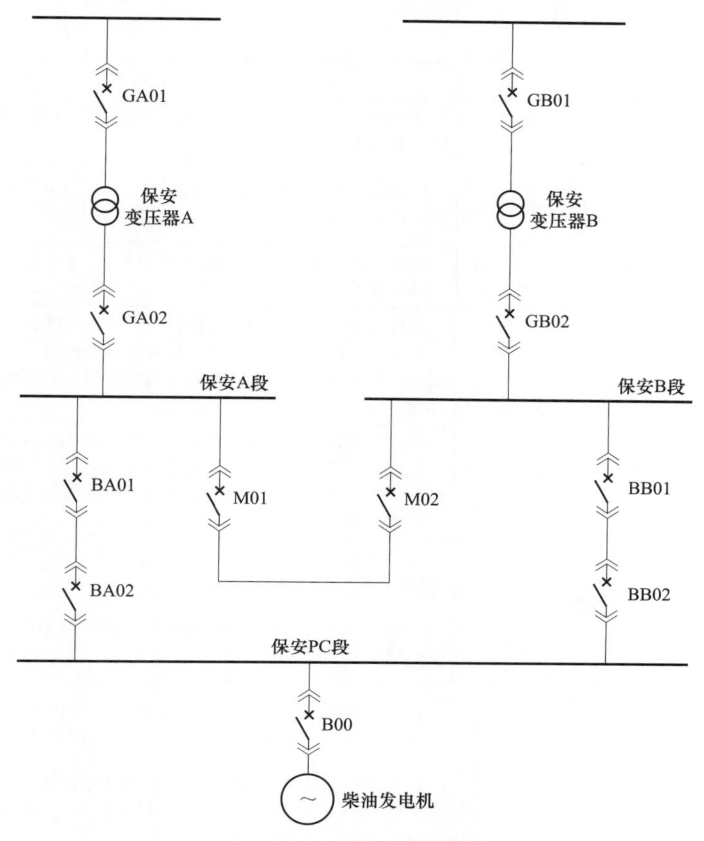

图 10-15　保安电源系统图

2. 就地手动启动试验

（1）检查柴油发电机具备启动条件后，手动启动柴油发电机，并建立 10%电压。

（2）检查一次设备及电压回路无短路现象。

（3）建立额定电压，检查就地盘表及 DCS 显示正常。

（4）分别合上 B00、BA01、BB01 开关，保安 A、B 段由柴油发电机供电，在保安段联络开关 M01 后仓检查电压相序并进行一次核相检查。

3. 保安段整组逻辑切换试验

保安段整组逻辑切换试验见表 10-2。

表 10-2　保安段整组逻辑切换试验

试验方式	动作行为
（1）保安 A 段、B 段处于正常供电方式。联络开关 M01 处于热备用。手动拉 6kV 开关 GA01	应能联跳保安 A 段进线开关 GA02，此时应能启动柴油发电机，但联络开关 M01 合上供电正常后，应发停机指令，停柴油发电机
（2）合上保安变压器 A 高压侧开关 GA01，在 DCS 上选择保安 A 段切换至工作电源指令	经柴油发电机 PLC 同期先合保安 A 段进线开关 GA02，后跳保安段母联开关 M01
（3）保安 A 段、B 段处于正常供电方式。联络开关 M01 处于热备用。手动拉 6kV 开关 GB01	应能联跳保安 B 段进线开关 GB02，此时应能启动柴油发电机，但联络开关 M01 合上供电正常后，应发停机指令，停柴油发电机

续表

试验方式	动作行为
（4）合上保安变压器B高压侧开关GB01，在DCS上选择保安B段切换至工作电源指令	经柴油发电机PLC同期先合保安A段进线开关GB02，后跳保安段母联开关M01
（5）保安A段、B段处于正常供电方式。联络开关M01处于热备用。手动拉保安A段进线开关GA02	应能启动柴油发电机，但联络开关M01合上供电正常后，应发停机指令，停柴油发电机
（6）保安B段处于正常供电方式。联络开关M01处于合位，保安A段由B段供电。手动拉开关GB02	应能启动柴油发电机，发出分联络开关M01指令。柴油发电机稳定后，合B00开关，合BA01、BB01开关，400V保安A、B段由柴油发电机供电
（7）在DCS上选择保安A段切换至工作电源指令	进行同期调整，当满足柴油发电机并网条件后，合上GA02开关。 在正式同期合闸前，必须先进行假同期合闸，即应将GA02开关处于试验位再进行合闸，用仪表监视合闸瞬间压差应最小，试验正确后再进行同期合闸
（8）在DCS上选择保安B段切换至工作电源指令	进行同期调整，当满足柴油发电机并网条件后，合上GB02开关。 在正式同期合闸前，必须先进行假同期合闸，即应将GB02开关处于试验位再进行合闸，用仪表监视合闸瞬间压差应最小，试验正确后再进行同期合闸
（9）DCS停柴油发电机	跳柴油发电机进线开关BA01、BB01，出口开关B00，柴油发电机5min后停机
（10）保安A段、B段处于正常供电方式。联络开关M01处于热备用。手动拉保安B段进线开关GB02	应能启动柴油发电机，但联络开关M01合上供电正常后，应发停机指令，停柴油发电机
（11）保安A段处于正常供电方式。联络开关M01处于合位，保安B段由A段供电。手动拉开关GA02	应能启动柴油发电机，发出分联络开关M01指令。柴油发电机稳定后，合B00开关，合BA01、BB01开关，400V保安A、B段由柴油机供电
（12）在DCS上选择保安A、B段切换至工作电源指令	进行同期调整，当满足柴油发电机并网条件后，合上GA02、GB02开关。在DCS上停柴油发电机，跳柴油发电机进线开关BA01、BB01，出口开关B00，柴油发电机3min后停机
（13）模拟保安A段工作进线开关GA02故障跳闸	母联开关M01无动作，柴油发电机不启动
（14）在集控室主控台上按紧急启动柴油发电机按钮	柴油发电机启动，先合柴油发电机出口开关B00，后合保安A段柴油机进线开关BA01，保安A段由柴油发电机供电
（15）复归紧急按钮，复归跳闸信号。 在DCS上选择保安A段切换至工作电源指令	进行同期调整，当满足柴油发电机并网条件后，合上GA02开关。在DCS上停柴油发电机，跳柴油发电机进线开关BA01、BB01，出口开关B00，柴油发电机3min后停机
（16）模拟保安B段工作进线开关GB02故障跳闸	母联开关M01无动作，柴油发电机不启动。结束后复归跳闸信号，并恢复GB02正常供电方式
（17）保安A段处于正常供电方式。将联络开关M01拉至试验位置。手动拉6kV开关GA01	应能联跳保安A段进线开关GA02，此时应能启动柴油发电机，合联络开关M01，分联络开关M01，柴油发电机稳定后，合B00开关，合BA01开关，保安A.段由柴油发电机供电
（18）合上GA01开关，恢复保安段A段正常供电，DCS停柴油发电机	同期合上GA02开关，跳柴油发电机进线开关BA01、出口开关B00，柴油发电机3min后停机
（19）保安B段处于正常供电方式。将联络开关M01拉至试验位置。手动拉6kV开关GB01	应能联跳保安B段进线开关GB02，此时应能启动柴油发电机，合联络开关M01，分联络开关M01，柴油发电机稳定后，合B00开关，合BB01开关，保安B段由柴油发电机供电
（20）合上GB01开关，恢复联络开关M01至工作位，保安段B段正常供电，DCS停柴油发电机	同期合上GB02开关，跳柴油发电机进线开关BB01、出口开关B00，柴油机3min后停机
（21）保安A段、B段处于正常供电方式	依次拉开A段母线二次A、B相电压，柴油发电机不启动
（22）保安A段、B段处于正常供电方式	依次拉开B段母线二次A、B相电压，柴油发电机不启动
（23）保安A段、B段处于正常供电方式，在DCS上发A段由B段供电的指令	此时经过同期鉴定，合联络开关M01，再经过一定延时分GA02开关，A段由B段供电

续表

试验方式	动作行为
（24）保安A段、B段恢复正常供电方式，在DCS上发B段由A段供电命令	此时经过同期鉴定，合联络开关M01，再经过一定延时分GB02开关，B段由A段供电
（25）保安A段处于正常供电方式。联络开关M01处于合位，保安B段由A段供电	通过M01开关保护装置发主保护动作信号使M01跳闸，检查柴油发电机应闭锁不启动

五、分系统调试质量控制

1. 科学合理安排工程节点及系统试运顺序

应在保证调试安全和质量的前提下，优化分系统调试进度。同时，对关键项目和关键环节应合理安排调试工期，确保机组调试项目做完整、做细致，为整套启动调试打好基础。

2. 分系统试运的完整性

分系统试运要以单体调试达到设备技术参数标准为基本条件，必须在单体调试和单体试运合格签证后方可进行，分系统调试单位应参加单体试运的验收，对单体调试结果共同进行验收签证。

分系统调试前，应认真检查系统的完整性，所试运系统的各项验证签证资料应齐全、完整。分系统调试的操作，应使用正规设备和系统进行，设备保护、程序控制装置必须投运，条件不具备的，不得进入调试。

3. 加强热工、电气专业联锁保护条件确认

调试单位热控、电气专业应对联锁保护逻辑、定值进行仔细调试和验证，并组织相关单位进行验收，办理签证手续。尤其是对保护逻辑调试时，具备现场实际动作条件的应采用就地实动，不允许从DCS进行强制模拟。

4. 严格执行调试方案或措施

调试单位应严格按照已批准的调试方案或措施组织开展分系统调试，不得随意更改方案或措施所要求的试运工作。系统试运时，应加强汽水系统、油系统阀门严密性检查，减少系统内漏及外漏损失。

5. 严格分系统调试质量验收

分系统调试质量验收由调试单位组织，建设单位、生产单位、监理单位、设备厂家、施工单位等共同参与，验收合格后，办理多方联合验收签证单，并同时移交生产单位进行系统代管理。

调试工作全面完成后，项目单位的工程项目精细化调试组织机构应组织所有参建单位对精细化调试工作成果进行总结、评价，总结经验，分析差距，做好后续工作安排，为同类型工程提供借鉴。

第四节 电气整套启动调试

机组启动调试是电厂工程项目的最后一道工序，通过机组整套启动试运行，可以检验、

考核电厂各设备及系统的制造、设计、安装质量以及各设备及系统的运转情况。通过试运过程中对设备的静态、动态特性参数的调整、试验以及让各种可能的缺陷、故障和隐患得到充分暴露并消除，使主、辅机及整套发电设备满足设计要求，以安全、可靠、稳发、满发的优良性能将设备由基建移交生产。

一、整套启动范围

发电机－变压器组系统是一个大系统，囊括了升压站开关设备、变压器设备、厂用电系统、励磁系统、发电机设备及各类自动化装置，对于整套启动中涉及范围包括有：

（1）发电机、主变压器、高压厂用变压器。

（2）发电机出口断路器（GCB）及相应隔离开关。

（3）主变压器高压侧断路器及相应隔离开关。

（4）机组保护控制室内发电机－变压器组保护屏、快切屏、同期屏、故障录波器、计量屏等。

（5）发电机励磁小室内励磁系统。

（6）发电机出口TA及TV，主变压器本体套管TA，主变压器高压侧断路器TA，GCB侧TA及TV，高压厂用变压器本体TA及分支TA。

（7）高压厂用变压器工作进线TV及断路器。

典型机组整套启动电气主接线图如图10－16所示。

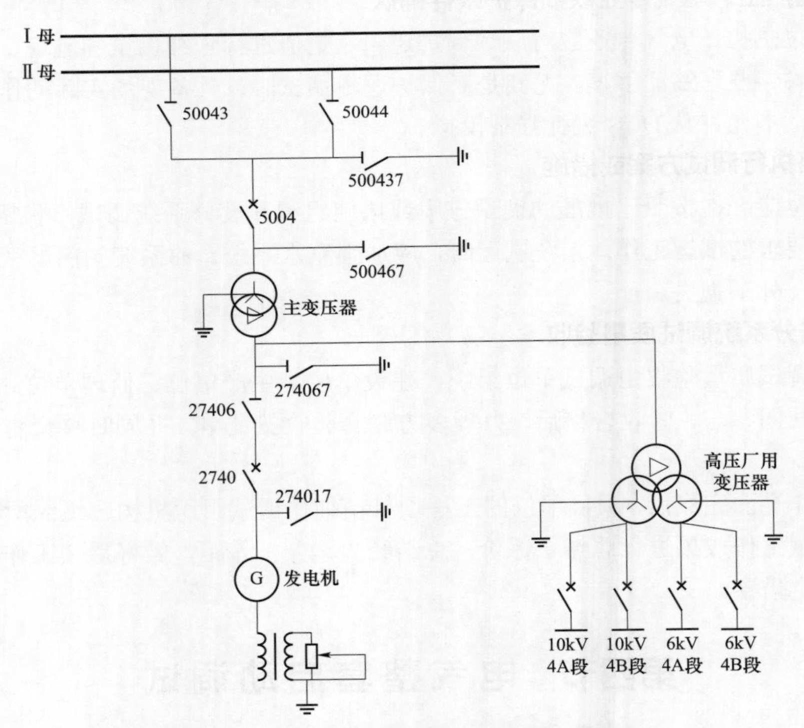

图10－16 典型机组整套启动电气主接线图

二、整套启动试验条件和准备工作

1. 整套启动前应具备的条件

（1）发电机–变压器组电气部分的一次、二次设备已全部安装、调试完毕，符合设计及启动规程要求，按国家标准验收签证合格。

（2）安装、调试、分部试运的验收技术资料、试验报告齐全，并经签证验收认可、质检部门审查通过。

（3）所有电气设备名称编号清楚、正确，带电部分设有警告标志。

（4）省调控中心已批准机组整套启动试验，并确定好并网时间。

（5）机、炉、电横向大联锁试验完毕，机、炉方面可满足电气试验要求，经指挥部批准后方可进行试验。

（6）发电机冷却系统可投入运行，冷却水导电率应合格。

（7）主变压器、高压厂用变压器散热器、油枕的截门应打开，油位正常，无渗漏现象。主变压器高压侧中性点应可靠接地。瓦斯继电器已排气，温度指示正确，冷却系统运行可靠，风扇已能正常投入运行。

（8）所有一次设备接地引下线符合要求，电流互感器的末屏接地可靠。

（9）有关一次设备包括厂用各系统的操作、控制、音响信号、联锁、DCS控制调试已完成，发电机–变压器组保护及自动装置调试完毕，经带开关传动，正确无误，启动范围内所有装置的定值已按定值单输入及核对完毕，可以投入运行。

（10）除已受电的运行设备，其他一次系统所有断路器、隔离开关（除小车开关和接地开关）均在分闸位置，小车开关在试验位置，接地开关均在合闸状态。

（11）各部位的交直流熔丝配备齐全，容量合适。

（12）已制定落实厂用电运行方式及安全保障措施，运行人员做好厂用电全停的事故预想。

（13）在发电机保护室与励磁盘及主控室内各装一部电话，并装备其他的通信设备，以便于启动试验时各方联络。

（14）主变压器及高压厂用变压器电压分接头置于运行挡位，如果启动前有所调整，电建公司需重新测量直流电阻，并记录阻值。

（15）保安电源完成单体、分系统以及启动切换试验。

（16）测量TA二次阻值合理，无开路现象，备用TA及暂时不用的TA应可靠短路接地。

（17）测量TV二次阻值合理，无短路现象，中性点应可靠接地，其高低压熔断器齐全，容量合适。

（18）核查励磁变压器二次电压相序、幅值符合设计要求，测量发电机转子绕组绝缘、转子绕组对地绝缘电阻合格。

（19）核查发电机定子和转子、变压器组、封闭母线等一次系统的交接试验完毕，符合规程要求，具备试验条件。

（20）确认厂用电源系统受电时一、二次回路定相、核相、电流、电压检查，保护回路检查，母线及变压器冲击合闸试验和带负荷试验已完成。

（21）主变压器冲击试验已完成并经验收。

2. 启动前准备工作

（1）注入式定子接地保护静态试验已完成。

（2）预先制作好三相短路接线，以备短路试验时使用。

（3）K_1 短路点设置在发电机机端，预先定制发电机短路试验专用短路排。

K_2 短路点设置当升压站未受电时，应可以校验发电机-变压器组差动保护有条件的情况可校验母差保护和母联保护；当升压站受电时，应可校验发电机差动，主变压器差动待发电机并网后校验。

如安装在另一台机组主变压器高压侧上部，断开主变压器高压侧一次联系导线或者本机主变压器高压侧套管接头处，确保固定牢靠，在整套启动前安装（安装时电力建设公司及运行方需做好安全措施），最大短路电流应能满足长时间承受一次最大试验电流。

K_3、K_4、K_5、K_6、…设置在高压厂用变压器低压侧 4 个分支，每个短路点最大短路电流应能满足长时间承受一次最大试验电流（短路点的个数由高压厂用变压器低压侧的分支数量决定）。

（4）由电力建设公司负责测量发电机-变压器组试验范围内一次设备绝缘，由电厂运行部监督及监护。准备好有关外接仪表及试验设备，将经过校验并在有效期之内的标准表预先接入本次试验的有关回路中。

（5）断开并网断路器合闸位置，启动热工 DEH 调速回路，启动励磁调压接线，将并网断路器 3 副动断触点至热工 DEH 的接线短接，机组并网前恢复。

（6）在两套母差保护端子排上短接退出并网断路器 TA 至母差保护的回路。

（7）发电机中性点接地变压器应连接可靠。

（8）将发电机出口 TV 和 6kV 两段工作进线 TV 推至工作位，并合上所有二次小空气断路器。

（9）拆除励磁变压器高压侧引接线，并保持足够的绝缘距离，从高压厂用电源找一备用的变压器间隔，作为机组整套启动试验的临时励磁电源，临时电源开关保护定值按设备部提供的定值整定，且经传动正确。临时电源的接入点在励磁变压器高压侧 TA 的上端，以便于励磁变压器的电流回路检查。临时电源电缆容量应能长时间承受试验所需电流，并在励磁小室加装临时励磁电源开关控制按钮，并经传动正确（自并励励磁系统采用临时电源，无刷励磁系统则不需要此步骤）。

（10）发电机-变压器组保护屏上“闭主汽门”连接片、“励磁开关联跳”连接片为断开位置。

三、整套启动试验内容

整套启动试验流程如图 10-17 所示。

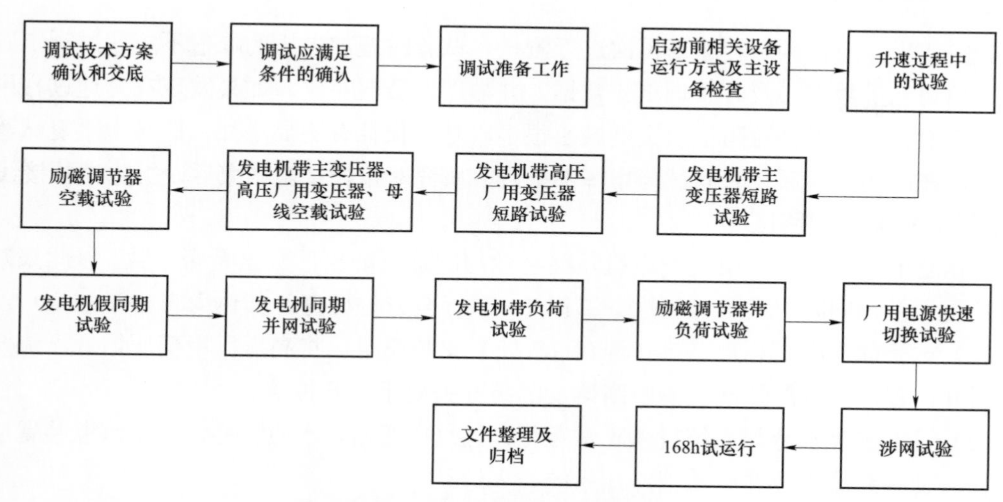

图 10－17 整套启动试验流程图

(一) 升速过程中的试验内容及步骤

(1) 永磁发电机频率特性测量。用数字万用表 FLUKE175 在不同转速时测量永磁发电机的电压和频率，国电泰州电厂 1000MW 超超临界机组永磁发电机不同转速时电压、频率实测数据如表 10－3 所示。

表 10－3 永磁发电机不同转速时电压、频率实测数据

转速（r/min）	360	900	1500	1800	2400	2700	3000
电压（V）	29.5	74	123	148	197	221	246
频率（Hz）	48.0	121.5	200.5	240.6	319.7	359.6	400

(2) 对发电机转子绕组交流阻抗的测量，是判断转子绕组是否存在匝间短路的最有效方法。具体内容如下：发电机整套启动的转子绕组（膛内）交流阻抗和功率损耗测量试验，要求每次试验前需测量转子绕组的绝缘电阻，且绝缘电阻需大于 0.5MΩ才可进行试验，试验时需将发电机转子绕组同励磁系统回路完全断开（断开转子接地保护及熔丝）。待试验结束后，再恢复与励磁系统的连接。测量转子绕组交流阻抗及功率损耗的试验接线如图 10－18 所示。

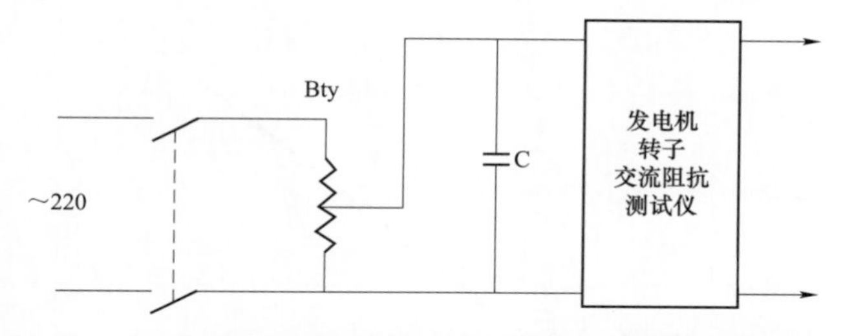

图 10－18 测量转子绕组交流阻抗及功率损耗的试验接线图

Bty—10kVA 调压器；C—400V/300μF 电容器

在汽轮机升速过程中，分别在盘车、500r/min、1500r/min、3000r/min 下进行测试。超

速试验完成后，应在额定转速下再次进行测量。试验时施加电压的峰值不应超过额定励磁电压，填写测量数据。及时整理试验数据，并与厂家资料对比。如果发现在升速过程中，转速升高而转子绕组交流阻抗值突然减小很多，功率损耗有明显增加，应马上重复试验进行核实，在确认无误后及时向试运指挥部报告，研究对策。试验结束后，拆除试验接线。

（二）发电机短路试验

本试验的目的是为了检查发电机短路特性与制造厂的出厂数据是否一致，以此来判断机组是否正常，同时对发电机一次、二次 TA 进行全方位检查。具体内容如下：

（1）试验前需将三相短路排（选在 K_1 处）安装完毕，将高压厂用变压器低压侧开关处于断开位置，主变压器高压侧断路器及隔离开关处于断开位置。

（2）发电机氢水冷却系统投入正常运行，氢水压正常，水质合格，定子测温装置应投入运行，励磁系统可控硅整流柜冷却系统投入运行。

（3）保护仅投跳发电机的断水保护和励磁回路保护，投入发电机过电压保护、发电机转子接地保护、发电机转子过负荷保护，保护出口仅投跳灭磁开关，其余保护全部置于信号或断开位置。

（4）送上励磁变压器临时电源，检查励磁变压器低压侧电压正常。

（5）合灭磁开关，缓慢增加励磁电流，观察电流表有无指示。将发电机定子电流缓慢上升（二次电流为 20mA），检查各 TA 电流回路有无开路。用相位表进行检查并记录。在检查过程中，若发现电流回路开路，有火花或放电声，测量数值不正确，应立即灭磁并查明原因。

（6）将发电机定子电流大约升至电流互感器二次额定电流的 1/2～2/3，检查一次设备无异常，测量各 TA 六角向量图，测量发电机、主变压器差动保护的差流，同时检查各差动电流回路的 N 线应为零。

（7）手动增磁，每增加约 1000A 稍停，直至使发电机定子电流升到额定值，调节过程中，分别读取发电机定子电流、励磁电压和励磁电流；核对定子三相电流的标准表、盘表，励磁电流标准表、盘表，励磁电压标准表、盘表；汇总各项数据进行整理，并将短路曲线画在事先准备好的有制造厂出厂曲线的纸上，进行比较，误差应在允许范围内。

（8）缓慢减少励磁至最低，并在此过程中录制发电机三相短路特性下降曲线。

发电机短路特性曲线如图 10-19 所示，发电机短路特性试验调试质量见表 10-4。

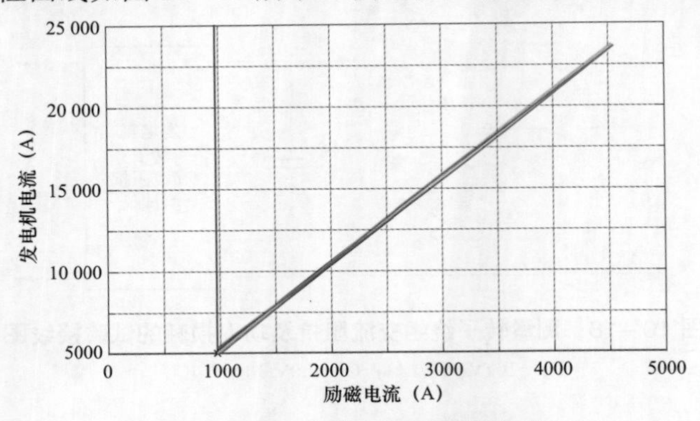

图 10-19 发电机短路特性曲线

表 10－4 发电机短路特性试验调试质量

检验项目	性质	单位	质量标准	检查结果
发电机（发电机－变压器组）TA 二次回路初查	主控		三相平衡、不开路	三相平衡、不开路
发电机（发电机－变压器组）短路特性	主控		符合设计要求	符合设计要求
发电机（发电机－变压器组）检查	主控		符合设计要求	符合设计要求
发电机（发电机－变压器组）保护及测量装置检查	主控		采样值正确	采样值正确
励磁系统检查	主控		励磁电压、励磁电流正确	励磁电压、励磁电流正确
调节器定子电流采集及励磁电流采集			显示误差在 0.5%以内，精度满足标准要求	

测定发电机定子短路状态下的灭磁时间常数。增加励磁，把发电机定子电流升到额定值，录制发电机三相短路特性上升曲线，然后启动录波器，随即断开自动灭磁开关，记录发电机定子电流、转子励磁电压和励磁电流在衰减过程中的波形。

试验结束后将励磁变压器高压侧临时开关断开，并断开操作电源，将开关拉至试验位置，做好安全措施，拆除 K_1 处短路排。

（三）发电机带主变压器高压侧短路试验

（1）对于发电机无出口断路器的机组，短路点 K_2 设置在主变压器高压侧，校验范围包括主变压器高压侧 TA 在内。因为母差回路在短路试验范围内，所以此种短路方式在试验前需将母差 TA 回路短接退出。

（2）调试单位配合电厂运行人员将发电机－变压器组保护按要求进行投退并负责确认。发电机－变压器组保护仅投跳发电机的断水保护和励磁回路保护，投入发电机过电压保护、发电机转子接地保护、发电机转子过负荷保护，保护出口仅投跳灭磁开关，其余保护全部置于信号或断开位置。

（3）将主变压器中性点处于接地位置，主变压器分接开关位于运行挡位，启动主变压器风扇，确认高压厂用变压器低压侧中性点电阻箱内隔离开关处于合位。检查各部分温度指示正常。

（4）确定汽轮机稳定在 3000r/min 运行。电建公司、电厂运行部门派专人监视发电机、主变压器和短路点。

（5）将励磁临时电源断路器送至运行位置，并合上操作电源，检查无误后合上临时开关对励磁变压器临时受电，检查励磁变压器低压侧电压正常。

（6）合灭磁开关，缓慢增加励磁电流，观察电流表有无指示。将发电机定子电流缓慢上升（二次电流为 20mA），检查各 TA 电流回路有无开路。用相位表进行检查并记录。在检查过程中，若发现电流回路开路，有火花或放电声，测量数值不正确，应立即灭磁并查明原因。

（7）将发电机定子电流大约升至电流互感器二次额定电流的 1/2～2/3，检查一次设备无异常，测量各 TA 六角向量图，测量发电机、主变压器差动保护的差流，同时检查各差动电流回路的 N 线应为零，测量发电机的无功功率为正。

（8）校验升压站母差保护差动回路以及母联保护 TA 回路极性的正确性。

（9）手动增磁，每增加约 1000A 稍停，直至使发电机定子电流升到额定值，调节过程中，分别读取发电机定子电流、励磁电压和励磁电流；核对定子三相电流的标准表、盘表，励磁电流标准表、盘表，励磁电压标准表、盘表；汇总各项数据进行整理，并将短路曲线画在事先准备好的有制造厂出厂曲线的纸上，进行比较，误差应在允许范围内。

（10）缓慢减少励磁至最低，并在此过程中录制发电机三相短路特性下降曲线。

（11）测定发电机定子短路状态下的灭磁时间常数。增加励磁，把发电机定子电流升到额定值，录制发电机三相短路特性上升曲线，然后启动录波器，随即断开自动灭磁开关，记录发电机定子电流、转子励磁电压和励磁电流在衰减过程中的波形。

（12）试验结束后将励磁变压器高压侧临时开关断开，并断开操作电源，将开关拉至试验位置，做好安全措施，拆除 K_2 处短路线。

（四）发电机带高压厂用变压器低压侧短路试验

（1）将高压厂用变压器低压侧开关拉出仓外，K_3、K_4、K_5、K_6 短路点设置在开关和变压器之间。验明高压厂用变压器低压侧分支无电后将短路小车推入仓内。

（2）试验时，派专人在短路点和高压厂用变压器就地监视观察，试验过程中，如发现异常应立即向指挥部报告。

（3）送上励磁调节柜控制电源，将励磁方式改为“手动方式”、其参数为输出最小励磁电流。合灭磁开关。操作“励磁投入”。

（4）手动增加励磁缓慢升流，当一次电流升到能够校验所有二次回路时，检查所有的 TA 回路，确认高压厂用变压器部分的 TA 没有开路后，再逐渐增加发电机电流，检查高压厂用变压器低压侧分支电流，检查一次设备无异常，检查各 TA 二次回路幅值、相位和保护装置采样值，记录并核对 DCS 各参数显示。

（5）试验完毕，手动减励磁降至零，操作“励磁退出”，分灭磁开关，拉掉励磁调节柜控制电源。做好相应安全措施拆除短路小车。

（五）发电机带主变压器、高压厂用变压器及母线空载试验

空载特性是指发电机以额定转速空载运行时，其定子电压与励磁电流之间的关系。利用特性曲线，可以断定转子绕组有无匝间短路，也可判断定子铁芯有无局部短路，如有短路，该处的涡流去磁作用也将使励磁电流因升至额定电压而增大。此外，计算发电机的电压变化率、未饱和的同步电抗，分析电压变动时发电机的运行情况及整定磁场电阻等都需要利用空载特性。具体内容如下：

（1）按照保护要求投入保护，出口偷跳灭磁开关、GCB 开关及主变压器高压侧开关。

（2）派人监视发电机、主变压器、高压厂用变压器和升压站。试验过程中，如发现异常应立即向指挥部报告并就地拍下紧急分闸按钮。

（3）将励磁方式改为“手动方式”，其参数为输出最小励磁电流。合灭磁开关，操作“励磁投入”。

（4）手动调节励磁对主变压器、高压厂用变压器进行零起升压，先升至10%，检查各一次设备应正常，二次电压回路无短路现象。再升至50%，检查各一次设备应正常。电压最终升至100%，检查主变压器等设备在额定电压下空载运行情况应正常，记录各组电压互感器的二次电压值及开口三角上的电压。

（5）在额定电压下检查母线TV、发电机TV、主变压器低压侧TV及工作进线TV的二次电压及相序，并进行TV间的二次核相。

（6）手动启动同期装置，检查同期装置输入，同步检查继电器应处于闭合状态，确认同期装置同期表应在0点位置。

（7）发电机－主变压器－高压厂用变压器空载特性试验：先做下降特性曲线，然后做上升特性曲线，上升时电压升至发电机空载额定值的105%，试验完毕后将电压降至额定电压。发电机空载特性曲线如图10－20所示，发电机变压器空载特性试验调试质量见表10－5。

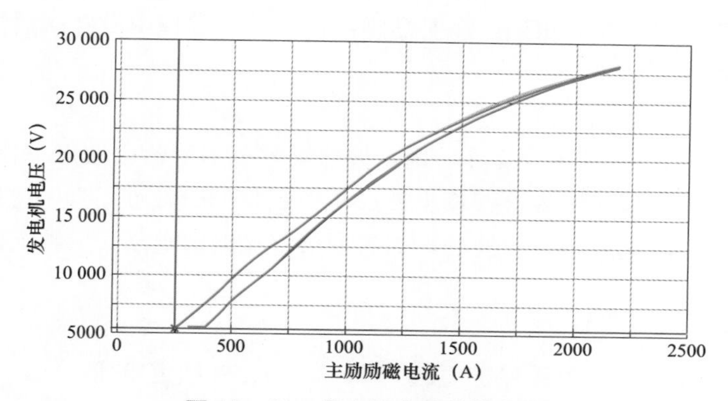

图10－20　发电机空载特性曲线

表10－5　发电机变压器空载特性试验调试质量

检验项目	性质	单位	质量标准	检查结果
发电机（发电机－变压器组）TV二次回路初查（小电压）	主控		三相平衡、不短路	三相平衡、不短路
发电机（发电机－变压器组）空载特性	主控		符合设计要求	符合设计要求
发电机（发电机－变压器组）检查	主控		符合设计要求	符合设计要求
发电机出口电压互感器开口三角上的不平衡电压			符合设计要求	符合设计要求
发电机TV二次相序			符合设计要求	符合设计要求
发电机（发电机－变压器组）保护及测量装置检查	主控		采样值正确	采样值正确
励磁系统检查	主控		励磁电压、励磁电流正确	励磁电压、励磁电流正确
额定电压下轴电压			符合设计要求	符合设计要求
发电机空载灭磁时间常数			符合设计要求	符合设计要求
发电机空载灭磁后定子绕组的残压和相序			符合设计要求	符合设计要求

（8）在发电机电压在上升和下降期间，读取各表盘幅值并与之核对，应无误。

（9）对于有匝间绝缘的发电机，应进行发电机匝间耐压试验，即在录制发电机空载特性试验过程中，当电压升至1.3倍额定电压时持续5min，然后再逐渐降低电压。

（10）发电机转子轴电压测量：在发电机空载额定电压下，测量发电机转子轴电压。

（11）测量发电机定子空载状态下的灭磁时间常数：将发电机电压重新升至额定值，先启动录波器然后断开灭磁开关，录波长度应满足要求。在示波图上测定由灭磁开关断开到发电机电压降至0.368倍额定电压时所需的时间，即为发电机定子空载灭磁时间常数。

（12）测量发电机残压及相序：发电机灭磁开关断开后，先在机端电压互感器二次侧测量，然后在机端一次侧测量。测量时要注意安全，做好必要的安全措施。一次侧线间电压小于300V时，直接在一次侧测量发电机的相序，应与待并电网相序相一致。

（六）发电机空载励磁系统试验

为了验证可控硅整流元件的移相范围；检查励磁变压器、励磁调节器的同步信号、触发脉冲，功率整流装置接线的正确；确保励磁系统在并网过程中及并网后能够有效地对电压进行控制。具体内容如下：

1. 核相试验

模拟机组开机，使调节器进入运行，用示波器观察晶闸管输出波形与控制角是否一致，改变移相触发角，在全程范围内检查输出波形与控制角的一致性。当励磁电压高时，整流输出经过分压衰减、隔离后进入示波器，或者测量整流输出电压，用整流的交直流关系式计算控制角。

2. 起励试验

（1）试验前将发电机过电压保护值改为115%～125%额定电压。

（2）将调节器工作通道A设置为主通道，设置控制方式为手动方式，设置起励电压，设置远方或就地起励控制，确认起励电源投入切正常。

（3）第一次起励设置起励电压一般小于50%发电机额定电压，一般置手动方式。通过操作开机起励按钮，励磁系统应能可靠起励，记录发电机电压建压过程波形。

（4）起励成功后检查调节器各个通道的发电机电压、发电机励磁电流和电压、励磁机励磁电流和电压、同步信号测量值无异常后则继续试验。

（5）将手动方式改为自动方式，电压给定值置最小值。如能正常起励，则将给定值改为发电机空载额定值。

3. 电压分辨率试验

（1）将发电机升至空载额定电压。

（2）检查调节器采样中发电机电压对应的测量码值及最小跳变值。用最小跳变值计算电压分辨率。电压分辨率应不大于额定电压值的0.2%。

4. 手动和自动调节范围试验

（1）将调节器A通道设置为主通道，控制方式为手动控制，起励后就地进行增磁和减磁的操作，至达到要求的调节范围的上下限，此时记录下发电机电压、转子电压、转子电流和给定值。

（2）在调节器静态时可以先将此功能提前完成，将控制方式改为开环控制，输入模拟的发电机电压至上限值，逐渐增加自动电压给定值，观察调节器输出情况。

（3）励磁调节器应保证发电机励磁电压能在发电机空载额定励磁电压 20%～110%之间进行稳定、平滑的调节。

5. A/B 通道手动/自动模式下阶跃试验

（1）将调节器 A 通道作为主通道，控制方式为手动方式，机端电压稳定在 90%，进行 5%上、下阶跃试验，此时电压上升时间不大于 0.5s，振荡次数不超过 3 次，调节时间不超过 5s，超调量不超过 30%。

（2）将调节器 A 通道作为主通道，控制方式为自动方式，机端电压稳定在 90%，进行 5%上、下阶跃试验。

（3）将调节器切换到 B 通道作为主通道，控制方式为手动方式，机端电压稳定在 90%，进行 5%上、下阶跃试验。

（4）将调节器切换到 B 通道作为主通道，控制方式为自动方式，机端电压稳定在 90%，进行 5%上、下阶跃试验。

6. A/B 通道手动/自动调节方式互相切换试验

手动自动切换是励磁调节器控制方式的切换。手动方式的被控量是磁场电流，而自动方式的被控量是发电机电压。通过两种方式的切换，可以保证在正常运行过程中两种控制方式之间能够可靠切换。

（1）将发电机机端电压调节增至 50%额定电压，在手动和自动模式下，分别进行人工操作调节器通道和控制方式切换，在切换后检查机端电压是否存在波动情况。

（2）将发电机机端电压调节增至 100%额定电压，在手动和自动模式下，分别进行人工操作调节器通道和控制方式切换，在切换后检查机端电压是否存在波动情况。

7. A/B 通道手动/自动模式下逆变灭磁试验

将发电机机端电压调节增至 100%额定电压，在手动和自动模式下，分别通过逆变命令和分灭磁开关对机端电压进行逆变试验，检查逆变时间常数。

A/B 通道自动模式下 U/f（电压/频率）限制试验。

发电机在空载状态下，通过机组调速系统改变机组转速，按照转速变化范围，每隔 0.5Hz 读数，测定发电机机端电压对于频率的变化曲线。

8. A/B 通道手动/自动模式下调节方式互相切换

励磁调节器一般采用双通道对整流桥进行控制，双通道之间互为备用。备用通道实时跟踪主通道起调节作用的参数包括晶闸管导通角、电压给定值和电流给定值。备用通道实时跟踪主通道并作为热备用，当主通道故障发生切换时，切换是瞬间完成的，此时备用通道取得给定值和触发角为故障切换瞬间之前那一刻主通道正常运行的给定值和触发角，从而保证了双通道无扰动切换。

（1）设置 A 通道为主通道，控制模式由自动模式切换到手动模式，观察电压应无明显扰动。

（2）设置 B 通道为主通道，控制模式由自动模式切换到手动模式，观察电压应无明显扰动。

（3）设置 A 通道为主通道，控制模式由手动模式切换到自动模式，观察电压应无明显扰动。

（4）设置B通道为主通道，控制模式由手动模式切换到自动模式，观察电压应无明显扰动。

（5）在自动模式下，将A通道切换到B通道，电压应无明显扰动。

（6）在自动模式下，将B通道切换到A通道，电压应无明显扰动。

（7）在手动模式下，将A通道切换到B通道，电压应无明显扰动。

（8）在手动模式下，将B通道切换到A通道，电压应无明显扰动。

发电机空载励磁系统试验调试质量见表10－6。

表10－6 发电机空载励磁系统试验调试质量

检验项目		性质	单位	质量标准	检查结果
升速过程中	转子绕组绝缘电阻	主控	MΩ	≥0.5	
	转子交流阻抗及功率损耗			符合设计要求	符合设计要求
	永磁机/励磁变压器电压相序			正确	正确
	永磁机空载频率特性			符合设计要求	—
额定转速下发电机空载	调节器稳定电源及同步电压测试			符合设计要求	符合设计要求
	永磁机负载特性及可控硅检查	主控		符合设计要求	符合设计要求
	主励磁机带整流柜的空载特性			符合设计要求	符合设计要求
	自动通道升压	主控		机端电压应平稳上升，超调量应不大于额定值的10%，振荡次数不大于3次，调节时间不大于5s	机端电压应平稳上升，超调量应不大于额定值的10%，振荡次数不大于3次，调节时间不大于5s
	自动通道电压调节稳定范围	主控		70%～110%U_n	
	手动通道升压			符合标准要求	符合标准要求
	手动通道电压调节范围			20%～110%I_{fn}（额定励磁电流）	
	自动/手动/两套调节通道切换试验			稳定、可靠	稳定、可靠
	空载阶跃响应	主控		符合标准要求	符合标准要求
	电压/频率限制试验	主控		符合标准要求	符合标准要求
	TV断线试验	主控		符合标准要求	符合标准要求
	调节器定子电压采集	主控		测量显示误差在0.5%以内，精度满足标准要求	测量显示误差为
	逆变灭磁试验	主控		符合要求	符合要求
	整流柜均流试验	主控		均流系数不小于0.9	

9. TV断线试验

机组在稳定运行状况下，将调节器A设置为主套，在端子排上断开调节器A用的TV

任意一相电压，调节器 A 应能自动切换至调节器 B，调节器 A 报“TV 断线”，录波检查波形，机端电压应平稳、无扰动，然后恢复断线。将调节器 B 设置为主套，在端子排上断开调节器 B 用的 TV 任意一相电压，调节器 B 应能自动切换至调节器 A，调节器 B 报“TV 断线”，录波检查波形，机端电压应平稳无扰动，然后恢复断线。

10. 励磁系统建模试验

（1）励磁系统建模试验主要分为小扰动和大扰动试验，小扰动试验是为了校核励磁控制系统小干扰动态特性和相关参数，大扰动试验校核励磁调节器输出限幅值。

（2）励磁模型环节特性静态测试（此试验同型号励磁模型只进行一次典型性试验）。将励磁系统及 PSS 模型分环节进行频域或时域测量，以辨识其环节特性。

（3）发电机空载特性试验，如励磁系统包括励磁机，还需进行励磁机的空载以及负载特性试验，也可通过电厂获取相关资料代替试验。

（4）发电机转子时间常数测量。如励磁系统包括励磁机，则还应测量励磁机时间常数。

（5）发电机空载大扰动试验。进行机端电压大阶跃响应试验，阶跃量的大小应使扰动达到晶闸管整流器最小和最大控制角。

（6）发电机空载小扰动试验。进行机端电压小阶跃响应试验，阶跃量的设置不应使调节器进入限幅区域。

（7）试验结束后，做好相应的安措，将励磁变压器临时电源拆除，恢复为正式电源。

（七）发电机假同期试验

为了防止发电机首次并网的过程中出现异常，防止同期装置和并网断路器之间的配合合闸角过大，在发电机第一次并网前，应先进行假同期试验，测量自动准同期装置发出“合闸”命令到发电机并网断路器主触头闭合的时间，以确保自动准同期的导前时间和并网断路器的合闸时间相一致。

（1）预先接好录波器，对系统电压、发电机电压、并网断路器的位置、自动准同期装置的“合闸”命令脉冲进行录波。

（2）合上励磁开关，手动增加励磁使发电机机端电压升到额定值。

（3）在 DCS 中给同期装置上电，确认直流及交流电压接入自动准同期装置；检查自动准同期装置准备就绪、DEH 允许自动同期后，在 DCS 上发启动自动准同期装置命令。

（4）监视检查自动准同期装置应正常，调低发电机频率，观察自动准同期装置是否发出加速脉冲，调高发电机频率观察装置是否发出减速脉冲，并观察汽轮机实际加、减速情况，据此修改调频脉冲至合适值。

（5）检查自动准同期装置自动调压功能，调低发电机电压，观察自动准同期装置是否发出升压脉冲，调高发电机电压观察装置是否发出降压脉冲，并观察调节器实际升压、降压情况，据此修改调压脉宽至合适值。检查各信号应正确。

（6）调整发电机电压及频率接近于系统电压和频率，待同期条件满足后，自动准同期装置将发出合闸脉冲，将并网开关合上，合闸过程录波，测量导前时间，自动假同期合闸完成。根据测得的导前时间重新设置同期装置内的参数，假同期再进行一次录波，确认修改正确。

（7）试验结束后分开并网开关，恢复并网开关至 DEH 的信号，恢复并网开关至励磁调节器的并网信号。假同期试验录波图如图 10－21 所示，发电机同期系统检查及试验调试质量见表 10－7。

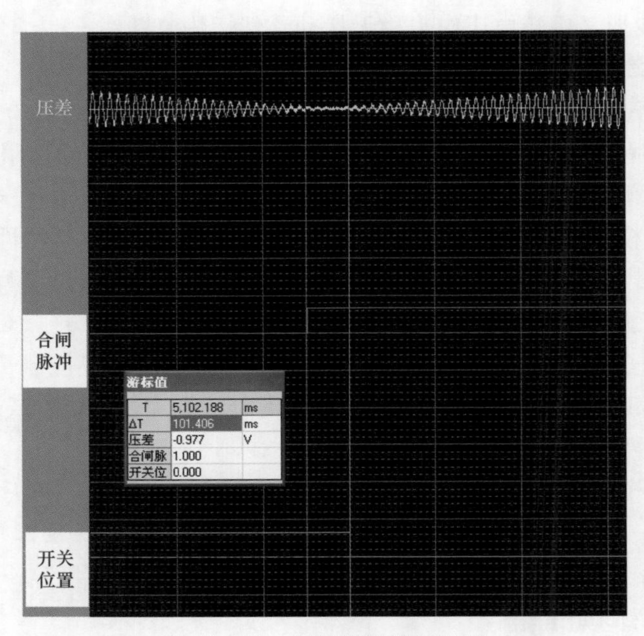

图 10－21　假同期试验录波图

表 10－7　　　　发电机同期系统检查及试验调试质量

检验项目	性质	单位	质量标准	检查结果
同期系统检查及试验			符合设计要求	符合设计要求
发电机带高压母线复查同期系统（零升至额定电压）	主控		电压、相序、相位应一致	电压、相序、相位一致
调频、调压及合闸脉冲检查（手动/自动）	主控		符合设计要求	符合设计要求
发电机同期点假同期试验（手动/自动）	主控		符合设计要求	符合设计要求
发电机并网试验			符合设计要求	符合设计要求

（八）发电机并网试验

（1）机组稳定在 3000r/min，恢复所有保护的正式定值，恢复发电机－变压器组保护临时措施。

（2）升压站运行方式按调度要求操作，合上并网开关侧隔离开关，向调度申请并网。

（3）调度批准后，启动同期装置，合上并网开关将机组并网。

发电机并网录波图如图 10－22 所示。

（九）发电机带负荷试验

（1）本试验通过带一定负荷来检测发电机 TV、TA 二次的相位关系，做出六角向量图，确定带有功率方向型保护是否正确，待检测正确后投入相关保护及对应的出口连接片。

（2）并网后，带适量负荷，检查功率测量、电能表等是否正确。

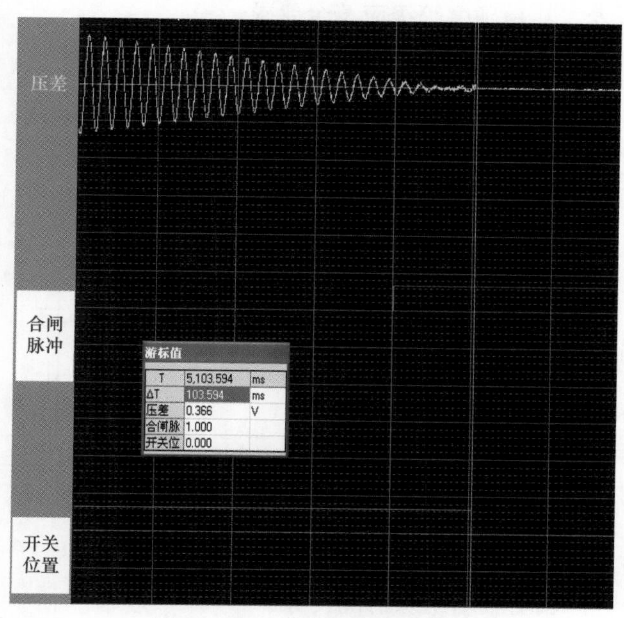

图 10－22　发电机并网录波图

（3）测量 TV、TA 二次的相位关系，做出六角相量图，检查带方向保护接线的正确性。

（4）在足够负荷下测量发电机、主变压器和高压厂用变压器差动保护差流的不平衡输出和六角向量图。

发电机－变压器组保护带负荷试验调试质量见表 10－8。

表 10－8　　发电机－变压器组保护带负荷试验调试质量

检验项目		性质	单位	质量标准	检查结果
继电保护装置检查				无异常报警	无异常报警
电流、电压幅值检查		主控		采样值正确	采样值正确
电流、电压相序及相位关系检查		主控		显示正确	显示正确
零序电压、电流幅值检查		主控		采样值正确	采样值正确
零序电压、电流相位检查		主控		显示正确	显示正确
差动保护	差动电流电压			符合要求	符合要求
	制动电流				
三次谐波定子接地保护定值校验		主控		符合设计要求	符合设计要求
发电机轴电压测量				符合规程、设计要求	符合规程、设计要求

（十）发电机带不同负荷下轴电压测量试验

发电机轴电压的测量示意图如图 10－23 所示，其中 PV1、PV2 为高内阻变流电压表。测量前应将轴上原有的接地保护电刷提起，发电机两侧轴与轴承用铜刷短接，消除油膜的压降，先测量发电机的轴电压 U_1，再测量励磁机侧轴承支座与地之间的电压 U_2。测量时应用高内阻交流电压表，其精确度等级应符合要求。

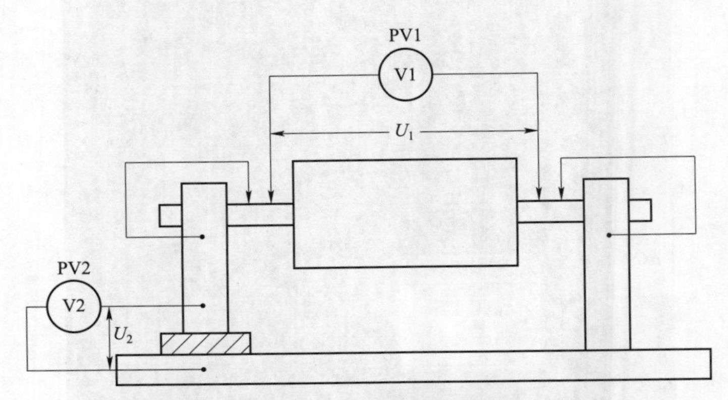

图 10-23 发电机轴电压的测量示意图

测量结果：

（1）当 $U_1 \approx U_2$ 时，表明轴承绝缘情况良好。

（2）当 $U_1 > U_2$ 时，且超过 10%，表明轴承绝缘情况不好。应查明原因，并采取适当的措施以防止可能出现的问题。

（3）当 $U_1 < U_2$ 时，表明测量结果不正确，应查明原因重新测量。

当大机组轴承油膜无法短路时，汽轮发电机大轴对地电压一般要求小于 10V。

校验母差保护、主变压器差动、发电机-变压器组失磁、失步等阻抗型保护，待校验结束后投入相应保护及出口连接片。

（十一）厂用电源切换试验

新建发电机组在整套启动时，其厂用电源一般是由高压备用变压器供电。当发电机与系统并列运行带上初负荷后，要对厂用电源进行切换，由高压备用变压器切换至高压厂用变压器，为了确保切换时角差定值能满足实际的角度，一般发电机需带 60%以上的负荷。

快切装置所有出口连接片均在投入状态。在试验前要做好全厂失电的事故预想。

将工作进线开关推到工作位置并合上操作电源。

分别进行正常、事故、不正常等切换，厂用电切换试验步骤如表 10-9 所示。厂用电切换试验调试质量如表 10-10 所示。

表 10-9 厂用电切换试验步骤

序号	切换方向	切换方式	切换过程
1	备用到工作	手动启动并联半自动	自动合工作分支、手动拉备用分支
2	工作到备用	手动启动并联半自动	自动合备用分支、手动拉工作分支
3	备用到工作	手动启动并联自动	自动合工作分支、跳备用分支
4	工作到备用	手动启动并联自动	自动合备用分支、跳工作分支

续表

序号	切换方向	切换方式	切换过程
5	备用到工作	手动启动串联	自动跳备用分支、合工作分支
6	工作到备用	手动启动串联	自动跳工作分支、合备用分支
7	工作到备用	保护启动	自动跳工作分支、合备用分支
8	工作到备用	事故串联	先跳工作，后合备用

表 10－10　厂用电切换试验调试质量

检验项目		性质	单位	质量标准	检查结果
手动并联切换	并列时间			符合定值要求	符合定值要求
	电压电流			无明显冲击	无明显冲击
事故切换	切换方式			符合定值要求	符合定值要求
	切换时间			符合定值要求	符合定值要求
	电压			符合设计要求	符合设计要求
	电流			无明显冲击	无明显冲击

（十二）励磁系统 PSS（电力系统稳定器）试验

PSS 的作用是提高电力系统的阻尼，抑制低频振荡，提高电力系统动态稳定性。它抽取与振荡有关的信号，进行处理，产生的附加信号加到励磁调节器中，由调节器进行计算处理，进而附加阻尼力矩，达到上述作用。

水轮发电机和燃气轮发电机应首先选用无反调作用的 PSS，其次选用反调作用较弱的 PSS。

测量被试机组励磁系统的滞后角（即无补偿的相频特性）。用频谱分析仪或动态信号分析仪测量发电机端电压对 PSS 叠加点的相频特性即励磁系统滞后特性。

（1）PSS 参数的计算。根据励磁系统无补偿滞后特性，使用专门的计算软件计算 PSS 参数。

（2）测量被试机组励磁系统的有补偿的相频特性。此项内容可用计算代替。PSS 对系统可能发生的、与本机强相关的各种振荡模式（地区振荡模式和区域间振荡模式）应提供尽可能多的阻尼力矩。通过调整 PSS 相位补偿，在该电力系统低频振荡区内使 PSS 输出的力矩向量对应 $\Delta\omega$ 轴在超前 10°～滞后 45°；当有低于 0.2Hz 频率要求时，最大的超前角不得大于 40°，同时 PSS 不应引起同步力矩显著削弱而导致振荡频率进一步降低、阻尼进一步减弱。

（3）PSS 的投、切试验。将 PSS 装置进行投入、退出操作，观察试验机组各量有无扰动。

（4）PSS 临界增益的测定。PSS 应提供适当的阻尼，有 PSS 时发电机负载阶跃试验的有功功率波动衰减阻尼比应不小于 0.1；按 DL/T 843《大型汽轮发电机励磁系统技术条件》的规定，即 PSS 的输入信号为功率时 PSS 增益可取临界增益的 1/5～1/3（相当于开环频率特性增益裕量为 9～14dB)，PSS 的输入信号为频率或转速时可取临界增益的 1/3～1/2（相当于开环频率特性增益裕量为 6～9dB)；实际整定的 PSS 增益应考虑反调大小和调节器输出波动幅度。

（5）进行发电机未投 PSS 时带负载的电压给定阶跃响应试验。发电机电压给定阶跃量为±1%～±4%，记录发电机有功功率波动情况，以了解本机振荡特性。

（6）进行 PSS 投入后发电机电压给定阶跃响应对比试验。投入 PSS，进行发电机带负荷时的电压给定阶跃响应试验（阶跃量应与未投 PSS 时的电压给定阶跃响应试验相同)，记录发电机有功功率波动情况，与不投 PSS 时的电压给定阶跃响应相比较，以检验 PSS 抑制低频振荡的效果，最后确定 PSS 的参数。

（7）“反调”试验。检验在原动机正常运行操作的最大出力变化速度下，发电机无功功率和发电机电压的波动是否在许可的范围内。水轮发电机组、燃气轮发电机组和具有快速调节机械功率作用的汽轮发电机组上使用的各种形式 PSS 都需要进行反调试验。

以上试验步骤完成后，按要求投退 PSS 功能。

（十三）发电机进相试验

发电机进相主要是因系统电压太高，影响电能质量，而对发电机组采取的一种运行方式。每台机组的制造工艺和安装质量不一样，每台机组的进相情况也不相同。

（1）试验前各类保护应正常，调节器低励限制已投入，机组有功功率要求在 10%～100%范围内稳定可调。

（2）启动备用变压器运行正常，厂用电切换装置已投入运行。AVC、AGC 退出运行。

（3）进相试验前，应做好厂用电源失电预案。

（4）调节器自身的失磁保护与发电机失磁定值配合或只投信号。

（5）将发电机有功功率分别维持在 50%、70%、100%P_e 状态下，完成高压厂用变压器带厂用电的进相深度限额测定。检查厂用电 6kV 电压幅值，不得低于 5.7kV。同时监视发电机各部温度，应无异常状态。

（十四）自动电压控制（Automatic Voltage Control，AVC）控制实验

其是指在正常运行情况下，通过实时监视电网无功电压，进行在线优化计算，分层调节控制电网无功电源及变压器分接头，调度自动化主站对接入同一电压等级电网的各节点无功补偿可控设备实行实时最优闭环控制，满足全电网调度自动化系统 SCADA（电力数据采集系统)、EMS（能量管理系统）与现场装置之间通过闭环控制实现 AVC。

运行上位机和下位机中 AVC 的控制程序，上位机所需的输入信号以模拟方式（强制）实现，实际信号没有接入，运行 AVC 程序，各个程序能实现基本功能，界面操作无异常或退出，能实现预定各项功能。

1. 上位机程序检查内容

（1）查看调节程序界面、输入信号是否有效。

（2）对程序界面、图形文字显示部分进行测试，检查是否有异常。

（3）运行的程序无异常中止或退出现象。

（4）查看运行中程序，检验调节程序无功优化的功能。

2. 主站至 RTU 和 AVC 装置的通道信号调试

（1）主站发送主站投入、主站退出命令，AVC 装置接收。

（2）主站发送目标电压值，AVC 装置接收。

（3）AVC 装置上传 AVC 装置状态信息，主站接收。

3. AVC 投入在线调试

（1）改变发电机 AVR 的给定值来改变机端电压和发电机输出无功。机组投 AVC 后就会根据电网的无功情况自动调节发电机的无功出力。

（2）试验前将锅炉主保护、汽轮机主保护、重要辅机保护均投入运行。

（3）励磁系统投入自动状态运行，各类励磁限制功能可靠投入。

（4）AVC 装置模拟量与 DCS 后台中一致，无异常情况。

（5）AVC 上、下位机通信正常，开关量输入、输出已完成静态调试。

（6）将 AVC 投入运行，以手动方式模拟设定电压目标值，观察电压变化。

（7）远方自动模式下，投、退 AVC，进行电压目标值试验，观察电压变化。

进行在线方式调试（投入增减励磁回路连接片）时，要监视机组无功的变化，考虑受试机组有进相运行的可能，如励磁系统告警产生应停止试验。

当本地闭环控制时，应允许机组无功有较大的调节范围。调节母线电压时，应关注厂用电压变化，应保证在厂用电调整范围内调压，运行人员应监视机组相关数据/状态变化。

试验过程中，若出现机组或系统某一线路跳闸或其他事故应立即停止试验，并根据事故情况迅速按运行规程规定及时进行处理。

四、整套启动调试质量控制

1. 强调整套启动试运的完整性

坚持整套启动前的现场条件、设备条件、系统条件、技术条件和安全条件，仔细盘查分系统调试的完整性和可靠性。详细确认和落实精细化调试的实施计划，评估各精细化调试项目的重点和难点，落实相关措施。坚持系统试运不合格，不进入整套启动试运，机组不具备启动条件不启动，设备或机组跳闸原因未分析清楚不启动。

2. 严格完成调试试验项目

为达到机组长周期、安全、稳定、经济运行的长远目标，应在整套启动试运期间除完成规定的调试项目外，还应完成下列主要试验项目或性能试验准备工作。

3. 深化调试，扩宽机组的运行适应能力

调试单位应严格按照 DL/T 657《火力发电厂模拟量控制系统验收测试规程》的要求完成自动调节系统定制扰动试验、负荷变动试验等，满足电网的相关要求，并有针对性地对机组协调控制系统、给水控制系统等调节系统的控制策略进行优化，进一步提高系统的稳定性；结合机组 50%、75%和 100%负荷区段调试，加强机组优化运行的调整试验工作。

4. 细化调整，提高机组的运行经济技术指标

根据各系统调试情况，分析各项保护逻辑的必要性及合理性，保证各项保护的安全性及可靠性；对部分保护提出一些优化方案，减少保护拒动及误动的发生。

5. 做好机组试运期间的指标参数统计工作

机组试运过程中，生产单位应按时统计机组发电量、厂用电量等重要能耗指标。调试单位按照性能试验标准进行机组锅炉效率、发电煤耗、厂用电率等重要指标的初步测算，并将测算结果和机组各项设计值进行比对，查找影响机组经济性的主要因素，并进行现场整改或提供整改的技术依据和建议措施。

6. 机组 168h 进入时间归口管理

机组进入 168h 满负荷试运前，项目公司应向上级公司的工程建设部详细汇报精细化调试的工作项目和取得的成效，以及下一步完善工作的计划。由上级公司确认机组进入 168h 满负荷试运时间。

第五节 精细化调试及控制措施

启动调试是电力建设施工的最后一道工序，其质量的优、劣是直接关系到机组的安全启动、顺利投产、充分发挥生产效益的一个关键。及早组织调试力量，做好启动调试前的准备工作，尽早发现设计、设备和施工中存在的问题，采取相应的措施，及时改正和消除。调试时，要“精心指挥、精心操作、精心调试”，才能准点、优质、安全、高效地完成启动调试任务。

精细化调试采用常规调试和针对性精细化专项调试相结合，发掘设备安全、节能降耗潜力，使机组各项运行指标达到最佳状况，实现机组运营安全可靠、指标优秀等目标，通过精细化调试，优化运行方式，使机组各项技术指标达到或超过设计指标。结合火电基建工程的施工特点以及每个系统的技术特点，对机组可调、可控单体设备及分系统运行指标做好深调、细调、精调，做到调试安全、质量可控。

充分执行国家标准和电力行业规程、规范、设备文件及参考的相关规定及办法，在 DL/T 5295《火力发电建设工程机组调试质量验收及评价规程》、DL/T 5437《火力发电建设工程启动试运及验收规程》等相关标准和管理规定的基础上，完善设计优化、精细化安装等阶段入手，在完成常规调试项目的基础上，通过精调、细调、深调，优化运行方式，使机组各项技术指标达到或超过设计指标，确保机组投产水平达到国内同类型机组先进水平，努力提高新建项目的市场竞争力。

按常规调整与精细调整相互结合、根据实际情况分阶段实施的原则。常规调试项目与性能试验项目相结合，对性能试验结果进行分析，根据分析结果有针对性地进行精细化调整，使主辅机设备运行的性能指标能达到或超过设计指标，使现有设备达到最佳运行工况。有条件的进一步细化调整，发掘设备节能降耗潜力。

精细化调试的三个阶段工作重点：通过“精调”，将机组各项性能指标调整至设计值，对于与设计值存在偏差的，要认真查实原因，会同制造、设计等单位确定解决方案，进行系统完善，确保机组安全、稳定运行；通过“细调”，检查、测试全厂热力系统状况，结合机组运行方式，分析、评估系统运行情况，提出各系统对热经济指标（汽轮机热耗、厂用电率等）的影响和改善建议，确保机组在各负荷工况达到安全和经济运行最优化；通过

“深调”，深入了解机组在偏离设计工况的运行条件下，机组的各项性能指标和适应能力，深入发掘机组节能潜力，分析及指出系统运行方式或整改方向。

以下针对电气专业几大系统调试过程中的常见问题制定了详细的控制措施，细化调试步骤，做好对整个调试过程的可控。

一、发电机–变压器组保护精细化调试控制措施

（1）基建单体调试时，存在多处交叉作业情况，现场条件恶劣，应保证人员安全。

控制措施：

1）合理安排好工作时间，尽量避免交叉作业的情况。

2）单体调试应在电缆放完以后再进行工作，将电缆沟盖板全部盖好，避免调试人员摔倒等现象。

3）当有人员接线时，应告知装置哪些端子带电，防止发生人员触电等现象。

4）单体调试前给装置送电前，如果装置内部有短路接地等现象则会造成对直流系统的影响。

（2）二次回路上若有工作人员触电危险。

控制措施：

1）使用临时电源时，应做好隔离工作。

2）使用正式电源时，应确保电源回路以及装置内部无短路、无接地后方可送电，电源回路绝缘应满足要求。

3）拆除装置强电开入二次回路上的二次电缆。

4）在强电开入二次回路上工作时应拉开装置电源。

5）上电后应测量电压幅值，正、负对地电压应平衡。

（3）分系统调试时，涉及主变压器、励磁变压器、高压厂用变压器、发电机等TA二次回路查线时，避免高空作业坠落等现象。

控制措施：

1）尽量不要选择设备湿滑时进行攀爬工作。

2）高空作业戴好安全帽，按规定要求系好安全带。

3）作业工器具应轻拿轻放，防止坠落砸伤他人。

4）发电机等设备应搭设脚手架后再进行登高作业。

（4）变压器调试时，防止因人为因素造成变压器漏油等现象。

控制措施：

1）试验时厂家人员应在现场全程跟踪指导。

2）查二次回路时，需要拆除变压器本体盖板时不得随意私自拆卸，试验前应查看相关图纸，确认不是油封盖后再进行下一步试验。

（5）在运行设备上进行带电作业时，防止误动造成运行设备跳闸等影响。

控制措施：

1）工作涉及运行设备的必须开好工作票。

2）工作前工作负责人应召开工前会，明确指出工作的危险点。

3）工作成员工作时应有专人进行监护。

4）进行搭接等工作前，对搭接回路应做好绝缘等测量工作。

（6）分系统调试进行二次回路查线时，防止电缆带电造成直流系统接地、人员触电等危险。

控制措施：

1）进行二次回路查线前应将涉及的设备电源关闭。

2）工作人员查线前应用万用表测量电缆是否带电后再进行相关工作。

3）提高工作人员的安全意识，工作时穿好工作服、绝缘鞋。

二、厂用电快切系统精细化调试及控制措施

带开关进行实际模拟切换，应模拟快速、捕同期、低压、残压4种切换方式；带开关模拟手动启动、保护启动、开关偷跳启动，切换时在开关处进行录波；实际模拟不同方式下闭锁快切装置（后备低压、后备失压、触点异常、TV断线等），在快切闭锁情况下，无论哪种方法都不能启动快切装置。

(一) 快切装置切换方式

快切装置切换方式示意图如图10-24所示。

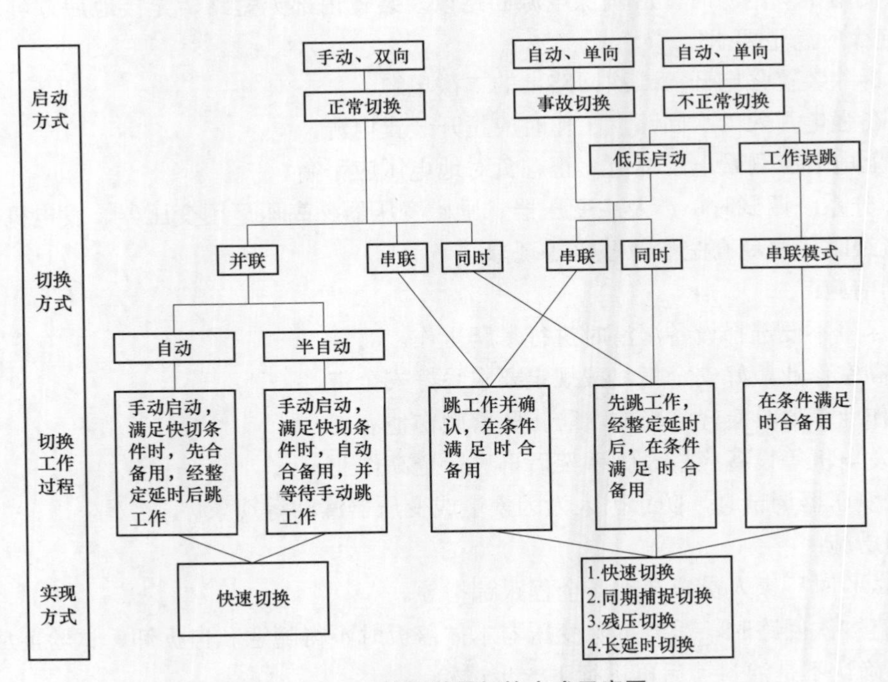

图10-24 快切装置切换方式示意图

（1）按开关动作顺序：并联切换、串联切换、同时切换。

（2）按启动原因：正常手动切换、事故自动切换、不正常情况自动切换。

（3）按切换速度：快速切换、短延时切换、同期捕捉切换、残压切换。

（二）工作原理

1. 快速切换

假设厂用电系统典型示意图如图 10－25 所示，工作电源由发电机端经厂用高压工作变压器引入，备用电源由电厂高压母线或由系统经启动/备用变压器引入。正常运行时，厂用母线由工作电源供电，当工作电源侧发生故障时，必须跳开工作电源开关 1DL，合 2DL，跳开 1DL 时厂用母线失电，由于厂用负荷多为异步电动机，电动机将惰行，母线电压为众多电动机的合成反馈电压，称其为残压，残压的频率和幅值将逐渐衰减。

假定正常运行时工作电源与备用电源同相，其电压相量端点为 A，则母线失电后残压相量端点将沿残压曲线由 A 向 B 方向移动，如能在 $A-B$ 段内合上备用电源，则既能保证电动机安全，又不使电动机转速下降太多，这就是所谓的“快速切换”。

2. 同期捕捉切换

如图 10－26 所示，过 B 点后 BC 段为不安全区域，不允许切换。在 C 点后至 CD 段实现的切换以前通常称为“延时切换”或“短延时切换”。最好的办法是实时跟踪残压的频差和角差变化，尽量做到在反馈电压与备用电源电压向量第一次相位重合时合闸，这就是所谓的“同期捕捉切换”。

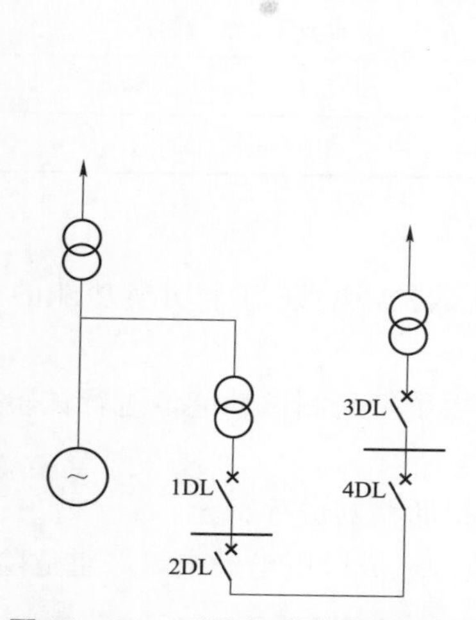

图 10－25 厂用电系统典型示意图

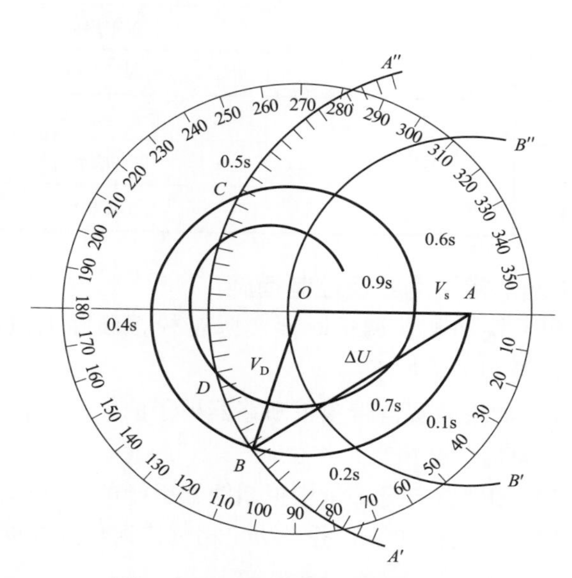

图 10－26 母线残压特性示意图

3. 残压切换

当残压衰减到 20%～40%额定电压后实现的切换通常称为“残压切换”。

（三）装置带开关空载试验

1. 试验条件

做 10kV－3A 段时拉开 10kV－3A 段备用开关，空出机组 10kV－3A 段母线，将

10kV－3A段工作开关推至工作位置、将10kV－3A段备用开关推至试验位置。

做10kV－3B段时拉开10kV－3A段备用开关，空出机组10kV－3B段母线，将10kV－3B段工作开关推至工作位置、将10kV－3A段备用开关推至试验位置。

做6kV－3A段、6kV－3B段时同上。

2. 试验方法

在TV二次回路模拟加10kV、6kV母线电压、工作电压和备用电压，做试验如表10－11所示。

表10－11 快切装置带开关空载试验

序号	切换方向	切换方式	切换过程
1	工作到备用	手启并联自动	自动合备用，跳工作
2		手启并联半自动	自动合备用，手跳工作
3		手启串联	自动跳工作，合备用
4		事故串联	自动跳工作，合备用
5		失压启动	自动跳工作，合备用
6		偷跳启动	自动跳工作，合备用
7		保护启动	自动跳工作，合备用
8		保护闭锁	不动作
9	备用到工作	手启并联自动	自动合工作，跳备用
10		手启并联半自动	自动合工作，手跳备用
11		手启串联	自动跳备用，合工作

（四）常见问题及控制措施

（1）快切装置调试时要实际带模拟断路器进行切换试验，验证每个切换功能的正确性。控制措施如下：

1）如果装置自带模拟断路器板子的装置，将断路器板子打到测试功能位进行试验，试验结束后务必恢复工作位。

2）如装置自身不带模拟断路器板子的，考虑外加模拟断路器进行试验。

（2）带负荷切换时务必防止相位错误导致非同期切换，造成厂用电失电等严重危险。控制措施如下：

1）仔细核对主变压器、高压厂用变压器、启动备用变压器的接线方式，有无转角，如果有转角情况，需要在定值单中体现，试验前仔细核对定值单。

2）试验前进行一次核相。

3）试验前查看每段的压差、角差，须在正常误差范围内。

4）带负荷试验前，空载情况下带开关实际进行各项试验，保证二次回路的正确性。

（3）带负荷试验前，进行一次核相时务必注意人身安全，防止人员触电等危险。控制措施如下：

1）一次核相所用设备须经过检测，且在检验合格日期范围内。

2）核相时应派专人进行监护。

3）核相人员应戴绝缘手套等。

（4）防止工作和备用进线不同等级电压之间并联切换时角差大引起开关综保装置动作。控制措施如下：

1）对于主变压器电压等级为500kV，启动备用变压器电压等级为220kV的电厂，切换时应按调度部门要求的切换方式进行切换，华电电网要求不同等级电压之间不允许进线并联切换，建议使用串联切换方式。

2）切换前应核对二次电压回路的正确性，查看装置的压差、角差，确保在正常误差范围内。

三、保安电源系统精细化调试控制措施

（1）两台机组柴发段相连部分应隔离好，预防造成人身及设备触电。控制措施如下：

1）试验前应对现场调试及运行人员进行安全交底，告知危险点及处理措施。

2）试验前应将两台机组柴发段母线隔离开关拉至试验位，在开关上挂标示牌。

3）相连部分派专人监护。

（2）空载试验时预防发电机短路或者接地造成设备损坏。控制措施如下：

1）空载试验前测量试验范围内设备的绝缘符合要求。

2）空载试验时，第一次升压时应进行手动升压试验，先升10%电压，检查发电机一次设备是否正常，正常后再升到额定电压。

3）现场工作人员应做好保护装置的校验工作，事故时应可以直接停止发电机。

（3）试验过程中，电压二次回路取400V电源，二次回路搭接及试验时预防人身触电及电压回路短路。控制措施如下：

1）试验前应对现场调试及运行人员进行安全交底，告知危险点及处理措施。

2）二次回路搭接时尽量在设备不带电时工作，如果带电应戴上绝缘手套并做好监护工作。

3）试验过程中断开某相电压时应及时用胶带包好，防止碰到别的电压造成短路。

（4）做好柴发段母线和保安段的一次核相工作，防止相序错误造成跳闸。控制措施如下：

1）安装时应做好一次母线的相序检查。

2）现场调试人员在带电后应用相序表检查各设备一次母线的相序。

（5）防止切换过程中由于信号未送至PLC（可编程逻辑控制器）造成两个不同系统电压并列，造成严重后果。控制措施如下：

1）调试人员认真检查二次回路，保证开关所有信号送至PLC回路正确。

2）整组试验时应事先核对好PLC的逻辑，保证逻辑正确、无误。

3）整组试验时应做好事故预想及紧急处理方法。

4）试验前对相应人员做好交底工作，试验时服从负责人的安排，不得私自操作。

（6）防止定值错误或者误整定。控制措施如下：

1）整定定值单应为正式批准版本并经核查。

2）现场定值应由三方鉴定并签字。

（7）做好柴油发电机恢复供电时的假同期试验，防止合闸瞬间压差过大，对柴油发电机造成损害。控制措施如下：

1）试验前应将合闸的进线开关处于试验位。

2）假同期试验中，应测量合闸瞬间两侧压差。

（8）检查好电流回路，防止柴油发电机发生保护误动。控制措施如下：

1）试验前应做好TA一、二次回路的检查，确保TA无开路。保证电流回路的完整性。假同期试验中，应测量合闸瞬间两侧压差。

2）校验柴油发电机差动保护回路，检查对应电流互感器的极性，确保接入差动保护电流方向正确。

（9）防止柴油发电机带负荷出现逆功率。控制措施如下：

1）做好单体保护的校验工作，确保保护逻辑的正确性。

2）优化失磁保护定值。

四、整套启动精细调试控制措施

（1）短路、空载时，TA回路发生开路或TV回路发生短路，造成设备损坏的严重后果。控制措施如下：

1）试验前应测量二次回路，保证TA回路不开路，TV回路不短路。

2）试验升电流、电压时，先升到额定电流、电压10%左右，确认所有二次回路没有问题后再升到额定电流、电压。

（2）防止起励过程中的发电机过励磁。控制措施如下：

1）条件允许时投入发电机及励磁系统的过励磁保护。

2）试验过程中，派专人严密监视汽轮机转速等参数，防止汽轮机转速下降引起发电机过励磁。

（3）短路试验中，发电机差动、变压器差动出现差流。控制措施如下：

1）调试过程中仔细核对各TA的一次朝向，核查TA二次抽头与保护装置的接线方式是否一致。

2）启动试验过程中，一旦出现差流，应用钳形电流表检查差动回路各侧电流相角、幅值，确认是二次回路原因还是装置内部原因，如流入装置的电流正确，应对装置内部参数配置和极性进行检查；如二次回路问题，应检查TA端子箱的接线是否正确，必要时可以停机进行处理。

（4）防止机组非同期并网。控制措施如下：

1）调试过程中对并网开关两侧TV进入同期装置的回路进行仔细核查，确认进入同期装置回路的正确性。

2）并网前，应进行假同期试验，实测开关的导前时间以及实际合闸时压差是否为最小值。

3）发电机空载试验时，应带并网开关两侧TV进行空载试验，对同期装置进行上电，检查同期系统的二次电压回路的正确性，保证同期装置同步表显示0位。

（5）快切装置切换时，防止后备电源开关未合造成厂用电失电。控制措施如下：

1）调试时，快切装置实际带中压开关进行切换试验。

2）仔细核对装置定值，核查电压角度与实际线电压角度是否一致。

3）快切装置带负荷切换时，如调度没有明确要求，宜采用并联的切换方式，保证备用电源合上后再分工作开关。

4）快切装置带负荷串联或者事故切换前，应保证二次回路完好，防止有松线的情况发生。

（6）做转子交流阻抗时，防止励磁控制柜元件损坏以及人身触电危险。控制措施如下：

1）做交流阻抗前，应拉开励磁调节柜转子回路上相关元器件，包括变送器等测量元件，整流桥上熔断器也应拉开。

2）做试验时，所有转子上的相关工作应停止，派专人进行看管。

（7）发电机短路试验时相关注意事项。

1）发电机升流前，应将发电机过电压保护增加灵敏性，防止短路点断开造成发电机过电压，建议过电压定值改为40V，时间定值改为0s。

2）短路试验前应派专人在发电机、励磁变压器、主变压器、开关室进行监视。

3）升流时，密切关注各TA参数以及励磁参数，比对各参数是否正确，如发现错误应立即停止升流，现场检查原因，必要时拉开灭磁开关。

4）建议零起升流时，第一次升到额定电压的10%，查看一次设备状态以及各TA参数是否正确；第二次升到额定电压的50%，现场检查一次设备的状态。二次回路测量各TA回路幅值、相角，查看各保护、测量装置的正确性，查看差动保护差流，所有回路验证正确后再升到额定电流（如自并励方式则升不到额定电流）。

5）试验结束后恢复正式定值及相关安全措施。

（8）发电机空载试验时相关注意事项。

1）发电机零起升压前，应增加发电机过电压保护灵敏性，建议时间定值改为0s。

2）短接退出发电机机TA，将发电机差动保护改为速断保护，将保护范围延伸至主变压器及高压侧母线。

3）零起升压前应派专人在发电机、励磁变压器、主变压器、开关室进行监视。

4）升压时，密切关注各TV参数以及励磁参数，比对各参数是否正确，如发现错误应立即停止升压，现场检查原因，必要时拉开灭磁开关。

5）建议零起升压时，第一次升到额定电压的10%，查看一次设备状态以及各TV参数是否正确；第二次升到额定电压的50%，查看一次设备的状态；第三次升到额定电压，现场检查一次设备的状态。二次回路测量各TV回路幅值、相角，查看各保护、测量装置的正确性。

6）如发电机－变压器组装置配置注入式定子接地保护时，在发电机中性点进行试验，做好相关安全措施后再进行试验。

7）空载试验应带并网开关（主变压器高压侧或者发电机出口开关，实际以电厂接线方式为准）两侧TV进行空载试验，确保同期装置显示0点位置。

8）试验结束后恢复正式定值及相关安全措施。

（9）发电机组电气整套启动试验过程中组织协调的相关建议。整套启动中涉及参建单位、临时措施较多，应由调试单位富有经验人员担任电气整套试验总指挥，其他配合单位部门应各出一名协调人员配合指挥工作，负责各自工作范围内命令下达与情况反馈，防止因多方指挥带来不必要的问题。在试验过程中涉及保护投退、定值修改、回路短接等临时措施，应由专人整理、编写执行单，实施过程中对照执行单进行操作，防止误整定、误执行、漏恢复等现象的发生。

（10）发电机组零序差动保护的相关建议。目前，国内外大型机组发电机－变压器组保护中主变压器保护零序差动已经不是主流配置，但部分国外保护装置仍然配置主变压器零序差动保护，当零序差动保护选用外部电流互感器电流时，应注意外部电流极性，防止区外故障时主变压器保护误动。但在当前典型整套启动程序和模式情况下，无法校验零序差动保护极性，故建议零序差动保护退出或者使用内部自产零序电流参与计算，虽然降低部分灵敏度，但是能保证发生区外故障时主变压器保护不发生误动现象。

五、精细化调试特点分析

机组精细化调试的目的是进一步提高新建机组的安全性和经济性，使机组的各项指标在行业对标中处于领先水平。

（一）精细化调试的质量目标

（1）机组分部试运的质量检验优良率达100%。

（2）机组整套试运的质量检验优良率达100%。

（3）机组调整试验项目完成率达100%。

（二）精细化调试工作原则和要求

（1）工程设计阶段，调试单位应与参加工程设计审查和施工单位会审，对系统布置、设备选型、工艺流程是否合理，是否满足《防止电力生产重大事故的二十五项重点要求》和《电力工程建设标准强制性条文》的规定提出意见和建议。

（2）在调试过程中，调试单位应合理安排分系统试运计划，协调解决调试与安装及调试中各节点之间的顺序安排，以达到“分部试运促安装”“精细策划保试运”的目的。

（3）针对精细化调试策划内容，进行与之相关的技术、安全培训和交流。

（4）系统试运前，应具备条件按照DL/T 5437《火力发电建设工程启动试运及验收规程》要求执行；同时，按照要求完成系统试运前后的检查和签证。

（5）在系统调试或试验前，调试单位应对参与试运的各单位代表进行详细的技术和安全交底，确保试运工作安全、有序、顺利进行。

（6）加强调试管理，规范调试程序，做到文件包完整、交底全面、检查到位、记录准确、质量优良。

（7）整套启动试运阶段，调试单位应制定合理的整套启动调试计划，并将整套启动期间的精细化调试项目落实到计划中，协调各项目之间的顺序安排，如发电机进相、PSS 试验、励磁动态调整、自动电压控制（AVC）等独立性较强的试验在试运中穿插进行。

（8）整套启动试运阶段，调试单位应严格按照 DL/T 657《火力发电厂模拟量控制系统验收测试规程》的要求完成自动调节系统定值扰动试验、负荷变动试验等，并做好试验数据、画面和原始曲线等记录文件的留存、整理，已备验收和检查。

精细化调试工作始终贯穿于机组安装和调试的整个过程中，要求参与监督精细化调试工作的各方人员必须全程介入，并及时验收各项目的实施质量。

机组完成所有精细化调试项目后，机组的安全性和经济性指标会有较大提高。为了便于检查整体调试结果，在 168h 满负荷试运完成的同时，各项目公司组织完成机组各项主要指标以及机组经济性指标的填写。根据检查情况进行精细化调试的后评价工作，提出自身工作的亮点，同时提出今后精细化工作的改进意见和建议，使精细化调试工作在其中的实施中不断完善。

第十一章 二次再热机组优化调整试验

第一节 概 述

对于火力发电机组而言，锅炉燃烧工况的好坏直接影响到锅炉设备和整个发电厂运行的安全性、经济性和环保性。一般来说，对于大型火力发电机组，锅炉热效率每提高1%，机组整体效率将提高0.3%～0.4%，发电煤耗可下降3～4g/（kW·h）；再热蒸汽温度变化10℃，影响发电煤耗0.4～0.6g/（kW·h）。影响电站锅炉安全、经济运行的因素错综复杂，燃烧工况调整得当是保证锅炉达到额定参数、避免蒸汽温度偏差、水冷壁高温腐蚀、锅炉结焦和设备烧损的必要条件。

超超临界技术作为一种较为成熟的洁净煤燃烧技术，以其容量大、参数高、能耗低、可靠性高和环境污染小等特点而应用越来越广泛。超超临界二次再热技术则是在超超临界基础上发展起来的更先进、更前沿的煤电技术。1000MW超超临界二次再热技术可将机组效率对一次再热超超临界机组提高1.0%～2.0%，在相同参数下降低了烟尘、CO_2、SO_2、NO_x等的排放量，是我国火力发电机组未来发展的重要方向。恰当的燃烧运行方式更是维持锅炉的正常水动力工况，确保锅炉安全、可靠、高效运行必不可少的要素。

目前，1000MW超超临界二次再热技术在国内尚处起步阶段，由于运行经验的欠缺，投产后的1000MW超超临界二次再热机组锅炉或多或少地出现了一/二次再热蒸汽温度不足、蒸汽温度偏差较大、水冷壁还原性气氛过强、飞灰含碳量较高等安全、经济性问题。国外虽有超超临界二次再热机组服役但未有1000MW超超临界二次再热机组投运记录，且其参数均未达到超超临界水平，国内外学者的研究更多关注的是二次再热机组系统优化等问题，对1000MW超超临界二次再热机组锅炉的优化运行调整技术未见报道。因此，提出一整套的1000MW超超临界二次再热机组锅炉运行优化调整技术，对于1000MW超超临界二次再热机组的设计改进、潜力挖掘具有重要的意义。

由于锅炉设备的庞大和复杂性，燃烧系统的可调参数很多，它们对整个燃烧过程以及与之相关的其他过程的影响已经不可能只凭表面现象和直观经验做出准确的判断，因此为了准确掌握超超临界二次再热机组锅炉运行的技术特性，发现和解决锅炉运行中存在的问题，适应日益严格的环保排放标准要求，提高燃烧过程的经济性和稳定性，就需要进行各种各样的热态调整试验，其主要手段就是以提高锅炉运行安全性、经济性和环保性为目的的制粉系统优化调整技术和燃烧系统优化调整技术。

一、试验方法

通常情况下，常规火电机组的优化调整试验一般有两种方法，即正交试验法和单因素轮换法。这两种方法也同样适用于 1000MW 超超临界二次再热机组锅炉的调整。

（1）正交试验法是研究和处理多因素试验的一种科学方法。理论上，正交试验法是一种比较科学的试验方法，但是，电站锅炉是一个复杂而庞大的设备且燃煤品质变动很大，有时候由于在正交试验法中选取的因素和水平不够合理和完善，这样就会导致寻优结果不尽理想，反而不能取得预期效果。

（2）单因素轮换法虽然在理论层面不够严谨，对各可调参数之间的相互作用无法判断，且各可调参数对锅炉所起的作用大小也无法科学比较，但是这种试验方法工作量少，凭借试验人员的经验，仍能找到相对比较好的运行方式。尽管这种优化方式可能不是锅炉的最佳运行方式，但对于锅炉这样一个庞大而又“粗糙”的系统来说，这已经足够了。因此，在电站锅炉的优化调整试验中，单因素轮换法得到了广泛的应用。本章主要以单因素轮换法论述各影响因素对 1000MW 超超临界二次再热锅炉运行性能的影响。

二、试验准备

锅炉优化调整试验是对锅炉本体的综合性试验，试验涉及的人员和设备较多，试验前应有充分的准备和沟通，试验前应做好以下准备工作：

（1）熟悉试验锅炉设备的结构、运行特点和历史状况，掌握锅炉设备存在的缺陷或运行中存在的问题。

（2）组织召开试验准备会议，掌握运行可调参数的调整范围，防止调整试验中运行参数超出锅炉和设备能够安全承受的范围。

（3）针对锅炉设备状况和厂家要求制定详细的优化调整试验方案，包括试验内容、试验方法、试验组织程序、危险源辨识、试验安全措施，并对所有相关技术人员进行技术交底。

第二节　制粉系统优化调整试验

目前，在大型超超临界机组锅炉中，大多数均采用中速磨煤机正压直吹式制粉系统，二次再热机组也是如此。国内可供选择的中速磨煤机主要有两种型式，一种是 HP（RP）型磨煤机，另一种是 MPS（ZGM）型磨煤机。两种磨煤机在运行、寿命及检修等方面各有特点。

各类中速磨煤机的工作原理基本都相似。原煤由落煤管进入两个碾磨部件的表面之间，在压紧力的作用下受到挤压和碾磨而被粉碎成煤粉。由于碾磨部件的旋转，磨成的煤粉被抛至风环处。热一次风以一定速度通过风环进入干燥空间，并将干燥后的煤粉带入上部的煤粉分离器中。没磨好的煤粉也将在风环处被高速的一次风吹起，但由于重力作用，落回到磨盘上重新磨制。经过分离，不合格的煤粉返回碾磨区重磨。合格的煤粉经由煤粉管送入炉膛燃烧。煤中夹杂的石块等杂物，由于风环处风速不足以阻止其下落，经风环由刮板刮入石子煤箱内。

新机组投产后，一般都要对机组性能进行优化。而在锅炉的性能优化中，制粉系统的优化调整则是一个重要环节，其直接影响到锅炉机组优化调整的效果。在对 MPS（ZGM）

型和 HP（RP）型磨煤机运行性能进行优化调整时，采用的手段基本上是一致的，主要有煤粉分离器特性调整、磨煤机进口一次风量特性调整、磨煤机热态一次风速调匀、磨煤机出力特性调整。由于是新投产机组，按照厂家设计原则磨辊间隙在出厂设定好之后一般不做调整，因此，新投产机组的磨辊间隙不作为优化运行调整的手段。

在对以上两种磨煤机优化调整时表现出的不同之处是，MPS（ZGM）型磨煤机采用的是液压加载系统，HP（RP）型磨煤机多采用的是弹簧加载系统。因此，对 MPS（ZGM）型磨煤机需进行液压加载力特性研究，而对于 HP（RP）型磨煤机，其弹簧加载力的改变需通过复杂的整定计算，且在实际运行中调整工作量大、可操作性差，这样，HP（RP）型磨煤机的弹簧加载力在出厂设定好之后一段时间内一般不做调整，需要时则在磨煤机的检修期间做出改变。

目前，1000MW 超超临界二次再热机组也只是刚开始示范应用。因此，本书也仅对世界首台 1000MW 超超临界二次再热机组工程（国电泰州电厂）中涉及的 ZGM133G 型磨煤机的优化技术进行叙述。

一、测量方法

试验开始后，记录煤粉、原煤取样测量及重要运行参数。主要测量并记录的项目有磨煤机进口一次风量、磨煤机出力、煤粉取样及细度分析、磨煤机功率、磨煤机磨环差压、磨煤机出口风压、出口煤粉管风速、风温等。

（一）煤粉取样

采用专用的煤粉等速取样装置进行煤粉采样，利用自动缩分器缩分煤粉样，取样结果用于粉量计算、细度分析和水分分析。

（二）磨煤机进口一次风量

磨煤机进口一次风量采用经过标定的磨煤机进口一次风量表测量，在 DCS 内直接记录，并与磨煤机出口管实测的风速折算出口风量进行综合比较。

（三）磨煤机出力

磨煤机出力是指试验时采用给煤机单位时间内累积给煤量。

（四）煤粉细度 R_{90}

煤粉细度 R_{90} 是采用磨煤机出口管上用等速取样方式进行等面积网格法取样所得煤粉，然后对样品进行筛分分析而来，指孔径为 90μm 的筛网上的筛余量所占的比例（R_{90}），其值越大表明煤粉越粗，是制粉系统的重要指标之一。

（五）磨煤机电耗

磨煤机电耗通过配电间表盘上数字电能表测量，直接由 DCS 记录。

（六）磨煤单耗

磨煤单耗为单位出力的磨煤电耗，即

$$E_m = P_m / B_m$$

式中 E_m——磨煤单耗；

P_m——磨煤机电耗；

B_m——磨煤机出力。

（七）磨煤机差压

磨煤机差压是控制磨煤机运行工况的重要参数，直接由 DCS 记录，等于其进口风室与磨煤机出口管静压之差，即

$$\Delta p_m = p'_m - p''_m$$

式中　Δp_m——磨煤机差压，kPa；

p'_m、p''_m——磨煤机进、出口静压，kPa。

（八）煤粉均匀性指数

煤粉均匀性指数是反映煤粉粒度分布的重要指标，计算式为

$$n = \left(\lg\ln\frac{100}{R_{200}} - \lg\ln\frac{100}{R_{90}}\right)\bigg/\lg\frac{200}{90} \tag{11-1}$$

煤粉均匀性指数越大，煤粉颗粒度分布越均匀。在相同的煤粉细度 R_{90} 下，R_{200} 越小，粗颗粒越少，其燃烧和燃尽性能越好。

（九）煤粉管风速

在磨煤机出口煤粉管上采用皮托管用网格法测量，与现场一次风速监测仪表指示风速进行综合比较。风速计算式为

$$v = \sqrt{\frac{2p_d}{\rho}} \tag{11-2}$$

$$\rho = \frac{\mu + \mu\left(1+\frac{\Delta M}{100}\right)\frac{\Delta M}{100} + 1}{\frac{(273+t)101.3}{273(p_a+p_p)}\left[\frac{\mu\left(1+\frac{\Delta M}{100}\right)\frac{\Delta M}{100}}{0.804} + \frac{1}{1.285}\right] + 0.001\mu} \tag{11-3}$$

式中　v——风速，m/s；

p_d——煤粉管道风粉气流动压，Pa；

ρ——气流密度；

μ——煤粉浓度，kg/kg；

ΔM——磨煤机内原煤蒸发水分，kg/kg；

t——磨煤机出口温度，℃；

p_a——当地大气压，Pa；

p_p——煤粉管道静压，Pa。

（十）煤粉管风速分布

采用磨煤机出口管风速与其平均风速进行比较的方法计算。

（十一）煤粉管粉量分布

采用磨煤机出口管取样煤粉质量与其平均煤粉量进行比较的方法计算。

（十二）煤粉管细度分布

采用磨煤机出口管取样煤粉细度与其煤粉管平均煤粉细度进行比较的方法计算。

二、测点布置

制粉系统测点布置图如图 11－1 所示。

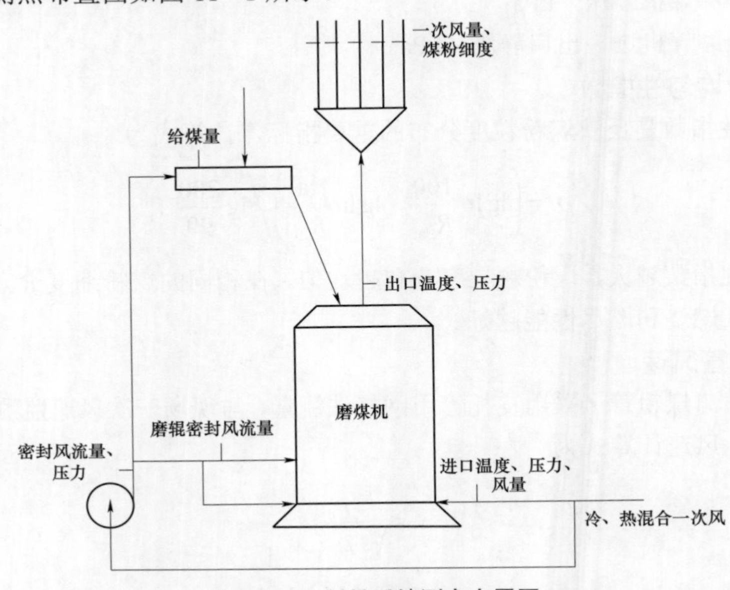

图 11－1　制粉系统测点布置图

三、磨煤机优化调整试验

（一）热态一次风速调匀试验

一次风速调匀是制粉系统调整的一个基础环节，一次风速均匀性调整的好坏直接影响到制粉系统是否能够稳定运行，影响到锅炉空气动力场及燃烧的合理分布，甚至进一步影响到主蒸汽、一次再热蒸汽、二次再热蒸汽温度是否能够达到设计值。例如，一次风速均匀性较差时，很容易出现水冷壁壁温偏差较大甚至个别水冷壁管壁超温的现象，这样就会影响到主蒸汽温度的提高，主蒸汽温度达不到设计值，超高压缸（高压缸）排汽温度就会偏低，进而导致一次再热蒸汽温度和二次再热蒸汽温度无法达到设计值。

一次风速调匀分为两个阶段，即冷态一次风速调匀和热态一次风速调匀。一般情况下，锅炉机组启动前都会安排进行冷态一次风速调匀，目标是在冷态工况下使同一台磨煤机出口各一次风管最大风量相对偏差（相对平均值的偏差）值不超过±5%。尽管一次风速在冷态工况下已调匀，但在热态工况下因煤粉的加入使得各支煤粉管道的阻力特性改变较大，原本已经调匀的一次风速均匀性可能重新变差，这样就必须对一次风速进行热态调匀。需特别指出的是，热态时的一次风速和冷态时的明显不同，热态时的一次风速为风、粉混合速度，冷态时的一次风速为纯空气速度。

受多相流的影响，热态一次风速均匀性的标准有所放宽，其优秀标准依然是使同一台磨煤机出口各一次风管最大风粉速度相对偏差（相对平均值的偏差）值不超过±5%。但是，很多情况下经过热态调整也很难满足该标准，这样热态时同一台磨煤机出口各一次风管最大风粉速度相对偏差（相对平均值的偏差）值不超过±10%也是可以接受的。

以国电泰州电厂1000MW超超临界二次再热机组所配ZGM133G型磨煤机为例进行热态一次风速调匀。调整后，一次风速均匀性得到明显改善，锅炉水冷壁壁温偏差有所减小，主蒸汽温度得以提高，进而超高压缸排汽温度增加，进一步提高了一次再热蒸汽和二次再热蒸汽温度，锅炉运行性能得到较大改善。图11－2～图11－7为A～F磨煤机热态调整前后一次风速偏差分布，C磨煤机由于一次风速均匀性较好未做调整。

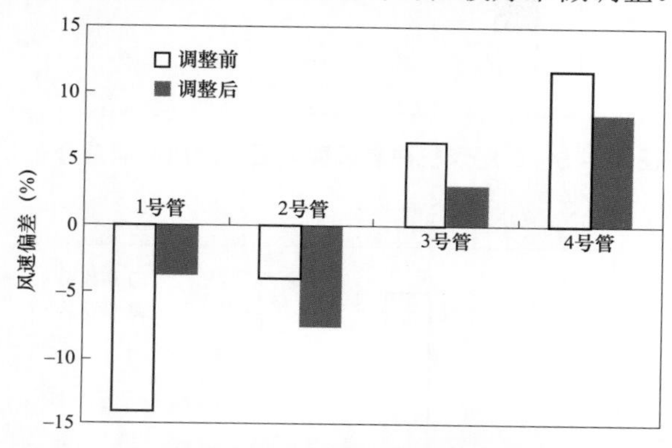

图11－2　A磨煤机热态调整前后一次风速偏差分布

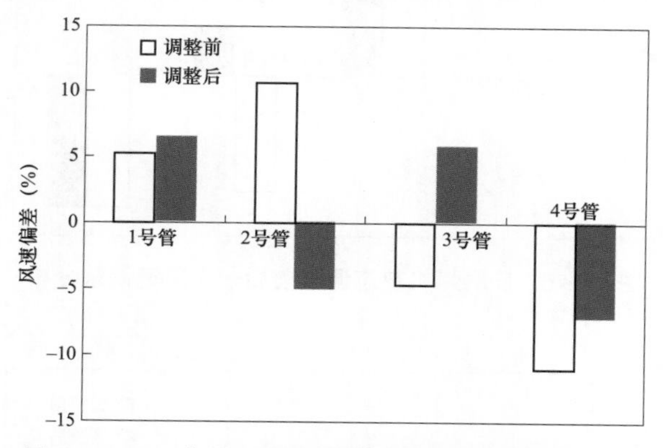

图11－3　B磨煤机热态调整前后一次风速偏差分布

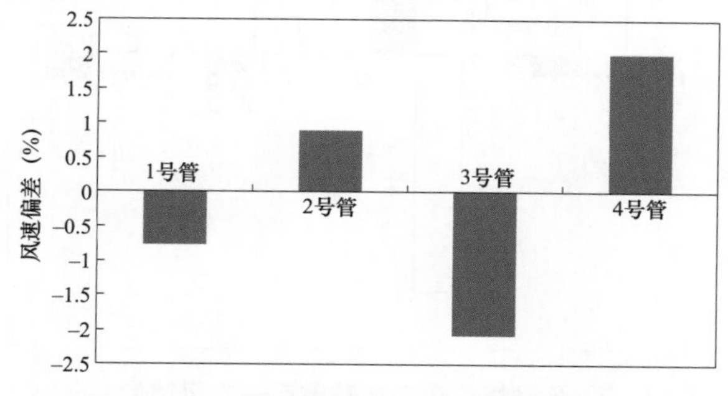

图11－4　C磨煤机热态一次风速偏差分布

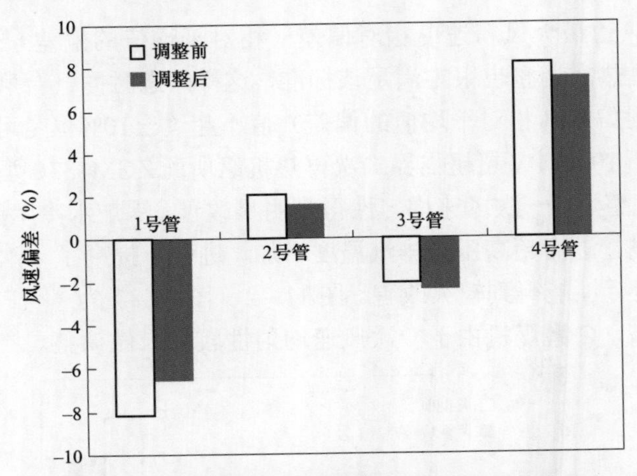

图 11－5　D 磨煤机热态调整前后一次风速偏差分布

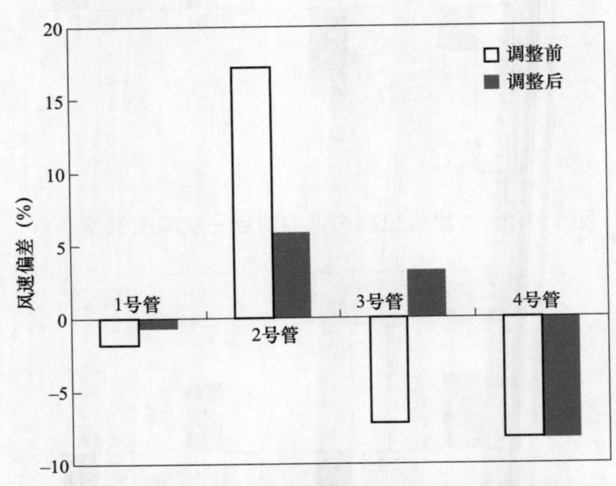

图 11－6　E 磨煤机热态调整前后一次风速偏差分布

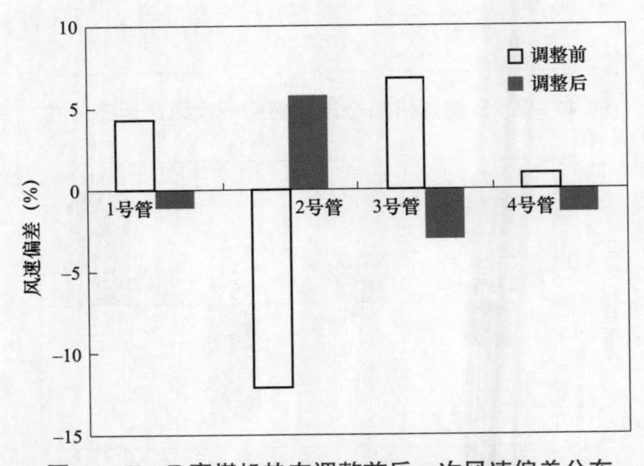

图 11－7　F 磨煤机热态调整前后一次风速偏差分布

（二）磨煤机变动态分离器转速特性试验

对于燃煤锅炉来说，保证煤粉细度在一定的范围内，是整个锅炉进行燃烧调整和优化的前提和基础。锅炉的很多燃烧问题都与煤粉细度有关，尤其对采用深度分级燃烧的1000MW超超临界二次再热机组更是如此，如燃尽效果、NO_x排放、水冷壁高温腐蚀及一次再热蒸汽温度和二次再热蒸汽温度等。因此，对1000MW超超临界二次再热机组锅炉系统进行优化调整，首先就要进行煤粉细度的调整。

1000MW超超临界二次再热机组磨煤机的煤粉分离装置设计采用回转型离心式分离器，主要原因就是该装置在调整煤粉细度时具有便捷、高效的特点。

回转型离心式分离器配有传动机构带动的转子，转子由多个叶片组成。从磨煤机碾磨区上升的气粉混合物气流进入旋转的转子区，在转子带动下做旋转运动。其中的粗煤粉颗粒在离心力和叶片撞击的作用下分离出来，落入碾磨区重磨，其余的细煤粉随气流穿过叶片间隙进入煤粉引出管经煤粉输送管道供锅炉燃烧使用。

回转型离心式分离器的分离效率取决转子的回转速度和气粉混合物的容积流量。磨煤机进口一次风量一定时，转速越高，分离器输出的煤粉越细。进口一次风量改变时，要保持煤粉细度不变，必须相应调节转速。当进口一次风量增加时，分离器转速也相应予以提高，反之亦然。若1000MW超超临界二次再热机组一、二次再热蒸汽温度略有不足时，可通过降低动态分离器转速来提高煤粉细度，从而使焦炭粒子的燃烧距离拉长，进而改善蒸汽温度。

以国电泰州电厂1000MW超超临界二次再热机组所配ZGM133G型磨煤机为代表进行三个工况的动态分离器变转速调节特性试验。其目的即是通过试验拟合出煤粉细度随磨煤机动态分离器转速变化的性能曲线，以帮助分析和指导磨煤机的运行。试验过程中控制磨煤机出力为70t/h左右，磨煤机进口一次风量为按风煤比曲线自动控制的风量，保持液压加载力在设计值不变，分别控制磨煤机动态分离器转子转速为550r/min、650r/min和750r/min。动态分离器转速与煤粉细度R_{90}、磨煤单耗及磨煤机电流的关系如图11－8所示。

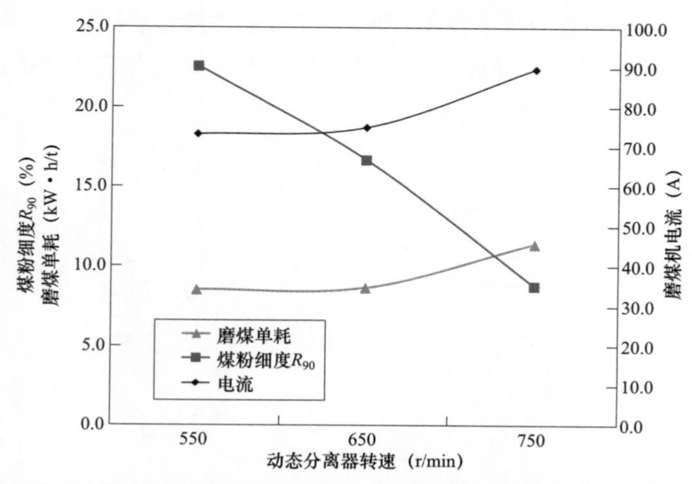

图11－8　动态分离器转速与煤粉细度R_{90}、磨煤单耗及磨煤机电流的关系

从动态分离器转子转速对磨煤机出口煤粉细度影响进行分析，煤粉细度 R_{90} 随分离器转子转速升高明显降低，在试验转速范围内煤粉细度 R_{90} 的变化与转速成二次方关系。通过试验做出的关系曲线拟合的曲线方程为

$$R_{90}=a+b\times n+c\times n^2 \tag{11-4}$$

式中 R_{90}——磨煤机出口煤粉细度，%；

a、b、c——常数，该案例中 $a=18.941$、$b=0.061\,9$、$c=-0.000\,1$；

n——动态分离器转速，r/min。

特别指出的是此方程为对应一种特定煤种的关系曲线，煤粉细度 R_{90} 数据对于不同煤种存在较大变化，但煤粉细度 R_{90} 变化率受不同煤种的影响不大。不同煤种的细度可以根据得出的煤粉细度 R_{90} 变化率调整。从分离器不同转速下的煤粉均匀性指数 n 看，煤粉均匀性指数 n 随转速降低而减少，这说明动态分离器转速下降会导致煤粉均匀性变差。

动态分离器转速变化对磨煤机电流和磨煤单耗均有影响，磨煤机电流和磨煤单耗随着动态分离器转速的增大而增大，这是因为动态分离器转速增大，回粉增多，磨环上的煤层厚度增加，增加了磨辊的碾压能量，进而导致磨煤机电流和单耗增加。实际上，磨煤单耗随磨煤机动态分离器转速变化的关系曲线很有实用价值，通过磨煤单耗可以反过来估算和校核实际运行的煤粉细度，则

$$R_{90}=k/E-e^{0.29} \tag{11-5}$$

式中 R_{90}——磨煤机出口煤粉细度，%；

k——常数，取 $k=20.59$；

E——磨煤单耗，kW·h/t。

磨煤机动态分离器转速与磨环差压、进/出口一次风压的关系曲线如图 11-9 所示。磨煤机出口风压随动态分离器转速的增加而减小，进口风压随动态分离器转速的增加而增加，进而导致磨环差压出现随动态分离器转速的增加而增大的趋势，转速为 750r/min 时磨环差压较转速为 550r/min 时增加 1.6kPa。动态分离器转速从两个方面影响磨环差压，一是动态分离器转速增大，分离出的粗煤粉粒子增多，使磨环上煤层厚度增加，增大了风环喷嘴处流动阻力；二是动态分离器转速增大，使风粉混合物流经动态分离器分离区域的流动阻力增大。

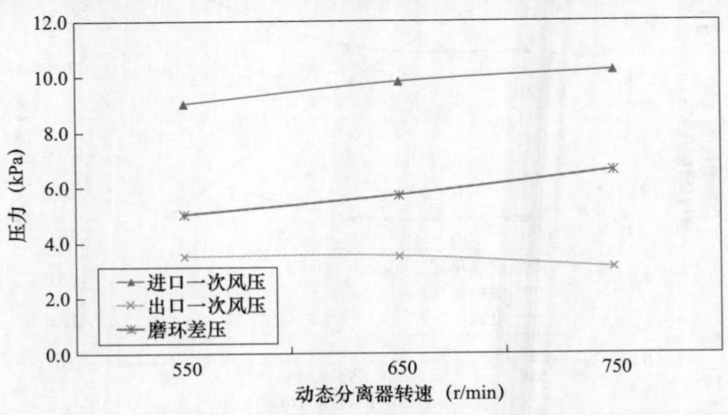

图 11-9 动态分离器转速与磨环差压、进/出口一次风压的关系曲线

（三）磨煤机进口一次风量特性试验

中速磨煤机直吹式制粉系统的正确运行，是通过稳定磨煤机的进口一次风量和给煤量，并使风煤比控制在合适的范围来实现的。

磨煤机进口一次风量的变化会改变对煤粉的携带能力和干燥出力，进而影响磨煤机的运行性能和锅炉的燃烧特性。磨煤机进口一次风量对煤粉细度、磨煤机电耗、石子煤量和磨煤机出力均有影响。在一定的给煤量下增大风量，煤粉会变粗，磨煤机内循环量减小、煤层变薄，磨煤机电耗下降；但由于风环风速增大，石子煤量减小，风机电耗增加，减薄煤层和降低磨煤机电耗使磨煤机最大出力潜力加大。风量的高限取决于锅炉燃烧和风机电耗，如果一次风速过大，煤粉浓度太低或煤粉过粗，易对燃烧产生不利影响，或者风机电流超限，则风量不可继续增加。风量的低限主要取决于煤粉输送和风环风速的最低要求。此外，进口一次风量的高低对排烟温度和一、二次再热蒸汽温度也有较大影响，这也是改善1000MW超超临界二次再热机组经济性的一项重要手段。

试验过程中控制磨煤机出力为70t/h，磨煤机出口风温控制在75℃，分离器转子转速控制在650r/min左右。磨煤机进口一次风量调节特性试验数据见表11－1。

表11－1　进口一次风量调节特性试验数据

项　　目	数值1	数值2	数值3
磨煤机进口一次风量（t/h）	122.0	128.3	137.0
给煤机给煤量（t/h）	70.58	70.04	70.78
动态分离器转子转速（r/min）	650	650	650
磨煤机进口风压（kPa）	9.20	9.80	9.85
磨煤机进、出口差压（kPa）	5.60	5.70	5.50
磨煤机出口风压（kPa）	3.00	3.50	3.85
实测出口管平均风速（m/s）	23.27	24.35	27.03
磨煤机进口风温（℃）	243.9	229.8	230.0
磨煤机出口风温（℃）	72.8	75.0	76.0
实测风速折合进口一次风量（t/h）	145.73	151.55	167.92
平均煤粉细度R_{90}（%）	14.02	16.65	18.73
磨煤机电流（A）	81.14	74.84	73.73
平均煤粉均匀性指数	1.27	1.26	1.22
原煤全水分（%）	11.42	11.42	11.42

通过磨煤机进口二次风量对磨煤机出口煤粉细度影响分析（见图11－10）。进口一次风量对煤粉细度影响较大，在动态分离器转速一定的情况下，煤粉细度R_{90}随磨煤机进口一次风量增加而增加呈二次方关系，磨煤单耗则有所减小，进口一次风量增加16t/h，煤粉细度R_{90}上升4.71%，磨煤单耗下降1.07kW·h/t，磨煤机运行电流下降7.41A。其主要原因是进口一次风量的增加增强了磨煤机的携带能力，使较多的粗颗粒煤粉带离磨煤机，从而导致煤粉细度

上升。从另外一个方面考虑，在出力不变的状态下，携带能力的增强也减小了煤层厚度，同时也加强了磨煤机的干燥能力，从而导致煤层变得疏松且易脆，这又会减小磨煤功耗，磨煤机电流也相应下降。因此，实际运行中，没有必要通过刻意降低进口一次风量来实现降低煤粉细度的目的，过度地降低风量造成的磨煤电耗升高会超过通风电耗下降的程度，这样，磨煤机进口一次风量有一个最佳值。从不同进口一次风量下的煤粉均匀性指数 n 看，煤粉均匀性指数 n 随进口一次风量减少而降低，但变化不大，都处于较好的水平。

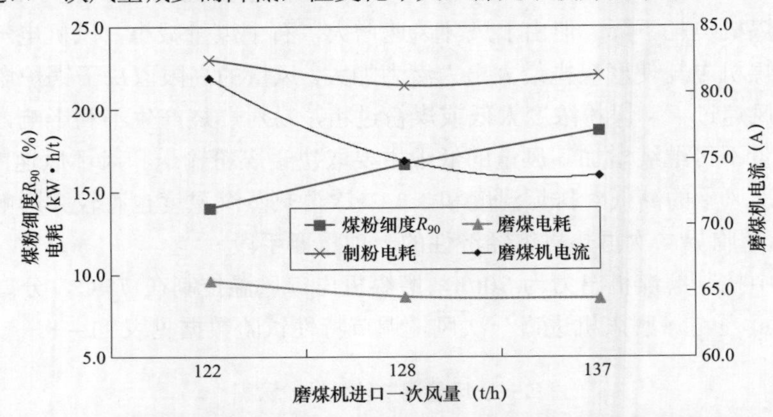

图 11-10 磨煤机煤粉细度 R_{90}、电流、电耗与磨煤机进口一次风量关系曲线

从减少进口一次风量对磨煤机进口温度影响看，在出口温度基本稳定的状态下，磨煤机进口一次风量降低 16t/h，进口风温升高 13℃以上，可以使制粉系统减少冷风量，有利于锅炉排烟温度的降低，从而提高 1000MW 超超临界二次再热机组的经济性。

磨煤机进口一次风量的变化对磨煤机本身的流动阻力和磨煤机出口流动阻力以及磨煤机电流也存在明显的影响。磨煤机进口一次风量与磨环差压、进/出口一次风压的关系曲线见图 11-11。从不同进口一次风量的磨环差压看，磨煤机磨环差压随一次风量的增加而呈先上升后下降趋势。进口一次风量增加，磨煤机的风阻增加，初始阶段虽然增加的进口一次风量会使磨煤机内的煤层厚度减薄，但此时减薄的程度并不大，总体上体现为磨环差压在增加，但随着进口一次风量的继续增加，通过磨煤机煤层厚度减薄的程度越来越大甚至超过了风阻带来的影响，进而出现了磨环差压减小的现象。从磨煤机出口风压分析，磨煤机出口风压随进口一次风量的增加而增加，随着磨煤机进口一次风量的增加，磨煤机进口一次风压也提高较多。因此，通过降低磨煤机进口一次风量可以明显降低磨煤机出口管风压，从而降低磨煤机进口风压。进口一次风量减少 16t/h，磨煤机出口风压降低 0.85kPa 左右。相应的磨煤机进口风压降低 0.65kPa 左右。

此外，磨煤机进口一次风量的变化，也会改变锅炉燃烧的一次风率，提前或推迟煤粉颗粒的着火，在 1000MW 超超临界二次再热机组蒸汽温度调节时也需加以考虑。

从实测出口管风速分布数据看，磨煤机 3 个不同的进口一次风量都可以保证磨煤机的正常携带煤粉的能力，磨煤机出口一次风速都能保持稳定的流动速度。在变风量试验时，根据真空抽吸系统排出的石子煤量看，在磨煤机进口一次风量下降 16t/h 左右时，ZGM133G 型磨煤机石子煤排放量保持在了极低水平。

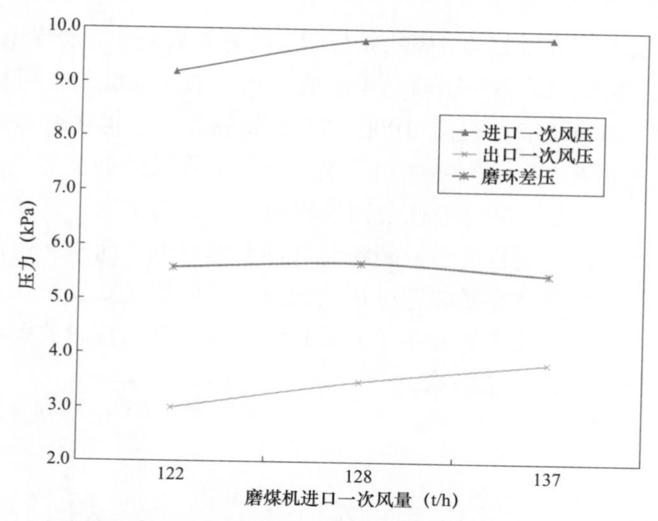

图 11－11 磨煤机进口一次风量与磨环差压、进/出口一次风压的关系曲线

（四）变液压油加载力特性试验

对于 ZGM133G 型中速磨煤机来说，液压加载力的变化将直接影响制粉系统的出力、煤粉细度和电耗，进而影响 1000MW 超超临界二次再热机组的带负荷能力和运行经济性。

选取某电厂1000MW超超临界二次再热机组所配ZGM133G型磨煤机进行变液压加载力特性试验，液压加载力分别为 9.8MPa、10.3MPa 和 10.8MPa，给煤量为 70t/h 左右。磨煤机变液压加载力特性试验数据见表 11－2。

表 11－2 磨煤机变液压加载力特性试验数据

项　　目	数值 4	数值 5	数值 6
磨给煤量（t/h）	70.35	70.50	70.04
液压油加载力（MPa）	9.8	10.3	10.8
动态分离器转子转速（r/min）	650	650	650
磨煤机进口一次风量（t/h）	130.3	132.0	128.3
磨煤机进口一次风压（kPa）	9.90	9.70	9.80
磨煤机进口一次风温（℃）	243.8	240.1	229.8
磨煤机出口风温（℃）	74.93	73.60	74.97
磨煤机出口风压（kPa）	3.45	3.50	3.50
磨煤机进、出口差压（kPa）	5.86	5.73	5.70
磨煤机电流（A）	74.84	75.40	75.77
磨煤机磨煤耗电率（kW·h/t）	8.62	8.74	8.93
平均煤粉细度 R_{90}（%）	16.50	17.12	16.65
平均煤粉均匀性指数	1.32	1.31	1.26

随着液压加载力的增加，磨煤机电流稍有增加，磨煤机内煤层厚度有所减薄，磨煤机

差压随液压加载力增加呈降低趋势，煤粉细度 R_{90} 没有太大变化，磨煤电耗则呈上升趋势，具体参见图 11－12 和图 11－13。试验结果表明，增大液压加载力，可提高煤层上的磨制能力，使磨煤机最大出力增加，提高 1000MW 超超临界二次再热机组的带负荷能力，而磨煤机出力的增加又会进一步开大热风门开度，有利于降低排烟温度，提高二次再热机组的高负荷运行经济性。但是，磨煤电耗会因磨辊负载增大而增大，且磨煤机碾磨件的磨损加重。当碾磨压力增加到一定程度后，制粉经济性开始降低。而从燃烧经济性来看，增加碾磨压力是有利的，尤其当分离器转速已达到极限位置时更是如此。从煤粉均匀性指数分析，几个工况平均煤粉均匀性指数 n 在 1.25～1.31 之间变化，煤粉均匀性优良，液压加载力对煤粉均匀性指数 n 没有明显影响。

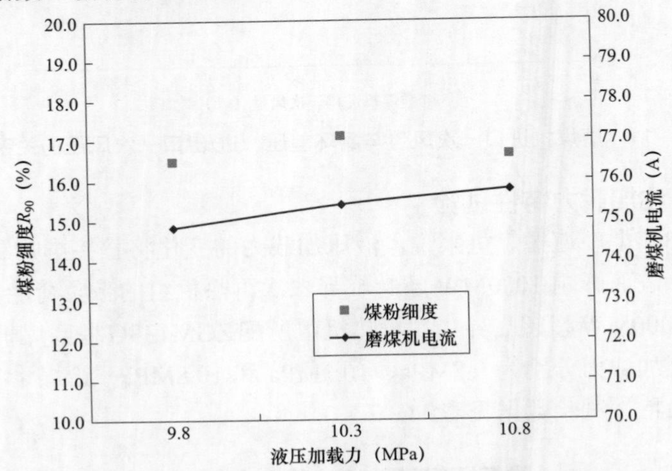

图 11－12 液压加载力对煤粉细度和磨煤机电流的影响

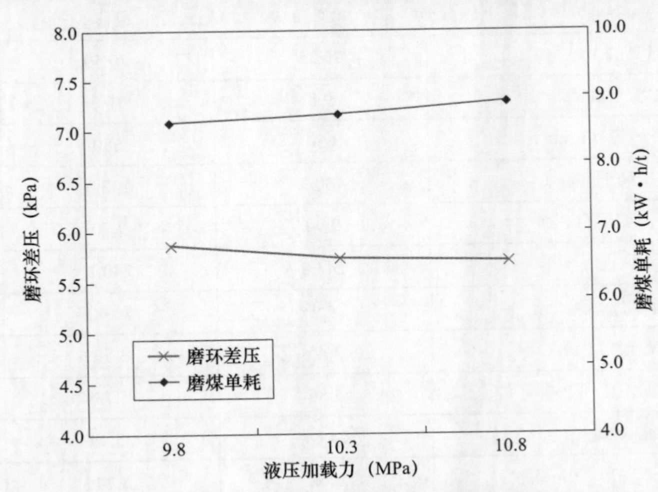

图 11－13 液压加载力对磨煤单耗和磨环差压的影响

（五）磨煤机变出力特性试验

中速磨煤机的稳定运行，关键问题是在磨环（碗）的风环上部空间处于悬浮状态的煤粉能否保持平衡状态，即由风环喷嘴喷出的高速气流将自磨环（碗）中溢出的煤粉及时地带入磨腔空间进行离心分离和重力分离，而后再带入分离器内进行离心分离，这一流动过程将消耗磨煤机阻力的 80%左右。如果流动过程遭到破坏，将会使石子煤量增多，风环阻力增大，致使风量减小，回粉量增加，磨环（碗）内煤层加厚，引起磨煤机电流晃动幅度增加，磨煤机磨环（碗）内溢出煤量增多。如此恶性循环，将使石子煤量剧增，导致磨煤机堵塞。因此，中速磨煤机在加减给煤量的同时，必须相应调节进口一次风量，保持一定的风煤比，这对中速磨煤机经济、安全运行极为重要，将对 1000MW 超超临界二次再热机组的各负荷段的稳定运行带来重要影响。通常情况，在较低出力、中等出力和高出力下稳定 3～4 个负荷，靠调整其他并列运行磨煤机的负荷来满足试验负荷的变化量。

根据磨煤机动态分离器调节特性试验、进口一次风量调节特性试验和变液压加载力特性试验数据，调整磨煤机不同出力下的相应参数，以满足磨煤机磨制煤粉细度的要求。若磨煤机出力增加仍期望得到符合燃烧要求的煤粉细度，那么动态分离器转速至少要比磨煤机中等出力时的转速有所提高；反之，磨煤机出力降低时，动态分离器转速也可适当降低，这是常规调整手段。若实际工况要求磨煤机带极端大出力负荷，可适当降低动态分离器转速以满足机组和磨煤机带负荷要求；对于进口一次风量的调整，则是在满足磨煤机安全、经济运行的前提下，尽量采用相对较低的风量来使煤粉细度保持在合适的水平；对于液压加载力的调整是在满足磨煤机碾磨能力的前提下尽量降低其对磨煤机碾磨件的磨损。

通过变磨煤机出力特性的优化试验，当机组负荷变化时，对相应的磨煤机出力，就可以给出有针对性的调整，从而保证磨煤机和 1000MW 超超临界二次再热机组的平稳和经济运行。

以某电厂 1000MW 超超临界二次再热机组所配 ZGM133G 型磨煤机为例，共进行 3 个工况的磨煤机变出力特性试验。试验过程中分别控制磨煤机出力为 60t/h、70t/h、80t/h，磨煤机进口一次风量和液压加载力按优化后的风煤比曲线和液压加载力曲线提供的风量、压力进行，磨煤机出口温度控制在 75℃上下，动态分离器转速分别为 550r/min、650r/min、700r/min。磨煤机变出力特性试验结果见图 11－14～图 11－18。

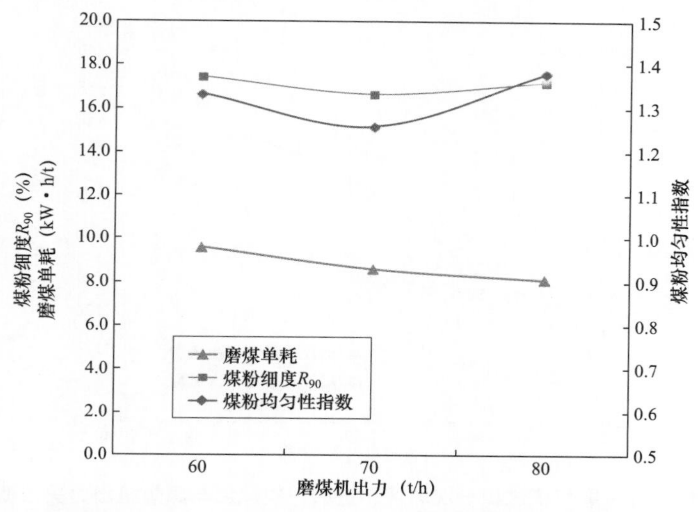

图 11－14　煤粉细度 R_{90}、磨煤耗电率、煤粉均匀性指数与磨煤机出力关系曲线

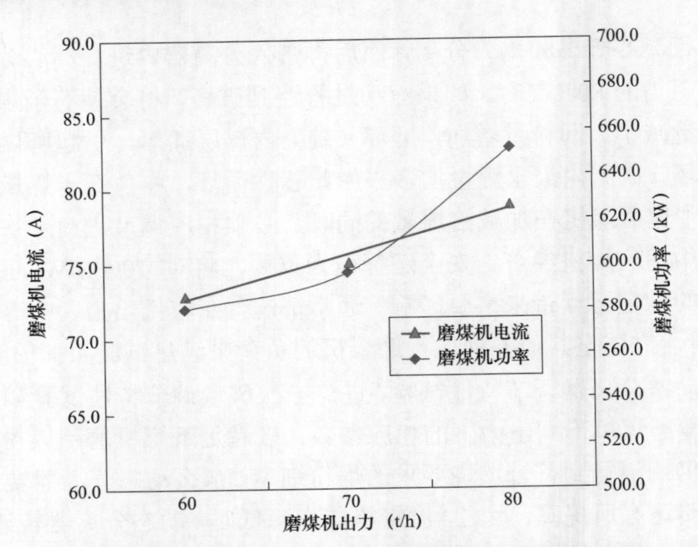

图 11-15 磨煤机电流、功率与磨煤机出力关系曲线

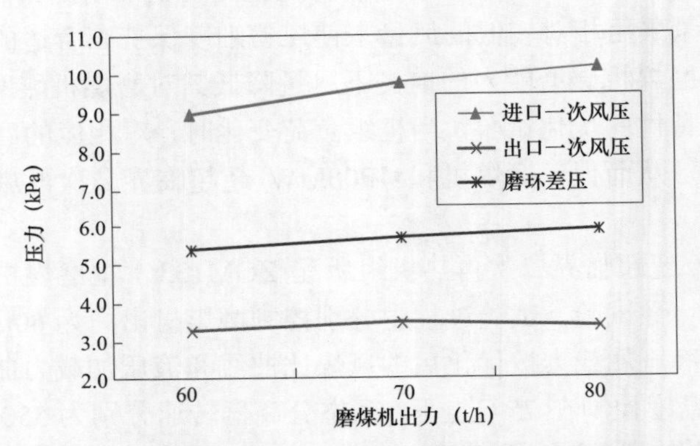

图 11-16 磨环差压、进/出口一次风压与磨煤机出力关系曲线

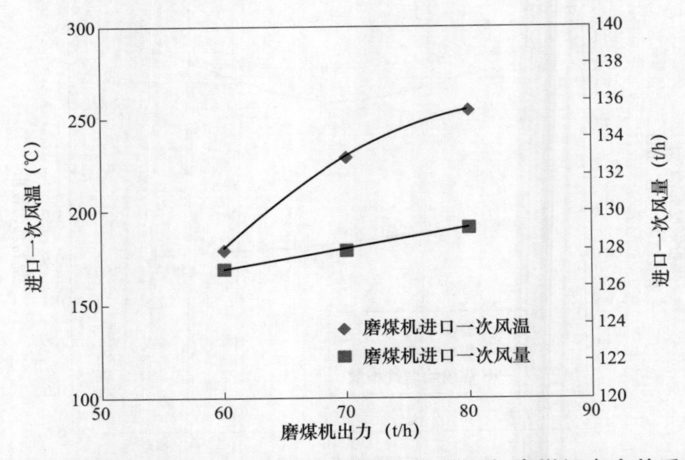

图 11-17 磨煤机进口一次风量、进口一次风温与磨煤机出力关系曲线

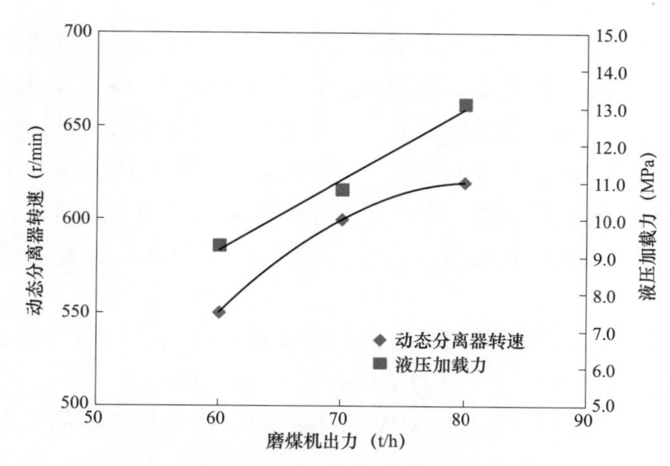

图 11－18　动态分离器转速、液压加载力与磨煤机出力关系曲线

图 11－14 所示试验结果表明，随着磨煤机出力的增加，煤粉细度虽有变化，但其 R_{90} 均保持在 20%以下，可较好地满足锅炉的燃烧要求。在不同的出力工况下，磨煤单耗保持在了较好的水平，均低于 10kW·h/t，满足设计要求。从不同出力时煤粉均匀性指数 n 看，煤粉均匀性指数 n 在 1.30 附近波动，但变化不大，都处于较好的水平。

磨煤机出力的增加会引起磨环上煤层厚度的增加，磨辊的研磨能耗增加，从而使磨煤机的运行电流和驱动功率增加。通过磨煤机变出力试验数据分析（见图 11－15），磨煤机运行电流与磨煤机出力基本成直线关系，出力增加 20t/h，运行电流增加 5.4A。而驱动电机功率的变化与磨煤机出力成二次方的关系。磨煤机出力越高驱动电动机的功率随出力增加的幅度越大。因为电动机功率低时功率因数小，功率高时功率因数大，所以磨煤机电动机功率与电流并不成直线对应关系。从磨煤机的磨煤耗电率分析，虽然出力增加引起磨驱动电动机功率增加，但磨制单位质量煤所需的做功仍然降低（见图 11－14）。从关系曲线上看，磨煤耗电率随出力增加而显著下降，磨煤耗电率与出力的变化呈二次方关系，出力低时出力变化对磨煤耗电率的影响越大，出力高时出力变化对磨煤耗电率的影响越小，这与磨煤机出力越大驱动电动机功率增加越快是一致的。

图 11－16 所示表明，磨煤机出力变化对磨煤机进、出口流动阻力及出口一次风管阻力也存在明显的影响。从出口管风压看，磨煤机不同出力时出口管风压与出力变化基本成直线关系，磨煤机出力变化从风速变化和煤粉浓度变化两方面影响磨煤机出口一次风管的流动阻力。磨煤机磨环差压随着磨煤机出力的增加而增加，出力变化从磨环（碗）上煤层厚度、通风量与煤粉浓度 3 个方面影响磨煤机流动阻力，由于出力与进口一次风量同步调整，磨环差压与出力变化的关系曲线较磨煤机出口风压的变化曲线稍显陡峭，因此，磨煤机出力对磨环差压的影响略大于对磨煤机出口风压的影响。由于磨煤机出力增加使得磨煤机出口风压与磨环差压一起增加，磨煤机进口压力增加更加明显。磨煤机出力从 60t/h 增加到 80t/h 时，磨环差压增加 0.5kPa，磨煤机进口风压增加 1.2kPa，磨煤机出口风压变化不大。磨环差压在几个出力下基本都在正常范围之内，说明磨煤机在该出力范围内能够正常运行，可满足锅炉的负荷变化要求。

从不同出力时磨煤机进口一次风量变化看（见图 11－17），磨煤机进口一次风量与出力基本保持线性变化关系，说明磨煤机风煤比自动控制较好。通过磨煤机进口风温分析，由于磨煤机出力较高时风粉质量比相对较低，需要的干燥风温都较高，磨煤机出力从 60t/h 增加到 80t/h 时，磨煤机 20t/h 出力变化引起进口风温从 180℃升高到 250℃，温升达 70℃，这意味着减少干燥风中的掺冷风量，有利于锅炉排烟温度的降低。因此，从降低锅炉排烟温度的角度应该尽量保持磨煤机高负荷运行，以提高 1000MW 超超临界二次再热机组的运行经济性。

根据不同磨煤机出力的试验结果，拟合出磨煤机进口一次风量、磨煤机动态分离器转速、磨煤机液压加载力与磨煤机出力的函数关系（见图 11－17、图 11－18），可用来指导制粉系统的平稳运行，这一点对 1000MW 超超临界二次再热机组的安全、平缓、经济运行尤为重要。

（六）磨煤机最大出力试验

磨煤机最大出力能力的获取可为 1000MW 超超临界二次再热机组的带大负荷能力提供有益的保证。磨煤机最大出力试验，在经过动态分离器转速调节特性试验、液压油加载力调节特性和进口一次风量调节特性试验的基础上进行。某电厂 1000MW 超超临界二次再热机组所配 ZGM133G 型磨煤机最大出力试验时，控制分离器转子转速为 620r/min，磨煤机进口一次风量为 126t/h，磨煤机出口风温控制在 78℃左右。试验稳定最大给煤量为 85.5t/h 左右，磨煤机出口一次风管平均风速为 25.7m/s 左右。

磨煤机电流为 84.4A，磨煤机电动机功率为 729kW，与电动机额定功率 1000kW 存在较大差距。从磨煤机进口风门开度分析，热风门开度已达到 90%，磨煤机进口风压在 10.64kPa 左右，一次风机出口风压在 11.4kPa 左右，为防止一次风机出现失速现象，未再进一步提高一次风压。磨煤机进、出口差压为 6.0kPa，未达到磨煤机最大设计阻力，但磨煤机运行困难，再增加出力即有堵磨现象，于是未进一步增加磨煤机出力。磨煤机出口平均煤粉细度 R_{90} 为 18.2%，较为适合锅炉燃烧，煤粉均匀性指数为 1.20，煤粉均匀性较好，说明磨煤机在最大出力状态下运行正常。石子煤排放量处于正常状态，石子煤基本是磨碎的灰黑色石块粉末。此时，磨煤机的碾磨出力尚有裕量。磨煤机进口一次风温达到 286℃左右，尚未达到空气预热器出口一次风温的水平，磨煤机的干燥出力尚有一定空间。因此，在这里磨煤机的通风出力是限制磨煤机最大出力的主要因素。

最大出力状况下，磨煤机磨煤耗电率为 8.53kW·h/t。将煤粉细度修正到设计出力的 R_{90}=15.0%，全水分 M_t=8.43%以及哈氏可磨性指数 55，修正后磨煤机最大出力为 83.85t/h，超过了设计的最大出力。修正后的磨煤耗电率为 8.70kW·h/t。ZGM133G 型磨煤机最大出力试验相关参数见表 11－3。

表 11－3 ZGM133G 型磨煤机最大出力试验相关参数

项　目	数值	项　目	数值
动态分离器转速（r/min）	620	原煤全水分（%）	9.80
给煤机累计给煤量（t/h）	85.5	修正后磨煤机出力（t/h）	83.85

续表

项　　目	数值	项　　目	数值
磨煤机进口风压（kPa）	10.64	修正后磨煤耗电率（kW·h/t）	8.70
磨煤机出口风压（kPa）	4.03	磨煤机进口一次风量（t/h）	125.7
实测出口平均风速（m/s）	25.7	磨环差压（kPa）	6.00
磨煤机进口风温（℃）	286.1	磨煤机出口风温（℃）	78.3
磨煤机电流（A）	84.4	平均煤粉细度 R_{90}（%）	18.2
煤粉均匀性指数	1.20	石子煤排放量（t/h）	正常
磨煤耗电率（kW·h/t）	8.53	可磨性指数	53

第三节　燃烧优化调整试验

我国的1000MW超超临界二次再热技术走在了世界前列。2015年，作为世界首台1000MW超超临界二次再热机组在国电泰州电厂投产，随后华能莱芜电厂的1000MW二次再热机组也进入试生产。超超临界二次再热技术有望成为解决我国当前能源利用率低下、环境污染严重等问题较为现实有效的重要途径之一。

1000MW超超临界二次再热机组有如下几种燃烧方式与锅炉布置形式搭配：单炉膛八角双切圆形布置、墙式对冲燃烧型布置、墙式对冲塔式布置、单切圆塔式布置。本书中，主要以世界首台1000MW超超临界二次再热锅炉即上海锅炉设计生产的单切圆塔式布置锅炉为基础，对1000MW超超临界二次再热机组锅炉的燃烧优化技术进行阐述，对1000MW超超临界二次再热机组锅炉的锅炉热效率、NO_x排放、烟气中的CO水平、一次再热和二次再热蒸汽温度特性和水冷壁高温腐蚀情况进行分析，希望也能对采用其他类型的1000MW超超临界二次再热燃烧技术锅炉的运行优化和设计起到一定的借鉴作用。

一、试验要求

锅炉燃烧调整试验是为了寻求锅炉安全、经济、环保的运行方式，其测量项目较多，如锅炉热效率、污染物排放、辅机电耗、水冷壁贴壁还原性气氛、炉膛温度、蒸汽温度和壁温等，对于1000MW超超临界二次再热机组则又多了一个二次再热蒸汽温度，这些测量项目可以根据调整试验的要求和目的的不同进行取舍。

试验除满足有关测量项目所应用的标准规定外，还应满足以下要求：

（1）试验工况的调整应满足工况之间的完全可比性，即当进行某一个参数调整的一组工况时，其他所有可调参数均应保持不变。在实际调整试验中，这一点不一定完全能够满足，比如试验前是否吹灰以及吹灰的范围，对锅炉的炉膛温度和排烟温度有很大的影响，要保证试验前炉膛和受热面保持同样的沾污程度比较困难。还有运行人员为保证蒸汽温度所进行的操作，使得某些参数在一组工况中无法保证一致。出现这种情况时，可通过增加试验工况的方法使一组工况具有比较好的比较性，以便于试验分析。

（2）一组试验工况之间应满足测量的可比性，即对一组调整试验工况，测量的内容和位置、测量仪器等应保持不变。比如，在进行锅炉燃烧调整试验时，热效率的测量并不一定完全按照标准的要求进行，飞灰有可能只在一个孔中取样，则这一组工况的飞灰取样应该在同一个测孔中进行。

二、测量方法

（一）原煤取样及分析

试验期间从运行的给煤机上方落煤管每30min取样一次，每台每次取约1kg样，装入桶内密封好。装原煤样的桶除非在加入或取出样品时才允许打开，否则应保证密封良好。取样结束后，全部样品混合均匀，缩分为4份，每份约2kg。电厂、设备厂、试验单位各执一份，留底备用一份。原煤全水分应在取样结束后立即送交电厂化验室进行分析。样品的其他成分分析需送交有资质煤质化验中心化验室进行分析，考虑到原煤水分有可能散失，最终的煤质数据应经过电厂化验室提供的全水分修正后进行。

（二）煤粉取样及煤粉细度分析

采用专用的煤粉等速取样装置进行煤粉采样，利用自动缩分器缩分煤粉样，取样结果用于粉量计算、细度分析和水分分析。煤粉取样结束后立即送交电厂化验室进行细度分析（或由试验单位提供的气流筛现场筛分），用于细度分析的筛子由有资质单位提供并已经校验合格。

（三）飞灰取样

飞灰采用等速取样枪在省煤器出口烟道上进行连续等速取样。同时收集除尘器灰斗落灰样（可由省煤器出口等速飞灰取样分析标定该灰样，以方便日常分析及优化运行）。试验结束后，样品混合均匀，缩分为4份，电厂、锅炉厂、试验单位各执一份，留底备用一份。飞灰可协商交电厂化验室或有资质单位进行可燃物分析。

（四）炉渣取样

炉渣的取样在炉底捞渣机排渣口（或干式排渣机）处接取，每30min取样一次，每次约1kg。试验工况结束后，全部样品混合均匀，缩分为4份，每份约1kg，电厂、锅炉厂、试验单位各执一份，留底备用一份。炉渣可协商交电厂化验室或有资质单位进行可燃物分析。

（五）烟气温度和烟气成分测量

在省煤器出口、空气预热器进、出口烟道按等截面原则，用网格法测量测点断面的速度场、氧量、温度场及其他烟气成分，确定出氧量及温度场的代表点。

1. 烟气温度测量

测量烟气温度的仪表一般为热电偶。由这些装置可直接得到读数，或者输出一个信号，通过手持显示仪器或数据记录仪读取。测量空气预热器进口烟温时一般采用K型、E型等热电偶，测量空气预热器出口烟气温度则一般采用T形热电偶。必须保证测量装置在测量环境中达到热平衡。热电偶导线不得与电源线平行放置，以避免电干扰。

2. 烟气取样分析

烟气取样与温度测量必须在相同测点上进行。为将不确定度减至最小，宜将若干单个取样点汇合成为一组合烟气样品，并在试验期间连续采样分析。来自每一取样头的烟气流量宜相等。当测点数量不是很大以减少试验中横截面逐点测量的次数时，可采用独立测点取样分析（偏差也要取得大些）。

通过抽取烟气进行烟气分析的设备由两部分组成：样品采集与传输系统和烟气分析仪。样品采集与传输系统由多取样头网格、取样管线、烟气混合设备、过滤器、凝结器或气体干燥器和气泵等组成。每台烟气分析仪单独分析一种烟气成分。由于在烟气样品分析之前，要从抽取的样品中除去水分，因此这类分析基于干燥基。无除湿或称为“就地”分析是基于湿基。烟气成分分析采用容积含量或摩尔含量，摩尔含量为被测成分的摩尔数除以总摩尔数。干燥基与湿基间的差别在于湿基在分母中包含干燥物质的摩尔数与水蒸气的摩尔数。

（1）氧气 O_2 分析。

用于测量烟气含氧量的几种方法包括顺磁氧量计、电化学氧电池、奥氏体法、燃料电池和氧化锆氧量计等。当采用电化学电池时，需谨慎确保其他气体，例如 CO_2，对 O_2 测量不造成干扰。在标定气体中配入与实际烟气中浓度大致相等的干扰气体，可减小误差。

（2）一氧化碳 CO 分析。

最普通的一氧化碳分析方法是非色散红外线法。为了 CO 读数精确，烟气样品必须干燥，分析仪必须补偿 CO_2 的干扰，采用较精确的仪器测定 CO_2，然用再对 CO 进行补偿；其他方法为采用一个 CO_2 干扰预测值。

（3）氮氧化合物 NO_x 排放测试。

在省煤器出口烟道按等截面原则，用网格法测量测点断面的速度场、氧量及 NO_x。化学发光分析仪是首选的氮氧化合物分析方法。

（六）水冷壁还原性气氛测量

主要在可能发生水冷壁高温的水冷壁区域进行测量。测点布置在水冷壁鳍片，通过专用仪器抽取炉内水冷壁贴壁烟气，分析烟气中的 O_2、CO 和 H_2S 含量。

（七）炉膛温度测量

用专用红外高温仪在锅炉观火孔测量炉膛温度。

（八）固体物料流温度测量

进入和离开系统的固体物料流的温度通常难以测量。试验各方应决定是否采用指定值或是测量值。如有必要测量温度，温度探针需插入物料流中。多股固体物料流的平均温度宜为质量加权值。

（九）大气压测量

环境条件包含大气压力的确定。一种方法为采用气压计测出测量点的大气压力。另一种替代方法是采用最近的气象站报道结果，而不采用海平面值进行修正的方法。宜记录气象站与试验现场的海拔，如果存在高度的差别则进行修正。

三、试验标准

采用 ASME PTC4—2013《燃煤蒸汽锅炉性能试验规程》或 GB/T 10184《电站锅炉性能试验规程》均可。

四、测点布置

1000MW 超超临界二次再热机组锅炉燃烧优化测点总体布置图如图 11－19 所示。

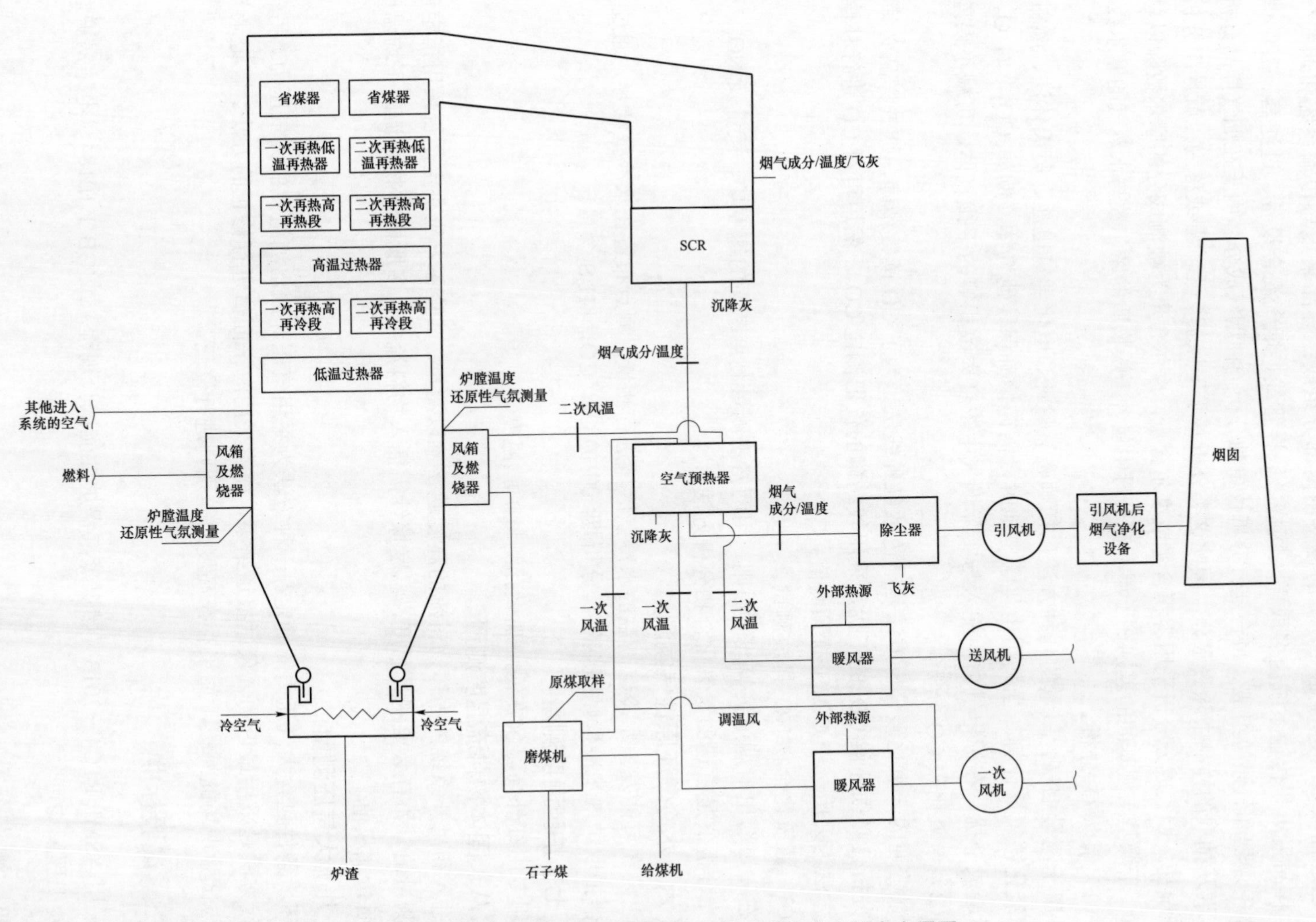

图11-19 1000MW超超临界二次再热机组锅炉燃烧优化测点布置图

五、燃烧调整技术

（一）塔式锅炉高级复合空气分级低 NO_x 切向燃烧系统

SG–2710/33.03–M7050 型锅炉配高级复合空气分级低 NO_x 切向燃烧系统，一共设有 12 层快速着火煤粉喷嘴，在煤粉喷嘴四周布置有燃料风。

（二）运行氧量标定

以某电厂 1000MW 超超临界二次再热组锅炉为例进行燃烧优化调整。燃烧调整中，由于涉及的调整工况较多，如果对每个工况的氧量都按照等面积网格法进行详细的测量，将花费巨大的工作量，因此，在正式的燃烧调整试验前，需对运行氧量进行标定，这项工作一般在摸底试验中进行，以此为基础，经过标定的氧量可作为燃烧调整和计算的依据。此项工作对任何燃烧方式炉型均有效。

（三）运行氧量的影响

氧量是锅炉运行的一个重要监测参数，它的改变将导致炉内燃烧风量和烟气量的变化。燃烧风量是一个重要运行参数，烟气量又是一个重要传热参数，因此合理调整燃烧氧量，可以确保煤粉燃尽、NO_x 生成量低、炉膛不发生高温腐蚀、各段受热面汽温和壁温符合经济、安全运行的要求，以及减温水量和排烟温度都在合理范围之内。

氧量过大，会使排烟热损失增加；过小，则会使机械未完全燃烧热损失和可燃气体未完全燃烧热损失增加，以上 3 项热损失之和最小时的氧量是锅炉运行最适合的氧量。但是，实际调整中也应兼顾 NO_x 排放浓度，并考虑炉膛内水冷壁贴壁还原性气氛，以防止或减弱高温腐蚀的发生；另外，辅机电耗和一、二次再热蒸汽温度也是机组运行氧量的考虑因素之一。

变氧量试验是在 1000MW、900MW、800MW 和 700MW 负荷下进行。在同一负荷变氧量试验过程中，维持二次风配风方式基本不变，通过总风量来控制炉膛出口的氧量，基本原则是不改变锅炉各级燃烧空气的比例。同时，磨煤机组合方式一致，且各运行磨煤机给煤量均基本相同。试验中 NO_x 排放质量浓度是在脱硝系统进口截面测得 NO_x 体积分数平均后再折算到 O_2 含量为 6%条件下的质量浓度。

1000MW 负荷下变氧量试验分为 3 个工况，省煤器出口氧量平均值分别为 2.8%、3.0% 和 3.3%。试验结果表明，随着运行氧量的增加，锅炉热效率有较明显的先升后降趋势，3 个工况锅炉热效率分别为 93.35%、93.54%、93.452%；锅炉 NO_x 质量浓度随氧量的增加而呈上升态势，3 个工况 NO_x 质量浓度分别为 147mg/m^3、150mg/m^3、154mg/m^3［见图 11－20（a）］。分析氧量对锅炉主要热损失的影响，当氧量从 2.8%增加到 3.3%时，排烟热损失 q_2 明显升高，从 4.97%上升到 5.31%；机械未完全燃烧热损失 q_4 和可燃气体未完全燃烧热损失 q_3 均呈降低趋势，其中 q_4 从 0.95%降到 0.66%，q_3 从 0.32%降到 0.12%；3 项热损失之和（排烟热损失、机械未完全燃烧热损失和可燃气体未完全燃烧热损失之和，即 $q_2+q_3+q_4$）呈现出先降后升的趋势。从图 11－20（b）可以看出，当氧量大于 3.0%以后，氧量变化对 q_3 和 q_4 的影响减小，其降低趋势减缓，此时 q_2 的升高将超过 q_3+q_4 下降的影响；氧量在 3.0%左右时，3 项热损失之和达到最低值，此时 NO_x 质量浓度也在较低水平。

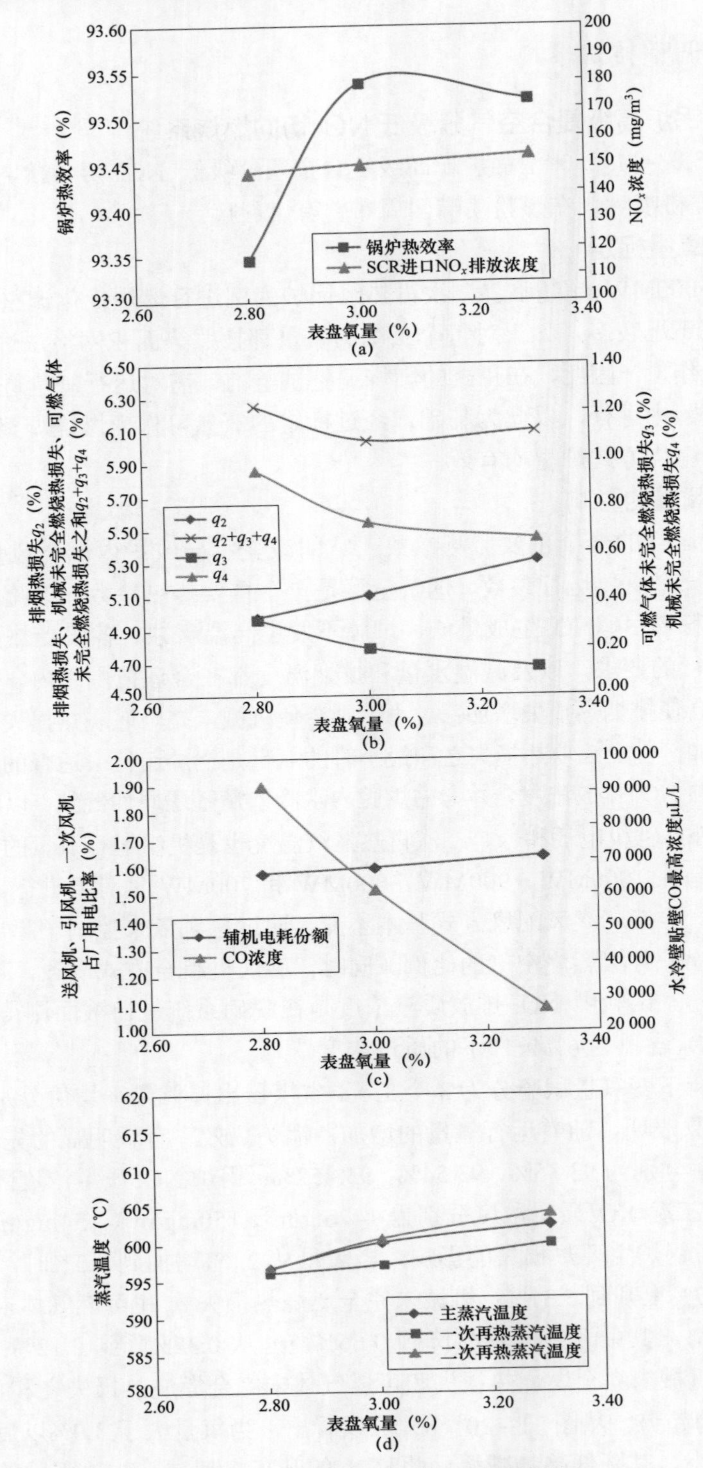

图 11-20　1000MW 负荷时氧量的影响

（a）氧量对锅炉热效率和 NO_x 质量浓度的影响；（b）氧量对锅炉主要热损失的影响；
（c）氧量对辅机电耗和水冷壁贴壁 CO 浓度的影响；（d）氧量对蒸汽温度的影响

图 11－20（c）显示，随着运行氧量的增加，送风机、引风机、一次风机所消耗的总工耗也在增加，3 个工况下其贡献的厂用电份额分别为 1.58%、1.60%、1.64%；水冷壁贴壁还原性气氛则在逐渐减弱，3 个工况水冷壁贴壁 CO 最高浓度分别为 91 900μL/L、61 500μL/L、26 900μL/L。这说明低氧量运行时送风机、引风机电流较小，辅机电耗较小，但是氧量过低容易在锅炉水冷壁附近形成强烈的还原性气氛，加剧水冷壁高温腐蚀，增加锅炉运行风险。此外，水冷壁附近还原性气氛强烈，熔点较高的 Fe_2O_3 将还原为熔点较低的 FeO，大大降低灰熔点，加重受热面的结渣和积灰。

如图 11－20（d）所示，随着运行氧量的增加，锅炉一次再热蒸汽温度和二次再热蒸汽温度略有增加，但幅度不大。一次再热和二次再热蒸汽温度的升高源于氧量增加导致的水冷壁壁温偏差改善，提高了主蒸汽温度，而导致再热蒸汽温度提升。因为此时负荷高，炉膛辐射份额也较大，氧量增大带来的对流辐射份额增加并不明显，所以一次再热和二次再热蒸汽温度升高也并不显著。

综合考虑，在 1000MW 负荷下，省煤器出口氧量控制在 3.0%左右，锅炉的运行状态比较理想。

如图 11－21 所示，在 900MW 负荷下，省煤器出口氧量平均值分别为 2.9%、3.2%和 3.5%，对应锅炉热效率分别为 93.83%、93.82%、93.81%。随着运行氧量的增大，q_2 呈增大趋势，q_3、q_4 呈减小趋势，$q_2+q_3+q_4$ 则由于 q_2 与 q_3、q_4 的互相抵消而变化不大。NO_x 质量浓度则随氧量的增加而升高，分别为 240mg/m^3、260mg/m^3 和 262mg/m^3。送风机、引风机、一次风机所消耗的总工耗随运行氧量的增加而增加，3 个工况下其贡献的厂用电份额分别为 1.56%、1.59%、1.64%。水冷壁贴壁还原性气氛则随运行氧量的增加而逐渐减弱，3 个工况水冷壁贴壁 CO 最高浓度分别为 32 500μL/L、31 200μL/L、31 400μL/L。随着氧量升高而导致的对流换热增加及水冷壁壁温偏差的减小，在运行氧量为 3.2%时，再热蒸汽温度达到最高，主蒸汽、一次再热蒸汽、二次再热蒸汽温度分别为 604.2℃、602.7℃、604.7℃。综合考虑，在 900MW 电负荷下，将省煤器出口氧量控制在 3.2%～3.3%效果较佳。

机组负荷降低时，一般情况下，一、二次再热蒸汽温度会有所下降。因此，负荷较低时调整的一个重要目标就是提高一次再热和二次再热蒸汽温度。800MW 负荷工况下，省煤器出口氧量分别控制为 3.5%、3.8%，因为此时锅炉运行氧量均较为充足，锅炉的燃尽效果也较好，所以随着运行氧量的增加，排烟热损失的上升将对锅炉热效率产生较大的影响。排烟热损失的增加，锅炉热效率开始下降，因此两个工况锅炉热效率分别为 93.64%、93.50%。NO_x 质量浓度则随氧量的增加而升高，分别为 236mg/m^3、254mg/m^3。800MW 负荷时，水冷壁贴壁还原性气氛相对较弱，且在氧量提升到 3.8%时，水冷壁贴壁还原性气氛降到更低的水平，两个工况下，水冷壁贴壁 CO 最高浓度分别为 22 300μL/L、14 800μL/L，水冷壁贴壁 H_2S 最高浓度分别为 117μL/L、110μL/L，水冷壁受高温腐蚀的风险极低。运行氧量增加也致使锅炉的对流换热能力增强，锅炉蒸汽温度有所改善，两个工况下，主蒸汽温度分别为 603.8℃、604.7℃，一次再热蒸汽温度分别为 600.1℃、598.6℃，二次再热蒸汽温度分别为 597.3℃、603.5℃。综合考虑，在 800MW 电负荷下，将省煤器出口氧量控制在 3.5%～3.6%会有较佳运行效果。

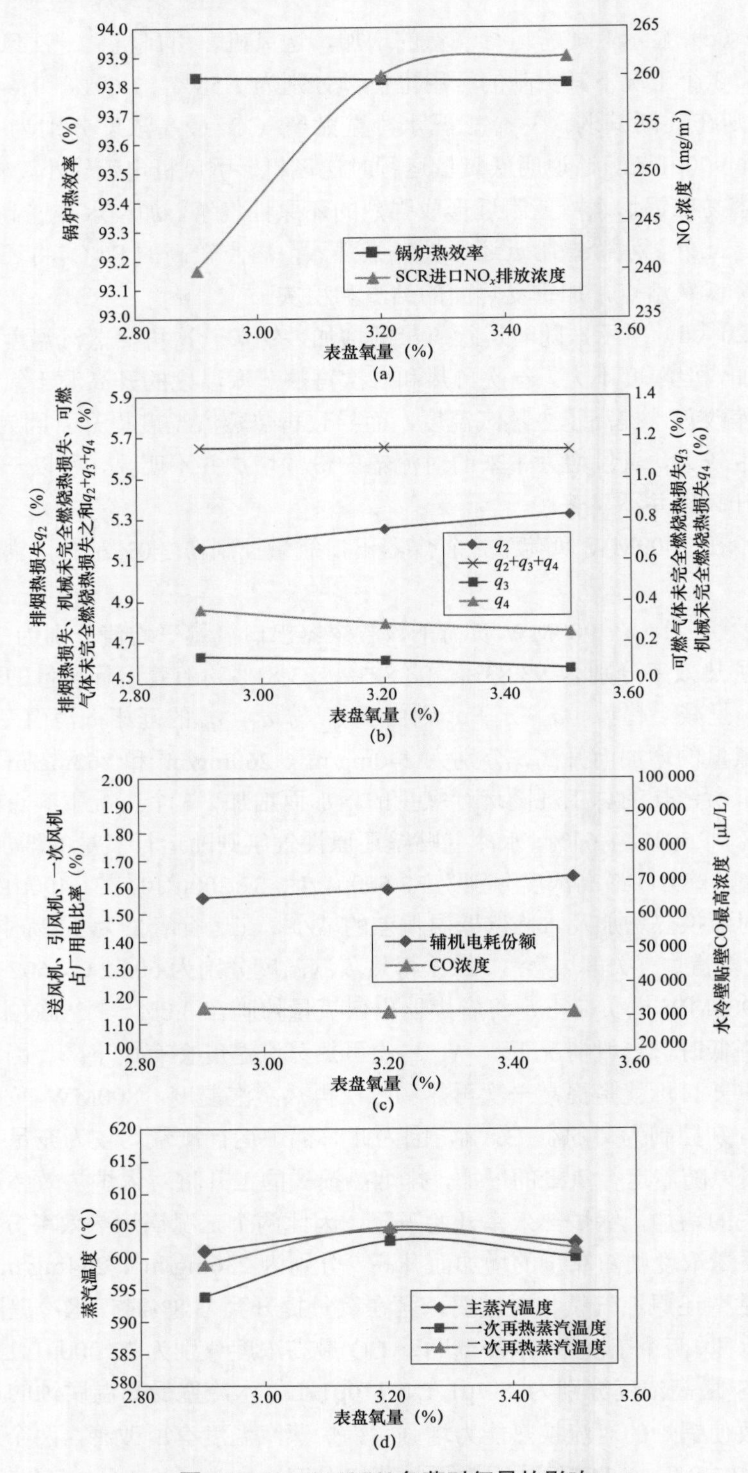

图 11-21 900MW 负荷时氧量的影响

（a）氧量对锅炉热效率和 NO_x 质量浓度的影响；（b）氧量对锅炉主要热损失的影响；
（c）氧量对辅机电耗和水冷壁贴壁 CO 浓度的影响；（d）氧量对蒸汽温度的影响

负荷继续降低到 700MW，此时调整的目标已不仅仅是提高再热蒸汽温度，由于炉膛温度的降低，锅炉的燃尽效果也应成为关注的目标。在 700MW 负荷工况下，省煤器出口氧量分别控制为 3.8%、4.1%，随着运行氧量的增加，因为燃尽效果的改善，机械不完全燃烧热损失下降的程度抵消甚至超越了排烟热损失增加的影响，所以锅炉热效率有所升高，两个工况下锅炉热效率分别为 94.04%、94.18%。NO_x 质量浓度则随氧量的增加而升高，分别为 191mg/m^3、239mg/m^3。700MW 负荷时，水冷壁贴壁还原性气氛相对较弱，且在氧量提升到 4.1%时，水冷壁贴壁还原性气氛也没有更加明显的改变，两个工况下，水冷壁贴壁 CO 最高浓度分别为 23 200μL/L、23 600μL/L，水冷壁贴壁 H_2S 最高浓度分别为 132μL/L、133μL/L，水冷壁受高温腐蚀的风险较低。综合考虑，在 700MW 负荷工况下，将省煤器出口氧量控制在 4.0%左右。

从各负荷下的 NO_x 质量浓度随氧量变化趋势可以看出，随着氧量的增加，NO_x 质量浓度均是升高的。这种变化趋势是符合预期的，因为运行氧量是由总风量来控制的，而总风量的变化一般不改变各级燃烧空气的比例，所以增加运行氧量也就增加了燃烧区域和还原区的氧浓度，从而使得燃料型 NO_x 生成量增加。同时，在相同负荷下，氧量的增加会使燃烧区域的中心温度增加，热力型 NO_x 生成量也会有所增加；此外，氧化性环境也会阻碍已生成 NO_x 的还原。因而，总的 NO_x 生成量增加。

通过不同负荷的变氧量试验，可得出氧量随负荷变化的运行特性曲线（见图 11－22）以指导 1000MW 超超临界二次再热机组锅炉安全、经济运行。

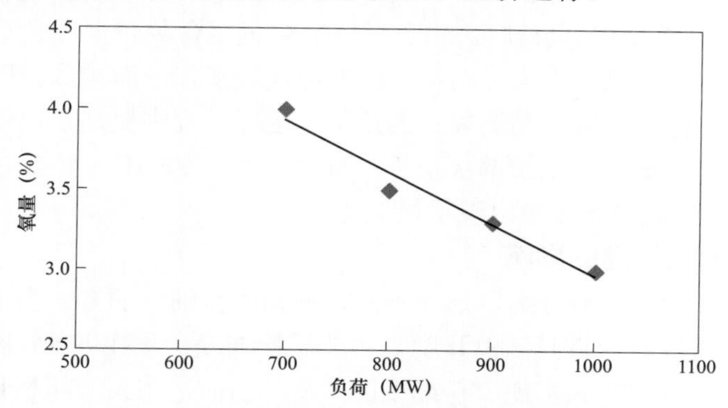

图 11－22　氧量随负荷变化的运行特性曲线

（四）负荷的影响

针对负荷变化对炉内燃烧及 NO_x 排放的影响，进行了 5 个负荷的试验，试验结果如图 11－23 所示。

试验结果表明，机组负荷从 1000MW 降低到 600MW 时，NO_x 质量浓度呈现出稳中有降的趋势，负荷降到 600MW 左右时，NO_x 质量浓度最低。机组负荷主要从炉膛温度和氧浓度两方面影响 NO_x 的生成量；一方面，随着负荷的降低，炉内热负荷和燃烧温度明显下降，随燃料入炉的 N 总量也减少，热力型 NO_x 和燃料型 NO_x 的生成量均减少；但另一方面，低负荷时，虽然炉内热负荷和燃烧温度低，热力型 NO_x 得到有效控制，但习惯运行的高氧量导致了燃料型 NO_x 的显著增加。对于 1000MW 超超临界二次再热塔式锅炉，由于在

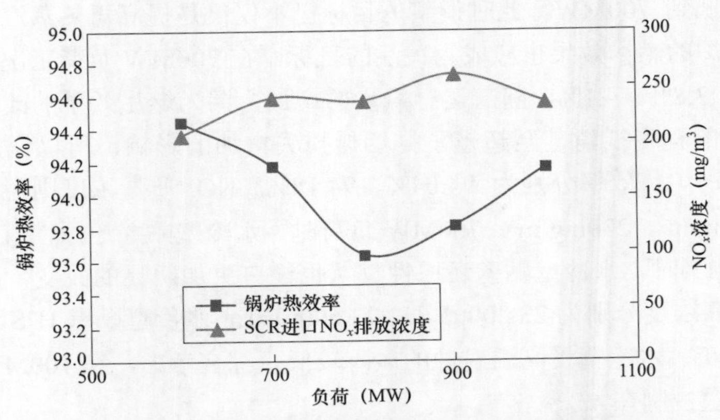

图 11－23　负荷对锅炉热效率和 NO_x 质量浓度的影响

负荷降低的过程中，炉膛氧量并没有显著大幅增长，炉膛温度的降低起了较大的作用，NO_x 排放浓度从而随着机组负荷的降低而降低。

从图 11－23 中还可以看出，随着机组负荷的降低，机组负荷在 800MW 左右时锅炉热效率出现最低值，而满负荷和低负荷时的锅炉热效率均较高。在各负荷段，锅炉的灰渣燃尽特性较好，飞灰含碳量介于 1.0%～2.0%之间，炉渣含碳量接近于 0；负荷高于 900MW 时，排烟中 CO 体积含量在 250μL/L 以上，可燃气体未完全热损失不可忽略，负荷低于 800MW 时，排烟中 CO 含量较低，在 100μL/L 以下；满负荷时，锅炉排烟温度较低，接近设计值，在 800～900MW 负荷时，由于运行磨煤机组台数较多，且制粉系统一次风调节不稳定，导致进口一次风量较大，制粉系统掺冷风较多，进而排烟温度较高，影响了锅炉的经济性；为了降低水冷壁受高温腐蚀的风险，运行过程中提高了运行氧量，致使空气预热器出口氧量较高，影响了锅炉的经济性。综合下来，600MW 负荷时锅炉热效率达到最高，800MW 负荷时锅炉热效率出现了最低值。

（五）动态分离器转速的影响

直吹式制粉系统中，煤粉分离器形式不同，调整煤粉细度的方式也不同。采用静态分离器的磨煤机需要通过改变折向挡板开度来调节煤粉细度，采用动态分离器的磨煤机则需要通过改变动态分离器转速来实现煤粉细度的改变。当前，在大型超超临界机组中，动态分离器由于操作方便且煤粉分配均匀性更好而应用越来越广泛。超超临界二次再热机组制粉系统的设计也主要采用动态分离器方式。因此，在 1000MW 超超临界二次再热机组变煤粉细度试验中，煤粉细度的改变是通过改变磨煤机动态分离器转速的方式来实现的，动态分离器转速升高煤粉细度增加，动态分离器转速降低煤粉细度减小。

动态分离器转速对飞灰含量和 NO_x 排放浓度的影响如图 11－24（a）所示，随着磨煤机动态分离器转速的升高，煤粉逐渐变细，飞灰含碳量逐渐下降、锅炉热效率呈上升的趋势，NO_x 排放浓度有下降趋势，主要原因是煤粉变细后，锅炉燃尽效果改善，同时有效的还原空间拉长所致。在几个工况的试验中，磨煤机功耗随动态分离器转速的增加而逐渐增加，5 台磨煤机消耗总功率上升 287.7kW，影响厂用电率不足 0.03%，煤粉变细后磨煤机增加的功耗远小于锅炉热效率提高所带来的收益。

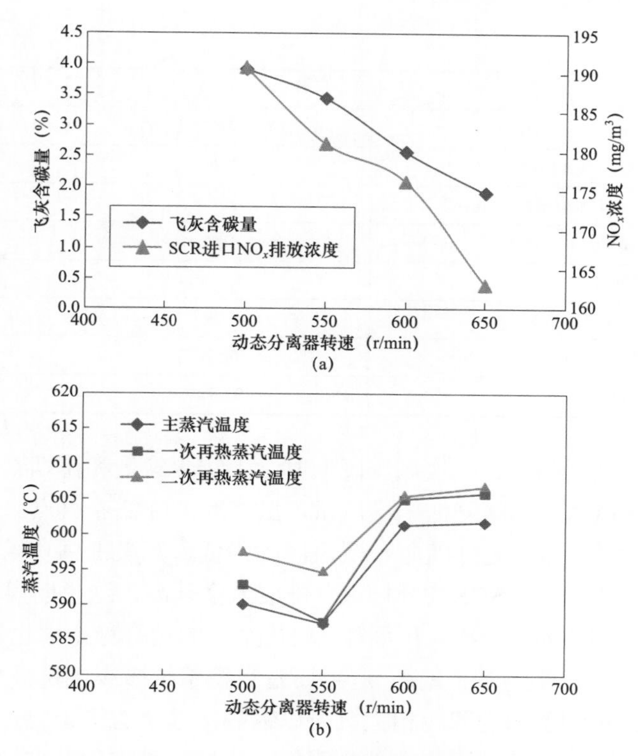

图 11－24　动态分离器转速的影响

（a）动态分离器转速对飞灰含量和 NO_x 排放浓度的影响；（b）动态分离器转速对蒸汽温度的影响

图 11－24（b）显示，随动态分离器转速的升高，主蒸汽、一次再热蒸汽和二次再热蒸汽温度虽有波动，但整体上呈升高趋势。动态分离器转速升高，煤粉细度变小，火焰燃烧距离缩短，蒸汽温度本应下降，但动态分离转速升高后，各支煤粉管道煤粉分布的均匀性以及煤粉本身的均匀性都在改善，因此水冷壁的壁温偏差明显减小，主蒸汽温度得以升高，超高压缸排汽温度增加，一次再热蒸汽温度和二次再热蒸汽温度进而升高。

综合考虑锅炉热效率、NO_x 排放、蒸汽温度和辅机电耗，建议动态分离器转速控制在600r/min，煤粉细度 R_{90} 约为 19.5%。

（六）变一次风压试验

变一次风压试验共进行了两个工况，一次风机出口一次风压分别调整至 10.9kPa、10.5kPa。变一次风压试验结果见表 11－4。

表 11－4　　变一次风压试验结果

参　　数	风压 1	风压 2
电负荷（MW）	1000	1000
一次风压（kPa）	10.9	10.5
表盘氧量（%）	3.0	3.0
过热蒸汽温度（A/B/C/D，℃）	601.8/602.4/595.7/598.3	597.1/600.7/601.5/601.5
一次再热蒸汽温度（A/B/C/D，℃）	599.8/608.6/606.9/600.2	599.3/608.6/609.8/602.3

续表

参　　数	风压 1	风压 2
二次再热蒸汽温度（A/B/C/D，℃）	612.2/614.2/615.2/603.0	603.4/606.0/609.0/604.3
运行磨煤机总功率（kW）	2371	2505
空气预热器出口实测 CO 体积浓度（μL/L）	256	338
折算到 6%O_2 SCR 进口 NO_x 排放浓度（mg/m^3）	197	241
排烟温度（℃）	119.3	116.9
飞灰可燃物含量（%）	2.09	2.44
炉渣可燃物含量（%）	0.52	0.64
锅炉热效率（%）	93.94	93.98

两个工况的试验结果显示，一次风压降低时，飞灰含碳量和排烟 CO 浓度均有小幅上升，这说明降低一次风压，也即降低一次风量，虽有助于降低着火点，但也会导致炉内扰动变弱、锅炉燃尽效果较差，且伴随着一次风压的降低，磨煤机总功耗升高，再热蒸汽温度略有下降；一次风压降低，SCR 进口 NO_x 排放浓度升高，这说明煤粉着火点的降低导致 NO_x 在早期得到大量生成；一次风压降低，制粉系统的运行稳定性也在下降；有益的是，随着一次风压的降低，排烟温度在下降，这主要是制粉系统掺冷风量减少所致。综合来看，一次风压降低，因为排烟温度的降幅稍大，所以锅炉热效率有了小幅提升。

综上所述，考虑到锅炉的运行安全性且降低一次风压带来的经济性并不明显，因此，建议在 1000MW 负荷时，运行一次风压不宜大幅降低，控制在 10.7kPa 左右为宜。

（七）变高、低位燃尽风（UAGP、BAGP）水平摆角试验

炉膛出口烟温偏差是炉膛内的流场造成的。研究表明，炉膛垂直出口断面处的烟气流速对烟气温度偏差的影响比烟气温度的影响大得多。因此，烟气温度偏差是一个空气动力现象。炉膛出口烟气温度偏差与烟气离开炉膛出口截面时的切向动量与轴向动量之比有关，比值越高，旋流速度越快。旋流速度可以通过减小气流入射角、布置低位燃尽风喷嘴和高位燃尽风喷嘴、燃尽风设置一定反切角度，以及增加从燃烧器区域至炉膛出口的距离等手段减小，从而使进入燃烧器上部区域气流的旋转强度得到减弱乃至消除。

如前所述，AGP 风主要起消旋作用，变 AGP 风水平摆角的目的即是为了取得较好的炉内空气动力场和燃烧效果，使得燃烧位置居中、大小合适，减小炉膛出口气流的旋转残余，达到降低炉膛出口烟气温度偏差、改善蒸汽温度偏差和锅炉热效率的目的。

表 11－5 为 AGP 风水平摆角的工况列表，其中 AGP 风被分为上、下两组，上面一组为 UAGP，从下到上序列号为 1、2、3、4；下面一组为 BAGP，从下到上序列号为 1、2、3、4。表 11－6 为变 AGP 水平摆角试验结果。

表 11－5　　AGP 风水平摆角的工况列表

项目	调整 1	调整 2	调整 3	调整 4	调整 5	调整 6
UAGP－4	反切 25°	反切 20°	反切 10°	对冲	正切 10°	反切 20°
UAGP－3	反切 25°	反切 20°	反切 10°	对冲	正切 10°	反切 20°

续表

项目	调整 1	调整 2	调整 3	调整 4	调整 5	调整 6
UAGP－2	反切 25°	反切 20°	反切 10°	对冲	正切 10°	反切 20°
UAGP－1	反切 25°	反切 20°	反切 10°	对冲	正切 10°	反切 20°
BAGP－4	反切 25°	反切 20°	反切 10°	对冲	正切 10°	正切 20°
BAGP－3	反切 25°	反切 20°	反切 10°	对冲	正切 10°	正切 20°
BAGP－2	反切 25°	反切 20°	反切 10°	对冲	正切 10°	正切 20°
BAGP－1	反切 25°	反切 20°	反切 10°	对冲	正切 10°	正切 20°

表 11－6　变 AGP 水平摆角试验结果

参数	调整 1	调整 2	调整 3	调整 4	调整 5	调整 6
过热蒸汽温度（A/B/C/D，℃）	582.4/608.2/604.3/593.7	600.2/599.5/601.5/603.4	602.5/603.9/602.8/600.2	601.3/605.2/606.5/597.2	597.0/595.0/588.7/589.6	590.1/599.7/595.9/574.6
一次再热蒸汽温度（A/B/C/D，℃）	595.6/613.0/610.2/604.4	596.3/597.8/598.4/588.9	601.1/604.8/603.5/593.1	591.9/600.9/609.1/594.8	593.0/604.7/606.9/587.3	584.7/612.3/601.4/594.7
二次再热蒸汽温度（A/B/C/D，℃）	590.5/609.3/599.9/601.0	599.7/597.3/606.5/599.8	604.2/602.7/605.6/596.8	603.0/606.1/603.0/581.3	601.8/605.9/601.6/586.3	598.1/599.7/603.8/575.2
空气预热器出口实测 CO 体积浓度（μL/L）	—	483	957	1042	4451	—
折算到 6%O_2 SCR 进口 NO_x 排放浓度（mg/m^3）	229	201	207	172	139	148
排烟温度（℃）	—	122.6	122.6	127.5	127.1	—
飞灰可燃物含量（%）	—	1.35	1.30	1.25	1.30	—
炉渣可燃物含量（%）	—	0.80	0.10	0.00	0.00	—
锅炉热效率（%）	—	93.67	93.61	93.54	92.50	—

表 11－6 试验数据表明，随着 AGP 喷口水平摆角由反切 20°、反切 10°、对冲、正切 10°逐渐转变的过程中，锅炉热效率在 AGP 风反切状况下，变化不明显，依次为 93.56%、93.51%、93.54%；但转为正切后，锅炉效率降低较为显著，变为 92.21%。在 AGP 喷口水平摆角从反切逐步转为正切的过程中，空气预热器出口烟气中 CO 含量上升较大，特别是从对冲转为正切后，消旋气流消失、炉内主气流扰动减小，燃烧不完全加剧，出口烟气中 CO 含量从 1042μL/L 急剧升至 4451μL/L，造成化学不完全燃烧热损失大幅增加，从而降低了锅炉热效率。此外，AGP 喷口水平摆角转为反切 20°时，消旋风的消旋效果较好，主蒸汽、一次再热蒸汽、二次再热蒸汽温度偏差最小，这有利于蒸汽温度的整体控制和提升，这一因素在蒸汽温度不足时显得尤为重要。

综上所述，AGP 风水平摆角控制在反切 20°，消旋风与炉内切圆的耦合度最高，AGP 风水平摆角宜控制在反切 20°。

（八）变 AGP 风门开度试验

高级复合空气分级低 NO_x 燃烧系统通过在炉膛的不同高度布置 BAGP 和 UAGP，将炉膛分成 3 个相对独立的部分：初始燃烧区、NO_x 还原区和燃料燃尽区。在每个区域的过量空气系数由 3 个因素控制：总的 AGP 风量、BAGP 和 UAGP 风量的分配以及总的过量空气系数。这种改进的空气分级方法通过优化每个区域的过量空气系数，对炉内燃烧带来重大影响，直接与锅炉热效率、NO_x 排放浓度、再热蒸汽温度及水冷壁附近还原性气氛相关联。因此，燃烧优化过程中，AGP 风门开度优化不可或缺，表 11－7 为变 AGP 风门开度试验工况列表，表 11－8 为变 AGP 风门开度试验结果。

表 11－7　　变 AGP 风门开度试验工况列表　　%

风门名称	调整 1	调整 2	调整 3	调整 4
UAPG－4	80	60	0	0
UAPG－3	80	60	100	0
UAPG－2	80	60	100	100
UAPG－1	80	60	100	100
BAPG－4	80	60	100	100
BAPG－3	80	60	100	100
BAPG－2	80	60	100	100
BAPG－1	80	60	100	100

表 11－8　　变 AGP 风门开度试验结果

参数	调整 1	调整 2	调整 3	调整 4
氧量（%）	3.0	3.0	3.0	3.0
过热蒸汽温度（A/B/C/D，℃）	600.0/595.0/598.2/602.6	597.8/598.6/594.1/597.9	597.8/595.0/599.4/604.2	591.5/591.9/597.7/597.0
一次再热蒸汽温度（A/B/C/D，℃）	603.0/607.6/606.6/602.6	594.3/599.4/601.7/593.9	599.5/606.5/604.2/599.5	602.0/607.3/605.6/601.3
二次再热蒸汽温度（A/B/C/D，℃）	603.1/598.6/609.1/600.7	602.3/599.3/603.2/593.9	597.8/594.2/605.0/595.4	603.9/605.3/610.2/604.3
SCR 入口 CO 浓度（mg/m^3）	443	430	435	311
折算到 $6\%O_2$SCR 进口 NO_x 排放浓度（mg/m^3）	217	236	229	260
排烟温度（℃）	120.3	122.8	122.4	121.0
飞灰可燃物含量（%）	1.30	1.20	1.50	1.20
炉渣可燃物含量（%）	0.00	0.00	0.00	0.00
锅炉热效率（%）	93.68	93.72	93.65	93.95

表 11－8 的试验数据表明，关小 AGP 风门开度可以降低排烟 CO 浓度，但会带来 SCR 进口 NO_x 排放浓度上升的后果。在各工况中，全关一层 AGP、保持其他 7 层全开并不能实现排烟 CO 浓度大幅下降的效果，在全关一层 AGP、保持其他 7 层全开工况中，SCR 进口 NO_x 排放浓度在 230mg/m^3 上下，排烟 CO 浓度均在 400mg/m^3 以上。在全关两层 AGP、保持其他 6 层全开工况中，排烟 CO 浓度可下降到 300mg/m^3 附近，SCR 进口 NO_x 排放浓

度在 260mg/m^3 左右。NO_x 排放浓度随 AGP 比例的增加而下降主要是由于 AGP 处于 NO_x 还原区和燃尽区，当总风量不变时，AGP 风量增加后，主燃烧区域风量相对减少，从而加强了炉内分级燃烧的效果，燃料型 NO_x 的生成受到限制，在 AGP 风比例进一步增加后，其对炉内分级燃烧的影响变小。

在几个试验工况中，调整 1、调整 2、调整 3、调整 4 工况的锅炉热效率分别为 93.68%、93.72%、93.65%、93.95%，全关两层 AGP、其他 6 层全开工况锅炉热效率最高，其他 3 个工况偏差不大，这也与测试得出的飞灰含碳量和排烟 CO 浓度的高低是相一致的。

AGP 风门开度变化对过热蒸汽、一次再热蒸汽、二次再热蒸汽温度偏差也有一定影响，其中 AGP 风门开度均为 80%工况和全关两层 AGP、其他 6 层全开工况蒸汽温度偏差较小，且后一工况更有利于提高再热蒸汽温度。AGP 风门开度大小主要从两个方面来影响蒸汽温度，一方面是 AGP 风量增加后炉膛内火焰中心将上移，这会使过热蒸汽温度和再热蒸汽温度均有所增加；另一方面是随着 AGP 风量的改变，消旋风发生了作用，蒸汽温度偏差也有所减小，这也会进一步提高过热蒸汽、一次再热蒸汽和二次再热蒸汽温度。因此，在保证 NO_x 排放浓度的前提下，适当的 AGP 比例对锅炉热效率和蒸汽温度偏差均有积极作用。

（九）变燃烧器垂直摆角试验

变燃烧器垂直摆角试验是为了改变火焰中心高度，从而达到提高再热蒸汽温度的目的。共进行了 3 个试验工况，即在保证其他参数大致不变的情况下通过改变燃烧器垂直摆角的角度来了解燃烧器垂直摆角对锅炉运行的影响，试验结果见图 11－25。在几个工况中，AGP 喷嘴与主燃烧器喷嘴整体一致向上抬升，在摆角为 70%时，主蒸汽、一次再热蒸汽、二次再热蒸汽温度偏差最小，有助于抬升一、二次再热蒸汽温度，且烟气中的 CO 含量最低，说明此时燃烧较为均匀；摆角为 90%时，虽然摆角最高有助于提高再热蒸汽温度，但是蒸汽温度偏差的扩大也限制了再热蒸汽温度的提高；摆角为 50%时，再热蒸汽温度毫无悬念地在 3 个工况中最低。

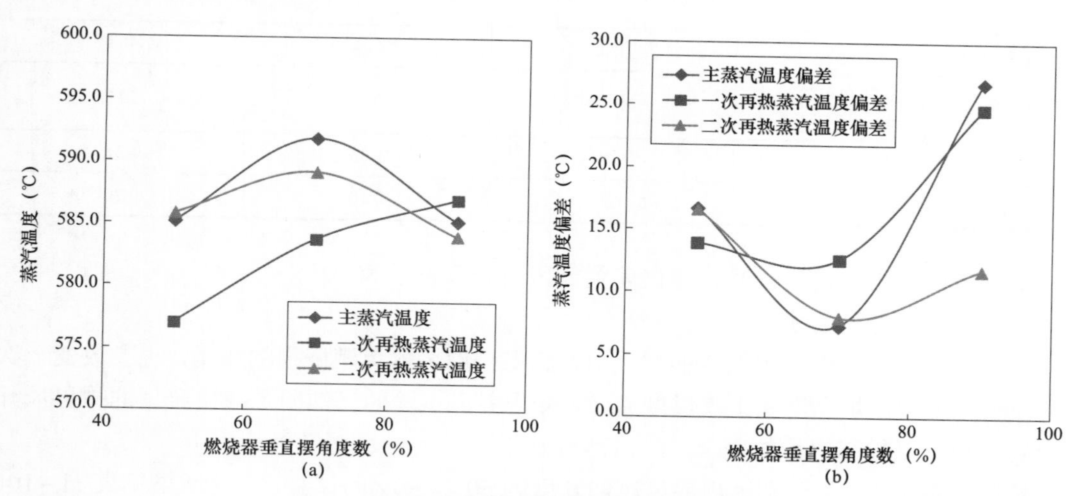

图 11－25　燃烧器垂直摆角对锅炉运行的影响

（a）燃烧器垂直摆角对蒸汽温度的影响；（b）燃烧器垂直摆角对蒸汽温度偏差的影响

综合考虑，为了提高一次、二次再热蒸汽温度，建议主燃烧器垂直摆角设置为70%左右。

（十）变偏置风试验

偏置风即起旋风，采用预置水平偏角的辅助风喷嘴设计方法，把火球裹在炉膛中心区域，在燃烧区域上部及四周的水冷壁附近形成富空气区，起到防止炉内沾污、结渣和高温腐蚀的效果。

试验分3个工况，分别为偏置风风门开度为40%、60%、80%的试验，试验结果见表11-9。试验结果表明，随着偏置风的开大，炉膛出口CO含量逐渐降低，NO_x浓度逐渐升高。这主要是由于随着偏置风的增加，气流有了较强的穿透力，炉内扰动逐渐增强，强化了主燃区的燃烧，从而减少了化学不完全燃烧热损失，同时也因为早期氧量的增加和燃烧温度的提升增加了燃料型NO_x的生成。从对蒸汽温度的影响看，偏置风量的增加并没有对再热蒸汽汽温带来太大影响。这说明偏置风风门开度的大小对锅炉运行影响的正面效果和负面效果均有。因为较大的偏置风风门开度有助于减小甚至预防水冷壁的高温腐蚀，所以人们往往忽略了偏置风开大带来的负面效果，在实际运行中采取较大的偏置风风量。

表11-9 变偏置风试验结果

参数	调整1	调整2	调整3
偏置风开度（%）	40	60	80
过热蒸汽温度（A/B/C/D，℃）	602.5/602.7/603.0/606.2	599.4/603.9/598.6/603.9	599.2/601.9/596.6/602.7
一次再热蒸汽温度（A/B/C/D，℃）	600.5/605.7/602.2/600.3	601.0/605.0/605.3/601.3	597.0/601.5/602.0/597.8
二次再热蒸汽温度（A/B/C/D，℃）	606.1/602.2/611.0/607.5	603.2/599.4/606.0/602.1	604.4/600.2/604.9/601.0
SCR进口CO浓度（mg/m^3）	753	609	468
折算到6%O_2SCR进口NO_x排放浓度（mg/m^3）	194	218	227
飞灰可燃物含量（%）	1.25	1.35	1.35
炉渣可燃物含量（%）	0.60	0.10	0.20

综合考虑，满负荷运行时，建议偏置风风门开度置于80%。

（十一）变周界风试验

周界风为布置在燃烧器四周的二次风，起保护燃烧器免遭烧损的作用，也会改变一次风的刚性，影响锅炉燃烧和蒸汽温度调节。变周界风试验的目的即是找出合理的周界风开度设置规律，以提高锅炉的安全、经济运行水平。

试验分两个工况，分别为周界风风门开度为50%、80%的试验，试验结果见表11-10。试验结果表明，随着周界风风门的开大，锅炉热效率变化不明显，SCR进口NO_x排放浓度变化也很小，再热蒸汽温度偏差增加则较为显著，一次再热蒸汽温度最大偏差从5.0℃

升高到 10.9℃，二次再热蒸汽温度最大偏差从 4.7℃升高到 10.5℃。由于一次风为对角对冲方式布置，周界风包围在煤粉气流四周，相当于增加了一次风量，周界风量增加后，一次风粉气流刚性增强，扰动有力，容易穿透偏置风二次风的包围，致使燃烧的不均匀性加大，再热蒸汽温度的偏差进而增加，因此，需要控制周界风门的开度。

表 11－10　　变周界风试验结果

参　数	调整 1	调整 2
周界风开度（%）	50	80
过热蒸汽温度（A/B/C/D，℃）	599.2/601.9/596.6/602.7	602.0/603.0/599.0/596.7
一次再热蒸汽温度（A/B/C/D，℃）	597.0/601.5/602.0/597.8	598.3/600.1/603.3/592.4
二次再热蒸汽温度（A/B/C/D，℃）	604.4/600.2/604.9/601.0	605.7/600.5/603.8/595.2
过热蒸汽最大温差（℃）	6.1	6.3
一次再热蒸汽最大温差（℃）	5.0	10.9
二次再热蒸汽最大温差（℃）	4.7	10.5
SCR 进口 CO 浓度（mg/m^3）	418	272
折算到 6%O_2 SCR 进口 NO_x 排放浓度（mg/m^3）	227	224
飞灰可燃物含量（%）	1.35	1.10
炉渣可燃物含量（%）	0.20	0.40

综合考虑，结合提高再热蒸汽温度考虑，满负荷运行时，将周界风风门开度设为 50%～60%更为合适。

（十二）变一、二次再热烟气挡板开度试验

在超超临界二次再热机组锅炉的设计中，一、二次再热蒸汽温度之间的调整通过烟气挡板来实现。上锅 1000MW 超超临界二次再热机组锅炉，在隔墙上方设置隔板，隔墙和隔板作为一体把炉膛上部分隔为两个烟道，前烟道布置一次再热器，后烟道布置二次再热器，通过调节挡板可以调节前后烟道的烟气量进而改变一、二次再热蒸汽温度。在国电泰州电厂 1000MW 超超临界二次再热机组锅炉烟气挡板调节试验中，变一、二次再热烟气挡板开度试验结果如表 11－11 所示，随着一次再热烟气挡板开度由 100%减小为 80%，二次再热烟气挡板开度由 76%升为 100%，一、二次再热蒸汽温度也随之变化，其中一次再热出口各管蒸汽温度减少 3℃左右，二次再热出口各管蒸汽温度增加 2℃左右。一、二次再热烟气挡板开度改变，调温效果明显。但是，烟气挡板的存在对烟气流场也有较大影响。在上述两个工况中，一次再热烟气挡板开度从 100%关到 80%、二次再热烟气挡板开度从 76%开到 100%，主蒸汽最大蒸汽温度偏差从 7.2℃升高到 10.5℃，水冷壁温度偏差加大。对于此问题，在以后烟气挡板的设计和调整运行中要引起注意。

表 11－11　　变一、二次再热烟气挡板开度试验结果

参　　数	调整 1	调整 2
一、二次再热烟气挡板开度（%）	100/76	80/100
过热蒸汽温度（A/B/C/D，℃）	601.3/600.0/595.7/602.9	599.6/599.3/592.6/603.1
一次再热蒸汽温度（A/B/C/D，℃）	596.1/598.6/600.1/594.3	592.2/595.5/597.2/592.1
二次再热蒸汽温度（A/B/C/D，℃）	605.5/601.1/602.4/599.6	606.7/604.2/604.6/601.0
过热蒸汽最大温差（℃）	7.2	10.5
一次再热蒸汽最大温差（℃）	5.8	5.1
二次再热蒸汽最大温差（℃）	5.9	5.7

六、试验总结

以国电泰州电厂 1000MW 超超临界二次再热机组锅炉为例，通过进行一系列关键参数优化调整试验，包括变氧量特性试验、变负荷特性试验、变煤粉细度试验、变一次风压试验、变高位和低位燃尽风风量特性试验、变高位和低位燃尽风喷口水平角度特性试验、燃烧器垂直摆角调温特性试验、变偏置风风量特性试验、变周界风风量特性试验及尾部烟道挡板调温特性试验等项目，超超临界二次再热机组锅炉的安全、经济运行能力极大提高。1000MW 负荷时，锅炉热效率提高 1.17%，主蒸汽温度从 596.4℃升高至 606.2℃，一次再热蒸汽温度从 603.8℃升高至 611.4℃，二次再热蒸汽温度从 606.2℃升高至 608.3℃，主蒸汽、一次再热和二次再热蒸汽温度达到设计值，一次再热出口蒸汽温度最大偏差从 20.1℃降为 5.2℃，二次再热出口蒸汽温度最大偏差从 21.5℃降为 6.0℃，受热面壁温处于可控范围之内，炉膛水冷壁区最高 CO 浓度从 97 100μL/L 减少至 22 900μL/L，水冷壁贴壁最高 H_2S 浓度从 1023μL/L 减少至 155μL/L，水冷壁受高温腐蚀的风险显著降低。其他负荷下，也不同程度地提高了 1000MW 超超临界二次再热机组锅炉的经济性和安全运行水平。

因此，通过多维度的优化调整试验，可以得出 1000MW 超超临界二次再热机组锅炉运行可靠的第一手数据和结论，发现设备和运行中存在的问题，摸索出适合 1000MW 超超临界二次再热机组锅炉安全、经济、环保运行的规律，并提出切实可行的建议以提高超超临界二次再热机组的运行水平。由此可见，燃烧调整技术是改善机组运行性能的一项重要手段，对提高我国 1000MW 超超临界二次再热机组锅炉的设计水平、挖掘 1000MW 超超临界二次再热机组的节能减排潜力均具有重要意义。

参 考 文 献

[1] 岑可法．锅炉燃烧试验研究方法及测量技术［M］．北京：中国电力出版社，1999.

[2] 岑可法．大型电站锅炉安全及优化运行技术［M］．北京：中国电力出版社，2002.

[3] 朱全利．超超临界机组锅炉设备及系统［M］．北京：化学工业出版社，2008.

[4] 樊泉桂．超超临界锅炉设计及运行［M］．北京：中国电力出版社，2010.

[5] 赵志丹．超（超）临界机组启动运行与控制［M］．北京：中国电力出版社，2011.

[6] 西安热工研究院．超临界、超超临界燃煤发电技术［M］．北京：中国电力出版社，2008.

[7] 赵振宁，张清峰，赵振宙，等．电站锅炉性能试验原理方法及计算［M］．北京：中国电力出版社，2010.

[8] 金维强．大型锅炉运行［M］．北京：中国电力出版社，1998.

[9] 廖宏楷，王力．电站锅炉试验［M］．北京：中国电力出版社，2007.

[10] 黄新元．电站锅炉运行与燃烧调整［M］．北京：中国电力出版社，2003.

[11] 高小涛．大型燃煤电站锅炉低 NO_x 燃烧及其排放特性的研究［D］．南京：东南大学，2009.

[12] 高继录，邹天舒，冷杰，等．1000MW 超超临界锅炉燃烧调整的试验研究［J］．动力工程学报，2012，32（10）：741－746.

[13] 邹磊，梁绍华，岳峻峰，等．1000MW 超超临界塔式锅炉 NO_x 排放特性试验研究［J］．动力工程学报，2014，34（3）：161－175.

[14] 河南省电力公司．火电工程调试技术手册锅炉卷［M］．北京：中国电力出版社，2003.

[15] 江苏方天电力技术有限公司．1000MW 超超临界机组调试技术锅炉［M］．北京：中国电力出版社，2016.

[16] 薛江涛，马运翔，张耀华，等．1000MW 二次再热汽轮机启动步序及问题处理［J］．中国电力，2016，49（11）：111－123.

[17] 杨新民，吴恒运，茅义军．超超临界二次再热机组再热汽温的控制［J］．中国电力，2016，49（1）：19－22.

[18] 高昊天，范浩杰，董建聪，等．超超临界二次再热机组的发展［J］．锅炉技术，2014，45（4）：1－3，33.

[19] 薛江涛，张耀华，马运翔，等．1000MW 二次再热汽轮机轴封系统问题分析及对策［J］．中国电力，2017，50（1）：101－104.

[20] 樊保国，寇炳女，王一丰，等．周界风对煤粉锅炉结渣特性影响的数值模拟［J］．热力发电，2014，43（10）：40－45.

[21] 殷亚宁．超超临界二次再热机组应用现状及发展［J］．电站系统工程，2013，29（2）：37－38.

[22] 张方炜，刘原一，谭厚章，等．超临界火力发电机组二次再热技术研究［J］．电力勘察设计，2013（2）：34－39.

[23] 李建刚，李丽萍，阮涛，等．二次再热超临界机组热力系统热经济性计算模型的研究［J］．汽轮机

技术，2005（6）：425－427.

[24] 朱军. 1000MW二次再热超超临界机组技术特点及经济性［J］. 电力勘探设计，2013（6）：24－29.

[25] 马小超. 1000MW二次再热超超临界机组仿真及热经济性分析［D］. 北京：北京交通大学，2015：13－14.

[26] 刁美玲，唐春丽，朱信，等. 超超临界二次再热机组热经济性及技术经济性分析［J］. 热力发电，2017，46（8）：23－29.

[27] 岳峻峰，梁绍华，宁新宇，等. 600MW超超临界锅炉墙式切圆燃烧系统的特点及性能分析［J］. 动力工程学报，2011，31（8）：598－604.

[28] 高小涛，黄磊，张恩先，等. 1000MW机组锅炉氮氧化合物排放影响的试验研究［J］. 热能动力工程，2010，25（2）：221－225.

[29] 黄治军，方茜，王卫群，等. 燃煤电站超低排放技术研究综述［J］. 电力科技与环保，2017，33（6）：10－14.

[30] 莫华，朱法华，王圣，等. 湿式电除尘器在燃煤电厂的应用及其对 $PM_{2.5}$ 的减排作用［J］. 中国电力，2013，46（11）：62－65.

[31] 中国电力企业联合会. 中国电力行业年度发展报告2018［R］. 北京：中国电力企业联合会，2018.

[32] 李娜. 石灰石–石膏法单塔双循环烟气脱硫工艺介绍［J］. 硫酸工业，2014（6）：45－48.

[33] 朱志平. 超临界火力发电机组化学技术［M］. 北京：中国电力出版社，2012.

[34] 吴春华. 超超临界火电机组培训系列教材 电厂化学分册［M］. 北京：中国电力出版社，2012.

[35] 汪德良，李志刚，等. 超超临界参数机组的水汽品质控制［J］. 中国电力，2005，38（8）：57－61.

[36] 周年光，张玉福. 超临界机组化学专业技术特点［J］. 湖南电力，2005，25：60－64.

[37] 顾庆华，付昱. 国华太仓发电厂超临界机组直流锅炉给水加氧处理实践［J］. 热力发电，2009，38（12）：92－97.

[38] 车得福，庄正宁，李军，等. 锅炉［M］. 西安：西安交通大学出版社，2008.

[39] 孔俊俊，陈有福，管诗骈. 国内三大锅炉厂二次再热技术对照［J］. 电站系统工程，2019，35（3）：17－23.